ROBERT DRALLE

DIE GLASFABRIKATION

ZWEITE GÄNZLICH UMGEARBEITETE UND VERBESSERTE AUFLAGE

UNTER MITWIRKUNG VON

Dr. F. ECKERT, Privatdozent an der Technischen Hochschule Berlin / Dipl.-Ing. W. FROMMEL, Fabrikdirektor, Ujpest b. Budapest / Dr. HUGO HERMANN, Aussig / Regierungsbaumeister a. D. F. LUTZ, Fabrikdirektor, Dessau / Dr.-Ing. H. MAURACH, Geschäftsführendes Vorstandsmitglied der Deutschen Glastechnischen Gesellschaft, Frankfurt a. Main / Betriebsingenieur H. MUHLERT, Gelsenkirchen-Rotthausen / Dr.-Ing. L. SPRINGER, Studienrat a. d. Staatlichen Fachschule für Glasindustrie, Zwiesel / Dipl.-Ing. O. WOLFF, Direktor d. Indugas, Essen-Ruhr / Ing. F. WOLLNER, Glashüttendirektor, Ratten (Steiermark) / Dr. phil. A. WENDLER, Geheimer Regierungsrat, Berlin

HERAUSGEGEBEN
VON

DR. GUSTAV KEPPELER
o. Prof. a. d. Technischen Hochschule Hannover

II. BAND
mit 666 Abbildungen im Text
und 3 Tafeln

MÜNCHEN UND BERLIN 1931
VERLAG VON R. OLDENBOURG

Druck von R. Oldenbourg, München und Berlin

Vorwort zum zweiten Bande.

Der vorliegende zweite Band des Werkes „Die Glasfabrikation" soll die Einzelzweige der Glasindustrie und ihre Arbeitsweisen behandeln. Diese Aufgabe war aber gerade in der Zeit der Bearbeitung besonders schwierig, weil die Glasindustrie sich wie kaum ein anderes Gebiet industriellen Schaffens seit der Jahrhundertwende in einer dauernd, an Umfang und Geschwindigkeit zunehmenden Umwälzung befindet.

Die altehrwürdigen Methoden der Handarbeit sind stark zurückgedrängt. Im Gebiete des Hohlglases hat sich dem Triumphzuge der Owensmaschine, die als erste die vollkommen automatische Herstellung der Flasche verwirklichte und gleichzeitig der Flaschenindustrie ein Instrument zur fast ungehemmten Massenproduktion in die Hände gab, eine Unzahl von Neuerungen angeschlossen. Diese Entwicklung hat viele neue Wege zur starken Massenproduktion gangbar gemacht und mit dieser Mannigfaltigkeit eine weitgehende Anpassungsfähigkeit an die verschiedensten Bedürfnisse des Marktes hervorgebracht. Wie nun die Technik immer, wenn sie auf einem Gebiete die billige Befriedigung eines Bedürfnisses ermöglicht, dort zur starken Steigerung des Bedarfes und rückwirkend zum entsprechenden Ausbau der Fabrikationsstätten führt, so hat die neue Entwicklung der Hohlglasindustrie die Betriebe so sehr mechanisiert, daß heute oft eine ganze Flaschenfabrik den Eindruck eines einzigen Automaten macht.

Ebenso einschneidend sind die Umwälzungen auf dem Gebiete des Flachglases. In Europa hatten vor dem Weltkriege bei den damaligen Löhnen die mechanischen Verfahren zur Herstellung des Tafelglases keinen durchschlagenden Erfolg erzielen können. Die speziell für das starkwandige Spiegelglas entwickelte Methode des aus dem Hafen gegossenen Gußglases und die Mundblasarbeit für das dünnwandige Fensterglas blieben noch herrschend. Dann aber trat das Bedürfnis für mittelstarkes Verglasungsglas, insbesondere für die aufstrebende Automobil-Industrie, mächtig in Erscheinung. Für die Herstellung dieser Glasart waren die alten Methoden wenig geeignet. Dagegen konnten die neuen Ziehmethoden (Fourcault, Colburn, Slingluff) sich diesem Bedarf anpassen, und dieser Umstand beschleunigte ihre technische Entwicklung. Dazu trat die Steigerung der Löhne und sozialen Abgaben, die zur Arbeiterersparung drängte. Das Handverfahren und das Walzenziehverfahren (Lubbers) waren zum Absterben verdammt. Anderseits kamen eindrucksvolle Neuerungen auf dem Gebiete der Walzverfahren (Bicheroux, Ford, bayerische Verfahren) auf.

Diese kurzen Hinweise aus den beiden großen Hauptgebieten Hohlglas und Flachglas zeigen, wie rasch und vielseitig sich die Entwicklung hier vollzogen hat und weiter im Flusse bleibt. Wir haben im vorliegenden Buche versucht, diesem Fortschritt, so schwer dies auch war, unmittelbar zu folgen. Dabei durfte nicht übersehen werden, daß dem Gewordenen nur dann das volle Verständnis entgegengebracht werden kann, wenn die Wurzeln, aus denen der Fortschritt floß, bekannt sind. Aus diesem Grunde haben wir einen Teil der älteren Verfahren, insbesondere auch die Handverfahren, vielleicht etwas breiter dargestellt, als es ihrer heutigen Bedeutung entspricht.

Aber nun kommt hinzu, daß das Glas auch für den schaffenden Künstler ein wandlungsfähiger Werkstoff ist, daß dem Glase wie selten einem Stoffe die Gabe eigen ist, fremde Körper zu schmücken und selbst Schmuck vielseitigster Art zu tragen und daß diese Fähigkeiten ohne Geschmacksverletzung mechanisiert, vervielfältigt und damit in die breiten Massen getragen werden können. Auch diese Techniken sind demnach Glieder industriellen Schaffens und mußten ausgiebig im vorliegenden Buche behandelt werden.

Schließlich durfte die Bedeutung des Glases als Werkstoff für die verschiedensten optischen Instrumente nicht übersehen werden. Die subtilen Herstellungsmethoden und die vielen Zusammensetzungsmöglichkeiten der Gläser, die auf diesem Gebiete eine Rolle spielen, sind auch für andere Gebiete der Glasindustrie besonders lehrreich.

Die knapp geschilderte neuere Entwicklung und die Mannigfaltigkeit der Glasverwendung führt also zu einer außerordentlichen Vielseitigkeit des zu behandelnden Stoffes, der da und dort zu einer Beschränkung des Mitgeteilten zwingt. Der Herausgeber hat sich bemüht, die einzelnen Kapitel möglichst gleichwertig aufeinander abzustimmen. Aber die vielen Parallelen zwischen den Einzelzweigen der Glasindustrie würden, wollte man jeden Einzelzweig gleichwertig monographisch behandeln, zu starken Wiederholungen führen. Der Leser muß deshalb selbst in den einzelnen Kapiteln vergleichend studieren. So wird ihm der beste Nutzen aus den Darlegungen fließen. Um in dieser Beziehung dem Leser die Benützung des Buches zu erleichtern, ist das Sachregister möglichst eingehend bearbeitet worden.

Besonderen Wert haben wir auch in diesem Bande auf die Abbildungen gelegt. Der Fortschritt der Glastechnik bedingte es, daß das Abbildungsmaterial mit ganz geringen Ausnahmen neu beschafft werden mußte. Es sei an dieser Stelle dankend erwähnt, daß für das reiche und instruktive Abbildungsmaterial des Kapitels „Spiegelglas" mit wenigen Ausnahmen Herr Ingenieur Muhlert-Gelsenkirchen die Vorlagen geschaffen hat.

Auch das einschlägige Schrifttum ist weitgehend berücksichtigt, im wesentlichen durch die Verweisung auf neuere Arbeiten, die ihrerseits den Schlüssel zu früherer Literatur bieten. Dies Verfahren war um so eher möglich, als das neuere Zeitschriftenwesen, insbesondere die vortreffliche Berichterstattung in den Glastechnischen Berichten über alle einschlägigen Arbeiten, eine starke Entlastung für die Buchliteratur darstellt.

Eine Reihe ungünstiger Umstände hat das Erscheinen des zweiten Bandes außerordentlich verzögert. Mehrere Kapitel waren dadurch stark beeinflußt, besonders diejenigen, die verhältnismäßig frühzeitig schon abgeschlossen waren, wie z. B. das Spiegelglaskapitel. Trotz der Schwierigkeit gelang es, nachträglich der raschen Entwicklung Rechnung zu tragen, ohne die Einheitlichkeit des Kapitels zu beeinträchtigen.

Beim endgültigen Abschluß des Werkes ist es dem Herausgeber ein lebhaft empfundenes Bedürfnis, allen Bearbeitern der Einzelkapitel seinen warmen Dank für die treue Mitarbeit zu sagen. Auch darf nicht die Hilfe unerwähnt bleiben, die der Herausgeber durch kleinere Beiträge von einer Reihe von Fachleuten erfahren hat, insbesondere von den Herren Hodecker-Ilmenau, von Reis-Herzogenrath, Schild-Marktredwitz, Spielvogel-Berlin, Moorshead-London, Pesserl-Paris, sowie von dem leider so früh verstorbenen Professor Gehlhoff. Auch den vielen Firmen, die mit Auskünften über ihre Fabrikate sich zur Verfügung stellten, sei an dieser Stelle bestens gedankt. Besonders aber dankt der Herausgeber auch dem Verleger, der opferbereit in dieser wirtschaftlich so wenig erfreulichen Zeit die Herstellung des Werkes in der vortrefflichen Ausstattung zu Ende führte.

Möge es der mit diesem Bande abgeschlossenen zweiten Auflage des Dralleschen Buches, wie der ersten Auflage zu ihrer Zeit, gelingen, der neuen Generation von Glasfachleuten als Wegweiser und Helfer zu dienen!

Hannover, September 1931.

Dr. Gustav Keppeler.

Inhaltsverzeichnis

II. Band. Einzelzweige der Glasindustrie

10. Kapitel.

Tafelglas.

Von Dr. Hugo Hermann.

I. Einführung.

Unter Tafelglas versteht man eine Ware, welche als durchsichtige Fläche wirken soll und bei dessen Erzeugung keine Nachbearbeitung der Oberfläche durch Schleifen erfolgt. Die ursprünglich mehr oder weniger ebene Tafel kann in der Biegerei nach Zylinder- oder Kegelflächen gekrümmt, ihre Oberfläche durch das Sandstrahlgebläse, Ätzen oder andere Dekorationsmethoden verändert werden.

Das Tafelglas wurde lange Zeit nur von Hand über den Umweg des Hohlkörpers erzeugt. Heute hat sich seiner die maschinelle Herstellung bemächtigt, und es treten die Verfahren von Fourcault und Colburn (Libbey-Owens) immer mehr in den Vordergrund. Selbst in Amerika wird das bis jetzt dort geübte Zylinderziehverfahren nach Lubbers rasch verdrängt, während es in Europa ganz verlassen worden ist. Siehe I. Bd., S. 730 bis 745.

Die Stärke der Glastafeln wird in mm oder in Vierteln angegeben. Dabei soll das $^4/_4$-Glas eine Dicke von 2,3 mm haben, doch wird es in manchen Ländern auch etwas schwächer (1,7—1,8 mm) hergestellt. In Deutschland sind die Bezeichnungen Fensterglas, Deutsches Glas, Rheinisches Glas gleichbedeutend und stellen keine Ursprungsbezeichnung dar; wohl aber drücken sie aus, daß es sich um Handglas handelt. Das Maschinenglas geht heute manchmal, besonders bei den besseren Sorten, unter den Namen Halbspiegelglas, Spezialglas.

Das Gewicht eines m^2 2-mm-Glas ist 5 kg. Die größten Abmessungen für Handglas sind von der Erzeugungsweise abhängig, etwa 110 × 260 cm, also annähernd 3 m^2 bei Schwachglas, wenn nach belgischer Art gearbeitet, etwas über 1 m^2, wenn nach böhmischer Art erzeugt wird. Die Preise werden nach dem m^2 gerechnet und steigen mit den vereinigten Zentimetern, worunter man die Summe aus Länge und Breite versteht. Bei Maschinenglas ist die Stärke von etwas unter 1,5 mm bis zu 8 mm herstellbar, doch liegen die Grenzen heute noch nicht fest. Die Abmessungen sind durch die Breite des Glasbandes begrenzt. Man kann sagen, daß die größte erreichte nutzbare Breite heute bei 2,5 m liegt.

Die Farbe des Tafelglases ist im allgemeinen etwa die des halbweißen Glases. Sie spielt in der normalen Verwendung als Fensterglas keine große Rolle. Doch wird das helle Glas bevorzugt. Nach der Farbe wird auch drei Viertel weißes und ein Viertel weißes Glas in den Handel gebracht. In der neuesten Zeit hat man sich mit den Vorzügen beschäftigt, welche dem für ultraviolette Strahlen mehr oder weniger durchlässigen Tafelglas zukommen, und es ist möglich, daß unter diesem Gesichtspunkt eine andere Einschätzung für die Qualität sich herausbildet, als sie heute üblich ist.

Die Sortierung des Glases erfolgt nach der Bedeutung der in den Tafeln auftretenden Glasfehler nach 1.—4. Sorte. Für die Verglasung von Wohnräumen wird gewöhnlich die 2. und 3. Sorte, für Kellerfenster, Oberlichter usw. die 4. verwendet. Es sind übrigens die Ansprüche, welche an die Qualität der Verglasung gestellt werden in den verschiedenen Ländern durchaus nicht übereinstimmend.

Unter Mitwirkung der maßgebenden Fachverbände und der Reichsbahn sind in Deutschland Normen für Fensterglas entstanden, die wir mit Erlaubnis des Deutschen Normenausschusses, Berlin NW 7, Dorotheenstr. 17 im Wortlaut (S. 769) abdrucken. Verbindlich ist immer nur die neueste Ausbabe. Bezugsquelle siehe Seite 769 unten.

1. Eigenschaften des Tafelglases.

Die Festigkeitseigenschaften des Tafelglases sind gekennzeichnet durch die Dehnungszahl von 1:700000 und eine Biegungsfestigkeit, die sehr abhängig ist von den Abmessungen und von der Lage der Schnittkanten. Man wird sie bei größeren Abmessungen nicht höher als 250 kg/cm² bewerten dürfen und jedenfalls die Kante des Diamantschnittes auf die Druckseite legen, weil sie auf der Zugseite die Festigkeit deutlich herabsetzt. Kleinere Proben zeigen erheblich höhere Festigkeitswerte, so z. B. Streifen von 20 cm Breite bei 30 cm Auflagerentfernung um 450 kg/cm², solche von 10 cm Breite und 15 cm Auflagerentfernung um 600 kg/cm² [1]).

Für den Verwendungszweck des Tafelglases sind seine optischen Eigenschaften von ganz besonderer Bedeutung. Sie hängen aufs Innigste mit der Formgebung zusammen. Kleine Unterschiede in der Stärke der Tafel bedingen, daß zu beiden Seiten der Tafel Flächen auftreten, die gegeneinander geneigt sind und optisch Anlaß zu einer Prismenwirkung geben, durch welche das betrachtete Objekt eine seitliche Verschiebung erfährt. Die Übergänge in den Neigungen führen zu gekrümmten Oberflächen, die als Linsen wirken und die scheinbare Entfernung des Objektes vom Beschauer ändern. Bei guten Sorten Tafelglas dürfen diese Erscheinungen dem Hindurchblickenden nicht unangenehm auffallen. Es zeigt sich nun, daß eine durchaus unregelmäßige Verzerrung nicht so peinlich empfunden wird, als eine solche, in der gewisse Gesetzmäßigkeiten bestehen; es zeigt sich weiter, daß die Entfernung der Glasscheibe sowohl vom Beschauer als auch vom Objekt dabei von Einfluß ist. Das hängt damit zusammen, daß der nahe an der Scheibe stehende Beschauer (Schaufenster, Autoschutzscheibe), jeweils nur einen kleinen Teil der Scheibe zum Durchblick benutzt, so daß ihm Unregelmäßigkeiten nur dann zum Bewußtsein kommen, wenn sie an dieser Stelle gerade scharf hervortreten oder sich dicht gedrängt finden, wie es z. B. bei den Winden des Handglases und an manchen Stellen von schlechtem Maschinenglas vorkommt. Ähnliches gilt von Bildverglasungen, weil hier nur ein kleiner Teil des Bildes mit einem Blick scharf erfaßt werden kann. Ist doch der Gesichtswinkel des Auges für diesen Fall nur etwa 1°, so daß wir 2 m vor einem Bilde stehend nur einen Kreis von 3,5 cm Durchmesser fixieren können. Wenn wir dagegen aus dem Hintergrunde eines Zimmers oder eines Eisenbahnwagens die Landschaft betrachten, dann kommen insbesonders die Prismenwirkungen deutlich zum Bewußtsein, und zwar um so mehr das Objekt einfache geometrische Begrenzungen zeigt. Eisenbahnschienen, gespannte Drähte, Dachfirste erscheinen zackig, Telegraphenstangen verdoppelt, gleichmäßige Teilungen teils verkürzt, teils gedehnt. Tritt zu diesen Erscheinungen eine gewisse Unbestimmtheit in den Entfernungen, wie sie die wechselnde Linsenwirkung hervorruft, dann werden Härten des Bildes gebrochen, belebte Linien erzeugt, und wir können dann der Fensterscheibe eine gewisse angenehme künstlerische Wirkung nicht absprechen. Ist aber nicht Regellosigkeit der Fehler vorhanden,

[1]) O. Graf, Glastechnische Berichte **3** (1925), 155.

Deutsche Normen

Fensterglas Prüfverfahren, Sorten, Dicken	DIN 1249

1. Allgemeines

Maschinell hergestelltes Fensterglas ist vollständig eben und gleichmäßig dick, hat glatte Flächen, aber mit charakteristischen, auf die Eigenart der Herstellung zurückzuführenden, mehr oder minder wahrnehmbaren wellenartigen Erscheinungen.

Mundgeblasenes Fensterglas ist nicht so eben und nicht ganz gleichmäßig dick.

Fensterglas kann Blasen, Wellen, Streifen, Schlieren, Streckfehler, Kratzer, Brandflecken, kleinere Knoten und ähnliche Fehler enthalten. Nach der Häufigkeit der Fehler werden die einzelnen Glassorten unterschieden. Die Scheiben sollen in der Mitte am reinsten sein, während die Ecken mehr Fehler enthalten können. Kleine Scheiben müssen von Fehlern freier sein als größere.

Glas darf bei sachgemäßer Wartung weder an Glanz, Durchsichtigkeit oder Farbe verlieren, noch einen buntfarbig schillernden Schein annehmen. An zusammenhängenden Verglasungsflächen soll nur Glas gleicher Herstellungsart verwendet werden.

2. Prüfverfahren

Zur Feststellung von Fehlern ist die Glasscheibe vor einem nicht zu nahen und nicht zu hellen Hintergrund in die Stellung zu bringen, die sie bei der Verwendung einnehmen soll. Das Auge des Prüfenden muß sich in der Höhe des Mittelpunktes der Scheibe und in 1 m Entfernung von ihr befinden. Die Prüfung darf nicht bei grellem Sonnenlicht erfolgen. Den zulässigen Beobachtungswinkel siehe unter Ziffer 3. Höchstens 5% der Scheiben dürfen minderwertig sein.

Zur Feststellung der Dicke der Glasscheiben sind stets 10 Scheiben dicht gepreßt zusammen zu messen.

3. Sortenbezeichnung und -Verwendung

a) **Fensterglas 1. Sorte** darf nur ganz wenige und nur solche kleinen Fehler und Mängel aufweisen, die bei der Tafelglasherstellung nicht ganz zu vermeiden sind. Diese Sorte ist im allgemeinen nicht handelsüblich und wird meist nur auf besondere Bestellung geliefert. Sie soll daher nur für Auto- und Waggon-Verglasung, für reich ausgestattete Räume, Läden, Schaukästen und Möbel vorgesehen werden.

b) **Fensterglas 2. Sorte** darf nur kleine unauffällige Fehler enthalten. Maschinell hergestelltes Fensterglas darf nur wenig wahrnehmbare Wellen und Streifen haben, die bei einer Durchsicht in einem Winkel gleich oder größer 30° zur Scheibe das Bild nicht stören. Blasen und Kratzer dürfen nur vereinzelt vorkommen, größere Blasen in der Mitte der Scheiben überhaupt nicht. Fensterglas 2. Sorte soll bei besser ausgestatteten Gebäuden, Villen u. a. verwendet werden.

c) **Fensterglas 3. Sorte** darf vereinzelt die aus dem Herstellungsverfahren sich ergebenden Fehler enthalten, wenn sie nicht sehr in die Augen fallen. Scheiben, bei denen der Durchblick in einem Winkel von 45° zur Scheibe durch Wellen noch gestört wird, dürfen in 3. Sorte nicht vorkommen. Wellen, die bei einem 45° übersteigenden Winkel noch sichtbar sind, dürfen nur am Rande der Scheibe auftreten. Fensterglas 3. Sorte wird in der Regel für die Verglasung von Wohnhäusern ohne höhere Ansprüche verwendet.

d) **Fensterglas 4. Sorte** darf in größerem Maße die aus dem Herstellungsverfahren sich ergebenden Fehler enthalten. Die Wellen und Schlieren dürfen stärker hervortreten als bei den Sorten 1 bis 3. Fensterglas 4. Sorte ist daher nur für die Verglasung untergeordneter Räume, Fabriken, Werkstätten, Gewächshäuser usw. zu verwenden.

e) **Gartenglas** eignet sich nicht für Bauten und darf nur für Gärtnereizwecke verwendet werden.

4. Glasdicken

Bezeichnung z. Zt. handelsüblich	Dicke in mm	Zulässige Abweichungen in mm
4/4	2,3 [1]	$^{+0,2}_{-0,1}$
6/4	3	$^{+0,3}_{-0,2}$
8/4	3,8	$^{+0,4}_{-0,2}$

[1]) Dünneres Fensterglas soll für Bauten nicht verwendet werden.

Wird nichts anderes bestimmt, so ist für Scheiben über 0,80 m² mindestens 6/4 Glas zu verwenden.

April 1930

Fachverband der Tafelglasindustrie GmbH
Verband des Deutschen Flachglasgroßhandels e. V.
Verband von Glaser-Innungen Deutschlands
Deutscher Wirtschaftsbund für das Baugewerbe e. V.
Deutsche Reichsbahn-Gesellschaft

sondern treten wie bei minderwertigem Maschinenglas die den Prismen und den Zylinderlinsen entsprechenden Verzerrungen über die ganze Länge oder Breite der Tafel auf, dann entsteht eine äußerst unangenehme Wirkung.

Abb. 715—718 zeigt ein Objekt, gesehen durch verschiedene Tafelgläser. Das Objekt liegt 90 m hinter, das Objektiv der Kamera 4 m vor der Glasscheibe. Der Vergleich zeigt, daß die Verzerrungen der Handglasscheibe viel deutlicher sind als die der Ma-

Abb. 715. Aufnahme ohne Fensterscheibe.

Abb. 716. Bildverzerrung durch Handglas.

Abb. 717. Bildverzerrung durch Fourcaultglas bei senkrechter Stellung der Ziehstreifen.

Abb. 718. Bildverzerrung durch Fourcaultglas bei wagrechter Stellung der Ziehstreifen.

schinenglasscheibe. Trotzdem werden sie in der Regel nicht unangenehm empfunden, weil bei beliebiger Bewegung des Beobachters oder des Objektes, die Bilder fließend ineinander übergehen. Dagegen wirkt es sehr peinlich, wenn wie in Abb. 717 eine Verdoppelung oder Verschiebung einzelner Teile (z. B. des Fensterkreuzes links oben) auftritt, die sprunghaft bei der geringsten Bewegung verschwindet und plötzlich in anderer Weise wiederkehrt. Da die relativen Bewegungen von Beschauer und Objekt meist in der Horizontalen vor sich gehen, wird die Scheibe mit horizontal gelegter Ziehrichtung meist angenehmer wirken und ihre Besonderheiten erst zu erkennen geben, wenn man aus irgendeinem Grund sich streckt, niedersetzt od. dgl., kurz das Auge in der Vertikalen verschiebt.

2. Vorgänge bei der Tafelbildung.

Es ist deshalb für die Tafelglasindustrie von grundlegender Bedeutung, die Vorgänge bei der Tafelbildung richtig zu erfassen und die Entstehung der optischen Wirkung zu verfolgen. Der Physiker sieht in dieser Formgebung ein Spiel der Oberflächenspannung und der Viskosität gegen die beim jeweiligen Prozeß verwendeten äußeren Kräfte. Es ist auch kein Zweifel, daß die Oberflächenkräfte bei manchen Formgebungen deutlich in Wirkung treten; so beim Erweichen und Pressen von Kanten (siehe Bd. I, S. 59). Das geht unmittelbar aus der Formel hervor, welche den Druck P im Inneren eines Hohlkörpers mit der Oberflächenspannung verknüpft:

$$P = 2\gamma\left(\frac{1}{R_1} + \frac{1}{R_2}\right),$$

wo R_1 und R_2 die beiden Hauptkrümmungsradien sind. Nehmen R_1 und R_2 oder auch nur einer von ihnen, wie es bei der geraden Kante der Fall ist, einen sehr kleinen Wert an, dann entwickelt sich naturgemäß ein sehr starker nach innen gerichteter Druck, welcher zu einer Abrundung der Kante führt bzw. deren Bildung sich entgegensetzt. Wenn wir aber eine Kugel von etwa 30 cm Durchmesser betrachten, für welche also $R_1 = R_2 = 15$ cm, dann finden wir bei einer Oberflächenspannung von 150 Dyn/cm einen Innendruck von 40 Dyn/cm^2 oder etwa 0,4 mm Wassersäule als notwendig, um einer Kontraktion unter dem Einfluß der Oberflächenspannung zu begegnen. Wir entnehmen dieser Überschlagsrechnung, daß bei der Tafelglaserzeugung die Oberflächenspannung an Kanten eine Rolle spielt, aber für die Flächenerzeugung nicht in Frage kommt.

Anders ist es mit der Viskosität. Dieser Begriff hat für uns gewiß eine große Bedeutung, wenn es uns gelingt, ihn, streng physikalisch genommen, der Betrachtung unserer technischen Prozesse zugrunde zu legen. Dabei stoßen wir aber auf sehr große theoretische Schwierigkeiten grundsätzlicher Art und auf weitere, die sich aus der ungleichen Temperaturverteilung und dem Mangel an Homogenität ergeben. Wir gehen deshalb technologisch vor und schließen unsere Betrachtungen an das schon von anderer Seite mit Erfolg behandelte Gebiet der plastischen Deformation[1]) an.

Wir betrachten also neben den äußeren und den Massenkräften als für die Formgebung maßgebende Einflüsse die Spannungen, die in der zu formenden Glasmasse geweckt werden. Ein unter Zugspannung befindlicher plastischer Körper zerlegt in sich alle Zugkräfte in gleichwertige etwa unter dem Winkel von 45° gegen die Zugrichtung geneigte Schubspannungen, und wenn diese die innere Reibung überwinden, dann tritt das Fließen, die Deformation ein, und zwar in der Richtung der größten Schubspannung. Führen wir also durch Zug die Verlängerung eines plastischen Stabes durch, so schlüpfen die Moleküle einer in der Zugrichtung gedachten Reihe, getrieben von den Schubspannungen, zwischen die der Nachbarreihe hinein. Der

[1]) P. Ludwig, Elemente der technologischen Mechanik, Berlin, Springer 1909.
Hencky, Mises u. a., Zeitschrift für angewandte Mathematik und Mechanik **5** (1925), Heft 2.
Ludwik und Scheu, Zeitschrift des Vereins deutscher Ing. **67** (1923), 122.
G. Liß, Stahl und Eisen **42** (1922), 689.
Hartmann, Internationaler Kongreß für Materialprüfung, Paris 1900.

Verlängerung des Stabes entspricht die Verjüngung des Querschnitts an den ausgezogenen Stellen. In Wirklichkeit ist dieser Vorgang gewiß verwickelter, weil hier die ungeordnete Lagerung der Moleküle vor und nach der Verformung dieses Gleiten immer an begünstigte Punkte verlegen wird.

Für die Formgebung beim Tafelglas kommen nun zwei Grundprozesse in Betracht. Bei dem einen, der für das Handglas und das nach Lubbers erzeugte Maschinenglas maßgebend ist, wird ein zylindrischer Hohlkörper durch Längung und Weitung erzeugt, wobei das Einblasen von Luft zu Hilfe genommen wird. Die Prozesse von Fourcault und Colburn benutzen die durch Zug hervorgerufene Deformation einer aus der Schmelze durch besondere Maßnahmen gebildeten sehr starken Tafel von etwas größerer Breite als für das fertige Produkt verlangt wird. Sie arbeiten also nach einfacheren mechanischen Vorgängen.

Betrachten wir zunächst die Bildung einer Tafelglaswalze, so sind wir uns von vornherein klar darüber, daß der Innendruck vornehmlich dahin wirken wird, den Durchmesser der Walze zu vergrößern, weil bei einem solchen röhrenförmigen Körper die Tangentialspannungen die axialen weit übertreffen. Zur Verlängerung des Zylinders müssen deshalb weitere Kräfte eingesetzt werden, und zwar das Gewicht des Postens und die durch Schwenken erzeugten Zentrifugalkräfte. Ihre Wirksamkeit wird gefördert durch eine entsprechend gewählte Temperaturverteilung, welches Mittel gestattet die innere Reibung so abzustimmen und örtlich zu regeln, daß das Fließen an den gewünschten Stellen in der richtigen Art erfolgt. Dabei werden die nahe der Pfeife befindlichen Teile so kalt gehalten, daß sie an den Formänderungen nicht teilnehmen und der fließenden Masse eine Stütze geben. Es tritt nun bei der Erzeugung von Handglas die Weitung und Längung nicht gleichzeitig auf. Schon die Bewegung des Schwenkens allein, aber auch das wiederholte Einblasen von Luft ergeben einen gewissen Wechsel von Längung und Weitung, das Anwärmen in der Trommel, das Abklingen der Temperatur und dadurch die Veränderung der inneren Reibung, führen zu einem ständigen Wechsel in der Größe, Richtung und Wirkung der geweckten Zugspannungen und der durch sie hervorgerufenen Dehnung. Nimmt man die durch das mehrfache Aufnehmen verstärkten Inhomogenitäten aus Wanne oder Hafen hinzu, so wird klar, daß beim Handglas schließlich eine große Mannigfaltigkeit in der optischen Wirkung hervorgerufen wird. Das zeigt sich deutlich im Schattenbild des Glases Abb. 719, noch besser in einem Schlierenbild. Auch beim Walzenziehverfahren von Lubbers geht die Weitung und die Längung nicht stetig vor sich, wie bereits bei der Besprechung der Atmung auseinandergesetzt ist (Bd. I, S. 720). Es ergibt deshalb dieses Glas ein ganz ähnliches Schatten- und Schlierenbild und ist dem guten Handglas als ähnlich in der Optik zur Seite zu stellen.

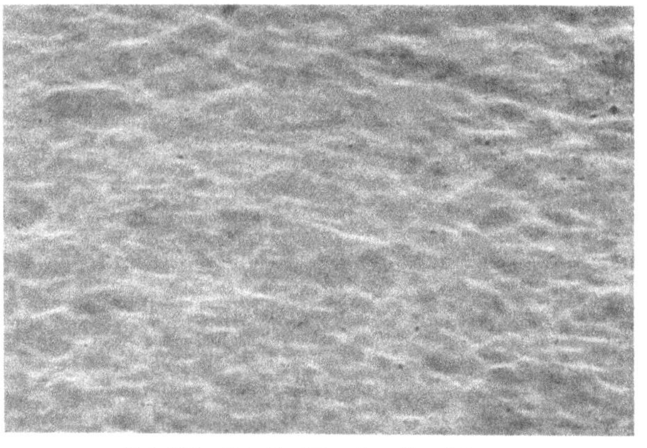

Abb. 719. Schattenbild eines Handglases.

Für die Prozesse von Fourcault und Colburn bemerken wir vorerst, daß das Spinnen der Tafel an eine gewisse ziemlich niedrige Temperatur (950—1000° C) gebunden ist, also wieder in das plastische Gebiet fällt. Das aus der Wanne mit höherer Temperatur der Erzeugungsstelle der Tafel zufließende Glas muß erst auf diese Ziehtemperatur abgekühlt werden, ehe die eigentliche Formgebung beginnt. Wenngleich die Kontinuität der Eigenschaftsänderungen des Glasflusses bei der fallenden Temperatur jede Grenze verwischt, so daß die Betrachtung ebensogut das Verhalten der viskosen Flüssigkeit in den Vordergrund rücken könnte, so halten wir es doch für zweckmäßiger, die Tafelbildung als plastische Deformation zu behandeln von dem Augenblick an, wo das Glas sich über das Niveau des Spiegels erhebt. Tatsächlich ist dort der Querschnitt der Tafel in beiden Ausdehnungen größer als in der fertigen Tafel, und es kommt als äußere Kraft nach aufwärts nur der Zug des gehobenen Glasbandes, nach abwärts das Gewicht des nachfolgenden Glasbandes und sein Deformationswiderstand in Betracht. Unter diesen Umständen ist über jeden Querschnitt eine gleichmäßige Zugspannung verbreitet, die sich wie schon oben erwähnt über die gleichwertigen Schubspannungen und die innere Reibung als Kontraktion auswirkt. Da wir eine Schwächung der Tafeldicke wünschen, haben wir keinen Grund, in der zur Tafelebene Normalen der Kontraktion entgegenzuwirken, dagegen ist uns diese bezüglich der Tafelbreite durchaus unwillkommen. Wir müssen deshalb am Rande der Tafel Zusatzkräfte anbringen, welche die nach innen gerichteten Schubspannungen teilweise ausgleichen, und dazu benutzt Fourcault die unter dem Einfluß der Oberflächenspannung sich bildenden verstärkten Tafelränder, die „Borde", während Colburn eine solche starre Begrenzung durch die mitlaufenden gekühlten Walzen zu bilden sucht. Durch diese Kräfteverteilung werden im plastischen Teil der Tafel, also nahe der Entstehungsstelle, die resultierenden Zugspannungen nicht mehr genau in der Zugrichtung liegen, sondern sich fächerartig ausbreiten und nur in der Mitte mit der Zugrichtung zusammenfallen. Dieser Umstand hat neben der Temperaturverteilung, welche ja auch eine gewisse Symmetrie aufweist, einen Einfluß auf die Dickenänderung des Blattes über seine Breite.

Abb. 720. Schattenbild einer minderwertigen Fourcaultscheibe.

Wir konnten uns diese Darlegungen nicht versagen, weil sie in einem engen Zusammenhang stehen mit der Streifenbildung, also der „Optik" des Ziehglases. Jede Störung im Zufluß des Glases zur Bildungsstelle der Tafel, jede örtliche Änderung der Temperatur in der Glasmasse selbst, und damit der Reibungsverhältnisse im Inneren der sich bildenden Tafel bedingt eine Verschiebung der Größe und Richtung der geweckten Schubspannungen und bringt dadurch eine geänderte Deformation und eine optische Wirkung hervor. Weil nun diese Kontraktion in der Tafelbreite behindert, dagegen in der Tafelstärke unbeeinflußt ist, weil weiter die Längung das 20—25fache ist, so werden alle diese Störungen sich als langgestreckte Wülste oder Schwächungsstellen zeigen und optisch als Zylinderlinsen und Prismen wirken. Hier liegt der Grund für die so peinlich wirkenden Streifen des gezogenen Glases und deshalb ist die Mechanik der Tafelbildung eine der wichtigsten Grundlagen der mechanischen Erzeugungsprozesse. Abb. 720 zeigt das Schattenbild eines minderwertigen Fourcaultglases.

Die Untersuchung der Tafelgläser nach der Schlierenmethode kann zur Unterscheidung von Gläsern verwendet werden, die nach verschiedenen Verfahren hergestellt worden sind und ist deshalb bei zollamtlichen und anderen Entscheidungen heranzuziehen. Sie leistet auch für Betriebsbeobachtungen gute Dienste, indem sie gestattet, an der laufenden Maschine die Qualität des gerade erzeugten Glases mit einem Blick zu erkennen, und ist schließlich im Laboratorium eine unter Umständen aufschlußreiche Methode.

Ihre Ausführung in der einfachsten Form ist neuerdings als Umbraskop beschrieben worden, aber bereits seit langem in der physikalischen Technik eingebürgert [1]). Sie besteht darin, daß man mittels einer starken punktförmigen Lichtquelle (Bogenlampe ohne Optik oder kleine Blende im Brennpunkt einer Linse) einen Schatten der Glastafel auf einem Schirm erzeugt. Für feinere Untersuchungen empfiehlt sich die Töplersche Anordnung [2]), bei welcher die Linse vorteilhaft durch einen Hohlspiegel ersetzt wird, um Platz zu sparen.

3. Wetterbeständigkeit des Tafelglases.

Eine besondere Behandlung erheischt weiter die Frage nach der Wetterbeständigkeit des Tafelglases. Sie kann nicht aus der „Löslichkeit" oder Zersetzlichkeit der Glassubstanz, welche man heute allgemein als Maß für die Resistenz wählt, allein beurteilt werden. Es ist ja überhaupt die Frage, ob für die technisch wichtigen Gläser eine mehr oder weniger wissenschaftlich begründete Einheitsmethode ausreicht. Für das Fensterglas wird da wohl immer eine Ausnahme zu machen sein. Fragen wir vorerst nach den Schäden, die durch ein wenig haltbares Glas entstehen können, so kommen wir darauf, daß diese fast nie im Gebrauch, sondern vielmehr auf dem Lager zum Vorschein kommen. Es ist ja der Fall denkbar, eine Tafelglasscheibe sei aus so schlechtem Glas erzeugt, daß sie im Gebrauch merklich leidet; praktisch kommt er aber kaum vor. Es gibt auch irisierende und etwas blind gewordene Fensterscheiben in Ställen oder an anderen Orten, wo die Scheiben der Verschmutzung, dem Wasserdampf oder anderen ungewöhnlichen Umständen ausgesetzt sind. Man hat aber keine Veranlassung, auf solche Ausnahmezustände besonders zu achten. Dagegen ist es eine leider nicht selten vorkommende Erscheinung, daß das Tafelglas auf dem Transport oder beim Stehen auf dem Lager blind wird, absteht. Hier handelt es sich um eine Veränderung der Oberfläche unter den besonderen Bedingungen, der erhebliche Mengen Ware zum Opfer fallen können. Wir haben deshalb die Oberfläche selbst und die Einflüsse, unter denen sie steht, zu betrachten.

Die Oberfläche ist nicht bei allen Tafelglassorten von der gleichen Art. Der Erzeugungsprozeß des Handglases bringt es mit sich, daß die Außenfläche der Walze beim Einwärmen Alkali verlieren und Schwefelsäure aufnehmen kann. Im Streck- und Kühlofen wieder wird hauptsächlich die Innenfläche der Walze den Feuergasen ausgesetzt. Dadurch wird die Oberfläche verändert, und das Glas gewinnt an Resistenz der Oberfläche, und zwar auf der „Glanzseite" stärker, als auf der „Lagerseite" [3]). Es zeigt sich an diesem Beispiel, daß eine Beurteilung der Wetterbeständigkeit [4]) aus Zahlen, welche die Glasmasse betreffen, nicht zu übersichtlichen Ergebnissen führen kann. Beim Zylinderziehverfahren und beim Libbey-Owensprozeß ist bei der Tafelbildung wenig Gelegenheit zu einem Alkaliverlust der Oberfläche gegeben; aber es kommt noch immer, wenn auch ungewollt, die Einwirkung von Feuergasen im Kühl-

---

[1]) O. Lehmann, Physikal. Technik 11/2 (1909), 1142.

[2]) A. Toepler, Ostwalds Klassiker, Nr. 157. Vgl. Kap. 16, Opt. Glas, wo eine diesbezügl. Abbildung gegeben ist.

[3]) Goethe, Farbenlehre, § 482, mitgeteilt von Zschacke, Glastechn. Ber. **6** (1928), 93. Keppeler, Chemische Wirkungen der Glaskühlung, Sprechsaal **61**, 300 (1928).

[4]) S. Bd. I, S. 64 u. ff.

ofen zur Wirkung[1]). Beim Fourcaultverfahren schließlich erfährt die Oberfläche keinerlei Nachbehandlung; sie entspricht wahrscheinlich ziemlich genau dem Verhalten der Glasmasse. Nun ist uns seit den Versuchen von Mylius klar, daß es kein Glas innerhalb der durch Wirtschaftlichkeit und Erzeugung vorgeschriebenen Grenzen gibt, das nicht an frischen Bruchflächen Alkali abgeben würde. Ist die Oberfläche durch saure Gase vorbehandelt, also an freiem Alkali verarmt, dann liegt natürlich der Fall günstiger. Diese Alkaliabgabe ist nun in jedem Fall bedeutungslos, solange die Tafelglasscheibe für sich bleibt und solange Wasserdampf keinen Zutritt hat. Bei der einzelnen Scheibe wird sich an der Oberfläche Wasserdampf kondensieren, die Zersetzung wird eingeleitet, aber es tritt dann die Kohlensäure der Luft hinzu, unter Umständen werden auch andere saure Gase absorbiert, und es kommt zu Kristallabscheidungen, wie wir sie im Schneidsaal gewöhnlich auf den Tafeln beobachten können, und die sich nicht als schädlich erwiesen haben. Wird jedoch Alkali abgebendes Glas in die Kiste verpackt oder auf dem Lager dicht geschichtet, dann tritt zwar der Wasserdampf hinzu, nicht aber die Kohlensäure, weil jener meist in größerer Menge in der Luft enthalten ist als diese. Wie rasch das geschieht und welche Wassermengen sich auf den Tafeln niederschlagen, hängt ganz von den Umständen, der Feuchtigkeit des Packmaterials, den Besonderheiten des Lagerraumes und der Temperatur ab. Die Tafel überzieht sich mit einer Wasserhaut, in der das Natronhydrat erhalten bleibt, weil die Zirkulation der Luft in den dünnen Schichten sehr erschwert ist. Die entstehende Natronlauge wirkt auf die Glasmasse zurück und der Angriff wird ein sehr energischer, besonders wenn die zufälligen Bedingungen ihn begünstigen. Ohne eine richtige Erklärung haben die Praktiker diesen Verlauf unter deutlicher Hervorhebung der kennzeichnenden Umstände als Blindwerden, Abstehen, Ersticken bezeichnet. Es ist von vornherein klar, daß Glas, dessen Masse weniger Alkali abspaltet, auch weniger zum Blindwerden neigen wird, aber wenn wir bedenken, in welch engen Grenzen sich die Verbesserungsfähigkeit durch die Glaszusammensetzung halten muß, sobald einmal eine mittlere Stufe erreicht ist, dann werden wir zugeben müssen, daß die Alkaliabgabe der Glasmasse, solange sie nicht vollkommen unterbunden werden kann, ohne Hinzutreten weiterer ungünstiger Momente keinen maßgebenden Einfluß auf die Güte des Tafelglases in der besprochenen Richtung üben kann.

Studien über das Blindwerden des Tafelglases[2]) führten zu auffallenden, nicht immer sicher zu deutenden Ergebnissen. Es wurden Glastäfelchen, deren Flächen trocken gereinigt worden waren, als Paket in dicht verschließbaren Büchsen tagelang bei Gegenwart von Wasserdampf im Thermostaten erwärmt. Nach dem Öffnen der Büchsen war meist die Oberfläche stark angegriffen, mit glitzernden Schuppen bedeckt. Manchmal waren die einzelnen Täfelchen untereinander verklebt. Es traten also alle Erscheinungen ein, die für das Blindwerden kennzeichnend sind. Änderungen in der zugesetzten gemessenen Wassermenge ergaben, daß der Angriff bei zu wenig Wasser in der gegebenen Zeit nicht oder nur schwach zu beobachten war. Bei einer bestimmten von der Größe der Tafeln und der des Luftraums abhängigen Wassermenge war der Angriff sehr stark. Bei zuviel Wasser unterblieb er. Dieses Resultat ist dahin zu deuten, daß die Stärke der sich an der Oberfläche bildenden Natronlauge für die Geschwindigkeit der Zersetzung maßgebend ist. Bei Wasserüberschuß wird sie zu verdünnt, um noch wirken zu können. Wurden die einzelnen Täfelchen durch Zwischenlagen auseinander gehalten und so der Luftzirkulation der Weg gebahnt, dann blieb das Glas meist blank oder wurde nur wenig blind, wenn die Zwischenlage eine ge-

[1]) Keppeler, Kühlgaswirkung bei Flachglas. Glastechn. Berichte 8 (1930), S. 398.

[2]) Hermann, Das Blindwerden des Tafelglases. Keram. Rundschau 38 (1930), S. 653.

nügende Entfernung zwischen den Tafeln geschaffen hatte. Blechstreifen von etwa 0,1 mm Stärke erwiesen sich dabei noch als unwirksam. Für dieses Resultat ist eine einfache Erklärung nicht zu geben. Zwischenlagen von dünnem Papier wirkten dem Angriff deutlich entgegen. Starke Tafeln unterlagen unter gleichen Umständen dem Angriff weniger als schwache, was mit der geringen Ziehgeschwindigkeit, also der längeren Einwirkung der Kühlgase in den heißen Teilen des Ziehschachtes zusammenhängt. Bei abnehmender Temperatur brauchte der Angriff unverhältnismäßig längere Zeit. Handglas erwies sich als viel weniger angreifbar als Maschinenglas.

Die Tatsache, daß der Angriff bei einer bestimmten Feuchtigkeit der Luft besonders stark erfolgt, und die weitere, daß die Temperatur einen sehr großen Einfluß auf die Erscheinung hat, läßt es verstehen, daß die Schäden, welche praktisch beobachtet werden, oft ganz überraschend auftreten, und daß die genaue Ursache oft nicht festzustellen ist. Sie macht es auch begreiflich, daß ein zufälliges, wenn auch starkes Naßwerden einer gepackten Kiste mit darauffolgendem ziemlich raschem Trocknen ohne Einfluß bleiben kann, während andererseits ein längerer Aufenthalt in einem scheinbar trockenen Raum das Glas manchmal zum Blindwerden bringt. Eine Reihe von Beobachtungen weist übrigens darauf hin, daß Glas, welches — ohne sichtbaren Schaden zu leiden — bei solchen Versuchen verwendet worden war, späterhin beim Aufbewahren rasch blind wurde unter Umständen, bei denen das übrige Glas blank blieb. Dieser Befund zeigt, daß eine latente Schädigung eintreten kann, die sich erst später unter sonst ganz unverdächtigen Umständen auswirkt.

Teils zur Reinigung von Beschlägen, teils zur Verbesserung der Oberflächenresistenz ist in vielen, aber nicht allen Tafelglashütten ein Waschen nach der Erzeugung und vor dem Schneiden eingeführt worden. Als Waschflüssigkeit wird in der Regel eine sehr verdünnte Salzsäure gewählt, der manchmal auch etwas Flußsäure zugesetzt wird. Es ist nicht bekannt geworden, daß dieser Waschprozeß kritisch studiert worden wäre. Nur bei Mylius finden wir Anhaltspunkte dafür, daß eine ausgelaugte Glasoberfläche eine deutlich geringere Alkaliabgabe aufweist. Er sagt: „Die Zusammensetzung (des Spiegelglases) läßt erkennen, daß man in der Spiegelglastechnik wenig Wert darauf legt, die Hygroskopizität der Substanz, desto mehr aber die Verwitterung derselben zu beseitigen... Wie leicht ersichtlich, ist dies auf die günstige Zusammensetzung zurückzuführen, welche bei der Extraktion der Substanz die Entstehung dichter, von Wasser schwer durchdringlicher Oberflächenschichten bedingt." Es ist hier klar zum Ausdruck gebracht, daß die Art der Oberflächenschichten und die Extraktion eine wesentliche Rolle spielt. Es ist nicht ganz einerlei, ob man mit reinem, angesäuertem oder flußsäurehaltigem Wasser wäscht. Von stärkerem Einfluß auf den Erfolg ist die Temperatur des Bades und die Dauer der Einwirkung. Der Großbetrieb neigt dazu, überall durch Steigerung der Intensität an Zeit zu sparen. Das läßt sich aber bei von selbst verlaufenden Vorgängen nicht immer machen und besonders dann nicht, wenn man wie im vorliegenden Fall keine genaue Kenntnis der Grundlagen hat, und es deshalb unmöglich ist, auf gesunder Basis Schlüsse zu ziehen. So sind Waschvorrichtungen versucht worden, bei denen das Glas nur durch wenige Minuten berieselt wurde und auf Grund der Mißerfolge mit dieser Methode wurde dann das Waschen als überhaupt zwecklos verlassen. Versuche mit durch mehrere Stunden in lauem Wasser ausgelaugtem Tafelglas ergaben bei der Dämpfprobe in Büchsen sehr günstige Resultate. Hier ist noch mancherlei wissenschaftliche, technologische und betriebsstatistische Arbeit zu leisten, ehe man auf einer sicheren Grundlage weiterbauen kann.

Die im einzelnen oben geschilderten Erscheinungen bei der Verwitterung der Tafelglasoberflächen zeigen immerhin, daß man die Neigung zum Auftreten des Blindwerdens mit der Tiefenwirkung des Wasserangriffs in Verbindung bringen kann. Schon Mylius[1]) hat darauf aufmerksam gemacht, daß die besten Gläser nach einmaliger Behandlung seiner Oberfläche mit Wasser wasserfest werden, keine wesentlichen Alkalimengen bei erneuter Behandlung mit Wasser mehr abgeben. Schlechte Gläser können noch so oft mit Wasser ausgelaugt werden und geben immer wieder erhebliche Alkalimengen, also die fortgesetzte Behandlung greift immer tiefer. Mittlere Gläser stehen in ihrem Verhalten zwischen den genannten Grenzfällen. Mylius gründete auf dies Verhalten seine Klassifizierung. Weiter ist zu beachten, daß die Verbesserung durch Kühleinflüsse nur in der Oberfläche erkennbar wird. Deshalb ist es erwünscht, die Mylius'sche Probe der Oberflächenauslaugung (Bd. I, S. 67) auf Flachglas übertragen zu können. Keppeler[2]) hat hierfür die sog. „Trogmethode" geschaffen, die, wie folgt, ausgeführt wird.

Trogmethode zur Untersuchung von Flachgläsern.

Die Grundlage der neuen Arbeitsweise ist die, daß mit Hilfe von U-förmigen, aus dicken Gummiplatten geschnittenen Gummistücken, gegen die zwei Glasplatten gepreßt werden, ein Trog gebildet wird, der gestattet, die ausmeßbare Oberfläche mit Wasser in bestimmter Zeit zu behandeln und das Behandlungswasser nach der

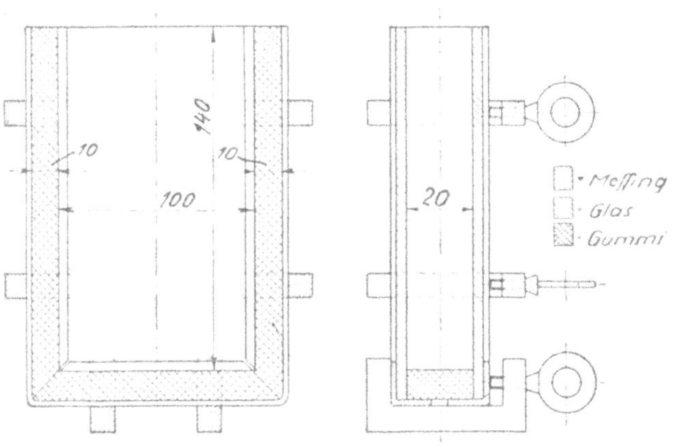

Abb. 721.

Abb. 722.

Einwirkung auf das Glas zu untersuchen. Die beiden Abb. 721 und 722 zeigen die verwandte Einrichtung[3]). Die Platten, die wir für die vorliegende Untersuchung aus dem Glase ausschneiden, sind 12 cm breit und 15 cm hoch. Die U-förmigen Gummistücke sind aus bestem Paragummi ohne lösliches Füllmittel hergestellt. Sie werden vor der Benützung so lange mit heißem Wasser ausgelaugt, bis die Titration nur einen unmerklichen Verbrauch an Säure ergibt[4]). Um den Trog besser zusammensetzen zu können, werden auf beiden Seiten gegen die Platten aus Messingwinkeln zusammengesetzte U-Stücke gelegt. Diese werden mit den Glasplatten durch Klemmschrauben gegen den Gummi gepreßt. Man zieht dabei die Klemmschrauben nur soweit an, daß der Trog dicht schließt. Ehe der Apparat in Benützung genommen wird, läßt man den Trog mit Wasser gefüllt längere Zeit auf einer geeigneten Unterlage stehen.

[1]) Vgl. vor allem: Glastechn. Ber. I, 40 (1923).

[2]) Glastechn. Ber. VI, 78 (1928).

[3]) Die Druckstöcke zu Abb. 721, 722 und 723 wurden von der Deutsch. Glast. Gesellschaft-Frankfurt a. M. in dankenswerter Weise zur Verfügung gestellt.

[4]) Die weiter mit der Methode gemachten Erfahrungen zeigen, daß aus stärkeren Alkalilösungen der Gummi Alkali aufnimmt. Es ist deshalb notwendig, die Gummistücke zwischen Versuchsreihen immer wieder mit reinstem Wasser auszulaugen.

Zeigt sich keine nasse Stelle auf der Unterlage, so kann die Einrichtung in Benützung genommen werden. Der Trog wird nun nochmals ausgespült und mit bestem destilliertem Wasser gefüllt. Da auch bei größter Sorgfalt das destillierte Wasser nicht immer ganz neutral ist, wird das destillierte Wasser vor Beginn des Versuches titriert und der Titer beim Endergebnis berücksichtigt. Nun wird der Trog in einen Thermostaten gesetzt, dessen Temperatur so gehalten wird, daß sich im Innern des Troges 80° einstellen. Zur Verhinderung der Wasserverdunstung gibt man auf die Oberfläche ein kleines Stückchen Paraffin. Nach 3 Stunden wird der Trog aus dem Thermostaten herausgenommen. Hierauf werden mit einer Pipette 50 cm³ dem Trog entnommen und mit $^1/_{100}$ Normal-Schwefelsäure, mit Methylrot als Indikator, titriert. Die erhaltene Menge Alkali wird mit Hilfe der benetzten Oberfläche auf mg je dm² umgerechnet. Diese Zahl in mg ausgedrückt, ergibt nach Mylius den Maßstab für die Einreihung der untersuchten Flachgläser in die hydrolytischen Klassen, deren Grenzwerte Bd. I, S. 68, Zahlentafel 10 wiedergegeben sind.

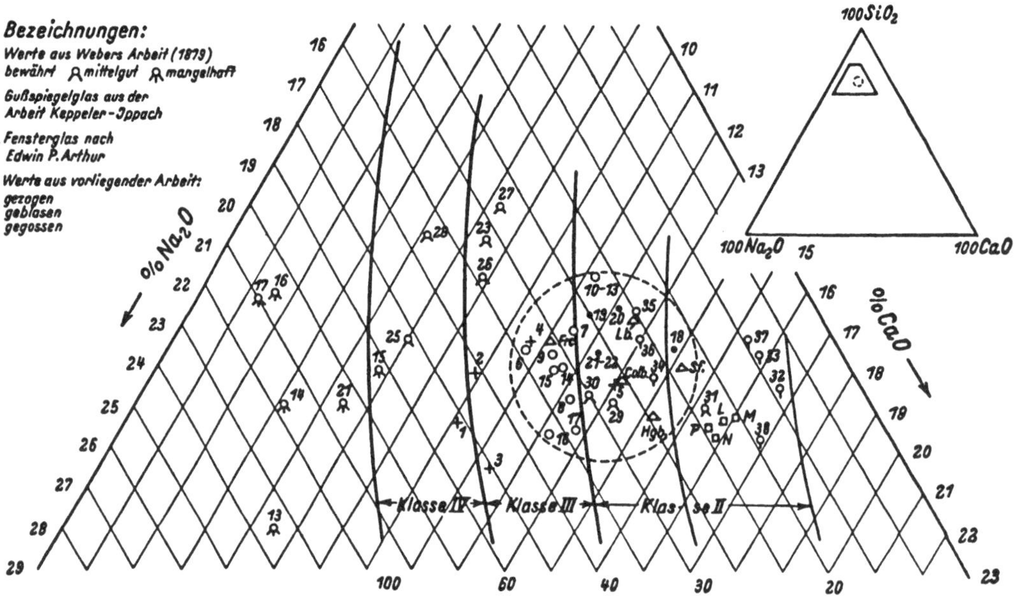

Abb. 723.

Keppeler hat eine Anzahl Flachgläser nach dieser Methode untersucht, die Analysen mit Hilfe des „Isolytensystems“[2]) zur Beurteilung der Brauchbarkeit des Glases herangezogen und mit der Griesmethode die innere Glasmasse geprüft. Die Ergebnisse sind in Zahlentafel 91 zusammengestellt und mit anderen Untersuchungen in das Dreiecksdiagramm der Abb. 723 eingetragen. Um die Lage im Gesamtdreieck zu zeigen, ist dieses in kleinerem Maßstabe daneben gestellt und die im einzelnen dargestellte Fläche durch das kleine Trapez erkennbar gemacht. Die Darstellung zeigt, daß die bewährten Tafelgläser in einem verhältnismäßigen engen Gebiet liegen, das durch den punktierten Kreis umrahmt ist.

Für die Anwendung der Trogmethode können wir sagen, daß Tafelgläser, die, nach oben gegebener Vorschrift untersucht, weniger als 0,120 mg Natron je 100 cm² abgeben, unter normalen Bedingungen der Lagerung und Verpackung vom Blindwerden frei sind.

---

[1]) Sprechsaal **60**, 283 (1927). — Glastechn. Ber. V, 103 (1927/28).

Zahlentafel 91.

Ergebnisse der Trogmethode im Vergleich mit Analyse und Griesmethode.

a) Gezogenes Flachglas. b) Geblasenes Flachglas.

Nummer	1	2	3	4	5	6	7	8	9	10	11	12	13	14	15	16	17
Bezeichnung	Fourcault				Libbey-Owens	altes Fensterglas	Fensterglas N	Fensterglas M	Fensterglas H	Fensterglas A 1	A 2	A 3	A 4	Spiegel NW	S	Brillenglas F	B
Analyse: SiO_2 . . .	69,73	70,40	68,21	72,50	72,15	72,52	72,97	71,90	72,54	74,64		74,60	74,68	71,62	71,73	70,16	70,01
Al_2O_3 . . .	2,13	2,59	2,52	0,90	0,56	0,93	0,60	0,64	0,63				0,56	1,31	1,36	1,24	1,65
Fe_2O_3 . .	0,11	0,11	0,12	0,15	0,12	0,15	0,25	0,16	0,09				0,16	0,07	0,06	0,06	0,08
CaO . . .	9,98	9,80	11,25	10,58	10,64	10,60	11,40	12,07	11,19	10,97		10,97	11,03	11,55	11,41	12,10	11,02 1,83 BaO
MgO . . .	0,10	0,09	0,09	0,11	2,66	0,10	0,09	0,15	0,15				0,13	0,16	0,08	0,08	
Na_2O . . .	17,34	15,76	16,86	15,21	13.45	15,40	14,36	13,64	14,76	13,36			13,26	14,57	13,79	12,12	8,97
K_2O . . .	0,77	1,44	1,11	0,46	0,19	0,37	0,20	1,88	0,62				0,00	0,62	1,59	4,16	6,74
Geschätzte Isolyte .	66	65	58	47	35	47	41	42	43	38	38	38	38	43	43	45	41
Hydrol. Klasse nach Analyse	III/IV	III/IV	III/IV	III	II	III	II/III	II/III	II/III	II/III	II/III	II/III	II/III	II/III	II/III	III	II/III
Auslaugbarkeit nach Griesmethode mg	65	60	58	57	38	55	42	50	55	41	46	46	42	41	41	42	39
Danach hydrol. Klasse	III/IV	III/IV	III/IV	III/IV	II/III	III	II/III	III	III	II/III	III	III	II/III	II/III	II/III	II/III	II/III
Alkaliabgabe n. Trog-meth. mg je dcm^2	0,180	0,125	0,150	0,131	0,018	0,013	0,127	0,155	0,103	0,208	0,190	0,165	0,088	0,092	0,103	0,087	0,025
Danach hydrol. Klasse	IV	III	III/IV	III	II	I	III	III/IV	III	IV	IV	IV/III	III	III	III	III	II

Bemerkung. Nr. 6 ist ein altes, im Gebrauch blank gebliebenes Handtafelglas, das mindestens 12 Jahre in einem nach Südwest gehenden Fenster eingesetzt war.

Gläser, die eine höhere Alkaliabgabe zeigen, können sich ebenfalls noch gut verhalten, aber es besteht hierfür keine Sicherheit, weil, wie oben gezeigt, die Einzelbedingungen starken Einfluß zeigen. Wo die Grenze des absolut Unsicheren liegt, ist ebenfalls nicht bekannt. Wir glauben aber, Gläser mit 0,200 mg und mehr je 100 cm^2 Alkaliabgabe unter allen Umständen für bedenklich halten zu sollen. Dauernder Vergleich zwischen den Erfahrungen der Praxis und den Ergebnissen der Trogmethode wird hier weitere Aufklärung bringen.

4. Rohstoffe und Gemenge für Tafelglas.

Bezüglich der **Rohstoffe für die Gemengebereitung** ist vorauszuschicken, daß diese von erheblicher Reinheit sein müssen, damit der Farbstich des Glases ein heller, dem Halbweiß der Hohlglasindustrie entsprechender bleibe. Insoweit das Tafelglas von Hand aus dem Hafen erzeugt wird, was heute nur für einen sehr kleinen Teil zutrifft, bietet die Wahl der Rohstoffe wenig Schwierigkeiten. Hier kommt mehr der Umstand in Betracht, daß bei den heutigen Arbeitsverhältnissen für das Schmelzen und Abstehenlassen oft nur eine gebotene kurze Zeit erwünscht ist, was auf einzelnen Hütten dazu führt, mit einer unverhältnismäßig großen Scherbeneinlage zu arbeiten.

Beim Wannenbetrieb und insbesondere bei der jetzt fast ausschließlich benützten Maschinenglaserzeugung, welche zu einer dauernden Forcierung des Schmelzbetriebes zwingt, ist besonders in der Wahl des Sandes Vorsicht zu üben, und es kommen nur die leicht schmelzbaren Sorten in Frage. Es ist aus der Analyse der Gläser und dem zulässigen Eisengehalt geschlossen worden, daß für die Tafelglasindustrie auch minderwertige Sande verwendet werden könnten. Dieser Folgerung kann man nicht entgegentreten, wenn der in bezug auf seinen Eisengehalt schlechtere Sand doch einen gut verlaufenden Schmelzprozeß gewährleistet. Für den Kalkstein ist zu fordern, daß er je nach dem Erzeugungsprozeß einer entsprechenden Mahlung zugeführt wird. Bei Hafenofenschmelzen und auch beim Handwannenbetrieb war man der Ansicht, daß allzu fein gemahlener Kalkstein die Läuterung behindert. Man hat deshalb die Mahlung nur so weit getrieben, daß das Material durch das 2-mm-Sieb geworfen werden konnte. Beim Übergang zur Maschinenglaserzeugung hat man dann sehr mit Wollastonitentglasungen zu kämpfen gehabt. Das kommt daher, daß der stetige Fluß des Glases in diesen stark angestrengten Wannen und seine ungestörte Bewegung zu den Maschinen die sich im Schmelzraum bildenden Zonen verschiedener Zusammensetzung in die zur Speisung der Maschinen bestimmten Kammern bringt, wo sie bis zu 1100 ° C, unter Umständen auch noch tiefer abgekühlt werden. An einzelnen kalkübersättigten Stellen setzen sich die Entglasungen an und wenn sie später durch den Glasstrom fortgewaschen werden, treten sie in die Tafel über. Es ist also bei der Maschinenglaserzeugung auch schon bei der Herstellung des Gemenges darauf zu achten, daß die Homogenisierung des Glasflusses möglichst gefördert wird. Weil jedoch der Sand immer in seiner körnigen Beschaffenheit ins Gemenge eingeführt wird, so ist es nicht notwendig, die übrigen Materialien einer allzu weit gehenden Mahlung zu unterwerfen. In Bd. I, S. 172 ist die Korngröße von 200 Maschen je cm^2, d. i. ca. 0,4 mm Durchmesser als ausreichend angegeben worden, während Hermann durch theoretische Überlegungen auf etwa 0,2 mm Durchmesser kommt, wenn der Sand 0,3 mm Korngröße hat[1]).

Neben dem Kalk wird in neuerer Zeit oftmals Magnesia dem Glas zugeführt, zu welchem Zweck meist Dolomit ins Gemenge gegeben wird. Seine Menge ist stets geringer als die des Kalksteins, weshalb für ihn auch eine feinere Mahlung erwünscht ist.

---

[1]) H. Hermann, Sprechsaal **61** (1928), S. 5 u. 24.

Tonerde in der Menge von 1% und darüber wird ins Tafelglas eingeführt, teils weil dadurch billigere Sande verwendbar werden, teils in der Absicht, die Arbeitseigenschaften und die Resistenz zu verbessern. Im zweiten Fall wird meist Feldspat verwendet. Die Maschinenglasindustrie ist dabei vielfach zu ungünstigen Ergebnissen gekommen, weil sie nicht für eine entsprechend feine Verteilung dieses Materials gesorgt hat. Dabei spielt der Umstand eine nicht zu übersehende Rolle, daß viele Feldspatsorten nicht reine Feldspate, sondern Pegmatite sind und als solche einen erheblichen Anteil von Kaolin und ähnlichen Verwitterungsprodukten enthalten, welche zur Klümpchenbildung führen. Scharfes Trocknen und gute Mahlung läßt den genannten Fehler vermeiden. So ist der Gemengebereitung in der maschinellen Tafelglaserzeugung ein ganz besonderes Augenmerk zuzuwenden!

Eine Übersicht über die Analysen von Tafelgläsern gibt die

Zahlentafel 92.

Analysen von Tafelglas verschiedener Herstellung.

	18	19	20	21	22	23	24	25	26	27	28	29	30	31	32
		Handgeblasen			Lubbers	Fourcault							Libbey-Owens		
SiO_2 . .	73,0	72,10	71,34	72,62	71,60	70,64	72,53	73,55	71,56	72,27	72,52	72,32	72,14	70,87	72,55
Al_2O_3 .	—	1,43	1,05	0,30	0,64	0,77	0,54	0,23	0,31	0,30	0,28	0,39	1,06	0,52	0,64
Fe_2O_3 .	—	0,15	0,17	0,09	0,26	0,11	0,22	0,17	0,06	0,10	0,11	0,07	0,15	0,29	0,14
MnO . .	—	Sp.	Sp.	n. b.	—	Sp.	0,23	0,14	0,39	0,19	n. b.	n. b.	0,01	0,05	Sp.
CaO . .	13,5	13,46	12,60	13,02	12,58	10,58	10,40	9,71	11,20	10,06	10,42	10,50	11,24	10,75	12,54
MgO . .	—	Sp.	0,34	0,18	1,07	0,09	0,24	0,40	0,62	2,01	0,27	0,23	2,62	2,42	0,19
Na_2O .	13,5	12,46	13,72	13,20	13,37	17,02	15,21	15,53	15,00	14,31	15,85	16,16	12,60	14,06	13,16
SO_3 . .	—	n. b.	0,70	0,50	0,97	0,78	n. b.	0,45	1,01	0,71	0,67	0,40	n. b.	0,85	0,93

18 Mittlere Zusammensetzung des modernen Spiegelglases nach Zschimmer.
19 Handglas nach Turner, Journ. Soc. Glass Techn. **10**, 81 (1926).
20 Handglas aus Böhmen.
21 Mittel aus 4 praktisch gleichen Analysen von Handglas von Graf.
22 Glas nach Zylinderziehverfahren von Lubbers.
23 Fourcaultglas nach Turner, Quelle wie 19.
24—27 Fourcaultglas aus Böhmen.
28—29 » nach Graf.
30 Libbey-Owens-Glas nach Turner, Quelle wie 19.
31 u. 32 Libbey-Owens-Gläser europäisch.

Zu diesen Analysen sind einige Anmerkungen zu machen. Die mittlere Zusammensetzung des modernen Fensterglases entspricht einer Idealisierung insofern, als sie die Nebenbestandteile nicht berücksichtigt, die in Summe 1—2% betragen. Es erscheint deshalb dort der Kieselsäuregehalt abnorm hoch; man geht nicht gerne über 72% mit diesem Bestandteil hinaus. Ein Blick auf das Na_2O-CaO-SiO_2-Diagramm[1]) zeigt denn auch, daß man bereits mit 72% SiO_2 nahe der Grenze des Cristobalitfeldes ist, wodurch sich die praktische Beobachtung erklärt, daß erhöhter SiO_2-Gehalt leicht zum Auftreten von Entglasungen führt. Richtiger ist es, man nimmt wie bei der Beurteilung nach den Isolyten von Keppeler und Ippach, die für CaO und Na_2O angeführten Zahlen der mittleren Analyse als Richtschnur. Dann kommt man für SiO_2 bzw. die Summe $SiO_2 + Al_2O_3$ zum normalen Wert. Das zeigen auch die Analysen 19—21, von welchen die letzte allerdings schon hoch in der Kieselsäure ist. Der Tonerdegehalt in 20 ist nur der Verwendung eines kaolinhaltigen Sandes zuzuschreiben und nicht der ausgesprochenen Absicht, Tonerde ins Glas zu bringen. Es gibt viele gute Tafelgläser, die nur geringe Mengen Tonerde enthalten und manche Hütte hat

[1]) G. W. Morey und N. S. Bowen, Journ. Soc. Glass Techn. **9** (1925), 226—264.

sich nur aus wirtschaftlichen Gründen dem Kaolinsand zugewendet. Ebenso ist der in der Analyse 22 auffallende Magnesiagehalt kein gewollter, sondern durch den Kalkstein bedingter. Wir ersehen aus diesen Analysen, daß sich das Zylinderziehverfahren noch eng an die Regeln der Handfabrikation gehalten hat.

Mit der Einführung des Ziehverfahrens nach Fourcault trat in dieser Hinsicht eine Wandlung ein. Es zeigte sich, daß hierfür die alkalireicheren Gläser geeigneter sind, und es wurden deshalb bis zum Jahre 1921 allgemein Fourcaultgläser mit etwa 16% Alkali geschmolzen. Die französischen, belgischen und ein Teil der unter ihrem Einfluß stehenden deutschen Hütten haben diese Zusammensetzung beibehalten und das von Turner[1]) angeführte Beispiel entstammt wohl einer solchen. Die von Keppeler mitgeteilten Fourcaultgläser (s. S. 779, Nr. 1—4) sind zwar deutschen Ursprungs, lehnen sich aber stark an das belgische Vorbild an. Es zeigte sich bald, daß man hier zu weit gegangen war, als von allen Seiten Klagen über das Blindwerden des Maschinenglases einliefen. Manche Hütten blieben trotzdem bei dem weichen Satz, um ihre Produktion möglichst günstig zu gestalten; andere suchten eine Annäherung an die alte Handglasanalyse. Die Analysen 23—26 zeigen die Wege, welche dabei eingeschlagen wurden. Bestimmend wirkten in dieser Hinsicht die Arbeiten von Turner[2]) über die Verbesserung der Eigenschaften von Gläsern durch Einführung von Magnesia. Es waren insbesonders die Mühligschen Glashüttenwerke in Böhmen, die als erste mit Erfolg die Erzeugung eines beständigeren Fourcaultglases versuchten.

Bei den nach dem Libbey-Owens-Verfahren hergestellten Maschinengläsern zeigt sich eine weitgehende Annäherung an die Zusammensetzung des Handglases. Der Unterschied der beiden Ziehprozesse (F. Glasdurchgang durch Düse; L.-O.-Spinnen aus freier Glasfläche) gestattet und fordert für Libbey-Owens-Glas höhere Zähigkeit. In L.-O.-Gläsern wurden schon vor dem Bekanntwerden der Turnerschen Arbeiten erhebliche Mengen Magnesia (bis zu 5%) gefunden, damals wohl nur eine Folge der Verwendung dolomitischen Kalksteins. Seither zeigen auch die Libbey-Owens-Gläser meist nur Gehalte von 2—3% Magnesia. Vgl. Zahlentafel 91.

Die Gemenge für das Handglas werden teils mit Soda, teils mit Sulfat zugerichtet. Die Maschinenglasbetriebe bevorzugen die Sodagemenge, doch schmelzen manche Hütten auch mit halb Soda halb Sulfat.

Die folgende Zahlentafel enthält einige Beispiele solcher Gemenge[3]).

Zahlentafel 93.

Gemengesätze für Tafelglas.

	1		2		3		4		5		6	
		auf 100 Glas		auf 100 Glas		auf 100 Glas		auf 100 Glas		auf 100 Glas		auf 100 Glas
Sand	1000	72,59	1000	73,03	1000	72,65	1000	71,43	1000	73,27	1000	72,97
Kalkstein	330	23,96	330	24,10	256	18,60	256	18,29	250	18,32	170	12,40
Dolomit	—	—	—	—	—	—	—	—	—	—	130	9,49
Soda	320	23,33	—	—	200	14,53	240	17,14	360	26,38	330	24,08
Sulfat	10	0,73	420	30,67	266	19,33	266	19,00	30	2,20	30	2,19
Koks	—	—	25	1,83	18	1,31	18	1,31	1,5	0,11	1,5	0,11
Braunstein	1,5	0,11	1,5	0,11	—	—	—	—	1,5	0,11	1,5	0,11

1 und 2 entsprechen dem normalen Handglas,
3 und 4 sind Sätze belgischer Fourcaultbetriebe,
5 und 6 entsprechen böhmischen Fourcaultbetrieben.

[1]) Turner, Journ. Soc. Glass Techn. **10** (1926) 81. — [2]) W. E. S. Turner, Glastechn. Ber. **5** (1927), 4. — [3]) Siehe Band I, S. 216 und 217.

Bei diesen Gemengevorschriften sind die Scherbenmengen nicht angegeben. Die Ansichten über Menge und Verwendung der Scherben sind nicht einheitlich. Während in den meisten Betrieben die Tafelglasscherben, wie sie sind, auf den Schmelzhaufen gebracht werden, wird von anderer Seite eine Mahlung befürwortet. Ebenso schwankende Meinungen sind bezüglich der zulässigen Scherbenmenge verbreitet. Hier wird $1/3$ bis $1/2$ des Sandgewichts verteidigt, dort auf eine Kelle Gemenge eine Kelle Scherben eingelegt. Besonders für die Maschinenglaserzeugung sind diese Fragen wichtig, es ist aber fraglich, ob eine für alle Fälle richtige Antwort zu finden ist. Jedenfalls ist eine Klärung der Ansichten im Interesse der Industrie von größter Bedeutung.

II. Erzeugung des Handglases.

Arbeitsweisen. Das Handglas ist allgemein betrachtet durch das Maschinenglas fast vollkommen verdrängt. Immerhin bleibt vorläufig seine Bedeutung für die Herstellung von Spezial-Flachgläsern aller Art.

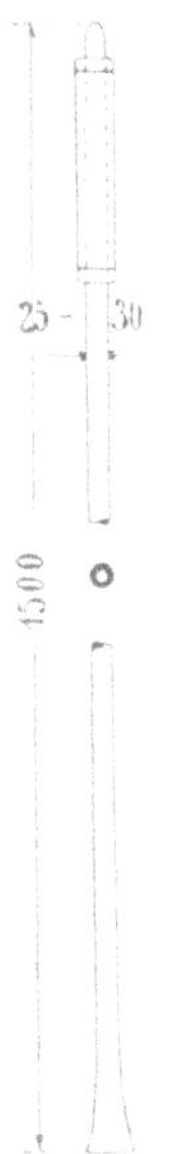

Abb. 724.

Alles Handglas wird zunächst als Hohlglas erzeugt. Die verwendeten Pfeifen (Abb. 724) sind stärker als in der übrigen Glasindustrie, weil damit Posten von 20—25 kg aufgenommen werden müssen. Dieses Aufnehmen geschieht durch wiederholtes Eintauchen der Pfeife in die zähflüssige Glasmasse, in welche Arbeit sich der Lehranfänger und der Anfänger teilen. Der Lehranfänger bildet durch Aufnehmen von Glas und leichtes Blasen zunächst ein Külbel, das er etwas erkalten läßt, um dann wiederholt Glas aufzunehmen. Dabei sorgt er durch Drehen des Postens in der hölzernen oder eisernen Motze (Abb. 725) dafür, daß das Glas gleichmäßig verteilt ist. Dann übergibt er die Pfeife dem Anfänger, der das letzte Mal Glas aufnimmt, so daß die Glasmenge für die Herstellung der Walze genügt. Ist das Glas auf dem Trog genügend abgestanden, so nimmt der Glasmacher seine Arbeit auf und macht die Glasmasse auf der Pfeife mit der Gabel (Abb. 726), dem Abzieheisen fest. Die weiteren Operationen sind nun je nach der Arbeitsweise verschieden.

Abb. 725.

Abb. 726.

Bei dem Arbeiten nach belgischer Art — das heute fast allein noch in Betracht kommt — legt er den Posten auf den ersten Stock, den Wälzstock, der aus Holz oder Gußeisen sein kann, um das Glas zu runden und zu verteilen. Dann bläst er die Glasmasse etwas auf, um sie von der Pfeife etwas abzulösen, und bringt den

Abb. 727.

Abb. 728.

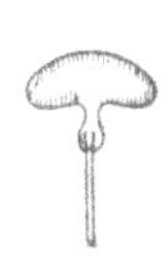
Abb. 729.

Abb. 730.

Abb. 731.

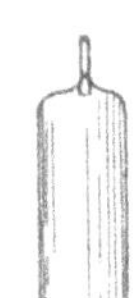
Abb. 732.

Posten in den Kugelstock, wo er ihn zu einer kugelförmigen Blase aufbläst. Der Durchmesser des Kugelstocks entspricht dem Durchmesser der Walze, welche angefertigt werden soll. Die Hauptmenge des Glases befindet sich gegen den Boden zu. Von dort wird im weiteren Verlauf das Glas für die Wandung der Walze genommen. Bei der Arbeit nach deutscher oder böhmischer Art (Abb. 727—732) wird der Posten ohne

Zuhilfenahme des Wälzstockes und ohne den Kugelstock durch Drehen und Aufblasen bis auf den entsprechenden Durchmesser gebracht (Abb. 727) und erhält dann die Form (Abb. 728) durch Schwenken der Pfeife, so daß die Glasmasse über den Kopf des Arbeiters kommt und so abgeplattet wird. Durch rasches Senken nimmt dann die Glasmasse die Form (Abb. 730) an. Diese verschiedenen Arbeitsweisen sind vor allem dadurch bedingt, daß beim Arbeiten nach belgischer Art die Länge der Walze auch der größeren Abmessung des fertigen Blattes entspricht, während bei der deutschen und böhmischen Art die Länge des Blattes dem Umfang der Walze entspricht.

Zur Fertigstellung der Walze muß der Glasmacher den Posten wiederholt einwärmen. Bei der Arbeit nach belgischer Art geschieht das an der Arbeitsöffnung der Wanne, sonst aber — und das ist der gewöhnliche Fall — in der sog. Trommel. Die Trommelöfen sind grundsätzlich den Auftreiböfen gleich (Bd. I, S. 480—481), doch größer in den Abmessungen. Die vordere Öffnung hat einen lichten Durchmesser von etwa 70 cm. Sie ist mit einem Schirm zum Schutze gegen die strahlende Wärme, wenn der Glasmacher gerade nicht an der Trommel arbeitet, versehen. Ferner ist eine Auflage vorhanden, damit der Glasmacher seine Pfeife stützen kann, wenn er den Posten in der Trommel anwärmt. Die Arbeit an der Trommel und das damit abwechselnde Schwenken erfordern viel Platz, weshalb die Trommelöfen immer in entsprechender Entfernung von dem Hauptofen aufgestellt werden müssen.

Nach dem Anwärmen an der Arbeitsöffnung oder in der Trommel sucht der Bläser den Posten der gewünschten Zylinderform näher zu bringen, wärmt dann den Posten wieder an und fährt in seiner Arbeit fort, bis der einstweilen unten noch halbkugelig geschlossene Zylinder fertig ist. Nun bläst er nochmals in die Pfeife, verschließt sie mit seinem Daumen und hält den Walzenkopf so lange vor die Trommel, bis durch die Erweichung des Glases und die Ausdehnung der Luft der Kopf durchbricht. Das geschieht immer in Form eines Loches von 1—2 cm Durchmesser in der Mitte. Der Bläser kann durch Anwärmen, Drehen und Schwenken dieses Loch so erweitern, daß der Zylinder nach unten gerade ausläuft. Er läuft aber dabei Gefahr, daß dadurch ein schwacher Rand entsteht. Um das zu vermeiden, wird entweder vor dem Aufblasen ein kleiner Posten Glas angesetzt oder das Loch mit der Schere ausgeschnitten oder mit einem Stück Holz erweitert.

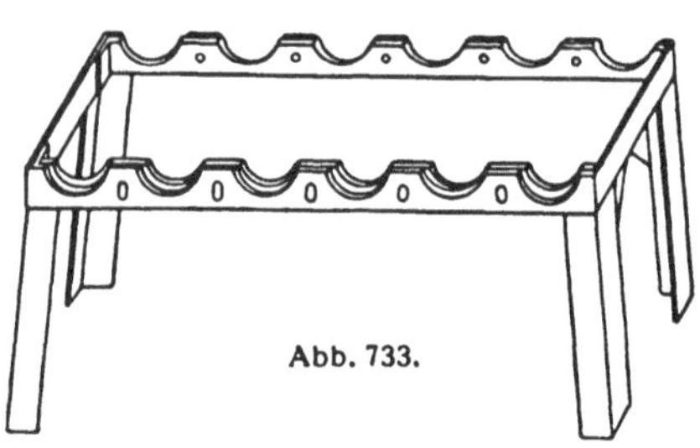

Abb. 733.

Die nun fertige Walze wird auf das Walzengestell, das sog. „Schaff" (Abb. 733), gelegt und von der Pfeife abgetrennt. Das geschieht durch Umlegen eines Glasfadens und darauffolgendes Berühren mit einem kalten Eisen, dem Schremmer, oder mit einem glühend gemachten Absprengeisen (Abb. 734). Endlich wird die Walze der Länge nach aufgesprengt und ist nun für die Streckhütte bereit, in der sie zur ebenen Tafel ausgebreitet wird.

Abb. 734.

Öfen. Die Tafelglasfabrikation kann an Hafenöfen und an Wannen erfolgen. Der Hafenofenbetrieb ist für normales Tafelglas heute bereits nur noch für Farbglas von Bedeutung, weshalb bezüglich der Einzelheiten auf die 1. Auflage dieses Werkes verwiesen und hier nur folgendes erwähnt sei.

Man baut solche Hafenöfen mit 10 und mehr Häfen und weist einen Hafen einem oder zwei Bläsern zu. Danach richtet man den Inhalt ein. Man rechnet pro Bläser und Stunde 6 Walzen als untere Grenze. Aus der Größe der Walzen ergibt sich das für die Arbeit notwendige Glasgewicht, wobei man für das Glas der Kappen und Näbel, das im Kreislauf bleibt, 60—100% zuschlagen muß. Die diesbezüglichen Angaben gehen weit auseinander. Als Kohlenverbrauch wird 18,4 kg Kohle von 7500 WE pro m² Tafelglas angegeben, wobei dieser zu 6 kg gerechnet ist. Die Trommeln werden bei den Hafenöfen meist an den Ofen angebaut, wie in Abb. 358—362 (Bd. I, S. 480/481), können aber auch wie bei den Wannen getrennt vom Schmelzofen sein. Über den Wärmebedarf siehe Bd. I, S. 383. Ferner sind die Angaben und Betriebszahlen, die Maurach im diesbezüglichen Bericht der W.B.G. veröffentlicht hat, richtig. Das Wesentliche findet sich in Zahlentafel 94 zusammengestellt [1]).

Zahlentafel 94.

Betriebsangaben über Häfenöfen für Tafelglas

nach dem W. B. G.-Bericht: „Glasschmelzhäfenöfen mit Regenerativ-Fassung" (Frankfurt, Selbstverlag d. W. B. G. 1926).

Bezeichnung der Öfen im Original	Büttöfen		Schlitzöfen							Oberflammöfen
	B_{28}	B_{32}	S_4	S_6	S_9	S_{10}	S_{12}	S_{13}	S_{17}	O_5
Herdfläche . . m²	16,7	27,6	13,2	15,0	19,6	20,1	22,2	23,1	33,1	22,7
Anzahl der Häfen .	8	8	6	6	8	8	8	8	8	8
Fassung je Hafen Liter	730	790	691	666	666	690	750	680	948	780
Gesamthafenspiegel in % d. Herdfläche	53,3	35,0	44,7	43,6	44,7	39,2	48,5	36,0	37,2	46,3
Geschmolzenes Glas je Schmelze . . kg	7020	9800	2810	5965	6750	4200	9600	8475	7360	6030
Anzahl der Schmelzen im Monat . .	17	17—18	17	18	18	18	17	18	20	21
Kohlenverbrauch [1]) je kg geschmolzenen Glases	—	1,41	2,94	1,87	1,97	2,49	2,52	1,62	1,62	1,98

[1]) Auf Steinkohle mit 7000 WE umgerechnet.

Bei den Wannenöfen für Handbetrieb ist zunächst notwendig zu entscheiden, ob man mit oder ohne Trommel arbeiten will. Im letzteren Fall, der in Belgien vielfach üblich ist, kann entweder eine Öffnung an der Wanne sowohl zum Aufnehmen des Glases als auch zum Einwärmen der Walzen dienen, oder es kann das Anfangsloch und das Arbeitsloch an der Wanne getrennt sein. Jedenfalls ist das Arbeiten ohne Trommel ein langsameres, nicht nur weil der Lehranfänger, der Anfänger und der Bläser sich im Gebrauch des Arbeitsloches ablösen müssen, sondern auch, weil — mit Rücksicht auf die Bedürfnisse des Bläsers beim Einwärmen der Posten — die Feuerführung eine andere sein muß, so daß das Glas heißer ist und damit das Anfangen erschwert. Beim Arbeiten mit der Trommel kann das Glas steifer gehalten werden, die Arbeitslöcher sind nicht so stark besetzt. Man kann dann jedem Anfänger und jedem Lehranfänger 1 Arbeitsloch zuweisen und den Schwengeljungen 1 oder 2.

An den Trommeln arbeiten je 2 oder auch 3 Bläser, denen 3 oder 4 Gehilfen beigegeben sind. Der Kohlenverbrauch der Trommeln ist ein bedeutender (s. Bd. I, S. 383).

Für die Bemessung der Wannenöfen rechnet man teils mit der gesamten Schmelzfläche, teils nur mit dem zwischen Einlegloch und dem letzten Brenner befindlichen Teil. Als Leistung nimmt man im ersten Fall 200—300 kg für den m² und 24 Stunden an, im letzteren 300—400 kg an, gerechnet als verpacktes Glas. Der für Abfallglas

[1]) Vgl. auch Turner, Developement of Glassmelting-Furnaces, Journ. Soc. Glass Techn. XI, 1927, S. 305.

vorzusehende Zuschlag zum verpackten Glas ist bei der Wanne nur mit 30—50% in Rechnung zu setzen, weil das im Hafen verbleibende Restglas hier nicht vorkommt.

Über Schmelzleistung, Kohlenverbrauch usw. von Tafelglas-Wannen gibt der diesbezgl. W.B.G.-Bericht sehr gute und eingehende Auskunft. Das Wesentliche aus diesen Zahlen ist in Zahlentafel 95 zusammengestellt. Vom ofentechnischen Standpunkt vergleiche man die entsprechenden Zahlen im 13. Kapitel: Flaschenglas.

Zahlentafel 95.

Betriebsangaben über Wannenöfen für Tafelglas

nach dem W. B. G.-Bericht: „Glasschmelz-Wannenöfen"
(Frankfurt, Selbstverlag der W. B. G. 1927).

Tafelglasdauerwanne lfd. Nr. nach W. B. G.	T_1	T_2	T_3	T_4	T_5	T_6	T_7	T_8	T_9	T_{10}
Gesamte Herdfläche . . m²	22,0	63,00	65,20	66,00	70,00	70,50	72,00	74,00	80,00	82,60
Beheizte „ . . m²	12,2	33,00	44,00	52,00	34,50	43,00	43,20	43,00	44,00	54,00
Glasstand . . . . m	1,00	1,15	1,50	1,50	1,50	1,20	1,20	1,20	1,20	1,20
Spez. Schmelzleistung t Glas/m² 24 Std.	0,14	0,44	0,32	0,51	0,44	0,35	0,52	0,31	0,45	0,59
Kohleverbrauch t Kohle/t Glas	1,56	0,82	0,72	0,58	0,77	0,69	0,66	—	0,75	0,35
Tagesleistung t Glas/24 Std.	3,00	14,50	14,00	26,50	15,30	15,00	22,50	13,30	20,00	31,90

Tafelglasdauerwanne lfd. Nr. nach W. B. G.	T_{11}	T_{12}	T_{13}	T_{14}	T_{15}	T_{16}	T_{17}	T_{18}	T_{19}	T_{20}
Gesamte Herdfläche . . m²	84,00	86,80	93,00	103,00	113,50	119,70	127,00	154,00	161,00	290,00
Beheizte „ . . m²	49,50	41,80	49,50	56,40	61,00	66,70	76,50	81,20	74,50	148,00
Glasstand . . . . m	1,28	1,20	1,15	1,20	1,20	1,50	1,35	1,20	1,30	1,47
Spez. Schmelzleistung t Glas/m² 24 Std	0,63	0,39	0,36	0,51	0,52	0,41	0,63	0,60	0,58	0,34
Kohleverbrauch t Kohle/t Glas	0,55	0,96	0,75	0,88	0,55	0,52	0,57	0,53	0,77	0,53
Tagesleistung t Glas/24 Std.	31,00	16,20	18,00	28,50	32,00	27,00	48,00	48,30	43,00	50,00

Streckofenbetrieb. Die in der Hütte fertiggestellten und gesprengten Walzen werden nach Bedarf mittels Hängebahn in die Streckhütte gebracht.

Dort werden sie vor dem Streckofen erst angewärmt, dann auf dem Streckstein bis zu einem solchen Grad der Weichheit erhitzt, daß sie sich aufrollen und schließlich gestreckt werden können, worauf sie in den Kühlkanal kommen.

Der Streckofen ist in Bd. I, S. 515—517, und durch die Tafeln XV und XVI beschrieben.

Die mit Holzklammern versehenen Walzen müssen durch Abwischen mit reinen Tüchern gesäubert werden. Ein Anfassen der Walzen mit unsauberen, schweißigen Händen ist zu vermeiden, weil sonst die Scheibe fleckig wird. Der Streckjunge legt eine Walze auf die Drehvorrichtung und dreht den Reif um eine Walzenlänge. Nun schließt er die Blechtüre vorn am Ende des Walzenkanals. Wenn die Walze genügend vorgewärmt ist, wobei die Holzklammern verbrennen, nimmt der Strecker das heiße Streckeisen, Krappen genannt, und legt damit die Walze auf den Streckstein. Hier wird sie schnell weich, so daß sie leicht auseinandergebogen und zu einer ebenen Platte ausgebreitet werden kann. Darauf nimmt der Strecker eine eiserne Stange mit zugespitztem Ende, worauf ein Stück weiches Holz, das Polierholz, Bügelholz, gesteckt wird (Abb. 735). Am besten nimmt man dazu Erlen-, Weiden- oder Pappelholz. Dieses Holz muß immer naß sein, weshalb es in einem mit Wasserzu- und -ablauf versehenen kleinen Bassin bereit steht. Die äußere Walzenseite kommt dabei auf

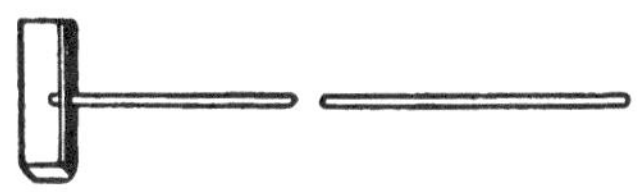

Abb. 735.

Abb. 736.

den Stein zu liegen und wird „Lagerseite" genannt. Sie ist etwas rauher als die obere glatte oder „Glanzseite".

Nach Beendigung dieser Arbeit wird der Streckwagen mit der polierten Scheibe in den Kühlofen gestoßen und gezogen. Dann nimmt der Streckergehilfe die Scheibe auf die Tafelgabel (Abb. 736), deren langer Stiel auf der Rolle in der Tür des Kühlofens leicht hin- und hergeschoben werden kann, und legt sie behutsam auf das Rahmenwerk im Kühlkanal. Mittlerweile ist bereits eine neue Walze vorgewärmt worden, und der Strecker beginnt von neuem.

Für den Betrieb des Streckofens sind eine Reihe von Regeln zu beachten. Vor allem soll das Feuer rein sein, damit die Tafeln ohne teerigen Belag bleiben. Man hat deshalb in manchen Fällen Muffelstrecköfen gebaut. Vor der Inbetriebsetzung muß der Ofen in allen Teilen sorgfältig gereinigt werden. Die Gewölbesteine müssen mit gutem feinem Mörtel dicht aneinander gerieben werden, weil sonst der Mörtel aus den Fugen rinnt, wodurch Fehler im Glas entstehen. Auch während des Betriebes ist der Ofen in allen Teilen rein zu halten. Etwa sich bildender Ruß, welcher bei fehlerhafter Bedienung und zu kaltem Gang entsteht, muß in der Pause beseitigt werden. Bei dem Auftempern sollen die Geleise beobachtet werden. Zwischen den Schienen muß so viel Spielraum sein, daß sie sich ausdehnen können, ohne aneinander zu stoßen. Die Blechschieber müssen sich willig bewegen lassen, und es muß da beim Antempern evtl. nachgeholfen werden. Während des Antemperns müssen die Strecksteine vorbereitet und ebenfalls rechtzeitig angewärmt werden.

Neue Strecksteine müssen zuerst gerichtet und abgeschliffen werden. Zu diesem Zweck dient die in Abb. 737 und 738 dargestellte Vorrichtung. Der Sandstein 1 wird

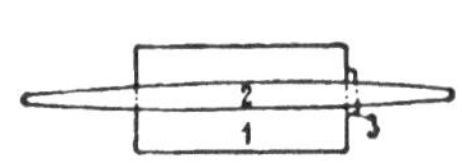

Abb. 737.

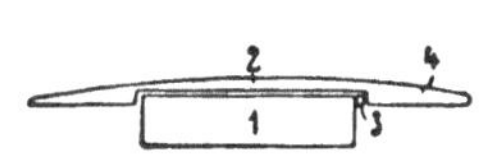

Abb. 738.

mittels Keils *3* an das Richtholz *2* festgekeilt. Die Reibsteine müssen in verschiedenen Größen vorhanden sein und dazu die passenden Richthölzer. Der Streckstein wird nun mit der rauhen Fläche nach unten auf einen starken Bock gelegt. Er muß fest und genau horizontal liegen. Dann wird mit einem Richtscheit die Oberfläche des Steins genau untersucht. Die höheren Stellen werden bezeichnet, angefeuchtet und mit dem Reibstein abgeschliffen. Man setzt diese Arbeit fort, bis man eine ganz ebene Fläche erhält. Dann wird der Stein abgebürstet, mit einem feuchten Lappen abgewischt und poliert.

Das Polieren der Strecksteine erfolgt in 3 Perioden:

1. Auftrag. 1 l Kaliwasserglas wird mit $\frac{1}{2}$ l reinem Wasser aufgekocht. Diese Lösung streicht man mit einem Pinsel gleichmäßig und sehr dünn über die Oberfläche des Strecksteins, so daß die Poren und feinen Haarrisse damit ausgefüllt werden.

Am besten geschieht das durch Einreiben der Politur mit dem Ballen der Hand. Nachher reibt man die ganze Steinfläche noch mit einer Glasscheibe.

Wenn nun die Oberfläche getrocknet und die Lösung erhärtet ist, wird sie wieder mit feinem Sand und dem Reibstein abgeschliffen, bis wieder die reine Schleiffläche erscheint und die Politur nur noch die Poren und Haarrisse ausfüllt.

2. Auftrag. Hierzu verwendet man eine Aufkochung von ½ l Wasserglas mit ½ l Wasser, in welche man 100 g gebrannten und 200 g ungebrannten, feuerfesten Ton einrührt. Diese Tone müssen gemahlen und durch ein Leinentuch gebeutelt sein. Man füllt dieser Mischung unter ständigem Umrühren so viel Wasser zu, bis sie sich leicht mit dem Ballen der Hand auf der wohlgereinigten Oberfläche des Strecksteins verreiben läßt. Hierauf wird nach dem Abtrocknen wieder geschliffen, aber nur so lange, bis noch eine zarte Haut dieses letzten Auftrags auf dem Streckstein verbleibt.

3. Auftrag. Dieser wird so wie der zweite gemacht. Nur poliert man nun nur noch mit mehlartigem Sand und mit einem weichen Reibstein so lange, bis die Oberfläche wie ein blanker Spiegel erscheint. Man poliert dann mit einem Stück Speckstein nach und spannt den Streckstein auf den Streckwagen, um ihn schließlich im Wechselofen anzuwärmen.

Zur Erhaltung der Politur des Strecksteins empfiehlt es sich, ihn im Ofen alle 24 Stunden mit einem weichen Sandstein nachzupolieren.

Der Streckstein muß im Wechselofen so lange verbleiben, bis er die Temperatur desselben angenommen hat, wozu etwa 6—8 Stunden erforderlich sind. Dann wird er für einige Minuten in den Überlegeofen gebracht, wieder zurückgezogen und dieses Spiel bei immer längerem Verweilen im Überlegeofen wiederholt, bis er dessen Temperatur angenommen hat. Schließlich wird er in ähnlicher Weise bis zur Hitze des Streckofens erwärmt.

Bei richtiger Behandlung der Strecksteine kann die Politur derselben 2—3 Monate halten, bis die Oberfläche anfängt, Duppern zu bekommen. Dann muß sie von neuem poliert werden.

Die aus dem Streckofen kommenden Blätter werden in vielen Hütten noch einem Waschprozeß unterworfen, gewöhnlich mit schwach angesäuertem Wasser, z. B. 3 l Salzsäure auf 100 l Wasser. Manchmal wird auch noch etwas Flußsäure zugesetzt. Diese Manipulation kann in Waschmaschinen vorgenommen werden, geschieht aber in der Regel so, daß die Tafeln auf pyramidenförmige Holzgestelle abgestellt werden und nun mit diesen in ein Bassin mit der warmen Waschflüssigkeit gesenkt werden. Nach dem Herausnehmen trocknen die Tafeln infolge ihrer höheren Temperatur rasch von selbst ab.

Fehler und Sortieren. Die gestreckten und gewaschenen Glastafeln werden beim Übergang in die Schneidstube sortiert. Es zeigen sich dabei alle Fehler, welche im Verlauf des Werdeganges unterlaufen sind. Von diesen sollen hier nur erwähnt werden:

Fehler der Schmelze bzw. des Ofenganges. Es treten Steine auf, welche entweder aus Schamotte oder aus unverschmolzenen Gemengeteilen oder endlich aus Entglasungen bestehen (s. Bd. I, S. 231).

Gispen, die ihre Ursache in der Feuerführung haben können oder wenigstens durch diese bekämpft werden müssen.

Blasen, die entweder von organischen Substanzen kommen, welche auf irgendeine Weise in die Schmelze gelangten oder häufiger von Eisenteilen, welche in die Wanne gefallen sind (Bd. I, S. 230).

Schlieren, Winden, Rampen, verursacht durch Tonglas von dem Wannenbaumaterial, den Ringen usw. (Bd. I, S. 231).

Fehler des Glasmachers. Hier soll über die Form der Walzen näheres gesagt werden. Zylindrische oder konische Walzen lassen sich im Streckofen zu ebenen Flächen abwickeln. Eingezogene oder überblasene Walzen lassen sich nicht richtig strecken und geben faltiges Glas. Dadurch entsteht viel Bruch beim Transport der Tafeln und beim Schneiden. Walzen mit ungleichmäßiger Wandstärke geben Anlaß zum Verbrennen der Tafeln im Streckofen, weil die dünnen Stellen früher erweichen als die stärkeren.

Streckfehler. Durch unrichtige Feuerführung im Streckofen sowie durch falsches Hantieren entstehen auch beim Strecken Fehler. Zu große Hitze oder ungleichmäßige Erhitzung geben verbranntes Glas. Rußiges Feuer führt leicht zu einem teerigen Belag, der schwer zu entfernen ist.

Unreine Scheiben erschweren dem Schneider das Glasschneiden.

Die Schneidstube. Die Schneidstube oder der Schneidsaal muß hell sein und es dem Schneider ermöglichen, das vor ihm liegende Blatt mit einem Blick zu übersehen, damit er es in der günstigsten Art zerlegen kann. Er beurteilt dabei das Blatt im reflektierten Licht in ähnlicher Weise, wie wir es bei den S. 768 u. 769, Abb. 715 bis 718 getan haben, und es kommt ihm dabei jedes passende, von ihm in der Scheibe gesehene Objekt sehr zu Hilfe. Es empfiehlt sich deshalb, die großen Fensteröffnungen durch eiserne Fenster mit kleinen Scheiben zu verschließen, weil deren Rahmen zweckdienlich sind. Auch die Aussicht auf Gebäude, Dächer usw. ist günstig. Diese Verhältnisse sind fast immer gegeben, wenn wie gewöhnlich die Schneidstube im Erdgeschoß liegt. Es kommen aber auch Fälle vor, in denen der Schneider keine höheren Objekte vor sich liegen hat. Dann ist es wichtig, ihm dafür Ersatz zu schaffen, sei es durch die entsprechend geteilten Fensterrahmen allein, sei es durch Hinzufügung von anderen Objekten, gespannten Drähten, Stangen usw.

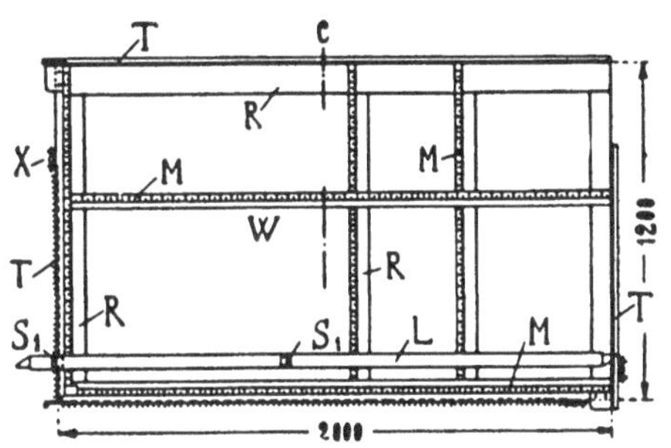

Abb. 739. Aufsicht.

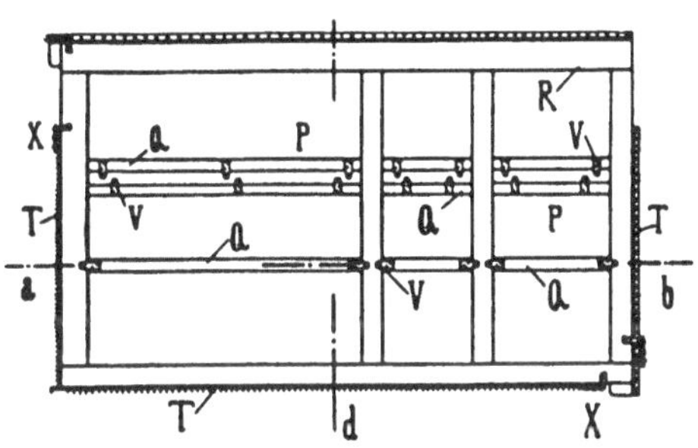

Abb. 740. Ansicht von unten.

Soll gar wie in einzelnen Fällen in der Erzeugung von Maschinenglas auch der Schneidbetrieb in mehreren Schichten, also auch bei Nacht, aufrechterhalten werden, so ist die Beleuchtungsfrage mit besonderer Sorgfalt zu studieren. Die Helligkeit des Raumes muß immer eine genügende sein, um das Hantieren ohne Beschwerde zu gewährleisten. Daneben aber muß, sei es durch entsprechende Zeichnungen an der Decke oder durch andere Mittel, dem Glasschneider Ersatz geschaffen werden für die nun fehlenden Beobachtungshilfen. Jedenfalls sind für solche Zwecke einzelne offene Lichtquellen, auch wenn sie den übrigen Forderungen der Beleuchtung entsprechen, ganz unzweckmäßig, weil deren Spiegelbilder immer wieder in das Gesichtsfeld des Schneiders kommen und ihn unfähig machen, das zu sehen, was er sehen soll. Die Lichtquelle muß für den Beseher verdeckt sein. Daran ändert sich auch dann nichts, wenn eine sog. Tageslichtlampe in Verwendung gebracht wird. Hier liegt eine im Interesse der qualitativen und quantitativen Leistung des Glasschneiders wichtige Angelegenheit vor, die unbedingt eine Beratung durch einen

Fachmann der Beleuchtungstechnik erfordert und nicht durch den Installateur im Verein mit dem Glasschneider zu einem befriedigenden Abschluß gebracht werden kann.

Die Abb. 739—742 zeigen die Einrichtung des Schneidtisches. Auf einem entsprechend hohen Gestell liegt die Schneidtischplatte. Ein festliegender, eicherner Rahmen R mit Zwischenhölzern teilt die Tischplatte in sechs verschieden große Felder P, die durch zusammengeleimte Bretter (Panneaux) ausgefüllt werden. Mit Hilfe der Stellschrauben V, die durch kleine Eisen an dem Rahmen Q (Ansicht von unten) befestigt sind, können diese 6 Felder in ihrer Höhenlage so verstellt werden, daß die zu schneidende Glastafel sich an dem aus Metall bestehenden Meßstreifen M und dem daneben liegenden Flacheisen W nicht stößt.

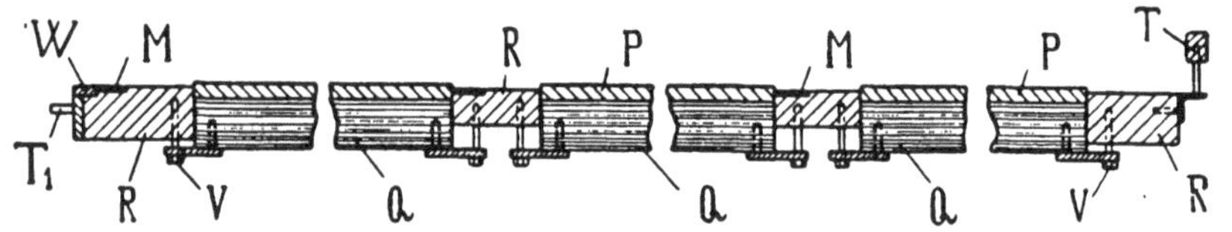

Abb. 741. Längsschnitt a—b (vergrößert).

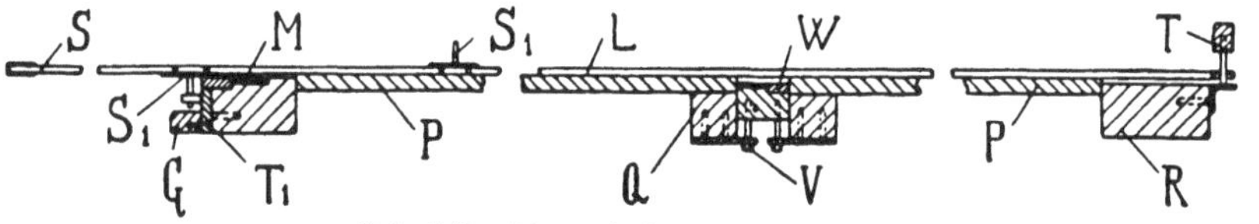

Abb. 742. Längsschnitt durch Lineal L

An den vier Seiten des Schneidtisches sind Taquets T und T_1 angebracht. Die Taquets T bestehen aus Winkeleisen und einer Holzleiste, die durch etwa 3 cm lange runde Stifte in Abständen von 20 mm miteinander verbunden sind. Die Taquets T_1 bestehen aus Flacheisen, an welche ebenfalls in 20 mm Abstand viereckige Stifte eingenietet sind. Flacheisen und Winkeleisen dieser Taquets sind mit Hilfe von Schrauben und länglichen Löchern derart an dem Rahmenwerk befestigt, daß sie mit Hilfe von Stellschrauben X verstellt werden können; dies ist notwendig, um die Glastafel genau winkelig zu schneiden.

Das hölzerne Lineal L hat auf jeder Seite einen Stift S_1 und läuft an den Enden in eiserne Spitzen aus. Die Spitzen fassen zwischen die runden Stifte der Taquets T, die Stifte S_1 zwischen die viereckigen Stifte der Taquets T_1, und zwar die einen beim Querschneiden, die anderen beim Längsschneiden. G ist eine hölzerne Schutzleiste.

Vielfach werden Schneidtische benutzt, deren Tafel ein einfacher Holzrost ist, durch welchen Scherben und Splitter hindurchfallen, so daß sie die aufzulegende Tafel nicht durch Kratzen beschädigen können. Zu jedem Schneidtisch gehört ein Scherbenkasten, der gegebenenfalls zwecks Bemessung der Prämie gewogen wird.

Als durchschnittliche Leistung eines Glasschneiders kann man 250 m^2 pro 8stündige Schicht annehmen. Das geschnittene Glas wird vom Schneider nach Maßen geordnet abgestellt, um dann den Aufträgen entsprechend zum Packen in den Packraum befördert zu werden. Dementsprechend ist der Schneidsaal oftmals so groß angelegt, daß darin längs der Fensterfront die Schneidtische aufgestellt sind und hinter diesen noch Platz für die Sortierung und Verpackung und teilweise auch für die Lagerung ist.

Abb. 743 und 744 geben das Schema eines nach zwei Seiten freistehenden Schneidsaals. Für den Sortierer ist hier ein schwarzer Hintergrund vorgesehen, damit er den Reflex der Tafeln leichter beurteilen kann.

Einrichtung der Hütten für Handglaserzeugung. Wiewohl die Erzeugung des Tafelhandglases in den letzten Jahren beständig abgenommen hat, so ist doch nicht zu erwarten, daß diese Betriebsart völlig erlöschen wird. Insbesonders der Betrieb mit Hafenöfen bietet die Möglichkeit, in kleineren Mengen Spezialgläser zu erzeugen,

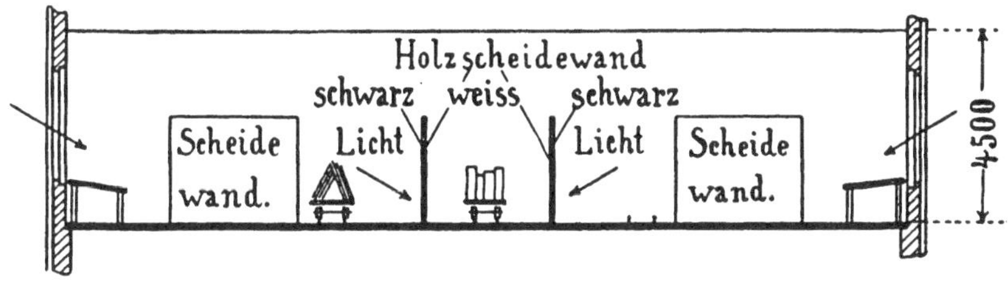

Abb. 743.

die durch ihre Färbung oder andere physikalische Eigenschaften erwünscht sind, und welche entweder in der Wanne gar nicht geschmolzen werden können oder für welche die Wanne mit Rücksicht auf die geringe Menge, welche davon gebraucht wird, zu groß ist. Wir schließen deshalb zunächst die Beschreibung einer Anlage für die Erzeugung von Tafelglas aus dem Hafenofen hier an.

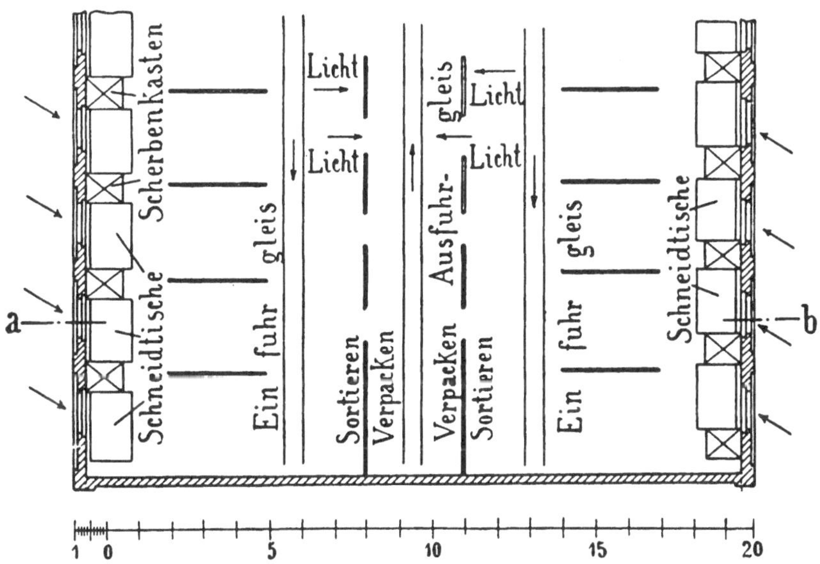

Abb. 744.

Die Anlage soll im Jahre 400000 m² verpacktes Glas liefern. Wir errechnen aus der Glasanalyse für den Fall eines Kalk-Natronglases den jährlichen Gemengeverbrauch zu:

	Sand	1500 t
	Kalk	600 t
	Soda	600 t
bzw.	Sulfat	840 t
	Koks	42 t

Diese Rohmaterialien sollen in 2 Hafenöfen mit je 10 Häfen geschmolzen werden. Um stets einen Hafenofen in Reserve zu haben, ist in die Anlage ein dritter aufgenommen. Der jährliche Verbrauch an Ton und Schamotte für diese Öfen beträgt 400 t.

Für den Betrich der Hafenöfen ist eine Kohlenmenge von 6000 t guter Steinkohle anzusetzen. Dazu kommt die Kohle für die Strecköfen, welche 1600 t ausmacht. Zur Vergasung dieser Kohle benötigen wir 3000 t Dampf. Für die Verpackung des fertigen Glases sind notwendig 33000 m² Kistenholz und 50 t Packstroh.

Wir betreten die Fabrik, lassen ein Kanzleigebäude *a*, das Magazin für Kleinmaterial *b*, eine Werkstätte für Schlosser und Schmiede *c* rechts liegen und wenden uns sofort dem Gemengehaus *d* zu. Wir finden dort 4 Silos für die Rohstoffe, einen Steinbrecher, den Kollergang, die Wage und die Mischtrommel. Die Rohmaterialien Kalk und Sand lagern in Schuppen bei *m* und *l* und werden von dort durch Hängebahn *z* den Silos zugeführt. Das fertige Gemenge wird durch dieselbe Hängebahn in die Silos *s* im Ofenhaus gebracht. Bei *e* liegt ein Maschinen- und Vorbereitungsraum für die Hafenstube, der seine Rohstoffe dem Lager *k* entnimmt. Die vorbereiteten Massen gehen von dort in die anstoßende Hafenstube *f* zur Verarbeitung. Mit Rücksicht auf die Notwendigkeit, einen großen Vorrat an Hafen zu halten, muß der Hafenstube entsprechend Raum zugewiesen werden.

Für die Anlage der Hütte kann man nun von zwei verschiedenen Standpunkten ausgehen. Man braucht Gas für die Schmelzöfen einerseits, für die Strecköfen anderseits. Man kann nun den Strecker unabhängig vom Schmelzbetrieb machen und ihm einen eigenen Generator zuweisen. In diesem Fall kann man zu den einfachsten Zuggeneratoren greifen, weil diese dem stark wechselnden Gasbedarf des Streckofens sich am leichtesten anpassen. Man kann aber auch alle Öfen von einer Stelle aus betreiben, wobei dann damit gerechnet wird, daß die stoßweisen Belastungen, wie sie beim Strecken und beim Arbeiten an den Trommeln auftreten, einander so übergreifen, daß an den Generatoren eine ziemlich gleichmäßige Belastung statthat. Immerhin wird man in einem solchen Fall Gasdruckregler anbringen und auch in die Gaskanäle Drosselschieber verteilen, um ein ungestörtes Zusammenarbeiten zu ermöglichen. Es ist hier die zweite Anordnung gewählt. Die Generatoren *o* empfangen ihre Kohle vom Kohlenlager *n*. Die Versorgung mit Dampf kann von einem bestehenden Dampfkessel geschehen, durch Abhitzekessel oder durch Verdampfapparate. Die selbständige Kraftversorgung einer so kleinen Anlage ist heute kaum mehr in Betracht zu ziehen. Es muß also nur für den Dampf gesorgt werden, und zwar für die Generatoren und zur Beheizung, wofür hauptsächlich wieder die Hafenstube, die Tischlerei und der Schneidsaal in Betracht kommt. Die Erzeugung dieses Dampfes in einem Abhitzekessel ist ohne weiteres möglich (Bd. I, S. 529 u. ff.).

Die Hafenöfen *q* (Bd. I, S. 480) empfangen das Gemenge aus den Silos *s*, die so angelegt sind, daß sie die Chargiervorrichtung direkt beschicken können. Zu jeder Trommel gehört eine Schwenkgrube *r*. Die fertigen Walzen werden mittels Hängebahn in das Walzenlager *t* gebracht, von wo aus sie die Streckhütte mit dem Doppelstreckofen *uu* bezieht. Dieses Walzenlager muß beim Hafenofenbetrieb in ausreichender Größe vorgesehen werden, weil der Streckofenbetrieb 3-schichtig geführt wird, während der Hafenofenbetrieb nur mit 22 Schmelzen im Monat rechnen kann. Das gestreckte Glas wird bei *v* gewaschen, in der Schneidstube *x* an den Schneidständen *w* geschnitten und im Pack- und Sortierraum *x* verpackt. Die notwendigen Kisten liefert die Tischlerei *g*, welche bei *i* das Bretterlager hat. Aus der Packerei kommen die Kisten auf die Verladerampe *h*, welche am Schleppbahngeleise liegt.

Eine etwas anders geartete Disposition einer solchen Anlage stellt noch Abb. 746 dar. Die Bezeichnungen der Einzelteile sind im wesentlichen die gleichen, wie in Abb. 745.

Anlage für Tafelhandglas bei Wannenofenbetrieb.

Das Schleppbahngeleise 1 führt an den Kanzleien *a* und dem Kleinmagazin *b* vorüber zu den Lagern für Sand und Kalk *c*, Ton und Schamotte *d* und Holz *e* und dem

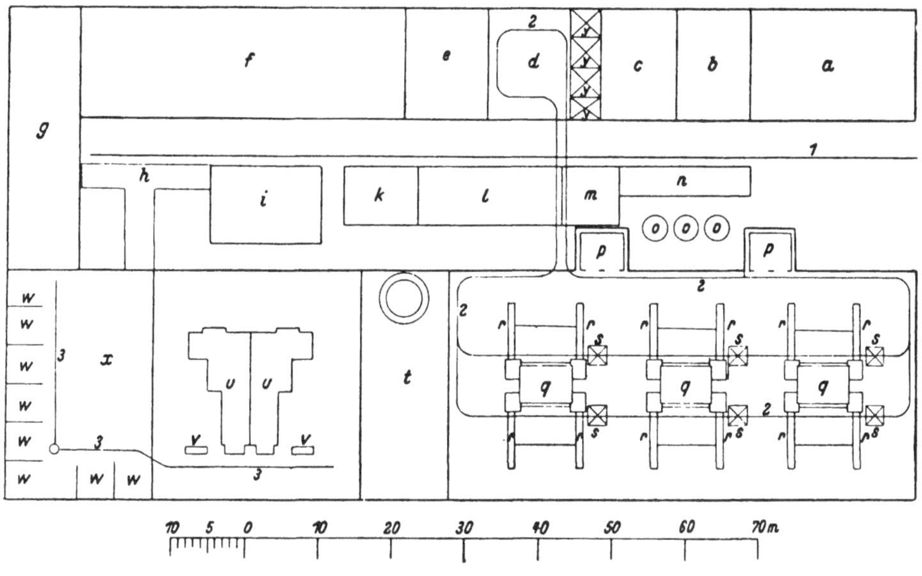

Abb. 745. Tafelglasanlage mit Hafenöfen.

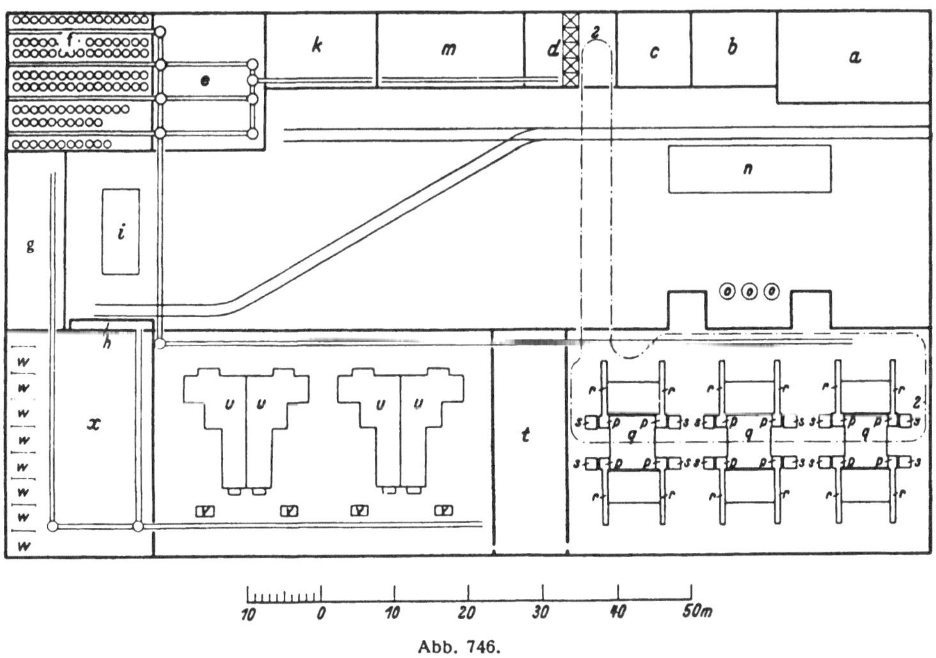

Abb. 746.

Kohlendepot *f*. *g* sind die Generatoren, welche für den Schmelz-, Trommel- und Streckofenbetrieb ausreichen.

Die Rohstoffe für die Glaserzeugung werden von den Lagern mittels Hängebahn *2* in die Gemengestube *h* gebracht, von wo das fertige Gemenge in die über der Arbeitsbühne liegenden Silos *k* befördert wird. Denselben Weg gehen die zerkleinerten Scherben, für welche Silo *l* vorgesehen ist. Vor der Schmelzwanne *m* ist eine geräumige Arbeitsbühne *n*. An Trommelöfen mit den anschließenden Schwenkgruben *p* sind drei vorgesehen. Die erzeugten Walzen werden mittels Hängebahn in die Streckhütte mit dem Doppelstreckofen *qq* befördert und von dort mittels Wagen in die Schneidstube. Zwischen Hütte und Schneidstube ist die Tischlerei *s* angeordnet. Das verpackte Glas kommt auf die Verladerampe, um abtransportiert zu werden.

Die Abb. 748, für die die Vorlagen Herr Dr. Max von Vopelius in Sulzbach-Saar in dankenswertem Entgegenkommen zur Verfügung gestellt hat, stellt eine größere Tafelglasanlage für Handbetrieb dar, wie sie als Gipfel der Entwicklung auf dem Gebiet des Handglases angesprochen werden dürfte. Die Zeichnung gibt einerseits die genaue Disposition des Ofenhauses mit den Hilfsbetrieben und den Trommelöfen

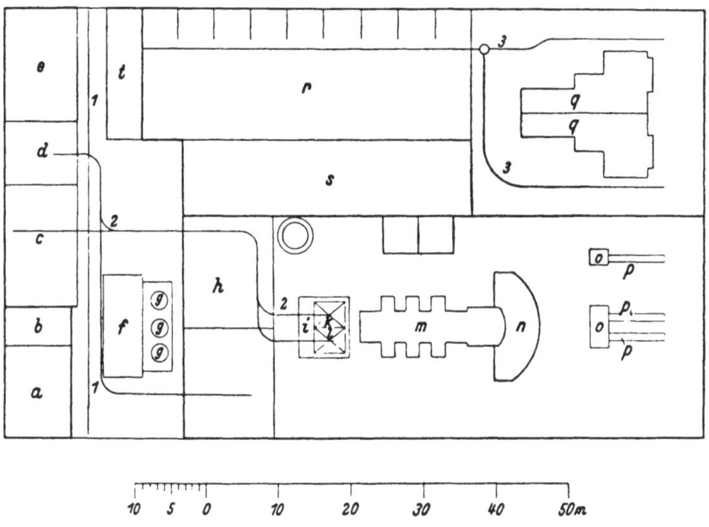

Abb. 747.

und Schwenkgruben. Ferner eine entsprechende Darstellung der Streckhütte und des Schneidhauses. An Einzelheiten sind noch beigefügt: die Zeichnung des Streckofens sowie des Brennofens für die Streckplatten. Alles Nähere wird durch die Zahlenbezeichnungen verständlich, zu denen die folgende Aufstellung den Schlüssel gibt:

Wannenhaus:

1. Generatoren für die Wanne,
2. Generatoren für die Trommeln,
4. Wanne,
5. Gaskanal für die Trommelöfen,
6. Trommel,
9. Gaswechsel,
10. Luftwechsel,
11. Abgaskanal von Wannenöfen,
12. Schornstein,
13. Dampfkessel,
14. ,,
15. Rauchgaskanal für Dampfkessel,
16. Abhitzekessel,
17. Abgaskanal von Nebenöfen,
18. Schornstein,
19. Kessel,
20. Schwenkgruben.

Streckhütte:

3. Generatoren für Strecköfen,
7. Gaskanal,
8. Brennerzone,
21. Kühlzone,
22. Waschtrog,
24. Kamin,
27. Aufzug,
28. Brennofen.

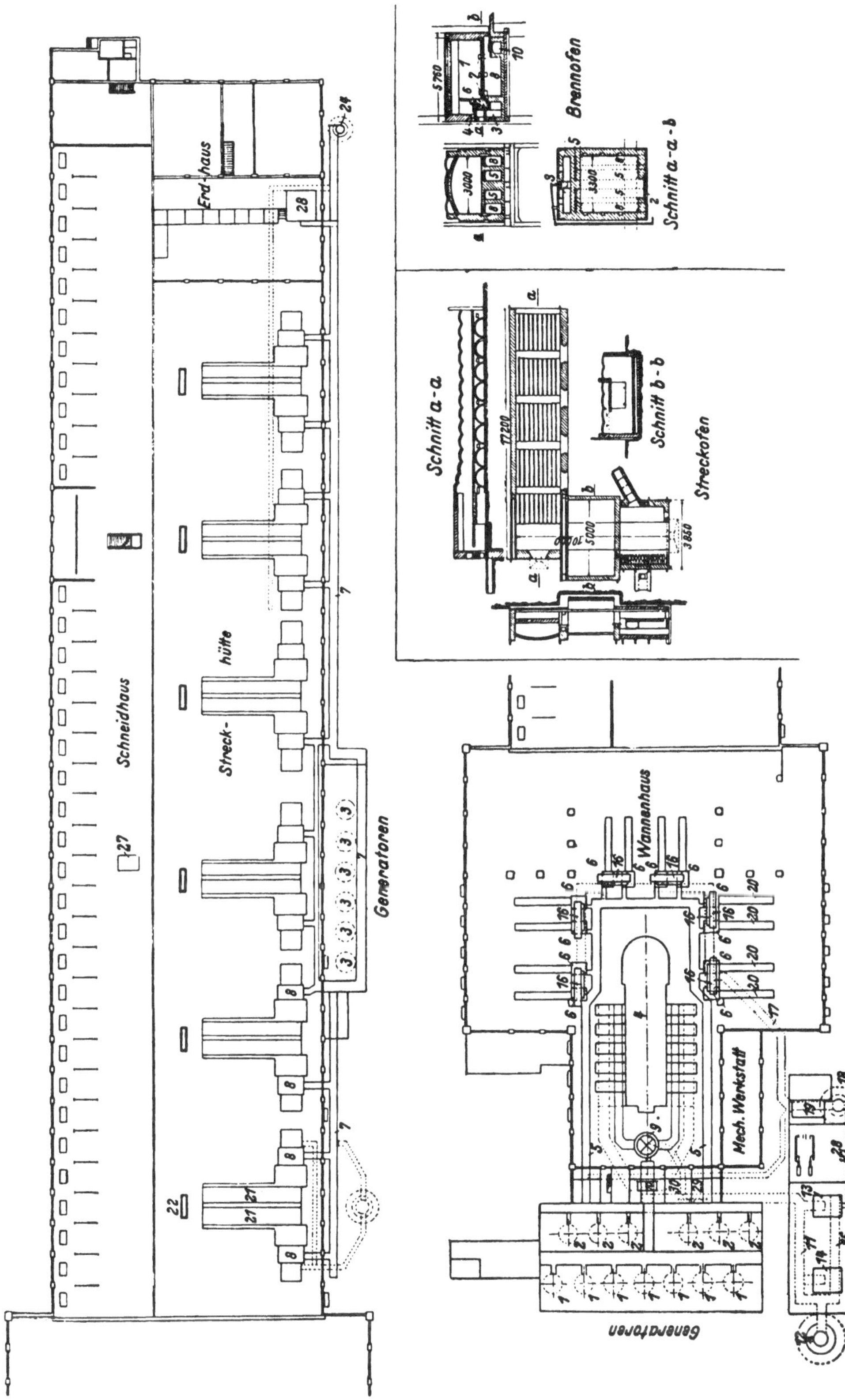
Schneidhaus
Streck-
hütte
Erdhaus
Generatoren
Schnitt a-a
Schnitt b-b
Streckofen
Brennofen
Schnitt a-a-b
Wannenhaus
Mech. Werkstatt
Generatoren
Kessel-u. Maschinenhaus

Abb. 748.

III. Maschinelle Tafelglaserzeugung.

1. Allgemeines.

Von den im Bd. I beschriebenen Verfahren der maschinellen Tafelglaserzeugung kamen bis vor kurzer Zeit für Europa nur die von Fourcault und Colburn in Betracht.

In jüngster Zeit ist aber noch ein weiteres Tafelglasziehverfahren in Deutschland in Betrieb genommen worden, und zwar bei den Rheinischen Ziehglaswerken (Rhezag) in Porz bei Köln. Es wurde ursprünglich von der Pittsburgh-Plate-Glass-Comp.[1]) ausgebildet. Einzelheiten darüber sind jedoch noch nicht bekanntgeworden.

Als Grundlage für dieses Verfahren dient wiederum eine ganze Reihe von Patenten[1]), die seine Ausgestaltung schützen. Es steht äußerlich betrachtet zwischen dem Fourcault- und dem Colburn-Verfahren. Die seitlichen Führungsrollen des letzteren sind ersetzt durch ein metallisches Fangstück, das lediglich durch seine Haftung am Glase das gezogene Band auseinanderhält. Anderseits wird die Ziehdüse dadurch ersetzt, daß ein Tonkörper von bestimmtem Profil unter die Glasoberfläche versenkt wird, der auf die zähe, zur Wurzel des Glasbandes strömende Glasmasse, wie man sagen kann, eine „vorformende" Wirkung ausübt.

Wenn man nicht sagen will, daß es ein verbessertes Gobbe-Verfahren (DRP. 190805 (1906)) sei, steht es genau genommen in technologischer Beziehung den Dannerverfahren des Röhren- und Stabziehens, vor allem aber des Tafelziehens (Bd. I, S. 732) am nächsten. Der Gedanke, die Schamotteplanke in den Glasspiegel einzutauchen und sie zur Bildung der durch Zufluß immer gleichmäßig erneuerten Spinnquelle von konstanter Form zu machen, handhabt aber die Eigenschaft zäher Flüssigkeiten, in dicken Schichten an Berührungsflächen zu haften, noch genialer. Man erhält wie dort die natürliche Feuerpolitur unbeeinflußt durch die Düse. Sie bleibt, da man in senkrechten Kühlschächten hochzieht, erhalten. Die Ziehgeschwindigkeiten können groß sein. — Weiteres Eingehen müssen wir uns versagen. Es genügt darauf hinzuweisen, daß ein neues sehr wichtiges Glied in die Entwicklung der Flachglasherstellung eingerückt ist.

Ein großer Teil der Grundlagen der drei Prozesse ist übereinstimmend, so daß eine allgemeine Besprechung Einblick in die Erzeugungsarten gewährt, obgleich die vorliegende Bearbeitung sich auch mehr auf die Erfahrungen des Fourcaultbetriebes stützt. Wir haben schon eingangs die besondere Empfindlichkeit des gezogenen Tafelglases gegenüber den Vorprozessen seiner Erzeugung erwähnt und sehen uns deshalb genötigt, auf diese hier näher einzugehen. Wir verknüpfen die Darstellung mit einem Blick über die Entwicklung des Fourcaultverfahrens, weil es auch für die Zukunft wertvoll sein kann, wenn gewisse technische Erkenntnisse, die vielleicht schon im Begriff sind, zu Regeln zu versteinern, mit ihren Voraussetzungen hier festgehalten werden.

a) Die Glaserzeugung.

Es hat bei der Entwicklung der in Rede stehenden Verfahren gewiß keine unbedeutende Rolle gespielt, daß man an eine Wanne beim Colburnprozeß nur eine oder zwei Maschinen anschließen, dafür aber rascher ziehen konnte, während Fourcault durch die in Bd. I, Abb. 680, angegebene Anordnung und durch den senkrechten Kühlturm die Möglichkeit schuf, eine unbegrenzte Zahl von Maschinen von einer

---

[1]) DRP. 442141 u. 449234.

Wanne aus zu betreiben. Dadurch wurden die Betriebe, welche nach diesem Verfahren zu arbeiten begannen, dazu verführt, ihre Anlagen zu überspannen und sich bezüglich der Schmelzleistungen über alle im Handbetrieb gewonnenen Erfahrungen hinwegzusetzen, um eine möglichst große Produktion zu erzielen. Man kam dabei in Schwierigkeiten und suchte diese aus dem Gemengesatz heraus zu beheben. Das ist wohl der Hauptgrund für das vom Stammhaus in Dampremy empfohlene Gemenge, das zunächst von den Hütten in Montigny, Hostomitz und Bleistadt übernommen wurde. Siehe Zahlentafel 93, Nr. 3 und 4 und die entsprechenden Analysen, Zahlentafel 92, Nr. 23, 28, 29. Bei dieser Zurichtung wurden Leistungen von über 600 kg Glas pro m^2 beheizter Schmelzfläche erzielt. Es ist zu begreifen, daß das Glas nicht genügend homogen sein konnte, daß es Gispen zeigte, daß die Wannensteine einem raschen Verschleiß unterlagen, und daß das Glas nicht genügend resistent war, so daß mancherlei Klagen über blind gewordenes Glas laut wurden. Diese Arbeitsweise hat dem Ruf des Fourcaultglases seinerzeit sehr geschadet.

Für die Wahl des weichen Gemengesatzes war aber neben den übertriebenen Anforderungen an die Schmelzleistungen der Wanne noch ein zweiter Grund gegeben: das Auftreten von Entglasungen. Man hat anfangs sehr darunter gelitten. Es wurde versäumt, in jedem Fall zu ermitteln, welcher Art diese Entglasungen waren, und man ist deshalb zu Fehlschlüssen gekommen. Auch waren die Verhältnisse damals noch wenig geklärt, weil das Zustandsdiagramm Na_2O-CaO-SiO_2 noch unbekannt war. Man erklärte jede Entglasung als Folge der Abkühlung und erkannte nicht, daß ein Glas einer gegebenen Zusammensetzung Wollastonitkristalle nur ausscheiden könne, wenn es Schlieren enthält, die besonders kalkreich sind. So war unmittelbar nach Einführung des Fourcaultprozesses das Bild in manchen Hütten ein verzweifeltes, um so mehr, als die Ursache der Fehler meist dort gesucht wurde, wo sie nicht lag. Für die Entglasungen wurden nur die Temperaturen, für die optischen Fehler nur die Düsen verantwortlich gemacht, und wenn auch an allen diesen Erklärungen etwas Wahres war, so trafen sie doch nicht die Grundübel, den Schmelzprozeß einerseits, die Wannenkonstruktion anderseits, sondern lenkten davon ab. Es zeigte sich, daß Hütten, die ehrgeiziger waren, die Schwierigkeiten viel schwerer überwinden konnten, als andere, die Mißerfolge leichter ertrugen, und es setzte sich nur langsam der Grundsatz durch, daß nur ein streng geregelter, unbedingt gleichförmiger Betrieb zu einem guten Produkt führen kann.

Gemenge. Es sollen hier einige Beobachtungen angeführt werden, welche diese Erörterung ins richtige Licht setzen. In einer Hütte mit befriedigender Produktion wurde wegen plötzlichen Mangels an Soda das entsprechende Sulfatgemenge eingelegt. Es zeigte sich, daß am Tag nach dem Gemengewechsel das Glas optisch unruhiger war. Diese Erscheinung ging nach einigen Tagen verloren, trat aber wieder auf, als das Sulfat wieder durch Soda ersetzt wurde. Es soll damit hier nicht ein Unterschied zwischen dem Glas aus Sulfat und aus Soda hervorgehoben, sondern nur an einem Beispiel erläutert werden, daß jede Änderung im Gemenge auf die Optik des Glases zurückwirkt. Dabei sind aber die Zeiten, die zwischen Ursache und Wirkung liegen, trotz gleichmäßigen Betriebes sehr verschieden. So zeigt es sich regelmäßig, daß eine Erhöhung der Erdalkalien oder das Einführen von Tonerde bei größeren Wannen erst nach 3—6 Wochen analytisch im Glas mit Sicherheit nachzuweisen ist. Der Grund dafür liegt wohl darin, daß die entstehenden Gläser spezifisch schwerer sind als das ursprüngliche Glas und deshalb der Erfolg erst eintritt, wenn sich die Wanne bis zu einer beträchtlichen Tiefe mit dem neuen Glas gefüllt hat. Auch dann tritt in der Übergangsperiode meist eine schlechtere Qualität durch die deutlichere Optik auf. Aus diesen Beobachtungen ist zu erkennen, wie schwer es wird, sichere Rückschlüsse auf die Ursachen eines gerade auftretenden Fehlers zu ziehen. Denn manche Ursachen wirken rasch, andere sehr langsam und gewisse geringe Schwankungen in der Feuerführung und im Gemenge sind fast unvermeidlich. Um so mehr muß man sich hüten, willkürliche Änderungen herbeizuführen.

Diese Forderung, so einfach sie scheint, ist nun gar nicht so leicht zu erfüllen. Man ist aus der übrigen Glastechnik zu sehr daran gewöhnt, auftretende Fehler durch Gemengekorrekturen zu bekämpfen, als daß man der Versuchung immer Widerstand leisten könnte, bei der Tafelwanne diese Kunstgriffe anzuwenden. Dazu kommt, daß die reinen Praktiker des Betriebes vielfach gerade darin den Gipfelpunkt ihrer Kunst sehen und immer geneigt sind, auch ohne Zustimmung der Hüttenleitung das Gemenge zu verbessern bzw. den momentanen Betriebsbedingungen anzupassen. Damit kommen aber verschiedene Glasarten in die Wanne, die durcheinanderfließen, ohne sich anzugleichen und dadurch Störungen in der Tafelbildung bewirken. Aber auch ohne eine absichtliche Gemengeänderung bleibt das Wannenglas, wenigstens bei den heute üblichen Einrichtungen und Arbeitsweisen noch zu ungleichmäßig, als daß es geeignet wäre, ein Produkt von solcher Güte zu ermöglichen, wie es eigentlich erwartet werden könnte und erwünscht wäre. Hier spielen Korngröße der Gemengebestandteile, Vollkommenheit der Mischung, Entmischung beim Transport zur Wanne und in den Silos eine Rolle, sowie die Art des Einlegens. Es ist ein großes Verdienst Turners, durch seine Arbeiten alle diese Fragen berührt zu haben, und es ist zu erwarten, daß im Lauf der Zeit in dieser Hinsicht klarere Ansichten[1]) und verbesserte Methoden gewonnen werden.

Eine besondere Sorgfalt sollte heute schon der Scherbeneinlage zugewendet werden, und zwar sowohl der Art nach, wie man sie in den Ofen bringt, als auch nach ihrem Verhältnis zum Gemenge. Vielfach herrscht noch die aus der Handglaspraxis stammende Regel, daß auf eine gewisse Zahl von Kellen Gemenge eine ebenso große oder etwas kleinere Zahl von Kellen Scherben eingelegt werden soll. Beim Handglas konnte der 30—50% des gesamten erzeugten Glasgewichtes betragende Scherbenanfall ohne weiteres wieder eingeschmolzen werden. Bei einer rationell betriebenen Maschinenanlage aber darf er 20% nicht wesentlich überragen. Wenn durch eine Betriebsstörung unverkäufliches Glas erzeugt wird, dann steigt er freilich ganz gewaltig an, es ist aber dann nicht Sache des Betriebes, diese Scherben, um sie wegzuschaffen, im Übermaß zu verbrauchen und dadurch eine Ungleichmäßigkeit hervorzurufen, welche die Qualität der Ware drückt. Der oberste Grundsatz bleibt kaufmännisch und technisch, daß die Glashütte dazu da ist, Gemenge in Glas zu verwandeln, und nicht einen gewaltigen Kreislauf von Glas in Szene zu setzen. Über das günstigste Verhältnis in dieser Hinsicht scheint noch kein begründetes Urteil möglich zu sein. Jedenfalls ist aber darauf hinzuweisen, daß diesbezüglich eine strenge Kontrolle des Betriebes zu organisieren ist, selbst wenn sie nur auf Kosten der konstruktiven Einfachheit der Gesamtanlage möglich sein sollte. Denn es ist für den Betriebsmann oft selbstverständlich, daß er soweit als möglich das unbrauchbare Erzeugnis der Scherbeneinlage zuführt, wodurch aber der Schmelzbetrieb in Abhängigkeit von der Erzeugung kommt und seine Gleichmäßigkeit verliert. Eine gewisse Kontrolle kann in dieser Hinsicht durch die Zählapparate geübt werden, die mit jeder Maschine in Verbindung sind und deren Produktion angeben, doch scheint es richtiger, den Scherbenverbrauch auf der Gemengebühne zu kontrollieren. Zu erwähnen ist hier, daß eine gewisse Abhängigkeit des Schmelzprozesses von der Produktion immer besteht, insofern der

---

[1]) Hermann, Sprechsaal **61**, (1928), 667.

Jebsen-Marwedel, Schmelzen und Formgebung des Glases. Leipzig 1929 (Akad. Verlagsgesellschaft).

Derselbe, Bewertung der Homogenität des Gemenges, Glastechn. Berichte, VII (1929/30), 25.

Derselbe, Oppermann und Zimpelmann, Gemengebereitung. Glastechn. Ber. Fachausschußbericht 16.

Glasspiegel stets auf gleicher Höhe gehalten werden muß. Es kann also eine Gleichförmigkeit des einen nur durch eine Gleichförmigkeit des andern Teiles bestehen, und es ist deshalb falsch, angesichts großer Aufträge den Betrieb zu forcieren, weil man dadurch nur ein schlechteres Sortenergebnis hervorruft, so daß meist schließlich nichts gewonnen ist.

Feuerführung. Wenn es schon eine Aufgabe ist, den Schmelzbetrieb richtig zu führen, so ist das bei der Feuerführung noch schwieriger. Hier ist man nicht allein auf die Verläßlichkeit der Bedienungsmannschaft angewiesen, sondern hängt auch bis zu einem gewissen Grad von den Witterungsumständen ab. Gasdruck- und Essenzugregler leisten da gute Dienste, ebenso die ständige Überwachung der Ofentemperatur und Abgasanalyse[1]).

b) Eigenschaften und Verhalten des geschmolzenen Glases.

Das in der Schmelzwanne erzeugte Glas strömt durch Temperaturunterschiede und den Verbrauch an den Maschinen getrieben durch die Wanne. Über diese Strömungen ist erst in der letzten Zeit etwas mehr gesprochen worden[2]). Sie können, wenn auch unvollkommen, durch auf dem Glas schwimmende Ziegel beobachtet werden und dies führt zu dem Resultat, daß sie aus einer Überlagerung der durch das Gefälle bedingten und der durch Temperaturunterschiede hervorgerufenen Strömungen bestehen[3]). Praktisch ist nur eine verhältnismäßig dünne Schicht der Oberfläche in Bewegung, solange das Glas frei fließt. Vor Hindernissen wie Schwimmern, Brücken usw. entwickelt sich ein Stau und die Bewegung verläßt die Oberfläche, um hinter dem Hindernis wieder aufzusteigen. Über diesen Teil der Bewegung herrscht viel mehr Klarheit als über die des neu erschmolzenen Glases unmittelbar vom Gemengehaufen weg; denn hier kommt außer der Temperaturverteilung in der Wanne noch der Schmelzprozeß in Betracht, welcher zu deutlichen Abweichungen von jedem Schema führen kann, insbesondere dann, wenn ein Gemengewechsel vorgenommen wird, so daß dort nach abwärts gerichtete Strömungen denkbar sind. Die Beobachtungen bei Gemengewechsel stehen damit teilweise in gutem Einklang. Teils durch den Schmelzprozeß, teils durch die Strömung gewinnt das Glas Eigenschaften, die bei seiner Verwendung in jedem Ziehprozeß von größter Wichtigkeit sind. Bei den älteren Fourcaultanlagen haben sie sich in besonders deutlicher Weise gezeigt und beobachten lassen, weshalb hier eine Beschreibung dieser, soweit sie zur vollständigen Erörterung dieses Themas notwendig ist, eingeschaltet werden soll.

Entwicklung der Ziehwanne für das Fourcaultverfahren. An das Ende der Wanne schloß Fourcault einen Verbindungskanal an, der in den quer zur Wannenachse gestellten Ziehkanal endete. Die in Bd. I, Abb. 680 gezeichneten

---

[1]) Vgl. Bd. I, Kap. 6, Überwachung des Ofenbetriebes. — Ferner: Bericht der W. B. G. Frankfurt a. M., Glasschmelz-Wannenöfen. F. Jochim, Feuerführung von Wannen, Glast. Ber. VII (1929/30), 553.

[2]) Bartsch, Glastechn. Ber. 3 (1925), 258.
Jebsen-Marwedel, Sprechsaal (1926).
McSwiney, The Glass Industry 8 (1927) No. 7.
O. Stumm, Glastechn. Ber. 5 (1927), 252—274.
W. König, Glastechn. Ber. 5 (1927/28), 417—424.
W. K. Brownlee, Glasschmelzöfen in Amerika. Glast. Ber. VIII (1930), 228 — Vgl. insbesondere die hierzu gemachten, mit Literaturnachweis versehenen Bemerkungen a. a. O. S. 229 u. 230.
Gehlhoff, Schneekloth und Thomas, Strömungen und Temperaturen in Glaswannen. Glast. Ber. IX, (1930), 22.

[3]) Fachausschußbericht der D.G.G. III, Nr. 10.

3 Brücken wurden bald weggelassen und dafür am Eingang des Verbindungskanales ein Wehr angebracht. Dementsprechend war am Wehr die Geschwindigkeit sehr vergrößert, um dahinter zum ersten Mal, beim Eintritt in die zwei Flügel des Ziehkanals zum zweiten Mal ausgiebig und plötzlich verringert zu werden. Man war bei dieser Konstruktion nur von dem Gedanken des Transportes geleitet und übersah völlig die hydraulischen Verhältnisse. Das Glas war an manchen Stellen z. B. in der Mitte des Ziehkanals und in den Endheizkammern nicht geführt, es bildeten sich wirbelnde und ruhende Stellen aus, an denen das Glas mit der Schamotte lange in Berührung blieb und Entglasungsherde entstanden. Wurde dann durch den Wechsel im Betrieb der einzelnen Maschinen eine solche Stelle vom Glasstrom bespült, so mengte sich das Tonglas oder die Entglasung mit dem frischen Glas, und es ergab sich ein unbrauchbares Produkt.

Die erste wesentliche Änderung in der Anordnung bestand darin, daß man die Wehre beim Eingang in den Ziehkanal wegließ, diesen aber mit einer um 30 cm erhöhten Sohle in der alten Form beibehielt. Zu dieser Verbesserung kam man ganz von selbst. Denn das Schamottematerial der Wehre wurde vom Glasstrom bald ganz zerfressen, so daß die Steine allen Halt verloren und schwimmend auf dem Glase trieben.

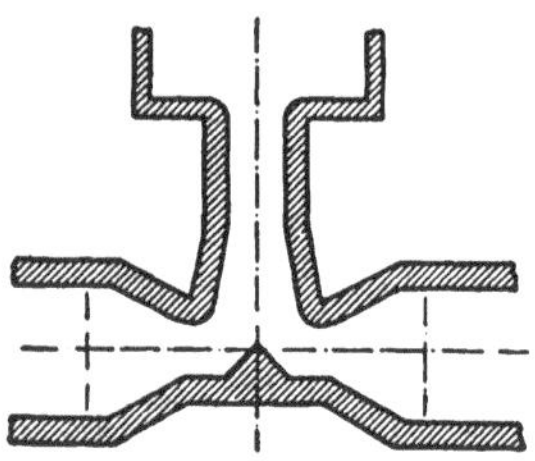

Abb. 749.

Man hat aber zunächst noch den engen Verbindungskanal der Schmelzwanne mit dem eigentlichen Ziehkanal beibehalten, ja man hat sich oft gescheut ihn zu verbreitern, obwohl man die einspringenden Ecken, die sich am Ausgang der Wanne ergaben, mit Mißtrauen beobachtete. In Abb. 749 ist eine Form der Verbindung angedeutet, welche den hydraulischen Verhältnissen insofern besser Rechnung trägt, als sie ein gewisses Abklingen der Strömungsgeschwindigkeit des Glases ermöglicht, und der Entstehung toter Winkel entgegenarbeitet. Sie wurde in einem Falle ausgeführt und hat zu befriedigenden Ergebnissen geführt.

In Bleistadt ging man zuerst dazu über, die Wanne in der ganzen Breite bis zum querliegenden Ziehkanal fortzuführen. Damit waren die toten Winkel am Ende der Wanne vermieden und die erheblichen Geschwindigkeitsänderungen vor dem Ziehkanal. Übrigens haben die einspringenden Ecken der Wanne nicht so sehr geschadet, wie aus den Erfahrungen mit anderen Wannen zu entnehmen ist.

Es zeigte sich allgemein, daß die der Wanne zunächstliegenden Maschinen ein reineres und optisch besseres Glas erzeugten als die übrigen auf dem Ziehkanal aufgebauten. Insbesondere an den Eckmaschinen mit daranschließender Heizkammer machte man die traurigsten Erfahrungen. Dort traten Entglasungen und Schamottesteine fast ständig auf, so daß diese Maschinen schließlich in manchen Hütten nur zur Scherbenproduktion verwendet wurden.

Man hat deshalb auf die Vermehrung der Mittelmaschinen besonderen Wert gelegt und ist von verschiedenen Erwägungen ausgehend, auch zu verschiedenen Lösungen gelangt.

Die einen haben die schlechte Produktion der äußeren Maschinen in Verbindung gebracht mit den Heizkammern und haben deshalb Lösungen gesucht, bei welchen diese vermieden werden. Ein Beispiel dafür ist der in Abb. 750 dargestellte Vorschlag von O. Stumm[1]) und die Form Abb. 751, wie sie ähnlich auch K. Lossen[2]) skizziert hat. Diese Vorschläge schließen in gewisser Hinsicht an die übliche Verteilung der Arbeitsstellen im Handbetrieb an.

[1]) O. Stumm, Glastechn. Ber. **5** (1927), 252—274. — Der Druckstock für Abb. 749 wurde entgegenkommenderweise von der D.G.G.-Frankfurt a. M. zur Verfügung gestellt.

[2]) K. Lossen, Glastechn. Ber. **6** (1928) 121—134.

Zu derselben Lösung gelangt man, wenn man den direkten Zufluß des Glases zur Maschine als alleinigen Leitgedanken wählt.

Obwohl beide Gesichtspunkte zu beachten sind, so konnten sie doch nur bei richtig durchgeführter Konstruktion zu einem Erfolg führen. Insbesonders die Forderung ohne Heizkammern auszukommen, setzt bei der Anordnung der Maschinen voraus, daß es möglich sei, sie ohne solche auf gleicher Temperatur dauernd zu halten. Das ist aber schon deshalb schwierig, weil die von der Schmelzwanne kommende Strahlung dem ganzen System eine Ungleichmäßigkeit aufdrückt, indem Maschinen, welche von dieser Strahlung getroffen werden, immer heißer sind als andere, die in ihrem Schatten stehen. Man hat zwar versucht, sich in solchen Fällen durch Einblasen kalter Luft vor der Maschine zu helfen, hat aber damit nur die Produktion verschlechtert. Richtiger ist es, wie im Belgischen Patent Nr. 317794 vorgeschlagen ist, diese Strahlung durch geeignete Schirme abzufangen.

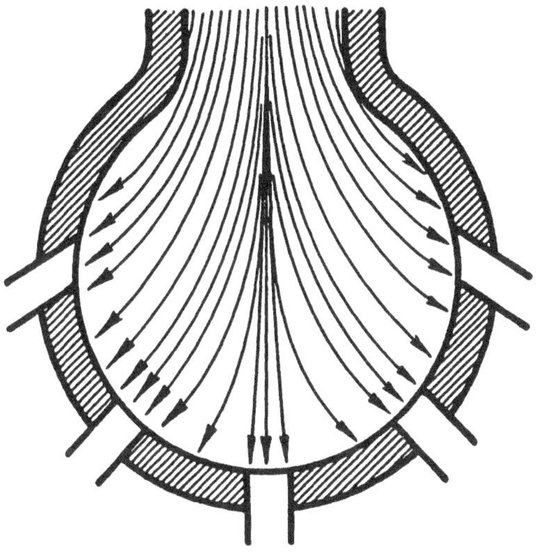

Abb. 750.

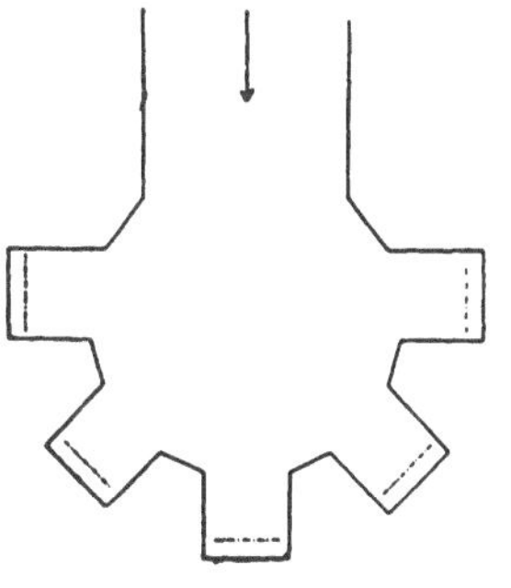

Abb. 751.

Das **Hauptgewicht** liegt aber immer in der **Beherrschung der Strömungen der Glasmasse vor der Maschine.**

In dem Bestreben, die Mittelmaschinen zu vermehren, ist man zunächst in Bleistadt dazu übergegangen, zu den beiden Querflügeln des Ziehkanals noch einen dritten anzulegen, der in die Wannenachse fällt, also die ursprüngliche Anordnung Fourcaults mit seinem Querkanal zu kombinieren. Man hat dort zunächst nur eine Maschine untergebracht. Andere Hütten haben dieses System zur Kreuzform (Abb. 752) entwickelt und schließlich sind daraus ganz komplizierte Gebilde entstanden, wie ein solches von Stumm angegeben wird. Die leitenden Gesichtspunkte dieser Entwicklung sind das Bestreben, das Glas in möglichst großen Wannen zu schmelzen, teils wegen der Kohlenersparnis, teils wegen der davon erhofften besseren Läuterung, daneben das Streben, die Wannenkapazität durch eine möglichst große Zahl von Maschinen aufs Äußerste auszunutzen.

Eine von den Fourcaultschen Gedanken der Ziehwanne abweichende Entwicklung hat sich auf dem Boden der Anlage in Bleistadt vollzogen. Hier hat man zunächst eine Dreimaschinenwanne aufgestellt, bei welcher die Maschinen in Kreuzform gestellt sind (Abb. 753) und aus einem gemeinsamen Vorbassin gespeist werden. Man kann sich die Entwicklung dieses Typus so vorstellen, daß man bei einer Anlage mit drei Ziehkanälen in Kreuzform die inneren Maschinen jedes Kreuzarms einfach unterdrückt, aber in Wirklichkeit gewinnt die Anlage durch das dabei entstehende Vorbassin, das bezüglich des Temperaturausgleichs eine maßgebende Rolle spielt und durch die grundsätzlich veränderten Strömungsverhältnisse besondere Merkmale, die sie von allen anderen Konstruktionen deutlich unterscheiden. Das geht insbesonders aus der erweiterten Anwendung des dabei verwendeten Prinzips bei der in Abb. 754 skizzierten Neunmaschinenwanne hervor. Diese Art Wannen sind von dem Konstrukteur Ernst Wesseley an vielen Orten gebaut worden.

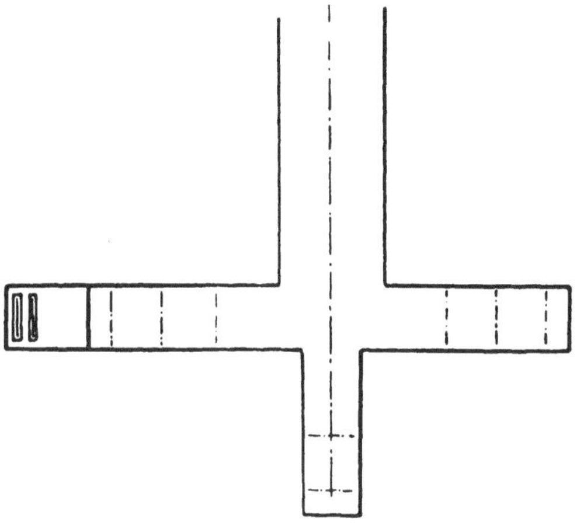

Abb. 752.

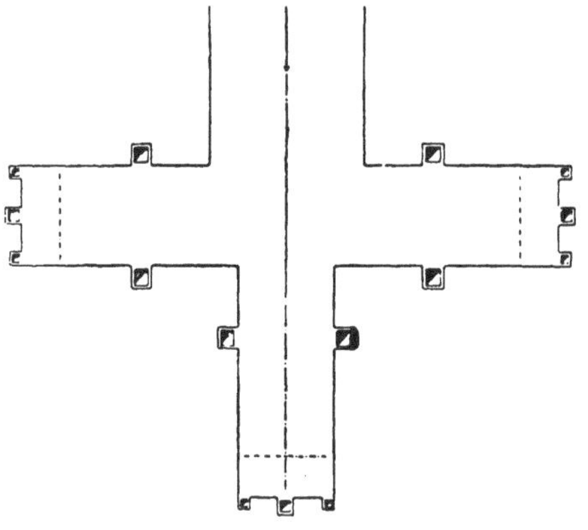

Abb. 753.

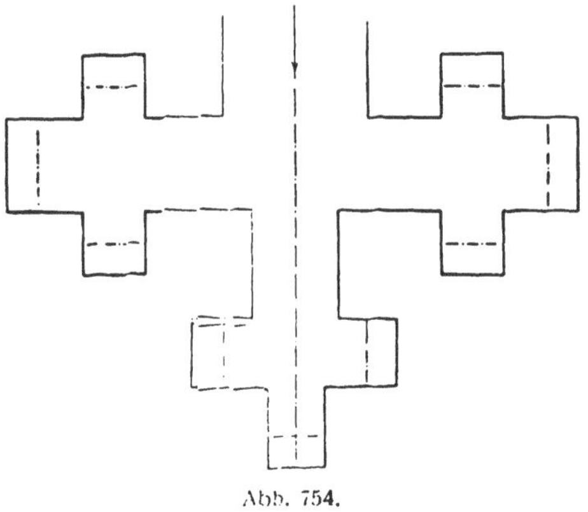

Abb. 754.

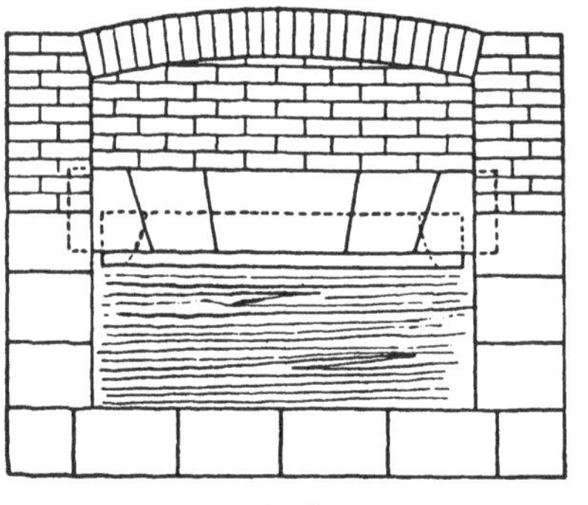

Abb. 755.

Struktur der Tafel als Folge der Form der Ziehwanne. Auf die besprochene Entwicklung der Anordnung der Maschinen hat das Studium der Struktur des Fourcaultglases wesentlichen Einfluß gehabt, weshalb wir im folgenden die diesbezüglichen Ergebnisse kurz besprechen wollen. Es wurde insbesonders auf den Mühligschen Hütten ausgebildet und geübt.

Fourcault hat mit einer Bandbreite von 1,25 m gearbeitet und zwecks Abtrennung der Ziehkammern von den Heizkammern ein sehr flaches Gewölbe über dem Glasspiegel angebracht, das noch etwas ins Glas eintauchte, und darauf eine schwache Wand aus Schamotteziegeln aufgebaut, durch welche der Ziehkammer Wärme aus der Heizkammer zufließen sollte (Abb. 755). Weil nun dieses Gewölbe kaum richtig zu bauen war, entschloß er sich, vor der Maschine eine Verengung, hinter ihr einen Pfeiler einzubauen. Bei einer böhmischen Anlage wurde nun diese Brücke so ausgeführt, daß sie durch Mittelpfeiler vor und hinter der Maschine gestützt wurde. Es zeigte sich, daß an der diesem Mittelpfeiler entsprechenden Stelle beständig ein sehr störender Streifen durch das Glasband ging. Es war das schon ein Beweis dafür, daß die Streifen der Tafel nicht von der Düse kommen müssen, sondern auch Ursachen haben können, die im Glasfluß selbst liegen. In Anlehnung an die Gedanken Fourcaults hat man zunächst in der Lösung der Schamotte, also einer Tonerdenanreicherung die Ursache des Ziehstreifens gesucht, bis eine mikroskopische Untersuchung parallel zur Ziehrichtung zeigte, daß hier eine andere Veränderung des Glases eingetreten ist. Abb. 756 zeigt diese Stelle. Das Bild ähnelt dem einer Schweißfuge und zeigt, daß die Zerteilung des Glasstromes auf dem Weg vom Pfeiler bis zur Düse nicht verlorengegangen ist. Dieser Weg betrug 70 cm und wurde in einer Zeit von mehr als zwei Stunden zurückgelegt. Würde das Glas halbwegs den Eigenschaften entsprechen, die wir einer homogenen Flüssigkeit zuzuschreiben gewöhnt sind, so wäre diese Erscheinung ganz unverständlich. Die Untersuchung einer großen Anzahl von anderen Präparaten aus den verschiedensten Gläsern zeigt, daß das Glas eine ausgesprochene Schieferstruktur besitzt, hervorgerufen durch die beim Fließen erfolgende Deformation des inhomogenen Stoffes. Optisch gutes Glas zeigt ein gleichmäßiges parallelstreifiges Bild, das bei guter Schmelze weich erscheint, während es bei Störungen sehr kontrastreich wird. Bei der Beurteilung der Härte des Bildes ist jedoch stets die Tafelstärke mit zu berücksichtigen, weil aus demselben Glas gezogene schwache Tafeln immer härter erscheinen als starke. In optisch unruhigen Tafeln finden wir teils Verfaltungen einzelner Schichten, die im Bild an den Flader von Weichholz erinnern, teils andere Stö-

Abb. 756.

Abb. 757.

Abb. 758.

rungen. Die erstere Struktur (Abb. 757 u. 758) kommt immer dadurch zustande, daß die betreffende Schicht eine Verfaltung erlitten hat, wie sie in Abb. 755 schematisch erfaßt ist. Man kann das leicht erkennen, wenn man ein geeignetes Präparat unter dem Mikroskop um mehrere cm in der Schichtenrichtung verschiebt und dabei den Verlauf beobachtet. Je ausgeprägter die Inhomogenität des Glases ist, um so wirksamer wird auch im allgemeinen die Verfaltung sein. Jedenfalls hat jede solche Zeichnung ihre besondere Bedeutung, und wenn es auch nicht immer sicher gelingt, aus ihr auf die besondere Ursache zurückzuschließen, weil oftmals der Betrieb dazu nicht die Möglichkeit gibt, so gelingt es doch in manchen Fällen, und es ergeben sich daraus dann die Konstruktionsregeln für die Anlage. Die Verfaltungen der Schichten sind meist Anlaß zu einem durch längere Zeit gleichbleibenden Streifenbilde, wodurch früher der Glaube sehr gefördert wurde, alle Streifen kämen von der Düse und ihre richtige Bemessung und Behandlung allein müsse von diesem Übel befreien. Für die Deutung von Strukturbildern, wie sie jeweils vorliegen, sollen hier die Unterlagen gegeben werden, wobei gleichzeitig eine Reihe von Erfahrungen besprochen werden kann. Es ist als sicher anzusehen, daß Querschnittsänderungen gewisser Art zu Verfaltungen und entsprechenden Streifen in der Tafel Anlaß geben. Hierher gehört als krasser Fall der besprochene Mittelpfeiler sowie die Beobachtung, daß Auswaschungen in den Fugen der festen Brücken, wie sie in Abb. 755 angedeutet sind, deutliche Wirkungen auf die Struktur und Optik der Glastafel hatten.

Damit im Zusammenhang steht auch wohl die Tatsache, daß nach längerer Unterbrechung des Laufes einer Maschine das Glas sich allmählich optisch so verschlechtert, daß ein Stürzen der Maschine vorgenommen werden muß. Es sammeln sich nämlich im Raum zwischen Brücke und Düse Entglasungen, die erst nur eine Decke auf dem Glasspiegel bilden, später aber immer tiefer sich verbreiten. So kommen sie schließlich durch die Verfestigung, welche das Glas erleidet, dazu, ähnlich zu wirken wie Ungleichmäßigkeiten, besonders an der Brücke, wenn sie aus irgendwelchen Ursachen der Wärmeableitung oder Zufuhr an manchen Stellen rascher wachsen als an anderen.

Weiter zeigt die Erfahrung an hintereinander geschalteten Maschinen, daß eine gegenseitige Beeinflussung stattfindet. So verursacht eine Verengerung des

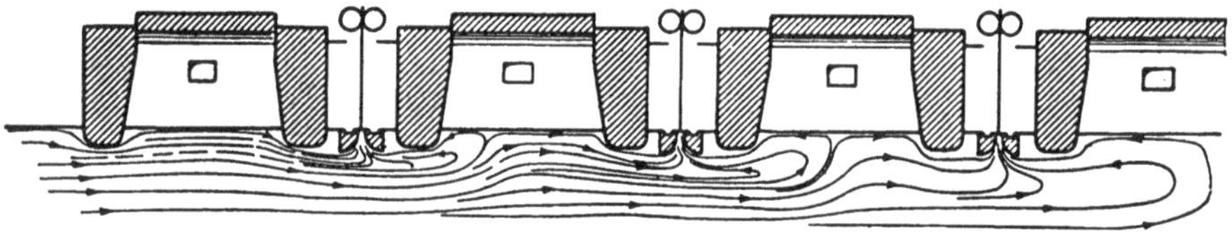

Abb. 759.

Ziehkanals, wie sie beim Übergang von einer breiten zu einer schmäleren Maschine statthat, daß mindestens in der zweiten Maschine das Glas streifig ist. Das hängt damit zusammen, daß der Glasstrom beim Passieren der Verengung von den Bordwänden aus gestaucht wird und dabei Verfaltungen eintreten. Es ist übrigens manchmal unter diesen Umständen auch die erste Tafel in Mitleidenschaft gezogen. Das wird verständlich, wenn man das schematische Strömungsbild (Abb. 759) betrachtet. Dieser Strömungsverlauf ist auf folgende Weise zu erklären. Würde die Düse in ruhendem Glas schwimmen, so würde sie einen Zustrom von Glas von beiden Seiten her besitzen. Wenn sie nun in einem einseitig geschlossenen Kanal liegt, so wird das Strömungsbild nicht grundsätzlich geändert, sondern nur modifiziert, und es hängt einerseits vom Glasverbrauch der Ziehdüse und anderseits von der Strömungsgeschwindigkeit, der spezifischen Masse, der Viskosität u. a. ab, in welchem Grad an der Speisung der Düse auch ein Rückstrom des Glases beteiligt ist. Nachweisbar ist dieser durch einen in die Heizkammer gebrachten schwimmenden Ziegel. Kommen nun die zur Düse zurückkehrenden Strömungen bis in die Gegend einer Verengung des Ziehkanals, dann treten auch an ihnen Verfaltungen auf. Sie wurden an einer Reihe von Präparaten auf der der Stromrichtung abgewendeten Seite mikroskopisch nachgewiesen, nachdem durch das optische Streifenbild eine Störung in der Mitte der breiten Tafel beobachtet worden war. Siehe auch Abb. 760, auf welcher die drei Strömungen, welche zum Bortenstück fließen, deutlich erkennbar sind.

Alle diese Bewegungsverhältnisse werden aber gleichzeitig beeinflußt von den Konvektionsströmungen, die an den Wänden des Ziehkanals auftreten und nach abwärts gerichtet sind. (In Abb. 759 nicht berücksichtigt.) Sie bewirken dadurch eine Art Verbreiterung der Oberfläche und wirken so den Verfaltungen entgegen. Daher mag es wohl auch kommen, daß die Mittelmaschinen in einem längeren Ziehkanal immer das beste Glas geben, weil sie solches Oberflächenglas erhalten. Es ist klar, daß die durch Konvektion gesunkenen Glasmengen mit den an den weiteren Maschinen aufsteigenden Glasmengen wieder in die Tafel treten, aber auch, daß sie in der Glasstruktur immer ein störendes Element bleiben werden (Abb. 761). Ihr Einfluß auf die Glasmasse wird in jedem einzelnen Fall besonders zu ermitteln sein, weil er sehr abhängig ist von der Größe dieser Bewegungen überhaupt und ihrem Verhältnis zur Strömung, aber auch von dem Weg, den das Glas zurückgelegt hat. Wenn wir uns in Abb. 755 die seitwärts abfließenden Glasmengen hineindenken und die, welche dafür in der Mitte aufsteigen müssen, wenn wir dabei beachten, daß die dem Querschnitt nachfolgende Maschine je nach ihrer Nummer $\frac{1}{4}$, $\frac{1}{3}$, $\frac{1}{2}$ oder den ganzen Querschnitt zu ihrer Speisung heranzieht, dann erkennen wir sofort, daß es im einen Fall möglich ist, Glasmassen mit fast ungestörter Schichtung zur Tafelbildung heranzuziehen, daß aber im anderen die Störung überhaupt nicht zu vermeiden sein wird.

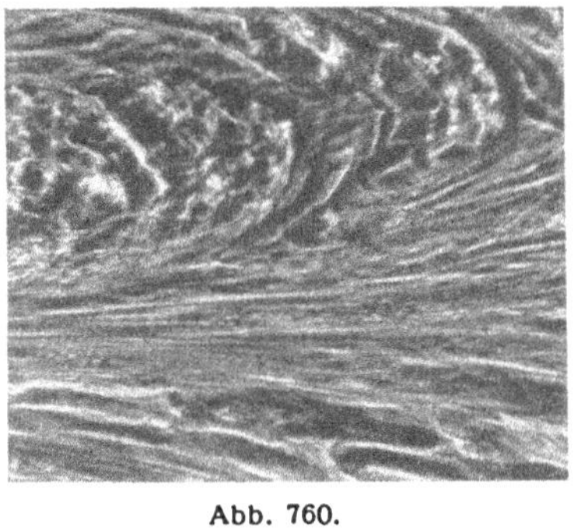

Abb. 760.

Abb. 761.

Alle die Erscheinungen hängen in letzter Linie damit zusammen, daß es dem Glase an Homogenität fehlt. Sie treten deutlicher auf, wenn die Ungleichmäßigkeit des Glases größer wird, sie verschwinden fast, wenn das Glas besser geschmolzen und geläutert ist. Wahrscheinlich besteht dabei noch eine Beziehung zu den übersättigten Lösungen und ihren Eigenschaften insofern, als das schlecht geschmolzene Glas Schlieren enthält, welche bei der Temperatur des Glasstromes von ca. 1100^0 bereits an Wollastonit oder Cristobalit übersättigt sind.

Strömungsstörungen durch die Düse. Wir kommen nun zur Betrachtung der Strömungsstörungen durch die Düse. Sie sind nach dem Anfangen der Maschine zunächst gering und deshalb gibt die Düse nach dem Aufheizen bei richtiger Einstellung meist gutes Glas. Weil aber die Düsenoberfläche mit der verhältnismäßig kalten Heizkammer, ihre Unterfläche aber mit dem heißeren Glasstrom in Berührung steht, so stellt sich in dem Schamottekörper ein Wärmegefälle ein, infolgedessen sich an der Düse an den Stellen geeigneter Temperatur Entglasungen ansetzen können, besonders wenn das Glas nach seiner Durchschnittszusammensetzung oder wegen höherer Inhomogenität ohnehin zum Entglasen neigt. Dadurch entstehen dann Strömungsstörungen und in der weiteren Folge Streifen.

Mit Rücksicht auf die aus den bisherigen Darlegungen ersichtliche Bedeutung des Studiums der Strömungen vor dem Ziehapparat und deren richtige Deutung, welche für alle mechanischen Glasformungsverfahren gegeben ist, soll hier noch näher auf die Technik solcher Untersuchungen eingegangen werden.

Untersuchungen über die Strömungsverhältnisse. Für die Gewinnung übersichtlicher Strömungsbilder hat der Verf. schon im Jahre 1922 Wannenmodelle in der Art aufgebaut, daß er eine Glasplatte als Boden und entsprechende Glasplatten als Bordwände zusammengefügt hat (Abb. 762). Die Verbindung geschieht durch kleine rechtwinkelig-prismatische Holzstreifen, die mit angesäuerter Gelatine in die Fugen geklebt werden. Undichte Stellen werden durch einzelne Gelatinetropfen geschlossen. Es lassen sich so beliebige Modelle von Wannen und Teilen derselben in kurzer Zeit herstellen. Die Füllung dieser Modelle geschieht mit viskosen Ölen (Polynol, Harzöle, Lösungen von Harz in Ölen). An der dem Gemengehaufen entsprechenden Stelle läßt man aus einer Flasche solches Öl zufließen, während man es gleichzeitig durch Heber an den Stellen abzieht, die den Ziehapparaten entsprechen.

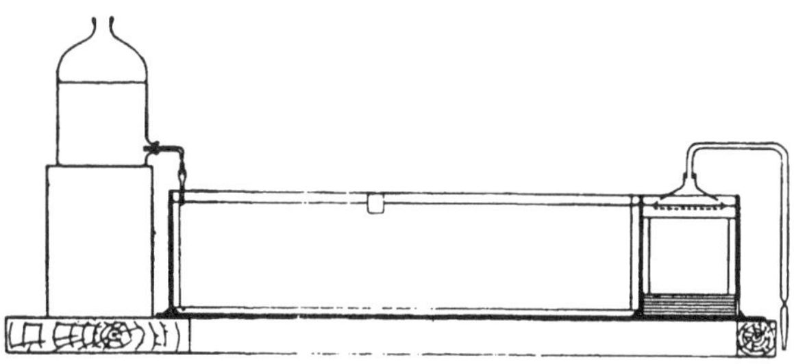

Abb. 762.

Schwimmer, Brücken, Wehre werden durch Holzleisten oder Korkstücke nachgeahmt. Die Glasentnahme durch Düsen findet ihre Darstellung durch solche Heber, die nur die Öloberfläche berühren oder wenige Millimeter eintauchen und ähnlich wie die Mundstücke der Spaltbrenner gestaltet sind.

Den Verlauf der Stromlinien erkennt man durch Beobachtung einzelner Tropfen, die entweder gefärbt werden oder durch Verreiben des Öles mit Ruß geschwärzt sind. Sie werden mit pipettenähnlichen Glasröhren an den entsprechenden Stellen, meist in der Nähe des Zuflusses eingetragen.

Wiewohl solche Versuche die Konvektionsströme nicht berücksichtigen, geben sie doch aufschlußreiche Resultate. So wurde auch die in Abb. 749 angedeutete Konstruktion des Überlaufkanals auf sie gegründet und die Abb. 759 aus ihnen entwickelt. Die von König[1]) geschilderten Betriebsversuche ergeben zwar für die Wanne gewisse Abweichungen, die aus dem Vorherrschen der Wärmeströmungen erklärlich sind. Aber seine Darstellung der Strömungsverhältnisse im Ziehkanal (Zitat Bild 5) erscheint wenig wahrscheinlich. Es sind dafür kaum Bestätigungen aus Betriebsbeobachtungen zu erbringen.

Hand in Hand mit den geklärten Vorstellungen über die Bewegungsverhältnisse muß die Deutung der mikroskopischen Strukturbefunde gehen. Hier finden wir Querschnitte durch den Glasstrom, die zwar stark deformiert sind, aber dabei wirkliche Betriebsergebnisse vorstellen und Regionen entstammen, die anders gar nicht der Beobachtung zugänglich gemacht werden können.

Als Präparate benutzt man Glasstücke, die quer zur Ziehrichtung geschnitten und an diesen etwa 5—10 mm voneinander abstehenden Schnittstellen eben und möglichst genau normal zur Ziehrichtung geschliffen und poliert werden. Weil diese Arbeit an einem einzelnen Glasstreifen nur schwer gelingt und besonders die Kanten meist zu wünschen übriglassen, so empfiehlt es sich, mehrere solcher Streifen mit Schellack zu einem Prisma zu verkleben und dieses dann an den entsprechenden Flächen zu schleifen. Das Polieren braucht nicht bis auf Hochglanz gebracht zu werden, es genügt die feinmatte Fläche durchaus. Nur muß man darauf achten, daß die geschliffenen Flächen möglichst genau parallel sind.

---

[1]) W. König, Glastechn. Ber. 5 (1927) 417—424.

Die so hergestellten Prismen werden nun mit den feinmatten Flächen mittels einer etwas dickflüssigen Lösung von Kanadabalsam in Benzol auf einen Objektträger geklebt und mit einem entsprechend zugeschnittenen Stück Objektträger als Deckglas unter Verwendung des gleichen Klebemittels bedeckt.

Die Untersuchung erfolgt im Mikroskop ohne Kondensor und mit tiefgestellter enger Blende. Sie kann sich auf zwei Fragen erstrecken. Die eine betrifft das Maß von Homogenität des Glases und findet ihre Beantwortung in den Kontrasten, welche das Bild enthält. Zu ihrer Beurteilung gehört allerdings ein erhebliches Maß an Erfahrung, weil hier verschiedene Einflüsse zu berücksichtigen sind. Zunächst ist klar, daß ein und dasselbe Glas je nachdem es auf 2 mm oder auf 6 mm starke Tafeln verarbeitet ist, zu verschiedenen Härten des Bildes führen wird, weil die Zu- und Abnahmen des Brechungsindex von Schicht zu Schicht im zweiten Fall allmählicher verlaufen und dadurch ein weicheres Bild entsteht. Weiter aber wird der Charakter des Bildes auch stark beeinflußt von Ungenauigkeiten der geschliffenen Flächen in ihrer normalen Lage zur Ziehrichtung. Weil nun diese kaum zu vermeiden sind, so empfiehlt es sich, das Präparat probeweise gegen die Mikroskopachse zu neigen und zu beobachten, in welcher Lage das Bild am schärfsten zu beobachten ist. Für diese Art der Untersuchung ist nun auch die Größe der Blendenöffnung von großer Wichtigkeit. Enge Blenden geben viel schärfere Bilder als weiter geöffnete, so daß man ähnlich wie bei der Methode zur Bestimmung des Brechungsindex nach Viola auch die Homogenität aus dem Blendendurchmesser bestimmen könnte, bei welchem die Zeichnung gerade verschwindet, wenn man Präparate aus gleichen Glasstärken und von gleicher Höhe der Untersuchung unterwerfen würde.

Arbeitet man bei solchen Versuchen unter Einschaltung eines Polarisators und eines Analysators, dann kann man oft einzelne stark gespannte Schichten in der Tafel unterscheiden, die sich grell und scharf gegen die Umgebung abheben. Neben diesen finden sich oftmals auch andere verwaschene Spannungserscheinungen, die von Kühlfehlern herrühren. Man muß bei ihrer Beurteilung insofern vorsichtig sein, als auch durch das Verkleben der Streifen mit Schellack Materialspannungen entstehen und es ist, will man sicher gehen, zu empfehlen, nach dem Schleifen das Präparat auseinander zu nehmen, die einzelnen Streifen vom Schellack zu reinigen und sie nun mit weichem Balsam wieder zu verkleben, ehe man sie auf den Objektträger bringt.

Für die Beantwortung der zweiten Frage, der nach der Bedeutung des jeweiligen Bildes, lassen sich kaum allgemeine Regeln aufstellen, weil sie nur im engen Zusammenhang mit der Entstehung der Tafel, also mit den Konstruktionsverhältnissen des ganzen Erzeugungsapparates und mit den jeweiligen Betriebsverhältnissen einer Beantwortung zugeführt werden kann. Hier ist die richtige Vorstellung von der Glasbewegung, den Deformationsverhältnissen usw. von grundlegender Bedeutung. Für die Beobachtung ist jedoch allgemein wichtig, daß man sich die Übersicht über ein breiteres Stück der Tafel verschafft und deshalb das Objekt unter dem Objektiv durchzieht, während man beobachtet. Man gewahrt dann zueinander oder auseinander laufende Linien, welche auf verfaltete Schichten hinweisen oder andere kennzeichnende Abweichungen der aufeinanderfolgenden Bilder, welche oft den Schlüssel für die Beurteilung abgeben.

2. Das Fourcaultverfahren.

Nach diesem Streifzug durch die Betriebsverhältnisse der Maschinentafelwannen im allgemeinen, wollen wir nun die besonderen Erfahrungen und Arbeiten beim Fourcaultprozeß besprechen.

Schmelzbetrieb. Als Schmelzwannen sind heute wohl nur solche mit querziehender Flamme in Gebrauch. Es hat nicht an Versuchen gefehlt, alte Tafelglaswannen mit rückkehrender Flamme für den Fourcaultprozeß anzuwenden, und es sind damit auch nicht durchaus schlechte Erfahrungen gemacht worden. Man ist aber schließlich doch meist dazu übergegangen, solche Anlagen später umzubauen. Man kann bei den üblichen Wannen mit einer Schmelzleistung von etwa 200 kg Glas für den m² totaler Schmelzfläche und 24 Stunden rechnen. Diese Zahl gilt für Blätter ohne Borte und ist deshalb dem Abfall entsprechend zu erhöhen. Dieser Abfall ist je nach den verwendeten Maschinenbreiten und der Güte der Produktion sehr schwankend und wird mit 25—40% des gesäumten Glases in Rechnung zu stellen sein. Die Länge der benutzten Wannen schwankt zwischen 15 und 32 m, die Breite zwischen 4,5 und 6 m. Die Entfernung vom Einlegeloch bis zum ersten Schwimmer beträgt 8—14 m, die Tiefe der Wanne meist 1,20 m; es sind aber auch Wannen mit größerem Glasstand gebaut und ohne Nachteil verwendet worden. Die eigentliche Schmelzfläche ist bei diesen Wannen sehr stark belastet. In der Regel werden in die Wanne selbst zwei Schwimmer eingebaut, ein dritter am Ausgang der Wanne vor dem Übergang zum Ziehkanal.

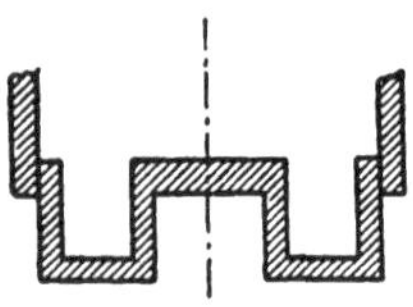

Abb. 763.

Das Einlegen des Gemenges erfolgt vielfach mit der Kelle, in Belgien nur durch Einlegevorbauten (Gobbes). Im letzteren Fall ist die Hinterwand der Wanne, wie Abb. 763 zeigt, in einer gebrochenen Linie geführt, so daß ein oder zwei kleine Bassins entstehen, welche über die Abschlußwand des Feuerraumes herausragen. Scherben und Gemenge werden nun dort hineingeschaufelt und mit der Krücke in die Wanne geschoben. In einzelnen Betrieben wird das Gemenge und ein Teil der Scherben mit der Kelle, der Rest der Scherben durch Gobbes rechts und links des Einlegeloches in die Wanne gebracht. Man hofft dadurch, die Wannensteine des Schmelzraumes vor dem direkten Angriff des Gemenges zu schützen.

Die Scherbeneinlage erfolgt stets in der Form nicht besonders zerkleinerter Tafelglasstücke. Es ist darauf zu achten, daß diese Scherben und etwa verwendetes Herdglas aus demselben Gemenge erschmolzen sind, das eingelegt wird, damit ein homogenes Glas erzielt wird. Scherben anderer Zusammensetzung gefährden das Sortenergebnis. Beim Einlegen mit der Kelle trachtet man einen festen Haufen zu bekommen, der langsam abschmilzt. Der Glasspiegel soll vor dem ersten Schwimmer blank sein, Schaum und Schmelzrückstände sollen sich dort nicht anlegen.

Ziehwanne. Die Wannen laufen entweder bis zur Teilung in die Ziehkanäle gleichmäßig weiter, oder sie sind vorher von der Schmelzwanne an verengt. Die Tiefe des Ziehkanals bzw. der Kanäle, welche das Glas zu den Maschinen zu führen haben, wird gewöhnlich nach den Angaben von Fourcault mit 90 cm bemessen und deshalb der Wannenboden beim Übergang mit einer Treppe versehen. Diese Abtreppung hat gewiß ihre Vorteile, weil sie die tiefsten Schichten der Wanne davor schützt, mit in die Strömung gezogen zu werden. Mit Rücksicht darauf, daß die Beherrschung der Glasströmung in keinem Punkt der Anlage verlorengehen sollte und besonders darauf, daß dies nicht in der Nähe der Maschinen geschehen sollte, ist es nicht gleichgültig, wohin man die Stufe verlegt.

Die Zuführungskanäle werden auf eine Isolierschicht aufgebaut und auch an den Seitenwänden nach Möglichkeit isoliert. Für die Gesamtanlage kommen heute zwei Formen in Betracht. Der von Fourcault angegebene Ziehkanal mit den hintereinander geschalteten Maschinen und der sternförmig geteilte Kanal mit je einer Maschine in jedem Arm.

Bei der ersten Ausführungsform ist die Achse des Ziehkanals meist wie bei Abb. 680 (Bd. I) quer zur Wannenachse gestellt, nur in Ausnahmsfällen fallen beide Achsen zusammen[1]). Das Glas tritt dabei zunächst in eine Ziehkammer ein, dann in eine Heizkammer usf.

Ziehkammer. Die Ziehkammern haben eine lichte Weite von 70 cm, die Heizkammern von 1,40 cm in der Achse des Kanals gemessen. Die Breite ist etwas größer als die Länge der Düse, welche in die Ziehkammer eingesetzt wird. Diese wieder richtet sich nach der Breite der Maschine bzw. des gewünschten Glasbandes. Die Abtrennung der Ziehkammer von der Heizkammer geschah ursprünglich durch eine Brücke mit darauf aufsitzender Mauer (Abb. 755). Diese feste Brücke bot gewisse konstruktive Schwierigkeiten, die sich vermehrten, als breitere Maschinen gebaut werden sollten. Man hat aber auch im Betrieb die Erfahrung gemacht, daß Auswaschungen an diesen Brücken durch die schon erwähnte Beeinflussung der Glasströmung sich in Streifen auswirken, die in der Tafel auftreten. Man hat deshalb zunächst die Brücke bis über den Glasspiegel gehoben und durch eine auswechselbare schwimmende Brücke den Abschluß erzielt. Dabei hat man abweichend von der ursprünglichen Konstruktion, teils den Ziehkanal mit einem großen Stein überbrückt, teils eine regelrechte Gewölbekonstruktion ausgeführt. Auf jeden Fall gab man dadurch den Vorteil auf, einen Teil der Wärme der Heizkammer auf die Ziehkammer zu übertragen, worauf Fourcault noch großen Wert gelegt hat.

Über die Heizkammern und ihre Anlage ist nicht viel zu sagen. Sie sind meist 140 cm lang und ihre Breite richtet sich nach den zu ihren beiden Seiten liegenden Maschinen. Die zu ihrer Heizung notwendigen Brenner werden nach dem Vorschlag Fourcaults durch Regenerationssysteme gespeist, in denen Gas und Luft vorgewärmt wird. Es ist klar, daß die immerhin niedrige Temperatur von 1100° C der Heizkammer auch durch einfachere feuerungstechnische Konstruktionen in wirtschaftlicher Weise erreicht werden kann. Von der Meinung ausgehend, daß innerhalb der Ziehkammer das Glas ungleichmäßige Temperaturen in solchem Grade haben könne, daß dadurch ein streifiges Glas entsteht, haben die Soc. Anonyme Brevets Fourcault eine zusätzliche Heizung vorgesehen[2]). Über den Erfolg dieser Maßnahme ist nichts Sicheres bekanntgeworden, doch kann man auch ohne diese Maßnahme dauernd sehr gutes Glas erzeugen.

Abb. 753 und 754 (S. 802) stellen schematisch Anlagen mit sternförmig gestellten Maschinen vor. Hierbei erwartet man, daß jede Maschine frisches Glas aus der Wanne erhält und somit alle Unzukömmlichkeiten vermieden werden, welche etwa mit dem Aufheizen des Glasstromes in den Heizkammern verbunden sind. Das belgische Patent Nr. 317794 sieht zur Regelung der Temperatur des Raumes vor den Maschinen bewegliche Schieber vor, die es gestatten sollen, die Strahlung der Schmelzwanne je nach Bedarf abzublenden. Die Ziehmaschinen sind nach diesem Patent so nahe als möglich an die Schmelzwanne gestellt, der Raum hinter ihnen durch einen Rekuperator heizbar. In anderen Fällen werden zwischen Schmelzwanne und Maschine Kanäle von mehreren Metern Länge gelegt, um eine gewisse Abkühlung des Glases zu erreichen, und die Maschine nahe an das Ende des Kanals gestellt. Abb. 764 zeigt schematisch eine solche Anordnung.

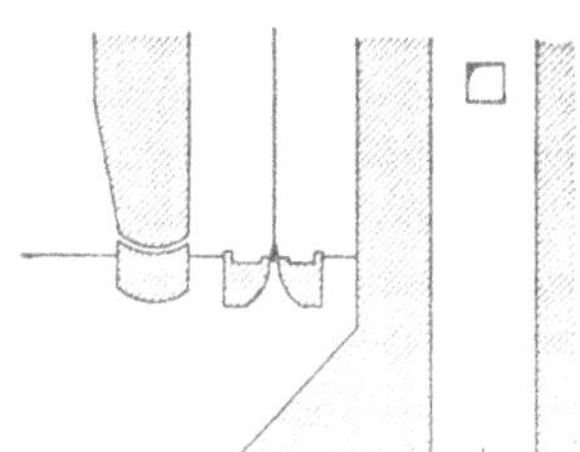

Abb. 764.

Nach oben ist die Ziehkammer begrenzt durch ein Gewölbe, in dem sich der Schlitz für das Durchtreten des Glasbandes befindet. Diesen Teil wollen wir im Zu-

[1]) H. Neumann, Möglichkeiten der Betriebszentralisierung des belgischen Ziehverfahrens. Glashütte **60** (1930), S. 756.

[2]) Brit. Patent 205779 — vergl. auch D.R.P. 165449.

sammenhang mit der Maschine genauer besprechen. Vorn und hinten ist die Ziehkammer von der Arbeitsbühne aus durch eine große Öffnung zugänglich. Beim Einsetzen neuer Düsen ist diese Öffnung voll offen, sonst aber teilweise mit Ziegeln zugeschlichtet. Die dann verbleibende Öffnung in der Größe von etwa 40 × 50 cm wird durch Decksteine oder eigene Deckplatten in geeigneter Ausführung während der Arbeit verschlossen. Zur Ausrüstung der Ziehkammer gehören noch die Kühltaschen und die Scherbenbleche, welch letztere dazu dienen, Verletzungen der Düse hintanzuhalten, wenn durch Bruch Scherben aus der Maschine herunterfallen.

Eine besondere Aufmerksamkeit ist der Wärmeverteilung in der Ziehkammer zuzuwenden. Fourcault hat für die Kühlung des in Entstehung begriffenen Glasbandes einfache Röhren von etwa 1 Zoll im Lichten angewendet. Bald nach der Verpflanzung des Verfahrens aus Belgien nach Böhmen hat man dort diese Röhren durch Taschen von etwa 15 cm Höhe ersetzt und diese Einrichtung wurde dann überall angenommen. Anfangs ist man nicht immer mit der Kühlung durch die Taschen ausgekommen und hat sich insbesonders zur Kühlung der Borten genötigt gesehen in den Deckplatten Öffnungen zu lassen, durch welche kalte Luft in die Kammer eintrat. Später, nachdem die Scheidewände gegen die Heizkammern stärker ausgeführt worden waren, so daß von dort her der Wärmezufluß vermindert war, konnte man diese Luftkühlung vollständig ausschalten und arbeitet heute mit durchaus verschlossenen Ziehkammern, deren Schaulöcher mit Glasplatten bedeckt und verschmiert sind. Ja, es geschieht des öfteren, daß nach längerer Betriebsdauer der Maschine die Ziehkammern allzu kalt werden, so daß man zu einer zusätzlichen Heizung gezwungen ist, sei es durch die Kanäle, welche zum Aufheizen dienen, sei es durch besondere Brenner.

Die Zieheinrichtung. Gehen wir nun zum eigentlichen Ziehapparat über, so ist beim Fourcaultprozeß zuerst die Düse zu besprechen.

Die Ziehdüse. Zu ihrer Anfertigung diente von Anfang an die alte, in der Glastechnik beliebte Mischung aus gleichen Teilen Großalmer oder Ton roh und gebrannt. In den Rezepten, die dafür von den Hütten aufgestellt wurden, kamen in gewisser Menge auch Düsenbrocken vor, die aber im Gegensatz zu den Hafenschalen keine andere Funktion haben können als der gebrannte Ton, weil weder ihre Brenntemperatur noch ihre Gebrauchstemperatur entsprechend hoch liegen. Die Korngröße der Schamotte wurde mit 2 mm, manchmal auch mit 1 mm gewählt. Diese Masse hat sich bezüglich Bearbeitungsfähigkeit und Formbeständigkeit durchaus bewährt, sie gab aber oft Anlaß zu rauhem Glas. Deshalb wurden von den einzelnen Hütten andere Mischungen versucht, die sich aus der erwähnten dadurch ableiten, daß $\frac{1}{3}$ der Masse durch fettere, tonsubstanzreichere Tone (Bd. I, S. 401 u. ff.) ersetzt wurde. Diese Massen sind in bezug auf Formbeständigkeit noch entsprechend und weisen einen geringeren Kieselsäuregehalt auf. Schließlich wurden aber auch Düsen nach dem Gießverfahren (Bd. I, S. 424) hergestellt, zu welchen nur fette Tone und Schieferschamotte verwendet wurden. Auch diese entsprachen bei entsprechend vorsichtiger Temperung. Es zeigte sich, daß Düsen aus tonerdereicheren Mischungen dazu neigen, rasch ausgewaschen zu werden. Das trat besonders in die Erscheinung, solange die Düsen in den Heizkammern am Ende des Ziehkanals im Glas schwimmend in Reserve gehalten wurden. Sie zeigten dann der Tauchtiefe entsprechend deutlich eine Fuge. Wichtig ist für die Düsenmasse eine entsprechende mechanische Festigkeit, damit nicht allzu leicht Beschädigungen durch herabfallende Scherben eintreten. Dabei soll sie aber gegen wechselnde Temperatur möglichst unempfindlich sein, weil sie ohnehin durch das Abkühlen der oberen Seite während der Arbeit und das Erhitzen dieser Fläche beim Aufheizen in dieser Hinsicht sehr beansprucht wird. Sie erhält dadurch auch im Lauf der Zeit Risse an der Oberfläche, die senkrecht zum

Ziehschlitz verlaufen und sie schließlich unbrauchbar machen. Besondere Sorgfalt ist auf die Herstellung der Flächen zu legen, die mit dem strömenden Glas in Berührung kommen. Es ist also nicht allein der Ziehschlitz selbst, sondern auch die Flächen, welche zu ihm führen, durchaus korrekt, ohne Holpern und Wellen zu arbeiten und schließlich sorgfältig zu glätten.

Die Formen und Abmessungen der Düsen variieren in ziemlich engen Grenzen, wenn man von den Schlitzlängen absieht. Die normalen Hauptabmessungen sind: Breite 40 cm, Höhe 20 cm, Schlitzweite 40—55 mm. Die Längen betragen je nach der Maschinenbreite 1,80 bis über 3 m. Vereinzelt sind auch niedrigere Düsen bis zu 10 cm in Gebrauch genommen worden, ohne daß sich besondere Nachteile ergeben haben. Die rechts und links des Schlitzes verlaufenden Rinnen werden heute allgemein nach den Enden zu verlaufend ausgeführt, damit nach dem Aufheizen das dort befindliche Glas leichter herausgekrückt werden kann (Abb. 765 und 766). Die Querschnittsform (Abb. 767) wird insofern verschieden gewählt, als von manchen Seiten auf eine weitere untere Aushöhlung der Düse Wert gelegt wird. Abb. 768 zeigt die Ansicht der Düse von unten. Um die durch die bereits besprochene Kräfteverteilung beim Ziehprozeß entstehende Verstärkung der Tafel in der Mitte auszugleichen, sieht das Amer. Patent Nr. 1551980 eine besondere Düsenform vor, bei welcher der Zu-

Abb. 765.

Abb. 766.

Abb. 767.

Abb. 768.

fluß des Glases in der Mitte gehemmt, an den Enden begünstigt werden soll dadurch, daß die Düse unten 8förmig ausgenommen wird (Abb. 769) und der Querschnitt in der Mitte und am Ende verschiedene Formen erhält (Abb. 770 Mitte, Abb. 771 Ende).

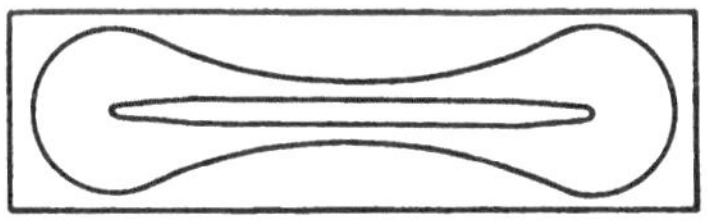

Abb. 769.

Abb. 770.

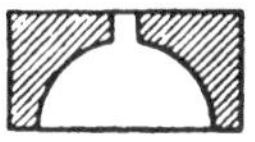

Abb. 771.

Die Ziehmaschine. Diese selbst ist bereits im I. Band beschrieben (S. 736 u. ff.). Das Glas tritt etwa 1 m über dem Glasspiegel zwischen das erste Walzenpaar ein, dem in geringen Abständen drei weitere Paare folgen. Diesen Paaren fällt vornehmlich die Aufgabe zu, die Deformationsarbeit zu leisten. Über diesen Walzenpaaren liegen meist noch weitere 8—12 in nicht genau gleichen Abständen. Die Zahl kann aber auch größer oder kleiner gewählt werden. Diese Paare haben den Transport der gebildeten Tafel zu besorgen. Über dem letzten Walzenpaar findet sich ein bewegliches Lineal auf der dem Schneider abgekehrten Seite, das beim Abschneiden des Bandes einen Widerhalt zu geben hat.

Arbeit der Maschine. Gehen wir nun näher auf die Arbeitsweise der Maschine ein, so haben wir, wie schon angedeutet, zu unterscheiden zwischen der Transportarbeit und der Formungsarbeit. Diese letztere wird um so größer werden, je mehr das Band durch das Ziehen geschwächt wird, also bei gleichbleibender Schlitzweite der Düse, je dünneres Glas gezogen wird. Eine weitere Abhängigkeit existiert von der Ziehtemperatur, einer Größe, die allerdings schwer definierbar ist, weil gerade im Bereich der stärksten Deformationen diese Temperatur über den Querschnitt des Bandes keine gleichmäßige ist. Es ist nicht bekannt geworden, daß in bezug auf diese Arbeitsverhältnisse irgendwelche genauere Studien gemacht worden wären. Reinpraktisch haben sie bis heute auch keine Wichtigkeit, denn es ist im Rahmen vernünftiger Arbeitsbedingungen noch keine Tatsache beobachtet worden, welche auf Schwierigkeiten im Ziehprozeß hindeutet. Selbst ausgiebige Änderungen der Glastemperatur und ebensolche in der Fördergeschwindigkeit sind vom Glasband unterhalb der ersten Walzenpaare gut ertragen worden. Viel deutlichere Unvollkommenheiten zeigt die Maschine über den ersten Walzenpaaren, indem bald bei diesem, bald bei jenem Walzenpaar ein Sprung beginnt, der immer im gleichen Maß sich nach unten fortsetzt, als das Band steigt. Solcher Scherbengang kann oft stundenlang währen, ja zu den charakteristischen Erscheinungen einer Maschine gehören. Seine Ursachen liegen fast immer in einer Verbiegung der Tafel von solcher Größe, daß sie vom Band ohne Bruch nicht ertragen werden kann.

Bruchursachen. Diese Verbiegungen können verschiedene Ursachen haben. Zunächst ist klar, daß die Maschine in der Wärme selbst gewisse Deformationen erleidet, und daß der Wechsel in der Temperatur der einzelnen Teile, wie er beim Stürzen, Anheizen und Betreiben der Maschine statthat, sie nie völlig zur Ruhe kommen läßt. Die in festen Lagern befindlichen Walzen auf der einen Seite des Glasbandes werden deshalb niemals eine Ebene bestimmen, welche dieses berührt. Kleinen Abweichungen von dieser kann das Glasband durch seine Elastizität entsprechen, bei größeren ist der Bruch die notwendige Folge. Es läßt sich aber da gar keine bestimmte Grenze ziehen, denn nicht nur das Maß der Krümmungen der Fläche, welche alle festen Walzenpaare berührt, ist für die Brucherscheinungen verantwortlich, sondern auch ihre Verteilung. Eine weitere Ursache für die Unvollkommenheit der Maschine ist die Notwendigkeit, den Walzenlagern ein ziemlich großes Spiel zu geben. Durch die Königswelle wird nun die angetriebene Walze etwas nach auswärts gedrängt, während die Zahnradverbindung am anderen Ende der Walze sie nach abwärts drückt. Ihre Gegenwalze wird aber an dieser Stelle nach aufwärts verschoben, so daß im Betrieb die Walzen windschief zueinander zu stehen kommen. Es liegt also die Angriffsrichtung der das Glasband fördernden Reibungskräfte durchaus nicht immer in der Förderrichtung und oftmals auch nicht in der Tafelebene. Dadurch wird das Glasband ziemlichen mechanischen Beanspruchungen ausgesetzt, welche aber noch vermehrt werden durch die im Betrieb sich ergebenden Unrundheiten der Walzen und ihre während einer Umdrehung durchaus nicht gleichbleibenden Reibungsverhältnisse. Diese schwanken nicht allein mit der jeweiligen Verlagerung der Zapfen in dem Lager, sondern auch mit der Oberflächenbeschaffenheit der einzelnen Stellen der Walze. Eine genaue Beobachtung des geförderten Bandes zeigt denn auch, daß es nicht gleichmäßig, sondern förmlich atmend aufsteigt. Bei den geringen Geschwindigkeiten kann man dabei nicht an Schwingungen denken, sondern vielmehr daran, daß jedes einzelne Walzenpaar während einer Umdrehung in verschiedenem Maß an der Förderung teilnimmt. Es gibt also für jedes einen günstigen und einen ungünstigen Punkt. Diese Extreme der einzelnen Walzenpaare können sich addieren oder kompensieren und ergeben so schließlich eine periodische Beanspruchung des Glasbandes und eine periodische Fördergeschwindigkeit.

Diese Bewegungsverhältnisse erzeugen denn auch im Glasband wellige Wülste senkrecht zur Ziehrichtung, die bei genauer Beobachtung der Tafel stets zu erkennen sind. Verbesserungsvorschläge: DRP. 484282, 504414, 524285, 525227.

Neben diesen nur in der Maschine gelegenen Ursachen des Tafelbruches besteht noch eine weitere, deren Ursprung in der jeweiligen Lage der Düse zur Maschine liegt. Es ist selbstverständlich, daß der Düsenschlitz in der Symmetrieebene der Maschine liegen soll. Aber es gelingt nicht immer oder eigentlich nie, ihn exakt dahin zu bringen. Das liegt teils daran, daß sich diese Ebene bei der Inbetriebsetzung der Maschine etwas verschiebt, teils daran, daß auch die Düse nach dem Einrichten noch leicht beweglich ist und kleine Verschiebungen erleidet. Die Folge davon ist, daß das aus der Düse aufsteigende Glasband eine leichte Krümmung nach der einen oder anderen Seite der Tafel erhält, die zu zylindrischen, konischen, aber auch windschiefen Flächen führen kann, wenn etwa das eine Schlitzende nach der einen, das andere nach der anderen Seite von der Maschinenebene abweicht. Da nun die Tafel beim Eintritt in das erste Walzenpaar bereits weitgehend erstarrt ist, so kann sie sich später an die Front der fest gelagerten Walzen nicht mehr anpassen und Scherbengang ist die Folge.

Wir erkennen aus dieser Darstellung, daß die mechanische Durchbildung der Fourcaultmaschine noch keine ideale ist. Sie genügt zwar, solange damit keine besonders schwachen Tafeln erzeugt werden sollen. Man kann heute bis auf etwa 1,5 mm heruntergehen, aber schon darunter macht sich der Bruch so stark geltend, daß man dieses Maß in der Praxis kaum unterschreitet.

Was die Verteilung der Walzen innerhalb des Kühlturms betrifft, so ist eine besondere Regelmäßigkeit nicht notwendig. Wenn wir unseren Überlegungen eine Bandbreite von 1 m zugrunde legen und eine Stärke der Tafel von 2 mm, so kommt auf eine Länge von 1 m ein Gewicht von 5 kg. Der Reibungskoeffizient zwischen Glas und Asbest ist etwas größer als 0,3. Wir wollen ihn im folgenden nur mit 0,25 annehmen, weil durch das Arbeiten der Walzen daran polierte Stellen auftreten, für welche er nicht mehr den vollen Wert aufweisen wird. Damit nun ein Walzenpaar eine Tafel von den oben bezeichneten Abmessungen zu fördern vermag, ist ein Anpressungsdruck von 20 kg pro m^2 erforderlich. Bei stärkerem Glas muß er entsprechend größer sein. Wir erkennen daraus, daß selbst bei Abständen der Walzenpaare von 1 m die Anpressungsdrücke keine übermäßig hohen sein müssen, und daß bei gleichmäßigem Angriff der Reibung über die ganze Tafelbreite die dadurch hervorgerufene Beanspruchung des Bandes keine beträchtliche ist. Aus den bereits geschilderten Ursachen ergibt sich aber, daß eben diese günstige Verteilung der Kräfte nicht statthat, sondern eine Konzentrierung derselben an einzelnen Stellen. Das ist wohl auch der Hauptgrund für die Anbringung der vielen Walzenpaare in der Fourcaultmaschine. Sie haben übrigens auch den Vorteil, den Raum des Kühlturms vielfach zu unterteilen und dadurch die aufwärts gerichteten Luftströmungen zu behindern.

Diesen Luftströmen ist einige Aufmerksamkeit zuzuwenden. Wie schon erwähnt wurde (s. S. 810), ist man manchmal genötigt, die kleinen Schauöffnungen der Ziehkammer zu öffnen, damit dort kalte Luft einströme und, längs der Borten hinstreichend, diese kühle. Diese Luft strömt dann im Kühlturm aufwärts, und zwar längs der Tafelränder, wo die konischen Enden der Walzenpaare ihr einen Abzugskanal schaffen. Es sind nun an den Schmalseiten des Kühlturms Löcher angebracht, die einerseits dazu dienen, das Innere des Kühlturms durch eine Reihe von Glühlampen etwas zu erhellen, damit man durch die zweite Reihe dieser Löcher beobachten kann. So kann an den Borten ein ziemlich starker, aber kaum zu regulierender Luftstrom sich entwickeln, und es ist deshalb die Kühlung des Bandes in der Nähe der Borte eine schlechte. Vielfache Versuche über die im Glasband herrschenden Spannungen zeigten, daß diese Zone schlechter Kühlung sich meist auf eine Strecke von etwa 10 cm vom Rande des Bandes erstreckt.

Schneiden. Das mit dem Rad abgeschnittene Band wird gebrochen und bei schmäleren Maschinen vom Arbeiter, bei breiteren Maschinen und Tafeln von größerer Stärke vor dem Brechen mittels einer einfachen Greifervorrichtung (Abb. 772) erfaßt, später an einem Kran hochgezogen und abgesetzt. Dazu haben sich kippbare

Abb. 772.

Schneidtische sehr gut bewährt. Die von der Maschine kommenden Blätter werden sofort auf den Schneidtischen gesäumt, d. h. von der Borte befreit, und kommen dann zur Vorsortierung.

Inbetriebnahme. Die Verbindung zwischen Ziehkammer und Kühlturm ist so bewerkstelligt, daß die Ziehkammer in ihrer Decke einen Schlitz besitzt und der Kühlturm unten in einen kastenförmigen Teil endigt, der an den über den Schlitzenden der Maschine liegenden Seiten offen, aber durch entsprechende Blechtüren verschließbar ist. Soll eine Ziehkammer aufgeheizt werden, dann werden durch diese Öffnungen Schamotteplatten über den Schlitz der Ziehkammer gelegt, so daß diese nach oben geschlossen ist und die Brenner angestellt. Nach beendigtem Aufheizen und Reinigen der Ziehkammer werden die Brenner abgestellt, die Schamotteplatten entfernt und Flacheisen zu beiden Seiten des Schlitzes eingeschoben, die teils zur Regulierung der Temperatur des Kühlturms dienen, teils um vor der Inbetriebsetzung der Maschine darauf ein Holzfeuer zu entzünden, zur Vorwärmung der Maschine auf die entsprechende Temperatur. Dieses Holzfeuer kann auch durch besondere Brenner, die knapp über der Decke des Ziehschachtes angeordnet sind, ersetzt werden. Während des Ganges der Maschine bleiben die Flacheisen in dem Kasten liegen, doch sind die Öffnungen an den Stirnseiten alsdann verschlossen.

Man beginnt damit, daß man die Maschine durch ein Holzfeuer, das man auf den Flacheisen entzündet, wieder erwärmt und hierauf die Düse einrichtet. Nun wird das schon in der Maschine befindliche Fangstück heruntergelassen, so daß es schließlich mit seinen Spitzen 1—2 cm tief in das Glas des Düsenschlitzes eintaucht. Nun wird die Düse noch etwas gedrückt und mit dem Ziehen bei geringer Geschwindigkeit begonnen. Ist das Fangstück bis über die halbe Höhe der Ziehkammer gehoben worden, so werden die Kühltaschen eingesetzt, das Kühlwasser eingelassen und die Arbeitsöffnungen geschlossen. Man vergrößert nun langsam die Ziehgeschwindigkeit und achtet insbesonders darauf, daß beim Durchtritt des am Fangstück gebildeten Glaswulstes kein Bruch auftritt.

Während die Tafel nach und nach in der Maschine aufsteigt, werden die Arbeitsöffnungen durch Verschmieren abgedichtet, die Schaulöcher mit Glasplatten verschlossen. Die Düse selbst ist anfangs noch beweglich und kann durch die Niederhalter noch eingestellt werden. Erst nach einiger Zeit erstarrt das Glas ihrer Umgebung so weit, daß sie endgültig fixiert erscheint.

Betriebsschwierigkeiten. Beim Betrieb der Maschinen können sich eine Reihe von Anständen ergeben, teils durch schlecht gewählte Temperaturverhältnisse, teils durch Fehler der Glasmasse. Zu hohe Temperatur des zuströmenden Glases führt zu breiter Zwiebel, zu laufenden Borden, die dann zwischen die Walzen geraten und dort zu Tafelbruch führen oder auch zu krummen Tafeln. Zu niedrige Temperatur führt zu scharfen Borden, zu Ansammlung von Entglasungen am Düsenrand usw.

Arbeitsfehler. Wenngleich ein großer Teil der Arbeitsfehler im maschinell erzeugten Tafelglas ganz allgemeiner Art ist, so erscheint deren Besprechung an dieser Stelle doch angebracht, weil die Besonderheiten des Betriebes dazu führen, daß die Fehler auch in besonderen Formen auftreten. Es mag hier noch einmal der Überlastung der Wannen und der Bewegung des Glases in diesen gedacht werden und besonders der Tatsache, daß der Fluß in der Maschinenwanne ein so gleichmäßiger und ungestörter ist, wie in keinem anderen Betrieb. Dadurch unterbleibt jede deutliche mechanische Bearbeitung, es treten nur Deformationen einzelner Raumelemente auf und aus der Erscheinung in der Tafel läßt sich ein recht sicherer Rückschluß auf den ursprünglichen Zustand ziehen. Darum sind die Untersuchungen von Fehlern im Fourcaultglas für die Glasfabrikation überhaupt von ganz besonderem Wert (s. S. 802 u. ff.).

Fehler, die aus der Schmelzwanne stammen, sind entweder Steine[1]) oder „optisches" Glas. Bei den ersteren wird man sich mit der Untersuchung des Pulver-

[1]) Vgl. noch Hermann, Sprechsaal **59** (1926), 142.

präparates nicht begnügen können. Quarzsteine können ebensowohl aus dem Sand des Gemenges stammen, als auch aus dem Dinasmörtel oder von neuen Silikasteinen selbst; sie können aber auch durch schlechte Lagerhaltung ins Gemenge gekommen sein. Im Dünnschliff unterscheiden wir schon nach der Größe, aber auch durch die Lage in Nestern die Sandkörner des Gemenges von den meist viel größeren anderer Herkunft (Abb. 773 u. 774). Auch Dinasmaterial, das völlig in ein dichtes Gewebe von Tridymitkristallen umgewandelt ist, wird als solches sofort erkennbar. Strittiger können Wollastonitentglasungen sein. Sie finden sich meist als wohl ausgebildete Kristalle (Bd. I, Abb. 34, bei S. 48), oftmals mit deutlichen Zeichen beginnender Lösung. Ob sie einer schlechten Art der Bereitung des Gemenges entstammen, durch welche kalkreiche Schlieren gebildet worden sind oder aber andere Ursachen haben, darüber ist nur im besonderen Fall zu entscheiden, wobei das Gesamtbild ihres Auftretens wohl zu berücksichtigen ist. Ein Vorkommen solcher Entglasungen in Schnüren parallel zur Ziehrichtung des Glases deutet darauf hin, daß an irgendeiner Stelle sich Wollastonitentglasungen

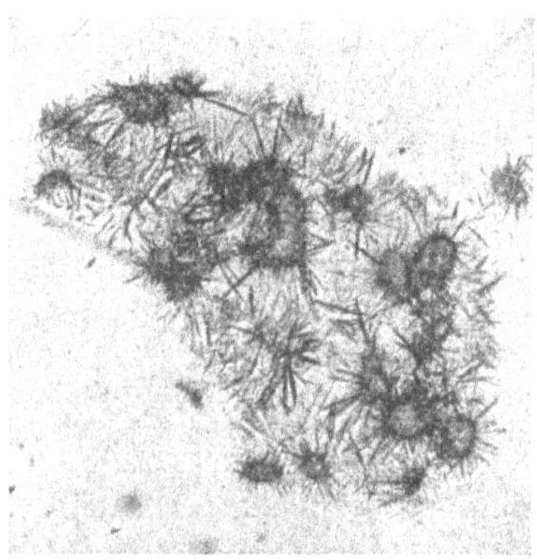

Abb. 773. Sandnest im Glas.

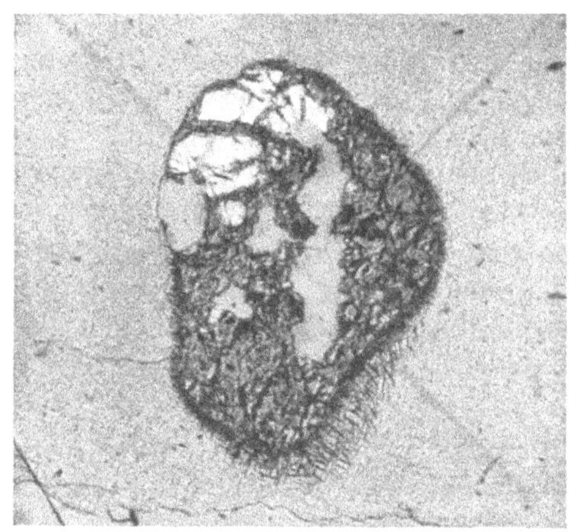

Abb. 774. Einzelnes Quarzkorn im Glas.

angesetzt haben, die nun vom Glasstrom bespült und fortgetragen werden. Vereinzelte Wollastonitausscheidungen, die an verschiedenen Maschinen oder nur sporadisch in einem Glasband auftreten, sind eher als eine Art Gemengesteine zu betrachten, insbesonders, wenn sie entweder um Gasblasen gruppiert sind, oder wenn mehrere von ihnen mit unmittelbar folgender Blase gepaart sind. Bei übermäßigem Kieselsäuregehalt des Glases erscheinen oftmals auch Cristobalitentglasungen in der Form vereinzelter charakteristischer Skelette, die nicht von Tridymit begleitet sind und von keinem Zentralpunkt ausgehen.

Weder mit dem Gemengesatz noch mit dem Schmelzprozeß, sondern in anderem Zusammenhang stehen Entglasungen, welche die Glastafel oft über ihre ganze Oberfläche in Form von vielen parallelen oft unterbrochenen Schnüren bedecken, so daß die Bezeichnung rauhes Glas für sie sehr kennzeichnend ist. Sie haben ihren Sitz ganz an der Oberfläche. Das erkennt man sofort daran, daß sich ihr Aussehen im Mikroskop deutlich verändert, wenn man sie mit einem Tropfen Chlorbenzol bedeckt. Sie bestehen bei diesen alkalireichen Fourcaultgläsern meist aus der sonst schwer faßbaren Verbindung $Na_2O \cdot 3CaO \cdot 6SiO_2$, doch wurden auch Cristobalitentglasungen in einzelnen Fällen beobachtet. Dieses rauhe Glas tritt besonders bei neuen Düsen häufig auf, und zwar, soweit bis heute beobachtet, bei quarzreicheren in höherem Maß als bei den tonerdereicheren. Dies war Veranlassung, daß man von der Düsenmischung, welche nur Großalmer oder

Ton verwendete, abgegangen ist und durch Zusatz fetterer Tone den Kieselsäuregehalt der Düse erniedrigte (vgl. S. 810). Es scheint aber, daß auch andere Faktoren, insbesonders die Brenntemperatur und die Dauer des Aufheizens der Ziehkammer dabei von Einfluß sind. Jedenfalls ist auffällig, daß der Rauhgang wesentlich dadurch vermindert werden soll, daß man die Düse in eine stärker abgekühlte Ziehkammer bringt und sie nun mit dieser aufheizt. Meist verschwindet das rauhe Glas nach einigen Stunden, es kommt aber vor, daß es längere Zeit bestehen bleibt. Dann wird die Maschine gestürzt und neu angefangen. Oftmals hilft aber dieser Vorgang auch erst nach mehrmaliger Wiederholung.

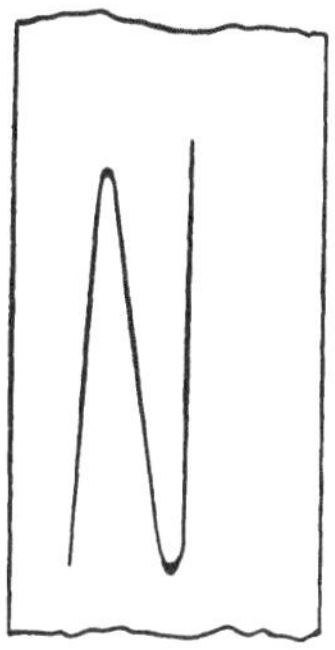

Abb. 775.

Unter den Steinen nehmen die Schamottesteine einen besonderen Platz ein. Ihr Ursprung kann in den Wannensteinen liegen, und das ist wohl der gewöhnliche Fall. Hierbei muß das Schamottematerial nicht völlig verändert sein, so daß es im Dünnschliff oft gelingt, aus dem Strukturbild der Größe der noch vorhandenen Quarzkörner[1]) und ihrer Verteilung recht genaue Rückschlüsse zu ziehen. Es zeigt sich, daß die kieselsäurereicheren Wannensteine im allgemeinen dem Angriff in der Schmelzwanne besser widerstehen, während dort, wo die Einwirkung des Feuers geringer ist, auch tonerdereichere Steine Verwendung finden können. Im Zusammenhang mit den Schamottesteinen mögen hier auch die Tonwinden besprochen werden, welche hier wie überall in der Glasindustrie auftreten. Sie geben sich in der Tafel meist als Streifen zu erkennen, die nicht in der Ziehrichtung liegen, sondern die Tafel schief durchziehen. Das ist allerdings an einem einzelnen Tafelstück nicht ohne weiteres zu erkennen, weil durch die energische Streckung beim Ziehprozeß eine weitgehende Parallelisierung eintritt. Stellt man sich aber an die Maschine und beobachtet das aufsteigende Band, dann erkennt man die Tonwinden sofort daran, daß sie wandern,

Abb. 776.

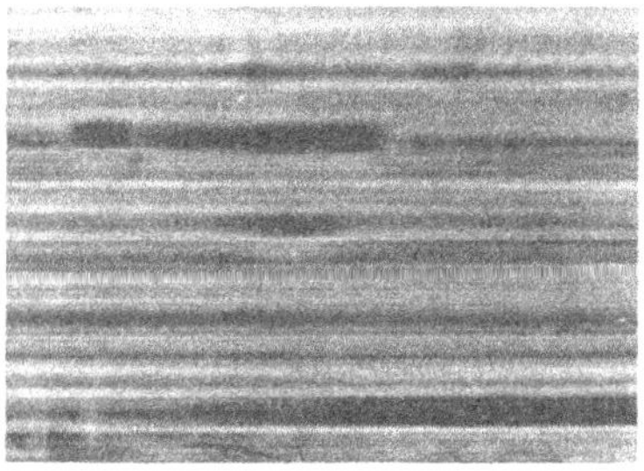

Abb. 777.

und das Gesamtbild bei entsprechender Verkürzung in der Ziehrichtung ist dann gewöhnlich das der Abb. 775. An den oberen und unteren Spitzen erscheint meist ein mehr oder weniger deutlicher Knopf. Im Streifenpräparat geben sie die charakteristischen Bilder (Abb. 776 u. 777).

Von besonderem Interesse sind die für das Fourcaultglas so kennzeichnenden Ziehstreifen. Ihre Entstehung durch das Zusammenspiel von mangelnder Homogenität und Störungen in der Strömung wurde bereits erörtert (s. S. 803). Sie bilden, wie gezeigt, den Grund, warum eine möglichste Homogenität durch entsprechende Führung des Schmelzprozesses anzustreben ist, damit die vorhandenen Strömungsstörungen möglichst unschädlich werden. Anderseits aber kann eine möglichste Be-

[1]) Die langsame Umwandlung von feinem Quarz, der mit dem Ton in die Schamottemassen kommt, kann immer wieder in der Glastechnik beobachtet werden. Scherben von Häfen, die 20 und mehr Schmelzen mitgemacht haben, zeigen im Dünnschliff immer noch Quarz.

herrschung der Strömung die Auswirkung einer schlechteren Glasqualität begrenzen. Bei dem querstehenden Ziehkanal mit den hintereinander geschalteten Maschinen war an den Mittelmaschinen meist ein sehr gutes Glas zu beobachten, während die Qualität gegen die Köpfe zu immer mehr abnahm. Wir haben aber schon gesehen, daß das Glas für die Mittelmaschinen viel einfachere Wege zu machen hatte als das für die weiter von der Wannenachse abstehenden, und daß deshalb für diese die Strömungsverhältnisse viel einfacher waren als für die übrigen. Diese Tatsache allein erklärt den günstigen Effekt. Bei der sternförmigen Anordnung darf man nicht erwarten, daß die Strömung in der Wanne selbst eine andere werden wird, wenn Verbrauch und die übrigen Verhältnisse die gleichen bleiben, und es werden deshalb alle Fehler, soweit sie aus der Schmelzwanne stammen, dort ebenso vorkommen wie bei der alten Form. Wenn man bei dem Ziehkanal Fourcaults wenig Rücksicht auf die Strömungserscheinungen genommen hat, so zeigt die Sternanordnung heute bereits eine sorgfältige Teilung des Glasstroms in horizontaler Richtung.

Die Erfahrung lehrt, daß mit dauerndem Betrieb der Maschine die Qualität des Glases in bezug auf seine Optik abnimmt. Daran sind jedenfalls die an beiden Seiten der Düse und wohl auch im unteren Teil des Düsenschlitzes sich absetzenden Entglasungen schuld. Um sie zu entfernen, muß die Maschine gestürzt werden und nach erfolgtem Aufheizen neu angefangen werden. Dieses Stürzen soll aber nie ganz planlos erfolgen, sondern darauf Rücksicht genommen werden, daß die Gesamtproduktion der Anlage dadurch möglichst wenig ins Schwanken kommt. Es ist ja ohnedies unvermeidlich, daß das Abstellen einer und das Anziehen einer anderen Maschine zu Veränderungen in den Strömungen der von den Düsen erfaßten Schicht führt und damit in irgendeiner Weise die Güte der Erzeugung drückt. Wenn dem die Angaben Stumms (a. a. O.) zu widersprechen scheinen, so erklärt sich dies daraus, daß er nur den großen Zug des Oberflächenstroms und nicht die feineren Schwankungen beachtet, die die Qualität des gezogenen Bandes beeinflussen.

Die bereits besprochenen Unvollkommenheiten der mechanischen Ausbildung der Maschine bringen es mit sich, daß fallweise das Glasband einen Sprung bekommt, der immer wieder der Bewegungsrichtung entgegenläuft. Es ist dann Sache der Bedienungsmannschaft, mit brennenden Holzspänen am Ende des Sprunges das Glasband zu erwärmen und zu versuchen, den Sprung bis an den Tafelrand zu führen, worauf dann häufig das Band ohne Bruch weiter gefördert werden kann.

Ein eigenartiges Bild geben solche Entglasungen, die sich am Rande der Zwiebel ansetzen. Sie schneiden förmlich in das Glasband ein, so daß es mit einer Reihe scharfer Rillen versehen ist, die fühlbar sind. Man verringert dann, wenn nötig, die Geschwindigkeit der Maschine, um sich vor einem Sturz zu bewahren und entfernt die gebildeten Ansätze mit einem scharfen Eisen. Milder wirkt das Auflegen eines Asbeststückes neben der Zwiebel, wodurch häufig ein genügender Temperaturanstieg erzielt wird, um die angesetzte Entglasung zur Ablösung zu bringen.

Beschreibung einer Fourcaultanlage für 6 Maschinen. Die hier an Hand eines Planes gegebene Beschreibung einer Fourcaultanlage soll weniger der Erörterung eines Hüttenbaues dienen, als vielmehr jene Gesichtspunkte betonen, die in der vorangegangenen übersichtlichen Darstellung des Prozesses nicht zur Besprechung gelangt sind (Abb. 778).

Die auf dem Hüttengeleise *1* eintreffenden Rohstoffe werden bei *a* gelagert. Der Sand wird von dort unverändert in eines der Silos *c* befördert, die Soda wird aus den Säcken direkt in ein anderes Silo gebracht. Kalkstein und etwa verwendeter Magnesit, Dolomit usw. geht erst über Steinbrecher, Kollergang und Mühle im Raum *b*. Bei diesen Stoffen ist die Einhaltung einer gewissen Mahlfeinheit von wesentlicher

Bedeutung, und es sollte deshalb eine diesbezügliche laufende Kontrolle organisiert werden.

Aus den Silos werden in der Gemengestube *d* die einzelnen Rohstoffe dem Gemengesatz entsprechend mittels einer Mischwaage zusammengebracht und in der Maschine gemischt. Die fertigen Gemenge werden dann entweder, wie hier angenommen, mittels Hängebahn *2* zur Einlegebühne gebracht und dort ausgeschüttet, oder mittels eines Elevators in ein Silo gehoben, das sich über der Gemengebühne befindet.

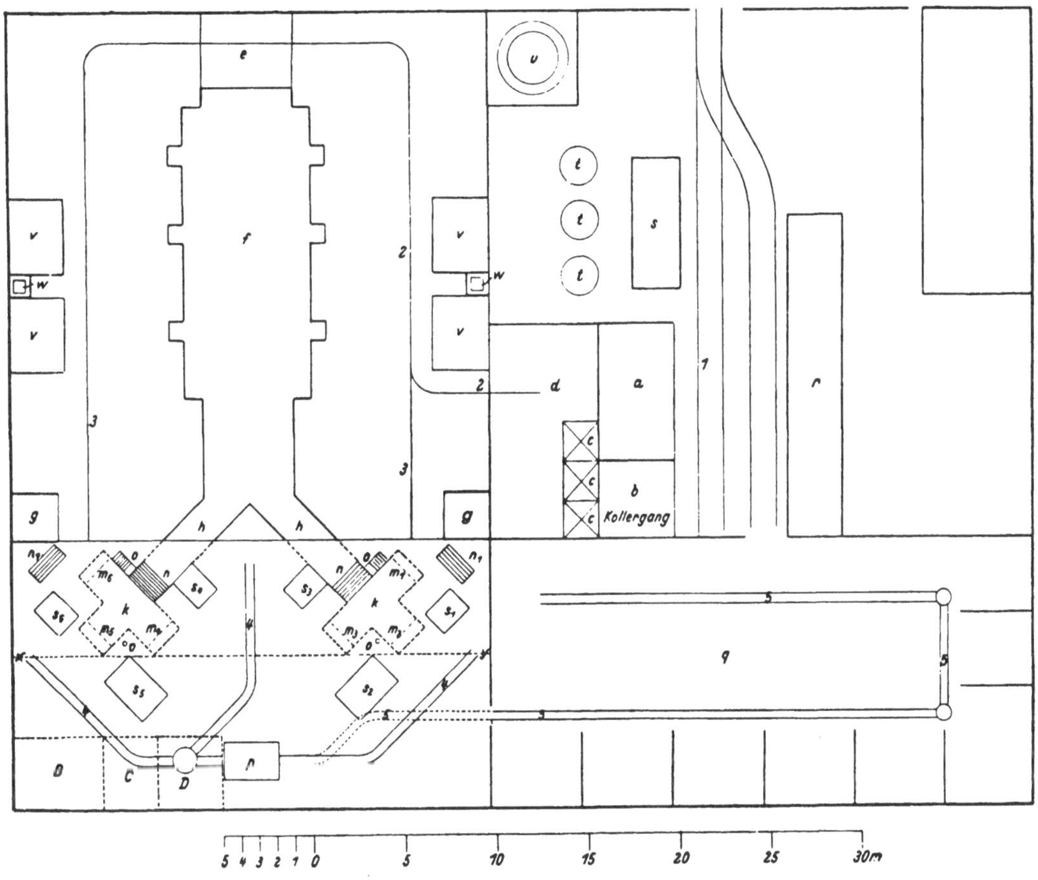

Abb. 778.

Die Lösung dieser Transportfrage ist für den Erfolg der Hütte, gemessen an der Qualität des erzeugten Glases, nicht einerlei. Man kann in einem zum Silo führenden Elevator eine Ergänzung der Mischvorrichtung sehen; aber es kommen auch in den Silos deutliche Entmischungen vor. Es ist nun aber die Gleichmäßigkeit und Güte des Gemenges so wichtig für die Erzeugung eines guten Ziehglases, daß schon die Frage des Gemengetransportes nicht allein unter dem Gesichtspunkt der Wirtschaftlichkeit gelöst werden darf.

Die neben dem Gemenge einzulegenden Scherben kommen mit den Teilen *3* der Hängebahn aus den Scherbendepots *g* ebenfalls auf die Gemengebühne oder werden durch geeignete Transportvorrichtungen in Silos über der Bühne befördert.

Das Einlegen des Gemenges und der Scherben kann entweder mit der Kelle oder mittels Gobbes erfolgen. Auch hier ist wieder auf die Auswirkung der einen oder anderen Art auf die Homogenität des Glases Rücksicht zu nehmen, und es ist gefährlich, sich darauf zu verlassen, daß bei der jeweils gewählten Länge der Wanne diese alle Fehler verwischen wird, die anderwärts gemacht werden. Dabei kommt es natürlich sehr auf die Glaszusammensetzung an und es kann ein weicheres Gemenge manche Freiheit zulassen, die bei einem härteren zu sehr unliebsamen Qualitätsmängeln führen würde.

Die Wanne *f* ist eine langgestreckte Wanne mit Galeriebrennern. Sie gabelt sich vorne in zwei Kanäle *h*, deren jeder in einem Kopf *k* mit drei Maschinen m_{1-6} endigt. Diese Anordnung führt zu etwas komplizierteren Gasleitungen und Abzugskanälen als die nach Fourcault mit dem Querkanal, gibt aber wegen der besseren Führung des Glasstromes und den einfacheren Abkühlungsbedingungen ein höherwertiges Produkt. An Brennern sind hier vorzusehen: Für das Auftempern der ganzen Anlage je ein Brenner an den beiden Kanälen. Für den Betrieb der Maschinen, also für das Anheizen dieser je ein Brenner in den Abschlußwänden, der es gestattet, Feuer in dem Ziehschacht zu halten. Während des Betriebes sorgt ein Pyrometer an jedem Kopf für die Temperaturkontrolle. Bei der Anlage ist auf entsprechende Zugänglichkeit jeder Maschine Rücksicht zu nehmen, damit das Düsensetzen und alle Arbeiten während des Betriebes vorgenommen werden können, ohne daß bei anderen Maschinen Störungen entstehen.

Das die Ziehmaschinen tragende Eisengerüst enthält meist drei Etagen. Die unterste etwa 1 m über dem Gewölbe des Kopfes; die zweite etwa 2 m darüber. Die Ausbildung der dritten ist je nach der Anlage verschieden. Meist ragt, wie in Abb. 682, Bd. I, S. 738, die Maschine über die zweite Etage hinaus und bedingt einen eigenen erhöhten Stand für den Brecher. Diese Anordnung wurde auch dem hier besprochenen Plan zugrunde gelegt. Es kommt aber auch vor, daß statt dieser erhöhten Stände für den Brecher eine durchlaufende Platte ausgeführt wird, so daß man auf dieser stehend das Glasband aus einem Schlitz des Fußbodens aufsteigen sieht. Es sind dann alle drei Etagen gleichmäßig ausgebildet, der Schneider steht auf der zweiten, der Brecher auf der dritten (vgl. Abb. 772).

Das Abnehmen der gebrochenen Tafeln erfolgt bei den gewöhnlichen Maschinen von Hand aus. Der Brecher faßt die Tafel an den Borden, bricht sie und reicht sie dem Schneider, welcher sie auf den Schneidtisch s_{1-6} legt und von den Borden befreit. Breite Tafeln, die sich schwer fassen lassen oder starke Tafeln, deren Gewicht den Brecher gefährden würden, werden während des Aufsteigens am oberen Rand mittels eines an einem Kran hängenden Scherenmechanismus erfaßt, so daß das Tragseil stets gespannt ist. Hat der Schneider die Tafel mit dem Schneidrad angerissen, so bricht sie der Brecher durch Vor- und Rückwärtsschwingen, worauf sie an dem Kran hängt. Sie wird nun, wenn nötig, noch etwas hochgezogen, worauf der Kran um den Drehpunkt *o* so geschwenkt wird, daß die Tafel auf den kippbaren Schneidtisch gesenkt werden kann. Sie stützt sich dabei zunächst auf ihre untere Kante und wird an den in steiler Neigung befindlichen Schneidtisch niedergelassen. Nach dem Lösen des Scherenmechanismus wird dann der Tisch in die horizontale Lage gebracht. In dem vorliegenden Plan sind nur die Maschinen m_2 und m_5 für dieses Verfahren ausgerüstet und dementsprechend auch nur die Schneidtische s_2 und s_5 als kippbar gedacht.

Man muß vorsorgen, daß unbrauchbares Glas, wie es bei Scherbenlauf der Maschinen oder unmittelbar nach dem Anfangen immer gewonnen wird, aber auch sonst im Lauf der Erzeugung durch irgendwelche Umstände anfällt, rasch beseitigt werden kann. Zu diesem Zweck ist hinter dem Podest, auf welchem die Brecher stehen, ein Blechkasten *n* angebracht, dessen Boden ein aus starken Rundeisen gebildetes Gitter vorstellt. In diesen Scherbenkasten werden die unbrauchbaren Blätter vom Brecher selbst abgeworfen, wobei die Stäbe des Bodens bereits eine gewisse Zerkleinerung herbeiführen. Unter dem Blechkasten befindet sich dann eine Scherbengosse, welche zu dem Scherbendepot führt. Ebenso ist für die Abfälle der Schneider, also insbesonders für die Bordenstücke, ein Scherbenkasten n_1 beiderseits angeordnet, welcher in die gleiche Scherbengosse mündet.

Will man die Scherben in einen Bunker oberhalb der Gemengebühne abführen, so wird man die Scherbenkästen in eine Hängebahn entleeren, welche ihren Transport zum Bunker zu besorgen hat. Über die Notwendigkeit, die Scherbeneinlage stets gleichmäßig zu halten und zu vermeiden, daß fremdes Glas den Scherben beigemengt wird, wurde bereits oben gesprochen.

Die Bordenschneider stellen die gesäumten Tafeln auf Pultwagen ab, für welche die Geleise *4* vorgesehen sind. Diese Pultwagen werden zum Aufzugsschacht *p* gefahren und mit dem Aufzug in das Niveau des Hüttenflurs gebracht. In manchen Anlagen ist der vordere Teil des Hüttengebäudes in mehreren Stockwerken ausgeführt, so daß der Schneidsaal im gleichen Niveau liegt mit den Schneidtischen an den Maschinen. Dann entfällt zunächst der Abtransport der gesäumten Blätter mit Hilfe des Aufzugs und die Pultwagen werden dann im gleichen Niveau bis in den Schneidsaal gerollt. Schneidsaal und Packraum sind in jedem Fall räumlich vereinigt. Vor dem Eingang in den eigentlichen Schneidsaal, werden die Blätter einer Vorsortierung unterworfen, für welche bei unserem Hüttenplan der Raum zwischen Gleis *5* und der Hauptaußenmauer vorgesehen ist. Soll das Glas auch gewaschen werden, um es widerstandsfähiger gegen das Blindwerden zu machen, so müssen an dieser Stelle die notwendigen Einrichtungen vorgesehen werden.

Aus dem Schneidsaal und Packraum *q* kommt das in Kisten verpackte Glas auf die Verladerampe *r*.

Der Vollständigkeit halber seien noch die Generatoren *t*, der Kohlenlagerplatz *s* und der Schornstein *u* erwähnt.

Was nun die für den Betrieb der Anlage notwendigen Arbeitskräfte betrifft, so ist für die Bereitung des Gemenges und die Bedienung der Wanne die normale Anzahl von Personen nötig, welche sich bis zu einem gewissen Grad durch entsprechende Ausgestaltung der Transportvorrichtungen und der übrigen Einrichtungen niedrig halten läßt.

In der Hütte selbst finden wir den Betriebsleiter, für welchen die Kanzlei *B* vorgesehen ist. Der anschließende Kanzleiraum *C* nimmt neben dem eigentlichen Kanzleibedarf auch eine Reihe registrierender Instrumente auf, so daß die Temperaturregelung, die Essenzugverhältnisse, evtl. die Abgasanalysen usw. neben den Produktionsverhältnissen jederzeit leicht zu übersehen sind.

Der dritte Raum *D* ist der Raum für die Hüttenmeister und Aufseher. Hier liegen die ersten Aufschreibungen über die Betriebsbeobachtungen und die Rapportbücher auf. Neben dem Betriebsleiter macht in der Hütte ein Meister Dienst und überdies in jeder Schicht ein Aufseher. An den Maschinen sind bei der Ziehkammer Arbeiter beschäftigt, welche die Zwiebel und das aufsteigende Glasband zu beobachten haben. Man kann einem Arbeiter ohne weiteres zwei Maschinen zur Beobachtung zuweisen. Man wird aber genötigt sein, die Diensteinteilung so zu treffen, daß im Bedarfsfalle außer dem Aufseher zwei Leute für eine Maschine zur Verfügung stehen. Diese sind nicht nur notwendig, wenn eine Maschine gestürzt oder neu angefangen wird, sondern auch dann, wenn bei Scherbengang der Versuch gemacht werden soll, den Sprung mittels Fackeln aus Holz an den Rand zu führen, oder durch Anwärmen des Ursprungs dessen Weiterlaufen zu verhindern, oder wenn im Betrieb andere Eingriffe als notwendig sich erweisen. Es wird deshalb immer darauf zu achten sein, daß eine gewisse geschulte Reserve zur Hand ist und um dies zu erreichen, muß die Diensteinteilung entsprechend vorgenommen werden.

Am oberen Ende der Maschine können ebenso je 2 Maschinen von einem Abschneider, einem Brecher und einem Bordenschneider versorgt werden. Eine bequeme und zuverlässige Verständigungsmöglichkeit für die an den Maschinen oben und unten arbeitenden Leute ist vorzusehen.

An jeder Seite des Hüttengebäudes sind zwei Temperöfen *v* vorgesehen, die eigene kleine Schornsteine haben, so daß sie völlig unabhängig vom Betrieb der Wanne sind. Die Größe ist nach zwei Gesichtspunkten zu wählen. Sie muß einerseits den Abmessungen der zu tempernden Düsen entsprechen, anderseits gestatten, beim Wechseln der Bordsteine das für zwei Reihen der einen Wannenseite notwendige Material aufzunehmen und entsprechend aufzutempern. Die Konstruktion dieser Temperöfen muß so gewählt sein, daß ein im ganzen Raum gleichmäßiger Temperaturanstieg gewährleistet ist, damit die Düsen beim Brennen sich nicht werfen oder verziehen.

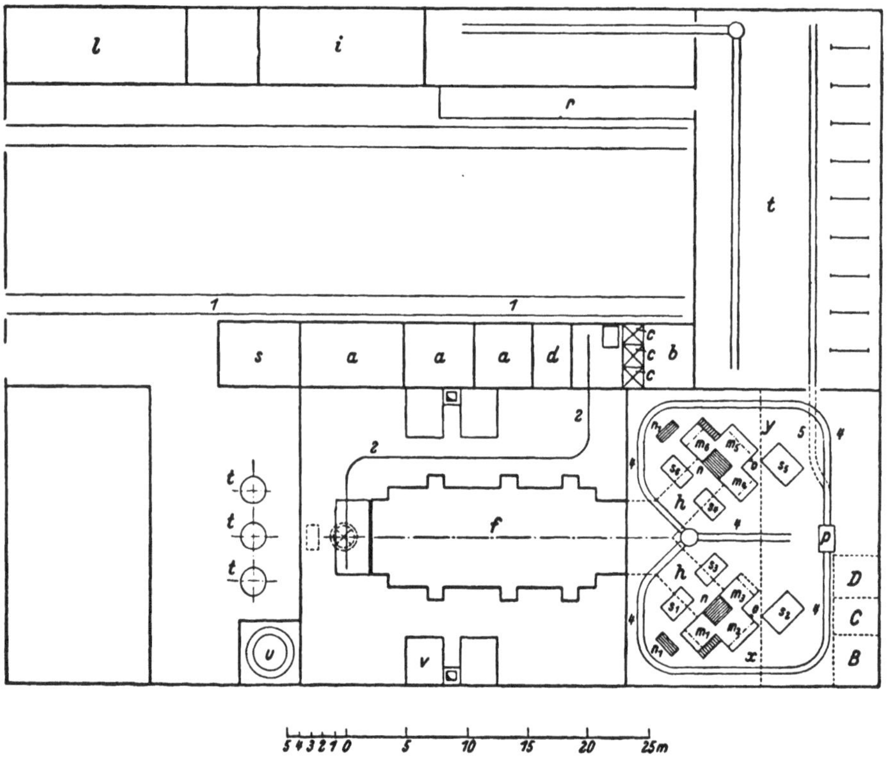

Abb. 779.

Es empfiehlt sich deshalb, das Feuer an den Seitenwänden eintreten zu lassen und in der Mittellinie der Ofensohle abzuziehen und nicht das Feuer vorn eintreten und hinten austreten zu lassen. Auch ist es vorteilhaft, die Düsen nach dem Einlegen in den Temperofen mit entsprechend geformten Schamotteplatten zu überdecken, so daß sie förmlich in einer Muffel gebrannt werden. Mit Rücksicht darauf, daß diese Temperöfen, wenn auch nicht alle, so doch abwechselnd, immer im Betrieb sind, und darauf, daß die Brenntemperatur der Düse nicht zu niedrig gewählt werden darf, empfiehlt es sich, diese Öfen mit einem Rekuperativsystem für die Luftvorwärmung auszustatten.

Die Tonwerkstätte ist im vorliegenden Plan im Kellergeschoß des Ofenhauses zwischen der Linie *xy* und der Außenhauptmauer gedacht. Sie hat dadurch einerseits die Möglichkeit, die fertigen Düsen längere Zeit unter der Wanne in der Wärme abliegen zu lassen, um sie völlig auszutrocknen, anderseits kann sie ihre Erzeugnisse mittels des Aufzugs *p* in das Hüttenniveau bringen.

Die Tischlerei und das Kistenlager sind ähnlich unter dem Schneidsaal gedacht.

Abb. 779 bringt eine Variante der geschilderten Anordnung unter anderer Verteilung der Gebäude in dem angenommenen Gelände. Die Bezeichnungen sind im wesentlichen die gleichen wie bei Abb. 779, nur ist der Schneidsaal mit *t* bezeichnet.

3. Verfahren von Colburn (Libbey-Owens).

Über dieses Verfahren liegen so wenige Mitteilungen vor, daß es mangels persönlicher Praxis nicht möglich ist, hier in Ergänzung der Darstellung des ersten Bandes eingehende Angaben über technische Einzelheiten und über die Betriebsweise des Libbey-Owens-Verfahren zu machen. Wir teilen deshalb im folgenden Ausführungen mit, die dem Herausgeber auf seinen Wunsch von Herrn Dr. Jebsen-Marwedel zugegangen sind. Wir setzen diese Ausführungen in Anführungszeichen.

„Im beigegebenen Bild (Abb. 780) ist das Fabrikationsprinzip nach Colburn (Libbey-Owens) schematisch dargestellt: Der Schmelzfluß gelangt nach geeigneter

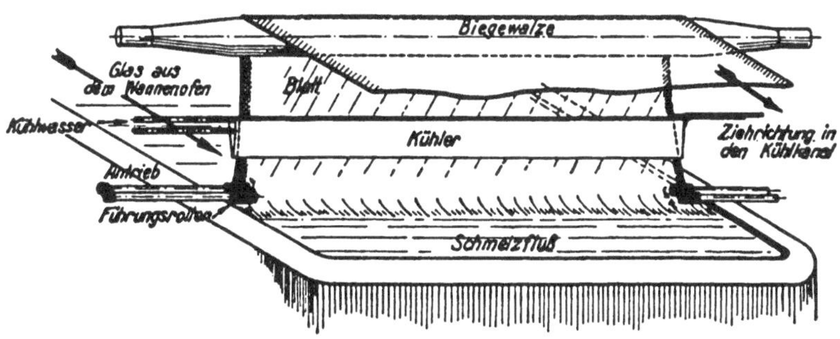

Abb. 780. Schema des Libbey-Owensverfahrens.

Wärmetönung unter die eigentliche Maschine, die natürlich wegen der hohen Hitzegrade und der daher erforderlichen Luft- und Wasserkühlvorrichtungen recht kompliziert ist (s. Bd. 1, S. 745 u. ff.)."

„Durch eine an Ketten befestigte Metalleiste, die man in den Schmelzfluß versenkt, wird das Blatt wie man sagt ‚genommen'. An dem Metall bleibt das Glas haften, wird mit diesem als schwere, zunächst noch unförmige Lamelle hochgezogen und von Fangvorrichtungen festgehalten. Die beiden Ränder des noch plastischen ‚Blattes' werden jetzt mit geeignetem Werkzeug unter die seitlichen Paare von geriffelten Führungsrollen gestopft, deren Umdrehung für weitere Glaszufuhr (Fütterung) am Rand oder ‚Saum' sorgt. Außerdem fällt diesen stark unter Federdruck stehenden Walzenpaaren (s. Dralle-Keppeler, Bd. I, Abb. 691) die Aufgabe zu, das Glasband glatt auseinander gespannt zu halten. Auf diese Weise kann das Blatt sich nicht mehr abschnüren. Eine auf das äußerste durchgebildete Temperaturmeßanlage bietet die Gewähr für die Gleichmäßigkeit der Qualität des Glases im formbereiten Zustand. Gerade in der thermischen wie auch der analytischen Abstimmung des Glases am Orte seiner Verarbeitung liegt der Schwerpunkt des technischen Betriebes. Die Maschinen reagieren auf die geringsten Abweichungen von der Norm in einer so ausgesprochenen Weise, wie es kaum bei den empfindlichsten Meßgeräten eines Laboratoriums anzutreffen ist. So kann eine kleine Änderung der Zusammensetzung, die nur in geringem Maß die Zähigkeit des Glases beeinflußt, ein merkliches Mehr oder Weniger der erzeugten, in Quadratmeter gezogenen Glases gemessenen Menge ausmachen. So hat man durch fortschreitende Anpassung der Glaszusammensetzung an diese besondere Arbeitsweise gegenüber früheren Angaben (s. Bd. I) die Produktionsleistung um rd. 50% steigern können. Davon entfällt allerdings ein Teil auf die inzwischen vorgenommene Verbreiterung der Maschinen und damit auch des gezogenen Glases auf über 2 m Nutzbreite."

„Erst kurz bevor das entstandene, noch senkrecht stehende Glasband völlig erstarrt, wird es durch eine polierte Walze von besonderer Legierung in die Waagrechte des Kühlkanals abgebogen. Das ist ein Vorgang, der mit der eigentlichen Formgebung nichts mehr zu tun hat, auch nicht, wie es gerne darzustellen versucht wird, den grundsätzlichen Unterschied der bewährten Tafelglasverfahren ausmacht. Dieser liegt vielmehr an ganz anderer Stelle: Während nämlich das Fourcault-Glas sich seinen Weg z. T. selbst durch den Düsenschlitz bahnen muß, woran es mit wachsender Zähigkeit und durch gleichzeitig störende Entglasung behindert ist, bedeutet die wachsende

Abb. 781. Kühlkanal zum Libbey-Owensverfahren.

Zähigkeit durch eine Stärkung des Glasbandes für die Colburn-Maschine, die direkt aus der Oberfläche des Schmelzbades herauszieht, einen durchaus förderlichen Faktor. In der weitaus größeren Ziehgeschwindigkeit nach diesem Verfahren liegt der Grund zu der Rentabilität einer solchen Anlage gegenüber der viel weniger teuer zu erstellenden Einheit, z. B. einer Fourcault-Anlage. Die Möglichkeit zu der höheren Ziehgeschwindigkeit liegt aber in den eben besprochenen Verhältnissen der Formgebung selbst begründet. Da diejenigen Bestandteile, die dem Glas Zähigkeit verleihen, dieselben sind wie diejenigen, die seine Haltbarkeit fördern, zeichnet sich das Libbey-Owens-Glas infolgedessen durch eine besonders gute Haltbarkeit im Gebrauch aus (vgl. Zahlentafel 91, S. 779)."

„Selbstverständlich ergibt sich für die Ziehgeschwindigkeit, daß sie mit Rücksicht auf gleichmäßige Belastung des Schmelzofens sowohl wie auf die verschiedene Kühlgeschwindigkeit im großen und ganzen umgekehrt proportional der Blattstärke gehalten wird. Diese ihrerseits ist abhängig von dem Abstand von zwei auf beiden Seiten des Blattes quer über die volle Blattbreite angeordneten, wasserdurchströmten Metallflächen, der sog. Kühler (s. Abb. 780). Das Blatt ‚spinnt' in sich ohne Ende fort, ohne mit irgendeiner Formfläche in Berührung zu kommen und gelangt über die Biegewalze hinweg in den Kühlkanal. Das Glas kann in Stärken von 0,6—12 mm gezogen werden. Es wurde gelegentlich sogar schon Glas für Sonderzwecke von 24 mm Stärke gezogen. Trotz dieser Schwankung, die das Fabrikationsprogramm mit sich bringt, muß der Kühlprozeß den Erfordernissen entsprechen. Er wickelt sich ab in einer 60 m langen Kühlstraße, der sog. ‚Galerie', wie sie Abb. 781 zeigt. Sie verläßt das Glas mit Handwärme. Dann wird es auf einem laufenden Band, dem sog. ‚Tisch'

Abb. 782. Schneiden des fertigen Libbey-Owensglases.

(Abb. 782), durch Schneidwerkzeuge in geeignete Tafeln zerlegt und vom Saum befreit. Die Tafeln ihrerseits werden erst in den anschließenden Schneidhallen exakt auf die Kommissionsmaße zugerichtet."

„Der schon genannte weite Stärkebereich dieses Ziehprozesses ermöglicht es, alle Verwendungsarten des Tafelglases zu beliefern, von Photoplattenglas (0,6 mm)

Abb. 783. Anlage von Schleif- und Poliertischen für quadratische Scheiben von Libbey-Owensglas.

bis zum ‚Dickglas', welches sich in den letzten Jahren mit Erfolg als preiswerter Ersatz für Spiegelglas eingebürgert hat und in Längen bis über 4 m Verwendung findet."

„Die Qualitätsansprüche des Tafelglases überhaupt sind inzwischen in Dinormblatt 1249 (vgl. S. 769) von allen interessierten Stellen aus gemeinsam und einheitlich geregelt worden."

„Die jederzeit einzustellende Stärke des gezogenen Tafelglases und seine günstige analytische Zusammensetzung ermöglicht es, die noch bestehenden geringen Unebenheiten der Oberfläche, die eine Eigentümlichkeit des Tafelglases sind, durch einen fein abgestimmten Schleif- und Polierprozeß für quadratische Tafeln von Blattbreite zu einem ausgezeichneten Spiegelglas zu verarbeiten, das kaum noch in der Praxis von dem gegossenen und gewalzten Spiegelglas (s. dort) zu unterscheiden ist und bis zu den besten handelsüblichen Qualitäten geliefert wird. Eine Fabrikationshalle, in welcher dieser Veredelungsprozeß auf zahlreichen rotierenden Schleif- und Poliertischen durchgeführt wird, zeigt Abb. 783."

Diesen Ausführungen sollen einige Bemerkungen über die Entwicklungstendenzen, wie sie sich vor allem aus der Patent-Literatur ergeben, angefügt werden:

Zum Unterschied vom Fourcaultprozeß geschieht bei Colburn das Ziehen des Bandes aus einem sehr flachen Trog. Er ist nur 15 cm tief im Gegensatz zu den Vorherden Fourcaults, die 90 cm Tiefe aufweisen. Daß eine Wanne höchstens mit zwei Ziehmaschinen ausgestattet werden kann, ist nicht so sehr eine Folge des Raumbedarfes der horizontalen Kühlöfen als der hohen Ziehgeschwindigkeit. Die Produktion jeder Maschine war anfangs eine viel größere als bei den Fourcaultmaschinen. Seither ist man aber auch bei diesen auf Ziehgeschwindigkeiten von 1 m pro min und mehr gekommen. Da aber Libbey-Owens in dieser Beziehung auch Fortschritte gemacht hat, ist der Abstand relativ noch größer geworden.

Das Ziehen des Glasbandes erfolgt von der Oberfläche aus, also ohne Düse. Doch zeigt die Gesamtanordnung gegenüber dem ursprünglichen Colburnprozeß starke Annäherungen an das Fourcaultverfahren, die in der Verkleinerung der beanspruchten Oberfläche[1]) und in der Einführung von Kühltaschen zum Ausdruck kommt.

Die Durchbildung der die Bandbreite sichernden Rollen hat dazu geführt, sie mit Wasserkühlung auszustatten. Der Regelung ihrer Umfangsgeschwindigkeit wurde besonderes Augenmerk zugewendet. Sie erfolgt so, daß sie etwa gleich der halben Geschwindigkeit des Bandes im Kühlofen ist[2]). Die Rollen sollen dabei überhaupt nicht angetrieben werden, sondern von selbst mitlaufen, ja nötigenfalls durch eine Hilfsbremse dazu gebracht werden, in genügendem Maß zu schleppen[3]). Hierbei ist nicht allein die Erhaltung der Breite des Bandes der Zweck dieser Geschwindigkeitsregelung, sondern auch der Wunsch, das Band bis an die Kanten schwach zu halten, um den beim Säumen der Tafel auftretenden Verlust zu verringern. Die Riffelung der Rollen soll den Transport im Kühlofen erleichtern.

Die schon im Band I, S. 746, besprochene Tatsache, daß alle gezogenen Gläser dazu neigen, Ziehstreifen zu zeigen, hat eine Reihe von Vorschlägen und Mutmaßungen gezeitigt, die teilweise auch in der Patentliteratur über das Libbey-Owensverfahren zum Ausdruck kommen. So spricht das Österr. Pat. Nr. 98224 davon, daß die Unebenheiten Folgen verschiedener Oberflächenspannung sind, welche Unterschiede wieder durch Temperaturdifferenzen am Grunde des Meniskus hervorgerufen werden. Es soll deshalb die Tafel durch einen elektrischen Erhitzer oder eine Brennerreihe gleichmäßig an dieser Stelle erwärmt werden. Überdies soll durch Einlegen eines Kühlkörpers in der Mitte unter dem Meniskus, also im Glase selbst, der die Mitte der Tafel bildende Glasstrom gekühlt werden, so daß in der entsprechenden Tafel keine Spannungsdifferenzen auftreten können. Dieses Patent wurde von der Libbey-Owensgesellschaft angemeldet. Andere schlagen zu ähnlichen Zwecken vor, die nach Art des Fourcaultverfahrens zu bildende Tafel noch durch ein Metallstück aus Nickelchrom od. dgl. zu ziehen, welches Organ dann die Aufgabe hätte, die Oberfläche zu

---

[1]) Amerik. Pat. Nr. 1463273.

[2]) Amerik. Pat. Nr. 1460582.

[3]) Brit. Pat. Nr. 186479.

glätten (Amerik. Pat. Nr. 1463582). Das Amerik. Pat. Nr. 1480625 schlägt vor, die Tafel über dem Bade mit einem Mantel zu umgeben, ähnlich dem in Amerika sonst vielfach als Strahlungsschutz üblichen Kettenschirm, damit die Gashülle um die Tafel in der Temperatur stabilisiert werde und Temperaturänderungen längs der Tafel vermieden werden. Das Brit. Pat. Nr. 217736 sucht auf ziemlich komplizierte Weise die gleichmäßige Temperatur der zuströmenden Glasmasse durch unter dem Glasspiegel liegende Zuflußkanäle zu sichern, wobei wieder eine Annäherung an die Fourcaultschen Gedanken hervortritt.

Die Glätte der erzeugten Tafeln ist seit der Einführung metallischer Biegewalzen eine durchaus befriedigende, und es fällt damit ein früher bestandenes Erzeugungsmerkmal fort. Bei stärkeren Tafeln ist jedoch ein solches im Schattenbild gegeben, indem sich dort eine dichte leichte Wellung zeigt, die unzweifelhaft aus der beim Biegen und dem folgenden Strecken entstehenden Kräuselung der Oberflächen entsteht. Schwieriger als bei Fourcault scheint beim Libbey-Owens-Verfahren die Sicherung gleichmäßiger Dicke über die ganze Breite der Tafel; es entstehen dadurch leicht keilförmige Ausschnitte. Eine nachträgliche Glättung der fertigen Tafeln hinter der Biegewalze sieht das Amerik. Pat. Nr. 1462495 vor.

Die Ebnung der von der Biegewalze kommenden Tafel wird nach Band I durch Schienen bewirkt, welche an der Schleppkette angebracht sind. Das DRP. Nr. 410562 schützt die Verwendung von auf den Rändern der Tafel ablaufenden Rollen anstatt dieser Schienen. Während der Antrieb für den Ziehmechanismus bisher durch das Zusammenwirken der unter dem Glasband befindlichen Förderrollen und der die Tafelränder darauf niederdrückenden Schienen oder Walzen bewirkt wurde, wird nach dem Amerik. Pat. Nr. 1450571 versucht, das Glasband durch eine Reihe freilaufender Walzen zu stützen und die zur Förderung des Bandes notwendigen Kräfte durch eine zweite Reihe von Walzen zu vermitteln, welche nur auf den evtl. eingekerbten Rand der Tafel wirken. Dadurch soll dem Zerkratzen der Tafel vorgebeugt werden, welche bei etwa auftretenden relativen Verzögerungen der Tafel gegenüber den Walzen entstehen können.

Natürlich ist das Glasband, wenn es die Biegewalze verläßt, noch plastisch und hängt sich zwischen der Biege- und den nächsten Auflagewalzen etwas durch. Um die Ebnung herbeizuführen, gelangt das Band dann auf einen Tisch, der als endloses Band ausgebildet und aus geschliffenen Kettengliedern zusammengesetzt ist. Das Glasband ist zunächst genügend weich, so daß wellige Stellen sich senken und dem ebenen Tisch sich anschmiegen. Es wird dadurch flach. Während das Band über diesen Tisch wandert, verliert es seine Plastizität, wird starr und läuft auf die erste Rolle des Kühlofens. Dieser Kühlofen ist ein Rollenkühlofen. Die Rollen bestehen aus Asbest und sind zwangsläufig durch Schnecke und Zahnkränze miteinander zu einheitlichem Vorschub gekuppelt. Der Abstand der Rollen beträgt etwa 30 cm. Im übrigen sei nochmals auf die Darstellung im Band I, S. 748 u. ff. verwiesen. Ferner sei auf den Abschnitt V, 8 im 11. Kapitel: „Neuere Kühlöfen für Spiegelglas" verwiesen.

Das Amerik. Pat. Nr. 1453856 betrifft endlich eine Vorrichtung zum Abschneiden des Bandes. Bedenkt man, daß die Geschwindigkeit des Glasbandes beim Libbey-Owens-Verfahren bis zu 250 cm pro min gesteigert wird, so wird man darin eine notwendige Verbesserung des Verfahrens erblicken.

Das Besondere des Libbey-Owensprozesses liegt in der Notwendigkeit vieler Heizstellen. Dabei ist das Generatorgas nicht gut verwendbar, es ist vielmehr ein hochwertiges Gas erwünscht. Es ist deshalb das Verfahren an Orte gebunden, in denen ein solches billig zu haben ist, sei es in Form von Naturgas oder als Kokereigas.

Über die Verbreitung des Libbey-Owens-Verfahrens erhielt der Herausgeber von Herrn Dr. Jebsen-Marwedel-Gelsenkirchen-Rotthausen folgende Mitteilungen:

„Das Tafelglasziehverfahren nach Colburn, heute unter dem Namen des Industrieunternehmens Libbey-Owens bekannt, steht im Gegensatz zu dem Fourcault-System noch einige Jahre unter Patentschutz und ist daher weniger verbreitet als jenes. Jedoch hat sich das nach ihm hergestellte Tafelglas sehr rasch auf dem Markt eingeführt. Die einzige Fabrik, die es in Deutschland herstellt, die Deutsche Libbey-Owens-Gesellschaft für maschinelle Glasherstellung A.-G., Delog, Gelsenkirchen-Rotthausen (Ak. RM. 10500000,—) versieht heute allein ein Drittel des deutschen Marktbedarfes an Tafelglas. — Die erste Fabrik, die in Europa errichtet wurde, ist die Compagnie Internationale pour la Fabrication mécanique du Verre, Moll (Belgien) mit dem Sitz in Brüssel. Diese arbeitet zur Zeit mit 7 Öfen und 13 Maschinen und hat allein schon eine Jahresleistung von 16000000 m². Außerdem ist in Belgien eine zweite Hütte in Houdeng bei Charleroi in Betrieb genommen mit 3 Öfen und 6 Maschinen, was einer Jahresleistung von 7000000 m² entspricht. Frankreich hat ebenfalls 6 Maschinen, von denen 4 auf Lens und 2 auf St. Etienne entfallen. In Italien arbeiten 4 Maschinen in Maestre b. Venedig, in Spanien 1 Maschine in Barcelona und in der Schweiz eine Maschine in Moutier.“

„Das deutsche Werk arbeitet mit 6 Maschinen, die zu je zweien an einer der drei vorhandenen Schmelzwannen angeschlossen sind. Diese gehören mit ihrem 1250000 kg fassenden Inhalt zu den größten Schmelzöfen der Glasindustrie überhaupt. Jede der 6 Maschinen leistet an einem Arbeitstage über 4500 m² normales Fensterglas (Gesamttagesleistung also 25—30000 m² Glas) und damit also ein Mehrfaches der sonst bekannten Tafelglasmaschinen[1]).“

Einen vergleichenden, aber wohl nicht für alle Verhältnisse zutreffenden Überblick über die verschiedenen Tafelglasverfahren mit besonderer Berücksichtigung der Produktivlöhne und Brennstoffkosten gibt Fritz Groß[2]).

---

[1]) Im Gegensatz hierzu wurde 1927 (s. Bd. I, S. 753) noch eine Tagesleistung von 3300 m² angegeben, was inzwischen weit überholt ist.

[2]) Neuzeitliche Herstellung von Tafelglas, Z. Ver. deutsch. Ing., **71** (1927), S. 213—217.

Wertvolle Angaben über den Gestehungspreis von Tafelglas in Belgien und den Vereinigten Staaten enthält der Bericht der USA.-Tarifkommission (Window glass-Report of the USA. Tariff Commission to the President of the United States, Washington 1929, Government printing office) — Referat von Blanck in Glast. Ber. VIII (1930), S. 551—552.

Schließlich sei auf den beim Abschluß der Druckarbeiten angekündigten Bericht XIV des Enquete-Ausschusses: „Die deutsche Glasindustrie“ hingewiesen, der auch Angaben über die Tafelglasindustrie enthält.

11. Kapitel.

Gewalztes Spiegelglas.

Von E. Lutz.

Aus dem Hafen gegossenes Spiegelglas.

Bis vor wenigen Jahren fielen unter den allgemeinen Begriff „Spiegelglas" das geblasene „¾-Weißglas", auch „Bayerisches Spiegelglas" genannt, und das „gegossene" Spiegelglas. Das geblasene Spiegelglas ist inzwischen fast ganz vom Markt verschwunden und auch das „Gießen" ist nicht mehr das Kennzeichnende aller anderen Herstellungsverfahren, wohl aber das „Walzen". Neuerdings finden auch einige besondere Sorten von gezogenem Flachglas als Spiegelglas Verwendung. In diesem Abschnitt soll es sich aber ausschließlich um „gewalztes Spiegelglas" handeln.

Die Kunst der Herstellung des geblasenen Glases ist erheblich älter als die des gegossenen und gewalzten. Das Bestreben, größere und dickere Glasscheiben zu erzielen als durch Blasen möglich ist, führte zu dem Verfahren, die Glasmasse auf eine ebene Unterlage auszugießen und darauf zu einer Platte auszuwalzen. Der französische Glasfachmann Lucas de Néhou gilt als der Erfinder dieses Verfahrens; er war es auch, der im Jahre 1688 den Gedanken zum erstenmal in die Tat umsetzte. In St. Gobain wurde damals die erste Fabrik eingerichtet, die nach dem neuen Verfahren arbeitete. Das Unternehmen hatte anfänglich gegen große Schwierigkeiten zu kämpfen, die nicht nur technischer Art waren, so daß es mehrmals dem Untergang nahestand. Es setzte sich aber durch und aus ihm konnte die „Aktien-Gesellschaft der Spiegelmanufakturen und chemischen Fabriken von St. Gobain, Chauny und Cirey" hervorgehen, die seitdem an der Spitze der Spiegelglasindustrie marschiert.

Die von der „Deutschen Glastechnischen Gesellschaft" zur Verfügung gestellte Abb. 784 ist eine anschauliche Darstellung aus den Anfängen der neuen Fabrikation. Die dabei erzielten Abmessungen der Glasplatten waren von Anfang an größer als die bis dahin durch Blasen erreichten. Während aber beim Blasen das Glas seinen Feuerglanz behält und die Scheiben klar und durchsichtig bleiben, verliert es beim Auswalzen infolge seiner Berührung mit der Unterlage und der Walze auf beiden Seiten seinen Glanz, die Oberflächen werden rauh und die Scheiben infolgedessen undurchsichtig; man nennt das Glas in diesem Zustande „Spiegelrohglas" oder kurz „Rohglas". Um die Oberflächen glatt und glänzend und damit die Scheiben durchsichtig zu machen, müssen sie auf beiden Seiten geschliffen und poliert werden.

Das Verfahren erfordert somit zwei voneinander verschiedene Arbeitsvorgänge: erstens die Herstellung des Rohglases und zweitens dessen Schleifen und Polieren. Infolgedessen besteht eine Spiegelglasfabrik aus zwei hinsichtlich der Arbeitsweise sehr verschiedenen Abteilungen:

1. die Rohglashalle,
2. die Schleiferei und Poliererei.

Abb. 784.

Das Spiegelglas wird hauptsächlich gebraucht zu Schaufensterscheiben, zur Verglasung von Wohnungsfenstern, Eisenbahnwagen, Automobilen, Schaukästen, Ausstellungsschränken, Aquarien usw., kurz in allen Fällen, wo das gewöhnliche Fenster- und Tafelglas wegen der Beschränktheit seiner Scheibengrößen und seiner Dicke nicht ausreicht oder wegen der Fehler sowohl an seiner Oberfläche wie auch in seinem Innern und wegen seiner mehr oder weniger großen Unebenheit höheren Geschmacksanforderungen nicht genügt. Durch das Schleifen erhält das gegossene Glas fast vollkommen ebene, unter sich praktisch parallele Oberflächen, so daß es im Gegensatz zu den gewöhnlichen Fensterscheiben die beim Hindurchsehen sich bietenden Bilder nicht merklich verzerrt; infolge dieser Ebenheit und der künstlichen Politur besitzen die Spiegelglasscheiben einen schönen dunklen Glanz, durch den sie gegenüber den gewöhnlichen Fensterscheiben vornehm abstechen. Diese Vorzüge treten besonders hervor bei der Verwendung des geschliffenen und polierten Glases zu Spiegeln; solche Spiegel werfen das Spiegelbild nahezu ohne Verzerrung zurück.

Weiterhin finden Spiegelglasplatten Verwendung für Schrankeinlagen, Tischbeläge, Wandbekleidungen, Etageren, Türschoner und für viele andere gewerbliche und wissenschaftliche Zwecke. Spiegelglasscheiben werden auch gebogen. Größere Scheinwerferspiegel werden so ebenfalls aus poliertem Spiegelglas hergestellt. Die ebene Platte wird zu diesem Zwecke auf eine umgestülpte Form gelegt und in einem Ofen einer Temperatur von etwas über 630° ausgesetzt, also einer Temperatur, bei der das Glas gerade so weich wird, daß es sich der Form anschmiegt. Nach dem Kühlen wird die gebogene Scheibe nochmals beiderseits poliert und auf der Außenseite mit Silber belegt.

Auch gefärbtes Spiegelglas, besonders Schwarzglas findet Verwendung für Innenausstattungen, Firmen- und Reklameschilder. Rohglasplatten werden gebraucht für grobe Verglasungen, wo es nicht auf die Durchsichtigkeit ankommt, sondern das Durchscheinen des Lichtes genügt, für Schuppen, Ställe u. dgl., ferner für Fußbodenbeläge, Dachplatten usw. Aus Rohglasbruchstücken, die in ihrem Inneren keine Glasfehler besitzen, werden Linsen gepreßt, die geschliffen und poliert, vorzügliche Stücke für optische Zwecke geben.

Für poliertes Spiegelglas unterscheidet man im Handel im großen und ganzen vier Qualitäten, sog. „Wahlen“:

erste Wahl = ausgesuchte Belegware,
zweite Wahl = Belegware,
dritte Wahl = ausgesuchte Verglasungsware,
vierte Wahl = gewöhnliche Verglasungsware.

Die Qualität einer Glasscheibe wird bestimmt nach der Reinheit des Glasinnern und der Schönheit der Oberflächen. Als Mängel im Glas findet man grobe Blasen, Gispen, Schlieren, Entglastes, Ungeschmolzenes, Steine, Kaltsprünge. Als Oberflächenfehler findet man ungenügenden Feinschliff, schlechte und unfertige Politur, nachträglich entstandene blinde Stellen, Krätzer. Den Preis je m² beeinflussen ferner die Gesamtgröße der einzelnen Scheiben und ihre Form (Vierecke, Langscheiben, Bänder, Streifen usw.). Auch die Dicke des polierten Spiegelglases spielt im Handel eine große Rolle. Im üblichen Arbeitsgang der Gußspiegelglasfabriken fallen Dicken von 5—8 mm an, dickere Platten werden besonders auf die gewünschte Stärke ausgewalzt und geschliffen. Gegossene Spiegelgläser unter 5 mm Stärke werden heute nach Spezialverfahren hergestellt, denen weiter unten ein besonderer Abschnitt gewidmet ist. (Neuerdings wird auch über 5 mm starkes Glas danach hergestellt.)

Amerikanische Normen. In diesem Zusammenhang ist der folgende kurze Auszug aus den Begriffsbestimmungen und Richtlinien von Interesse, die die Regierung der Vereinigten Staaten zum amtlichen Gebrauch beim Einkauf von Flachglas, das zu Verglasungszwecken dienen soll, aufgestellt hat (Federal Specifications Board Specification Nr. 123 vom 1. April 1924):

Spiegelglas: Durchsichtiges, flaches und verhältnismäßig dünnes Glas mit eben geschliffenen Flächen. Gegenstände unter beliebigem Winkel durch solches Glas betrachtet, dürfen nicht verzerrt erscheinen. Gegenwärtig wird Spiegelglas hergestellt durch periodisches Gießen und Walzen von großen Platten oder durch das Walzen einer kontinuierlichen Platte. Diese Platten werden geschliffen und poliert.

Fensterglas (dessen Definition sei hier zu Vergleichszwecken ebenfalls aufgeführt): Durchsichtiges, verhältnismäßig dünnes Flachglas mit glänzenden, im Feuer ohne Nachbearbeitung fertig gewordenen, eben und glatt erscheinenden Flächen, jedoch von charakteristischer Wellenförmigkeit der Oberfläche, die beim Blick unter scharfem Winkel und im reflektierten Licht auffällt.

Fensterglas wird zur Zeit von Hand hergestellt durch Blasen von Zylindern, ferner durch Blasen oder Ziehen von Zylindern mit Hilfe von Maschinen — die Zylinder werden dann gestreckt — oder durch unmittelbares Ziehen von Tafeln mit Hilfe von Maschinen, wobei die fertigen Oberflächen ohne Nachbearbeitung erzielt werden.

Allgemeine Regeln für das Abschätzen der Gläser: Alles Flachglas weist mehr oder weniger Unvollkommenheiten auf; bei der Abschätzung ist zum Leitgedanken zu machen, daß alle Fehler ausgeschlossen werden, die bei der verlangten Qualität zu beanstanden sind. Dies ist schwierig, da keine scharfen Trennungslinien zwischen den Qualitäten bestehen und erfahrene Fachleute verschiedene Urteile dahin abgeben, ob ein Glas an der Grenze einer Qualität liegt oder nicht. Große Scheiben dürfen verhältnismäßig mehr Fehler aufweisen als kleine; außerdem muß die Mitte der Scheiben reiner sein, während die Ränder eher ausgesprochene Fehler aufweisen dürfen.

Prüfungsmethode: Die Entfernung vom Glas, der Winkel zwischen ihm und der Sehlinie sowie die Beleuchtungsstärke beeinflussen die Wirkung von Fehlern. Auf die weiter unten aufgestellte Liste vorkommender Fehler sei hier verwiesen.

Bei der Prüfung soll die Stellung des Glases ähnlich der einer Fensterscheibe sein; das Auge des Beobachters soll in einer Höhe mit dem Mittelpunkt der Scheibe liegen und aus einer Entfernung von ungefähr 36 Zoll in das Licht des freien und klaren, aber sonnenlosen Himmels blicken.

Das Erkennen von Wellen und Schlieren hängt hauptsächlich vom Beobachtungswinkel ab und die Stärke dieser Fehler kann danach abgeschätzt werden. Die für die Beobachtungswinkel vorzuschreibenden Maße sollen die Winkel angeben, die die Sehlinie mit der Glasscheibe bildet, wenn diese senkrecht steht. Eine kleine wagrechte Hin- und Herbewegung des Kopfes durch einen Winkel von zwei oder drei Grad wird Wellen und Schlieren leichter wahrnehmbar machen.

Aus den Bestimmungen für poliertes Spiegelglas: Abmessungen und Dicken: Die normalen Dicken von Spiegelglas sind $^1/_8$, $^3/_{16}$, $^1/_4$, $^3/_8$, $^1/_2$, $^5/_8$, $^3/_4$, 1, $1^1/_4$ und $1^1/_2$″. Scheiben von $^1/_4$″ Dicke dürfen bis zur Höchstoberfläche von 250 Quadratfuß geliefert werden, und zwar in fast allen erforderlichen Abmessungen bis zu den folgenden Höchstgrenzen: 120″ × 280″, 144″ × 260″, 160″ mal 240″.

Die Normalstärke für Lagervorräte von Glas für Verglasungszwecke ist $^1/_4$″; sie kann aber zwischen $^7/_{32}$″ und $^5/_{16}$″ schwanken, allerdings werden in den größeren Städten auch $^1/_8$″ und $^3/_{16}$″-Gläser auf Lager gehalten.

Zulässige Abweichungen in der Dicke: Die Abweichung von der verlangten Dicke nach oben oder unten darf höchstens die Hälfte des Unterschiedes von der nächst höheren bzw. nächst niedrigeren Stufe in der oben angegebenen Reihe der normalen Stärken betragen; allerdings werden als $^1/_4$″-Gläser gelegentlich auch Scheiben von $^5/_{16}$″ geliefert. Im allgemeinen sollten jedoch die Abweichungen in der Dicke bei Gläsern bis zu $^1/_4$″ nicht mehr als $^1/_{32}$″ für jede Scheibe unter 10 Quadratfuß und die Abweichungen bei Scheiben, die dicker als $^1/_4$″ sind, nicht mehr als die Hälfte der für die betreffende Dicke erlaubten Abweichung betragen.

Zulässige Abweichungen in der Größe: Die Abweichungen von der bestellten Größe sollten nicht mehr als $^1/_{32}$″ je $^1/_8$″ Dicke betragen.

Qualität: Spiegelglas soll für Verglasungszwecke in einer von den beiden Qualitäten geliefert werden, die unter der Bezeichnung zweite Qualität für Belegzwecke und Qualität für Verglasungszwecke bekannt sind.

Zweite Qualität für Belegzwecke wird ausnahmslos gebraucht, wo hohe Anforderungen an die Verglasung zu stellen sind und Unvollkommenheiten nur bei genauester Untersuchung auffallen dürfen. Diese Qualität wird für Verglasungszwecke selten in Größen über 20 Quadratfuß verwendet.

Wenn die Qualität nicht anderweitig vorgeschrieben ist, ist Verglasungsqualität üblich.

Zum Vergleich seien hier auch einige Sätze aus den entsprechenden Bestimmungen für Fensterglas angegeben:

Fensterglas wird in verschiedenen Stärken und Qualitäten hergestellt:

	Dicke in Zoll		Anzahl der Scheiben auf den Zoll		Durchschnittsgewicht in Unzen je Quadratfuß
	Min.	Max.	Min.	Max.	
Einfache Stärke	,080	,100	10,5	12,0	18,5
Doppelte Stärke	,111	,125	8,0	9,0	24,5
26 oz. Glas	,125	,135	7,5	8,0	26,0
29 oz. Glas	,135	,148	6,5	7,0	29,0
34 oz. Glas	,150	,175	6,0	6,5	34,0
39 oz. Glas	,176	,205	5,0	5,5	39,0

Gangbare Größen. — Als Höchstmaße werden empfohlen:

	Breite in Zoll	Länge in Zoll
Für einfache Stärke	40	50
„ doppelte Stärke	60	80
„ schwerere Tafeln	66	90

Fensterglas von einfacher Stärke und von doppelter Stärke wird regelmäßig in zwei Standardqualitäten geliefert, die als Qualität A und Qualität B bekannt sind. Bisweilen wird für Spezialzwecke die mit AA bezeichnete Qualität benützt, die besonders fehlerfrei ist. Es ist aber zu beachten, daß die von den Fabrikanten hergestellte Menge AA-Glas 3% der gesamten Fensterglaserzeugung nicht überschreitet.

Außerdem gibt es noch eine begrenzte Menge Fensterglas von einfacher und von doppelter Stärke, das als Vierte Qualität bekannt und von geringerer Güte als Qualität B ist. Die Menge, die von diesem Glase hergestellt wird, macht ebenfalls nur einen ganz kleinen Prozentsatz der gesamten Fensterglaserzeugung aus.

Schließlich ist noch die ebenfalls in sehr begrenzten Mengen und nur in einfacher Stärke hergestellte Qualität C bekannt, die niedrigste, die in den Vereinigten Staaten verpackt und auf den Markt gebracht wird.

Fehler in

Spiegelglas

Bläschen (seeds),
Unfertige Bearbeitung (short finisch),
Schaum (skim),
Schlieren (strings),
Kratzer (scratches),
Blasen (bubbles),
Offene Blasen (open bubbles),
Schlechte Stellen (Ream),
Steine (stones),
Kaltsprünge (fire cracks),
Sandlöcher (sand holes),

Fensterglas

Bläschen (seeds),
Längliche Blasen (blisters),
Wellen (lines),
Feuerfehler (burns),
Kratzer (scratches),
Schlieren (strings),
Cords (cords),
Steine (stones).

Definitionen, Ursachen und kurze Beschreibung dieser mannigfaltigen Unvollkommenheiten:

Blasen. — In gewalztem Glas eingeschlossene Gase. Sie sind stets kugelförmig und haben ein glänzendes Aussehen. Der Ausdruck gilt für alle Gasblasen von mehr als $^1/_{32}''$ Dmr. Der Ausdruck „kleine Blasen" bezieht sich auf Größen zwischen $^1/_{32}''$ und $^3/_{32}''$.

Bläschen. — Sehr kleine Blasen von weniger als $^1/_{32}''$ Dmr. „Feine Bläschen" sind nur bei nahem Betrachten sichtbar und erscheinen gewöhnlich als kleine Punkte; sie stellen eine Unvollkommenheit dar, die selbst in der besten Spiegelglasqualität vorkommt. Bläschen von ungefähr $^1/_{64}''$—$^1/_{32}''$ Dmr. werden als grobe Bläschen bezeichnet.

Bläschenansammlungen. — Feine und grobe Bläschen sind sehr zahlreich, etwa 25 oder mehr auf den Quadratzoll.

Zerstreute Bläschen. — Wenige und gelegentlich vorkommende, leicht sichtbare grobe Bläschen. Zwei oder drei können 1 oder 2″ voneinander entfernt sein; in weit größeren Abständen zerstreut liegende grobe Bläschen, hier eins, dort eins, entspricht jedoch für gewöhnlich mehr dem, was mit diesem Ausdruck bezeichnet werden soll.

Offene Blasen. — Blasen, die beim Schleifen eingebrochen sind und dadurch in der Oberfläche ein halbkugelförmiges Loch zurückgelassen haben.

Längliche Blasen. — Langgezogene Blasen oder Bläschen von elliptischer Form. Diese Blasenform kommt für gewöhnlich nur im Fensterglas vor, ist aber auch in Spiegelglas zu finden, das nach einigen neuen Verfahren hergestellt wird. In beiden Fällen werden die Blasen infolge der Art der betreffenden Herstellungsverfahren in einer bestimmten Richtung in die Länge gezogen.

Schaum. — Streifen von dichtgesäten Bläschen mit kleinen Blasen vermischt.

Schlieren. — Wellenförmige, durchsichtige Linien, die den Anschein erwecken, als ob ein Glasfaden in das Innere der Scheibe eingelegt sei.

Cords. — Starke, im Innern der Scheibe liegende Schlieren, deren Verlauf und Lage keine bestimmte Richtung aufweisen und die mehr dick und tief als breit erscheinen.

Schlechte Stellen (ream). — Flächen unhomogenen Glases, das im Innern der Scheibe sitzt und ein welliges Aussehen hervorruft.

Kratzer. — Irgendwelche Zeichen oder Ritzer auf der Oberfläche, die so aussehen, als ob sie durch ein scharfes oder rauhes Instrument verursacht worden seien. Kratzer kommen auf den Gläsern infolge mannigfacher Zufälligkeiten in allen Stärken vor.

Unfertige Bearbeitung. — Ungenügende Politur oder mangelnder Glanz; nicht genügend bearbeitete Oberfläche, die leicht gerippt und gewellt aussieht, wenn sie in reflektiertem Licht besehen wird.

Diese Rauheiten, die nur gering sind, haben meistens eine zwar polierte, aber im Schliff unfertige Oberfläche, doch machen sie in der Hauptsache den Eindruck einer schwachen Trübung der Oberfläche. Schlechte Politur wird gewöhnlich durch ungenügendes Schleifen verursacht.

Steine. — Jede Art von im Glas eingeschlossenen, undurchsichtigen oder nur halb geschmolzenen Teilchen von Steinen, Ton oder Gemengmaterial.

Wellen. — Wellen, die sich fortlaufend über die Scheibe ausdehnen, so daß die Rückspiegelung von der Oberfläche als eine Linie oder eine Folge von Linien erscheint, die sich über die ganze Breite der Scheibe oder zum mindesten einen beträchtlichen Teil davon erstreckt.

Feuerfehler. — Kleine Erhebungen oder Vertiefungen auf der Oberfläche, die als eine Fläche kleiner Flecken und als eine leichte Zerstörung der Oberflächenpolitur erscheinen. Eine Unvollkommenheit, die beim Strecken von Fensterglas auftritt und durch Zuheißwerden der Strecköfen verursacht wird.

Kaltsprünge. — Kleine Risse, die die Oberfläche der Scheibe durchdringen. Gewöhnlich von kurzer Hakenform; verursacht durch plötzliches Erhitzen oder Abschrecken der Oberfläche.

Sandlöcher. — Rauhe Stellen in der polierten Oberfläche, vom Rohschleifen zurückgeblieben und durch das darauffolgende Feinschleifen nicht entfernt; meistens darauf zurückzuführen, daß grobe Schleifsandkörner in den Feinsand kamen.

In den letzten Jahren vor dem Kriege betrug der Weltkonsum an gegossenem Spiegelglas rd. $12^1/_2$ Mill. m^2 im Jahre, ungefähr die Hälfte davon entfiel auf die europäischen Länder. Zum Vergleich sei hier angeführt, daß derjenige an geblasenem $^3/_4$-Weiß-Spiegelglas ungefähr 3 Mill. und derjenige an gewöhnlichem Fensterglas ungefähr 130 Mill. m^2 betrug. Von jenen $12^1/_2$ Mill. m^2 lieferten Belgien rd. $2^1/_4$, Deutschland $1^3/_4$, England $1^1/_4$, Frankreich 1, Österreich (Tschechoslowakei), Holland, Italien, Spanien und Rußland zusammen 1 Mill.; der Rest entfiel auf Nordamerika. Seit dem Kriege ist der Weltkonsum ganz erheblich gestiegen, derjenige von Nordamerika allein ist ein Mehrfaches von dem gesamten Vorkriegsbedarf geworden. Es bestehen zur Zeit 9 Spiegelglasfabriken in Deutschland, 9 in Belgien, 2 in England, 5 in Frankreich, 2 in der Tschechoslowakei, 1 in Holland, 1 in Italien, 1 in Spanien; von drei russischen Fabriken soll eine wieder in Betrieb genommen werden. Die Leistungsfähigkeit der einzelnen dieser Fabriken schwankt zwischen 100000 und 900000 m^2 poliertes Spiegelglas im Jahr. In Nordamerika sind Fabriken mit erheblich höheren Leistungsfähigkeiten in Betrieb. Auch in Europa ist die Leistungsfähigkeit einiger Betriebe inzwischen bedeutend gesteigert worden durch die Einführung neuer Verfahren, die weiter unten beschrieben sind und die hauptsächlich die Herstellung von dünnem Spiegelglas bezwecken.

Mit einigen wenigen Ausnahmen haben alle auf dem europäischen Festlande liegenden, gewalztes Spiegelglas erzeugenden Firmen zwecks Festsetzung der Verkaufspreise und der sonstigen Verkaufsbedingungen sowie zwecks gemeinsamer Reglung der Erzeugung und des Absatzes ein in seiner Befolgung streng gehandhabtes und überwachtes Übereinkommen getroffen, die „Convention internationale des glaceries", deren Sitz und Geschäftsstelle in Brüssel sind. Sämtliche deutschen Firmen sind ihr beigetreten. Auch mit den nicht unmittelbar angeschlossenen und mit den englischen Fabrikanten herrscht ein gewisses Einvernehmen, besonders hinsichtlich der Verkaufspreise, der Belieferung verschiedener Länder und des Austausches statistischer Zahlen.

Die Convention internationale des glaceries ist in ihren Grundzügen ein Preis- und Produktionskartell, das zwar die finanzielle und technische Selbständigkeit der einzelnen Unternehmungen unangetastet läßt, durch die Art der Produktionsreglung aber doch ziemlichen Einfluß auf die technischen Maßnahmen und die technische Entwicklung der einzelnen Betriebe hat. Um Erzeugung und Absatz in Übereinstimmung zu halten, sind die sog. Schleifoberflächen der dem Übereinkommen unterworfenen Fabriken aufgenommen und in der Geschäftsstelle eingetragen. Wenn z. B. eine Fabrik 3 Schleifapparate für Schleiftische von 8 m Dmr. besitzt, so sind für sie $3 \times 50{,}26 = 150{,}78$ m² Schleifoberfläche eingetragen. Die so errechneten Schleifoberflächen aller angeschlossenen Fabriken betragen rd. 7800 m²; davon entfallen rd. 2600 m² auf die deutschen, 3000 m² auf die belgischen und 1600 m² auf die französischen Fabriken. Ohne Genehmigung der Convention internationale darf während der Dauer des Übereinkommens kein weiterer Schleifapparat und auch kein weiterer Polierapparat aufgestellt noch sonst eine Änderung getroffen werden, durch die die eingetragene Schleif- oder Polieroberfläche vermehrt würde; dagegen bleibt es unbenommen, an den Apparaten solche Ändrungen zu treffen, und die Schleif- und Polierverfahren derart zu verbessern, daß auf die bestehende Schleif- bzw. Polieroberfläche bezogen die Leistungsfähigkeit erhöht wird.

Um nun die Erzeugung mit dem Verbrauch an Spiegelglas in Einklang zu halten, um also Überproduktionen zu vermeiden, werden nach dem Übereinkommen auf Grund der Leistungsfähigkeit und der jeweiligen Lagerbestände der angeschlossenen Fabriken für jedes kommende Kalendervierteljahr Betriebseinschränkungen festgesetzt, und zwar derart, daß bestimmt wird, bis zu wie viel vom Hundert die eingetragenen Schleifoberflächen ausgenützt werden dürfen. Wenn z. B. die Einschränkung für ein Vierteljahr, das nach Abzug der gesetzlichen Feiertage des betreffenden Landes 75 Werktage hat, auf 33⅓% festgesetzt ist und eine Fabrik besitzt drei eingetragene gleich große Schleifapparate, so darf sie nach eigener Wahl entweder an 50 Werktagen mit allen 3 Apparaten 24 Stunden voll durcharbeiten, um sie dann an den übrigen 25 Werktagen gänzlich stillzusetzen, oder sie darf mit 2 Apparaten 75 Tage hindurch voll arbeiten, um 1 Apparat während des Vierteljahres gänzlich außer Betrieb zu halten, oder sie kann sonst eine Einteilung wählen, die dieser Einschränkung entspricht. In einem anderen Beispiel mögen 150 m² eingetragene Schleifoberfläche in einem Vierteljahr mit 75 Werktagen bei 100% Betriebserlaubnis 150×75 m²-Tagen entsprechen; bei einer Betriebseinschränkung von 33⅓% dürfen dann 66⅔% dieser Zahl, also 7500 m²-Tage ausgenützt werden. Die von einer Fabrik gewählte Einteilung ist vor Beginn des Vierteljahres der Geschäftsstelle mitzuteilen und darf während des ganzen Vierteljahres eigenmächtig nicht geändert werden.

Dieser Weg zur Reglung der Produktion drängte selbstverständlich zu großen technischen Fortschritten auf dem Gebiet des Schleifens und Polierens, so daß im Laufe der Zeit je m² Schleif- und Polieroberfläche die Leistungsfähigkeit der vorhandenen Apparate ganz außerordentlich gesteigert worden ist. So kam es, daß die Leistungsfähigkeit der Apparate bisweilen schneller stieg als der Verbrauch an Spiegelglas und die Betriebseinschränkungsziffer trotz des steigenden Konsums erhöht werden mußte.

In einigen Ländern, so auch in Deutschland, bestehen besondere Verkaufsvereinigungen, in denen der Verkauf aller angeschlossenen Fabriken zentralisiert ist; die eingehenden Aufträge werden nach bestimmten Beteiligungsziffern verteilt. Diesen Vereinigungen ist von der Convention internationale die Festsetzung der Verkaufspreise und -bedingungen im eigenen Lande überlassen.

Durch das Eindringen der Ziehglaserzeuger in den Spiegelglashandel und durch die Erfolge einiger mit großen Löffeln aus der Wanne schöpfenden Hütten ist der Kreis der diesen Vereinigungen angeschlossenen Fabriken inzwischen wesentlich erweitert worden. Die Einführung von kontinuierlich arbeitenden Schleifapparaten durchbricht die erwähnte Methode zur Regelung und Durchführung der jeweils beschlossenen Betriebseinschränkungen.

Der straffe Zusammenschluß der Fabriken hat der gesamten Spiegelglasindustrie seit Jahren eine gesicherte Grundlage gegeben und den gesamten Spiegelglashandel in ruhigen und beständigen Bahnen gehalten. Andererseits wird gesagt, daß durch die Produktionsreglung in Verbindung mit der ausgeübten Preispolitik der Verbrauch an Spiegelglas bisweilen zurückgehalten worden sei. Darüber ob der Fortschritt in der Technik der Spiegelglasherstellung durch den Zusammenschluß gefördert oder gehemmt wird, lassen sich höchstens Vermutungen aufstellen; die nachfolgenden Abschnitte zeigen, daß man nicht stehengeblieben ist. Wie bereits erwähnt, hat die Art der Produktionsüberwachung die Ausnützung der vorhandenen Schleif- und Polierapparate außerordentlich gefördert; ob der freie Wettbewerb inzwischen eine andere und erfolgreichere Entwicklung gebracht hätte, läßt sich natürlich nicht sagen. Auf die Technik der Rohglasherstellung sind die Bestimmungen der Convention internationale insofern von Einfluß, als sie dazu drängen, die Rohglasscheiben so eben und glatt zu machen, daß sie in möglichst kurzer Zeit fertig geschliffen werden können; je weniger von den Rohglasscheiben abzuschleifen ist, desto größer ist die Leistungsfähigkeit der Fabrik je m² Schleifoberfläche. Irgendwelchen einschränkenden Bestimmungen und Überwachungen sind die Einrichtungen zur Erzeugung des Rohglases, wie zum Beispiel die Schmelzöfen, nach dem Übereinkommen nicht unterworfen.

Die 9 in Deutschland liegenden Fabriken besitzen zur Herstellung von gegossenem Spiegelrohglas zusammen rd. 35 Hafenöfen, wovon sich 20—25 jeweils in Betrieb, die übrigen in Ersatzbereitschaft oder Reparatur befinden; die 9 belgischen Fabriken besitzen zusammen rd. 45, die 5 französischen rd. 20 Hafenöfen. Alle europäischen Fabriken mögen zusammen etwa rd. 120 solcher Schmelzöfen besitzen, wovon sich jeweils ungefähr ein Drittel in Ersatzbereitschaft und Reparatur befindet.

Nach dem Adreßbuch der amerikanischen Glasindustrie (Glass Factory Directory, Pittsburgh, Pa.) befinden sich in den Vereinigten Staaten folgende Spiegelglasfabriken: American Plate Glass Corp., Kane, Pa., mit 7 Hafenöfen; Edward Ford Plate Glass Co., Roßford, O., mit 16 Hafenöfen; Ford Motor Co., Glassmere plant, Glassmeree Pa. mit 9 Hafenöfen; The National Plate Glass Co., Detroit, Mich., mit ihren Werken in Ottawa, Ill. und Blairsville, Pa., Pittsburgh Plate Glass Co., Pittsburgh, Pa., mit ihren Werken in Creighton, Ford City und Charleroi, Pa.; Kokomo, Ind. und Crystal City, Mo.; Standard Plate Glass Corp., Pittsburgh, Pa., mit ihrem Werk in Buttler. Dazu kommt noch die Ford Motor Co. in Detroit, Mich., die Kraftwagenscheiben aus der Wanne herstellt; sie besitzt in ihrem Werk River Rouge 4 Wannenöfen, von denen jeweils einer in Bereitschaft bzw. Reparatur steht. In St. Paul, Minnesota, betreibt sie ebenfalls 1 Wannenofen für kontinuierlichen Walzbetrieb. Die Edward Ford Plate Glass Company und die National Plate Glass Company verwenden das deutsche Bicherouxverfahren.

I. Die Herstellung des Spiegelrohglases.

1. Überblick.

Abb. 785 zeigt in schematischer Weise den Grundriß einer Rohglashalle von 150 bis 160 m Länge mit beispielsweise vier 16häfigen Schmelzöfen *a* und einem Kanalkühlofen *e*; von den Schmelzöfen sind im allgemeinen zwei oder drei in Betrieb und einer oder zwei in Reparatur.

Die Rohstoffe für den Glassatz kommen auf dem Anschlußgleis *p* an, werden bei *m* entladen und in der Gemengkammer *l* zum Gemenge vermischt. Von der Gemengkammer aus wird das Gemenge in Handkarren oder mit Hilfe von elektrisch angetriebenen Vorrichtungen vor die Öfen gebracht, um von Hand oder maschinell in die Häfen eingelegt zu werden. Das Einlegen des Gemenges, das Schmelzen und das Läutern der Glasmasse dauert zusammen etwa 20 Stunden; nach dem Läutern muß die Glasmasse noch 1—1½ Stunden abkühlen, um die für das Ausgießen und Walzen geeignete Strengflüssigkeit zu erhalten. Das Ausgießen und Auswalzen der 16 Hafeninhalte eines Schmelzofens erfordert weiter ungefähr 2 Stunden, so daß innerhalb 24 Stunden jeder in Betrieb befindliche Ofen einmal zum Gießen bereit steht.

Jeder Hafeninhalt entspricht einer großen Rohglasplatte, so daß, wenn z. B. zwei Schmelzöfen in Betrieb sind, täglich 32, bei drei Schmelzöfen 48 Rohglasplatten gegossen werden können.

Die Häfen werden nacheinander mit Hilfe von großen eisernen Zangen von Hand oder durch elektrisch betriebene Vorrichtungen aus den Öfen herausgenommen, nach dem Gießtisch *b* gefahren und dort unmittelbar vor die schwere gußeiserne Walze *c* auf den ebenfalls gußeisernen Gießtisch ausgeschüttet. Hierauf wird die Walze mit Hilfe von Ketten oder Drahtseilen durch die Walzenwinde *d* über den Tisch hinweggerollt, wodurch der Glashaufen zur Rohglasplatte ausgewalzt wird; dabei läuft die Walze über zwei der Länge nach auf dem Gießtisch liegende Flacheisenleisten. Die Stärke dieser Leisten bestimmt die Dicke, ihr gegenseitiger Abstand die Breite der Rohglasplatte. Nach dem Verlassen des Gießtisches wird die Walze

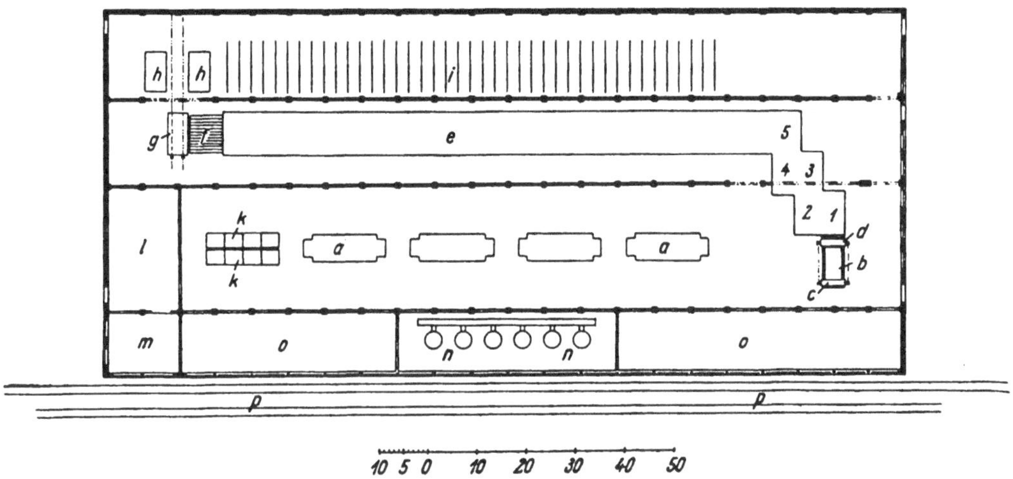

Abb. 785.

auf die Walzenwinde gezogen und dabei etwas angehoben, so daß die ausgewalzte und inzwischen genügend steif gewordene Rohglasplatte mit Hilfe einer Stoßschaufel unter der Walze hinweg in den Kühlofen *e* geschoben werden kann. Die Walzenwinde ist in Höhe des Gießtisches ebenfalls tischförmig ausgebildet, so daß sie eine Brücke bildet zwischen dem Gießtisch und der Sohle des Kühlofens. Die Stoßschaufel zum Einschieben der Platte in den Kühlofen wird an dem dem Kühlofen abgewendet liegenden Ende der ausgewalzten Platte angesetzt und wie die Walze mit Hilfe von Ketten oder Seilen durch die Walzenwinde nach dem Kühlofen zu gezogen.

Währenddessen ist der ausgeschüttete Hafen wieder auf seinen Platz in den Schmelzofen gesetzt und der nächste Hafen zum Gießtisch gebracht worden. Die Walze *c* wird von der Walzenwinde aus an das entgegengesetzte Ende des Gießtisches zurückgerollt, worauf sich der Vorgang mit dem Inhalt des nächsten Hafens in gleicher Weise wiederholt.

Die Rohglasplatten haben heute eine Länge von 7—9 m und eine Breite von 4—5 m.

Vor dem Einschieben der neuen Platte in den Kühlofen muß die vorhergehende darin den Platz *1* freigegeben haben; sie wird deshalb mit Hilfe einer elektrisch angetriebenen Stoßschaufel nach dem Platz *2* geschoben; vor dem Einschieben der dritten Platte muß sie nach dem Platz *3* und die vorhergehende Platte nach dem Platz *2* geschoben werden und so fort, bis sie über den Platz *5* nach dem langen Kühlkanal gelangt, in dem sie und alle nachfolgenden Platten mittels eines die ganze Länge des Kanals beherrschenden Mechanismus nach und nach zum Kanalaustritt gebracht wird. Bei *1* herrscht im Kühlofen eine Temperatur von 660—680°, am Ende des Kanals eine solche von 50—80°. Der Aufenthalt der Platte im Kühlofen beträgt ungefähr 3—4 Stunden, so daß sie genügend Zeit hat, um sich ohne Plötzlichkeit nach und nach auf die Außentemperatur abzukühlen. Am Ende des Kanals steht ein auf Schienen fahrbarer Tisch *g*, auf den die Platten gezogen werden. Mit Hilfe dieses Tisches werden sie dann nacheinander auf den einen oder den andern der beiden Schneidtische *h* gebracht, auf ihre Fehler untersucht und mit Stahlschneidern in möglichst große, handelsübliche, rechteckige Scheiben zerlegt. Die Scheiben werden dann zur Schleiferei gebracht oder im Rohglaslager *i* aufgestapelt.

In der Rohglashalle sind auch die Öfen *k* zum Brennen der frischen, in der Hafenmacherei nur getrockneten Schmelzhäfen untergebracht. Diese Brennöfen sind so aufgestellt, daß sie möglichst bequem mit denselben Hafenzangen bedient werden können wie die Schmelzöfen.

In der Nähe der Schmelzöfen stehen die Gaserzeuger *n*, die außer dem Gas für die Schmelzöfen auch das Gas zum Heizen des Kühlofens und der Brennöfen liefern. Die zur Gaserzeugung erforderlichen Kohlen werden von den Anschlußgleisen *p* in die Bunker *o* entladen und von da aus etwa durch einen Laufkran mit Selbstgreifer in die Schüttrichter über den Gaserzeugern gebracht.

2. Das Spiegelglasgemenge.

Entsprechend seinen Hauptverwendungszwecken muß das Spiegelglas widerstandsfähig sein gegenüber den Einflüssen der Witterung, d. h. es muß reich sein an Kieselsäure und Kalk und möglichst arm an den in Wasser leicht löslichen Alkalien, von denen dem Gemenge nur gerade noch soviel zugesetzt wird, daß man bei der im Schmelzofen erzielbaren Temperatur eine hinreichend leichte und rasche Schmelze durchführen kann. Je mehr Alkalien man dem Gemenge zusetzt, desto größer ist die Gefahr, daß die Oberfläche der Glasscheiben von der Witterung angegriffen und im Laufe der Zeit blind wird. Dieser Umstand gewinnt noch dadurch an Bedeutung, daß erfahrungsgemäß bei jedem Glas die rascher abgekühlten Außenflächen gegen chemische Einflüsse weniger empfindlich sind als das Innere, daß aber beim Schleifen der Rohglasplatten gerade die widerstandsfähigere Außenhaut entfernt wird. Schon in der Schleiferei und Poliererei erhält die zuerst geschliffene und polierte Seite von alkalireichen Gläsern bisweilen einen leichten blinden Hauch, weil sie zwecks Bearbeitung der zweiten Seite auf feuchtes Tuch gelegt wird; die beim Polieren entstehende Erwärmung der Scheiben begünstigt solche Hauchbildungen. Andererseits rächt sich das Sparen an Alkalizusatz durch erhöhte Sprödigkeit.

Zur Einführung der erforderlichen leichtschmelzenden basischen Oxyde dienen für Spiegelglas ausschließlich Natronsalze, weil sie billiger und leichter erhältlich sind als Kalisalze und weil Natron die Wetterbeständigkeit des Glases weniger beeinträchtigt als Kali, denn Kali ist leichter in Wasser löslich als Natron. Von den Natronsalzen kommen praktisch lediglich das kalzinierte Natriumsulfat und die kalzinierte Soda in Betracht; welchem von beiden der Vorzug zu geben ist, ist eine Preis- und Rentabilitätsfrage; siehe Kapitel 2, Bd. I, S. 163[1]). Manchmal wird in Fällen, bei denen hinsichtlich der Betriebskosten nur Sulfat in Frage käme, doch mehr oder weniger Soda an Stelle eines Teiles des erforderlichen Sulfats zugemengt, weil Soda das Schmelzen und Läutern des Glasflusses erleichtert und vereinfacht.

---

[1]) „Sulfat oder Soda?“

Die nachstehend angegebenen Gemengesätze zeigen, in welchem Verhältnis zur Menge des Sandes, der in trockenem Zustande zu 99,0—99,95 % aus SiO_2 besteht, die basischen Oxyde beigemengt werden, sowie Holzkohle oder Anthrazit, die erforderlich sind zur Reduktion des Natriumsulfats in Sulfit, weil das letztere bedeutend rascher durch Kieselsäure zersetzt wird als Sulfat:

Sand	1000 kg	1000 kg
Kohlensaurer Kalk	330—400 „	300—400 „
Soda	—	250—300 „
Natriumsulfat	350—400 „	—
Kohle	16— 22 „	—

Bei Soda-Sulfat-Gemengen werden 4 kg Sulfat durch ungefähr 3 kg Soda ersetzt; mit dem Ersatz von Sulfat durch Soda sinkt auch der Zusatz an Kohle.

Früher wurde allgemein auch noch etwas Arsenik zugesetzt; die damit erstrebten Wirkungen sind im Band I, Kap. 2, S. 182 angegeben. Heute verzichtet man meistens darauf; bei stark eisenhaltigen Rohmaterialien erreicht man allerdings damit, daß das grünfärbende FeO durch As_2O_3 teilweise in Fe_2O_3 übergeführt wird, wodurch statt der intensiven Grünfärbung eine weniger störende, schwach gelblich-grüne Tönung entsteht.

Das aus den oben genannten Gemengesätzen erschmolzene Spiegelglas hat etwa folgende Zusammensetzung:

SiO_2	70,0—73,5 %
CaO	12,0—15,0 %
Na_2O	11,5—15,0 %
$FeO + Fe_2O_3 + Al_2O_3$	0,8— 1,5 %

Das Eisen und die Tonerde gelangen mit den nie ganz reinen Rohmaterialien in den Glassatz, das Eisen außerdem durch die Werkzeuge und Maschinen, mit denen die Rohmaterialien bewegt, gemahlen, gemischt und eingelegt werden; die Tonerde dringt auch von den Hafenwänden aus in den Glasfluß. Die durch einen zu hohen Gehalt an Eisenverbindungen hervorgerufene Färbung wirkt bei dem dickeren Spiegelglas störender als bei gewöhnlichem Fensterglas, zumal wenn es zu Spiegeln belegt wird. Bei der Auswahl der Rohmaterialien zur Herstellung von Spiegelglas ist deshalb in besonderem Maße auf möglichst geringe Verunreinigung durch Eisen zu achten, um so mehr als dieses Glas höheren Geschmacksanforderungen genügen soll als gewöhnliches Fensterglas. Solange die Eisenverbindungen unter 0,15 % bleiben, wirken sie nicht sonderlich störend. Schon ein Glas mit nur wenig höherem Gehalt kann aber bereits bei mittleren Ansprüchen auf Ablehnung stoßen. Eiserne Fremdkörper sind aus dem Spiegelglasgemenge durch Aussieben und Abscheiden mit Elektromagneten peinlich fernzuhalten.

Über die Wirkungen der Tonerde im Glas siehe Bd. I, Kapitel 2, S. 178.

3. Das Einlegen des Gemenges.

Das Einlegen des Gemenges in die Häfen wird heute noch vielfach von Hand bewerkstelligt. Man bedient sich dabei großer Einlegeschaufeln *a* (Abb. 786), die an Auslegern *b* fahrbar aufgehängt sind. Der Aufhängepunkt *c* am Schaufelstiel ist so gewählt, daß die Schaufeln im leeren Zustande nahezu ausbalanciert sind. Die Ausleger *b* sind an der Ofenverankerung befestigt; sie müssen so hoch angebracht sein, daß sie beim Hantieren mit den Hafenzangen nicht stören. Wird das Herausnehmen und Einsetzen der Häfen mit einem an der Decke laufenden Zangenkran besorgt, dann müssen sie für die Zeit des Gießens abnehmbar oder ausschwenkbar eingerichtet sein, da sie sonst den niederhängenden Bauteilen des Laufkranes im Wege sind.

Die Laufrollen *d* werden neuerdings mit Kugellagern ausgerüstet, wie überhaupt das Bestreben dahin gehen muß, das Arbeiten mit den Schaufeln sehr leicht und bequem zu machen, um die Zeit zum Einlegen des Gemenges so weit als möglich herunterzudrücken, da das Einlegen für das Schmelzen ein Zeitverlust bedeutet, und dabei der Ofen in unliebsamer Weise abgekühlt wird. Der Schornsteinzug muß während des Einlegens stark gedrosselt werden, da sonst das Gemenge beim Kippen der Mulde *e* teilweise wegfliegt, außerdem zuviel kalte Luft durch die offenen Arbeitslöcher der Ofentüren hereingezogen wird.

Die aus Stahlblech gepreßte Mulde *e* ist 80—100 cm lang, etwa 30 cm breit und 15—20 cm tief, d. h. so groß, daß ihr Übergewicht von einem Mann noch leicht bewältigt werden kann. Da die Mulden beim Einlegen dem Feuer ausgesetzt sind, verschleißen sie schneller als der Schaufelstiel und müssen häufig wieder instand gesetzt

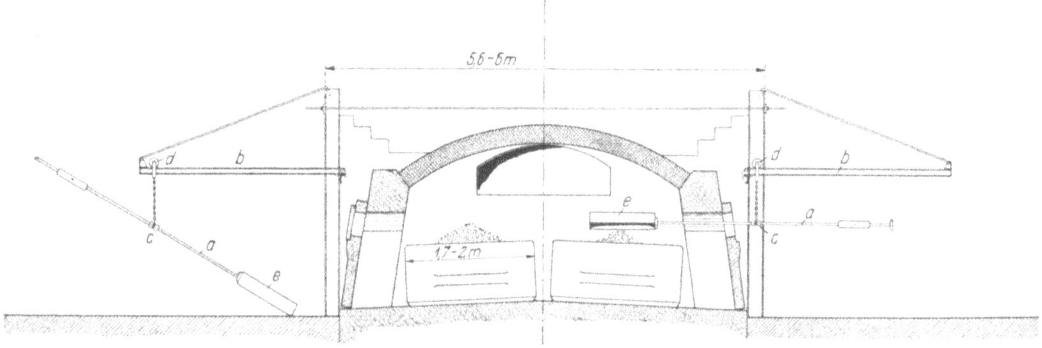

Abb. 786.

werden. Sie sind deshalb leicht auswechselbar am Stielende befestigt. Während des Einlegens steht das Gemenge in großen Handwagen am Ofen bereit und wird von einem zweiten Mann mit einer gewöhnlichen Handschaufel in die Mulde der Einlegeschaufel geschöpft.

Abb. 787 zeigt eine Einlegevorrichtung, bei der die Schaufeln an kleinen Deckenlaufkränchen *h* hängen. Die Schaufeln sind außer um ihre wagrechte auch um ihre senkrechte Achse *i* drehbar. Diese Art der Aufhängung der Einlegeschaufeln findet man in Verbindung mit Gemengetaschen *k*, die an den Enden der Öfen aufgestellt sind. Das Gemenge wird nicht von Hand, sondern mit Hilfe einer Schnecke *l* von der Gemengekammer aus nach den Öfen und dort in die Taschen gebracht. Für jede Muldenfüllung muß die Schaufel an das Ende des Ofens gefahren werden. Sofern die ganze Vorrichtung nicht sehr leicht gebaut und das Fahrwerk der an der Decke hängenden Laufbrücke nicht mit Laufrädern von sehr großem Durchmesser und mit Kugellagern ausgerüstet ist, muß das Hin- und Herfahren durch elektrischen Antrieb geschehen. Einen Zeitgewinn beim Einlegen erreicht man mit einer solchen Einrichtung gegenüber derjenigen nach Abb. 786 nicht, man spart lediglich die Handarbeit zum Einschaufeln des Gemenges in die Schaufelmulden *e* sowie das Herfahren desselben von der Gemengekammer zum Ofen.

Das Fördern des Gemenges mit Hilfe der Schnecke *l* und das Rutschen in den Taschen *k* birgt die große Gefahr in sich, daß das Gemenge mehr oder weniger entmischt wird. Diese Gefahr ist aber gerade für Spiegelglas wegen der an die Glasmasse zu stellenden hohen Qualitätsanforderungen besonders bedenklich. Eine gewöhnliche glatte Schnecke schiebt bekanntlich das Fördergut lediglich vor sich her und die schwereren Bestandteile des Gemenges sinken allmählich nach unten, während die leichteren nach oben gedrängt werden. Die Schneckenflächen müssen deshalb mit Ansätzen versehen werden, die das Gemenge während des Förderns gleichzeitig auch umwerfen. Schüttelrinnen, Kratzer und vibrierende Transportbänder sind nicht zu empfehlen.

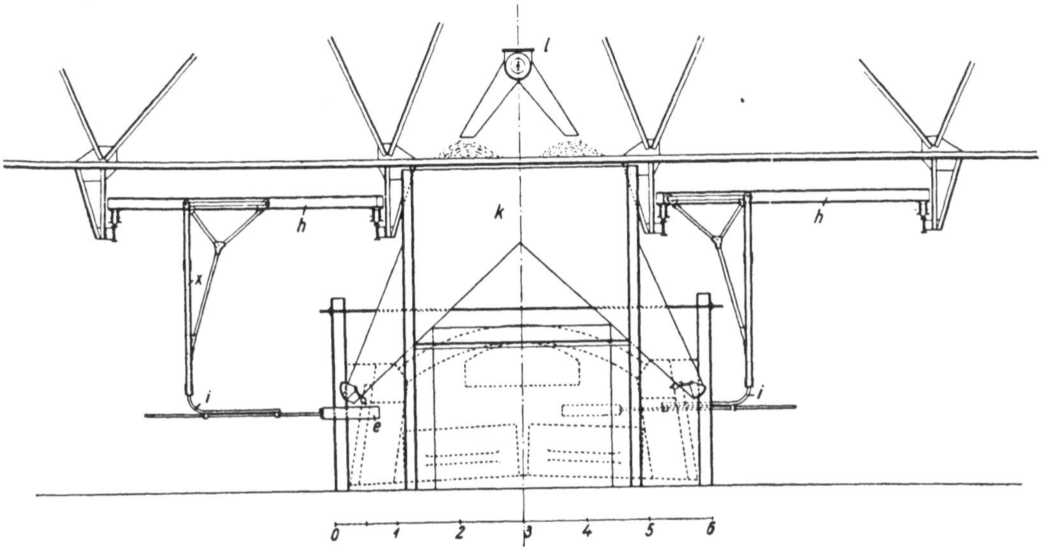

Abb. 787.

Für Spiegelglas haben sich Einrichtungen nach Abb. 787 nur ganz ausnahmsweise Eintritt in die Betriebe geschaffen. Wenn das Gemenge sich entmischt, geht die Schmelze schlecht und unregelmäßig; infolge der unvollkommenen Zersetzung in vielen Punkten des schmelzenden Haufens bleibt Ungeschmolzenes in der Glasmasse;

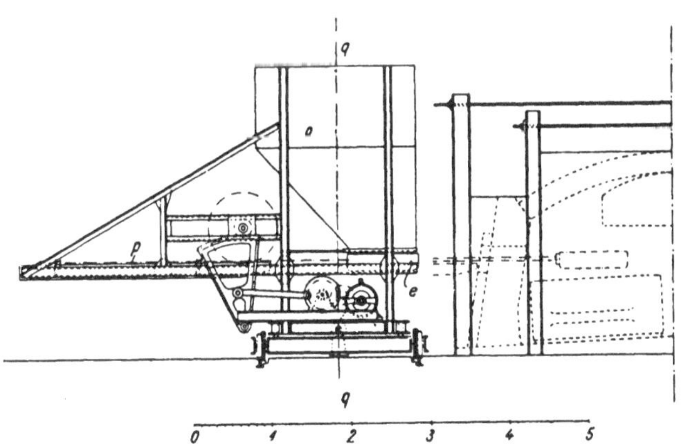

Abb. 788.

außerdem wird ein großer Rest der Kohlensäure verspätet frei und bleibt in Form von unzähligen Bläschen in der Glasmasse hängen.

Abb. 788 zeigt eine auf dem Hallenflur fahrbare maschinelle Einlegevorrichtung. Sie bewegt sich längs den Öfen zur Gemengekammer, wo das Gemenge aus den Silos unmittelbar in die Tasche *o* des Einlegewagens stürzen kann; die Schaufel wird in einer Führung *p* hin und her bewegt. In der äußersten Ruhestellung bedeckt sie die untere Mündung der Tasche *o* und füllt sich dabei selbsttätig. Während des Einschiebens der Schaufel in den Ofen wird die Mündung der Tasche ebenfalls selbsttätig durch einen Schieber geschlossen. Da die Einlegeschaufel so einstellbar sein muß, daß sie bei jedem Hub genau über den Schmelzhafen kommt, ist der Oberteil der Einrichtung um die senkrechte Achse *q* drehbar. Sämtliche Bewegungen werden durch Elektromotore veranlaßt.

Abb. 789.

Mit dieser Einlegevorrichtung sind in einigen Fabriken die Einlegezeiten auf ein Mindestmaß herabgedrückt worden; auch die Ersparnis an Handarbeit ist nicht unerheblich; trotzdem findet sie nur langsam Anklang. Ihre Bauart ist naturgemäß umständlich und teuer; die Schleifleitungen für die Zuführung des Stromes zu den Elektromotoren sind sehr hinderlich. Infolge Unachtsamkeit beim Einstellen der Schaufelbewegung auf das Arbeitsloch in der Ofentür kann es leicht vorkommen, daß die wertvolle Tür beschädigt wird; doch sind Konstruktionen bekannt, bei denen die Schaufel zwangläufig in die Hafenrichtungen geführt wird, wodurch diese Gefahr beseitigt ist. Unter anderen arbeiten z. B. mehrere Einlegemaschinen nach dem Entwurf von J. W. Cruikshauk zufriedenstellend in einigen nordamerikanischen Schmelzhallen. Bei Verwendung der heute am meisten eingeführten, ebenfalls auf dem Hallenflur laufenden, elektrisch betriebenen Zangenwagen, mit denen die Häfen aus dem Ofen genommen und nach dem Gießtisch gefahren werden, sind diese Einlegevorrichtungen im Wege. An dem mit dem Gießen zuerst fertig gewordenen Ofen muß eingelegt werden, solange vom nächsten Ofen aus noch gegossen wird; infolge von Zufälligkeiten läßt es sich nun nicht immer so einrichten, daß zuerst von dem Ofen aus gegossen wird, der vom Gießtisch am weitesten entfernt liegt; ferner müssen immer an einem Ofen mit Hilfe des Zangenwagens neue Häfen eingesetzt werden, solange an den andern Öfen noch Gemenge einzulegen ist. Die Einlegevorrichtung nach Abb. 788 kann aber dem Zangenwagen nicht ausweichen; beide Maschinen schließen sich also gegenseitig aus.

Abb. 789 zeigt eine ganz andere Art des Einlegens, die in Nordamerika versucht worden ist. Danach läßt man das Gemenge außerhalb des Ofens in die Häfen rutschen. Das Bequemste wäre nun, die Häfen, wenn sie leer vom Guß kommen, zu füllen; es stehen aber andere Häfen, deren Inhalt noch nicht gegossen ist, im Ofen, das Gemenge stäubt und verunreinigt das noch zu gießende Glas dieser Häfen. Außerdem kühlt der Ofen durch das kalte Gemenge zu stark ab, anstatt daß, wie es sonst üblich ist, nach dem Guß der Schmelzofen $\frac{3}{4}$—$1\frac{1}{2}$ Stunden lang bei leeren Häfen wieder auf höhere Temperatur gebracht wird. Man müßte also zum Füllen die Häfen nachträglich der Reihe nach wieder herausnehmen, was aber ebenfalls eine starke Abkühlung des Ofens zur Folge hätte. Ebenso würden bei der zweiten und dritten Einlage empfindliche Temperaturverluste entstehen, ganz abgesehen davon, daß die inzwischen auf Weißglut gekommenen Häfen eine solche Behandlung nicht lange aushalten würden. Ihr Platz auf dem Ofengesäß müßte jedesmal wieder neu hergerichtet werden, was große Zeitverluste zur Folge hätte. Die Schmelze würde also aus mehreren Gründen erheblich länger dauern als bei dem Einlegen mit Schaufeln, um so mehr, als der große Gemengehaufen auf einmal in den Ofen kommt, während der schaufelweise hereingelegte von vornherein besser durchgewärmt wird. Wenn der große Gemengehaufen auf einmal in den Hafen gelassen wird, entsteht auch die Gefahr, daß er mit seinem Gewicht auf das darunter liegende flüssige Glas drückt, so daß es hochquillt, sich an den Rändern des Gemengehaufens überschlägt und etwas vom Gemenge zudeckt; das zugedeckte Gemenge kann nicht vollständig schmelzen, so daß Ungeschmolzenes und Bläschen im Glase bleiben.

Eine Einrichtung nach Abb. 789 ist also für Spiegelglas aus mehreren Gründen zu verwerfen.

4. Schmelzen und Läutern.

Dem Schmelzen und Läutern ist bei der Spiegelglasfabrikation erhöhte Aufmerksamkeit zu schenken, nicht nur wegen der großen Anforderungen, die an die Qualität des Spiegelglases gestellt werden, sondern auch wegen der besonderen Umstände, die dem Verfahren eigentümlich sind. In der Rohglashalle nimmt man zur Formgebung des Glases einen ganzen Hafen von außerordentlich großen Abmessungen aus dem Ofen heraus; der Ofengang wird dadurch auf sehr gewaltsame Weise gestört. Bei anderen bekannten Verfahren der Glasindustrie, bei denen kleinere Mengen Glases einzeln aus dem Hafen oder aus der Wanne herausgenommen bzw. als Bänder oder Zylinder herausgezogen werden, bleibt der Ofen entweder ständig auf gleicher Temperatur oder er kühlt nur verhältnismäßig wenig ab, während beim Herausnehmen der 16 oder noch mehr Häfen eines Spiegelglasofens außerordentliche Temperaturerniedrigungen in allen Teilen des Ofens stattfinden. Auch die Forderung, daß die Temperatur und der Flüssigkeitsgrad durch den ganzen Inhalt des großen Hafens hindurch möglichst gleichmäßig seien, erschwert die Arbeit außerordentlich gegenüber derjenigen bei anderen Fabrikationen.

Die dem Ofenführer täglich gestellte Aufgabe ist, daß er bei möglichst geringem Brennstoff- und Sulfat- oder Sodaverbrauch in längstens 22 Stunden sämtliche

Häfen mit Glas von tadelloser Qualität und dem zum Walzen und Ausschütten geeigneten Flüssigkeitsgrad für den Guß zur Verfügung stellt.

Wie schon oben gesagt, empfiehlt es sich, den Ofen nach dem Gusse erst wieder etwas aufzuheizen, ehe man Gemenge einlegt, da die Schmelze nachher um so regelmäßiger und schneller verläuft; die vorher geopferte Zeit des Wiederaufheizens bei leeren Häfen wird nicht nur wieder eingeholt, vielmehr wird noch Zeit gewonnen, weil nachher die Schmelze schneller vor sich geht. In manchen Betrieben wird deshalb das Wiederaufheizen grundsätzlich bis zu 1¼ Stunden und noch länger ausgedehnt; allenfalls gibt man in dieser Zeit eine Schaufel Glasscherben auf. Wenn man das Gemenge zu früh, d. h. bei kaltem Ofen, einlegt, schmilzt der Gemengehaufen mit glasigglatter, weißlicher Oberfläche und unruhig, auf dem Haufen blähen sich große weiße Blasen, dagegen sieht bei guter Schmelze die Oberfläche des Haufens giftig-gelb, ruhig und „trocken“ aus. Bei kaltem Ofen wirkt nur die von der Flamme ausstrahlende Hitze von außen her auf den Gemengekegel, während bei heißem Ofen auch durch Strahlung von unten her durch den Hafenboden hindurch der Schmelzvorgang gefördert wird. Je ungünstiger die Verhältnisse im Ofen sind, desto mehr Brennstoff wird verbraucht. Die geringere Menge des verbrauchten Brennstoffs ist deshalb bei sonst gleichen Umständen ein Gradmesser für die Güte der Schmelzarbeit. Da selbst bei genau gleicher Bauart jeder Ofen wieder anders arbeitet als der nächste, ist es deshalb von großer Wichtigkeit, für jeden Ofen die beste Arbeitsmethode so schnell und so sicher als möglich auszuprobieren. Das gilt besonders auch für die Größe der verschiedenen Einlagen.

Es hat sich fast überall eingebürgert, das Gemenge den Häfen in drei Staffeln zuzubringen, d. h. drei Einlagen zu machen. Wie groß jede Einlage am günstigsten gewählt wird, muß ausprobiert werden. Bei den weiter oben angegebenen Abmessungen der Einlegeschaufeln ist etwa folgende Einteilung als Durchschnittsmaß üblich: erste Einlage ungefähr 15 Schaufeln, zweite Einlage 25 Schaufeln; die dritte Einlage richtet sich hierauf nach dem Stand der Schmelze in jedem Hafen. Da die Flamme nicht alle Stellen des Ofens gleich bespült und der Ofen nicht überall gleich warm ist, schmelzen auch nicht alle Hafeninhalte gleich schnell. Ältere Häfen gestatten einen leichteren Wärmedurchgang durch ihre Wandungen als neue Häfen, so daß auch aus diesem Grunde die Schmelze nicht in allen Häfen gleich schnell vorsichgeht. Ferner kommt es vor, daß beim vorhergehenden Guß in einem Hafen mehr Geschmolzenes zurückgeblieben ist als im anderen; der eine Hafen wird deshalb nach dem Herunterschmelzen der zweiten Einlage voller sein als der andere. Um alle diese Unterschiede auszugleichen, benutzt man die dritte Einlage. Zurückgebliebene Häfen bekommen weniger zugelegt als weiter vorgeschrittene; nahezu volle Häfen weniger als noch verhältnismäßig leere Häfen. So sind im allgemeinen bei der dritten Einlage noch 2—8 Schaufeln üblich. Für zurückgebliebene Häfen gibt man bei der dritten Einlage gern Glasscherben an Stelle von Gemenge. Theoretisch müßte man möglichst viele Einlagen machen, denn viele kleine Haufen schmelzen schneller als wenige große; wie schon weiter oben angeführt, muß aber während des Einlegens der Schornsteinzug fast ganz abgestellt werden, da das Gemenge sonst zerstäubt und mitgerissen würde, wodurch nicht nur ein großer Teil des Gemenges verlorenginge, sondern auch das Mauerwerk des Ofens zerstört würde. Bei wenigen großen Einlagen ist dann aber die Abkühlung des Ofens geringer als bei vielen kleinen, besonders deshalb, weil der Schornsteinzug erst wieder angestellt werden darf, wenn sich auf dem Gemengekegel eine glasartige Haut gebildet hat, die das Gemenge vor dem Zerstäuben schützt. Diese Haut bildet sich über die gesamte Oberfläche eines großen Kegels genau so schnell wie über diejenige eines kleinen Kegels, da alle Oberflächenteile des Kegels der strahlenden Hitze gleich ausgesetzt sind, ob der Kegel nun groß oder klein ist. Die Wartezeit bis zum Wiederanstellen des Schornsteinzuges wäre deshalb bei z. B. sechs kleinen Einlagen doppelt so lang als bei drei großen.

Das Wiederaufheizen des Ofens nach dem Guß und das Schmelzen der drei üblichen Einlagen nimmt im allgemeinen folgende Zeiten in Anspruch:

Wiederaufheizen des Ofens	ungefähr	1 Stunde
erste Einlage (etwa 15 Schaufeln) . . .	„	5 Stunden
zweite „ („ 25 „) . . .	„	4 „
dritte „ („ 2—8 „) . . .	„	2 „
	zusammen **ungefähr**	**12 Stunden.**

Wie hieraus ersichtlich, schmilzt die zweite Einlage, trotzdem sie erheblich größer ist, schneller als die erste Einlage, weil der Ofen inzwischen auf die volle Schmelztemperatur gekommen ist.

Unbedingt zu beachten ist, daß die zweite Einlage in einen Hafen nicht gemacht wird, ehe die erste nicht restlos weggeschmolzen ist; das gleiche gilt von der dritten Einlage. Wenn frisches, kaltes Gemenge auf Reste der vorhergehenden Einlage kommt, wird das Weiterschmelzen dieser Reste unterbrochen und der Vorgang ihrer Zersetzung wird gestört; es bleibt Ungeschmolzenes im Glase, das sich beim Läutern über den Hafeninhalt und beim Auswalzen als sog. Gemengsteine über die ganze Platte verteilt. Ebenso streng ist darauf zu achten, daß die Einlegeschaufel jedesmal an derselben Stelle über dem Hafen gekippt wird, damit das eingelegte Gemenge einen spitzen Kegel bildet. Der Kegel schmilzt von außen her allmählich nieder und das Geschmolzene läuft an seiner Mantelfläche hinunter und hebt ihn hoch, so daß er darauf schwimmt. Bei einer flachen Einlage bleibt das Geschmolzene obenauf liegen und das darunter befindliche Gemenge schmilzt nur ganz unvollkommen. Die Folge davon ist ebenfalls die Durchsetzung der ganzen Glasplatte mit Gemengesteinen.

Von großem Einfluß auf den Brennstoffverbrauch und die Ofentemperatur, d. h. auf den Verlauf der Schmelze, ist das regelmäßige und rechtzeitige Umstellen der Gas- und Luftventile, also das Wechseln der Vorwärmekammern des Ofens. Die Zeitabstände, in denen zu wechseln ist, hängen von der Bauart des Ofens ab und sind an jedem Ofen unter Vornahme von Zeit- und Temperaturmessungen besonders auszuprobieren; durchschnittlich ist während der Schmelze etwa alle ½ Stunde umzustellen.

Bei reinem Sodagemenge kann vom Schmelzen unmittelbar zum Läutern übergegangen werden; war jedoch Sulfat im Gemenge, so muß erst die sich bildende Glasgalle „abgebrannt“ werden. Glasgalle ist geschmolzenes Natriumsulfat, das sich nicht in Kieselsäure gelöst und deshalb aus dem Gemenge ausgesondert hat. Sie schwimmt in glänzenden, taler- bis handgroßen Flecken auf dem Glase; in ungünstigen Fällen kann sie die ganze Oberfläche bedecken. Sie läßt sich nicht ganz vermeiden, da es praktisch unmöglich ist, im Gemenge stets den genau erforderlichen Zusatz an Kohlenstoff zu treffen und die Bestandteile des Gemenges so vollkommen zu mischen, daß jedes Molekül Sulfat mit dem erforderlichen Kohlenstoff zusammengebracht wird. Infolgedessen schmelzen bei der im Ofen herrschenden Temperatur eine mehr oder weniger große Anzahl Sulfatkörperchen, ehe sie zu Sulfit reduziert sind. Wären sie rechtzeitig dem Angriff der erforderlichen Kohleteilchen ausgesetzt gewesen, so wären sie auch rechtzeitig in Sulfit umgewandelt und als solches leichter in Kieselsäure gelöst worden, so daß sie vorher keine Zeit zum Schmelzen gefunden hätten. Zum Abbrennen der Galle wirft man Holz-, Holzkohlestücke oder Kohlenpulver auf die Oberfläche der Glasmasse, gleichzeitig drosselt man die Verbrennungsluft und den Schornsteinzug, so daß unverbranntes Kohlenoxydgas über die Häfen streicht. Durch den auf diese Weise zugeführten Kohlenstoff wird das Sulfat der Galle in Sulfit verwandelt; die dabei entstehende Kohlensäure entweicht und das Sulfit wird von der Glasmasse vollends zersetzt. Um der Glasgalle das Emporsteigen an die Oberfläche zu erleichtern, stößt man, nachdem alles Gemenge geschmolzen ist, mit einer umgebogenen Eisenstange in die noch dicke Glasmasse; dabei ist streng zu beobachten, ob wirklich alles Gemenge geschmolzen ist, damit keine Überreste davon in das Glas hineingedrängt werden. Das an der herausgezogenen Stange haften gebliebene Glas gibt gleichzeitig ein Bild über den Zustand der Masse.

Das Abbrennen der Galle muß mit großer Vorsicht geschehen; wenn zuviel überschüssiger Kohlenstoff zurückbleibt, nachdem alle Galle abgebrannt ist, kann es vorkommen, daß das Glas einen blauen Stich bekommt und sich derart voll Bläschen setzt, daß man sie beim Läutern nicht mehr herausbekommt. Man wirft deshalb das Holz oder die Kohle nicht auf einmal, sondern in Abständen über die Galle, so daß man leichter abschätzen kann, wieviel man am Schlusse noch zuwerfen muß, damit die letzten Flecken auf dem Glase verschwinden. Die gleiche Gefahr entsteht auch, wenn man während des Galleabbrennens den Ofen zu heiß und das Glas schon etwas dünnflüssig werden läßt, weil dann Holz oder Kohle zu tief in das Glas einsinken. Das Beseitigen der Galle ist zeitraubend; auch kühlt der Ofen dabei ab und muß zum nachfolgenden Läutern wieder aufgeheizt werden, wodurch erhöhter Brennstoffverbrauch verursacht wird. Wenn die Galle so reichlich ist, daß sie auch nach der Reduktion nicht mehr ganz vom Glase zersetzt wird, dann muß man sie abschöpfen. Diese Arbeit bringt Glasverluste und Verunreinigungen des Glases mit sich; sie ist mühevoll und nicht ganz ungefährlich, da die Berührung der Galle mit kaltem Eisen explosionsartige Volumenveränderungen hervorruft, so daß flüssiges Glas herumgespritzt wird; ein Übermaß von Galle ist deshalb auf alle Fälle gefürchtet. Aber auch ihr gänzliches Ausbleiben wirkt auf den Schmelzer beunruhigend. Wenn gar keine Galle auftritt, ist zu befürchten, daß die Heizgase schlecht verbrannten und deshalb mit zu viel Kohlenoxydgas auf den schmelzenden Gemengekegel einwirkten, so daß es nicht ausgeschlossen ist, daß auch dadurch wieder das Glas blau und voller Bläschen geworden sein könnte; das muß nicht unbedingt der Fall sein, aber meistens ist doch das Ausbleiben von Galle das erste Anzeichen dafür. Dem Schmelzer ist es deshalb am liebsten, wenn er zu seiner Beruhigung wenig Glasgalle sieht, aber nur so viel, daß sie bequem und schnell abzubrennen ist. Da wie gesagt die Verbrennungsluft und der Schornsteinzug bei Beginn des Galleabbrennens stark gedrosselt werden, ist das Innere des Ofens ziemlich dunkel und unklar, so daß die Galle häufig nicht zu sehen ist. Ihr Vorhandensein läßt sich aber an dem Sprudeln unter dem eingeworfenen Holz oder der Kohle sowie an den grünlich-gelben Dämpfen abschätzen, die sich über die Glasoberfläche hinschlängeln.

Während des Abbrennens der Galle werden die Wechselventile etwa alle zehn Minuten umgestellt, damit die Einwirkung des Kohlenoxyds der Heizgase auf die Inhalte sämtlicher Häfen eine möglichst gleichmäßige ist. Gegen Schluß des Abbrennens, das je nach der Menge der vorhandenen Galle 20—45 Minuten dauert, wird allmählich wieder etwas mehr Luft und Schornsteinzug gegeben, damit der Ofen wieder klarer wird und man die Häfen genau übersieht und etwa noch vorhandene Galle wieder deutlich als glatte, wasserhelle Flecken zu erkennen ist. Die Flecken müssen dann durch Zuwerfen von noch etwas Holz oder Kohlenpulver vollends beseitigt werden. Der Ofen kann nunmehr auf die volle, zum Läutern des Glases erforderliche Temperatur gebracht werden. Da er während des Abbrennens der Galle mehr oder weniger abgekühlt ist, dauert es einige Zeit, bis er wieder auf volle Hitze kommt. Je höher die Temperatur, desto gründlicher wird die Läuterung und desto besser die Qualität des Glases; man heizt so hoch, als es die Hafenwandungen eben noch gestatten. Bei zu hoher Temperatur werden die Hafenwandungen weich, so daß sie dem Druck des Glases nur noch wenig Widerstand leisten können und bei übertriebener Hitze auseinanderbrechen.

Während des Läuterns muß man gerade bei der Spiegelglaserzeugung, bei der es auf beste Qualität ankommt, viel näher an die Gefahrgrenze gehen, als bei den Hafenöfen der meisten anderen Glasindustrien; um so größer muß auch die Aufmerksamkeit sein, mit der die Häfen ständig zu beobachten sind. Während des Läuterns fängt die Glasoberfläche bald an, heftig zu schäumen; bisweilen steigt auch nachträglich noch etwas Galle an die Oberfläche in Form von kleinen, kaum merklichen Flecken. Man erkennt sie meistens nur dadurch, daß sie im Schaum eine Vertiefung hervorrufen. Sind es nur wenige und sehr kleine solcher Flecken, so werden sie infolge der reduzierenden Wirkung der Heizgase beseitigt, andernfalls muß man noch etwas Holz oder Kohle nachwerfen. Der Schaum tritt bis über den Rand der Häfen; um ein Überkochen zu vermeiden, ist man genötigt, Wasser auf die Oberfläche zu spritzen, worauf sich die Masse für kurze Zeit beruhigt und der Schaum wieder etwas sinkt.

Bei Beginn des Läuterns ist die Glasmasse noch sehr zähflüssig, so daß es nur mit erheblicher Kraftanstrengung möglich ist, eine eingetauchte Eisenstange darin hin und her zu bewegen; in der Masse stecken noch viele Gase, die infolge der Zähflüssigkeit nicht entweichen können. Beim Läutern wird die Temperatur bald so hoch und die Masse so dünnflüssig, daß in Lösung befindliche Gase frei werden und auch die andern vorher mechanisch festgehaltenen nach oben steigen. Um diesen Vorgang zu unterstützen und den Auftrieb der Gase zu erleichtern, rührt man mit der bereits erwähnten gebogenen und bis auf den Grund des Hafens eingetauchten Eisenstange möglichst häufig und kräftig hin und her. Mit dem Rühren kann man beginnen, sobald der Flüssigkeitszustand der Masse es gestattet; auf keinen Fall soll man aber rühren, solange noch Kohlenreste und Galle auf der Oberfläche schwimmen. Auch soll vor dem Rühren die Glasmasse vollkommen klar sein; die an dem herausgezogenen Eisenstab haftende Probe soll nichts Ungeschmolzenes mehr enthalten, d. h. keine braunen, gelben oder schwarzen Punkte und Flecken aufweisen. Vorsichtshalber wartet man vom Schluß des eigentlichen Galleabbrennens gewöhnlich $1\frac{1}{2}$—2 Stunden; man rührt dann alle 10—15 Minuten. Ist die Masse noch dickflüssig, so kann man ziemlich lange rühren, ehe sie aufkocht und überzulaufen droht. Später, wenn sie sehr dünnflüssig geworden ist, genügt bisweilen schon ein einziger Zug mit der Rührstange. Es ist vielfach üblich, eine Kartoffel an das untere Ende der Eisenstange zu heften, deren Wassergehalt verdampft und dadurch die Masse zum Aufbrausen bringt. Zum selben Zweck werden auch bisweilen Arsenikstücke eingeworfen, die infolge ihres hohen Gewichtes untersinken und am Boden vergasen.

Beim Läutern soll durch die allgemeine Temperatursteigerung, durch das Rühren und das Aufbrausenlassen durch den ganzen Hafeninhalt hindurch auch Homogenität erzielt werden, so daß Flüssigkeitszustand und Zusammensetzung der Masse in allen Teilen dieselben sind, da die ausgewalzte Glasplatte sonst schlierig wird und infolge ungleichmäßiger Lichtbrechung in poliertem Zustande wellig und ungleichmäßig dick aussieht. Sehr große Temperaturunterschiede innerhalb der Glasmasse eines und desselben Hafens haben außerdem Entglasungserscheinungen in den kältesten Teilen zur Folge; es bilden sich unzählige kleinste Kriställchen, die sich beim Walzen über einen großen Abschnitt der Glasplatte verbreiten und ihn als polierte Scheibe unbrauchbar machen. Die größte Gefahr besteht in dieser Hinsicht für die oberste Glasschicht im Hafen; aber auch am Boden tritt häufig Entglasung ein, wenn das Ofengesäß in übertriebener Weise gekühlt wird, so lange der Kern der Glasmasse noch seine volle Hitze hat. Durch das Aufbrausen werden auch etwaige Unreinlichkeiten, wie ungeschmolzene Teilchen, Tonstücke, die sich vom Hafen gelöst haben, und Abgetropftes vom Ofengewölbe nach oben getrieben, wo sie abgeschöpft oder auf den Hafenrand geschoben werden können; sie dürfen aber nicht auf diejenige Seite des Hafens geschoben werden, über die beim Guß ausgeschüttet wird, da sie sonst mit in die Glasplatte kommen.

Das Rühren dauert so lange, bis die an der herausgezogenen Rührstange haftende Glasprobe ganz rein ist und keine Bläschen mehr enthält; gewöhnlich muß man während 3—4 Stunden rühren. Es empfiehlt sich, die Rührstange vor dem Eintauchen in die Glasmasse in Wasser zu reinigen, da sie sich sonst mit Hüttenstaub bedeckt, der beim Eintauchen in das Glas verbrennt, wodurch an der Stange Bläschen hängen bleiben, die den Schmelzer über den wahren Zustand der Glasmasse täuschen. Da man vom Schlusse des Galleabbrennens bis zum Beginn des Rührens etwa 2 Stunden wartet und dann 3—4 Stunden rührt, dauert also das Läutern im allgemeinen insgesamt 5—6 Stunden. Die Wechselventile werden während dieser Zeit alle 10, höchstens 15 Minuten umgestellt, um beide Ofenhälften stets auf möglichst gleicher Temperatur zu halten.

Nachdem man mit Rühren aufgehört hat, werden Gas- und Luftaustritt allmählig ein wenig gedrosselt, damit die Glasmasse zur Ruhe kommt. Es beginnt nun der sog. **Abstand** oder das **Kaltschüren.** Man überläßt die Masse 4—5 Stunden sich selbst und läßt sie ganz langsam soweit abkühlen, daß sie die zum Gießen und Auswalzen erforderliche Strengflüssigkeit bekommt. Es kommt nun in erster Linie darauf an, die Glasmasse so abkühlen zu lassen, daß sie ihre Homogenität soweit als irgend möglich beibehält. Da die Flamme gedrosselt werden muß, entsteht die Gefahr, daß das Glas nach oben zu schon anfängt steif zu werden, während es am Boden die Hitze hält und von unten, d. h. vom Ofengesäß her durch die im Mauerwerk steckende Hitze noch nachgewärmt wird. Dadurch entsteht die weitere Gefahr, daß vom Boden her wie in einem Sektglase nachträglich noch Bläschen emporsteigen, die in den oberen, wieder dickflüssiger gewordenen Schichten hängen bleiben. Die rechtzeitige Kühlung des Ofengesäßes ist deshalb von allergrößter Bedeutung für die Qualität des Spiegelglases. Die im Ofengesäß anzuordnenden Kühlkanälchen müssen deshalb eine wirksame und leicht regulierbare Abzugsvorrichtung haben, so daß dringendenfalls das Ofengesäß und damit die Glasmasse von unten her sehr schnell abgekühlt werden können; in einigen Betrieben sind die Kanälchen an Ventilatoren angeschlossen. Zwar werden ½—1 Stunde, nachdem man mit Rühren aufgehört hat, die Ofentüren etwas gelüftet, so daß kalte Luft von außen her auf die Häfen stößt; dadurch werden aber zunächst nur die den Türen zugewandten Hafenenden gekühlt, während die nach innen zu liegenden noch heiß bleiben. Die gleichmäßige Abkühlung der Hafenböden muß deshalb zuerst durch ein gleichmäßiges Abkühlen des ganzen Ofengesäßes mit Hilfe der Kühlkanälchen eingeleitet werden.

Vor dem Lüften der Ofentüren muß auch das durch Überkippen und Abfliegen von Gemenge sowie durch Überschäumen der Glasmasse entstandene Herdglas durch die kleine an der Unterkante der Ofentüre befindliche Aussparung herausgezogen werden, da es nach dem Lüften der Türen zu steif würde und nicht mehr vom Gesäß und von den Hafenwänden loszulösen wäre.

Ein weiteres Hilfsmittel zur Erzielung einer möglichst gleichmäßigen Abkühlung der ganzen Glasmasse besteht darin, daß man den Schornsteinzug drosselt, so daß die Flamme infolge des im Hallengebäude herrschenden Zuges bzw. infolge des von den Gaserzeugern herrührenden Überdrucks durch die Spalten und Arbeitslöcher der Ofentüren herausschlägt und keine kalte Luft von außen her in den Ofen strömt. Nach der ersten bis zweiten Stunde des Abstandes wird der Schornsteinzug gänzlich abgestellt und die Türen werden mehr und mehr gelüftet, je nach dem Zustande der verschiedenen Hafeninhalte, die eine Tür mehr oder weniger als die andere. Eine Viertel- bis eine Halbestunde vor Beginn des Gusses läßt man vielfach die Ofentüren wieder herunter, um einen Ausgleich zwischen den etwa verschieden abgekühlten Teilen innerhalb der einzelnen Glasmassen stattfinden zu lassen. Um die besonders stark abgekühlte Oberfläche wieder nachzuheizen, gibt man während dieser Zeit ziemlich viel Gas und Luft; wenn die Oberfläche die mit dem Auge abzuschätzende richtige Temperatur hat, kann der Guß beginnen.

Ist die Glasmasse zu dünnflüssig, so schwappt sie beim Umschütten zu schnell über den Hafenrand, strandet wie Wasser gegen die Walze und dehnt sich als flacher Kuchen über den Tisch aus; hierbei fängt sie Luft auf und schließt sie als dicke Blasen ein. Staubteilchen u. dgl. Verunreinigungen verbrennen bei der Berührung mit heißem Glase; wenn es zu weich und zu dünnflüssig ist, dringen die bei dieser Verbrennung entstehenden Gase in die Glasmasse ein und bleiben als eine Anhäufung von Bläschen oder als schmutziger Fleck im Glase hängen; ist das Glas jedoch dicker und steifer, so dringen sie entweder gar nicht ein oder nur so weit, daß sie beim Schleifen des Rohglases wieder verschwinden. Die Glasmasse soll in einem solchen Zustande sein, daß sie nach dem Ausschütten aus dem Hafen als ein balliger, an die Walze gelehnter Haufen liegenbleibt, der bis zum Anziehen der Walze nur wenig und ganz langsam auseinandergeht und beim Abrollen der Walze nicht vor ihr wegfließt, sondern von ihr geschoben wird. Doch darf dieser Zustand nicht übertrieben werden, da das ausgewalzte Glas sonst zu schnell auf dem Tisch erkaltet und Sprünge, sog. Kaltsprünge bekommt, ehe es in den Kühlofen eingeschoben werden kann. Während des Abstandes, besonders in der Zeit, in der der Schornsteinzug abgestellt ist, lagert sich Ruß von schlecht verbrannten Heizgasen auf der Oberfläche der Glasmasse ab; auch während des Gusses muß bei abgestelltem Zug viel Gas und Luft gegeben werden, um die zuletzt an die Reihe kommenden Hafeninhalte und überhaupt den ganzen Ofen nicht zu kalt werden zu lassen. In manchen Betrieben wird deshalb unmittelbar vor und während des Gusses von Zeit zu Zeit für einige Sekunden oder Minuten ein starker Zug gegeben, der den Ruß abbrennen und mitreißen soll. Die oberste Schicht im Hafen wird aber immer Verunreinigungen aufweisen und auch immer etwas kälter sein als der Kern der Masse. Man nennt diese oberste Schicht das „Fell" des Hafeninhaltes. Beim Umschütten des Hafens stürzt diese Schicht zuerst auf den Gießtisch und lagert sich in den Winkel zwischen Walze und Tisch, so daß sie beim Auswalzen den Kopf der Platte bildet. Der Anfang der Platte wird deshalb von Qualität stets weniger gut sein als ihr übriger Teil.

Nach dem Vorstehenden setzt sich nunmehr die Ofenarbeit eines Tages aus folgenden Abschnitten zusammen:

Wiederaufheizen des Ofens und Schmelzen des Gemenges	ungefähr	12	Stunden
Abbrennen der Galle	„	½	„
Läutern der Glasmasse	„	5	„
Abstand	„	4½	„
Gießen sämtlicher Häfen des Ofens	„	2	„
	zusammen **ungefähr**	**24**	**Stunden.**

Bei Verwendung von Soda lassen sich im allgemeinen die normalen Zeiten leichter einhalten als bei Sulfat. Vor allem wird die Zeit des Galleabbrennens gespart. In Betrieben, in denen ausschließlich Sodagemenge geschmolzen wird, ist zu beachten, daß die Ofenflamme nicht zu stark auf die Schmelzmasse drückt, da der hineingelangende Kohlenstoff der Heizgase nicht wie beim Sulfatgemenge verzehrt wird;

die Gefahr, daß das Glas durch die eindringenden Kohlenoxydgase der Flamme einen bläulichen Stich bekommt, ist deshalb größer als beim Sulfatgemenge. Dieser Umstand ist bei der Bauart der Brenner der Schmelzöfen für Sodagemenge zu berücksichtigen. Die Flamme muß also etwas höher liegen als beim Sulfatgemenge. Die Wirkung der Wärmestrahlung wird dadurch beeinträchtigt, so daß auch die Schmelze etwas verzögert wird, doch wird sie durchschnittlich nicht länger dauern als beim Sulfatgemenge, da es beim Sodagemenge für den Schmelzer leichter ist, einen regelmäßigen Verlauf der Schmelze durchzuführen als bei den verwickelteren Zersetzungsvorgängen im schmelzenden Sulfatgemenge.

5. Schmelzöfen.

Ein Spiegelglasschmelzofen ist im I. Band, 8. Kap., S. 478, beschrieben. Aus den vorstehenden Betrachtungen über das Schmelzen und Läutern ist ersichtlich, welche außerordentlichen Anforderungen an die Widerstands- und Regulierfähigkeit eines Spiegelglasschmelzofens gestellt werden müssen, um so mehr als man aus Gründen der Wirtschaftlichkeit mit der Zeit zu immer größeren Ofenabmessungen gelangt ist. Wenn es ursprünglich gelang, Rohglasplatten von nur wenigen Quadratmetern Ausdehnung zu walzen, so ist man heute bei gleicher Glasdicke bis auf 45 und noch mehr Quadratmeter gekommen. Die Häfen mußten infolgedessen größer und größer werden und im selben Maße mußten auch die Ofenabmessungen wachsen. Je größer die Häfen, desto größer auch die Rohglasplatten und desto geringer die verhältnismäßigen Herstellungskosten, denn für eine große Rohglasplatte sind die Ausgaben für Brennstoffe, Löhne und allgemeine Unkosten je m^2 geringer als für eine kleine Platte. Ihre Grenze hat diese Entwicklung zur Zeit dadurch gefunden, daß man befürchtet, bei weiterer Vergrößerung der Häfen und damit der Schmelzöfen mit dem täglichen Arbeitsprogramm nicht mehr fertig zu werden, d. h. zum Einlegen, Schmelzen, Läutern, Kaltschüren und Gießen erheblich mehr als 24 Stunden zu brauchen. Man könnte vielleicht größere Rohglasplatten erzielen; wenn aber alle 2 bis 3 Wochen oder gar jede Woche ein ganzer Guß weniger stattfinden kann, ist der Produktionsausfall größer als der Zuwachs, den die größeren Platten ergeben; die Herstellungskosten würden also wieder steigen; außerdem würden die Arbeiten am Ofen immer schwieriger, die Anforderungen an die Ofenarbeiter und ihre Geschicklichkeit immer größer, und es käme eine unregelmäßige Zeiteinteilung in den Betrieb der Rohglashalle, so daß es nicht leicht wäre, die für einen guten Gang der Rohglashalle erforderliche Ordnung aufrechtzuerhalten. Schon allein der Umstand, daß sich der Schichtbeginn der für den Guß bestimmten Leute täglich verschiebt, ist sehr nachteilig. Eine weitere Grenze war der Vergrößerung der Häfen, Öfen und Rohglasplatten vor allem aber dadurch gesetzt, daß es mit den bisherigen Arbeitsmethoden und Betriebseinrichtungen nicht möglich war, wesentlich größere Rohglasplatten in einem Stück auszuwalzen und so rechtzeitig in den Kühlofen zu schieben, daß sie nicht schon auf dem Gießtisch zu sehr abkühlten, Kaltsprünge bekamen und Spannungen, die im Kühlofen nicht mehr verschwanden. Weiteres hierüber ist später im Abschnitt V dieses Kapitels ausgeführt.

Mit dem Steigen der Abmessungen wuchs bei den außergewöhnlich starken Temperaturschwankungen während einer Tagescharge auch das Arbeiten des Mauerwerks der Öfen. Die Beanspruchungen der Baustoffe und der Verankerung wurden immer höher. Es ist darum zu beachten, daß für die edlen Teile der Spiegelglasöfen nur bestgeeignete Steine von tadelloser Form und bester Mörtel benutzt werden; für jede Stelle des Mauerwerks ist zu untersuchen, ob das Material zu wählen ist mehr im Hinblick auf die Anforderungen an seine Druckfestigkeit, seinen Widerstand gegen Hitze und Stichhitze, seinen Widerstand gegen die chemischen Einflüsse des mitgerissenen Gemengestaubes oder ob es allen diesen Anforderungen gleich gewachsen sein muß; die Arbeiten der Ofenmaurer sind ständig bis ins kleinste zu überwachen. Die gleiche Vorsicht muß man auch beim Aufheizen walten lassen.

Für die Spiegelglasschmelzöfen hat sich fast ausschließlich das Regenerativsystem in Verbindung mit über die Hafenhöhe hinaufragenden Schlitzbrennern eingebürgert.

Ferner findet man überall nur Öfen von rechteckiger Form, in denen die Häfen in zwei Reihen stehen, so daß von jeder Tür aus zwei Häfen bedient werden. Die Flammenführung und die Wärmeausnutzung sind hierbei günstiger als bei jeder anderen Ofenform; außerdem fügt sich der rechteckige Grundriß am einfachsten und mit dem geringsten Platzbedarf in die Gesamtanordnung der Rohglashalle ein. Um die dem Ofen zugeführte Wärme soweit als möglich auszunützen und eine möglichst schnelle, vollkommene und in allen Häfen möglichst gleichmäßige Schmelze zu erreichen, ist es erforderlich, den Schmelzraum des Ofens so klein als möglich zu machen, d. h. den Raum unter dem Gewölbe so weit einzuschränken, als es die Rücksicht auf die Festigkeit und Sicherheit des Ofens als Bauwerk noch zulassen, und die Häfen so nahe aneinander zu rücken, daß man eben noch die Hafenzange zwischen den Häfen ansetzen und damit die Häfen an den Pfeilern vorbei aus- und einbringen kann. Der letztere Umstand hat zur Folge, daß die Häfen schräg im Ofen stehen (s. Bd. I, Tafel VII, Fig. 3). Je niedriger und flacher das Gewölbe, d. h. je kleiner der Raum zwischen Häfen und Gewölbe ist, desto günstiger wird die Flamme über das Schmelzgut hinwegstreichen und desto günstiger wird die Wärmestrahlung von der Flamme und dem Mauerwerk aus zum Schmelzgut sein; so niedrig, daß die Flamme zu sehr auf das schmelzende Gemenge drückt, kann das Gewölbe schon aus konstruktiven Gründen nicht angeordnet werden. Wenn die Flamme zu niedrig geht, so ist das gewöhnlich eine Folge davon, daß die Brenner falsch angeordnet sind.

Wenn die Flamme dauernd unmittelbar auf den Schmelzkegel schlägt, entsteht darin ein Überschuß an Kohlenstoff, wodurch das Glas, wie schon mehrfach erwähnt, einen blauen Ton erhält und sich derart voll Bläschen setzt, daß diese in der Zeit des Läuterns nicht mehr herauszubekommen sind; besonders beim Sodagemenge ist unbedingt zu verhindern, daß die Flamme direkt auf den Schmelzkegel schlägt. Aus diesem Grunde wird ja auch z. B. bei feinen optischen Gläsern, bei denen es auf vollkommene Farblosigkeit ankommt, mit verdeckten Häfen gearbeitet. Auch die Häfen selbst leiden außerordentlich, wenn sie dem direkten Anprall der Flamme ausgesetzt sind; einzelne Stellen eines Hafens werden stark überhitzt, so daß ihre Widerstandsfähigkeit sehr beeinträchtigt wird; vor allem aber fressen die Hafenränder aus, was nicht nur eine Schwächung des Hafens sondern auch den Nachteil zur Folge hat, daß beim Umkippen während des Gusses das Glas Tonstückchen mitnimmt, die in die Platte hineingewalzt werden. Außerdem wird durch den zackigen Rand die Glasmasse zerrissen, so daß sie Luftblasen fängt, die ebenfalls mit eingewalzt werden. Für den Gang des Ofens, für die Schmelze und für die Qualität des Glases ist deshalb eine sachgemäße Bauart der Brenner von größter Bedeutung.

In den Abb. 790—797 sind einige Brenner dargestellt, die sich in Deutschland, Frankreich und Belgien gut bewährt haben.

Am einfachsten gestaltet sich die Bauart nach den Abb. 790 u. 791. Luft und Gas treten hier durch den Luftschlitz *a* bzw. Gasschlitz *b* in den Mischraum *c*. Das Wesentliche bei dieser Bauart ist, daß Luft und Gas beim Austritt aus den aufgehenden Schlitzen *a* und *b* gegen dieselbe Kappe *e* stoßen, durch die sie beide gemeinsam und in gleicher Weise nach dem Schmelzraum abgelenkt werden; es findet also bereits im Raume *c* eine ziemlich innige Vermischung von Luft und Gas statt. Bei den

Brennern nach den anderen Abbildungen dagegen werden Luft und Gas getrennt nach dem Schmelzraum hin abgelenkt; sie werden sich infolgedessen später mischen und die Verbrennung wird weiter in den Schmelzraum hineingetragen; die Flamme

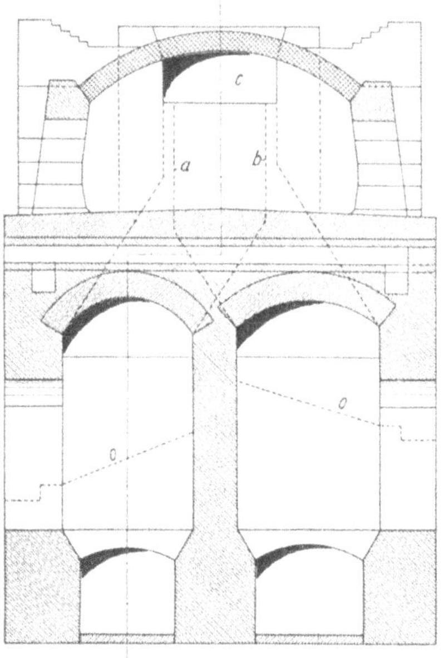

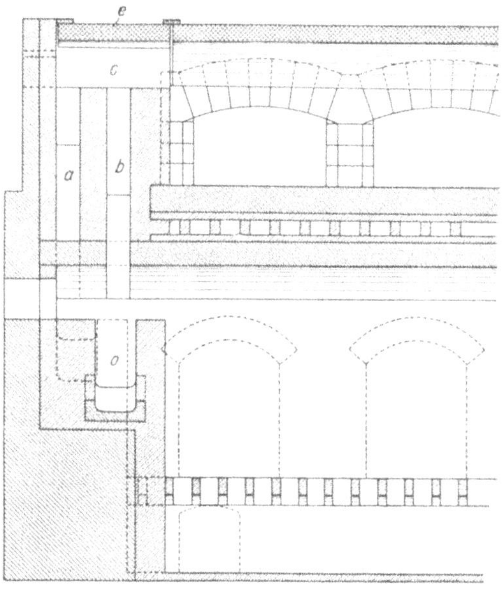

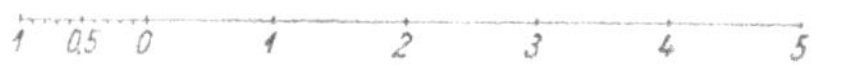

Abb. 790. Abb. 791.

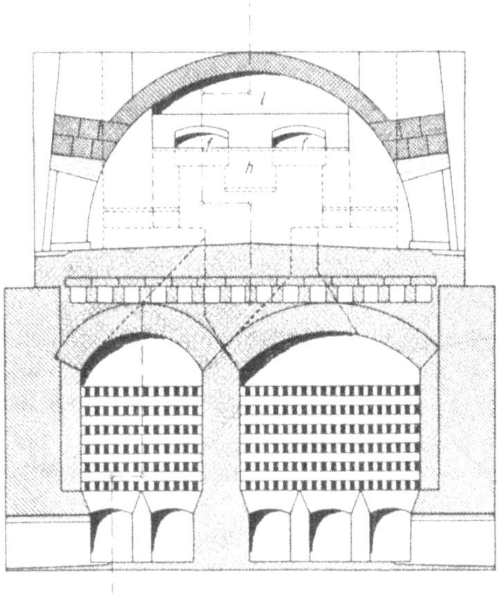

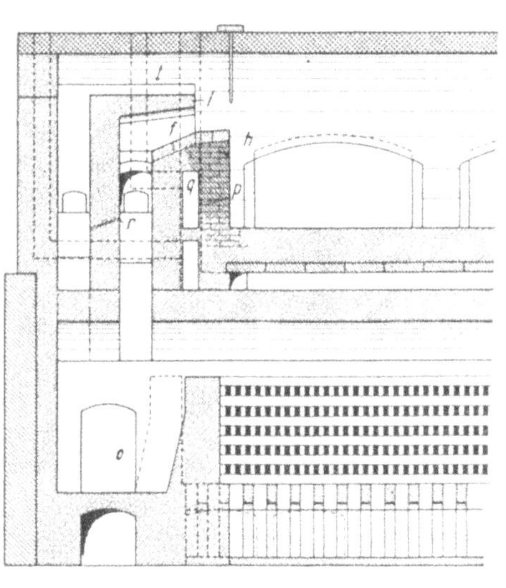

Abb. 792. Abb. 793.

wird also länger werden. Bei der Bauart nach den Abb. 790 u. 791 bekommen die ersten Häfen infolge der früher entwickelten Flamme mehr Hitze als bei den anderen dargestellten Brennern, dagegen die letzten Häfen am anderen Ende des Ofens um so weniger. Man wird also bei einem solchen Ofen die Wechselventile häufiger umstellen, d. h. die Flammenrichtung häufiger wechseln müssen als bei den anderen, da sonst die Temperaturschwankungen an den Ofenenden sehr groß werden. Da die Flamme in ihrem Anfang sehr intensiv aber verhältnismäßig kurz ist, kann man

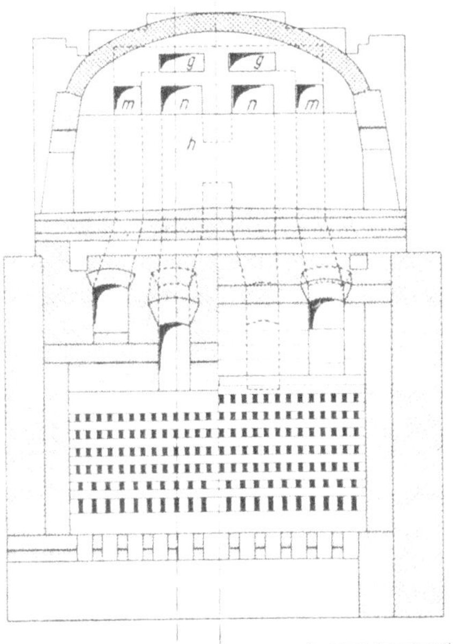

Abb. 794.

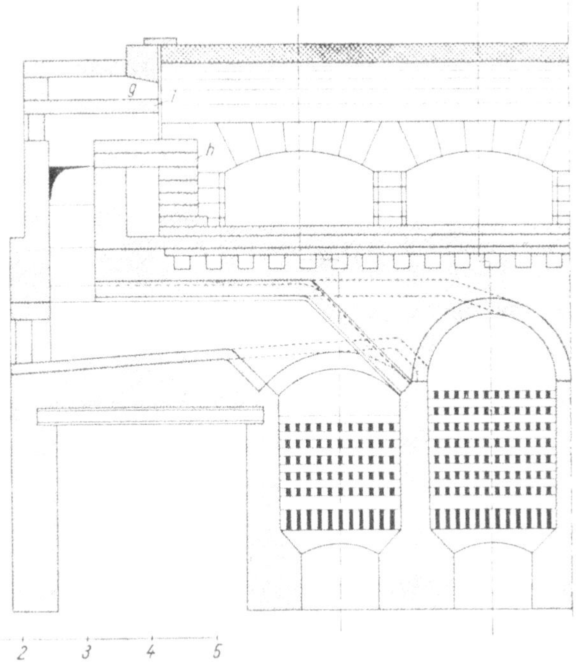

Abb. 795.

Abb. 796.

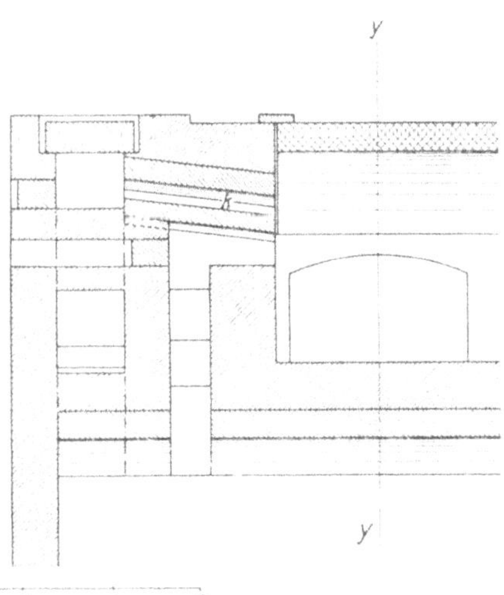

Abb. 797.

einen Brenner nach den Abb. 790 u. 791 für Rohglashallen mit kleinen Häfen, d. h. für kleine Schmelzöfen wegen seiner Einfachheit mit Vorteil verwenden, dagegen wird man bei großen Öfen solchen Brennern, die eine längere Flamme erzeugen, den Vorzug geben müssen.

Bei den Brennern nach Abb. 792 u. 793 wird die Luft wagrecht in den Schmelzraum abgelenkt, während das Gas durch die Schlitzmündungen *f* etwas schräg nach oben geführt wird. Das Umgekehrte ist bei den Brennern nach Abb. 794 u. 795 der Fall; dort wird das Gas wagrecht nach dem Schmelzraum geführt, während die Luft aus den oberen Mündungen *g* ein wenig schräg nach unten drückt. Beide Anordnungen haben eine vorgebaute Brennerbank *h*, über der bereits die Entflammung der Heizgase beginnt. Bei den Brennern nach den Abb. 796 u. 797 kommen Gas und Luft dagegen erst im Schmelzraum miteinander in Berührung. Diese letztere Bauart steht hinsichtlich des Zeitpunktes der Flammenbildung in vollem Gegensatz zu derjenigen nach den Abb. 790 u. 791; die Luft wird zwar durch die schrägen Schlitze *k* ziemlich stark schräg nach unten gelenkt, es besteht aber dennoch die Gefahr, daß die Flamme sich so spät bildet, daß die ersten Häfen in der Schmelze zurückbleiben. Abgesehen hiervon ist es für die Qualität des Glases, wie weiter oben auseinandergesetzt ist, nicht von Vorteil, wenn die Flamme so geführt wird, daß sie stark auf das Schmelzgut drückt. Auch bei großen und langen Öfen wird man es deshalb vorziehen, die erste Flammenbildung wie bei den Brennern nach den Abb. 792—795 etwas mehr nach rückwärts zu legen, also die Brennerbank *h* mehr oder weniger nach vorn zu schieben bzw. die Kappen *i* mehr oder weniger zu kürzen.

Von besonderer Bedeutung für die Wirkung der Flamme auf das Schmelzgut ist auch die Höhe der Brennerbank über dem Gesäß; sie hängt einmal ab von der Höhe der Häfen, dann auch von der Art, wie die Flamme in den Schmelzraum hineingeführt wird. Bei Brennern, die Luft und Gas bei ihrem Austritt aus den Schlitzen etwas schräg nach oben führen, wie z. B. nach den Abb. 792 u. 793, wird man die Bankhöhe etwas niedriger nehmen können; im umgekehrten Falle, wie z. B. nach den Abb. 794 u. 795 etwas höher. Bei den in den Abbildungen dargestellten Brennern beträgt die Bankhöhe in der Mittelebene des Ofens vom Gesäß ab gemessen 1100 bis 1375 mm.

Bei den Brennern der Abb. 792 u. 793 strömt die Luft in breitem Strome aus dem Schlitz *l* über den beiden Gasschlitzen *f* aus, während sie nach den Abb. 794 u. 795 vier getrennten Schlitzen *g*, *m* entströmt, welche die beiden Gasschlitze *n* halbkranzförmig umgeben, so daß hier der Gasstrom beim Verlassen der Schlitze nicht nur nach oben, sondern auch nach den Seiten hin sofort mit Luft in Berührung kommt. Dadurch wird die Flamme zuerst etwas schmal gehalten und erst in einiger Entfernung vom Brenner bekommt sie die volle Breite. Die Eckhäfen werden also in der Schmelze mehr zurückbleiben als beim Brenner nach Abb. 792 u. 793.

Die Vorwärmekammern für Luft und Gas findet man meistens in der Längsrichtung des Ofens unter dem Schmelzraum angeordnet; nur selten gehen sie quer zum Ofen wie z. B. in den Abb. 794 u. 795 dargestellt ist; die beiden mittleren Kammern sind dort die Luftkammern, die beiden äußeren, die Gaskammern. Die letzteren sind so viel niedriger als die Luftkammern, daß die zu den Brennern führenden Luftkanäle darüber hinweggeführt werden können. Die bei den anderen Bauarten erforderlichen Schlackentaschen *o* sind hier entbehrlich, weil die von den Kammern zu den Brennern führenden Luft- und Gaskanäle einen schräg abfallenden Boden erhalten können, auf dem die Schlacke abfließt. Ruß und Flugasche werden dadurch allerdings weniger abgefangen als bei jenen Schlackentaschen, so daß sich die Kammersteine schneller mit Staub und Asche bedecken. Um die Kammern zu reinigen, empfiehlt es sich, bei angestelltem Schornsteinzug alle 2—3 Wochen mit einer Pistole hineinzuschießen; der abgelagerte Ruß löst sich dadurch von den Steinen und wird vom Zuge mitgerissen.

Wie schon weiter oben erwähnt, ist man bestrebt, das Ofengewölbe möglichst flach zu machen, um einen möglichst kleinen Schmelzraum zu bekommen. Bei gleicher

Bauart des Brenners wird die Schmelze um so schneller gehen und der Brennstoffverbrauch um so geringer sein, je niedriger das Gewölbe ist; ein hoher Bogen hat jedoch mehr Bausicherheit und drückt weniger auf die Verankerung. Für Spiegelglas ist sehr wesentlich, daß von dem Gewölbe nichts abschmilzt und in die Häfen tropft; die Gewölbesteine müssen deshalb bei hoher Druckfestigkeit äußerst feuerbeständig sein und die Brenner dürfen nicht so gebaut sein, daß sie die Flamme direkt gegen das Gewölbe werfen. Bei einem hohen Gewölbe können Tropfen an der Gewölbefläche seitwärts abfließen, so daß sie erst an den Türbogen oder an den Pfeilern abtropfen und nicht in die Häfen fallen; bei einem flachen Bogen dagegen fallen die Tropfen an Ort und Stelle sofort nach ihrer Bildung ab. Die Gefahr, daß das Glas Gewölbetropfen fängt und sog. Gewölbesteine in die Glasplatten kommen, ist also bei einem flachen Gewölbe erheblich größer als bei einem hohen. Um den Gewölbetropfen das seitliche Abfließen zu erleichtern, ist vorgeschlagen worden, das Gewölbe nach Abb. 798 zu bauen; abfließende Tropfen finden hierbei an den hervorstehenden Kanten *s* der Gewölbesteine immer wieder Halt. Es ist jedoch zu befürchten, daß diese Kanten *s* selbst von der Flamme mehr angegriffen werden als eine glatte Fläche, so daß die Tropfenbildung gefördert wird. Ob einer solchen Bauart ein Vorzug beizumessen ist, ist deshalb sehr fraglich. Auf alle Fälle ist aber beim Aufmauern des Gewölbes die Arbeit der Maurer dahin zu überwachen, daß nicht infolge Nachlässigkeit stellenweise die gegenteilige Einfügung der Steine entsteht, wie sie Abb. 799 zeigt; eine solche Arbeit ist auf alle Fälle schädlich.

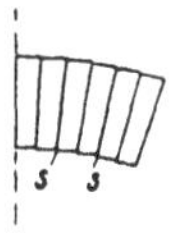
Abb. 798.

Abb. 799.

Von großem Einfluß auf die Haltbarkeit des Gewölbes ist die Bauweise der Türbogen, die die Last des Gewölbes auf die Pfeiler übertragen. Wie die Abb. 791 u. 795 andeuten, sind dort die Türbogen aus großen Schamotteformsteinen gebaut, nach den Abb. 792 u. 793 jedoch aus Dinassteinen von kleinem Normalformat; auch die Brenner dieses Ofens sind aus Steinen von Normalgröße zusammengesetzt, und zwar der untere Teil der Brennerbank bis etwa drei oder vier Schichten über das Gesäß hinaus aus Tonsteinen, die übrigen Teile aus Dinassteinen; wogegen bei den Bauarten nach den anderen Abbildungen auch für diese Ofenteile der Verwendung von großen Schamotteformsteinen der Vorzug gegeben ist. Die großen Formsteine sind naturgemäß erheblich teurer als die Normalsteine und müssen genau nach Maß in langer Vorbereitungsarbeit trocken auf Vorrat gehalten werden; Ausbesserungsarbeiten an Öfen, die aus Normalsteinen zusammengesetzt sind, fallen erheblich billiger aus als bei den anderen Öfen. Im allgemeinen läßt sich sagen, daß die aus großen Formsteinen gebauten Öfen eine längere Arbeitsperiode aushalten als diejenigen, bei denen nur Normalsteine Verwendung gefunden haben, dagegen wird eine Reparatur erheblich länger dauern und viel teurer sein als bei diesen. Das Lockern bzw. das Anziehen der Verankerung erfordert bei den Öfen, die nur aus Normalsteinen aufgebaut sind, erhöhte Aufmerksamkeit, zumal bei Dinassteinen, die stark wachsen, da sich sonst die Verbände unter den kleinen Steinen lösen; es kommt dann vor, daß Teile aus dem Türbogen in den Ofen fallen, und daß sich die Brennerbank *h* hebt, so daß Risse *p* darin klaffen, die eine Verbindung zwischen dem Schmelzraum und den Kühlkanälen *q* herstellen (Abb. 793). Ebenso kann es vorkommen, daß die Trennungswände zwischen den aufgehenden Luft- und Gasschlitzen reißen, so daß dort Risse *r* entstehen, durch die Luft vom aufgehenden Luftschlitz in den davor liegenden Gasschlitz dringt und bereits im Gasschlitz Zündungen auftreten. Bei einem solchen Ofen sind deshalb für alle Fälle besonders reichliche und große Schaulöcher anzuordnen, durch die man alle Teile des Mauerwerks beobachten und nötigenfalls ausbessern kann.

Besondere Aufmerksamkeit ist auch der Herstellung des Gesäßes zu widmen. Die Kühlkanälchen des Gesäßes werden gewöhnlich mit 6—10 cm starken Tonplatten abgedeckt, auf die man die eigentlichen Gesäßplatten von ungefähr 1 m^2 Oberfläche und 30—40 cm Dicke aus bestem Ton legt. Anstatt dicke Tonplatten aufzulegen, wird auch vielfach das ganze Gesäß in einem Stück gestampft und mit dem Ofen getempert. Ein gestampftes Gesäß stellt sich um etwa ¼—⅓ billiger als ein aus starken Platten zusammengesetztes. Das Stampfen geschieht schichtenweise und muß außerordentlich gründlich besorgt werden, so daß die ganze Lage eine kompakte Masse ohne jeglichen Luftraum bildet. Wenn das Gesäß während des Betriebes reißt und Herdglas allmählich eindringen kann, wird es nicht lange dauern, bis es in die Kammern gelangt und der Ofen abgestellt werden muß. Zur Herstellung der Gesäßerde nimmt man gewöhnlich fünf Teile gut geputzte Hafenschalen und zwei Teile frischgebrannten Ton mit ungefähr 25% Al_2O_3. Die Hafenschalen werden gemahlen und durch etwa 10 mm Maschenweite gesiebt, während der rohe Ton so fein als möglich gemahlen und gesiebt wird; alles wird gut gemischt und mit möglichst wenig Wasser angemacht.

Über die Größenverhältnisse der Häfen, die Schmelzleistungen und sonstige Betriebsergebnisse der im vorstehenden geschilderten Öfen enthält die folgende Zahlentafel, für die die Werte aus dem aufschlußreichen Bericht der Wärmetechnischen Beratungsstelle der Glasindustrie (Leiter Dr. Maurach) Frankfurt a. M., über Hafenöfen entnommen sind, die notwendigsten Angaben.

Zahlentafel 96.

Betriebsergebnisse von Oberflamm-Hafenöfen für Guß-Spiegelglas

nach dem W. B. G.-Bericht „Glasschmelz-Hafenöfen mit Regenerativfeuerung" Frankfurt, Selbstverlag der W. B. G. 1926.

Nr. des Ofens im Original	O_6	O_7	O_8	O_9	O_{10}	O_{11}	O_{12}
Herdfläche des Ofens in m^2	31,7	40,0	44,2	45,8	48,2	48,2	51,3
Anzahl der Häfen	16	16	16	16	16	16	16
Fassungsverm. eines Hafens in Liter	453	687	750	756	860	860	880
Anzahl der Schmelzen im Monat	30	30	30	30	25	25	25
Geschmolz. Glas je Schmelze in kg	10200	16300	14000	16500	14000	14000	19200
Wärmeverbrauch[1]) je kg geschmolzenes Glas in kg	1,27	—	0,85	0,84	0,88	0,97	0,82

[1]) Auf Steinkohle von $H_u = 7000$ WE umgerechnet.

6. Schmelzhäfen für Spiegelglas.

Die bisherigen Ausführungen über die Anordnung der Schmelzöfen und die Arbeiten in der Rohglashalle haben schon erkennen lassen, welch große Bedeutung die Güte und Form der Häfen in besonderem Maße bei der Spiegelglasfabrikation haben. Der Betrieb der Hafenmacherei einer Spiegelglasfabrik unterscheidet sich zwar im wesentlichen nicht von demjenigen anderer Glasindustrien; die außerordentliche Größe der Häfen und die Anforderungen, die an sie gestellt werden, verlangen jedoch erhöhte Aufmerksamkeit bei der Arbeit in der Hafenmacherei. Ein Spiegelglashafen wird täglich mindestens einmal aus dem Ofen genommen, wobei er nicht nur großen Temperaturänderungen, sondern durch das Packen mit der Hafenzange und der Schüttvorrichtung auch ziemlich groben mechanischen Angriffen ausgesetzt wird und dies alles bei verhältnismäßig großer Abmessung und großem Glasinhalt.

In Europa werden die Häfen fast ausschließlich aus belgischen Tonen hergestellt. Ob dies berechtigt ist oder nicht, darauf läßt sich heute eine erschöpfende Antwort nicht geben. In allen Ländern mit nennenswerter Glasindustrie gibt es gute Tonvorkommen, sowohl fette wie auch sandige, und alle Glasbetriebe mit Hafenöfen verwenden für die Häfen in der Hauptsache Tone ihres Landes, ausgenommen die Spiegelglashütten. Es sind zwar in deutschen Hütten schon häufig Versuche mit hochwertigen deutschen Tonen gemacht worden; zu einem befriedigenden Ergebnis ist man dabei aber noch nicht gelangt; allerdings sind diese Versuche bisher nie mit Ausdauer durchgeführt worden. Man stützt sich bei der Wahl der Hafentone stets auf die Erfahrungen der Praktiker, die seit Jahrzehnten ausschließlich an die Verwendung der ihnen geläufigen belgischen Tone gewöhnt sind; jede Änderung in der Auswahl der Tone ist deshalb eine einschneidende Neuerung, die unliebsame Störungen in den Betrieb der Rohglashalle bringt, wodurch nicht nur deren Gang nachteilig beeinflußt, sondern auch die Qualität des Glases beeinträchtigt werden kann. Versuche mit Neuerungen in der Zusammensetzung der Hafenmasse werden außerdem dadurch erschwert, daß wegen der vorsichtigen Trocknung die Häfen erst viele Monate nach der Herstellung zur Verwendung in den Schmelzofen gelangen und deshalb ein Ergebnis der Probehäfen erst nach langer Zeit festzustellen ist. Erst dann wieder kann sich im Falle eines Fehlschlages zeigen, inwieweit die Versuchsmischung bzw. Arbeit der Hafenmacherei gegenüber der ersten Probe zu ändern ist. Erschöpfende Versuche müßten sich also über viele Jahre hinziehen. Es ist deshalb verständlich, wenn man unter solchen Umständen nicht gern in den gewohnten Gang eines eingelaufenen Betriebes eingreift und sich der Gefahr von Störungen aussetzt, die im Falle eines einzigen großen Fehlschlages nicht nur unmittelbare geldliche Verluste bringen, sondern auf Wochen hinaus die Arbeit und das Ergebnis der Rohglashalle beeinträchtigen können. Wenn nur ein Hafen im Ofen steht, den der Schmelzer beargwöhnt, so wird er vorsichtigerweise den ganzen Ofen zurückhalten, damit die Schmelze verlängern und das Läutern weniger stramm durchführen als sonst; bricht der Versuchshafen, so ist nicht nur sein Inhalt zum Gießen verloren, sondern gewöhnlich auch derjenige der umstehenden Häfen. Zuverlässige Ergebnisse von wissenschaftlichen Instituten stehen in diesem Falle der Praxis nicht zur Verfügung; es wäre zu begrüßen, wenn sich die exakte Forschung dieser Angelegenheit annähme, um den Spiegelglashütten und Hafenfabrikanten eine sichere Grundlage und zuverlässige Richtlinien für die Versuche im großen zu geben. Verfahren zum Gießen, maschinellen Formen oder Pressen der Häfen haben bis jetzt in der Spiegelglasindustrie nirgends Eingang gefunden. Man ist in der Hafenmacherei ausschließlich beim Streichen des Tones und Stampfen von Hand geblieben; zum Stampfen werden allenfalls hier und da leichte Preßluft- und elektrische Stampfer benutzt. Irgendwelche sicheren Erfahrungen mit anders hergestellten Häfen gibt es nicht; das Wagnis, das mit eingehenden und sich über viele Jahre hinziehenden Versuchen nach dieser Richtung verbunden ist, ist noch viel größer als bei Versuchen mit Häfen aus bisher ungewohntem, aber nach der althergebrachten Methode verarbeitetem Ton.

Was die Form der Häfen anbelangt, so ist die kreisrunde diejenige, welche sowohl gegen Druck von innen wie auch gegen Stöße von außen am meisten Widerstand bietet; dagegen nützen kreisrunde Häfen die Oberfläche des Ofengesäßes, also den Schmelzraum am ungünstigsten aus. Bei gleicher Glasmenge und gleicher Leistungsfähigkeit muß ein Ofen mit runden Häfen erheblich größer sein und erheblich mehr Brennstoff verbrauchen als ein solcher mit länglichen Häfen. Ferner ist ein runder Hafen nicht so sicher mit der Zange zu packen wie ein länglicher. Weiterhin spricht gegen die runde Form, daß es bei ihr am schwierigsten ist, den Glasinhalt ohne Bildung von Blasen und Schlieren derart vor die Walze auf den Gießtisch zu schütten, daß der Glashaufen so zu liegen kommt, daß die Platte nach dem Auswalzen den Gießtisch möglichst ausfüllt, d. h. daß die rohe Platte sich möglichst der rechteckigen Form nähert. Je länger der Hafen ist und je gestreckter seine Seitenwände sind, desto besser und bequemer geht das Ausgießen; desto geringer ist aber die Festigkeit des gesamten Hafenkörpers. Zylindrische Häfen findet man heute noch in einigen nordamerikanischen Hütten; in Europa ist fast ausschließlich die längliche Form eingeführt.

In den Abb. 800—808 sind einige Hafenformen dargestellt, wie sie heute in den meisten Hütten gebräuchlich sind. Die angegebenen Maße gelten für lufttrockene, also noch nicht gebrannte Häfen. Der erste der dargestellten Häfen hat in diesem Zustande einen lichten Inhalt, gestrichen voll gerechnet, von ungefähr 750 l, der zweite einen solchen von über 850 l. Beide Größen finden Verwendung in Rohglashallen, deren sonstige Einrichtungen das Auswalzen von fast 39 m² Oberfläche der rohen, unbeschnittenen Platte normaler Stärke (10—11 mm) gestatten. Hieraus ist zu ersehen, daß man in einigen Hütten gewohnt ist, bei gleicher Leistungsfähigkeit

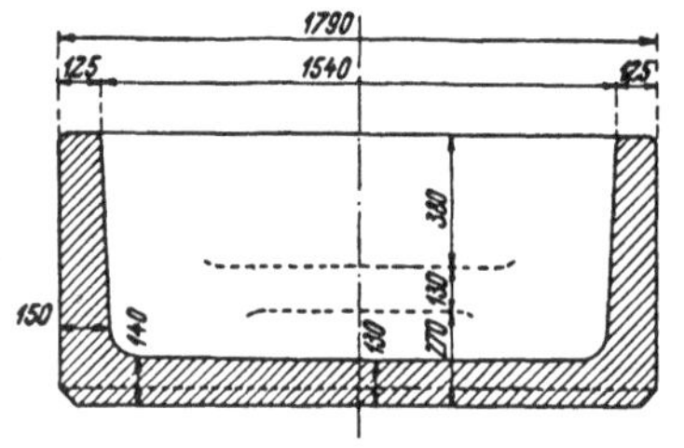

Abb. 800.

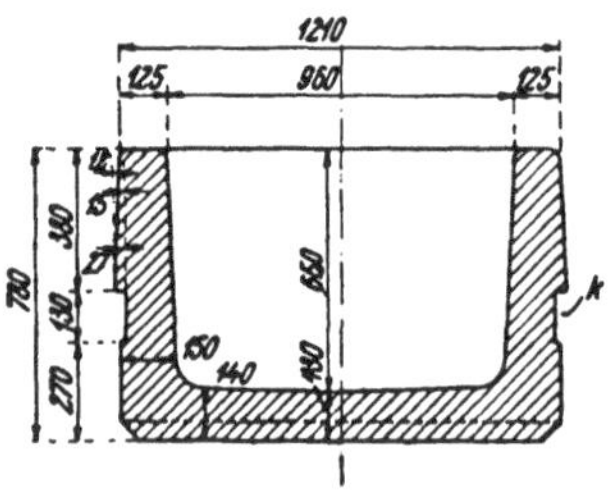

Abb. 802.

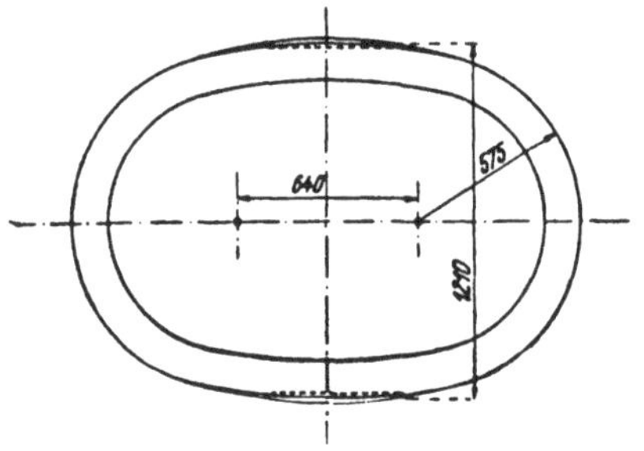

Abb. 801.

eines Ofens mit kleineren, aber volleren Häfen zu arbeiten, in anderen mit größeren, aber weniger vollen. Die kleinen Häfen werden natürlich beim Läutern eher überschäumen als die großen. Für eine rohe unbeschnittene Platte von ca. 38 m² Oberfläche sind netto im Mittel 415 l Glas erforderlich. Beim Ausschütten des Hafens läßt es sich nicht vermeiden, daß eine erhebliche Menge des Hafeninhaltes neben den Tisch fällt, ferner muß am Ende des Tisches bei dessen voller Ausnützung noch etwas Glas überfließen. Außerdem bleibt beim Ausschütten je nach der Steifigkeit der Glasmasse mehr oder weniger im Hafen hängen. Wenn jene Häfen zum Guß kommen, enthalten sie deshalb eine Glasmenge von rd. 650 l; das fertig geschmolzene Glas steht dann im kleinen Hafen etwa 9—10 cm unter dem Hafenrand, im großen 15—16 cm. Der Hafen nach Abb. 806—808 hat gestrichen voll gerechnet einen Inhalt von ungefähr 1025 l, vor dem Ausschütten befindet sich in ihm eine Glasmenge von rd. 850 l, welche 11—12 cm unter dem Hafenrand steht; die daraus gewalzten rohen, unbeschnittenen Platten haben eine Gesamtoberfläche bis zu 47 m².

Der zweite der dargestellten Häfen hat gerade Seitenwände, während die beiden anderen sich mehr der ovalen Form nähern.

Von grundlegender Bedeutung für die übrigen Abmessungen des Hafens ist dessen Höhe. Man ist in den meisten Hütten zu einer lichten Höhe von 64—66 cm gelangt, gemessen in der Mitte des Bodens bis zur Ebene des obersten Bordrandes; nach den Seitenwänden zu macht man den Boden gewöhnlich etwas dicker, so daß die lichte Höhe in der Nähe der Wandungen gemessen etwas geringer ist. Bei den großen Häfen, wie z. B. nach den Abb. 806—808 ist die lichte Höhe 68—70 cm. Alle Maße sind stets im lufttrockenen Zustande des Hafens gemessen. Je höher der Hafen im Verhältnis zum Inhalt ist, desto schwieriger läutert sich die geschmolzene Glasmasse; je niedriger er ist, um so größer muß bei gleicher Leistungsfähigkeit sein Grundriß sein,

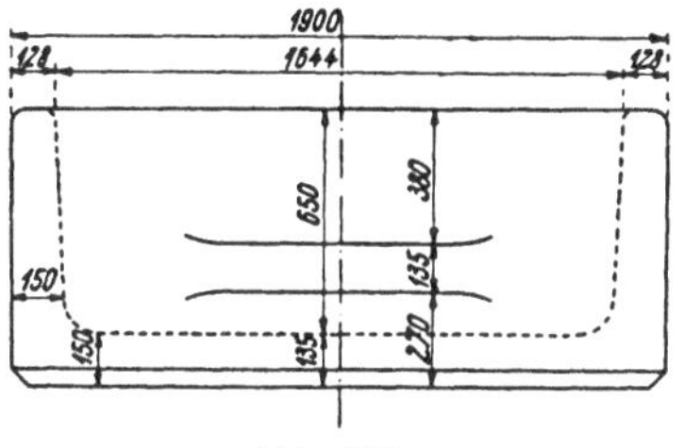

Abb. 803.

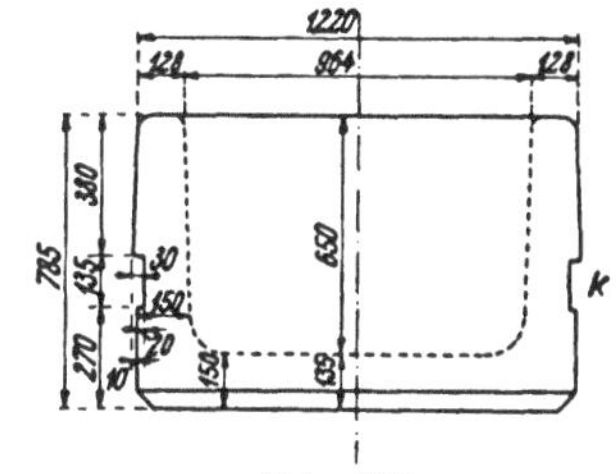

Abb. 805.

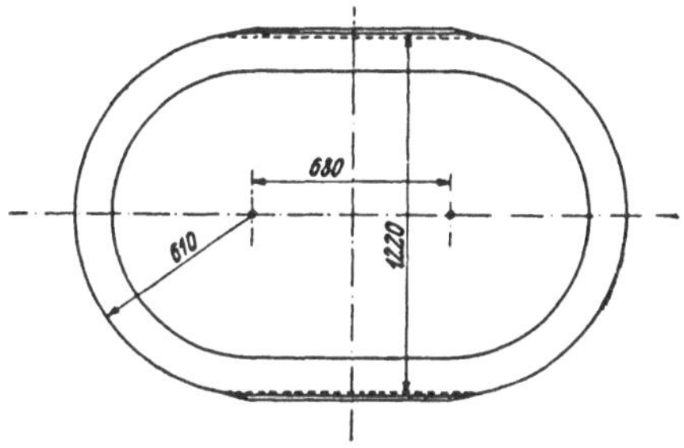

Abb. 804.

desto größer wird die Oberfläche der geschmolzenen Masse im Hafen, d. h. desto größer wird das „Fell" (s. S. 849). Oben ist erwähnt, daß einige Hütten gewöhnt sind, mit kleinen aber volleren Häfen, andere wieder mit großen aber weniger vollen Häfen zu arbeiten; es ist zu beachten, daß in den kleinen Häfen der geschmolzene Inhalt höher

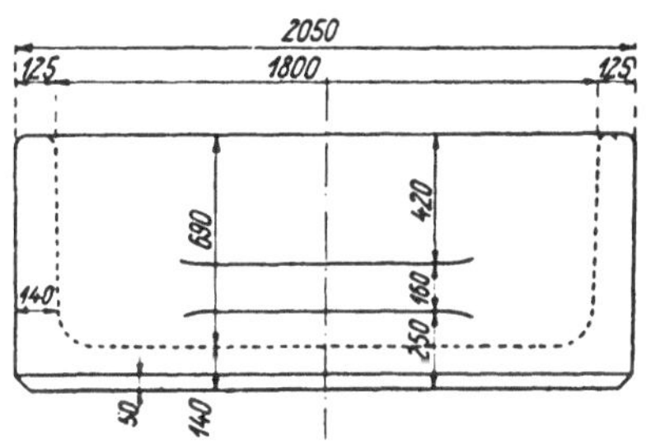

Abb. 806.

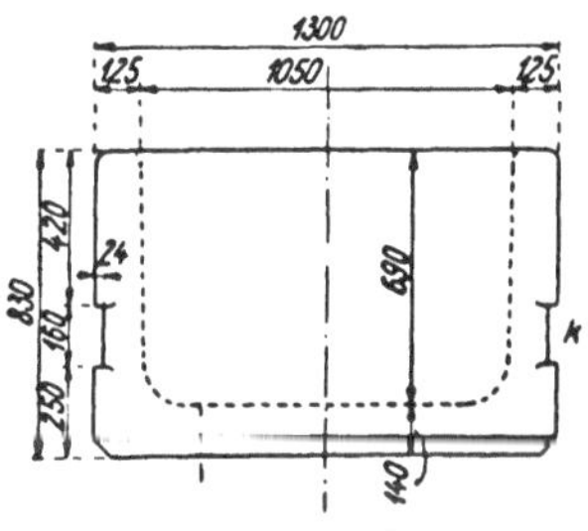

Abb. 808.

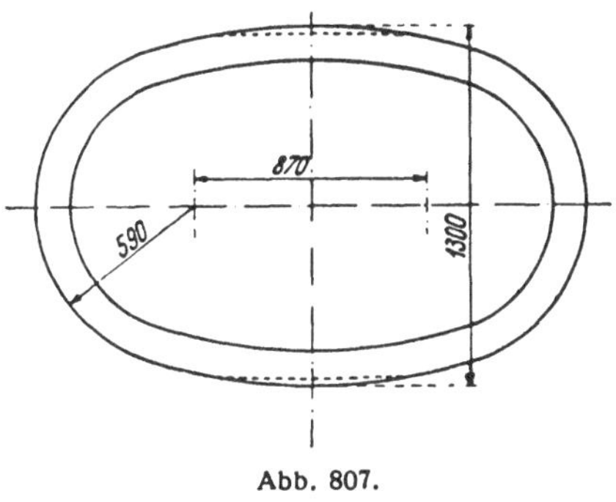

Abb. 807.

steht als in den größeren Häfen, bei denen dafür das unreine Fell eine größere Ausdehnung besitzt.

Ein weiterer Gesichtspunkt, der mitbestimmend ist bei der Wahl der Hafenformen, ist die Wirkung der Flamme im Schmelzofen; es wird angenommen, daß der größte Teil der zum Schmelzen des Gemenges verbrauchten Wärmemenge von der Flamme, d. h. von oben herab durch Strahlung in das Schmelzgut gelangt und nur ein geringer Teil durch die Hafenwände, die als schlechte Wärmeleiter den Wärmedurchgang aufhalten. Je niedriger der Hafen, d. h. je größer sein Grundriß und je ausgedehnter damit die Oberfläche des Schmelzgutes ist, desto größer ist die der direkten Wärmestrahlung dargebotene Oberfläche, desto schneller wird auch die Schmelze gehen.

Die Dicke der Wandungen wird durch die erforderliche Festigkeit des Hafens bestimmt; man macht sie aber nicht stärker als unbedingt notwendig ist, denn je stärker sie sind, desto mehr hindern sie den Wärmedurchgang. Die äußeren Mantellinien des Hafenumfanges stehen senkrecht zum Boden, während sie innen schräg verlaufen, so daß die Wandungen einen keilförmigen Querschnitt haben; nach unten zu ist nicht nur die Festigkeitsbeanspruchung eine größere, auch der Übergang in den Boden erfordert zur Begünstigung einer gefahrloseren Trocknung in der Hafenmacherei eine Annäherung der Materialstärke zwischen Wand und Boden. Die Schräge der Innenfläche wirkt zugleich vorteilhaft beim Ausschütten des Hafens. Dem Boden gab man früher auch bei großen Häfen eine Stärke von 10, höchstens 11 cm; die Erkenntnis, daß die von unten her durch den Boden dringende Wärmemenge nur sehr wenig Einfluß auf die Schmelzgeschwindigkeit hat, führte jedoch dazu, die Böden stärker zu machen. Man findet heute meistens 13—15 cm Bodenstärke; dadurch wird nicht nur die Festigkeit des Hafens erhöht, vielmehr wird auch beim Läutern, in dessen Verlauf nicht wie beim Schmelzen Wärme vom Gesäß durch den Hafenboden hindurchdringt, sondern umgekehrt von der Glasmasse in das Gesäß, letzteres kühler bleiben als bei schwachem Boden; die günstige Folge davon ist, daß die Gefahr des Nachkochens der Masse, d. h. das nachträgliche Aufsteigen von Gasperlen, die in den oberen Schichten der Glasmasse hängen bleiben, erheblich geringer wird.

Die Gewichte der dargestellten Häfen betragen leer und im lufttrockenen Zustande etwa 1150—1400 kg.

Gute Häfen der oben beschriebenen Art halten im Durchschnitt, je nachdem man mehr oder weniger auf erste Glasqualität hinarbeitet, also je nach der Temperatur, die man beim Läutern zuläßt, bei Sulfatgemenge normalerweise 16—25, bei Sodagemenge 25—40 Schmelzen aus. Bei Sulfatgemenge muß man also zur Sicherheit damit rechnen, daß man in einem 16häfigen Ofen arbeitstäglich einen neuen Hafen braucht, ferner muß man vorsichtshalber annehmen, daß jeder frischgeformte Hafen mindestens 8 Monate Zeit zum Trocknen in der Hafenstube bekommt. Für jeden Schmelzofen müssen also mindestens für 8 Monate, also mindestens 200 Häfen in Vorbereitung stehen und für jeden aus der Hafenstube nach der Rohglashalle genommenen Hafen ist sofort ein frischer zu formen. Zur Sicherheit hält man gewöhnlich je 16häfigen Schmelzofen 225—250 Häfen in Vorbereitung und formt arbeitstäglich einen frischen, bei Sodagemenge kann man diese Zahlen erheblich einschränken. Über neuere Trockenverfahren siehe Zeitschrift des Vereins deutscher Ingenieure Nr. 26 vom 28. Juni 1930, S. 904 und 905: v. Reis, „Neuzeitliche Spiegelglasherstellung."

In neuen Häfen schmilzt man das erstemal vorteilhafterweise nur Glasbrocken; der Hafen überzieht sich dann im Innern mit einer Glasur, die ihn gegenüber den stärkeren chemischen Einflüssen der späteren Gemengeschmelze schützt. Stehen für diesen Zweck nicht genügend Glasbrocken zur Verfügung, so macht man zuerst zwei bis drei kleine Einlagen mit Glasbrocken und erst wenn die letzte ganz geschmolzen ist, gibt man Gemenge auf. Von wesentlichem Einfluß auf die Haltbarkeit der Häfen ist, daß sie stets gut und überall gleichmäßig auf dem Schmelzofengesäß lagern; man muß deshalb darauf achten, daß jeder Hafen nach dem Guß wieder genau auf die alte Stelle im Ofen zu stehen kommt. Durch das Herdglas, durch das Festbacken der Häfen auf dem Gesäß und das beim Herausheben erforderliche gewaltsame Loslösen wird der Sitz des Hafens zerrissen und uneben, außerdem deformieren sich die meisten Häfen nach wenigen Schmelzen; man muß deshalb nötigenfalls während des Gusses die Sitzfläche des Hafens auf dem Gesäß mit weichem, feuchtem Ton ausgleichen, so daß der Hafenboden möglichst in allen Punkten wieder Unterstützung findet und sich dem Gesäß anschmiegen kann.

Die nach außen, d. h. nach den Türen zu liegenden Wandungen der Häfen bleiben stets kälter als die nach innen zu liegenden, infolgedessen nützen sie sich langsamer ab als die letzteren und bleiben deshalb dicker und stärker; bisweilen versucht man, die Lebensdauer der Häfen dadurch zu verlängern, daß man sie nach etwa zwei Wochen umgekehrt in den Ofen stellt; dann passen sie aber nicht mehr auf die alte Sitzfläche und es wächst die Gefahr, daß die Häfen entzwei gehen, weil sie hohl stehen und nicht mehr in genügend vielen Punkten des Bodens Unterstützung finden. Wie schon früher gesagt, leiden die Hafenränder sehr, wenn die Flamme unmittelbar auf sie schlägt; dieser Nachteil tritt besonders stark auf bei sehr feuchten Brennstoffen oder bei Gaserzeugern, die mit viel Dampfgebläse arbeiten, so daß die Heizgase viel Wassergas enthalten. Es entstehen dann leicht Stichflammen im Ofen, die für die Häfen sehr schädlich sind. Viele Häfen müssen ausgewechselt werden, weil die Innenfläche des Bodens lochförmige Anfressungen bekommt, die mit der Zeit so stark werden, daß aus ihnen noch lange nach Schluß des Läuterns Gasperlen aufsteigen; je tiefer die Löcher sind, desto anhaltender ist auch diese Bläschenbildung, ebenso wie in einem tiefen, kelchförmigen Sektglase das Aufströmen von Perlen aus dem tiefsten Punkte viel länger anhält als bei flachen, schalenförmigen Gläsern.

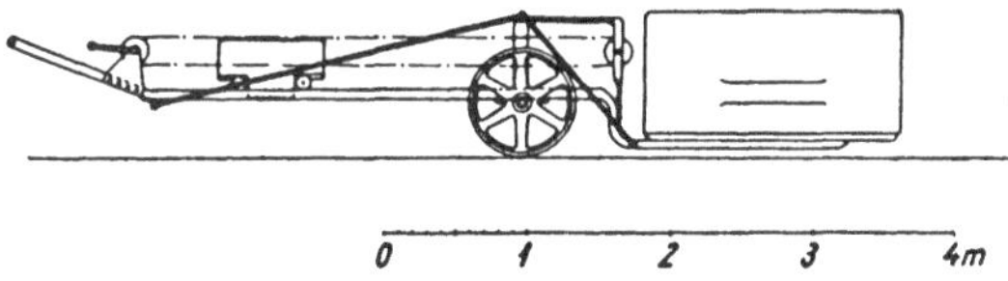

Abb. 809.

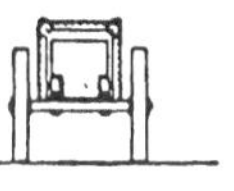

Abb. 810.

Die aus der Hafenmacherei kommenden lufttrockenen Spiegelglashäfen müssen wegen ihrer Größe und ihrer länglichen Form besonders sorgsam behandelt werden. Zum Einsetzen dieser Häfen in die Brennöfen benutzt man meistens zweirädrige Karren etwa nach Abb. 809 u. 810. Da die Häfen durch das Brennen genügend hart geworden sind, können sie mit denselben Zangen, mit denen man den Schmelzofen bedient, auch aus dem Brennofen herausgenommen werden. Zum Ansetzen der Zangen gibt man den Häfen seitliche Hohlkehlen *k*, die man „Gürtel" nennt (Abb. 800 bis 808) und die man ungefähr in die Höhe des Schwerpunktes des mit der üblichen Menge geschmolzenen Glases angefüllten Hafens legt oder ganz wenig höher. Bisweilen findet man auch noch Häfen, bei denen die Gürtel viel tiefer, also weit unterhalb des genannten Schwerpunktes liegen; in diesem Falle ist der Hafen gegen das Klemmen der Zange widerstandsfähiger, dafür ist aber das Transportieren gefahrvoller[1]).

7. Vorrichtungen zum Ausheben der Häfen.

Zum Herausnehmen und Wiedereinsetzen der Häfen in die Schmelzöfen benutzt man sog. Hafenaushebevorrichtungen.

Die Abb. 811 und 812 sowie 813 zeigen zwei Beispiele von durch Hand zu bedienenden Hafenzangen, wie sie früher üblich waren und wie sie auch heute noch in einigen Betrieben verwendet werden. Die Zange wird mit Hilfe einer Spindel *s* geöffnet und geschlossen; um bei eingehängtem Hafen ein unbeabsichtigtes Öffnen zu verhüten, wird eine Sicherheitsklammer *k* aufgesteckt. Zum Ausbalancieren des

[1]) Beim Umschütten auf den Gießtisch kippt ein solcher Hafen plötzlich um, so daß auch die Glasmasse sehr schnell herausfällt. Dies gab früher, als die Tische noch schmal waren, einen guten und bequemen Guß; heute aber, wo die Tische viel breiter sind und man mit dem Gießkran den Hafen ein ziemliches Stück während des Umschüttens quer zum Tisch bewegen muß, um die ganze Tischbreite mit dem Glashaufen auszufüllen, würde ein solcher Hafen zu schnell kippen.

Hafengewichts, das einschließlich Hafeninhalt bei den weiter oben angegebenen Häfen 2700—3450 kg beträgt, dient bei der ersten der beiden dargestellten Zangen ein Laufgewicht *g*. Bei leerer Zange steht das Laufgewicht auf dem kurzen Ende, also beim Zangenmaul, so daß das Übergewicht der langen Seite des Karrens teilweise ausgeglichen wird; wenn der Hafen gepackt ist, wird es an das entgegengesetzte Ende gekurbelt. Bei der Zange nach Abb. 813 ist der Rahmen *r*, in dem die rückwärtigen Enden der Zangenschenkel gelagert sind, so schwer, daß er auch bei eingehängtem Hafen das Übergewicht besitzt. Mit Hilfe einer senkrechten Schraubenspindel können hier die rückwärtigen Enden der Zangenschenkel durch Drehen am Handrad *p* zwecks Anheben des Hafens auf- und abbewegt werden. Um die Arbeiter vor der Hitze etwas zu schützen, wird vor den Rädern da und dort noch ein Schirm aus mehrfachen Lagen Drahtgaze angeordnet, der die Durchsicht gestattet.

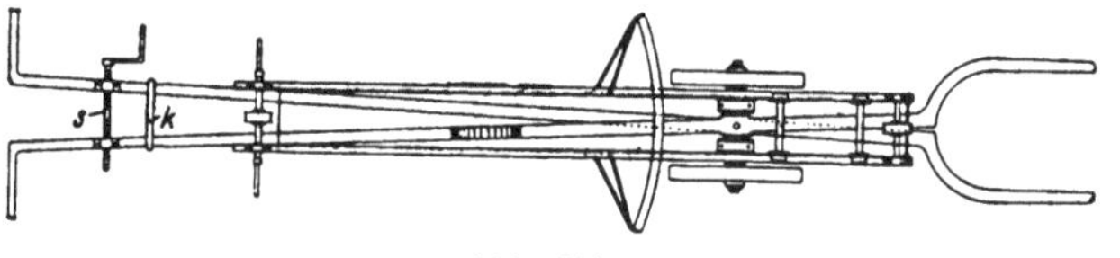

Abb. 811.

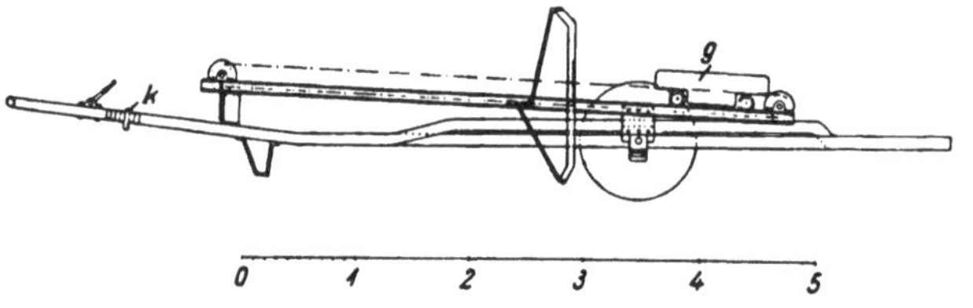

Abb. 812.

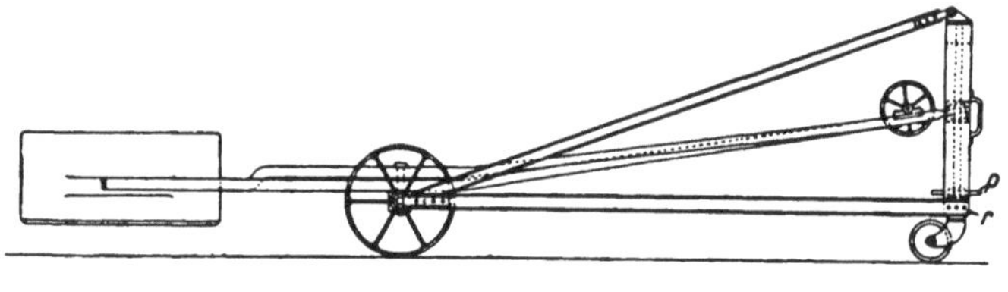

Abb. 813.

Mit solchen handbedienten Zangen erfordert das Herausnehmen des Hafens aus dem Schmelzofen 5—7 Mann. Es wäre unbequem, den Hafen mittels dieser schweren Vorrichtungen zum Gießtisch zu fahren; sofern der Gießkran nicht über die Schmelzöfen oder wenigstens in deren nächste Nähe fahren kann, setzt man den Hafen auf einen niedrigen Karren nach Abb. 814—816 und bringt ihn damit zum Gießtisch bzw. in den Bereich des Gießkranes.

Diese Handhabungen erfordern nicht nur viele Arbeiter, an deren Körperkräfte und Widerstandsfähigkeit gegen Hitze außerordentliche Anforderungen zu stellen sind, sondern auch viel Zeit. Zwar wird der Guß dadurch nicht aufgehalten; denn so lange ein Hafen beim Guß ist, kann der nächste bereits aus dem Ofen geholt und zum Gießtisch gebracht werden; die Häfen sind aber sehr lang außerhalb des Ofens und kühlen stark ab; außerdem müssen die Ofentüren sehr lange offen stehen.

Das Hafenausheben mit diesen primitiven Einrichtungen gehört deshalb einer vergangenen Zeit an. Nur ausgesuchte, besonders kräftige und widerstandsfähige Männer waren in der Lage, jene Arbeit zu leisten und es machte in der Tat einen starken Eindruck auf den Zuschauer, wenn die sehnigen Gestalten im Scheine der aus dem Ofen schlagenden Flamme mit den schweren Karren und glühenden Häfen hantierten. Nicht ohne Grund hat der belgische Maler und Bildhauer Meunier gerade

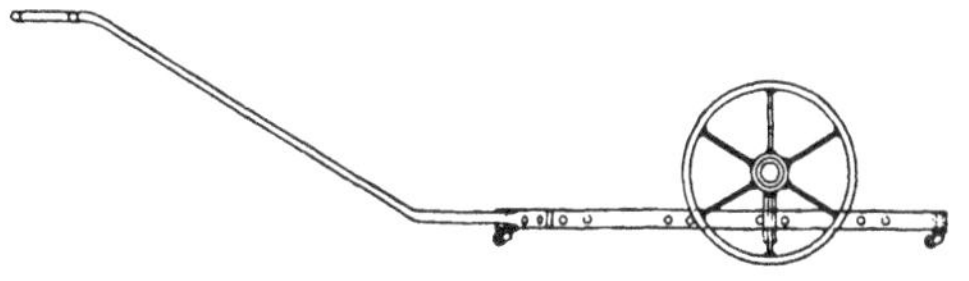

Abb. 814.

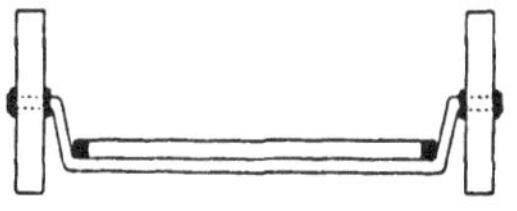

Abb. 815.

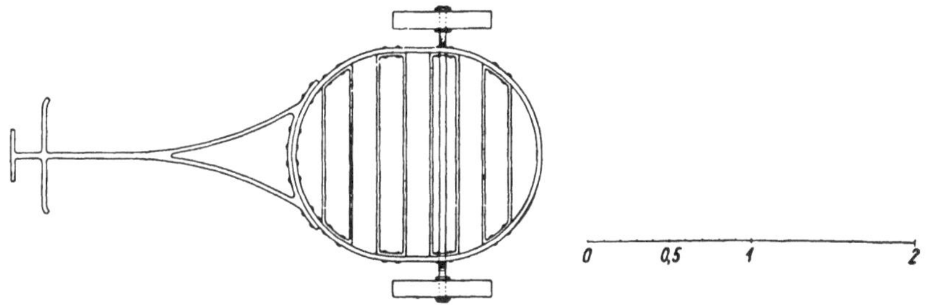

Abb. 816.

auch diesen Vorgang mit als Gegenstand seiner eindrucksvollen, in Brüssel stehenden Plastik „Die Arbeit“ gewählt, die den Beschauer durch ihre Wucht und Lebendigkeit in ihren Bann zieht (Abb. 817).

Abb. 817.

Im folgenden sind einige maschinelle Hafenaushebevorrichtungen beschrieben, die die Arbeit erleichtern, erheblich weniger Personal erfordern und mit denen das Aus- und Einsetzen der Häfen am Ofen bedeutend schneller geht. Die Abb. 818 bis 822 sind der ersten Auflage dieses Buches entnommen. Auf die erste der beiden dargestellten Einrichtungen wurde R. Zimmermann von der Firma Zimmermann, Hanrez & Cie. in Monceau sur Sambre vom 23. Juni 1906 ab geltend das belgische Patent Nr. 192999 erteilt. Die Zange ist hier am untersten Ende eines Bechlträgers *14* gelagert, der an der Laufkatze *4* eines Deckenlaufkranes aufgehängt ist. Die Kranbrücke *1* überspannt das ganze Ofenhaus. Die Zangenschenkel *23* und *24* bewegen sich um den Scharnierbolzen *22*; sie gehen außerdem durch die am Blechträger *14* befestigte Führung *25*, so daß sie gegenüber dem Blechträger keine andere

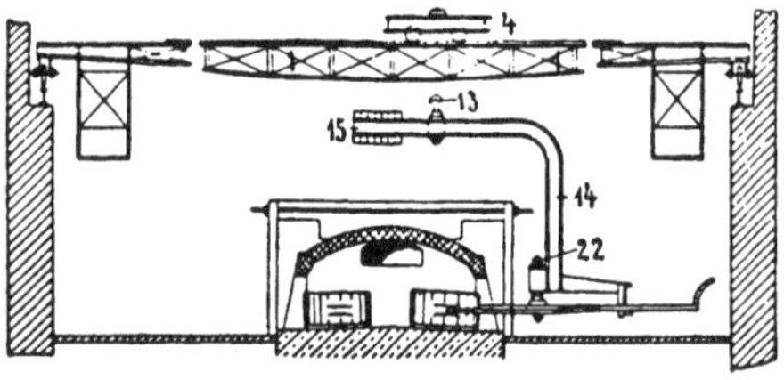

Abb. 818.

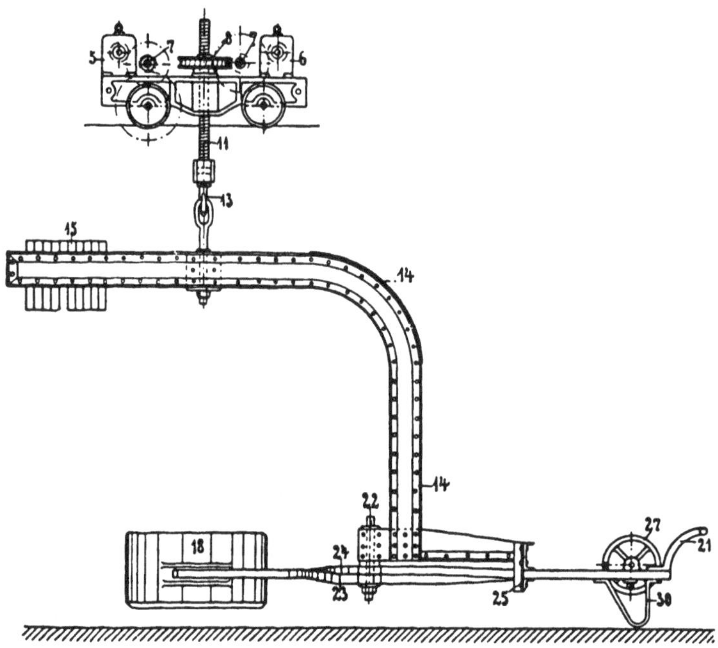

Abb. 819.

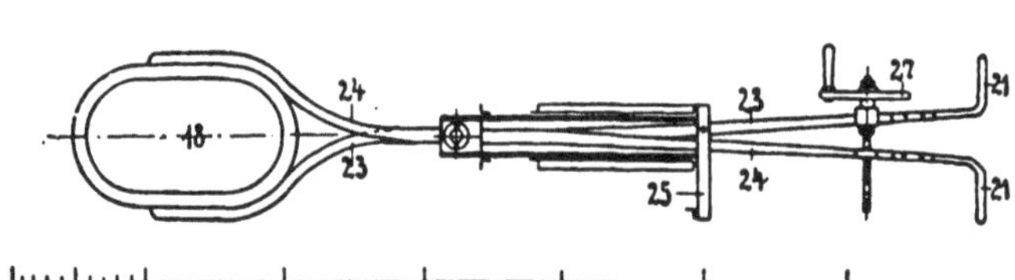

Abb. 820.

Bewegung ausführen können als die Drehung um den Bolzen *22*; diese Drehung geschieht mit Hilfe der Schraubenspindel und des Handrades *27*. Das Bewegen der Kranbrücke *1*, das Hin- und Herbewegen der Laufkatze *4* und das Heben und Senken des Blechträgers *14* samt der Zange werden mit Hilfe von je einem besonderen Elektromotor veranlaßt. Der Blechträger *14* ist samt Zange derart an der Laufkatze aufgehängt, daß er durch ein Gewicht *15* im Gleichgewicht gehalten wird, während der Hafen, wenn er von der Zange gepackt ist, sich senkrecht unter dem Aufhängepunkt des Blechträgers befindet und das Gleichgewicht nicht stört. Das Lösen des Hafens vom Ofengesäß geschieht beim Anheben des Trägers *14* durch die Motorkraft sowie durch Hochzwängen der Zange von Hand an den Griffen *21*. Der Laufkran gestattet das beliebige Verfahren der Häfen durch das ganze Ofengebäude bis in den Bereich des Gießkranes, so daß die mit Glas gefüllten Häfen an den letzteren unmittelbar übergeben werden können. Der Strom wird den Elektromotoren in üblicher Weise durch zwei bzw. drei Schleifleitungen zugeführt, die auf der einen oder der anderen Seite neben der Kranbrückenlaufbahn liegen.

Die Zange erfordert zu beiden Seiten der Öfen viel Platz; die Kranbrücke erhält deshalb eine sehr große Spannweite, so daß sie plump und schwer wird. Die Säulen oder Pfeiler der Gebäudewände, auf denen die Laufbahnträger liegen, verteuern die Baukosten in erheblichem Maße. Mit der Anordnung von Gemengesilos über dem Ofen ist der Betrieb eines solchen Laufkranes unvereinbar. Seine Bedienung erfordert aber nur 3 Mann: 1 Kranführer und 2 Mann an den Griffen *21*. Hinderlich ist, daß der Kranführer seinen Stand wechseln muß, je nachdem auf der einen oder der an deren Seite eines Ofens gearbeitet wird, damit er stets auf den Arbeitsort der Zange sehen kann. In Nordamerika sind solche Kräne in äußerst zweckdienlicher Weise ausgebildet worden, so daß sie von einem einzigen, auf dem Hüttenflur mitgehenden Mann leicht bedient werden können.

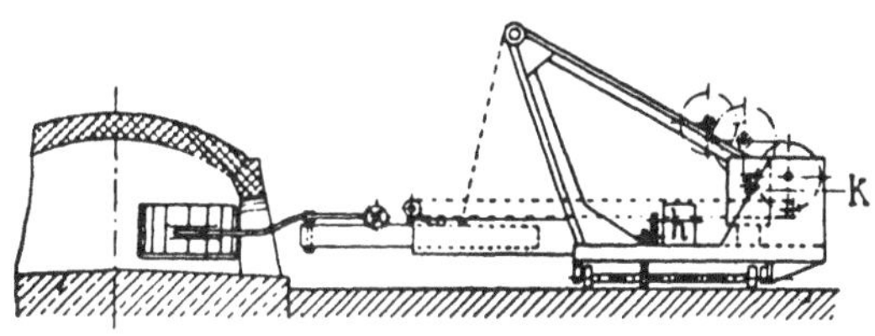

Abb. 821.

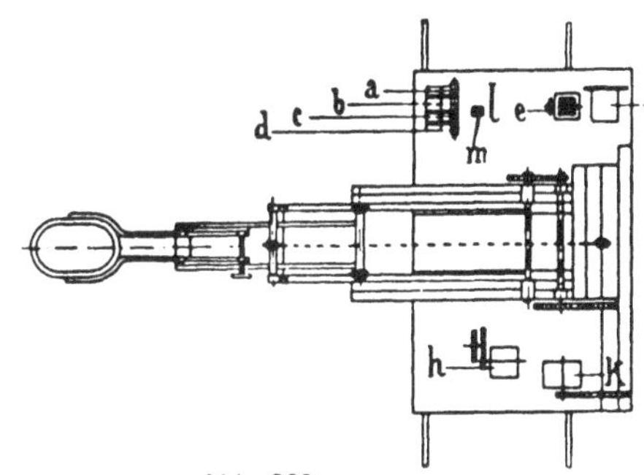

Abb. 822.

Die zweite in den Abb. 821 und 822 dargestellte Einrichtung zum Aus- und Einbringen der Häfen läuft in Schienen längs dem Ofen auf dem Hüttenflur. Da die Öfen von beiden Seiten zu bedienen sind, muß man den Wagen mit Hilfe einer Schiebebühne von einer Seite auf die andere bringen können; besser ist es jedoch, für jede Seite einen besonderen Wagen vorzusehen, da sonst beim Guß zu viel Zeit verlorengeht. Im allgemeinen wird der Gießkran so viel Spannweite haben, daß beide Wagen ihre Häfen in seinen Bereich bringen können, wenn nicht, dann muß der Hafen entweder auf einen Karren gesetzt werden, etwa nach Abb. 814—816, oder es muß wieder eine Schiebebühne für den ganzen Wagen zu Hilfe genommen werden. Die Zange des Wagens muß in Richtung der Längsachse jedes Hafens verschiebbar sein; da jedoch die Längsachsen der einzelnen Häfen in den Öfen verschieden gerichtet sind (s. Bd. I, Tafel VII, Fig. 3), muß die Zange mit dem Oberteil des Wagens entgegen der in den Abbildungen gegebenen Darstellung um eine senkrechte Achse schwenkbar sein.

Abb. 823 u. 824 zeigen einen modernen Hafenwagen dieser Art mit einer auf einer besonderen Schiebebühne heb- und senkbar angeordneten Zange; die Schiebebühne kann nicht nur in gerader Richtung auf dem Unterwagen hin und her geschoben werden, durch die Zwischenschaltung einer Drehscheibe kann sie auf dem Wagen auch um eine senkrechte Achse gedreht werden. Für eine solche Anordnung, bei der also der Laufwagen eine Drehscheibe trägt, auf der wieder eine Schiebebühne läuft, auf der die Zange untergebracht ist, so daß letztere in die Längsrichtung jedes Hafens eingestellt und auch in dieser Längsrichtung ohne weiteres Schwenken der Drehscheibe aus- und eingefahren werden kann, wurde der Firma Charles Heuze, Auvelais, Belg., das D.R.P. Nr. 250210 vom 2. August 1910 erteilt. Abb. 825[1]) zeigt einen solchen Wagen mit gepacktem Hafen im Lichtbild. In den Abb. 823 u. 824 ist *A* der an den Öfen entlanglaufende Unterwagen, der durch den Elektromotor *B* angetrieben wird; auf ihm liegen die kreisförmig gebogenen Schienen *A'*, auf denen die Laufrollen der um den Königszapfen *D* schwenkbaren Drehscheibe *C* geführt sind. Das Schwenken der Drehscheibe wird durch den Elektromotor *V* mit Hilfe eines Schneckengetriebes

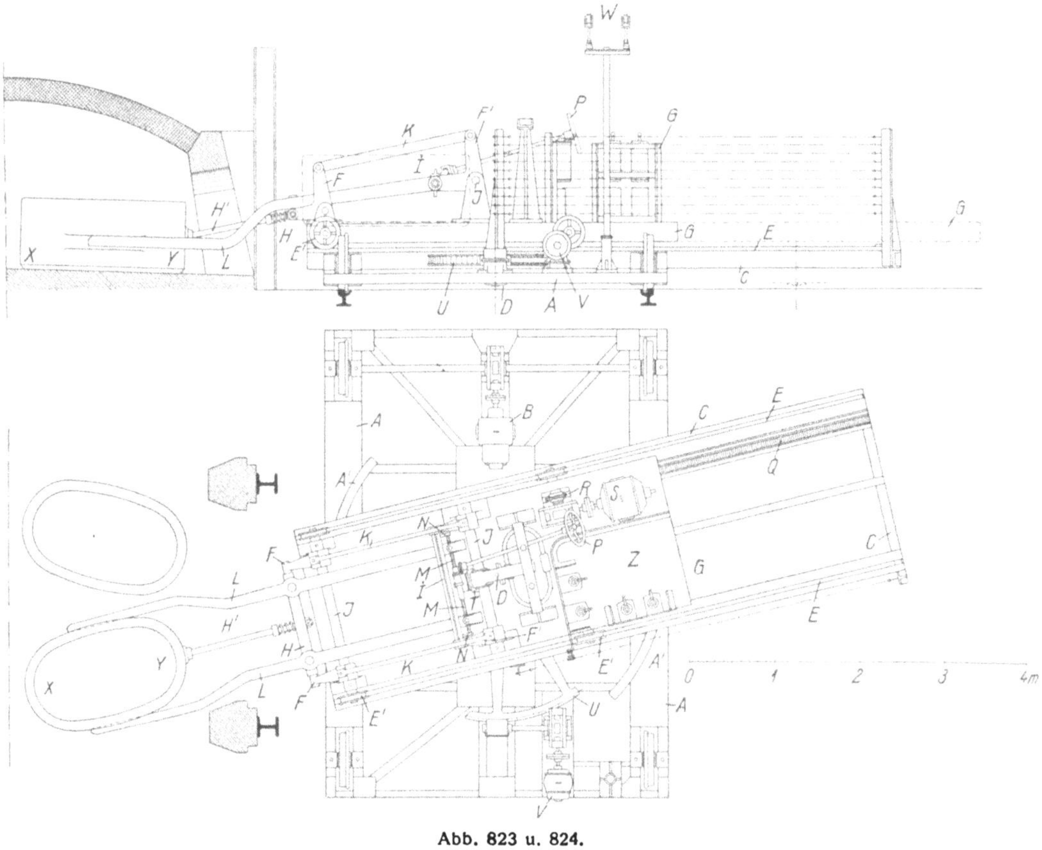

Abb. 823 u. 824.

und des Zahnsegmentes *U* veranlaßt. Die Schwenkbarkeit der Drehscheibe ist beschränkt, d. h. sie geht nicht um 360°, da von ihr nur verlangt wird, daß sie die Zange in die verschiedenen Längsrichtungen der in den Öfen stehenden Häfen einzustellen gestattet. Auf den beiden Längsträgern des Drehscheibengestelles *C* liegen Schienen *E*, auf denen die Schiebebühne *G* mit ihren vier Laufrädern *E'* hin und her läuft; die Bühne wird durch den Elektromotor *S* mit einer Schneckenradübersetzung angetrieben. Auf der Antriebswelle der Bühne sitzt ein Zahnrad *R*, das in eine auf dem Drehscheibengestell *C* befestigten Zahnstange *Q* eingreift; dadurch wird das Gleiten der Laufräder *E'* auf den Schienen *E* vermieden, eine Gefahr, die beim Anheben und Herausziehen des Hafens aus dem Ofen sonst eintreten würde.

[1]) Nach einem vom „Verein deutscher Spiegelglasfabriken-Köln" dem Herausgeber gütigst zur Verfügung gestellten Lichtbild.

Die Zangenschenkel L sind auf der Schiebebühne G eingebaut; ihre Drehbolzen stecken in dem Querbalken H und ihre rückwärtigen Enden sind in einem Schlitz des Querbalkens I geführt. Beide Querbalken H und I sind in je einem Arm der um die zwei Achsen J drehbaren Kniehebelpaare F und F' gelagert. Das Anheben des von den Zangenschenkeln L gepackten Hafens wird durch den Motor T veranlaßt, der über ein Schneckenradgetriebe die hintere Welle J dreht und damit das Kniehebelpaar F' in Bewegung setzt. Durch die Stangen K wird auch das Kniehebelpaar F in gleicher Richtung gedreht.

Die unteren Arme der Kniehebel F' sind etwas länger als diejenigen der Kniehebel F; der Querbalken I wird sich infolgedessen etwas mehr anheben als der Querbalken H, so daß in der höchsten Stellung der Hafen wagrecht hängt, während er in der tiefsten Stellung die dem Ofengesäß entsprechende Schräge erhält. Durch die hiebei der Zange erteilte nickende Bewegung wird beim Lösen vom Ofengesäß auf den Hafen ein Zwang ausgeübt, der ihn um den Punkt X zu kippen sucht, so daß er sich bei Y zuerst löst; dadurch wird das Abheben vom Gesäß erleichtert.

Abb. 825.

Das Öffnen und Schließen der Zange geschieht vom Handrad P aus; durch Drehen an diesem Handrad wird mit Hilfe von Kegelrädern die mit Rechts- und Linksgewinde versehene Schraubenspindel M in Tätigkeit gesetzt; die Spindel ist im Querbalken I in Lagern untergebracht und nimmt bei ihrer Bewegung die Enden der beiden Zangenschenkel L mit, so daß sich dieselben einander nähern oder voneinander entfernen. Der Führerstand Z befindet sich auf der Schiebebühne G; von ihm aus werden die Anlasser für die vier Motore zum Bewegen des Laufwagens, zum Schwenken der Drehscheibe C, zum Hin- und Herschieben der Bühne G und zum Heben und Senken der Zangenschenkel, d. h. zum Drehen der Kniehebelpaare F und F', sowie das Handrad P zum Öffnen und Schließen der Zange bedient. Der elektrische Betriebsstrom wird durch die Stromabnehmer W dem Laufwagen und entweder mit Hilfe von pendelnden Kabeln oder durch Schleifringe, die konzentrisch zum Königszapfen D liegen, den an der Drehscheibe C befestigten Querschleifleitungen zugeführt, von denen aus er durch Schleifkontakte über die Anlasser und Regulierwiderstände nach den Motoren und zurück geschickt wird. Der Querbalken H trägt eine federnde Anschlagstange H', die sich gegen den Hafen legt und so das Vorrücken der Zange begrenzt, so daß der Wagenführer die Bühne nicht zu weit vorschiebt bzw. den Hafen nicht zu kurz faßt.

Sofern die Häfen nicht zu fest am Gesäß kleben, genügt der Wagenführer allein zum Aus- und Einbringen der Häfen; andernfalls ist noch ein Mann erforderlich, der mit einer Brechstange beim Lüften der Häfen nachhilft, da diese sonst an den Gürteln beschädigt werden. Wenn angesprungene Tonstückchen nachträglich abplatzen und beim Guß herunterfallen, werden sie mit in die Glasplatte hineingewalzt.

Mit Hilfe dieser Hafenzangenwagen geschieht das Aus- und Einbringen der Häfen am Schmelzofen sowie das Fahren zum Gießtisch außerordentlich bequem und schnell; für alle Betriebe, in denen sie eingeführt wurden, hat man zwei Stück angeschafft, für jede Ofenseite einen. Der Elektromotor zum Antrieb des Laufwagens, d. h. zum Fahren längs den Öfen, ist so bemessen, daß er nach dem Anlauf, d. h. nach Erreichung seiner vollen Umlaufgeschwindigkeit den Wagen auf einer Schnelligkeit von 150 bis 180 m in der Minute halten kann. Die Hauptschleifleitungen für die Zuführung des Stromes müssen so liegen, daß sie den Einlegevorrichtungen nicht im Wege sind,

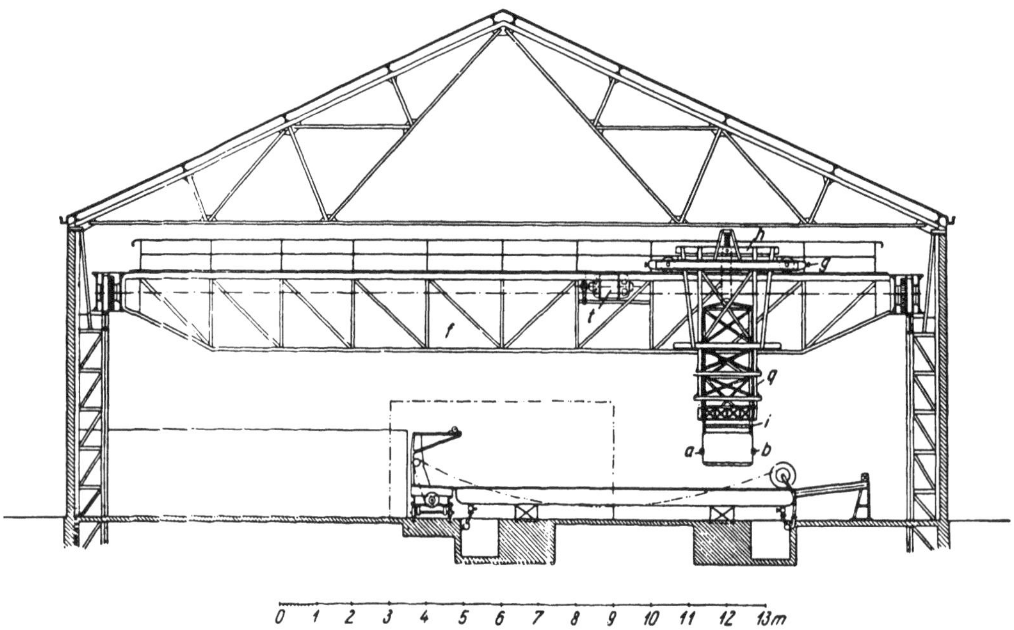

Abb. 826.

außerdem so hoch, daß die mit Eisenstangen hantierenden Schmelzer und Ofenarbeiter nicht in Gefahr kommen. Ferner dürfen sie auch nicht so verlaufen, daß sie in der Nähe des Gießtisches in den Bereich des Gießkranes kommen oder überhaupt beim Guß irgendwie hinderlich sind.

Es lag der Gedanke nahe, die Zangenwagen und Zangenlaufkräne so auszubauen, daß mit ihrer Hilfe der Hafen auch noch über dem Gießtisch ausgeschüttet werden kann, so daß eine besondere Gießvorrichtung überflüssig wird und die Häfen zwischen dem Ofen und dem Gießtisch nicht abgesetzt zu werden brauchen. Der Versuch hierzu ist sowohl mit Zangenwagen gemacht worden, die auf dem Flur laufen, wie auch mit solchen Einrichtungen, die an einem Deckenlaufkran hängen. Ausschüttvorrichtungen, deren Wagen auf dem Flur laufen, haben aber keine befriedigenden Ergebnisse gezeitigt und konnten sich deshalb bis jetzt nicht einbürgern. Dagegen findet man heute eine große Anzahl von Deckenlaufkränen mit untergebauten Zangen, die sowohl das Aus- und Einbringen der Häfen am Schmelzofen als auch das Ausschütten der Glasmasse über dem Gießtisch besorgen. Die Abb. 826—831 zeigen eine der Société Anonyme des Glaces de Sainte Marie d'Oignies in Aiseau, Belg., durch das DRP. Nr. 246126 vom 13. September 1910 ab patentierte Vorrichtung dieser Art. Die beiden Zangenschenkel *a* und *b* sind symmetrisch zur Längsachse der Zange um die bei-

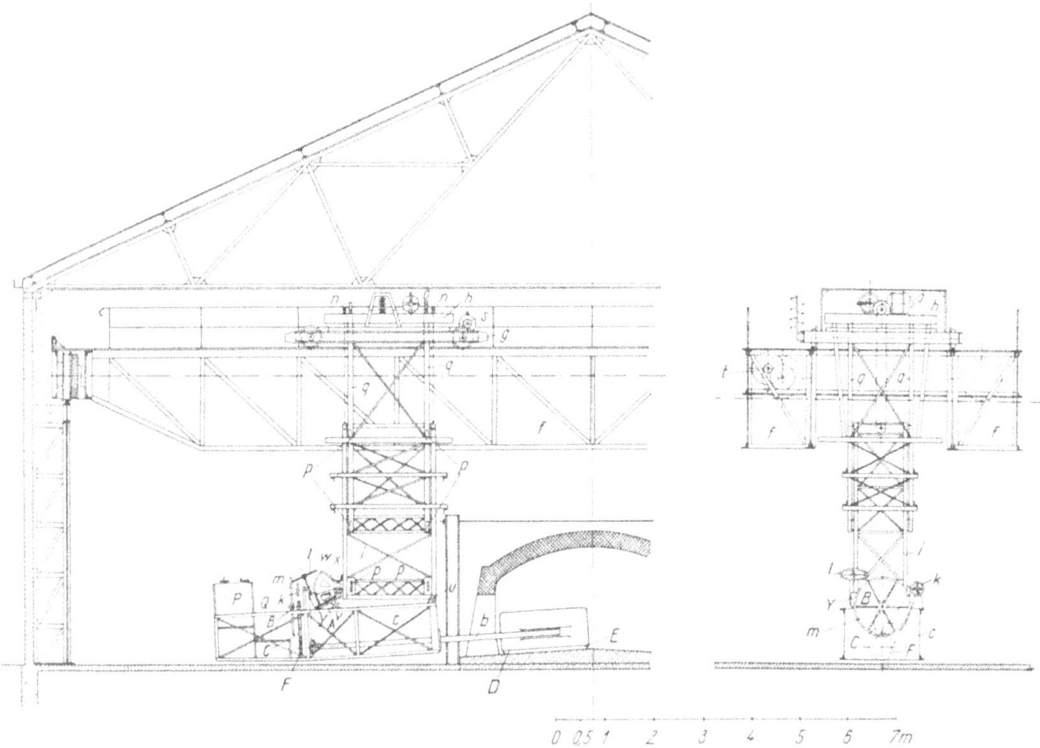

Abb. 827 und 828.

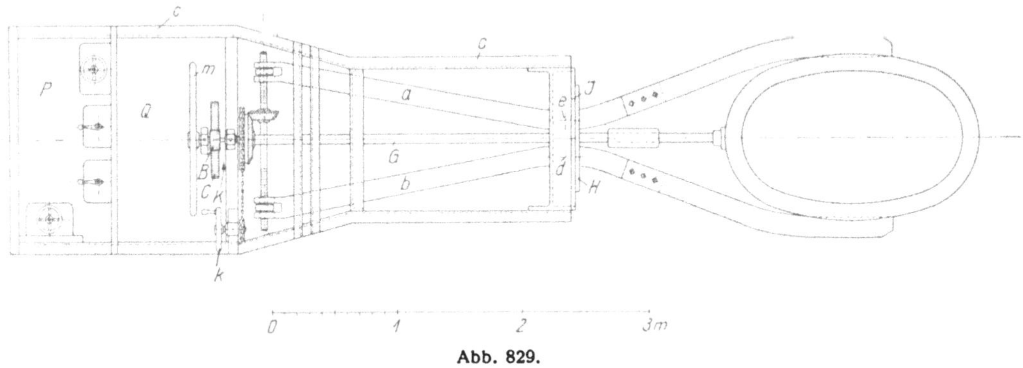

Abb. 829.

den Bolzen *d* und *e* drehbar in einem aus Profileisen zusammengesetzten Rahmen *c* gelagert. Auf diesem Rahmen befinden sich auch die Stände *P* und *Q* der beiden zur Bedienung erforderlichen Leute; von dem Führerstand *P* aus werden bedient die vier Anlasser der Elektromotoren zum Bewegen der Deckenlaufbrücke *f*, zum Querfahren der Laufkatze *g*, zum Drehen der auf der Laufkatze *g* stehenden Drehscheibe *h* und zum Heben und Senken des ebenfalls aus Profileisen zusammengesetzten Rahmens *i*, an dem der Rahmen *c* mit der Zange und den Bedienungsständen *P* und *Q* hängt.

Von Q aus werden bedient das Handrad k zum Öffnen und Schließen der Zange, das Handrad l zum Lösen des Hafens vom Ofengesäß und das Handrad m zum Drehen der Zange um ihre Längsachse, d. h. zum Umschütten des Hafens.

Der auf- und abgehende Rahmen i hängt mit zwei kalibrierten Ketten in den Kettennüssen n, die mit Hilfe einer Schnecke und zweier Zahnradvorgelege von dem gemeinsamen Motor o angetrieben werden. Am Rahmen i sind Schuhe p befestigt, die beim Heben und Senken in den vier an der Drehscheibe h starr befestigten U-Eisenführungen q auf- und abgleiten. Beim Drehen der Drehscheibe h wird also sowohl durch die Aufhängeketten wie auch durch die Führungen q der ganze auf- und abgehende Teil samt der Zange mitgenommen. Das Drehen wird durch den Motor r veranlaßt, der mit Hilfe einer Schnecke ein liegendes Schneckenrad auf senkrechter Achse antreibt, an deren unterem Ende ein Zahnrad sitzt, das in einen auf der Laufkatze g befestigten Stahlgußzahnkranz eingreift. Dieser Stahlgußzahnkranz dient mit seiner oberen Fläche gleichzeitig als Laufschiene für die sechs Tragrollen der Drehscheibe. Außerdem besitzt er neben dem Zahnkranz auf seiner Innenseite noch eine glatte Lauffläche für vier Rollen, die der Drehscheibe als Zentrierung dienen. Zum Querfahren der Laufkatze dient der Elektromotor s, zum Längsfahren des ganzen Kranes der in der Laufbrücke untergebrachte Motor t.

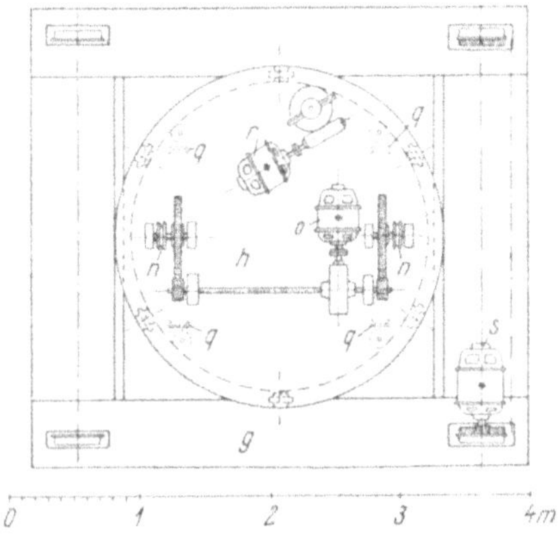

Abb. 830.

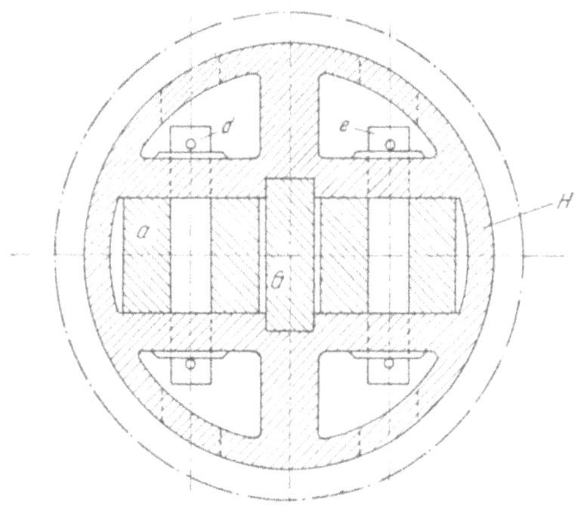

Abb. 831.

Der unterste Rahmen c ist einerseits mit Hilfe eines Scharnieres u, anderseits mittelst Laschen v, Hebel w und Achse x an dem auf- und abgleitenden Rahmen i befestigt. Das Neigen des Rahmens c und damit der Zange um das Scharnier u ist erforderlich, weil das Ofengesäß dachförmig ist (s. Bd. I, Tafel VII, Fig. 2); der Hafen steht also nicht ganz wagrecht im Ofen und die Zange muß auf diese Schräge eingestellt werden können. Zum Ausgießen des Hafens auf den Gießtisch müssen Zange und Hafen wagrecht gestellt werden. Das Neigen des Rahmens c um das Scharnier u wird mit Hilfe des Handrades l besorgt, und zwar derart, daß das Handrad l eine Schnecke y in Umdrehung versetzt, die sich an der Peripherie eines Zahnsegmentes entlangschraubt. Dieses Zahnsegment sitzt fest an dem Rahmen i. Das Gehäuse der Schnecke y besitzt zwei Arme A, die auf der Achse x festgekeilt sind; wenn also die Schnecke y an dem Zahnsegment entlang aufwärts geschraubt wird, drehen sie die Achse x und damit die beiden kleinen Hebel w derart nach oben, daß diese durch die Laschen v den Rahmen c nach oben ziehen; wird mit Hilfe des Handrades l die Schnecke y an dem Zahnsegment entlang nach unten geschraubt, so neigt sich der Rahmen c um das Scharnier u nach unten. Dieser Mechanismus wird gleichzeitig auch dazu benutzt, um den Hafen vom Ofengesäß zu lösen; wenn die Zangenschenkel an den Hafen gelegt sind, dreht man mit dem Handrad *l* zuerst den Rahmen *c* nach oben, so daß der Hafen anfängt, sich bei *D* vom Gesäß zu lösen; es wird auf ihn eine Kraft ausgeübt, die ihn um den Punkt *E* zu kippen sucht; wollte man ihn lediglich mit Hilfe des Hubmotors durch Anheben des ganzen auf- und abgehenden Kranteiles abheben, so würde er sich viel schwerer vom Gesäß lösen, die Zangenschenkel würden sehr stark auf Biegung beansprucht und der Hafen würde an den Gürteln durch diesen starken Zug nach oben beschädigt werden.

Das Drehen der Zange um ihre Längsrichtung, d. h. das Umkippen des Hafens zum Ausgießen geschieht dadurch, daß die Umdrehung des Handrades *m* mit Hilfe des Ritzels *B* und des Zwischenzahnrades *C* auf das Zahnrad *F* übertragen wird. Das Zahnrad *F* ist auf dem Ende der Mittelstange *G* der Zange festgekeilt. Nun sitzen die Drehbolzen *d* und *e* der beiden Zangenschenkel in einem Ring *H* eines Kugellagers *I*, das in einer die Stirnwand des Rahmens *c* bildenden Stahlgußplatte untergebracht ist. Durch jenen Ring *H* geht die Mittelstange mit rechteckigem Querschnitt passend hindurch; wenn sie also durch das Zahnrad *F* in Umdrehung versetzt wird, nimmt sie den Ring *H* und durch Vermittlung der beiden Bolzen *d* und *e* auch die beiden Zangenschenkel mit, so daß der Hafen gekippt wird. An ihrem hinteren Ende ist die Mittelstange *G* in dem Kugellager *K* befestigt. Das Drehen der Zange geht so leicht, daß z. B. ein Druck mit der Hand auf einen der beiden Zangenschenkel genügt, um die Drehung einzuleiten. Das Öffnen und Schließen der Zange mit Hilfe des Handrades *k* geschieht dadurch, daß die Drehung des Handrades durch eine kleine Kettenübersetzung auf ein Kegelräderpaar übertragen wird; das eine der beiden Kegelräder ist mit dem Kettenrad aus einem Stück hergestellt und dreht sich lose auf einem zylindrisch gedrehten Abschnitt der Mittelstange *G*; das andere Kegelrad sitzt festgekeilt auf einer Schraubenspindel mit Rechts- und Linksgewinde. Diese Spindel ist in ihrer Mitte drehbar in der Mittelstange *G* gelagert; mit ihren beiden Gewindeenden faßt sie in zwei Muttern, die in den Enden der Zangenschenkel *a* und *b* sitzen; wenn die Spindel gedreht wird, schrauben sich die Muttern auf ihr hin und her, nehmen die Enden der Zangenschenkel mit und öffnen oder schließen damit die Zange. Die Mittelstange *G* trägt an ihrem vorderen Ende eine federnde Verlängerung, die als Anschlag gegen den Hafen dient.

Zum Anfahren der Laufkatze ist ein Elektromotor von 15—20 PS erforderlich, der die Katze auf eine Geschwindigkeit von ungefähr 75 m in der Minute bringen kann. Der Hub- und der Drehmotor sind beide auf je 6—7 PS zu bemessen, so daß der auf- und abgehende Teil auf etwa 1,3 m Geschwindigkeit in der Minute zu bringen ist und die Drehscheibe sich 2—2½mal in der Minute um ihre Achse drehen kann.

Der Motor zum Bewegen der schweren Laufbrücke ist so bemessen, daß er nach Überwindung der Anlaufperiode den ganzen Kran auf einer Geschwindigkeit von 75 m in der Minute halten kann. Es ist bei dieser Einrichtung zu unterscheiden, ob der Gießtisch quer zur Laufrichtung des Kranes steht, wie z. B. in Abb. 826 oder entgegengesetzt; im ersteren Falle muß beim Umschütten des Hafens der ganze Kran, also auch die Laufbrücke quer zum Tisch in Bewegung gesetzt werden, um den Glashaufen über die ganze Breite des Tisches zu verteilen. Im letzteren Falle kann die Brücke stehen bleiben und nur die Laufkatze mit dem angehängten auf- und abgehenden Teil braucht quer zum Tisch bewegt zu werden. Der Kranfahrmotor muß mindestens so stark sein, daß er im ersteren Falle ein promptes Anfahren der schweren Laufbrücke beim Gießen ermöglicht. Hierzu reicht je nach der Spannweite der Brücke ein Motor von 30—35 PS gerade noch aus. Ein solcher Motor ist auch imstande, dem ganzen Kran eine Fahrgeschwindigkeit bis zu 75 m in der Minute zu erteilen. Für gewöhnlich erachtet man in kleineren Rohglashallen, in denen nicht mehr als zwei Schmelzöfen in Betrieb sind, eine solche Kranfahrgeschwindigkeit noch als ausreichend. Je nach der Geschicklichkeit des Kranführers kommt man aber beim Vorhandensein von nur einem Kran damit nicht mehr aus, wenn der Gießtisch am Ende der Ofenreihe steht und mehr als zwei oder drei Schmelzöfen in Betrieb sind, so daß lange Strecken abgefahren werden müssen. Dieser Nachteil wirkt besonders empfindlich, solange die dem Gießtisch zunächstliegenden Öfen außer Betrieb und die entfernter liegenden in Betrieb sind. Der Guß wird dann sehr unliebsam verzögert. Durch die Wahl eines stärkeren Kranfahrmotors kann man jene Geschwindigkeit allenfalls auf 100 m in der Minute erhöhen und damit zur Not noch drei oder

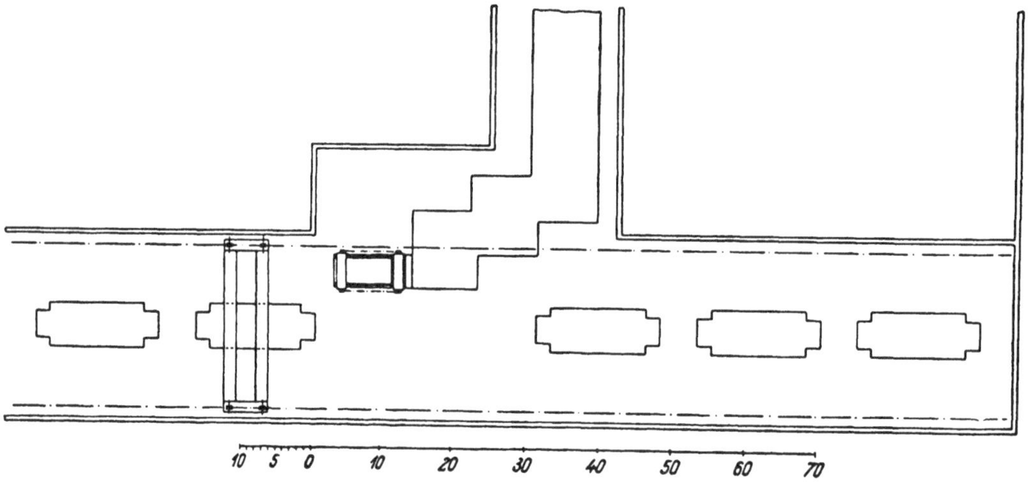

Abb. 832.

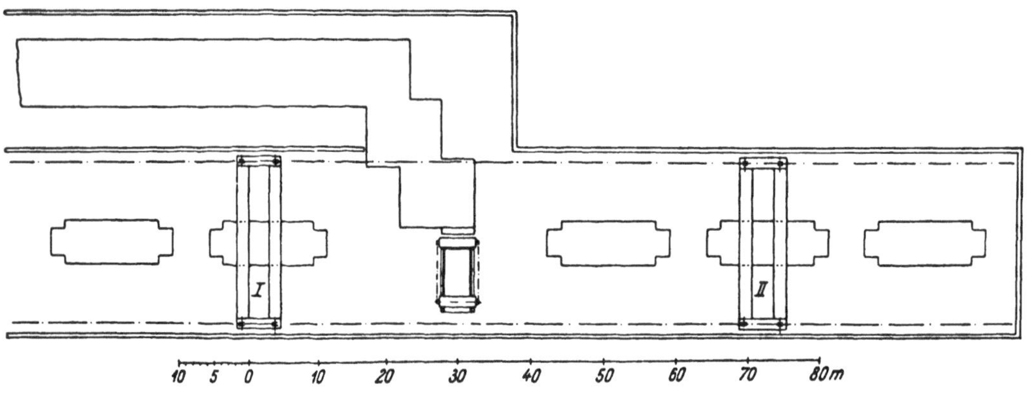

Abb. 833.

vier Schmelzöfen bedienen. Eine höhere Geschwindigkeit der schweren Laufbrücke ist aber wegen der Gefahr ihres Verkantens und damit Entgleisens sowie wegen der hohen Beanspruchung ihrer Eisenkonstruktion bei dem schnellen Anfahren und Bremsen nicht zu empfehlen; entweder ist die Rohglashalle so anzuordnen, daß ein Teil der Öfen diesseits vom Gießtisch steht, ein anderer Teil jenseits, so daß der Kran nicht die ganze Ofenreihe entlang fahren muß oder daß man zwei Laufkräne I und II benützen kann (Abb. 832 bzw. 833) oder es sind zwei nebeneinander laufende Kräne vorzusehen (Abb. 834 und 835). Dieser letztere Fall ist aber nur anwendbar, wenn der Gießtisch in der Verlängerung der Ofenreihe in der Mitte der Ofenhalle, d. h. in deren Längsrichtung liegt, so daß beim Ausgießen der Häfen die Laufkatzen der beiden

Kräne quer zum Gießtisch fahren müssen, da es im anderen Falle nicht möglich ist, mit beiden Laufkränen das dem heute üblichen kontinuierlich arbeitenden Kühlofen gegenüber liegende Ende des Gießtisches zu bestreichen, es sei denn, der eine Laufkran ragt in den Bereich des anderen hinein, wie z. B. nach Abb. 836, was aber schwere Dach- und Kranbrückenbauten erfordert, oder daß man zwei Gießtische anordnet, wie z. B. nach Abb. 837. Im letzteren Falle würde der Laufkran I die Häfen auf Tisch *1* ausschütten, der Laufkran II auf Tisch *2*, die auf Tisch *1* gewalzten Platten müßten über den Tisch *2* hinweg in den Kühlofen geschoben werden; die Walzwinde wäre dann so einzurichten, daß die Walze sofort beim Verlassen des Tisches *1* zum Überschreiten des Tisches *2* eine erheblich erhöhte Geschwindigkeit bekommt, um

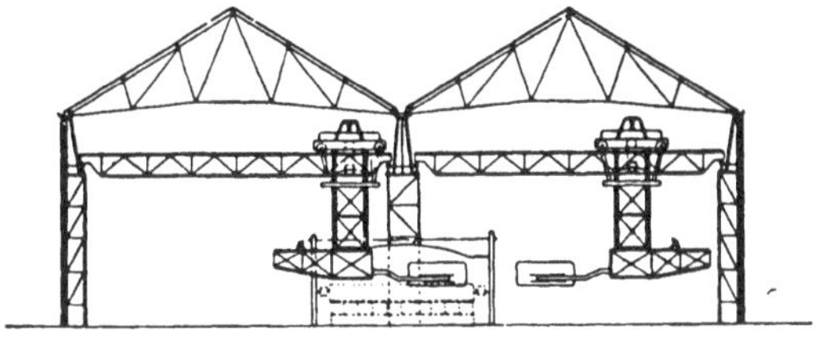

Abb. 834.

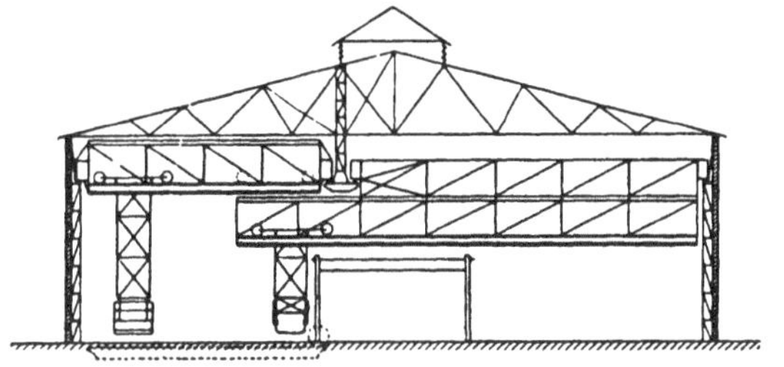

Abb. 836.

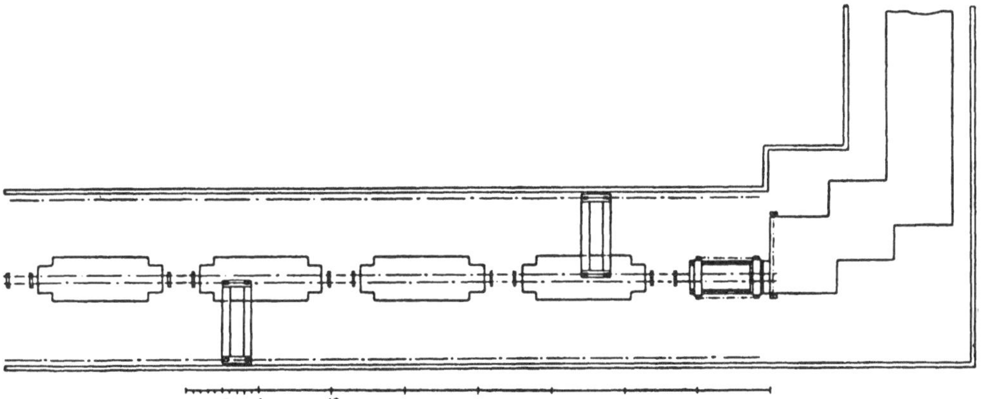

Abb. 835.

so rasch auf die Walzenwinde zu gelangen, daß noch rechtzeitig mit dem Einschieben der auf Tisch *1* liegenden Platte begonnen werden kann. Das ist praktisch möglich; man wird aber nur unter ganz zwingenden Umständen zu einem solchen Ausweg greifen, da für die Hälfte aller Platten die Gefahr, daß sie Kaltsprünge und gefährliche Anrisse bekommen, wächst, wenn sie beim Einschieben eine so lange Strecke zurücklegen müssen.

Für den Entwurf eines Rohglashallenneubaues und für die Anordnung der Schmelzöfen, des Gießtisches und des Kühlofens zueinander ist die Wahl eines oder mehrerer solcher Kräne zum Aus- und Einbringen sowie zum Ausgießen der Häfen von ausschlaggebender Bedeutung; wenn diese Anordnung durch vorherrschende Umstände, z. B. durch das Gelände oder einen vorhandenen Eisenbahnanschluß, durch die Lage einer vorhandenen Schleiferei usw. gegeben ist, ist die Wahl solcher Kräne nicht immer ohne weiteres möglich; es kann auch Fälle geben, in denen man sich entschließt, einen solchen Kran nur zum Aus- und Einbringen der Häfen vorzusehen, während man zum Gießen einen besonderen Kran benützt. Eine solche Entscheidung ist allerdings nur berechtigt, wenn man keine Zangenwagen nach Abb. 823 und 824 anwenden will, weil sie bedingen, daß zwischen dem jeweils zum Guß bereitstehenden Schmelzofen und der Stelle, an der die Häfen abzusetzen sind, um vom Gießkran aufgenommen zu werden, völlig freie Bahn ist. Wenn mehrere Schmelzöfen in Betrieb sind, die alle in einer Längsreihe nebeneinander stehen, und der Gießtisch befindet sich am einen Ende der Ofenreihe wie z. B. in Abb. 785, S. 837, dann ist man gezwungen, stets zuerst den vom Gießtisch am weitesten abliegenden Ofen zum Guß fertig zu machen, dann den danebenliegenden usw. einen nach dem andern, zuletzt den dem Gießtisch zunächst gelegenen, da man bei einer anderen Reihenfolge in diejenigen Öfen, die den Guß hinter sich haben, nicht frische Häfen setzen und Gemenge einlegen kann, wenn die Zangenwagen ständig an ihnen vorbeifahren. Es kann aber vorkommen, daß ein Ofen in der Schmelze und beim Läutern stark zurückbleibt, so daß er derart aus der Reihe fällt, daß man mit den nächsten Öfen, die zwischen ihm und dem Gießtisch liegen, nicht auf ihn warten kann. In Gegenden, in denen gutes Personal schwer zu halten ist, ist diesem Umstande Rechnung zu tragen. Ein Deckenlaufkran kann mit seinen herunterhängenden Bauteilen ausweichen. Bei zuverlässigem Personal wird man aber damit rechnen dürfen, daß eine Störung in der Reihenfolge der zum Guß bereiten Schmelzöfen nur ganz ausnahmsweise vorkommt. Man wird dann, wenn man nicht mit ein- und demselben Kran die Häfen aus- und einbringen und auch auf den Gießtisch ausschütten kann, Zangenwagen nach Abb. 823 u. 824 den Vorzug geben.

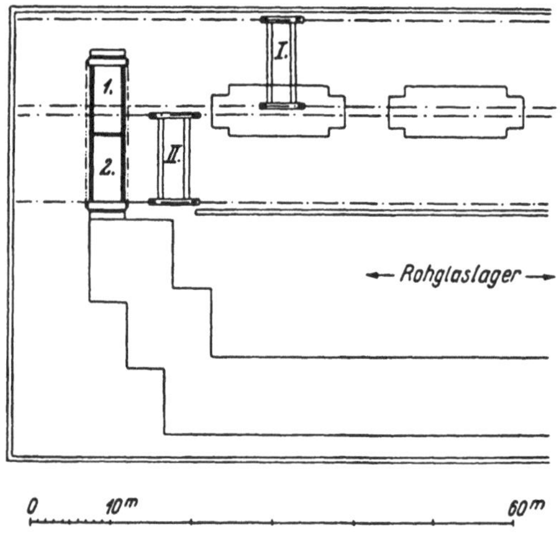

Abb. 837.

Diese Zangenwagen arbeiten erheblich schneller als die Kräne; nicht nur kann ihre Laufgeschwindigkeit doppelt so groß angenommen werden, sondern vor allem geht bei ihnen das Aus- und Einbringen der Häfen am Ofen viel rascher vor sich als bei den Kränen nach Abb. 826—831. Wenn beim Zangenwagen die Zange in die Längsachse des Hafens eingestellt ist, kann er seine Schiebebühne *G* (Abb. 823 u. 824) samt der Zange in einem Zuge in Richtung der Hafenlängsachse vorschieben und nach dem Fassen und Anheben des Hafens auch in einem Zuge wieder zurückziehen. Der Kran dagegen kann seine Laufkatze (Abb. 838) nur quer, und zwar nur genau senkrecht zum Schmelzofen hin- und herschieben. Wenn also die Zange in die Längsrichtung des Hafens eingestellt ist, muß man gleichzeitig mit der Laufkatze und der Brücke fahren, um die Zange gegen den Hafen vorzuschieben. Dieses Manövrieren erfordert eine außerordentliche Geschicklichkeit des Kranführers; er muß häufige kurze Stromstöße auf den Katzenfahr- und den Brückenfahrmotor geben, da er nicht mit beiden in einem oder wenigen langen Zügen durchfahren kann, denn die plumpe Kranbrücke fährt nur sehr schwer an und macht sofort einen zu großen Weg, wenn ihr Motor mehr als einen kurzen Augenblick unter Strom gelassen wird; die Laufkatze dagegen schießt wegen ihres leichten Anlaufens über das Ziel hinaus. Die Zange wird also im Zickzack vorrücken und dabei häufig gegen den Hafen stoßen. Bei aller Geschicklichkeit des Kranführers dauert auf diese Weise das Aus- und Einbringen eines Hafens verhältnismäßig lang; die Ofentüren müssen lange Zeit offen stehen und die in den Ofen hineinragenden Zangenschenkel werden bald glühend, so daß sie sich beim Klemmen gegen den Hafen aufbiegen und auch bald verbrennen; sie sind deshalb im Querschnitt viel stärker zu halten und häufiger auszuwechseln als bei den Zangenwagen. Unter den vielen kurzen Stromstößen leiden die Katzen- und Brückenfahrmotoren des Kranes sowie deren Anlasser und Regulierwiderstände ganz außerordentlich; sie bedürfen ganz besonderer Wartung und vieler Reparaturen.

Aber auch das Ein- und Ausbringen und das Gießen mit ein- und demselben Kran ohne Absetzen des Hafens hat seine Nachteile. Bei Häfen, deren Querschnitt

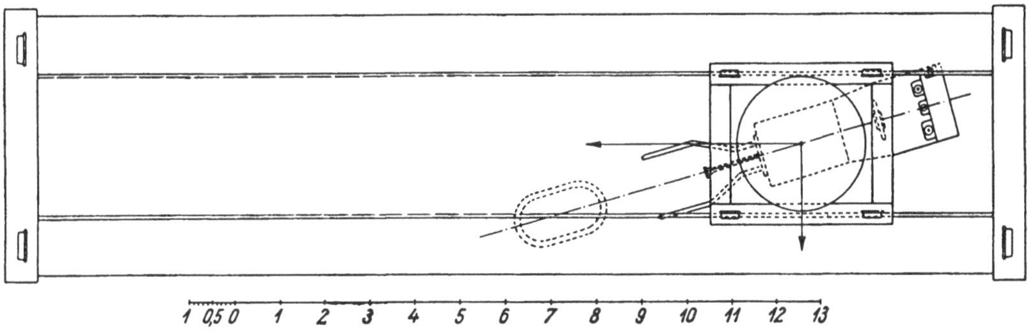

Abb. 838.

sich dem Oval nähert, deren Seitenwände also nicht gerade sind, kommt es nicht selten vor, daß sie nicht genau symmetrisch in der Zange hängen, vielmehr so, wie Abb. 839 übertrieben zeigt; die oben geschilderte Umständlichkeit, die dem Herausnehmen des Hafens aus dem Schmelzofen anhaftet, läßt diesen Fehler sogar ziemlich häufig vorkommen. Ein Hafen, der nicht genau mittellinig in der Zange hängt, läßt sich aber sehr schlecht ausschütten; die Glasmasse wird beim Auslaufen aus dem Hafen auf ein zu kurzes Stück des Hafenrandes zusammengedrängt, der Kranführer und der Mann, der das Wenden des Hafens veranlaßt, vermögen die Verteilung des Glashaufens über die Gießtischbreite nicht so sicher zu schätzen wie sonst; außerdem besteht die Gefahr, daß sich die Masse überschlägt und Luftblasen fängt. In einigen Hütten mit Zangenkranen hat man sich deshalb daran gewöhnt, jeden Hafen vor dem Guß nochmals abzusetzen und neu zu packen; es empfiehlt sich, zwecks Beschleunigung und Erleichterung dieses Vorganges die dabei benützte Unterlage des Hafens drehbar zu machen. Wenn auch dieses Absetzen und Wiederfassen mit derselben Zange lange nicht so viel Zeit in Anspruch nimmt wie das Absetzen und Fassen mit der Zange eines besonderen zweiten Gießkranes, so geht doch einiges von dem zuerst erwarteten Vorteil eines solchen Zangenkranes verloren. Die durch das Absetzen des Hafens entgangene Zeit kann man allerdings dadurch wieder einholen, daß man den Absetzbock mit mechanisch arbeitenden Bürsten ausstattet, die während des Absetzens den Hafenboden möglichst gründlich abkehren, eine Arbeit, die auf alle Fälle vor dem Guß zu leisten ist, damit vom Hafenboden kein Schmutz auf den Gießtisch oder in den Glashaufen fällt. Da aber der Hafenboden während des Aufsitzens nicht an allen Punkten von den mechanischen Bürsten zu erreichen ist, muß doch noch von Hand nachgebürstet werden.

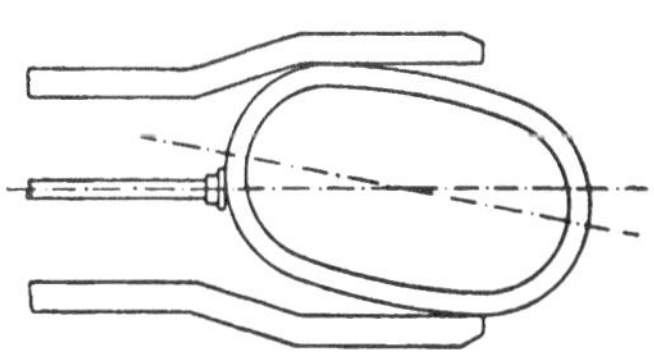

Abb. 839.

Welche Geschicklichkeit das gute Ausschütten des Hafens von den zwei Leuten auf dem Zangenkran erfordert, darüber ist weiter unten noch die Rede. Der Vorteil bleibt aber immer bestehen, daß man von nur zwei Leuten abhängig ist, beim Gießen mit der sonst üblichen Gießschere aber von 7—8 Mann; allerdings ist mit der Gießschere auch ungewandteren Leuten eine gute Übung beizubringen, während der Zangenkran eine außergewöhnliche Gewandtheit erfordert.

8. Gießen und Auswalzen.

Beim Gießen und Auswalzen ist die Aufgabe zu erfüllen, die Glasmasse derart auszubreiten, daß sie von der Anfangslage der Walze bis zur Walzenwinde die gesamte Oberfläche des Gießtisches zwischen den Walzenleisten bedeckt und eine mög-

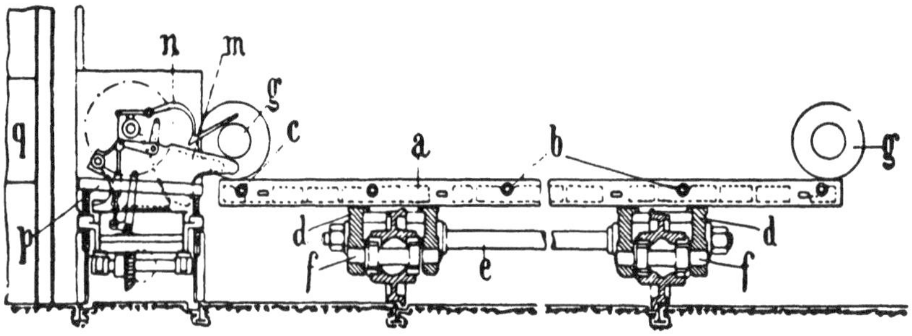

Abb. 840.

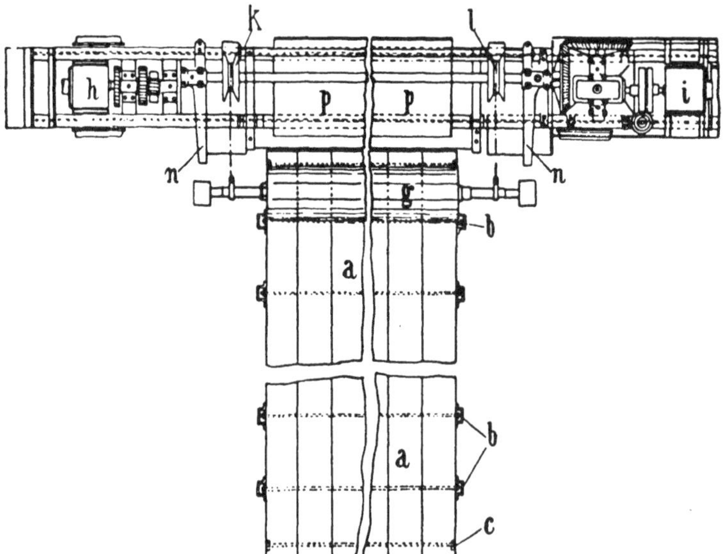

Abb. 841.

lichst vollkommen rechteckige, im Innern nicht verunreinigte Glasplatte von durchweg gleichmäßiger Dicke ergibt, die unverletzt, ohne Anrisse und ohne Aufstauchungen so rechtzeitig in den Kühlofen kommt, daß darin alle beim Auswalzen und beim Abkühlen auf dem Gießtisch entstandenen Spannungen noch so weit ausgeglichen werden können, daß sie gegenüber den Beanspruchungen, denen die fertigen Glasscheiben beim üblichen Gebrauch ausgesetzt werden, unschädlich sind.

Die der alten Auflage dieses Buches entnommenen Abb. 840—842 zeigen einen fahrbaren Gießtisch mit Walze und Walzenwagen nach einem früheren Entwurf der Benrather Maschinenfabrik A.-G. (jetzt Deutsche Maschinenfabrik A.-G.) für eine Rohglashalle mit Einzelkühlöfen, d. h. Kühlöfen, die für die Aufnahme je einer Rohglasplatte gebaut sind, und die jedesmal mit der eingeschobenen Platte zusammen im ganzen abkühlen und für die nächste Platte auch im ganzen wieder vollkommen

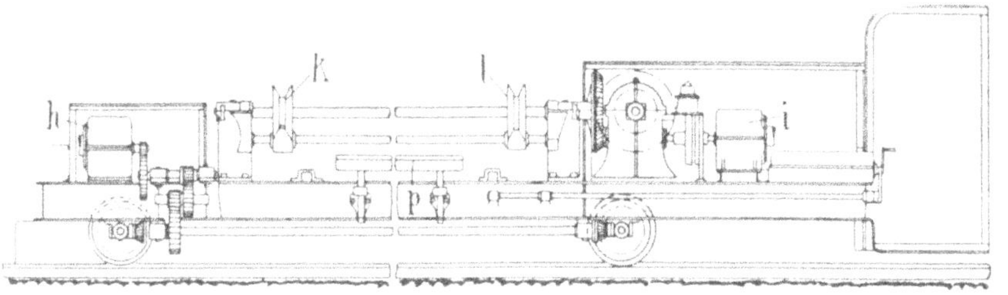

Abb. 842.

neu aufgeheizt werden müssen. Gießtisch und Walzenwagen müssen also von Kühlofen zu Kühlofen gefahren werden können. Der Walzenwagen enthält den Fahrantrieb mit Elektromotor *h*; mit Hilfe einer Verriegelung nimmt der Walzenwagen beim Verschieben den Gießtisch mit. Der Motor *i* betreibt die Seilwinde *k, l* zum Ziehen der Walze. Am Walzenwagen angekommen, laufen die Achsenenden der Walze auf schiefe Ebenen *m* des Walzenwagens auf und werden schließlich von den Haken *n* gefangen. In diesem Augenblick stoßen die Walzenenden an einen Hebel, der den Motor *i* ausrückt. Durch Auflaufen auf die schiefen Ebenen *m* wird die Walze angehoben, so daß die fertig gewalzte Rohglasplatte unter ihr hinweg in den Kühlofen *q* geschoben werden kann. Beim Einschieben gleitet die Platte über die auf dem Walzenwagen liegende Leitfläche *p*, die als Brücke zwischen Gießtisch und Kühlofensohle dient. Auch die Einschiebeschaufel stößt am Ende ihrer Bewegung gegen einen auf dem Walzenwagen sitzenden Hebel, der wiederum den Motor *i* ausrückt.

Abb. 843.

Abb. 843 gibt einen Blick in eine Gieß- und Kühlhalle mit Einzelkühlöfen. In der Mitte ist der fahrbare Gießtisch sichtbar; darüber der elektrisch angetriebene Gießkran. Zu beiden Seiten der Halle liegen in geraden Reihen die Kühlöfen; an jeder Kühlofenreihe entlang ist ein Walzenwagen auf Schienen fahrbar. Gewöhnlich hat man auf demselben Gleis mehrere Gießtische, die abwechselnd benutzt werden, damit sie immer wieder Zeit zum Abkühlen finden. Abb. 844 zeigt einen Walzenwagen älterer Bauart.

Gießtische der hier dargestellten Bauart wurden zuletzt bis zu 9 m Länge und 5 m Breite gebaut; die Tischplatten sind allgemein aus Gußeisen. Ursprünglich, als die Tische noch sehr klein waren, war die ganze Platte aus einem Stück gegossen, später jedoch, als die Abmessungen größer und größer wurden, war man schon aus Herstellungsrücksichten genötigt, die Tischplatte aus mehreren Stücken zusammenzusetzen und man kam auf die aus Abb. 841 ersichtliche Lamellenform. Die einzelnen Lamellen werden durch Queranker *b* und *c* (Abb. 840 und 841) zusammengehalten. Über die an den Seiten des Tisches hervorragenden Enden und Muttern der Queranker sind Schutzkappen geschraubt, da es schon vorgekommen ist, daß bei übermäßiger Ausdehnung des Tisches durch die Hitze eine Mutter derart abplatzte, daß Personen verletzt wurden. Außer den Querankern gehen noch vier bis fünf Keile quer

Abb. 844.

durch sämtliche Lamellen hindurch; die Keile sind derart eingepreßt, daß keine Lamelle sich infolge der Hitze selbständig anheben kann, ohne die danebenliegenden Lamellen mitzunehmen. Dagegen haben die Keile in der Längsrichtung des Tisches Spielraum, so daß sich die einzelnen Lamellen in dieser Richtung unabhängig voneinander ausdehnen können. Über das Verhalten dieser Tische beim Gießen und ihren Einfluß auf die Ebenheit und die gleichmäßige Dicke der Rohglasplatten ist weiter unten noch Näheres ausgeführt. Gießtische dieser Bauart haben sich sehr gut bewährt und allgemein eingeführt. Um ihre Konstruktion und Einführung hat sich J. Riegger in Berlin, der bekannte Chefkonstrukteur und frühere langjährige Leiter der Firma Zimmermann, Hanrez & Co., Monceau s. Sambre verdient gemacht.

Die Einführung von kontinuierlich arbeitenden Kanalkühlöfen machte das Verschieben des Gießtisches und des Walzenwagens überflüssig; der Walzenwagen wird nur noch so weit verschiebbar gemacht, daß er zum Zwecke der Vornahme von Instandsetzungsarbeiten aus dem Raume zwischen Gießtisch und Kühlofen herausgefahren werden kann. Da der Gießtisch feststeht und nicht wie bei älteren Anlagen mehrere Tische abwechselnd benutzt werden können, war man genötigt, die auch früher schon mehrfach angeregte Wasserkühlung einzuführen.

Die Abb. 845—849 zeigen einen feststehenden Gießtisch mit Walze und Walzenwinde, wie er in Verbindung mit Kanalkühlöfen üblich ist; die Erfahrung mit den früheren Einrichtungen hat Riegger in vorteilhafter Weise auch auf diese Bauart übertragen. Tische dieser Art werden heute gebaut bis zu 9½ m Länge, 5½ m Breite und einem Gesamtgewicht bis zu rd. 150 t. Sie bestehen aus 9—11 La-

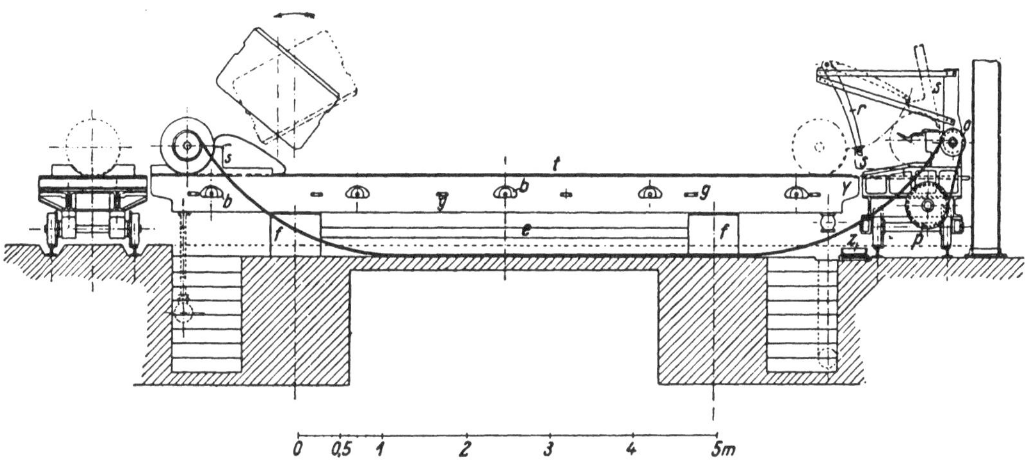

Abb. 845.

mellen, die auf zwei durch Distanzstangen *e* untereinander verbundenen gußeisernen Sockeln *f* ruhen. *b*, *b* sind, wie bei den fahrbaren Tischen, die Queranker mit Schutzhauben; außerdem sind 6 Querkeile *g* angeordnet. Einer der beiden mittelsten Keile ist so in die Lamellen eingepaßt, daß er auch in der Längsrichtung des Tisches keinen Spielraum besitzt; die Längsausdehnung der Lamellen geht also von diesem Keil aus nach links und nach rechts. In Abb. 846 ist ein Keil mit seinem Keilloch im Schnitt sichtbar und in Abb. 848 sind an den beiden im Schnitt gezeichneten Lamellen die Keillöcher *g'* punktiert angedeutet.

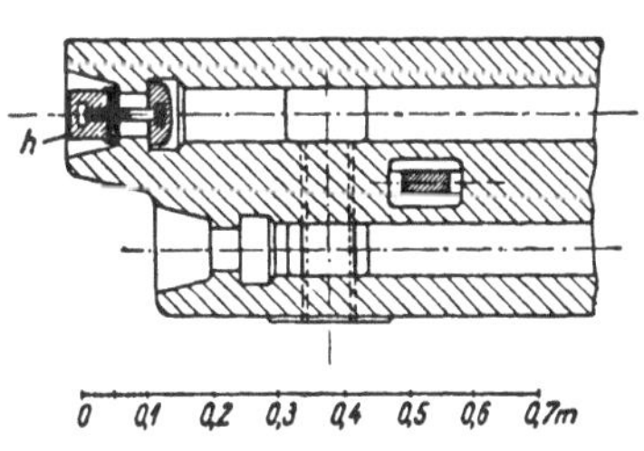

Abb. 846.

Für den Durchfluß des Kühlwassers besitzt jede Lamelle der Länge nach sechs eingegossene Höhlungen und zwar drei obere und drei untere, wie aus Abb. 848 an den zwei im Schnitt gezeichneten Lamellen ersichtlich ist; die drei oberen sind unter sich verbunden, ebenso die drei unteren; dagegen besteht keine Verbindung zwischen den drei oberen und den drei unteren, so daß der Kühlwasserdurchfluß durch die oberen Höhlungen ganz unabhängig ist von demjenigen durch die unteren. Die in Abb. 848 links im Schnitt gezeichnete Lamelle zeigt den Eintritt der beiden Kühlwasserströme, die andere rechts deren Austritt. An jedem Austritt ist ein Abschluß- und Regulierventil angebracht, so daß man in der betreffenden Lamelle den Wasserdurchfluß durch die drei unteren Höhlungen abstellen, für die drei oberen aber ganz offen lassen kann, falls die obersten Schichten der Lamelle sehr heiß geworden sind, während die unteren Schichten kühler blieben, die obere Fläche sich also mehr ausdehnt als die untere und die ganze Lamelle sich infolgedessen nach oben zu werfen bestrebt ist. Jede Lamelle kann also für sich behandelt werden; im allgemeinen erwärmen sich die mittleren Lamellen mehr als die äußeren, so daß sie in ihren oberen

Schichten mehr Wasserkühlung erfordern als die letzteren. Um ein Überfließen des Wassers von den oberen Höhlungen in die unteren zu vermeiden, sind an den Ein- und Austrittsstellen des Wassers Rohrstücke in die Lamellen eingetrieben. An den Austrittsstellen gehen diese Rohre zudem so hoch, daß sie über den höchsten Punkt

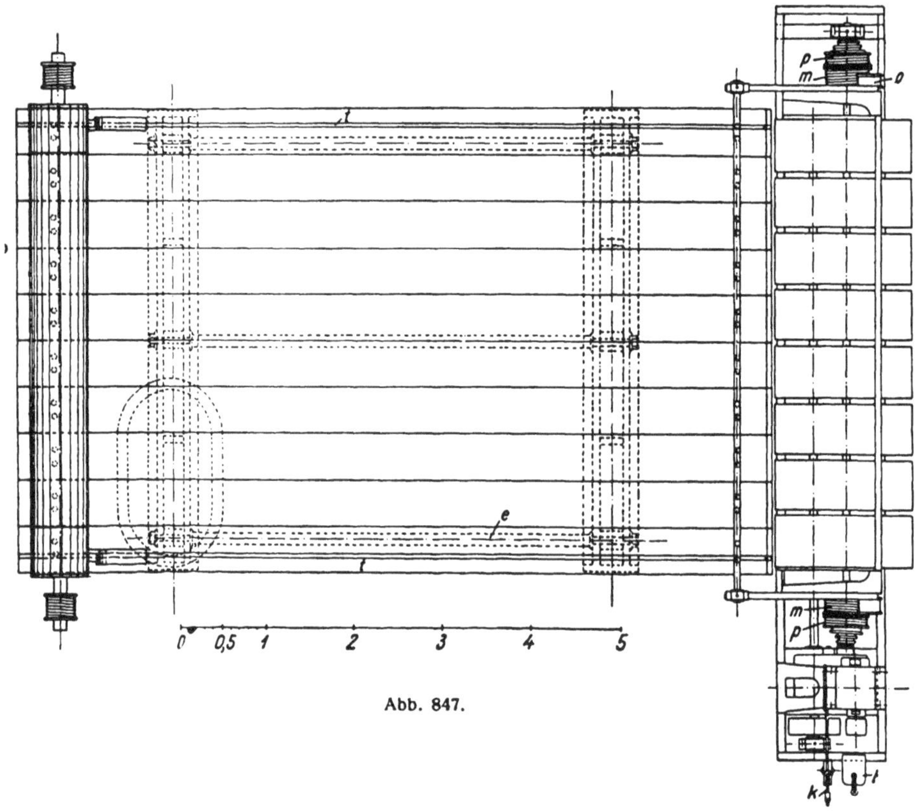

Abb. 847.

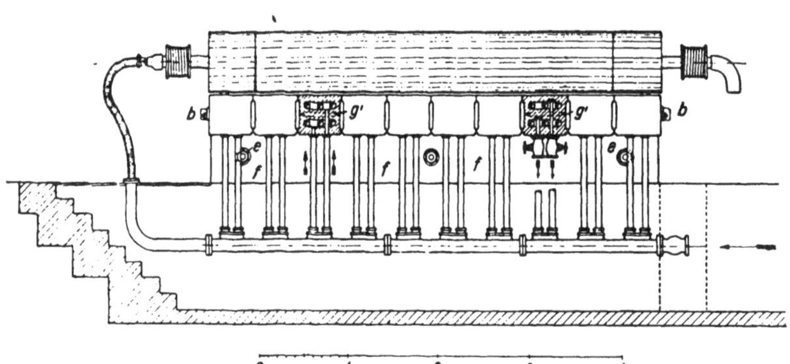

Abb. 848.

der Höhlungen hinausragen, damit diese ständig bis oben hin voll Wasser stehen. Nach der Inbetriebnahme des Tisches kann die günstigste Stellung der Regulierventile sämtlicher Lamellen durch Ausprobieren festgestellt werden, so daß man sie ein- für allemal in dieser Stellung belassen kann; es ist dann vor jedem Guß lediglich das Hauptventil der Wasserleitung anzustellen und nach Beendigung des Gusses wieder abzustellen. Je nach der Temperatur des Kühlwassers und der Größe des Tisches rechnet man, daß 3—6 m^3 Wasser auf eine Rohglasplatte gebraucht werden. Falls nicht so viel reines Wasser zur Verfügung steht, daß man ständig frisches Kühlwasser durch den Tisch laufen lassen kann, ist man genötigt, das im Tisch warm gewordene Wasser über ein Kühlwerk zu pumpen, oder man muß einen Wasserbehälter vorsehen, der so groß ist, daß sich dessen Inhalt nicht merklich erwärmt, wenn das ihm entnommene Kühlwasser wieder in ihn zurückläuft.

Sämtliche Höhlungen sind, wie Abb. 846 zeigt, an beiden Enden durch eine Abdichtung *h* verschlossen, die durch eine bajonettartige Vorrichtung im Tisch gehalten wird und zwecks Reinigung der Höhlungen leicht herausgenommen werden kann, für den Fall, daß sich darin Kesselstein oder Schmutz absetzen sollte.

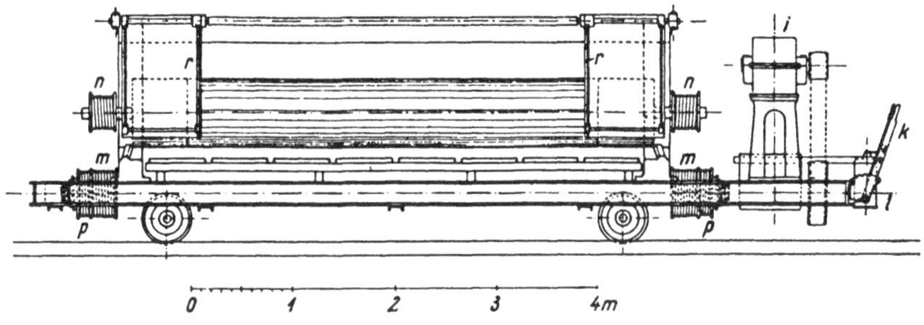

Abb. 849.

Die Walzenwinde besitzt einen Elektromotor *i* von ungefähr 20 PS, der mit Hilfe des Hebels *k* sowohl mit der Winde zum Ziehen der Walze als auch mit derjenigen zum Ziehen der Einschiebeschaufel gekuppelt werden kann. Neben dem Hebel *k* befindet sich der Anlasser *l* für den Motor. Die beiden Seiltrommeln zum Ziehen der Walze sind mit *m*, *m* bezeichnet und mit *n*, *n* die beiden auf der Walzenachse sitzenden Rollen, von denen sich das Walzenzugseil beim Bewegen der Walze nach der Walzenwinde hin abwickelt; *o*, *o* sind zwei glatte Rollen zur Führung des Walzenzugseiles. Die beiden Seile zum Ziehen der Einschiebeschaufel werden an den Trommeln *p*, *p* eingehängt. Die ersten vier Gänge dieser Trommeln sind derart spiralig, daß der Durchmesser des ersten Ganges nur ungefähr ein Drittel des Durchmessers der normalen Gänge ausmacht, so daß das Einschieben langsam beginnt und ganz allmählich auf die normale Geschwindigkeit übergeht. Die Walzengeschwindigkeit beim Auswalzen der Glasmasse beträgt ungefähr 0,25 m in der Sekunde, die normale Geschwindigkeit der Platte beim Einschieben in den Kühlofen ungefähr 1,5 m in der Sekunde; weiter unten ist noch Näheres über die Wahl der günstigsten Geschwindigkeiten gesagt.

Die hier abgebildete Walze und auch diejenige nach Abb. 844 besitzen nicht wie die an Hand der Abb. 840—842 beschriebene an ihren Achsenenden besondere Rollen zum Auflaufen auf die schrägen Ebenen des Walzenwagens; sie laufen vielmehr mit den Enden ihrer eigenen Mantelfläche auf. Die ausschwingbaren Bügel *r* dienen zum selbsttätigen Auffangen der Walzenschuhe *s*. Bei ihrer Bewegung schiebt die Walze diese Schuhe vor sich her; sie gleiten auf dem Gießtisch und werden durch die Walzleisten *t*, auf denen die Walze läuft und die die Dicke der Glasplatte bestimmen, geführt. Sie haben den Zweck, dem Glashaufen einen seitlichen Halt zu geben, damit er nicht auf die Walzleisten *t* fließen kann.

Abb. 850—852 zeigen die beispielsweise Ausführung eines solchen Walzenschuhes. *t* ist der Querschnitt durch eine Walzleiste, die dem Schuh die Führung gibt. Die

Aussparung *u* ist erforderlich, weil während des Walzens auf jeder Seite des Tisches ein Mann mitgehen muß, der mit Hilfe einer langstieligen Kelle Unreinlichkeiten aus dem Glashaufen herausholt und über den Schuh wirft; außerdem soll er mit seiner Kelle die gleichmäßige Ausbreitung des Glashaufens und damit der Glasplatte über die ganze Breite zwischen den Walzleisten unterstützen. Wenn der Schuh diese Aussparung *u* nicht besäße und seine Seitenwand etwa, wie es sonst naheliegend wäre, nach der in Abb. 850 punktiert angedeuteten Linie verliefe, würde er den Überblick über den Tisch stören und das Wegwerfen der herausgefischten schlechten Glasteilchen hindern. Um die Abnützung des Gießtisches und der Walze durch das Gleiten des Schuhes zu vermindern, werden seine gleitenden Ränder aus weicherem Metall, meistens Kupfer oder Rotguß hergestellt. Bisweilen werden zum Schutze der Walze in den Schuhen Rollen *w*, *w* angebracht; da sie jedoch ½—1 mm aus den Schuhen herausragen müssen, wenn sie ihren Zweck erfüllen sollen, entsteht die Gefahr, daß Glas zwischen Schuh und Walze durchquillt; diese Rollen haben deshalb nur sehr wenig Verwendung gefunden.

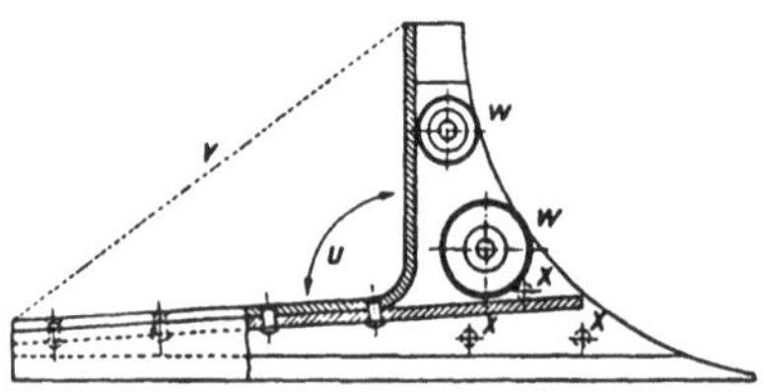

Abb. 850.

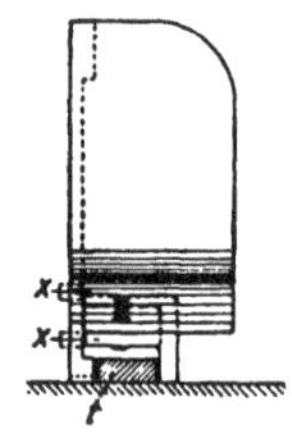

Abb. 852.

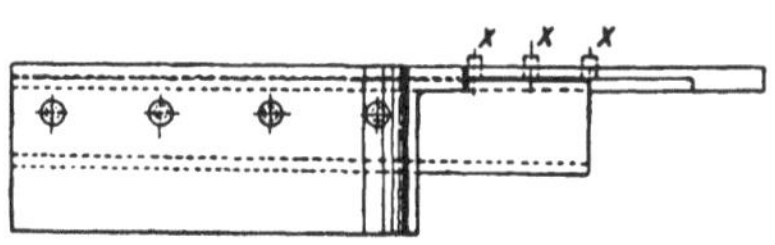

Abb. 851.

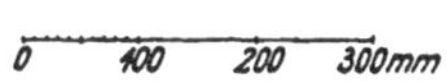

Wenn die Glasmasse sehr steif ist, so daß die Ränder der Rohglasplatte besonders schnell erstarren, entstehen in diesen Rändern leicht feine Anrisse, die im Kühlofen zum Bruch der ganzen Platte führen können. Man hat deshalb versucht, die äußeren, d. h. die nicht vom Glashaufen berührten Flächen der Seitenwände der Schuhe mit Asbest zu füttern, damit die Schuhe die Glaswärme nicht zu schnell ableiten. Einen merklichen Erfolg hat man dabei nicht erzielt. Dagegen findet man da und dort die Seitenwände der Schuhe aufgerauht oder mit aufgenieteten Zacken *x* versehen, wie sie in Abb. 850—852 angedeutet sind. Durch diese Zacken wird die Haut des Glashaufens aufgerissen, so daß heißes Glas aus dem Innern des Haufens heraustritt und nicht die alte, halb erstarrte Haut allein in die Ränder der Platte gewalzt wird.

Die Reihenfolge, nach der die Häfen eines Schmelzofens zum Guß kommen, richtet sich in erster Linie nach dem Zustande der Oberfläche der Glasmasse in den verschiedenen Häfen. Wie schon erwähnt, wird die Oberfläche während des Kaltschürens zu steif, wenn der Kern der Masse den für den Guß geeigneten Zustand bekommen soll. Man heizt deshalb in den letzten 10 Minuten vor Beginn des Gusses noch etwas nach; sowohl beim Abkühlen wie auch beim Nachheizen verhalten sich nun nicht alle Häfen gleich; die einen waren wärmer geblieben und heizen sich deshalb schneller wieder auf, bei anderen dauert es dagegen erheblich länger. Der Hafen, dessen Inhalt zuerst den geeigneten Zustand erreicht, wird auch zuerst zum Guß genommen. Je nach der Art der vorhandenen Einrichtungen zum Ein- und Ausbringen der Häfen richtet man sich in zweiter Linie auch noch so ein, daß abwechselnd ein Hafen von der einen und von der anderen Seite des Ofens genommen wird, wodurch unter Umständen Zeit beim Guß gespart wird.

Die Abb. 853—855 zeigen eine sog. Gießschere, wie man sie meistens zum Umschütten der Häfen von Hand benützt. Sie besteht aus der durchgehenden Stange *a* mit den beiden Griffen *b* und *c* und den beiden beweglichen Schenkeln *d* und *e*, die sich auf der Stange *a* um die Bolzen *f* und *g* drehen. Durch Antreiben der beiden Klammern *h* und *i* werden die Schenkel *d* und *e* gegen den Hafen geklemmt. Die Stange *a* ist bei *k* und *l* leicht drehbar in den Rahmen *m* eingehängt. Der Rahmen kann am Gießkran *n* an- und abgehakt werden. Vielfach wird noch ein gußeiserner, aus mehreren Teilen zusammengesetzter Deckel in den Rahmen *m* eingebaut, den man bis zum Beginn des Kippens auf den Hafen herunterläßt, um die Oberfläche der Glasmasse vor der kalten Luft und das über dem Hafen befindliche Gehänge des Rahmens *m* und des Gießkrans *n* vor der Hitze zu schützen. Die Länge der Stange *a* ist von Griff zu Griff rd. 11 m. Beim Umschütten des Hafens fassen an jedem Griff 3 Mann, zusammen also 6 Mann an; einer von den 3 Leuten am rückwärtigen Griff, d. h. einer von denjenigen, die während des Umschüttens in der Fahrtrichtung des Gießkranes sehen, hat das Kommando, auf das die übrigen 5 Mann und vor allem der Kranführer zu achten haben.

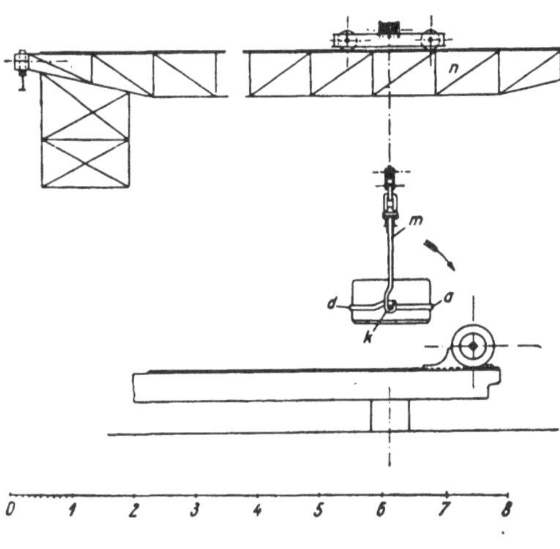

Abb. 855.

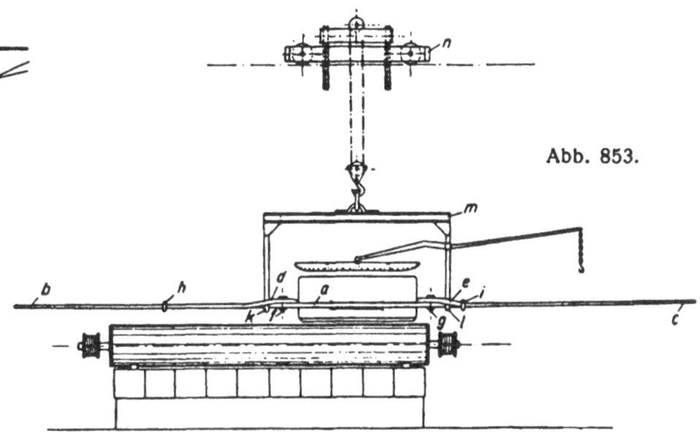

Abb. 853.

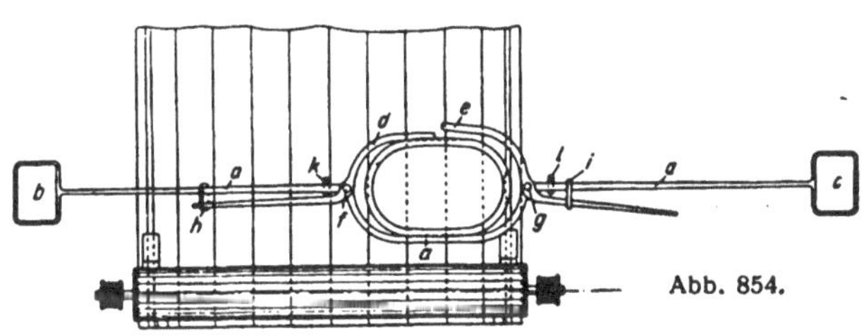

Abb. 854.

Ehe der Hafen über den Gießtisch gebracht wird, ist sein Boden tüchtig abzukratzen und dann sauber abzubürsten; ebenso sind die Seiten des Hafens und vor allem auch die Scherenschenkel abzubürsten, so daß kein Schmutz, keine erstarrten Herdglas- und vor allem keine vom Hafen abgesprungene Tonteilchen auf den Tisch oder in den Glashaufen fallen. Zum Reinigen des Hafenbodens benutzt man bisweilen kräftige, rotierende, von einem Motor angetriebene Stahlbürsten, über die man den Hafenboden hinzieht.

In den Abb. 845 und 847 ist die Anfangsstellung des Hafens beim Schütten angedeutet; auf das Kommando „los" fährt der Kranführer mit äußerster Kraft an; der Kranfahrmotor muß also ein sehr großes Anzugsmoment haben. Mit dem Anfahren des Kranes wird auch die Gießschere gekippt. Es kommt nun darauf an, den Glashaufen ohne Blasen und Schlieren möglichst vorteilhaft, das heißt möglichst gleichmäßig über die Tischbreite zwischen den Walzleisten zu verteilen; die Anfangsgeschwindigkeit des Gießkranes, die Geschwindigkeit, mit der der Hafen gekippt wird, der Ort, von dem aus das Kippen beginnt, und der jeweilige Abstand des Hafens von der Walze und vom Gießtisch, müssen im richtigen Verhältnis zueinander sein, damit den Anforderungen, die an ein gutes Umschütten zu stellen sind, entsprochen wird. Dabei ist zu beachten, daß eine Glasmasse, die ausnahmsweise zu flüssig geblieben oder zu steif geworden ist, sich wieder anders verhält als eine solche, die sich in dem sonst gewohnten und erwünschten Zustand befindet. Die Masse muß als ein zusammenhängender balliger Haufen in den Winkelraum zwischen Walze und Tisch gewissermaßen hineingelegt werden; sie darf vor allem in keinem Augenblick an dem Hafen herunterlaufen, muß vielmehr ungehindert aus ihm herausfallen (s. Abb. 856), da sie sonst an der Hafenwand klebt, Schmutz und Luftblasen in sich auffängt und schlierig wird. Je nach der Steifigkeit der Glasmasse und je nach der Schnelligkeit, mit der der Gießkran anzufahren imstande ist, hängt der Hafen beim Beginn des Kippens ungefähr so, daß er mit dem Gießtisch oder mit der Walzleiste abschneidet; eine gut gegossene Platte wird etwa die in Abb. 857a dargestellte Form haben. Wird der Hafen zu früh gekippt oder fährt der Kran zu langsam an, dann wird die Platte etwa die in Abb. 857b dargestellte Form bekommen. Die Zwickel x^1 und x^2 gehen an der Produktion verloren und das überschüssige Glas wird entweder am Ende des Tisches unnötigerweise überfließen oder im Hafen bleiben bzw. jenseits des Tisches auf den Flur fallen; wird zu spät gekippt, dann drängt sich die Glasmasse mehr auf die andere Seite des Tisches und es entsteht eine Platte von der Form nach Abb. 857c, wobei ähnliche Produktionsverluste entstehen. Die einseitig gegossenen Platten haben außerdem noch den Nachteil, daß sie der Einschiebeschaufel eine ungünstige Angriffsmöglichkeit bieten; bei ihnen entsteht die Gefahr, daß sie sich beim Einschieben aufstauchen und infolge der exzentrischen Lage der Schiebekraft ecken. Man könnte das Fahren mit dem Gießkran vermeiden, wenn man den ganzen Hafeninhalt in der Mitte des Gießtisches vor die Walze schüttete. Dies ging früher auch an, als die Tische noch schmal waren; bei den heutigen Abmessungen würde aber eine Platte entstehen, die etwa die in Abb. 857d dargestellte Form hat; auch hier würden an den Kopfecken der Rohglasplatte erhebliche Ausfälle entstehen.

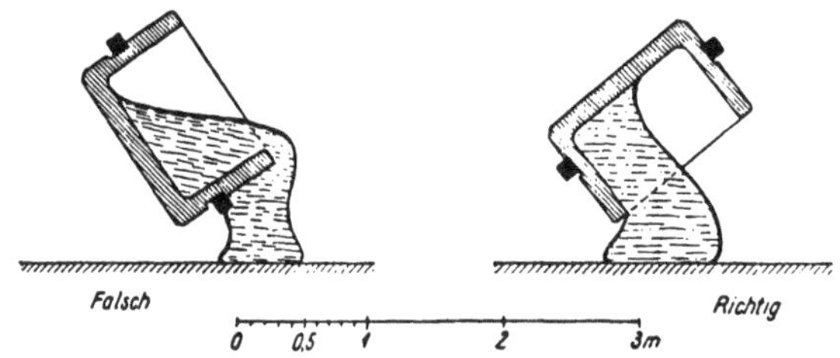

Abb. 856.

Abb. 857a.

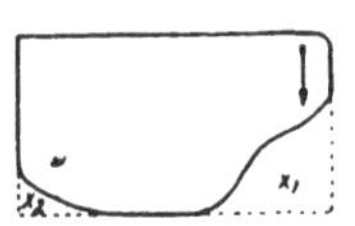
Abb. 857b.

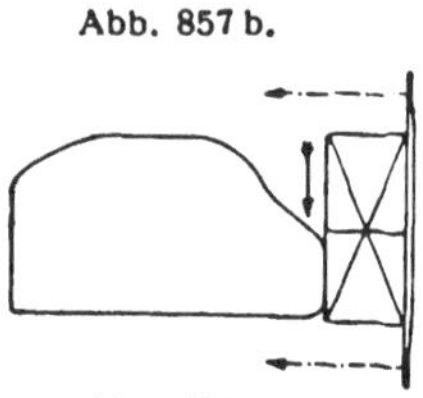
Abb. 857c.

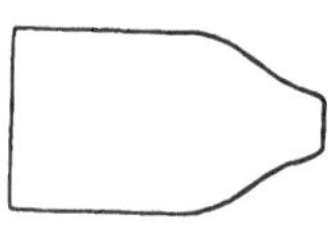
Abb. 857d.

Da es meistens nicht zu vermeiden ist, daß der zuerst aus dem Hafen fallende Teil des Haufens größer ist als der Schluß, ist man in solchen Fällen genötigt, die Gießschere samt dem Hafen etwa von der Mitte des Tisches ab nach der Walze hin zu drücken; der Hafen wird dabei also einen Weg machen, wie er in Abb. 858 durch die Pfeillinie angedeutet ist. Ein anderes Mittel, das die 6 Mann, die das Schütten besorgen, für unvorhergesehene Fälle in der Hand haben, um die richtige Verteilung der Glasmasse über den Gießtisch zu erzielen, ist auch, daß sie die am Gießkran hängende Schere samt dem Hafen zurückhalten oder vordrängen; für jede dieser Handhabungen muß der Mann, der das Kommando hat, bestimmte und unzweideutige Befehlsworte haben. Es sind verschiedentlich selbsttätig arbeitende Schüttvorrichtungen gebaut worden, bei denen sowohl das Kippen wie auch die Bewegung des Hafens nach der in Abb. 858 angedeuteten Pfeillinie gänzlich selbsttätig geschieht, so daß man lediglich den Fahrmotor mit einem auf dem Flur stehenden Kontroller an- und, wenn der Hafen den Tisch überschritten hat, wieder abzustellen braucht, somit von Menschenhand während des Kippens fast ganz unabhängig ist. Abb. 859 zeigt als Beispiel in schematischer Weise eine solche Einrichtung. Die Bewegung zum Kippen des Hafens kann durch einen besonderen Elektromotor hervorgerufen werden, der in einem bestimmten Augenblick selbsttätig ausgeschaltet wird, oder durch ein besonderes Gewicht, das sich auslöst. Anstatt die Gießschere in einem starren Rahmen *r* aufzuhängen, findet man auch die lose Aufhängung mittels Seilen und auf den Scherenstielen sitzenden Seiltrommeln. Anstatt den Gewichtshebel *h* herumzuwerfen, kippt man dabei den Hafen durch Drehen der Seiltrommeln. Da von einem gewissen Augenblick des Kippens ab die ausgießende Seite des Hafens das Übergewicht bekommt, so daß er von selbst vollends umschlägt, sind je nach der Art des Kippmechanismus noch bequem adjustierbare Bremsen einzubauen, die den Schluß der Kippbewegung regeln. In Abb. 860 ist eine mechanische Schüttvorrichtung in Tätigkeit aufgenommen[1]). In Nordamerika sind ähnliche Einrichtungen zu sehen, bei denen der Hafen durch einen Elektromotor ebenfalls mit Hilfe einer auf der Scherenachse sitzenden Kurbel gekippt wird. Um das Kippen gegen den Schluß hin zu beschleunigen, wird die Kurbelstange, die an der genannten Kurbel angreift, an ihrem anderen Ende einige Zeit nach dem Beginn des Kippens durch eine be-

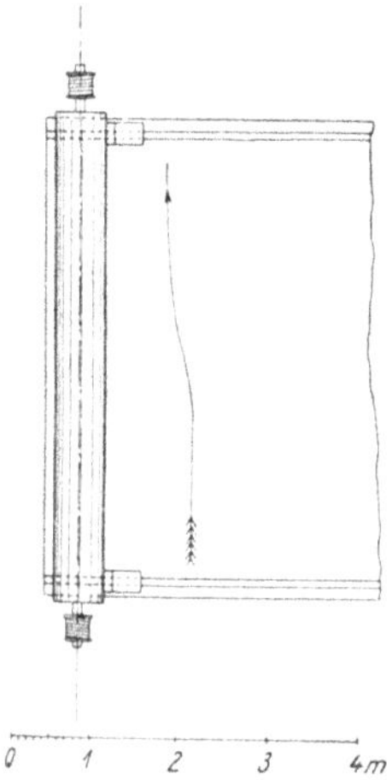

Abb. 858.

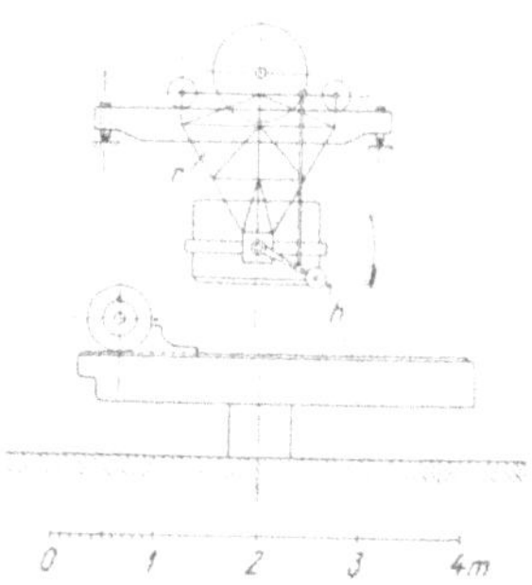

Abb. 859.

Abb. 860.

sondere Mitnehmervorrichtung ausgeschwenkt, wodurch sich die Kurbel schneller dreht. Die Einrichtungen erfordern zum Fahren des Krans und Ausgießens des Hafens nur einen Mann und ergeben gute Güsse.

[1]) Das Lichtbild für Abb. 860 wurde dem Herausgeber dankenswerterweise vom „Verein deutscher Spiegelglashütten, G. m. b. H., Köln a. Rh." zur Verfügung gestellt.

Diese Einrichtungen funktionieren fast alle sehr gut und können so eingestellt werden, daß sie bei einem bestimmten Steifheitsgrad der Glasmasse den Glashaufen in vorteilhafter Weise vor die Walze legen; sobald aber der Zustand der Glasmasse von demjenigen abweicht, für den sie eingestellt worden sind oder wenn eine kleine Störung in der Antriebskraft eintritt, etwa dadurch, daß im maßgebenden Augenblick die Spannung des elektrischen Stromes sinkt oder sich erhöht, oder wenn die Schmierung im Mechanismus nachgelassen hat und alle Bewegungen schwerer gehen als sonst, was infolge der vom Hafen aufsteigenden Hitze leicht vorkommen kann, werden sofort mehr oder weniger verlustbringende Abweichungen von der erwünschten Form der Glasplatte entstehen, denn die oben beschriebenen Korrekturen, wie sie beim Schütten von Hand vorgenommen werden können, sind bei einer selbsttätig wirkenden Vorrichtung nicht möglich. In Fällen, in denen nicht durchaus geübte oder unbedingt zuverlässige Arbeiter für das Schütten zur Verfügung stehen, ist trotzdem einer selbsttätigen Vorrichtung der Vorzug zu geben. Auch bei dem zum Gießen benützten Zangenkran nach Abb. 826—831 (S. 868—875) ist die Vornahme solcher Korrekturen kaum möglich; der Mann, der dort das große Handrad zum Kippen des Hafens bedient, hat es zwar in der Hand, nötigenfalls durch Einwirkung auf jenes Handrad in beschränktem Maße das Kippen noch nachträglich zu korrigieren, dagegen ist es nicht möglich, den Hafen während der Fahrt etwas zurückzuhalten oder vorschießen zu lassen. Ebenso ist es kaum möglich, während der Fahrt den Hafen durch einen oder mehrere Stromstöße auf den Fahrmotor der Laufkatze nach der in Abb. 858 angegebenen Pfeilrichtung zu bewegen; sowohl die Brücken- wie auch die Laufkatzenbewegung sind zu schwerfällig für derartige feine Einstellungen; wenn man sie dennoch versucht, kommt man in die Gefahr, daß man über das Ziel hinausschießt, wodurch die ganze Rohglasplatte verdorben werden kann. Bei alldem ist zu beachten, daß man in einem Zuge über den Gießtisch hinwegfahren muß, also etwaige Korrekturen nur von feinstem Maße sein dürfen, da sich sonst Teile der Glasmasseüberschlagen, Luftblasen fangen und Schlieren bilden. Auch am Ende der Walze über der anderen Seite des Tisches darf man den Hafen nicht aufhalten, um die letzten Reste der Glasmasse auf den Tisch laufen zu lassen; diese Glasreste würden sonst herunterkleckern wie etwa die letzten Honigreste von einem Löffel; diese Stelle des Glashaufens würde sich gänzlich mit Blasen vollsetzen, die beim Auswalzen über die ganze Länge der Platte hingezogen würden. Der Kran muß deshalb so lange bis der Hafen den Bereich des Tisches verlassen hat, flott durchfahren und muß die letzten Glasreste auf den Flur fallen lassen, sofern es nicht möglich ist, den Hafen so schnell in seine aufrechte Lage zurückzukippen, daß diese Glasreste in ihm zurückbleiben. Die auf den Flur gefallene Glasmasse wirft man sofort wieder in den Hafen, damit die in ihr verbliebene Wärme für den Schmelzofen noch gerettet wird.

Wenn der Gießtisch bis an seine Endkante von der Rohglasplatte bedeckt werden soll, muß dort etwas Glas überlaufen, da es nicht möglich ist, die Glasmenge so abzumessen, daß sie genau mit dem Ende des Tisches aufgeht. Die dort herunterhängenden Glasstreifen und Glasfäden müssen mit Hilfe eines langstieligen Messers abgestreift und abgeschnitten werden, da sie sonst beim Einschieben der Platte gegen die Walzenwinde stoßen würden, wodurch die Platte gefährliche Anrisse bekäme. Das herunterhängende Glas würde auch schneller abkühlen als das auf dem Tisch liegende Plattenende; dadurch würden ebenfalls Anrisse entstehen. Es empfiehlt sich, am Ende des Tisches einen Absatz *y* (Abb. 845 u. 847) von etwa $\frac{1}{2}$—1 cm Tiefe in Form einer kerbenartigen Vertiefung anzubringen, so daß man mit dem langstieligen Messer an der Vertiefung entlang gleiten kann; das Messer bekommt dadurch einige Führung und die Kante am Ende der Platte wird verhältnismäßig gut und sauber; eine zerrissene Kante gibt im Kühlofen leicht Veranlassung zum Springen der Rohglasplatte. Das am Ende des Tisches überfließende Glas wird in einer auf Rollen beweglichen gußeisernen Rinne *z* (Abb. 845) aufgefangen; die Rinne kann unter dem Tisch hervorgerollt und die aufgefangene Glasmenge noch warm in den nächsten Schmelzhafen geworfen werden.

Vor dem Guß jeder einzelnen Platte streut man auf den Gießtisch reinsten, scharf getrockneten Sand oder feine Glaskörner oder beides, um eine Isolierschicht zwischen dem Glas und dem Gußeisen des Tisches zu erhalten; die unterste Glashaut schreckt dann nicht so schnell ab und die Platte klebt nicht; beim Einschieben löst sie sich leichter vom Tisch und gleitet auch leichter darüber hinweg. Beim Auffallen des ausgeschütteten Glashaufens auf den Tisch werden an jener Stelle die gestreuten Körner weggespült. Welchen Einfluß das Streuen hat, erkennt man daran, daß die Fläche, innerhalb der die Körner weggewischt werden, deutlich und scharf umgrenzt auffällt; über ihr wird das Glas sofort dunkler und kälter als unmittelbar daneben. Auf keinen Fall dürfen auf dem Tisch Staub- u. dgl. verbrennliche, organische Teilchen liegen; sie würden beim Darüberwalzen des Glases verbrennen und ihre Verbrennungsgase würden als feine Bläschen und Gispen in das Glas hineingedrückt werden. Ebenso ist jede Feuchtigkeit vom Tisch fernzuhalten; sie würde verdampfen und Beulen in die Platte treiben; aus demselben Grunde ist auch streng darauf zu achten, daß kein Öl vom Gießkran auf den Tisch heruntertropft. Auf einem neuen Gießtisch und auf einem solchen, der längere Zeit nicht benutzt worden ist, bekommen die ersten Platten starke Beulen allein von der Feuchtigkeit, die aus der Luft in die Poren des Gußeisens eingedrungen ist; bis zu zehn oder noch mehr Platten müssen auf dem Tisch gewalzt worden sein, ehe alle Feuchtigkeit herausgedampft ist.

Um zu vermeiden, daß Tonstückchen, die infolge des Druckes der Zange oder der Gießschere vom Hafen abgesprungen sind, in die Glasmasse eindringen, schraubt man in einigen Betrieben auf denjenigen Scherenschenkel, um den gekippt wird, einen rinnenförmigen Fänger nach Abb. 861, in dem die abgeplatzten Tonteilchen hängen bleiben. Diese Maßregel hat aber den Nachteil, daß am Fänger leicht sonstige Schmutz- und Staubteile hängen bleiben, die schlecht abgebürstet werden können, und die beim Ausschütten des Hafens in das Glas fallen; bei Zangen, mit denen man sowohl das Ein- und Ausheben der Häfen aus dem Schmelzofen wie auch das Ausgießen besorgt, kommt noch hinzu, daß die Fänger beim Manövrieren mit der Zange im Ofen bald abbrennen.

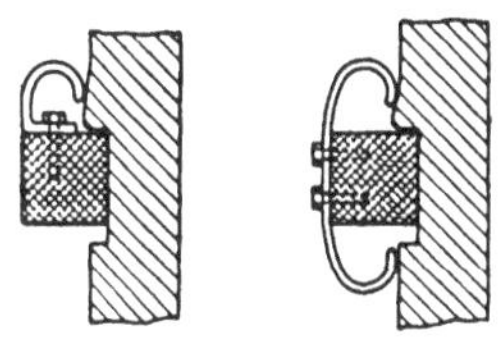
Abb. 861.

Die Erzielung einer über die ganze Rohglasplatte hin gleichmäßigen Glasstärke ist neben der möglichst vollkommenen Ebenheit von allergrößter Wichtigkeit für das vorteilhafte Arbeiten in der Schleiferei; je gleichmäßiger in der Dicke und je ebener die Rohglasscheiben sind, desto schneller geht das Schleifen, desto größer ist die Arbeitsleistung und desto geringer der Bruch in der Schleiferei, desto größer also auch die Ausbeute der ganzen Fabrik und desto geringer die Herstellungskosten je m^2 Glas. Je weniger von der Rohglasplatte abzuschleifen ist, d. h. je weniger Rohglas man für die fertig polierte Spiegelscheibe braucht, um so größer ist die Ersparnis an Gemenge und an Brennstoff für den Schmelzofen, um so leichter ist auch die Schmelzofenarbeit. Die Dicke einer gewöhnlichen Rohglasscheibe schwankte nach der Einführung der feststehenden, wassergekühlten Gießtische und der schweren, gut gekühlten Walzen zwischen 10 und 11 mm, bisweilen auch zwischen $9\frac{1}{2}$ und $10\frac{1}{2}$ mm; früher schwankte sie zwischen 11 und 14 mm. Je ebener die Rohglasscheiben sind, desto weniger ist von ihren beiden Seiten abzuschleifen; wenn also die in einer Rohglashalle erzielbare Ebenheit der Platten eine sehr gute ist, wird man mit der Rohglasdicke so weit heruntergehen, daß es gerade noch möglich ist, die gewalzte Rohglasplatte rechtzeitig in den Kühlofen zu bringen. Je dünner gewalzt wird, desto schneller kühlt naturgemäß der Kopf, d. h. der zuerst gewalzte Teil der Platte ab, desto schneller muß infolgedessen auch das Walzen gehen, damit der Kopf sich nicht wirft und nicht springt, ehe der übrige Teil der Platte starr genug geworden ist, um das Einschieben zu vertragen. Die Ebenheit der Platte hängt in erster Linie von den Verhältnissen im Kühlofen ab, die möglichst gleichmäßige Glasstärke jedoch ausschließlich von den Einrichtungen und der Arbeit des Walzens.

Die Walzleisten, die vor allem die Stärke des Glases bestimmen, müssen satt auf dem Tisch aufliegen und selbst durchweg von gleichmäßiger Stärke sein; früher benutzte man Leisten, die am Kopf auf 1—2 m Länge etwas dicker waren als in der übrigen Länge, so daß auch der Kopf der Rohglasplatte gewollt dicker wurde als der übrige Teil der Platte. Man bezweckte damit, den Kopf möglichst lange warm zu halten, damit er bis zum Einschieben in den Kühlofen keine Kaltsprünge bekam; dies war notwendig, weil das Ende der Rohglasplatte selbst gegenüber heute noch verhältnismäßig stark war und infolgedessen nach dem Walzen eine ziemliche Zeit erforderte, bis es die zum Einschieben nötige Starrheit besaß. In den früheren Einkammerkühlöfen war es außerdem schwierig, an demjenigen Ofenende, an das der Kopf der Rohglasplatte zu liegen kam, mit Sicherheit diejenige Temperatur zu halten, die erforderlich ist, um den etwa bereits zu kalt gewordenen Kopf wieder so aufzuwärmen, daß er sich der ebenen Kühlofensohle anschmiegte. Heute benutzt man Walzleisten, die durchweg von gleicher Dicke sind. Es sind Flacheisen aus Flußstahl; sie müssen so widerstandsfähig sein, daß sie beim Zurückrollen der Walze von der Walzenwinde her die gesamte Walzenlast ertragen können, ohne sich zu deformieren, so daß sie stets die gewünschte Stärke behalten. Sollten die Flacheisen nicht schon im rohen Zustande überall gleich dick sein, so müssen gehobelte verwendet werden. An Stelle der Flacheisen wurden früher zur Bestimmung der Rohglasdicke da und dort auf die Enden der Walzen aufgezogene Laufringe oder angedrehte Bunde benutzt, wie man sie heute noch bei Walzwerken für Ornament-, Draht- u. dgl. Rohglas findet. Solchen Walzen haftet die Ungenauigkeit an, daß sie in wagrechter Richtung entsprechend dem Durchmesser der Laufringe und nicht entsprechend demjenigen des Walzenkörpers fortschreiten. Nach einer Umdrehung hat der Walzenkörper auf der erzeugten Plattenoberfläche eine Strecke zurückgelegt, die etwas länger ist als sein Umfang. Seine Bewegung ist in diesem Fall also nicht nur eine rollende, sondern gegenüber der Plattenoberfläche gleichzeitig auch noch eine gleitende. Der Glashaufen wird deshalb nicht nur gewalzt, sondern gleichzeitig auch etwas geschoben. Je geringer die auszuwalzende Rohglasstärke, je kleiner also der Unterschied zwischen Laufring- und Walzendurchmesser, desto kleiner ist diese schiebende Relativbewegung. Bei den üblichen Rohglasstärken treten fühlbare Nachteile nicht auf; doch ließ der Wunsch, eine Walze für verschiedene Glasstärken und verschiedene Plattenbreiten gebrauchen zu können, solche Laufringe nicht aufkommen, weshalb heute zum gewöhnlichen Auswalzen von Spiegelrohglas ausschließlich Walzleisten in Form von Flacheisen benützt werden.

Während des Walzens ist der Druck der Walze auf die Flacheisen infolge des Auftriebes durch die Glasmasse gering; es ist deshalb darauf zu achten, daß auf den Leisten kein Schmutz, Sand od. dgl. liegt, da die Walze, eben weil sie dem Auftrieb durch die Glasmasse unterliegt, der geringsten Unebenheit auf den Leisten nachgibt, wodurch an der betreffenden Stelle die Platte dicker wird. Vor allem ist darauf zu achten, daß die Walzenschuhe kein Glas durchlassen, da es sonst auf die Walzleisten kommt, wodurch ebenfalls Verdickungen in der Rohglasplatte entstehen.

Die Walze muß so schwer sein, daß sie die Walzleisten ständig berührt und nicht wie es früher meistens der Fall war, auf dem Glase schwimmt. Wie bereits erwähnt, kommen beim Ausgießen des Hafens die obersten Schichten der Glasmasse, die steifer sind als die übrige Masse, unmittelbar und zuerst unter die Walze, sie werden also den Kopf der Rohglasplatte bilden; je steifer nun das Glas ist, desto größer ist die Neigung der Walze zum Schwimmen. Sie muß so schwer sein, daß sie auch zu Beginn des Walzens, d. h. am Kopf der Rohglasplatte durch ihr Übergewicht den Auftrieb durch die Glasmasse überwindet und auf den Walzleisten rollt. Zur Erzielung einer Rohglasplatte von gleichmäßiger Stärke wäre es besser, die Glasmasse für den Guß flüssiger zu halten als es tatsächlich geschieht; wie aber schon früher ausgeführt worden ist, muß ein gewisser Steifigkeitsgrad gewahrt werden, da das Glas sonst beim Ausgießen gegen die Walze wogt und wie dünner Brei auseinanderfließt. Die Folge davon wäre, daß es voller Luftblasen würde und daß die Verbrennungsgase aller Staubteilchen, die mit dem Glase in Berührung kommen, darin eindrängen und es verunreinigten, während dies bei steiferem Glase nicht der Fall ist; auch bei größter Reinlichkeit läßt sich in einem Hüttenbetriebe das Herumfliegen von viel verbrennlichem Staub nicht vermeiden. Außerdem dränge dünnflüssiges Glas leicht unter dem Walzenschuh sowie zwischen Schuh und Walze hindurch.

Früher hatte man allgemein Walzen von 400—500 mm Durchm.; sie waren hohl und hatten eine Wandstärke von 70—100 mm; bei 5 m Länge hatten sie dann einschließlich der Achse ein Gewicht von ungefähr 5000—6500 kg. Dieses Gewicht reichte nicht aus, um die Glasmasse bis auf die Dicke der Walzleisten herunterzudrücken; man konnte während des Walzens Blechstreifen von $\frac{1}{2}$ und noch mehr mm Dicke ungehindert zwischen Walze und Walzleiste hindurchschieben; die Rohglasplatten wurden deshalb auch stets erheblich dicker als die Walzleisten. Die Walzen waren hohl, damit sie auch von innen heraus Luftkühlung bekamen und weil sich eine hohle Walze, wenn sie durch einseitige Erhitzung krumm geworden ist, schneller wieder gerade richtet als eine volle.

Hohle Walzen sollen nicht nur außen, sondern auch innen abgedreht werden, um ihnen in allen Punkten die gleiche Wandstärke zu geben; Walzen von ungleicher Wandstärke verhalten sich gegenüber der Hitze ganz unkontrollierbar; die Vorsichtsmaßregeln, die man anwendet, um sie vor übermäßigem Krummwerden infolge einseitiger Hitze zu schützen, sind schwieriger zu treffen als bei Walzen mit überall gleicher Wandstärke. Später gab man den Walzen im allgemeinen einen Durchmesser von 600—650 mm und erreichte dabei Gewichte von 9000—10000 kg bei einer Länge von 5—5$\frac{1}{2}$ m. Zwar wächst mit dem größeren Durchmesser auch die Walzenfläche, gegen die der Auftrieb des Glases wirkt; es ist aber doch möglich, einen größeren spezifischen Druck der Walze auf das Glas zu erzielen, um so mehr als man die Walzenwände erheblich stärker machen und auf die Achse gleichzeitig einen Kern aufsetzen kann, der das Gewicht vergrößert und trotzdem noch einen ringförmigen Hohlraum läßt, durch den die kalte Luft streichen kann. Wassergekühlte Walzen erhalten einen Kern, der lediglich Kanäle frei läßt zum Durchströmen des Kühlwassers. Bei zu steifem Glase reichen auch diese Walzen nicht mehr aus, um das Glas vollständig auf die Dicke der Walzleisten herunterzudrücken, zumal wenn verhältnismäßig dünn gewalzt wird, d. h. unter 10 mm; doch kann man nur ganz ausnahmsweise feststellen, daß sie schwimmen und die Walzleisten nicht berühren, während dies früher die Regel war.

Von wesentlichem Einfluß auf die Glasstärke ist nun das Verhalten sowohl der Walze wie auch des Gießtisches gegenüber den Einwirkungen der Hitze. Die Glasmasse bleibt nach dem Ausgießen einen Augenblick gegen die ruhende Walze angelehnt, bis diese vom Seil angezogen und in Umdrehung versetzt wird. Diejenige Seite der ruhenden Walze, die von dem heißen Glas in dieser Zeit berührt wird, dehnt sich stark aus, wogegen die entgegengesetzte Seite kalt bleibt; die Walze wird infolgedessen krumm und biegt sich nach dem Glashaufen zu aus. Ähnlichen Deformationen wird auch der Gießtisch unterworfen. Die Oberfläche, die mit dem Glas in Berührung kommt, dehnt sich aus, während die untere Fläche kalt bleibt. Der Tisch wird sich infolgedessen nach oben wölben; die Wölbung über die Länge des Tisches ist auf die Glasdicke ohne Einfluß, um so mehr jedoch die Wölbung über die Breite. Die Veränderungen, die an Walze und Gießtisch entstehen, sind durch Abb. 862 u. 863 verdeutlicht, in denen die Deformationen in übertriebenem Maße dargestellt sind.

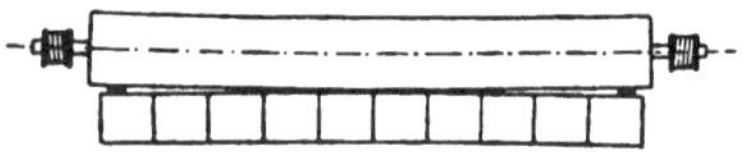

Abb. 862.

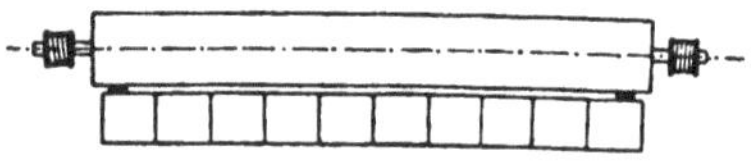

Abb. 863.

Infolge der Wölbung des Tisches wird die Platte in der Mitte dünner werden als nach den Rändern zu; diese Wirkung wird noch erhöht an denjenigen Stellen, an denen die ausgebogene Seite der Walze unten liegt. Da die Wölbung des Tisches im allgemeinen nicht so stark ist wie die Ausbiegung der Walze, wird umgekehrt an denjenigen Stellen, an denen die hohle Seite der Walze unten liegt, das Glas in der Mitte dicker werden als nach den Rändern hin. Auf diese Weise können erhebliche Unterschiede in den Glasstärken einer Rohglasplatte entstehen. Die Ausbiegung der Walze würde nun mit jeder Platte schlimmer werden, wenn bei der nächsten Platte der Glashaufen wieder gegen dieselbe Seite der Walze geschüttet würde; es ist deshalb darauf zu achten, daß von Platte zu Platte die Anfangslage der Walze so gewechselt wird, daß die zuerst berührte Seite das nächste Mal nach hinten zu liegen kommt usw., so daß sich die Krümmungen immer wieder ausgleichen können; man macht zu diesem Zweck am Walzenkopf ein Zeichen, etwa einen Kreidestrich, und achtet darauf, daß er das eine Mal nach vorn, das andere Mal nach hinten zu liegen kommt. Die Erfahrung hat aber gezeigt, daß trotzdem die Ungleichheiten in den später gewalzten Platten stärker werden als in den zuerst gewalzten; man ist deshalb darauf gekommen, die Walze nach jeder zweiten oder dritten Platte auszuwechseln. In den früheren Gießhallen mit Einkammerkühlöfen auf jeder Seite des Gießtisches wie z. B. nach Abb. 843 ergab sich dieser Wechsel von selbst, da man dort für jede Kühlofenseite eine besondere Walze hatte und die vorhandenen Walzen dadurch wechselweise zur Arbeit kamen, daß eine bzw. zwei oder höchstens drei Platten hintereinander nach der einen Seite und dann die nächste oder die nächsten zwei bis drei nach der anderen Seite zu gewalzt wurden.

Bei den feststehenden Gießtischen benutzt man wassergekühlte Walzen nach Abb. 864 u. 865, aus denen das Kühlwasser die eindringende Hitze ziemlich schnell

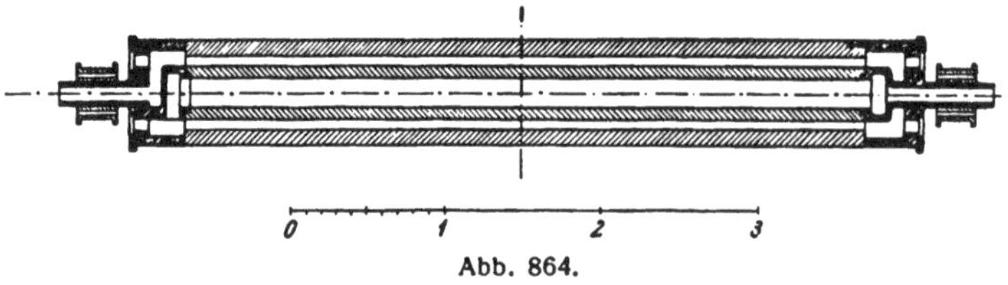

Abb. 864.

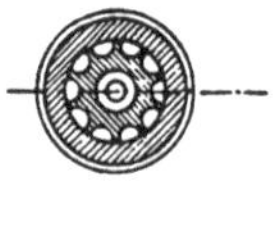

Abb. 865.

abführt, und denen der ständig von Kühlwasser umgebene Kern eine Versteifung gibt, die dem Krummwerden des warm auf ihn aufgezogenen Mantels entgegenwirkt. Sobald eine Platte in den Kühlofen eingeschoben ist, wird die Walze so schnell als möglich in ihre Anfangslage an den Kopf des Gießtisches zurückgerollt, wo man sie mit den Wasserzu- und -abflußschläuchen verschraubt. Die Schläuche werden erst kurz vor dem Ausgießen des nächsten Hafens wieder abgeschraubt. Die Walze bleibt in der Zwischenzeit mit Wasser angefüllt; sie besitzt selbstschließende Ventile, so daß nach dem Abschrauben der Schläuche das Wasser nicht wegfließen kann. Je länger das Kühlwasser durchläuft, desto weniger wird sich die ruhende Walze durch den angelehnten Glashaufen deformieren. Die Schläuche sind vor der Berührung mit heißem Glas zu schützen. An den Köpfen der Walze befinden sich herausschraubbare Stopfen, so daß man die Kanäle mit einer Stange reinigen kann, für den Fall, daß sich darin Kesselstein oder Schmutz absetzen sollte.

Anstatt eine wassergekühlte Walze zu benutzen, wird in manchen Betrieben vorgezogen, vier bis acht hohle Walzen zu verwenden, die der Reihe nach ausgewechselt werden, so daß eine Walze nur für höchstens vier Platten hintereinander verwendet wird. Man ordnet zu diesem Zweck am Kopfende des Tisches zwei Wagen an (Abb. 845), mit dem einen wird die zuletzt gebrauchte Walze weggefahren, mit dem andern die nächste herbeigeholt. Die in Ruhe befindlichen Walzen können in der Zwischenzeit auf Rollenböcke gelegt und durch Motorkraft in Umdrehung gehalten werden, während man Kühlwasser über ihre innere Mantelfläche laufen läßt. Sofern der Gießkran nicht im Wege ist, kann man statt der Wagen auch an der Decke laufende Kräne oder Katzen zum Auswechseln der Walzen benutzen.

Die Wasserkühlung der neuzeitlichen Gießtische nach Abb. 845—848 läßt sich so einstellen, daß sich die Tische auch nach dem Gießen und Walzen einer beliebig großen Zahl von Rohglasplatten kaum merklich über die Breite hin wölben. Auf solchen Tischen ist mit Hilfe von wassergekühlten Walzen oder solchen Walzen, die häufig genug ausgewechselt werden, eine ziemlich weitgehende Gleichmäßigkeit der Rohglasplatten zu erzielen, so daß in ein- und derselben Platte Dickenunterschiede von selten mehr als 1 mm entstehen, während man selbst bei den schon einen großen Fortschritt darstellenden Tischen nach den Abb. 840—842 mit Unterschieden bis zu 3 mm rechnen muß. Wenn auch diese letzteren Tische ebenfalls aus einzelnen Lamellen zusammengesetzt sind, so entsteht infolge der einseitigen Erhitzung doch eine ziemlich starke Wölbung über die ganze Tischbreite hin, weil die Lamellen durch die Verankerung aneinandergepreßt werden müssen, damit zwischen ihnen keine Spalten klaffen; der Tisch verhält sich also gegenüber den Ursachen, die die Wölbung über die Breite hin hervorrufen, ähnlich wie eine aus einem Stück bestehende Eisenplatte; er wird aber nicht wie diese mit der Zeit windschief werden, weil die einzelne Lamelle beim Erkalten leichter wieder in die ursprüngliche Form zurückgeht als eine breite Platte. Unregelmäßigkeiten in der Lage der einzelnen Lamellen kann man bis zu einem gewissen Grade ausgleichen durch Unterlegen feiner Blechstreifen an den Stellen, an denen die Lamellen auf den Fahrgestellen aufliegen.

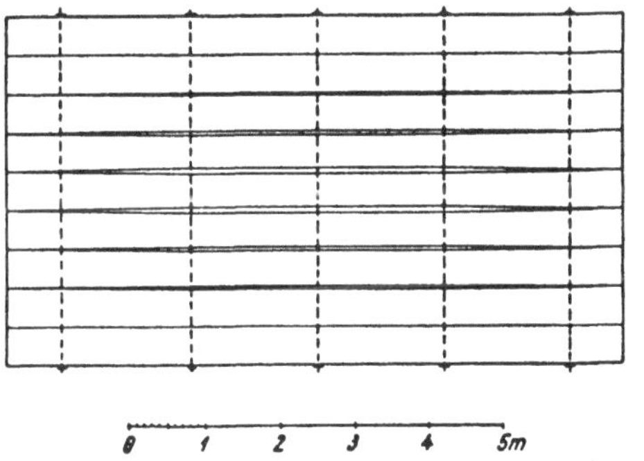

Abb. 866.

Die Queranker sollen nur gerade so stark angezogen sein, daß zwischen den Lamellen keine Spalten bleiben; je stärker sie angezogen sind, desto stärker wird auch die Wölbung über die Breite hin werden. Läßt man im kalten Zustand feine Spalten zu, die sich erst beim Ausdehnen der oberen Schichten des Tisches schließen, so wird die Wölbung vermindert. Die Innehaltung solcher Spalten im kalten Tisch hat man in einigen Fällen dadurch bestimmt, daß man die inneren Lamellen seitlich etwas hohl hobelte, wie in Abb. 866 in übertriebener Weise dargestellt ist. Man ging dabei von der Erwägung aus, daß sich die Lamellen in der Mitte, d. h. in halber Länge des Tisches am meisten ausdehnen, weil dort verhältnismäßig heißes Glas bis zum

Einschieben der Platte ziemlich lange liegen bleibt und weil die Mitte sich nicht so rasch abkühlt wie die Enden des Tisches; tatsächlich ist auch nach der Mitte zu die Wölbung über die Breite größer als am Kopf des Tisches, trotzdem beim Ausschütten des Hafens infolge des langen Liegenbleibens des Glashaufens über dem Tisch mehr Hitze angesammelt ist als an irgendeiner anderen Stelle. Wie bereits erwähnt, kommt aber beim Ausschütten die oberste, also die kälteste Schicht des Hafeninhalts zu unterst und erstarrt verhältnismäßig schnell; es ist anzunehmen, daß diese Schicht den Kopf des Tisches vor übermäßiger Erhitzung durch den darüberliegenden Glashaufen schützt. Der Hauptgrund dafür, daß die Wölbung über die Breite nach der Mitte zu stärker ist als an den Enden, liegt aber darin, daß auch die Wölbung über die Länge hin in den mittleren Lamellen stärker ist als in den äußeren (Abb. 867); die Enden der mittleren Lamellen neigen sich also mehr nach unten als diejenigen der äußeren. Dadurch wird nach beiden Enden des Tisches zu die Wölbung über die Breite hin mehr oder weniger ausgeglichen, während sie nach der Mitte zu durch die Längswölbung im Gegenteil verstärkt wird. Dies trat besonders deutlich zu Tage bei Tischen alter Bauart ohne Querkeile, wie z. B. nach Abb. 868.

Abb. 867.

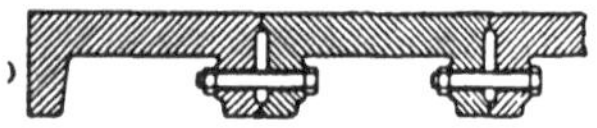

Abb. 868.

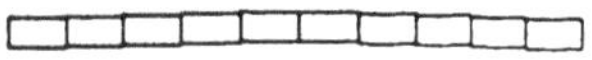

Abb. 869.

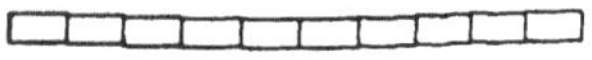

Abb. 870.

Abb. 871.

Die Querkeile wirken der Verschiedenheit in der Längswölbung der einzelnen Lamellen entgegen und tragen somit zur Verminderung der Gesamtwölbung in der Mitte des Tisches bei. Außerdem verhindern sie, daß eine Lamelle sich infolge der stärkeren oder geringeren Längswölbung scharf von den danebenliegenden abhebt, so daß nicht etwa in der Mitte ein Zustand wie nach Abb. 869 oder an den Enden nach Abb. 870 eintreten kann; vielmehr wird der Übergang so gemildert, daß die Lamellenkanten nicht merklich hervortreten.

Die Lockerung der Queranker derart, daß im kalten Zustande des Tisches zwischen den Lamellen Spalten bleiben, ist sehr bedenklich und darf auf jeden Fall nur ganz vorsichtig geschehen, d. h. die Spalten dürfen nur ganz fein und eng sein und müssen sich über die ganze Tischbreite gleichmäßig verteilen, damit nicht trotz der Lockerung der Anker die meisten Lamellen dicht aneinander liegen und der ganze Spielraum nur auf eine oder zwei Spalten fällt, die dann so breit werden, daß beim Walzen das Glas in sie hineingepreßt wird, was bei den zuerst gewalzten Platten geschehen würde, bei denen die Ausdehnung des Tisches noch nicht soweit vorgeschritten ist, daß die Spalten sich schließen. Aber auch in die feinsten Spalten dringen Schmutz, Sand und Glasteilchen, die das völlige Schließen verhindern. Die Hauptgefahr ist nun, daß an den Kanten der Lamellen infolge der eingeklemmten Fremdkörper Stückchen ausbrechen, so daß Vertiefungen im Tisch entstehen, in die das Glas hineingewalzt wird; außerdem nützen sich die Lamellenkanten an den Spalten bald ab, wodurch an der Unterseite der Glasplatten Rippen entstehen. Die Folge dieser Ansätze und Rippen ist, daß sich die Platten beim Einschieben schwerer vom Tisch lösen und dadurch die Gefahr des Aufstauchens wächst; vor allem aber können sie sich nicht mehr in allen Punkten an die Kühlofensohle anlegen; über jedem Ansatz und über jeder Rippe entsteht eine Beule nach Abb. 871, die beim Schleifen außerordentliche Zeitverluste oder gar die Zertrümmerung der Glasscheibe verursacht; starke Beulen müssen aus der Rohglasplatte herausgeschnitten werden. Dadurch entstehen große Produktionsverluste und statt großer Glasscheiben erzielt man nur mehrere kleine, die zusammen weit weniger wertvoll sind, als eine einzige große. Verletzungen der Tischoberfläche wie auch der Walzen haben den weiteren Nachteil, daß sich Schmutz darin festsetzt, der verbrennt und dessen Verbrennungsgase in das Glas eindringen. Sobald ein Tisch fühlbare Vertiefungen und Kantenabrundungen zeigt, ist man genötigt, die Lamellen neu abzuhobeln. Die hier geschilderten Gefahren lassen nicht nur die Lockerung der Queranker, sondern auch eine Herstellung des Tisches nach Abb. 866 sehr bedenklich erscheinen.

Es wurde auch vorgeschlagen, die einzelnen Lamellen oben derart zu hobeln, daß der Tisch im kalten Zustande schwach muldenförmig ist (Abb. 872), so daß sich seine Oberfläche beim Ausdehnen der oberen Schichten der Ebene nähert. Durch entsprechendes Aufspannen der einzelnen Lamellen auf die Hobelmaschine läßt sich eine solche Form des Tisches wohl erreichen; sein Verhalten unter den Einflüssen

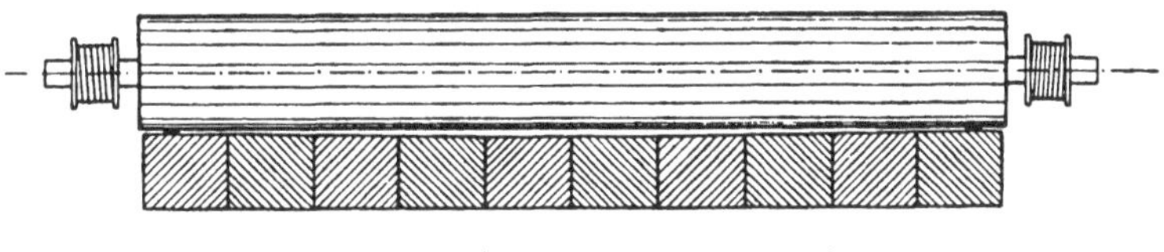

Abb. 872.

der Hitze ist aber doch nicht so kontrollierbar, daß man die Wirkungen solcher Feinheiten einwandfrei feststellen kann, besonders nicht bei fahrbaren Tischen, deren Oberflächenform auch noch unter den Unebenheiten des Glases leidet. Das Feststehen der neuzeitlichen, in Verbindung mit Kanalkühlöfen verwendeten Tische und die Wasserkühlung sowohl des Tisches wie auch der Walze mildern, wie bereits erwähnt, die nachteiligen Folgen der einseitigen Erwärmung von Tisch und Walze; bis zu einem gewissen Grade gelten aber die meisten hier geschilderten Verhältnisse und Umstände auch für diese Einrichtungen.

Die Rohglasplattenstärke wird weiter beeinflußt durch die Abnutzung der Tische und der Walzen durch die Walzleisten (s. Abb. 873). Diese Vertiefungen im Tisch und die Abnutzung der Walze an den Laufstellen werden mit der Zeit ganz erheblich. Die beiden äußeren Tischlamellen müssen deshalb von Zeit zu Zeit abgehobelt werden; um aber währenddessen keine Betriebsstörung zu haben, muß man zwei Aushilfslamellen zur Verfügung halten, die man jederzeit gegen die abgenützten auswechseln kann. Auch die Walzen müssen von Zeit zu Zeit abgedreht werden; wie wir weiter unten sehen werden auch noch aus einem anderen Grunde. Wie die Abb. 864 und 865 zeigen, bestehen bei jenen Walzen die beiden Enden aus besonderen, auf den übrigen Teil aufgeschraubten Köpfen; diese Köpfe sind aus Stahlguß, hauptsächlich deshalb, um die Abnützung infolge des Laufens auf den Walzleisten möglichst gering zu halten. Wenn man die durch diese Abnützung entstehenden Vertiefungen in Tisch und Walze zu weit fortschreiten läßt, verliert man die Kontrolle über die zu erwartende Glasstärke. Ferner ist zu beachten, daß die Abnützung im allgemeinen nicht auf die ganze Länge des Tisches und auch nicht auf beiden Seiten dieselbe sein wird; dadurch entstehen Unterschiede in den Glasstärken, vor allem aber auch dadurch, daß der Querschnitt der Abnützungen in Tisch und Walze muldenförmig ist. Liegt die Leiste zufällig an der tiefsten Stelle dieser Mulde, d. h. in Abb. 873 bei x, dann wird die Glasstärke geringer als wenn die Leiste bei z oder bei y liegt; im praktischen Betriebe läßt es sich nicht einhalten, daß die Leiste stets an derselben Stelle liegt; außerdem wird sie durch den Druck, den der Glashaufen infolge der Last der Walze auf den Walzenschuh ausübt, häufig mehr oder weniger verschoben.

Abb. 873.

Der Abnützung des Tisches könnte man dadurch begegnen, daß man die Walzleiste von vornherein in den Tisch einläßt, so daß die gewünschte Dicke über die Tischoberfläche hervorragt; dadurch wäre man aber ein für allemal an eine bestimmte Plattenbreite gebunden. Hinsichtlich der jeweiligen Breite der zu walzenden Glasplatte will man sich aber aus verschiedenen Gründen freie Hand lassen; man nimmt deshalb eher die Abnützung der äußeren Tischlamellen in Kauf.

Diese beiden äußersten Lamellen sind auch noch einer weiteren Deformation ausgesetzt. Beim Zurückrollen der Walze von der schrägen Ebene der Walzenwinde, beim Übergang von der Winde auf den Tisch schlägt das ganze Walzengewicht mehr oder weniger stark auf die Enden der beiden äußersten Lamellen. Zum Schutz von Walze und Tisch unterlegt man dort deshalb für den Augenblick des Übergangs der Walze weiches Holz oder besser dicke Filzstreifen, um so den Aufprall zu mildern. Bei den wassergekühlten Tischen, deren Lamellen eine Höhe von über 400 m haben, ist kaum zu befürchten, daß die Lamellen durch das plötzliche Aufprallen der Walze merklich nach unten gebogen werden. Bei den früher gebräuchlichen Tischen, deren Lamellen nur ungefähr halb so hoch waren, konnte man jedoch beobachten, daß die nach der Walzenwinde zu gelegenen Enden der beiden äußersten Lamellen sich stark nach unten bogen und mit der Zeit auch eine bleibende Neigung nach unten annahmen, die sich mehr und mehr verstärkte; dadurch wurden die Stärkenverhältnisse gegen das Ende der Platte zu völlig verschoben.

Abb. 874.

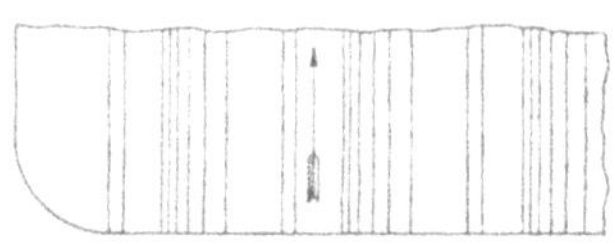

Abb. 875.

Die Rohglasplatten werden beim Erstarren auf dem Gießtisch wellig und zwar sind die Wellen so kurz, daß sie im Kühlofen nicht wieder verschwinden; sie liegen in der Walzrichtung, d. h. die Wellenberge und die Wellentäler liegen parallel zur Längsrichtung der Platte (s. Abb. 874 u. 875). Die Wellen werden um so höher, je dünner das Glas ausgewalzt ist; bei dicken Platten von etwa 18 mm Stärke ab sind sie kaum mehr wahrnehmbar. Diese Wellen sind für das Schleifen der Platte von Nachteil; bei 10—11 mm starken Platten kann der Höhenunterschied zwischen den Wellentälern und den Wellenbergen bis zu zwei und noch mehr mm ausmachen. Man hat nun gefunden, daß die Wellen schwächer sind oder überhaupt nicht auftreten, wenn man die Walze riffelt; je tiefer die Riffelung ist, desto schwächer werden die Wellen. Die Riffelung prägt sich jedoch in die Glasfläche ein und erschwert nachher das Zerschneiden der fertigen Rohglasplatte. Man macht deshalb die Riffeln in die Walzen nur so tief, daß man die Platte noch sicher schneiden kann; das ist noch der Fall bei einer Riffeltiefe in der Walze von ungefähr $3/4$ mm. Die Wirkung dieser Riffelung ist derart, daß bei den heute gewalzten Platten von etwa 10—11 mm Stärke die Wellen nur noch sehr schwach und kaum mehr fühlbar sind; glatte Walzen werden deshalb heute nicht mehr benutzt. Es hat sich herausgestellt, daß es unwesentlich ist, ob die Riffelung parallel zur Walzenachse liegt (Abb. 876) oder quer dazu (Abb. 877), oder ob sie in Schraubenwindungen verläuft (Abb. 878). Die Ansichten darüber, welcher Riffelrichtung der Vorzug zu geben ist, gehen auseinander; die meisten neigen zu der Annahme, daß die Längsriffeln nach Abb. 876 die Wellenbildung am wirksamsten verhindern, jedoch wird durch sie leicht Schmutz in das Glas hineingepreßt, wogegen dies bei den

Abb. 876.

Abb. 877.

Abb. 878.

Querriffeln nach Abb. 877 weit weniger der Fall ist. Letztere sind auch einfacher herzustellen.

Die Riffelung nutzt sich mit der Zeit ab und muß je nach der Häufigkeit, mit der die Walze gebraucht wird, alle ½—1½ Jahre erneuert werden. Sie darf auf beiden Seiten nicht bis ans Ende der Walze gehen, da die Abnutzung der Lauffläche auf den Walzleisten sonst sehr beschleunigt würde.

Der Wellenbildung würde noch weiter entgegengewirkt und die Ebenheit der Platte würde noch weiterhin vervollkommnet, wenn man auch die Tischoberfläche in ähnlicher Weise riffelte. Die Tischriffeln würden jedoch das Einschieben der Platte in den Kühlofen ganz erheblich erschweren, und die an der Unterseite der Rohglasplatte entstehenden Riffeln würden beim Verschieben der Platten die Kühlofensohlen stark abnützen; vor allem aber würde sich zwischen den Tischriffeln Staub und Schmutz ansammeln, wodurch die Gefahr der Verunreinigung des Glases beim Walzen erhöht wird.

Ferner ist von großem Einfluß auf die gleichmäßige Dicke und die Ebenheit der Glasplatte das Verhältnis zwischen dem Walzendurchmesser und dem Durchmesser der auf den Enden der Walzenachse sitzenden Seiltrommeln, von denen sich das Walzenzugseil während des Walzens abwickelt. Früher benutzte man überhaupt keine derartigen Trommeln, sondern hängte das Ende des Walzenzugseiles einfach mit Hilfe einer Kausche oder eines Hakens an die Walzenachse (Abb. 841 u. 879). Dabei drehte sich die Walze aber häufig oder meistens überhaupt nicht; sie rollte nicht und der Glashaufen wurde stellenweise nicht gewalzt, sondern einfach glatt gestrichen. Wenn sich die Walze nicht dreht, gibt sie dem wechselnden Auftrieb des Glashaufens und dem von den Walzenschuhen ausgehenden Widerstand leichter nach; solange sie die Walzleisten berührt, rutscht sie darauf, anstatt zu rollen, wodurch die Neigung zum Abheben von den Leisten und zum Schwimmen unterstützt wird, besonders wenn Sandkörner und kleine Unreinlichkeiten auf den Leisten liegen. Ferner übt die gleitende, nicht rollende Walze einen Zug auf das unter ihr befindliche Glas aus, besonders an der Stelle, wo das bereits zur Platte ausgestrichene aber noch weiche Glas in den Glashaufen übergeht; es hat sich gezeigt, daß dadurch die oben erwähnten, beim Erstarren auftretenden Längswellen verstärkt werden. Außerdem ist die Walze, solange sie sich nicht dreht, einseitig der Hitze ausgesetzt. Wenn also die Walze nicht rollt, sondern einfach über das Glas hingezogen wird, ohne sich zu drehen, so wird dadurch die Gleichmäßigkeit in der Glasstärke und die Ebenheit der Oberfläche der Rohglasplatte in mehrfacher Hinsicht beeinträchtigt, und zwar um so mehr, je steifer das Glas und je leichter die Walze ist.

In Abb. 879 soll der Pfeil W die Mittelkraft darstellen, in die man sich sämtliche wagrechten Widerstände, die sich dem Fortbewegen der Walze entgegenstellen, konzentriert denken kann. Wenn die Walze sich infolge des unmittelbar an der Achse angreifenden Zuges Z der Walzenseile nicht dreht, so reicht eben der Hebelarm a und damit das Drehmoment $Z \times a$ nicht aus, um diejenigen Widerstände zu überwinden, die sich dem Drehen der Walze entgegensetzen; diese Widerstände rühren in der Hauptsache her von der Reibung des Walzenmantels am Glashaufen und an den Walzenschuhen; die erstere wird vermehrt, wenn die Walze mit Längsriffeln versehen ist. Denkt man sich diese Widerstände in der Kraft T konzentriert und bezeichnet man den Halbmesser der Walze mit r, so wird die Walze rutschen, solange $T \times r$ größer ist als $Z \times a$; sie wird sich drehen, sobald $Z \times a$ größer ist als $T \times r$. Je größer a gemacht wird, desto größer wird $Z \times a$; da die Lage von W gegeben ist, konnte man a nur durch Verlängerung

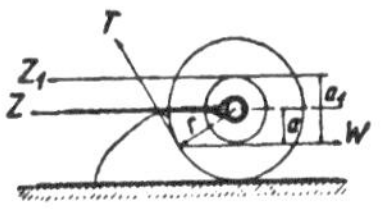

Abb. 879.

nach oben vergrößern, d. h. man mußte Seiltrommeln auf die Achse setzen, von denen sich die Walzenzugseile oben abwickeln. Auf diese Weise erreichte man, daß $Z_1 \times a_1$ größer ist als $T \times r$.

Man darf aber mit dem Durchmesser dieser Seiltrommeln nicht über ein gewisses Maß hinausgehen. Es hat sich gezeigt, daß die Walze nicht so schnell vorwärts rollt, als der abgewickelten Seillänge entsprechen müßte, sobald die Seiltrommeln im Durchmesser über jenes Maß hinausgehen; d. h., der Weg, den die Walze bei einer vollen Umdrehung zurücklegt, ist dann nicht gleich ihrem Umfang; sie dreht sich mehr oder weniger, bisweilen gänzlich auf der Stelle. Dadurch entstehen auf der Rohglasplatte ziemlich starke Querwellen, die beim Schleifen ebenfalls sehr hinderlich sind; sie gehen nicht durch die Platte hindurch, wie die weiter oben genannten Längswellen, sondern sind lediglich Glasanhäufungen auf der oberen Seite der Platte (Abb. 880). Durch das Stehenbleiben der Walze erstarrt das Glas an der betreffenden Stelle sehr schnell, und zwar auch schneller als das unmittelbar dahinterliegende, bereits vorher schon ausgewalzte, weil die eiserne Walze die Wärme rascher ableitet als die Luft; dadurch entstehen ungünstige Spannungen in der Rohglasplatte, die im Kühlofen nicht immer und nicht ganz wieder verschwinden. Solche schneller erstarrte Stellen sind nach dem Weiterrollen der Walze bis zum Einschieben in den Kühlofen als dunkle Streifen quer über die Rohglasplatte deutlich erkennbar. Je schwerer die Walze ist, je fester sie sich auf die Walzleisten aufsetzt, um so geringer ist ihre Neigung zum Drehen auf der Stelle. Bei den am meisten üblichen wassergekühlten Walzen von 600—650 mm Durchm. und 9000—10000 kg Gesamtgewicht gibt man den Seiltrommeln auf der Walzenachse einen Durchmesser, der ungefähr halb so groß ist wie der Walzendurchmesser. Man hat damit die besten Erfahrungen gemacht. Sobald man den Durchmesser der Seiltrommeln größer macht, kann man das Drehen auf der Stelle beobachten. Wenn man z. B. in der Anfangslage der Walze am tiefsten Punkt der Walzenstirnfläche und unmittelbar darunter am Gießtisch einen Kreidestrich macht und dann jedesmal, wenn der Kreidestrich der Walze wieder in seine tiefste Lage kommt, genau darunter am Tisch weitere Striche, so müssen bei regelmäßigem Abrollen der Walze die Entfernungen zwischen je zwei Kreidestrichen gleich dem Umfang der Walze sein. Ist der Abstand zwischen zwei Strichen größer, dann wurde auf dieser Strecke die Walze zeitweise gezogen, ohne daß sie sich drehte; ist der Abstand kleiner, dann hat sie sich zeitweise auf der Stelle gedreht.

Abb. 880.

Durch das Drehen auf der Stelle wird auch die Dauer des Walzens unliebsam verlängert, so daß der Kopf der Rohglasplatte noch kälter wird als es normalerweise schon der Fall ist. Man muß nötigenfalls, wenn derartige Verzögerungen eintreten sollten, die Walzengeschwindigkeit gegen das Ende des Tisches hin erhöhen, indem man den Windenmotor auf die höchste Umdrehungszahl bringt. Wie schon früher erwähnt wurde, gibt man der Walze im allgemeinen eine Geschwindigkeit von ungefähr 250 mm in der Sekunde. Wenn man die Geschwindigkeit zu hoch wählt, wird die Neigung der Walze zum Schwimmen und Drehen auf der Stelle erhöht; sie muß genügend Zeit haben, das Glas an jeder Stelle bis auf die Leistenstärke herunterzudrücken. Da der Kern des Glashaufens, also sein heißester Teil das Ende der Rohglasplatte ergibt, und der Kern seine Temperatur und Weichheit bis zum Schluß ohne nennenswerte Einbuße behält, so ist es möglich, die Walze ohne Nachteil gegen das Ende des Tisches zu etwas schneller laufen zu lassen als am Anfang.

Bei einer mittleren Geschwindigkeit der Walze von 250 mm in der Sekunde = 15 m in der Minute, bei einem Walzendurchmesser von z. B. 650 mm und einem Seiltrommeldurchmesser von 325 mm muß jede der beiden Seiltrommeln der Walzenwinde in der Minute $15\left(1+\frac{0{,}325}{0{,}650}\right)=22{,}5$ m Seil aufwickeln. Danach ist die Umdrehungszahl der Walzenwindentrommeln und die Übersetzung des Getriebes zwischen Elektromotor und Trommeln zu bestimmen.

Um das Rutschen der Walze und Drehen auf der Stelle zu verhindern, könnte man auf beiden Seiten längs des Tisches Zahnstangen anbringen, in die zwei auf der Walzenachse sitzende Zahnkränze eingreifen. Dadurch würde die Walze zum ununterbrochenen Abrollen gezwungen. Der Teilkreisdurchmesser der Zahnräder müßte genau gleich dem Walzendurchmesser sein. In den Zahnstangen bliebe aber leicht mit der Kelle herausgeholtes Glas hängen, und wenn die Verzahnungen nicht ganz stoßfrei eingreifen, wird die Walze erschüttert, wodurch auf der Oberfläche der Rohglasplatten Unebenheiten entstehen. Infolge der Deformation von Tisch und Walze wird aber ein stoßfreier Eingriff der Zähne nicht zu erzielen sein. Solche Zwangsführungen für die Walze haben sich deshalb für Spiegelglas nicht eingebürgert.

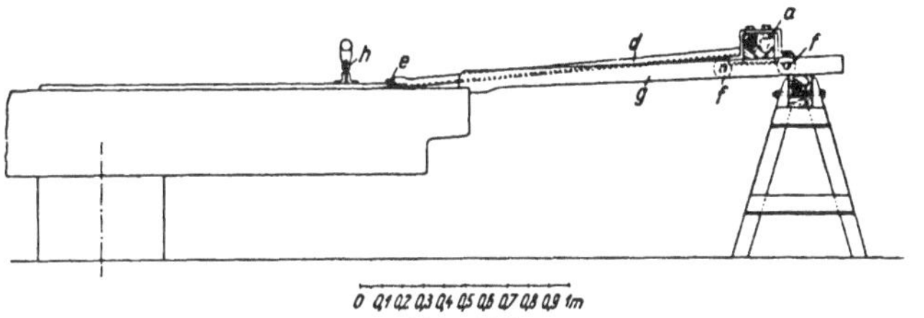

Abb. 881.

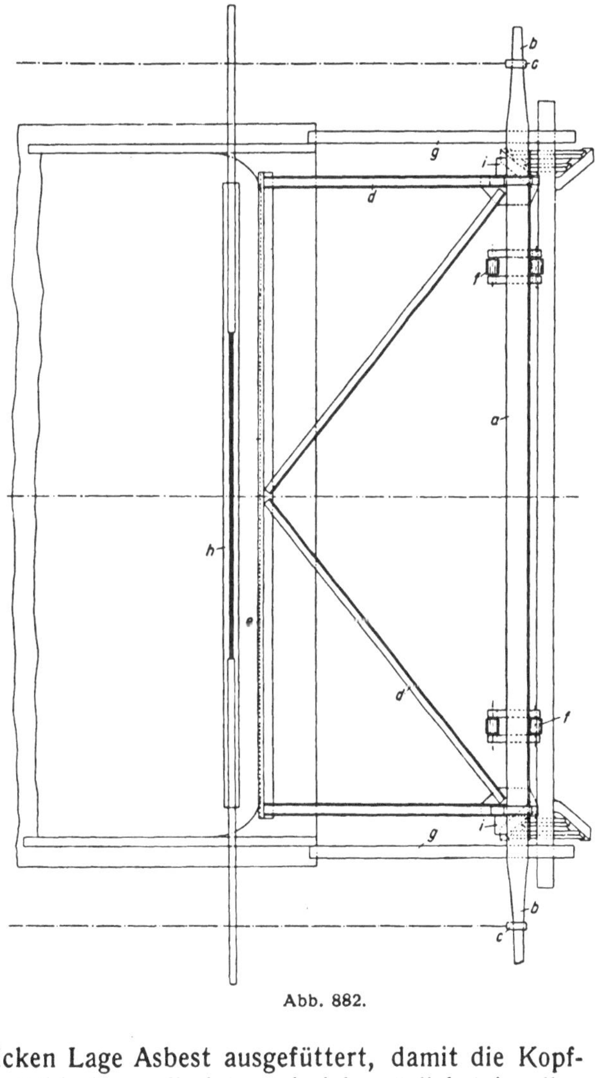

Abb. 882.

Zum Einschieben der Rohglasplatte in den Kühlofen benutzt man als Drücker Einschiebeschaufeln nach Abb. 881 und 882, kurz Schaufeln genannt. Sie werden gebildet aus einem aus Holz, Profileisen oder Eisenrohr bestehenden Querbalken *a* mit den Griffen *b* und den Haken *c* zum Einhängen der Zugseile. Dem Querbalken vorgebaut ist ein aus Eisenrohren oder Profileisen bestehender Rahmen *d*, dessen vorderster Querstab *e* von U-förmigem Querschnitt sich beim Andrücken gegen die Rohglasplatte um deren Kopfkante legt. Der Querstab *e* ist mit einer dicken Lage Asbest ausgefüttert, damit die Kopfkante der Platte ein schmiegsames Widerlager findet und sich möglichst in allen Punkten anlegen kann; außerdem wird sie dadurch vor der Berührung mit dem kalten Eisen des Stabes geschützt. Sobald der Asbest durch häufigen Gebrauch anfängt hart zu werden, muß man ihn auflockern oder erneuern, da die Kopfkante sonst Anrisse bekommt, die im Kühlofen weiter aufspringen und die Veranlassung zum gänzlichen Bruch der Platte geben. Dieser Vorsichtsmaßregel ist ganz besondere Aufmerksamkeit zu schenken. Der Querbalken *a* ruht auf breiten Rollen *f*, die aus weichem Metall, Rotguß oder Kupfer angefertigt sind, damit sie die Oberfläche des Gießtisches möglichst wenig angreifen. Den Querbalken macht man gerne aus Holz, damit er etwas federt und gleichzeitig ein gewisses Gewicht bekommt, so daß die Schaufel beim Anziehen hinten nicht hochkippt. Sollte diese Gefahr während des Einschiebens auftreten, so muß auf jeder Seite ein Mann hinzuspringen und auf den Griff *b* drücken.

Beim Anlegen an die Rohglasplatte liegt die Schaufel auf den Gleitbalken *g*, die aus Profileisen oder Holz bestehen. Die obere Fläche, die Gleitfläche der Balken muß so hoch liegen, daß die Rollen *f* ohne Stoß und Fall auf den Tisch auflaufen.

Wie schon früher beschrieben, haben die ersten Gänge der Seiltrommeln in der Walzenwinde, die die Zugseile der Einschiebeschaufeln aufwickeln, einen geringeren Durchmesser als die normalen Gänge und erweitern sich allmählich spiralenförmig auf den vollen Umfang (Abb. 847 u. 849), so daß das Einschieben ganz langsam beginnt und nach und nach auf die volle Geschwindigkeit von ungefähr 1½ m in der Sekunde übergeht.

Mit dem Einschieben beginnt man so bald als irgend möglich, also so bald der an den Kopfrand sich anschließende Teil der Platte so fest geworden ist, daß er den großen Schiebedruck aushalten kann, ohne sich aufzubeulen; ferner muß das Ende der Platte einigermaßen steif geworden sein, um das Schieben mitmachen zu können. Je länger man wartet, um so kälter wird der zuerst gewalzte Kofprand, um so später kommt er in den Kühlofen und um so mehr wächst die Gefahr, daß er Kaltsprünge bekommt, die ihn unbrauchbar machen, und die im Kühlofen oder auch nach dem Austritt aus dem Kühlofen den Bruch der Platte verursachen. Ferner entstehen übermäßige Spannungen in der Platte, die sich im Kühlofen nicht mehr genügend ausgleichen. Wie schon erwähnt worden ist, trifft es sich nachteiligerweise so, daß die obersten Schichten des Hafeninhaltes, also gerade die kältesten Teile der Glasmasse an den Anfang der Platte, der Kern der Masse aber, also die heißesten und flüssigsten Teile an das Ende der Platte kommen; und zwar hält dieser Kern auch in dem vor der Walze hergeschobenen Glashaufen seine Hitze ohne wesentliche Einbuße bis zum Schluß, so daß das Ende der Platte geraume Zeit braucht, bis es steif genug geworden ist und eingeschoben werden kann. Da der Kern im allgemeinen der reinste und klarste Teil des Hafeninhaltes ist, ist gewöhnlich das Ende auch das beste Stück der Glasplatte.

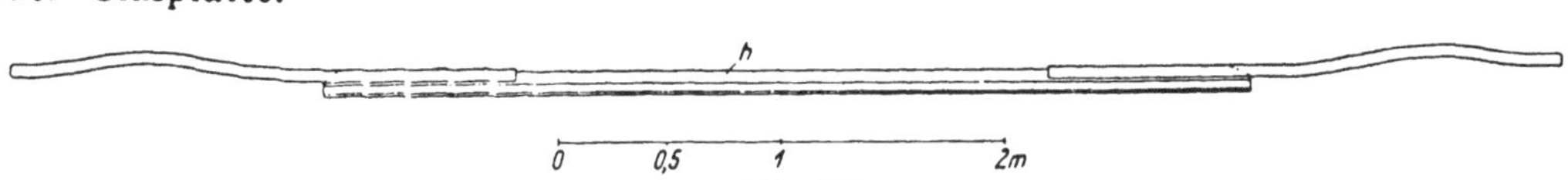

Abb. 883.

Je flüssiger die Glasmasse ist, um so länger dauert es, bis das Ende fest genug geworden ist; je steifer die Glasmasse ist, um so schneller erstarrt andererseits der Kopf der Platte. Es kommt also darauf an, den günstigsten Mittelweg zu finden. Bei einer Stärke der Rohglasplatte von ungefähr 10 mm muß man vom Übergang der Walze auf die Walzenwinde bis zum Beginn des Einschiebens normalerweise 18 bis 22 Sekunden warten. Sofern es häufig vorkommt, daß wohl das Ende der Platte schnell genug fest wird, aber nach ihrem Anfang zu das Glas sich beim Einschieben noch aufbeult, benützt man Drücker *h* (Abb. 881 u. 883), die man während des Einschiebens an der gefährlichsten Stelle auf das Glas preßt, so daß es sich nicht aufbeulen kann. Auf jeder Seite läuft ein Mann mit, der sich mit dem Oberkörper auf den langen

Griff des Drückers legt. Diese Maßregel hat sich im genannten Fall gut bewährt; sie erfordert allerdings ziemliche Gewandtheit und Körperkraft der beiden Leute, da man den Drücker kurz vor der Walzenwinde hochreißen muß, damit die Schaufel darunter weggleiten kann und der Drücker nicht gegen die auf der Walzenwinde ruhende Walze geschleudert wird und sie verletzt. Man könnte diese Einrichtung auch so treffen, daß sie selbsttätig wirkt.

Auf der Walzenwinde stößt der Querbalken *a* gegen einen Hebel, durch den der Elektromotor selbsttätig abgestellt wird. Der Hebel ist so einzustellen, daß die Bewegung der Schaufel rechtzeitig unterbrochen wird, damit der Querbalken nicht gegen die Walze schlägt und die Rohglasplatte nicht über ihr Ziel hinausschießt und gegen die jenseitige Wand des Kühlofens stößt; danach ist auch die Länge des Rahmens *d* zu bemessen. Um die Walze für alle Fälle vor Beschädigungen zu schützen, die Unebenheiten und Verunreinigungen der Rohglasplatte zur Folge hätten, bringt man am Querbalken *a* Puffer *i* an aus Gummi oder Filz; außerdem empfiehlt es sich, die Haken *c* federnd im Querbalken zu befestigen. Die Schaufel wird von Hand wieder in ihre Anfangslage auf die Gleitbalken *g* zurückgezogen.

9. Kühlöfen.

Im Kühlofen soll die Rohglasplatte eine solche Temperatur vorfinden, daß das Glas in allen Teilen wieder so warm wird, daß die Platte im großen und ganzen sich der ebenen Sohle des Kühlofens anpassen kann und die infolge der ungleichmäßigen Abkühlung auf dem Gießtisch entstandenen Verwerfungen und gefährlichen Spannungen sich wieder ausgleichen. Die Platte soll also nachgeglüht werden. Sie darf aber an keiner Stelle so weich und schmiegsam werden, daß sie geringen Vertiefungen in der Kühlofensohle, wie sie praktisch meistens nicht zu vermeiden sind, folgt; vielmehr soll sie so steif bleiben, daß sie Ritzen, Löcher und auch muldenförmige Einsenkungen von kleinem Umfang, die durch Nachlässigkeit beim Ausrichten der Sohle geblieben sind, überbrückt, ohne ihnen nachzugeben. Je nach der Bauart des Kühlofens erstrebt man darin eine Anfangstemperatur von 620—680°. Es kommt dann darauf an, von diesen Temperaturen ab die Platte allmählich so auf die Außentemperatur herunterzukühlen, daß an keiner Stelle plötzliches Abschrecken eintritt, und daß die Temperatur- oder Abkühlungskurven aller Teile der Platte möglichst gleichen Schritt miteinander halten, damit sie nicht springt, nicht von neuem wieder gefährliche Spannungen in sich aufnimmt und sich nicht verzieht, d. h. nicht windschief und uneben wird. Zwischen 550° und 600° liegt bekanntlich die sog. kritische Temperaturspanne, innerhalb der die Gefügebildung des erstarrenden Glases zu einem gewissen Abschluß gelangt. Diese Spanne hat der Kopf der Platte erreicht oder bereits unterschritten, noch ehe das Ende ausgewalzt ist. Schon allein aus diesem Grunde kann ohne Nachglühen ein Spannungsausgleich innerhalb der Platte nicht stattfinden. Aber auch ohne diese groben Abweichungen zwischen Kopf und Ende würde eine frisch gewalzte Platte, die man auf dem Gießtisch oder überhaupt im Freien liegen läßt, sich nach wenigen Minuten an vielen Stellen werfen und in unzählige kleine Stücke auseinanderplatzen, weil sie zu schnell abkühlt und nicht genügend Zeit findet, um auch die in engen Abschnitten entstandenen Unterspannungen in sich auszugleichen. Im Kühlofen sollen nun nach dem Ausglühen, d. h. nach dem Beseitigen der Spannungen die Abkühlungsvorgänge derart geführt werden, daß die Platte über ihre ganze Ausdehnung hin jeweils gleichen Temperaturabfall erfährt, damit nicht von neuem wieder Spannungen auftreten. Wenn diese Forderung vollkommen erfüllt würde, könnte sehr rasch abgekühlt werden, ohne daß die Platte Schaden leidet; plötzliche Abschreckungen müßten jedoch auch in diesem

Falle vermieden werden, besonders oberhalb der kritischen Temperaturspanne und ganz besonders innerhalb dieser Spanne selbst, in der das Glas am empfindlichsten ist, und in der man die Abkühlungskurve möglichst flach halten soll. Die in der Praxis bekanntenKühlöfen erfüllen die oben erwähnte Forderung mehr oder weniger mangelhaft, so daß nach dem Ausglühen da und dort von neuem wieder Spannungen entstehen. Der Abkühlungsvorgang muß deshalb so weit verzögert werden, daß genügend Zeit zum Ausgleich oder wenigstens zur Milderung der aufgetretenen Mängel vorhanden ist.

Früher war es allgemein üblich, die Spiegelrohglasplatten in Einkammerkühlöfen zu kühlen, die Raum für je eine höchstens zwei Platten besaßen; versuchsweise wurden auch Kühlöfen angelegt, die vier Platten aufnehmen konnten; fast durchweg hatte man aber nur Kammern für eine Platte. Solche Kammern werden 6—10 Stunden lang vor dem Guß aufgeheizt; nach dem Einschieben der Platte läßt man die ganze Kammer mitsamt der Platte abkühlen, um sie dann am nächsten oder übernächsten Tage für die frisch einzuschiebende Platte von neuem aufzuheizen. In den meisten Betrieben waren früher die Temperaturunterschiede innerhalb einer Kammer so groß und der Abkühlungsvorgang so unübersichtlich, daß man gezwungen war, sehr langsam abzukühlen und die Platte länger als einen Tag, oft bis zu 40 und noch mehr Stunden im Kühlofen liegen zu lassen. Ein solcher Kühlofen konnte also nur jeden zweiten Tag mit einer neuen Platte beschickt werden; es waren infolgedessen in einer Rohglashalle doppelt soviel Kühlöfen erforderlich als höchstens Schmelzhäfen in Betrieb waren. Für Instandsetzungszwecke mußten darüber hinaus noch einige Kühlöfen mehr in Reserve gehalten werden. Mit der Zeit war es aber doch gelungen, ohne Nachteil für die Rohglasplatte die Zeit des Abkühlens auf etwa 15—16 Stunden herunterzudrücken, so daß die Kühlöfen schon am folgenden Tage wieder frei wurden und noch genügend Zeit vorhanden war, um sie bis zum nächsten Guß von neuem aufzuheizen. Außer 2—3 Reservekühlöfen waren also in solchen Fällen nicht mehr Kühlöfen erforderlich als höchstens Häfen in den Schmelzöfen standen, was eine große Ersparnis an Raum, Gelände und Anlagekosten ausmachte. Kontinuierlich arbeitende Kanalkühlöfen, die für andere Glasgegenstände, so auch für Tafelglas, seit langem üblich sind, haben für Spiegelglas wegen der Größe der Spiegelrohglasplatten erst später und zwar zuerst in Nordamerika Eingang gefunden; heute sind diese Kanalkühlöfen fast überall eingebürgert. Rohglashallen mit Einkammerkühlöfen finden sich nur noch ausnahmsweise; einige Hütten haben die alten Kühlhallen als Reserveanlage noch bestehen lassen.

a) Einkammerkühlöfen.

Die der alten Auflage dieses Buches entnommenen Abb. 884—887 zeigen einen kleinen Einkammerkühlöfen für eine Rohglasplatte von $6\frac{1}{2}$—7 m Länge und 3,8 bis 4 m Breite. Er hat an der hinteren Stirnwand eine Feuerung mit einem Planrost für feste Brennstoffe und am entgegengesetzten Ende, d. h. an der vorderen Stirnwand, an der die Rohglasplatten eingeschoben werden, an jeder Ecke einen Abzug für die Rauchgase. Gewölbe und Sohle ruhen auf zwei seitlichen, der Länge nach durchgehenden Fundamentmauern, die gleichzeitig auch die Trennungs- und Stützwände für die beiden anschließenden Kühlöfen bilden. Die Sohle ruht außerdem noch mit Hilfe von eisernen Längsträgern auf Zwischenpfeilerchen. Auf den eisernen Längsträgern liegen in Abständen von 0,3—0,4 m kleine eiserne Querträger, deren Zwischenräume mit Beton ausgestampft sind. Dieser Beton soll sich in der Wärme möglichst wenig ausdehnen und nicht verziehen; er besteht deshalb aus bestem Zement und zerkleinerten vulkanischen Steinen. Besser bewährt hat sich noch eine lose Anfüllung aus gemahlenen Hafenschalen von $\frac{1}{4}$—$\frac{1}{2}$ cm Körnung; statt der

Hafenschalen wird auch gekörnte Infusorienerde genommen. Als Unterlage für diese Anfüllung dienen Bleche, am besten Wellbleche, die man auf die unteren Flanschen der eisernen Querträgerchen legt (s. Abb. 888). Auf die Betonunterlage bzw. auf die körnige Anfüllung legt man in Sand oder besser in gekörnten Ton oder Infusorienerde hochkant gebettete Tonsteine; sie sind nur lose gebettet, so daß sie von Zeit zu Zeit oder sobald sich irgendwelche Unregelmäßigkeiten zeigen sollten mit dem Lineal nachgerichtet werden können, damit die Sohle stets eine möglichst vollkommene Ebene bildet. Die in der vorderen Stirnwand befindliche über die ganze lichte Breite der Kammer gehende Einschiebeöffnung kann durch eine in seitlichen Führungen auf- und abgehende Hängetür verschlossen werden. Die Tür wird meistens aus einem schmiedeeisernen Rahmen mit da-

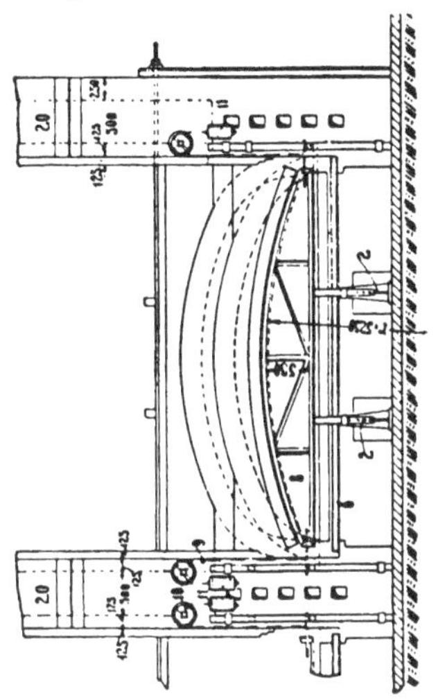

Abb. 885.

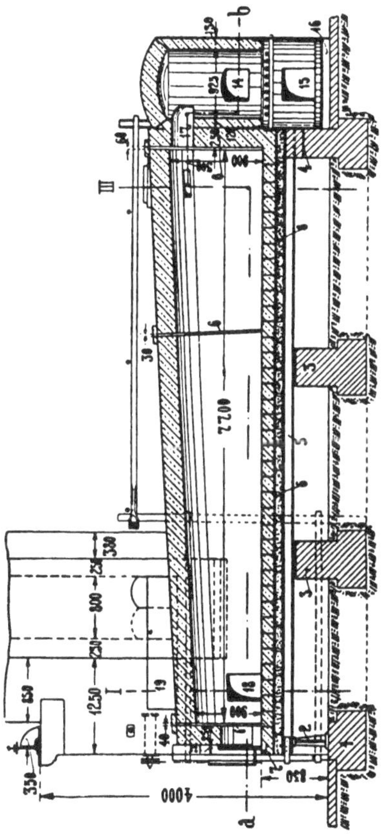

Abb. 884.

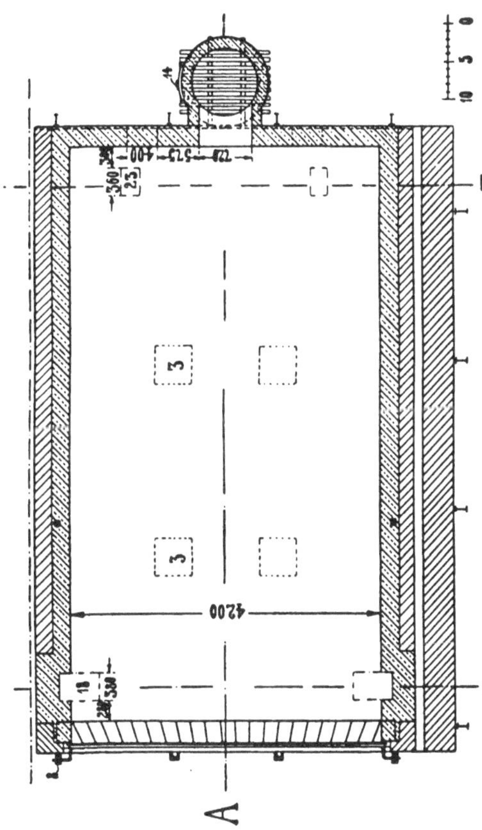

Abb. 883.

zwischengespannten Schamotteplatten hergestellt; ihr Gewicht wird durch Gegengewichte ausgeglichen.

Zum Heizen werden langflammige Brennstoffe gebraucht, meistens Briketts aus Flammsteinkohlen, um möglichst viel Wärme nach dem vorderen Ende der

Kammer zu tragen. Am heißesten wird im allgemeinen die Zone, die 1—2 m von der Feuerbrücke entfernt liegt; am kältesten bleibt das vordere Ende der Kammer. Der zuerst gewalzte Kopf, d. h. der kälteste Teil der Rohglasplatte kommt also in die kälteste Zone des Kühlofens, während das noch verhältnismäßig weiche Ende der Platte in die heiße Zone zu liegen kommt; für die Güte der Platte, für deren Ebenheit und möglichst günstigen Spannungsausgleich wäre aber gerade das Umgekehrte

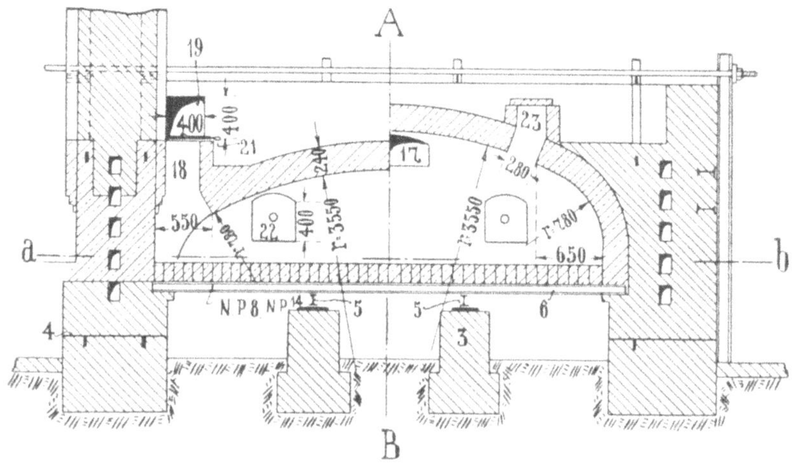

Abb. 887.

wünschenswert. Es wurde deshalb früher auch schon vorgeschlagen, die Platte in anderer Richtung zu walzen als es sonst geschieht, also die Walze vom Kühlofen weg nach dem entgegengesetzten Ende des Tisches hin zu rollen, den zuerst gewalzten Kopfrand der Platte sofort nach seiner Entstehung solange er noch warm ist um einen eisernen Bügel zu falzen und dann die Platte mit Hilfe von zwei seitlich am Tisch geführten Stoßstangen, die am Bügel angreifen, in den Kühlofen hineinzuziehen. Dadurch würde man erreichen, daß der zuerst erkaltete Kopf der Platte in die heiße Zone des Kühlofens kommt. Aufnahme hat dieses Verfahren aber nie gefunden; es ist anzunehmen, daß die Nachteile, die der in das Glas der Kopfkante eingefalzte Bügel und die Umständlichkeit der Stößerkonstruktion mit sich bringen, die Vorteile überwiegen. Die Bestrebungen gingen vielmehr dahin, durch die Art der Feuerung und die Form der Kammer die Hitze möglichst gleichmäßig zu verteilen und möglichst weit nach vorne zu tragen. In erster Linie machte man die Feuerbrücke so hoch, daß der Feuerschlitz unmittelbar unter dem Gewölbe lag; vielfach machte man außerdem das Gewölbe nach vorne zu geneigt, wie es die Abb. 884 zeigt, und die am vorderen Ende zu beiden Seiten der Kammer liegenden Rauchabzüge legte man so tief als möglich, so daß die Verbrennungsgase hinten möglichst hoch über die Sohle hinwegstrichen, um sich nach vorne zu allmählich bis zur Sohle hinunterzusenken. In anderen Fällen ließ man das Gewölbe wagrecht und neigte die Sohle nach der Feuerung zu sehr stark (Neigung etwa 1:14) nach unten. Häufig fand man auch Kühlöfen, die außer dem hinteren Hauptfeuer am vorderen Ende an einer oder an beiden Ecken noch ein besonderes Feuer enthielten, während man die Rauchgasabzüge mehr nach innen zu verlegte; die Kammer mußte den Feuerungen entsprechend

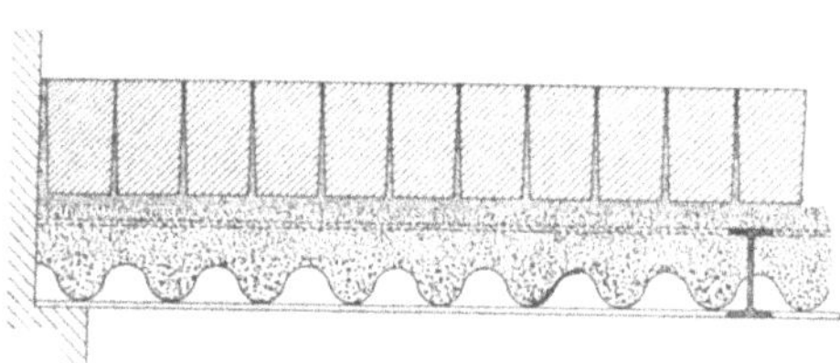
Abb. 888.

breiter sein. Vorteile haben diese Vorderfeuer nicht gebracht. Am besten bewährt haben sich stets Kühlöfen mit einer Feuerung an der hinteren Stirnwand, zwei tiefliegenden Rauchgasabzügen an den beiden vorderen Ecken und geneigten Gewölben oder geneigten Sohlen wie sie oben zuerst beschrieben wurden. Eine ganz gleichmäßige Verteilung der Hitze oder, wie es noch wünschenswerter wäre, eine Verteilung derart, daß etwas mehr Hitze nach vorn, etwas weniger nach hinten kam, wurde aber nie erzielt. Die Kammern blieben immer nach hinten zu am wärmsten; die Folge davon war, daß die Rohglasplatten die in Abb. 889 in übertriebener Weise dargestellte Form annahmen; die Ränder des Kopfes der Platte bogen sich tellerartig nach oben, am Ende dagegen bogen sie sich glockenartig nach unten. Eine gleichmäßigere Beheizung dieser Einkammerkühlöfen wäre erreicht worden durch Verwendung flüssiger oder gasförmiger Brennstoffe; eine größere Anzahl von Düsen oder Brennern hätte sich dann in geeigneter Weise über den ganzen Raum der Kammer verteilen lassen.

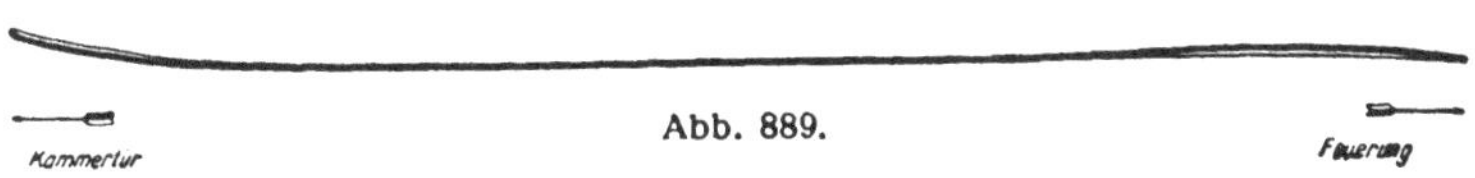

Abb. 889.

Diese Art der Heizung wurde früher auch bereits angestrebt; die Einführung des Kanalkühlofens ließ die gehegten Absichten aber nicht mehr zur Verwirklichung kommen.

Von wesentlichem Einfluß auf das Verziehen, auf die Ebenheit und die Bruchgefahr der Rohglasplatte ist außer der mehr oder weniger gleichmäßigen Beheizung der Kammer die Art der Abkühlung. Die Temperatur im vorderen, also in dem der Feuerung entgegengesetzten Teil der Kammer, und damit die Temperatur des Kopfes der Platte soll nach deren Einschieben durch die Wärmestrahlung vom anderen Kammerende her zwecks Anbahnung des Temperaturausgleichs in der Platte noch steigen. Die Kammer ist deshalb sofort, nachdem die Platte eingeschoben ist, hermetisch zu verschließen; alle Ritzen am Einschiebetor sind mit Lehm zu verschmieren, so daß keine kalte Luft von außen eindringen kann. In einigen Hütten wurden 1—2 Stunden vor dem Guß große Holzscheite in einen an der Innenseite der vorderen Stirnwand hängenden eisernen Korb geschoben, die dort verbrannten; dadurch wurde die Temperatur im vorderen Teil der Kammer um ein geringes gesteigert. In anderen Betrieben war man von dieser Maßnahme wieder abgekommen, weil man keine Vorteile dadurch erzielte. Es empfiehlt sich, nach dem Einschieben der Platte bei gedrosseltem Rauchgasabzug noch 1—2 Stunden weiterzuheizen; dadurch wird vor allem vermieden, daß kalte Luft durch die Feuerung in die Kammer dringt; gegen Schluß dieses Nachheizens sind die Rauchgasabzüge gänzlich abzustellen, um 1—2 Stunden lang die Kammer völlig sich selbst zu überlassen. Da sich während dieser Zeit die Temperaturen in der Kammer und in der Platte nur unvollkommen ausgleichen, das hintere Ende also immer noch erheblich wärmer bleibt als der Kopf, so muß zunächst dafür gesorgt werden, daß die Abkühlung an dem nach der Feuerung zu gelegenen Ende beginnt und sich dann erst allmählich nach der Mitte und dem Kopf zu weiterpflanzt. Man lüftet deshalb zuerst ganz wenig die in der hinteren Stirnwand zu beiden Seiten der Feuerung vorgesehenen Türen, um sie nach und nach weiter zu öffnen. Um Unvorsichtigkeiten hierbei auszuschließen, kann man in dieser Stirnwand auch eine größere Anzahl kleiner, durch Stopfen abgedichtete Löcher vorsehen; anstatt jene Türen zu lüften, entfernt man dann in gewissen Zeitabschnitten einen Stopfen nach dem anderen. Zum gleichen Zwecke sind auch im Gewölbe wenige große oder viele kleine mit Deckeln oder Stopfen verschlossene Öffnungen gelassen, die einige Stunden später nacheinander gelüftet werden. In welcher

Reihenfolge dies am besten geschieht, muß an jedem Kühlofen ausprobiert werden. Im allgemeinen wird man diejenigen zuerst öffnen, die über der wärmsten Zone liegen. Erst später werden die Rauchgasabzüge mehr und mehr geöffnet und dann auch die Türen in der hinteren Stirnwand weiter aufgemacht. Zu beachten ist auch die Abkühlung von unten her durch die Kühlofensohle. Bei dem in Abb. 884—887 dargestellten Kühlofen ist der Raum unter der Sohle nur nach vorne zu offen, weshalb ein Durchzug der Luft durch diesen Raum nicht stattfinden kann. Man findet jedoch auch Kühlöfen, bei denen dieser Raum durch abgeschieberte Kanäle mit dem Freien in Verbindung steht; durch Öffnen der Schieber kann man einen mehr oder weniger starken Luftzug unter der Kühlofensohle weg durch das Hallengebäude hervorrufen. Die Abkühlung der Trennungswände zwischen je zwei Kühlöfen ist durch besondere Kühlkanälchen zu regulieren; man findet aber auch Köhlofenbauarten, bei denen diese Trennungswände nur sehr schwach oder ganz weggelassen sind, so daß das bis zur Sohle heruntergehende Gewölbe des einen Ofens sich gegen dasjenige des anderen stützt. Von großem Einfluß auf den Abkühlungsvorgang sind die Wind- und Witterungsverhältnisse, da sie für den Luftwechsel in der Rohglashalle ausschlaggebend sind.

In jedem Falle ist darauf zu achten, daß nach dem Einschieben der Rohglasplatte die Temperaturunterschiede in der Kammer nicht vorübergehend wachsen; sie sollen vielmehr nach und nach verschwinden, da sonst das Springen der Platte unvermeidlich ist. Die Abkühlung soll etwa nach der in Abb. 890 angegebenen schematischen Darstellung vor sich gehen. Die Temperaturen in der Rohglasplatte unmittelbar nach dem Einschieben mögen ungefähr nach der punktiert gezeichneten Linie x_1—x_2 verlaufen, wobei die Platte am Kopf die niedrigste Temperatur x_1, am Ende die höchste Temperatur x_2 besitzt. Durch das Liegen in der luftdicht verschlossenen Kammer soll zunächst ein Temperaturausgleich stattfinden, der allmählich mindestens zu der Linie a_1—a_2 führt. Da die Kammer, wie bereits erwähnt wurde, etwa 1—2 m von der Feuerung weg die heißeste Zone aufweist, wird auch die Rohglasplatte etwa bei a_3 zunächst noch die höchste Temperatur behalten; von dieser Temperaturlinie a_1—a_3—a_2 aus soll dann die Abkühlung so fortschreiten, daß die Unterschiede zwischen a_3 und a_1 bzw. a_3 und a_2 kleiner und kleiner werden, etwa wie durch die Zwischenkurven b_1—b_3—b_2, c_1—c_3—c_2 usw. dargestellt, bis die Temperatur über die ganze Platte hinweg dieselbe ist, d. h. bis die Temperaturkurve in die gerade Linie e_1—e_2 übergeht. In Wirklichkeit werden die in jedem Augenblick bestehenden Temperaturen innerhalb einer Platte auf einer weniger stetig aussehenden Kurve liegen, besonders während jener Periode, in der die kritische Temperaturspanne zu überschreiten ist.

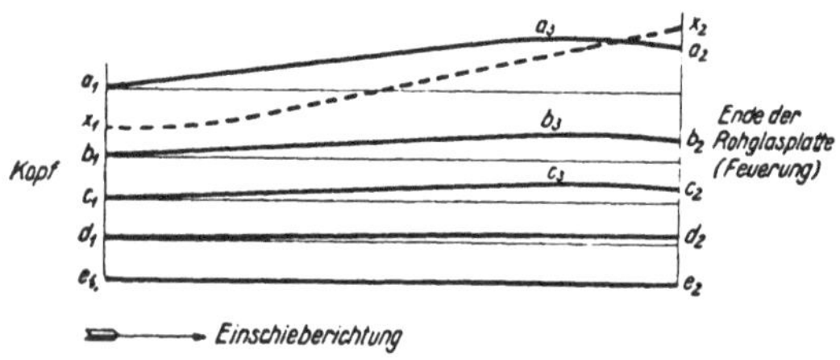

Abb. 890.

Abb. 843 (S. 877) zeigt eine Gießhalle mit zwei Reihen Einzelkühlöfen. Für die am meisten üblichen Rohglasplatten von etwa 8½ m Länge und 4½ m Breite hatten die Kammern im allgemeinen eine lichte Länge von 10 m und eine lichte Breite von 5 m. Die abgekühlten Platten wurden mit Hilfe der Walzenwagen aus den Kühlöfen auf hölzerne Plattformen gezogen, die entweder auf den Gießtischgleisen fahrend oder am Gießkran hängend zu den Schneidetischen gebracht werden konnten.

b) Kanalkühlöfen.

Abb. 785 (S. 837) zeigt in schematischer Darstellung eine Rohglashalle mit einem Kanalkühlofen, wie er später in fast allen Spiegelglashütten unter der Bezeichnung

„Straku“ (Stracou, Lehr) benützt wurde. Die Bezeichnung „Straku“ soll angeblich einer Verballhornung des deutschen Wortes „Streckofen“ entstammen. In dem zu Abb. 785 gehörigen Text ist auch bereits die grundsätzliche Wirkungsweise des Straku geschildert. Die in Europa in Betrieb befindlichen Strakus sind fast ausschließlich nach den Entwürfen des Amerikaners J. W. Cruikshank gebaut.

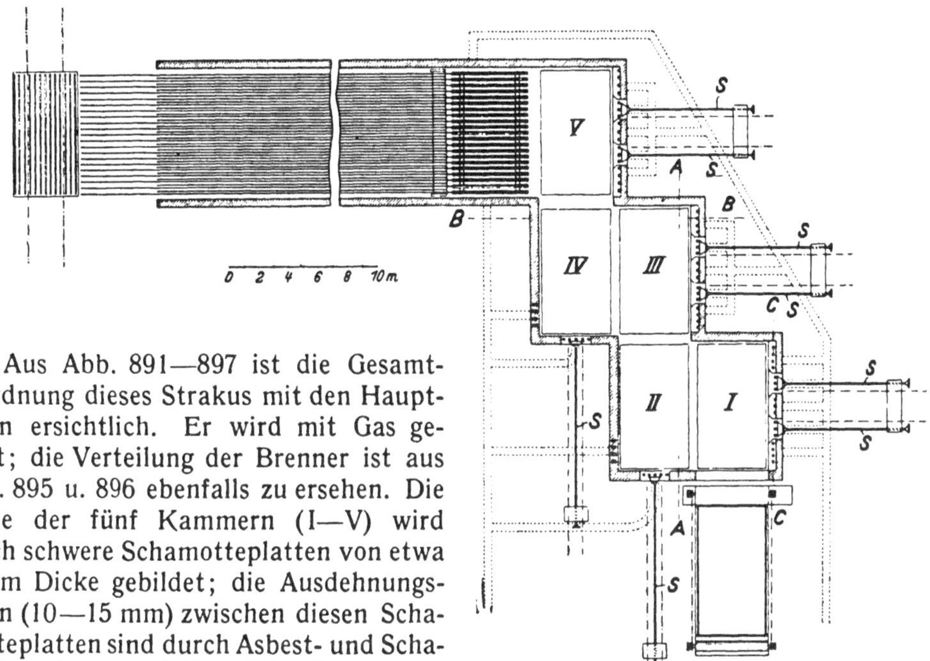

Abb. 891.

Schnitt A-A

Abb. 892.

Aus Abb. 891—897 ist die Gesamtanordnung dieses Strakus mit den Hauptteilen ersichtlich. Er wird mit Gas geheizt; die Verteilung der Brenner ist aus Abb. 895 u. 896 ebenfalls zu ersehen. Die Sohle der fünf Kammern (I—V) wird durch schwere Schamotteplatten von etwa 30 cm Dicke gebildet; die Ausdehnungsfugen (10—15 mm) zwischen diesen Schamotteplatten sind durch Asbest- und Schamottemehl ausgefüllt. Die Schamotteplatten sind nach ihrem Einbau mit Lineal und Wasserwage genau auszurichten; die Oberflächen der Platten müssen dabei peinlich genau bearbeitet werden, so daß die ganze Sohle durch alle fünf Kammern hindurch eine möglichst genaue, wagrechte Ebene bildet. Die Anordnung der elektrisch angetriebenen Stoßschaufeln S zum Verschieben der Platten ist ebenfalls aus Abb. 891 ersichtlich. Von der fünften Kammer aus wird die Rohglasplatte mit Hilfe einer solchen Stoßschaufel in den Kanal geschoben, in dem sie dann ohne Berührung von außen her mit Hilfe eines besonderen Mecha-

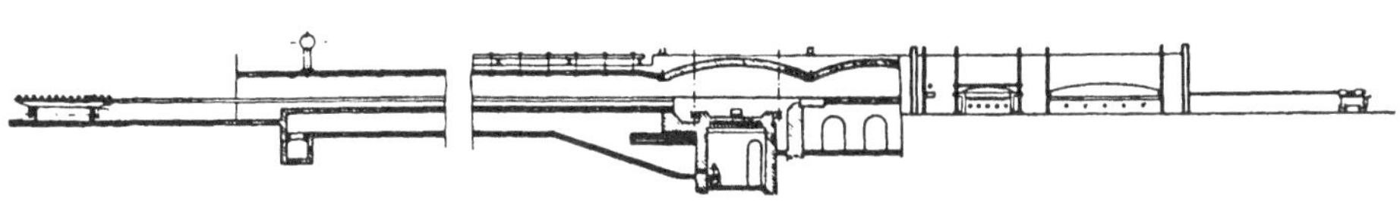
Abb. 893.

nismus weiterbefördert wird. Den Beginn des Kanals bildet der sog. Aufzug, der den Übergang von der fünften Kammer zum Gestänge des Kanalmechanismus vermittelt. In der ersten Kammer hält man im allgemeinen eine Temperatur von 650 bis 680°, die von Kammer zu Kammer niedriger wird, so daß sie am Eingang in den Kanal noch etwa 500°, am Ende des Kanals, d. h. beim Austritt der Rohglasplatte aus dem Kühlofen, noch ungefähr 60° beträgt; zu erstreben ist, die Platte bis zum Austritt aus dem Kühlofen auf Zimmertemperatur herunterzukühlen; man kommt aber bei den bestehenden Kanälen nicht unter 60°.

Als Pyrometer zum Beobachten der Temperaturen an den verschiedenen Stellen des Straku benützt man meistens Thermoelemente und zwar Platin-Platinrhodium- oder Nickel-Chromnickel-Elemente, die die Temperatur auf einer Skala unmittelbar anzeigen. Die Temperaturskalen sind auf einer gemeinsamen Tafel angebracht, so daß von einer zentralen Stelle aus die Angaben sämtlicher Pyrometer abgelesen werden können. Es empfiehlt sich außerdem, sämtliche Temperaturen ununterbrochen aufzuzeichnen und jede Skala noch mit einem besonderen Registrierapparat zu verbinden, so daß das Personal stets einen Überblick über die während des ganzen Tages im Kühlofen herrschenden Temperaturverhältnisse hat und vor allem die Betriebsleitung ständig übersehen kann, ob auch in den Pausen zwischen den Güssen, besonders nachts der Straku nicht zu heiß oder zu kalt gewesen ist. Für gewöhnlich hängt man durch das Gewölbe jeder Kammer ein Pyrometer und drei bis vier über die Länge des Kanals verteilt durch dessen Decke; sie sollen so weit als möglich bis in die Nähe der Rohglasplatten herunterhängen, doch ist darauf zu achten, daß sie nicht durch die Stoßschaufeln beim Verschieben der Platten abgebrochen werden und vor allem dürfen sie nicht im unmittelbaren Bereich einer Flamme hängen, da sie sonst nicht die Temperatur anzeigen, der die Platte tatsächlich ausgesetzt ist.

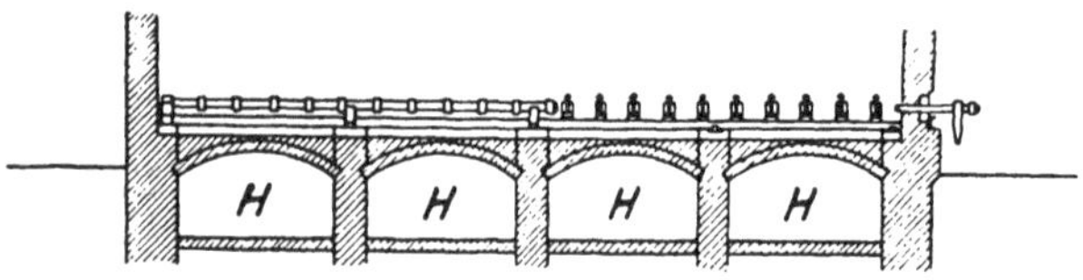

Abb. 894.

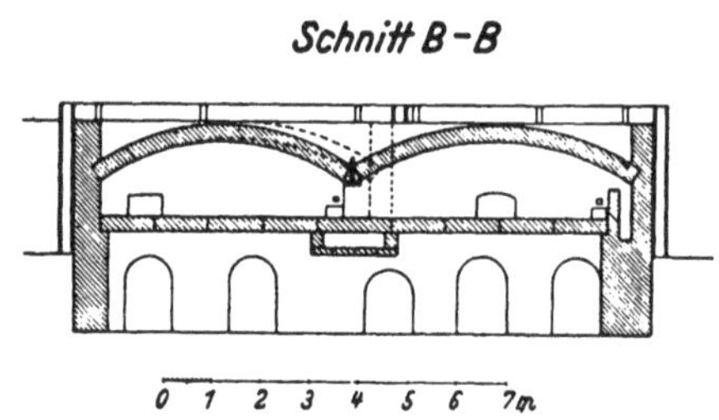

Abb. 895.

In der Mitte des Aufzuges und von da ab 3—4 m weiter ist auf jeder Seite des Kanals noch je ein Brenner angeordnet, dessen Flamme über die Rohglasplatte hinweggeht; bisweilen findet man 5 m weiter auf jeder Seite noch einen dritten Brenner im Kanal, dessen Flamme über den Rohglasplatten liegt; in Abständen von 8—12 m sind dann noch 2—4 weitere Brenner auf jeder Kanalseite angeordnet, deren Flammen jedoch unterhalb der Rohglasplatten und unterhalb der Eisenteile des Mechanismus in den Kanal eintreten. Bei Benutzung dieser Kanalbrenner ist größte Vorsicht geboten, damit die Eisenteile des Mechanismus nicht durch die Flammen leiden. Die Kanalbrenner werden deshalb meistens gar nicht benutzt. Wie aus den Abbildungen ersichtlich, ziehen sich unter dem ganzen Kühlkanal vier Heizkanäle *H* hin, deren Brenner unterhalb des Aufzuges, also unterhalb des Kanalanfangs hinter der fünften Kammer etwa $2\frac{1}{2}$ m unter Hallenflur sich befinden. Diese untere Beheizung reicht im allgemeinen aus, um das Temperaturgefälle im Kanal zu regeln.

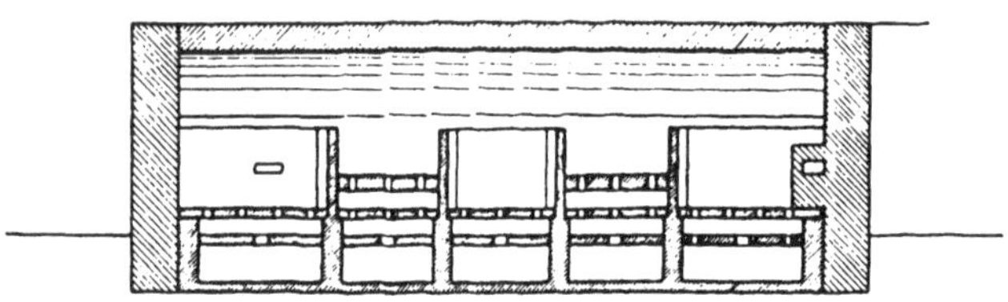
Abb. 896.

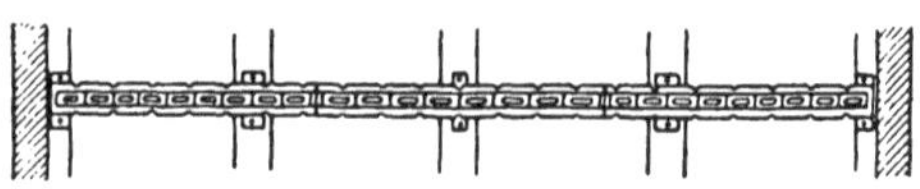
Abb. 897.

Kurze Zeit nach Beginn des Gusses müssen die Heizflammen nach und nach gedrosselt werden, da die frisch gewalzten Rohglasplatten selbst eine erhebliche Wärmemenge mit in den Kühlofen bringen; je mehr Rohglasplatten durch den Kühlofen hindurchgehen, desto weniger Gas ist zu dessen Beheizung erforderlich, um so leichter stellt sich der ganze Kühlofen auch auf das günstigste Temperaturgefälle ein. Je mehr Glasplatten hintereinander gegossen werden, desto besser geht der Kühlofen. Von wesentlichem Einfluß auf den guten Gang des Kühlofens sind die Windverhältnisse; das Kühlofengebäude soll nach allen Seiten dicht sein. Für mittlere Verhältnisse genügt ein Schornstein von etwa 30—35 m Höhe und mit einem oberen lichten Durchmesser von $1\frac{1}{4}$ bis $1\frac{1}{2}$ m; meistens findet man jedoch elektrisch betriebene Saugzuganlagen. Der Rauchgasabzug sowohl für die durch den Kühlkanal gehenden Rauchgase wie auch für diejenigen der unter dem Kühlkanal liegenden vier Feuerungen befindet sich am Ende des Straku. Etwa in halber Länge des Kühlkanals sind in dessen Decke einige Zwischenabzüge vorgesehen, die durch eine Blechrohrleitung mit dem Hauptabzug am Ende des Kühlkanals verbunden sind. Sie werden benützt, wenn der Temperaturabfall im Kanal zu gering ist; ihre Betätigung bringt aber leicht eine Störung in die Temperaturverhältnisse; man vermeidet deshalb soweit als irgend möglich die Verwendung dieser Zwischenabzüge und zieht es vor, sie geschlossen zu halten und das Temperaturgefälle durch die Stärke der einzelnen Flammen und mit Hilfe der Hauptrauchgasabzüge zu regulieren.

Die erste Strecke des Kanals, d. h. der Raum über dem sog. Aufzuge, ist auf etwa $5\frac{1}{2}$ m wie die Kammern durch ein Gewölbe abgedeckt. Die nächsten 50 m der Kanaldecke werden durch Schamotteplatten gebildet, die sich auf die unteren Flanschen von querliegenden Doppel-T-Trägern stützen. Die Stärke der Schamotteplatten nimmt nach hinten zu allmählich ab, während vorne vom Aufzug ab gerechnet die Wärmeisolierung der Decke noch durch auf die Schamotteplatten aufgeworfenen Lehm oder daraufgelegtes Mauerwerk erhöht wird. Die letzten 50—55 m des Kühlkanals sind durch Wellbleche abgedeckt, auf denen eine Schicht Lehm liegt, die nach hinten zu schwächer und schwächer wird; sie hat zuerst eine Höhe von etwa 12—18 cm, während bei den letzten 10—15 m die nackten Wellbleche zu sehen sind.

Die Abb. 898 u. 899 geben eine schematische Darstellung des Strakumechanismus. Alle 6—10 Minuten wird eine neue Rohglasplatte gegossen und in den Kühlofen eingeschoben; infolgedessen müssen auch die bereits im Kühlofen liegenden Platten alle 6—10 Minuten um eine Plattenbreite zuzüglich des zwischen zwei Platten sich befindlichen Spielraumes, also bei den heutigen Abmessungen um 5—$5\frac{1}{2}$ m weitergerückt werden. Der Strakumechanismus arbeitet nun so, daß vor der Weiterbeförderung sämtliche im Kanal liegenden Platten mit Hilfe eines auf- und abgehenden, durch lange Schienen gebildeten Rostes etwas angehoben werden, damit ein zweiter Rost, dessen Schienen zwischen denjenigen des auf- und abgehenden liegen, unter den Platten in wagrechter Richtung verfahren werden kann. Wenn die Platten angehoben sind, wird der fahrbare Rost, der sog. Wagen, nach vorne, also nach der fünften Kammer zu verschoben; der auf- und abgehende Rost wird dann wieder so weit gesenkt, daß seine Schienen um etwa 2—3 cm tiefer liegen als diejenigen des Wagens. Die Rohglasplatten bleiben somit auf den Schienen des Wagens liegen; wenn dann der Wagen um 5—$5\frac{1}{2}$ m zurückfährt, wird der Platz über dem Aufzug für die nächste noch in der fünften Kammer liegende Platte frei. Die letzte auf dem Rost liegende Rohglasplatte, also die hinten aus dem Kühlkanal ausgetretene, muß vorher rechtzeitig entfernt worden sein. In Abb. 898 deutet *a* die fünfte Kammer und *b* den Raum über dem Aufzug an. Von *a* aus wird die Rohglasplatte mit Hilfe einer elektrischen Stoßschaufel von außen her auf die Balken *c* geschoben, die, wie die Abb. 900—902 zeigen, aus gußeisernen Trägern bestehen, die seitlich mit starken Schamotteplatten gefüttert sind. Die Schamotteplatten ragen oben über

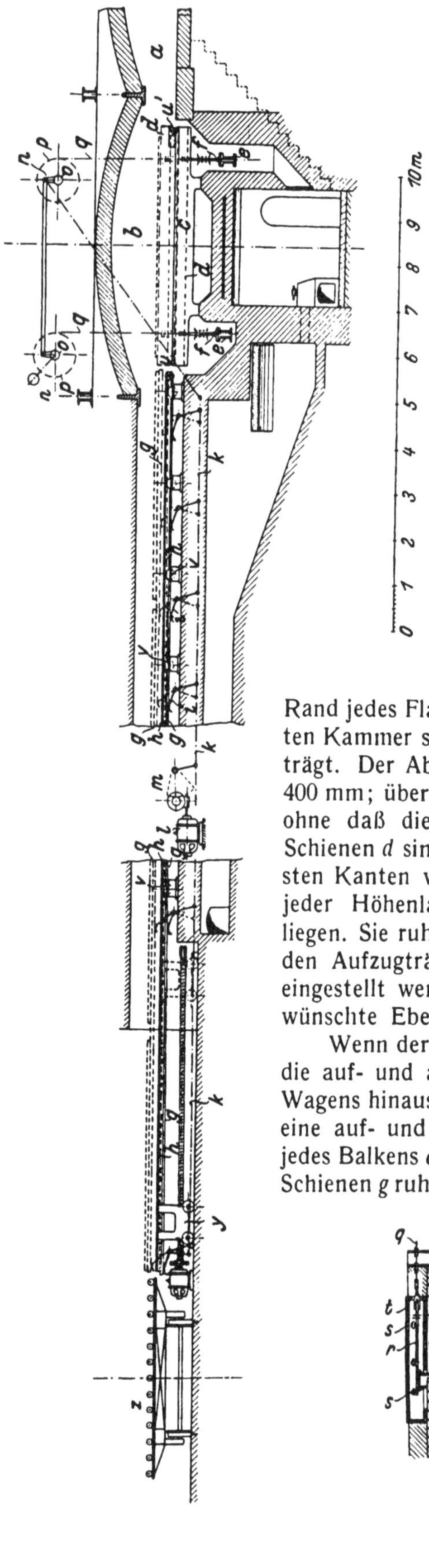

Abb. 898.

das Gußeisen hinaus, so daß die Glasplatten nicht mit dem Gußeisen in Berührung kommen, sondern lediglich auf den oberen Rändern der Schamotteplatten aufliegen; diese oberen Randflächen der Schamotteplatten müssen gut ausgerichtet und bearbeitet sein, so daß sie möglichst genau in einer wagrechten Ebene liegen. Gewöhnlich hat man 20—22 solche Balken gleichlaufend nebeneinander stehen; zwischen je zwei Balken befindet sich ein freier Zwischenraum von ungefähr 170 mm Breite. In diesem Zwischenraum kann sich ein eiserner, aus den Schienen *d* bestehender Rost auf- und abbewegen, und zwar stützen sich diese Schienen auf zwei Querträger *e*, die durch den Aufzugmechanismus gleichmäßig gehoben und gesenkt werden. Die Schienen *d* sind Flacheisen von ungefähr 5½ m Länge, 170 mm Höhe und 25 mm Dicke; ihre obere Kante ist dachförmig, so daß die Rohglasplatte nur auf einem schmalen Rand jedes Flacheisens aufliegt. Das Glas muß also in der fünften Kammer schon so starr sein, daß es diese Behandlung erträgt. Der Abstand der Schienen *d* voneinander ist ungefähr 400 mm; über diesen Abstand muß sich das Glas frei tragen, ohne daß die Platte dadurch deformiert wird. Sämtliche Schienen *d* sind untereinander so auszurichten, daß ihre obersten Kanten wie die obersten Randflächen der Balken *c* bei jeder Höhenlage des Aufzuges in einer wagrechten Ebene liegen. Sie ruhen mittels je zwei gußeisernen Stühlchen *f* auf den Aufzugträgern *e*, *e*. In diesen Stühlchen können sie so eingestellt werden, daß ihre obersten Kanten alle in die gewünschte Ebene fallen.

Wenn der Aufzug hochgeht, heben sich gleichzeitig auch die auf- und abgehenden Schienen *g* über die Schienen *h* des Wagens hinaus. In der Verlängerung jeder Aufzugschiene *d* liegt eine auf- und abgehende Schiene *g* und in der Verlängerung jedes Balkens *c* eine Wagenschiene *h*. Die auf- und abgehenden Schienen *g* ruhen auf Hebeln *i* (s. auch Abb. 905 und 906), die

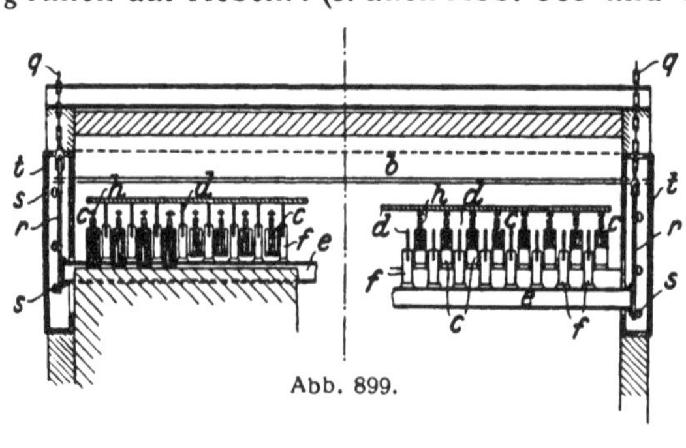

Abb. 899.

auf querliegenden Achsen sitzen, welche durch ein außen auf einer Seite neben dem Kühlkanal herlaufendes Gestänge *k* untereinander in Verbindung stehen. Dieses Gestänge ist mit Gegengewichten versehen, die die Gewichte der auf- und abgehenden Teile, auch diejenigen des Aufzuges großenteils ausgleichen; es wird durch einen Motor *l* von ca. 8 PS und ein Zahnsegment *m* bewegt. Durch die Hebel *n* wird

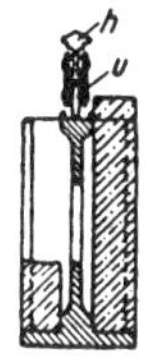

Abb. 900.

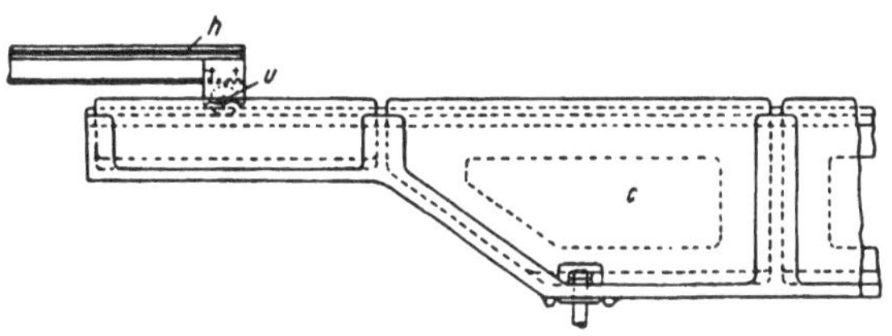

Abb. 901.

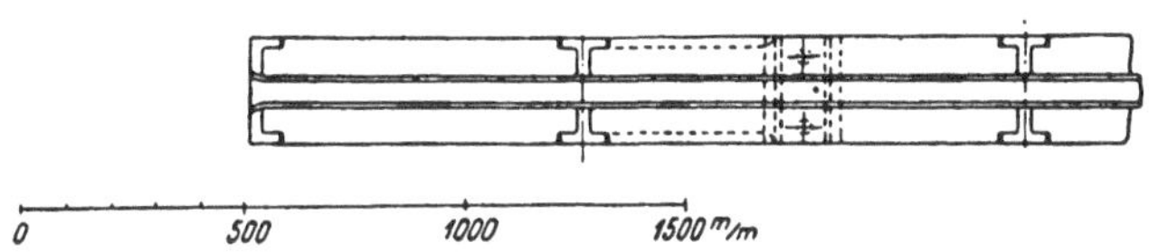

Abb. 902.

diese Bewegung auch auf die Achsen *o* übertragen, auf denen je 2 Scheiben *p* sitzen, die die Gallschen Ketten *q* auf- und abrollen. An den Gallschen Ketten hängen die Enden der Aufzugträger *e* (Abb. 899) mittels Blechen *r*, die durch kleine Rollen *s* in gußeisernen Kasten *t* geführt sind. Die Kasten *t* sind im Seitenmauerwerk des Aufzugraumes verankert. Die Gallschen Ketten *q* sind in ihrer Länge adjustierbar, so daß die Träger *e* so eingestellt werden können, daß sie in jeder Aufzugslage wagrecht und miteinander in gleicher Höhe liegen.

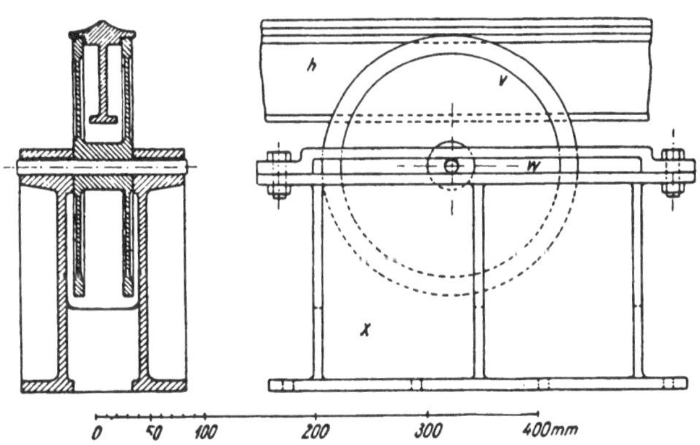

Abb. 903. Abb. 904.

Die Wagenschienen *h* tragen an ihrem vorderen Ende je eine Stützrolle *u*, die beim Verfahren des Wagens in einer Rille des zugehörigen Gußbalkens *c* läuft (Abb. 898 bis 902). Die beiden Stirnwände der an den Schienenenden befestigten Gehäuse, in denen die Rollen *u* sitzen, sind bis in die Rillen heruntergezogen, sodaß sie Räumer bilden, die Glasscherben, welche von zerbrochenen Glasplatten etwa auf oder in den Rillen liegen geblieben sind, vor sich herschieben. Würde ein solches Glasstück in einer Rille liegen bleiben, dann müßte die Rolle *u* darüber hinwegsteigen und das betreffende Schienenende würde sich über die anderen Schienen hinausheben; auf dem Rückwege würde dies zum Bruch der folgenden auf den Schienen liegenden Glasplatten führen. Die weggeschobenen Glasscherben fallen an den Enden der Balken *c* in Taschen, aus denen sie von unten bzw. von der Seite her entfernt werden können.

Wenn alle Rohglasplatten angehoben sind, wird der Wagen unter ihnen hinweggefahren, bis die Rollen *u* nach *u'* kommen (Abb. 898). Dann werden die Platten gesenkt, bis sie wieder auf dem Wagen liegen und um 5—5½ m weiter nach dem Kanalausgang zu gefahren werden können. Die Wagenschienen *h* liegen auf Rollen *v* (Abb. 898,

903 und 904), deren festsitzende Achsen mit ihren herausragenden Enden in Schlitzen *w* der Lagerstühle *x* rollen. Es entsteht also nur eine geringe rollende, keine gleitende Reibung, und Schmierung ist nicht erforderlich. Die rückwärtigen Enden der Wagenschienen *h* sind am Fahrgestell *y* befestigt, das durch einen Elektromotor von ebenfalls ca. 8 PS angetrieben wird. Dieses Fahrgestell schiebt den ganzen, über 100 m langen Wagen nach der fünften Kammer zu und zieht ihn wieder um die gleiche Strecke zurück; ein solcher Hin- und Hergang wird vom Strakuführer nach jedesmaliger Verständigung mit dem Aufsichthabenden, der sich am Kopfe des Straku aufhält, veranlaßt. Der Stand des Strakuführers mit den Anlassern für die Motoren zum Bewegen des Mechanismus befindet sich am Ende des Kanals, so daß der Strakuführer den Austritt der Rohglasplatten aus dem Kanal übersehen kann. Die Verständigung zwischen dem Aufsichthabenden am Kopfe des Straku und dem Strakuführer, die beide über 100 m voneinander entfernt sind, geschieht durch besondere Zeichen oder durch Glockensignale oder durch ein Sprachrohr, einen Fernsprecher od. dgl. Die Verständigung hat vor allem dahin zu gehen, daß der Strakuführer den Aufzug nicht hochgehen läßt, solange nicht die aus der fünften Kammer herauszuschiebende Rohglasplatte ganz auf den Aufzug liegt. Zwischen dem Fahrmechanismus des Wagens und demjenigen zur Veranlassung der Auf- und Abbewegung der Rohglasplatten ist eine Blockierung einzuschalten, damit es dem Strakuführer unmöglich ist, den Wagen nach der fünften Kammer hin zu bewegen, solange eine Rohglasplatte noch unangehoben auf den Balken *c* (Abb. 898) liegt, d. h. solange der Aufzug nicht hochgehoben ist; diese Blockierung muß für Ausnahmefälle ausgeschaltet werden können.

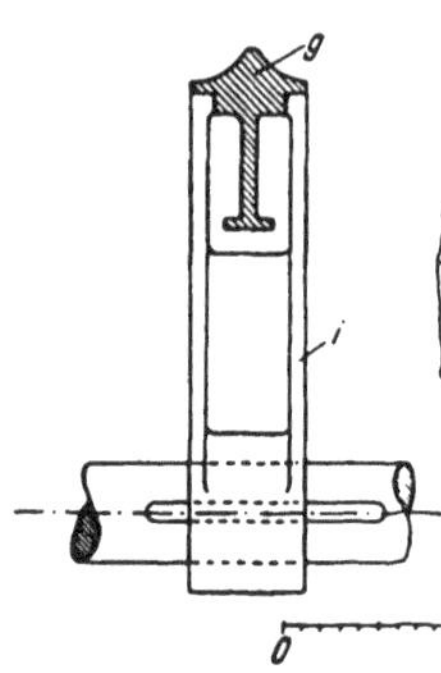

Abb. 905.

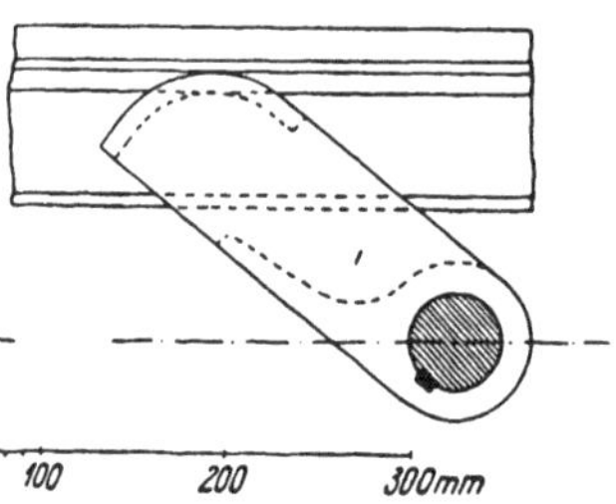

Abb. 906.

In den Endstellungen des Wagens wie auch in der höchsten und tiefsten Stellung des Aufzuges wird der Fahrmotor bzw. der Aufzugsmotor selbsttätig abgestellt; ferner werden sowohl die Fahrbewegungen wie auch die Auf- und Abbewegungen auf besondere am Strakuführerstand vorgesehene Zeiger übertragen, so daß der Strakuführer die Bewegungen der Mechanismen sowie deren jeweiligen Stand stets deutlich vor Augen hat. Vom Ende des Kanals werden die Rohglasplatten mit Hilfe einer besonderen Kettenzugvorrichtung auf den Rollenwagen *z* geschoben (Abb. 898). Die Kettenzugvorrichtung wird durch einen Motor von 3—4 PS angetrieben, der ebenfalls vom Strakuführerstand aus bedient wird. Das Schieben der Rohglasplatten auf den Rollenwagen *z* durch die Kettenzugvorrichtung wird noch unterstützt durch das Drehen der auf dem Rollenwagen sitzenden Rollen, die durch einen Elektromotor im Sinne der Bewegung der Glasplatten in Umdrehung gehalten werden.

Wie aus den Abb. 903 und 905 ersichtlich ist, haben die Schienen des Mechanismus einen dachförmigen Kopf, so daß Schiene und Rohglasplatte sich nur längs einer Linie berühren und nicht nach einer breiten Fläche. Die obersten Kanten der Schienen sind um so leichter auf eine gemeinsame Ebene einzustellen, je schmaler sie sind, und wenn einzelne Schienen sich in der Hitze verziehen sollten, so treten diese Kanten im Gegensatz zu breitflächigen Schienenköpfen nicht oder nur unmerklich aus der gemeinsamen Ebene heraus. Ferner werden die Temperaturausgleiche im Glas durch das Eisen nicht gestört, wenn beide Stoffe sich nur nach Linien berühren anstatt nach breiten Flächen. Schließlich bringt die Dachform der Schienenköpfe den Vorteil, daß kleinere Glasscherben, die von gesprungenen Rohglasplatten herrühren, nicht auf den Schienen liegen bleiben, sondern abrutschen und nach unten fallen. Bei größeren Bruchstücken, die über einen Schienenabstand hinwegreichen, kann es vorkommen, daß sie nach mehrmaligem Heben und Senken ebenfalls abrutschen, sich hochkant auf den Grund des Kanals stellen und dann über die Schienen herausragen. Dadurch kann der Bruch der nachfolgenden Glasplatten verursacht werden; solche Stücke müssen mit Hilfe von eisernen Hakenstangen von außen her beseitigt werden. Um das Kanalinnere daraufhin beobachten zu können, ist es durch elektrische Lampen zu beleuchten, die ihren Schein so nach innen werfen, daß der ganze Raum zu übersehen ist. Ferner sind im Seitenmauerwerk sowohl ober- wie unterhalb des Mechanismus kleine Türen anzubringen, damit man in das Innere des Kühlkanals hineingreifen kann. Die Türen dürfen aber nur im Notfalle geöffnet werden; für gewöhnlich sind sie gut dicht zu halten, damit kein kalter Luftzug auf die Glasplatten stößt.

Wie bereits weiter oben erwähnt wurde, ist bei der Bedienung der Brenner, deren Flammen mit den Eisenteilen des Aufzuges und des übrigen Mechanismus in Berührung kommen können, größte Vorsicht geboten. Es ist unbedingt zu vermeiden, daß die Flammen unmittelbar gegen die Schienen und deren Unterstützungen stoßen;

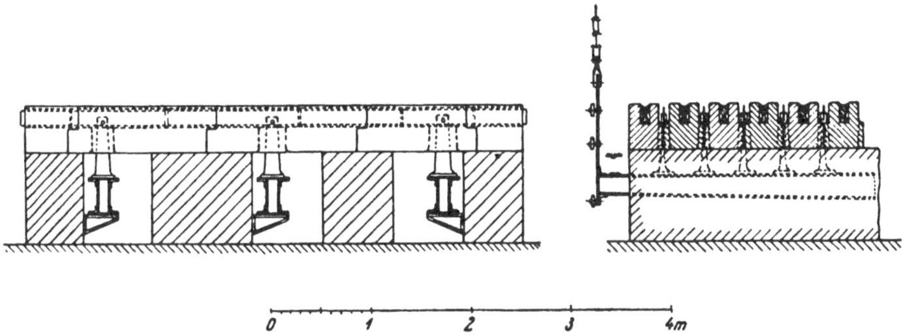

Abb. 907. Abb. 908.

die Temperatur am Kanalanfang darf nie so hoch steigen, daß Eisenteile anfangen könnten, rotwarm zu werden. Der Mechanismus ist zwecks guter Beweglichkeit in allen Teilen sehr leicht gehalten; wenn z. B. einige Schienen *h* des Wagens vorübergehend infolge Unachtsamkeit rotwarm werden, so hängen sie auf der langen Strecke *u—u'* durch. Abgesehen davon, daß dann die vom Aufzug auf den Wagen heruntergelassene Rohglasplatte eine ungenaue Unterlage findet, kann die weitere Folge die sein, daß die betr. Schienen die Deformation beibehalten. Sie können sich bei der Abkühlung aber auch nach der einen oder anderen Seite hin verziehen, so daß die Stützrolle *u* nicht mehr in die Führungsrille des zugehörigen Balkens *c* trifft; die Rolle läuft dann auf die Ränder der Rille auf und das betr. Schienenende ragt beim Überschreiten des Aufzugbalkens *c* über die anderen Schienen hinaus. In einigen Hütten wurden die ursprünglichen Schienen des Wagens vorn durch erheblich stärkere Profile ersetzt, so daß die Gefahr des Durchhängens auf der Strecke *u—u'* vermindert wurde. Verbogene Wagenschienen *h* können zum Geraderichten ihrer Vorderenden nach Lösung vom Fahrgestell *y* durch die fünfte Kammer nach vorn herausgezogen werden. Es ist aber darauf zu achten, daß sie dabei im Kanal nicht aus den Führungsrollen *v* springen. Auch bei den Aufzugschienen *d* kann es vorkommen, daß sie durchhängen, wenn sie zu warm werden. Die Gußkörper der Aufzugbalken *c* haben den Nachteil, daß sie sich in der Hitze nach oben oder nach unten wölben. Bei der in Abb. 907 und 908 dargestellten Bauart wird dieser Übelstand vermieden, die eingelegten Eisenschienen sind aus mehreren kurzen Stücken zusammengesetzt, damit sie sich möglichst wenig werfen.

Die Aufzugträger *e* (Abb. 898 u. 899), die als Kastenträger gebaut sind, verdrehen sich in der Hitze mehr oder weniger, wodurch die Gleichmäßigkeit der Höhenlage der Aufzugschienen *d* gestört wird. Man sucht diesem Übelstand dadurch entgegenzutreten, daß man das Innere der Kastenträger ventiliert, indem man es durch ein Blech in einen oberen und einen unteren Raum trennt; in der Mitte ist das Blech unterbrochen. Die warme Luft entweicht an beiden Trägerenden aus dem oberen Kastenraum; dadurch wird durch die Unterbrechung des Zwischenblechs in der Mitte der Träger von den unteren Öffnungen der beiden Trägerenden her kalte Luft nachgezogen. Diese Wirkung kann man dadurch verstärken, daß man an die oberen Öffnungen der Trägerenden senkrecht ansteigende Schläuche oder mit den Trägern auf- und abgehende Blechrohre anschließt, die einen Schornsteinzug hervorrufen.

Das erste Anheizen des Straku soll sehr langsam und ganz besonders vorsichtig geschehen, damit die im kalten Zustand ausgerichteten Kammersohlen, die Aufzugteile und die Unterstützungen des Kanalmechanismus nicht wieder in Unordnung geraten. Vor allem ist darauf zu achten, daß das Mauerwerk des Kanalbodens sich nicht hebt; diese Gefahr tritt besonders ein, wenn von unten her zu schnell und zu stark geheizt wird. Die empfindlichste Stelle in dieser Hinsicht ist das Mauerwerk über dem Anfang der vier unteren Feuerungen, besonders dasjenige, welches den Raum umgibt, in dem der zweite Aufzugträger *e* sich auf- und abbewegt. Zum Schutze dieses Mauerwerks baut man darunter in jedem Heizkanal der vier unteren Feuerungen einen Schutzbogen (Abb. 898). Ferner soll das Mauerwerk des Kanalbodens hinreichend mit Ausdehnungsfugen versehen sein. Die Unterstützungen des Mechanismus im Kanal dürfen nicht auf den Gewölben stehen, die die Heizkanäle der vier unteren Feuerungen nach oben abschließen; der Mechanismus soll vielmehr lediglich auf den Zwischenwänden ruhen, die jene Heizkanäle voneinander trennen, damit das Aufgehen der Gewölbe ohne Einfluß auf die Lage des Mechanismus ist.

Besondere Beachtung ist bei der außerordentlichen Länge des Strakus dem Baugrund und der Fundierung zu schenken, damit sich nachträglich nichts setzt und alle Teile ständig ihre ausgerichtete Lage beibehalten. Ferner ist das ganze Bauwerk nach unten gegen aufsteigende Feuchtigkeit zu sichern.

Wie bereits erwähnt wurde, werden die Rohglasplatten alle 6—10 Minuten um etwas mehr als eine Plattenbreite weiter geschoben; da die Länge der meisten Strakus so bemessen ist, daß sie Platz für gleichzeitig 26 Rohglasplatten haben — 5 in den Kammern, 1 über dem Aufzug und 20 in dem an den Aufzugraum sich anschließenden Kühlkanal — so beträgt die Kühlzeit vom Einschieben der Platte in die Kammer 1 bis zum Abschieben auf den Rollenwagen 156—260 Minuten, also rd. 2½—4½ Stunden. Die geringe Zeit von 6 Minuten für den Guß einer Platte wird nur in Ausnahmefällen erreicht; zum Kühlen im Straku reichen jedoch 2½ Stunden aus. Von der Rücksicht auf die Kühldauer hängt die Schnelligkeit, mit der gearbeitet werden kann, also nicht ab; vielmehr wird sie in der Regel durch die Schnelligkeit bestimmt, mit der die Rohglasplatten der Reihe nach von einer Strakukammer in die nächste geschoben werden und ferner von der Schnelligkeit, mit der gegossen und gewalzt wird, und davon, in welchen Zeitabständen die Schmelzhäfen zum Gießtisch und wieder zurück zum Schmelzofen gebracht werden. Wenn keine wesentlichen Störungen vorkommen, wird man im Mittel alle 7½ Minuten eine neue Rohglasplatte einschieben, was einer Kühldauer von 3¼ Stunden entspricht und einer Gußzeit für die 16 Häfen eines Schmelzofens von 2 Stunden.

Das Verschieben einer Rohglasplatte von einer Kammer zur nächsten dauert beim Verschieben der Länge nach etwa ½ Minute, der Breite nach etwas weniger. Die Stoßschaufeln werden durch je einen Motor von ca. 6 PS angetrieben, mit dem sie beim leeren Zurückfahren bis zu 1 m in der Sekunde zurücklegen können. Die vier Laufräder des Fahrgestells haben je zwei Spurkränze, und zwar laufen die Räder auf diesen Kränzen. Der Motor treibt mittels Schnecke und Schneckenrad eine Achse des Fahrgestells an; die beiden auf dieser angetriebenen Achse sitzenden Laufräder tragen zwischen den Spurkränzen Zähne, die in die als Zahnstangen ausgebildeten Laufschienen eingreifen. Der eigentliche Schaufelkörper, der gegen den Rand der Rohglasplatte drückt, ist ein etwa 1¼ m langes, 200—250 mm breites und 10 mm dickes Blech, das frei beweglich mit der Schaufelstange verbunden ist, so daß es sich stets mit seiner vollen Unterfläche platt auf die Kammersohle legen und sich jeder Richtung des Rohglasplattenrandes anpassen kann. Mit seiner Vorderkante greift es wie die Einschiebeschaufel des Gießtisches (Abb. 881 und 882, S. 897) U-förmig um den Plattenrand; auch hier ist es von großer Wichtigkeit, daß die Höhlung der U-Form gut mit Asbest ausgebettet ist. Der rückwärtige Rand des Bleches ist rund nach oben gebogen, so daß er beim Zurückziehen der Schaufel die Schamottesohle des Straku nicht verletzt. Der Druck der Schaufelkörper auf die Sohle der Strakukammern soll möglichst gering sein, die Schaufelkörper und Schiebestangen also möglichst leicht, damit die Sohle durch das häufige Hin- und Hergleiten der Schaufel möglichst wenig abgenutzt wird. Zur Schonung der Sohle und auch, um die Rohglasplatte möglichst leicht darauf verschieben zu können, streut man Gipsmehl, besser Graphitstaub in die Kammern.

Unter den zur Zeit in Gang befindlichen Strakus findet man hauptsächlich die drei in der nachfolgenden Aufstellung angegebenen Größen. Die Aufstellung gibt gleichzeitig auch noch die für jede Größe üblichen Inhalte der Schmelzhäfen und die dazu passenden Gießtischabmessungen an:

Größe Nr.	Fassungsvermögen der lufttrockenen Schmelzhäfen (gestrichen voll s. S. 858, 859) Liter	Gießtisch mm × mm	Lichte Weiten des Straku	
			Kammern mm × mm	Kühlkanal mm
I	625 bis 700	8000 × 4500	7500 × 4500	7600
II	750 » 850	9000 × 5100	8500 × 5000	8600
III	1000 » 1050	10000 × 5500	9500 × 5250	9600

Die Einführung des Kanalkühlofens in den Rohglashallenbetrieb der Spiegelglasfabriken brachte trotz der konstruktiven Mängel, die den Strakus noch anhafteten, ganz erhebliche Vorteile gegenüber dem früher allgemein üblichen Arbeitsverfahren mit Einkammerkühlöfen. Der Hauptgewinn war ein mittelbarer und lag darin, daß die fahrbaren Gießtische wegfielen; an ihre Stelle trat ein feststehender Tisch, der weit stabiler gehalten und in vorteilhafter Weise mit Wasserkühlung ausgerüstet werden konnte. Auch auf das Auswechseln der Walzen sowie auf ihre zweckmäßigste Bauart und Kühlung konnte mehr Rücksicht genommen werden. Die Folge davon war eine weit bessere Ebenheit der Rohglasplatten; die weitere Folge hiervon war wieder, daß die Platten im Mittel um 1—2 mm dünner ausgewalzt werden konnten. Auf den Quadratmeter Spiegelglas war also weniger Gemenge einzuschmelzen und die kostspielige Bearbeitung in der Schleiferei wurde erheblich vermindert. Um die gleiche Dicke des fertigen, polierten Spiegelglases zu erreichen, war nicht mehr so viel von den Rohglasscheiben abzuschleifen wie früher. Auch der Straku selbst gewährleistete eine bessere Ebenheit der Rohglasplatten als die früheren Kühlöfen. Die Kammersohle des Straku läßt sich weit kräftiger ausführen als diejenige der Einzelkammern, weil sie nicht mit der Glasplatte zusammen abzukühlen braucht; sie soll im Gegenteil ihre einmal gewonnene günstigste Temperatur dauernd unverändert beibehalten; da sie keinen wesentlichen Temperaturschwankungen unterworfen ist, wird sie sich auch nicht merklich verziehen. In den Pausen, in denen nicht gegossen wird, hält man den Straku ständig unter Feuer, so daß er seine Hitze möglichst unvermindert beibehält und seine sämtlichen Teile möglichst geringen Temperaturschwankungen unterworfen sind. Da, wie schon oben gesagt wurde, während des Gusses durch die frischen Rohglasplatten dem Straku erhebliche Mengen Wärme zugeführt werden, so braucht er während dieser Zeit weniger Gas als in den Pausen. Je mehr Schmelzöfen auf einen Straku in Betrieb sind, d. h., je mehr Rohglasplatten hintereinander ihn durchschreiten, desto billiger und günstiger arbeitet er. Eben wegen der geringen Temperaturschwankungen und auch wegen der günstigeren Verteilung der Brenner in den Strakukammern im Gegensatz zu der einseitigen Beheizung der Einkammerkühlöfen ist die Temperatur über den gesamten Raum der einzelnen Kammern hin eine viel gleichmäßigere; die Rohglasplatten werfen sich also nicht oder lange nicht in dem Maße wie früher (s. Abb. 889) und der Abkühlungsvorgang ist günstiger als früher. In der fünften Kammer soll das Glas bereits so starr sein, daß es nachher beim Liegen auf dem Aufzug und auf den Schienen des Kanalmechanismus keine bleibende Formveränderung mehr erleidet; von da ab kann also bei normalem Arbeiten des Straku die Ebenheit der Rohglasplatten keine Einbuße mehr erleiden. Vom Aufzug an gerechnet besteht bei normalem Arbeiten nur noch die Bruchgefahr. Die Erfahrung hat aber gezeigt, daß im Straku im allgemeinen weniger Bruch vorkommt als in den Einkammerkühlöfen; vor allem sind infolge des besseren Ausglühens des Glases im Straku die Sprünge nicht so verästelt und lange nicht so verheerend wie in den früheren Kühlöfen; die Ausbeute an Quadratmetern Rohglas ist deshalb bei gleicher Oberfläche der roh ausgewalzten Platten beim Straku im allgemeinen höher als bei den Einkammerkühlöfen.

Der Brennstoffbedarf des Strakubetriebes ist erheblich geringer als der des früheren Betriebes. Früher hatte man je m² fertig geschnittenes Rohglas den Kühlöfen mit den Brennstoffen durchschnittlich 160000 WE zuzuführen; der Straku verbraucht bei täglichem Gießen von z. B. 32 Rohglasplatten etwa 70000 WE, bei 48 Rohglasplatten etwa 45000 WE je m² Rohglas, um so weniger, je mehr Platten täglich gegossen werden. Auf Steinkohlen von rd. 7500 WE Heizwert umgerechnet, brauchte man also früher ca. 21 kg, heute, wenn 2 Schmelzöfen in Gang sind, 9—10 kg, bei 3 Öfen ca. 6 kg zum Kühlen von 1 m² fertig geschnittenem Rohglas.

Auch der Platzbedarf des Straku ist geringer als derjenige der großen Zahl an früher notwendigen Einzelkühlöfen.

Von wesentlicher Bedeutung ist schließlich die Ersparnis an Personal. Nachstehend ist der Personalbedarf einer Rohglashalle mit Einkammerkühlöfen demjenigen einer Halle mit Straku gegenübergestellt bei 8stündiger Arbeitszeit eines Mannes; in beiden Fällen ist vorausgesetzt, daß beispielsweise 3 Schmelzöfen mit je 16 Häfen in Betrieb sind sowie 2 auf dem Flur laufende Hafenaushebemaschinen (s. Abb. 823 und 824), von denen aus die Häfen an den Gießkran übergeben werden; das Gemenge soll mittelst Handschaufeln eingelegt werden. Die Einteilung der Mannschaften richtet sich danach, daß, wie oben bereits angegeben wurde, normalerweise die Gußzeit für die 16 Häfen eines Schmelzofens 2 Stunden beträgt; für 3 Öfen ist dann die reine Gußzeit 6 Stunden. Dazu kommen die Vorbereitungsarbeiten zum Guß und nach dessen Beendigung die Aufräumungsarbeiten; ein Teil der Leute hat nach dem Einschieben der letzten Rohglasplatte außerdem die Strakukammern zu bedienen, bis die letzte Platte auf dem Strakuaufzug liegt; einige Mann werden zum Schluß noch zu Hilfsarbeiten an den Öfen und zu allgemeinen Reinigungsarbeiten gebraucht, so daß die Gußmannschaft gerade 8 Stunden voll beschäftigt ist. Pausen beim Gießen der 48 Häfen sollen möglichst vermieden werden, da sie Störungen in die Temperaturverhältnisse und überhaupt in den guten Gang des Straku bringen.

Zahlentafel 97.

	Bei Betrieb mit 3 Schmelzöfen und Einkammerkühlöfen Anzahl der Personen in 24 Stunden	Bei Betrieb mit 3 Schmelzöfen und Straku Anzahl der Personen in 24 Stunden
I.		
Betriebsführer	1	1
Meister	1	1
Hilfsmeister	1	1
II. An den Schmelzöfen:		
Aufseher	2	2
Schmelzer und Raffineure	9	9
Hilfsarbeiter	21	21
III. Hafentemperöfen:		
Heizer	3	3
IV. Gemengekammer:		
Gemengemacher	2	2
Hilfsarbeiter	4	4
V. Gaserzeuger:		
Aufseher	3	3
Stocher	12	15
Dampfkesselheizer	3	3
VI. Ofenmaurer:		
Aufseher	1	1
Maurer	5	4
Handlanger	4	3
VII. Guß:		
Bedienung der 2 Hafenaushebemaschinen	2	2
Gießkranführer	1	1
Aufseher	1	1
Gießknechte	7	7
Schließen und Verschmieren der Kühlöfen	2	—
Übertrag:	85	84
Übertrag:	85	84
VIII. Kühlhalle:		
Strakuführer	—	1
Strakuheizer	—	3
Oberheizer	1	—
Heizer	12	—
Lüften der Kühlöfen	4	—
Instandhalten der Kühlofensohlen	15	—
An- und Abfuhr des Heizmaterials bzw. der Schlacke und Asche	8	—
IX. Überwachung der mechanischen und elektrischen Einrichtungen (nicht gerechnet die Arbeiter der allgemeinen Reparaturwerkstätten):		
Schlosser	2	2
Elektriker	1	1
X. Weiterbehandlung der gekühlten Rohglasplatten:		
Aufseher	1	1
Herausziehen der Platten aus den Kühlöfen und Transport zu den Schneidetischen	4	2
Untersuchen, Sortieren, Schneiden, Kantenbearbeitung	6	6
Rohglasträger	6	6
Kranführer	1	1
Schreiber	1	1
Hilfe, Reinigung, Scherbensammeln	1	1
XI. Rohglaslager:		
Verwaltung und Ausgabe des Rohglases an die Schleiferei oder die Versandabteilung	6	3
XII.		
Allgem. Reinigung und Botendienste	2	2
Summa	156	114

Die Arbeiten an den Schmelzöfen sind deshalb so einzurichten, daß sich an den Guß des letzten Hafens aus dem einen Ofen sogleich derjenige des ersten Hafens aus dem nächsten Ofen anschließt. Der Austritt der Rohglasplatten aus dem Straku wird ebenfalls rd. 6 Stunden dauern. Die Mannschaft zum Herausziehen, Untersuchen, Schneiden, Sortieren und Abtransportieren bzw. Lagern des Rohglases wird mit den Nebenarbeiten ebenfalls gerade etwa 8 Stunden voll beschäftigt sein.

Es sei nochmals ausdrücklich darauf hingewiesen, daß hier angenommen worden ist, daß das Gemenge von Hand eingelegt und daß von Hand gegossen wird. Durch die Mechanisierung dieser Arbeiten, durch die weitere Mechanisierung in der Gemengkammer, durch die Wahl von großen Drehrostgeneratoren und eine weitergehende Verwendung von mechanischen Transportmitteln auch für die kleiner geschnittenen Rohglasscheiben läßt sich der Mannschaftsbestand wesentlich vermindern; anstatt wie oben mit 114, kann dann mit etwa 90 Personen gerechnet werden.

Die starke Verminderung der Arbeitskräfte durch Einführung des Straku wird aber durch die obige Aufstellung deutlich; dabei ist angenommen, daß auch die mit Einkammerkühlöfen arbeitende Rohglashalle Hafenaushebemaschinen besitzt, die die vollen Schmelzhäfen an den Gießkran abgeben und die leeren wieder von ihm annehmen können. Die früheren Gieß- und Kühlhallen waren aber nur ganz ausnahmsweise und zufällig so gebaut, daß man nachträglich die später aufkommenden Aushebemaschinen in so vorteilhafter Weise einführen konnte; fast ausschließlich hob man die Schmelzhäfen mit Handzangen aus und ein und brachte sie mit Handkarren in den Bereich des Gießkranes (s. Abb. 811—816), was noch 4—6 Mann mehr erforderte, als oben angenommen ist; die Gesamtzahl war dann rd. 160 statt 156. Ferner ist angenommen, daß in beiden Fällen über den Rohglasschneidetischen und dem Rohglaslager ein Deckenkran läuft, der die großen Scheiben mit einer Greifzange erfaßt; auch diese Einrichtung ist fast allgemein erst mit dem Straku eingeführt worden. Vorher wurden auch die großen Rohglasscheiben durch eine besonders geschulte Trägerkolonne in Tragriemen nach dem Rohglaslager und nach der Schleiferei gebracht, was weitere 6—8 Mann erforderte.

Die unter XI der obigen Zahlentafel 97 erwähnte Verwaltung des Rohglaslagers verlangte früher mehr Arbeit als heute, weil das damalige Rohglas eine größere Zahl unebener und ungleich dicker Scheiben ergab als das Strakuglas. Man war früher genötigt, die unebenen Stücke auszusortieren, um sie gemeinsam besonders vorsichtig zu schleifen; hätte man gebogene und ebene Stücke beliebig durcheinander auf die Schleiftische aufgelegt, so wäre man genötigt gewesen, die gesamte Erzeugung langsam zu schleifen und auch die ebenen Scheiben wären unnötig lange aufgehalten worden; da ferner die Dickenunterschiede erheblich größer waren als beim Strakuglas, mußte man auch nach der Stärke sortieren und darauf bedacht sein, nur ungefähr gleich starke Scheiben gemeinsam zu schleifen. Heute ist diese Rücksichtnahme nicht mehr notwendig.

Die Arbeit des Strakukanalführers beginnt nach dem Guß der fünften Rohglasplatte; wenn er 8 Stunden gearbeitet hat, sind normalerweise nur noch 5—10 Platten im Kanal. Eine Verständigung mit dem Aufseher am anderen Ende des Straku ist also nicht mehr erforderlich; der Strakuführer kann dann durch einen der unter X genannten Leute abgelöst werden, deren Schicht erst mit dem Austritt der ersten Platte aus dem Straku begann, also nach dem Guß der 26. Die Aufsicht am Kopf des Straku und die Verständigung mit dem Strakuführer ist Sache des unter VII genannten Gußaufsehers.

Die Hofkolonne zum Abladen der Kohlen und der Gemengerohmaterialien sowie zum Abfahren von Schutt, ferner die Reparaturarbeiter, Handwerker, Hafen- und

Steinemacher sind in obiger Vergleichsaufstellung nicht mit erwähnt; sie sind später in einer allgemeinen Zusammenstellung berücksichtigt. Die während des Gusses an den Schmelzöfen zur Hilfe beim Herausnehmen der Häfen, Flicken der Ofengesäße, Verschmieren der Türen u. dgl. erforderlichen Leute sind unter II mitgezählt. Die dort erwähnten Hilfsarbeiter haben auch das Gemenge an die Schmelzöfen zu holen, teilweise unterstützt von den unter IV genannten Leuten.

Sind nur 2 Öfen in Betrieb, so sind die Mannschaften anders einzuteilen. Das Gießen von 32 Rohglasplatten wird nur etwa 4 Stunden dauern, ebenso das Untersuchen und Schneiden der aus dem Straku kommenden Platten. Die Guß- und Schneidtischmannschaften können, um sie 8 Stunden voll zu beschäftigen, in der übrigen Zeit an den Schmelzöfen und in der Gemengekammer zugezogen werden, wo die Arbeit entsprechend einzuteilen und das Personal gegenüber der obigen Zahlentafel entsprechend zu reduzieren ist. In einer Rohglashalle mit Straku werden dann anstatt 114 Personen etwa 96 gebraucht; entsprechend der geringeren Erzeugung an Rohglas müßte die Zahl der Leute auf $^2/_3$, also auf 76 sinken, wenn die Lohnausgabe je m^2 Rohglas dieselbe bleiben sollte. Bei 4 in Gang befindlichen Schmelzöfen mit zusammen 64 Häfen dauert das Gießen normal 8 Stunden. In diesem Falle wird die Arbeitseinteilung am einfachsten, wenn mit der Guß- und mit der Schneidtischmannschaft ein Akkord- oder Prämienabkommen abgeschlossen wird dahingehend, daß sie einschließlich Vorbereitungs- und Aufräumungsarbeiten den ganzen Guß bzw. das Herausziehen, Sortieren, Schneiden und Abtransportieren aller 64 Rohglasplatten in einem hin erledigen, gleichviel ob sie mehr oder weniger als 8 Stunden gebrauchen, Betriebsstörungen mit eingerechnet. Bedingung ist, daß die Güte der Arbeit unter diesem Abkommen nicht leidet. Sollte ein solches Abkommen mit den Leuten nicht möglich sein, so sind entweder Überstunden zu bezahlen oder es ist eine fliegende Mannschaft zu bilden, die an den verschiedenen Arbeitsstellen zu Beginn oder am Schluß der Arbeit einspringt, um die über 8 Stunden hinausgehende Zeit zu übernehmen; unter Umständen können die Gemengemacher oder die Steinemacher hierfür ausgebildet werden. Für die Güte und den flotten Fortgang der Arbeit ist das letztgenannte Verfahren am wenigsten zu empfehlen. Sind 5 Schmelzöfen in Gang, so ist auf alle Fälle eine dritte Mannschaft erforderlich, die den Guß der ersten 25 und dann das Herausziehen und Schneiden der ersten 30 Platten übernimmt, so daß die eigentliche Gußmannschaft und die eigentliche Schneidtischmannschaft noch den Hauptteil zu übernehmen und damit gerade ungefähr 8 Stunden zu tun haben. In einer Rohglashalle mit Straku und 4 in Gang befindlichen Schmelzöfen werden danach etwa 145, in einer solchen mit 5 Schmelzöfen rd. 160 Mann erforderlich sein, anstatt 114 für 3 Öfen nach der obigen Zahlentafel; bei 6 Öfen braucht man etwa 185 Mann usw. Durch die obenerwähnte Mechanisierung verringern sich diese Zahlen um 15—20% und noch mehr. Die Anzahl und Einteilung der Leute hängt naturgemäß in erster Linie von der Geschicklichkeit und Arbeitslust der zur Verfügung stehenden Arbeiter ab; da es sich hier um eine ganz eigenartige Qualitätsarbeit handelt, spielt der in Frage kommende Menschenschlag und dessen Angewöhnung eine sehr große Rolle. Je nach der Leistungsfähigkeit der zur Verfügung stehenden Leute wird die Einteilung bei dieser oder jener Anzahl der in Gang befindlichen Schmelzöfen am günstigsten sein.

Man rechnet, daß man auf 9 Schmelzöfen 1 Straku braucht, der dann ununterbrochen mit Rohglasplatten besetzt ist; für solche ausgedehnte Verhältnisse empfiehlt es sich aber, einen zweiten in Reserve zu halten. Je nach seiner Beanspruchung muß man den Straku alle 1—2 Jahre auf 1—2 Wochen kalt werden lassen, um ihn im Innern nachzusehen, zu reparieren und neu auszurichten. Es dauert etwa 2 Tage, bis z. B. der Aufzug so weit abgekühlt ist, daß die Handwerker mit Unterbrechungen darin arbeiten können; die Kammern können erst später betreten werden. Zum Wiederanheizen genügen 1—2 Wochen. Durch diese Betriebsunterbrechung wird der gesamte Rohglashallenbetrieb auf 2—4 Wochen unterbrochen; die durchschnittlichen Kosten je m² erzeugtes Rohglas werden dadurch empfindlich in die Höhe geschraubt; einen Teil der Arbeiter kann man während dieser Zeit beurlauben oder mit anderen Arbeiten beschäftigen, die sowieso zu erledigen sind, und die man für diese Zeit zurückhält. Selbstverständlich wird man diese Pause mit einem Schmelzofenwechsel zusammenfallen lassen; die übrigen Schmelzöfen sind jedoch unter Feuer zu halten. Ferner muß man für die Pause soviel Rohglas auf Lager legen, daß die Schleiferei reichlich damit versorgt ist. Für gewöhnlich hat man eine Monatserzeugung oder noch mehr im Lager stehen, nicht nur zur Sicherheit, sondern auch um die notwendige Auswahl unter den Scheibengrößen zu haben; bis zu der erwähnten Betriebspause ist mindestens das Doppelte im Rohglaslager anzusammeln [1]).

Ein kleiner Nachteil des Straku ist auch, daß in ihm „dicke" Platten nicht ohne weiteres mitgekühlt werden können. Wie schon mehrfach erwähnt wurde, arbeitet er um so besser, je gleichmäßiger er betrieben wird, d. h. je weniger die Temperaturen sich in seinem Innern zu ändern brauchen, je stetiger der Temperaturabfall ist und in je gleichmäßigeren Zeitabständen die Platten jedesmal um eine Breite vorwärtsbewegt werden. Nun kühlen sich aber dicke Platten langsamer ab als solche von gewöhnlicher Stärke (ca. 10 mm); sie müssen länger in den einzelnen Strakukammern liegen bleiben, wenn sie bis zum Verschieben auf den Aufzug die erforderliche Starrheit haben sollen. Auch im Kanal dürfen sie nicht so schnell vorwärtsschreiten, wenn sie nicht platzen sollen. Man kann noch Platten bis etwa 18 mm Stärke mit den gewöhnlichen zusammen durch den Straku schicken, ohne gar zu empfindliche Störungen hervorzurufen; man tut aber gut daran, sie zuletzt zu gießen und sie als letzte durch den Straku zu schicken. Wenn die Zeiteinteilung es zuläßt, kann man dann sämtliche noch im Straku befindliche Platten länger auf einem Platz liegenlassen. Solang noch keine dicke Platte bis zum Aufzug gelangt ist, kann man diese auch länger in den Kammern liegen lassen als die gewöhnlichen. Auf diese Weise kann man schließlich noch Platten bis 22 oder 24 mm Stärke mitnehmen. Die meisten Hütten halten sich jedoch zur Herstellung von dicken Platten noch einige besondere Einkammerkühlöfen der früheren Bauart mit einem besonderen fahrbaren Gießtisch.

---

[1]) Wie schon weiter oben erwähnt, ist es nicht immer einfach, den hier beschriebenen Straku mit dem zickzackförmigen Kammervorbau in einem geplanten oder gar schon vorhandenen Fabrikgrundriß unterzubringen. Das Verschieben der Platten in den Zickzackkammern ist zudem umständlich und die dazu erforderlichen Verschiebevorrichtungen versperren viel Raum; auch ist die Temperaturabstufung in den Kammern und von Kammer zu Kammer keine ganz stetige. Die Art der Abnützung der Kammerböden durch die Platten und außerdem noch besonders durch die Stoßschaufeln sowie die sich häufenden Betriebsunterbrechungen zu Instandsetzungszwecken haben sich mit der Zeit als sehr lästig erwiesen. Es entstand deshalb früh der Wunsch, die Zickzackform des Kammervorbaues zu vermeiden und den ganzen Kühlofen zu einem **„durchweg geraden Kanal"** zu gestalten. Es ist inzwischen auch gelungen, Verschiebeeinrichtungen zu konstruieren, die eine solche Bauart gestatten. Sie hat sich durchaus bewährt.

Diese Verschiebeeinrichtungen sind aber nicht einfach und der Verschleiß der Bodenplatten am Anfang des Kanals war immer noch nicht ganz zu vermeiden, wenn er auch weniger unangenehm geworden war. Das Interesse wandte sich deshalb dem schon bei der Fabrikation von anderen Flachglasarten im kleinen bewährten **„Rollenkühlofen"** zu und es gelang, ihn für Spiegelglas so geeignet zu machen, daß er eine tadellose Ebenheit der Platten ergibt. Weiteres hierüber siehe im Unterabschnitt V (Versuche und neue Verfahren zur Herstellung von dünnem und normalstarkem gewalzten Spiegelglas (S. 1009 u. ff.).

10. Ausbeuten.

Bei den Seite 913 angegebenen Größen der Schmelzhäfen, des Gießtisches und des Straku erhält man im allgemeinen folgende Ausbeuten an schleif- und lagerfertig geschnittenen Rohglasscheiben normaler Stärke:

Größe Nr.	Je Schmelzhafen und Arbeitstag von bis m^2	im Mittel m^2	Je 16 häfigen Schmelzofen im Jahr bei 305 Arbeitstagen m^2
I	21—24	22	107500
II	29—31	29,5	144000
III	33—38	35	170000

Von der rohen, unbeschnittenen Oberfläche der Rohglasplatte, d. h. von der Oberfläche, die auf dem Gießtisch tatsächlich ausgewalzt wird, gehen durch Bruch, Abschneiden der Ränder und durch den Abfall beim Herausschneiden der Glasfehler durchschnittlich 20% verloren; die abfallenden Scherben werden zum Wiedereinschmelzen sorgfältig gesammelt. Die Ränder der rohen Platte müssen sofort nach dem Herausziehen aus dem Straku auf 2—6 cm Breite abgeschnitten werden, da sie gegenüber der Außenluft am empfindlichsten sind und stets Anrisse enthalten, die leicht weiterspringen. Die beim Schneiden des Glases entstehenden frischen, scharfen Kanten werden mit der Kröselzange gebrochen, da von den scharfen Kanten aus die Scheiben nachträglich ebenfalls leicht einreißen könnten.

Auf den Schneidtischen werden die Rohglasplatten auf Glasfehler untersucht; wenn das Rohglas nicht sehr durchscheinend ist, benützt man dazu elektrische Handlampen. Die Hauptfehler, die auftreten können und das Zerlegen der Rohglasplatten bestimmen, sind grobe Blasen, die beim Gießen und Walzen infolge fehlerhaften Umschüttens des Hafens, infolge eingefressener Hafenränder, durch ungeschicktes Ausbreiten des Glases vor der Walze mit der Handkelle oder infolge von Schmutz entstanden sind; Ansammlungen kleiner Blasen auf einem kleineren Fleck, die ebenfalls durch in die Glasmasse oder auf den Gießtisch gefallenen Schmutz entstanden sind; Gemeng-, Gewölbe- und Hafensteine; Ungeschmolzenes; Kaltprünge und durchgehende Sprünge. Inwieweit Gispen hierbei zu beachten sind, hängt von der Qualität ab, die für den Versand des fertig polierten Glases erforderlich ist. Im allgemeinen wird man bestrebt sein, die Scheiben so groß als möglich zu lassen; in den zum Verglasen zu verwendenden Scheiben sind feine Bläschen weniger störend, während die zum Belegen für Spiegel bestimmten Gläser je nach der geforderten „Wahl" mehr oder weniger frei von solchen Bläschen sein müssen.

11. Schneidstube.

Abb. 909 und 910 zeigen einen Schneidtisch für Rohglasplatten, wie er in Verbindung mit einem Straku vielfach benutzt wird; auf einen Straku kommen gewöhnlich zwei oder drei solcher Tische. In den Abbildungen ist links gleichzeitig ein fahrbarer Rollentisch dargestellt, mit dem man die Rohglasplatten vom Strakuausgang nach den Schneidtischen bringt. Alle diese Tische sind etwa ½ m kürzer und ½ m schmäler als die lichte Sohlenfläche der Strakukammern; für die oben mehrfach genannte Größe II z. B. hat man meistens Schneidtische von rd. 8000 × 4000 mm^2 und Fahrtische mit einem Gestell von rd. 8300 × 4300 mm^2. Die Schneidtische sind um eine Achse x kippbar zum Hochkantstellen der großen Scheiben; an der beim Kippen nach unten schwenkenden Langseite entlang sind zu diesem Zwecke eine Anzahl Krallen 2 von je 6—8 cm Breite angebracht, auf die sich die Rohglasscheiben stellen. Die Krallen sind drehbar, so daß sie für gewöhnlich nicht über die Tischober-

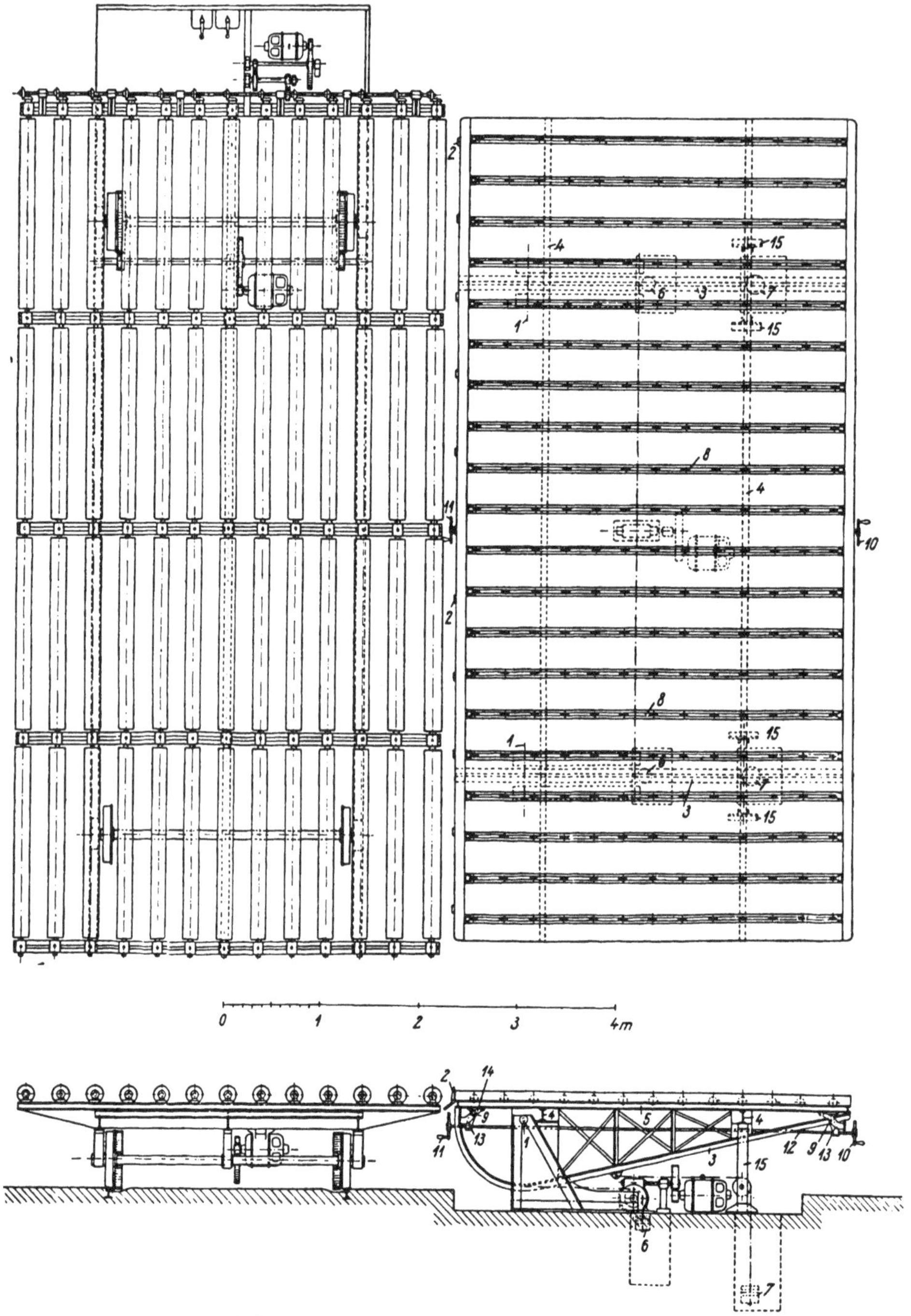

Abb. 909. Abb. 910.

fläche hinausragen; vor dem Kippen des Tisches werden sie aufgerichtet und durch eine Verriegelung in dieser Lage festgehalten. Für eine Rohglasscheibe dürfen nur zwei Krallen benützt werden; nähme man z. B. drei und die mittlere würde etwas über die beiden anderen hervorragen, so stände die Scheibe mit dem größten Teil ihres Gewichtes auf der mittleren; diese ungünstige Auflagerung könnte leicht zum Springen der Scheibe führen. Die Tragflächen der Krallen sind mit Filz gefüttert.

Das Gestell eines Schneidtisches besteht aus zwei an der Achse *1* befestigten Gitterträgern *3*, die durch zwei I- oder][-Längsträger *4* von ca. 120 mm Höhe miteinander in Verbindung stehen. Auf diesen Längsträgern liegt die eigentliche Tischplatte in Form von quergehenden [-Eisen *5* ([Nr. 6½), auf denen ein Holzbelag von 5—6 cm Höhe liegt. Der Tisch wird durch einen Elektromotor von 3½—4 PS mit Schnecke und Schneckenrad gekippt; man ist mit diesem Motor imstande, den Tisch in 15 bis 20 Sekunden ganz aufzurichten. In der Tieflage wird das Übergewicht des Tisches durch Gegengewichte *6* teilweise ausgeglichen; die Gewichte *7* dienen dazu, den Tisch aus der Hochlage wieder herunterzuziehen, wenn der Motor rückwärts läuft. Der rückwärtige Teil des heruntergelassenen Tisches stützt sich auf zwei eiserne Pfosten *15*. In den Endstellungen wird der Motor selbsttätig abgestellt; der unter dem Tisch stehende Anlasser kann mit Hilfe eines Seilzuges von den beiden Längsseiten des Tisches her bedient werden. In die Tischplatte sind 17—20, aus je 2 Flacheisen 80×12 mm² gebildete Querleisten *8* auf- und abhebbar eingelassen; jede Querleiste trägt zwischen den beiden Flacheisen in Abständen von ungefähr 300 mm 12—13 drehbare Hartgummirollen von 90 mm Dmr. und 20 mm Breite. Durch Vermittlung der Achsen *9* können sämtliche Querleisten und damit sämtliche Rollen mit Hilfe der Handräder *10* oder *11* von der einen oder der anderen Seite des Tisches her so weit angehoben werden, daß sie mit den Rollen des fahrbaren Rollentisches in der Höhe gleich abschneiden. Die Spindel *12*, auf der die beiden Handräder sitzen, trägt an ihren Enden Rechts- und Linksgewinde; beim Drehen der Spindel werden zwei Muttern in entgegengesetzter Richtung bewegt; jede Mutter ist in einem fest auf den Achsen *9* sitzenden Hebel *13* gelagert. Durch die Drehung der Achsen *9* werden die Hebel *14* auf- und abgeschwenkt, die an ihrem oberen Ende kleine Rollen besitzen, auf denen die Querleisten *8* aufliegen; zu jeder Querleiste gehören zwei Hebel *14*, einer links, einer rechts. Mit dem Auf- und Abschwenken aller Hebel *14* gehen also auch sämtliche Querleisten *8* und damit alle 204—260 Hartgummirollen gleichmäßig auf und ab. Jeder Hebel *14* wird von seiner Achse *9* durch einen besonderen Mitnehmer erfaßt, sonst aber sitzt er lose auf der Achse. Durch Einstecken eines kurzen Handgriffes in seinen rückwärtigen Arm kann somit jeder Hebel für sich allein geschwenkt werden. Jede Querleiste *8* kann somit durch ihre beiden Hebel *14* allein gehoben und gesenkt werden; das ist erforderlich, um beim Zerlegen der Rohglasplatten nach den Anschnitten brechen zu können; man braucht also nur die unter dem betreffenden quergehenden Anschnitt liegende Querleiste *8* anzuheben, um den Anschnitt im Glas zum Durchbruch zu bringen.

Wie schon früher erwähnt wurde, können sämtliche Hartholzrollen des fahrbaren Rollentisches gleichzeitig und gleichmäßig so in Umdrehung versetzt werden, daß sie die daraufliegende Rohglasplatte seitwärts bewegen. Beim Überschieben der Platte vom Rollentisch auf den Schneidtisch werden die Hartgummirollen des letzteren in gleiche Höhe mit den Holzrollen des fahrbaren Rollentisches gebracht und durch Drehen der Holzrollen die Platte auf die Hartgummirollen des Schneidtisches geschoben. Wenn die Platte ganz auf dem Schneidtisch liegt, senkt man die Hartgummirollen unter die Tischplattenoberfläche, so daß die Platte auf dem Holzbelag ruht. Die Hartholzrollen des fahrbaren Tisches haben 160 mm Dmr.; sie sitzen fest auf 12—14 der Länge nach über den Tisch gehenden Achsen von 35 mm Stärke, die an einem Ende durch Kegelräder über mehrere Zahnradvorgelege durch einen Elektromotor von etwa 2 PS angetrieben werden; die Holzrollen können bis zu 60 Umdrehungen in der Minute machen. Zum Verfahren des Rollentisches vom Strakuausgang zu den Schneidtischen und zurück dient ein Elektromotor von 2,75 PS, der dem Tisch eine Fahrgeschwindigkeit bis zu 60 m in der Minute erteilen kann. Der Führerstand zum Bedienen der beiden Motoren ist in einem bis unmittelbar über den Flur herunterhängenden Führerkorb, in dem auch der Rollendrehmotor steht. Der Strom wird meistens durch eine unterirdische Schleifleitung oder durch ein Pendelkabel zugeführt, das sich selbsttätig auf einer Trommel auf- und abwickelt.

Die Arbeit an den Schneidtischen und das Wegbringen der rechteckig geschnittenen Scheiben muß mit dem Gießen der Platten, ihrem Verschieben im Straku und mit dem Herausziehen Schritt halten; alle 6—10 Minuten, oder wie weiter oben gerechnet wurde, durchschnittlich alle 7½ Minuten, muß also einer der Schneidtische wieder frei sein zur Aufnahme einer neuen Platte. Die kleinen Scheiben werden von Hand in das Rohglaslager bzw. zur Schleiferei getragen oder mit kleinen Gestellwagen auf Schmalspurgleisen gefahren; die großen Scheiben wurden früher allgemein in Trag-

Abb. 911.

riemen von 4—8 Mann, auf jeder Seite 2—4, getragen; heute faßt man die am aufgekippten Schneidtisch stehenden Scheiben mit besonderen an Deckenlaufkränen hängenden Zangen (Abb. 973—979). Die Deckenlaufkräne sollen so weit als möglich das gesamte Rohglaslager bestreichen können und je nach der Lage der Schleiferei auch in die Auflegerei fahren können, in der die Rohglasscheiben auf die Schleiftische gelegt werden.

Abb. 911 zeigt eine Rohglasschneidestube[1]); rechts sieht man das Ende des Strakukanals, aus dem soeben eine Platte herausgezogen wird. Im Vordergrund befindet sich ein Schneidtisch in liegender, im Hintergrund ein solcher in aufgerichteter Stellung. Links sieht man einen auf Schienen laufenden Rohglaswagen, auf dem das Rohglas zu dem in diesem Falle entfernt liegenden Rohglaslager und zur Auflegerei der Schleifhalle gebracht wird. Der ganze Raum wird durch einen Deckenlaufkran von 1000 bis 2000 kg Tragkraft mit Zange bestrichen.

[1]) Das Lichtbild zu Abb. 911 wurde dem Herausgeber vom „Verein Deutscher Spiegelglasfabriken G. m. b. H.-Köln a. Rh." freundlichst zur Verfügung gestellt.

II. Das Schleifen und Polieren des Rohglases.

1. Arbeitsweise der Schleif- und Polierbetriebe.

Durch das Schleifen sollen die rauhen, undurchsichtigen Außenhautschichten auf beiden Seiten der Rohglasplatten entfernt und die Oberflächen so glatt gemacht werden, daß durch die nach dem heutigen Stand der Technik praktisch in Frage kommenden Einrichtungen und Mittel zum Polieren die vollkommene Durchsichtigkeit und fehlerlose, überall sauber und gleichmäßig erscheinende Oberflächen so leicht und billig als möglich erreicht werden. Man verwendet heute zum Schleifen fast ausnahmslos Sand, Schmirgel u. dgl., indem man die Körner zwischen eisernen Leisten oder Platten und dem Glas zerreibt. Die Körner ziehen dabei kreuz und quer Risse in die Glashaut, wodurch eine Unzahl von stippen- und muschelförmigen Ausbrüchen und Vertiefungen entstehen. Die Körner selbst werden dabei zermalmt, da sie weicher sind als das Glas. Je schärfer und gröber sie sind, desto tiefere Furchen reißen sie, doch darf man ein gewisses Maß der Korngröße nicht überschreiten, da darüber hinaus die Angriffsfähigkeit der Körner wieder abnimmt und die Gefahr des Zerdrücktwerdens und Platzens der Glasplatten wächst. Je nach der Härte der Körner geht man in deren Größe auf etwa $^3/_4$—$1\,^1/_4$ mm, jedoch nur beim ersten Teile des Schleifens. Sobald durch dieses Grobschleifen die rauhe Glashaut überall beseitigt ist, geht man nach und nach auf immer feinere Korngrößen über, bis die Glasoberfläche so glatt ist, daß die vorhandenen Poliereinrichtungen ihren Zweck erfüllen können. Die Glasoberfläche fühlt sich dann seifig an; nach dem Französischen nennt man deshalb die Tätigkeit des Feinschleifens auch Savonieren. Die dabei gewonnene Oberfläche ist aber noch undurchsichtig; im Mikroskop erscheint sie immer noch übersät mit kleinen Löchern, durch deren Ränder die Lichtstrahlen reflektiert werden; dazu sind in viele Löcher feinste Glassplitterchen und Schleifkornteilchen eingeklemmt, die durch einfaches Waschen und Reiben nicht ohne weiteres frei werden. Erst durch das systematische Polieren wird die Glasoberfläche vollends so umgestaltet, daß sie die Lichtstrahlen praktisch ungebeugt und ohne Zerstreuung durchläßt.

Über die Vorgänge auf der Glasoberfläche während des Polierens gibt es verschiedene Ansichten. Eine Theorie geht dahin, daß das Polieren lediglich eine Fortsetzung des Schleifens, also eine weiter verfeinerte Schleifarbeit sei. Nach einer anderen Theorie erweicht sich während des Polierens die äußerste Glasschicht so weit, daß sie wie ein zäher Brei glatt gestrichen wird; eine dritte sagt, daß zu Beginn des Polierens die Vorgänge nach der ersten, gegen Schluß mehr und mehr diejenigen nach der zweiten Platz greifen. Tatsache ist, daß auch durch das Polieren Glas gänzlich von der Oberfläche entfernt wird, denn nach der Arbeit läßt sich an den Polierpflöcken sowie im verbrauchten Poliermittel feinst verteiltes Glas feststellen und die Glasplatte nimmt durch das Polieren an Gewicht um mehr ab, als was vorher in den Sandlöchern gesteckt haben könnte.

Die Schleiferei und Poliererei schließt sich für gewöhnlich unmittelbar an die Rohglashalle an, so daß die Rohglasscheiben einen nur kurzen Weg bis zur Auflegerei zurückzulegen haben. Wenn die örtlichen Verhältnisse nicht gestatten, daß die Schleiferei unmittelbar an die Rohglashalle angebaut wird, muß das Rohglas auf besonderen Gestellwagen zur Schleiferei gebracht werden; die Wagen sind gut zu federn und werden am besten auf sorgfältig instandgehaltenen Schienengeleisen gefahren, so daß starke Stöße vermieden werden.

In der Hauptsache wird das Rohglas heute immer noch geschliffen und poliert, indem man es auf große kreisrunde Platten legt, auf denen es in besonderen Apparaten bearbeitet wird. Diese Methode gestattet aber bei der bisherigen Art ihrer Ausübung nicht das, was man eine fließende Arbeit nennt. Das Bestreben geht deshalb dahin, die Arbeit mehr „kontinuierlich" zu gestalten. Soweit es sich um die Bearbeitung von Rohglasplatten gleicher Abmessungen und gleicher Dicken handelt, sind auch bereits große Erfolge erzielt worden. Es ist vorauszusehen, daß sich die für diesen Sonderzweck ausgebildeten Einrichtungen mit der Zeit auch für die gleichzeitige Bearbeitung der verschiedensten Abmessungen einbürgern werden. Vorläufig ist man aber aus verschiedenen Gründen noch nicht allgemein dahin gelangt. Zunächst sei deshalb ein Überblick über die alte Arbeitsweise mit runden Schleif- und Polierunterlagen gegeben.

In der Auflegerei werden die Rohglasscheiben mit bestem Stuckgips auf große, kreisrunde, in Gleisen fahrbare eiserne Platten, sog. Schleiftische aufgegipst. Diese Tische haben meistens 8—12 m Dmr. Die vollbelegten Schleiftische werden mit Hilfe von Schiebebühnen und elektrischen Spills in die Schleifapparate geschoben, in denen die Oberflächen der aufgeklebten Rohglasscheiben durch Schleifscheiben mit Sand und Wasser eben geschliffen werden; die Schleifscheiben sind mit gußeisernen Leisten belegt. Der beim Schleifen verbrauchte und zerriebene Sand wird wieder aufgefangen und in langen Kanälen, in Kasten oder besonderen Aufbereitungsmaschinen mit Wasser derart abgeschlämmt, daß er sich nach der Feinheit des Korns ordnet und verschiedene Feinheitsgrade getrennt voneinander zum Feinschliff verwendet werden können. Bei dieser Schlammaufbereitung kommt es darauf an, zu verhüten, daß schärferes Korn aus den vorhergehenden gröberen Stufen in die nachfolgenden feineren Schlämme gelangt. Wenn nun die Oberflächen der auf dem Schleiftisch liegenden Rohglasscheiben eben geschliffen sind, so daß von der rauhen Rohglashaut keine Flecken mehr zu sehen sind, beginnt der Feinschliff, wozu man je nach Erfahrung und Gewohnheit in den verschiedenen Betrieben und je nach der Art des ursprünglichen Schleifsandes 2—6 Stufen aus den bei der Schlammaufbereitung getrennt voneinander gewonnenen Korngrößen herausgreift; zuerst eine gröbere und schließlich eine ganz feine, so daß der Schliff der Glasoberfläche feiner und feiner wird. Anschließend an die feinste Schlammsorte setzt man den Feinschliff noch einige Minuten mit feinstem Staubschmirgel fort, der vorher tagelang gemahlen und, wie die verschiedenen Schlämme, mit Wasser angerührt worden ist. Auch der gemahlene Staubschmirgel wird in 2—3 Feinheitsgrade geordnet, und zwar mit Haarsieben, von denen das feinste so eng sein muß, daß der mit Wasser hindurchgeschlämmte Schmirgel sich zwischen den Fingerspitzen wie Seife anfühlt; Kornbildung soll man dabei nicht mehr fühlen. Nach diesem Arbeitsvorgang ist die Glasoberfläche noch matt und undurchsichtig; erst nachher erhält sie durch das Polieren in besonderen Polierapparaten Glanz und Durchsichtigkeit. Je feiner der letzte Schliff mit Schlamm und Staubschmirgel gelingt, desto leichter und schneller geht das Polieren vor sich und desto schöner und glänzender wird die Oberfläche des Glases. Die Arbeit des Feinschliffs erfordert größte Vorsicht. Ehe mit dem Feinschliff begonnen wird, müssen die Schleiftischoberfläche, die Schleifscheiben und alle über dem Schleiftisch sich befindenden Bauteile des Schleifapparates peinlich genau mit Wasser abgespritzt, d. h. „gewaschen" werden, so daß nachträglich kein scharfes Sandkorn mehr auf die Glasoberfläche fallen kann, da sonst wieder rauhe Flächen und Krätzer entstehen, die meistens von den folgenden Schlamm- und Schmirgelstufen nicht mehr entfernt werden können. Es empfiehlt sich, auch zwischen der letzten Schlammstufe und der ersten Schmirgelstufe nochmals kurz abzuwaschen.

Je nach der Ebenheit der aufgelegten Rohglasscheiben, der Schärfe des zur Verfügung stehenden Schleifsandes und der Güte der Schlammaufbereitung dauert das Schleifen und Feinschleifen einer Seite der aufgegipsten Glasscheiben 1 bis 1¾ Stunden, wozu noch die Zeit des Ein- und Ausbringens des Schleiftisches in den Schleifapparat zu zählen ist. Man kann damit rechnen, daß heute in einem Schleifapparat durchschnittlich alle 1 Stunde und 20 Minuten eine Seite der aufgelegten Scheiben bearbeitet wird, so daß bei Tag- und Nachtbetrieb in 24 Stunden in einem Schleifapparat 18 Seiten geschliffen und feingeschliffen werden, also 9 Tischauflagen auf beiden Seiten. In manchen Betrieben ist es gelungen, diese Zahl erheblich höher zu treiben, vielfach jedoch auf Kosten des Feinschliffs, so daß nachher das Polieren um so länger dauert oder aber die Politur je nach den Anforderungen und je nach der Bestimmung der betreffenden Glasscheibe mehr oder weniger zu wünschen übrig läßt, denn sichtbare Mängel des Feinschliffes sind auch durch noch so langes Polieren nicht mehr zu beseitigen. Für schwaches Spiegelglas werden bisweilen besondere Apparate für kleine Tischdurchmesser benützt; diese Apparate arbeiten aus verschiedenen Gründen etwas schneller als die größeren, für normalstarkes Glas üblichen.

Nach Beendigung des Feinschliffs wird der Schleiftisch wieder aus dem Schleifapparat herausgezogen und in einen Polierapparat geschoben. Das Polieren geschieht in ähnlicher Weise wie das Schleifen; an Stelle der Schleifscheiben treten Polierteller aus Filz, und als Poliermittel dient das sog. Polierrot (Eisenoxyd), das ebenfalls fein gemahlen und gesiebt mit Wasser angerührt wird. Vor dem Einschieben des Schleiftisches in den Polierapparat muß die Glasauflage nochmals peinlichst zum Polieren vorbereitet werden. Es ist zu untersuchen, ob die einzelnen Scheiben noch fest im Gips sitzen, ob sich in den mit Gips ausgefüllten Fugen zwischen den einzelnen Scheiben nicht Spalten gebildet haben, in denen noch Schlamm oder Schmirgelteilchen sitzen geblieben sind und ob sich beim Schleifen nicht feine Glassplitterchen gelöst haben, die sich ebenfalls im Gips festsetzten. Vor allem sind auch die Kanten der einzelnen Gläser daraufhin zu untersuchen, ob sie nicht beim Schleifen derart zackig geworden sind, daß sich beim Polieren kleine Splitterchen ablösen können, die die Oberfläche der Scheiben nachträglich beschädigen; gegebenenfalls sind die betreffenden Glaskanten im Gips bloßzulegen und abzurauhen; die Fuge ist dann wieder sorgsam mit frischem Gips nachzufüllen. Auch die Polierfilze sind genau daraufhin zu untersuchen, ob vom vorhergehenden Tisch nicht Glassplitterchen im Filze stecken. Unmittelbar vor dem Beginn des eigentlichen Polierens sind Tischoberfläche und Polierteller gründlich mit Wasser abzuspritzen. Beim Polieren werden die Filze speckig und infolge der starken Erwärmung von Filz und Glas kommt es auch vor, daß das Polierrot da und dort auf den Filzen verkrustet; das Waschen mit Wasser vor dem Aufgeben des Polierrots ist deshalb trotz des scheinbaren Zeitverlustes von größtem Einfluß auf die rasche Erzielung einer guten Politur. Ohne das Waschen würde das Polieren mit verschmierten Filzen länger dauern und eine Hochglanzpolitur wäre kaum zu erreichen. Das Polieren einer Glasseite dauert je nach der Güte des Feinschliffs und je nach der Bauart der heute üblichen Polierapparate 1—1½ Stunden. Bei den schnell arbeitenden Apparaten kann man heute rechnen, daß das Polieren sowie das Ein- und Ausschieben der Tische einschließlich Untersuchen der Polierteller vor dem Einschieben des Tisches ungefähr eben so lang oder nur wenig länger dauert als das Schleifen und Feinschleifen.

Wenn eine Seite der Glasauflage fertig poliert ist, müssen sämtliche Scheiben umgedreht werden, so daß die zweite, noch rauhe Seite nach oben zu liegen kommt. Die polierte, nunmehr untere Seite wird nicht mehr in Gips sondern auf gute, kräftige Flanelltücher gelegt, die man naß auf der Eisenplatte des Tisches derart ausbreitet, daß sie vollkommen glatt und faltenlos liegen; nur die Fugen zwischen den einzelnen Glasscheiben werden mit Gips ausgegossen. In Gips würde die polierte Unterseite mehr unter chemischen als auch mechanischen Einflüssen leiden, außerdem lassen sich die Tücher mehrmals wieder verwenden, während Gips nach einmaligem Gebrauch nicht wieder verwendbar und deshalb unwirtschaftlicher ist. Wenn die zweite

Seite ebenfalls fertig geschliffen und poliert ist, werden die Scheiben von den Tischen abgetragen, sauber gewaschen, geputzt und auf ihre Qualität hin untersucht; fehlerhafte Scheiben müssen unter Umständen zerschnitten werden. Im allgemeinen wird man sie, wie schon weiter oben über das Zerteilen der Rohglasplatten gesagt wurde, so groß als möglich lassen, besonders die ganz großen Scheiben, die für Schaufenster u. dgl. Verglasungen bestimmt sind. Die kleineren Maße werden nach den verschiedenen handelsüblichen „Wahlen" sortiert, ebenso diejenigen kleineren Stücke, die entstehen, wenn infolge grober Fehler große Scheiben nachträglich noch zerschnitten werden müssen.

Abb. 912 zeigt in schematischer Weise als Beispiel den Grundriß einer Schleiferei mit den erforderlichen Nebenbetrieben; dabei ist angenommen, daß zum An-

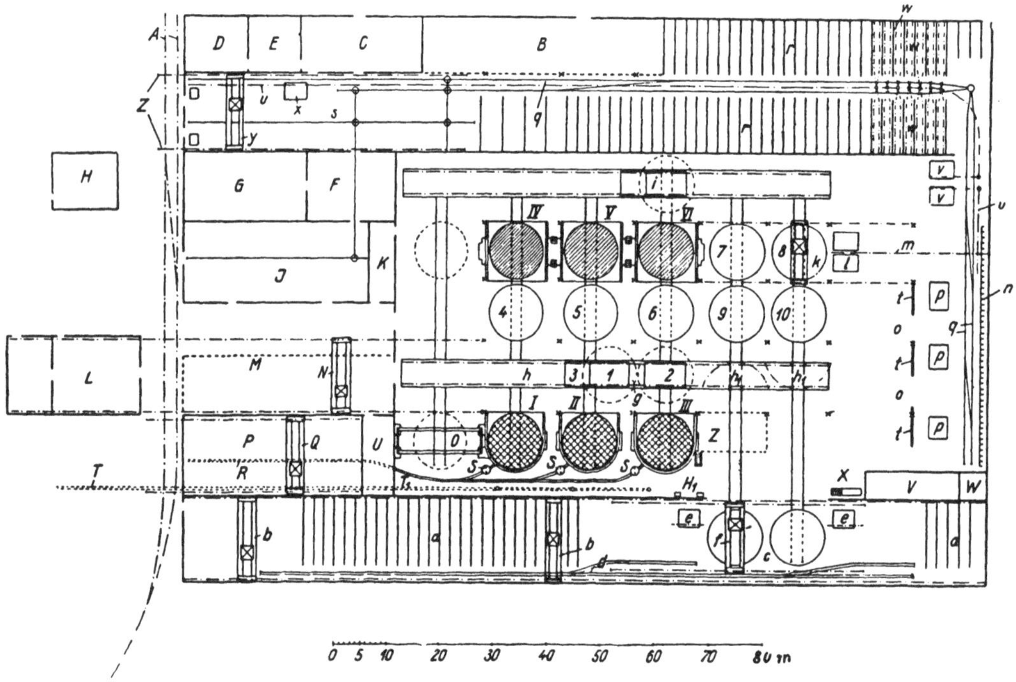

Abb. 912.

trieb der Schleif- und Polierapparate, der Schiebebühnen, Spills, Kräne usw. sowie für die Beleuchtung elektrischer Strom von einer Überlandzentrale zur Verfügung steht, so daß ein besonderes Kessel- und Maschinenhaus nicht erforderlich ist. Die Abbildung enthält drei Schleifapparate I, II und III sowie drei Polierapparate IV, V und VI, die imstande sein sollen, ebensoviel Tischauflagen fertig zu polieren als die drei Schleifapparate bearbeiten. *a* ist das Rohglaslager, das von zwei elektrisch betriebenen Deckenlaufkränen *b* bestrichen wird, die die großen Rohglasscheiben mit Zangen packen. Der eine dieser beiden Kräne dient dazu, die aus dem Straku kommenden und auf den Schneidtischen zurechtgeschnittenen Rohglasscheiben in das Rohglaslager zu stellen, während der andere Kran die jeweils zum Schleifen und Polieren ausgesuchten Scheiben in die Auflegerei *c* bringt. Für kleinere Verhältnisse reicht ein solcher Laufkran aus, für größere Verhältnisse sind jedoch zwei erforderlich, da der eine davon mit dem Transport der frisch von den Schneidtischen kommenden Rohglasscheiben soviel Stunden während des Tages in Anspruch genommen ist, daß er nicht auch noch die Auflegerei in ausreichendem Maße bedienen kann, zumal es im allgemeinen nicht ratsam ist, die neuen Rohglasscheiben unmittelbar vom Schneidtisch zur Auflegerei zu bringen, da sie meistens noch ziemlich warm sind und bei der Berührung mit dem Gipsbrei oder gar der eisernen Schleiftischplatte springen könnten. Die kleineren Rohgläser werden entweder von Hand oder auf der Schmalspurbahn *d* zur Auflegerei gebracht. Die durch einen der beiden Kräne *b* herangebrachten großen Scheiben werden gegen einen aufrecht gestellten Kipptisch *e* gestellt und damit umgelegt. Ein die Auflegerei bestreichender, elektrisch betriebener Laufkran *f* trägt eine Luftsaugpumpe und eine Anzahl Saugballen mit Gummiabdichtung, mit denen er imstande ist, die wagrecht auf dem heruntergelassenen Kipptisch *e* liegende Glasscheibe festzusaugen und über einen der in der Auflegerei stehenden leeren Schleiftische zu fahren, um sie dort langsam und vorsichtig auf den Tisch herunter zu lassen. Die Laufbahn dieses Saugkrans liegt tiefer als diejenige der Kräne *b*, so daß letztere über den Saugkran hinwegfahren können. Mittels der elektrisch betriebenen Schiebebühne *g*, die ein Spill trägt zum Heranziehen der Tische und die in einer Versenkung *h* des Schleifereiflurs läuft, so daß die auf ihr liegenden Schienengleise mit den auf dem Flur liegenden in der Höhe genau abschneiden, werden die vollbelegten Tische aus der Auflegerei in einen der drei Schleifapparate gebracht. Die Schiebebühne *g* besitzt zwei miteinander gekuppelte Bühnengestelle *1* und *2*, so daß sie gleichzeitig zwei Tische aufnehmen kann; sie kann also z. B. auf das Bühnengestell *1* einen neu mit Rohglas belegten Tisch nehmen und dann so vor einen der Schleifapparate fahren, z. B. III, daß das leere Bühnengestell *2* unmittelbar vor diesen Apparat kommt. Dort muß sie einen Augenblick warten, bis der noch im Schleifapparat befindliche Tisch fertig geschliffen ist, um ihn dann auf das Bühnengestell *2* zu ziehen und mit beiden Tischen ein kurzes Stück nach rechts zu fahren, damit sofort der auf *1* stehende Tisch in den Apparat geschoben werden kann. Man ist bei der Anordnung von zwei Bühnengestellen nicht genötigt, den fertig geschliffenen Tisch beiseite zu stellen und dann erst den neu belegten heranzuholen; der Stillstand eines Schleifapparates zwischen der Bearbeitung von zwei aufeinanderfolgenden Tischen wird damit auf ein Mindestmaß beschränkt. Der aus dem Schleifapparat herausgezogene, fertig geschliffene Tisch wird auf einen der drei Plätze *4*, *5* oder *6* vor die Polierapparate gestellt; im allgemeinen wird derjenige dieser drei Plätze frei sein, dessen dahinterliegender Polierapparat zunächst mit dem in Arbeit befindlichen Tisch fertig sein wird. Der Führerstand, der Antrieb und das Spill der Schiebebühne *g* befinden sich bei *3*; das vom Spill ausgehende Zugseil wird über Seilrollen nach dem zu erfassenden Tisch geleitet. Anstatt des Spills und des Seiles werden auch kleine, elektrisch betriebene Lokomotivchen verwendet, die auf besonderen Schmalspurgleisen laufen, die in der Mitte zwischen den beiden Schienen jedes Tischgleises liegen; die Schiebebühne enthält in diesem Falle eine Verlängerung zur Aufnahme der Lokomotive, so daß diese auf die Schiebebühne auffahren und wie die Tische mitgenommen werden kann. Diese Verlängerung und die Schmalspurgleise sind in der Abbildung nicht angedeutet. Wenn z. B. ein Tisch von dem Bühnengestell *2* durch eine solche Lokomotive in den Schleifapparat III geschoben werden soll, setzt die Schiebebühne *g* zunächst die Lokomotive auf dem Schmalspurgleis ab, das in der Mitte des Tischgleises vor dem Polierapparat VI und dem Platz *6* liegt; daraufhin wird sie so aufgestellt, daß der auf dem Bühnengestell *2* stehende Tisch unmittelbar vor den Schleifapparat III kommt. Die nunmehr hinter dem Tisch stehende Lokomotive schiebt ihn dann, indem sie selbst über die Bühne *2* wegfährt, in den Schleifapparat hinein, worauf sie auf die Schiebebühne zurückfährt, um von dieser nach anderen Plätzen mitgenommen zu werden.

Wenn eine Tischauflage in einem Polierapparat fertig poliert ist, wird der Tisch mit einer zweiten Schiebebühne *i* nach hinten herausgezogen und nach dem Platz *7* oder *8* gebracht; währenddessen werden die Filze des freigewordenen Polierapparates daraufhin untersucht, ob nicht Glassplitterchen in ihnen stecken und ob sie nicht soweit abgenützt sind, daß sie ausgewechselt werden müssen. Diese Arbeit wird im allgemeinen soviel Zeit in Anspruch nehmen, bis die Schiebebühne *i* wieder hinter den betreffenden Polierapparat gefahren ist, um den vor dem Apparat stehenden, noch unpolierten Tisch in den Apparat hineinzuziehen. Ist eine Tischauflage nunmehr auf einer Seite poliert und steht sie z. B. auf dem Platz *7*, so muß gleichzeitig auf dem Platz *8* ein inzwischen mit Flanelltüchern belegter leerer Tisch stehen, damit die vom Tisch *7* herunterzunehmenden Gläser gewendet und auf den Tisch *8* gelegt werden können, so daß die polierte Seite nach unten, die noch rohe Seite nach oben zu liegen kommt. Zum Abheben und Aufrechtstellen bzw. Wenden der großen Scheiben benützt man wieder einen Saugkran *k* und einen doppelflügeligen Kipptisch *l*; die Saugballen des Kranes *k* läßt man auf einer großen, bei *7* mit der polierten Seite nach oben liegenden Scheibe sich festsaugen, worauf sie etwas angehoben werden, so daß die Scheibe im wagrechten Zustande auf einen der beiden Flügel des Kipptisches *l* gefahren werden kann. Der Kran *k* läßt die Scheibe auf den Kipptisch herunter und fährt wieder zur Seite, worauf man beide Flügel des Kipptisches nach oben klappt, die Scheibe auf den zweiten Flügel überlegt und beide Flügel wieder nach unten klappt. Die Scheibe liegt nunmehr mit der polierten Seite nach unten und mit der rohen Seite nach oben; der Saugkran faßt jetzt die Scheibe von neuem und läßt sie auf den bei *8* stehenden Tisch herunter. Auf diese Weise werden sämtliche größeren Scheiben von *7* nach *8* gebracht und gleichzeitig gewendet. Der auf *8* stehende Tisch wird dann nach dem Platze *10* gezogen und dort vollends zum Schleifen der zweiten Seite vorbereitet, worauf er mit der Schiebebühne *g* nach einem der drei Schleifapparate gefahren wird.

Ist die mit der Schiebebühne *i* aus dem Polierapparat gezogene Tischauflage schon auf beiden Seiten fertig poliert, so wird der betreffende Schleiftisch auf den Platz *8* gefahren. Die großen Spiegelglasscheiben werden wieder mit dem Saugkran *k* und dem Kipptisch *l* aufrechtgestellt und mit Hilfe einer in dem hochliegenden Hängebahngeleis *m* laufenden Katze in den Untersuchungsraum *n* gebracht. Das Gleis *m* hängt so hoch, daß der Saugkran *k* darunter hin- und herfahren kann. Die kleineren Gläser werden nach dem Putzraum *o* getragen, mit Wasser abgespritzt, gewaschen und mit Tüchern unter Zuhilfenahme von feingemahlenem Bimstein, der keine scharfen Körner enthalten darf, trockengerieben; das Waschwasser ist nötigenfalls mit wenig Salzsäure leicht anzusäuern. Sobald die großen Scheiben von dem bei *8* stehenden Tisch heruntergenommen sind, wird letzterer nach dem Platze *10* gezogen, damit Platz *8* für den nächsten Tisch frei wird und der Rest der kleinen Gläser unmittelbar im Putzraum *o* abgestellt werden kann. Nach dem Putzen werden auch die kleinen Scheiben an die Untersuchungsstelle *n* gebracht, um auf Fehler geprüft und nach der Qualität sortiert zu werden. Je nach dem Untersuchungsbefund werden die kleineren Gläser auf den mit dickem Tuch oder Filz bespannten, feststehenden Tischen *p* zurechtgeschnitten oder unmittelbar auf den Schmalspurgleisen *q* nach dem Fertigglaslager *r* bzw. nach der Verpackung *s* gefahren. Die den Untersuchungsraum vom Putzraum *o* trennenden, etwa 2 m hohen Schutzwände *t* aus schwachem Mauerwerk, Holz oder Rohglas sollen die Schneidtische *p* vor dem Bespritzen sichern. Die großen Scheiben werden entweder von der Hängebahn *m* im Untersuchungsraum abgestellt, um geputzt und geprüft und dann von einer zweiten Hängebahn *u* aufgenommen zu werden; man kann aber auch die Hängebahn *m* in einem Bogen unmittelbar in die Hängebahn *u* übergehen lassen und die Scheiben im Hängen abwaschen, putzen und untersuchen. Diejenigen großen Scheiben, die geschnitten werden müssen, werden über kleine, in die Hängebahn eingebaute Drehstühlchen nach den kippbaren Schneidtischen *v* gebracht, die anderen nach dem Lager *w* für großes Glas oder nach der Verpackung *s*. Die Kisten zur Aufnahme der großen Scheiben werden mit Hilfe eines Kipptisches *x* hochkant gestellt, so daß die Scheiben von der Hängebahn *u* aus unmittelbar in diese Kisten hineingelassen werden können. Zum Stopfen der vollen Kisten mit Heu oder Holzwolle sowie zum Aufnageln oder Aufschrauben des Deckels wird der Kipptisch *x* wieder heruntergelassen; zum Verladen oder auf Lager stellen wird die Kiste durch den Tisch wieder hochgekippt und mit Seilschlingen vom elektrisch betriebenen Laufkran *y* gepackt. Die Laufbahn dieses Krans ragt mit ihren Verlängerungen *z* über die beiden Eisenbahngleise *A* hinaus, damit die Kisten unmittelbar in die offenen Eisenbahnwagen gestellt werden können.

Die Gläser der besseren Wahlen müssen, sofern ihre Politur nicht einwandfrei ist, im Raume *B* nachpoliert werden. Für die Schaufensterscheiben und für die kleineren, lediglich für Verglasungszwecke bestimmten Scheiben genügt eine weniger feine Politur; es hängt deshalb von der Leistungsfähigkeit der Polierapparate gegenüber derjenigen der Schleifapparate und von einer Rentabilitätsrechnung ab, wie weit man die Politur der gesamten Spiegelglaserzeugung treiben will, um einen Teil oder sämtliche Gläser der besseren Wahlen längere oder kürzere Zeit im Raume *B* auf kleinen Maschinen nachpolieren zu müssen. Grundsätzlich sollte man aber bestrebt sein, allen Stücken von vornherein eine solche Politur zu verleihen, daß sie durchweg höchsten Ansprüchen genügen. Diejenigen Gläser, die im eigenen Betriebe facettiert oder zu Spiegeln belegt werden sollen, bringt man in die Facettieranstalt *C* bzw. in die Versilberung *D* und in die Lackiererei *E*. Die Versilberung und die Lackiererei müssen nach der Verpackung *s* hin staubdicht verschlossen sein; man nimmt deshalb den Zugang zu diesen beiden Räumen am besten nur durch die Facettieranstalt *C*.

F ist die unmittelbar an die Verpackung sich anschließende Kistenschreinerei, die auch noch genügend Raum besitzt, um fertige Kisten auf Vorrat zu stellen. *G* ist das Lager für Kistenbretter; die übrigen Verpackungsmaterialien, wie Heu, Holzwolle u. dgl. bringt man wegen der Feuersgefahr in einem abseits stehenden Schuppen *H* unter. *I* ist das allgemeine Materialienmagazin für die ganze Fabrik; daneben befindet sich der Lager- und Aufbereitungsraum *K* für das Polierrot. *L* ist die Instandhaltungswerkstätte mit Tischlerei, Schmiede, Schlosserei, Elektrikerwerkstatt u. dgl.; *M* ein Hofraum, der teilweise von einem elektrisch oder von Hand bedienten Laufkran *N* von etwa 20 t Tragfähigkeit bestrichen wird. Ein Teil des von dem Laufkran *N* bestrichenen Raumes kann zur Lagerung von Ersatzteilen benutzt werden, die das Liegen im Freien vertragen. Die dem Hofraum zugekehrte Giebelwand der Instandhaltungswerkstätte *L* enthält eine durch Klappen verhängte Lücke, durch die der Laufkran *N* in die Werkstatt hineinfahren kann. In gleicher Weise kann er nach der entgegengesetzten Richtung 10—20 m weit in die Schleiferei hineinfahren, so daß mit ihm schwere Ersatz- und Reparaturteile vom Hof sowohl in die Werkstatt wie auch in die Schleiferei hineinzufahren sind; in der Schleiferei können sie nötigenfalls auf einen auf der Schiebebühne *g* stehenden Schleiftisch gelegt und damit weiter in die Schleiferei hinein an Ort und Stelle gebracht werden. *O* ist ein Gerüst, an dem die Schleifscheiben der Schleifapparate zum Auswechseln der verschlissenen Schleifleisten aufgehängt und gewendet werden; zu diesem Zwecke läßt man die schweren Schleifscheiben im Schleifapparat auf einen Schleiftisch heruntersinken, löst sie vom Schleifapparat und fährt sie auf dem Tisch mit der Schiebebühne *g* unter das Gerüst *O*.

P ist das offene Schleifsandlager, über dem sich der elektrisch betriebene Laufkran *Q* befindet, der bis über die Eisenbahngleise *A* fahren kann, um mit Hilfe eines Selbstgreifers die offenen Sandgüterwagen in das Sandlager zu entleeren. An Stelle des Laufkranes *Q* kann man auch eine Einschienenhängebahn mit Selbstgreifer benützen, die nicht nur über das Sandlager sondern auch über die Schleifapparate fährt, um dort den Sand in trichterförmige Bunker zu schütten, aus denen er mit Spritzwasser in Rinnen geschwemmt wird, die ihn unmittelbar auf die in Arbeit befindlichen Schleiftische leiten. In der Abbildung bedeutet *R* eine unter dem Sandlager hinlaufende Rinne, nach der der Boden des Sandlagers von beiden Seiten her schräg abfällt; durch Spritzdüsen werden kräftige Wasserstrahlen längs den schrägen Böden in das Sandlager hineingespritzt, so daß Sand mit Wasser vermischt durch die Rinne *R* nach den 6—12 m tiefen Schächten *S* fließt. Der Zufluß aus der Rinne *R* nach den Schächten *S* wird durch Zweigschieber reguliert; auch der aus den Schleifapparaten zurückfließende zerriebene Sand, d. h. der Schlamm, fließt diesen Schächten zu, auf deren Grund man Preßluft von $1\frac{1}{2}$—$2\frac{1}{2}$ Atm. Überdruck bläst. Das so entstehende Gemisch aus Sand, Schlamm, Wasser und Luft wird dadurch in einem oder mehreren bis nahe über den Schachtgrund heruntertauchenden Steigrohren in gleicher Weise wie durch sog. Mammutpumpen nach den über jedem Apparat sich befindlichen Einrichtungen zum Aufbereiten des Sandes und der Schlämme gehoben, aus denen

Abb. 913.

Sand und Schlämme der Reihe nach für das Schleifen bzw. Feinschleifen zwischen Schleiftisch und Schleifscheiben geleitet werden. Die überschüssigen Schlämme und Wässer fließen aus den Aufbereitungseinrichtungen einem Kanal *T* zu, der sie nach Klärteichen führt, in denen sich der Schlamm niederschlägt, während das geklärte Wasser zur Wiederverwendung in die Fabrik zurückgepumpt wird. An Stelle der Schächte *S* mit Preßluft werden zum Heben von Sand und Schlamm auch einfache Zentrifugalpumpen verwendet, deren Gehäuse durch ein leicht auswechselbares Gußeisenfutter gegen gar zu schnelle Abnutzung geschützt sind.

U ist ein Raum zur Aufbewahrung und Aufbereitung des zum Feinschleifen erforderlichen Staubschmirgels. Die Einrichtungen zum Aufbereiten des Sandes und der Schlämme können anstatt über den einzelnen Schleifapparaten auch über diesem Raum *U* untergebracht werden, um von da aus durch besondere Rinnen den verschiedenen Apparaten zuzufließen.

Den Hauptvorrat an Gips zum Aufkleben der Rohglasscheiben auf die Schleiftische kann man im Materialienmagazin aufbewahren, wo er vollkommen trocken liegen muß; in der Nähe der Auflegerei braucht man dann in einem Raum *V* lediglich die für einige Tage erforderliche Menge zur Verfügung zu halten. *W* ist ein kleiner Raum zur Aufbewahrung der für die Putzerei erforderlichen Materialien. *X* ist eine elektrisch betriebene Winde, mit der leere Schleiftische ohne Zuhilfenahme der etwa bereits an anderer Stelle in Anspruch genommenen Schiebebühne *g* von den Plätzen *7*, *8*, *9* oder 10 nach der Auflegerei *c* gezogen werden können; das Zugseil wird dabei über im Flur verankerte Seilrollen geführt und die Versenkung *h* wird durch ausschwenkbare Schienenstücke h_1 überbrückt. Bei H_1 stehen eine Wasch- und eine Wringmaschine zum Reinigen der mit Gips behafteten Flanelltücher.

Die Entfernungen der Schleiftischgleise voneinander sowie der Schiebebühnen von den Schleif- und Polierapparaten bzw. von den Gebäudewänden und Gebäudesäulen sind so zu bemessen, daß beim Verfahren der Tische nie ein Mensch in die Gefahr kommen kann, gequetscht zu werden; für die Aufstellung von Schleiftischen auf den Plätzen *4*, *5* und *6* sind besondere Markierungen anzubringen, durch die man darauf hingewiesen wird, daß die Tische so weit von der Schiebebühne *g* abstehen, daß beim Hin- und Herfahren von anderen Tischen mit der Schiebebühne keine Gefahr entsteht. Es ist dabei zu berücksichtigen, daß es sich häufig nicht vermeiden läßt, daß noch Ecken von Glasscheiben über den Tischrand hinausragen.

Für den Vollbetrieb einer Schleiferei mit drei Schleifapparaten und drei schnell arbeitenden Polierapparaten braucht man mindestens 13 Schleiftische, besser 14, und als Ersatz für einen jeweils in Reparatur befindlichen, einen 15. Die Meister- und Aufseherstuben kann man bei *Z* etwa 2—2½ m über dem Flur unterbringen, so daß von dort aus die ganze Schleiferei und die Poliererei zu übersehen sind und die auf dem zweiten Auflegereigleis stehenden Tische darunter hinwegfahren können.

Abb. 913 gibt einen Blick in eine solche Schleif- und Polierhalle. Im Vordergrund sieht man mehrere Schleiftische mit darüber laufendem Saugkran; rechts daneben erkennt man eine Schiebebühne. Im Hintergrund rechts stehen die Schleifapparate, links die Polierapparate; hinter den Polierapparaten ist eine zweite Schiebebühne sichtbar.

2. Schleifapparate mit runden Tischen.

Das wesentliche Merkmal der bisher fast ausschließlich üblich gewesenen und auch vorläufig noch vielfach üblichen Einrichtungen zum Schleifen und Polieren von Gußspiegelglas ist, daß die Schleif- und Poliertische, auf die das Glas aufgelegt wird, fahrbar sind und in die feststehenden Schleif- bzw. Polierapparate eingeschoben werden. Noch gegen das Ende des vergangenen Jahrhunderts waren die Platten meistens fest in die Apparate eingebaut, während die Gerüste mit den Schleif- und Polierscheiben verfahren wurden. In Nordamerika war eine solche Anlage bis zum Jahre 1928 in Betrieb. Abb. 914 und 915 zeigen eine Anordnung mit zwei fest auf ihren Königswellen sitzenden Tischen; dagegen ist das Gerüst mit den Schleifscheiben um einen Zapfen schwenkbar, so daß es abwechselnd über die beiden Tische gebracht werden kann; sein freies Ende fährt dabei auf einem Schienenkreis. Anstatt das Gerüst um einen Zapfen zu schwenken, wurde es bei anderen Einrichtungen auf zwei gleichlaufenden Schienen nach der Art eines Bockkranes hin- und hergefahren. Solange das Glas auf dem einen Tisch bearbeitet wurde, wurde der andere Tisch neu belegt. In einem größeren Werk mit mehreren solchen Einrichtungen mußten also die Rohglasscheiben zum Auflegen nach mehreren Stellen hin verteilt werden, während sie heute einer zentralen Auflegerei zuzubringen sind. Da das Abtragen und Auflegen des Glases erheblich weniger Zeit in Anspruch nimmt als das Schleifen bzw. Polieren, so stand ein Tisch längere Zeit ungenützt; bei gleicher Apparatezahl ist deshalb schon allein aus diesem Grunde die Leistungsfähigkeit einer Schleiferei und Poliererei mit fahrbaren Tischen größer. Ein bewegliches Schleif- und Poliergerüst wird während des Schleifens und Polierens nie ganz ruhig stehen; es wird im Gegensatz zu den heutigen Gerüsten ziemlich stark schwanken und federn, wodurch die Schleif- und Polierleistung ebenfalls wesentlich hintangehalten wird. Zum Polieren müssen die Schleifscheiben jedesmal in mühsamer und zeitraubender Arbeit gegen Polierscheiben ausgewechselt werden. Wenn aber in ein und demselben Apparat geschliffen und daran anschließend poliert wird, unterliegt die Arbeit der großen Gefahr, daß während des Polierens Sandkörner auf den Tisch fallen, die die Glasoberfläche wieder beschädigen, denn auch bei größter Vorsicht kann es vorkommen, daß nach dem Schleifen auf den über dem Tisch befindlichen Bauteilen des Apparates noch da und dort Sand- und Schlammkörner liegen bleiben, die nachher herunterfallen. Man hat es deshalb trotz der dadurch wesentlich erhöhten Unkosten, trotz des großen Zeitverlustes und noch sonstiger Nachteile früher vielfach vorgezogen, die Glasscheiben nach dem Feinschleifen von dem festen Tisch zu lösen und in einem besonderen Polierapparat von neuem wieder aufzulegen.

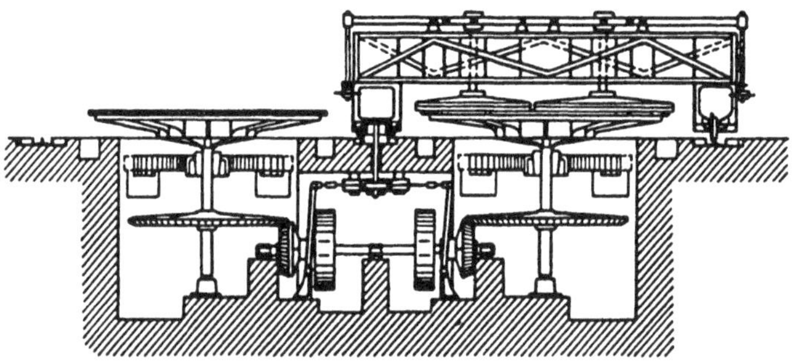

Abb. 914.

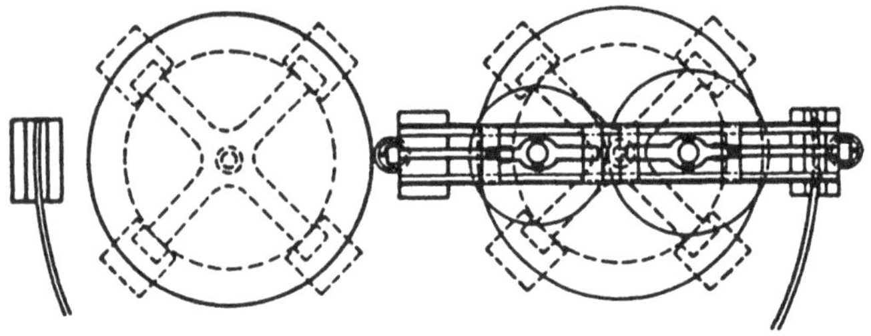

Abb. 915.

Abb. 916—918 zeigen in schematischer Darstellung die grundsätzliche Bauart der für die Bearbeitung von Glasscheiben verschiedener und beliebiger Abmessungen vorläufig noch am meisten üblichen Schleifapparate mit rotierenden auswechselbaren Schleiftischen. Der Schleiftisch *a* hat als Sitzfläche eine kreisrunde Nute *b* von keilförmigem Querschnitt, die auf den Konus *c* der Königswelle *d* paßt. Wenn der Tisch so in den Schleifapparat eingefahren ist, daß die Nute *b* genau über dem Konus *c* steht, was sich durch zwei auf den Schienen sitzende Prellschuhe regelt, werden entweder die Schienenstücke *e* durch elektrisch betriebene Schraubenspindeln oder mit hydraulischen Druckböcken gesenkt, bis der Tisch mit seiner Nute *b* fest auf dem Konus *c* sitzt und die Spurkränze der Tischräder frei sind, so daß sich der Tisch ungehindert drehen kann; oder aber die ganze Königswelle *d* samt dem Konus *c* wird durch eine im Fußlager *f* angeordnete hydraulische Druckvorrichtung entsprechend angehoben; die Königswelle wird dann im Fußlager verriegelt und so in der Hochlage gesichert. Die Königswelle und damit der Tisch werden durch das Kegelräderpaar *g*, *h* und die Riemen- oder Seilscheibe *i*, die entweder von einer Haupttransmission oder unmittelbar von einem Motor angetrieben wird, in Umdrehung versetzt. Beim Antrieb durch einen besonderen Motor wird der Apparat durch An- und Abstellen des Motors in Gang bzw. in Ruhe gesetzt, beim Antrieb von einer Haupttransmission aus durch Fest- und Losscheibe oder durch Ein- und Ausrücken einer Schleifkuppelung *k*, die gleichzeitig noch mit Bremsbacken versehen ist zum schnelleren Anhalten des Tisches im Notfalle. Wenn zum Heben und Senken des Tisches die Königswelle mit dem Konus auf- und abbewegt wird, schaltet man noch ein Stirnrädervorgelege in den Antrieb (s. Abb. 929), so daß durch das Auf- und Abbewegen der Königswelle der Zahnradeingriff nicht verlorengeht. Nach einem Vorschlag von Schild hat man neuerdings an Stelle von Zahnrädergetrieben einen Antrieb durch Globoidschnecke gewählt, bei dem die Schnecke unmittelbar an die Motorachse elastisch gekuppelt ist (s. Zeitschrift des Vereins deutscher Ingenieure, Bd. 67, Nr. 22 vom 2. Juni 1923, S. 542).

Die übliche Umlaufzahl des Tisches liegt bei solchen Apparaten zwischen 26 und 28 Umläufen in der Minute. Meistens findet man zwei Schleifscheiben *l* und *m*, die durch Vermittelung von dreiarmigen Kreuzen *n* an den Drehachsen *o* hängen; diese Achsen werden durch die unteren Lager *p* und die oberen Lager *q* am Gerüst *r* geführt. Die Befestigungsbolzen der Schleifscheiben haben in den drei Naben der Kreuze in senkrechter Richtung einige Zentimeter Spielraum, so daß man die Kreuze äußerstenfalls so tief senken kann, daß die Scheiben mit ihrem vollen Gewicht auf dem Tisch aufliegen. Die Achsen *o* hängen an Hebeln *s*, mit deren Hilfe sie und damit auch die Schleifscheiben gehoben und gesenkt werden können. Der Übersichtlichkeit der schematischen Darstellung wegen sind beide Schleifscheiben auf einer Seite des Gerüstes *r* hängend angenommen. Zum besseren Ausgleich der Kräfte wird man das Gerüst jedoch zwischen den beiden Achsen *o* hindurchlegen oder man verlegt beide Achsen in das Gerüst wie z. B. nach Abb. 930.

Ehe der Tisch in den Schleifapparat eingefahren wird, sind die Scheiben ganz hochgezogen bis die Anschläge der Kreuze *n* gegen die Lager *p* stoßen; wenn dann der Tisch in Umdrehung gesetzt wird und seine volle Umlaufzahl erreicht hat, läßt man die Schleifscheiben vorsichtig hinunter, bis die erste Berührung mit den höchsten Punkten der Glasauflage eintritt, gleichzeitig wird durch die mit Löchern versehene Rinne *u* scharfer Sand mit Wasser vermengt auf den Tisch geschwemmt. Wenn man die Scheiben sofort mit ihrer vollen Last auf den Tisch hinunter ließe, würde sich ihr Gewicht nur auf einige wenige höchste Punkte der Glasoberfläche verteilen und das Glas würde zerdrückt werden, ganz abgesehen davon, daß die höchsten Punkte zu hart gegen die Schleifeisen schlagen würden, wodurch sowieso schon eine Zertrümmerung der betreffenden Glasscheiben eintreten könnte. Die Oberfläche der Glasauflage ist aber immerhin so eben, daß man unmittelbar nach den ersten Berührungen die Achsen *o* mit den Schleifscheiben noch etwas mehr senken kann, worauf die Scheiben bereits mit einem geringen Druck auf dem Glase aufliegen. Die Schleifscheiben fangen dann an, sich zu drehen, und zwar kommen sie, z. B. bei den Verhältnissen der Tisch- und Scheibendurchmesser zueinander, wie sie die Abbildungen andeuten, allmählich auf nahezu die gleiche Umlaufzahl wie der Tisch selbst. Es ist darauf zu achten, daß die Scheiben die Drehrichtung des Tisches annehmen, also nicht etwa entgegengesetzt anlaufen. Nach dem Rande des Tisches zu bewegt sich dann die Glasoberfläche in derselben Richtung wie die darüber liegenden Schleifeisen, doch eilt ein Punkt der Glasoberfläche der Scheibenbewegung voraus; nach der Mitte des Tisches zu laufen Glasoberfläche und Schleifeisen gegeneinander; dadurch wird eine hinreichend gleichmäßige Schleifwirkung über der ganzen Glasfläche erzielt.

Wenn die Glasoberfläche so weit abgeschliffen ist, daß die Schleifscheiben nicht mehr nur auf einzelnen Punkten sondern auf größeren Flächen aufliegen, läßt man

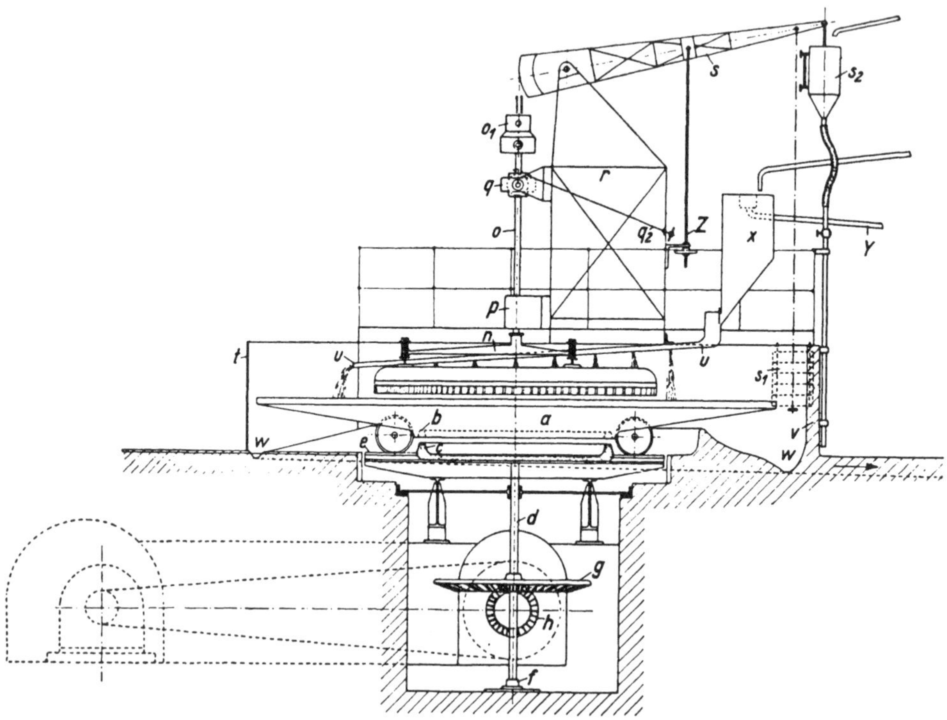

Abb. 916.

die Scheiben mit nahezu ihrem ganzen oder je nach der Bauart des Apparates auch mit ihrem ganzen Gewicht auf das Glas drücken; man schleift auf diese Weise weiter, bis alle rauhen Stellen der ursprünglichen Rohglashaut verschwunden sind. Auch zum Feinschleifen läßt man die Schleifscheiben mit demselben Druck auf dem Tisch lasten. Wenn der Feinschliff fertig ist, stellt man den Antrieb der Königswelle ab und die Tischbewegung wird durch den Widerstand, den die Schleifscheiben auf ihn ausüben, allmählich abgebremst; um jedoch gewünschtenfalls den Tisch noch schneller zum Stehen zu bringen, wird auch noch der Antriebsmotor abgebremst bzw. eine besondere mechanische Bremse in Tätigkeit gesetzt. Die Schleifscheiben werden dann hochgezogen, die Schienenstücke *c* angehoben bzw. die Königswelle gesenkt, bis der Tisch mit seinen Rädern wieder auf den Schienen steht und er herausgefahren werden kann, um dem nächsten Platz zu machen.

Um die Umgebung des Schleifapparates vor dem heruntergeschleuderten Schlamm und auch vor etwa abfliegenden Glasstücken zu sichern, wird der Apparat von einer Schutzmauer *v* umgeben. Die Aus- und Einfahrtstelle für die Tische wird durch eine auf- und abziehbare Schutzwand *t* verschlossen. Das vom Schleiftisch heruntergeschleuderte Gemisch von zerriebenem Sand und Wasser wird in der den ganzen Apparat umgebenden Rinne *w* aufgefangen und mit Spritzwasser in die Sand- und Schlammaufbereitung geschwemmt; das Gemisch enthält auch die beim Schleifen mit abgehenden Gipsteilchen sowie das abgeschliffene Glasmehl und das durch die Abnützung der Schleifeisen entstehende Eisenpulver. Auf der Arbeitsbühne des Schleifapparates stehen die Spitzkasten *x*, aus denen der Reihe nach der scharfe Sand und die zum Feinschleifen aussortierten Schlämme herausgeschwemmt und der Rinne *u* zugeführt werden, die sie in geeigneter Weise über den Schleiftisch verteilt. Die vom Frischsandlager und vom Schleiftisch kommenden Schwemmstoffe werden entweder in einer ersten Aufbereitungsanlage ausgewaschen und vorsortiert oder aber

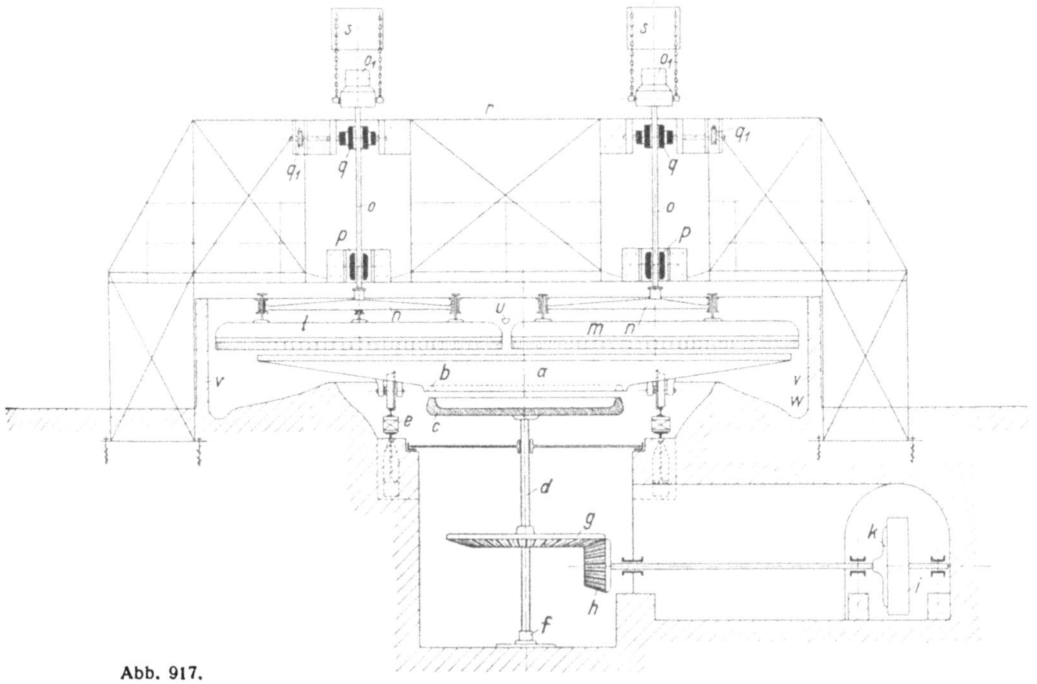

Abb. 917.

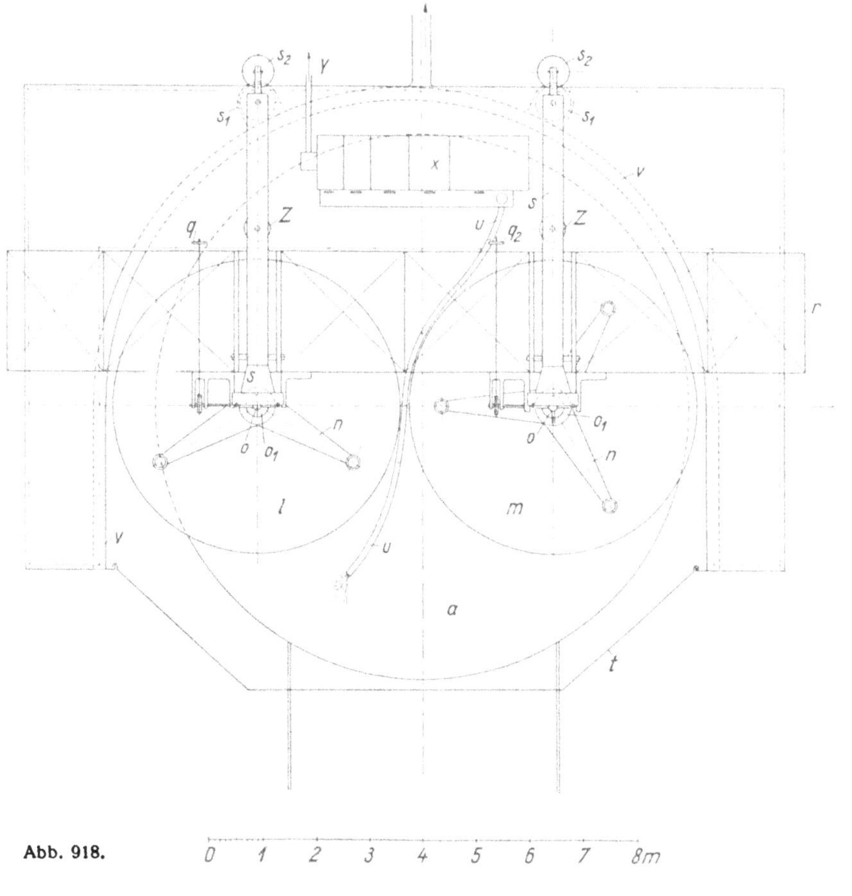

Abb. 918.

die Spitzkastenbatterie x wird selbst so ausgebildet, daß man mit ihr allein imstande ist, die Klassifizierung nach den verschiedenen Korngrößen zu erzielen. Die überschüssigen und nicht mehr brauchbaren Stoffe fließen bei y ab nach den Klärweihern. Die Rinne w ist so tief anzulegen, daß von dem Schwemmgut nichts in den Keller fließen kann, in dem die Königswelle und ihr Antrieb stehen.

Das allmähliche Herablassen der Schleifscheiben l und m auf den Schleiftisch bei Beginn des Schleifens durch die Hebel s und die Achsen o wird entweder auf hydraulischem Wege oder mit Hilfe von Gegengewichten s_1 bewerkstelligt, die man eines nach dem andern lüftet, so daß der rückwärtige Arm des Hebels s mehr und mehr entlastet wird. Je nach Bedarf kann die letzte Feinregulierung noch mit Hilfe des als Mutter auf einer Schraubenspindel sitzenden Handrades z vorgenommen werden.

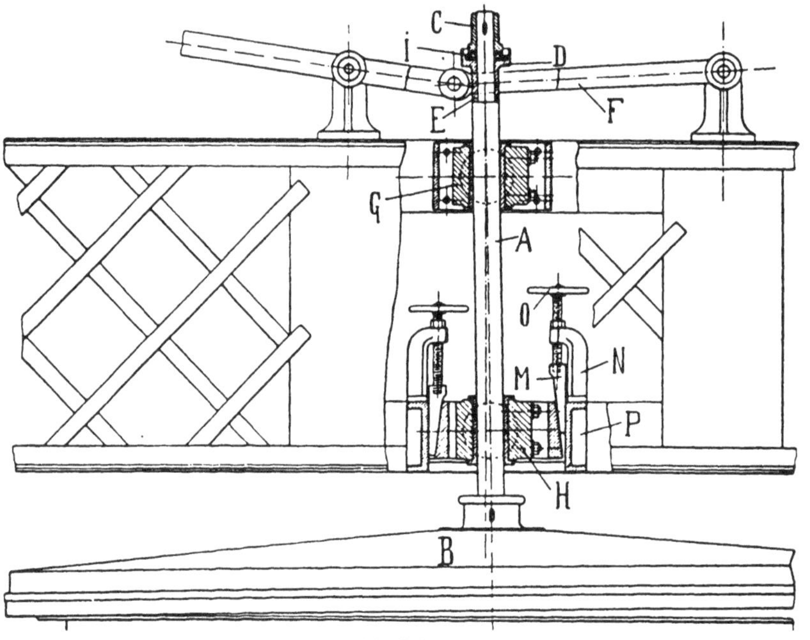

Abb. 919.

Nach unten zu kann das Handrad frei ausweichen, so daß der Hebel s mit Hilfe der hydraulischen Einrichtung oder mit der mechanischen zum Heben und Senken der Gewichte s_1 jederzeit schnell heruntergezogen werden kann. Ein weiteres Mittel zur Regulierung des Druckes der Schleifeisen auf die Glasoberfläche bietet die Belastung des rückwärtigen Hebelarmes s durch ein Wassergefäß s_2, aus dem man je nach Bedarf mehr oder weniger Wasser herauslaufen läßt. Dieses Hilfsmittel benützt man hauptsächlich, um die Veränderlichkeit des Schleifscheibengewichtes infolge Abnützung der Schleifeisen auszugleichen.

Der Schleifapparat und seine Hilfseinrichtungen werden von einer geräumigen Arbeitsbühne aus bedient, die derart über dem Tisch liegt, daß die Schleifscheiben und auch die Zuflußrinne u bequem zu übersehen sind. Die Bühne muß häufig mit Spritzwasser abgewaschen werden, das in die Rinne w abfließen kann; ihr Fußboden wird deshalb am besten in Beton angelegt. Sie ist mit hohen Bordkanten zu umgeben, damit während des Feinschleifens von ihr aus keine scharfen Körner oder sonstige Gegenstände, die das Glas beschädigen, auf den Schleiftisch gleiten können.

Der Schleiftisch wird während seiner Drehung stets schwankende Bewegungen ausführen, denen die Schleifscheiben folgen können müssen. Wie bereits oben erwähnt, haben sie zwar gegenüber den Kreuzen n einige Zentimeter Spielraum; diese Beweglichkeit gestattet den Schleifscheiben jedoch noch nicht, sich den Schwankungen des Tisches anzupassen, vielmehr muß auch die Achse o nach allen Richtungen etwas nachgeben können. Um die Stellung der Schleifscheibe gegenüber der Tischoberfläche beeinflussen zu können, ist das obere Lager q gelenkig aufgehängt und das äußerste Gelenk etwas verschiebbar eingerichtet; einer der beiden Aufhängezapfen ist verlängert und mit einem Schraubengewinde versehen, auf dem als Mutter ein gegenüber dem Gerüst r unverschieblich angeordnetes Schneckenrad q_1 sitzt, das durch eine Schnecke und das von der Arbeitsbühne aus zu erreichende Handrad q_2 gedreht werden kann. Mit Hilfe dieser Vorrichtung kann also die betreffende Schleifscheibe mehr oder weniger nach der Mitte des Schleiftisches oder nach dessen Rande zu geneigt werden. Nach einer anderen Ausführung wird, wie die der ersten Auflage dieses Werkes entnommene Abb. 919 zeigt, das untere Lager H durch Keile M von den Handrädern O aus verstellt.

Abb. 920.

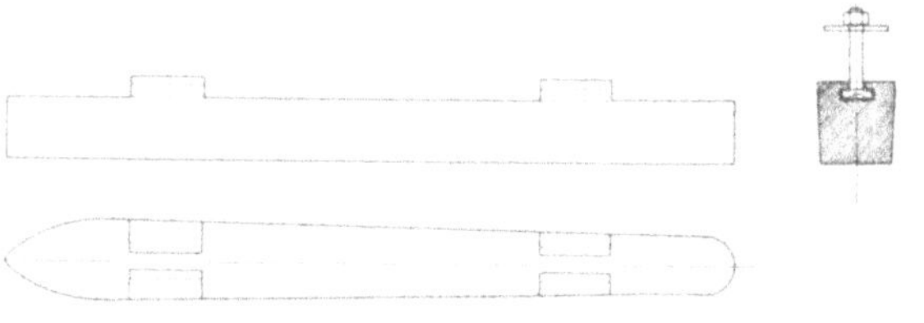

Abb. 921.

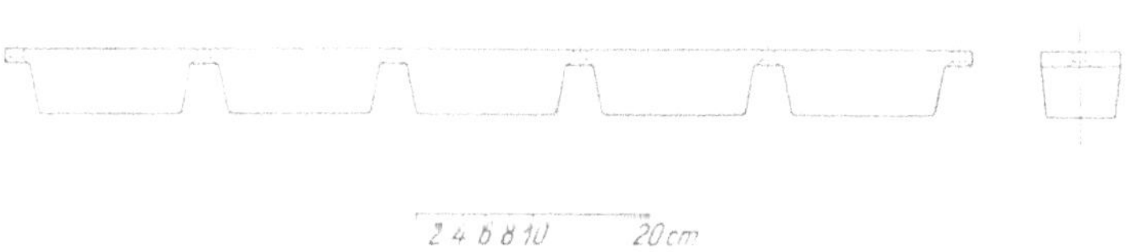

Abb. 922.

Der Hauptkörper der Schleifscheiben besteht aus Gußeisen; er trägt an seiner Unterseite einen Belag aus starkem Hartholz, meistens Eichenbohlen, auf die die Schleifeisen aufgeschraubt werden. Die Abb. 920—922 zeigen verschiedene gebräuchliche Formen von Schleifeisen. Denjenigen nach Abb. 922 wird im allgemeinen die größte Schleifwirkung beigemessen; in manchen Betrieben will man aber die Erfahrung gemacht haben, daß die Eisen nach Abb. 920 und 921 einen besseren Feinschliff ergeben, da sie eine größere zusammenhängende Schleiffläche besitzen und sich besser abspritzen lassen als diejenigen nach Abb. 922, in denen leicht scharfe Sandkörner hängen bleiben. Die Löcher in den Eisen nach Abb. 920, durch die die Schraubenköpfe hindurchgesteckt werden, sind mit Holzpfropfen zu verstopfen, damit sich darin nicht ebenfalls scharfe Körner verbergen können, die zu unerwünschter Zeit auf die Glasoberfläche fallen. Um diese Holzpfropfen, die bisweilen herausfallen, zu vermeiden, sind die Eisen nach Abb. 921 mit Ansätzen versehen, in die die Schraubenköpfe schwalbenschwanzförmig eingesteckt werden; der Holzbohlenbelag der Schleifscheiben muß in diesem Falle Vertiefungen besitzen, in die die Ansätze hineinragen können. Das Gießen der Eisen mit den Ansätzen ist schwieriger als dasjenige der anderen Formen; wenn in der Gießerei nicht größte Vorsicht verwandt wird, entstehen in der Nähe der Ansätze Lunkerstellen, die erst sichtbar werden, wenn ein Teil der Eisen abgeschliffen ist. In den Lunkern wird sich dann ebenfalls scharfer Sand festsetzen, der beim Feinschleifen die Glasoberfläche verdirbt. Neben der vorteilhaften Verteilung des Schleifsandes auf dem Tisch ist von großem Einfluß auf die Schleifwirkung die Art der Verteilung der Eisen auf den Schleifscheiben; es kommt darauf an, daß die vom Tisch mitgeführten Sandkörner in vorteilhafter Weise zwischen die Eisen gebracht und so gegen die Kanten der Eisen gestoßen werden, daß sie nicht ausweichen können, sondern sicher von den Eisen erfaßt werden und nicht ungenützt vom Schleiftisch abfliegen. Ferner sollen alle Teile der Glasfläche möglichst gleich intensiv bearbeitet werden. Das Nächstliegende und auch vielfach Übliche ist, sämtliche Eisen wie nach Abb. 923 auf der Schleifscheibe radial zu stellen. Abb. 924 zeigt zwischen den

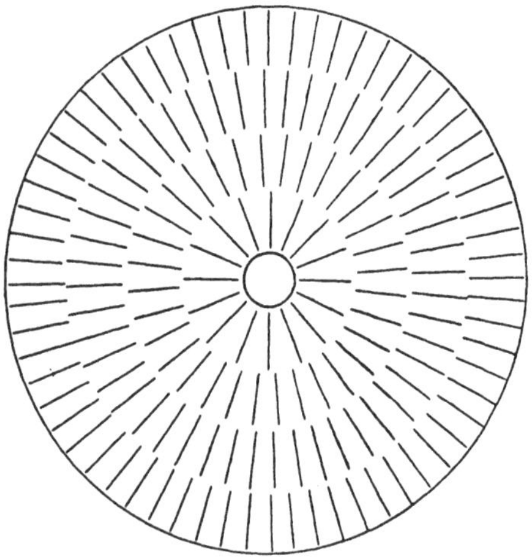

Abb. 923.

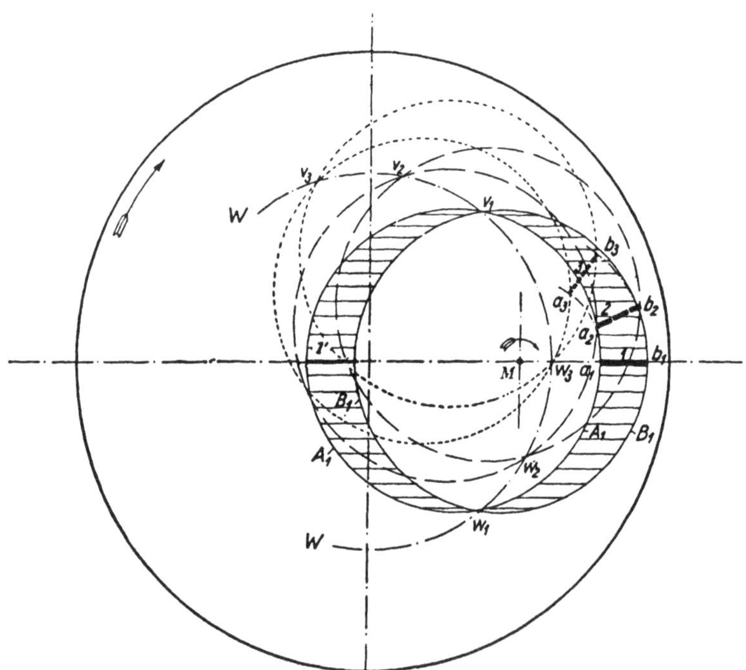

Abb. 924.

Kurven A_1 und B_1 die Fläche, die das radial liegende Schleifeisen a_1 b_1 auf dem Tisch bestreicht unter der Voraussetzung, daß die um die Achse M sich drehende Schleifscheibe genau ebensoviel Umläufe macht wie der Tisch; das Ende a_1 des Eisens beschreibt auf dem Tisch die Kurve A_1, das andere Ende b_1 die Kurve B_1. Wie ersichtlich, bewegt sich das Eisen in der gezeichneten Stellung *1* gegenüber dem Tisch

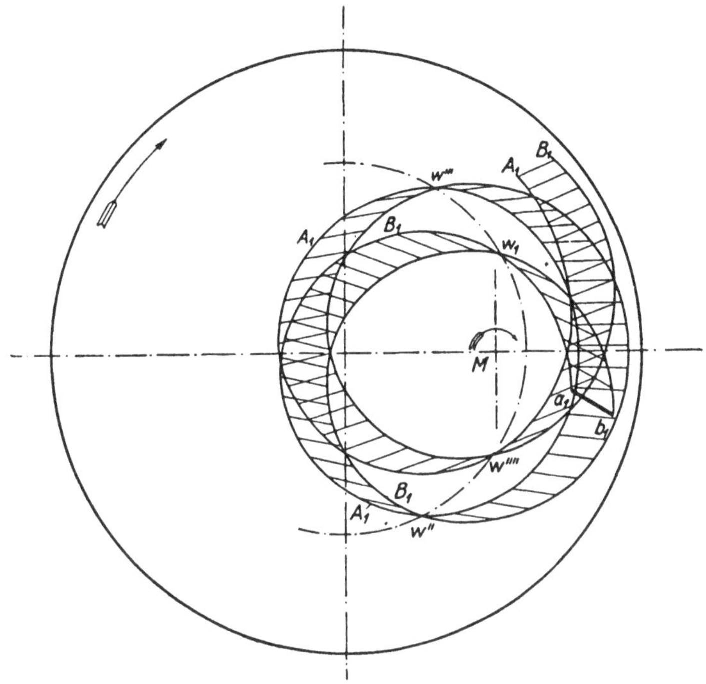

Abb. 925.

genau senkrecht zu seiner eigenen Längsrichtung, geht nach dem Wendepunkt v_1 hin mehr und mehr in eine relative Längsbewegung über, um bei v_1 die Bewegungsrichtung zu wechseln, bei *1'* gegenüber dem Tisch wieder genau senkrecht zur eigenen Längsrichtung zu gehen und über den Wendepunkt w_1 nach *1* zurückzukehren. Die größte Schleifwirkung wird in den Relativstellungen *1* und *1'*, die geringste bei den Wendepunkten v_1 und w_1 erreicht. Das benachbarte Schleifeisen *2* bestreicht auf dem Tisch eine gleiche Fläche mit den Wendepunkten v_2 und w_2, das übernächste Eisen *3* eine Fläche mit den Wendepunkten v_3 und w_3, usf. Diese Wendepunkte liegen alle auf einem Kreis W—W um den Mittelpunkt des Tisches. Diesem Kreis entlang entsteht auf dem Glas eine Zone, die weniger intensiv bearbeitet wird als der übrige Teil der Glasoberfläche. Nun bleiben zwar im allgemeinen die Schleifscheiben in der Umlaufzahl mehr oder weniger hinter derjenigen des Tisches zurück; ein Schleifeisen beschreibt dabei nicht ständig dieselbe in Abb. 924 erscheinende geschlossene Fläche, sondern eine fortschreitende Bahn, wie sie Abb. 925 zeigt. Aber auch hier liegen alle Wendepunkte aller radial liegenden Eisen auf ein und demselben Kreis, dem entlang eine schwächer bearbeitete Zone entsteht.

Abb. 926.

Um einen Ausgleich zu schaffen, verlegt man nur einen Teil der Schleifeisen radial, einen anderen Teil quer dazu etwa nach Abb. 926. Wie ein Vergleich der Abb. 927 mit Abb. 924 und 925 zeigt, fallen die Wendepunkte der Quereisen in die von den Radialeisen am intensivsten bearbeitete Zone und die Wendepunkte der Radialeisen in die von den Quereisen am intensivsten bearbeitete. Diese Anordnung hat aber den Nachteil, daß die Zuführung des Schleifsandes und seine gleichmäßige Verteilung über die ganze Schleifscheibe schwieriger ist, als wenn alle Eisen radial liegen. Vor allem aber wird das

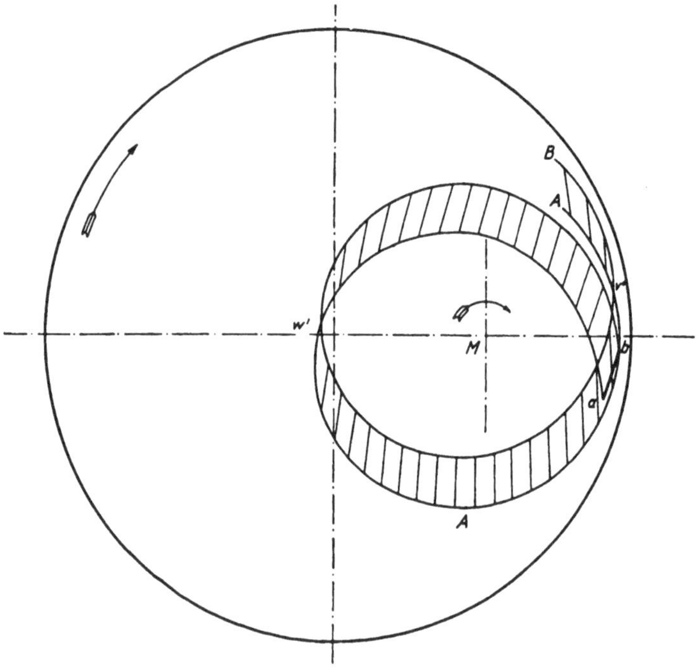

Abb. 927.

Waschen der Schleifscheiben und der inneren Schleifeisen erschwert; die Gefahr, daß grobe Sandkörner hängen bleiben, die den Feinschliff der nachfolgenden Schlamm- und Schmirgelstufen verderben, wird größer. Man muß also länger und sorgfältiger waschen und besonders auch vom Inneren der Scheibe her, etwa durch die hohle Achse in erhöhtem Maße spülen. Dennoch wird diese gemischte Anordnung meistens der reinen Radialanordnung vorgezogen. Einen Mittelweg bildet die Anordnung nach Abb. 928, bei der die durch die verschiedenen Schleifeisenreihen schwächer bearbeiteten Zonen etwas gegeneinander versetzt liegen.

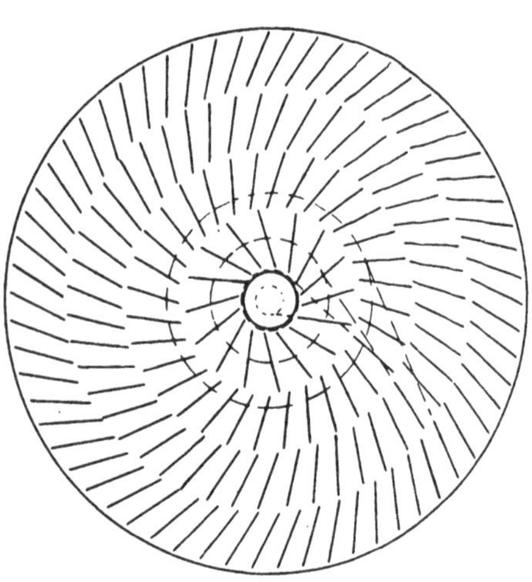

Abb. 928.

Wie bereits weiter oben angeführt, muß in Fällen, in denen zwecks Aufsetzens des Schleiftisches auf den Konus nicht die Schienen gehoben und gesenkt werden, sondern die Königswelle selbst, auf dieser an Stelle des Kegelrades *g* (Abb. 916) ein Stirnrad sitzen, damit nicht beim Anheben der Königswelle der Zahneingriff verlorengeht. Die Abb. 929 und 930 zeigen einen Apparat mit derartigem Antrieb, wie er in den Jahren 1911—1914 in mehreren damals neu erbauten Schleifereien zur Anwendung kam. Jeder Apparat wird durch einen besonderen

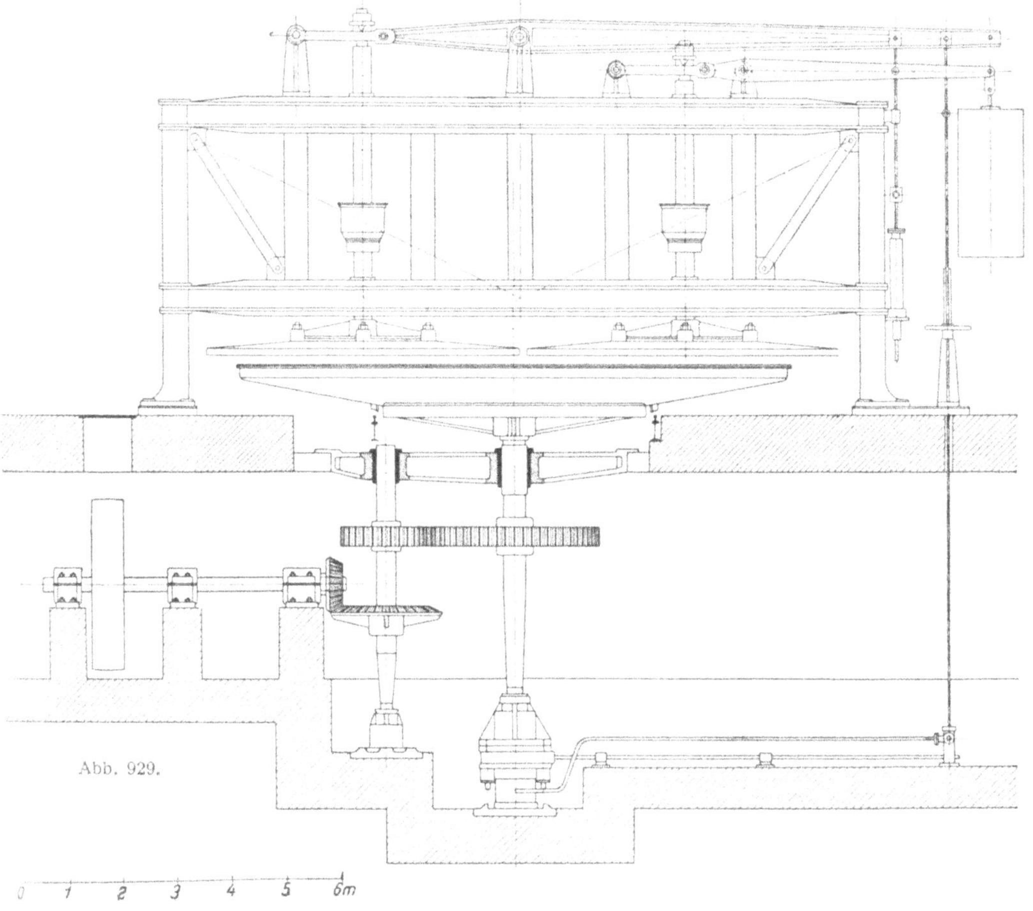

Abb. 929.

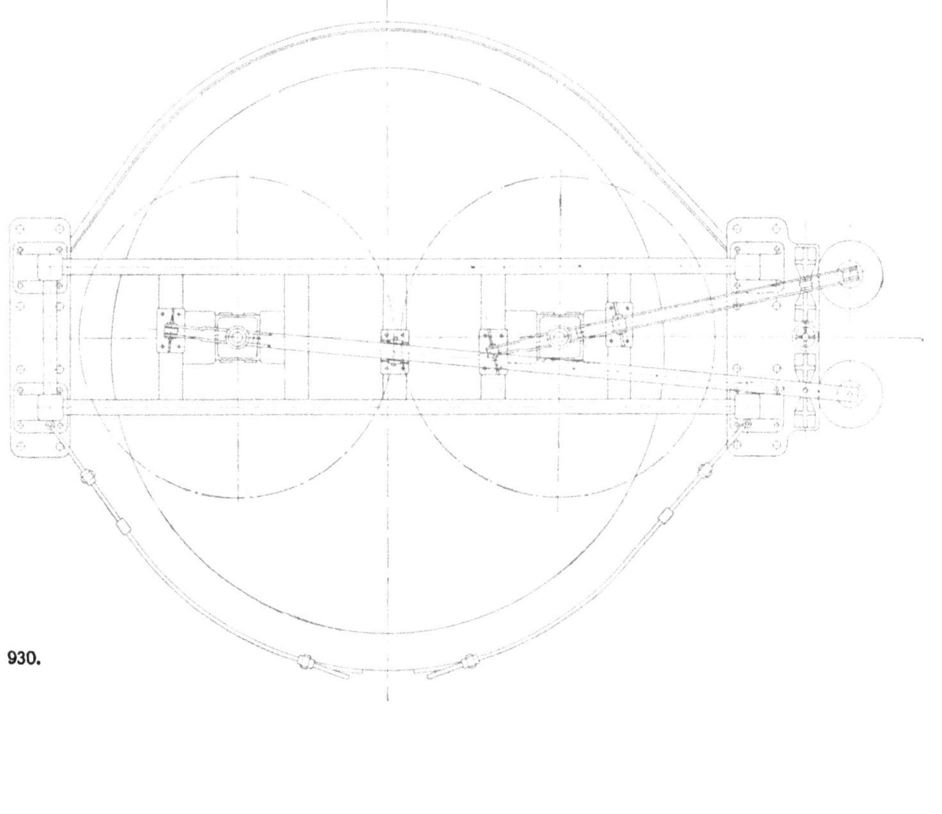

Abb. 930.

Elektromotor angetrieben, der durch einen Riemen mit der großen Vorgelegescheibe gekuppelt ist. Bei dem Apparat nach Abb. 931 und 932 wird ein langsam laufender Gleichstrommotor für 500 Volt Spannung mit senkrechter Achse verwendet, dessen Ritzel ohne jedes weitere Vorgelege unmittelbar in das auf der Königswelle sitzende große Stirnrad eingreift; die Zähne dieses Räderpaares müssen genau bearbeitet sein und es ist durch besondere Anordnung dafür Sorge zu tragen, daß die Zähne von Rad und Ritzel sich beim Eingriff stets ihrer ganzen Breite nach berühren und daß stets der richtige Abstand zwischen Ritzel- und Radachse unveränderlich gewahrt bleibt. Das Ritzel ist deshalb nicht unmittelbar auf die Motorachse aufgekeilt sondern auf eine besondere, kurz gelagerte Achse, die durch eine bewegliche Kupplung mit der Motorachse verbunden ist, so daß es von Schwankungen unabhängig bleibt. Dadurch werden auch gleichzeitig etwaige heftige, vom Apparat ausgehende Stöße gemildert und nicht mit voller Gewalt auf den Motor übertragen. Bei den Antrieben nach den Abb. 916, 929 und 930 bilden die Seil- oder Riemenantriebe das elastische Mittel. Die Königswelle macht 27 Umläufe in der Minute, der Motor 270; bei dem Übersetzungsverhältnis von 1:10 hat das Motorritzel einen Durchmesser von 400 mm und 25 Zähne, das große Stirnrad einen Durchmesser von 400 mm und 250 Zähne, so daß die Teilung 16 π ist. Die Breite der Zähne beträgt 350 mm; das Ritzel ist aus Phosphorbronze, das Stirnrad aus Stahlguß. Neuere Apparate besitzen 5000-Volt-Drehstrommotoren von 150 Umläufen in der Minute mit ebenfalls senkrechter Achse und einer Stirnradübersetzung.

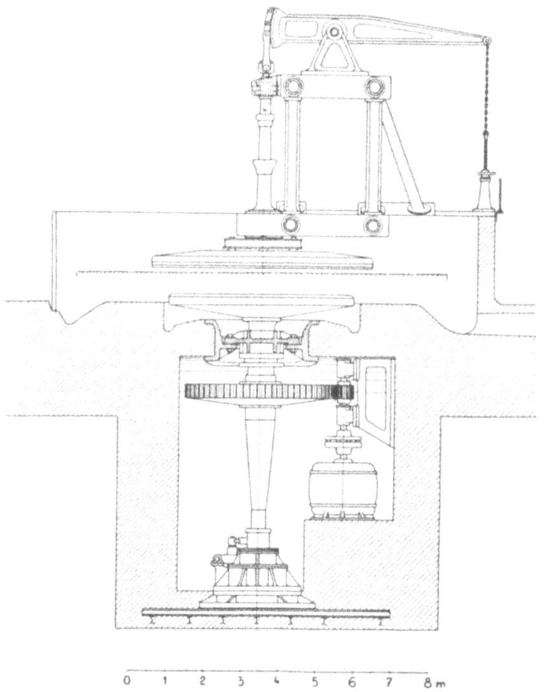

Abb. 931.

Die Abb. 931 und 932 zeigen einen Schleifapparat ähnlich einer Bauart, wie sie die Gesellschaft St. Gobain für Tische von 10 m Durchm. mehrfach in Verwendung hat. Die Gerüste zum Tragen und Führen der Schleifscheiben sind hier aus gußeisernen Rohr- und Kastenstücken zusammengesetzt; sie sind sehr steif und vibrieren im Gegensatz zu Konstruktionen aus Walzeisen kaum, was für die Schleifwirkung von Vorteil ist. Wie schon weiter oben gesagt wurde, sind die Schleifscheiben fest mit den hohlen Führungsachsen *A* verbunden, während zu ihrer Aufhängung je eine durch die Hohlachse hindurchgehende volle Achse *B* dient, die die nach unten wirkende Last der Schleifscheibe an ihrem oberen Ende auf das Spurlager *C* überträgt, das am Balancier *D* aufgehängt ist. *E* ist ein auf jeder Hohlachse sitzender Ölfang, der verhindern soll, daß aus den darüber befindlichen Lagern Öl auf den Schleiftisch tropft, was die Schleifwirkung sehr beeinträchtigen würde. Darunter sitzt auf jeder Hohlachse eine aus den Abbildungen nicht ersichtliche Schale zum Aufnehmen von Spülwasser; innerhalb dieser Schalen haben die Hohlachsen einen oder mehrere Schlitze, durch die das Spülwasser in das Innere der Hohlachse und von da auf den Schleiftisch laufen kann. Man ist so imstande, die Schleifeisen auch von der Mitte der Schleifscheibe aus zu waschen und scharfe Körner vor dem Beginn des Feinschleifens von der Mitte her wegzuspülen.

Die Königswelle läuft auf einer gußeisernen Spurplatte; die mit der Welle umlaufende Gegenplatte ist ebenfalls aus Gußeisen. Das ganze Spurlager läuft innerhalb seines geschlossenen Gehäuses in Öl. Der Deckel des Gehäuses ist als Führungslager für den Fuß der Königswelle ausgebaut. Um nun die Königswelle samt dem Schleiftisch heben und senken zu können, ist das Gehäuse als Kolben eines Öl- oder Glyzerindruckbockes ausgebildet, dessen Druckzylinder ein den Kolben umschließender Gußkörper ist. Um das Heruntersinken der Königswelle und des Tisches während des Ganges zu verhindern, wird eine unter dem Gehäuse befindliche Platte etwas ver-

Abb. 932.

dreht, so daß ein oder mehrere Nocken des Gehäuses, die vorher in entsprechende Versenkungen der Platte hineinragten, nunmehr auf die Platte stoßen und das Gehäuse sicher in seiner Hochlage halten.

Das Gewicht eines Schleiftisches von 10 m Durchm. beträgt rd. 40 t. Die Tischplatte besteht aus einzelnen Segmenten; sie sind aus Gußeisen und werden gehobelt; beim Aufschrauben auf das Tischgerippe richtet man sie mit dem Lineal aus durch Unterlegen von feinen Blechstreifen. Vor der ersten Inbetriebnahme des Tisches wird seine nackte Oberfläche in einem Schleifapparat mit scharfem Sand und Wasser abgeschliffen.

Der Kraftbedarf eines Schleifapparates der beschriebenen Bauart von 26—28 Umläufen in der Minute, mit Tischen von z. B. 10 m Durchm., mit unmittelbarem Antrieb durch einen Elektromotor und mit einer Stirnradübersetzung schwankt während des Schleifens und Feinschleifens zwischen 250 und 550 PS. Wenn der Tisch mit Wasser abgespritzt, d. h. „gewaschen" wird, sinkt der Kraftverbrauch vorübergehend bis auf 100 PS. Am meisten Arbeit wird verbraucht, wenn mit scharfem

Sand geschliffen wird und die Schleifscheiben voll auf der angeschliffenen Glasoberfläche lasten. Ist statt der einfachen Stirnradübersetzung ein Antrieb mit mehreren Vorgelegen oder mit Riemenübertragung vorhanden, so ist der Wirkungsgrad dieser Zwischenglieder zu berücksichtigen. Ganz roh und überschlägig kann man annehmen, daß Schleifapparate ungefähr 6 PS-Stunden, Polierapparate ungefähr 5 PS-Stunden je m² einer verkaufsfertigen Glasseite erfordern. In den Abb. 933 und 934 sind die

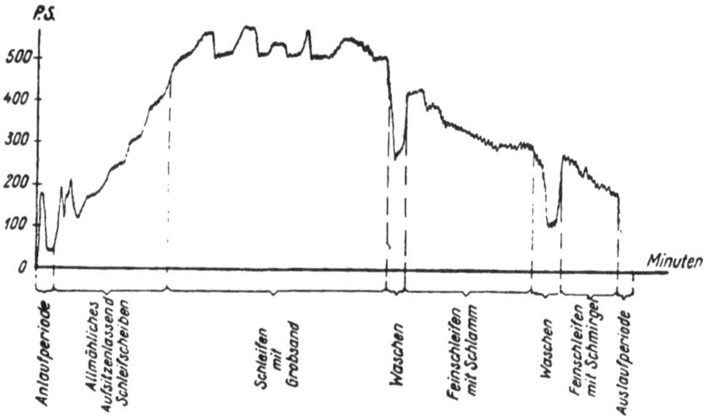

Abb. 933.

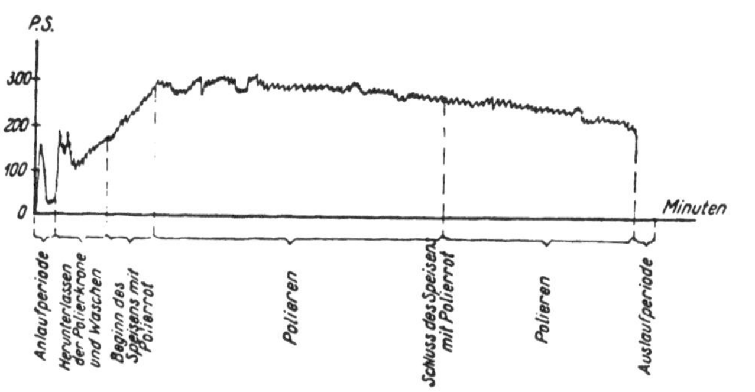

Abb. 934.

ungefähren Arbeitsverbrauche eines Schleif- und eines Polierapparates mit Tischen von beispielsweise 10 m Durchm. und 26—28 Umläufen in der Minute während der Behandlung einer Tischauflage, d. h. einer Glasseite dargestellt; als Polierapparat ist ein solcher mit einer Polierkrone angenommen.

3. Polierapparate mit runden Tischen.

Die der früheren Auflage dieses Buches entnommenen Abb. 935—937 zeigen einen Polierapparat mit einem durch vier Kurbeln *a* bewegten Polierrahmen *b* für Tische von rd. $8\frac{1}{2}$ m Durchm. Am Rahmen *b* hängen die mit Filz belegten Polierpflöcke *e*, deren gußeiserne Teller einen Durchmesser von 500 mm haben. Die Zahl der Pflöcke und ihre Verteilung am Rahmen ist so zu wählen, daß alle Teile der Tischfläche einer möglichst gleichen Polierwirkung unterworfen sind. Die Kurbeln *a* werden von einer Haupttransmission aus über die Festscheibe *i* und die vier Kegelräderpaare *k k'* in Umdrehung versetzt, so daß der Polierrahmen wagrechte Schwingungen ausführt. Der Tisch wird in diese Polierapparate in gleicher Weise eingefahren wie in die Schleifapparate und dann durch Anheben der Königswelle *H* auf den Konus gesetzt. Die Polierpflöcke *e* sind so am Rahmen *b* aufgehängt, daß sie in senkrechter Richtung etwa 2—3 cm Spielraum haben; die Königswelle wird mit dem Tisch so hoch angehoben, daß die Polierpflöcke um einen Teil dieses Spielraumes mitgehoben werden und nicht mehr am Rahmen hängen, sondern mit ihrem vollen Gewicht auf dem Tisch lasten. Die im Rahmen steckenden Aufhängebolzen dienen während des

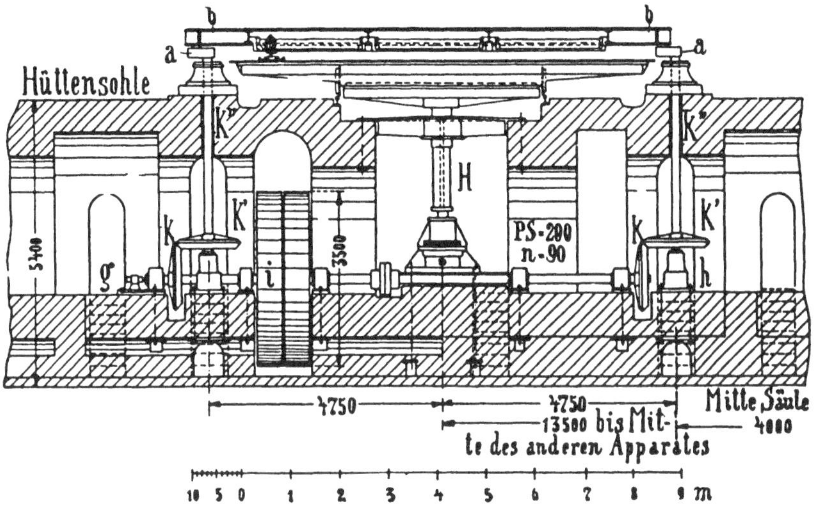

Abb. 935.

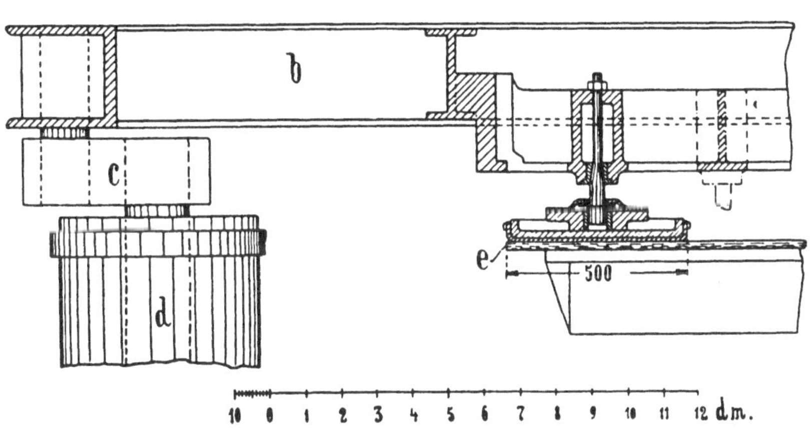

Abb. 936.

Polierens für die Pflöcke somit nur als Mitnehmer und Führer. Der Kurbelhalbmesser ist etwa 225—250 mm, so daß jeder Punkt des Rahmens und damit auch die Aufhängebolzen der Polierpflöcke beim Schwingen des Rahmens Kreise von 450—500 mm Durchm. beschreiben. Die Kurbeln und der Rahmen machen 80—100 Umläufe in der Minute. Die Königswelle wird nicht zwangläufig angetrieben; sie sitzt jedoch drehbar im Hals- und im Spurlager; sobald die schwingenden Polierfilze das Glas innig erfassen, fängt der Tisch an mitzugehen; er dreht sich samt der Königswelle und erlangt dabei bis zu $1\frac{1}{2}$ Umläufen in der Minute. Auch die Polierteller drehen sich um ihre Führungsbolzen.

Wie schon weiter oben erwähnt wurde, sind andere Polierapparate in ganz ähnlicher Weise wie die Schleifapparate nach Abb. 929 und 930 gebaut (s. Abb. 938 und 939); die Königswelle wird mit dem Tisch zwangläufig angetrieben, so daß sie 12—18, im Mittel etwa 14 Umdrehungen in der Minute macht; an Stelle der zwei Schleifscheiben treten zwei bis vier Polierscheiben, an denen die Polierpflöcke ebenso hängen wie am Rahmen *b* des Apparates nach Abb. 936.

Bei dem Polierapparat gemäß Abb. 940 sind nach Ausführungen der Gesellschaft St. Gobain die Polierscheiben zu einer einzigen Krone vereinigt, die exzentrisch zum Tisch aufgehängt ist (System Delloye). Die Königswelle macht wie diejenige der zugehörigen Schleifapparate 26—28 Umläufe in der Minute. An der Krone hängt Polierteller neben Polierteller; der einzelne Teller muß eben noch frei um seinen Aufhänge- und Führungsbolzen schwingen können. Das mit Wasser angemachte Polierrot wird

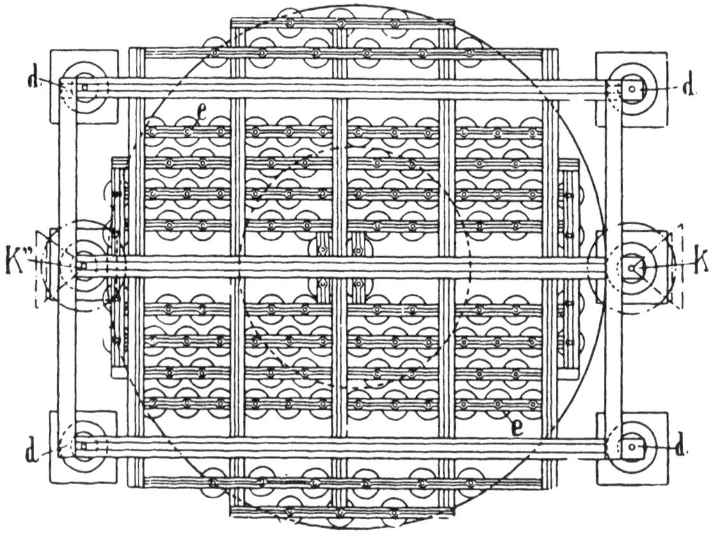

Abb. 937.

von einer auf der Hohlachse der Krone sitzenden Schale aus zwei bis drei konzentrisch auf der Krone sitzenden Rinnen zugeleitet, von denen aus es durch Bleirohre von 25—30 mm l. W. auf den Tisch fließt; vor jedem Polierteller mündet ein solches Rohr. Bei gleicher Beschickung des Tisches mit Polierrot ist die Polierwirkung im allgemeinen um so größer, je größer die Exzentrizität zwischen Tisch und Krone ist. In Abb. 941 sei M die Achse des Tisches, O diejenige der Polierkrone und x die Exzentrizität. Dann beschreibt ein Punkt A der Krone, der sich um O auf einem Kreise mit dem Halbmesser k bewegt, infolge der Exzentrizität, infolge der Hemmungen, die die Polierpflöcke der einen Kronenhälfte auf diejenigen der anderen ausüben und infolge der Lagerreibungen der Kronenachse gegenüber der Tischoberfläche etwa die in der Abbildung dargestellten Schwingungen; nach einer vollen Umdrehung des Tisches wandert A auf der Tischoberfläche über B nach C usw. Die Höhe h einer Schwingung ist gleich $2\,x$. Je größer h, d. h. je größer x ist, desto größer ist die relative Verschiebung zwischen Filz und Glas.

Die mit Polierrot getränkten Filze erfassen die Glasoberfläche sehr innig; man geht mit der Exzentrizität so weit, wie die Adhäsionskraft zwischen Glasscheiben und Tisch bzw. Gips oder Tücher, die zwischen Glas und Tischoberfläche liegen, es gestattet, d. h. nicht ganz so weit, daß die Gläser in Gefahr geraten, sich vom

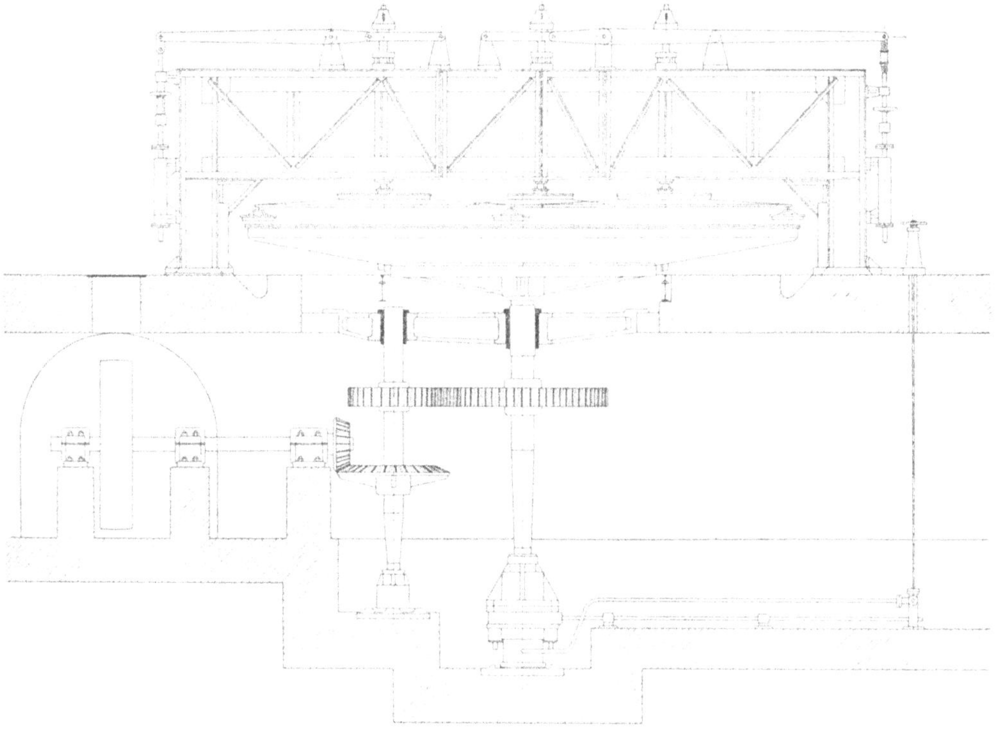

Abb. 938.

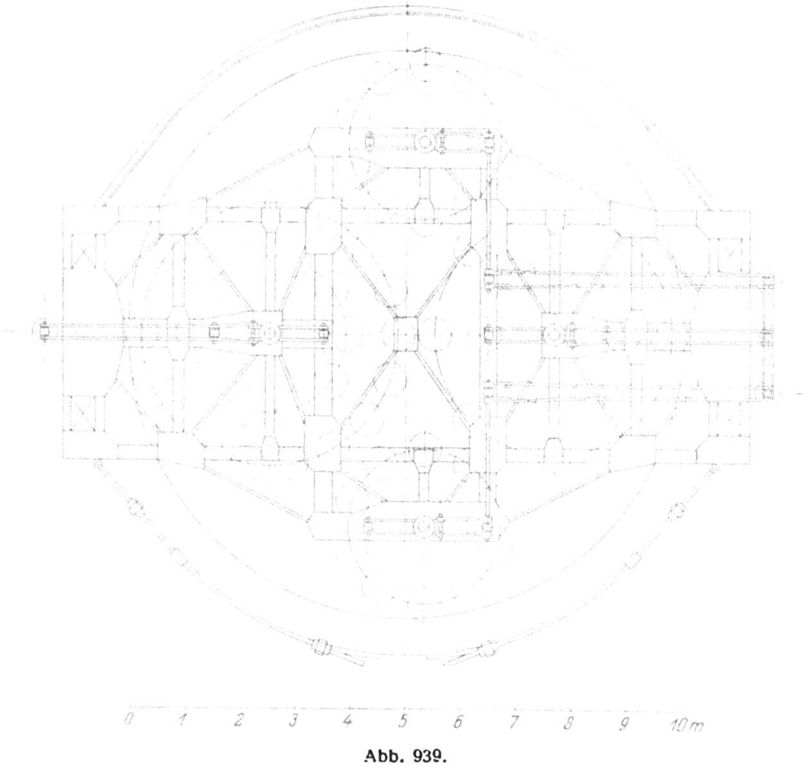

Abb. 939.

Tisch zu lösen. Die Exzentrizität, die man in den verschiedenen Betrieben findet, schwankt von 350—450 mm. Je größer sie ist, desto größer ist auch die Beanspruchung der Bauteile des Polierapparates. Sie ist aber in erster Linie begrenzt durch

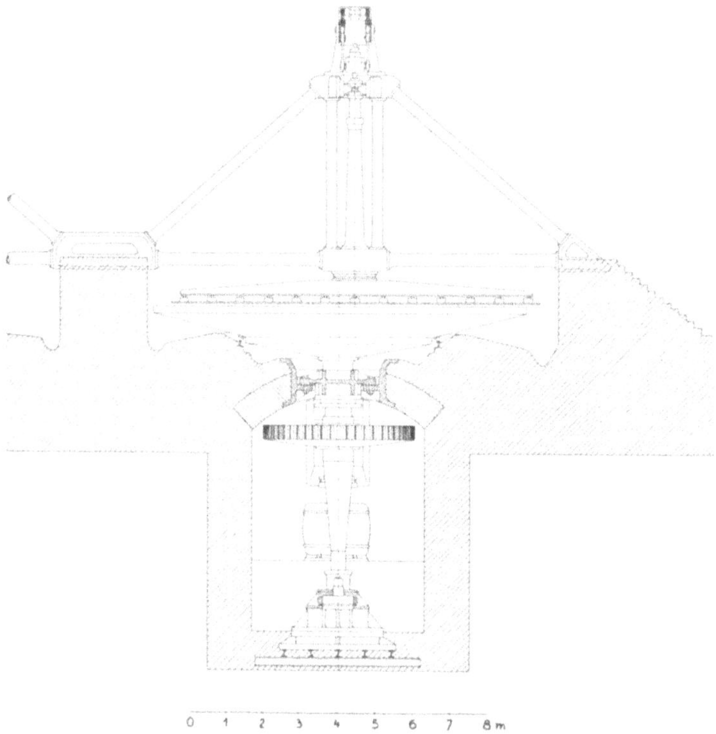

Abb. 940.

die Polierwirkung am Rande des Tisches. Je größer sie ist, desto größer ist die sichelförmige Fläche, die die Polierkrone auf dem Tisch frei läßt und desto mehr hängen die Polierpflöcke auf der entgegengesetzten Seite über, dadurch auch auf dieser Seite infolge der Entlastung des auf dem Tisch bleibenden Filzstückes die Polierwirkung beeinträchtigend. Wenn also die Exzentrizität der Polierkrone über ein gewisses Maß hinausgeht, sinkt die Polierwirkung am Rande des Tisches, während sie nach der Mitte zu steigt; umgekehrt wird die Polierwirkung in der Mitte unzulänglich, wenn die Exzentrizität unter ein gewisses Maß heruntergesetzt wird. Bei Einstellung einer mittleren Exzentrizität kann die Polierwirkung erhöht werden durch Abbremsen der Krone, so daß die Strecke y, um die der Punkt A hinter dem Tisch zurückbleibt, künstlich verlängert wird. Nach den Michael Pesch und der Spiegelmanufaktur Waldhof A.G. erteilten DRP. 319989 und 333559 vom 14. Februar 1919 werden

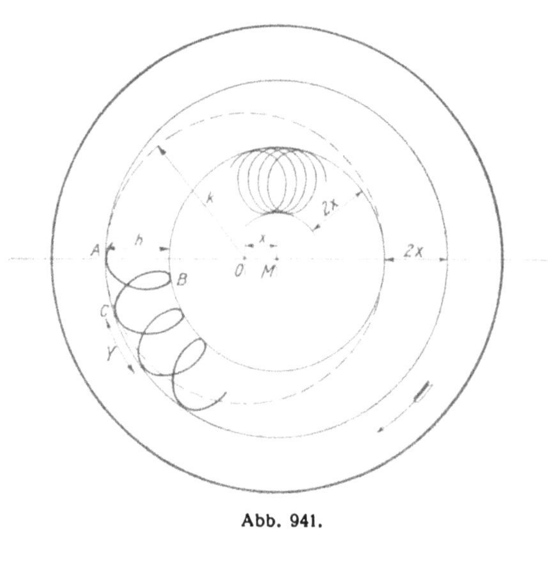

Abb. 941.

die um die Mitte herum liegenden Polierpflöcke an einer besonderen Krone aufgehängt, die für sich allein abgebremst oder rückwärts angetrieben wird, während die äußere, ringförmige Krone in üblicher Weise vom Tisch mitgenommen wird. Nach den Patentschriften wird die innere Krone mit Hilfe einer geeigneten Zahnräderübertragung durch die äußere rückwärts angetrieben. Bei einem derart ausgerüsteten Polierapparat kann man die Exzentrizität so einstellen, daß sie nach dem

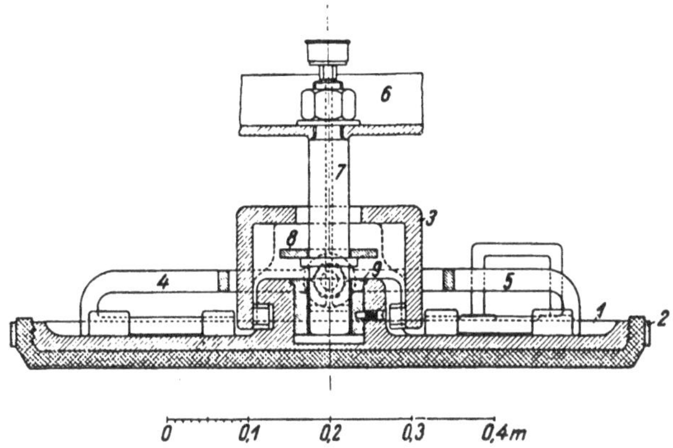

Abb. 942.

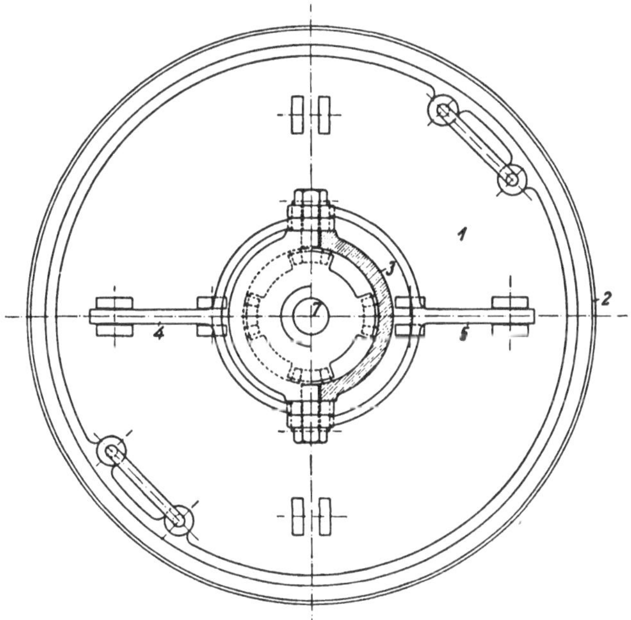

Abb. 943.

Rande des Tisches zu die günstigste Polierwirkung ergibt; nach der Mitte zu wird der ihr entsprechende Mangel durch den Rückwärtsantrieb der inneren Krone mindestens ausgeglichen.

Während des Polierens drehen sich die Polierteller auch bei diesen Apparaten ziemlich rasch um ihre Führungsbolzen; je inniger die Filze das Glas erfassen, desto rascher drehen sie sich. Abb. 942 und 943 zeigen die Ausführung eines zu einem solchen Polierapparat passenden Poliertellers von etwa 750 mm Durchm. Der gußeiserne Teller *1*, auf den die 20—25 mm dicke Filzscheibe durch eine besondere von Hand, elektrisch oder hydraulisch betriebene Presse aufgepreßt und auf dem sie durch den gleichzeitig mit aufgepreßten Spannring *2* festgehalten wird, ist durch eine Bajonettverriegelung in der ebenfalls gußeisernen Glocke *3* aufgehängt. Die beiden symmetrisch zueinander liegenden Klinkhebel *4* und *5* verhindern das unerwünschte Aufgehen der Verriegelung. Der an der Polierkrone *6* festgeschraubte Aufhängungs- und Führungsbolzen *7* trägt eine Scheibe *8*, durch die er beim Hochziehen der Krone die Glocke *3* und damit auch den Polierteller nach oben nimmt. Während des Polierens, d. h. bei gesenkter Krone, wenn der Teller auf dem Tisch aufliegt, stößt die in der Nabe des Tellers sitzende Hartgußbüchse *9* gegen den Bolzen; wie bereits erwähnt, dreht sich der ganze Polierteller ziemlich rasch um den Bolzen; dessen unterer, in die Nabe hineinragender Teil ist deshalb gut zu härten und für ausreichende Schmierung des Inneren der Büchse *9* ist stets Sorge zu tragen. Der Teller ist in allen Teilen symmetrisch auszubilden, damit er nicht in seinen Drehungen um den Bolzen *7* durch einseitige Fliehkräfte gehemmt wird, worunter die Polierwirkung leiden würde; auch der Filz würde sich sonst ungleichmäßig abnützen, ebenso die Büchse *9*. Aus diesem Grunde sind zwei Klinkhebel *4* und *5* angeordnet, und zwar diametral; für die Verriegelung zwischen Teller und Glocke würde ein solcher Hebel genügen. Von Bedeutung für die Polierwirkung ist das Gewicht des ganzen Polierpflockes im Verhältnis zur Filzfläche. Bei einer Dicke des Teller- und des Glockenkörpers von 17—20 mm dürfte das Gewicht des ganzen Pflockes im allgemeinen ausreichen; in manchen Betrieben führt man die Glocken jedoch noch etwas schwerer aus, indem man sie nach dem in der Abb. 942 punktiert gezeichneten Umriß gießt, oder man schraubt nachträglich noch einige Bleiklötzchen auf den Teller. Zum Auswechseln eines Filzes hat man lediglich die beiden Hebel *4* und *5* auszuklinken und den Teller durch einen kurzen, drehenden Ruck aus der Bajonettverriegelung der Glocke zu lösen; die Glocke mit den beiden Klinkhebeln bleibt dann bis zum Einriegeln eines anderen Tellers allein am Bolzen hängen.

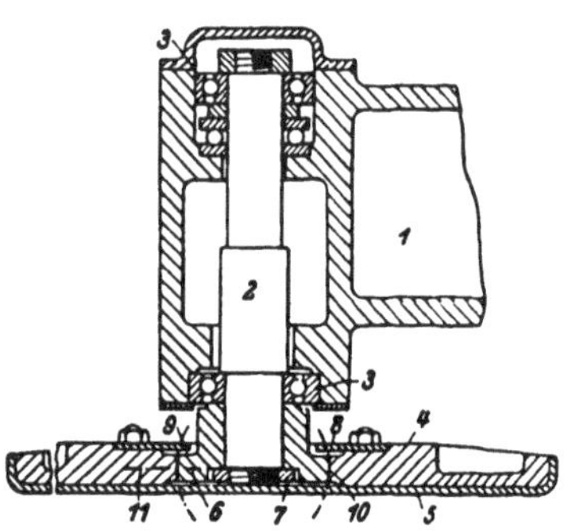

Abb. 944.

Die Abb. 944 zeigt einen Polierteller nach dem DRP. 426818 der Pilkington Brothers Limited in Liverpool, England und nach dem amerikanischen Patent 1687959 von Frederic Barnes Waldron, Bevollmächtigter derselben Firma. Danach hängt der den Filz *5* tragende Polierteller *4* mit der abnehmbaren Platte *8* an der am unteren Ende der Achse *2* befestigten Nabe *6*. Der Flansch *9* der Nabe *6* ist an seinem äußeren Umfang kugelig gedreht, während die entsprechende Bohrung des Tellers *4* zylindrisch ist. Die Nabe berührt den Teller in seiner Bohrung also nur nach einer Linie, nicht nach einer breiten Fläche, und so, daß der Teller um die Nabe frei schwingen kann. Diese Linie soll nun nach den Patenten so liegen, daß sie ungefähr in die wagrechte, durch den Schwerpunkt des Tellers *4* samt Filz gehende Ebene fällt, die in der Abbildung durch die Linie *11* angedeutet ist. Für die Erzielung einer guten Politur ist es, wie schon oben erwähnt, vorteilhaft, wenn sich die Polierteller um ihre eigene Achse drehen. Diese Drehung wird ja auch tatsächlich dadurch hervorgerufen, daß die Relativgeschwindigkeit zwischen Glas und Filz an den von der Achse der Polierkrone entfernter liegenden Punkten der Filze größer ist als an den ihr näher liegenden. Ferner wird die Politur um so besser, je gleichmäßiger der Druck des Filzes auf das Glas über die ganze Tellerfläche verteilt ist. Wenn nun die Angriffslinie zwischen Nabe *6* und Polierteller *4* höher oder tiefer liegt als die genannte Ebene durch den Schwerpunkt des Tellers, dann unterliegt der Teller Kippmomenten, die das freie Schwingen um die eigene Achse und die gleichmäßige Verteilung des Filzdruckes auf das Glas beeinträchtigen.

So wie die Bauart in der Abb. 944 dargestellt ist, eignet sie sich nur für kleine Polierkronen von verhältnismäßig geringem Durchmesser, also zum Beispiel für die Polierkronen von geraden Polierbahnen mit rechteckigen Tischen. Für Polierkronen mit großem Durchmesser, die infolge ihrer unvermeidlichen Schwankungen und zugleich derjenigen der großen rotierenden Tische an der Peripherie ziemlich große Ausschläge machen, muß das Spiel der Nabe *6* im Teller größer sein. Es ist auch nicht vorteilhaft, wenn die Nabe *6* oder das untere Ende der Achse *2* gegen die Innenfläche des Filzes *5* stoßen; ebenso ist es nicht vorteilhaft, wenn die Bohrung des Tellers durch und durch geht, so daß der Filz an jener Stelle frei schwebt und nicht an der ganzen Unterfläche des Tellers anliegt.

Weiterhin siehe als Beispiel einer Polierblockaufhängung auch Abb. 967.

Die Polierapparate, System Delloye, mit einer Krone hatten bisher die höchste Polierwirkung gezeitigt; sie arbeiten bei gleichem voraufgegangenem Feinschliff in den Schleifapparaten und auch sonst gleichen Vorbedingungen fast doppelt so schnell als die Rahmenapparate nach den Abb. 935—937. Eine wertvolle Arbeit von Dr. F. W. Preston über die Bauart von Polierapparaten und die theoretischen Grundlagen ihrer Wirkungsweise ist veröffentlicht in der amerikanischen Zeitschrift „The Glass Industry", Bd. 9 (1928), Hefte 2—4, S. 27, 57 und 81. Kurzes Referat hierüber Glastechnische Berichte VII (1929), S. 116. Vgl. auch die Arbeiten Prestons, Journ. Soc. Glass. Techn. XI (1927), 214—256; XII (1928), 3—7; XIII (1929), 111 bis 123.

4. Kontinuierlich wirkende Schleif- und Polierapparate.

Zum Schleifen, Feinschleifen und Polieren von kleineren Scheiben werden neuerdings kontinuierlich wirkende Apparate benutzt, in denen die mit Glas belegten Tische in gerader Richtung auf Schienen oder Gleitführungen unmittelbar hintereinander unter den zwangläufig angetriebenen Schleif- und Polierscheiben hinweg bewegt werden. Wie schon erwähnt, sind aber auch bereits einige kontinuierlich arbeitende Anlagen in Gang, mit denen man Scheiben von größten Abmessungen schleift und poliert.

Um die Ausbildung und Einführung dieser sogenannten Schleif- und Polierbahnen haben sich in Nordamerika besonders die Pittsburgh Plate Glass Company und die Ford Motor Company, in Europa die Firma Pilkington Brothers Ltd. in St. Helens, England verdient gemacht.

Die Abb. 945—947 geben die Darstellung einer Einrichtung dieser Art, wie sie zuerst von der Ford Motor Co. zum Schleifen und Polieren von Windschutzschilden und Scheiben für Kraftwagen in ihrem Werk in River Rouge bei Detroit eingeführt worden ist (s. dazu auch Abb. 1063 und 1064, S. 1040 und 1041). Die Tische sind aneinandergekuppelte Wagen von je 2,87 m Länge und etwas über 1 m Breite.

Die gesamte Schleif- und Polierbahn besteht aus zwei in 2—3 m Abstand parallel nebeneinander liegenden Bahnen. Am Anfang der einen Bahn wird das am Ausgang des Kühlkanals in Tafeln geschnittene Glas auf die rechteckigen Tische aufgegipst, die dann in die Schleifbahn eingereiht und automatisch mitgeschoben werden. Auf dieser ersten Bahn wird die erste Glasseite geschliffen und poliert; am Ende der Bahn reinigt man die Scheiben und löst sie wieder von den Tischen. Eine Schwenkvorrichtung (Abb. 1064, S. 1041) bringt dann die Tische der Reihe nach auf die zweite Bahn, die in entgegengesetzter Richtung läuft. Am Anfang dieser zweiten Bahn werden die Glastafeln gewendet und wieder aufgegipst, so daß sie mit der fertigen Seite nach

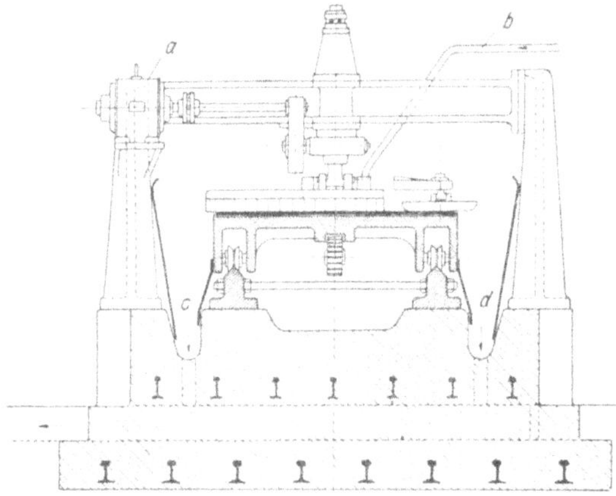

Abb. 945.

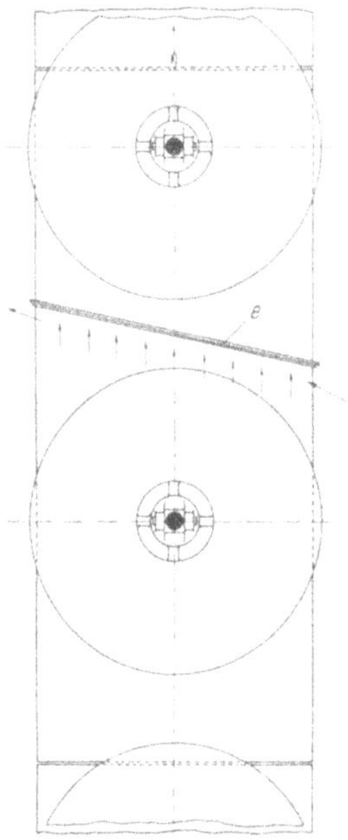

Abb. 946.

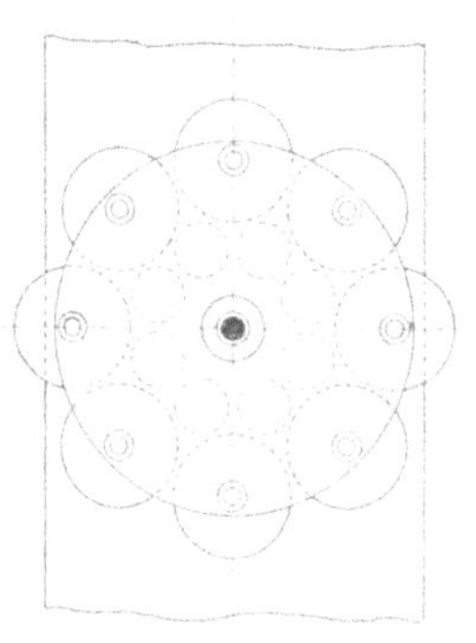

Abb. 947.

unten liegen. Auf dem Gang über diese zweite Bahn wird die zweite Glasseite geschliffen und poliert; am Schluß werden die auf beiden Seiten fertig bearbeiteten Glastafeln von den Tischen gelöst, abgenommen, gereinigt und inspiziert. Die leeren Tische werden dann der Reihe nach wieder auf die erste Bahn geschwenkt und neu belegt.

Über jeder der beiden Bahnen hängen 43 Schleifscheiben und 36 Polierscheiben.

Die Mississippi Glass Co. of St. Louis besitzt in ihrem Werk in St. Louis eine ähnliche Einrichtung von ca. 3,5 m Länge und ca. 1,5 m Breite der Tische zum Schleifen und Polieren von Drahtglasscheiben.

Beide Apparate sind gebaut von der Hooven, Owens, Rentschler Co. in Hamilton, Ohio. Die Wagen in River Rouge bewegen sich in der Minute gleichmäßig ca. 0,88 m, in St. Louis ca. 0,72 m vorwärts. Die Schleif- und Polierscheiben werden einzeln von Elektromotoren *a* über ein Zahnrad- und ein Schneckenvorgelege angetrieben. Die Scheiben zum Schleifen und Feinschleifen sind aus Gußeisen mit angegossenen Schleifleisten (s. Abb. 945 links). Sand, Schlämme und Schmirgel werden von *b* aus durch Aussparungen in den Scheiben nahe an deren Achsen aufgegeben; die verbrauchten Schlämme fliegen nach beiden Seiten vom Tisch und fließen in den Fundamentkanälen *c* und *d* ab. Zwischen den verschiedenen Sand-, Schlamm- und Schmirgelstufen werden auf dem Tisch schräge Bretter *e* eingeschaltet; sie sind unten mit einem Gummistreifen beschlagen, der auf die Glasoberfläche drückt und sie sauber streicht. Vor dem Brett wird Waschwasser zugespritzt. Man verhindert auf diese Weise, daß scharfes Korn in die nächst feinere Stufe gelangt. Die Polierscheiben sind ähnlich gebaut und angetrieben; an ihrer Unterseite hängt ein Kranz von 4—10 mit Filz belegten Poliertellern (s. Abb. 945 rechts und 947). In einigen Betrieben ist die Verteilung der Polierteller so angeordnet, daß noch ein zweiter kleiner Kranz um die Achse Platz findet, etwa wie in Abb. 947 punktiert angedeutet ist. Das Polierrot wird automatisch aufgegeben; alle 30—40 Sekunden fällt seitlich vor jede Polierscheibe ein kleiner Klecks, der dann von den mit Filz belegten Tellern mitgenommen wird, sobald er mit dem vorwärts rückenden Glas unter die Filze gelangt.

Über die günstigste Umlaufzahl der einzelnen Schleif-, Feinschleif- und Polierscheiben, über deren Anzahl, über den Kraftbedarf der verschiedenen Antriebe und das Gewicht bzw. die Belastung der Schleifscheiben liegen heute sichere Erfahrungen vor. Die Elektromotoren zum Antrieb der Schleif- und Polierscheiben in River Rouge haben je ungefähr 9 PS; die größeren Scheiben in St. Louis erfordern Motoren von je etwa 12 PS. Von den Schleifscheiben laufen die einen links, die anderen rechts herum, und zwar so, daß auf eine linkslaufende immer eine rechtslaufende folgt und umgekehrt; die Polierscheiben laufen alle im gleichen Sinne. Die Schleifscheiben machen ungefähr 20, die Feinschleif- und Polierscheiben 35—50 Umläufe in der Minute. Die Arbeitsweise mit diesen Apparaten ist so fortgeschritten, daß man damit bei bereits ansehnlichen Tischbreiten eine gute Politur erzielt.

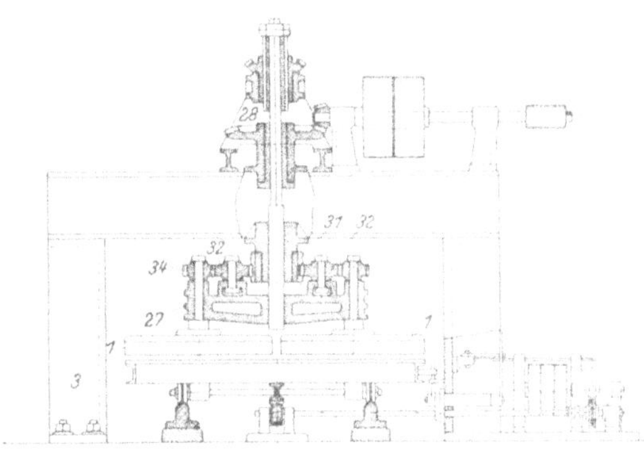

Abb. 948.

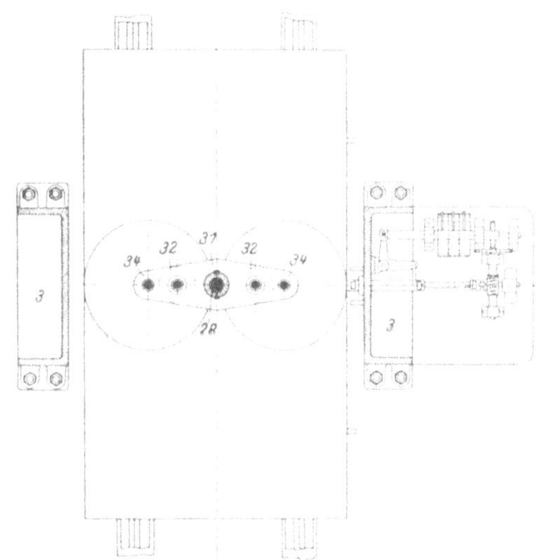

Abb. 949.

Es sei hier auch auf die Nr. 1 vom Januar 1923 und Nr. 7 vom Juli 1924 der Fachschrift „The Glass Industry" New York hingewiesen, in der die Einrichtung der Ford Motor Co. in River Rouge erwähnt und teilweise abgebildet ist.

In der amerikanischen Patentschrift Nr. 1375129 vom 19. April 1921 wird eine Einrichtung nach den Abb. 948 und 949 vorgeschlagen. Die Achse *28* wird von oben her in Umdrehung versetzt; sie nimmt dabei den Querbalken *27* und die beiden in ihm hängenden Schleif- oder Polierscheiben *1* mit, auf deren Achsen die Zahnräder *34* fest aufgekeilt sitzen. Das die Achse *28* lose umgebende Zahnrad *31* sitzt fest und undrehbar am Hauptständer *3*. Zwischen das feststehende Zahnrad *31* und die beiden Zahnräder *34* sind die Zahnräder *32* eingeschaltet. Mit Hilfe dieses Planetengetriebes erhalten die beiden Scheiben außer ihrer Umlaufbewegung um die Achse *28* noch eine Drehung um ihre eigene Achse. Durch die Doppelbewegung wird eine mehr gleichmäßig über die Breite verteilte Bearbeitung der Glasoberfläche bezweckt.

Auch die DRP.-Schrift Nr. 375925 vom 12. November 1921 betrifft eine derartige, den Ateliers Heuze, Malevez & Simon Reunis, Soc. An. in St. Servais geschützte Vorrichtung (s. Abb. 950 und 951). Die Tische *T* werden danach in der angegebenen Pfeilrichtung geradlinig und kontinuierlich fortbewegt; die Schleif- und Polierscheiben hängen an hin- und herschwingenden Balken *E*; auf jedem Balken steht ein Elektromotor, der die Scheiben seines Balkens antreibt. Wie die verschiedenen Pfeile in der Abb. 950 zeigen, stimmen die verschiedenen Balken in ihren Schwingungen nicht überein, vielmehr sind sie so angeordnet, daß während der eine Balken nach links schwingt, der nächste nach rechts ausschlägt. Die Schleif- bzw. Polierscheiben eines Balkens werden laut Patentschrift entweder alle in gleichem Sinne gedreht oder so, daß die eine im Uhrzeigersinn, die nächste entgegengesetzt umläuft. Die Einrichtung ist so gedacht, daß die erste Gruppe von Schleifscheiben *F* zum Grobschleifen, die zweite Gruppe *F* zum Feinschleifen und die dritte Gruppe mit den Polierscheiben *G* zum Polieren dient.

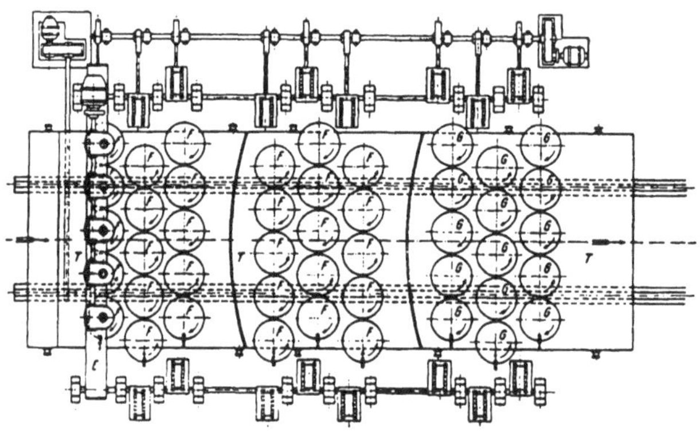

Abb. 950.

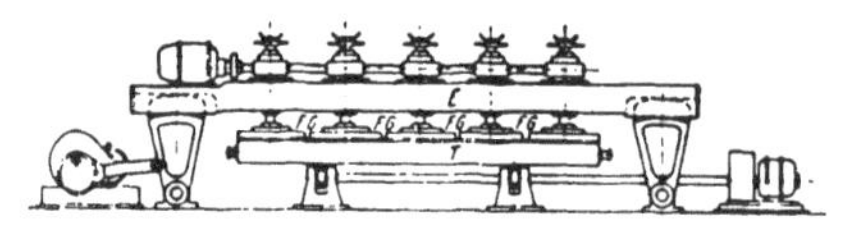

Abb. 951.

Anstatt die rechteckigen Tische in zwei parallelen auf gleicher Flurhöhe liegenden Bahnen laufen zu lassen, auf der einen hin, auf der anderen her, hat man auch Apparate mit nur einer über dem Flur liegenden Schleif- und Polierbahn gebaut; die leeren Tische werden unterhalb dieser Arbeitsbahn an deren Anfang zurückbefördert. Es war besonders die Firma Pilkington Brothers Limited in Liverpool, England, welche diese Anordnung erfolgreich durchgearbeitet hat. Die DRP.-Schrift 419180 dieser Firma und die amerikanische Patentschrift 1693534 von Frederic Barnes Waldron, Bevollmächtigter derselben Firma, geben maschinelle Einrichtungen an, mit denen die Tische am Ende der Arbeitsbahn gesenkt, unter Flur zu deren Anfang zurückbefördert, dort wieder gehoben und in die Arbeitsbahn eingeschoben werden. Nach dem DRP. 400169 von Pilkington Brothers Limited sollen die aneinander stoßenden Tische von einem Tisch geschoben werden, der noch nicht unter die Schleifscheiben gelangt ist; das heißt, daß nur der zuletzt in die Reihe eingefügte Tisch angetrieben wird und er die gesamte vor ihm liegende Reihe vor sich herschiebt. Dadurch soll zwischen den einzelnen Tischen ein so großer Anpressungs- und Reibungszwang hervorgerufen werden, daß dadurch und durch die Last der Schleif- und Polierscheiben vermieden wird, daß die Tische sich in der Vertikalrichtung gegeneinander verschieben und Gläser, die die Stoßstellen der Tische überlagern, zerbrechen. Wenn die Tische mit Nut und Keilleisten ineinandergreifen, ergibt sich in dieser Beziehung noch eine größere Sicherheit.

Die Abb. 952 und 953, die von Herrn L. von Reis, Herzogenrath, zur Verfügung gestellt worden sind, geben Auschnitte aus einer Schleif- und Polierbahn mit Rückführung der leeren Tische unter Flur. Abb. 952 zeigt einen Längsschnitt mit den beiden letzten Schleifmaschinen links und den beiden ersten Poliermaschinen rechts; Abb. 953 zeigt einen Querschnitt durch die Bahn mit dem Blick auf eine Schleifmaschine. *a, a* sind die in der Arbeitsbahn laufenden, mit Glas belegten Tische, die mit Nut und Keilleiste satt aneinanderstoßen, so daß sie ein starres Band bilden. *b, b* sind die Führungsbahnen, in denen die Tische gleiten. Unter der Arbeitsbahn befindet sich im Keller ein Rollgang, auf dem die leeren Tische an den Anfang der Arbeitsbahn zurückbefördert werden. Durch den Motor *c* werden die Tische *a* mit Hilfe einer an ihrer Unterseite angebrachten Zahnstange auf der Gleitbahn *b, b* verschoben. Auch

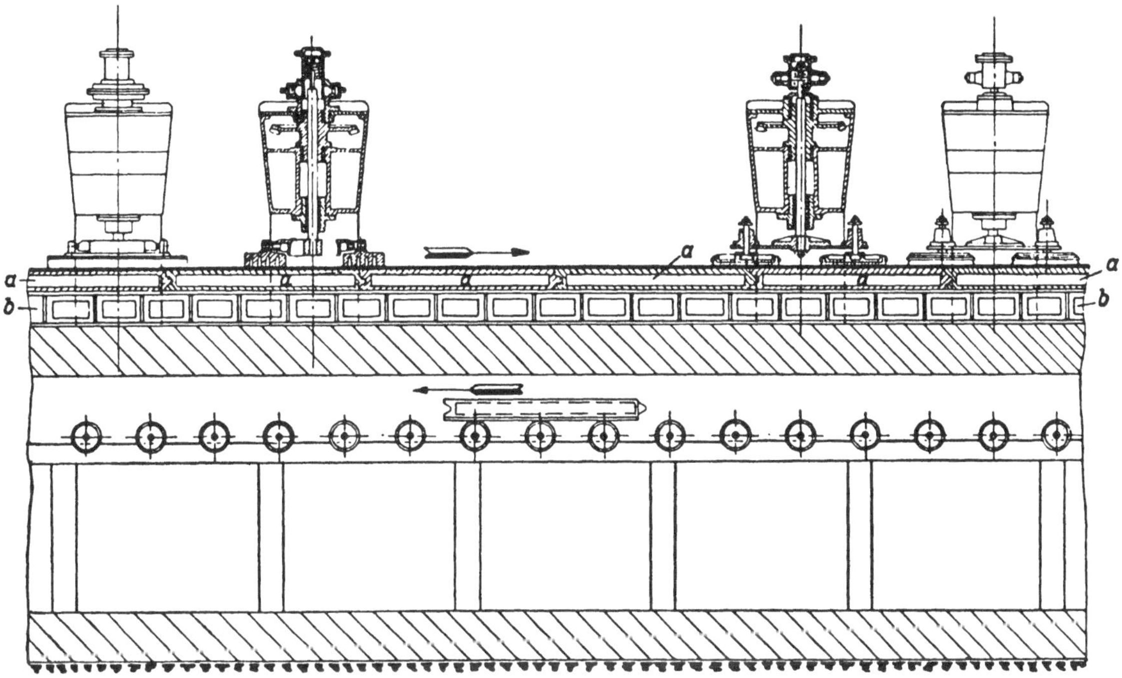

Abb. 952.

der unter Flur befindliche Rollgang wird mit Hilfe der Kraftübertragung *d, d* maschinell angetrieben. Motoren *e* erteilen den Schleif- und Polierrahmen mit Hilfe der Exzenterübertragungen *f* und der Schwunghebel *g, g* die in dem obenerwähnten Heuzeschen Patent (Abb. 951) vorgeschlagene seitwärts hin- und hergehende Bewegung.

Die Herzogenrather Glaswerke Bicheroux & Cie. G. m. b. H. hatten in Herzogenrath bei Aachen eine kontinuierlich arbeitende Schleif- und Polieranlage von etwa 70 m Arbeitslänge bei etwas über 3 m Tischbreite als erste Anlage dieser Art in Europa in Betrieb (s. „Glastechnische Berichte“, 4. Jahrg., Februar 1927, Heft 11, S. 417 bis 419 betr. einen Vortrag von Dr.-Ing. K. H. Schmidt über Fließarbeit in der Glasindustrie). Danach wird auch hier das Rohglas am Anfang der Bahn auf den Tisch aufgegipst, um dann unter die Schleifapparate zu gleiten. Der erste Schleifapparat besorgt das Grob-, die folgenden das Feinschleifen. Nach dem Feinschleifen durchläuft das Arbeitsband einen Inspektionsraum zum Reinigen der Glasfläche, zum Prüfen des Schliffes und zum Vorbereiten der Fugen zwischen den einzelnen Glasscheiben für das Polieren. Die Anlage besitzt 8 Schleif- und 13 Polierelemente.

Einem Sonderbericht, den der Herausgeber der Liebenswürdigkeit des Herrn L. von Reis, Herzogenrath, verdankt, sind noch die folgenden interessanten Ausführungen entnommen:

„Das Schleifen und Polieren des Spiegelglases auf den runden Schleif- und Polierapparaten war zu einer großen technischen Vollkommenheit ausgebildet, die aber nicht dahin gelangen konnte, gewisse prinzipielle Mängel auszugleichen. Einer dieser grundlegenden Fehler lag in der Benutzung runder Schleiftische. Diese gestatteten zwar eine gleichmäßige und gute Schleif- und Polierarbeit; ihr Nachteil lag jedoch in folgendem: Spiegelglas wird nur in rechteckigen Scheiben hergestellt. Zur Ausfüllung der Kreisform der Tische braucht man außer den erwünschten großen Rechteckmassen eine gewisse Menge kleiner d. h. unerwünschter Scheiben und sogar kleiner Dreieck-

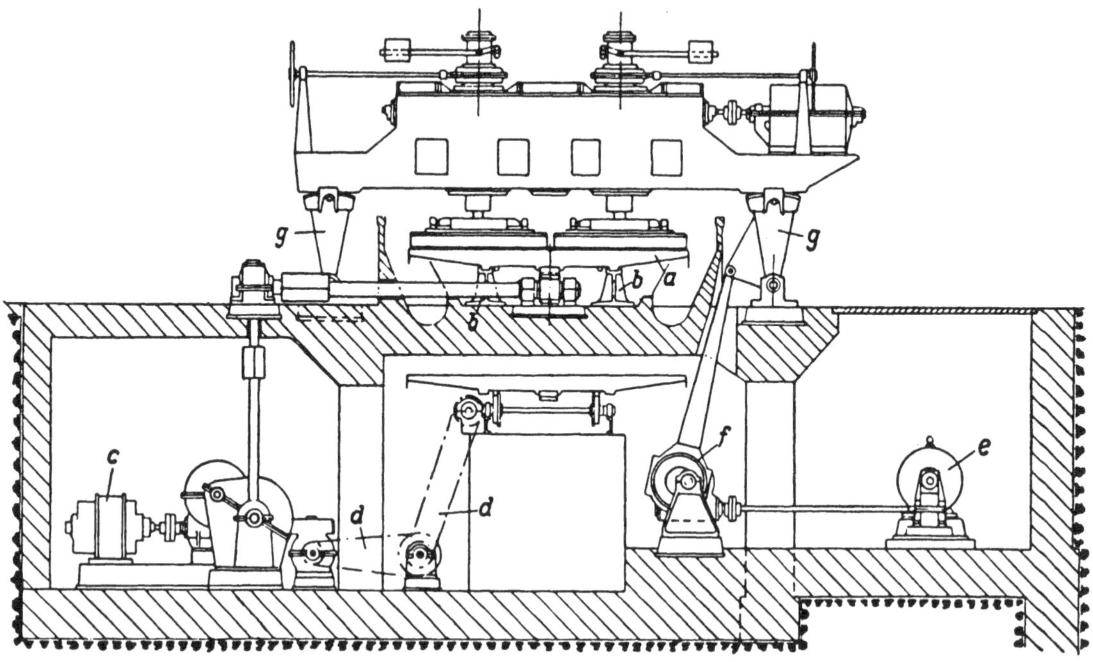

Abb. 953.

stücke für die Zwickel. Diese kleinen Gläser sind zum Teil unverkäuflich oder nur unter Selbstkosten verkäuflich. Es war also erwünscht, den runden Tisch durch einen rechteckigen zu ersetzen, um nicht mehr gezwungen zu sein, den Ballast unverkäuflicher kleiner ·Gläser mitzuschleppen."

„Diesen Fehler vermeidet der rechteckige Tisch. Ursprünglich war man von rechteckigen Tischen ausgegangen, die jedoch, als Rundschleifer benutzt, den noch größeren Nachteil hatten, daß die Ecken nur sehr schlecht bearbeitet wurden. Man ließ also die Ecken wegfallen und ging damit über zum Rundtisch als dem kleineren Übel."

„Ein zweiter grundsätzlicher Fehler des Schleifens auf runden Tischen lag darin, daß es ein diskontinuierlicher Prozeß war und daher umständliche und kostspielige Transporte erforderte und unnötig viel Platz wegnahm (Abb. 912). Es lag daher nahe, daß unter dem Einflusse des Schlagwortes vom fließenden Bande, das besonders in Nordamerika seine Triumphe feierte, auch die Anwendung dieses Prinzips auf den Spiegelglasveredelungsprozeß versucht wurde. Der Entschluß wurde an drei Stellen etwa gleichzeitig gefaßt; von der Henry Ford Motor Company, die sich das nötige

Glas für die Windschutzscheiben ihrer ins Gigantische gewachsenen Autoerzeugung sichern wollte, war doch unter dem Einfluß der rasch gewachsenen Lage der Preis des Spiegelglases in den Vereinigten Staaten in kurzer Zeit auf das Vierfache gestiegen. Der zweite Pionier des neuen Verfahrens war die Firma Pilkington Brothers Ltd. in St. Helens, die alte englische Glasfirma, die in Großbritannien das Monopol für Spiegelglas besitzt. Weiter wurde die Schleif- und Polierbahn von der Pittsburgh Plate Glass Company in Pittsburgh Pa. entwickelt, deren älteste Patente sogar auf das Jahr 1903 zurückgehen."

„Die Anwendung des kontinuierlichen Prinzips auf den Schleif- und Poliervorgang geschah dadurch, daß man nicht wie bisher einzelne runde mit Glas belegte Tische einzeln unter die Schleif- und Polierwerkzeuge brachte. Man nahm vielmehr rechteckige Tische, die an den Schmalseiten zu einem endlosen Bande zusammengeschlossen, die Schleif- und Polierbahn bilden. Die Tische laufen auf Schienen und Rädern oder besser noch auf genauen Führungen, die den Präzisionsführungen der Werkzeugmaschinen, speziell der Hobelmaschinen, entsprechen. Über der Tischbahn sind hintereinander die Schleif- und Polierwerkzeuge angeordnet. Während bei den Rundtischen das gleiche Werkzeug nacheinander erst grob und dann fein schleift, wird bei der Schleifbahn jeder Sandkörnung mindestens ein Werkzeug zugeordnet. Das gleiche Werkzeug verarbeitet also kontinuierlich die gleiche Sand- bzw. Polierrotkörnung, leistet also stets die gleiche Arbeit."

„Die zur endlosen Bahn zusammengeschlossenen Tische bewegen sich mit Glas belegt unter den Schleif- und Polierelementen hindurch. Am Ende der Bahn, also nach dem Fertigpolieren, wird das Glas abgenommen, der freigewordene Tisch von dem Tischband abgelöst und dann von neuem dem Anfang einer Schleifbahn angefügt. Das Anfügen geschieht entweder an die gleiche Bahn, indem der Tisch unterirdisch oder seitlich zurückgeführt wird (Abb. 952, 953, 954 und 955), oder der Tisch wird an eine parallel zur ersten angeordnete entgegengesetzt laufende Schleifbahn angeschlossen (Abb. 956, 957, 960 sowie 1063 und 1064 S. 1040 und 1041)."

Abb. 954.

„Schleif- und Polierbahnen sind in Breiten bis zu 4,5 m und Längen bis zu 325 m ausgeführt. Da die Tische zu einem Bande genau zusammengeschlossen sind, können die Gläser über die Fugen hinweggelegt werden, was größere Freiheit in der Wahl der Rohglasabmessungen und daher geringeren Verschnitt und einen geringeren Ausfall an minderwertigen kleinen Gläsern bedeutet."

„Die prinzipielle Anordnung der Spiegelglaserzeugungsanlage der Ford Motor Co. zeigt die Abb. 1063, S. 1040. Sie zeigt auch, wie in außerordentlich geschickter und Raum sparender Weise Wanne, Kühlofen und Schleifbahn zusammengebaut sind. Wie weit diese Konzentration getrieben ist, zeigt die Abb. 957, aus der man ersehen kann, wie unmittelbar seitlich über der Schleif- und Polierbahn der Kühlofen und die Sandklassierung angeordnet sind. Ford stellt nur schmale Gläser von etwa 1 m Breite her. Seine Schleifbahn ist dementsprechend auch nur etwa 1 m breit. Die einzelnen Tische laufen auf Rollen. Es macht große Schwierigkeiten, Laufrollen und Schienen zu der Genauigkeit auszubilden, die der kontinuierliche Prozeß zu seiner erfolgreichen Durchführung erfordert. Bereits geringe Bewegungen der Tische gegeneinander haben schlechten Feinschliff an den Tischfugen zur Folge. Abb. 958 zeigt ein Polierwerkzeug der Henry Ford Motor Company. Die Polierwerkzeuge an sich sind von den Polierapparaten mit runden Tischen her bekannt. Sie bestehen aus eisernen Tellern, auf denen der Filz mit einem eisernen Ring festgehalten wird. Die Speisung mit Polierrot geschieht bei der Henry Ford Motor Co. automatisch und wird durch elektrisch gesteuerte Ventile kontrolliert."

„Das von der Henry Ford Motor Co. angewandte System der Schleif- und Polierbahn war besonders auf schmale Tischbreiten zugeschnitten und ausschließlich zur Herstellung von Autogläsern, speziell Windschutzscheiben, errichtet. Die Pittsburgh Plate Glass Company dagegen hat als Herstellerin von großen Schaufensterscheiben ihr System zur Erzeugung dieses für sie besonders wichtigen Produktes ausgebildet. Die Breite des Apparates mußte dementsprechend mindestens 3 m betragen.

Abb. 955.

Für das Schleifen an sich brachte diese Verbreiterung keine Schwierigkeiten, wohl jedoch für das Polieren. Das Schleifen ließ sich sehr leicht in den kontinuierlichen Prozeß einordnen; das aufeinanderfolgende Bearbeiten der Glasoberfläche mit abnehmender Korngröße läßt sich sogar besser kontinuierlich als diskontinuierlich ausführen. Bei den Schleifapparaten mit runden Tischen und ein- und demselben Werkzeug für

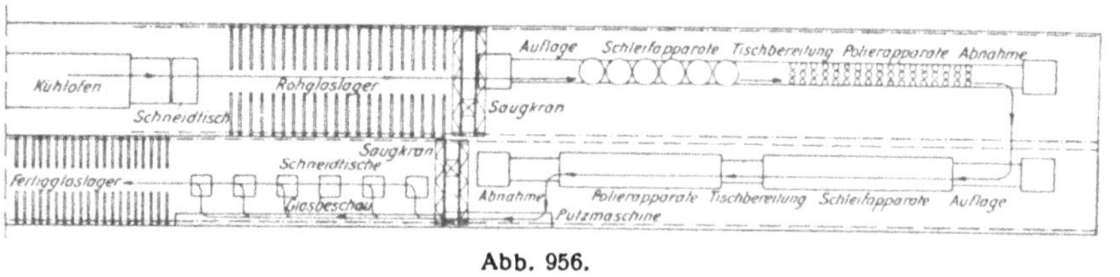

Abb. 956.

alle Sandkorngrößen ist immer die Gefahr vorhanden, daß trotz sorgfältigen Spülens Reste von grobem Sand an den Schleifwerkzeugen hängen bleiben, bei dem nachfolgenden Feinschleifen sich lösen und so den Feinschliff verderben. Diese Gefahr besteht nicht bei der Schleifbahn, wo jedes Werkzeug ständig mit derselben Korngröße arbeitet. Es muß nur durch Anordnung von Abstreifern die Verschleppung von groben Körnern verhindert werden."

„Der Polierprozeß läßt sich jedoch nicht ohne weiteres kontinuierlich ausführen. Bei den Rundapparaten erfolgt er so, daß zu Beginn der Arbeit die Filze gründlich gewaschen und dann erst nach und nach mit Polierrot belegt werden, so daß sie im Anfange zuerst eine schabende und zum Schluß erst eine glättende und verreibende Wirkung auf die Oberfläche des Glases ausüben. Der letzte Glanz wird der Spiegel-

Abb. 957.

Abb. 958.

glasoberfläche dadurch erteilt, daß man das Polierrot mehr und mehr eintrocknen und mit einer dünneren Schicht arbeiten läßt. Hierbei ist eine Grenze gegeben, nämlich die Bildung von harten Krusten auf den Polierfilzen. Diese Krusten bringen die große Gefahr, daß sie sich lösen, unter den Filz geraten und die Politur durch sogenannte Polierkratzer verderben. Durch das Waschen in den Rundapparaten wurden bei Beginn jeden Polierprozesses die Filzkrusten entfernt. Diese Möglichkeit des abwechselnden Arbeitens und Waschens der Polierfilze ist bei der Polierbahn nicht ohne weiteres gegeben. Die Gefahr des Verkrustens der Filze und der Polierkratzenbildung war daher das wichtigste Problem bei der Umformung des Poliervorganges in einen kontinuierlichen Prozeß. Das Problem wurde auf verschiedene Weise gelöst. Bei den schmalen Tischen der Henry Ford Motor Company löste es sich auf einfache Weise von selbst, denn bei schmalen Tischen streifen sämtliche Filze häufig über den Rand der Glasplatte und reinigen sich hier durch Abkratzen. Außerdem wird für Autoscheiben keine so hochwertige Politur verlangt wie für Schaufenster- und Belegscheiben. Das Problem war daher für eine Spiegelglashütte wichtiger als für die eigene Erzeugung von Ford."

„Die Pittsburgh Plate Glass Company löste die gestellte Aufgabe derart, daß sie in ihrem Polierapparat die Polierkronen leicht auswechselbar oder leicht ausschwenkbar anordnete, wie es in den amerikanischen Patenten 1501327 von Fox und 1548105 von Soderberg angegeben ist. Hier wird nach einer gewissen Zeit jede Polierkrone entweder ausgeschwungen und die einzelnen Filze durch Abkratzen gereinigt, oder es wird die ganze Polierkrone mit einem Kran ausgehangen und gegen eine frisch gereinigte ausgetauscht."

„Eine andere Lösung fand das Problem bei dem europäischen Pionier der Schleif- und Polierbahn, der Firma Pilkington Brothers Limited. Sie ordnete neben der Tischbahn einen Waschwagen an gemäß dem DRP. 458831 und dem amerikanischen Patent 1781226. Er besteht aus einer fahrbaren Blechplatte, die bei angehobenen Filzen zwischen Tisch und Polierkrone eingeführt wird; darauf wird die Polierkrone wieder gesenkt und die Filze werden auf der Blechplatte dadurch gewaschen, daß sie auf dem Blech umlaufen und Wasser zugeführt wird."

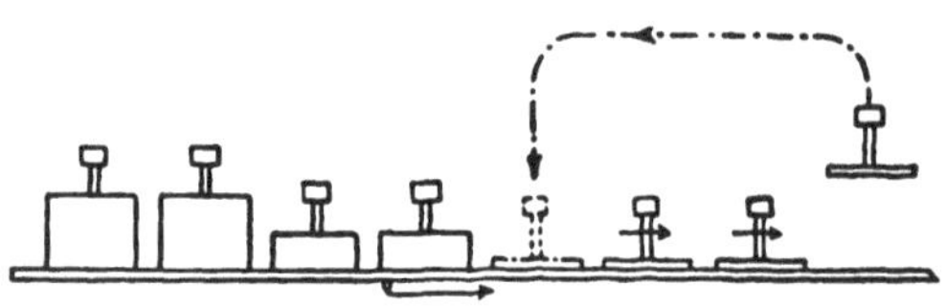

Abb. 959.

Eine andere Lösung sieht das amerikanische Patent 1582808 von L. von Reis vor. Bei dieser wird den Trägern der Polierwerkzeuge, also den Poliermaschinen, eine Eigenbewegung gegeben derart, daß sie in gleicher Richtung, aber langsamer als die Glastische sich bewegen, am Ende des Polierprozesses abgehoben, automatisch gereinigt, zurückgeführt und am Anfang des Polierprozesses wieder eingesetzt werden. Die Abb. 959 zeigt den Vorgang schematisch.

„Abb. 960 zeigt den Bandschleifer der General Motor Co., bei dem die Polierfilze nach diesem Patent gereinigt werden. Diese Anlage besteht aus 2 Strängen von je 225 m Länge, die gegenläufig ausgeführt sind. Die Tische haben eine Breite von 4,5 m und eine Länge von 4 m. Die Tische werden auf der einen Bahn vorwärts gefördert und das einseitig geschliffene und polierte Glas an deren Ende abgenommen; darauf werden die Tische durch eine Schiebebahn, die im Vordergrunde erkenntlich ist, zur anderen, zurückfahrenden Bahn hinübergeschoben und die Gläser mit der polierten Seite nach unten wieder aufgelegt. Die Abbildung läßt die Schlittenführung der Tische und im rechten Teil die automatische Waschvorrichtung für die Polierfilze erkennen."

„Während die Anlagen der Henry Ford Motor Co. und der Pittsburgh Plate Glass Co. ein einziges Schleif- und Polierwerkzeug für die ganze Glasbreite zeigen, benutzt die Anlage nach dem Pilkingtonschen und dem Heuzeschen System mehrere nebeneinander angeordnete Werkzeuge. Diese Anordnung wird durch die große Tischbreite bedingt. Die Bestreichung dieser großen Glasbreite mit einem einzigen Werkzeug würde ein zu großes und zu schweres Werkzeug erfordern. Es werden daher mehrere nebeneinander arbeitende Werkzeuge etwa nach dem DRP. 375925 angeordnet (Abb. 952 und 953). Um eine über die ganze Tischbreite gleichmäßige Arbeitsverteilung zu erhalten, wird dem Werkzeugträger gleichzeitig eine schwingende Bewegung erteilt, wodurch eine gleichmäßigere Bearbeitung der Glasoberfläche über die ganze Tischbreite erreicht wird. Die Gleichmäßigkeit kann noch dadurch verbessert werden, daß man

Abb. 960.

die Schleifwerkzeuge oval ausbildet (Abb. 961, Schleifwerkzeug des Bandschleifers der Herzogenrather Glaswerke), oder daß man sie in den Achsen gegeneinander versetzt. Abb. 962 und 963. Letztere Abbildung zeigt die Arbeitskurven von zwei Schleifscheiben; die Wirkung der Versetzung der Scheibenachsen ist daraus zu ermessen."

Abb. 961.

„Trotzdem die Entwicklungszeit der Bandschleifer noch keine 10 Jahre beträgt, haben sie sich außerordentlich rasch in der Spiegelglasindustrie eingeführt und haben zum Teil den alten Rundapparat vollständig abgelöst. Die bestehenden Ausführungen bis 4,5 m Tischbreite und bis 325 m Länge des Stranges, wobei die Gewichte einzelner Anlagen 3000 t überschreiten, stellen also maschinelle Riesenanlagen dar, deren Dimensionen an diejenigen größerer neuzeitlicher Stahl- und Walzwerke heranreichen."

61*

„Die Schleif- und Polierverfahren sind inzwischen so vervollkommnet worden, daß eine außerordentliche Güte der Bearbeitung erreicht wird, und zwar mit größerer Sicherheit als bei den alten Rundapparaten. Die Fortschrittsgeschwindigkeit der Tische und damit die Höhe der Erzeugung der Schleif- und Polieranlagen richtet sich natürlich nach deren Länge. Ein längerer Apparat mit viel Schleif- und Polierwerkzeugen kann erheblich rascher arbeiten als ein kurzer. Die übliche Geschwindigkeit liegt zwischen 30 und 100 m pro Stunde, die erreichbare Erzeugungsmenge dementsprechend zwischen 200000 und 2 Millionen Quadratmeter fertigem Spiegelglas pro Jahr. Der Bandschleifer ist jedoch ein ausgesprochenes Werkzeug für große Produktionen und liefert erheblich bessere Ergebnisse in seinen großen als in seinen kleinen Ausführungsformen."

„Einzelheiten über die theoretischen Arbeitsbedingungen und das Polieren sind in dem Vortrag von Dr.-Ing. Thomé, Aachen, über „Arbeitskurven der Werkzeuge bei Spiegelglas-Schleif- und Polierbahnen", gehalten auf der 14. Glastechnischen Tagung der Deutschen Glastechnischen Gesellschaft vom 13. bis 15. November 1930 in Berlin, angegeben. Dieser Vortrag wird in den Glastechnischen Berichten der Deutschen Glastechnischen Gesellschaft in Frankfurt a. M., Bd. 9, Jahrg. 1931, vermutlich im Juni-Heft, veröffentlicht werden."

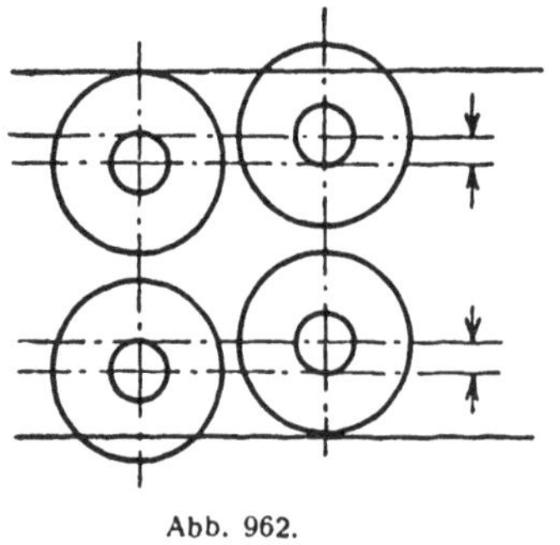

Abb. 962.

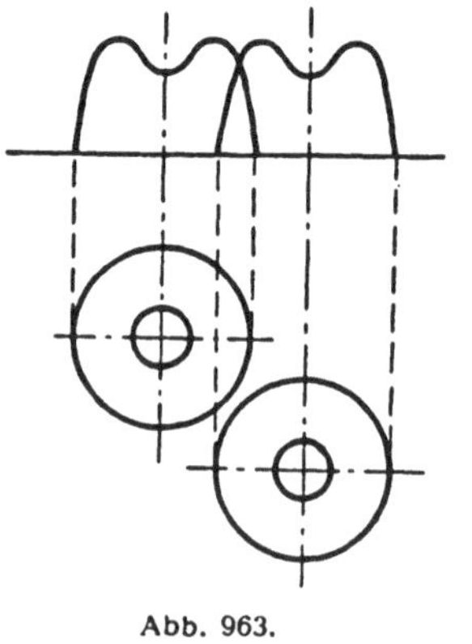

Abb. 963.

Zu den obengenannten amerikanischen Patenten 1501327 und 1548105 der Pittsburgh Plate Glass Company sowie 1582808 von L. von Reis sei noch folgendes erwähnt: Schon in der Einleitung des Abschnittes „Das Schleifen und Polieren des Rohglases" ist S. 925 und später noch an anderen Stellen darauf hingewiesen worden, daß die Polierfilze während ihres Gebrauches speckig werden, durch Polierrot verkrusten und sich bisweilen mit Glassplitterchen durchsetzen, und daß es deshalb unerläßlich ist, sie häufig zu waschen und zu reinigen, wenn man eine gute und unbeschädigte Politur erreichen will. Wie der vorstehende Bericht hervorhebt, bot diese Notwendigkeit anfänglich ein großes Hindernis für die ungestörte Durchführung eines kontinuierlichen Polierbetriebes; dazu kommt noch, daß die Filze sich verhältnismäßig schnell abnützen, also häufig durch neue ersetzt werden müssen. Für die Einführung der kontinuierlich arbeitenden Schleif- und Polierstraßen war es deshalb von großer Bedeutung, Mittel und Wege zu finden, um die Filze nachsehen, reinigen und auswechseln zu können, ohne daß die Kontinuität der Arbeit gestört wird.

Nach dem amerikanischen Patent 1501327 (Abb. 964 und 965) wird man den Erfordernissen dadurch gerecht, daß man die ganze Polierkrone *13* so aufhängt, daß man sie bequem in die punktiert gezeichnete Schräglage ausschwingen kann. In dieser Lage lassen sich die Arbeitsflächen aller Filze leicht übersehen, sie können schnell gereinigt und abgekratzt werden und die einzelnen Polierteller *14* sind falls erforderlich rasch durch andere mit neu aufgezogenen Filzen zu ersetzen. Neben der Polierbahn ist ein Waschwagen *30* hin- und herfahrbar aufgestellt, dessen schüsselartige Platte *31* nach links unter die ausgeschwenkten Filze geschoben wird, damit sie das Glas und die umliegenden Apparateteile vor dem Schmutzwasser und den etwa zu beseitigenden harten Krusten, Glassplitterchen u. dgl. schützt. Auf dem Wagen werden zugleich das Waschwasser und die Reinigungswerkzeuge, wie Bürsten, Schaber

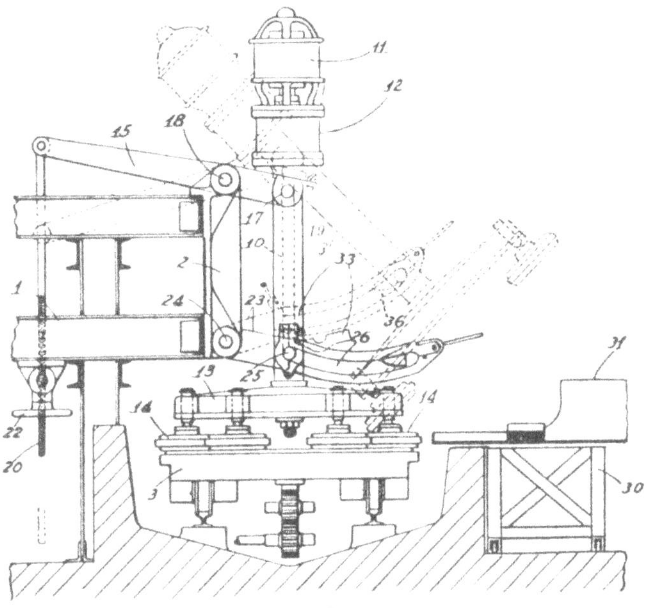

Abb. 964.

usw., bereitgehalten, sowie die frischen Polierteller und die zu deren Auswechslung erforderlichen Handwerkszeuge.

Die Dreh- und Hängeachse *10* der Polierkrone *13* ist oben und unten in dem Hohlkörper *9* gelagert, der oben mit Zapfen *17* in dem gegabelten Hebel *15* hängt. Unten trägt er Zapfen *25*, die in den Schlitzen *26* der beiden Arme des gegabelten Schwinghebels *23* geführt sind. Die Hebel *15* und *23* sind bei *18* bzw. *24* in der am Hauptrahmen *1* befestigten Konsole *2* gelagert. Um die Polierkrone *13* sicher in der Arbeitslage, also Achse *10* und Hohlkörper *9* in ihrer senkrechten Stellung zu halten, werden die Zapfen *25* durch die beiden am Schwinghebel *23* sitzenden Schlösser *33* festgehalten. Zum Ausschwingen der Polierkrone um die Zapfen *17* muß sie zuerst mit Hilfe des Handrades *22*, der Schraubenspindel *20* und des Hebels *15* gehoben werden; nach dem Lösen der beiden Schlösser *33* kann sie dann nach rechts in die punktiert angegebene Lage gebracht werden. In dieser Lage hält sie sich von selbst dadurch, daß die Zapfen *25* sich hinter die beiden am Ende des Schwinghebels *23* sitzenden Sperrklinken *36* einhaken. In den beiden Abbildungen kennzeichnen noch *3* die mit Glas belegten Arbeitstische, *11* die Elektromotoren zum Antrieb der Achsen *9* und *12* die Kasten mit den Getrieben zur Übersetzung der Umdrehungszahlen zwischen Motoren *11* und Achsen *9*.

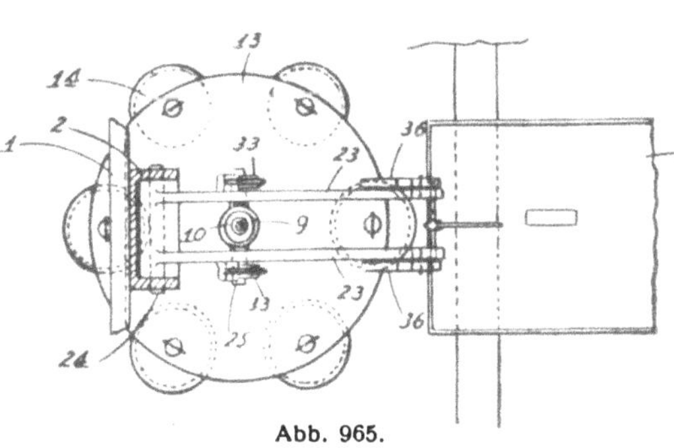

Abb. 965.

Nach dem amerikanischen Patent 1548105 (Abb. 966, 967 und 968) wird der angestrebte Zweck dadurch erreicht, daß jeder einzelne Polierteller *47* so an der Polierkrone *33* befestigt ist, daß er für sich allein bequem ausgeschwungen werden kann. Die Lager *50* und *51*, in denen die Achse *48* des Poliertellers hängt, sind durch zwei Doppellaschen *53* und *54* mit der Polierkrone *33* verbunden. Zum Ausschwingen des Poliertellers wird der Bolzen *57* herausgezogen und das dadurch frei gewordene Ende der unteren Doppellasche damit in dem Loch *58* der Polierkrone befestigt. Dabei hält sich der ausgeschwungene Teil von selbst in einer gewissen Stellung; um eine gewünschte andere Lage des Poliertellers einzuhalten, kann man ein Stück Holz *59* einklemmen.

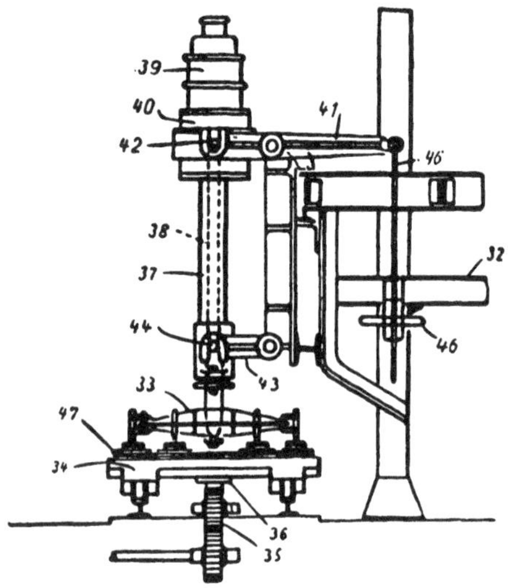

Abb. 966.

Diese Bauart hat zugleich den Vorteil, daß die Filze trotz etwaiger Schwankungen der Polierkrone *33* stets über ihre ganze Fläche die Fühlung mit dem Glase behalten, denn die Polierteller *47* sind gegenüber der Polierkrone in senkrechter Richtung frei beweglich. Um die allseitige Beweglichkeit der Teller *47* vollkommen zu machen, sind sie mit ihrer Achse *48* unten durch das Kugelgelenk *49* verbunden. Ferner gestattet die Aufhängung der Polierteller mit Hilfe der Laschengelenke eine bequeme Regulierung des Druckes zwischen Filz und Glas. Infolge der Zentrifugalkraft haben die Laschen das Bestreben, sich wagrecht einzustellen. Wenn die Polierkrone tiefer gesenkt wird (Abb. 969), steigert sich der Druck, den vorher das

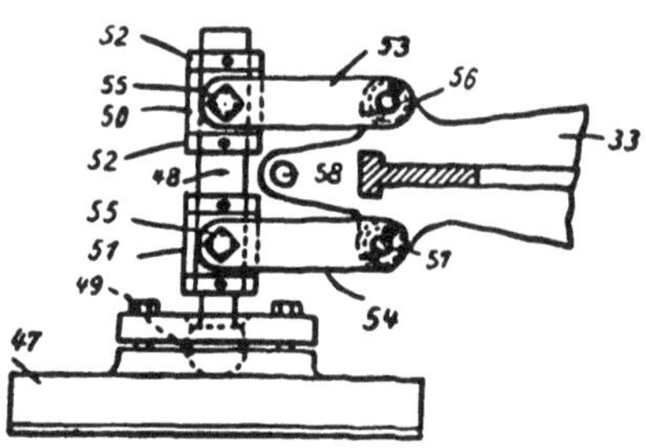

Abb. 967.

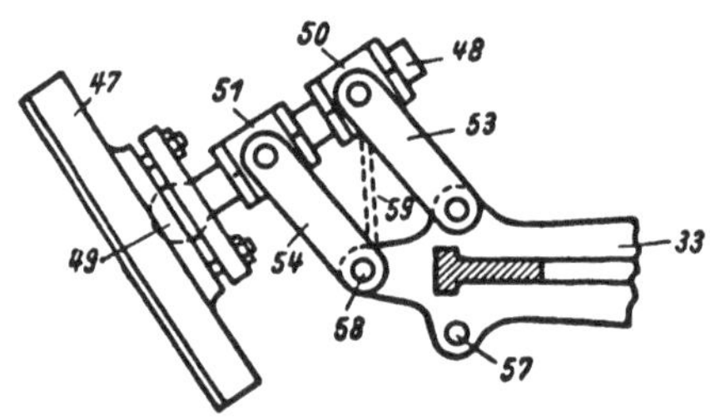

Abb. 968.

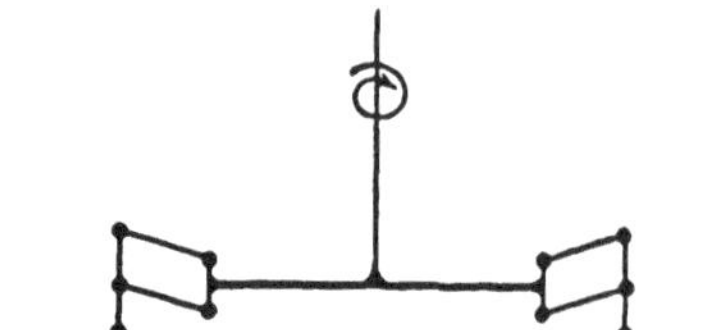

Abb. 969.

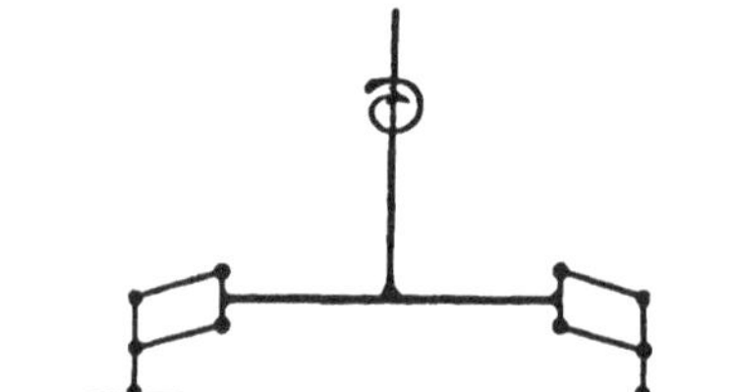

Abb. 970.

Gewicht des Poliertellers samt Achse und Zubehör allein hervorgerufen hat; wird sie über die Normalstellung gehoben, so vermindert sich der Druck. (Abb. 970.)

Wie schon die Abbildungen zeigen, lassen sich die Ausschwingvorrichtungen nach diesen beiden Patenten nur dann vorteilhaft anbringen, wenn die Hauptrahmen, an denen die Polierkronen hängen, einseitig sind, so daß man von der anderen Seite ungehindert an sie gelangen kann. Bei doppelseitigen Hauptrahmen, wie zum Beispiel nach Abb. 945, sind sie nicht mit Vorteil zu verwenden, noch weniger bei sehr breiten Tischen, wie zum Beispiel nach Abb. 953. Für solche Polierbahnen ist die Aufgabe in glücklicher Weise von L. von Reis gelöst (amerikanisches Patent 1582808). Die durch dieses Patent gegebene Lösung ist aus der Abb. 959 und den dort im Text gegebenen Erläuterungen ohne weiteres ersichtlich. Diese Lösung bietet zudem den Vorteil, daß man sich zur Reinigung und zum Auswechseln der Filze die erforderliche Zeit lassen kann, ohne die Polierarbeit an irgendeiner Stelle der Bahn fühlbar aussetzen zu müssen.

5. Auflegerei.

Von grundlegender Bedeutung für die Erzielung einer schnellen, sparsamen Schleif- und Polierwirkung in den Apparaten sowie einer guten Politur ist die Arbeit in der Auflegerei. Die Glasscheiben sollen so auf die Tische aufgelegt werden, daß deren Oberfläche so weit als irgend möglich ausgenützt ist, keine Scheibe höher oder tiefer liegt als die anderen und die ganze Auflage fest und unbeweglich haftet. Wie schon früher erwähnt wurde, ist man bestrebt, beim Zerlegen der aus dem Kühlofen kommenden Rohglasplatten möglichst große Scheiben zu erzielen. Unerwünschte Glas-, Gieß- und Walzfehler sowie vorkommender Bruch einzelner Platten haben jedoch zur Folge, daß neben großen Scheiben auch kleine Stücke der verschiedensten Formen anfallen, längliche Rechtecke, Quadrate, schmale Streifen, bandartige Streifen usw., so daß im allgemeinen das Rohglaslager von selbst genügend Auswahl läßt, um jede einzelne Auflage so zusammenzustellen, daß die Tischoberfläche stets möglichst ausgenützt ist. Abb. 971 zeigt beispielsweise eine Auflage, wie sie für einen runden Tisch von 10 m Durchmesser ausfallen kann. In den meisten Rohglashallen ist es üblich, kleine Stücke bis herunter zu 0,5 oder auch noch 0,4 m² rechteckig zu schneiden, Rohglasstücke aber, aus denen diese kleinsten Rechtecke nicht mehr herauszuteilen sind, für Schleifereien mit runden Tischen in Dreiecksform zu lassen. Diese Dreiecke, die sog. „Ecken“, benützt man zum Ausfüllen der dreieckigen Zwickel am Umfang des Tisches; erst wenn sie fertig poliert sind, werden sie so geschnitten, daß man noch die größte, absatzfähige rechteckige Fläche daraus erzielt. Da es im Spiegelglashandel üblich ist, Länge und Breite der Scheiben nur von 3 zu 3 cm zu messen, haben, wenn man mit den rechteckig geschnittenen Rohglasstücken bis zu 0,405 m² heruntergeht, die kleinsten Rohglasrechtecke z. B. folgende Abmessungen: 63 × 66 cm, 60 × 69 cm, 57 × 72 cm, 51 × 81 cm, 39 × 105 cm, 30 × 135 cm usw. Die mit Gips ausgefüllten Fugen zwischen den einzelnen Scheiben macht man möglichst schmal, doch nicht unter 8 mm, damit sie nicht zerbröckeln, falls sich die Gläser beim Schleifen und besonders beim Polieren, wenn auch nur infolge der Elastizität des darunterliegenden Gipses bzw. der darunterliegenden Tücher leicht verschieben. Jeden kleinsten Zwickel, der auf dem Tisch etwa noch freibleiben sollte, besonders am Rande, füllt man mit einem Glasscherben aus, da sonst unnötig viel von dem teuren Gips verbraucht wird, während von dem Wiedereinschmelzwert der

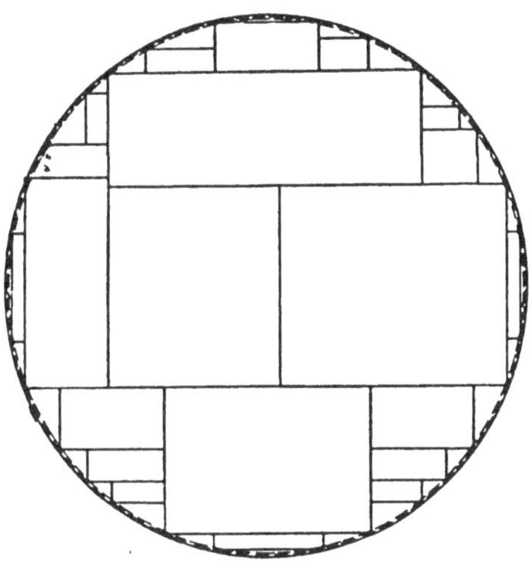

Abb. 971.

Scherben nur das auf beiden Seiten Abgeschliffene verlorengeht, sofern sie nicht überhaupt für kleine technische Artikel Verwendung finden können; außerdem beeinträchtigt eine zu große Gipsfläche auf dem Tisch die Polierwirkung der mit ihr in Berührung kommenden Filze. Rechnet man als kleinste rechteckige Rohglasstücke noch solche von 0,405 m² mit, so erhält man auf runden Tischen bei günstiger Zusammenstellung eine Auflage, die 86—88% der ganzen Tischoberfläche ausmacht, d. h. die Glasoberflächen aller aufgelegten Rohglasscheiben von 0,405 m² an aufwärts gerechnet beträgt dann zusammengenommen 86—88% der Tischoberfläche; etwa 7% werden von Ecken bedeckt, der Rest von Gips und Scherben. Zum Zusammenstellen der Auflagen hat man besonders ausgebildete Leute, die sog. Modelleure. Früher wurden die Auflagen meistens zuerst auf einer runden, auf dem Flur liegenden Holzplatte von der Größe der Tischoberfläche probeweise ausgelegt, heute zeichnet man sie vielfach auf vorgedruckten Formularen mit Quadratmillimetereinteilung im Maßstabe 1:50 auf. Das Formular begleitet die Auflage als nummerierter Laufzettel bis zum Spiegelglaslager; alle Besonderheiten während des Arbeitsganges, die Ergebnisse des Schleifens und Polierens sowie etwa dabei entstandener Bruch werden darin vermerkt oder eingezeichnet, ebenso die Schleif- und Polierzeiten und die Namen der verantwortlichen Modelleure, Aufleger Schleifer, Polierer usw., so daß man noch nachträglich die Arbeit übersehen und kontrollieren, evtl. auch Leistungszulagen danach bezahlen und den Ursachen von Fehlern nachgehen kann.

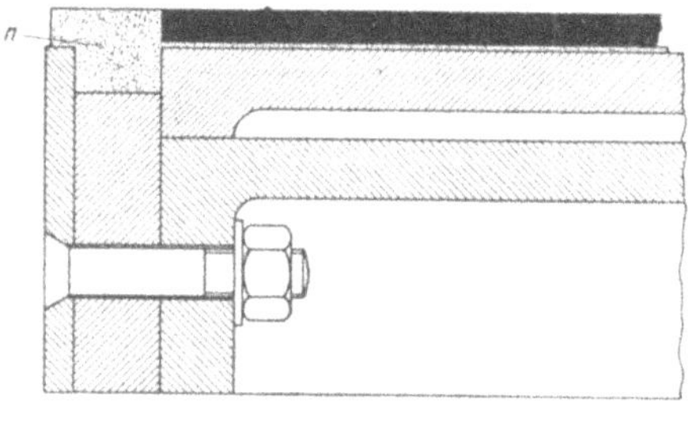

Abb. 972.

Um bei runden Tischen das Abfliegen der Ecken und der am Tischrand befindlichen Gipsteile zu verhindern, hatte man früher am Rande entlang in der Tischplatte Löcher von 10—15 mm Dmr., in die man kurze Holzpflöckchen steckte, um die herum der Gips festbackte. Die neueren Tische haben am Rande eine Nute *n* (Abb. 972) von 2½—3 cm Breite und 1—1½ cm Tiefe, die sich mit Gipsbrei anfüllt, so daß der erstarrte Gipskörper eine Rippe bekommt, die in der Nute *n* festgehalten wird. Ferner mischt man dem an den Rand kommenden Gips 10—15% Kalkmehl bei, so daß er dort eine erhebliche Härte und Festigkeit bekommt; sonst nimmt man aber fast in allen Betrieben nur reinen Gips, da dieser sich feiner unter den Scheiben verteilt und sich nachher wieder leichter vom Glas und vom Eisen des Tisches löst als die Mischung. Man benutzt nur besten, fein gemahlenen Stuckgips, der sich völlig trocken und mehlig anfühlt, keine Körnchen enthält und zwischen 150° und 170° gebrannt ist, so daß er innerhalb 20—30 Minuten völlig abbindet, ohne nachträglich merkbar zu treiben. Je frischer er aus der Brennerei kommt, desto günstiger verhält er sich. In der Auflegerei wird er eimerweise mit Wasser zu einem dünnflüssigen, homogenen, nicht klumpigen Brei angemacht und über den Tisch gegossen; die Scheiben werden dann daraufgelegt und kräftig niedergedrückt unter gleichzeitigem Hin- und Herrücken, so daß der Gipsbrei an den Rändern der Scheiben hochquillt und zwischen Tisch und Glas nur eine ganz feine Gipsschicht bleibt, die eben noch die Unebenheiten der unteren Glasflächen zwischen Glas und Tisch ausfüllt. Auf große Scheiben stellen sich mehrere Mann, um sie im Takt mit den Füßen hin und her zu rücken, bis sie auf Fugenbreite von den Nebenscheiben entfernt satt auf dem Tisch aufliegen. Der Inhalt eines Eimers wird unmittelbar am Tisch angemacht, und zwar auf einmal, also nicht in mehreren Zugaben, da die verschiedenen Zugaben sonst verschieden abbinden würden. Je besser die Gläser auf dem Tisch haften, desto trockener kann man beim Schleifen mit dem Sand und beim Polieren mit dem Polierrot arbeiten, d. h., desto intensiver kann man die Glasauflage angreifen und desto schneller und billiger gehen diese Arbeiten von statten. Verschiedentlich sind Vorschläge und Tischentwürfe aufgetaucht zum Festsaugen der Scheiben auf der Tischplatte zwecks Ersparung des teuren Gipses; sie haben aber nirgends Eingang gefunden.

Bei geraden Schleif- und Polierbahnen mit rechteckigen Tischen ist vor der ersten Schleifscheibe eine freie Bahnstrecke anzuordnen, die so lang sein muß, daß bis zur Ankunft eines neu belegten Tisches unter dem ersten Schleifelement genügend Zeit zur Verfügung steht zum ordentlichen Auflegen der Glasscheiben und zum Erhärten des Gipses; ebenso am Ende der Bahn hinter dem letzten Polierelement zum Putzen, Lösen und Abnehmen der Scheiben; siehe Abb. 954 und 956. Bei Bahnen, auf denen nur Scheiben von ein und derselben Größe aufgelegt werden und wo jede Scheibe einen Tisch ausfüllt, geht das Auflegen schneller als bei Bahnen, auf denen Scheiben von den verschiedensten Abmessungen, von den kleinsten bis zu den größten zu bearbeiten sind, und wo die Glasscheiben die Tischfugen überlagern.

Im ersten Falle wird jeder Tisch für sich belegt und dann dem Bande angereiht; im anderen Falle müssen die leeren Tische bereits angereiht sein und unter dem Druck stehen, der die Tischreihe in der Bahn vorwärtsschiebt, ehe sie belegt werden, damit die Stoßstellen zwischen den einzelnen Tischen nicht mehr klaffen und die Tischplatten sich nicht mehr irgendwie gegeneinander versetzen können. Je größer die Vorrückgeschwindigkeit der Tische ist, desto länger müssen die zum Auflegen und zum Abtragen der Gläser bestimmten Bahnstrecken sein. Da zum Auflegen der Scheiben einschließlich etwaiger Störungen mindestens 10—15 Minuten gebraucht werden und der Gips 20—30 Minuten braucht, um genügend zu erhärten, muß die vor dem ersten Schleifelement liegende freie Bahnstrecke mindestens dreiviertel so lang sein, als die Vorrückgeschwindigkeit je Stunde beträgt; für die freie Strecke zum Lösen und Abtragen kommt man mit einer Länge aus, die ungefähr einem Viertel bis einem Drittel des stündlichen Vorrückens entspricht.

Der nutzbare Teil einer rechteckigen Tischfläche ist selbstverständlich größer als derjenige einer runden. Abgesehen von dem Fall, wo auf jeden Tisch nur eine Scheibe zu liegen kommt, deren Abmessungen gleich denjenigen der Tischplatten sind, können auch beim Auflegen der verschiedensten Scheibengrößen und unter sonst gleichen Verhältnissen, wie sie oben für runde Tische vorausgesetzt worden sind, durchschnittlich bis zu 98% der Tischfläche mit für die Berechnung zählenden Scheibengrößen ausgenützt werden. Um dies zu erreichen, muß die Breite der aus dem Kühlofen kommenden Rohglasplatten nach Abzug der am Rande abzutrennenden Bänder ungefähr der Tischbreite entsprechen. Hat man im Kühlofen viel Bruch und in der Rohglasschneidestube viel Verschnitt, dann sinkt dieser Prozentsatz infolge der zahlreichen anfallenden kleinen Stücke erheblich.

Beim Zusammenstellen der einzelnen Auflagen ist darauf zu achten, daß in eine Auflage nur gleichdicke und ebene Scheiben kommen, so daß kein Stück über die anderen hinausragt oder mit seiner Oberfläche tiefer liegt; selbstverständlich ist dann beim Auflegen auch darauf zu achten, daß nicht unter einer Scheibe zu viel Gips bleibt und sie nicht höher liegt als die anderen. Je ebener die ganze Auflage ist, desto schneller ist sie abgeschliffen, desto geringer sind die Schleifkosten, desto geringer die Bruchgefahr und desto größer die Leistungsfähigkeit der Schleiferei. Wenn nur ein unregelmäßiges Stück dazwischenliegt, wird das Schleifen der ganzen Auflage aufgehalten. Unebene, bucklige und keilförmige Scheiben werden aussortiert und gemeinsam zu besonderen Auflagen zusammengestellt. Vor dem Auflegen sind sämtliche Gläser auch daraufhin genau nachzusehen, ob sie keine gefährlichen Anrisse an den Kanten oder Kaltsprünge enthalten, die bei der Bearbeitung in den Apparaten zum Bruch der Scheibe führen. Kaltsprünge platzen auf, besonders infolge der starken Erwärmung des Glases beim Polieren.

6. Transportieren der Glasscheiben.

Die großen Scheiben werden aus dem Rohglaslager in Tragriemen hochkant nach der Auflegerei getragen oder wie neuerdings fast allgemein mit elektrisch betriebenen Deckenlaufkränen in Zangen hängend herangefahren, gegen einen aufrecht gestellten Kipptisch gelehnt, umgelegt und von einem mit Saugballen versehenen sog. Saugkran erfaßt, in wagrechter Lage über den Tisch gefahren und dort niedergelassen (*b*, *e*, *f* Abb. 912).

Abb. 973 und 974 zeigen eine einfache, an einem Kranhaken hängende Zange, die durch die Kniehebelwirkung der beiden Laschen *L* geschlossen gehalten wird. Die Greifbacken sind mit Holz und darüber noch mit Filz oder Gummi gefüttert.

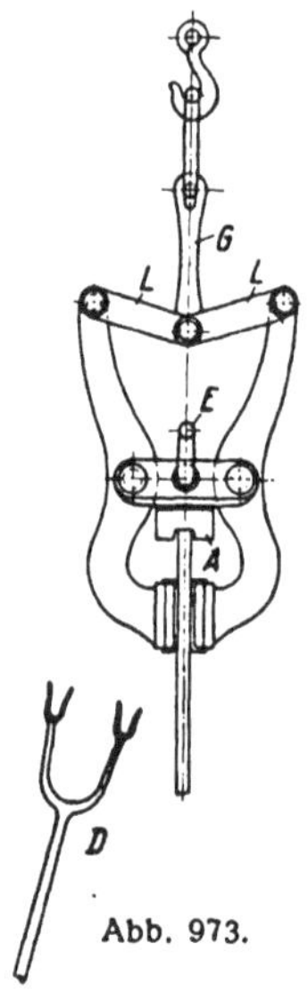

Abb. 973.

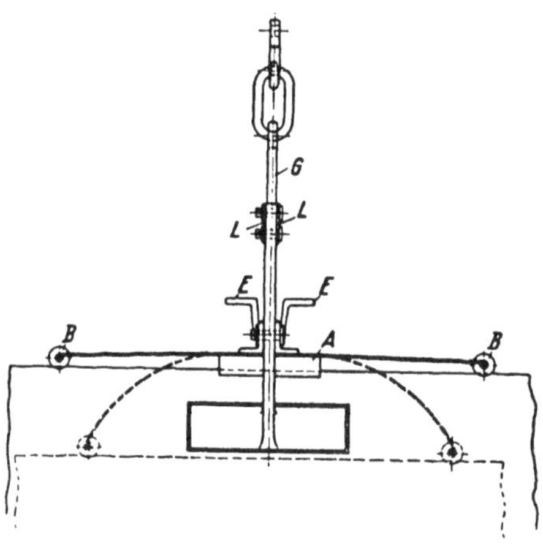

Abb. 974.

Beim Herunterlassen auf die Glasscheibe wird die Zange zum Umfassen des Glasrandes dadurch geöffnet, daß die Holz- oder Gummirollen *B* einer schwachen Feder sich auf die Kante der Scheibe stützen und das Eigengewicht der Zange zum größten Teil aufnehmen. Durch die Eigengewichtswirkung der Laschen *L* und des Gliedes *G* gehen die Greifbacken auseinander. Man senkt die Zange so tief, bis ihre Anschlagbacke *A* sich auf den Scheibenrand aufsetzt. Um sie zum Schließen und Festhalten der Scheibe zu bringen, wird sie vom Kran angehoben und gleichzeitig zieht man von unten her mit einem gegabelten Haken an dem zweiseitigen Bolzen *E* nach unten, um die nach oben wirkende Kraft der Feder zu überwinden, bis die Greifbacken gefaßt haben. Bei grober Unachtsamkeit oder mangelndem Geschick des Bedienungsmannes kann es vorkommen, daß dieser die Zange vom Gabelhaken losläßt, ehe sie sicher gefaßt hat; die Feder öffnet dann wieder, und die Scheibe kann umstürzen. Man verzichtet deshalb meistens auf die Feder und öffnet die Zange einfach dadurch, daß man sie von unten her durch eine Stange derart nach oben drückt, daß sich die beiden Greifbacken über den Glasrand legen können. Man kann sich dazu einer Doppelgabel *D* bedienen, die man gegen die beiden Arme des Bolzens *E* drückt.

Die in den Abb. 975—977 dargestellte Zange von Barot nach den DRP. Nr. 255829 und 269168 vom 12. Juli 1911 der Gesellschaft St. Gobain öffnet und schließt sich selbsttätig, so daß dafür eine besondere Handleistung nicht erforderlich ist. Beim Herunterlassen der Zange hat man lediglich mit einem Stock nachzuhelfen, falls sich die Fangbügel *8* mit den Gummirollen *9* nicht richtig über den Glasscheibenrand stülpen sollten. Die Zange ist an der Öse *i* des keilartigen Klemmstückes *t* aufgehängt, das sich zwischen den beiden Zangenschenkeln *b* und *c* auf- und abbewegen kann. Beim Öffnen und Schließen der Zange wälzen sich die an den oberen Enden der Schenkel gelagerten Rollen *s* und s^1 an den Keilflächen des Klemmstückes *t* ab, wodurch sich die an den unteren Enden der Schenkel befindlichen Greifbacken *d* und d^1 nähern oder voneinander entfernen. Durch die beiden am Zangenkörper sitzenden Laschen *l* wird das Klemmstück *t* in seitlicher Richtung geführt, so daß es nicht ausweichen kann. Die Keilflächen des Klemmstückes verlaufen nach besonderen Kurven derart, daß bis zum Erfassen der Scheibe sich die Greifbacken langsam, dann aber mit kräftigem, fortschreitend wachsendem Druck schließen. Bei geöffneter Zange ist also der Zangenkörper gegenüber dem Klemmstück in seine Höchstlage geschoben, wie es die Abb. 975 zeigt. In dieser Höchstlage wird er dadurch gehalten, daß sich die an ihm befestigte Klinke *m* mit ihrer Nase *5* an einen Vorsprung *3* des Sperrades *2* hängt, das an einem Ende des im Keilstück *t* drehbar gelagerten Bolzens *1* festsitzt. Der Zangenkörper ist in dieser Stellung des Sperrades *2* also derart mit dem Keilstück *t* verriegelt, daß er nicht nach unten sinken kann. Nun besitzt aber das achtkantig ausgebildete Sperrad *2* vier solcher Vorsprünge und vier Nuten *4*, auf einen Vorsprung folgt immer abwechselnd eine Nute; wenn also das Sperrad *2* eine Achtelumdrehung macht, kommt die Klinkennase *5* über eine Nute, worauf der Zangenkörper am Klemmstück *t* entlang nach unten sinkt.

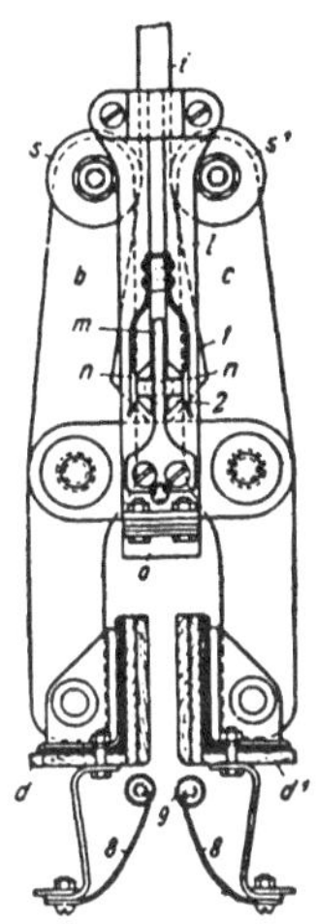

Abb. 975.

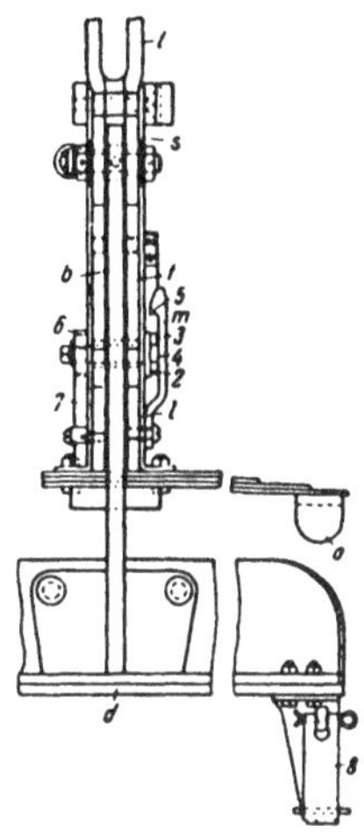

Abb. 976.

Der im Klemmstück drehbar gelagerte Bolzen *1* trägt an dem dem Sperrad *2* entgegengesetzten Ende ein mit acht Zähnen versehenes Schaltrad *6*, das die gleiche Teilung hat wie das Sperrad *2*; ferner sitzt auf der Seite dieses Schaltrades *6* an dem Zangengestell eine Schaltklinke *7*. Wenn also die offen gehaltene Zange, deren Schenkel sich in diesem Zustande gegenüber dem Klemmstück in ihrer Höchstlage befinden, wobei die Klinkennase *5* auf einen Vorsprung *3* des Sperrades *2* ruht, auf die obere Kante einer Glasscheibe heruntergelassen wird, bis das Zangengestell mit dem federnden Bügel *o* aufsitzt, bewegt sich das Klemmstück *t* nach dem Aufsetzen des Zangenkörpers noch eine bestimmte Strecke weiter abwärts. Dabei stößt das im Klemmstück gelagerte Schaltrad *6* auf die am Zangenkörper befestigte Schaltklinke *7* und wird um eine Teilung weitergeschaltet, wodurch sich auch das Sperrad um eine Achtelwendung weiterdreht. Wird dann das Lastseil und mit ihm das Klemmstück *t* wieder hochgezogen, so gleitet die Klinkennase *5* durch zwei der Nuten *4* hindurch, so daß die Zange sich schließt und die Glasscheibe mit anhebt. Beim Absetzen der Scheibe ruht der federnde Bügel *o* noch auf der Scheibe, während das Klemmstück sich nach unten senkt, bis das Schaltrad *6* wieder gegen die Schaltklinke *7* stößt und abermals samt dem Sperrad *3* um eine Achtelteilung weitergedreht wird, worauf wieder ein Vorsprung *3* unter die

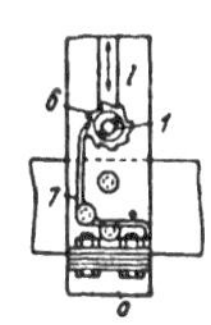

Abb. 977.

Klinkennase *5* kommt und beim nunmehrigen Hochziehen des Klemmstückes die Zange in ihrer Höchstlage daran hängen bleibt, im offenen Zustande mit hochgezogen wird und die Glasscheibe frei läßt. Da sich diese Vorgänge beim Befördern der Glasscheiben stets in gleicher Weise wiederholen, so steuert sich die Zange vollkommen selbsttätig. Beim Senken zwecks Erfassens einer Scheibe steht sie offen, beim Aufsetzen auf die Scheibe und beim Wiederhochziehen schließt sie sich, beim Absetzen der Scheibe öffnet sie sich wieder und beim abermaligen Hochziehen läßt sie los und bleibt offen. Die beiden Federn *n* halten das achtkantige Sperrad *2* in seiner jeweiligen Lage fest, so daß es nur zwangläufig durch das Aufstoßen eines Zahnes des Schaltrades *6* gegen die Schaltklinke *7* gedreht wird.

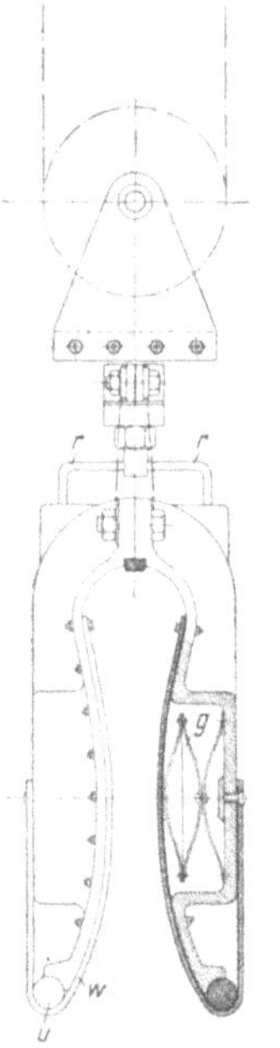

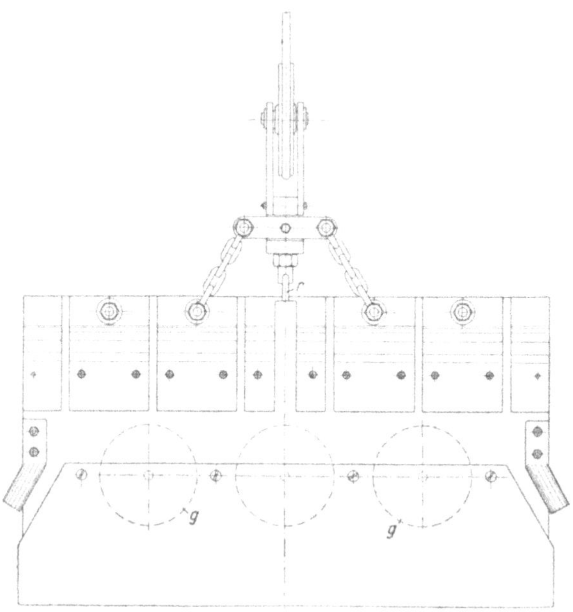

0 0,1 0,2 0,3 0,4 0,5 m

Abb. 978. Abb. 979.

Diese Zange hat sich gut bewährt; sie ist bequem zu handhaben und faßt sehr sicher. Nur muß man der Schaltvorrichtung *6, 7* und den Federn *n* besondere Aufmerksamkeit widmen, da die ganze Wechselvorrichtung versagt, wenn jene nicht mehr genau eingreifen oder erlahmen. Die Zange findet sich in drei verschiedenen Größen; Größe I für schwere Rohglasscheiben hat eine Gesamtlänge vom obersten Punkt der Öse *i* bis Unterkante Greifbacken von 740 mm; Größe III lediglich für polierte Scheiben gedacht, hat eine Gesamtlänge von 550 mm; das Zwischenmodell Größe II, das für beide Zwecke verwendet wird, hat 620 mm. Die Entfernung der Drehpunkte der beiden Zangenschenkel beträgt 150 bzw. 125 bzw. 110 mm; der Querschnitt der Schenkel unmittelbar über den Greifbacken ist 63×18 bzw. 53×16 bzw. $42 \times 14\ mm^2$ und der Durchmesser der Rollen s, s^1 80 bzw. 65 bzw. 60 mm.

In ihrer Bauart und Wirkungsweise grundsätzlich verschieden hiervon ist die Zange von Robail nach den Abb. 978 und 979; DRP. Nr. 252595 der Gesellschaft St. Gobain vom 1. Juli 1911. Die Glasscheiben werden hier nicht infolge ihres eigenen Gewichtes und desjenigen der Zange, sondern unabhängig davon durch die Kraft von sich zu zwei und zwei gegenüberliegenden Glockenfedern *g* eingeklemmt.

Rohglaszangen haben drei solcher Federpaare, Zangen, die lediglich für polierte Scheiben benutzt werden, zwei. Die Federn sitzen in einem Guß- oder Stahlgußkörper, in den sie durch die Lederwände *w* luftdicht eingeschlossen sind. Wenn die Federn sich selbst überlassen sind, pressen sie die beiden Lederwände fest aufeinander; um die Zange zu öffnen, wird der Hohlraum, in dem die Federn sitzen, mit einem luftleeren Behälter, der ständig unter der Einwirkung einer sich selbsttätig an- und abstellenden, elektrisch betriebenen Saugpumpe steht, in Verbindung gebracht. Der äußere Überdruck preßt dann die Federn zusammen, so daß man die Zange über den Rand der Glasscheibe stülpen kann. Zum Schließen der Zange setzt man den Hohlraum durch einen Dreiwegehahn wieder mit der Außenluft in Verbindung, und zwar langsam und allmählich, damit die Federn nicht auf das Glas schnellen. Die durchgehenden Gummiwülste *u* dienen als Puffer für die sinkende Zange und gleichzeitig zur Abdichtung für die mit möglichst viel Spannung um den Gußkörper gelegten Lederwände. Letztere sind mit einem rauhen Stoff, Gummileinwand, Papierstoff oder gerauhtem Gummi überzogen, der gegenüber Glas große Reibung besitzt. Die Luft wird durch einen Gummischlauch und die Gasrohre *r* zu- und abgeführt; der zu diesem Zwecke angeordnete Dreiwegehahn wird entweder von unten durch eine Stange oder vom Führerstande des Krans aus bedient. Der luftleere Behälter und die Saugpumpe sitzen entweder unmittelbar auf der Laufkatze oder auf der Kranbrücke; im letzteren Falle wickelt sich der über die Laufkatze gehende Luftschlauch selbsttätig an einer Trommel auf und ab. Auch diese Zange hat sich sehr gut bewährt; ihre Bedienung ist noch bequemer als diejenige der zuvor erwähnten; allerdings kompliziert und verteuert die Luftsaugeeinrichtung den ganzen Kran und die Glockenfedern müssen häufig geprüft werden, da die Klemmwirkung der Zange lediglich auf ihrer Spannkraft beruht. Die Länge der mit drei Federpaaren ausgerüsteten Zange ist 1350 mm; die mit zwei Federpaaren versehene ist entsprechend kürzer.

Der Vollständigkeit halber seien an dieser Stelle noch einige andere Vorrichtungen zum Aufhängen und Befördern von großen Scheiben beispielsweise erwähnt; man findet sie hauptsächlich in Verbindung mit Deckenhängebahnen. Bei der Einrichtung nach den Abb. 980 und 981 läuft eine kleine Katze von 300—500 mm Radstand in zwei C-förmigen Schienen; an der Laufkatze hängt eine für 600—700 kg Tragkraft zu berechnende Handwinde, an deren Lastseil- oder Kettenenden ein 3—3½ m langer Doppel-T-Balken *a* N.P. 8 heb- und senkbar befestigt ist. An diesem Balken *a* wird die Glasscheibe mit Hilfe der Doppellatten *b* aufgehängt. Die Doppellatten bestehen aus je zwei Holzlatten b_1 und b_2, die oben eiserne Bügel tragen zum Überhängen über den Balken *a*; an ihrem unteren Ende besitzen die Latten b_1 eine Verdickung *c*, auf der die Glasscheibe beim Anheben des Balkens *a* ruht, während die Gegenlatte b_2 unten durch einen Bolzen mit b_1 verriegelt wird, so daß die Scheibe zwischen beiden Lattenteilen eingeklemmt ist und letztere weder oben noch unten ausweichen können. Die Glasscheibe steht ursprünglich auf den beiden mit Filz belegten Holzblöcken *d*; der Balken *a* wird nun von der Winde so tief herunter gelassen, daß die Latten b_1 mit ihren eisernen Bügeln über ihn greifen und gleichzeitig mit ihrer unteren Verdickung *c* unter die Scheibe fassen können. Wenn die Latten b_1 auf diese Weise an die Scheibe angelegt sind, werden die Gegenlatten b_2 ebenfalls an den Balken gehängt und unten mit b_1 verriegelt. Wird dann der Balken *a* hochgewunden, so schwebt die Scheibe frei; den Balken hebt man, bis er an der Unterfläche der Winde anliegt. Letztere wird durch ein herunterhängendes Hanfseil *e* bedient. Beim Drücken gegen die Scheibe und Fahren der Laufkatze ist darauf zu achten, daß die hintere untere Ecke der Scheibe nicht wesentlich nach unten gedrückt wird, damit sie nicht gegen den Fußboden stößt; ebenso ist zu vermeiden, daß das diagonal zu dieser Ecke liegende Ende des Balkens *a* zu sehr nach oben gedrückt wird und gegen die Hängebahnschiene stößt. Der Hub des Balkens *a* beträgt etwa 200 mm, so daß bei einer Höhe der Blöcke *d* von ungefähr 80 mm die Unterkante der Scheibe während des Fahrens etwa 280 mm über dem Flur liegt und bei einiger Vorsicht keine Gefahr für die Scheibe entsteht.

Abb. 980.

Abb. 981.

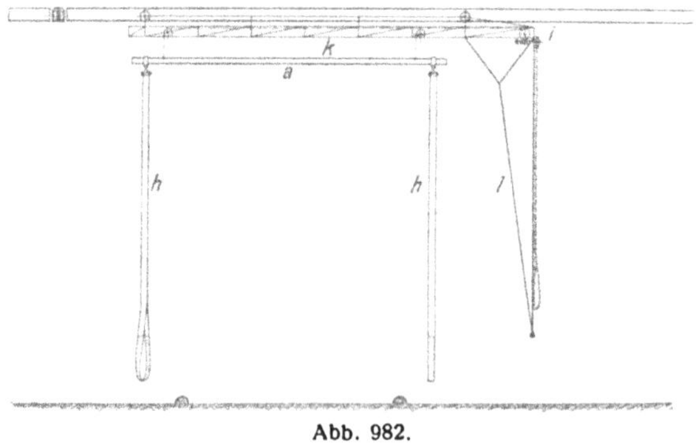

Abb. 982.

Bei der Einrichtung nach Abb. 982 hängt die Scheibe in Hanfgurten *h*, die unten mit Leder gefüttert sind. Die Schneckenwinde *i* zum Heben und Senken des Balkens *a* ist hier in ein leichtes, aus schwachen Profileisenstäben oder Gasrohren zusammengesetztes Fahrgestell *k* eingebaut, das einen herunterhängenden Arm *l* trägt, an dem man beim Vorwärtsfahren anfassen kann und nicht gegen die Scheibe zu drücken braucht. Der Radstand der Laufkatze ist hier jedoch 4—5 m; es ist also nicht möglich, über einen kurzen Drehstuhl in eine Querbahn oder durch enge Kurven zu fahren. Die Unterkanten der Hängebahnschienen liegen 4,8—5½ m über dem Flur, was beim Entwurf der Gebäude zu berücksichtigen ist. Es können damit noch Scheiben bis 4,1 bzw. 4,6 m Höhe befördert werden; für gewöhnlich ist mit Scheiben bis zu 3,6 m Höhe zu rechnen; größere Höhen kommen selten vor, solche über 4 m nur ganz ausnahmsweise. Es hängt von den besonderen Verhältnissen ab, ob man sich auf so hohe Scheiben einrichten will oder nicht. Fabriken, deren Gießtische nicht mehr als 4 m

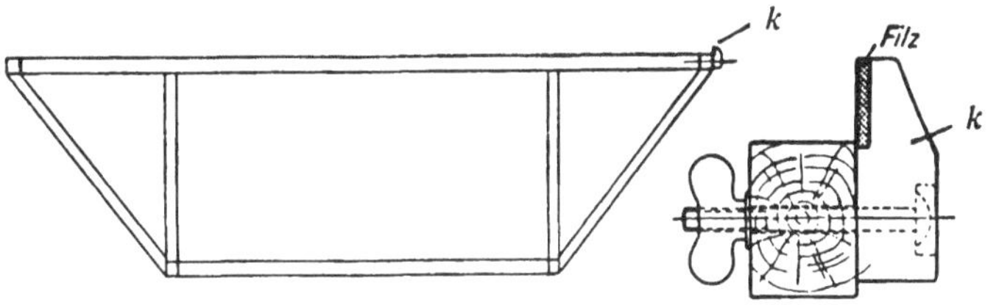

Abb. 983.

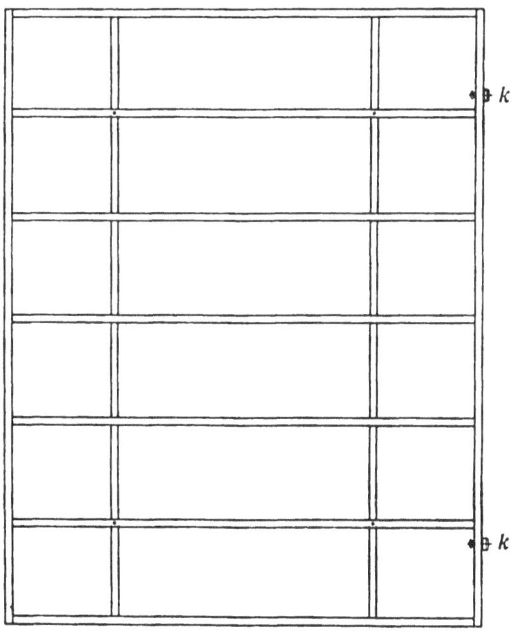

Abb. 984.

Breite haben, sind überhaupt nicht in der Lage, so hohe Scheiben zu walzen. Anstatt der Latten *b* und der Gurte *h* können in Verbindung mit solchen Hängebahnen und Hand- oder elektrischen Winden zum Erfassen der Scheiben auch Zangen benutzt werden, doch erfordern diese mehr freie Durchfahrtshöhe.

Zum Umlegen der Scheiben benutzte man früher leichte Holzgestelle nach Art der in den Abb. 983 und 984 dargestellten, die man von Hand um eine der unteren Längskanten kippte, und dann so aufstellte und der Scheibe näherte, daß man mit den durch Flügelmuttern feststellbaren Krallen *k* unter die Scheibe fassen konnte. Die Holzlatten des Gestelles, auf denen die Scheiben aufliegen, sind mit leichtem Filz oder dickem Tuch bespannt. Statt dieser tragbaren Gestelle benutzte man auch feststehende Tische von $3\frac{1}{2}$—$4\frac{1}{2}$ m Länge und $2\frac{1}{2}$—$3\frac{1}{2}$ m Breite, deren mit Tuch bespannte Platte in Scharnieren um eine Längskante des Fußgestells von Hand aufkippbar war. Später wurde das Gewicht der Tischplatte und der daraufliegenden Scheibe durch Gegengewichte ausgeglichen, ähnlich wie bei dem Rohglas-

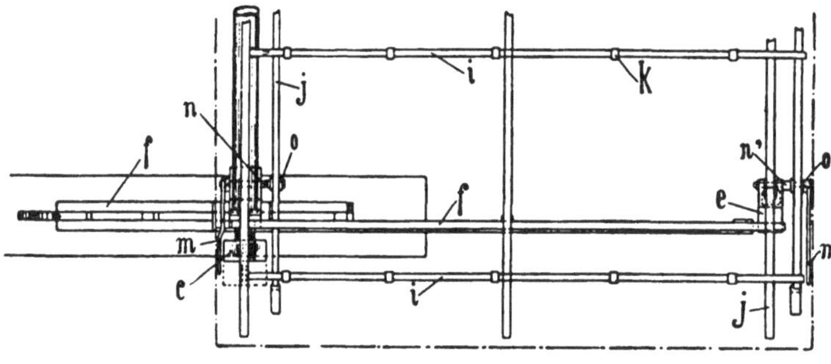

Abb. 985.

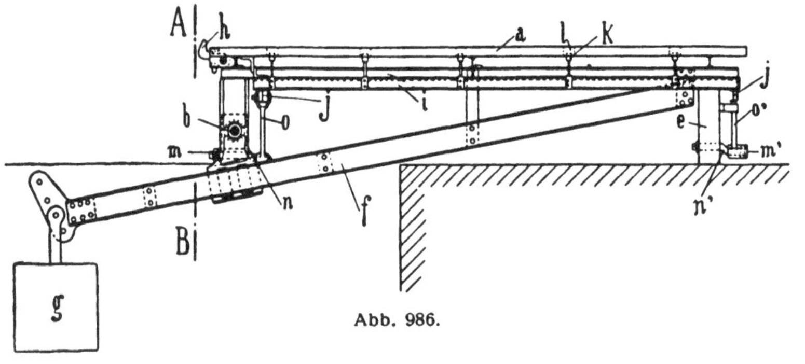

Abb. 986.

schneidtisch nach den Abb. 909 und 910; da das Übergewicht des hochgehenden Teiles der Tischplatte und der Scheibe sich beim Aufkippen nach und nach verringert, setzt man die Gegengewichte aus mehreren Teilen zusammen, die sich beim Heruntergehen in die für sie erforderliche Bodenversenkung nacheinander selbsttätig abhängen.

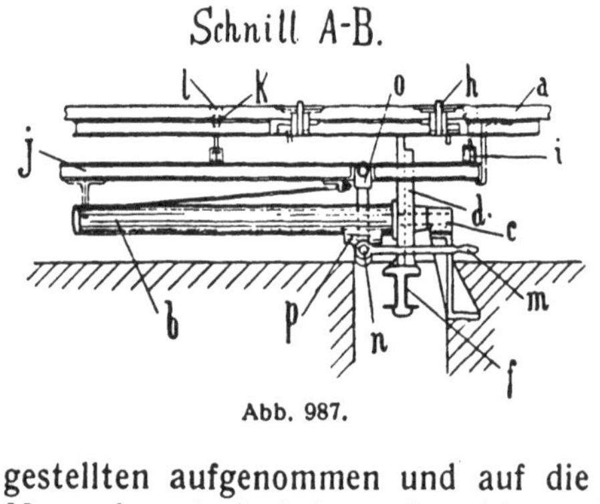

Abb. 987.

Bei dem Kipptisch nach den Abb. 985, 986 und 987 sind die Gegengewichte *g* an dem überkragenden Arm des Balkens *f* befestigt, so daß stets derselbe Gewichtsausgleich vorhanden ist, ohne daß an den Gegengewichten *g* etwas geändert zu werden braucht. Der Tisch schwingt um die Achse *b* in den Lagern *c*; durch die feststehenden Stützen *e* wird er in seiner wagrechten Lage gehalten.

Vom Kipptisch werden die großen, wagrecht liegenden Glasscheiben durch einen Saugkran nach Art des in den Abb. 988—995 dargestellten aufgenommen und auf die Schleiftische gelegt. An der Laufkatze dieser Kräne hängt ein heb- und senkbarer Rahmen *a*, der mit Saugnäpfen *b* ausgerüstet ist. Diese Näpfe, die mit Gummimundstücken *c* versehen sind, so daß sie luftdicht auf die Glasoberfläche aufgedrückt werden können, sind entweder Hohlzylinder, in deren Innern sich ein Kolben befindet, der, wenn er aufwärtsbewegt wird, unter sich einen luftverdünnten Raum läßt, oder sie sind tellerförmig, wie die Abbildungen zeigen. Sämtliche Saugteller sind im letzteren Falle durch Gummischläuche an ein oder mehrere auf dem Saugrahmen *a* liegende Rohre angeschlossen, die wieder durch Gummischläuche mit dem in der Laufkatze untergebrachten Behälter *15* in Verbindung stehen, dessen Inneres durch eine sich selbsttätig an- und abstellende, elektrisch betriebene Luftpumpe luftverdünnt gehalten wird. Die Luftpumpe steht entweder auf dem Schleifereiflur und ist durch einen sich selbsttätig aufwickelnden Luftschlauch mit dem Laufkran verbunden, oder sie ist, wenn der Kran große Wege zurückzulegen hat, unmittelbar auf der Laufkatze untergebracht, wie die Abb. 989 (*14*) zeigt. Der Saugrahmen *a* trägt im allgemeinen 5 oder 6 Reihen mit je 8 Saugnäpfen, also im ganzen 40 oder 48 Saugnäpfe. Nach dem DRP. Nr. 290091 der Gesellschaft St. Gobain vom 4. Juni 1912 sind die Saugteller derart beweglich im Rahmen angeordnet und auch der Rahmen selbst um eine Achse *o—o* derart drehbar an einem zweiten Rahmen *n, n* aufgehängt, daß sich die Saugnäpfe allen vorkommenden Unebenheiten und Schräglagen der Glasscheiben anpassen können. Nach dieser Patentschrift haben ferner die Gummimundstücke *c* einen nach unten spitz zulaufenden Querschnitt (Abb. 994), der ihnen gestattet, sich besser etwaigen Beulen in der Glasoberfläche luftdicht anzupassen, als es ein stumpfer, etwa rechteckiger oder runder Querschnitt tun würde. Ferner ist in dieser Patentschrift auch vorgeschlagen, als Mundstück mehrere konzentrisch zueinander gelegene Gummiringe zu benutzen (Abb. 995); dadurch soll der Luftdruck gleichmäßiger auf die überdeckte Glasfläche *f* verteilt und bei dünnen Scheiben die Gefahr des Eindrückens vermieden werden, eine Gefahr, die jedoch bei einem Durchmesser des Tellers von 200—250 mm nicht zu befürchten ist; außerdem sollen die verschiedenen Gummiringe sich unabhängig voneinander der Glasoberfläche anpassen, damit für den Fall, daß der eine Ring infolge von Unebenheiten nicht dicht abschließen sollte, immer noch die anderen Ringe die Möglichkeit des luftdichten Abschlusses geben. In der Praxis hat sich ein Gummiring für jeden Saugteller als völlig ausreichend erwiesen, um so mehr, als nach der gleichen Patentschrift die Luftabsaugeöffnungen *g* der Teller von so geringem Querschnitt sind, daß bei nicht genauer Abdichtung der

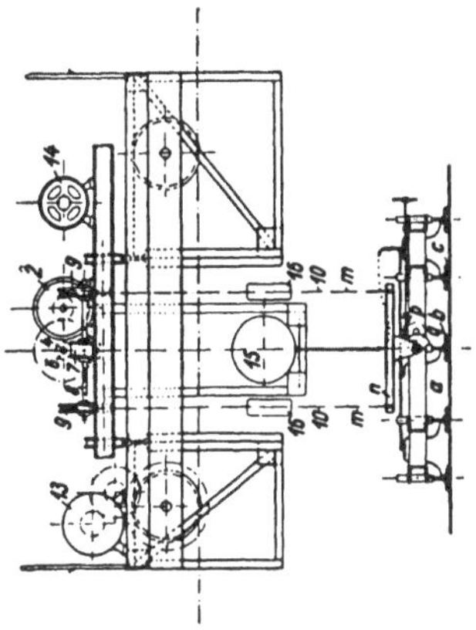

Abb. 989.

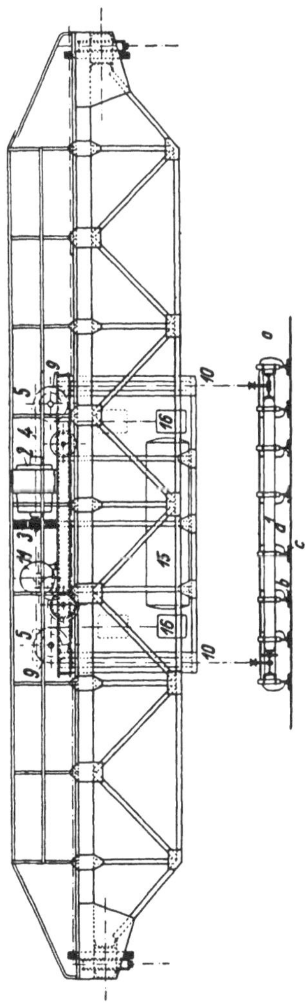

Abb. 988.

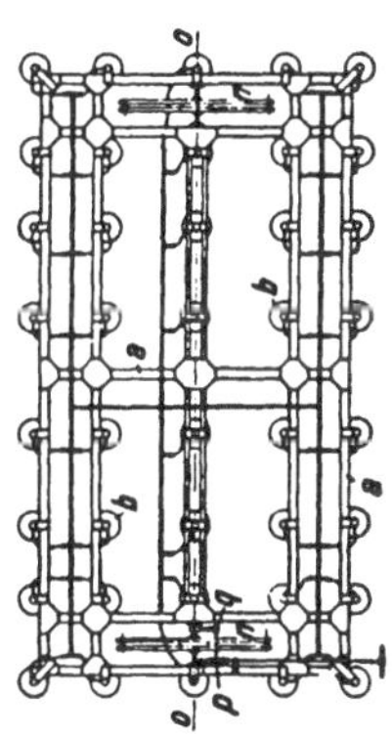

Abb. 990.

Mundstücke oder beim Offenlassen einiger nicht auf der Scheibe aufliegender Teller die durch sie einströmende Luft nicht derart schädlich auf die übrigen Saugteller zurückwirkt, daß dadurch ein Versagen der ganzen Einrichtung verursacht wird. Die Luftabsaugeöffnungen *g* sind Bohrungen von 1½ mm Durchm. Nach dem DRP. Nr. 352592 von Pilkington Brothers in St. Helens, England, sind die Stege der Gummiringe schräg nach auswärts gerichtet, wodurch eine sicherere Abdichtung gegenüber der Glasoberfläche erzielt werden soll.

Der Saugrahmen *a* ist meistens etwa 4 m lang und 3 m breit. Beim Ansaugen kleinerer Glasscheiben sind die Saugteller, die über die Glasscheibe hinausragen, auszuschalten. Die Teller sind mit ihren Hälsen *h* in den Zylindern *i* federnd geführt; die Federung wird entweder durch Spiralfedern oder durch einen Luftpuffer erreicht. Die Zylinder *i* sind selbst wieder in der im

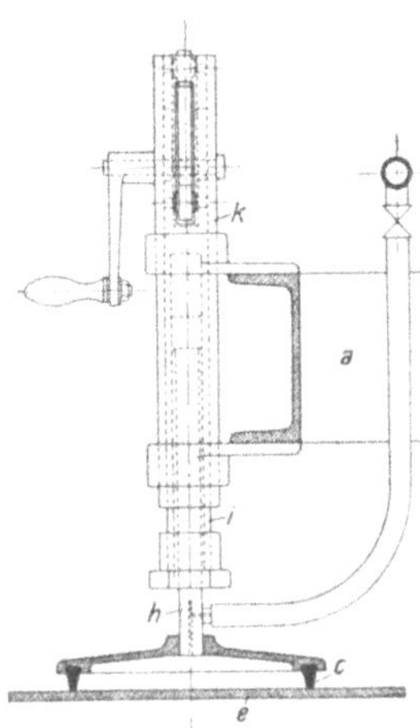

Abb. 991.

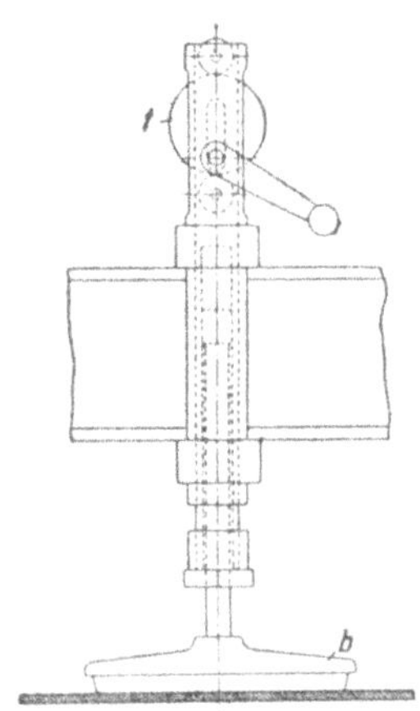

Abb. 992.

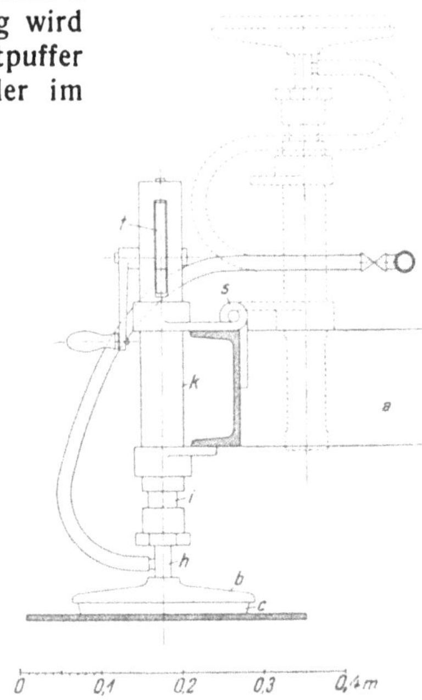

Abb. 993.

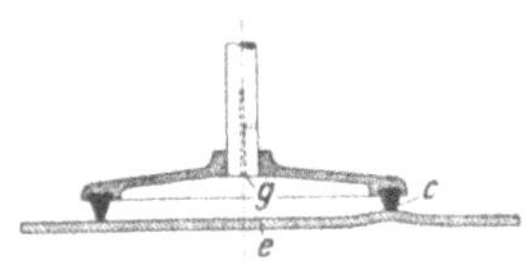

Abb. 994.

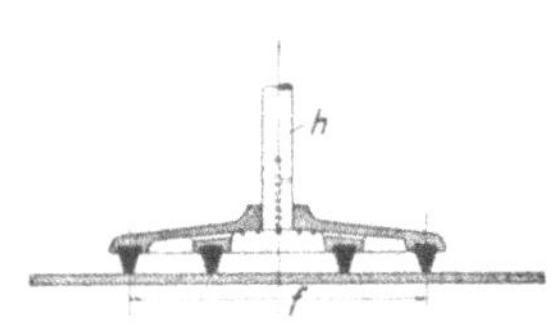

Abb. 995.

Saugkran befestigten Hülse *k* derart geführt, daß sie durch Drehen der Exzenterscheibe *t* gehoben und gesenkt werden können. Jeder einzelne Teller kann also mit Hilfe der Exzenterscheibe *t* angehoben und damit von der Mitwirkung ausgeschaltet werden. Mit dem Anheben wird gleichzeitig auch selbsttätig seine Verbindung mit der Luftabsaugeleitung abgestellt; unabhängig davon kann diese Verbindung auch noch durch einen besonderen Hahn unterbrochen werden. Auch ganze Reihen von Saugtellern können mit einem Griff angehoben und ausgeschaltet werden. Die Ausschalt- und Hochstellbarkeit ist besonders deshalb erforderlich, damit sich die überstehenden Teller beim Auflegen kleinerer Scheiben nicht in den auf dem Schleiftisch liegenden Gipsbrei eindrücken oder beim Abheben die Nachbarscheiben nicht in Mitleidenschaft gezogen werden. Nach dem DRP. 352067 der Gesellschaft St. Gobain vom 28. November 1919 sind die Saugnäpfe auf dem Rahmen verschiebbar angeordnet, so daß sie näher zusammen oder weiter auseinander gerückt werden können. Wie bereits erwähnt, kann der Hauptrahmen *a* gegenüber dem an den Kranseilen oder Kranketten hängenden besonderen Rahmen *n, n* schräg gestellt werden. Diese Eigenschaft ist wichtig für das Loslösen der Glasscheiben vom Schleiftisch. Die Scheiben haften so fest im Gips bzw. auf den Tüchern des Schleiftisches, daß eine ganz erhebliche Zugkraft erforderlich wäre, um sie auf einmal abzuheben. Man löst sie deshalb zuerst an einem Ende und legt sie von da aus nach und nach frei. Zu diesem Zweck läßt man zuerst den Rahmen *a* an der Scheibe festsaugen und stellt ihn dann mit Hilfe des dafür vorgesehenen Handrades und der dazugehörigen Übersetzung *p, q* etwas schräg; wenn dann die Kranwinde den Rahmen anhebt, wird zuerst an einem der Scheibenränder ein Zug ausgeübt, so daß sich dort die Scheibe zuerst löst und von da aus allmählich über ihre ganze Breite hin abhebt. Nach dem Loslösen beseitigt man die Neigung des Rahmens wieder.

Zum Heben und Senken dient der 12-PS-Motor *2*, der über ein Zahnradvorgelege *3* und die beiden Schneckentriebe *5, 5* die vier Kettenräder *9* antreibt, auf denen die Gallschen Ketten *10* liegen, an deren einen Enden der Saugrahmen *a*, an den anderen die vier Gegengewichte *16* hängen. *11* ist der Katzenfahrmotor mit 3,5 PS, *13* der Kranfahrmotor mit 12 PS. Diese Motoren vermögen folgende Geschwindigkeiten zu erteilen: Heben 4,5 m in der Minute, Kranfahren 100 m in der Minute, Katzenfahren 30 m in der Minute. Das Hub- und das Kranfahrwerk sind je mit einer elektromagnetischen Bremse ausgerüstet. Sämtliche Antriebe werden entweder von einem an der Laufkatze hängenden Führerstand aus bedient oder vom Flur aus durch Kontroller, die auf dem Saugrahmen *a* liegen. Zum Absaugen der Luft dient eine rotierende Luftpumpe für 100 m^3 Leistung in der Minute, angetrieben durch den 7-PS-Motor *14*, der gleichzeitig eine kleine Wasserkühlpumpe bewegt. Der luftleere Behälter *15* hat eine Länge von 1800 mm und einen Durchmesser von 700 mm; ein neben der Pumpe liegender Kühlwasserbehälter faßt 700 l. Der Luftpumpenmotor wird selbsttätig aus- und eingeschaltet, sobald im Behälter *15* eine Luftverdünnung von etwa 68 cm Hg erreicht ist, bzw. sobald sie unter 55 cm sinkt.

Die Einführung solcher Saugkräne hat für die Bewegung großer Roh- und Spiegelglasscheiben und für die gesamte Arbeit in der Schleiferei und Poliererei, besonders für das Auflegen und Abnehmen von den Schleiftischen große Vorteile gebracht. Man sparte dadurch nicht nur an Arbeitskräften sondern auch an Zeit; die Arbeit wurde beschleunigt, die Bruchgefahr wesentlich herabgemindert, auch die Gefahr für die Arbeiter wurde beseitigt und infolge der nunmehr ungefährlichen und leichten Handhabung der Scheiben konnte man hinsichtlich Sorgfalt und Genauigkeit größere Ansprüche an die Modelleure und Aufleger stellen. Früher wurden die Scheiben zuerst aufrecht auf den Schleiftisch gestellt, von Hand durch mehrere Leute umgelegt und dann an die gewünschte Stelle geschoben. Ganz große Scheiben stellte man zuerst auf den Fußboden, legte einige sog. Stechlatten dagegen, dünne, keilförmige, nach oben messerscharf auslaufende Holzlatten, die unten einen Ansatz trugen nach Art der Verdickung *c* der Hängelatten b_1 in Abb. 981, und kippte dann die Scheibe samt den Latten so auf den Tisch, daß die letzteren unter die Scheibe zu liegen kamen und wieder darunter hervorgezogen werden mußten. Um kippen zu können und um zu vermeiden, daß die Scheibe gegen den kreisförmigen Tischrand stieß, stellte man zuvor ein längliches Holzgestell an den Tisch, das in Höhe der Tischoberfläche eine gerade Kippkante bot. Um diese Scheiben nach dem Polieren vom Tisch herabzunehmen, stach man mehrere solcher Latten wieder darunter und kippte damit hoch. Bei dieser Arbeit zerbrachen viele große Scheiben. Waren sie auf beiden Seiten fertig, also auch die untere Seite schon poliert, an der entlang die Latten unter die

Scheiben gestochen wurden, so kam es sehr häufig vor, daß diese untere Seite zerkratzt und in der Politur verdorben wurde, weil sich beim Unterschieben der Latten vom Rand kleine Glassplitterchen lösten, die mit unter die Scheiben genommen wurden. Für beiderseits polierte Scheiben benützte man zwar mit Tuch überzogene Stechlatten; dadurch wurde der Nachteil etwas gemildert, aber nicht aufgehoben. Vor dem Unterstecken der Latten löste man die Scheibe vom Gips bzw. den unter-

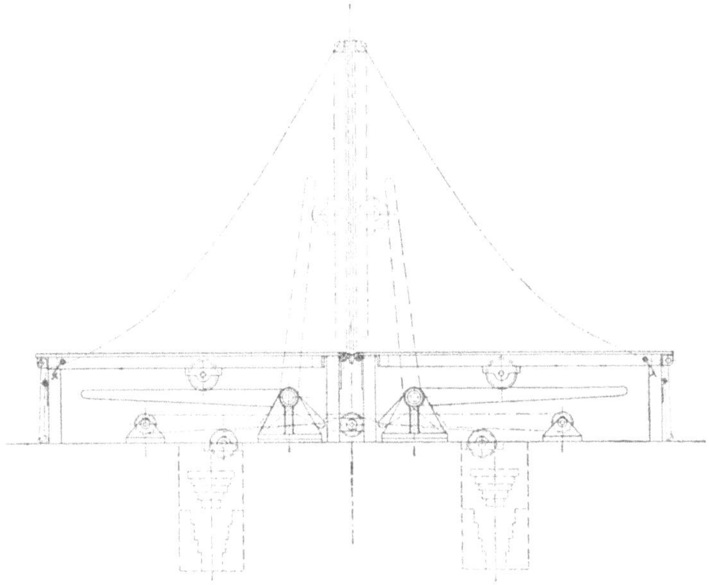

Abb. 996.

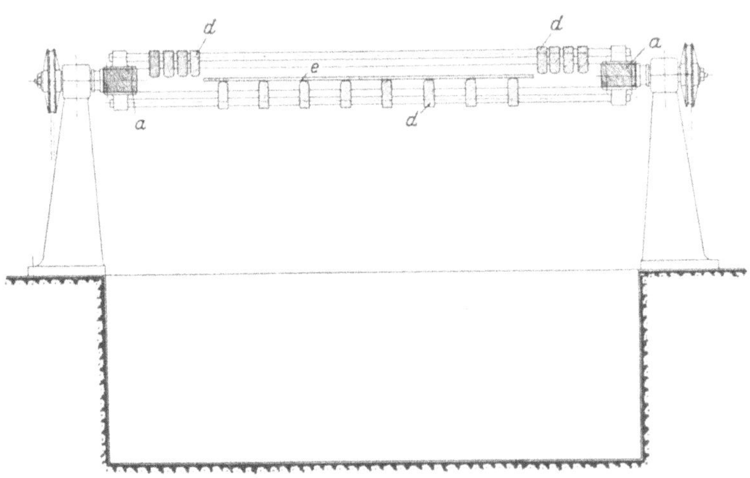

Abb. 997.

gelegten Tüchern mit Hilfe von Hartholz- oder weichen Eisenmessern; dabei ging man vom äußern Rand der Scheibe aus, den man zuerst lockerte. Sobald sich dieser Rand etwas hochheben ließ, schob man eine etwa 1—2 cm dicke weiche Schnur aus Wolle, Baumwolle oder zusammengedrehtem Tuch darunter und zog sie an ihren seitwärts unter der Scheibe hervorragenden Enden langsam und vorsichtig nach innen zu. Hinter der Schnur folgte man mit den Stechlatten. Dabei wurde, wie erwähnt, häufig nicht nur die Politur der unteren Seite verdorben, sondern es zerbrachen auch viele

Scheiben. Beim Lösen und Abheben mit einem Saugkran wird dagegen beides nahezu gänzlich vermieden. Während des Krieges und noch einige Zeit hernach, als es in Deutschland keine haltbaren Tücher zum Unterlegen unter die bereits auf einer Seite polierten Gläser mehr gab und man sich mit schlechten, dünnen Tüchern oder mit Papiergeweben behelfen mußte, die bei der geringsten Beanspruchung rissen bzw. aufweichten, boten die Saugkrane beim Auflegen der großen Scheiben ganz besondere Vorteile. Beim Unterschieben der Stechplatten oder beim geringsten Verschieben einer Scheibe rissen die Tücher und an den gerissenen Stellen ballten sich einzelne Lappen und Fetzchen zu kleinen Knoten oder längeren Falten zusammen, so daß die Scheibe auf diesen Knoten und Falten hohl lag und beim Schleifen der zweiten Seite zerdrückt wurde. Man zog deshalb auch für die zweite Seite Gips vor. Beim Auflegen mit dem Saugkran kann man die Scheibe senkrecht von oben auf den Tisch herunterlassen, so daß die Tücher nicht weiter in Anspruch genommen werden und weder Knoten noch Falten bilden. All diese Vorteile des Saugkrans treten besonders augenfällig in Erscheinung beim Wenden der Auflage, die auf der oberen Seite fertig poliert und zwecks Schleifens und Polierens der zweiten Seite auf einen anderen Tisch umzulegen ist.

Zum Wenden der Scheiben benützt man Gestelle nach Abb. 983 und 984 oder beliebige Klapptische. Das Wendegestell wird, wenn die Scheibe vom Saugkran darauf niedergelassen ist, hochkant gekippt, so daß die Scheibe auf zwei vorher zurechtgelegten, mit Filz überzogenen Holzblöcken stehen bleibt. In dieser Lage wird sie festgehalten; währenddessen bringt man das Wendegestell auf ihre andere Seite

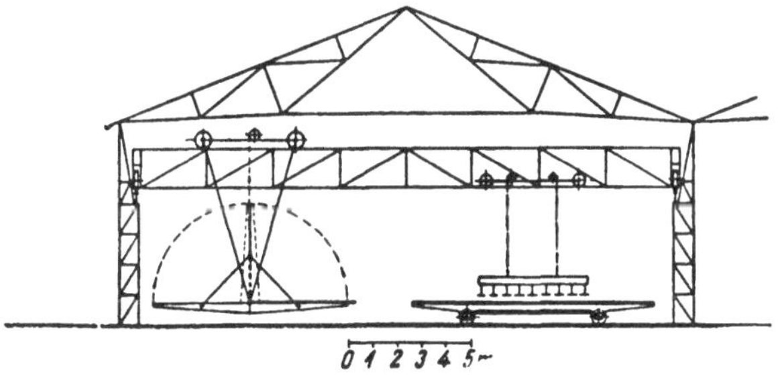

Abb. 998.

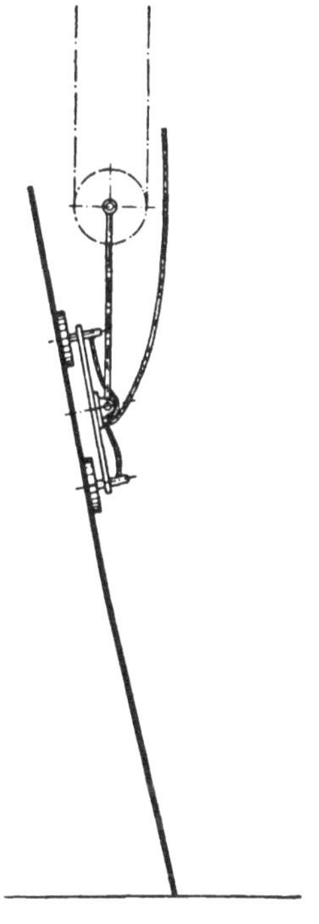

Abb. 999.

und legt sie damit wieder um, so daß die bereits polierte Seite nunmehr nach unten sieht. Bei Verwendung von feststehenden Klapptischen muß man die Scheibe zur Seite tragen oder besser mit einer kurzen Hängebahn mit Winde und Zange beiseite fahren, umschwenken, zurückfahren und mit der polierten Seite wieder gegen den Klapptisch stellen. Schneller und einfacher gestaltet sich die Arbeit bei Verwendung eines zweiflügeligen Wendetisches nach Abb. 996; beide Tischflügel stellen sich gleichzeitig senkrecht, so daß in der Höchstlage die Scheibe lediglich von einem Flügel zum anderen hinüber gedrückt zu werden braucht; mit dem einen ging sie hoch, mit den anderen klappt sie wieder herunter. Eine sehr zweckmäßige und weniger Platz beanspruchende Wendevorrichtung ist der Gesellschaft St. Gobain geschützt durch das DRP. 338687 vom 5. Dezember 1919. Danach ist ein Rahmen *a* (Abb. 997) um zwei in seiner Mittelachse liegende Zapfen schwenkbar. Dieser Rahmen trägt zwei Roste *d d*; die Stäbe dieser Roste sind verschiebbar, so daß der jeweils oben befindliche geöffnet und die Glasscheibe *e* ein- und ausgehoben werden kann. Nach dem belgischen Patent Nr. 236669 von Paul Uellner hängen Saugrahmen und Wendetische an ein- und derselben Deckenlaufbrücke (Abb. 998). Der Saugapparat kann in das Gehänge des Wendeapparates hineinfahren, damit der Saugrahmen über jede Stelle des Wendetisches gelangen kann.

Neuerdings werden große Scheiben auch ohne Zuhilfenahme eines Wendetisches lediglich mit dem Saugkran umgelegt (s. Abb. 999). Man benützt zu diesem Zweck einen zweireihigen Saugrahmen, der so viele Saugteller hat, daß er imstande ist, die Scheiben im aufgerichteten Zustande freischwebend zu tragen. Die Aufhängepunkte des Saugrahmens müssen in diesem Falle so liegen, daß er mit einer angesaugten Glasscheibe eine nahezu senkrechte Lage annehmen kann. Das D.R.P. Nr. 348000 von Pilkington Brothers Limited in St. Helens, England, betrifft einen Saugrahmen dieser Bauart. Abb. 1000 zeigt solche Saugrahmen in Tätigkeit.

Abb. 1000.

7. Leistungsfähigkeit der Schleif- und Polierbetriebe.

Die Leistungsfähigkeit einer Schleiferei und Poliererei mit runden Tischen hängt ab von der Leistungsfähigkeit der einzelnen Schleif- und Polierapparate sowie von der ungestörten Hin- und Herbewegung der Schleiftische, die so vor sich gehen muß, daß für jeden Apparat ein neuer Tisch bereit steht, ehe der jeweils in Arbeit befindliche fertig ist. Wie schon früher erwähnt wurde, hängt die Leistungsfähigkeit der Schleifapparate in erster Linie ab von der Ebenheit des Rohglases sowie von dessen Widerstandsfähigkeit gegen Druck und Stöße, also von dessen guter Kühlung, ferner von der Art des Auflegens der Glasscheiben auf die Schleiftische, von der Härte, Schärfe und Größe des Korns des zur Verfügung stehenden Schleifsandes, von der Struktur des Schleifeisengusses, von der vorteilhaften Verteilung der Eisen auf den Schleifscheiben, von der richtigen Verteilung des Sandes über die ganze Glasfläche und von der vorteilhaften Klassierung der verschiedenen Schlamm- und Schmirgelstufen für den Feinschliff. Die Leistungsfähigkeit der Polierapparate hängt ab von der Art des voraufgegangenen Feinschliffes, von der Bauart der Polierapparate und von der vorteilhaften Zuführung des Polierrots. Es sei aber wiederholt hervorgehoben, daß merkliche Mängel des Feinschliffes auch durch intensivstes Polieren nicht mehr zu entfernen sind.

Nach dem S. 925 und 951 Gesagten weichen die Leistungen der verschiedenen Betriebe sehr erheblich voneinander ab. Die nachstehend angenommenen Zahlen sind gute Mittelwerte für große Apparate. Danach braucht man zum Schleifen und Feinschleifen je Seite einer Glasauflage durchschnittlich 1 Stunde und 20 Minuten einschließlich 6—10 Minuten zum Wechseln der Tische, so daß ein Schleifapparat in 24 Stunden 18 Seiten bearbeitet, also 9 Tischauflagen auf beiden Seiten. Ein Polierapparat nach Abb. 935—937 braucht zum Polieren einer Seite etwa 1¾ Stunden, zum Wechseln des Tisches und Nachsehen der Polierfilze sind ungefähr 15 Minuten erforderlich, so daß man mit einem solchen Apparat in 24 Stunden 6 Tischauflagen auf beiden Seiten fertig polieren kann; mit einem Apparat nach Abb. 938 und 939 7 und mit einem Apparat nach Abb. 940 8 Tischauflagen in 24 Stunden.

Auf eine bestimmte Anzahl von voll ausgenutzten Schleifapparaten braucht man somit die in der folgenden Zahlentafel angegebene Zahl von Polierapparaten:

	Anzahl der Schleifapparate				
	1	2	3	4	5
Polierapparate					
nach Abb. 935—937 . . .	2	3	5	6	8
» » 938—939 . . .	2	3	4	6	7
» » 940	2	3	4	5	6 usw.

Im Interesse eines flotten Fortganges des Betriebes soll man die Zahl der Polierapparate nicht zu knapp bemessen und wie oben etwas reichlich rechnen besonders dann, wenn man Wert auf die Herstellung von größeren Mengen Belegglas legt. Legt man darauf keinen besonderen Wert, dann kommt man äußerstenfalls damit aus, wenn man z. B. ebensoviel Polierapparate nach Abb. 940 als Schleifapparate annimmt.

Nach S. 966 werden bei vorteilhafter Auflage durchschnittlich 87 % der ganzen Oberfläche eines runden Schleiftisches mit rechteckigen Rohglasscheiben von über 0,405 m^2 belegt; aus den Ecken werden, wenn sie fertig poliert sind, ebenfalls rechteckige Stücke geschnitten. Rechnet man, wie es vielfach üblich ist, von den polierten und versandfertig geschnittenen Gläsern alle bis herunter auf 0,09 m^2 Oberfläche als Erzeugung der Fabrik, nicht aber kleinere, deren Erlös dann als zusätzlicher Gewinn allein dem Verkaufskonto zugute kommt, so kann man es als ein gutes Mittel ansehen, wenn von der Rohglasauflage, zu der wie gesagt nur Stücke über 0,405 m^2 gerechnet werden, 91—92 % als versandfertige Reinerzeugung „abkommen"; das sind im Mittel 79—80 % der gesamten Oberfläche des Schleiftisches. Von den 8—9 %, die von der Auflage verloren gehen, entfallen ungefähr 5,5—6 % auf den Bruch beim Schleifen, Polieren, Auflegen, Abnehmen und Transportieren der Scheiben, 2,5—3,5 % auf den Verschnitt beim Sortieren, beim Zerlegen zwecks Beseitigung von Glasfehlern und auf den Bruch im Fertigglaslager und beim Einpacken. Der Verschnittverlust schwankt naturgemäß sehr erheblich je nach der Reinheit des von der Rohglashalle gelieferten Glases und je nach den Anforderungen, die man an die Glasqualität stellt, je nachdem der Markt mehr oder weniger Belegware bzw. mehr oder weniger Verglasungsscheiben verlangt.

Da von der unbeschnittenen Rohglasplatte, also von der auf dem Gießtisch ausgewalzten Fläche ungefähr 80 % als rechteckig geschnittene Rohglasscheiben bleiben, werden von jener ausgewalzten Fläche ungefähr 73 % als versandfertiges poliertes Spiegelglas über 0,09 m^2 Stückgröße gewonnen.

Die nachstehende Zusammenstellung gibt in guten Mittelzahlen und abgerundet die Reinerzeugung an versandfertigem polierten Spiegelglas je Schmelzhafen und je 16häfigen Schmelzofen für die drei gebräuchlichen Strakugrößen (s. S. 913):

Strakugröße Nr.	Fassungsvermögen der Häfen gestrichen voll gerechnet Liter	Ausbeute an rechteckig geschnittenen Rohglasscheiben je Guß und Hafen m^2	Reinerzeugung an versandfertigem, poliertem Spiegelglas in Scheiben von 0,09 m^2 an aufwärts		
			je Guß und Hafen m^2	je Guß und Ofen m^2	je Ofen u. Jahr bei 305 Gußtagen m^2
I	625— 700	22	20	320	97000
II	750— 850	29,5	27	432	130000
III	1000—1050	35	32	512	155000

Ein Schleiftisch von z. B. 10 m Durchm. gestattet nach den oben angegebenen Mittelzahlen eine Rohglasauflage von rd. 68 m^2 und ein Reinabkommen von etwa 62 m^2. Wenn mit einem Schleifapparat in 24 Stunden 9 Tischauflagen auf beiden Seiten geschliffen und feingeschliffen werden, so entspricht das einer täglichen Reinerzeugung von 558 m^2 Spiegelglas und bei 305 Arbeitstagen rd. 170000 m^2 im Jahr.

Nach den im Vorstehenden angegebenen Leistungszahlen läßt sich für eine bestimmte Rohglaserzeugung, also für eine bestimmte Zahl in Betrieb befindlicher Schmelzöfen je nach der Hafen- und Strakugröße die dazu erforderliche Zahl der Schleif- und Polierapparate errechnen. Die hier als gute Mittelzahlen genannten Leistungen dieser Apparate gelten unter Berücksichtigung kleinerer Betriebsstörungen, wie sie in allen Fabriken vorkommen; will man aus Rücksicht auf solche Fälle ganz besonders vorsichtig kalkulieren, so tut man genug, wenn man von den aus den genannten Schleif- und Polierleistungen sich ergebenden Reinerzeugungen noch 5—10% abzieht. Besondere Reserveapparate aufzustellen, ist unter normalen Verhältnissen heute überflüssig, sofern man nur für die am meisten der Beschädigung ausgesetzten Einzelteile der Apparate und der Antriebe stets Ersatzstücke vorrätig hält.

Mit dem Durchmesser der Schleiftische kann man theoretisch so weit gehen, als es bei gleicher Umlaufzahl die Sicherheit des Festhaftens der am Rande liegenden Scheiben gegenüber den Wirkungen der Zentrifugalkraft noch gestattet. Würde man die Umlaufzahl herabsetzen, so würde die Schleif- und Polierleistung nach der Zahl der fertiggemachten Glasauflagen gerechnet sinken. Darüber hinaus ist zu berücksichtigen, daß die Tischgewichte mindestens mit dem Quadrat des Durchmessers wachsen, so daß bei großen Durchmessern ganz außerordentliche Massen hin- und herzufahren sind; die Raddrücke der Tische und Schiebebühnen erfordern besondere Gleiskonstruktionen, die Schleif- und Polierapparate außerordentliche Fundierungen und die Königswellen müssen länger werden, die Apparatekeller werden erheblich tiefer und die Grundwasserverhältnisse spielen eine um so größere Rolle. Andererseits erzielt man bei gleicher Umlaufzahl in derselben Zeit eine größere Erzeugung. Die meisten Betriebe haben Tische von 10 m Durchm.; die Erfahrungen damit haben gelehrt, daß man diese Abmessung ohne Gefahr überschreiten kann; darüber, wie weit man bei gleicher Umlaufzahl äußerst gehen kann, liegen praktische Erfahrungen aber nicht vor.

Die Leistungsfähigkeit einer Schleiferei und Poliererei mit rechteckigen Tischen auf kontinuierlicher gerader Bahn (Abb. 945—960) errechnet sich nach der Breite der Tische, nach der Geschwindigkeit ihres Vorrückens, nach der Tischfläche, die für Gipsfugen abzuziehen ist, nach der Anzahl der Bahnen sowie nach dem Bruchverlust. Die Geschwindigkeit des Vorrückens der Tische hängt von der Länge der Bahnen, also won der Anzahl der Schleif- und Polierwerkzeuge ab; je länger die Bahn ist, je mehr Werkzeuge hintereinander angeordnet sind, desto größer kann die Geschwindigkeit sein. Wenn nur Scheiben von gleichen Abmessungen aufgelegt werden, wie zum Beispiel bei der Ford Motor Company, ist die durch Gipsfugen verlorene Tischfläche ganz geringfügig; werden aber wie bei breiteren Schleifbahnen Gläser der verschiedensten Abmessungen aufgelegt, dann kann die durch die Fugen und durch nicht mitgerechnete kleine Glasstücke eingenommene Fläche bis zu 5% der Oberfläche aller belegten Tische der Bahn ausmachen. (Bei runden Tischen ist mit 12—15% zu rechnen.)

Sind zum Beipiel zwei Bahnen vorhanden, mit denen auf der einen hinwärts die erste Glasseite, auf der anderen herwärts die zweite bearbeitet wird, ist die nutzbare Tischbreite 4,5 m, die Geschwindigkeit des Vorrückens 50 m in der Stunde, die durch Gipsfugen und nicht mitzurechnende kleine Gläser verlorene Fläche 2,5% und beträgt schließlich der Bruch- und Verschnittverlust — letzterer entsprechend einer gewissen Anforderung an die Glasqualität — 8% der aufgelegten Glasoberfläche,

Abb. 1001.

so liefert diese Schleiferei und Poliererei täglich, wenn wegen vielfach nicht zu vermeidender Störungen zur Sicherheit mit nur 23 Stunden gerechnet wird:

$$23 \cdot 50 \cdot 4{,}5 \cdot 0{,}975 \cdot 0{,}92 = \text{rd. } 4640 \text{ m}^2$$

Spiegelglas fertig in das Lager oder in die Kiste. Rechnet man bei Hafenöfen mit jährlich 305 Arbeitstagen, so ergibt eine solche Anlage $305 \cdot 4640 = 1400000$ m² im Jahr.

Da 50 m Vorrückgeschwindigkeit in der Stunde noch verhältnismäßig niedrig ist, kann aus diesem Beispiel die gegenüber einer Anlage mit runden Tischen ganz außerordentliche Leistungsfähigkeit der kontinuierlich arbeitenden geraden Bahnen ermessen werden. Ihre Überlegenheit tritt naturgemäß weniger in Erscheinung, wenn wie in Europa nur wenige Hafenöfen zu ihrer Versorgung vorhanden sind, so daß die Vorrückgeschwindigkeit ihrer Tische nur verhältnismäßig klein zu sein braucht, oder daß sie dazuhin noch nur mit Unterbrechungen in Betrieb gehalten werden können.

In den großen Polierapparaten bearbeitet man die Gläser so weit, daß das bloße Auge bei gewöhnlichem Einfall des Lichtes von den Rauheiten des Feinschliffes nichts mehr erkennen kann, auch nicht wenn die hintere Seite mit Silber belegt ist; das Glas soll auf alle Fälle einen schönen, dunklen Glanz besitzen. Da nun selten erreicht wird, daß die Politur über die ganze Tischauflage hin eine gleich gute ist, muß mindestens so gearbeitet werden, daß auch die weniger gut ausgefallenen Stellen den allgemeinen Ansprüchen für Belegzwecke genügen. Wenn dies erreicht wird, hat man zugleich die Gewißheit, daß die Politur für alle zur Verglasung, zu Schaufenstern u. dgl. bestimmten Scheiben ausreichend ist, weil bei belegten Gläsern etwaige Mängel der Politur viel stärker auffallen als bei Fenstern. Es kommt aber vor, daß Scheiben, die wegen der Reinheit ihres Glasinnern und wegen ihrer passenden Abmessungen für erste Wahlen geeignet sind, Polituren erfordern, die über die gewöhnlichen Ansprüche hinausgehen. Genügen sie diesen Ansprüchen nicht, so poliert man sie auf besonderen Nachpoliermaschinen nach. Abb. 1001 zeigt eine solche Maschine von H. A. Waldrich G. m. b. H., Siegen i. Westf.; Abb. 1002 eine ähnliche Maschine größerer Bau-

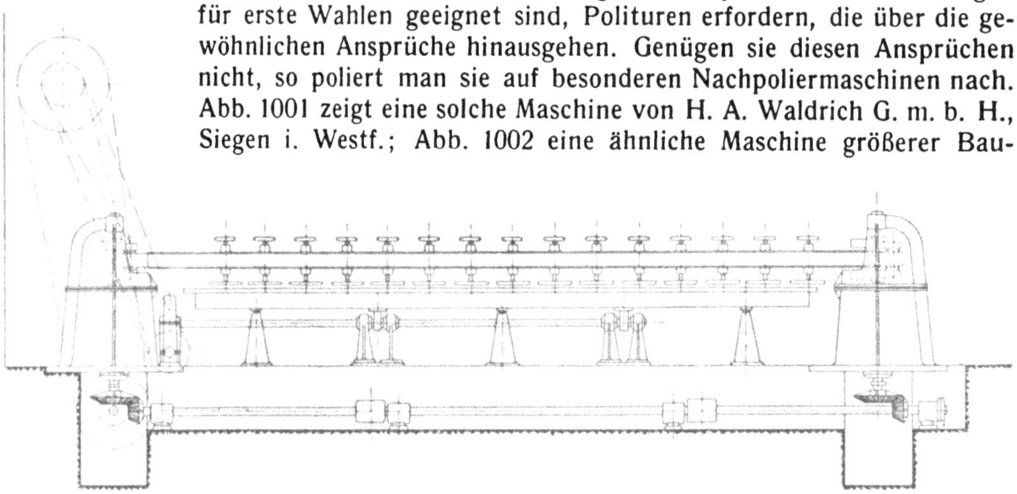

Abb. 1002.

art von der Soc. An. A. Simon & Fils in Andenne. Der Poliertisch, auf dem die Gläser liegen, geht hin und her, während die mit Filz bespannten und mit Polierrot gespeisten Polierteller eine schwingende, durch Kurbeln erzeugte Kreisbewegung ausführen. Einzelne Mängel der Politur, auch leichte Kratzer, werden mit Gelenkpoliermaschinen nach Abb. 1003 beseitigt; tiefere Kratzer kann man durch längeres

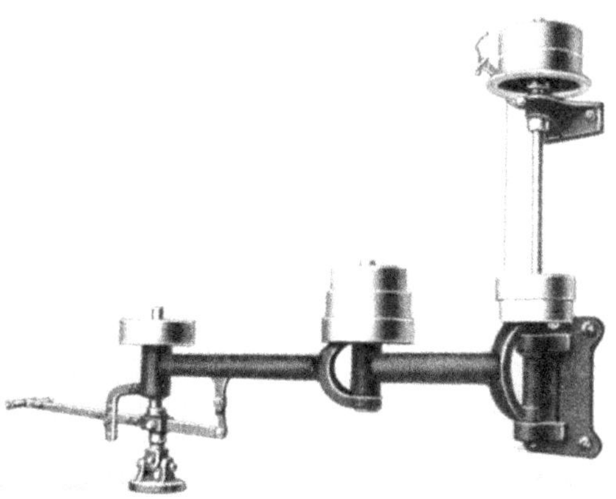

Abb. 1003.

Bearbeiten der betreffenden Stelle von Hand mit Hilfe eines mit Filz belegten hölzernen Polierpflockes ausmerzen, jedoch nur bis zu einer gewissen Tiefe, da zu langes Bearbeiten einer einzigen Stelle in der Scheibe eine Mulde erzeugt, die auch bei Fenstern störend wirkt und bei Spiegeln Verzerrungen des Bildes hervorruft. Derartige Nachpolier- und Aushilfsmaschinen stellt man gewöhnlich in unmittelbarer Nähe des Spiegelglaslagers auf; *B* in Abb. 912, S. 926.

8. Spiegelglaslager.

Das Spiegelglaslager wird meistens so bemessen, daß es 1—2 Monatserzeugungen aufnehmen kann. Besondere Beachtung ist in bezug auf die Standsicherheit dem Bau der Gestelle für die großen Scheiben zu schenken. Die Abb. 1004 und 1005 zeigen

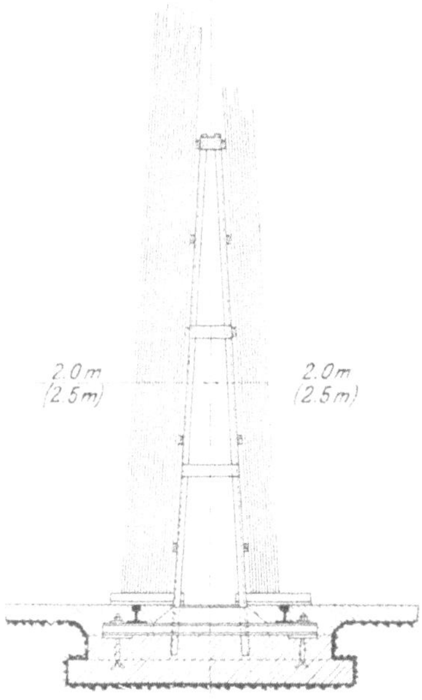

Abb. 1004.

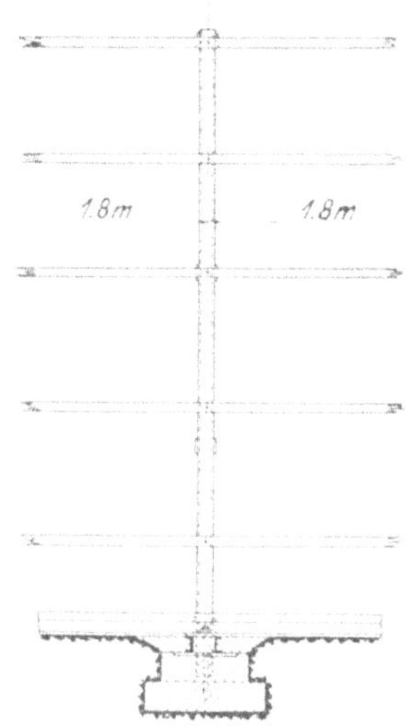

Abb. 1005.

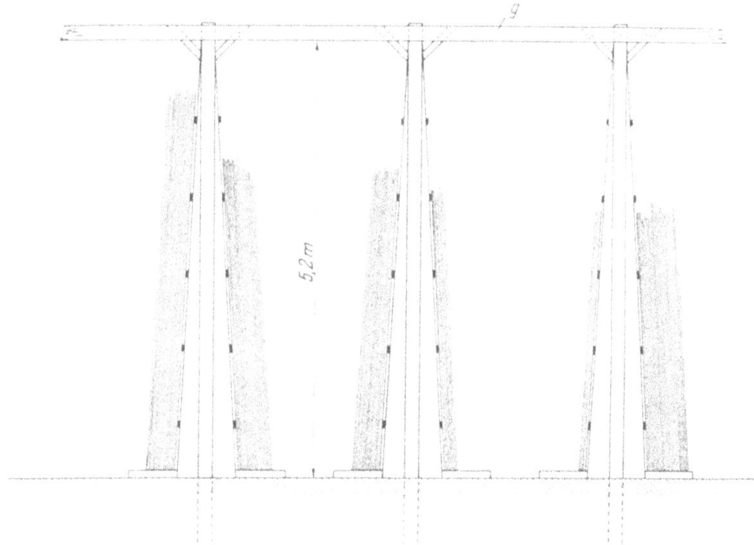

Abb. 1060.

einen eisernen Ständer aus [-Eisen N.P. 8; die Ständer einer Reihe sind durch Holzlatten, gegen die die Glasscheiben gelehnt werden, untereinander verbunden. Die senkrecht wirkende Last der Scheiben wird auf die wagrecht auf dem Fundament liegenden][-Eisen übertragen, die mit den hochgehenden Eisen vernietet sind, so daß die ganze Konstruktion ein geschlossenes System bildet, das nicht umfallen kann, auch wenn nur eine Seite mit Scheiben belegt ist. Abb. 1060 zeigt ein Gestell aus Holz; die Säulen sind oben durch eine Querverbindung *g* gegen Umfallen gesichert. Der Abstand von Mitte zu Mitte Gestellreihe ist bei Gestellen für große Scheiben 2,50 m, wenn man die Scheiben von Hand ein- und austrägt; werden sie jedoch mit Hilfe von Deckenlaufkatzen, Hängebahnen u. dgl. befördert, dann genügen 2,00 m.

9. Personalbedarf der Schleif- und Polierbetriebe.

Personalbedarf einer Schleiferei und Poliererei mit runden Tischen einschl. demjenigen der Klärweiher, Spiegelglaslager, Verpackung und Kistenschreinerei, jedoch ohne die Hofarbeiter, ohne die Kraftzentrale, die Reparaturwerkstätten u. dgl. allgemeine Betriebsabteilungen, bei dreischichtiger Arbeitszeit zu je 8 Stunden für die Schleiferei und Poliererei und einschichtiger 8stündiger im Sortierraum, im Lager und in der Verpackung, sowie unter der Annahme, daß die Schleiftische einen Durchmesser von 10 m und die Polierapparate die Bauart nach Abb. 940 besitzen, daß zum Transportieren der großen Scheiben Zangen- und Saugekrane, zum Heben des Schleifsandes auf die Schleiftische Mammutpumpen, Emulseure oder Kreiselpumpen vorhanden sind, usw. wie nach Abb. 912:

	Für eine jährl. Reinerzeugung von		
	194000 m²[1]	390000 m²[2]	620000 m²[3]
Anzahl der Schleifapparate:	2	3	4
Polierapparate:	2	3	5
	Kopfzahl	Kopfzahl	Kopfzahl
Betriebsführer	—	1	1
Meister	1	1	1
Hilfsmeister	3	3	3
Schreiber und Rechner zum Notieren und Berechnen der Auflagen, der einzelnen Scheiben, der Bruchverluste, der Reinerzeugung usw.:			
Erwachsene	2	3	4
Jugendliche	5	11	18
Auflegen, Wenden und Abnehmen der Glasauflagen (3 Schichten):			
Modelleure (2 Schichten)	4	6	8
Aufgipser	27	48	69
Gipszubereitung	3	3	6
Tücherrreinigung:			
Männer	—	1	3
Frauen	6	9	12
Kranführer	3	9	9
Scherben sammeln, Schuttabfuhr und Reinigung:			
Erwachsene	3	3	3
Jugendliche	—	2	3
Vorarbeiter	3	3	6
Bedienung der Schleifapparate, der Sand-, Schlamm- und Schmirgelaufbereitung (3 Schichten; 1 Apparat nur 1 bzw. 2 Schichten):			
Schleifer	4	7	11
Hilfsjungen	4	7	11
Übertrag:	68	117	168

[1]) Bei 2 Schmelzöfen Größe I. — [2]) Bei 3 Schmelzöfen Größe II. — [3]) Bei 4 Schmelzöfen Größe III. S. Seite 982.

	Für eine jährl. Reinerzeugung von		
	194000 m²	390000 m²	620000 m²
	Kopfzahl	Kopfzahl	Kopfzahl
Übertrag:	68	117	168
Schleifsandtransport	3	3	3
Schlammklassierung	3	3	3
Schmirgelklassierung (1 Schicht)	1	1	1
An- und Abhängen der Schleifeisen (1 Schicht):			
Erwachsene	1	2	3
Jugendliche	2	4	6
Vorarbeiter	3	3	3
Bedienung der Polierapparate (3 Schichten; 1 Apparat nur 1 bzw. 2 Schichten):			
Vorbereitung der feingeschliffenen Tischauflage z. Polieren	9	15	24
Polierer	4	8	13
Zubereitung des Polierrots, Aufpressen der Filze auf die Polierteller:			
Erwachsene	1	1	1
Jugendliche	—	1	2
Vorarbeiter	—	—	3
Bedienung der Schiebebühnen und Tischverschiebelokomotiven (3 Schichten):			
Erwachsene	3	3	6
Jugendliche	3	6	6
Mechaniker und Elektriker zur Beaufsichtigung der Apparate	6	6	9
Absäuern, Waschen und Putzen der abgenommenen Gläser (1 voll besetzte, 2 schwächere Schichten):			
Erwachsene	6	6	6
Jugendliche	4	12	22
Transport der geputzten Gläser nach dem Untersuchungsraum (1 Schicht)	3	5	8
Klärweiher (1 Schicht)	4	6	8
Untersuchen, Abschätzen, Sortieren, Schneiden, Nachpolieren und Lagern (1 Schicht):			
Lagerverwalter	1	1	1
Schreibgehilfen	2	4	6
Visiteure	3	6	8
Glasschneider	3	5	8
Hilfsjungen (hierfür)	3	5	8
Lagerarbeiter:			
Vorarbeiter	1	1	1
Hilfsarbeiter	5	9	14
Jugendliche	3	4	6
Bedienung der Hängebahnen	1	1	2
Nachpolierer (teils 1, teils 3 Schichten)	10	18	27
Scherben sammeln und Reinigung	1	1	2
Verpackung und Verladung (1 Schicht):			
Packmeister	1	1	1
Arbeiter	8	15	22
Schreiber	1	1	2
Kistenschreinerei (1 Schicht)	3	5	8
Zusammen:	170	279	411

„Eine Schleiferei und Poliererei mit breiten rechteckigen Tischen, also mit gerader, kontinuierlich arbeitender, für alle Glasdimensionen geeigneter Schleif- und Polierbahn (Abb. 956) spart unter sonst ganz gleichen Verhältnissen gegenüber den obigen Anlagen mit runden Tischen

In Spalte:	1	2	3
Aufgipser	3	6	12
Kranführer	—	3	3
Schleifer	1	4	8
Hilfsjungen	4	7	11
Vorbereiter zum Polieren	6	12	18
Polierer	1	5	7
Bedienung der Schiebebühnen usw.	6	9	12
Ersparte Personen	21	46	71
Somit Personalbedarf:			
bei runden Tischen	170	279	411
bei rechteckigen Tischen	149	233	340

Die hier gewählten Beispiele entsprechen alle drei im Hinblick auf die Leistungsfähigkeit der geraden, kontinuierlich arbeitenden Bahnen nur kleinen Verhältnissen. Bei größeren Jahresleistungen, besonders solchen, wie sie in Nordamerika vorkommen, sind die Personalersparnisse gegenüber den alten Anlagen mit runden Tischen weit augenfälliger.

III. Spiegelglaskantenbearbeitung, Facettierung, Spiegelbelegerei.

Für Glasscheiben, die eingerahmt werden, genügt es, wenn die sauber geschnittenen Kanten mit der Kröselzange abgerauht werden, damit wenigstens der Gefahr des Anspringens infolge feinster Anrisse an den Kanten vorgebeugt ist. Andere Scheiben, deren Ränder offen bleiben wie z. B. Tischplatten, Wandbeläge, Türschoner, Schubfenster, sowie Spiegel ohne Rahmen u. dgl., müssen des Aussehens wegen und zur Vermeidung von Handverletzungen an den Kanten bearbeitet werden. Die Kantenflächen werden gerade und glatt geschliffen und die Kanten selbst abgerundet oder abgeschrägt. Dazu benutzt man wie zum Anschleifen von Facetten rotierende Gußeisenscheiben, auf die scharfer Sand geschwemmt wird; zum Feinschleifen nimmt man statt des groben Sandes geschlämmten Feinsand. Zur Weiterverfeinerung werden die Kanten und Facetten auf in gleicher Weise rotierenden Natursandsteinscheiben von feinem Gefüge abgezogen. Bisweilen benutzt man auch Holzscheiben, die mit gemahlenem, feingeschlämmtem Bimstein gespeist werden. Zum Polieren benutzt man mit Filz überzogene Holz- oder Eisenscheiben und Polierrot.

Maschinen dieser Art werden als Spezialität gebaut u. a. von den Firmen Emil Offenbacher in Nürnberg und H. A. Waldrich G. m. b. H. in Siegen i. Westf. Die Abb. 1007 und 1008 zeigen einige Bauarten der letztgenannten Firma für Handbedienung, während die Abb. 1009 und 1010 selbsttätige Facettenschleif- bzw. Poliermaschinen von großer Leistungsfähigkeit darstellen. Vielfach sind auch noch Maschinen mit aufrecht gelagertem, etwas nach hinten geneigtem Rahmen in Gebrauch, bei denen die Schleifscheiben mit liegender Achse in einem schwenkbaren Support untergebracht sind, so daß sie sich mit leichtem, nötigenfalls durch ein Gegengewicht verstärktem Eigendruck gegen die mit dem Rahmen hin- und hergehenden Glasscheiben legen (Abb. 1011, Schouwers-Brüssel). Diese Maschinen müssen jedoch sehr stabil gebaut werden, sonst neigen sie zum Vibrieren und die Schleifscheiben liegen nicht stets mit demselben Druck gegen das Glas an; die Facetten würden dadurch weniger schön ausfallen als bei den weiter oben genannten Maschinen mit senkrechten Scheibenachsen.

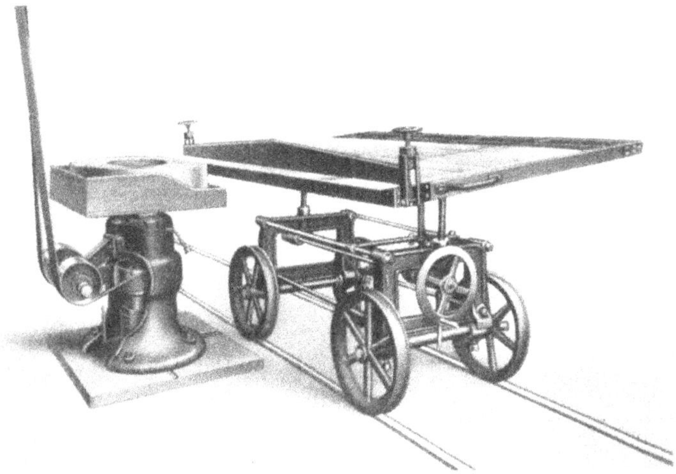

Abb. 1007.

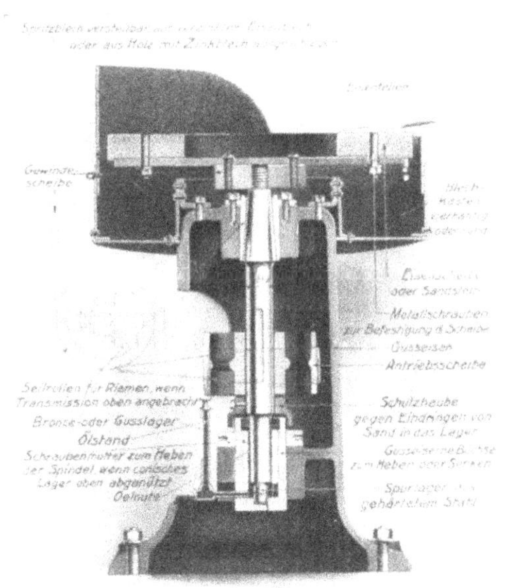

Abb. 1008.

Zum Bearbeiten von kreisrunden und ovalen Glasscheiben gibt es besonders gebaute Maschinen, deren Bewegungen so eingestellt werden können, daß sie selbsttätig den Umrissen der Glasscheibe folgen.

Die Abb. 1012 zeigt eine andere Waldrichsche Facettenpoliermaschine, deren Pflöcke rotieren und gleichzeitig eine hin- und hergehende Bewegung ausführen.

Eine besonders große Leistungsfähigkeit bei geringsten Bedienungsansprüchen haben die Schleifwalzen. Die Abb. 1013 stellt eine solche Walze mit eisernem Zylinder zum Grobschleifen dar, die Abb. 1014 eine Walze aus Natursandstein zum Feinschleifen. Außer der drehenden Bewegung erhalten die Walzen auch noch eine kurze hin- und hergehende in der Achsenrichtung, damit in den Facetten keine Streifen entstehen und die Walzen über ihre ganze Länge hin gleichmäßig abgenutzt werden.

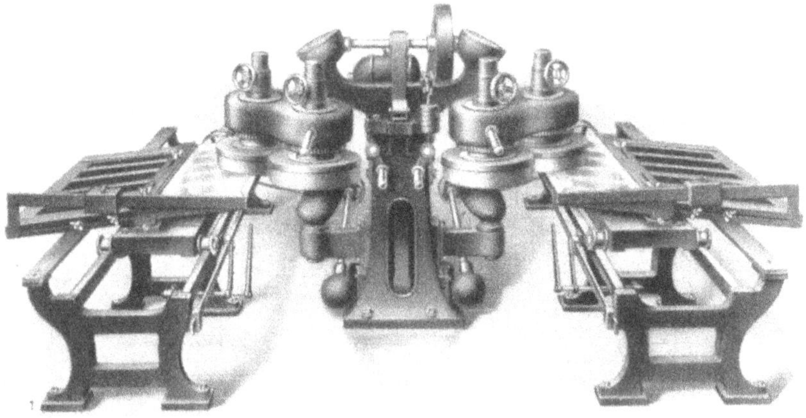

Abb. 1009.

Abb. 1010.

Die Glasscheiben werden mit einer Kante auf eine der Walze vorgelagerte Leiste gestützt, während sie mit der gegenüberliegenden zu bearbeitenden Kante auf dem Walzenkörper aufliegen; um einen ausreichenden Schleifdruck zu erlangen, werden sie durch leichte Gewichte belastet. Die eisernen Scheiben werden mit nassem Sand gespeist, während die Sandsteinwalzen lediglich mit Wasser angenetzt werden. Bei den Walzen ist die Bruchgefahr geringer als bei den mit rotierenden Scheiben arbeitenden Maschinen. Man benutzt sie deshalb gerne zum Bearbeiten von schwachen Glasscheiben; sie erzeugen jedoch hohle Facetten, die weniger schön wirken als ebene.

Da die oben erwähnten selbsttätigen Maschinen den Walzen in der Leistungsfähigkeit nicht nachstehen, sie unter Umständen noch übertreffen, werden heute für bessere Gläser Walzen nicht mehr verwendet. Die Walzen werden bis zu $1\frac{1}{2}$ m und noch mehr Durchmesser gebaut; trotzdem wirkt die Konkavität der Facetten noch nachteilig auf deren Aussehen. Die Feinwalzen, die sich verhältnismäßig schnell abnutzen, werden aus Sparsamkeitsrücksichten bis auf einen geringen Durchmesser herunter in Betrieb gehalten, so daß sie meistens mit der von der Eisenwalze hinterlassenen

Abb. 1011.

Konkavität nicht übereinstimmen, wodurch weitere Nachteile entstehen. Es werden auch selten in der Natur Steine gefunden, die durchweg homogen und in allen Stellen gleich hart sind. Ganz abgesehen davon, daß dadurch ein ungleichmäßiger Feinschliff entsteht, nützen sich die weichen Stellen schneller ab als die harten, so daß die Oberfläche des Steines bucklig wird und häufig nachgerichtet werden muß; dadurch wird seine Abnutzung besonders beschleunigt.

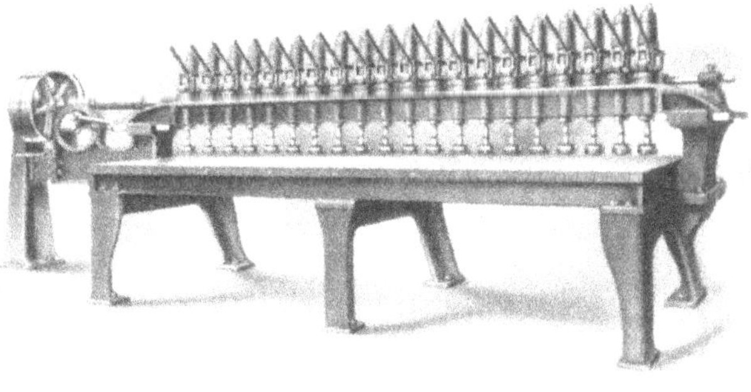

Abb. 1012.

Bezüglich weiterer Einzelheiten über die Anlage und den Betrieb von Kantenbearbeitungs- und Facettieranstalten sei auf einen Bericht in der Glasindustriezeitung „Diamant", Leipzig, Nr. 36, Jahrg. 1910, sowie Nr. 1 und 2, Jahrg. 1911, verwiesen.

Um Glasscheiben in Spiegel umzuwandeln, werden sie auf einer Seite mit einer reflektierenden Metallschicht belegt. Von Bedeutung sind Beläge aus Zinnamalgam, Platin und Silber.

Das Zinnamalgam wird in der Weise hergestellt, daß man eine auf einer vollkommen ebenen und wagrechten Unterlage glatt gestrichene Zinnfolie mit soviel Quecksilber übergießt, als sich von selbst darauf hält. Auf das Quecksilber legt man die Glasscheibe und preßt sie durch Gewichte, Spannschrauben oder -federn so lange darauf, bis das überflüssige Quecksilber abgeflossen und der bleibende Amalgambelag gut trocken ist und sicher am Glas haftet, was ungefähr 24 Stunden in Anspruch nimmt. Daraufhin stellt man die Scheibe aufrecht, damit die letzten Reste des überschüssigen Quecksilbers abfließen können. So läßt man sie 2—3 Wochen stehen, bis der Belag vollkommen fest geworden ist. Zu seinem Schutz wird er noch mit einer indifferenten Lackschicht überstrichen. Die Oberfläche der Zinnfolie darf nicht merklich angelaufen sein, da Zinnoxyd nur sehr schwer zu amalgamieren ist. Vor dem Aufgießen des Quecksilbers bestreicht man die Zinnfolie mit Hilfe eines Tuchbausches oder eines feinen Pinsels mit Quecksilber, so daß jeder Punkt ihrer

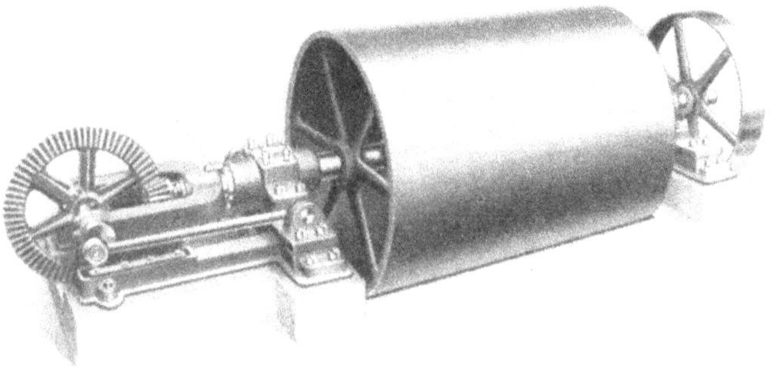

Abb. 1013.

Abb. 1014.

Oberfläche innig damit in Berührung kommt, ein etwa doch vorhandener feinster Zinnoxydhauch gelöst wird und die Oberfläche reinen Metallglanz bekommt. Die Folie nimmt man nach jeder Richtung um 1—2 cm größer als die zu belegende Glasscheibe, damit deren Ränder überall in das aufgegossene Quecksilber eintauchen.

Das Quecksilber soll möglichst rein sein, also frei von organischen Verunreinigungen, Staub, Ruß u. dgl.; sowie frei von fremden Metallen, von denen meistens Blei, Wismut und Zinn zu finden sind. Es ist zwar im Handel ziemlich rein zu bekommen; zur Vorsicht preßt man es aber vor der Verwendung häufig in einer besonders konstruierten Vorrichtung durch dichtes Leder, wobei mechanische Beimengungen zurückgehalten werden. Falls es erhebliche Mengen anderer Metalle enthält, wird es im Vakuum eingedampft und überdestilliert, wobei die fremden Metalle in ausreichendem Maße zurückbleiben.

Als Unterlage für die auszustreichende Zinnfolie benützt man vollkommen glatt und eben geschliffene Stein-, vielfach Marmortische, deren Platten zum Ablaufenlassen und Wiederauffangen des überschüssigen Quecksilbers geneigt werden können. Die Zinnfolie darf keine durchsichtigen Stellen, keine Löcher und Risse aufweisen; gegen das Licht gehalten muß sie durchweg unbeschädigt und undurchscheinend aussehen. Sie soll ferner aus reinem Zinn geschlagen sein; von Blei darf sie höchstens Spuren enthalten, da Blei die Folie im Aussehen matt und grau macht. Auch schon geringe Beimengungen von Eisen beeinträchtigen ihren Glanz und ihre Farbe. Die Farbe reiner Zinnfolie ist fast diejenige des polierten Silbers, von der sie nur durch einen kaum merklichen Stich ins gelbliche abweicht. Blei- und Eisenbeimengungen geben dem ohnehin fahlen Bild im Quecksilberspiegel einen unschönen grünlichen Ton, dessen Eindruck durch geringen Zusatz von Nickel und Kupfer etwas gemildert werden kann.

Um zu verhindern, daß Staub oder sonst eine Verunreinigung zwischen Belag und Spiegelglasscheibe gelangen, wird die Oberfläche des Quecksilberaufgusses mit einem gut gereinigten Glasstab abgestrichen und die Glasscheibe unmittelbar hinter dem Stab her auf das Quecksilber aufgeschoben. Statt des Glasstabes kann man auch eine Kante der Scheibe selbst als Abstreicher dienen lassen; diese Kante muß aber dann sehr sauber und gerade geschnitten, am besten geschliffen sein. Selbstverständlich müssen auch die zu belegende Seite der Glasscheibe und deren Ränder unbedingt frei von jeglichem Staub, Schmutz und Fett sein. Zum Putzen des Glases benützt man feingesiebte Holzasche, die selbst wieder mit Hilfe eines sorgfältig gereinigten leinenen Lappens restlos zu entfernen ist. Jede kleinste Verunreinigung, die am Belag haften bleibt, fängt bald an, den letzteren zu zerstören, so daß im Spiegel Flecken entstehen, die sich im Laufe der Jahre mehr und mehr ausdehnen und ihn allmählich unbrauchbar machen.

Das bei der Fabrikation als Überschuß gebrauchte und wieder aufgefangene Quecksilber ist durch Zinn verunreinigt; vor der Wiederverwendung muß es gereinigt werden. Man preßt es durch Leder; falls dabei erhebliche Rückstände bleiben, wird das Quecksilber daraus durch Überdestillieren ausgeschieden.

Quecksilberspiegel werfen weißes Licht mit grünlichen Strahlen zurück; das menschliche Antlitz erscheint deshalb darin bleich und fahl. Silberspiegel dagegen reflektieren mit einem Stich ins Rötliche, so daß man sich darin in frischeren Farben sieht. Der Silberspiegel ist deshalb allgemein beliebter geworden als der Quecksilberspiegel. Vor allem aber hat die nachteilige Wirkung des Quecksilbers auf die Gesundheit der in den Belegereien beschäftigten Personen verursacht, daß die Herstellung von Quecksilberspiegeln mehr und mehr eingeschränkt worden ist. In Deutschland z. B. ist das Belegen mit Quecksilber durch die darauf bezugnehmenden Bestimmungen des Reichsversicherungsgesetzes schon seit dem Jahre 1888 praktisch so gut wie unmöglich geworden[1]).

Bei den Platinspiegeln dient die Glasscheibe lediglich als Träger und Unterlage für den Metallbelag. Platin bleibt an der Luft gänzlich unveränderlich und behält seinen einmal erlangten Glanz bei, so daß die Metallfläche selbst als spiegelnde Vorderfläche zu verwenden ist. Einen besonders scharf reflektierenden Spiegel soll man erhalten, wenn man als Träger schwarzes Glas benützt. Der Platinbelag, ähnlich dem keramischen Glanzgold eingebrannt, wird erzeugt durch Aufstreichen oder Aufgießen einer mit Lavendelöl verdünnten Lösung von Platinchlorid in Alkohol oder von Platinchlorür in Borsäure. Die so überzogene Glasscheibe wird auf Rotglut

[1]) Vgl. auch die Stockschen Arbeiten über die außerordentliche Empfindlichkeit mancher Personen gegen kleinste Mengen Quecksilber (Amalgam-Zahnplomben).

erhitzt und langsam wieder abgekühlt, worauf eine fest auf das Glas gebrannte schöne und glänzende Metallspiegelfläche bleibt. Das Auftragen zu einem glatten und gleichmäßigen Belag erfordert besondere Vorsichtsmaßregeln und Fertigkeiten.

Platinspiegel werden nur in ganz beschränktem Maße für besondere, hauptsächlich wissenschaftliche Zwecke hergestellt. Von allgemeiner Bedeutung ist somit heute nur der Silberspiegel, dessen Belag auf der Rückseite der Platte eine aus reinem Silber bestehende sehr dünne Metallhaut ist, die durch einen unschädlichen Lackanstrich oder durch eine galvanisch niedergeschlagene Kupferdecke gegen Verletzungen und gegen atmosphärische Einflüsse geschützt wird.

Die gebräuchlichen Verfahren zur Erzeugung des feinen Silberbelages bestehen fast ausschließlich darin, daß man die zu belegende, peinlich gesäuberte Glasfläche mit einer alkalischen Silbernitrat-(Höllenstein)-Lösung übergießt, der man unmittelbar vorher noch ein geeignetes alkalisches Reduktionsmittel beigegeben hat, wodurch sich nach kurzem Stehenlassen reines Silber ausscheidet, das sich als glänzende Haut auf die Glasfläche niederschlägt und fest darauf haftet. Wesentlich ist, daß der Niederschlag eine vollkommen glatte und gleichmäßige Haut bildet, da ein körniger, unzusammenhängender Niederschlag nicht spiegelt; ein solcher würde außerdem nach dem Trocknen vom Glas abfallen, während eine ununterbrochene, glänzendglatte Haut durch Adhäsion fest haftet. Die Silbernitratlösung nennt man Versilberungsflüssigkeit, die Lösung der beizugebenden Reduktionsmittel die Reduktionsflüssigkeit. Erstere besteht häufig aus einer eben noch gesättigten Lösung von Silbernitrat in Ammoniak und destilliertem Wasser. Bei manchen Verfahren enthält die Lösung auch Zusätze von Ätzalkalien wie Natron- und Kalilauge. Diese Laugen sind aber nur sehr schwer in der nötigen Reinheit zu bekommen, weshalb Verfahren, die ohne sie arbeiten, im allgemeinen beliebter sind; schon Spuren von Chlor und Schwefel wirken auf den Silberniederschlag nachteilig. Als Reduktionsmittel werden je nach der Zusammensetzung der Versilberungsflüssigkeit und je nach dem Gang des Verfahrens Milchzucker, Traubenzucker, Invertzucker, Aldehydammoniak, Weinsäure, Seignettesalz (weinsaures Natrium-Kalium) u. a. m. benützt. Es gibt eine Unzahl von Vorschlägen und auch in der Praxis ausgeübten Verfahren, die je nach den Arbeitsgewohnheiten und Fertigkeiten des Belegers mehr oder weniger gute und dauerhafte Niederschläge geben. Bei der Beurteilung eines Verfahrens sind auch die Unkosten, die es verursacht, zu berücksichtigen. Je nach der Art und Zusammensetzung der verschiedenen Lösungen wird „warm“ oder „kalt“ gearbeitet, d. h. wird die eine oder andere der Flüssigkeiten auf heißem Wege hergestellt und die Versilberung auf stark angewärmten Tischen vorgenommen oder es werden alle Vorgänge lediglich bei gewöhnlicher Zimmertemperatur durchgeführt. Man sagt, daß kaltes Arbeiten einen dauerhafteren Belag ergibt; doch kann diese Ansicht nicht kurzweg als allgemein richtig gelten, da die günstigsten Temperaturen je nach der Art der verwendeten Lösungen und je nach der sonstigen Arbeitsweise sehr verschieden sind.

Bei der großen Empfindlichkeit des metallischen Silbers ist es zur Erzielung eines guten und dauerhaften Belages unerläßlich, daß die zu verwendenden Chemikalien und das destillierte Wasser vollkommen rein und die zu belegenden Gläser unbedingt frei von jeglichem Schmutz und Staub sind. Schon die schwächsten Fingerabdrücke, Staubteilchen, Fliegenpunkte u. dgl. können den Erfolg in Frage stellen; bestimmt aber werden sie im Laufe der Zeit den Belag zerstören. Auch Glasscheiben, die bereits längere Zeit auf Lager standen, und deren Oberflächen wie bei fast jedem nicht ganz frischen Glas von den Atmosphärilien angegriffen sind, beeinträchtigen die Güte des Belages. Man sollte deshalb nur frisch polierte Scheiben verwenden. Die Glasscheiben werden kurz vor dem Belegen mit feingesiebter Asche, Wiener Kalk o. dgl. geputzt, abgewischt, mit Hilfe eines chemisch gereinigten Schwammes und destilliertem Wasser abgewaschen und schließlich mit feinem Gemsleder trocken gerieben, was in solcher Weise geschehen muß, daß keine Streifen vom Wischen mit dem Leder hinterbleiben. Unmittelbar vor dem Aufgießen der Flüssigkeit wird die zu belegende Fläche nochmals mit destilliertem Wasser abgewaschen, bisweilen auch mit verdünntem Alkohol und mit verdünnter Versilberungsflüssigkeit. Als Wasser darf nur frisch destilliertes benützt werden; jede Belegerei ist deshalb mit einer Destilliereinrichtung auszurüsten. Niedergeschlagener Dampf aus Dampfkesseln genügt im allgemeinen nicht, da solches Wasser gewöhnlich noch schweflige Säure und Chlor und Fettspuren enthält.

Auch beim Lackieren und Galvanisieren der Spiegelrückseite zum Schutze des Silberbelages sind strenge Vorsichtsmaßregeln zu beachten, um den Belag vor allmählicher Zerstörung zu bewahren.

Wie bereits oben erwähnt ist, sind eine sehr große Zahl von Silberbelegverfahren und Arbeitsmethoden üblich; fast jeder Beleger will sich im Laufe der Zeit sein eigenes Rezept ausbilden, wobei allerdings manche fehlerhafte Methode entsteht. Der Betriebsleiter hat deshalb die Arbeitsweise seines Personals streng zu überwachen, damit nicht versteckte Gewohnheiten einreißen, deren Folgen sehr unangenehm werden können. Verschiedene gebräuchliche Verfahren sind näher beschrieben in dem Werk von Ferdinand Cremer: Die Fabrikation der Silber- und Quecksilber-Spiegel; Wien und Leipzig. Auch über die Herstellung, Prüfung und Reinigung der zu verwendenden Chemikalien ist dort Näheres zu finden[1]). Ferner sei hingewiesen auf „Das Glas in Einzeldarstellungen", herausgegeben von Professor Dr. Gehlhoff und Professor Dr. Quasebarth, Bd. 10, „Die Glasveredlung" von Karl Hesse.

Während das genannte Buch sich in der Hauptsache auf die Mitteilung von Rezepten und empirisch gefundenen Erfahrungen bei der Spiegelsilber-Erzeugung beschränkt, geben V. Kohlschütter und E. Fischmann[2]) eine gründliche, nach modernen physikalisch-chemischen Gesichtspunkten geführte Experimentaluntersuchung, welche die Vorgänge der Spiegelsilberbildung, Eigenschaften und Verhalten des Spiegelsilbers, sowie die Natur des Spiegelsilbers betreffen. Auch die ältere Literatur dieses Gebietes ist dort berücksichtigt.

Dringend ist auf die Explosionsgefahr aufmerksam zu machen, die beim Stehenlassen konzentrierter ammoniakalischer Lösungen von Silberoxyd auftritt. Es bildet sich dabei das sehr explosive Berthollet sche Knallsilber[3]), das aber nicht analog dem Knallquecksilber zusammengesetzt, sondern nach Raschig vermutlich ein Substitutionsprodukt des Ammoniaks durch Silber, entsprechend der Formel NAg_3 oder $NHAg_2$ zusammengesetzt ist. Raschig betont ausdrücklich, daß die Angaben über die Neigung zur explosiven Zersetzung dieser Verbindung nicht übertrieben seien. Nach Erfahrungen im Laboratorium für Glastechnik und Keramik an der Technischen Hochschule Hannover ist zu vermeiden, daß Silberoxyd mit konzentriertem Ammoniak in Berührung kommt. Es empfiehlt sich, folgende Bedingungen in der Handhabung der ammoniakalischen Lösungen von Silber einzuhalten:

---

[1]) Vgl. auch die amtliche amerikanische Veröffentlichung: „The Making of Mirrors by the Deposition of Metal on Glass", Circular Nr. 389 des Bureau of Standards, Washington DC.

[2]) Liebigs Annalen der Chemie **387.** Bd. (1912), S. 88—145.

[3]) Berthollet, Crell. Ann. 1788, **2,** 390. — Raschig, Lieb. Ann. **233,** 93 (1886). — C. Matignon, Bull. Soc. Chim. de France (4) **3** (1908), 618; ref. Centralblatt 1908, II, 136. — Sievert, Zeitschr. ang. Chem. **22** (1909), S. 6. — Friedel, Zentral-Zeitg. f. Optik u. Mech. **49** (1928), 73. — Lohmann, Diamant **51** (1929) 526. — Ernes, ebenda S. 587. — Ferner, Sprechsaal **61** (1928), 599. — Zur allgemeinen Orientierung über Betriebsunfälle sei auf Egli und Rüst, Unfälle beim chemischen Arbeiten (Zürich 1925 bei Rascher & Co. A.G.) hingewiesen.

1. Das durch Kali aus Silbernitrat gefällte Silberoxyd darf erst dann mit Ammoniak gelöst werden, wenn die den Niederschlag enthaltende Lösung je 7 g Silbernitrat auf 2000 cm³ Flüssigkeit gebracht ist.

2. Diese Lösung darf nur in Flaschen aufbewahrt werden, die vollkommen durch die Flüssigkeit angefüllt sind und gut schließen.

3. Die Lösung sollte nicht länger als einen Tag in der vorgeschriebenen Aufbewahrung stehen, am besten unmittelbar vor dem Vermengen mit der Reduktionsflüssigkeit (Zuckerlösung) hergestellt werden.

4. Auf keinen Fall darf ein Vorrat für längere Zeit hergestellt werden.

5. Irgendwelche Erwärmung und starke Belichtung ist zu vermeiden.

6. Mit den zu verwendenden Reagenzien ist ein kleiner Vorversuch anzustellen: 0,7 g Silbernitrat in 25 cm³ Wasser gelöst und 1,4 g Kali in 25 cm³ Wasser gelöst, werden in einer 200-cm³-Stöpselflasche vermischt und mit 150 cm³ Wasser verdünnt. Bei Zutropfen von Ammoniak muß der Silberoxydniederschlag sich lösen, bzw. darf keine Neuausscheidung auftreten. Ein kleiner Überschuß des Ammoniaks schadet hierbei nichts.

7. Das Silbernitrat ist vor Licht geschützt, am besten in braunen Flaschen aufzubewahren.

Über die Fragen des Arbeiterschutzes im allgemeinen orientiert der Abschnitt: Dr. B. Schreber, Hygiene der Glasarbeiter und Spiegelbeleger in Weyls Handbuch der Hygiene[1]).

IV. Anlage von Spiegelglasfabriken und ihre Kosten.

1. Anlage von Spiegelglasfabriken.

Neben der geplanten Leistungsfähigkeit und Größe der Fabrik sind die Form, die Grund- und Niveauverhältnisse des zur Verfügung stehenden Geländes von ausschlaggebender Bedeutung für die Wahl des Grundrisses und die Anordnung der Gesamtanlage. Die Öfen, die Schleif- und Polierapparate erfordern große Unterkellerungen und tiefe Fundierungen. Auch die geraden Schleif- und Polierbahnen müssen außerordentlich sorgfältig unterbaut werden; wenn der Untergrund nicht auf die ganze große Länge durchaus sicher ist, muß deren Fundament so konstruiert werden, daß es sich streckenweise selbst tragen und unsichere Geländeteile überspannen kann, denn Senkungen und Knicke in der Bahn sind unbedingt auszuschließen. Sofern die Grundwasserverhältnisse nicht gestatten, tief genug in den Boden zu gehen, ist man, besonders auch der Öfen wegen, die ganz trocken stehen müssen, gezwungen, die Hallen- und Arbeitsflure höher zu legen als das Geländeniveau, was teure Eisen- oder Eisenbetonbauten erfordert. Es ist zu berücksichtigen, daß die Bunker- und Lagerplätze für die verhältnismäßig großen Roh- und Hilfsstoffmengen, ebenso auch die Verpackung und deren Verladestellen in vorteilhafte Höhenlagen gegenüber den Schienenoberkanten der Eisenbahnanschlußgleise kommen, damit keine zu teuren und den Betrieb komplizierenden Ent- und Beladevorrichtungen notwendig werden. Für die Wahl des Bauplatzes ist maßgebend die Möglichkeit eines günstigen Eisenbahnanschlusses, ohne den ein solches Werk nicht bestehen kann, eventuell auch einer günstigen Schiffsanlegestelle, die Möglichkeit zur leichten und billigen Beschaffung von geeigneten Kohlen und Schleifsand, in zweiter Linie auch von bestem Schmelzsand und Kalkstein; ferner sollen geeignete Arbeiter oder die Möglichkeit zu deren Ansiedelung vorhanden sein. Zu empfehlen ist der Anschluß an ein großes Netz für den Bezug von billigem, elektrischem Strom. Sofern es nicht möglich ist, die großen, aus der Schleiferei abfließenden Schlammassen ohne erhebliche Kosten auf natürliche Weise abzuführen und das damit wegfließende Wasser ständig ausreichend zu ersetzen, etwa aus einem nahen Fluß, braucht man eine große Grund-

[1]) Als Lieferung 30 des genannten Handbuchs zusammen mit Hygiene der keramischen Industrie und der Phosphorarbeiter erschienen. Einzeln erhältlich.

fläche zum Niederschlagen der Schlämme und zum Klären und Wiedergewinnen des Wassers. Auch zum Abwerfen der sowohl in der Rohglashalle wie auch in der Schleiferei und Poliererei anfallenden Schuttmassen muß man ebenfalls reichlich Gelände vorsehen. Falls keine Aussicht besteht, die Schlamm- und Schuttmassen billig los zu werden, soll man allein dafür selbst bei kleineren Fabriken mindestens 8 ha vorsehen. Zum Klären der Schlammwässer können äußerstenfalls Klärapparate benützt werden. Für das eigentliche Fabrikgelände, also ohne die Grundstücke für Wohnungen, Wohlfahrtseinrichtungen u. dgl. sollte man nicht unter 9 ha gehen; dabei ist für spätere Vergrößerungen nur wenig angenommen. Mit den Klärteichen und den Schutthalden sind also mindestens 17 ha vorzusehen, für größere Fabriken entsprechend mehr.

Der Grundriß der Fabrik wird durch die in Anpassung an die örtlichen Verhältnisse sich ergebende Art der Aneinanderreihung der Rohglashalle, der Schleiferei und Poliererei, des Spiegelglaslagers und der Verpackung samt Verladestellen bestimmt.

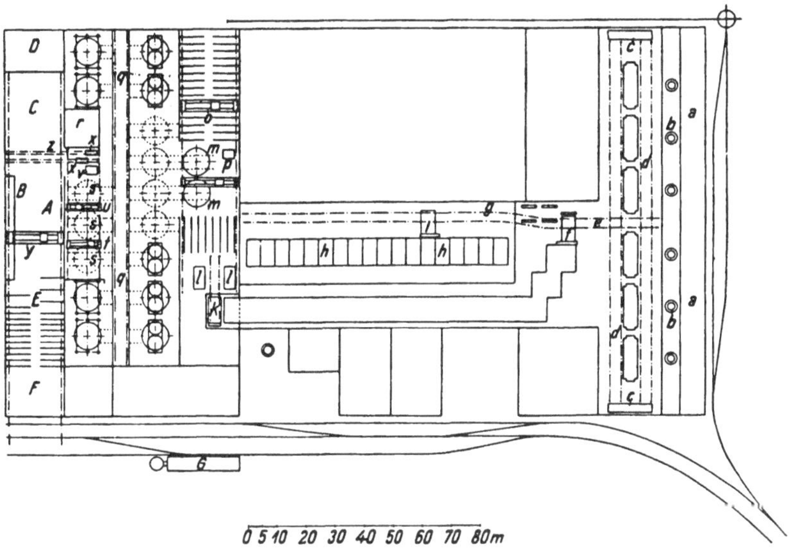

Abb. 1015.

Die anderen Abteilungen wie Hafen- und Steinemacherei, Schlosserei, Schmiede, Tischlerei, Materialienmagazin, Spiegelbelegerei, Facettieranstalt, ferner das Verwaltungsgebäude und das Pförtnerhaus sind organisch einzupassen. Sofern die elektrische Kraft nicht von auswärts bezogen werden kann, ist noch auf die günstige Unterbringung der elektrischen Zentrale samt Kesselhaus Bedacht zu nehmen.

Die Aneinanderfügung der Abb. 785 und 912 gibt ein Beispiel dafür, wie die Rohglashalle und die Schleiferei usw. bei Betrieben mit runden Schleif- und Poliertischen vorteilhaft zusammengelegt werden können; zugleich sei hier nochmals auf die Abb. 832—835 und das dort Gesagte hingewiesen. Die Abb. 1015 und 1016 zeigen zwei andere Möglichkeiten. Es handelt sich dort um ältere, ursprünglich für den Betrieb von Einzelkühlöfen passende Grundrisse. Der später eingefügte Straku konnte in beiden Fällen so gelegt werden, daß der neue, feststehende Gießtisch eine zweckdienliche Lage zu den Schmelzöfen bekam und der Kanal des Straku mit seinem Austrittsende beim ursprünglichen Rohglaslager und bei der Auflegerei mündete bzw. einfach damit in Verbindung gebracht werden konnte.

Nach der Anordnung gemäß Abb. 1015 z. B. arbeitet man in der Regel mit 4 bis 5 Schmelzöfen, 1—2 stehen in Reparatur oder Reserve; der Straku ist von der Größe Nr. I (s. S. 913). Bei *a, a* sind die Gaserzeuger samt Kohlenbunker für die Schmelzöfen und den Straku untergebracht; die Ofenschornsteine sind mit *b*, die Temperöfen für die Häfen mit *c* bezeichnet. Auf den beiden Schienengleisen *d, d* fährt je eine Hafenaushebemaschine nach den Abb. 823 und 824; der Gießkran läuft auf der Hochbahn *e*. Diese Laufbahn führt über den feststehenden, wassergekühlten Gießtisch *f*; ihre Verlängerung *g* verläuft entlang einer Reihe von Einzelkühlöfen *h*, die man zum Kühlen von dicken Rohglasplatten stehen ließ; der dazugehörige fahrbare Gießtisch ist mit *i* bezeichnet. *k* ist ein fahrbarer Rollentisch, mit dem man die gekühlten Rohglasplatten nach den kippbaren Schneidtischen *l, l* bringt. *m, m* ist die Auflegerei; über ihr und dem Rohglaslager fahren ein Zangenkran sowie ein Saugkran; *p* ist ein elektrisch betriebener Wendetisch.

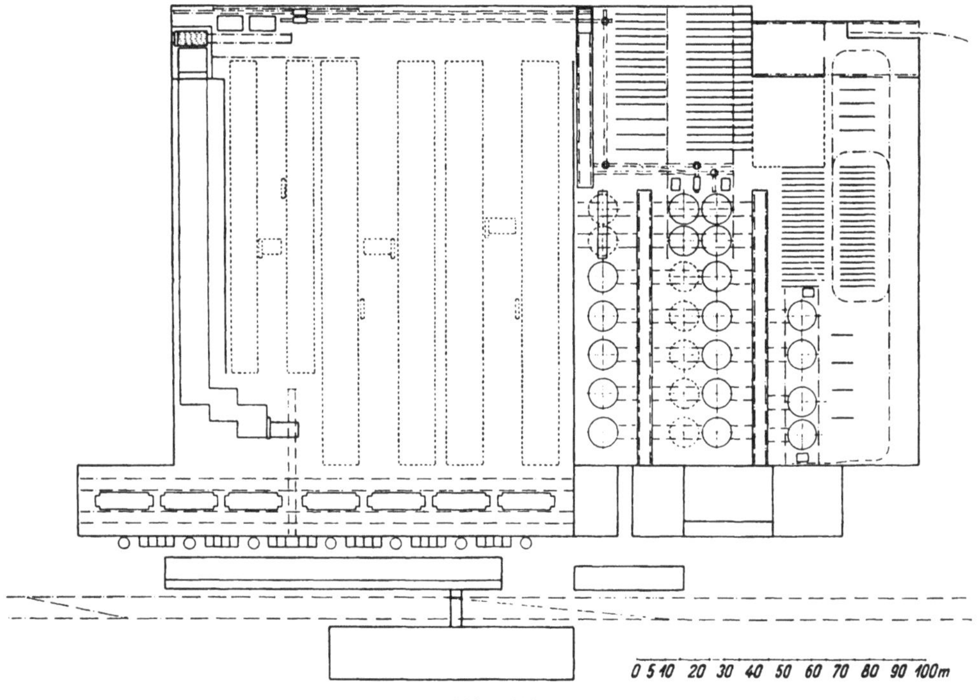

Abb. 1016.

Die Schleiferei hat 5 Schleifapparate mit je 2 Schleifscheiben, die Poliererei 4 Polierapparate nach Abb. 935—937. Nach den Fortschritten, die man in der Ausnützung der Schleifapparate gemacht hat, reichen diese 4 Polierapparate für die 5 Schleifapparate nicht mehr aus. Man war in einem solchen Falle genötigt, noch 3—4 weitere Polierapparate derselben, bzw. 2—3 einer anderen Bauart aufzustellen, um alle 5 Schleifapparate voll ausnützen zu können, oder aber, falls man für diesen Zweck nicht gleichzeitig auch die Rohglashalle vergrößern wollte, brauchte man nur 1—2 neue Polierapparate aufzustellen und dafür 1—2 Schleifapparate in Polierapparate umzubauen. Die Bahn für die Schiebebühne zum Ein- und Ausfahren der Schleiftische ist mit *q, q* bezeichnet. Unter dieser Bahn liegt im Keller die Haupttransmission, von der aus mittels Seilen oder Riemen die Vorgelege der Schleif- und Polierapparate angetrieben werden. Die Hauptantriebsmaschine steht im Raume *r*. Bei *s, s* werden die Tischauflagen gewendet und die auf beiden Seiten polierten Gläser abgenommen und auf die Schmalspurwagen *x* gestellt, mit denen sie in die Putzerei *z* gefahren werden. *t* ist ein Saug-, *u* ein Zangenkran und *v* ein Kipptisch. Von der Putzerei gehen die Gläser zum Nachsehen nach *B*; *A* ist die Glasschneiderei, *C* der Nachpolierraum, *D* die Facettier- und Versilberungsanstalt, *E* das Spiegelglaslager und *F* die Verpackung. Dieser Raum wird von *C* bis über die Verladegleise von einem an der Decke laufenden Zangenkran *y* bestrichen.

Der neben dem Kühlhaus zwischen der Schmelzhalle und dem Rohglaslager *o* verbleibende Raum[1]) kann für die Gemengemacherei und für die Fabrikation von Spezialgläsern wie Draht-, Ornament- und dünnes Rohglas ausgenützt werden; im Raum auf der anderen Seite des Kühlhauses zwischen der Schmelzhalle und der Verpackung kann man die Hafen- und Steinemacherei, die Reparaturwerkstätten, das Materialienmagazin und das Kesselhaus unterbringen. *G* ist die Ablade- und Lagerstelle für Schleifsand, der von dort aus nach den einzelnen Aufbereitungsstellen der Schleifapparate mit Hilfe von Mammutpumpen befördert wird.

In dem Grundriß nach Abb. 1016 ist ein Straku Größe III eingefügt worden. Die Rohglasscheiben werden mittels Schmalspurwagen von den Schneidtischen aus über eine Schiebebühne nach dem Rohglaslager bzw. der Auflegerei gebracht. Die Rohglasgestelle für große Scheiben und die Auflegerei liegen unter einer Kranbahn, auf der ein Zangen- und ein Saugkran laufen. Die Schleiftische haben 10 m Dmr.; für 5 Schleifapparate sind 5 Polierapparate vorhanden.

Die Abb. 1017 ist der früheren Auflage dieses Werkes entnommen; sie zeigte ursprünglich den Grundriß einer Anlage mit Einzelkühlöfen; der Straku ist jetzt so eingezeichnet worden, wie er tatsächlich in der betreffenden Fabrik nachträglich angeordnet worden ist. Es sind vorhanden 4 Schmelzöfen, 6 Schleif- und 6 Polierapparate für Tische von 8,55 m Durchm. Die Maschine zum Antrieb der gemeinsamen Haupttransmission für die Schleif- und Polierapparate steht bei *q*.

In der Abbildung bezeichnen ferner: *a* das Pförtnerhaus; *c*, *d* Schornsteine von 45 m Höhe und 1,3 m lichtem Durchm., zwei davon mit je einem Wasserhochbehälter von 35 m^3 Inhalt; *i* das Gebäude für die Gemenge-, Hafen- und Steinemacherei; *n* die Schleifsandaufbereitung; *p* und *v* Räume zum Nachpolieren der besseren Glasscheiben; *w* die Facettierung und Spiegelbelegerei; *u* das Lager für Kistenbretter; *x* die Kistenmacherei; *y* den Pack- und Lagerraum für polierte Scheiben; *z* eine Reparaturwerkstatt; *A* den Verladeraum für Rohglasplatten und *L* das Verwaltungsgebäude.

Die Abb. 954 und 956 zeigen, wie sich Schleifereien und Poliereien mit geraden, kontinuierlich arbeitenden Bahnen samt Putzerei, Glasbeschau, Schneidestube und Fertigglaslager in vorteilhafter Weise an das Kühlofenende, die Rohglasschneidestube und das Rohglaslager anschließen können.

2. Anlagekosten.

Die im folgenden eingesetzten Preise konnten selbstverständlich nur unter allen den Vorbehalten aufgestellt werden, die durch die Preisschwankungen in der Nachkriegszeit und zwar auch nach der Festigung der deutschen Währung begründet sind. Die folgenden Preisaufstellungen haben somit nur einen bedingten Wert und können nur als ungefähre Anhaltspunkte dienen.

Zur besseren Orientierung sind deshalb in der linken Spalte auch die Vorkriegspreise angeführt; die Umrechnung mit den jeweils maßgebenden Preisindexen —

[1]) Die Abbildung 1051, S. 1030, zeigt den späteren Grundriß der Schmelz- und Kühlhalle desselben Werkes. Daraus ist ersichtlich, wie man diesen Raum inzwischen zum Teil zur Aufstellung einer Bicheroux-Walzmaschine mit zwei geraden Kühlöfen benützt hat.

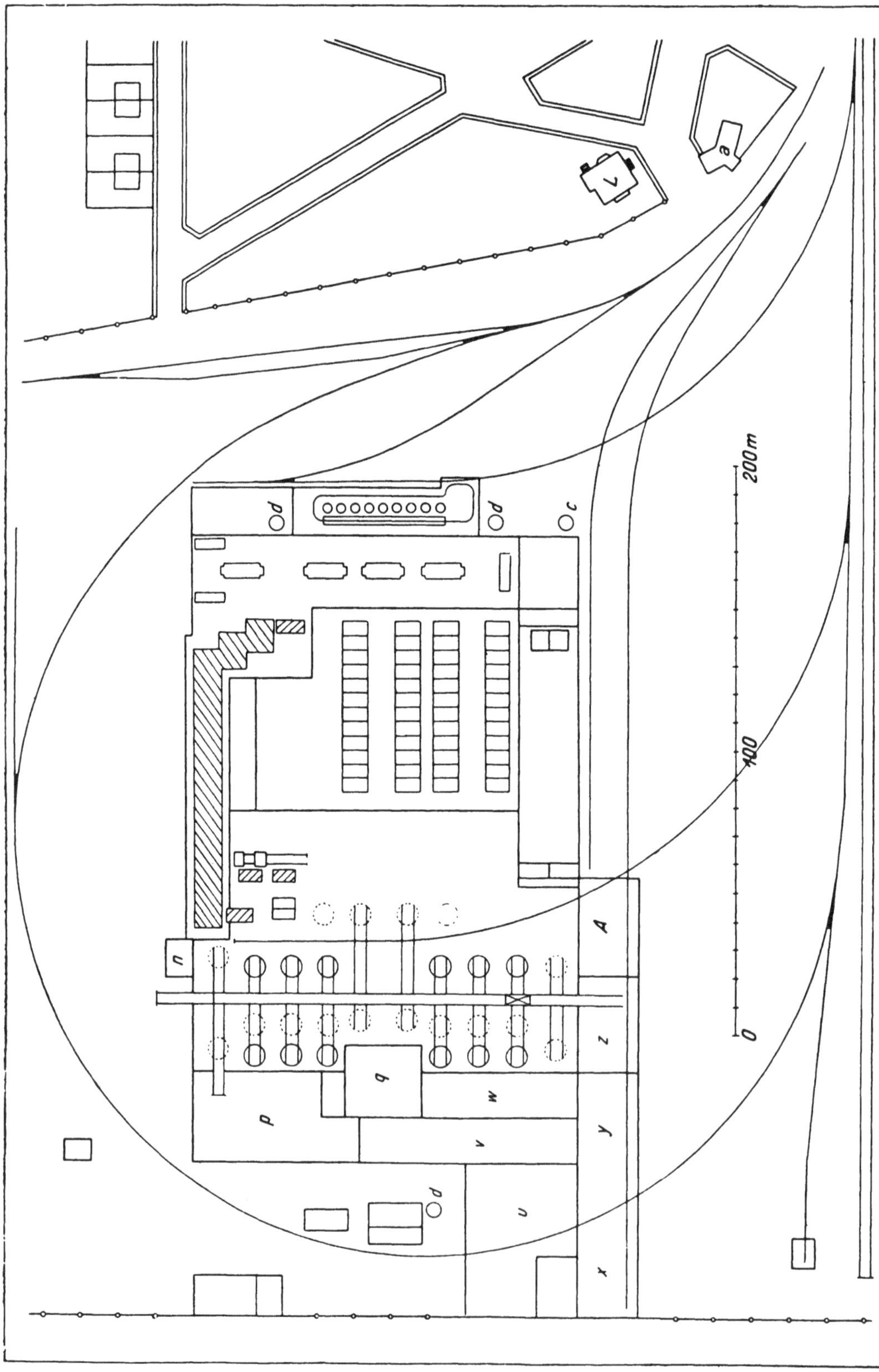
a
r
d
d
c
n
q
p
w
v
u
x
y
z
A
200m
400
0

wie sie z. B. auch die Feuerversicherungsgesellschaften bei der Abschätzung von Feuerschäden verwenden — möge weitere Anhaltspunkte geben.

Zu berücksichtigen sind auch die verschiedenen Frachtlagen, die Höhe der Löhne in den verschiedenen Bezirken usw.

Als Berechnungsbeispiel sei eine Anlage gewählt, die hinsichtlich ihrer Größe und Leistungsfähigkeit den Abb. 785 und 912 entspricht; nur seien entgegen der Darstellung in Abb. 785 fünf Schmelzöfen vorgesehen anstatt vier. Mit Rücksicht darauf, daß wegen notwendiger Instandsetzungsarbeiten am Straku in der Rohglasherstellung alle 1—2 Jahre ein Ausfall von 1—3 Wochen entsteht, ist dann zu rechnen mit einer Jahresleistung von rd.

520000 m² Rohglas bzw.
440000 m² poliertem Spiegelglas.

Da man zu 440000 m² poliertem Spiegelglas ungefähr 485000 m² Rohglas braucht, bleiben 35000 m² Rohglas für den Verkauf roher ungeschliffener Scheiben oder einer entsprechenden Menge dicker Rohglasplatten, bei längerem Stillstand des Straku entsprechend weniger.

Für diese Jahreserzeugung braucht man also an maßgebenden Einrichtungen:

5 Schmelzöfen zu je 16 Häfen,
3—4 in Gang, 1—2 in Reparatur oder Bereitschaft befindlich;
1 Straku, Größe Nr. II (s. S. 913 und 982);
3 Schleifapparate für Tische von 10 m Durchm.;
3 Polierapparate für dieselben Tische.

Es sei ferner angenommen, daß der elektrische Strom für Licht und Kraft von einer Überlandzentrale bezogen wird, so daß die Errichtung einer eigenen Zentrale nicht notwendig ist.

Die angegebenen Kosten gelten für die betriebsfertig aufgestellten Gegenstände. Die Ausgaben für Arbeiter-, Angestellten- und Direktorwohnungen sind in den Aufstellungen nicht enthalten.

	1913		Nach dem Kriege	
	im einzeln. M.	zusammen M.	im einzeln. RM.	zusammen RM.
Grundstücke: ca. 25 ha		400000		600000
Planierung, Entwässerung, Wegebau, Einfriedigung		50000		90000
Eisenbahnanschlußanlagen mit etwa 4,5 km Gleis einschließlich Weichen und Drehscheiben fertig verlegt, ferner einschließlich einer Rangierlokomotive und zwei Gleiswagen		110000		190000
Schmalspuranlage für die Schuttbeseitigung		15000		24000
Fuhrwerksbetrieb mit Stallung und Schuppen		6000		10000
Wasserversorgung		20000		30000
Feuerwehr- und Feuerlöscheinrichtungen		12000		18000
Pförtnerhaus mit Arbeiterkontrolle und Unfallstation		4000		8000
Verwaltungsgebäude samt Einrichtungen		50000		90000
Hafen- und Steinemacherei.				
Zweistöckiges Gebäude mit Keller und Bodenräumen; etwa 2000 m² Grundfläche	136000		235000	
Einrichtung bestehend aus 2 Steinbrechern, 2 Kollergängen, 4 Mischmaschinen, 2 Pressen, 1 Hafenwendevorrichtung, Silos, Siebeinrichtungen, Elevatoren, Schneckengängen, 1 Antriebsmotor, Transmissionen, Fundamenten, Deckenhängebahn, Lastenaufzug und 2 Brennöfen	52000		80000	
Verschiedenes	2000	190000	3000	318000
Übertrag	190000	857000	318000	1378000

	1913		Nach dem Kriege	
	im einzeln. M.	zusammen M.	im einzeln. RM.	zusammen RM.
Übertrag		857000		1378000
Rohglashalle mit Zubehör[1]).				
Gebäude für die Schmelz-, Gieß- und Kühlhalle, Gemengekammer, Gaserzeugeranlage, Rohglasschneiderei, das Rohglaslager und den Arbeiteraufenthalts-, Wasch- und Umkleideraum, einschl. Hallenfluren, Unterkellerungen und Kranbahnen; ca. 8000 m²	440000		710000	
5 Schmelzöfen einschl. Gas- und Luftverteilungsventilen, Gaskanälen mit Schornsteinen	260000		510000	
14 Hafentemperöfen	15500		32000	
2 auf dem Hallenflur fahrende Hafenaushebemaschinen mit Gleisen und Stromzuführung	66000		95000	
1 Gießkran mit Gießschere	12000		18000	
6 Drehrostgaserzeuger mit dem Gassammelkanal	75000		160000	
5 Abhitzekessel zur Erzeugung des Gebläsedampfes für die Gaserzeuger	40000		75000	
Kohlenverladekran mit Selbstgreifer und Kohlentaschen	20500		30000	
Einrichtung der Gemengekammer	15500		23000	
Schnecke zum Befördern des Gemenges über die Schmelzöfen, Gemengetaschen und Schurren	12500		18000	
Gießtisch mit Wasserkühlung einschl. Pumpe und sonstigem Zubehör	42000		60000	
2 wassergekühlte Gießwalzen	12000		18000	
1 Walzenwagen mit Einstoßschaufel	13000		20000	
1 fahrbarer Gießtisch mit Walze und Walzenwagen für dicke Rohglasplatten	38500		60000	
1 Straku einschl. Temperaturmeßeinrichtungen, Schornstein und Gaszuleitungen (vor dem Kriege einschl. Lizenzgebühren)	320000		420000	
5 elektrisch betriebene Stoßschaufeln dazu	23000		31000	
1 Rollenwagen am Ende des Straku	7000		10000	
2 elektrisch kippbare Schneidtische	16500		25000	
4 Einzelkühlöfen für dicke Platten	8000		15000	
2 Deckenlaufkräne mit Glaszangen über dem Rohglaslager und der Auflegerei	18000		27000	
Einrichtung zum Befördern der Scherben von der Rohglasschneiderei nach der Schmelzhalle	2000		3000	
Desgl. zum Beseitigen von Schlacken und Schutt	2000		3000	
Gestelle im Rohglaslager	14000		21000	
Beleuchtungsanlagen	3000		5000	
Wasserleitungen	2000		3000	
Meisterstuben, Mobiliar für den Arbeiterspeiseraum, Einrichtungen für die Wasch- und Umkleideräume sowie die Aborte	16000		25000	
Verschiedenes	6000	1500000	10000	2427000
Schleiferei und Poliererei[2]).				
Gebäude mit Flur, Unterkellerung und Fundamenten für die Apparate und deren Antriebe; ca. 7100 m²	397600		680000	
3 Schleifapparate	225000		330000	
3 Polierapparate	225000		330000	
6 elektrische Antriebe dazu	114000		165000	
13 Schleiftische von 10 m Durchm.	260000		340000	
2 elektrisch betriebene Tischverschiebebühnen einschl. Fahrgleisen und Stromzuführung	32000		48000	
Übertrag	1253600	2357000	1893000	3805000

[1]) Nach dem bisherigen Verfahren mit feststehendem Gießtisch und Zickzackstraku arbeitend.
[2]) Mit runden Tischen.

	1913 im einzeln. M.	1913 zusammen M.	Nach dem Kriege im einzeln. RM.	Nach dem Kriege zusammen RM.
Übertrag	1253600	2357000	1893000	3805000
1 elektrisch betriebene Tischverschiebelokomotive einschl. Stromzuführungskabel	11000		16000	
Gleise für die Tische und die Verschiebelokomotive	9400		14000	
2 Saugkrane für die Auflegerei und Abtragerei	52000		66000	
2 einfache Kipptische und 1 Doppelwendetisch für desgl.	10500		14000	
1 elektrisch betriebener Laufkran mit Selbstgreifer zum Abladen des Schleifsandes	12000		20000	
Lager und Aufbereitung für Schleifsand und Schlamm einschl. 3 Mammutpumpen (Emulseuren)	42000		62000	
Klärteiche einschl. Pumpenanlage	22000		34000	
Lager, Aufbereitung und Transporteinrichtungen für Schmirgel, Polierrot, Polierfilze, Gips und Auflegetücher	16000		23000	
Hilfsvorrichtung zum Auswechseln der Schleifeisen	2500		3000	
Geräte für die Auflegerei und Abtragerei	3000		4000	
Einrichtung zum Beseitigen von Schutt	1500		2000	
Desgl. zum Waschen und zum Befördern von Glasscherben nach der Rohglashalle	2000		3000	
Einrichtung der Glasputzerei	2000		3000	
Beleuchtungsanlagen	3500		6000	
Wasserleitungen	3000		5000	
Einrichtungen der Schreib- und Meisterstuben, der Arbeiterspeise-, Wasch- und Umkleideräume sowie der Aborte	18000		28000	
Verschiedenes	9000	1473000	14000	2210000
Sortierung, Glasschneiderei, Nachpoliererei, Spiegelglaslager, Facettierung, Versilberung, Verpackung.				
Gebäude; ca. 4000 m²	140000		240000	
Einrichtung der Sortierung und Glasschneiderei	8000		12000	
Hängebahnanlage für große Scheiben	28000		40000	
Schmalspuranlage für kleine Gläser	16000		25000	
5 große Nachpoliermaschinen, versch. kleinere samt Antrieb	64000		90000	
Glasgestelle des Spiegelglaslagers	16000		25000	
Einrichtungen der Facettierung und Versilberung	32000		45000	
Desgl. der Verpackung, bestehend aus 2 Kipptischen, 2 Wagen, 1 elektrisch betriebenen Deckenlaufkran und verschiedenen Hilfsgeräten	16000		25000	
Desgl. der Kistenschreinerei und der Lager für Kisten, Kistenholz und Packmaterial	9000		13000	
Beleuchtungsanlage	2000		3000	
Wasserleitungen	1000		2000	
Einrichtung der Schreib- und Meisterstuben, der Arbeiterspeise-, Wasch- und Umkleideräume sowie der Aborte	11000		17000	
Heizung	9000		13000	
Verschiedenes	3000	355000	5000	555000
Hauptstromzuführung, Transformatoren, Stromverteilung		320000		480000
Werkstätten und allgemeines Materialienmagazin:				
Gebäude	28000		48000	
Einrichtungen der Schlosserei, Dreherei, Schmiede, Elektrikerwerkstatt, Klempnerei, Tischlerei usw.	42000		60000	
Desgl. für das allgemeine Materialienmagazin	5000	75000	7000	115000
Für Unvorhergesehenes und zur Sicherheit		420000		635000
Reine Gesamtanlagekosten		**5000000**		**7800000**
			= rund	**8000000**

Diese Summe verteilt sich wie folgt auf die verschiedenen Abschreibungskonten:

	Jährliche Abschreibung	1913		Nach dem Kriege	
		Abzuschreibende Summe	Jährliche Abschreibung	Abzuschreibende Summe	Jährliche Abschreibung
	%	M.	M.	RM.	RM.
Gebäude	5	1398000	69900	2440000	122000
Eisenbahnanschlußanlagen . .	10	96000	9600	156000	15600
Ofenanlagen	15	442000	66300	844000	126600
Elektrische Anlagen	15	554000	83100	820000	123000
Maschinen und Apparate . .	10	2110000	211000	3140000	314000
Summe der jährlichen Abschreibungen			439900	—	701200

Es sei nochmals hervorgehoben, daß es sich im Vorstehenden lediglich um Grunderwerb und Baukosten handelt, ohne die erforderlichen Betriebs- usw. Kapitalien. Die Außenstände einer Spiegelglasfabrik von der im obigen Beispiel gewählten Größe betragen durchschnittlich mindestens 900000 RM.; durch Waren- und Materialienvorräte, Kassenbestände usw. werden durchschnittlich mindestens 600000 RM. festgelegt; ein solches Unternehmen muß also mit einem Betriebskapital von mindestens 1500000 RM. rechnen; 1913 betrug diese Summe etwa 1000000 M.

3. Gesamtpersonalbedarf.

Die folgende Zahlentafel gilt für das gleiche Beispiel, also für eine Fabrik, die mit feststehendem Gießtisch, Zickzackstraku und runden Schleiftischen bei normalem Betrieb jährlich etwa 520000 m² Rohglas bzw. 440000 m² poliertes Spiegelglas herstellt. An Hand dieser Zahlentafel und der S. 915—917 sowie S. 986—988 gemachten Angaben läßt sich der Personalbedarf für eine kleinere oder eine größere Fabrik leicht aufstellen. Es ist eine achtstündige Arbeitszeit zugrunde gelegt, für die durchgehend arbeitenden Abteilungen also der dreischichtige Betrieb.

Was weiter oben bei der Zahlentafel der Anlagekosten über die Schwankungen der Preise für Gebäude und Einrichtungen gesagt ist, gilt in verstärktem Maße von der Höhe der Gehälter und Löhne.

An Personen, die Gehälter beziehen, sind, sofern das Unternehmen nicht Geschäfte betreibt oder Beziehungen unterhält, die über den Rahmen des reinen Spiegelglasfabrikations- und Vertriebsgeschäftes hinausgehen, folgende erforderlich: 1 oder 2 Direktoren, 2 Ingenieure, 2 Techniker, 1 technischer Korrespondent, 1 erster Buchhalter und Vorsteher des kaufmännischen Büros, 2 Hilfsbuchhalter, 1 Kassierer, 1 Verkaufsleiter, 2 Expedienten, 6 Korrespondenten und Fakturisten einschl. Stenographen und Maschinenschreiber, 3 Lohnbuchhalter, 1 Meister für die Rohglashalle mit 3 Assistenten und 1 Aufseher für die Hafen- und Steinemacherei, 1 Schleif- und Poliermeister mit 3 Assistenten, 1 Inspektions- und Lagermeister, 1 Schlosser- und Maschinenmeister, 1 Maurermeister, 1 Tischlermeister, 1 Hofmeister, 1 Magazinier. Die jährlich auszugebende Gehaltssumme betrug 1913 rd. 150000 M., in der Nachkriegszeit sei sie mit rd. 300000 RM. angenommen; sie verteilt sich wie folgt:

	1913 M.	Nach dem Kriege RM.
Auf die Herstellung des Rohglases	57000	114000
Auf dessen Umarbeitung in poliertes Spiegelglas und dessen Lagerung	68000	136000
Auf die Verkaufsunkosten	25000	50000
Zusammen:	150000	300000

Nach S. 917 sind nach Abzug der dort mitgezählten, gegen Gehalt angestellten Personen für die Rohglasherstellung bis einschl. Rohglaslager bei vier in Gang befindlichen Schmelzöfen 140—145 Arbeiter erforderlich; nach S. 986 und 987 für die Umarbeitung auf poliertes Spiegelglas bis einschl. Verpackung bei Inanspruchnahme von 3 Hochleistungspolierapparaten für Tische von 10 m Durchm., so daß sich jährlich eine Erzeugung von etwa 440000 m² poliertes Spiegelglas ergibt, 298 Arbeiter, einschl. Jugendliche und Frauen. Dazu kommen noch die Arbeiter der Hafen- und Steinemacherei, der Facettierung und Versilberung, die Arbeiter des Hofes, der Fabrikbewachung, des Auto- oder Fuhrwerksbetriebes sowie der Reparatur- und Instandhaltungsbetriebe. In der nachstehenden Zahlentafel ist ein Durchschnittsjahreslohn im Jahre 1913 mit 1200 M., für die Zeit nach dem Kriege mit 2400 M. je Kopf angenommen, Jugendliche und Frauen mit eingerechnet. Die Zahl der Lohnempfänger und die jährlichen Lohnsummen ergeben sich dann wie folgt:

	Anzahl der Arbeiter einschl. Jugendl. u. Frauen	Jährliche Lohnsumme 1913 M.	Jährliche Lohnsumme nach dem Kriege RM.
Gesamte Rohglashalle bis einschl. Rohglaslager	145	174000	348000
Hafen- und Steinemacherei	36	43200	86400
Davon entfallen auf			
Schmelzhäfen . . . 29200 M. bzw. 58400 RM.			
Reparaturen in der Rohglashalle 14000 M. „ 28000 RM.			
43200 M. bzw. 86400 RM.			
Spiegelglasherstellung bis einschl. Verpackung	298	357600	715200
Facettierung und Versilberung	24	28800	57600
Pförtner, Hof, Rangierdienst, Nachtwächter, Fuhrwerks- oder Autobetrieb, Materialausgeber, Boten und dergleichen	35	42000	84000
Davon entfallen auf die			
Rohglasherstellung . . . 19000 M. bzw. 38000 RM.			
Spiegelglasherstellung . . . 23000 M. „ 46000 RM.			
42000 M. bzw. 84000 RM.			
Reparatur und Instandhaltung	60	72000	144000
Davon entfallen auf die			
Rohglashalle . . . 27000 M. bzw. 54000 RM.			
Spiegelglasabteilung . . . 45000 M. „ 90000 RM.			
72000 M. bzw. 144000 RM.			
Verschiedenes	2	2400	4800
Zusammen	600	720000	1440000

Bei der Gegenüberstellung zwischen der Vor- und der Nachkriegszeit ist zu berücksichtigen, daß Mechanisierungsmaßnahmen getroffen worden sind, die in der obigen Zahlentafel teilweise als schon vor dem Kriege wirksam anzunehmen waren, während andererseits für die Nachkriegszeit noch nicht alle als durchgeführt angenommen wurden. Beim Vergleich ist also zu beachten, daß die Arbeiterzahl vor dem Kriege etwas größer, heute nach Durchführung aller Rationalisierungsmaßnahmen etwas geringer ist. Von der errechneten Gesamtlohnsumme entfallen:

	1913 M.	Nach dem Kriege RM.
Unmittelbar auf die Rohglasherstellung	194200	388400
» » Hafenfabrikation	29200	58400
Auf die Reparaturen und die Instandhaltung der Rohglashalle	41000	82000
Unmittelbar auf die Spiegelglaserzeugung	410600	821200
Auf die Reparaturen und die Instandhaltung der Spiegelglasabteilungen bis einschl. Verpackung	45000	90000
Gesamte jährliche Lohnsumme:	720000	1440000

Nach der weiter oben gemachten Personalaufstellung für eine Anlage mit gerader Schleif- und Polierbahn, also mit rechteckigen Tischen, braucht eine solche Anlage bei 440000 m² Fertigglaserzeugung unter sonst gleichen Verhältnissen ungefähr 56 Personen weniger, also nur 242 anstatt 298. Auf die Spiegelglasherstellung bis einschl. Verpackung kommen dann nur RM. 580800,— anstatt RM. 715200,—, oder einschl. Facettierung und Versilberung, sowie den Anteilen an allgemeinen Ausgaben und Verschiedenem RM. 686800,— anstatt RM. 821200,—. Die Ersparnis an Löhnen beträgt also bei der für gerade Schleif- und Polierbahnen verhältnismäßig geringen Produktion, wie sie im obigen Beispiel angenommen worden ist, bereits RM. 134400,— im Jahr.

4. Gesamtenergiebedarf.

Die Antriebsmotoren der Rohglashallen einschl. Hafen- und Steinemacherei sind eingerichtet für zusammen rd. 180 Kilowatt; der größte Teil dieser Motoren ist nur mit längeren Unterbrechungen und jedesmal nur kurze Zeit in Gang. Der tägliche Energieverbrauch dieser Abteilungen ist beim Arbeiten mit vier Schmelzöfen ungefähr 1300 Kilowattstunden oder bei 305 Arbeitstagen 396500 Kilowattstunden im Jahr.

Für die Beleuchtung der gesamten Fabrikanlage sind jährlich etwa 250000 Kilowattstunden erforderlich; davon entfallen rd. 80000 auf die Rohglas-, 170000 auf die Spiegelglaserzeugung.

Den weitaus größten Verbrauch haben die Schleif- und Polierapparate. Nach S. 944 schwankt er bei einem Schleifapparat für runde Tische von 10 m Durchm. während des Schleifens und Feinschleifens zwischen 250 und 550 PS; beim Waschen geht er vorübergehend bis auf etwa 100 PS herunter; der Arbeitsverbrauch eines Hochleistungspolierapparates für Tische von 10 m Durchm. schwankt während des Polierens einer Glasauflage zwischen 150 und 280 PS. Unter Berücksichtigung der Stillstände beim Ein- und Ausfahren der Tische ist für 10-m-Schleifapparate während der Dauer der Bearbeitung einer Glasauflage, gerechnet vom Beginn des Anlaufenlassens des Tisches bis zum Beginn des Anlaufenlassens des nächsten, mit einem durchschnittlichen Arbeitsverbrauch von 320 PS, für Polierapparate mit 170 PS zu rechnen, oder beim Bezug von Strom aus einer Überlandzentrale mit rd. 235 bzw. 125 Kilowatt.

In einer Fabrik nach dem oben gewählten Beispiel, d. h. für eine jährliche Spiegelglaserzeugung von 440000 m² sind 3 Schleifapparate und 3 Hochleistungspolierapparate für Tische von 10 m Durchm. erforderlich. Bei den früher genannten mittleren Leistungen dieser Apparate und 305 Arbeitstagen im Jahr muß man zwecks Erzielung der erwähnten Spiegelglaserzeugung täglich mit 2 Schleifapparaten und 2 Polierapparaten durchgehend, mit dem dritten Schleifapparat ungefähr 13 Stunden und dem dritten Polierapparat ungefähr 21 Stunden arbeiten. Der jährliche Arbeitsverbrauch der Schleif- und Polierapparate wird also bei jener Jahreserzeugung sein: $305 \times (61 \times 235 + 69 \times 125) = 7002800$ Kilowattstunden. Dazu kommt der Verbrauch für die Schiebebühnen, Kräne, Pumpen, das Heben und Senken der Schleiftische bzw. Königswellen in den Schleif- und Polierapparaten, die Nachpoliermaschinen, die Reparaturwerkstätten usw., der auf insgesamt 600000 Kilowattstunden im Jahr zu veranschlagen ist, von denen für Reparatur- und Instandhaltung, für Wasserversorgung u. dgl. allgemeine Zwecke 50000 auf die Rohglasherstellung zu rechnen sind.

Bei einem Strompreis von z. B. 2,5 Pf. für die Kilowattstunde 1913 oder 5 Pf. nach dem Kriege verteilen sich dann die Kosten für elektrisches Licht und Kraft wie folgt:

	kW-Stunden	kW-Stunden	1913 M./Jahr	Nach dem Kriege RM./Jahr
Rohglaserzeugung:				
Licht	80000			
Kraft	396500			
Kraft	50000	526500	13162,50	26325,—
Spiegelglaserzeugung:				
Licht	170000			
Kraft	7002800			
Kraft	550000	7722800	193070,—	386140,—
		8249300	206232,50	412465,—

5. Gesamt-Herstellungskosten.

Die Gesamtherstellungskosten sollen für 1 m² Rohglas und 1 m² poliertes Spiegelglas bei einer jährlichen Erzeugung von 520000 m² Rohglas und 440000 m² poliertem Spiegelglas mit feststehendem Gießtisch, Zickzackstraku und runden Schleiftischen berechnet werden. Auch an dieser Stelle sei wieder auf den nur bedingten Wert der Angaben über Preise in der Nachkriegszeit hingewiesen, sowie auf die Bedeutung der Frachtlage des Werkes.

Herstellungskosten für 520000 m² Rohglas im Jahr.

	Menge	Preis			Jährl. Betrag	
		je	1913 M.	nach dem Kriege RM.	1913 M.	nach dem Kriege RM.
Gehälter	—	—	—	—	57000,—	114000,—
Löhne	—	—	—	—	194200,—	388400,—
Licht und Kraft	—	—	—	—	13162,50	26325,—
Schmelzhäfen	1050 Stück	Stück	70,—	130,—	73500,—	136500,—
Schmelzsand	14350 ts	t	4,—	8,—	57400,—	114800,—
Sulfat (oder entspr. Menge Soda)	5100 „	t	45,—	80,—	229500,—	408000,—
Kalkstein	5000 „	t	8,—	15,—	40000,—	75000,—
Gemengekohle	250 „	t	26,—	50,—	6500,—	12500,—
Gaskohlen	22000 „	t	17,—	25,—	374000,—	550000,—
Reparatur und Unterhaltung	—	—	—	—	70000,—	132000,—
Verschiedene Hilfsmaterialien, Putz- und Schmiermittel	—	—	—	—	15000,—	31000,—
Allgemeine Unkosten einschl. Fuhrwesen, Abgaben, Versicherungen usw., jedoch ohne Körperschafts- und andere Gewinnsteuern	—	—	—	—	80000,—	140000,—
Abschreibungen	—	—	—	—	174300,—	277800,—
					1384562,50	2406325,—

Die Herstellungskosten für 1 m² Rohglas betragen somit 2,663 M. bzw. 4,628 RM. 35000 m² werden, wie vorausgesetzt, als ungeschliffene Rohglasplatten verkauft.

Herstellungskosten für 440000 m² Spiegelglas im Jahr.

	Menge	Preis			Jährl. Betrag	
		je	1913 M.	nach dem Kriege RM.	1913 M.	nach dem Kriege RM.
Gehälter	—	—	—	—	68000,—	136000,—
Löhne	—	—	—	—	410600,—	821200,—
Licht und Kraft	—	—	—	—	193070,—	386140.—
Schleifeisen	550 ts	t	125,—	200,—	68750,—	110000,—
Schleifsand	52000 „	„	2,50	4,50	130000,—	234000,—
Schmirgel	110 „	„	90,—	200,—	9900,—	22000, —
Gips	2600 „	„	17,—	30,—	44200,—	78000,—
Auflegetuch	10000 m²	m²	1,—	1,50	10000,—	15000,—
Polierrot	230 ts	t	250,—	400,—	57500,—	92000,—
Filz	5100 m²	m²	9,—	16,—	45900,—	81600,—
Reparatur und Unterhaltung	—	—	—	—	75000,—	135000,—
Verschiedene Hilfsmaterialien einschl. diejenigen für Facettierung, Versilberung und Klärteiche, sowie Putz- und Schmiermittel, Heizung	—	—	—	—	42000,—	85000,—
Kisten und Packmaterial	—	—	—	—	150000,—	210000,—
Allgemeine Unkosten einschl. Fuhrwesen, Versicherungen, Abgaben usw., jedoch ohne Körperschafts- und andere Gewinnsteuern	—	—	—	—	85000,—	145000,—
Abschreibungen	—	—	—	—	265600,—	423400,—
					1655520,—	2974340,—
Rohglas	485000	m²	2,663	4,628	1291555,—	2244580,—
				Zusammen:	2947075,—	5218920,—

Die Herstellung von 1 m² poliertes Spiegelglas kostet somit nach diesem Beispiel einschl. Rohglasherstellung, einschl. aller Abschreibungen und unter der Voraussetzung, daß von den 440000 m² etwa 25000 m² in der eigenen Fabrik bearbeitete oder facettierte Kanten erhalten und etwa 15000 m² belegt werden, bis in die Kiste fertig verpackt 6,70 M. bzw. 11,85 RM.

Hierzu kommen noch die reinen Verkaufsunkosten wie Gehälter (25000 M. bzw. 50000 RM. im Jahr), allgemeine Bürounkosten soweit sie auf die Verkaufstätigkeit entfallen, Reisespesen, Provisionen, freiwillige Bruchvergütungen, Zahlungsverluste u. dgl. Diese Unkosten schwanken je nach der Art der Verkaufsorganisation und je nachdem das Unternehmen einer Verkaufsvereinigung angehört zwischen 0,70 M. und 1,20 M. bzw. 1,40 RM. und 2,40 RM. je m² Spiegelglas. Die gesamten Selbstkosten, die dem reinen Durchschnitts-Verkaufserlös gegenüberzustellen sind, betragen somit bei einer Erzeugung, wie sie dem obigen Beispiel zugrunde gelegt worden ist, 7,40 M. bis 7,90 M. bzw. 13,25 RM. bis 14,25 RM.

Infolge der oben errechneten Lohnersparnis sind diese Zahlen für Fabriken mit geraden Schleif- und Polierbahnen, also mit rechteckigen Tischen unter der Annahme, daß der Verbrauch an Kraft, Schleif- und Poliermaterialien usw., sowie daß die Abschreibungen ungefähr die gleichen seien wie bei runden Tischen durchweg um etwa 0,30 RM. niedriger. In Wirklichkeit wird auch noch an Schleifmaterialien, Auflegetuch und Gips gespart. Je größer die Produktion ist, desto größer wird auch diese Ersparnis im Verhältnis zu den Gesamtausgaben sein[1]).

[1]) Diese Zahlen sind durch inzwischen vorgenommene weitere Rationalisierungen verringert und durch die weiter unten erwähnten neuesten Verfahren ganz wesentlich unterschritten worden.

V. Versuche und neue Verfahren zur Herstellung von dünnem und normalstarkem gewalztem Spiegelglas[1]).

Das normale Spiegelrohglas wird für gewöhnlich auf 10—11 mm Stärke ausgewalzt und durch Schleifen auf beiden Seiten zu 5—8 mm dicken Scheiben weiter verarbeitet. Für viele Verwendungszwecke besteht die Hauptforderung, daß eine bestimmte Dicke nicht unterschritten wird; große Schaufensterscheiben sollen nicht unter 6, kleinere nicht unter 5 mm Stärke haben; ebenso große Spiegel, Tischplatten, Scheiben zum Bedecken von Ladenauslagen usw.; scharf wirkende Luxusfacetten können nur an dickeren Scheiben und Spiegeln erzielt werden; an dünnen werden sie zu schmal oder bei größerer Breite zu flach und damit unansehnlich.

Für manche Zwecke wurde jedoch von jeher dünneres Spiegelglas verlangt, teils des geringeren Gewichtes oder der einfacheren Einrahmung, teils der Billigkeit wegen. Besonders für alle nicht ganz besonders schwer gearbeiteten Möbel wurden fast ausschließlich Gläser unter 4 mm Dicke verwendet. Für solche Zwecke wurde deshalb vielfach geblasenes Glas, besonders das „$\frac{3}{4}$ Weiß-Glas" bevorzugt, um so mehr als dafür Scheiben von großen Abmessungen nicht in Frage kamen. Mehr und mehr trat auch gegossenes Glas von geringer Stärke mit Erfolg als Wettbewerber auf; zuerst naturgemäß in den Grenzgebieten zwischen dünnem und dickem Glas, also in den Stärken von 4—5 mm, die meistens für Wagen-, Autoscheiben u. dgl. in Frage kamen. Später wurde jedoch gegossenes Spiegelglas geschliffen und poliert auch in Stärken bis herunter auf $2\frac{1}{2}$ mm geliefert.

Im letzten Jahrzehnt war es besonders der riesenhafte Bedarf der Automobilindustrie, der in der Fabrikationsweise zu großen Umwälzungen drängte.

Die bisher üblichen Einrichtungen der großen Gußspiegelglasfabriken sind, wie aus den vorhergehenden Abschnitten ersichtlich ist, lediglich für die Massenherstellung von normalstarken Spiegelscheiben vorgesehen. Die Schmelzhäfen in einer Hütte sind im allgemeinen alle von gleicher Größe; ihr Fassungsvermögen entspricht der Größe des Gießtisches und den lichten Abmessungen des Kühlofens. Der Größe der ausgewalzten Platte entspricht eine gewisse geringste Rohglasstärke, bei den üblichen Einrichtungen 10 mm, ganz ausnahmsweise $9\frac{1}{2}$ mm; bei der Mehrzahl der Hütten ist mit einem Durchschnitt von 10 bis 11 mm zu rechnen. Es ist bisher nicht gelungen, nach dem hergebrachten Verfahren, bei voller Ausnutzung der Hallenapparatur in fortlaufender Fabrikation dünner auszuwalzen und die großen Platten rechtzeitig in den Kühlofen zu bringen. Um dünneres Rohglas zu erzeugen, müßte man die Rohglasplatten kürzer auswalzen, die Abmessungen von Gießtisch und Kühlofen dürften nur zum Teil ausgenützt werden. Je kleiner aber die Oberfläche der ausgewalzten Platten ist, desto höher sind die Herstellungskosten für den Quadratmeter Rohglas; das dünne Spiegelrohglas würde also teurer zu stehen kommen als das gewöhnliche. Als weiterer Nachteil ist noch zu vermerken, daß jede Abweichung vom üblichen Fabrikationsgang empfindliche Störungen in den Schmelz- und Kühl-

[1]) Die ersten Bestrebungen zielten lediglich darauf hin, den damaligen Bedarf an dünnem Spiegelglas durch wirtschaftlichere Verfahren zu decken, also das geblasene $\frac{3}{4}$-Weiß-Glas und das durch verlängertes Schleifen gewonnene Dünnglas zu verdrängen. Auch der dann einsetzende große Bedarf der Automobilindustrie, der jene Bestrebungen zu einer zwingenden Aufgabe machte, verlangte nur Scheiben von verhältnismäßig geringen Abmessungen und von einer Stärke, die unter derjenigen lag, die man früher als normal bezeichnete. Die errungenen Erfolge wuchsen aber über die Lösung dieser Aufgabe hinaus, indem sie dazu führten, daß heute auch normalstarkes Spiegelglas in Scheiben von großen Abmessungen nach einigen dieser neuen Verfahren vorteilhafter hergestellt werden kann als nach dem alten Verfahren.

hallenbetrieb bringen würde. Um den Anforderungen nach poliertem Glas unter 5 mm Stärke nachzukommen, zogen es deshalb die großen Gußspiegelglasfabriken früher vor, das gewöhnliche Rohglas länger als sonst zu schleifen; dabei stiegen die Herstellungskosten weniger und die Störung des laufenden Fabrikationsganges war weniger empfindlich. Für dieses dünnere gegossene Spiegelglas wurden entsprechend den höheren Herstellungskosten auch höhere Verkaufspreise verlangt als für das normalstarke Glas; diese höheren Preise wurden auch bezahlt, weil das geblasene Glas geschliffen und poliert bei Stärken über 3 mm nur in Stücken von geringen Abmessungen zu bekommen war.

Der steigende Bedarf an dünnem Spiegelglas, die Nachteile des Blasens und die hohen Herstellungspreise des durch Dünnschleifen von gewöhnlichem Spiegelrohglas erzeugten Glases drängten nach geeigneteren Herstellungsverfahren. Sowohl die Hersteller von ¾-Weiß-Glas wie auch diejenigen von gegossenem Spiegelglas sannen seit langem auf Mittel zur Erreichung dieses Zieles; auf beiden Seiten fehlte es nicht an den mannigfaltigsten Versuchen. Bezeichnend ist, daß mit Hilfe des Blasverfahrens nennenswerte Erfolge nicht erzielt wurden; es ist bis jetzt auch nicht bekannt geworden, daß Glas, das aus einem mechanischen Blas- oder einem Blasziehverfahren stammt, auf dem Markte eine Rolle als Spiegelglas spielte. Mehrere ¾-Weiß-Glas-Fabrikanten gingen deshalb für sie ganz neue Wege, indem sie dünne Rohglasplatten aus kleinen Schmelzhäfen oder durch Schöpfen aus der Wanne erzeugten; die Versuche erstreckten sich teils auf das Auswalzen über feste Tische teils auf das Auswalzen im Chance-Walzwerk. Beim Schöpfen aus der Wanne war die Frage der Qualität die schwierigste; die übermäßige Bildung von Schlieren und vor allem von Blasen schien zuerst unvermeidlich. Es ist aber gelungen, dieser Frage ziemlich Herr zu werden, und es ist zu erwarten, daß durch zweckentsprechende Ofenkonstruktionen bei geeigneter Ofenführung eine hinreichende Ausbeute an Qualitätsspiegelglas erzielt wird. Mit Hilfe von mechanischen Schöpfmulden können bereits Platten bis 1,5 m Breite und 4,5 m Länge hergestellt werden; die Übung wird auch hierin sicherlich noch Fortschritte bringen.

Einige Fabrikanten von Gußspiegelglas verfolgten das Ziel, mit ihren bisherigen Schmelzhäfen weiterzuarbeiten, jedoch deren Inhalt in geeigneterer Weise auszuwalzen als nach ihrem alten Verfahren. Aus dem Folgenden ist ersichtlich, daß hierbei große Erfolge erzielt worden sind. Andere begannen ihre Versuche mit dem Wannenofen und sind dabei zum Teil zu Ergebnissen gelangt, die man früher kaum für möglich gehalten hätte.

Schließlich ist in diesem Zusammenhang zu erwähnen, daß es auch den Fabrikanten von gezogenem Glas gelungen ist, einen erheblichen Teil ihrer Produktion als „Schleifglas" auszusondern, das heißt als Glas, das seiner Qualität nach als Spiegelglas in den Handel gebracht werden kann. Wie schon der Name sagt, muß dieses Glas geschliffen und poliert werden, damit es den Ansprüchen als Spiegelglas genügt, weniger deshalb weil etwa die Feuerpolitur nicht genügen würde als wegen der unzureichenden Ebenheit der Oberflächen, die optisch unruhig wirken. Durch Schleifen lassen sich die leichten Wellen, die diese Unruhe hervorrufen, beseitigen.

1. Gußglas aus kleinen Häfen.

Zunächst ist hier das Verfahren von Interesse, bei dem in Hafenöfen mit kleinen Häfen geschmolzen und dann gegossen und gekühlt wird wie bei der Herstellung des starken gegossenen Spiegelglases. Technische Schwierigkeiten standen diesem Verfahren nicht mehr entgegen, nachdem es gelungen war, die dünnen Platten rechtzeitig in den Kühlofen zu bringen und die Kühlöfen in Kanalform angelegt worden waren. Für Fälle, in denen es Schwierigkeiten macht, die Platten vom Gießtisch in den Kühlofen zu bringen, ehe sie sich verziehen und werfen, wird nach dem DRP. Nr. 334700 vom 11. Dezember 1914 (Jul. Bauer in Neustadt an der Waldnaab und Verein deutscher Spiegelglasfabriken G. m. b. H. in Köln) vorgeschlagen, sie in einer Vorkammer des Kühlofens mit ebener Sohle wieder so weit zu erhitzen, daß sie darin sich der ebenen Unterlage anschmiegen und ausgebügelt werden können. Es ist aber nicht bekannt geworden, daß dieser Vorschlag in der Praxis verbreitete Anwendung gefunden hat. Es handelte sich schließlich darum, die Wirtschaftlichkeit des Gießverfahrens mit kleinen Häfen durch die äußerste Ausnutzung der üblichen Betriebseinrichtungen zu erzwingen. Auch dies scheint vorläufig gelungen zu sein; gegenüber neueren Verfahren ist der Beweis für die weitere Zukunft allerdings noch zu erbringen [1]).

Der Quadratmeter Rohglas wird auch hier um so billiger hergestellt, je größer die ausgewalzte Platte ist, d. h. je größer die kleinen Häfen sind. Von diesem Gesichtspunkte aus wäre also mit der Größe der Häfen so weit zu gehen, als es eben noch möglich ist, um die dünnste Rohglasplatte rechtzeitig in den Ofen zu bekommen. Anderseits muß man darauf bedacht sein, möglichst häufig zu gießen, also die Schmelzofenarbeit in möglichst kurzer Zeit zu erledigen, um die Lohn-, Material- und allgemeinen Unkosten je Guß herunterzudrücken; je kleiner die Häfen, desto kürzer die Zeit zum Schmelzen, Läutern und Abstehenlassen. Es handelte sich darum, den günstigsten Zwischenweg zu finden. Man war dahin gelangt, alle 12 Stunden zu gießen, anstatt alle 24 Stunden wie beim starken Spiegelglas; hier kommt also täglich 1 Guß auf jeden Schmelzofen, dort 2 Güsse.

In der Tat läßt schon eine überschlägige Vergleichsrechnung erkennen, daß bei guter Ofen-, Walz- und Kühlarbeit dieses Verfahren imstande wäre, sich neben dem gewöhnlichen mit großen Häfen zu behaupten. Es ist bei geschickter Arbeit noch möglich, auf eisernen Gießtischen in laufender Fabrikation Rohglasplatten von 5 m Länge, 4 m Breite und 7—8 mm Stärke zu walzen, rechtzeitig in den Kühlofen zu schieben und je Platte durchschnittlich 15 m² schleif- und polierfähige, rechteckig geschnittene Rohglasstücke zu gewinnen. Die zur Platte ausgewalzte Glasmenge beträgt dann 160 l, die gesamte vor dem Guß im Hafen befindliche Menge etwa 250 l und das bis zum Rand gemessene Fassungsvermögen des Hafens ungefähr 350 l. Die mit Einrichtungen der Größe Nr. I (s. S. 913 und 919) auf starkes Spiegelglas arbeitenden Hütten machen täglich je Hafen einen Guß; sie werden mit der Ofenarbeit verhältnismäßig bequem, die mit den Einrichtungsgrößen Nr. III arbeitenden Hütten schwerer fertig, um alle 24 Stunden gießen zu können. Die Häfen nach Größe Nr. I, mit denen man je Guß an rechteckig geschnittenen Rohglasstücken eine Ausbeute von durchschnittlich 22 m² erzielt, geben zum Auswalzen eine Glasmenge von ungefähr 300 l her bei einer gesamten geschmolzenen Menge von etwa 460 l, diejenigen nach Größe III eine solche von 520 l, bzw. 850 l; in den Häfen nach Größe I ist also nahezu eine doppelt, in den Häfen nach Größe III eine mehr als dreimal so große Menge zu erschmelzen als in jenen kleinen Häfen. Mit letzteren müssen also in 24 Stunden bequem 2 Güsse zu erzielen sein, um so mehr, als die kleinen Häfen geringere Wandstärken haben als die großen, so daß sich bei ihnen die Wärme

---

[1]) Inzwischen haben diese neuen Verfahren, wie z. B. dasjenige der Pittsburgh Plate Glass Cy und vor allem das Bicheroux-Verfahren (s. weiter unten) so gewaltige Vorteile gebracht, daß das Arbeiten mit kleinen Häfen seine Bedeutung für die Zukunft bereits verloren hat. Die oben anschließenden Betrachtungen sind aber für die Arbeit am Schmelzofen und das Auswalzen von dünnem Glas auf Gießtischen immerhin von einigem allgemeinen Interesse. Aus diesem Grunde und zur Wahrung des Zusammenhanges im Text sind sie hier beibehalten worden.

durch die Hafenwände günstiger austauscht, während die Wärme- und Abkühlwirkung von oben her im Verhältnis zu den Hafeninhalten in beiden Fällen dieselbe ist. Außerdem kann man den kleinen Häfen beim Läutern mehr zumuten als den großen.

Wenn man also mit einem 16häfigen Schmelzofen nach Größe I täglich 16 × 22 = 352 m² zum Schleifen fertiges Rohglas von 10—11 mm Stärke erzeugt, erhält man mit einem Ofen von 16 kleinen Häfen täglich 2 × 16 × 15 = 480 m² fertig geschnittenes Rohglas von 7—8 mm Stärke. Unter der Annahme, daß man in beiden Fällen mit 16häfigen Öfen arbeitet, wird der Brennstoffverbrauch in 24 Stunden ungefähr der gleiche sein. Auch der Brennstoffverbrauch für die Kühlöfen wird nicht wesentlich verschieden sein; eine schwache Rohglasplatte bringt zwar selbst weniger Wärmemenge mit in den Kühlofen als eine starke und auch größere Platte; dagegen erhält der kleine Kühlofen infolge der doppelten Plattenzahl einen regelmäßigeren Gang und seine Strahlungsverluste sind geringer als diejenigen des großen, zumal jener zwei Güsse täglich aufnimmt, dieser nur einen. Unter sonst gleichen Verhältnissen darf auch angenommen werden, daß die jährlichen Ausgaben für Schmelzhäfen in beiden Fällen nahezu dieselben sind, ebenso die Ausgaben für Licht und Kraft, Reparaturen usw. Die Ausgaben für Gemengematerialien je m² Rohglas verhalten sich zueinander ungefähr wie die Stärken beider Rohglasarten. Die monatliche Lohnsumme ist beim schwachen Glas um etwa 30% höher als beim starken, da man dort zwei Guß- und Schneidmannschaften braucht, hier nur eine; allerdings ist im ersteren Fall jede der beiden Mannschaften kleiner als diese eine. Die Anlagekosten und damit auch die jährlichen Abschreibungen sind bei einer Rohglashalle mit beispielsweise zwei Schmelzöfen beim schwachen Rohglas um rd. 30% niedriger als beim starken. Bei 480 m² Tagesproduktion je Ofen wird das dünne Glas billiger als das stärkere bei 352 m² je Tag und Ofen.

Einfluß des Gießtisches. Der Wettbewerb des geblasenen Glases war nur in den unteren Stärken fühlbar, weil dem mit kleinen Häfen und eisernen, überhaupt metallenen Gießtischen arbeitenden Verfahren nach unten seine Grenzen gezogen sind. Durch die Berührung mit dem metallenen Gießtisch und der Walze schreckt die Glashaut plötzlich ab; bei genügender Stärke der Glasplatte ist der heiße Kern jedoch in der Lage, die starre Haut nachzuwärmen, so daß sie gegenüber dem Walzendruck gefügig bleibt. Wenn der Kern zu schwach ist, bleibt die Haut aber starr; je dünner ausgewalzt wird, desto größer muß gleichzeitig auch der spezifische Walzendruck sein, um das Glas auf die geringe Stärke herunterzubringen. Von einer gewissen Plattenstärke ab bleibt nun die Rohglashaut so starr, daß sie nicht mehr nachgibt und dem Walzendruck nicht mehr widersteht; sie platzt dann an unzähligen Stellen und ist übersät mit Kaltsprüngen. Je kälter das Glas zum Guß kommt, desto größer ist die Gefahr; über eine gewisse Temperatur der Glasmasse kann man aber bekanntlich nicht hinausgehen, da sonst die Qualität leidet. Schon bei Glasstärken von 10 bis 11 mm treten, ganz abgesehen vom Kopf der Platte, in den beim Auswalzen das kältere Fell der Glasmasse zu liegen kommt, mehr oder weniger Kaltsprünge auf; ihre Tiefe ist aber so gering, daß sie unbedenklich sind. Bei 7—8 mm Plattenstärke sind sie derart, daß sie beim üblichen Schleifen gerade noch mit der Rohglashaut verschwinden. Beim Walzen auf geringere Stärke dringen sie aber so tief in das Glasinnere ein, daß sie nur durch längeres Schleifen auf geringere Spiegelglasstärke beseitigt werden können. Es ist bis jetzt nicht gelungen, genügend große Gießtische aus einem die Wärme schlecht leitenden Stoff zu bauen, der das Abschrecken der Rohglashaut verhindert. Alle dahingehenden Versuche scheiterten daran, daß die Oberfläche der in Frage kommenden Stoffe dem hohen Druck der Walze oder der Temperatur des Glashaufens nicht widerstanden, oder das Glas klebte stellenweise derart darauf fest, daß es entweder beim Abkühlen Stücke aus der Oberfläche riß oder die Platte sich nicht vom

Tisch löste. Außerdem war es nicht möglich, größere Tische herzustellen, die auf die Dauer genügend eben blieben. Es darf angenommen werden, daß die oben erwähnten Übelstände die laufende Fabrikation von Spiegelrohglasplatten unter 8 mm durch Auswalzen auf metallenen Gießtischen nicht gestatten. Ausnahmsweise mag es ohne Beeinträchtigung der Qualität gelingen, mit sehr heißem Glas Platten von durchweg unter 7½ und auch unter 7 mm Stärke zu erzielen, in denen die Tiefe der kleinen Kaltsprünge noch erträglich bleibt; immer aber würde zur Erzeugung von ganz schwachem Glas verlängertes Schleifen erforderlich sein, so daß der Herstellungspreis den Wettbewerb mit dem geblasenen ¾-Weiß-Glas mehr und mehr erschwerte und schließlich unmöglich machte, je weiter die Stärke für das fertige Spiegelglas unter 3,5 mm sinkt. Wenn nun auch der Bedarf an Spiegelglas, das aus technischen Gründen unter 3,5 mm Stärke haben muß, nicht ausschlaggebend ist, so wird doch für kleine Stücke das ganz schwache Glas vielfach des geringeren Preises wegen vorgezogen; aus diesem Grunde wäre auch das Verfahren mit kleinen Häfen und Gießtischen nicht imstande gewesen, das ¾-Weiß-Glas ganz zu verdrängen.

Einige bayerische Hütten gingen deshalb dazu über, das dünne Glas von kleinen Häfen aus im Chance-Walzwerk auszuwalzen. In diesem Walzwerk ist die Glasmasse nicht so lange Zeit mit Eisen in Berührung wie beim Liegen auf dem Gießtisch. Sie kann deshalb darin erheblich dünner ausgewalzt werden, ohne daß die oben beschriebenen Übelstände auftreten. Aber auch dieses Verfahren ist wegen der Überlegenheit der im folgenden beschriebenen Arbeitsmethoden nicht zur Entfaltung gekommen.

2. Verfahren der Pittsburgh Plate Glass Co.

Einen großen Schritt weiter in dem zuletzt erwähnten Gedanken, aber mit dem Bestreben, große Häfen zu verwenden, ging die Pittsburgh Plate Glass Co. mit ihrem durch das DRP. 483298 geschützten Showers-Verfahren, in dem sie die Unterwalze zu einer Hohlwalze von etwa 3½ m Durchm. und verhältnismäßig geringer Wandstärke ausbildete; s. Abb. 1018 bis 1020. Die erzeugte Platte gleitet über Leitrollen unmittelbar in einen Kühlofen. Es kann also ein langes Glasband aus großen Häfen erzeugt werden (s. a. Abb. 1089—1091.

Die Überlegungen, die zu diesem Verfahren geführt haben, werden auch so gedeutet, daß man sich den ebenen Tisch zu einer ringförmigen Schale umgebogen dachte und daß diese Schale wie beim Tischverfahren als Empfänger für die aus dem Hafen entleerte Glasmasse dient. (S. „Glastechnische Berichte", VII (1930), Heft 12, S. 573.)

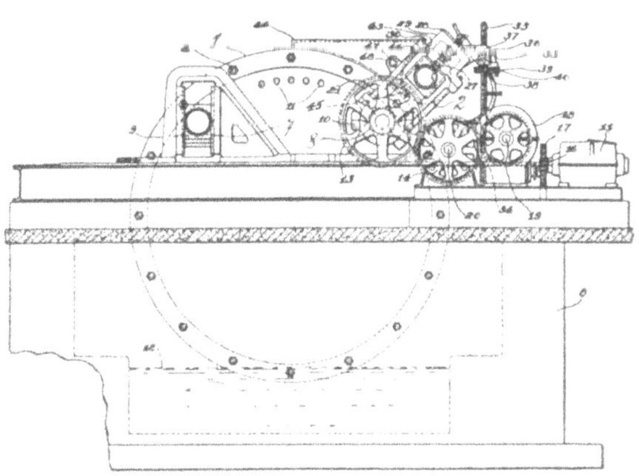

Abb. 1018.

Die Schale, also die Unterwalze stützt sich auf zwei Tragrollen *7* und *8*, von denen die eine angetrieben wird, um die Schale in Umdrehung zu versetzen. Die Oberwalze wird von derselben Tragrolle aus durch eine Stirnradübersetzung zwangsläufig mit angetrieben; ihre Lagerung kann um die Achse der Tragrolle *8* einstellbar geschwenkt werden, außerdem läßt sich der Abstand zwischen der Achse der Oberwalze und der

Achse der Tragrolle innerhalb der Schwingen noch verstellen. Wesentlich ist, daß die angetriebene Tragrolle und die Oberwalze ungefähr auf ein und demselben Radius der Unterwalze liegen, damit die einmal eingestellte Glasdicke konstant bleibt, selbst wenn sich die Unterwalze stark verwerfen sollte.

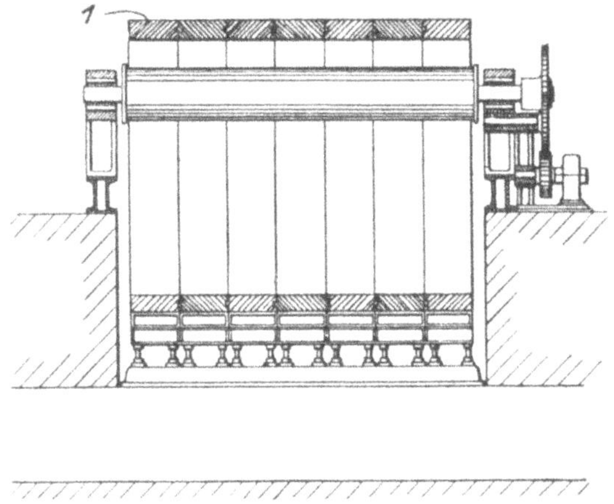

Abb. 1019.

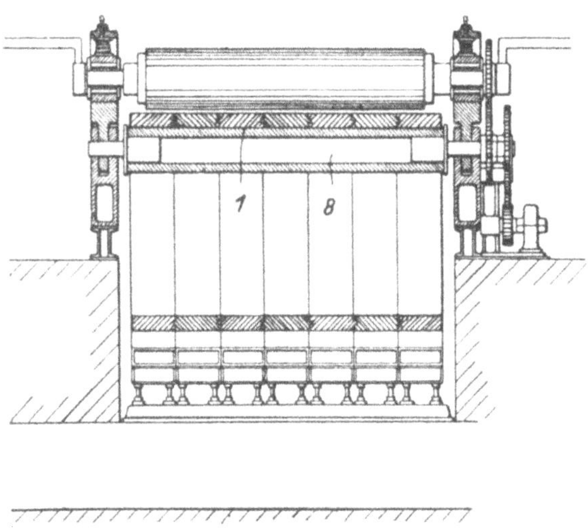

Abb. 1020.

In bezug auf die Bildung der Glasplatte besteht gegenüber dem Tischverfahren der Unterschied, daß sich die Unterlage (Schale) mitbewegt, während die Achse der Walze (Oberwalze) während des Auswalzens unverrückbar bleibt; die Behandlung des auszuwalzenden Glashaufens ist aber im Grunde genommen dieselbe.

Die Schale wird aus mehreren Ringen zusammengesetzt wie der ebene Tisch aus mehreren Lamellen; infolge der Ringform verwirft sich die Schale durch die Wärme weniger als der ebene Tisch. Unten taucht sie in einen Kühlsumpf, während die Oberwalze durch Wasserzirkulation gekühlt wird. Um das seitliche Abfließen des aufgeschütteten Glashaufens zu verhindern, sind Wände *44* angebracht, die auf der Schale stehen und sich gegen die Stirnflächen der Oberwalze anlegen; durch Federn werden sie gegen diese Stirnflächen gedrückt, so daß sie dort einen guten Abschluß geben, ohne am Umfang der Oberwalze zu reiben wie z. B. die Walzenschuhe nach den Abbildungen 850—852 beim Tischverfahren.

Dieses Verfahren wurde, falls man es für größere Schmelzhäfen verwenden wollte, erst möglich, nachdem es gelungen war, Kühlöfen für lange bandartige Glasplatten zu betreiben. Wie schon früher erwähnt worden ist, sind solche Kühlöfen heute auch in Verbindung mit anderen Walzmaschinen erfolgreich in Betrieb.

Als solche Kühlöfen für Spiegelglas noch nicht in Gebrauch waren, war es nicht möglich, die langen dünnen Rohglasplatten als Ganzes rechtzeitig in den Ofen zu bringen. Dasselbe gilt auch heute noch für die zahlreichen Fälle, in denen jene Kühlöfen aus verschiedenen Gründen nicht gewählt werden. Wie die folgenden Verfahren zeigen, wurden deshalb schon früher Mittel und Wege gefunden, um diesen Schwierigkeiten erfolgreich zu begegnen.

3. Bicherouxverfahren, frühere Form.

Nach dem DRP. Nr. 232670 vom 30. Juni 1909 sowie den Zusätzen Nr. 247280 und 295551 der Herzogenrather Glaswerke Bicheroux & Cie. G. m. b. H. in Herzogenrath bei Aachen, soll die Platte während des Auswalzens in kleinere Teile zerlegt werden, so daß die ersten Teile in den Kühlofen geschoben werden können, noch ehe die letzten ausgewalzt sind. Unmittelbar hinter der fortschreitenden Walze sollen die Trennschnitte vorgenommen werden, um die zwischen je zwei Schnitten liegende Scheibe so bald als möglich in den Kühlofen befördern zu können. Die Gießunterlage würde in einem solchen Fall natürlich so lang, daß sie kaum mehr durch einen einzigen, durchgehenden Gießtisch gebildet werden könnte. Nach dem erwähnten Hauptpatent ist deshalb vorgesehen, sie aus mehreren hintereinander angeordneten kleinen Tischen zusammenzusetzen und an deren Stoßstellen die Glasplatte zu trennen.

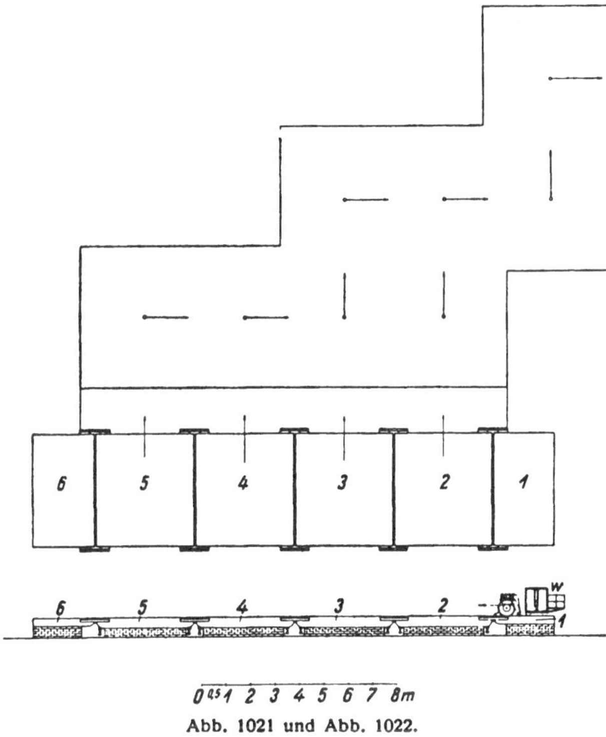

Abb. 1021 und Abb. 1022.

Die kleinen Tische haben gleichzeitig den Vorteil, daß ihre Oberflächen leichter eben herzustellen und eben zu halten sind als diejenigen der üblichen großen Tische; die kleinen werfen und verziehen sich weniger und ihre Kühlung bei fortdauerndem Gießen ist sicherer zu regulieren.

Die Fig. 3 und 4 der Hauptpatentschrift weisen auf eine große Anzahl von ganz kurzen Tischen hin; die obenstehenden Abb. 1021 und 1022 zeigen eine Einrichtung, wie sie zur praktischen Ausführung geplant war. Man dachte sich sechs Tische *1—6*, von denen der erste und der letzte zur Aufnahme der Walze und des fahrbaren Messers *w* sowie des abzuschneidenden Kopf- bzw. Endstückes der Glasplatte dienen sollten. Die vier wassergekühlten Haupttische *2—5* sollten 4 m Länge und 4,5 m Breite erhalten. Zwischen je zwei Tischen war ein Spalt von 50 mm Weite vorgesehen, der während des Walzens durch ein ebenfalls wassergekühltes gußeisernes, durch Versuche erprobtes Lamellenstück ausgefüllt werden sollte, das unmittelbar nach dem Passieren der Walze selbsttätig ausgelöst und nach unten ausweichbar war, um dem der Walze nachfolgenden, über jedem Spalt anzuhaltenden Messer bei dessen Niederschnellen in den Spalt Platz zu machen. Bei einer Länge des gesamten ausgestreckten Glasbandes von 16,6 m, einer Breite von 4,0 m und einer durchschnittlichen Rohglasstärke von 7,5 mm betrug die ausgewalzte Glasmenge rd. 500 l. Dazu würden sich Häfen, wie sie im allgemeinen für Starkglaseinrichtungen der Größe Nr. II (s. S. 913) benützt werden, eignen.

Die Abb. 1023 und 1024 zeigen die Versuchseinrichtung, durch die die Durchführbarkeit der geplanten mechanischen Vorgänge und des Auswalzens der großen Glasmenge auf eine so ausgedehnte Strecke erwiesen wurde. Da vorerst lediglich das Verhalten der Glasmasse am Anfang und am Ende festzustellen und zu erproben war, wurden zwecks Kostenersparung bei der Versuchseinrichtung die beiden mittleren Tische der geplanten Anlage durch einen vorhandenen alten Tisch *3*, der die jenen beiden Tischen entsprechende Glasmenge aufzunehmen hatte, ersetzt, und nur die Tische *2* und *4* in den Abmessungen und der Bauart benützt, die sie später voraussichtlich haben sollten. Die anfängliche Befürchtung, daß die Glasmasse bis zum Schluß des Walzvorganges zu steif werden könnte, hat sich sofort als unberechtigt gezeigt. Da bekanntlich der heiße Kern des vor die Walze geschütteten Glashaufens an den Schluß der Platte kommt, ist bei den üblichen Plattenlängen der letzte Teil der Masse der weichste. Auch beim Ausstrecken des viel längeren, dünnen Glasbandes behielt der Kern eine solche Temperatur, daß das Schlußstück das weichste war; es war ohne weiteres zu schließen, daß das Verhalten der Glasmasse von diesem Gesichtspunkt aus gestatten würde, ein noch erheblich längeres Band auszuwalzen. Dabei ist zu berücksichtigen, daß man die Walze wegen ihres hohen Gewichtes und zwecks Schonung des Glases in bezug auf seine Qualität langsamer als sonst üblich über die Tische hinwegzog; ihr wagrechtes Fortschreiten betrug 0,15—0,20 m in der Sekunde gegenüber 0,22—0,28 m beim gewöhnlichen Auswalzen auf 10—11 mm Stärke.

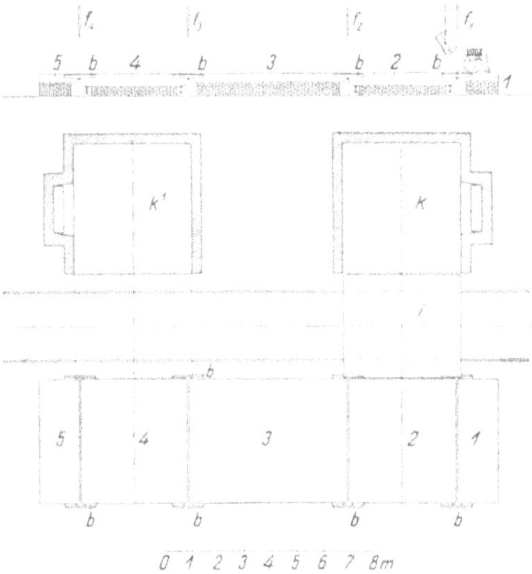

Abb. 1023 und Abb. 1024.

Die Glasstärke wurde durch zwei auf die Walzenköpfe aufgedrehte Bunde bestimmt, da Walzleisten beim seitlichen Abschieben der Platten hinderlich gewesen wären. Einen Nachteil in der Walzarbeit hat diese Anordnung nicht ergeben. Um die Walze über die zwischen je zwei Tischen befindlichen Spalten von 50 mm Weite hinwegzuführen und einen übermäßigen Druck auf die sie ausfüllenden Lamellenstücke zu vermeiden, waren die Tische durch seitliche Brücken *b* miteinander verbunden, auf die die Wulste *m* (Abb. 1025 und 1026) der Walzenköpfe aufliefen. Diese Wulste dienten zugleich als Spurkränze und wirkten dem Schräglaufen der Walze auf ihrem langen Weg entgegen. Die Brücken *b* waren so an den Tischen zu befestigen, daß sie deren Ausdehnung durch die Wärme nachgeben konnten.

Wie bereits früher erwähnt wurde, muß der spezifische Druck auf die Glasmasse um so größer sein, je schwächer die Platte werden soll. Zum Ausstrecken des Glases zu einer Platte von 10—11 mm Dicke reicht im allgemeinen bei 600 mm Walzendurchmesser ein Walzendruck von etwa 2000 kg je 1 m Plattenbreite gerade noch aus, um die Glasmasse überall so zusammenzupressen, daß die Walze durchweg die Walzleisten sicher berührt, ohne zeitweise derart auf dem Glas zu schwimmen, daß sie sich von den

Leisten abhebt und die Platte aus diesem Grunde an den betreffenden Stellen dicker wird als die Leisten. Diese Bedingung vermag das Eigengewicht einer Walze von 600 mm Durchm. noch zu erfüllen; zum Herunterpressen der Glasmasse auf 7—8 mm Stärke genügt es aber nicht mehr. Bei den Versuchen mußte die Walze noch besonders belastet werden (s. Abb. 1025 und 1026). Erst nachdem der Druck 18000 kg, d. h. bei einer Plattenbreite von 4 m = 4500 kg je 1 m betrug, berührten die Walzenbunde *p* durchweg die Tische, so daß nicht mehr infolge Aufschwimmens der Walze die Gleichmäßigkeit der Glasstärke beeinträchtigt wurde. Das Hintereinanderkuppeln von zwei Walzen hatte sich nicht bewährt; zwischen beiden Walzen staute sich die noch weiche Glasplatte, und es bildete sich vor der zweiten Walze eine hohe Glaswelle,

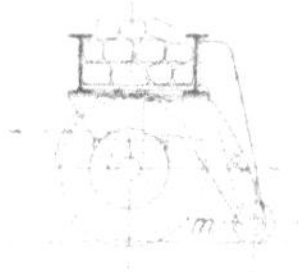

Abb. 1025.

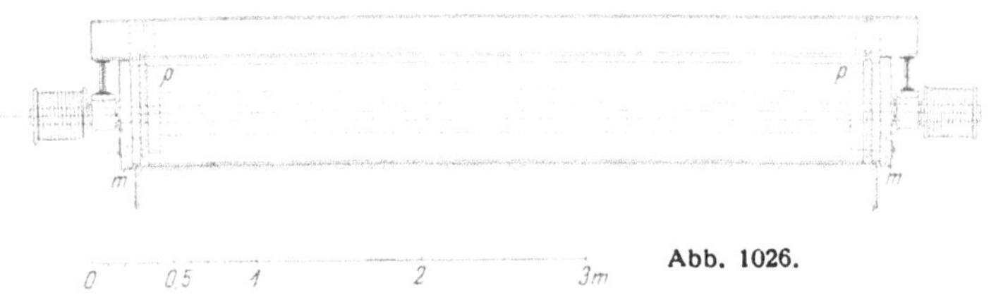

Abb. 1026.

die Falten in der Platte hinterließ, in denen häufig Verunreinigungen eingeschlossen waren; außerdem war die Glasstärke weniger gleichmäßig als bei der Anordnung nach Abb. 1025 und 1026 und die zweite Walze nahm zu viel Raum hinter der ersten ein, so daß es zu lange dauerte, bis auch sie die Tischspalten passiert hatte und man die Messer *f* zum Durchschneiden des Glasbandes in Wirksamkeit treten lassen konnte.

Beim Versuch wurden die Scheiben von den Tischen *2* und *4* über einen leichten hölzernen Zwischentisch *i* hinweg in die beiden Einkammerkühlöfen *k* und k_1 geschoben (Abb. 1024). Der Zwischentisch *i* konnte von Hand auf Rädern hin- und hergefahren werden. Einige Möglichkeiten, nach denen eine endgültige Fabrikationseinrichtung mit Kanalkühlöfen in Verbindung zu bringen war, zeigt die DRP.-Schrift Nr. 332303.

Das Trennen der einzelnen Platten aus dem breiten Glasband machte anfänglich große Schwierigkeiten. Ein naheliegender Gedanke war zunächst, wie nach Abb. 1027 auf den Tischen an jeder Trennstelle eine oder zwei nebeneinanderliegende Schneiden *a* anzubringen von einer Höhe, die mindestens der erstrebten Glasstärke gleichkommt. Die schwerste Walze ist aber nicht imstande, auf diese Weise eine saubere Trennung herbeizuführen; über der Schneide bleibt stets eine dünne Glaskruste *b*, die sofort erstarrt und von selbst reißt oder schon durch den Walzendruck zermalmt wird. Es entstehen deshalb zackige Trennungslinien, die ein geordnetes Abschieben der Platte unmöglich machen und die Ränder bekommen Anrisse und Kaltsprünge, die beim Kühlen in vielen Fällen zum Springen der Platten führen. Auch die Ausführung eines einfachen Schnittes mit Hilfe eines Messers oder eines quer über das Glasband geführten Schneidrades brachte nicht zum Ziel. Das Glas ist zwar unmittelbar hinter der Walze noch so weich, daß es auf diese Weise geschnitten werden kann; die Schnittkanten laufen und kleben aber sofort wieder zusammen, so daß auch in diesem Falle das Verschieben der Platten nicht ordentlich möglich ist. Auch wenn die Kanten nicht klebten, müßte man die abgetrennte Platte zuerst in umständlicher Weise von der noch auf dem Tisch bleibenden Kante der folgenden Platte abrücken, um sie daran entlang verschieben zu können.

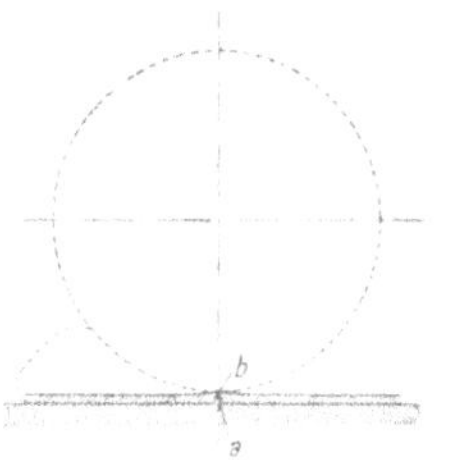

Abb. 1027.

Es war deshalb zweckmäßig, einen schmalen Streifen von der Breite der Tischspalte auszuschneiden, wie es die DRP.-Schriften Nr. 247280 und 295551 angeben. Der ausgeschnittene Streifen lag auf dem die Spalte ausfüllenden Lamellenstück und fiel bei dessen selbsttätigen Niederschwingen nach dem Passieren der Walze unter den Tisch, so daß die betreffende Kante der abgetrennten Rohglasplatte frei lag. Die Abb. 1028—1030 zeigen die Fallmesser, die bei den Versuchen ausprobiert wurden. Über jedem Spalt hing ein solches in Führungen *d* gleitendes Messer, das unmittelbar nach dem Passieren der Walze und dem Ausweichen des Lamellenstückes *e* ausgelöst wurde und niederfiel. Die eigentlichen Messer *f* bestanden aus je zwei

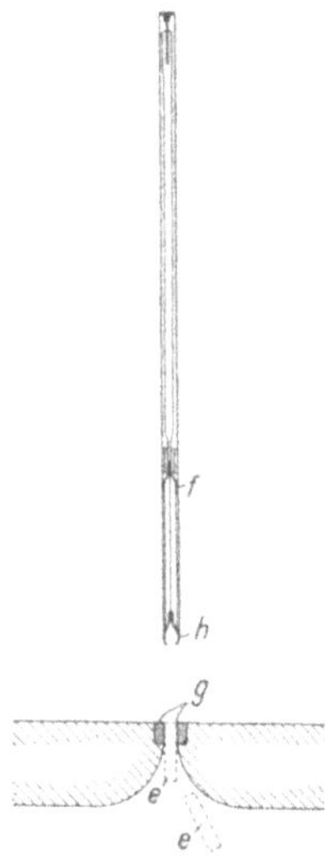

Abb. 1028.

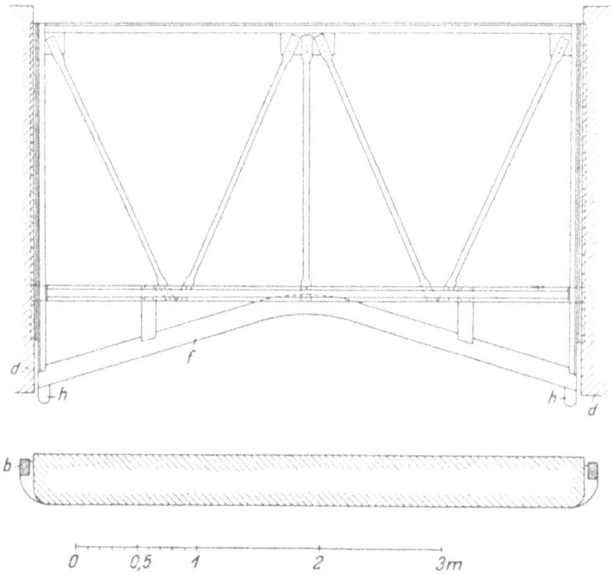

Abb. 1029.

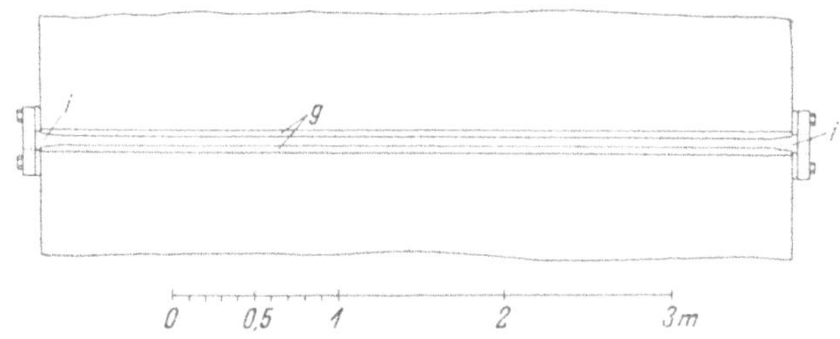

Abb. 1030.

federnden Blättern, die miteinander einen Glockenquerschnitt ergaben, dessen Weite größer war als die Spaltweite. Die Blätter scherten deshalb das Glas entlang den stählernen Schneidkanten *g* der Tische ab, wodurch ein durchaus sauberer und anrißfreier Schnitt entstand. An den Enden der Messerblätter waren Fangohren *h* befestigt, die in die Spalterweiterungen *i* eingriffen und so das richtige Einführen des Messers in den Spalt sicherten. Einen guten Schnitt ergaben auch kreisförmige Messer nach R. Höfig, siehe Abb. 1031 und 1032, die mit Hilfe einer elektrisch betriebenen Winde quer über den Tisch geführt wurden. Die Messer wurden dabei durch ein Gewicht belastet und beim Zurückziehen zwecks Schonung der Schneiden durch einen Seilzug selbsttätig gelüftet.

Bei diesen Versuchen wurden täglich zwei Rohglasplatten von 4 × 4 m und durchschnittlich 7,6 mm Stärke hergestellt. Die Bruchverluste in den Kühlöfen waren gering. Die ersten Platten waren stark wellig; die Walze war allerdings nur schwach geriffelt. Nachdem die Riffeln ebenso hoch gemacht worden waren wie bei den Walzen für starkes Spiegelglas üblich ist, wurden die Wellen schwächer; sie waren aber doch immer noch so, daß die Ebenheit der Platten als unzulänglich bezeichnet werden mußte. Noch höher durfte man die Riffeln nicht machen; sie hinterließen schon so starke Eindrücke in der Rohglashaut, daß das Schneiden der gekühlten Platten sehr erschwert wurde. Um der Wellenbildung noch mehr entgegenzuarbeiten, wurden auch die Tischoberflächen mit schwachen Riffeln versehen, und zwar der eine Tisch mit Quer-, der andere mit Längsriffeln. Die Längsriffeln erschwerten das Abschieben der Platten vom Tisch in den Kühlofen nur unmerklich, die Querriffeln dagegen erhöhten die Gefahr des Verunreinigens der Glasmasse auf dem Tisch. Die

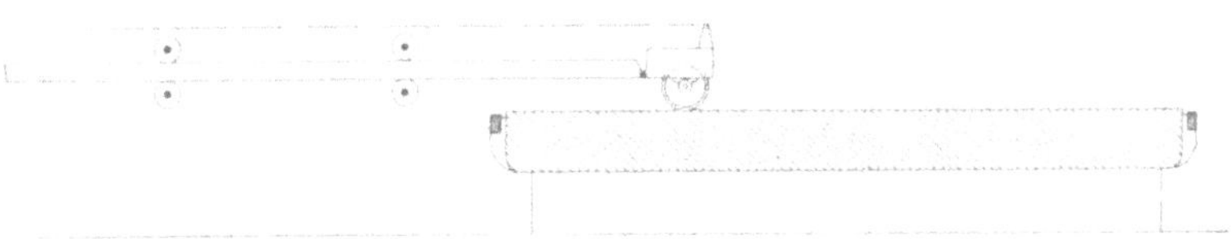

Abb. 1031.

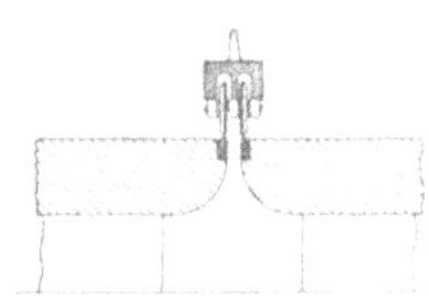

Abb. 1032.

Wellen in den Glasplatten wurden aber ganz erheblich abgeschwächt und waren nicht mehr bedenklich; völlig ausgeblieben sind sie aber nie. Abgesehen von diesen leichten Wellen war die Ebenheit der einzelnen Scheiben eine sehr gute, so daß das Schleifen und Feinschleifen auf Schleiftischen von ca. 9 m Dmr. nur etwa dreiviertel der Zeit in Anspruch nahm, die man zum Schleifen von starkem Rohglas brauchte. Der Verlust durch Schleifbruch war ungefähr derselbe; es wurden Rohglasstücke bis zu 4 m² aufgelegt. Um die Rohglashaut an allen Stellen zu entfernen, mußten auf jeder Seite 1,6—2,2, auf beiden Seiten zusammen durchschnittlich etwa 3,8 mm abgeschliffen werden, so daß man eine Durchschnittsstärke des polierten Glases von 3,8 mm erhielt. Die Messungen schwankten z. B. unter rd. 1500 m² zwischen 3,2 und 4,4 mm.

Das Glas zeigte verhältnismäßig viele, vom Walzen herrührende Verunreinigungen; dieser Übelstand war aber nicht so groß, daß dadurch der Wert des Verfahrens gänzlich in Frage gestellt worden wäre. Dagegen traten auch hier die oben beim Gießverfahren mit kleinen Häfen beschriebenen Kaltsprünge in derartigem Umfang auf, daß dadurch die Ausübung des Verfahrens im großen nicht gewagt werden konnte. Bei Platten, die versuchsweise auf 7 mm heruntergewalzt wurden, waren die Kaltsprünge so tief und zahlreich, daß der weitaus größte Teil des Glases als Ausschuß zu betrachten war. Wie beim Gießverfahren mit kleinen Häfen könnte man diesen Übelstand erheblich abschwächen, wenn man mit der Rohglasstärke über 8 mm bliebe. Man erhielte dann normalerweise polierte Scheiben von fast durchweg über 4 mm Stärke; eine geringere Stärke müßte durch verlängertes Schleifen erreicht werden.

4. Neue Form des Bicherouxverfahrens.

Die Erfahrungen aus diesen Versuchen führten Bicheroux zu dem unter seinem Namen heute verstandenen Verfahren. Die oben erwähnten Umstände und Nachteile der Gießtisch-Verfahren sind auch hervorgehoben in der dem Bicheroux-Verfahren zugrunde liegenden Patentschrift zum DRP. Nr. 334699, das ab 16. November 1918 läuft. Wie durch die weiter oben erwähnte Maßnahme einiger ¾-Weiß-Glas-Fabrikanten, so ist auch durch diese Erfindung zurückgegriffen auf die Methode des Chance-Walzwerks, also auf die zur Herstellung von gewöhnlichem, nicht zum Schleifen und Polieren vorgesehenen Roh-, Draht-, Ornament- u. dgl. Glas vielfach gebräuchliche Methode, bei der die Glasstärke durch zwei gegeneinander laufende Walzen bestimmt wird. Dabei kommt das Glas, wie bereits erwähnt, weniger mit Metall in Berührung und man gewinnt die Möglichkeit, das ausgewalzte Glasband auf eine Unterlage aus Material zu lenken, das die Wärme schlecht leitet. Die Unterlage hat hierbei keinen Druck auszuhalten und die Außenhaut des Glasbandes ist beim Berühren mit ihr immerhin schon so weit erstarrt, daß sie nicht mehr kleben kann. In Wirklichkeit hat man beim Bau der Betriebsanlagen wieder gußeiserne Tische benützt. Um dabei die rasche Wärmeableitung und damit die Bildung von Kaltsprüngen an der Glasoberfläche zu vermeiden, hat man Tisch- und Glasfläche in senkrecht zueinander verlaufenden Richtungen geriffelt. Dadurch wurde erreicht, daß warmes Glas und kaltes Eisen sich nur in Punkteberührung befinden und zwischen beiden eine wärmeisolierende Luftschicht liegt. Bei den neuesten Anlagen läßt man das Glasband nicht auf Transporttische, sondern auf Transportrollen auflaufen, die es dann in den Rollenkühlofen einführen (Abb. 1048). Auch hierbei ist die Dauer der Berührung zwischen Glas und Metall auf ein unschädliches Maß herabgedrückt.

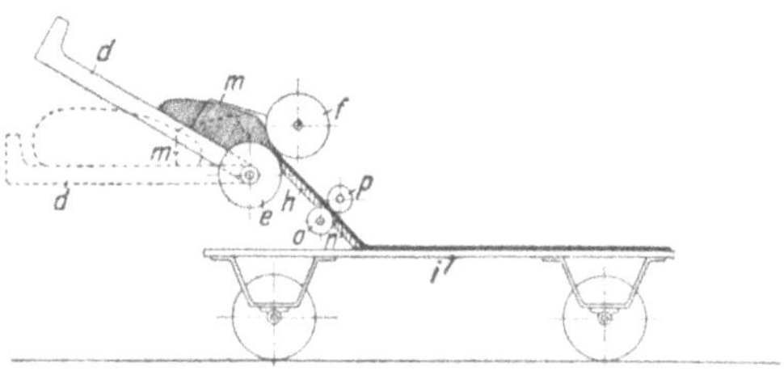

Abb. 1033.

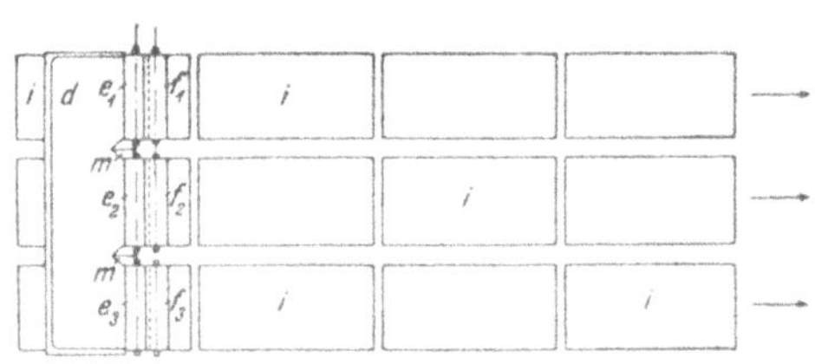

Abb. 1034.

Während man bei der Herstellung von Draht-, Ornament- u. dgl. Glasscheiben den Walzen nur geringe Glasmengen auf einmal zuführt und bei diesen Erzeugnissen die Reinheit des Glases eine untergeordnete Rolle spielt, wird durch diese Erfindung ermöglicht, den Inhalt eines großen Hafens den Walzen zuzuführen, und zwar derart, daß er wie beim Gießen des starken Spiegelrohglases in der altbewährten Weise als ein Haufen und in einem Zuge aus dem Hafen geschüttet werden kann, wodurch die Reinheit der Glasmasse erhalten bleibt.

Die Merkmale des Verfahrens und der zu seiner Ausübung in Betracht kommenden Einrichtung seien zunächst an Hand der obengenannten Patentschrift dargelegt, (s. dazu die Abb. 1033 und 1034). Wie später zu erkennen ist, hat die Übertragung in die Praxis verschiedene Änderungen und bedeutsame Ergänzungen gebracht. Um einen großen Hafen ordentlich und ohne Beeinträchtigung der Reinheit der Glasmasse ausschütten bzw. um eine so große Glasmenge sich auf der Schüttunterlage zweckmäßig ausbreiten lassen zu können und um nicht ein ganz übermäßig langes Glasband aus einem Hafen zu bekommen, braucht man einen je nach der Größe des Hafens in Richtung der Walzenlänge gemessenen Raum von mindestens 3,5—5 m. Freitragende Walzen von solcher Länge erfordern jedoch schwere Lagerungen und Antriebe, die zum Stoßen neigen; gegen die Wirkungen der Hitze sind lange Walzen empfindlicher als kurze. Andererseits war zu befürchten, daß ein einziges kurzes Walzenpaar ein schmales Glasband von solcher Länge ergibt, daß das Glas trotz der Ausdauer des Glaskerns doch am Ende zu steif wird. Das Walzwerk war deshalb der Länge nach in mehrere kürzere Walzmaschinen aufgeteilt gedacht, nach Abb. 1034 z. B. in drei ($e_1 f_1$, $e_2 f_2$ und e_3 und f_3). Zur Unterbringung der Walzenlager und -antriebe brauchte man hierbei zwischen je zwei Maschinen einen gewissen Abstand; um nun dennoch das Glas jeder Maschine so zuführen zu können, daß die Zwischenräume glasfrei bleiben, waren zwischen je zwei Maschinen eisbrecherartige Erhebungen *m* auf der Schüttunterlage *d* vorgesehen. Wie weiter unten die Abb. 1041 zeigt, hat man aber bei der betriebsmäßigen Ausführung der Anlage durchgehende Walzen von etwa 4 m Länge gewählt; durch eine günstig ausgebildete Lagerung und ausgiebige Kühlung hat man die oben geschilderten Gefahren überwunden.

Um nun den Hafeninhalt in erprobter Weise auf eine wagrechte Ebene ausgießen zu können, ist die Unterlage *d* (Abb. 1033). in der Patentschrift „Empfänger" genannt, um die Achse der Walzen *e* drehbar eingerichtet; nach oder während dem Ausschütten wird sie nach oben geschwenkt, bis die Erhebungen *m* gegen die Walzen *f* abdichten und das Glas den Walzmaschinen von selbst zufließen kann. Die Patentschrift weist auf eine besondere Ausführungsform hin, bei der der Empfänger *d* mit den Seitenschildern des Walzwerks starr verbunden ist derart, daß Empfänger und Walzen *f* gemeinsam um die Achse der Walzen *e* schwingen. Die Erhebungen *m* behalten dann ihre dichte Lage an allen Walzen stets bei.

Unterhalb der Walzen *e*, *f* kann, falls erforderlich, ein zweites Walzenpaar *o*, *p* angeordnet werden, um etwaige Unebenheiten und Ungleichmäßigkeiten in der Plattenstärke auszugleichen. Am Fuß der Rutsche *h* werden die drei Glasbänder von aufeinanderfolgenden Wagen *i* aufgenommen, deren Vorwärtsbewegung zwangläufig mit der Walzenbewegung zusammenhängt; den Wagen ist jedoch eher etwas Vereilung zu geben als umgekehrt, damit die Glasbänder sich nicht stauen.

Haben die aus einem Hafen gleichzeitig gewalzten Glasbänder zusammen eine Breite von 4—5 m wie die starken Rohglasplatten und sind sie halb so stark wie diese, so entstehen Bänder von rd. 20 m Länge; sind die Breiten zusammen geringer, so wächst die Länge der Bänder dementsprechend. Sie sind deshalb in der Nähe des Walzwerks zu zerschneiden und in einzelne kürzere Scheiben aufzuteilen. Es entstand deshalb die Notwendigkeit, mit dem Walzwerk auch noch eine Schneidvorrichtung zu verbinden, eine Kombination, die z. B. auch in der DRP.-Schrift Nr. 159628 vom 15. April 1905 durch N. Harrison, J. Wharton und S. R. Wightman zum Ausdruck gebracht worden ist. Zweckmäßigerweise schneidet man die Glasbänder an den Stoßstellen der Wagen *i* durch und bringt die einzelnen Scheiben auf diesen Wagen zu den Kühlöfen.

Dieses Verfahren hat sich durch die Praxis als zur Massenerzeugung geeignet erwiesen. Nach der Patentschrift soll es die Nachteile der sonstigen Verfahren zur Herstellung von schwachem Spiegelglas, sei es durch Blasen oder Ausstrecken auf dem Walztisch, vermeiden und gleichzeitig alle Vorteile des einen und des anderen in sich vereinigen: Reinhalten der Glasmasse, Vermeidung von Kaltsprüngen, Ebenheit der Platten, Unbeschränktheit der Hafengröße, Unbeschränktheit der Glasstärke, niedrigster, praktisch überhaupt möglicher Herstellungspreis.

An dieser Stelle sei auf einen in den „Glastechnischen Berichten", 5. Jahrg., Heft 8, November 1927, wiedergegebenen Vortrag von Dr. A. Wendler hingewiesen, in dem der Vortragende die Umstände und Wege, die zu dem Erfindungsgedanken und dessen Verwirklichung führten, in interessanter Weise logisch entwickelte; ebenso auf einen gleichfalls in den „Glastechnischen Berichten", VII. Jahrg., Heft 12, März 1930, abgedruckten Vortrag von L. v. Reis über „Neuzeitliche Spiegelglas-Herstellung" sowie auf die Berichte von Dr.-Ing. Maurach in „Technische Rundschau" Nr. 28 vom 13. Juli 1927 und von A. Schild in „Die Glas-Industrie", Heft 7 vom Juli 1928.

Die praktische Durchführung des Verfahrens wird aus den Abb. 1035—1047 ersichtlich. Die „Deutsche Glastechnische Gesellschaft“ hat dankenswerterweise die Druckstöcke für die Abb. 1035, 1036 und 1039—1047 zur Verfügung gestellt.

Abb. 1036 zeigt die 4 Hauptstellungen des Schmelzhafens während des Ausschüttens des Glases. Zu bemerken ist in erster Linie, daß der Hafen nicht wie üblich um eine Mittelachse gekippt wird sondern um seinen dem Walzwerk zugekehrten oberen Rand. Der Glashaufen hat deshalb eine weit geringere Fallhöhe zu durchlaufen als gewöhnlich; s. Abb. 1035, die den Schüttvorgang beim alten

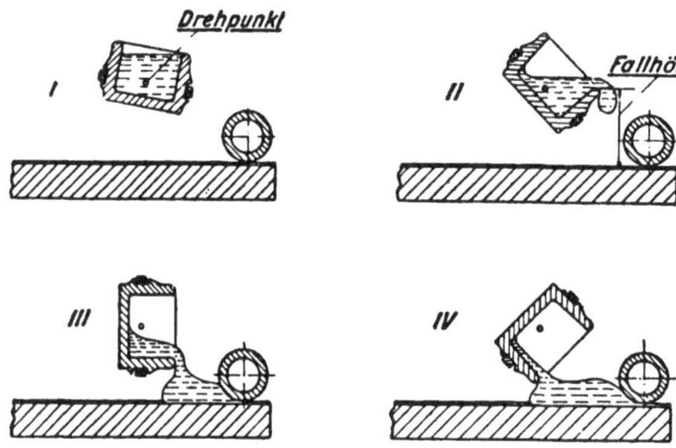

Abb. 1035.

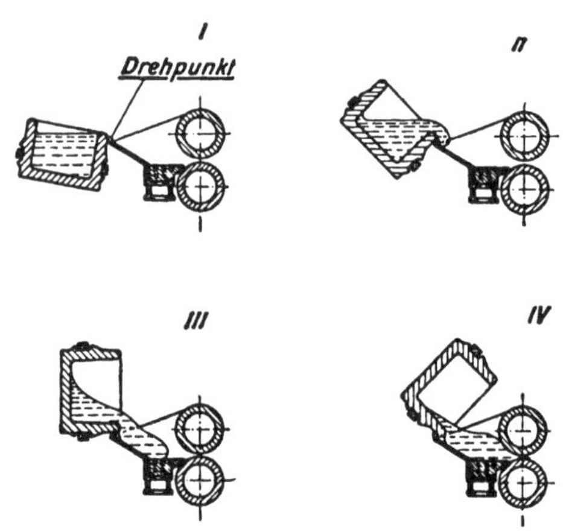

Abb. 1036.

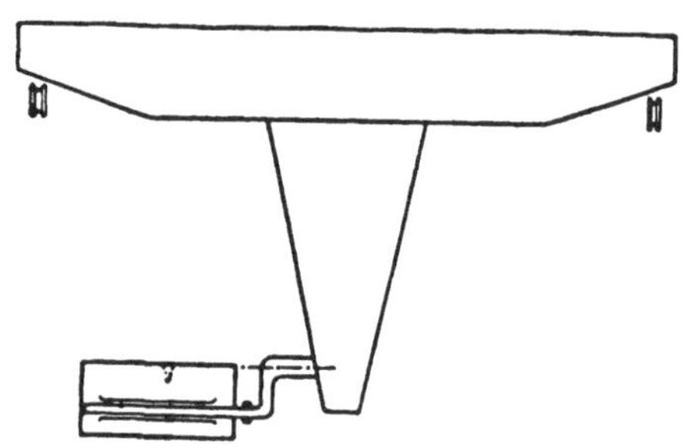
Abb. 1037.

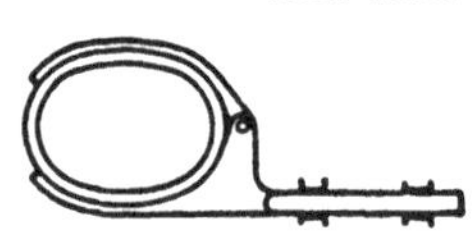
Abb. 1038.

Verfahren darstellt. Die Gefahr des Sichüberschlagens des Haufens, also der Faltenbildung und des Einschließens von Luftblasen wird dadurch geringer. Diese Kippbewegung des Hafens erreicht man, indem man nach dem DRP. 423449 die Gießschere exzentrisch baut und ihre Drehachse derart kröpft, daß sie in der Höhe und der Richtung der Ausgußkante des erfaßten Hafens liegt (Abb. 1037 und 1038). Noch während des Schüttens wird mit dem Auswalzen begonnen, damit das Glas möglichst kurze Zeit auf dem Empfänger liegt und auch dieser selbst zwecks weiterer Verminderung des Abkühlens der Glasmasse möglichst klein gehalten werden kann. Wie Abb. 1036 angibt, hat der Empfänger entgegen der Theorie in Wirklichkeit schon in seiner Anfangslage eine geneigte Zulauffläche, damit der Vorderteil des Glashaufens sofort nach den Walzen zu gleitet und die nachfolgende Masse ebenfalls ungehindert Platz findet. Wenn dann wie in Stellung IV (Abb. 1039) der Empfänger und die obere Walze um die Achse der unteren Walze geschwenkt werden, staut sich die Glasmasse vor der oberen Walze und fließt dem Walzwerk um so besser zu. Aus den Abbildungen 1040 und 1041 sind der Walzenantrieb und das Schwenkwerk ersichtlich; auch der Wagenantrieb ist daraus und aus Abb. 1042 deutlich zu ersehen. Vom Walzwerk aus gleitet das Glasband über eine schiefe Ebene auf den Wagen. Die Auswalzgeschwindigkeit beträgt 0,3 bis 0,5 m i. d. Sek. Mit der gleichen Geschwindigkeit bewegt sich auch der Wagen während der Aufnahme des Glases, um

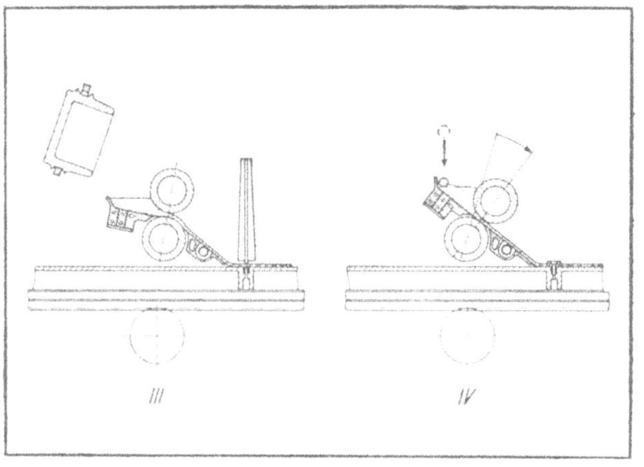

Abb. 1039.

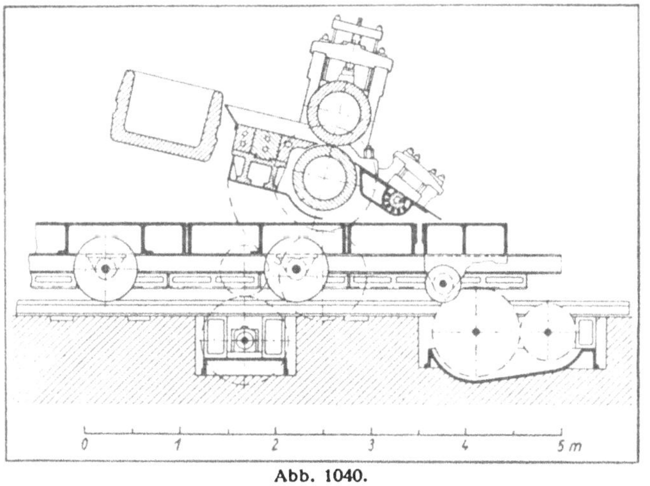

Abb. 1040.

jedoch Stauungen und Falten im Glas zu vermeiden, nimmt man die Wagengeschwindigkeit eher um ein geringes höher an als etwa zu niedrig. Nach dem Abtrennen des auf einem voll belegten Wagenteil liegenden Glases von dem folgenden Glasband wird der abgetrennte Teil auf etwa 3 m i. d. Sek. beschleunigt und mit dieser Geschwindigkeit vor die Kühlöfen gefahren. In die schiefe Ebene ist eine Bremsrolle eingebaut, die dem Abreißen und dem seitlichen Ausweichen des Glasbandes entgegenwirkt.

Der Wagen besteht aus drei Teilen, die drei in Richtung der Walzenachsen, also senkrecht zur Fahrtrichtung voneinander getrennte Tische bilden. Die Trennspalten dienen als Schnittstellen, in die die Messer eindringen, um dort längs den Tischkanten das Glas abzuscheren. In der Stellung III der Abb. 1039 sind die Messer in ihrer

Hochlage, bei IV in heruntergeklapptem Zustand angedeutet. Die Abb. 1042 und 1043 zeigen die Art der Anordnung dieser Messer. Während des Schneidens müssen die Messer der Wagenbewegung folgen, um dann nach Beendigung jedes Schnittes wieder in ihre Anfangslage nach dem Walzwerk hin zurückzukehren. Wie schon weiter oben erwähnt worden ist, bestehen die Tischoberflächen aus geriffelten gußeisernen Platten; auch die Walzen sind geriffelt. Die Bedeutung dieser Riffelungen, die sich auch hier als für die Ebenheit der Platten am vorteilhaftesten herausgestellt

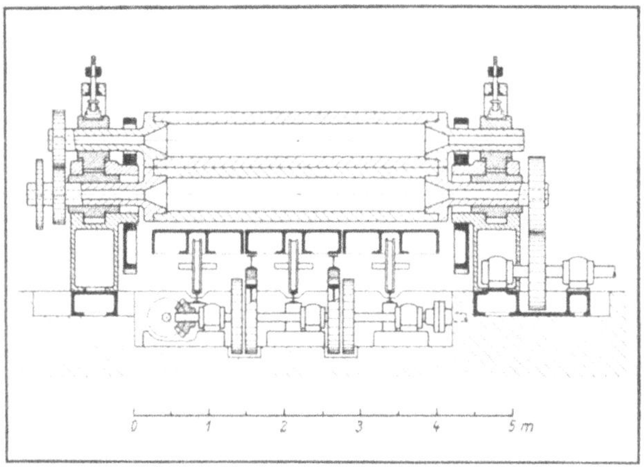

Abb. 1041.

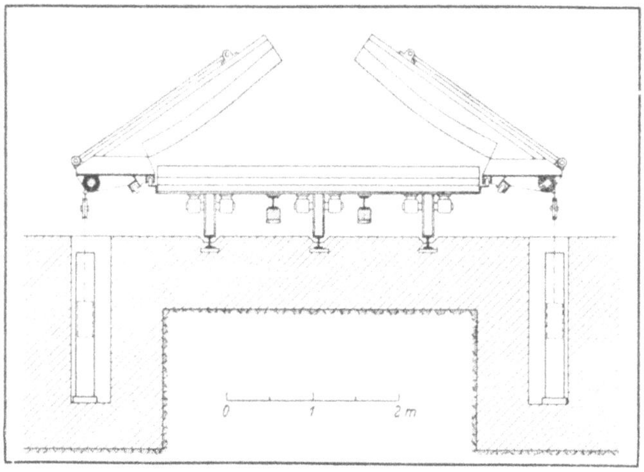

Abb. 1042.

haben, ist schon früher besprochen worden (S. 894 und 1020). Daß man bei einigen neuen für sehr große Produktionen bestimmte Anlagen das Glasband nicht auf Transporttische, also nicht auf Wagen, sondern auf Transportrollen auflaufen läßt, die es in einen Rollenkühlofen einführen (Abb. 1048), ist ebenfalls schon erwähnt worden. Diese Verbindung der Bicherouxschen Walzmaschine mit einem Rollentransporteur und einem Rollenkühlofen ergibt den großen Vorteil, daß das ganze aus einem Schmelzhafen stammende Glasband unzerteilt in und durch den Kühlofen gelangen kann. Die Vorrichtung zum Zerschneiden des heißen Glasbandes unmittelbar hinter der Walzmaschine, die Wagen mit ihrem Hin- und Herfahren zwischen Maschine und Kühlöfen und die umfangreichen und komplizierten Einstoßvorrichtungen sind entbehrlich.

Anderseits ist aber zu beachten, daß die Anschaffungskosten für einen Rollenkühlofen sehr hoch sind, weshalb eine solche Anlage sich vorerst nur für Fabriken mit sehr großen Produktionen lohnt.

Abb. 1043.

Abb. 1044.

Je dünner das Glas ausgewalzt wird, desto größer sind die Gefahren beim Abkühlen; diese Gefahren werden wieder um so größer, je größer die einzelnen Platten sind. Beim Auswalzen auf besonders geringe Stärke wurde das Glasband deshalb zuerst auch noch der Länge nach zerteilt, so daß bei drei Tischen sechs kleine Platten entstanden. In der Abb. 1043 ist die dazu erforderliche Teilvorrichtung zu sehen. Man hatte aber bald gelernt, auch größere Scheiben so zu behandeln, daß sie unbeschädigt und eben in und durch den Kühlofen gelangten; die Längsteilvorrichtung wurde deshalb weggelassen, wie aus Abb. 1044 ersichtlich ist.

Die Abb. 1045 gibt den Lageplan einer nach dem Bicheroux-Verfahren arbeitenden Halle samt Schmelzöfen und Kühlkanälen wieder. Danach bewegt sich über den Schmelzöfen ein Deckenlaufkran mit daranhängender Hafenzange. Damit werden die Schmelzhäfen in den Bereich des Schüttkrans gebracht, der auch in der Abb. 1046 ersichtlich ist. Aus dem Lageplan erkennt man ferner, daß die 3 Tische vom Walzwerk aus unmittelbar vor die Köpfe von drei Kühlkanälen fahren, so daß die frisch gewalzten Platten auf dem kürzesten Weg in dieselben gelangen. Eine der an der Decke hängenden Einschiebevorrichtungen ist in der Abb. 1047 ersichtlich. Nach diesem Verfahren wird sowohl in Europa, wie auch in den Vereinigten Staaten mit großem Erfolg gearbeitet.

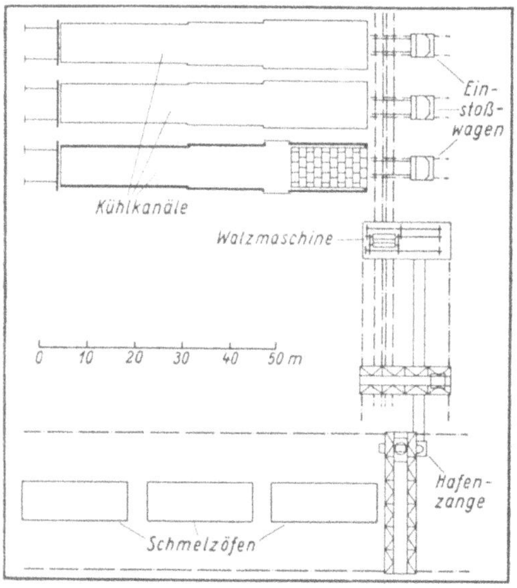

Abb. 1045.

Aus einem besonderen Bericht des Herrn von Reis, Herzogenrath, sei noch folgendes darüber mitgeteilt: „Im Laufe ihrer letzten Entwicklung ist die Bicheroux-Maschine nicht im Prinzip wohl aber in ihrer Ausführung weiter entwickelt worden."

„In der ersten Form wurden dünne Gläser nur in schmalen Platten bis zu 2 m Breite hergestellt. Inzwischen ist es gelungen, dünne Gläser bis zu 4 mm herunter in Breiten bis zu 4 m ungeteilt herzustellen (Abb. 1044). Ermöglicht wurde dies durch Erhöhung der Walzgeschwindigkeit, die bis zu 0,60 m/s gesteigert worden ist und durch die Erhöhung der Transportgeschwindigkeit der ausgewalzten Gläser, die auf über 2 m/s erhöht wurde."

„Weiter wurde die Einstoßvorrichtung (Abb. 1047) in ihren Einzelheiten so feinfühlig hergestellt, daß eine Verletzung auch der dünnen Platten beim Einschieben in den Kühlofen nicht zu befürchten ist. Interessant sind hierbei vor allem die federnd gelagerten und allseitig beweglichen Einschiebeschaufeln. Diese Beweglichkeit gewährleistet, daß die Schaufeln in allen Lagen sich dem Rand der einzuschiebenden Platten anschmiegen."

„Ferner wurde die Kühlung der der Hitze ausgesetzten Teile, also des Aufgußtisches, der Walzen und der schrägen Abgleitfläche so weit durchgebildet, und der noch auftretenden Wärmedehnung derart begegnet, daß auch ein durchgehender 24stündiger Betrieb, wie er zwar nicht in Europa wohl aber in Amerika gefordert wird, anstandslos durchgeführt werden kann."

„Den höchsten Wärmebeanspruchungen sind wohl die gußeisernen Transporttische ausgesetzt. Die Wärmeübertragung der heißen Glasplatten auf dem Transporttisch ist zwar durch die sich kreuzende Riffelung von Walze und Tisch erheblich vermindert, sie ist jedoch immerhin noch so hoch, daß die Oberfläche des Tisches Temperaturen von annähernd 300° C erreicht. Ein massiver Tisch würde den entstehenden Wärmespannungen nicht standhalten können, weshalb der Tisch in eine größere Anzahl kleinerer Segmente unterteilt ist. Zwischen den einzelnen Segmenten sind Dehnungsfugen vorgesehen, die die erheblichen Ausdehnungen durch die Wärme unschädlich machen. Diese den Transporttischen eigenen Schwierigkeiten werden natürlich vermieden, wenn der Transport nicht auf Transporttischen sondern auf einem Rollgang

Abb. 1046.

Abb. 1047.

erfolgt, der auch zur Kühlung und zum Geraderichten (Strecken) der Glasplatten dient. Abb. 1048 zeigt die Bicheroux-Maschine in Verbindung mit einem Rollenkühlofen (heißes Ende), Abb. 1049 den Austritt der Platten am kalten Ende. Diese letztere Anlage arbeitet bei der National Plate Glass Comp. in Ottawa (USA.) und ist bestimmt, den Bedarf der General Motors Company an Spiegelglas für

Autozwecke zu decken. Verwandt werden Häfen von 800 l Inhalt; das Ausgießen durch den Spezialgießkran und das Auswalzen in der Bicheroux-Maschine erfolgen in normaler Weise. Gewalzt wird zu einer Plattenbreite von 3,60 m. Je nach der erzeugten Rohglasstärke, die zwischen 8½ und 4 mm schwankt, hat das erzeugte Glasband eine Länge von 14 bzw. 30 m. Das Glasband wird zuerst auf einem unbedeckten Rollengang so lange weiter befördert, bis die Abkühlung in die Nähe der kritischen Temperatur

Abb. 1048.

Abb. 1049.

gelangt ist; dann erst wird die Abkühlgeschwindigkeit im Kühlofen verlangsamt, um Kühlspannungen zu vermeiden. Die Eintrittstemperatur am Kühlofen beträgt dementsprechend etwa 600° C. Die Kühlzeit in dem etwa 225 m langen Kühlofen beträgt rund 1 Stunde für 8½ mm starkes Glas. Der Ofen wird elektrisch beheizt und hat einen Stromverbrauch von etwa 700 kW, er ist also ein ganz beträchtlicher Stromverbraucher. Die Kühlung erfolgt nach dem Pilgerschrittverfahren, d. h. die Gläser gehen nicht mit gleichmäßiger Kühlgeschwindigkeit langsam durch den Ofen, sondern sie werden im Pilgerschritt vorwärts und rückwärts bewegt, was von besonders günstigem Einfluß auf die Erzielung einer einwandfreien Kühlung ist."

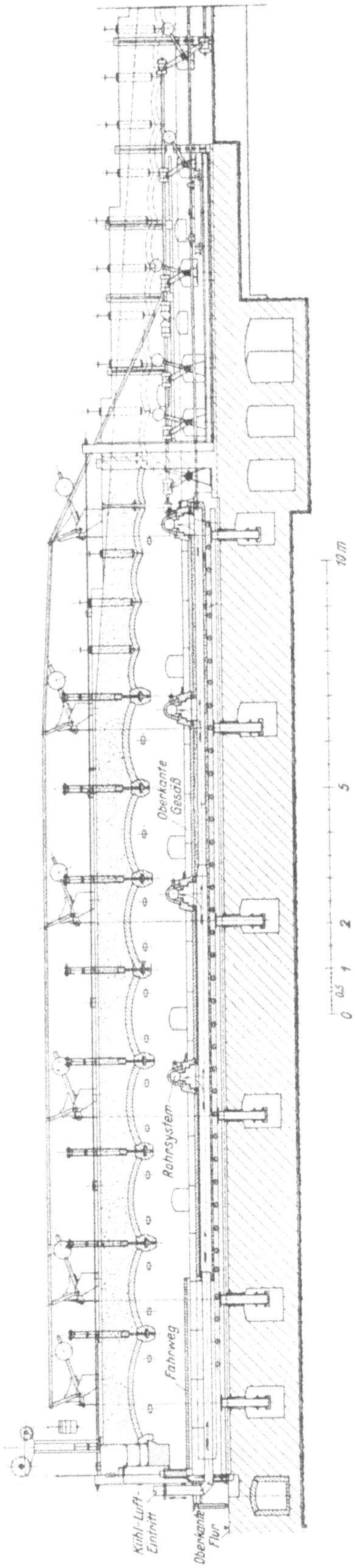

Abb. 1050a.

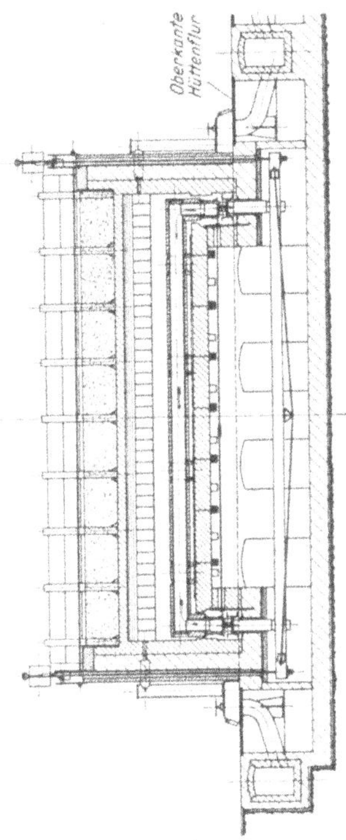

Abb. 1050c. Querschnitt.

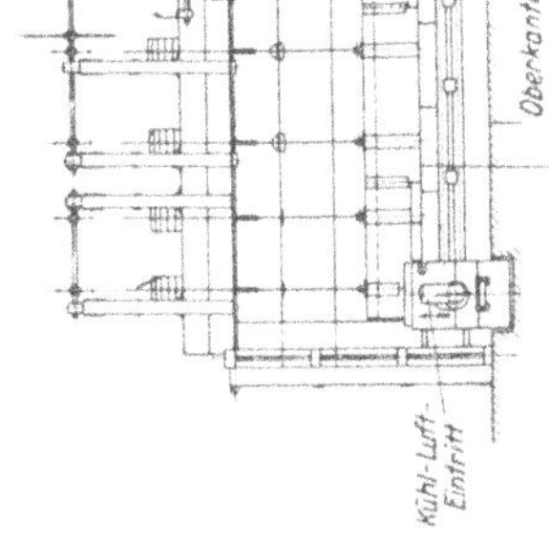

Abb. 1050b. Ansicht-Kopfwand.

„Diese Rohglaserzeugungsanlage ist in der Lage, täglich 12000—24000 m² Rohglas herzustellen, das sind im Jahre etwa 3,6—7 Millionen m². Die Ausnutzung im Jahre 1930 war ungefähr 75% der Kapazität."

„Der Rollenkühlofen ist infolge seiner kostspieligen Anlage und seiner Betriebskosten nur für sehr große Erzeugungen geeignet; für europäische Hütten kommt er

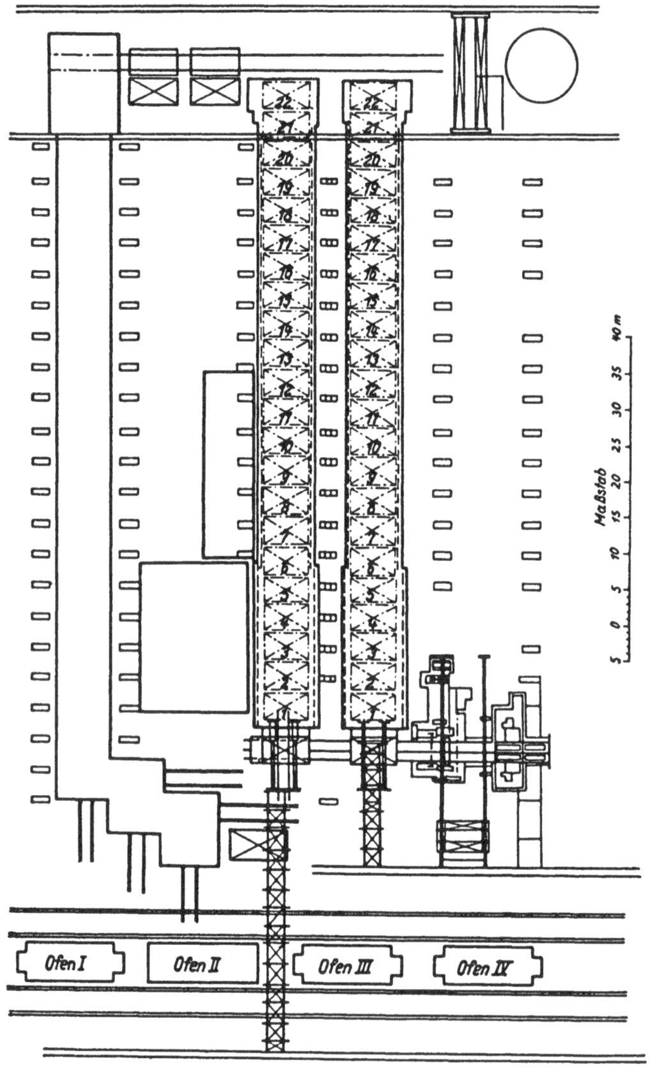

Abb. 1051.

meistens nicht in Betracht. An seine Stelle tritt dann der verbesserte, nur geradlinig verlaufende Straku. Die frühere zickzackförmige Anordnung der Kühlkammern, die dem Kühlkanal vorgelagert waren, wurden dadurch bedingt, daß man noch keine Verschiebewerkzeuge bauen konnte, die den hohen Temperaturen der Vorkühlkammern dauernd gewachsen waren. Die zickzackförmige Anordnung erlaubte, die Verschiebeschaufeln durch Rohre zu bedienen, die nicht länger als eine Platte zu sein brauchten und die nach jeder Arbeit durch die Außenluft gekühlt werden konnten. Diese Anordnung war zwar betriebssicher, erforderte aber viel Bedienungspersonal und ergab ungünstige Abkühlungsbedingungen, weil die zickzackförmige Anordnung der Kammern viel tote Ecken ergab, die nicht von dem heizenden Gasstrom vollständig bestrichen wurden. Den Herzogenrather Glaswerken gelang es, die Fortschiebewerkzeuge so auszubilden, daß sie auch Temperaturen von 700° C dauernd widerstehen. Die Folge dieser neuen konstruktiven Lösung ist ein einfacher, geradliniger Kühlofen, der auf einfache Weise automatisch bedient werden kann und der gleichzeitig durch seine einfache Form die günstigsten Kühlbedingungen verwirklicht. Die Verschiebewerkzeuge selber sind eiserne Schaufeln, die durch starke Stahlrohre getragen werden, welche innen luftgekühlt und außen gut isoliert sind. So werden einerseits Wärmeverluste und ungünstige Wirkungen auf das zu kühlende Glas vermieden, anderseits wird erreicht, daß die Wandtemperatur der Rohre die zulässige Höhe von etwa 300° C nicht überschreitet. Das ganze System: Rohre und die auf Rollen laufenden seitlichen Rohrträger sind zu einem geschlossenen Rohrsystem vereinigt. Die Abb. 1050 a—c zeigen Schnitte und Kopfansicht eines solchen Kühlofens. Die meisten Ausführungen des Bicheroux-Verfahrens sind mit zwei Kühlöfen dieser Art ausgerüstet. Eine normale Anlage zeigt die Abb. 1051. Anlagen dieser Art haben große Verbreitung gefunden; sie arbeiten in Deutschland, Belgien, Frankreich, Spanien, Tschechoslowakei, England und Amerika."

5. Spiegelglas aus dem Wannenofen.

Die bisher beschriebenen Versuche und Verfahren gehen alle von dem für die Spiegelglasherstellung altbewährten Hafenofen aus. Schon frühzeitig waren aber Bestrebungen im Gange, den billiger und kontinuierlicher arbeitenden, für andere Glasartikel ebenfalls altbewährten Wannenofen zur Herstellung von Spiegelglas zu benützen. Der Hafenofen muß notgedrungenerweise großen Temperaturschwankungen unterworfen werden; dadurch wird nicht nur seine Lebensdauer gekürzt sondern auch sein Brennstoffverbrauch gegenüber demjenigen von kontinuierlicher arbeitenden Öfen je Tonne erzeugtes Glas erhöht. Der Kostenaufwand für die laufend zu ersetzenden Häfen ist auf die Dauer höher als derjenige für die Ausmauerung einer Wanne. Die bei jedem Guß aus dem Ofen zu hebenden Häfen leiden bei diesem Vorgang und haben deshalb eine nur sehr beschränkte Lebensdauer; ihre Behandlung beim Schmelzen und Läutern erfordert eine ganz außergewöhnliche Geschicklichkeit und die geringste Unachtsamkeit hat schlechtes Glas oder Hafenbruch zur Folge.

Es war aber nun nicht möglich, den zum Beispiel für die Herstellung von Fensterglas bewährten Wannenofen (s. Kap. 8) ohne weiteres für die Herstellung von Spiegelglas zu verwenden. Die höheren Qualitätsansprüche und der größere Umfang der jeweils zu entnehmenden Glasmengen stellten höhere Anforderungen sowohl an die thermische wie auch an die chemische Homogenität der geläuterten, zum Entnehmen aus dem Ofen reifen Glasmassen. Es bedurfte langwieriger Versuche und vieler Ofenänderungen, bis man dahin gelangte, daß das Glas stets und sicher den für die Entnahme geeigneten Zustand erreichte und in diesem Zustand auch rechtzeitig an die Entnahmestellen gelangte. Sehr wesentlich war bei diesen Arbeiten auch die Wahl eines geeigneten Materials für die Wannensteine, wobei weniger die chemische Zusammensetzung, z. B. der Tonerdegehalt, als das Gefüge von Bedeutung war. Die Form der Wanne, die Flammenführung, die Lage und Bauart der Brenner mußten so gestaltet werden, daß das Glas aus dem Gemenge einer Charge sich nicht mit demjenigen aus einer anderen Charge vermischte oder tot stehen blieb. Mit den bekannten Wannenbauarten konnte man diesen Anforderungen nicht in ausreichendem Maße gerecht werden. Man mußte die Temperaturen aller Ofenzonen so in die Hand bekommen, daß der gesamte Wanneninhalt in Bewegung blieb. Durch Schwimm- oder Farbproben kann man sich Aufschluß über diese Bewegung verschaffen. Tote Nester vereiteln nicht nur die Homogenität der fertigen Glasmasse, sondern beeinträchtigen auch die Leistungsfähigkeit des Ofens ganz erheblich.

Diese Probleme waren in Verbindung mit verschiedenen Entnahmeverfahren zu verfolgen. Die hauptsächlichsten dieser Verfahren sind die Ziehverfahren, die, wie bereits oben erwähnt, schon heute für Spiegelglas bis zu einem sehr beachtlichen Grade in Frage kommen, das Schöpfverfahren und das Auslaufverfahren.

Über Ziehverfahren siehe Bd. I, 9. Kapitel, S. 730—754 und in diesem Band, 10. Kapitel, S. 796—828. Das Schöpfverfahren wurde in Bayern von den beiden Firmen S. Bendit & Söhne und Bayerische Spiegelglasfabriken Bechmann-Kupfer, Aktiengesellschaft, aufgegriffen, das für die Zukunft vielleicht wichtigste Verfahren, das Auslaufverfahren, von der Ford Motor Company.

6. Das Schöpfverfahren.

Bei diesem Verfahren wird das Glas mit einem eisernen Löffel von Hand oder mit Hilfe einer mechanischen Vorrichtung vorsichtig aus der Wanne entnommen und in eine Walzmaschine geschüttet. Ein unter der Maschine bewegter Tisch nimmt die ausgewalzte Platte auf und fährt vor den Eingang des Kühlofens. Das Verfahren ist also äußerlich dasselbe, wie es im kleinen zur Herstellung von Ornamentglas seit langem geübt wird. Es ist gelungen, damit Spiegelglas von bester Qualität in großen Scheiben herzustellen. Die vom Löffel erfaßte Glasmenge ist von solcher Reinheit, daß mit ziemlicher Sicherheit ein großer Prozentsatz der Gesamtproduktion für Belegzwecke Verwendung findet. Um dies zu erreichen, muß der Löffel beim Schöpfen ganz vorsichtig durch eine drehende Bewegung, mit der unteren Kante in das Glas einschneidend, gefüllt werden. Diese Arbeitsweise ergibt sich allerdings von selbst, weil zum einfachen, viel schädlicheren Untertauchen des Löffels der Auftrieb durch das Glas zu groß wäre. Es ist jedoch darauf zu achten, daß beim Drehen des Löffels, also beim Einschneiden in die Glasmasse nicht gleichzeitig eine wippende Bewegung mit dem Löffelstiel ausgeführt wird, eine Vorschrift, die vom Ornamentglasschöpfen her längst bekannt ist. Durch das Schöpfen dringen aber an der Entnahmestelle Luftblasen in die zurückgebliebene Glasmasse; um dennoch stets eine gute Glasqualität zu erlangen, kommt es darauf an, von einer Entnahme bis zur andern so viel Zeit verstreichen zu lassen, bis man sicher sein kann, daß alle eingedrungenen Blasen wieder entwichen sind. Je nach dem Zustand der Glasmasse, mit dem zu arbeiten man gewöhnt ist, und je nach der Vorsicht und Geschicklichkeit beim Schöpfen, können die Pausen $^3/_4$ bis 1 Stunde oder noch mehr ausmachen. Durch die Einrichtung mehrerer Schöpfstellen und die entsprechende Bemessung der Wanne kann aber die Arbeit so eingerichtet werden, daß die Walzmaschine und der Kühlofen voll ausgenützt werden und die Platten im üblichen Zeitabstand aufeinanderfolgen. Eine der in Gebrauch befindlichen Wannen hat sechs Schöpfstellen.

Die von Hand bedienten Löffel oder Kellen können nur kleine Platten ergeben, da die Handhabung sonst zu schwierig wird. Das Eisen des Löffels ist im Vergleich zur Glastemperatur kalt; von seinem Inhalt bleibt deshalb beim Ausschütten ein verhältnismäßig großer Teil als Kruste in ihm hängen, was zur Folge hat, daß die daraus erzeugten Glasplatten besonders klein ausfallen. Je größer das Fassungsvermögen des Löffels ist, desto geringer ist der Prozentsatz des in ihm hängen bleibenden Glases.

Die bis jetzt zur Verwendung gelangten mechanisch bedienten Löffel haben bis zu 300 l Fassungsvermögen; ihre ovale Öffnung ist etwa 110 cm lang und 60 cm breit; die Tiefe beträgt etwa 60 cm. Zum Vergleich sei wiederholt, daß Schmelzhäfen von mittlerer und am meisten üblicher Größe ungefähr 800 l Fassungsvermögen haben, daß sie aber wegen der Arbeit im Ofen mit nur höchstens 650 l Glas zum Guß kommen. Davon kann man etwa 420 bis höchstens 450 l nutzbringend ausschütten, wenn man auf durchweg gute Qualität der Glasplatte Wert legt, denn abgesehen davon, daß auch im Schmelzhafen ein Teil des Glases hängen bleibt, kann man einen weiteren Rest, der nur noch langsam herauskleckern würde, wegen der Gefahr des Blasenfangens nicht auf den Gießtisch oder in die Walzmaschine geben. Der 300 l fassende Eisenlöffel kann nahezu gestrichen voll gemacht werden; infolge seiner abgerundeten Form gibt er beim Ausschütten einen größeren Prozentsatz seines Inhaltes auf einmal, also ohne Kleckern her. Man kann annehmen, daß von den 300 l ungefähr 220 l in die ausgewalzte Glasplatte kommen. Eine Platte aus dem 300-Liter-Löffel hat also bei gleicher Dicke nahezu halb so viel Oberfläche wie eine Platte aus dem 800-Liter-Hafen.

Was die zu verwendenden Walzwerke betrifft, so genügt es, auf die Beschreibung im Bd. I, S. 559, vor allem aber im 12. Kapitel, S. 1082 und folgende hinzuweisen. Hervorzuheben ist nur noch, daß Tisch und Walzen getrennt voneinander angetrieben werden, und zwar wird der Tisch durch einen Motor mit Zahnradvorgelege bewegt, während die Walzen, die von einem besonderen Motor aus, den mehr elastischen Riemenantrieb haben, so daß im Falle von Hindernissen, die zwischen die Walzen geraten, Bruch der Maschinenteile vermieden wird. Weiter ist wichtig, das Anfahren und Anhalten des Walztisches völlig stoßfrei zu vollziehen, um so Erschütterungen, die Wellen und sonstige Verzerrungen der Glastafeln verursachen könnten, zu verhindern. Diesem Zwecke dienen elastische Kupplungen zwischen Motor und Zahnradvorgelege sowie Bremsmagnete, die bei Annäherung des Tisches an die beiden Endstellungen in Wirkung treten und den Tisch sanft anhalten.

Es kann angenommen werden, daß es nach weiterer Durcharbeitung dieses Verfahrens gelingt, auch mit erheblich größeren Löffeln zu arbeiten. Wenn es dann weiter gelingt, mit ausreichender Zuverlässigkeit auf die Dauer gutes Qualitätsglas aus der Wanne zu holen, dann wird die Lebensfähigkeit dieses Verfahrens schon durch den Gedanken erwiesen, daß man es zum Beispiel mit einer Bicheroux-Walzmaschine verbinden kann. Man hat dann die Vorteile dieser Maschine mit denjenigen der Wanne zusammen.

Herr Adolf Schild, Marktredwitz in Bayern, stellte über das Schöpfverfahren folgenden Sonderbericht zur Verfügung:

„Es ist gelungen, gute Spiegelglasplatten durch unmittelbares Schöpfen aus der Wanne in ein Chance-Walzwerk zu erzielen. Nach anfänglich wenig befriedigenden Versuchen und erst nach Vervollkommnung der Wannen-Bauweise und -Betriebsführung glückte es, im Dauerbetrieb eine einwandfreie Belegqualität zu erzeugen. Diese Fabrikationsweise hat sich inzwischen während einer Reihe von Jahren aufs beste bewährt; es werden dauernd mit ziemlicher Sicherheit Ausbeuten von 85 und mehr Prozent in bester Belegqualität erzielt."

„Die z. Z. betriebenen Wannen sind regenerativ mit Umkehrflammen beheizt und haben ein Fassungsvermögen von 300 bis 320 t. Die durchschnittlichen Schmelzleistungen liegen bis jetzt zwischen 9,5 und 10,5 kg pro m² Gesamtherdfläche und Stunde bei einem Gesamtwärmeaufwand für Schmelzen, Formgeben und Kühlen von ca. 5200 WE pro 1 kg geschmolzenes Glas, die Verluste in den Gaserzeugern mit eingerechnet. Es sei hervorgehoben, daß sich diese Zahlen auf eine wärmewirtschaftlich sehr verbesserungsfähige Anlage beziehen, also kein Optimum darstellen. Trotzdem zeigen diese Ergebnisse, daß es durchaus möglich ist, in zweckentsprechend gebauten und betriebenen kontinuierlichen Wannen ein dem Hafenofen qualitativ zumindest ebenbürtiges Spiegelglas auf wirtschaftliche Weise zu erzeugen."

„Das Schöpfen (Abb. 1052) und Gießen mit Stahlkellen von Hand beschränkt sich auf Kelleninhalte bis zu ca. 90 l Fassungsvermögen und erfordert ganz besondere

Sorgfalt und Geschicklichkeit, wenn das Glas nicht durch Blasenbildung noch nachträglich verunreinigt werden soll. Die Aufhängung der Kellen an einer kleinen Lauf-

Abb. 1052.

Abb. 1053.

katze und das Verfahren derselben von der Wanne zur Maschine entspricht den aus der Ornamentglasfabrikation bekannten Vorrichtungen[1])."

[1]) Vgl. 12. Kap., S. 1072 u. ff.

„Für die jeweiligen Schöpfpausen sind die Größe, Anzahl und Stärken der Glastafeln sowie die zur Erzielung guter Glasqualität noch zulässige Wannenleistung bestimmend; sie bewegen sich durchschnittlich zwischen 7 und 12 Minuten. Das Glas muß, um gu gieß- und walzfähig zu sein, eine gewisse Viskosität besitzen; deshalb müssen auch die Schöpfstellen nach jeder Entnahme eine ausreichende Abstehzeit erhalten, um von der Schöpfkelle verursachte Blasen wieder abgeben und entstandene thermische Inhomogenitäten ausgleichen zu können. Aus diesem Grunde werden mehrere, meist 4—5 Entnahmeöffnungen an einer Wanne vorgesehen, aus denen der Reihe nach geschöpft wird."

„Beim Gießen (Abb. 1053) selbst muß jeder freie Glasfall auf die Aufgußplatte oder zwischen die Walzen der Maschine vermieden werden; Gießblasen durch Über-

Abb. 1054.

schlagen oder Faltenbildung der Glasmasse würden sonst die unmittelbare Folge sein. Dies bedingt ein besonders sorgfältiges Aufsetzen des Kellenrandes auf die Aufgußplatte der Maschine und ein gefühlsmäßiges Anpassen der Kippbewegung an die Viskosität des Glases und an die Eigenheiten der betreffenden Maschine. Ein gewisser Nachteil, der zweifelsohne diesem Verfahren im Gegensatz zum Schmelzen und Gießen mit dem Hafen anhaftet, ist der, daß das in der Wanne geschmolzene Glas leichter zu chemischen Inhomogenitäten und Unterschieden in seiner Wärmevergangenheit neigt, als es bei Hafenschmelzen der Fall ist. Ferner werden durch das Schöpfen mit kalten Schöpfkellen noch erhebliche zusätzliche thermische Inhomogenitäten sowohl während des Schöpfens als auch während des Transportes der gefüllten Kelle zur Maschine in die Glasmasse hineingetragen, die im Verein mit den erstgenannten

Unregelmäßigkeiten eine besondere Beachtung bei der Temperierung der Maschine und der anschließenden Kühlung voraussetzen. Die so geformten Tafeln werden mittels leichter Stoßschaufeln von Hand in einen Kanalkühlofen eingeschoben. Bei Glaszusammensetzungen mit günstigen Ausdehnungsverhältnissen genügen für schmale Tafeln Kanallängen von 36—42 m einschließlich der Vorkammerlängen, um eine gute Kühlung und einwandfreie Planheit zu gewährleisten."

„Nach diesem Handschöpfverfahren werden seit einigen Jahren Kristallglasplatten bis ca. 6,0 m² Tafelgröße in Stärken von 3,8—9,0 mm mit bestem Erfolg hergestellt. Die starke Abkühlung des geschöpften Glases in der Kelle und beim Eingießen in die Mehrwalzen-Maschine verursacht Restrückstände, die bis etwa 40% der geschöpften Glasmenge ausmachen und deshalb das Herstellen größerer Tafeln im Handbetrieb ausschließen."

Abb. 1055.

„Die hierdurch bedingte Beschränkung der Wettbewerbsmöglichkeit führte daher dazu, eine Anlage nach einem mechanisierten Schöpfverfahren zu errichten, die Rohglastafeln bis zu einer Breite von 3,5 m herzustellen gestattet (Abb. 1054 und 1055). Die vielfach größere Glasmenge wird ähnlich wie von Hand mittels entsprechend dimensionierten Stahlkellen, die von einem Chargierkran geführt werden, einer Wanne entnommen und in einem großen Walzwerk zu Tafeln von beliebiger Stärke ausgewalzt. Das Einschieben der Tafeln in den Kühlofen besorgen elektrisch betriebene Stoßwagen; hinsichtlich der Konstruktion des Kühlofens und des Verlaufes der Kühlkurve muß bei den größeren Tafeldimensionen den besonderen Eigenschaften des Wannenglases Rechnung getragen werden."

„Da diese Anlage erst vor kurzem in Betrieb gekommen ist und sich noch im Entwicklungsstadium befindet, liegen abschließende Ergebnisse noch nicht vor. Jedoch erscheint auf Grund der bisherigen Erfahrungen die Erwartung voll berechtigt, daß die Wanne auch für die Herstellung großer und größter Spiegelglastafeln nach intermitierendem Verfahren in absehbarer Zeit Bedeutung erlangen wird."

7. Verfahren der Ford Motor Co.

Die Ford Motor Company hat als erste zur Befriedigung ihres Bedarfes an Kraftwagenscheiben und Windschutzschilden nach langwierigen Versuchen ein von der Wanne bis zum fertigen Glas fast ganz kontinuierliches Verfahren eingeführt. Sie hat dafür jetzt vier Wannen in ihrem Werk in River Rouge bei Detroit und eine in St. Paul, Minnesota (s. „The Glass Industry“, New York, Nr. 1, vom Januar 1923 und Nr. 7 vom Juli 1924). Mit diesem Verfahren ist es gelungen, Glas, das in fortlaufendem

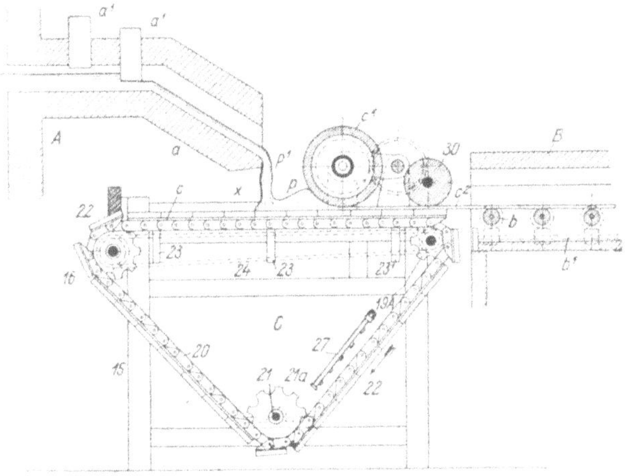

Abb. 1056.

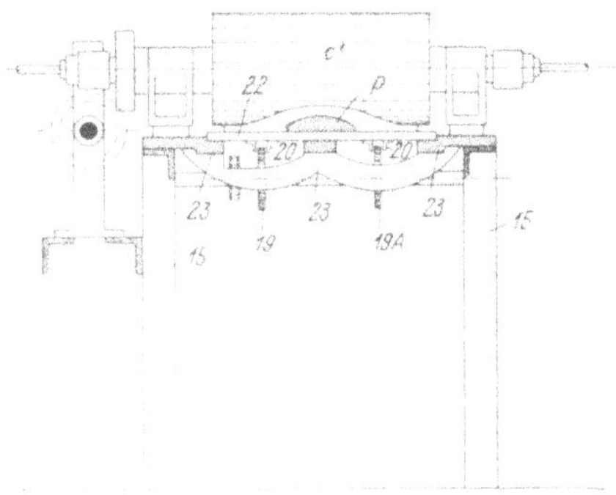

Abb. 1058.

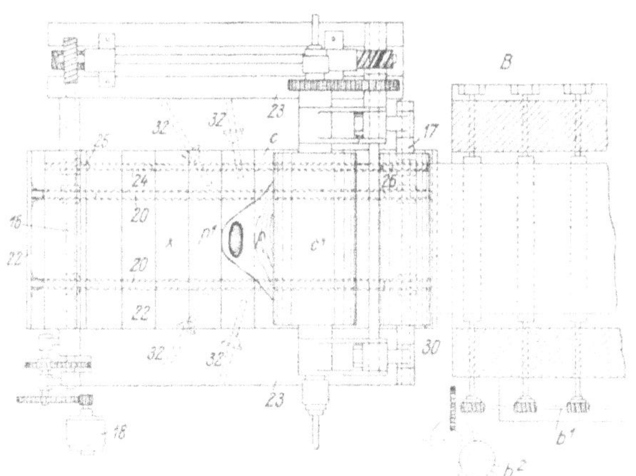

Abb. 1057.

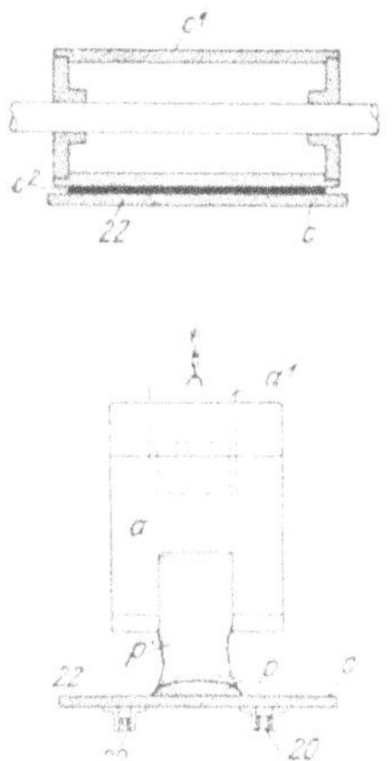

Abb. 1060.

Strom aus der Wanne fließt, derart zu führen, aufzufangen und auszuwalzen, daß ein Rohglasband von 8—9 mm Stärke und etwa 105 cm Breite entsteht, das zum Schleifen und Polieren geeignet ist und Scheiben von etwa 5½ mm Stärke ergibt, deren Qualität mindestens für den Zweck, für den sie bestimmt sind, ausreicht. Das ursprüngliche Verfahren sei zunächst beschrieben an Hand der belgischen Patentanmeldung Nr. 310938 bzw. der oben erwähnten Fachzeitschrift; s. dazu Abb. 1056—1060. Das Verfahren und die dazu gehörige Einrichtung wurden zuerst am 13. April 1922 in den Vereinigten Staaten von Nordamerika zum Patent angemeldet.

Das geläuterte Glas fließt durch das Mundstück *a* von ungefähr 355 mm lichter Weite aus dem Ofen *A* auf das Walzwerk *C*. Unmittelbar an dieses schließt sich der

Kühlkanal *B* an, in dem das Glasband von einer besonderen Vorrichtung *b*, b^1 mit Motor b^2 erfaßt wird; diese Vorrichtung übt auf das Band eine ziehende Wirkung aus. Das Walzwerk *C* besteht aus einem als Kette ohne Ende ausgebildeten Gliedertisch *c* und der darüber gelagerten wassergekühlten Walze c^1, die in wagrechter Richtung unverrückbar und nur in senkrechter Richtung auf den der gewünschten Glasstärke entsprechenden Abstand c^2 von der Arbeitsfläche *x* des Tisches einzustellen ist. Die die Tischfläche bildenden Platten *22* sind oben zwischen den Bahnen *23* des Gestells *15* geführt. Tisch und Walze werden von dem gemeinsamen Elektromotor *18* angetrieben, und zwar derart zwangläufig miteinander gekuppelt, daß die Geschwindigkeit der Tischoberfläche gleich der Umfangsgeschwindigkeit der Walze ist.

Die metallenen Platten *22* werden von den Gliedern zweier Ketten *20* getragen, die über die Kettenräder *19*, *19A* und *21a* laufen. Der Antrieb der Ketten geht von der Welle *16*, also von den beiden Kettenrädern *19* aus; die Tischfläche wird infolgedessen nach der Walze c^1 zu geschoben, wodurch die Platten *22* auf ihren oberen Querweg gegeneinander gedrückt und klaffende Spalten zwischen je zwei Platten vermieden werden. Um das Anstauen der Platten und damit das Ausbauchen der Tischfläche zu verhindern, ist eine Einrichtung vorgesehen, die eine ziehende Wirkung ausübt, sobald die Neigung zum Ausbauchen auftritt. Diese Einrichtung besteht in einer besonderen Ketten- und Kettenradverbindung *24*, *25*, *26* zwischen den Wellen *16* und *17*. Das Kettenrad *25* sitzt lose auf der Welle *16*, wird jedoch durch einen fest aufgekeilten Nocken und eine Feder mitgenommen; das Kettenrad *26* dagegen sitzt fest auf der Welle *17*. Sobald nun die Neigung zum Aufbauchen der Tischoberfläche entsteht, d. h. sobald das Kettenrad *19* gegenüber dem Kettenrad *19a* vorzueilen versucht, übernimmt die Kettenverbindung *24*, *25*, *26* den Antrieb, wodurch das untere Trum der Kette *24* gespannt und von den beiden Kettenrädern *19A* eine ziehende Wirkung auf die Ketten *20* ausgeübt wird, die jene Neigung zum Aufbauchen wieder beseitigt. Ein über das erwünschte Maß hinausgehender Zug an den Ketten *20* kann aber nicht entstehen, weil infolge der Nachgiebigkeit der Feder die Antriebswirkung des Kettenrades *25* aufgehoben wird, sobald die Voreilung der Kettenräder *19* gegenüber *19A* aufhört. Das Aufbauchen der Tischoberfläche könnte auch dadurch vermieden werden, daß man zu beiden Seiten die Führungen *23* über die Tischfläche greifen ließe. Vermutlich wurde aber befürchtet, daß sich dann die Platten *22* in den Führungen klemmen, und daß die um die Kettenräder *19* nach oben steigenden Platten *22* nicht hemmungslos in die Führungen einlaufen. Um das Abschrecken des auf dem Tisch liegenden Glashaufens zu vermeiden, sind unter der Tischfläche mündende Brenner *32* vorgesehen; durch eine Brause *27* können die Glieder des Tisches gekühlt werden, falls sie zu warm geworden sein sollten. Die zwangläufig angetriebene Walze *30* hat den Zweck, etwaige Unebenheiten auf dem Glasband zu beseitigen.

Je langsamer Tisch und Walze sich bewegen, desto mehr Zeit findet der Glashaufen, um sich auszubreiten; um so breiter wird auch das Glasband. Um stets die gewünschte und gleichmäßige Bandbreite zu erzielen, muß man die Geschwindigkeiten von Tischoberfläche und Walzenumfang jederzeit in feinsten Grenzen regulieren können. Mit diesen Geschwindigkeiten muß aber in jedem Augenblick auch diejenige des Mechanismus im Kühlkanal in Einklang stehen; sämtliche Motoren werden deshalb durch einen einzigen Kontroller beherrscht.

Die sinnreiche aber komplizierte Tischkonstruktion gab Anlaß zu Störungen und wurde deshalb später durch eine hohle Walze von ca. 1200 mm Durchmesser ersetzt; siehe die Abb. 1061 und 1062, die von der Deutschen Glastechnischen Gesellschaft zur Verfügung gestellt worden sind. Da derjenige ringförmige Teil der großen Hohlwalze, der den aus dem Ofen kommenden Glasstrom zuerst aufnimmt, heißer wird als die nach den Enden der Walze zu liegenden Teile, ist eine Wasserkühlung eingerichtet, die den Walzenkörper vor Verwerfungen schützt. Diese Wasserkühlung ist so wirksam, daß das durch die hohle Achse zufließende Wasser etwas vorgewärmt sein muß, damit das Glas beim Auflaufen auf die Walze nicht abschreckt. Die ebenfalls wassergekühlte Oberwalze hat einen Durchmesser von etwa 230 mm.

Das Wesentliche an diesem Verfahren ist die Art der Zuführung des Glasflusses zum Walzwerk. Der aus der Ofenmündung *a* fließende Strom muß vom Tisch bzw. der Unterwalze so aufgefangen werden, daß er sich nicht überwirft und nicht kleckert, da es sonst unmöglich wäre, ein auch nur einigermaßen blasenfreies Glas zu erzielen; es würde sich über und über mit Luftblasen vollsetzen. Gleichzeitig muß das Glas so zwischen Tisch und Walze bzw. Ober- und Unterwalze gebracht werden, daß es auch dort nicht verschlechtert wird. Kurzum, der Glaszufluß ist genau entsprechend der Walzgeschwindigkeit zu regeln und so einzustellen, daß er sich nicht staut, sondern eher so, daß vom Walzwerk aus ein leichter Zug ausgeübt wird. Die Umfangsgeschwindigkeit der Unterwalze beträgt ungefähr 0,8—1 m je Minute. Nach der Patentanmeldung gelangt man dadurch zum Ziel, daß man den Glasstrom als schmale dicke Ader p^1 fließen läßt, die sich auf der Tischoberfläche bzw. auf der großen Walze zu einem Haufen *p* ausbreitet (Abb. 1060). Infolge der Bewegung des Tisches bzw. der Walze geht die Ausbreitung hauptsächlich in Richtung dieser Bewegung vor sich, also nach der Oberwalze zu, wodurch sich selbsttätig ein natürlicher Übergang in die Bandbreite ergibt, ähnlich wie bei einem aus dem Hafen vor die Walze geschütteten Glashaufen.

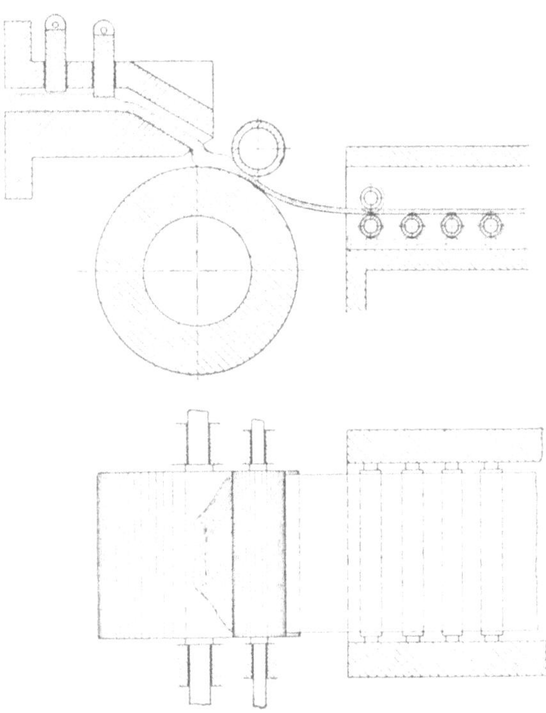

Abb. 1061 und 1062.

Die Menge des zufließenden Glases kann durch ein besonderes Schütz *a'* in der Ofenmündung *a* reguliert werden; in Abb. 1056 ist ein zweites Schütz als Reserve angegeben. Von besonderem Einfluß auf die Qualität des ausgewalzten Glases und auf das Funktionieren der gesamten Einrichtung ist die Temperatur des ausfließenden Glases; sie kann durch besondere Brenner im Mundstück *a* noch etwas reguliert werden. Diese Temperatur, die Menge des Glases und die Walzgeschwindigkeit müssen ständig in gewünschter Weise übereinstimmen und deshalb in jedem Augenblick durch Regulieren aufeinander eingestellt werden können.

Abb. 1063 zeigt in schematischer Weise die Anordnung der Fordschen Spiegelglasfabrik in River Rouge. Es sind 4 Wannenöfen von je etwa 24 m Gesamtlänge und 4,9 m Breite vorhanden; nach dem Ausflußende zu laufen sie in einen Halbkreis von 3,7 m Dmr. aus. Das Fassungsvermögen eines Ofens ist etwa 400 t, wobei er imstande sein soll, bis zu 30 t walzfertiges Glas in 24 Stunden zu liefern. Der Abstand zwischen den Öfen beträgt etwa 15 m; drei Öfen sind stets in Gang, einer steht in Bereitschaft oder Reparatur. Zu jedem Ofen gehören ein Walzwerk und ein

Kühlkanal von 134 m Länge sowie eine besondere kontinuierlich arbeitende Schleif- und Polieranlage, deren Arbeitstische auf einer in sich geschlossenen, neben dem Kühlkanal liegenden Bahn bewegt werden (s. auch die Abb. 945, 957 und 958). Die Reihenfolge der verschiedenen Bearbeitungsstufen ist bereits früher (S. 951 u. ff.) beschrieben worden und auch aus der Abbildung ohne weiteres ersichtlich. Nach „The Glas Industry", Nr. 7, vom Juli 1924, beträgt die Erzeugung eines Ofens etwa 0,65 m² in der Minute, was unter Berücksichtigung des Bruches einer Bandgeschwindigkeit von 0,85—0,90 m in der Minute entspricht. Am Kanalanfang soll die Temperatur etwa 580° C, am Ende 25—30° C sein. Im Ofen hat das geschmolzene, zum Ausfluß bereite Glas eine Temperatur von rd. 1100° C, im Mundstück *a* wird es durch Nachheizen auf etwa 1180° C gebracht. Das Gemenge

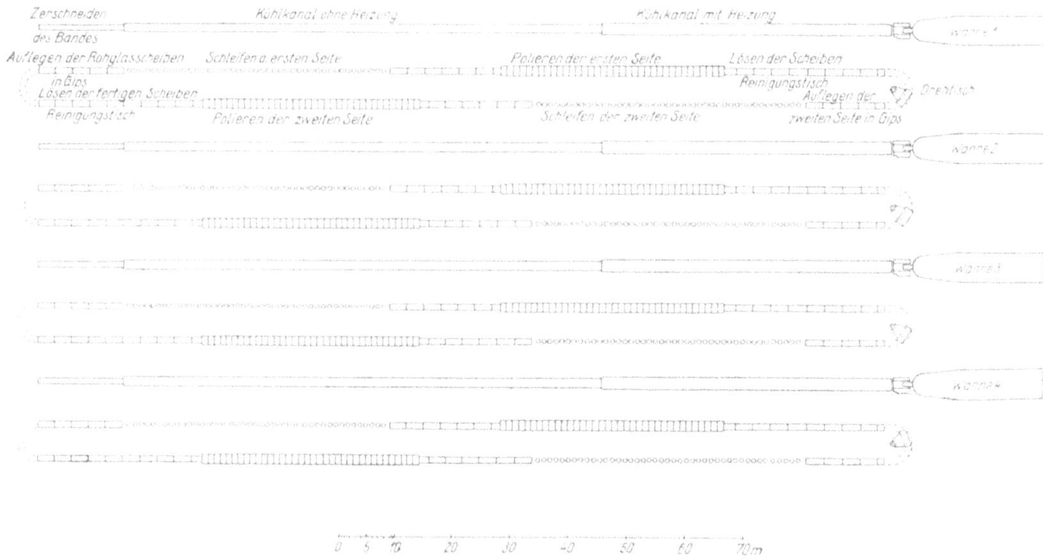

Abb. 1063.

hat nach „The Glass Industry" bzw. nach einem neueren Anschlag an den Öfen in River Rouge folgende Zusammensetzung:

Sand	438,00 „lbs."	bzw.	444,00 „lbs."
Kalk	112,00 „	„	128,00 „
Soda	131,00 „	„	140,00 „
Sulfat	24,50 „	„	29,50 „
Glasscherben	155,00 „	„	50,00 „
Arsenik	1,50 „	„	2,11 oz.
Holzkohle	1,25 „	„	1,40 „

Unmittelbar nach dem Austritt aus dem Kühlkanal wird das Glasband von Hand in Scheiben von 2,87 m Länge geschnitten entsprechend der Länge der Schleiftische; jede solche Scheibe enthält Glas für drei komplette Fordsche Windschutzeinrichtungen. Jeder Kühlkanal wird von zwei zehnpferdigen Elektromotoren bedient. Zum Schleifen enthält jede Apparateeinheit 86 Schleifscheiben, für jede Glasseite 43, zum Polieren 72 Polierscheiben, für jede Seite 36. Abb. 1064 ist der Schrift „Ford-Betriebe und Ford-Methoden" von Paul Rieppel, Verlag Oldenbourg, entnommen. Links sieht man den Kühlkanal, daneben im Hintergrund eine Schleifbahn. Im Vordergrund rechts sieht man ferner die in Abb. 1061 ebenfalls angedeutete Schwenkvorrichtung, die die Tische nach der rechts liegenden Schleif- und Polierbahn hinüberbringt. Weiterhin sei verwiesen auf den Bericht von C. W. Avery in „The Glass Industry", New York, Nr. 4, April 1930, S. 75—78.

Weitere Vorschläge und Einrichtungen zur Ausbildung des Auslaufverfahrens. Die endgültige Verwertbarkeit eines solchen Auslaufverfahrens zur sicheren Erzielung einer ausreichenden Spiegelglasqualität hängt, wie oben schon angedeutet worden ist, außer von der vollkommenen Beherrschung des Wannenofens in erster Linie davon ab, wie der Glasstrom aus dem Ofen läuft und in die Walzmaschine gegeben wird. Selbst wenn die Glasmasse im Ofen durchaus gut bis zur Auslaufschnauze gelangt, ist die Gefahr, daß der auslaufende Glasstrom Luftblasen fängt oder schlierig wird, sehr groß. Je höher seine Temperatur, also je dünnflüssiger das Glas ist, desto

Abb. 1064.

schneller fließt es; desto schwieriger wird aber die Regulierung des Stromes und der Ausbreitung des Glases in der Maschine, desto mehr wächst die Gefahr, daß Luftblasen eingeschlossen und durch verbrennliche Teilchen, Staub u. dgl. Verunreinigungen aufgenommen werden. Ist die Temperatur zu niedrig, das Glas zu steif, dann wächst die Gefahr der Schlierenbildung und des Auftretens von Kaltsprüngen in der Außenhaut. Auch die Ebenheit der Oberflächen des Glasbandes und die Gleichmäßigkeit seiner Dicke hängen in hohem Maße von der Glastemperatur und der damit in Einklang zu haltenden Walzgeschwindigkeit ab. Bei der Walzmaschine von Bicheroux erreicht man durch die Riffelung beider Walzen bekanntlich eine tadellose Ebenheit der Glasplatten. Es wird zwar gesagt, daß die Riffeln auf beiden Seiten verlorene Glasmasse sind, daß sie mehr Schleifarbeit erfordern und das exakte Schneiden der kalten Rohglasplatten erschweren. Die in den Riffeln liegende Glasmenge ist aber sehr gering und die zu ihrer Beseitigung erforderliche Schleifarbeit ist verschwindend gegenüber derjenigen, die man aufwenden müßte, um andere Unebenheiten abzuschleifen, die bei glatten Walzen entstünden. Wenn ferner die Riffeln beim Zerschneiden der kalten Rohglasplatten auch etwas hinderlich sein mögen, so ist die Höhe der Riffeln doch noch so gering, daß ohne Gefahr für die Platten ein genügend sicherer Schnitt angerissen werden kann. Je dünner das Rohglasband ausgewalzt wird, je größer also seine Oberfläche im Verhältnis zur aufgewendeten Glasmenge ist, desto mehr fällt allerdings die in die Riffeln gelangende Glasmenge ins Gewicht; je dünner ausgewalzt wird, desto höher müssen auch die Riffeln sein, wenn sie wirksam sein sollen. Dadurch, ferner durch die rasche Abnützung der Riffelung auf den Walzen und durch die Gefahr, daß die Riffeln bisweilen Schmutz in das Glas hineindrängen, mag sich der Wunsch erklären, ohne Riffeln auszukommen und dennoch ebene Rohglasbänder zu erzielen.

Das Bestreben, die Sicherheit der Ausbeute an hochwertigem Qualitätsglas beim Auslaufverfahren zu erhöhen, hat zu verschiedenen Vorschlägen und Konstruktionen der Auslaufvorrichtungen sowie der Walzmaschinen geführt, von denen hier nur einige

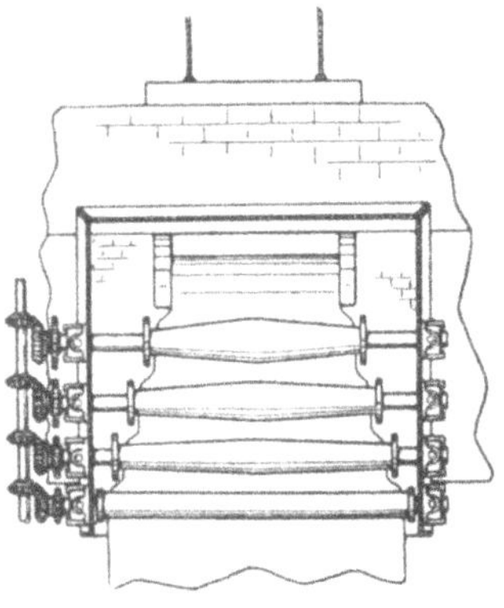

Abb. 1065.

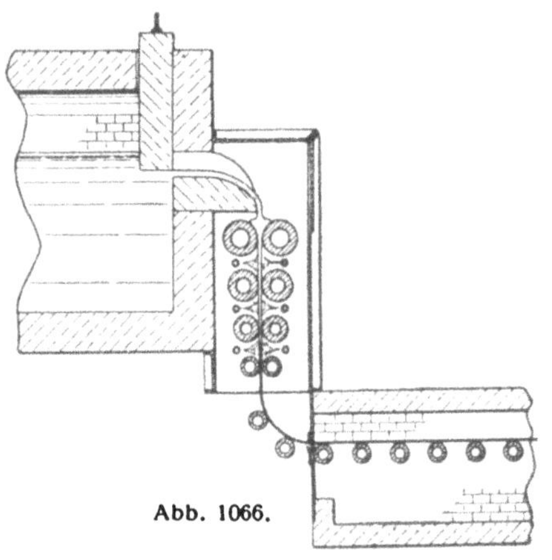

Abb. 1066.

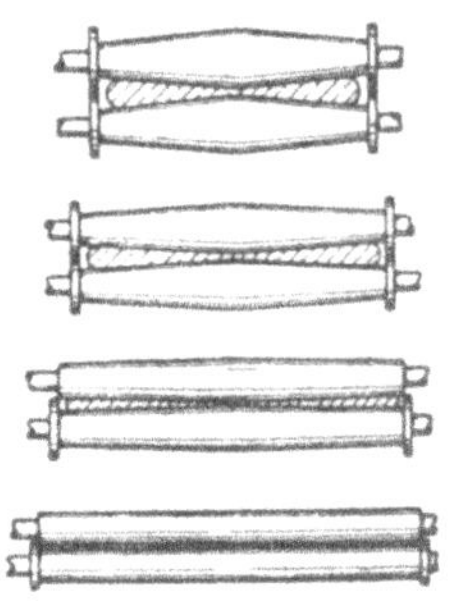

Abb. 1067.

Beispiele angegeben seien. Teils gehen sie davon aus, das Glas wie beim Fordverfahren in einer schmalen dicken Ader in die Walzmaschine laufen zu lassen, teils davon, es ganz im Gegensatz dazu schon vor der Maschine in einen dünnen, bandartigen Strom auszubreiten. Teils liegt die vor die Walzen gelaufene Glasmenge unter dem Glasspiegel des Ofens, teils in gleicher Höhe mit ihm.

Nach dem amerikanischen Patent 1772072 von John L. Drake, Bevollmächtigter der Libbey-Owens-Ford Glass Company of Toledo, Ohio (Abb. 1065—1068), läuft ein verhältnismäßig schmaler, dicker Glasstrom in die Walzmaschine. Um aber die Ausbreitung dieser dicken Ader zu erleichtern und allmählicher zu gestalten, die Glasmasse also schonender zu behandeln, sind mehrere Walzenpaare vorgesehen, in den Abbildungen zum Beispiel 4 Paare, und zwar sind die Walzen der ersten 3 Paare ballig, also ungefähr als Doppelkegel ausgebildet, so daß sie sich nach ihren Enden zu verjüngen. Diese Verjüngung ist beim ersten Paar am stärksten, beim dritten am schwächsten. Erst das letzte Paar besteht aus zylindrischen Walzen, die dem warmen Glasband die endgültige Form geben. Diese Anordnung gestattet in der Tat eine weitgehende Schonung der Glasmasse während des Auswalzens; infolge der allmählicheren Ausbreitung kann ohne übermäßige Erhöhung der Temperatur des auslaufenden Glasstromes schneller gewalzt werden. Daß man mit dieser Temperatur verhältnismäßig niedrig bleiben kann, vermindert die Gefahr des Einschließens von Luftblasen,

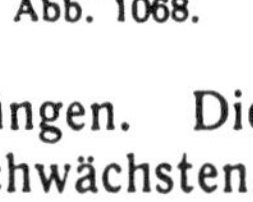

Abb. 1068.

ohne infolge der Schonung der Glasmasse durch die Allmählichkeit des Ausbreitens die Gefahr der Schlierenbildung zu erhöhen. Die größere Walzgeschwindigkeit ist gleichzeitig von günstigem Einfluß auf die Ebenheit des Rohglasbandes, weil dadurch die Zeit der Berührung mit dem letzten Walzenpaar verkürzt wird und das Band, nachdem es seine geringste Dicke bekommen hat, schneller in den Kühlofen gelangt. Zwischen den ersten Walzenpaaren ist das Glasband noch verhältnismäßig dick; sein Kern kann dort also noch Wärme an die von den Walzen berührte Außenhaut abgeben. Da die Außenhaut aber unbedingt noch weich sein muß, wenn sie zwischen das letzte Walzenpaar und dann noch in die Krümmung kommt, die zum Kühlofen führt, muß man die Möglichkeit haben, sie nachzuheizen. Wie Abb. 1066 zeigt, sind deshalb zwischen je zwei Walzenpaaren zu beiden Seiten des Glasbandes Brenner vorgesehen. Außerdem ist der Auslauf des Ofens samt der Walzmaschine von einem wärmeisolierenden Kasten umgeben. Wenn auch ein Verziehen der doppelkegeligen Walzen wegen ihrer dauernden Umdrehung nicht sehr groß sein kann und außerdem ohne nennenswerten Einfluß auf

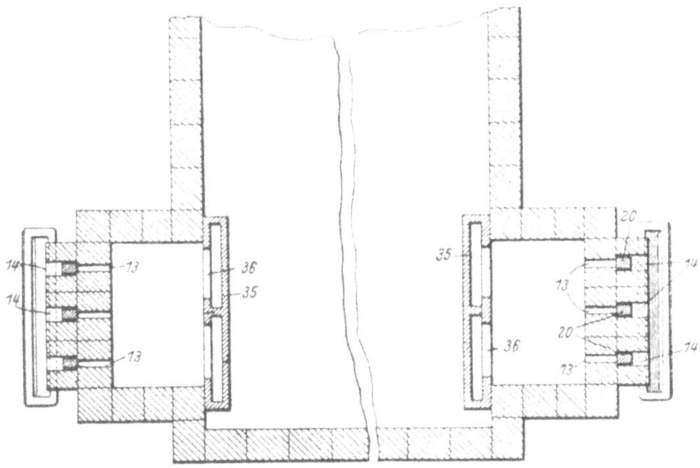

Abb. 1069.

die endgültige Dicke des Glasbandes wäre, so dürfen sie doch nicht so warm werden, daß das Glas an ihnen klebt und der Antriebsmechanismus leidet. Diese Forderung ist besonders beim obersten Paar zu beachten. Es ist deshalb eine wirksame Luft- oder Wasserkühlung vorzusehen. Von vollem Einfluß auf die Gleichmäßigkeit der Glasbanddicke ist aber das letzte Walzenpaar, bei dem also jedes Verziehen und Verwerfen gänzlich zu vermeiden ist.

Durch die Unterteilung der Walzarbeit soll nach der Patentschrift noch erreicht werden, daß man eine ganz bestimmte und von vornherein gewünschte Breite des Glasbandes bekommt. Man kann die Walzen mit Endflanschen versehen. Um Stauungen und Verbiegungen des Glasbandes in der Walzmaschine zu vermeiden, soll jedes der drei letzten Walzenpaare eine etwas größere Umfangsgeschwindigkeit haben als der eigentlichen Walzgeschwindigkeit an der betr. Stelle entspricht, so daß eher ein schwacher Zug auf das Band ausgeübt wird als ein Rückstau. Die Umfangsgeschwindigkeit muß von Walzenpaar zu Walzenpaar sowieso wachsen, weil jedes folgende Paar infolge Dünnerwerdens des Glasbandes mehr Bandlänge abwalzen muß als das vorhergehende; darüber hinaus soll sie aber eher noch um ein geringes höher angenommen werden, um jeden Rückstau auszuschließen.

Der Antrieb und die Lagerung der Walzen sind aus den Abb. 1065 und 1068 ersichtlich; sie sind ähnlich denjenigen der Ziehmaschinen nach Fourcault. Die Menge des auslaufenden Glases soll wie bei der Ford Motor Company durch ein in den Ofenvorbau eingebautes, in das Glasbad eintauchendes Schütz reguliert werden.

Die Abb. 1069—1071 zeigen eine Einrichtung nach dem amerikanischen Patent 1749332 von Nicklas Franzen, dem Bevollmächtigten der Mississippi Glass Company, New York. Auch hier liegt der Ausfluß des Glases tiefer als das Glasniveau im Ofen; er ist aber durch mehrere Öffnungen *13* in der Wand des Ofenvorbaus, in den Abbil-

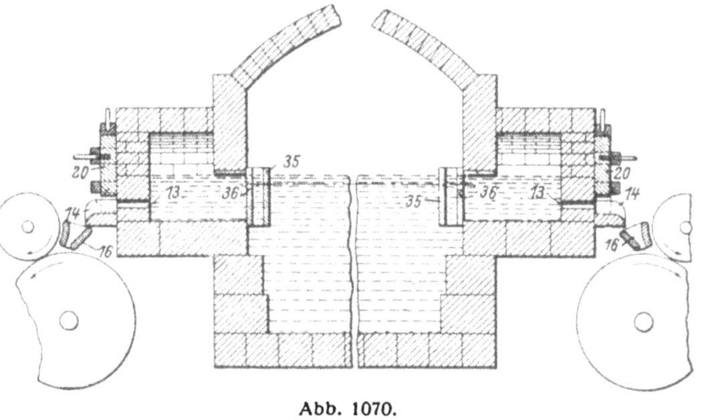

Abb. 1070.

dungen sind drei angegeben, in mehrere kleinere Ströme unterteilt. Die drei Öffnungen *13* gehen in drei Auslaufschnauzen *14* über, aus denen die drei Glasströme in einen Trichter *16* aus feuerfestem Stoff fließen. Die untere Auslauföffnung dieses Trichters, der in dem Winkel zwischen Ober- und Unterwalze dicht über der großen Unterwalze mündet, hat bereits nahezu die Abmessungen, die nachher das Glasband bekommen soll. Die Walzmaschine hat also nur noch die Aufgabe, dem Band vollends die gewünschte Breite und Dicke sowie die letzte Ebenheit zu geben und es weiter zu befördern.

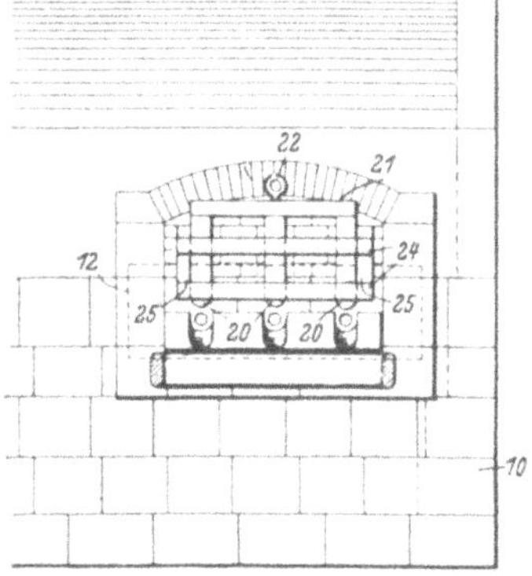

Abb. 1071.

Auch hier soll also, wie bei der vorher beschriebenen Einrichtung, vermieden werden, daß eine dicke Glasader vom Walzwerk auf einmal in die Abmessungen des Glasbandes ausgebreitet wird. Nach der Patentschrift soll dadurch auch hier das Einschließen von Luftblasen verhindert und die Walzgeschwindigkeit erhöht werden können. Die Menge des auslaufenden Glases wird durch Schieber *20* reguliert, die in die Auslaufschnauzen *14* eintauchen.

Um Schlacken und Ungeschmolzenes von den Ofenvorbauten *12* abzuhalten, sind zwischen ihnen und dem Ofenherd doppelwandige Schutzkörper *35* angebracht. Die dem Ofenherd zugekehrten Wandungen dieser Körper ragen über das Glasniveau hinauf. Die Glasmasse muß also von unten her in dem Körper *35* hochsteigen, um dann an den Überläufen *36* in den Ofenvorbau *12* zu gelangen.

Nach dem DRP. 510503 von Adolf Schild in Furth i. Wald (Bayern) soll im Gegensatz zu den vorstehend beschriebenen Anordnungen die im Winkel zwischen den beiden Walzen liegende Glasmenge das gleiche Niveau haben, wie das Glasbad im Ofen. Abb. 1072 und 1073. Die an den Walzen liegende Glasmenge *7* kann dadurch näher an den Ofenauslauf verlegt und in kürzerer Verbindung mit der nachfließenden

Glasmasse gehalten werden. Die Temperatur des Raumes zwischen den Walzen und dem Ofenauslauf läßt sich somit sicherer einstellen; dadurch ist ein besserer Temperaturausgleich innerhalb der in jenem Raum liegenden, zur Ausbreitung kommenden Glasmenge *7* zu erreichen. Dieser Temperaturausgleich ist von Bedeutung, weil die Gleichmäßigkeit der Temperatur innerhalb dieser Glasmenge durch die Berührung mit der Überlaufplatte *2*, den Walzen, den seitlichen Begrenzungen *20* und der Außenluft dauernd gestört wird, was von Nachteil für die Walzfähigkeit des Glases und die Ebenheit des Glasbandes ist. Zur Regulierung der Temperatur dienen die zu drosselnden Heizgasabzüge *8* und *10*; mit Hilfe der Düsen *9* und *10* kann je nach Bedarf nachgeheizt oder Kühlluft bzw. ein Gemisch von Luft und Dampf zugeführt werden. Als ein weiteres wichtiges Mittel zur Reg lierung jener Temperatur und zur Ausgleichung der Temperaturen innerhalb der Glasmenge *7* wird die Schwenkbarkeit der Oberwalze *6* um die Achse der Unterwalze *5* angegeben. Dadurch kann die Glasmenge *7* vergrößert oder verkleinert werden.

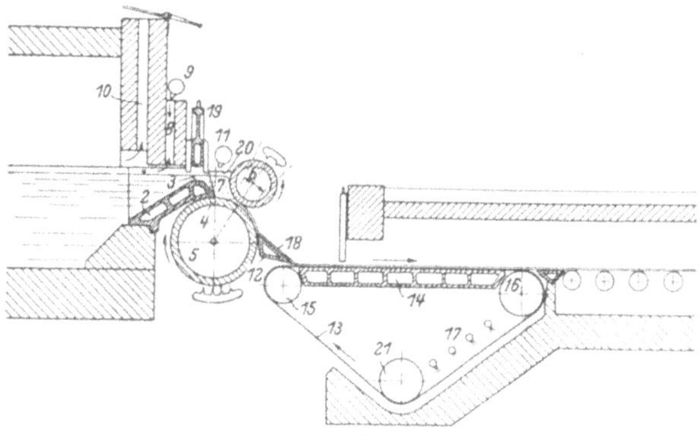

Abb. 1072.

Ferner wird in der Patentschrift darauf hingewiesen, daß trotz aller Regulierbarkeit nicht zu vermeiden ist, daß die oberen Schichten der Glasmenge *7*, die nach der darüber befindlichen Außenluft und nach der Oberwalze *6* zu liegen, heißer bleiben als die unteren, der Walze *5* näher liegenden. Infolgedessen werden auch die oberen Schichten des zwischen den beiden Walzen sich bildenden Glasbandes länger weich bleiben als die untersten. Die mittelste Schicht des Glasbandes ist am heißesten und noch so flüssig, daß sie unter Umständen in der Walzrichtung nachdrängt; wenn dann die obere Schicht noch so weich ist, daß sie diesem Drang nicht überall widersteht, kann sie, um so mehr als sie ja von innen her immer noch weiter nachgewärmt wird, Beulen, Wellen und Runzeln bekommen. Deshalb soll die Umfangsgeschwindigkeit der Oberwalze *6* unabhängig von derjenigen der Unterwalze *5* regulierbar sein und bis zu 8% niedriger gehalten werden können als diejenige der Unterwalze. Dadurch soll eine besonders ebene und glatte Oberfläche des Glasbandes erzielt werden, besser als zum Beispiel durch die Anordnung eines Glättwalzenpaares hinter der eigentlichen Walzmaschine.

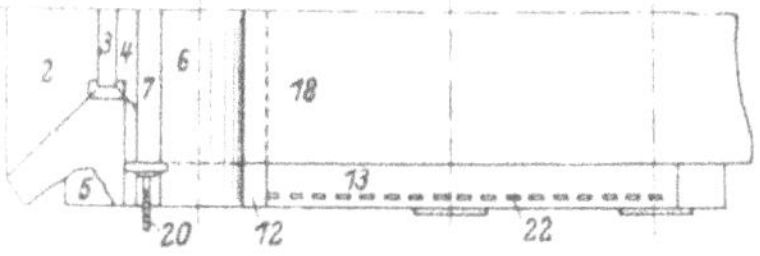

Abb. 1073.

Zur etwa erforderlichen Unterbrechung des Glasstromes dient ein Tauchschieber *19* über der Überlauffläche *3* der Platte *2*.

Bei der Anordnung nach dem DRP. 443173 der Pittsburgh Plate Glass Company in Pittsburgh, Pa., Abb. 1074 und 1075 liegt die Auslauföffnung *4* wieder unter dem Niveau des Glases im Ofen, nach einer besonderen, hier nicht abgebildeten Ausführung unter Umständen im Boden des Vorherdes *2*. Das Glas fließt nicht als schmale dicke Ader aus, sondern als breiter, im Vergleich mit der Stärke des auszuwalzenden Glasbandes allerdings noch verhältnismäßig dicker Strom; seine Breite ist nahezu gleich der Breite des Glasbandes. Als Hauptkennzeichen der Erfindung ist angegeben, daß die beiden Walzen *5* und *6* unmittelbar an die Ofenwandung anschließen, so daß der Zwischenraum zwischen den beiden Walzen den Austritt des Glases aus dem Ofen regelt. Die beiden zum Auswechseln eingerichteten, heizbaren Metallstücke *40* verhindern das seitliche Entweichen des Glases am Walzwerk. Diese Bauart soll den Vorteil haben, daß das Glas, ohne beunruhigt oder abgekühlt zu werden, ohne mit der Außenluft in Berührung zu treten und ohne Gelegenheit zu haben, Fremdkörper mitzureißen, zwischen die Walzen gelangt. Wenn der Auslauf des Glases unterbrochen werden soll, läßt man die beiden Walzen *5* und *6* rückwärts laufen. Um dann das in dem Auslaß *4* befindliche Glas nicht erstarren zu lassen, was den raschen Wieder-

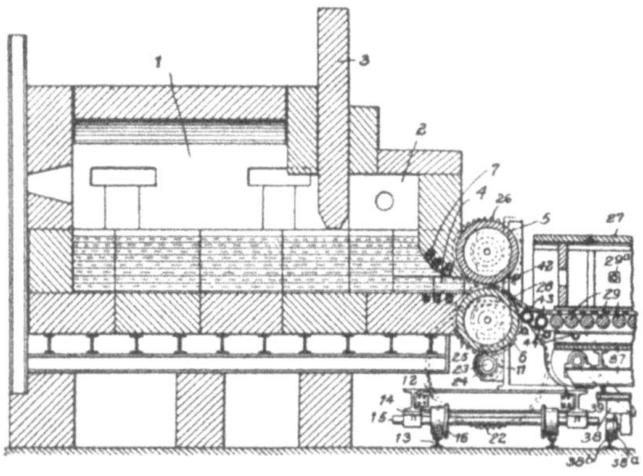

Abb. 1074.

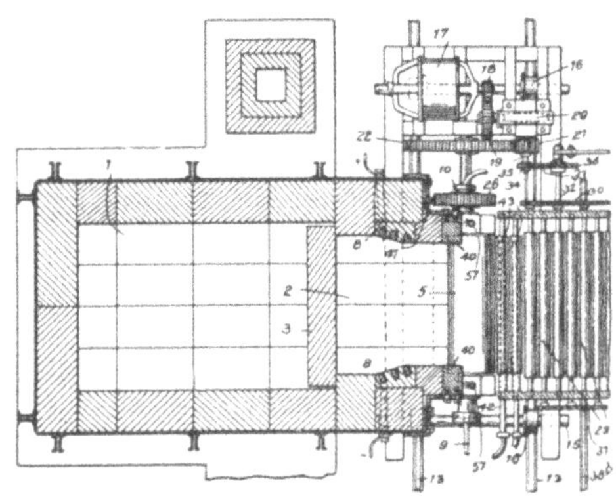

Abb. 1075.

beginn des Walzens verhindern würde, sind elektrische Heizwicklungen *7* aus Chromnickel mit Zuführungsleitungen *8* vorgesehen. Für längeren Stillstand läßt man das Glas bei *4* erstarren und schmilzt es für den Wiederbeginn des Walzens mit Hilfe jener elektrischen Heizeinrichtung.

Nach dem DRP. 449232 derselben Firma ist die den Auslaufschlitz *4* enthaltende Wand *3* des Schmelzofens (Abb. 1076) in ihrer Höhenlage verstellbar, um den Schlitz *4* jeweils in die richtige Lage gegenüber dem Walzenspalt zu bringen.

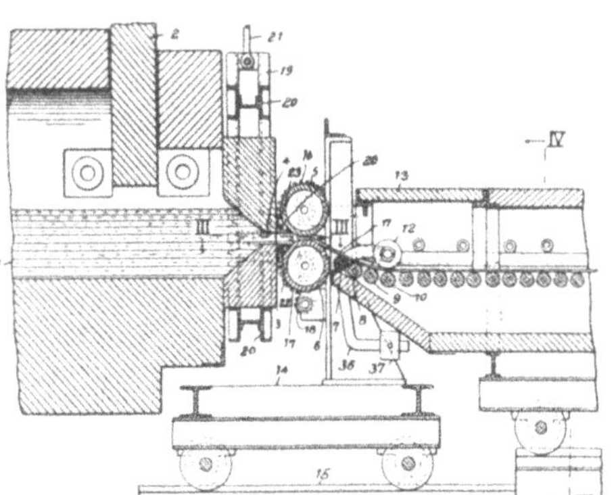

Abb. 1076.

Nach Abb. 1074 schmiegt sich die Ofenwand an die Walzen *5* und *6* an, so daß sie oberhalb und unterhalb des Schlitzes *4* nach den Walzen zu in scharfe Vorsprünge ausläuft, die sich als feuerfestes Material nicht halten; nach der Abb. 1076 sind für die Überleitung zum Walzenspalt kühlbare Lippen *22* und *23* aus hitzebeständigem Metall vorgesehen. Durch diese gekühlten Metallippen wird aber auch der Glasstrom abgekühlt und der weiter oben hervorgehobene Vorzug wird zum Teil wieder aufgehoben. Ließe man aber die Lippen zu heiß werden, so bliebe das Glas an ihnen kleben. Ohne die Anordnung solcher Lippen würde sich der Glasstrom vor den Walzen stauen und sie in einer sehr großen Fläche berühren; er würde noch mehr abkühlen und es entstände die Gefahr, daß er ohne besondere Beheizung erstarrte. Nach dem DRP. 453258 der Gesellschaft St. Gobain in Paris (Abb. 1077) soll deshalb der Walzenspalt *g* höher liegen als der Schlitz *a* und irgendwelche überleitende Lippen und Brücken sollen weggelassen werden. Da das bei *a* ausgetretene Glas sofort von der Unterwalze *c* mitgenommen wird, soll es die Oberwalze *d* nur am Walzenspalt berühren und seine Abkühlung soll in zulässigen Grenzen bleiben.

Bei einem anderen, ebenfalls der Gesellschaft St. Gobain in Paris durch das DRP. 504778 geschützten Verfahren soll das Walzwerk soweit vom Ofen abgerückt werden, daß sich zwischen ihm und der Ofenwand ein größerer Glasposten *a* bilden kann; Abb. 1078. Der Auslaufschlitz *f* des Sehmelzofens liegt unterhalb des Glasniveaus *k*, der Walzenspalt ungefähr in Höhe des Schlitzes *f*. Wegen seiner Oberflächenspann ng wird der Glasposten *a* nicht so hoch steigen wie das Glasniveau *k* im Ofen; seine Höhe hängt natürlich auch von den Abmessungen des Schlitzes *f* und des Walzenspaltes sowie von der Walzgeschwindigkeit ab. Im Gegensatz zu der Anordnung nach Abb. 1077 werden hier beide Walzen *b* und *c* vom Glas in großem Umfang berührt; wenn also die vorher befürchtete zu große Abkühlung des Glaspostens

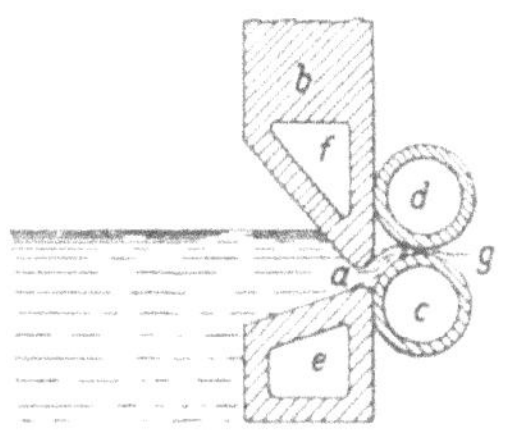

Abb. 1077.

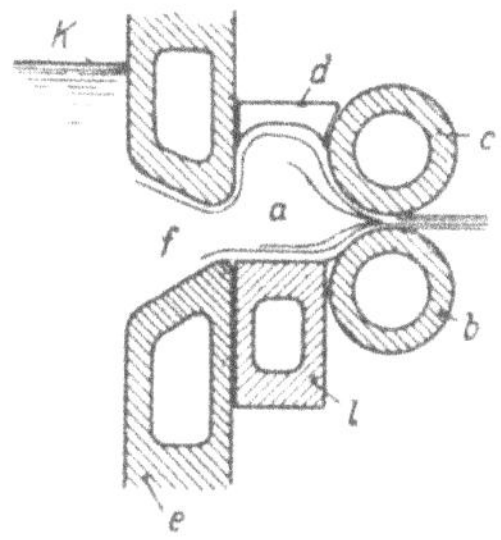

Abb. 1078.

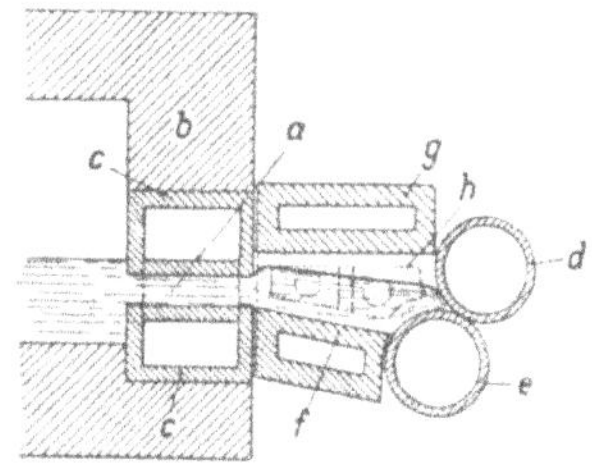

Abb. 1079.

vermieden werden soll, muß er beheizt werden, oder das Glas muß bei *f* so heiß austreten und die Walzgeschwindigkeit so groß sein, daß die Abkühlung doch noch in erträglichen Grenzen bleibt. Die Nachteile zu heißen Glases sind aber weiter oben mehrfach hervorgehoben worden, und die Walzgeschwindigkeit kann bei der Erzeugung eines fortlaufenden Bandes ein gewisses Maß nicht überschreiten, da sonst der anschließende Kühlofen zu lang werden müßte. Bei der Anordnung nach Abb. 1078 können die Seitenstücke *d* und das Bodenstück *l* geheizt werden. Diese Heizung kann den Glasposten *a* vor zu großer Abkühlung schützen, zu einer wirkungsvollen Durchheizung, wie sie bei der Bildung solcher Posten vor dem Eintritt in das Walzwerk erwünscht ist, wird sie aber kaum ausreichen.

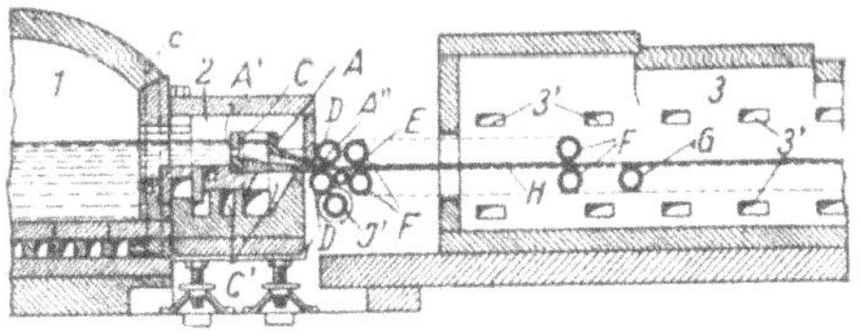

Abb. 1080.

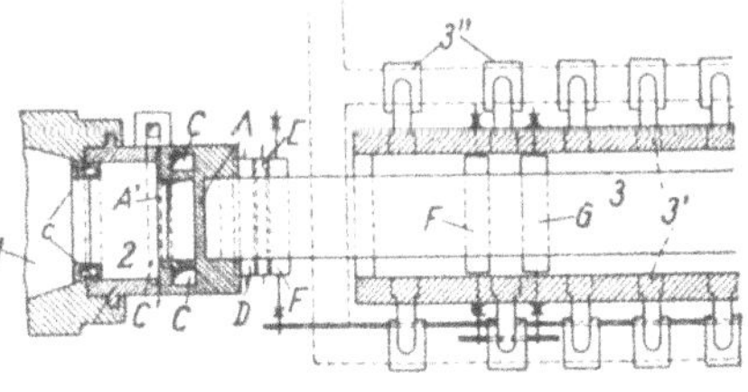

Abb. 1081.

Der Wert einer allseitigen Beheizung der zwischen Ofenauslaß und Walzwerk befindlichen Glasmenge in Verbindung mit deren ungestörtem Zufluß zum Walzenspalt findet Ausdruck durch eine Anordnung nach dem DRP. 454389, das ebenfalls der Gesellschaft St. Gobain in Paris erteilt worden ist; siehe Abb. 1079. Sowohl die den Auslaufschlitz *a* umgebenden Stücke *c* wie auch die Decke *g*, der Boden *f* und die Seitenteile *h* des Zulaufkanals sind beheizt und sollen unmittelbar an die Walzen *d* und *e* anschließen. Die Seitenteile *h* können zur Regulierung des Glasstromes nach außen und innen, zum Abstellen ganz zusammengeschoben werden.

Auch bei der Einrichtung nach dem DRP. 450687 von Hugo Nowotny in Schwaz bei Bilin (Abb. 1080 und 1081) ist der in dem trichterartigen Gefäß *A* befindliche, vor dem Walzwerk stehende Glasposten allseitiger Beheizung ausgesetzt. Der Trichter stößt unmittelbar an das Walzwerk und seine Auslauföffnung *A''* hat wie bei der Anlage nach den Abb. 1069—1071 schon nahezu die Abmessungen des Querschnittes von dem auszuwalzenden Glasband. Das dem Patentschutz unterliegende Kennzeichen dieser Erfindung besteht darin, daß die Einlauföffnung *A'* des Gefäßes *A* gegenüber dem Glasniveau im Ofen verstellt werden kann. Dadurch wird es möglich, den Auslauf auf die für das Auswalzen jeweils günstigste Glasschicht des Schmelzofens einzustellen. Da es sich hierbei stets nur um geringere Verstellungen handelt, braucht das Walzwerk nicht mit verstellt zu werden. Entweder wird das Gefäß *A* allein verstellt oder wie nach den Abbildungen der ganze Vorherd *z* samt dem Gefäß *A*. Im zweiten Falle sind die Stoßfugen der gegeneinander bewegten Ofenteile durch Kühlvorrichtungen *c* gegen das Eindringen von Glas geschützt.

8. Neuere Kühlöfen für Spiegelglas.

Im Abschnitt I, 9, S. 913 u. ff. ist auseinandergesetzt worden, welche Fortschritte und Vorteile seinerzeit der Übergang vom Einzelkühlofen zum Straku gebracht hat. Man erzielte große Ersparnisse an Löhnen, Brennstoffen und Unterhaltungskosten; der Raumbedarf des Straku war geringer als derjenige der vielen Einzelöfen samt dem Fahrbereich der beweglichen Gießtische; vor allem aber wurden die Durchglühung und die Abkühlung des Glases über die ganze Rohglasplatte hin gleichmäßiger, die im Glas gebliebenen Spannungen waren geringer, die „Kühlung" also eine bessere und die Bruchverluste nahmen ab. Die Ausbeute je Guß und Schmelzhafen war höher geworden. Die Verwerfungen der Rohglasplatten im Straku waren viel geringer als im Einzelofen, die Platten waren nach der Kühlung viel ebener. Mit dem Straku konnte an Stelle des fahrbaren Gießtisches der feste, wassergekühlte Tisch eingeführt werden, der schon beim Auswalzen Platten von gleichmäßigerer Dicke und besserer Ebenheit der Glasoberflächen ergab; die Folge davon war, daß man die Platten im ganzen dünner auswalzen konnte, was noch weiterhin zur Erhöhung der Ausbeute je Guß und Hafen beitrug.

Die zickzackförmige Anordnung der Vorkammern war aber immer noch eine unvorteilhafte Beigabe. Trotz weitgehender Verteilung der Brenner zur Beheizung dieser Vorkammern ist es nicht gelungen, in jeder einzelnen Kammer eine gleichmäßige Temperatur und von Kammer zu Kammer einen in allen Teilen stetigen Temperaturabfall zu erzielen. Durch die Zickzackform bildeten sich tote Winkel und vor allem Stauungen und Wirbelungen im Strom der Heizgase, die die vollkommene Gleichmäßigkeit der Durchglühung und der darauffolgenden Abkühlung über die ganze Rohglasplatte hin verhinderten und Spannungen im Glase ließen, die bisweilen infolge von geringfügigen Anlässen bei der Weiterbehandlung der Platten Bruch hervorriefen. Auch auf den zickzackförmigen Boden der Kammern waren jene Ungleichmäßigkeiten in der Beheizung von ungünstigem Einfluß; es war große Vorsicht und nur durch Erfahrung zu erlangende Geschicklichkeit in der Regulierung der Brenner erforderlich, um zu vermeiden, daß der Boden sich verwarf und die Rohglasplatten an der einen oder anderen Stelle krumm wurden. Zum mindesten ist ein zickzackförmiger Boden in dieser Hinsicht schwieriger zu kontrollieren und nach etwaigen Deformationen auch schwieriger wieder in die ebene Form zu bringen als ein gerade durchgehender.

Wenn man nun auch durch Übung und Erfahrung dahin gelangte, daß diese Übelstände nicht mehr allzugroß waren, besonders nicht im Vergleich mit den Verhältnissen bei den früheren Einzelkühlöfen, so verstärkten sie doch im Verein mit der ungünstigen Raumausnutzung und den in vielen Fällen bei der Unterbringung und der Einfügung in gegebene Verhältnisse sich bietenden Schwierigkeiten den Wunsch, die Zickzackform zu vermeiden. Zumal in Verbindung mit einer neuzeitlichen Walzmaschine und besonders beim Bicheroux-Verfahren, bei dem aus einem Schmelzhafen mehrere Rohglasplatten entstehen, die schnellstens in den Kühlofen zu bringen sind, war es nicht leicht und in jedem Fall sehr umständlich, mit Hilfe der Zickzackform der Kühlöfen den Anforderungen gerecht zu werden.

Bei der Größe der Spiegelglasplatten war es aber nicht möglich, den Straku wie zum Beispiel bei der Drahtglas-, Ornamentglasfabrikation usw. durchweg gerade anzulegen, solange man nicht imstande war, Verschiebewerkzeuge zu bauen, die genügend hitzebeständig oder derart gegen die Hitze gesichert sind, daß sie den langen geraden Weg im Ofen mitmachen können, der erforderlich ist, um die Rohglasplatten auszuglühen und dann wieder so steif werden zu lassen, daß sie dem an die Vorkammer anschließenden selbsttätigen Mechanismus übergeben werden können.

Wie schon weiter oben S. 1031 erwähnt worden ist, sind die Herzogenrather Glaswerke Bicheroux & Co., G. m. b. H., mit dem durch die Abb. 1050a—c teilweise dargestellten Kühlofen zum Ziel gelangt; in einem Ofen nach solcher Bauart können Rohglasplatten von der größten heutzutage in der Praxis vorkommenden Breite über die dieser Breite entsprechende Länge der geraden Vorkammer verschoben werden. In diesem Zusammenhang sei auch nochmals auf Abb. 1051 verwiesen, die den Grundriß einer Rohglashalle mit zwei solchen Kühlöfen zeigt. Je nach der Breite der Rohglasplatten beträgt die Länge der geraden Vorkühlkammer 20—25 m. Da die Verschiebewerkzeuge bei dieser Länge ihres Wirkungsbereiches zwecks Abkühlung nicht aus dem Ofen gezogen werden können, sondern dauernd der Hitze ausgesetzt bleiben müssen — in der heißesten Zone bis nahezu 700° C, wenn Heizgase bisweilen darauf stoßen noch mehr —, so kam es darauf an, die eigentlichen Verschiebeschaufeln aus hitzebeständigem Stahl herzustellen und ihre Träger so zu bauen, daß sie in ihrem Inneren gekühlt werden, aber von da aus keine ungünstige Kühlwirkung auf das in der Nähe befindliche Glas ausüben können. Außerdem wurden diejenigen Konstruktionsteile, die die hin- und hergehende sowie die Auf- und Abwärtsbewegung der Schaufeln vermitteln, teilweise durch Verlegen in zwei seitwärts verlaufende Kanäle tiefer als die Ofensohle der Wirkung der größten Hitze und teilweise durch Verlegen außerhalb des Ofenraumes ganz der Hitzewirkung entzogen; DRP. 504555.

Aus den Abb. 1050 sind diese Anordnungen ersichtlich; sie seien an Hand der schematischen Abb. 1082—1086 noch weiter erläutert. Die beiden Wagen *i*, *i* bringen die Rohglasplatten von der Walzmaschine zum Kühlofen und der Laufkran *l* schiebt sie von diesen Wagen in den Ofen. Wie schon früher erwähnt worden ist, werden heute die Rohglasplatten an der Walzmaschine der Länge nach nicht mehr geteilt sondern nur noch quer. Die beiden Wagen *i*, *i* sind also heute zu einem einzigen breiten Wagen vereinigt und der Kran *l* braucht nur noch mit einer Stoßschaufel ausgerüstet zu sein anstatt mit zwei.

Im Innern des Ofens befinden sich die Querträger *f*, an denen die Stoßschaufeln *c* befestigt sind; seitwärts sind die Querträger *f* wieder fest mit den beiden Längsträgern *g* verbunden. Sämtliche Träger *f* und *g* bilden also zusammen einen starren Rahmen. Dieser Rahmen kann beiderseits mit Hilfe der Rollen *h* und des Zugmechanismus *s* auf den Schienen *o* in wagrechter Richtung hin- und zurückbewegt werden. Die Schienen *o* selbst sind wieder durch die Stühle *q* fest mit den Querbalken *p* verbunden, die durch den Antriebsmechanismus *k*, *r* in senkrechter Richtung auf und ab bewegt werden können. So kann also das ganze System *c*, *f*, *g*, *h*, *o*, *p* gehoben und gesenkt werden.

Gemäß Abb. 1082 ist der Kran *l* im Begriff, zwei frische Rohglasplatten *d* in den Kühlofen zu schieben; der Rahmen *f*, *g* steht in seiner äußersten Stellung links, und das oben bezeichnete System mit den Schaufeln *c* ist in seine höchste Lage gehoben, so daß die neuen Rohglasplatten unbehindert unter den Schaufeln *c* hindurch können; siehe Abb. 1083. Gemäß Abb. 1084 ist der Rahmen *f*, *g* in seine äußerste Arbeitsstellung nach rechts gezogen, und das ganze System ist gesenkt, bis die mit leichter Spannung an den Querträgern *f* sitzenden Schaufeln *c* auf die Ofensohle stoßen, um beim Wiederverschieben des Rahmens *f*, *g* nach links (Abb. 1085) die Rohglasplatten mitnehmen zu können. Mit *b* ist der Mechanismus des Kühlkanals bezeichnet, der dann die Platten in bekannter Weise selbsttätig weiter befördert.

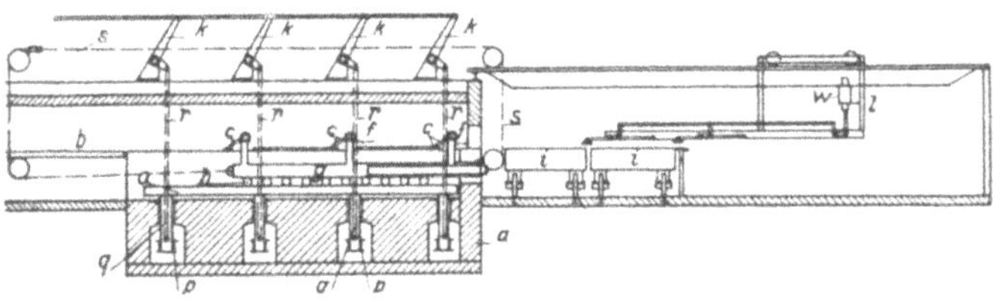

Abb. 1082.

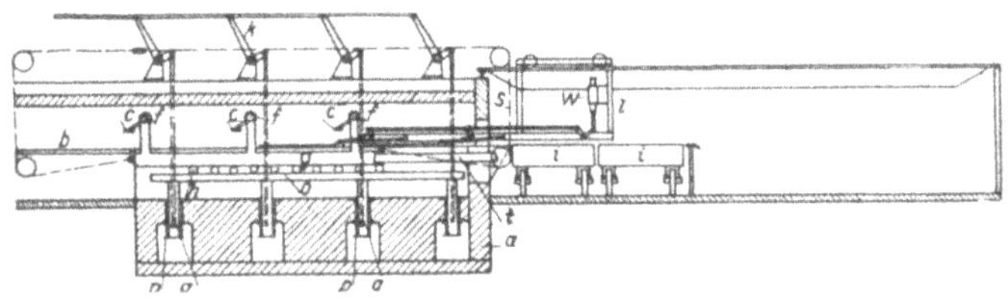

Abb. 1083.

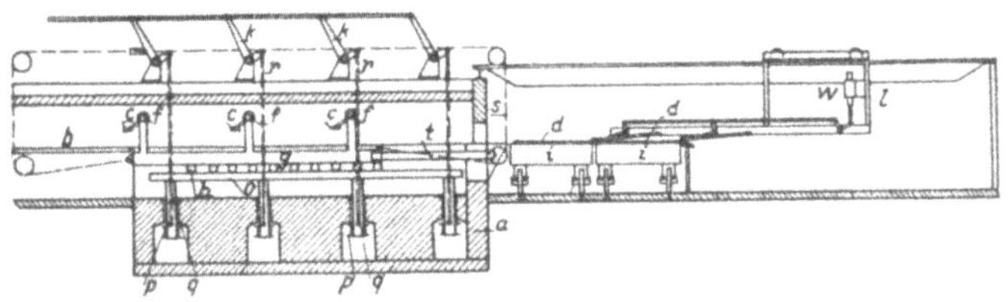

Abb. 1084.

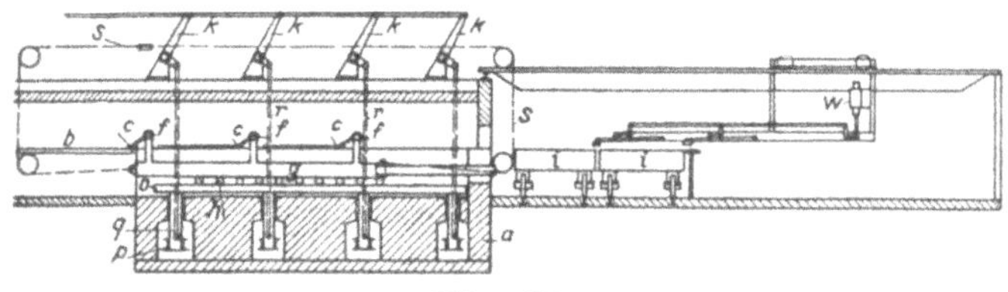

Abb. 1085.

Die Träger *f* und *g* sind hohl und außen von einem Wärmeschutzmantel umgeben. Innen werden sie von Kühlluft bespült, so daß ihre Wandungen nicht über 300° C kommen. Der Wärmeschutzmantel verhütet gleichzeitig, daß die Rohglasplatten in der Nähe der Träger abgeschreckt werden.

In den Abbildungen bezeichnet *w* einen im Verschiebekran *l* untergebrachten Elektrohubmagneten, durch den mit Hilfe von Kniehebelübertragungen die Angriffskanten der Stoßschaufeln des Verschiebekrans gehoben und gesenkt werden. Wird der Magnetkern angezogen, dann senken sich die Angriffskanten in ihre Arbeitslage. Durch eine kurze Abschaltung des Stromes wird der Kern ausgelöst und hebt infolge seines Übergewichtes die Angriffskanten, so daß die Stoßschaufeln auf ihrem Rückweg die Ofensohle nicht berühren und nicht abnützen können. Sie sind derart ausbalanciert, daß sie auf dem Hinweg infolge des vom Hubmagneten ausgehenden Zuges die Rohglasplatten zwar sicher fassen, aber dennoch einen so geringen Druck auf die Ofensohle ausüben, daß auch auf diesem Weg die Abnützung der Ofensohle auf ein Mindestmaß gebracht ist.

Andere Kühlofenbauarten entwickelten sich bei denjenigen Walzverfahren, nach dene ein ununterbrochenes Glasband aus einem Wannenofen erzeugt wird, also bei den Auslaufverfahren. Als Vorbilder dienten die Kühlöfen, die sich bis dahin für gezogene Glasbänder bewährt hatten; siehe zum Beispiel Abb. 690 in Band I, 9. Kapitel, S. 748. Die dort als Ziehmaschine dienenden endlosen Bänder oder Kettentische wurden ihrem Prinzip nach als Vorrichtungen zum Befördern und Ebenhalten des Glasbandes übernommen; wie dort von der Ziehmaschine aus wird es dann, nachdem das Glas auf dem endlosen Band oder dem Kettentisch widerstandsfähig genug geworden ist, von einem Rollgang übernommen und darauf durch den ganzen Kühlofen befördert.

Als endlose Bänder zum Unterstützen des noch weichen Glasbandes benützt man glatte oder geflochtene Stahlbänder, die selbst wieder durch Rollen oder ebene Unterlagen gestützt und in ihrem rücklaufenden Teil gekühlt werden. In Abb. 1072 zum Beispiel ist mit *13* ein solches Stahlband angedeutet, das oben über die ebene, wassergekühlte Tischplatte *14* gleitet und bei *17* selbst noch weiter gekühlt wird. Solche Stahlbänder haben natürlich den Nachteil, daß das Glas an ihnen klebt, und daß sie bald verbrennen, wenn sie nicht stark gekühlt werden. Dem Kleben kann dadurch etwas entgegengewirkt werden, daß man das Stahlband um ein geringes schneller laufen läßt als das Glasband. Bei starker Kühlung wird das Glas zu schnell abgeschreckt, und es findet keine Zeit zum Ausglühen. Glatte Stahlbänder verwerfen sich außerdem. Es werden deshalb Bänder aus starkem Asbestgewebe vorgezogen. Um das Glas vor zu schneller Abkühlung zu hüten, wird auch oberhalb des Glases ein endloses Asbestband angebracht, dessen unteres Trumm etwas durchhängt, damit es sich schützend auf das Glas legt. Nach dem DRP. 455888 der Mississippi Glass Company in New York wird das Asbestband in seiner Dicke abgestuft; Abb. 1087. Zwischen den Rollen *8* und *14* bzw. *7* und *13* sind z. B. drei Banddicken

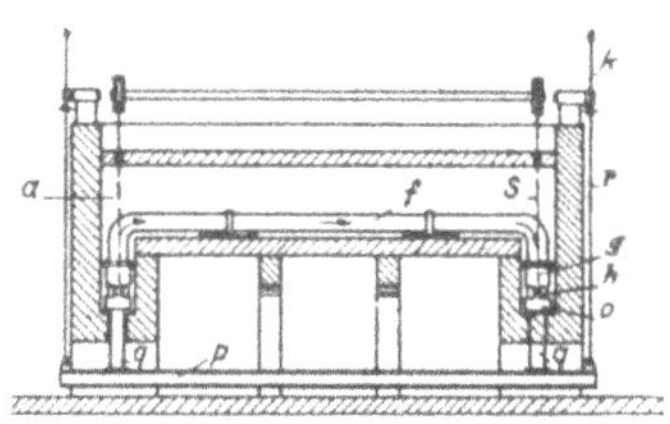

Abb. 1086.

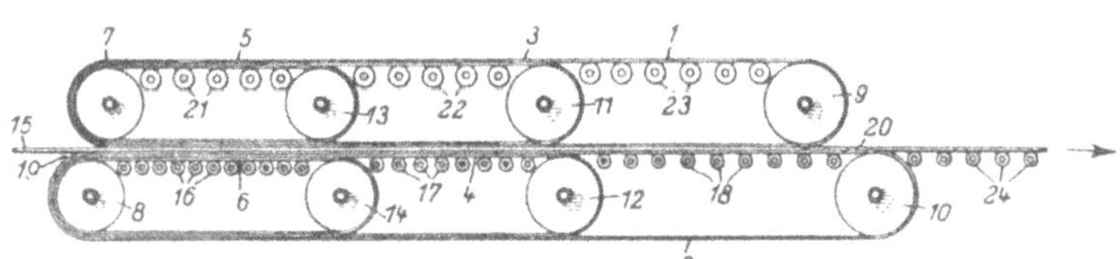

Abb. 1087.

angeordnet, zwischen *14* und *12* bzw. *13* und *11* zwei und am Schluß nur noch eine Banddicke. Dadurch soll eine stetig zunehmende Kühlwirkung erzielt werden. Nach der Patentschrift soll ferner der obere Asbestriemen *1* breiter sein als der untere und außerdem etwas schlaff, damit er auf beiden Seiten überhängt und die Glasränder vor zu schnellem Abkühlen schützt. Die Rollen *16*, *17* und *18* verhindern die Durchhängung des Asbest- und des Glasbandes. *24* bezeichnet den freien Rollgang, der das genügend hart gewordene Glasband weiter durch den Kühlofen trägt.

Für breitere Glasbänder werden als erste Unterlage Tische vorgezogen, die ähnlich dem beim Verfahren der Ford Motor Company anfänglich verwendeten Walztisch (Abb. 1056) durch endlose Kettenbänder mit darauf befestigten ebenen Lamellen gebildet werden. Die Lamellen bestehen entweder aus gepreßtem Asbest oder meistens aus Stahlplatten, deren Tragfläche geschliffen ist. Diese Plattenbänder lassen sich mit solcher Genauigkeit herstellen, daß noch hinreichend ebene Tafeln aus dem Glasband geschnitten werden können. Die Kettenbänder müssen auf ihrem Rückweg meistens gekühlt werden, wodurch eine gute Durchglühung des Glases im ersten Teil des Kühlofens verhindert wird. Schon bei der Zusammensetzung der Glasmasse muß hierauf Rücksicht genommen werden. Sehr kalkreiches und dafür alkaliarmes Gemenge würde in solchen Fällen schlecht gekühlte und spröde Glasscheiben ergeben. Es wird von einigen Seiten angenommen, daß sich zwischen dem weichen Glasband und den geschliffenen Stahlplatten von selbst dauernd ein isolierendes Luftpolster bildet, das das Glas vor gar zu schneller Abkühlung bewahrt.

Vom Kettentisch aus läuft das Glasband über einen Rollgang durch den anschließenden Kühlkanal. Die Rollen bestehen entweder aus gepreßtem Asbest oder aus luftgekühlten Rohren. Im letzteren Falle sind sie vielfach im ersten Teil des Kühlkanals von einer Wärmeschutzmasse umgeben, damit das Glas durch sie nicht abgeschreckt und zum Platzen gebracht werden kann. Am Anfang des Kühlkanals ist der Abstand der Rollen möglichst gering; nach seinem Ende zu können die Rollen weiter auseinander gelegt werden. Die Rollen werden zwangläufig, meistens durch Schnecken und Zahnkränze angetrieben und untereinander gekuppelt. Ihre Unterbringung ist so, daß sie leicht ausgewechselt werden können, die beiderseitigen Lager liegen außerhalb des Ofens. Diese Art von Rollgängen hat sich für die Beförderung von Glasbändern allgemein eingebürgert und bewährt.

Auch für die aus dem Hafen gegossenen Rohglasplatten hat sich der Rollenkühlofen eingebürgert. Es ist gelungen, Rollen von großer Länge und verhältnismäßig geringem Durchmesser so zu konstruieren und zu kühlen, daß sie sich nicht fühlbar durchbiegen oder verwerfen. Man kann damit Platten bis zu den größten üblichen Breiten ohne Beschädigung und ohne Deformierung befördern. Da die Platten zwischen den Rollen durchhängen, so lang sie noch weich sind, war man zuerst gezwungen, sie wie beim Straku vorher über einen festen ebenen Boden zu schieben oder wie beim Kühlen eines Glasbandes über einen Kettentisch laufen zu lassen, ehe man sie dem Rollengang übergab. Man hatte aber bald gefunden, daß man die heißen Rohglasplatten bis zu ihrer Erstarrung tadellos eben bekommen kann, wenn man sie nur schnell genug über die Rollen hinweglaufen läßt. Diese Transportgeschwindigkeit kann aber aus verschiedenen Gründen, die im folgenden noch erwähnt werden, ein gewisses Maß nicht überschreiten. Das weiche Glas hat deshalb in praxi noch Zeit genug, zwischen je zwei Rollen durchzuhängen. Die sich bildenden Wellentäler laufen aber sofort auf die nächste Rolle auf, so daß nunmehr die Täler nach oben gedrückt werden und die Berge nach unten durchhängen. Mit dem allmählichen Erhärten des Glases werden die Durchsenkungen geringer und geringer und die Glasoberflächen nähern sich mehr und mehr der Ebene; in der Abb. 1088 ist dieser Vorgang bei übertrieben großem Abstand der Rollen veranschaulicht. Schon bei Geschwindigkeiten der Rohglasplatten von ungefähr 8—10 m in der Minute, wie sie anfänglich im Einklang mit der Auswalzgeschwindigkeit in der Praxis vorkamen, erhielt man Platten von sehr guter Ebenheit. Inzwischen ist aber die Auswalzgeschwindigkeit, wie schon früher erwähnt worden ist, bis auf 30 m in der Minute und noch höher gesteigert worden.

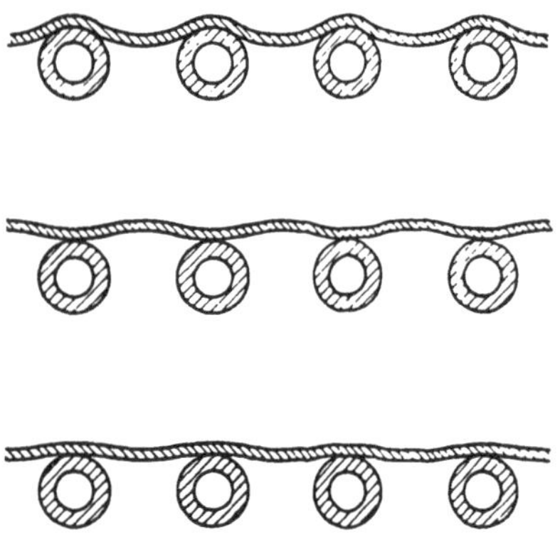

Abb. 1088.

Wenn die aus der Walzmaschine kommenden Platten mit solcher Geschwindigkeit über den anschließenden Rollgang gehen, erzielt man eine Ebenheit, wie sie bei anderen Verfahren kaum erreicht wird.

Man ist so dazu gelangt, die Rohglasplatten von der Walzmaschine aus unmittelbar auf einen Rollgang laufen zu lassen und sie darauf ohne jede weitere manuelle oder mechanische Behandlung in und durch den Kühlofen zu befördern; siehe Abb. 1048.

Die hohe Fördergeschwindigkeit der frisch ausgewalzten Rohglasplatten auf dem Rollgang ist nur so lange erforderlich, bis das Glas hart genug geworden ist und nicht mehr zwischen den einzelnen Rollen einsinken kann. Wollte man sie mit der gleichen Geschwindigkeit weiter befördern, so müßte man dem Ofen eine praktisch unmögliche Länge geben, um die notwendige Kühldauer zu bekommen. Als „Kühlgeschwindigkeiten" sind je nach der Dicke der Rohglasplatten 2—4 m in der Minute üblich. Wenn die Platten starr geworden sind, müssen sie also von der hohen Auswalzgeschwindigkeit auf die niedrige Kühlgeschwindigkeit gebracht werden, mit der sie dann den längeren Weg im Kühlofen bis zu dessen Ende durchwandern. Zur Lösung dieser Aufgabe sind eine große Zahl von Vorschlägen gemacht worden, die sich mehr oder weniger unterscheiden, je nachdem die Platten, entweder absatzweise vorrücken oder in gleichmäßigem ununterbrochenem Lauf durch den Kühlofen wandern. Im ersteren Fall bleiben sämtliche im Ofen liegenden Platten in Ruhe, bis eine neu ausgewalzte Platte auf etwa einen halben Meter Abstand an die letzte herangekommen ist; dann erst werden alle gleichzeitig samt der neuesten um eine Plattenlänge weitergerückt. Da die Platten hier nicht wie bei den früher beschriebenen Strakus der Breite sondern der Länge nach liegen, hat dieses Verfahren den Nachteil, daß das Glas mit jedem Vorrücken auf einmal einem ziemlich großen Temperaturabfall unterworfen wird. Wenn dort, wo die frisch ausgewalzten Platten das erste Mal zum Stillstand kommen, ungefähr 500° C herrschen und der Ofen rund 225 m lang ist, so findet auf jeden Meter ein durchschnittlicher Temperaturabfall von etwa 2° C statt. Bei zum Beispiel 9 m Plattenlänge und $\frac{1}{2}$ m Abstand von Platte zu Platte wird also das Glas ziemlich rasch einem Temperaturabfall von 19° C unterworfen. Rohglasplatten, die am Kopf des Ofens nicht sehr gut durchgeglüht worden sind, können dadurch leicht zum Zerspringen gebracht werden, um so mehr als ja schon ihr Anfang und ihr Ende in verschieden warmen Zonen liegen und die Temperaturabfallkurve über die ganze Ausdehnung des langen Ofens praktisch auch keine gerade Linie ist, so daß in verschiedenen Zonen die Temperaturunterschiede noch höher sind als die durchschnittlichen.

Im zweiten Fall, in dem die Platten ohne Unterbrechung mit gleichmäßiger Kühlgeschwindigkeit bewegt werden, muß die Auswalzgeschwindigkeit der zuletzt angekommenen Platte auf die Kühlgeschwindigkeit reduziert werden, sobald sie die vorhergehende Platte eingeholt hat. Eine Gruppe von Förderrollen muß also sowohl entsprechend der Auswalzgeschwindigkeit wie auch entsprechend der Kühlgeschwindigkeit gedreht werden können. Wollte man die Rohglasplatte von den schnellaufenden Rollen unmittelbar auf die langsamlaufenden übergehen lassen, so würde sie zwar auch von der hohen auf die niedrige Fördergeschwindigkeit gelangen; beim Übergang würde sie aber vorne von den langsam laufenden Rollen gebremst, während die schnelllaufenden von hinten noch nachschöben; sie würde also aufgebaucht. Wäre sie schon so starr, daß sie nicht mehr aufbauchen könnte, dann würde sie infolge von Erschütterungen zu Bruch gehen. Außerdem entstünde die Gefahr, daß sie auf die nächste Platte aufstieße oder in zu großem Abstand von ihr bliebe, wodurch der Kühlofen schlecht ausgenützt würde.

Die Abb. 1089—1091 zeigen einen älteren Rollenkühlofen der Pittsburgh Plate Glass Company nach der britischen Patentschrift 275169. Abb. 1090 ist die Fortsetzung von Abb. 1089. Die Rohglasplatten gleiten von der Walzmaschine über den Rollensatz *18* unmittelbar auf den Rollgang des Kühlofens. Dieser Rollgang ist in eine Anzahl von Rollengruppen *19* bis *28* unterteilt. Die Gruppe *28* ist sehr lang und geht bis ans Ende des Kühlofens. Die Rollen einer Gruppe werden gemeinsam angetrieben; sie haben alle also gleichzeitig entweder eine niedrige oder eine hohe Umdrehungsgeschwindigkeit. Jede Gruppe kann aber unabhängig von den anderen Gruppen schnell oder langsam laufen. Die Gruppen *18* bis einschl. *23* können sich zum Beispiel entsprechend der Walzgeschwindigkeit drehen. Wenn der Kopf der Rohglasplatte bis nach *C* gelangt ist, kann man die Umdrehungszahl der Gruppen *19*

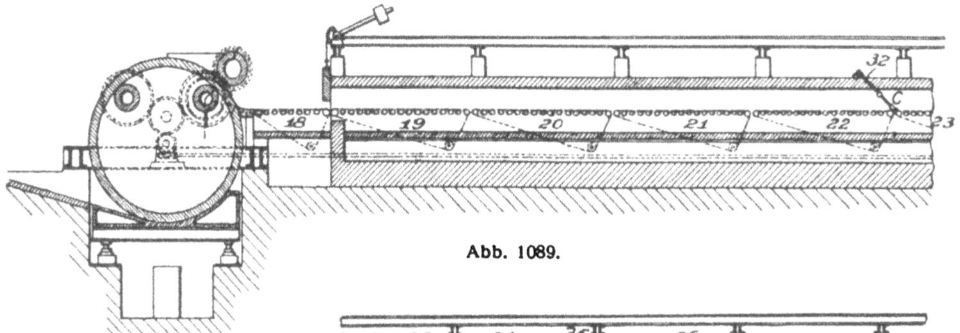

Abb. 1089.

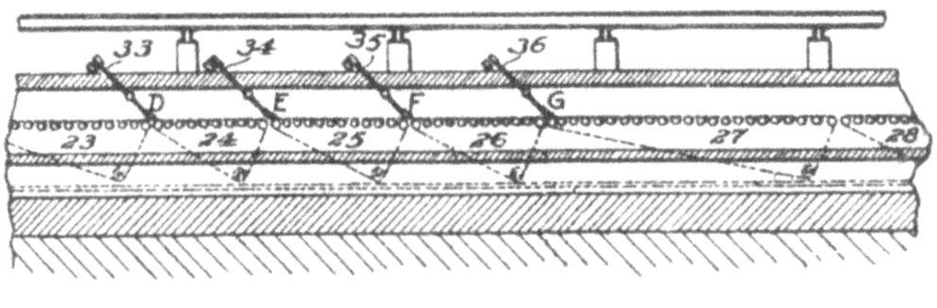

Abb. 1090.

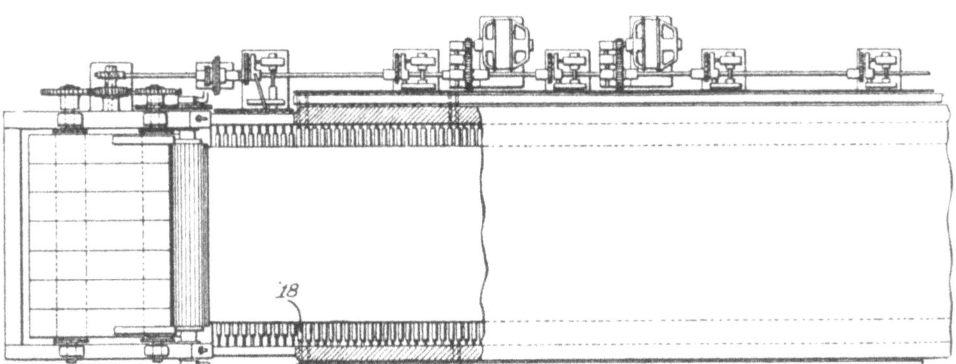

Abb. 1091.

bis *23* auf die geringere Umdrehungszahl der Gruppe *24*, von *D* ab auf die noch geringere der Gruppe *25* bringen und so fort bis von *G* ab die Kühlgeschwindigkeit der Gruppe *28* erreicht ist. Man kann aber auch von *C* ab die Geschwindigkeit über einige Gruppen hinweg mehr und mehr steigern, um sie dann etwa von *F* ab über *G* auf die Kühlgeschwindigkeit zu erniedrigen. Durch Anstoßen der Platten an die Kontakthebel *32*, *33* usw. sollen die Geschwindigkeiten selbsttätig geändert werden.

Eine solche Arbeitsweise war noch möglich bei den früheren Auswalzgeschwindigkeiten von etwa 8—10 m in der Minute. Mit der Steigerung der Walzgeschwindigkeit müßte dabei aber die Länge des Vorofens, der bis einschl. Gruppe *27* reicht, wachsen.

Bei den neuzeitlichen Walzgeschwindigkeiten würde dieser Vorofen jedoch eine praktisch nicht mehr zulässige Länge bekommen. Die vorteilhafte Verbindung einer schnellaufenden Walzmaschine mit einem solchen Rollenkühlofen wurde deshalb erst möglich, als ein neues Mittel gefunden worden war, um die noch weiche Platte ununterbrochen und schnell genug über den Rollen zu bewegen und den Vorofen dennoch kurz zu halten.

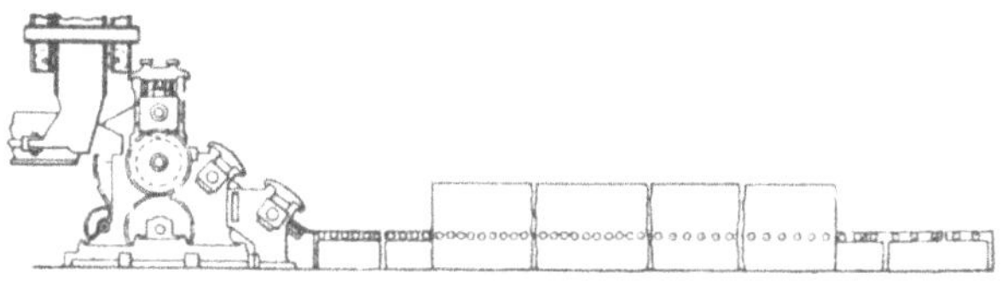

Abb. 1092.

Dieses Mittel besteht darin, daß man der frisch gewalzten Rohglasplatte, nachdem sie ganz in den Kühlofenkopf gelangt ist, eine pendelnde Hin- und Herbewegung erteilt; siehe z. B. das DRP. 511244 der N. V. Mij. tot Beheer en Exploitatie van Octrooien im Haag, Holland. Der Pendelausschlag kann etwa $1\frac{1}{2}$—2 m betragen. Um die Platte gut durchzuglühen und nachher stetig abkühlen zu lassen, muß an mehreren Stellen gependelt werden. Die Rohglasplatte muß also von Zeit zu Zeit in eine gemäßigtere Temperaturzone gerückt und dort weiter gependelt werden, bis sie starr genug ist, um auf die Kühlgeschwindigkeit gebracht werden zu können. Alle 6—8 Minuten muß Platz für eine neue Platte geschaffen werden.

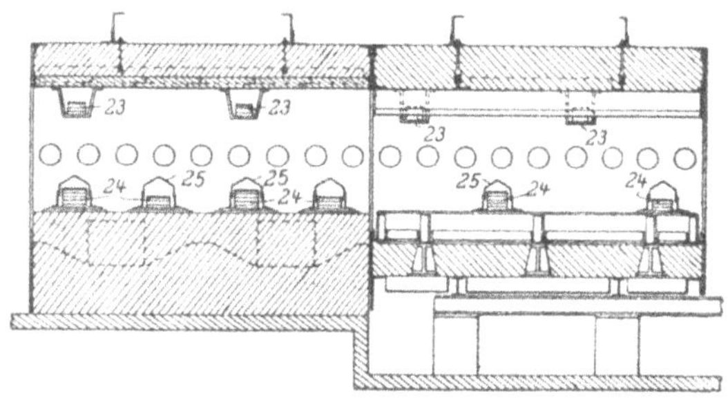

Abb. 1093.

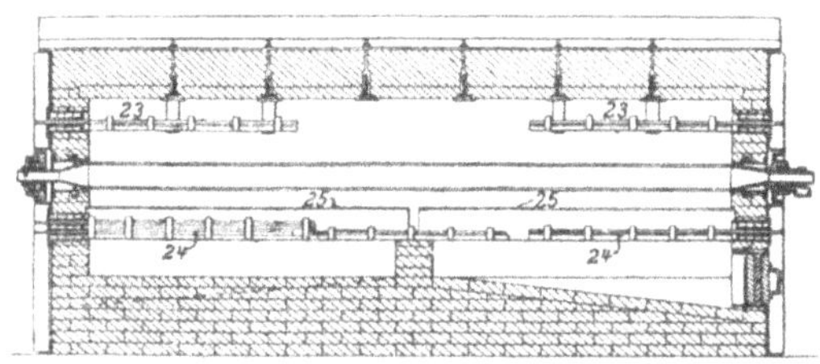

Abb. 1094.

Dem allmählichen Weiterrücken und damit der stetigen Abkühlung der gependelten Platte trägt in besonders vorteilhafter Weise das der amerikanischen Simplex Engineering Company patentierte Verfahren Rechnung, bei dem die Rohglasplatten im Pilgerschritt gependelt werden; das heißt, daß jeder Pendelausschlag nach dem Kühlofenende zu etwas größer ist als nach der Walzmaschine zu. Wenn zum Beispiel eine Bewegung nach dem Ofenende zu $1\frac{3}{4}$ m ausmacht und nach der Walzmaschine zu nur $1\frac{1}{2}$ m, so rückt die Platte mit jedem Hin- und Hergang um $\frac{1}{4}$ m nach dem Ofenende weiter. Die Abb. 1092—1096 betreffen einen

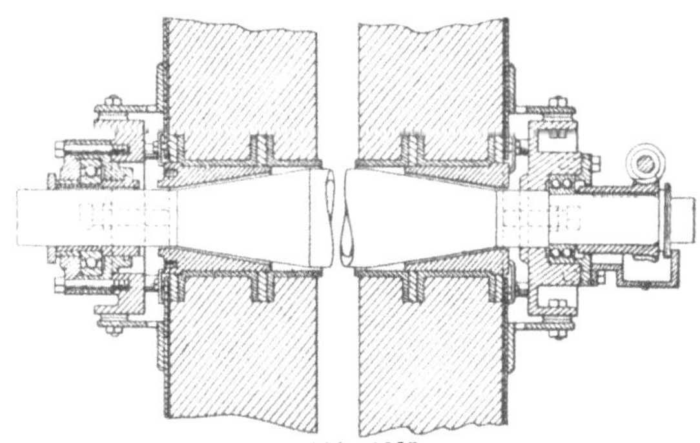

Abb. 1095.

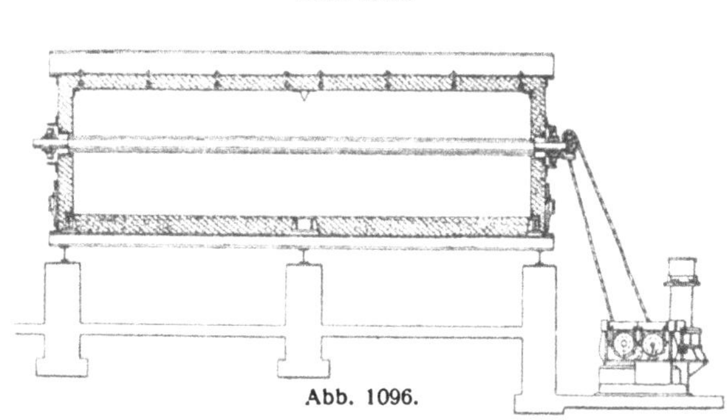

Abb. 1096.

nach diesem Verfahren arbeitenden Kühlofen; sie sind der französischen Patentschrift 674873 entnommen.

Der Ofen wird elektrisch geheizt; aus zwei der Abbildungen sind die über dem Rollgang befindlichen Heizkörper *23* und die unter dem Rollgang liegenden Heizkörper *24* ersichtlich; die unteren sind durch Dächer *25* gegen etwa herabfallende Glasscherben geschützt. Nach dem weiter oben wiedergegebenen Bericht des Herrn von Reis verbraucht ein solcher mit einer Bicherouxschen Walzmaschine zusammenarbeitender Kühlofen der National Plate Glass Company in Ottawa bei etwa 225 m Länge, 3,60 m Plattenbreite und 8½ m Rohglasstärke rund 700 Kilowatt.

Die Rollganglänge, auf der der Pilgerschritt stattfindet, muß zuerst zwecks Aufnahme der Rohglasplatte eine gleichgerichtete Rollenumfangsgeschwindigkeit haben entsprechend der Walzgeschwindigkeit und später eine ebenfalls gleichgerichtete entsprechend der Kühlgeschwindigkeit zwecks Abgabe der Platte in den eigentlichen Kühlkanal. Die Pilgerschrittbewegung und die Synchronisierung der Pilgerschrittrollen mit den davorliegenden, entsprechend der Walzgeschwindigkeit umlaufenden Rollen und nachher mit den anschließenden, entsprechend der Kühlgeschwindigkeit umlaufenden, geschieht selbsttätig auf elektrischem Wege. Die dazu erforderlichen Einrichtungen und Schaltvorgänge sind in der genannten Patentschrift angegeben.

Die Abb. 1093 veranschaulicht ein kurzes Stück aus dem Längsschnitt durch den Ofen; links eine stärker beheizte, rechts eine schwächer beheizte Zone. Die Abb. 1094 zeigt einen Querschnitt durch den heißen, Abb. 1096 durch den kälteren Teil des Ofens.

Die nach diesem Verfahren arbeitenden Kühlöfen sollen Rohglasplatten von bester Kühlung und Ebenheit ergeben.

9. Herstellungskosten bei neueren Verfahren.

Im Abschnitt IV dieses Kapitels sind die ungefähren Herstellungskosten je Quadratmeter poliertes Spiegelglas aufgestellt worden für eine Anlage, die nach dem alten Verfahren mit feststehendem Gießtisch, Zickzackstraku und runden Schleiftischen arbeitet. Als Beispiel war ein Betrieb gewählt worden, in dem jährlich 440000 m² poliertes Spiegelglas und 35000 m² ungeschliffene Rohglasplatten als Enderzeugnisse anfallen. Von den 440000 m² poliertes Glas sollten etwa 25000 m² in der eigenen Fabrik an den Kanten bearbeitet oder facettiert und 15000 m² belegt werden. Die insgesamt notwenige Rohglasmenge war mit 520000 m² angenommen worden.

In dem folgenden Beispiel sei zuerst wieder von der gleichen Rohglasmenge von 520000 m² ausgegangen. Angenommen sei ferner eine Anlage mit Bicheroux-Walzmaschine und zwei geraden Strakus etwa nach Abb. 1051; ferner eine kontinuierlich arbeitende Schleif- und Polierbahn etwa nach Abb. 952. Alle anderen Einrichtungen seien dieselben wie bei der für das frühere Beispiel angenommenen Anlage; es seien also unter anderem 5 Schmelzöfen für je 16 Häfen, davon 3—4 in Gang, 1—2 in Reparatur oder Bereitschaft befindlich, eine Kantenbearbeitungs- und Facettieranstalt sowie eine Versilberung von gleicher Ausdehnung vorhanden.

Die Mannschaften der Rohglashalle müssen bei der Herstellung von normalen Rohglasplatten für die verschiedensten Abmessungen der polierten Scheiben im großen und ganzen dieselben bleiben wie früher. Die Bedienung der Schmelz- und Hafentemperöfen, der Gemengekammer und der Gaserzeuger sowie die Anzahl der Ofenmaurer ändern sich nicht. Dagegen können von der Gußmannschaft 5 Gießknechte gespart werden. Von der Gußmannschaft mußten früher 2—4 Mann beim Verschieben der

Rohglasplatten in den Vorkammern des Straku helfen; diese Hilfe kann heute soweit entbehrt werden, daß das Fehlen jener 5 Gießknechte auch im Kühlofenbetrieb nicht fühlbar wird und die übrige Mannschaft zur Bedienung der Kühlöfen ausreicht. Zur laufenden Überwachung der mechanischen und elektrischen Einrichtungen, zum Herausnehmen der Platten aus den Kühlöfen, zum Untersuchen, Schneiden, Sortieren, Transportieren, Lagern und zu allgemeinen Arbeiten sind ebensoviel Leute erforderlich wie früher.

Bei der Herstellung von normalstarkem Rohglas für Scheiben verschiedener Abmessungen, von den kleinsten bis zu den größten, werden also gegenüber dem früheren Beispiel an Gehältern und Löhnen gespart 5 · 2400,— = RM. 12000,—, wenn als jährlicher Durchschnittslohn pro Kopf, Frauen und Jugendliche mitgerechnet, wieder die runde Summe von RM. 2400,— angenommen wird. Die Ausgaben für Licht und Kraft sind ungefähr die gleichen wie früher; elektrische Kraft wird vielleicht etwas mehr verbraucht als früher; der Unterschied ist aber unwesentlich.

Die Schmelzhäfen, die Gemengematerialien und die Gaskohlen erforderten bei dem früheren Beispiel die jährliche Summe von zusammen RM. 1296800,—. Heute ist die Ebenheit der Plattenoberflächen aber günstiger als früher; wenn früher die Rohglasstärke 10,5 mm war, braucht sie heute nur 9,5 mm zu sein, um die gleiche Dicke des polierten Glases zu erreichen. Um jährlich die gleiche Rohglasmenge zu erzeugen, braucht man also schon aus diesem Grunde weniger Güsse zu machen; man braucht dementsprechend weniger Häfen und weniger Gaskohlen. Durch das Umschütten der Häfen um eine Achse, die ungefähr durch den der Walzmaschine zugekehrten Hafenrand geht und durch die modernen Walzmaschinen selbst werden gegenüber früher manche Glasfehler vermieden. Infolge des Zerteilens der heißen Platte hinter der Maschine gelangen zwei kleinere Platten in die Kühlöfen, weshalb der Bruch geringer ist. Die Ausbeute an schleif- und lagerfertigem Rohglas je Hafen ist also auch noch aus diesem Grunde höher. Wenn bei dem früheren Beispiel mit 29,5 m² je Hafen gerechnet wurde, so kann heute mit durchschnittlich 34,5 m² gerechnet werden. Die Ausgaben für Schmelzhäfen, Gemengematerialien und Gaskohlen werden also unter sonst gleichen Verhältnissen nur noch

$$\frac{1\,296\,800 \cdot 29{,}5}{34{,}5} = \text{rund RM. } 1\,108\,800,\!—$$

betragen; die Ersparnis somit RM. 188000,—.

Die Ausgaben für Reparaturen und Unterhaltung, Hilfsmaterialien, Putz- und Schmiermittel sind, da weniger Güsse im Jahre zu machen sind, etwas niedriger; doch kann dieser Unterschied hier vernachlässigt werden. Die allgemeinen Unkosten werden ungefähr dieselben sein wie früher, die jährlich erforderlichen Abschreibungen aber etwas höher. Die Erhöhung dieses Postens ist aber durch inzwischen überall vorgenommene Rationalisierungen allgemeiner Art mehr als ausgeglichen worden; sie sei deshalb bei dieser Betrachtung unberücksichtigt gelassen. Die Gesamtersparnis an Löhnen, Häfen, Gemengematerialien und Kohlen beträgt zusammen etwa RM. 200000,— im Jahr; bei der vorausgesetzten Erzeugung von 520000 m² also RM. 0,385 je m². Die Herstellungskosten je m² normalstarkes Rohglas ergaben sich bei dem früheren Beispiel zu RM. 4,628; sie wären bei dem obigen Beispiel also immer noch RM. 4,243.

Das Bild wird aber sofort ein anderes, wenn man berücksichtigt, daß die neuen Verfahren entstanden sind aus dem Bestreben, dünnes Spiegelglas rationeller herzustellen als früher, und daß der Bedarf gerade in dünnerem Glas außerordentlich gestiegen ist. In dem folgenden Beispiel sei deshalb angenommen, daß auf nur 7 mm Dicke ausgewalzt werde, daß aber zum Vergleich die Zahl der jährlichen Güsse dieselbe sei wie bei dem früheren Beispiel. Wenn in einer solchen Fabrik normalstarkes und dünnes Glas hergestellt wird, dann liegen die durchschnittlichen Herstellungskosten zwischen den Ergebnissen des vorhergehenden und des folgenden Berechnungsbeispieles. Um festzustellen, welche Selbstkosten auf die normalstarken und welche auf die dünnen Platten entfallen, sind die Gesamtausgaben einer Rechnungsperiode im Verhältnis der Produktionszahlen für die eine und die andere Rohglasart und ungefähr im Verhältnis der Ergebnisse dieses Beispiels und des vorhergehenden zu teilen. Je nachdem in einem Betriebe bei der einen oder anderen Rohglasart schlechter oder besser gearbeitet wird, zum Beispiel hinsichtlich des Bruches oder Verschnittes, sind auch diese Umstände bei der Verteilung der Gesamtausgaben zu berücksichtigen.

Wenn früher bei 10,5 mm Rohglasstärke 520000 m² Rohglas erzeugt worden sind, ergeben sich bei gleicher Gußzahl, aber 7 mm Stärke, theoretisch $\frac{520000 \cdot 10{,}5}{7} = 780000$ m². Bei den längeren und dünneren Platten machen aber die wegzuschneidenden Abfälle am Anfang und am Ende der ausgewalzten Platte im Verhältnis zur Gesamtoberfläche viel weniger aus als bei einer kurzen und dickeren Platte; ferner je dünner das Glas ausgewalzt wird, desto weniger Glasfehler entfallen auf den Quadratmeter, desto weniger Verschnitt hat man auch je Quadratmeter. Außerdem ist die Technik des Kühlens dünner Platten so fortgeschritten, daß man mit weniger Bruch im Kühlofen rechnen darf. Es sei deshalb eine Produktion von mindestens 820000 m² jährlich angenommen.

Bei dem früheren Beispiel wurden die jährlichen Ausgaben für die Herstellung von 520000 m² normalstarkem Rohglas auf RM. 2406325,— berechnet. Nach dem vorhergehenden Beispiel werden bei Verwendung einer Walzmaschine und einer Anlage nach Abb. 1051 ungefähr RM. 12000,— an Löhnen gespart. In der Schneidstube und im Rohglaslager sind zwar 820000 m² zu bewältigen anstatt früher 520000 m², die dünnen Scheiben sind aber handlicher und in den Abmessungen einheitlicher, so daß dort kaum mehr Personal erforderlich ist. Bei gleicher jährlicher Gußzahl sind außer den Löhnen alle anderen Ausgaben dieselben wie früher. Die Gesamtausgaben für die jährliche Herstellung von 820000 m² dünnem Rohglas betragen danach 2406325 — 12000 = RM. 2394325,— oder je m² RM. 2,920 anstatt RM. 4,628 früher und RM. 4,243 beim vorhergehenden Beispiel.

Um die bisher angenommenen Rohglasproduktionen zu erzielen, ist vorauszusetzen, daß alle 8—8½ Minuten ein Hafeninhalt ausgewalzt und täglich 8 Stunden lang gegossen und gewalzt wird, ausgenommen an Sonn- und Festtagen. Die angenommene Betriebsanlage könnte also bei durchgehendem, nur durch Sonn- und Festtage unterbrochenem Betrieb das Dreifache an dünnem Rohglas oder unter Berücksichtigung von Störungen, die bei durchgehendem Betrieb nicht wieder einzuholen sind, rund 2350000 m² im Jahre erzeugen. Die jährlichen Ausgaben würden bei einer solchen Ausnützung der Anlage unter allen den Vorbehalten, die schon früher für eine solche Kalkulation gemacht worden sind, ungefähr die folgenden sein, wobei für einige der Roh- und Hilfsstoffe angenommen ist, daß beim Bezuge der viel größeren Mengen die Beschaffungskosten je Einheit niedriger sind:

Gehälter	RM.	133000,—
Löhne, rund 300 Mann in der Rohglashalle, anstatt früher 145, dazu Anteil an den Löhnen für unproduktive Arbeiten; jährlicher Durchschnittslohn pro Kopf wieder angenommen zu RM. 2400,—	„	773600,—
Licht und Kraft	„	68800,—
Übertrag:	RM.	975400,—

Übertrag:	RM. 975400,—
Schmelzhäfen (bei größerem Bedarf kommt der einzelne Hafen billiger zu stehen)	„ 342000,—
Gemengmaterialien $= \frac{610300 \cdot 2350000}{820000} =$	„ 1749000,—
(Da sich diese Kalkulation auf dem vorhergehenden Beispiel aufbaut und dort die gleiche Anzahl Güsse im Jahr angenommen worden ist wie früher, ist hier auch von der damaligen Summe von RM. 610300,— für Gemengematerialien auszugeben, wobei aber in diesem Falle wegen der Anschaulichkeit der Rechnung nicht berücksichtigt ist, daß beim Bezug dieser viel größeren Mengen der Beschaffungspreis je t wahrscheinlich niedriger wäre.)	
Gaskohlen	„ 1290000,—
(Die Kühlöfen brauchen weniger als bei periodischem Betrieb.)	
Reparaturen und Unterhaltung	„ 210000,—
Verschiedene Hilfsmaterialien, Putz- und Schmiermittel	„ 52000,—
Allgemeine Unkosten	„ 150000,—
Abschreibungen	„ 410000,—
Zusammen	RM. 5178400,—

oder je m² dünnes Rohglas RM. 2,20.

Wenn man wieder annimmt, daß bei jedem der drei vorstehenden Beispiele 35000 m² als Rohglas verkauft werden, stehen zum Schleifen und Polieren zur Verfügung 485000 bzw. 785000 bzw. 2315000 m² Rohglas. Wenn früher mit einer Ausbeute an poliertem Spiegelglas von rd. 90% des aufgelegten Rohglases gerechnet worden ist, Rohglasstücke unter 0,405 m² und polierte Stücke unter 0,090 m² nicht gerechnet, so kann heute wegen der besseren Ebenheit der Platten je nach den Qualitätsansprüchen mit 92—94% gerechnet werden. Hier seien beispielsweise ungefähr 93% angenommen. Die jährliche Erzeugung an poliertem Spiegelglas beträgt dann in jenen 3 Fällen rd. 450000 bzw. 730000 bzw. 2150000 m².

Nach dem ersten Beispiel fällt Spiegelglas von 5—8 mm Stärke an, nach den beiden anderen dünnes Glas unter 5 mm.

Früher wurden für die Veredelung von jährlich 485000 m² normalstarkem Rohglas auf runden Schleiftischen einschließlich Abschreibungen Ausgaben in Höhe von RM. 2974340,— errechnet. Ferner wurde festgestellt, daß unter sonst gleichen Verhältnissen bei Verwendung einer kontinuierlichen Schleif- und Polierbahn an Löhnen RM. 134400,— gespart werden. Wegen der größeren Ebenheit der Rohglasplatten und weil weniger abzuschleifen ist als früher werden an Schleifeisen, Schleifsand und Gips weitere etwa RM. 70000,— gespart. Von den übrigen Ausgaben sei angenommen, daß sie ungefähr dieselben bleiben wie früher. Die jährlichen Ausgaben für die Umarbeitung des Rohglases, die Lagerung, teilweise Facettierung und Versilberung sowie Verpackung und Verladung des polierten Spiegelglases betragen dann noch . . . . RM. 2769940,—

Dazu kommen die Kosten für das aufgelegte Rohglas: 485000 m² nach dem ersten der drei neuen Beispiele zu je RM. 4,243 . . . „ 2057855,—

Die gesamten Ausgaben betragen also in diesem Falle ohne die Verkaufsunkosten für 450000 m² poliertes normalstarkes Spiegelglas = RM. 4827795,—

oder für den m² RM. 10,73 anstatt RM. 11,85 früher.

Im zweiten Falle sind 785000 m² dünneres Rohglas in 730000 m² poliertes Spiegelglas umzuarbeiten. Die Ausgaben stellen sich hier vergleichsweise wie folgt:

Gehälter	RM.	136000,—
Löhne	„	895000,—
Licht und Kraft	„	490000,—
Schleifeisen	„	142000,—
Schleifsand	„	275000,—
Schmirgel	„	35000,—
Gips	„	112000,—
Auflegetuch	„	24000,—
Polierrot	„	145000,—
Polierfilze	„	128000,—
Reparatur und Unterhaltung	„	165000,—
Verschiedene Hilfsmaterialien	„	100000,—
Kisten und Packmaterial	„	245000,—
Allgemeine Unkosten	„	150000,—
Abschreibungen	„	545000,—
	RM.	3587000,—
785000 m² Rohglas je 2,920 =	„	2292200,—
Gesamtausgaben für 730000 m² dünnes poliertes Spiegelglas fertig verpackt, jedoch ohne Verkaufsunkosten	RM.	5879200,—

oder je m² RM. 8,054.

Im dritten Falle sind 2315000 m² dünnes Rohglas in 2150000 m² poliertes Spiegelglas umzuwandeln. Hier stellen sich die Ausgaben vergleichsweise ungefähr wie folgt:

Gehälter	RM.	136000,—
Löhne	„	1842000,—
Licht und Kraft	„	1100000,—
Schleifeisen	„	400000,—
Schleifsand	„	795000,—
Schmirgel	„	98000,—
Gips	„	310000,—
Auflegetuch	„	68000,—
Polierrot	„	410000,—
Polierfilze	„	362000,—
Reparatur und Unterhaltung	„	350000,—
Verschiedene Hilfsmaterialien	„	230000,—
Kisten und Packmaterialien	„	720000,—
Allgemeine Unkosten	„	250000,—
Abschreibungen	„	1360000,—
	RM.	8431000,—
2315000 m² Rohglas je RM. 2,20 =	„	5093000,—
Gesamtausgaben für 2150000 m² dünnes poliertes Spiegelglas fertig verpackt, ohne Verkaufsunkosten	RM.	13524000,—

oder je m² RM. 6,290.

Werden nur wenige Scheibengrößen hergestellt wie zum Beispiel in amerikanischen Spiegelglashütten, die ausschließlich zur Deckung des Bedarfes bestimmter Automobilfabriken arbeiten, so sinken die Ausgaben noch mehr, besonders durch die Ersparnis an Löhnen; auch daß in solchen Fällen nicht ausgesprochenes Qualitätsglas gefordert wird, wie es für Belegzwecke verlangt werden muß, vermindert die Unkosten noch weiterhin.

10. Schlußwort.

Zu Beginn dieses Kapitels ist erwähnt worden, daß man trotz der streng geregelten Zusammenschlüsse der Fabrikanten in der Technik der Herstellung des Spiegelglases nicht stehen geblieben sei. Als dieser Satz vor Jahren geschrieben wurde, dachte man in erster Linie an die Fortschritte, die bis dahin in der Ausübung des alten Verfahrens — Auswalzen des aus dem Hafen geschütteten Glases auf einen großen Tisch, Schleifen und Polieren auf runden Tischen — gemacht worden waren. Die „neuen" Verfahren befanden sich noch im Versuchsstadium und die Meinungen über die Aussichten der verschiedenen Wege in der Praxis gingen sehr auseinander. Inzwischen haben sich diese neuen Verfahren durchgesetzt und das alte Verfahren fast ganz verdrängt; der Augenblick, in dem es ganz ausgestorben sein wird, ist vorauszusehen.

Für alle neuen Verfahren, auch für die aus der Wanne gespeisten Walzwerke und für die mit geraden Bahnen arbeitenden Schleif- und Polierapparate gaben die beim alten Verfahren erlangten Übungen und Kenntnisse die Grundlagen, auf denen die Versuche aufgebaut und zum Erfolg gebracht worden sind. Es ist deshalb gerechtfertigt, daß die damalige Beschreibung des alten Verfahrens für die jetzige Ausgabe dieses Buches in ihrer vollen Breite belassen wurde. Dadurch wird der Gang der Entwicklung am besten erkennbar; das Allgemeine und Grundlegende, das zum alten Verfahren zu sagen war, hätte bei allen neuen Verfahren größtenteils doch gesagt werden müssen. Die Schwierigkeiten und die besonderen Anforderungen, die der Herstellung von Spiegelglas eine gewisse Eigenart in der Glasindustrie verleihen, waren bei der Beschreibung des alten Verfahrens naturgemäß bereits so hervorgehoben, daß sich gerade dadurch vorweg ein Bild von den Aufgaben bot, die zwecks Ausarbeitung der neuen Verfahren für den Großbetrieb zu lösen waren.

Über die Bedeutung der verschiedenen neuen Verfahren für die Zukunft etwas vorauszusagen, wäre verfrüht. Weitaus die größte Verbreitung sowohl in Europa wie auch in Amerika hat bis jetzt das Bicheroux-Verfahren gefunden, nicht nur weil es dem alten Verfahren am meisten angepaßt ist, sondern vor allem, weil es hinsichtlich Qualität, Stärke und Abmessungen der Scheiben allen Anforderungen des Handels bis jetzt am besten gerecht zu werden vermag. Es ist aber vorauszusehen, daß die Bauart und die Führung des Wannenofens und die Verwendung geeigneter Gemenge mit der Zeit noch so gefördert werden, daß auch durch das Arbeiten aus der Wanne alle Ansprüche befriedigt werden können. Durch das Schöpfen mit dem mechanisch betätigten Löffel ist man diesem Ziel schon nahe gekommen; daß im Dauerbetrieb aus der Wanne qualitativ ebenso hochwertiges Spiegelglas erzeugt wird wie aus Häfen, wollen die Verfechter des Schöpfverfahrens bereits außer Zweifel stellen. Wenn ihre Hoffnungen sich erfüllen, wird man allerdings annehmen dürfen, daß auch das Schöpfen nur ein Zwischenverfahren bleiben und die weitere Entwicklung von den kontinuierlich arbeitenden Verfahren — Wanne mit Zieh- oder Walzwerk und anschließender gerader Schleif- und Polierbahn — ausgehen wird, wenn auch die dabei zu überwindenden Schwierigkeiten noch sehr beträchtliche sein werden.

12. Kapitel.

Dünnes Rohglas, Drahtglas, Ornament- und Kathedralglas.

(Aus der Schöpfkelle gegossenes, gewöhnliches Flachglas.)

Von Ing. Fritz Wollner, Ratten, Steiermark.

1. Allgemeines.

Die Gläser dieses Abschnittes sind noch ziemlich jung, und doch ist die Entwicklung ihrer Herstellung schwer zu verfolgen.

Das dünne Rohglas, glatt und gerippt, wurde zuerst in den Gußspiegelglashütten erzeugt, welche früher zu Verglasungen von Oberlichtern ursprünglich das normale ca. 10—12 mm starke Spiegelrohglas verwendet hatten. Die übermäßige Stärke und Schwere dieses Glases für Dachkonstruktionen veranlaßten diese Hütten, zur Erzeugung eines schwächeren und dabei leichteren, billigeren Glases überzugehen.

Im Ausgange der achtziger Jahre des verflossenen Jahrhunderts wurde von englischen Spiegelglashütten „nach einem dem Spiegelglas ähnlichen, nur weniger umständlichen Verfahren ein dünneres, gewalztes Tafelglas für Dachdeckungen und das Durchsehen nicht gestattende Fensterverglasung dargestellt, welches meist 3—5 mm stark ist, und um Blasen und andere Fehler weniger auffällig zu machen, auf der einen Seite mit einem aus feinen, erhabenen Streifen oder aus Kanten bestehenden Muster, dessen Linien in den Gußtisch eingegraben sind, versehen wird."

Also die notwendige geringere Stärke, vielleicht die Bemühung, die Fehler des dünnen Rohglases mit Rippen zu decken, die größere Lichtdurchlässigkeit des „englischen Rippenglases", vor allem aber der Aufschwung der Industrie in diesen Jahren und die Arbeiterfürsorge, welche sich bemühte, ihren Arbeitern im beiderseitigen Interesse helle, lichte Arbeitsstätten mit großen Fenstern und Oberlichtern zu schaffen, bedingen den Aufschwung der Erzeugung des dünnen Rohglases.

Die geringe Widerstandsfähigkeit der Oberlichter aus dünnem Rohglas gegen mechanische und elementare Beschädigungen, haben bald den Erfindergeist angeregt, entsprechend Abhilfe zu schaffen. Frank Shuman, ein Amerikaner, war einer der ersten, welcher erfolgreich das dünne Rohglas durch Einbetten eines Drahtgewebes widerstandsfähiger machte. Nach seinem Verfahren wurde in den neunziger Jahren des vorigen Jahrhunderts auch schon auf dem Kontinent gearbeitet. Von dieser Zeit an ist der Aufschwung des Drahtglases zu verfolgen.

Wesentlich zur Entwicklung des Gebietes haben auch die inzwischen in Deutschland erloschene und nach dem Zweigwerk Georgswalde (Tsch.-Sl.) verlegte Firma F. A. Grosse, Bischofswerda-Sa. und andere Spezialmaschinenfabriken, die Aktiengesellschaft für Glasindustrie vorm. Friedr. Siemens und die Oberlichterkonstruktionsfirma J. Eberspächer, Eßlingen a. Neckar, beigetragen. Grosse-Bischofswerda hat zielbewußt die Erzeugung von Drahtglasmaschinen nach dem Frank Shumanschen Grundgedanken verfolgt und ausgebaut, so daß seine Maschinen heute als vorbildlich gelten und in den größten Hütten in Verwendung stehen. Die Aktiengesellschaft vorm. Friedr. Siemens hat als eine der ersten die Vorteile und die Verwendungsmöglichkeiten des Drahtglases erkannt, die Erzeugung aufgenommen und zu seiner Verwendung angeregt. Die Firma Eberspächer hat mit der Verwendung des Drahtglases zu ihrer kittlosen Verglasung von Oberlichtern sehr viel zur Verbreitung des Drahtglases und damit zu dem Aufschwung der Drahtglasindustrie beigetragen. Die zunehmende technische Entwicklung hat gestattet, das Drahtglas auch gefälliger zu machen, vor allem mit verzerrungsfreier Durchsichtigkeit zu versehen, insofern als es gelungen ist, Drahtglas so spannungsfrei und eben herzustellen, daß es auf beiden Seiten geschliffen und poliert werden kann („Spiegeldrahtglas").

Der eingangs erwähnten Absicht, die Schönheitsfehler des dünnen Rohglases als Nichtqualitätsartikel mit Mustern zu decken, dem beginnenden Wohlstande der achtziger Jahre des vorigen Jahrhunderts, dem Aufschwung der Bau- und Möbelindustrie und dem künstlerischen Eifer, Profan- und kirchliche Bauten auszuschmücken, danken wir den Aufschwung der Ornament- und Kathedralglasindustrie.

Auch auf diesem Gebiete haben die Konstruktionen der Firma F. A. Grosse-Bischofswerda-Sachsen fruchtbar gewirkt. Die Firma Emil Offenbacher in Marktredwitz-Bayern hat sich durch ihre Ornamentmaschinen und ihre geprägten Stahlhäute zur Erzeugung von Ornamentglas bekannt gemacht, wie auch die Firma Theisen & Co. in Krefeld durch die Stahlwalzen für alle handelsüblichen deutschen, französischen und österreichischen Muster in Ornament- und Kathedralglas. Auch noch andere Spezialfabriken, insbesondere die Fa. A. Mauser, Maschinenfabrik, Köln a. Rh. unter Mitarbeit des Herrn Ing. Simon, haben sich um die Entwicklung dieses Gebietes erfolgreich bemüht.

Was nun die Arbeitsweise des dünnen Rohglases, Draht-, Ornament- und Kathedralglases betrifft, welche durchwegs aus der Schöpfkelle gegossen werden, so soll zunächst der Unterschied gegenüber dem schwachen und starken gewalzten Spiegelglas (11. Kap.) hervorgehoben werden. Gegenüber dem aus der Kelle gegossenen Roh-, Draht-, Ornament- und Kathedralglas, darf das Spiegelglas als Qualitätsglas dem aus Tiegeln und Elektroöfen erschmolzenen Edeleisen in Vergleich gestellt werden, während die Glassorten dieses Kapitels als gröbere Massenware mit den Erzeugnissen des Martinofens verglichen werden dürfen. Das will sagen, daß Spiegelglas als Qualitätsglas bis jetzt meist in Hafenöfen erschmolzen wurde, während unsere Glassorten, wegen der geringeren Qualitätsansprüche rationeller aus Wannenöfen erschmolzen werden.

Bei einigen Spezialartikeln unserer Erzeugung, wie rein weißem Ornament- und Kathedralglas, farbigem Ornament- und Kathedralglas, schließlich farbigem Drahtglas ist selbstverständlich die teuere Hafenschmelze notwendig, welche wieder durch die höheren Verkaufspreise für diese Artikel ausgeglichen wird.

Die Erzeugung des Gußspiegelglases ist außer in der Qualität und den mechanischen Gußvorrichtungen, auch in der Größe und Stärke der Produkte von unserer Erzeugung sehr unterschieden; während schwaches gegossenes Spiegelrohglas bei einem Flächenausmaß von ca. 5 m² das Ausmaß unserer Artikel bei gleicher Stärke von 6—7 mm vielleicht erreicht, ist das starke gegossene Spiegelrohglas bei einer Stärke von 10—12 mm in der Quadratur von normal ca. 25 m² unseren Erzeugnissen bedeutend überlegen.

Es darf nicht versäumt werden, bei einem Vergleich zwischen Gußspiegelglas und unseren Artikeln auch auf den Unterschied in den Anlagekosten hinzuweisen:

die Kosten für eine Anlage auf starkes Gußspiegelglas, einer Anlage auf schwaches gegossenes Spiegelglas und einer Anlage auf dünnes Roh-, Draht-, Ornament- und Kathedralglas bei ungefährer gleicher Tagesleistung in Quadratmetern, verhalten sich ungefähr wie 10:2:1 (vgl. 11. Kap., S. 999 u. ff.).

Wie schon früher erwähnt, ist eine größere Anzahl der im Betrieb stehenden Hütten der Erzeugnisse dieses Kapitels aus Gußspiegelglashütten hervorgegangen, nur ganz vereinzelt aus Fensterglashütten. Bei dem anfangs bescheidenen Absatz, welchen dünnes Rohglas, Draht-, Ornament- und Kathedralglas fanden, war es für diese Nebenbetriebe der Gußspiegelglashütten ökonomisch, deren allgemeine Einrichtungen als: Licht-, Kraft-, Generatoren- und Zerkleinerungsanlagen, die Werkstätten usw. mitzubenützen.

Zu dem Zeitpunkte, als die Nachfrage nach dem aus der Kelle gegossenen Flachglas bedeutend wurde, in den neunziger Jahren des vergangenen Jahrhunderts, wurden diese Nebenbetriebe der Gußspiegelglashütten zu selbständigen Betrieben, die neuen Hütten, welche sich ausschließlich mit der Erzeugung der Glassorten dieses Abschnittes befaßten, entstanden.

Es bestehen heute für die Erzeugung aller oder einzelner Artikel dieses Abschnittes in Deutschland 15 Fabriken, in Deutsch-Österreich 1, in Polen 1, Tschechoslowakei 4, in Frankreich und Belgien zahlreiche Fabriken. Auch Griechenland, Italien, Spanien und Rußland besitzen je eine Glashütte der zu besprechenden Art.

Über die kontinentale Produktion Ziffern zu nennen ist unmöglich, ebenso über den Export und Import. Man kann annehmen, daß die größeren Hütten eine Jahresproduktion von 250—500000 m^2 haben.

Der Export nach den Ländern ohne Hütten unseres Betriebszweiges und auch nach Übersee ist einerseits abhängig von der Baukonjunktur, anderseits von der Geldkonjunktur.

Die **Arbeitsweise für Rohglas,** glatt und gerippt, auch Drahtglas, ist in allgemeiner Kennzeichnung heute meist so, daß dünnflüssiges Glas mit der Schöpfkelle dem Hafen oder der Wanne entnommen wird, auf dem Kellenwagen oder vorteilhafter mit einer Hängebahn zu dem glatten oder gerippten Gießtisch geführt, auf diesem entleert und von entsprechenden Walzenvorrichtungen zu einem Blatte von gewünschter Stärke ausgebreitet wird. Bei Drahtglas wird während des Auswalzens außerdem noch das Drahtgewebe eingebettet. Die fertigen Blätter werden mit einer Zange auf den an den Gießtischkopf anstoßenden, vor dem Kühlofen stehenden Überlegtisch gezogen und von diesem mit einer Krücke auf das Kühlofenpflaster geschoben. Bei entsprechender Einrichtung, besonders für die Drahtglaserzeugung vorteilhaft, wird der Gießtisch unmittelbar vor dem Kühlofen aufgestellt und das fertiggewalzte Blatt vom Gießtisch in den Kühlofen eingeschoben. Zum Ornament- und Kathedralglasguß wird ebenfalls das dünnflüssige Glas dem Hafen oder der Wanne mit der Schöpfkelle entnommen und die Kelle in gleicher Weise der Ornamentwalzmaschine zugeführt. Der wesentliche Unterschied ist nun, daß diese Maschine den Glasposten zwischen zwei glatten Walzen zu einem Blatt ausbreitet, welches einem anderen Walzenpaare zugeführt wird, von welchen die obere das gewünschte Muster trägt. — Das nun austretende geprägte Glasblatt wird auf einem Schamottetisch abgelegt, der sich selbsttätig mit der Umdrehungsgeschwindigkeit der Walzen von diesen entfernt. Dabei wird die Aufstellung der Ornamentmaschine so gewählt, daß der Ablegetisch, wenn er ganz ausgefahren ist, vor den Kühlofen zu stehen kommt, in welchen das fertige Blatt wieder mit der Krücke vom Schamottetisch aus eingeschoben wird.

Durch den Kühlofen werden die Blätter in angemessenen Zeitintervallen mittels eines Rostes durchgeführt und verlassen den Ofen handwarm, um auf handelsübliche oder feste Maße geschnitten, eingelagert oder verpackt zu werden.

2. Schmelzöfen.

Die Wahl der Öfen für die Erzeugung der Gläser dieses Kapitels wird nach zwei Gesichtspunkten getroffen werden müssen: soll Qualitätsglas oder soll Massenartikel erzeugt werden.

Für weißes oder farbiges Ornament- und Kathedralglas, auch für farbiges Drahtglas, wie es manchmal in kleineren Mengen verlangt wird, ist nur der Hafenofen zu brauchen. Die handelsübliche halbweiße Ware in Rohglas, glatt und gerippt, in Drahtglas, in Ornament- und Kathedralglas wird vorteilhafter aus der Wanne gearbeitet.

Die Verwendung von Wannenöfen zur Erzeugung von weißem Glas und Farbenglas verbietet sich aus praktischen Gründen dann, wenn der große Bedarf daran nicht gegeben ist. Bei dem vorliegenden Zweck führen die geringere Nachfrage in reinweißem Glas und die geringere Nachfrage auch in Farbenglas folgerichtig und vorteilhaft zur Erzeugung von rein weißem und farbigem Glase in Hafenöfen.

In jedem Falle, einerlei ob Hafen- oder Wannenofen verwendet werden, sollen diese Öfen in der Temperatur leicht zu regulieren sein und lieber zu heiß als zu kalt gehen. Der oft gehörte Rat, Drahtglas normaler Stärke 6—8 mm und Ornamentglas müßten kalt gegossen werden, ist falsch. Eine Temperatur von 1420—1450° C in der Schmelzwanne, von 1320—1350° C in der Arbeitswanne sind die richtigen Temperaturen. (Der Wanne nach Abb. 1097.) Auch Rohglas glatt und gerippt von 4—6 mm kann bei diesen Temperaturen einwandfrei gegossen werden. Hat man es doch bei allen Gießmaschinen durch Geschwindigkeitsänderungen der Walzen und durch die Kühlung der Maschinen in der Hand, dem Auftreten unerwünschter Temperaturen zu begegnen. Wenn z. B. 3—4 mm Rohglas auf dem Gießtisch zu arbeiten wäre, würde dem rascheren Erstarren dieses schwachen Glases so begegnet, daß das Glas möglichst dünnflüssig verarbeitet wird. Dabei wird man noch den Glasposten durch Einschalten der größten Walzengeschwindigkeit rasch ausbreiten, die Polierwalze möglichst nahe an die große Walze heranrücken, den Gießtisch und die Walze möglichst warm halten. Mit dem gleichen dünnflüssigen Glase wäre nun 10-mm-Rohglas zu gießen. Dabei ist die kleinste Walzengeschwindigkeit zu benützen, die Polierwalze möglichst weit von der großen Walze zu stellen, unter Umständen ganz auszuschalten und mit gutgekühltem Gußtisch und Walze zu arbeiten.

Die Frage, welches die Mindestproduktion für einen rentablen Wannenbetrieb ist, läßt sich eindeutig beantworten: jede Wannenproduktion unserer Artikel, als Massenartikel, ist ökonomischer als der Hafenofenbetrieb.

Als Hafenofen eignet sich jeder gutgehende Ofen, doch wird man heute wohl einen Oberflammofen (vgl. 11. Kap., S. 850) wählen.

Von den **Wannenöfen** sind ebenfalls alle normalen Konstruktionen verwendbar. Bei diesen ist nur darauf zu sehen, daß man die Temperatur in der Arbeitswanne genügend hoch halten kann; weswegen sich übermäßig lange Wannen mit Brennern an der der Arbeitswanne gegenüberliegenden Ofenseite und rückkehrender Flamme über eine Länge von 8 m nicht vorteilhaft verwenden lassen. Dagegen sind Wannen von über 8 m Länge vorteilhaft mit Galeriebrennern zu verwenden.

In Abb. 1097 ist eine Tageswanne für eine Erzeugung von ca. 450 m² 4—6-mm-Rohglas in 24 Stunden dargestellt. Bemerkenswert ist bei ihr der Schöpfvorbau, welcher gegen den Schmelzraum durch Brückensteine abgeschlossen ist. Die Verwendung dieses Vorbaues mit Brückenstein ist der Arbeit aus Hafenringen oder Kränzen vorzuziehen, weil rechteckige Brückensteine leichter zu behandeln sind als Hafenringe, weil nur ein Brückenstein notwendig ist und weil dieser Schöpfvorbau es ermöglicht, eine große Tageswanne nahezu durch diese kleine „kontinuierliche“

Wanne zu ersetzen. Unbeschadet der Qualität, können auf dieser Wanne während des Arbeitens $^2/_3$ des herausgearbeiteten Glases eingelegt werden. Bei Verwendung

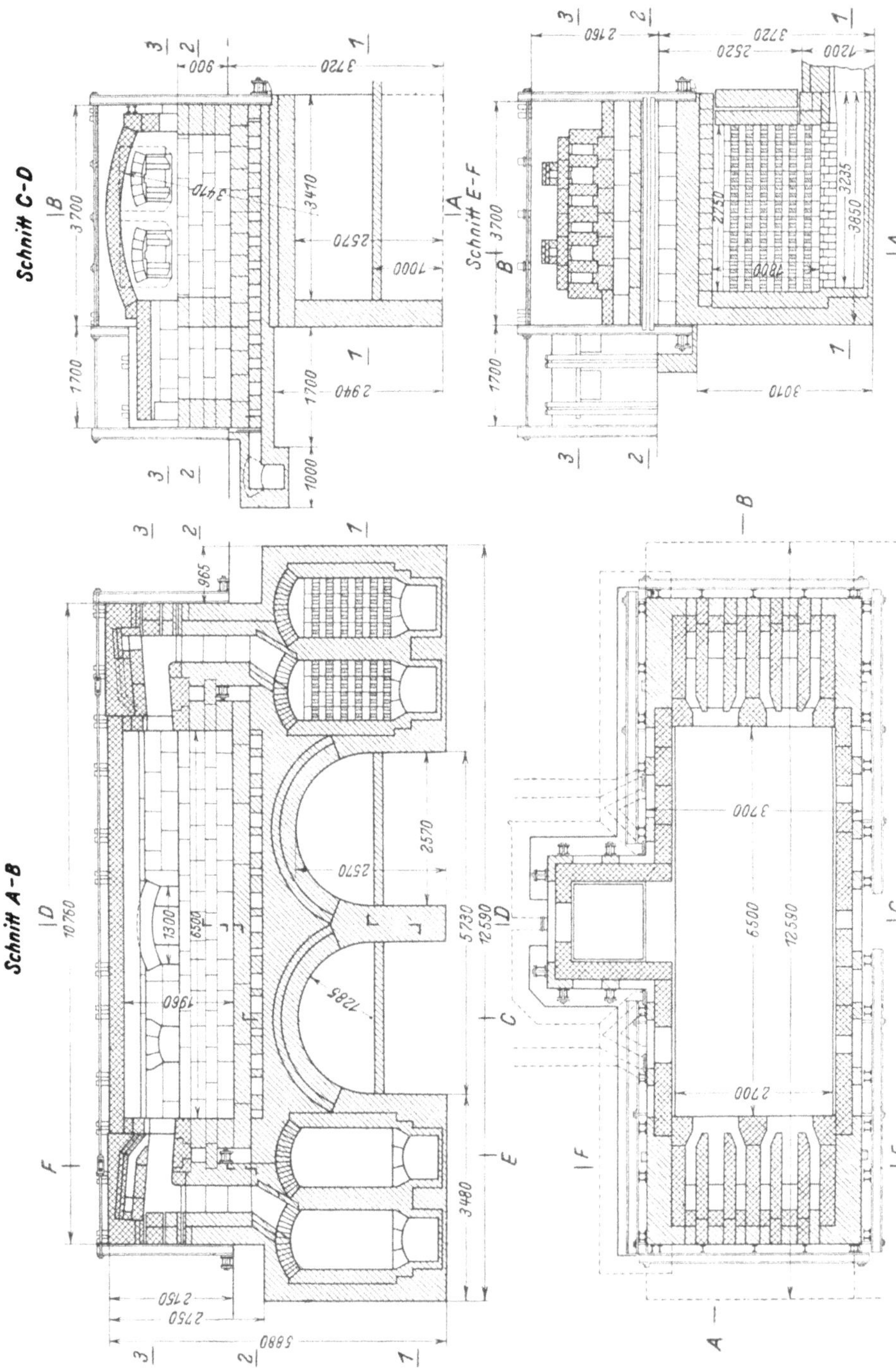

Abb. 1097. Tageswanne mit Schöpfvorbau.

einer Rohbraunkohle mit 42% Wasser und einem Heizwert von 2800—3000 Kalorien hat sich diese Wanne bei einer Arbeitszeit von 12 Stunden durchaus bewährt.

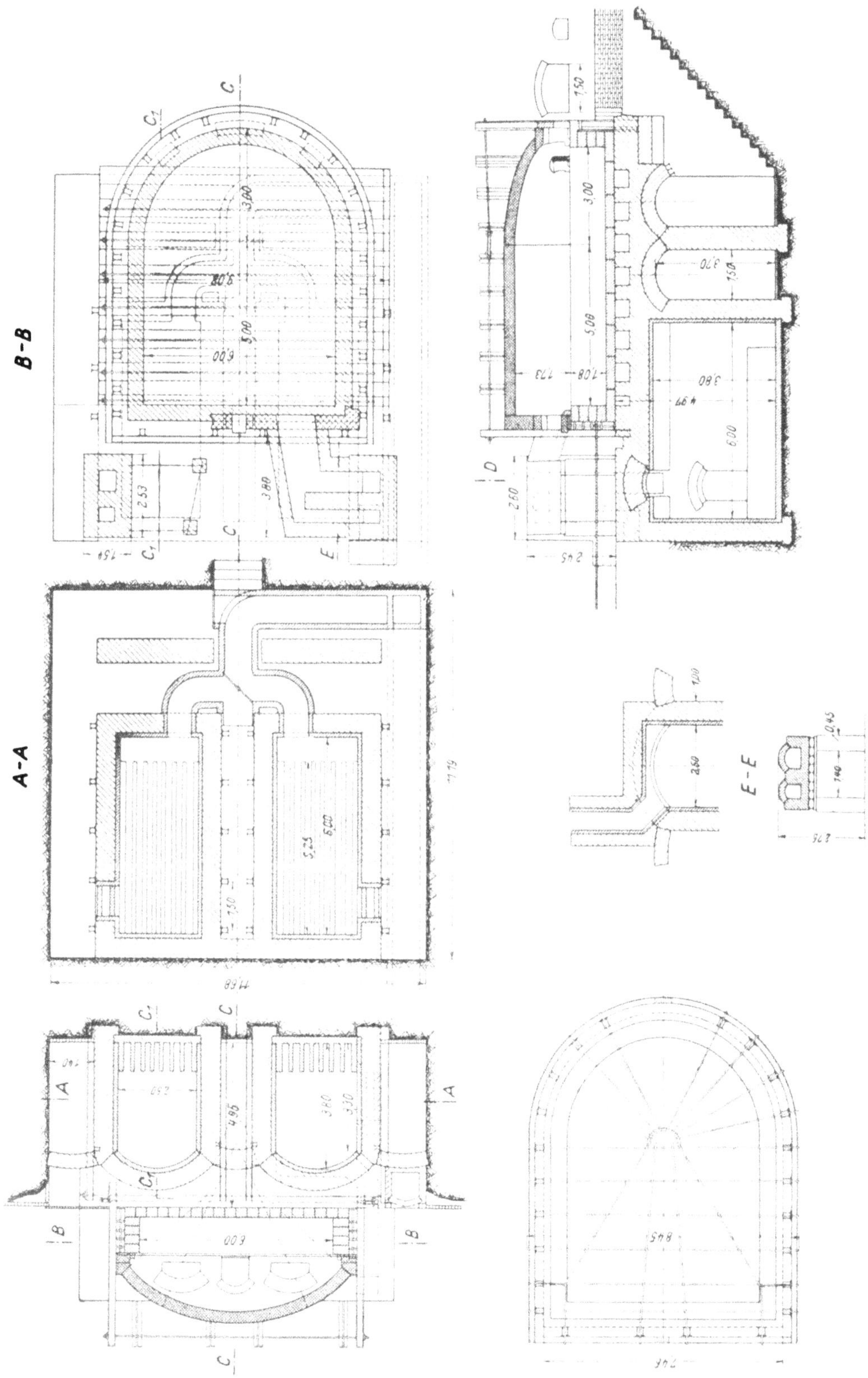

Abb. 1098. Dauerwanne für Rohglas.

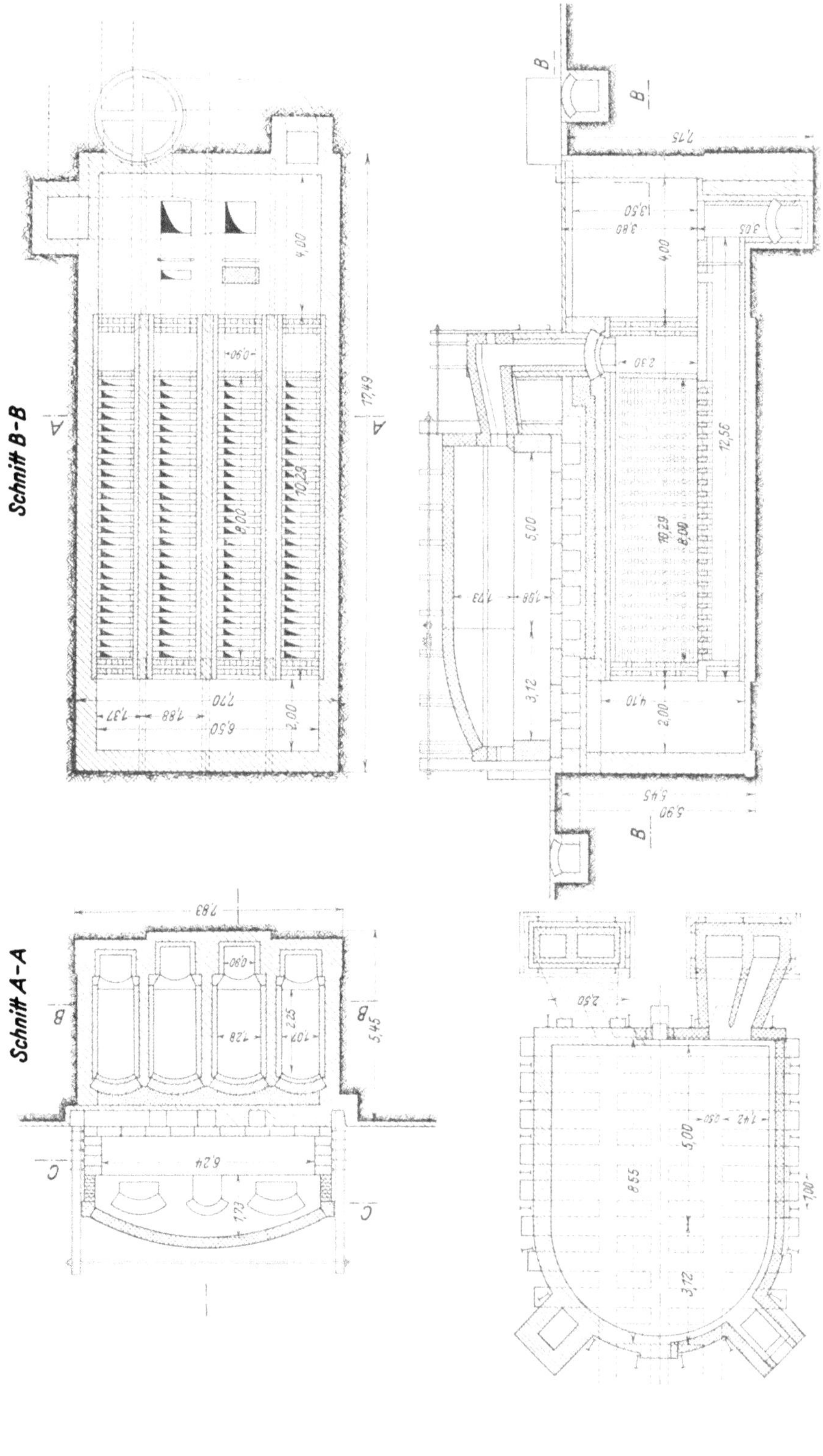

Abb. 1099. Dauerwanne für Rohglas usw.

Eine Dauerwanne mit Regenerativheizung (Hufeisenflamme) für Guß-Flachglas ist im I. Band, S. 487, an der Hand der Tafel XII beschrieben, worauf hiermit verwiesen sei.

Abb. 1098 zeigt eine kontinuierliche Wanne mit einer Tagesleistung von ca. 900 m² von 4—6-mm-Glas. An ihr ist bemerkenswert, daß sie nur mit einem Kammerpaar für die Vorwärmung der Luft arbeitet. Sie ist dann gut verwendbar, wenn die Gaserzeuger möglichst nahe der Wanne aufgestellt sind, wenn die Gaserzeuger heißgehen und damit die höhere Temperatur des Gases der Wanne zugute kommt, das Gas reicher an schweren Kohlenwasserstoffen ist und auf die Teerausbeute von vornherein verzichtet wird.

Abb. 1099 zeigt schließlich eine kontinuierliche Wanne mit Hufeisenflamme und 2 Kammerpaaren, wie sie sich bei der Erzeugung der Artikel dieses Kapitels besonders bewährt hat. Eingehende Beschreibung erübrigt sich.

Für einige Beispiele sind die wärmetechnischen Ergebnisse von Wannen, die zur Ornament- und Drahtglas-Herstellung dienen, aus den Erfahrungen der Wärmetechnischen Beratungs-Stelle in Zahlentafel 98 zusammengestellt.

Zahlentafel 98.

Betriebszahlen von Dauerwannen für Gußglas nach W.B.G.-Bericht: „Glasschmelz-Wannenöfen." Selbstverlag der W.B.G. Frankfurt a. M.

Lfde. Nr. des Ofens im Original . . .	G_1	G_2	G_3	G_4
Beheizungsart	Querflamme-Einzelbrenner	Querflamme-Galeriebrenner	Hufeisenflamme	Querflamme-Einzelbrenner
Gesamt-Herdfläche in m²	40,3	44,0	47,8	58,3
Beheizte Herdfläche in m²	26,0	32,8	28,6	29,1
Glasstand in m	1,10	1,00	1,50	1,20
Spez. Schmelzleistung t Glas/m²/24 Std. . .	0,45	0,45	0,70	0,15
Tagesleistung t Glas/24 Std.	11,80	14,80	20,00	44,80
Kohleverbrauch[1]): t Kohle/t Glas	0,85	0,75	0,89	0,33

[1]) Auf Steinkohle von $H_u = 7000$ WE umgerechnet.

3. Gemenge und Schmelze.

Die Zusammensetzung des Gemenges für die Gläser dieses Kapitels ist, entgegen der Meinung mancher Fachleute, die aller Gußgläser. Von vornherein ist es durchaus irrig, anzunehmen, daß beispielsweise Drahtglas und Ornamentglas ein besonderes, vielleicht weicheres Gemenge verlangen. Dem Verkaufspreis der Artikel dieses Abschnittes als Massenartikel entsprechend, wird man bei der Zusammensetzung des Gemenges weniger die Frage: Sulfat oder Soda zu entscheiden haben, als bei der Verwendung von Sulfat und Soda deren Verhältnis. Eine Beeinflussung der Gemengekosten durch die Wahl von Sand und Kalk kommt wohl nicht in Frage.

Der Preisunterschied zwischen Sulfat und Soda war bis 1914 sehr groß, die Verkaufspreise unserer Artikel so gering, daß sich die Verwendung von Soda nahezu verboten hat. Immerhin war die reine Sulfatschmelze bei genauer Kalkulation schon damals nicht empfehlenswert. Es werden dabei die Öfen weit mehr beansprucht durch den stärkeren Verschleiß der Steine und Schmelzdauer sowie Qualität sind ungünstiger, so daß schon zu dieser Zeit neben Sulfat, Soda rationell Verwendung fand (vgl. Bd. I, S. 163).

Als vorzüglicher Gemengesatz ist nachstehender anzusehen:

300,0 kg Sand,
114,0 ,, Kalkstein,
60,0 ,, Sulfat,
42,0 ,, Soda,
3,3 ,, Holzkohle,

statt Sulfat und Soda kann Sulfat allein oder Soda allein als Alkali Verwendung finden. Diese Gemenge setzen sich dann wie folgt zusammen:

300,0 kg	Sand,	300 kg	Sand,
114,0 ,,	Kalkstein,	114 ,,	Kalkstein,
116,0 ,,	Sulfat,	86 ,,	Soda.
6,4 ,,	Holzkohle,		

Andere bekannte Gußglasgemenge sind folgende:

1000,0 kg	Sand,	250,0 kg	Sand,
380,0 ,,	Kalkstein,	85,0 ,,	Kalkstein,
100,0 ,,	Sulfat,	45,0 ,,	Sulfat,
200,0 ,,	Soda,	45,0 ,,	Soda,
5,5 ,,	Kohle,	2,5 ,,	Kohle.

Selbstverständlich ist bei den reinen Sulfat- und bei den gemischten Sulfat-Soda-Gemengen die Holzkohle durch Anthrazit- oder Kohlenstaub ersetzbar. Nur sei bei dieser Gelegenheit und bei dem Übergang von Holzkohle auf Anthrazit oder Kohle als Reduktionsmittel auf den großen Unterschied im spez. Gewicht einerseits der Holzkohle, anderseits des Anthrazites bzw. der Kohle besonders aufmerksam gemacht. Es ist vorgekommen, daß die Gemengemacher, gewöhnt an den verhältnismäßig großen Haufen, welchen z. B. 3,3 kg Holzkohle ergeben, beim Übergang auf Anthrazit eben nicht gewogen, sondern gemessen haben und dabei so viel Kohle ins Gemenge brachten, daß die Wanne gelb wurde. Ein wirksames Gegenmittel gegen diese Färbung der Wanne ist das Nachlegen von Gemenge ohne Reduktionsmittel, ohne Kohle und das Einwerfen von reichlich Arsenikstücken. Auch das Blasen mit dem Holzklotz unterstützt diese Rettungsaktion ziemlich kräftig. Dem Verfasser sind zwei Fälle von Verfärbungen des Wanneninhaltes aus der Praxis bekannt, welche hier erwähnt werden sollen:

Im einen Falle trug die Schuld der Wannenverfärbung bis in ein kräftiges Bernsteingelb der eben erwähnte Übergang von Holzkohle auf Anthrazit. Durch Einlegen von kohlelosem Gemenge, also durch Einbringen eines Überschusses von Sulfat durch Einwerfen von Stückarsenik, welcher vor allem durch das lebhafte Wallen vermischend wirkt, welche lebhafte Vermischung des oberflächlich gefärbten Glases mit den nicht gefärbten tieferen Glaspartien der Wanne durch das Blasen mit dem Holzklotz noch unterstützt wurde, konnte diese starke Verfärbung innerhalb 6 Stunden vollständig behoben werden.

Im zweiten Falle waren in der Rohglaswanne einer Spiegelglashütte, welcher Schwarzglasscherben zur Verfügung standen, jeweils vor dem Anfeuern der Wanne, kleinere Mengen solcher mit Braunstein erschmolzener Schwarzglasscherben eingelegt worden, um dem Rohglas den erwünschten gelben Stich zu geben. Einmal nun waren von den Schwarzglasscherben zu viel genommen worden, und als der erste Guß gemacht wurde, hatte man das schönste violette Glas. Man mußte sich nach nutzloser Verwendung angepriesener, kostspieliger Entfärbungsmittel entschließen, die Wanne auszuschöpfen.

Auch diese Fälle weisen auf die Notwendigkeit der ständigen Betriebskontrolle.

Über das **Schmelzen und Läutern** sei auf den allgemeinen Teil (Bd. I, S. 227 und im Bd. II, auf S. 838 u. ff.) verwiesen. Die Verwendung von reinen Tageswannen, welche das Schmelzen, Läutern und Arbeiten scharf trennen, scheint nicht sehr ökonomisch und wird man durch den Vorbau einer kleinen Arbeits- als Schöpfwanne die Tageswanne vorteilhaft in eine kontinuierliche Wanne umgestalten (s. Wanne Abb. 1097 S. 1066). Durch die Lage des Vorbaues ergibt sich darin von selbst die notwendige niedrigere Arbeitstemperatur, gegenüber der höheren Temperatur der großen Schmelzwanne.

Eine Temperatur von 1420—1450 °C in der Schmelzwanne und von 1320—1350 °C in der Arbeitswanne ist, wie oben schon hervorgehoben, regelmäßig einzuhalten und durch eingebaute oder transportable Meßinstrumente registrierend oder zumindest halbstundenweise zu kontrollieren (vgl. Bd. I, Betriebskontrolle S. 303 u. ff.).

4. Schöpfen und Kellentransport.

Das Glas wird der Arbeitswanne mit der Schöpfkelle entnommen. Heute ist wohl ziemlich allgemein die ovale Schöpfkelle in Gebrauch, welche gegenüber der runden den Vorteil hat, daß das Glas beim Ausgießen in einem breiteren Bande ausfließt, der Löffelinhalt rascher entleert wird, also das Glas während des Ausgießens rascher verteilt wird, als aus der runden Schöpfkelle. Auch die Verwendung verschiedener Größen von Schöpfkellen ist kaum mehr üblich, besonders seit die Handhabung des Schöpflöffels durch Verwendung von Hängebahnen sehr erleichtert wurde. Heute bleibt es bei Verwendung nur einer Schöpfkellengröße der Übung und Geschicklichkeit des Gießers überlassen, aus einem Löffel alle Glasstärken und Dimensionen zu gießen.

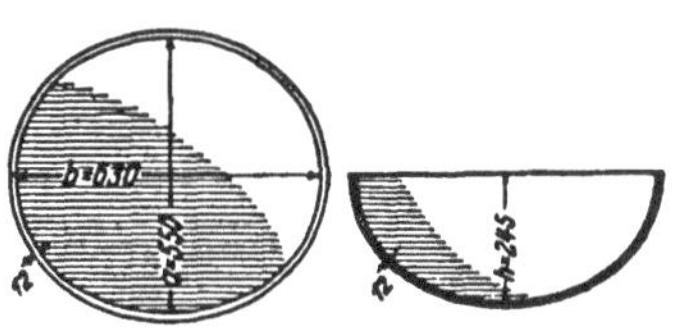

Abb. 1100.

Die Größe des Gußtisches bestimmt die Größe des Löffels: angenommen, der größte Gußtisch von 460 cm Länge und 130 cm Breite erlaube geschnittene Tafeln von 420 cm Länge bei einer Breite von 114 cm und einer Stärke von 4—6 mm zu erzeugen. Das sind rund 4,8 m² zu 12,5 kg gibt 60 kg zuzüglich einem entsprechenden Schnitt- und Gießverlust, welche der Löffel fassen muß. Eine Schöpfkelle von $a = 550$ mm, $b = 630$ mm und $h = 245$ mm genügt für diese größtherstellbare Tafel, bei einer Wandstärke von 12 mm (vgl. Abb. 1100). Die Gußstahlfabrik Friedr. Krupp A.G., Essen-Ruhr, liefert diese Schöpfkellen aus Ia gepreßtem Flußeisen nach wie vor in bekannt einwandfreier Qualität.

In kleinen und in konservativen Betrieben wird wohl heute noch die Schöpfkelle rein von Hand aus bedient: sie wird mit einem unterlegten Riegel zum Ofen getragen und von hier auf gleiche Weise zum Gußtisch.

Einen Fortschritt stellt der in Abb. 1101—1108 dargestellte Schöpfkellenwagen dar, in dessen Gabel *e* der Stiel der Kelle ruht.

Der Stiel *a* ist mit zwei Bunden *b*, einem Quergriff *c* und einem Gegengewicht *d* versehen, er läßt sich in der Gabel *e* drehen und hin und her schieben, zur Sicherung hat die Gabel Löcher zur Aufnahme eines Splintes *f*. Das Wagengestell hat drei Räder, von denen das kleinere als Lenkrad gelagert ist. Der Handgriff *g* am Gestell wird vom Vorarbeiter beim Schöpfen und Gießen zum Lenken des Wagens benutzt. Beim Schöpfen wird die Kelle durch Heben des Stieles *a* am Quergriff *c*, welcher dabei gedreht werden muß, in das flüssige Glas getaucht, dann wird der Stiel wagerecht gehalten, der Wagen rückwärts gezogen, umgedreht und zum Gießtisch gefahren.

Heute ist wohl ziemlich allgemein die Hängebahn zum Fahren der Schöpfkelle in Gebrauch.

Das Hängebahngeleise wird vorteilhaft aus Hängebahnschienen, schwächeren Trägern oder U-Eisen hergestellt. Diese Laufbahn wird entweder auf fixen Gußeisen- oder Betonständern, mit ausladenden Konsolen, soweit solche Ständer oder

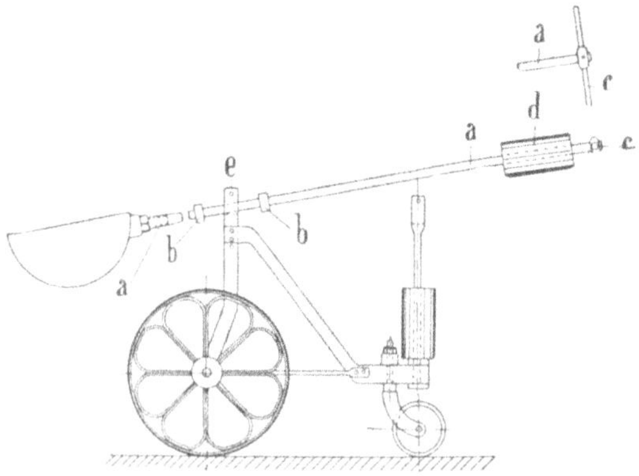

Abb. 1101.

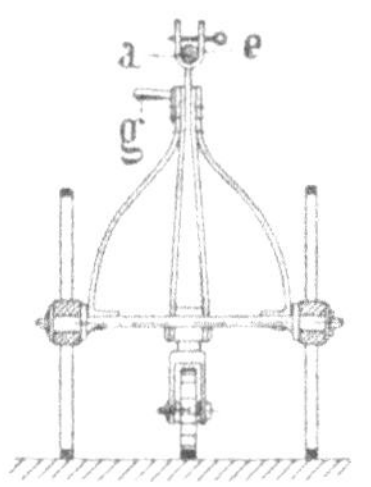

Abb. 1102.

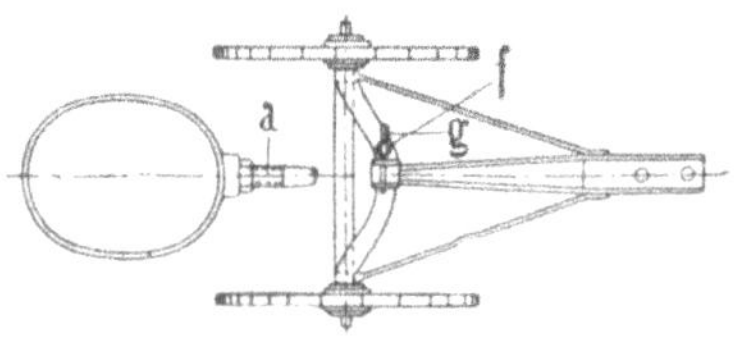

Abb. 1103.

Säulen nicht stören, aufgelegt, oder es wird die Bahn von Hängebahnschienen, Trägern oder U-Eisen an Hängekonsolen gehangen, welche wieder, an Holzbalken oder eine Eisenkonstruktion aufgeschraubt, an die Dachkonstruktion aufgehängt werden. Auf diesen Hängebahnschienen, Trägern oder U-Eisen läuft ein Gehänge, zu dessen Fortbewegung eine Laufkatze dient, an welche beispielsweise, wie in Abb. 1104 ersichtlich, ein Anker angebracht ist. In diesen Anker ist eine entsprechende Kette eingehangen, in welcher ein doppelseitiger starker Haken hängt. In diesem Haken ruht der mit einem Stellring versehene Kellenstiel. Wenn der Gießer schöpfen will, hebt sein

Abb. 1104.

Gehilfe mit dem in Abb. 1105 und 1106 ersichtlichen Hebel mit Gegengewichten, der an den Trägern der Ofenarmierung montiert ist und am Ende des kürzeren Hebelarmes zur Aufnahme des Schöpfkellenstieles eine starke drehbare eiserne Gabel trägt, die Schöpfkelle aus dem Haken aus, so daß das Gehänge mit dem Haken freihängt. Der Helfer hebt nun die in der Hebelgabel lagernde Schöpfkelle hoch, geht mit dem Hebelende etwas nach vorne, so daß die Schöpfkelle durch diese Drehung nahezu

Abb. 1105.

Abb. 1106.

selbsttätig durch das Schöpfloch in den Ofen eingeführt wird. Der Gießer schöpft seinen Glasposten ein, der Helfer hebt mit seinem Hebel die Kelle heraus und wieder in das Gehänge ein.

Für den Roh- und Ornamentglasguß kann das Gehänge wie in Abb. 1105 Verwendung finden. Für den Ornamentglasguß ist nur die Kette zu kürzen. Für den Drahtglasguß wird vorteilhaft, wenn mit einer Drahtmaschine mit Einlaufblech gearbeitet wird, ein Gehänge nach Abb. 1106 verwendet, welches mit dem eingebauten Bügel es erlaubt, dem Einlaufblech auszuweichen und mit der Schöpfkelle bis in die Mitte des Gießtisches zu fahren.

Über das Schöpfen von Spiegelglas siehe S. 1032 u. ff.

5. Walzmaschinen.

Die Walzmaschinen für Roh-, Draht- und Ornamentglas haben natürlich im Laufe der Zeiten nicht nur in ihren Abmessungen, sondern auch in ihrer Ausstattung wesentliche Veränderungen erfahren.

a) Einfache Rohglaswalzmaschine.

Abb. 1107 zeigt uns eine Rohglaswalzmaschine, wie sie schon in der ersten Auflage dieses Buches wiedergegeben wurde. Die Abmessungen des Walztisches sowie eine nähere Beschreibung findet sich im Bd. I dieses Buches, S. 558. Entsprechend den meist darauf herzustellenden Tafeln sind die Abmessungen des Tisches 1—1,20 m breit und 3,50—5 m lang.

Die Rohglaswalzmaschine der Abb. 1108 besteht aus einem Gießtisch in Spezialgußeisen hergestellt, 5000 mm lang, 1600 mm breit, mit geriffelter Oberfläche, gehobelten Seiten- und gefrästen Stirnwänden. Dieser Tisch liegt in einem aus Eisenblech genieteten Wasserkasten für die Kühlung der Platte und hat an der dem Kühlofen näherliegenden Stirnwand eine als Überlegtisch dienende Ansatzplatte 1800 mm lang, 1600 mm breit. Gießtisch und Ansatzplatte liegen auf einem fahrbaren Untergestell aus einer eisernen Tragkonstruktion mit 2 Radsätzen.

Abb. 1107.

An der vom Kühlofen abgekehrten Stirnwand des eigentlichen Gießtisches ist das fahrbare Wagengestell zur Aufnahme des Rohglaswalzapparates mit zwei starken lösbaren Schrauben befestigt. Es besteht aus einer Ansatzplatte 1500 mm lang bei 1600 mm Gießtischbreite, welche auf einer fahrbaren Trägerkonstruktion mit 2 Achsen ruht.

Der Rohglaswalzapparat besteht aus einer großen wassergekühlten und einer kleinen Nachlauf- oder Polierwalze in einem Führungsrahmen und ist entsprechend gelagert. Die Bewegung erfolgt mittels Zahnrädern, die auf dem Wagengestell montiert sind, mit Ketten, welche über die Leitrollen der größeren Ansatzplatte führen und an dem Führungsrahmen der Walzen befestigt sind.

Abb. 1108.

Auf die Antriebswelle der Zahnräder wird eine Riemenscheibe montiert, die von einem Motor mit geringer Tourenzahl oder über ein Vorgelege wie in Abb. 1108 angetrieben wird.

Damit nun der vor die große Walze gegossene Glasposten auf ein Blatt bestimmter Breite ausgewalzt werde und nicht über den Gießtisch herunterläuft, wird der Glasposten vor die Walze zwischen den Glashalter, die zwei Kulissen, welche von zwei Bügeln gehalten werden, gegossen. Die Stärke des Blattes wird durch die Stärkeleisten bestimmt, auf welchen die große Walze läuft.

Abb. 1109 zeigt nun die Gußstellung der Rohglasmaschine. Dabei steht die eigentliche Walzvorrichtung, die beiden Walzen in ihrem Führungsrahmen, auf der

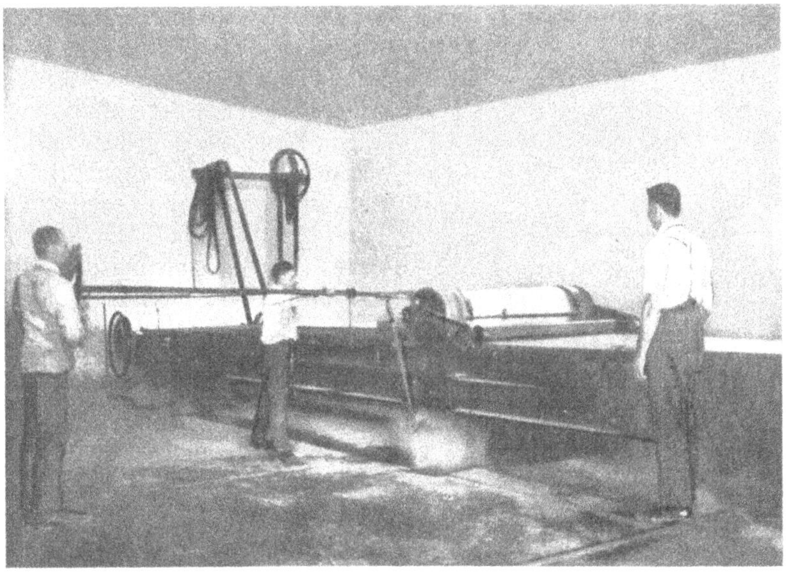

Abb. 1109.

Ansatzplatte 1800 mm lang, 1600 mm breit, welche es mit der Ansatzplatte des Wagengestells von 1500 mm Länge und 1600 mm Breite, auf welche die Walzvorrichtung nach dem Durchwalzen aufläuft, ermöglichen, die ganze Länge des Gießtisches von 5000 mm auszunützen.

Das so erwalzte Glasblatt wird mit einem säbelartigen Werkzeug von der Gießplatte losgelöst, da die Rippen der Gießplatte trotz der Kühlung des Gießtisches doch wärmer werden und das in die Rippen hineingepreßte Glas festhalten. Das Blatt wird von einem Arbeiter am Kopfe mit einer Zange erfaßt und auf den vor dem Kühlofen stehenden Überlegtisch gezogen. Von diesem Überlegtisch wird das Blatt von Hand aus mit der Krücke in den Kühlofen geschoben.

Die Lösbarkeit des fahrbaren Walzengestelles zur Aufnahme der Walzen erlaubt es nun, dieses an einen glatten Gießtisch anzuschließen und mit der gleichen Walzvorrichtung glattes Rohglas zu erzeugen.

Der wesentliche Unterschied der modernen Rohglasgießmaschine gegenüber den älteren Konstruktionen liegt also, wie früher erwähnt, in deren größerer Dimensionierung, in der Wasserkühlung und in dem elektrischen Antrieb.

Die größere Abmessung des Gießtisches gestattet es, größere Blätter zu erzeugen, also rationeller zu arbeiten.

Die Wasserkühlung macht das Walzen- und Plattenschmieren überflüssig. Wenn ohne Kühlung gearbeitet wird, schmiert man die Walzen mit Maschinenöl, die Platte mit einem Gemisch von Maschinenöl und Flockengraphit und muß die Platte nach erfolgtem Schmieren gut abkehren. Das Schmieren verursacht aber auch bei der größten Aufmerksamkeit des Arbeiters immer wieder einmal Schandflecke im gerippten Glas, Stellen, an welchen die Rippen nur schwach ausgeprägt sind.

Auf die Vorteile des elektrischen Antriebes gegenüber Handantrieb ist nicht besonders hinzuweisen. Ersparnis an manueller Arbeitskraft und Regelmäßigkeit zeichnen ihn aus.

b) Drahtglas.

Die Bemühungen, schwaches Rohglas durch Einbetten von Drahtgewebe gegen mechanische und atmosphärische Beschädigungen widerstandsfähiger zu machen, sind sehr alt (vgl. Bd. I, S. 561 u. ff.). Die älteren Versuche von Newton (1857), Bécoulet und Bellet (1886) sind schon im ersten Band kurz gekennzeichnet. Einen wesentlichen praktischen Erfolg hatte erst Armin Tenner mit seinem DRP. 46278 vom 18. Mai 1888, das durch die A.G. vorm. F. Siemens-Dresden übernommen und ausgeführt wurde. Das damit hergestellte Produkt fand im Baumarkt wie in der Glasindustrie lebhafte Beachtung und reizte viele Erfinder zu andersartiger Lösung des Problems. Zunächst hatten dann noch praktische Erfolge Sievert-Dresden, Frank Shuman in Amerika und L. Appert in Frankreich.

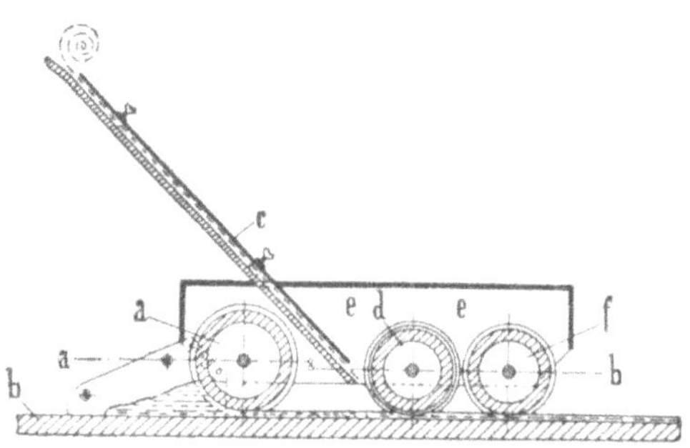

Abb. 1110.

Die in der Praxis erfolgreichen Verfahren beruhen, wie Bd. I gezeigt, auf wenigen kennzeichnenden Arbeitsgrundsätzen:

α) „Zwischenwalzverfahren", der sog. „Sandwich-Prozeß" der Amerikaner, nach dem die älteren Erfinder Newton, Bécoulet und Bellet, sowie später Tenner und Appert arbeiteten.

β) Das „Drahteinwalzverfahren", das bei Armstrong und in dem praktisch gewordenen, schon erwähnten Verfahren von Shuman Anwendung fand.

γ) Das „Glaseindrückverfahren" mit der Maschine von Hyatt und von P. Th. Sievert.

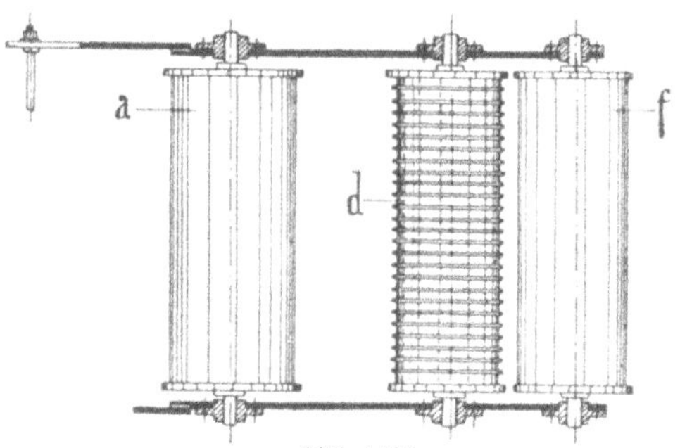

Abb. 1111.

Wir beschränken uns hier auf die Besprechung der Drahtglaswalzmaschine von Frank Shuman. Diese arbeitet nach dem „Drahteinwalzverfahren", bei welchem das Drahtnetz in die auf dem Walztisch liegende Glasmasse eingedrückt wird.

Die Einrichtung der Walzmaschine nach Shuman ist wie folgt: „In einem gemeinschaftlichen Gestell *e* (Abb. 1110 und 1111) sind die drei erforderlichen Walzen vereinigt, zuerst die Glattwalze *a*, dahinter die Ringwalze *d*, dann die zweite Glattwalze *f*. Das Drahtnetz wird vorher in entsprechender Länge zugeschnitten und über eine am Walzenwagen befestigte schiefe Ebene *c* zugeführt. Der Antrieb der dreifachen Walze erfolgt bei modernen Ausführungen elektrisch. Aus dem Gesagten ergibt sich, daß, wenn das geschmolzene Glas (in Abb. 1110 links) vor die Walzen gebracht und diese nach links in Bewegung gesetzt werden, hinter dem Walzenwagen eine fertige auf beiden Seiten glatte Drahtglastafel erscheint.

Außer dem Vorteil der raschen und einfachen Arbeit bietet das Shumansche Verfahren noch den anderen, daß man sehr dünne Tafeln, bis herab zu 4 mm Dicke, danach walzen kann."

„Für besonders dünne Tafeln hat übrigens Shuman eine Walzmaschine konstruiert, welche sich von der vorher beschriebenen dadurch unterscheidet, daß die erste Glaswalze weggelassen ist, so daß die zweite Ringelwalze gleichzeitig die Ausarbeitung der auf den Tisch gegossenen Glasmasse und das Eindrücken des Drahtnetzes besorgt."

Abb. 1112 zeigt nun eine moderne Drahtglasmaschine nach Frank Shuman in der Ausführung der Firma F. A. Grosse, Bischofswerda, Sa. Diese Maschine besteht aus einer glatten oder geriffelten Platte, je nach dem glattes oder

Abb. 1112.

geripptes Drahtglas erzeugt werden soll. Ihre Abmessungen sind 5000 mm Länge bei einer Breite von 1600 mm, die Stirnwände sind gefräst. Dieser Gießtisch liegt in einem aus Eisenblech genieteten Wasserkasten für die Kühlung der Platte und hat an der dem Kühlofen näherliegenden Stirnwand eine Ansatzplatte von 1800 mm Länge und 1600 mm Breite. Diese Platten liegen mit dem Wasserkasten auf einem fahrbaren Untergestell aus einer eisernen Tragkonstruktion mit zwei Radsätzen.

An der vom Kühlofen abgekehrten Stirnwand des eigentlichen Gießtisches ist das fahrbare Wagengestell zur Aufnahme des Drahtglaswalzapparates mit zwei starken lösbaren Schrauben befestigt. Es besteht aus einer Ansatzplatte 1800 mm lang, 1600 mm breit, welche auf einer fahrbaren Trägerkonstruktion mit zwei Achsen ruht.

Der Drahtglaswalzapparat besteht aus einem Führungsrahmen für die Walzen, welche entsprechend gelagert sind, und zwar sind die erste, also die Ausbreitwalze, von ca. 300 mm Durchm., und die letzte Einglättwalze von ca. 500 mm Durchm., fest gelagert, dagegen die mittlere stahlgeschmiedete geriffelte Walze in ihren Lagern gegen den Gießtisch verstellbar. Wie in Abb. 1112 ersichtlich, kann noch eine schwache Polierwalze Verwendung finden, welche mit besonderen Armen an dem Führungsrahmen befestigt ist. Vervollständigt wird dieser Drahtglaswalzapparat noch durch eine Blechrutsche zur Einführung des auf Maß geschnittenen Drahtgewebes. Alle Walzen mit Ausnahme der Polierwalze sind wie Tisch und Ansatzplatten wassergekühlt.

Die Bewegung erfolgt mittels Zahnrädern, die auf dem Wagengestell montiert sind, mit Ketten, welche über die Leitrollen der dem Kühlofen näheren Ansatzplatte laufen und an dem Führungsrahmen der Walzen befestigt sind.

Auf die Antriebswelle der Zahnräder wird eine Riemenscheibe montiert, die von einem Motor mit geringer Tourenzahl oder über ein Vorgelege, wie in Abb. 1112 sichtbar, angetrieben wird.

Die Breite des Blattes wird durch den Glashalter, die Stärke, wie bei der Rohglasmaschine, durch die Stärkeleisten bestimmt.

Auf dem Walzengestell ist ein Verdeck angebracht, auf welchem während der Arbeit der Drahtjunge mitfährt. Seine Aufgabe ist es, das Drahtgewebe auf Maß zu schneiden, in den Führungsleisten der Blechrutsche einzuziehen und beim Guß durch eine kleine Bewegung, sobald er nach der ersten Walze das normale Glasblatt sieht, einzuschieben.

Angenommen nun, es wäre Drahtglas von 8 mm zu erzeugen, so werden 8 mm Stärkeleisten aufgelegt, auf welchen die erste und dritte Walze laufen. Die mittlere genutete Walze wird durch Stellräder so gegen den Gießtisch eingestellt, daß sie das Gewebe in das normale 8 mm starke Blatt auf 4 mm eindrückt. Die Oberfläche des Blattes wird durch das Einwalzen des Gewebes oberflächlich ganz quadriert zerschnitten, die letzte schwere Walze glättet diese zerschnittene Oberfläche wieder ein, die kleine Polierwalze gibt die erwünschte Politur.

Dieses so erwalzte Blatt wird von dem Arbeiter mit der Zange auf den Überlegtisch gezogen und von hier aus mit der Krücke in den Kühlofen geschoben.

Die einzelnen Erzeugungsabschnitte erfolgen so rasch hintereinander, daß die Drahtglastafel mit der Shumanschen Maschine in der gleichen Zeit erzeugt wird, wie eine Rohglastafel ohne Draht.

Drahtglas-Maschine mit stehendem Walzwerk und laufendem Tisch.

Bei den vorstehend beschriebenen Maschinen kommt die Tafel durch den Gang der Walze über einen stehenden Tisch hinweg zur Ausbildung. Ersetzt man den Tisch durch eine mit jeder Walze des Systems gepaarte Gegenwalze, so kommt man zu einem stehenden Walzwerk, dessen Arbeit sehr viel exakter ausgebildet werden kann, als die Zusammenarbeit von laufender Walze mit stehendem Tisch. Weiter wird konstruktiv der Vorteil erreicht, daß der bewegte Tisch weniger exakt geführt werden muß als das Walzsystem, weil er ja nur die geformte Tafel aufzunehmen und vom Walzwerk wegzuführen hat. Aus diesen Gründen hat man ja schon von 1890 ab das Chancesche Walzwerk (s. Bd. I, S. 559) für Roh- und Ornamentglas mehr und mehr eingeführt, und man ist deshalb neuerdings auch dazu übergegangen, Drahtglas-Walzmaschinen mit stehendem Walzwerk und laufendem Tisch zu konstruieren. Die Ausführung des Walzwerkes kann natürlich verschieden geschehen. Auch hier sind die gleichen Möglichkeiten vorhanden, wie sie oben für die Arbeit mit stehendem Tisch und laufenden Walzen aufgezählt sind (Sandwich-, Drahteinwalz- und Glaseindrückverfahren). Wir

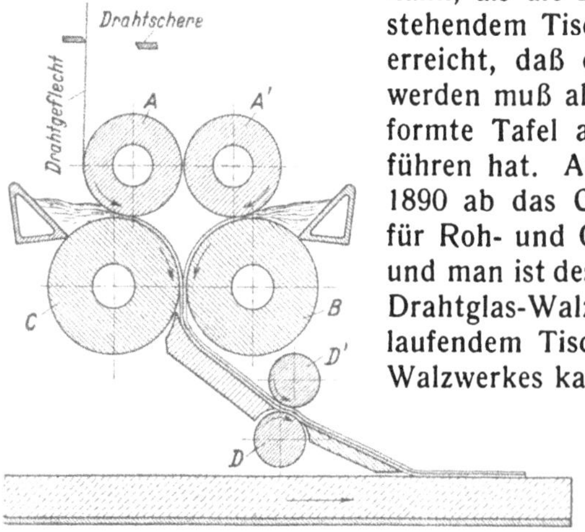

Abb. 1113.

wollen zunächst das Prinzip eines Walzwerks, das nach dem Sandwich-Verfahren arbeitet, erläutern. Die nebenstehende Abb. 1113 zeigt schematisch die Arbeitsweise, die wohl ohne weiteres verständlich sein dürfte. Als Beispiel einer solchen Maschine sei die Ausführung der Firma Emil Offenbacher, Marktredwitz i. B., besprochen.

Diese Maschine „Duplex" der genannten Firma (Abb. 1114) besteht aus einem kräftigen Gestell, in welchem 6 Walzen gelagert sind. Der Guß erfolgt gleichzeitig von zwei Seiten. Das Drahtgeflecht wird auf der einen Seite automatisch eingeführt und liegt auf der oberen Fläche der linksseitigen Tafel ohne irgendwelche Verzerrung. Die beiden zu gleicher Zeit zwischen den Walzenpaaren *AC* bzw. *A'B* entstandenen ganz weichen Tafeln werden durch das folgende Walzenpaar *BC* zu einer einzigen Drahtglastafel vereinigt, die durch weitere zwei kleine Walzen *DD'* geglättet, auf dem unterhalb befindlichen, sich langsam vorwärtsbewegenden Tisch abgelegt und mit

Abb. 1114.

diesem direkt vor den Streckofen gebracht, in den sie sofort zur Kühlung eingeschoben wird. Der ganze Prozeß geht derartig schnell vor sich, daß 5 Leute 15—20 Tafeln in der Stunde bequem herstellen können. Die Maschine ist so gebaut, daß Draht- und Rohglas von ca. 6—14 mm Stärke darauf hergestellt werden kann.

Die Maschine wird auch fahrbar geliefert, so daß sie sich leicht abtransportieren läßt. Es ist auch angängig und empfehlenswert, zwei Walzgestelle für Drahtglas mit einem gemeinsamen Walztisch auszuführen, um bei Störungen mit einer Walzmaschine, sofort weiterarbeiten zu können. Die maschinellen Einzelheiten sind sorgfältigst und nach den letzten Erfahrungen ausgebaut, die Walzen von innen gekühlt, Räderantriebe gefräst, bequemste Bedienung gesichert durch Umkupplung für Vor- und Rücklauf, nebst automatischer Auslösung und Abstellung des Wagens in der Endstellung.

Die besprochene Maschinenart hat den Vorteil, daß kontinuierlich gearbeitet werden kann, also schnellere Produktion geleistet wird, und daß das Drahtgewebe nicht in abgepaßten Stücken, sondern direkt von der Rolle weg verwendet werden kann und unter Einwirkung einer präzis wirkenden Abschneidvorrichtung derartig eingebettet wird, daß es nur in der brauchbaren Glastafel vorhanden ist. Das ergibt eine wesentliche Ersparnis an Drahtgewebe. Beide Seiten der Glastafel fallen bei diesem System glatt aus und ergeben Schneidmöglichkeit auf beiden Seiten, während bei den früheren Systemen die Walztischseite stets rauh ausfiel.

Die Vorzüge der Maschine sind, nach Angabe der bauenden Firma, kurz folgende:

1. Keine innere Spannung der Glasschichten.
2. Genaue Einbettung ohne Verzerrung des Gewebes, auch 6- oder 8eckig, in der Mitte der Glastafel.
3. Verarbeitung des Gewebes direkt von der Rolle.
4. Ersparnis an Gewebe, da nicht in Kopf und Schwanz vorhanden.
5. Kopf und Schwanz fallen ganz klein aus und können, da sie kein Drahtgewebe enthalten, sofort wieder als Scherben eingeschmolzen werden.
6. Auf beiden Seiten glatte Flächen.
7. Dadurch erhöhte Lichtdurchlässigkeit.
8. Größte Leistungsfähigkeit bei geringstem Personal.

Soweit bekannt, wird die Maschine in nachstehenden Hütten angewandt:

Martin Putzler, Tafelglashüttenwerk, Neupetershain N.L. — Verreries de la Gare & A. Belotte Réunies, Valenciennes, Frankreich — Soc. An. des Verreries de Fauquez, Fauquez, Belg. — Pilkington Brothers Limited St. Helens, Engl.

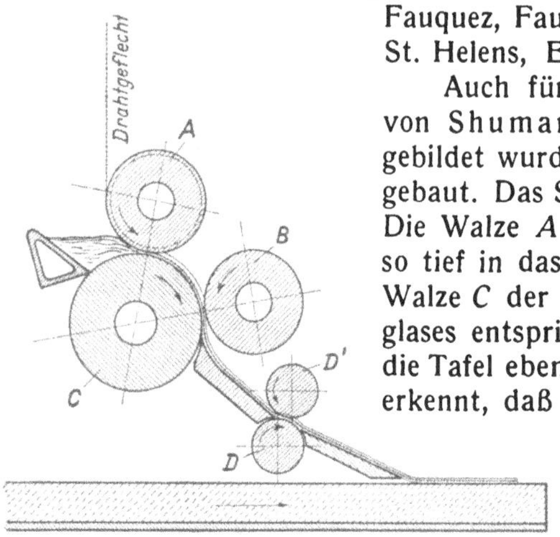

Abb. 1115.

Auch für das Drahteinwalzverfahren, das ja von Shuman für den stehenden Tisch erfolgreich ausgebildet wurde, werden Walzwerke mit laufendem Tisch gebaut. Das Schema der Arbeit ergibt sich aus Abb. 1115. Die Walze *A* ist geriefelt und drückt das Drahtgewebe so tief in das Glas, daß ihr Abstand, von der glatten Walze *C* der Hälfte der gewünschten Stärke des Drahtglases entspricht. Zwischen den Walzen *BC* wird dann die Tafel eben gewalzt und zwischen *DD'* geglättet. Man erkennt, daß der Ersatz der genuteten Walze *A* durch eine glatte und durch Entfernung der Walze *B* diese Maschine zu einem Roh- und Ornamentglas-Walzwerk (vgl. Abb. 1116) wird. Ein derartiges Walzwerk ist die Roh- und Ornamentglas-Walzmaschine „Perplex" der Fa. Emil Offenbacher A.G., Marktredwitz i. B. Sie wird weiter unten S. 1087 beschrieben.

Es ist bemerkenswert, daß das in der Einleitung (S. 1063) erwähnte „Spiegeldrahtglas" ebenfalls in Walzmaschinen mit stehendem Walzwerk und laufendem Tisch hergestellt wird.

Schließlich ist noch das Drahtglas, das nur in einer Richtung parallel zur Walzrichtung laufende Drähte enthält und das Chauvel[1]) patentiert ist, zu erwähnen. Nach Wendler[2]) wird es, wohl unabhängig von Chauvel, von der Mississipi Wire Glass Co., New York und St. Louis, hergestellt und für Auto-Windschutzscheiben unter dem Namen „Saferlite" geliefert.

Betriebserfahrungen mit den besprochenen Maschinen. Das Walzen von Rohglas und von Drahtglas nach Shuman scheint sehr einfach zu sein. Immerhin ergeben sich beim Walzen schon von Rohglas mit diesen höchst einfachen Maschinen, Situationen, in welchen sich aus großen Hütten übernommene Hüttenmeister nicht zu helfen wissen.

[1]) DRP. 176513; s. a. Bd. I, S. 566.

[2]) Wendler, Maschinelle Glasverarbeitung (Leipzig 1929, Akadem. Verlagsges. m. b. H.).

Vor allem ist es bei einer neuen Garnitur notwendig, die Walzen genau parallel einzustellen, und es muß anfangs, solange sich die Ketten dehnen, immer wieder nachgesehen werden, ob sie parallel stehen. Ist dies nicht der Fall, so müssen die Ketten entsprechend nachgespannt werden. Ebenso dringend notwendig ist es, eine solche neue Garnitur peinlich von dem Schutzfett, mit welchem sie gegen das Anrosten überzogen ist, zu säubern. Schiefe Walzen und übermäßig gefettete Garnituren geben Anlaß zum Schieben der Tafeln, welche dadurch unbrauchbar werden, wenn sie sich nicht gar wie ein Teig um die Walzen herumwickeln.

Bei ungekühlten Walzen begegnet man dem Ankleben des Glases an die übermäßig warmen Walzen durch das Schmieren, wie früher erwähnt ist.

Ebenso wichtig für den Guß von Rohglas verschiedener Stärken ist die Stellung der Polierwalze gegenüber der großen Walze.

Es ist einem „Hüttenmeister", der von einer großen Hütte übernommen war, vorgekommen, daß er beim Übergang in der Erzeugung von 6-mm-Schnürlglas (Rohglas gerippt) auf 4—5 mm der gleichen Art sich vor dem Schieben dieser schwächeren Blätter nur damit zu helfen wußte, daß er am Kopf unter die Stärkeleisten Sand unterstreute, d. h. also den Kopf stärker goß. Auf die Vorhaltungen des Betriebsleiters erklärte er, daß seine Hütte dieses schwächere Schnürlglas nur auf der Ornamentmaschine gießen konnte, weil es auf dem Gußtisch auch immer geschoben wurde. So unglaublich diese Tatsache klingt, wurde sie doch von anderen Arbeitern dieser Hütte bestätigt.

Das Schieben dieses schwächeren Glases wird höchst einfach dadurch behoben, daß die Polierwalze näher der großen Walze gestellt wird. Je schwächer das auf dem Gießtisch gegossene Glas, desto näher müssen große Walze und Polierwalze, je stärker das Glas, desto weiter müssen die Walzen stehen, im notwendigen Falle ist überhaupt ohne Polierwalze zu arbeiten. Auf diese Weise gelingt es, sich den verschiedenen Abkühlungsverhältnissen und dem mit ihnen wechselnden Zähigkeits- oder Härtezustand des Glases anzupassen.

All das Gesagte hat auch Bezug auf die Shumansche Drahtglasmaschine. Selbstverständlich ist ihre Wartung bei 4 Walzen peinlicher als die der Rohglasmaschine mit 2 Walzen. Ein Fehler, welcher dann auftritt, wenn die erste Walze zuviel Glas durchläßt, ist das Aufreißen förmlicher Quergruben im Glase. Die Maschine, welche monatelang anstandslos gearbeitet hat, deckt plötzlich schlecht. Ursache: die erste Walze ist ihrem ganzen Umfange nach oder nur an besonders weichen Stellen des Umfanges durch das Laufen auf den Stärkeleisten aus Stahl abgenützt (die Walzen sind aus weichem Guß) und läßt entsprechend weniger Glas zum Decken durch.

Es ist darauf zu sehen, daß die Rippen der mittleren genuteten Walze unbeschädigt bleiben, weil jede Verletzung der Rippen Anlaß zum Fädenziehen evtl. sogar zum Aufwickeln des Blattes gibt.

Besonders wichtig ist bei der Drahtglaserzeugung die Behandlung des verwendeten Drahtgewebes.

Drahtgewebe. Die Art des Gewebes ist in den verschiedenen Fabrikationsländern verschieden. Auf dem Kontinente werden hauptsächlich rechteckige Gewebe verwendet, und zwar 3½—4 Maschen auf den Zoll, bei Drahtstärken von 0,9 bis 0,5 mm herunter, England und besonders Amerika verwenden sechseckige Gewebe.

Besonderes Augenmerk haben die Drahtwebereien darauf zu richten, daß die Gewebe nicht mit Öl und Fett verunreinigt werden, daß sie nicht am Webstuhl mit Wasser bespritzt werden, welches Rostflecke gibt, daß sie gut verpackt werden, um vor Beschmutzung oder Anrosten beim Transporte geschützt zu bleiben, weil all diese Mängel im Glase Blasen geben.

Zwei Fälle aus der Praxis seien angeführt, welche beweisen sollen, welch peinliche Sauberkeit und Vorsicht in der Weberei schon zu wahren ist: bei Verwendung von Geweben eines bekannten Lieferanten ergaben sich bei der Verarbeitung an regelmäßig sich wiederholenden Stellen Blasen im Glase. Die veranlaßten Nachforschungen ergaben nun, daß die Weberinnen am Webstuhl mit Kreidestrichen ihre Tagesleistungen vermerkten und somit Kreidepartikelchen auf die Geweberänder kamen, welche diese Blasen verursachten.

Im zweiten Falle wurden Blasen bei der Verarbeitung von Geweben aus den inneren Gewebe-rollenpartien festgestellt, welche man auf Rostflecken zurückzuführen konnte. Die Tatsache, daß die äußeren Rollenpartien rostfrei waren und die Rostflecke vereinzelt auftraten, wiedersprach aber der Vermutung der Verwendung von angerostetem Drahte. Das Rätsel wurde mit der Feststellung gelöst, daß die Gewebe, welche über Sonntags natürlich aufgebäumt blieben, beim Aufspritzen von Wasser in den Arbeitssälen zwecks Reinigung nach Schluß der Arbeit von Wassertropfen getroffen wurden, welche die Rostflecke im Inneren der Geweberollen ergaben.

Beim Eintreffen des Gewebes in der Hütte, ist darauf zu sehen, daß zerrissene Stellen in der Papierumhüllung ausgebessert, feuchte Rollen in trockenes Papier eingeschlagen und die Gewebe trocken und staubfrei gelagert werden.

Die Geweberollen werden erst bei der Verwendung geöffnet und ist auch dabei und beim Schneiden des Drahtes darauf zu sehen, daß der manipulierende Arbeiter keine fetten Hände hat, daß der Tisch, auf welchem das Gewebe geschnitten wird, fett- und staubfrei ist. Auch das Einlaufblech der Drahtmaschine, auf welches das Gewebe aufgelegt wird, ist immer staubfrei zu halten. Gewebe länger als 8—12 Wochen in Vorrat zu halten ist nicht empfehlenswert, weil bei längerer Lagerung die Gefahr des Verstaubens und Anrostens immer gegeben ist. — Also peinlichste Reinlichkeit bei der Anfertigung und Verwendung des Drahtgewebes für Glaseinlagen ist geboten.

c) Walzwerke für Ornament- und Kathedralglas.

Die Beschreibung der Ornament- und Kathedralglaswerke erfolgt nach jener der Roh- und Drahtglaswalzmaschine nach F. Shuman usw. deswegen, weil sie von beiden ersteren im allgemeinen ganz verschieden ist: Roh- und Drahtglas wird fast ausschließlich auf stehenden Gießtischen mit laufenden Walzen gearbeitet, Ornament- und Kathedralglas im Chanceschen Walzwerk (Abb. 1116) zwischen Walzen gegossen, d. h. im stehenden Walzwerk geformt und vom laufenden Tisch aufgenommen.

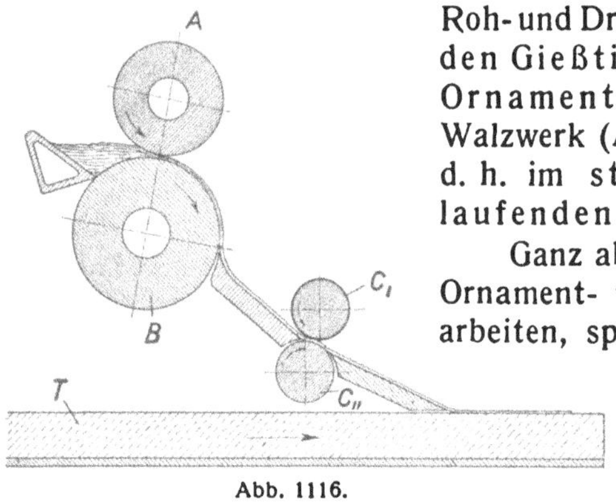

Abb. 1116.

Ganz abgesehen von allen anderen Schwierigkeiten Ornament- und Kathedralglas auf dem Gießtisch zu arbeiten, spricht wohl für die Verwendung des Ornamentwalzwerkes, wie es nachstehend beschrieben wird, die große Anzahl von Mustern, wie sie von den Hütten verlangt werden. Es wäre von den großen Anschaffungskosten des gravierten Gießtisches abgesehen unmöglich, 50—60 solcher gravierter Gießtische unterzubringen. Denn so zahlreich sind wohl die Muster, welche verlangt werden.

Es ist natürlich viel wohlfeiler, gravierte Musterwalzen von ca. 15 cm Durchm. anzuschaffen und diese Walzen sind auf verhältnismäßig kleinem Platze aufzubewahren.

Nachstehend in Abb. 1117 abgebildetes Ornamentwalzwerk wurde von der Firma F. A. Grosse, Bischofswerda, Sachsen, gebaut und steht auf den größten Hütten des In- und Auslandes in Verwendung.

Diese Maschine dient zur Herstellung von Ornament- und Kathedralglas für jedes gewünschte Muster, was durch Auswechseln der Musterwalzen bzw. Änderung der Umlaufgeschwindigkeiten der beiden Walzenpaare erreicht wird.

Der Walzvorgang (Abb. 1116) vollzieht sich auf rein mechanischem Wege, wobei die flüssige Glasmasse durch zwei gegeneinander laufende, verstellbare glatte Walzen

AB zu Tafeln in vorgeschriebener Stärke gewalzt wird. Durch zwei kleinere rotierende Walzen, wovon die eine *C*, an der Oberfläche gemustert ist, wird der noch in knetigem Zustande befindlichen Tafel das entsprechende Muster aufgeprägt.

Die Ornamentglas-Walzmaschine (Abb. 1117) besteht aus einem starken, eisernen Gestell, welches auf beweglichen Radsätzen gelagert ist. Innerhalb dieses Gestelles bewegt sich der sog. Auflagetisch, welcher dazu dient, das fertig gewalzte Glas aufzunehmen, und der so eingerichtet ist, daß er mit einem Schamottebelag versehen werden kann, um ein plötzliches Abkühlen des Glases zu vermeiden. Der Tisch bewegt sich unter dem Walzengestell hinweg, und zwar tritt die Bewegung des Tisches ein, sobald eine an dem Gestell angebrachte Vorrichtung eingerückt wird. Ist der Tisch am Ende angelangt, so rückt diese Vorrichtung selbsttätig aus. Nachdem die Glastafeln von dem Tische heruntergenommen und in den Kühlofen gebracht worden sind, wird der Tisch, welcher auf Rollen läuft, selbsttätig zurückgeschoben.

Abb. 1117.

Auf dem Gestell befindet sich das eigentliche Walzwerk, die Walzvorrichtung für das Glas. Diese besteht aus zwei starken Seitenwänden, in denen verstellbare Lager für die Hauptwalzen sowie Lager für die Nebenwalzen angeordnet sind. Die Hauptwalzen sind aus gutem hartem Material hergestellt, auf der Oberseite sauber gedreht und geschliffen, sowie für kontinuierliche Wasserkühlung eingerichtet. Die Stärke des Glases erzielt man nach Wunsch durch Verstellen der oberen Walzen. Außer den beiden Hauptwalzen befinden sich auf dem Gestell noch zwei kleinere Walzen (vorstehend mit Nachwalzen bezeichnet). Von diesen beiden Walzen ist die untere fest gelagert, während die Lager der oberen, das Muster tragenden Walze je nach der Stärke des Glases und der Art des Musters, welches die Walze enthält, verstellt werden können.

Diese obere Walze ist auswechselbar, um während der Arbeit ohne größere Mühe und Zeitverlust durch Einsetzen einer anderen Walze ein anderes Muster walzen zu können. Zur Aufgabe des Glases sowie zum Abstreichen desselben von der unteren kleinen Walze, befinden sich zwischen den kleinen Walzen sog. Gleitstücke, welche zum Teil ebenfalls mit kontinuierlicher Wasserkühlung versehen sind.

Der Antrieb des Walzwerkes erfolgt durch gefräste Zahnräder und mittels eines Vorgeleges entweder mit einem Elektromotor von 5 PS oder von der Transmission aus.

Auf dieser Walzmaschine können Glastafeln von ca. 1,20 m Breite und 4 m Länge hergestellt werden. Die Breite der Glastafeln läßt sich leicht durch einen sog. Schlitten einstellen und verändern. Auf Wunsch wird die Maschine auch für größere Dimensionen geliefert.

Der große Vorteil der Maschine liegt darin, daß erstens in ganz kurzer Zeit während der Arbeit die Muster gewechselt werden können, und zweitens die kostspielige Gravur der früher üblichen Gußplatten wegfällt. Schon durch einen Fall, in dem die Anschaffung einer gravierten Platte vermieden wird, kann sich die Maschine bezahlt machen, da die Musterwalze nur einen Durchmesser von ca. 15 cm hat.

Abb. 1118.

Abb. 1117 gibt die Grossesche Ornamentmaschine im Augenblicke des Gusses wieder. Der Gießer leert noch seinen Löffel aus, nach den zwei großen Walzen erscheint bereits das ungeprägte Blatt. Der an der Maschine stehende Arbeiter ist eben im Begriffe, mit der linken Hand den Schamottetisch einzuschalten, mit der rechten Hand die Musterwalze auf das ungeprägte Blatt niederzulassen.

Abb. 1118 zeigt die Maschine mit vollständig ausgefahrenem Schamottetisch und daraufliegendem fertiggewalztem Blatt vor dem Einschieben in den Kühlofen.

Auf die Feinheiten der Arbeit mit dieser Maschine und besonders mit der fabriksneuen näher einzugehen, überschreitet den Rahmen dieses Abschnittes und auch die Absicht, nur ein allgemeines Bild zu geben. Es ist selbstverständlich, daß die Musterwalzen verschiedenster Prägung und wieder besonders solange sie noch nicht eingearbeitet sind, verschiedene Einstellung verlangen.

Ein Muster verlangt stärkere Belastung als das andere, bei einer Musterwalze wird es notwendig sein, fallweise zu schmieren, bei der anderen nicht, einerseits, um Schandflecke zu vermeiden, andererseits um das Ankleben zu verhindern.

Das Hauptaugenmerk wird auch hier auf die genau zentrische und parallele Stellung des ersten glatten Walzenpaares zu richten sein, um ungleiche Stärke mit daraus resultierenden Fehlern und Schieben zu vermeiden.

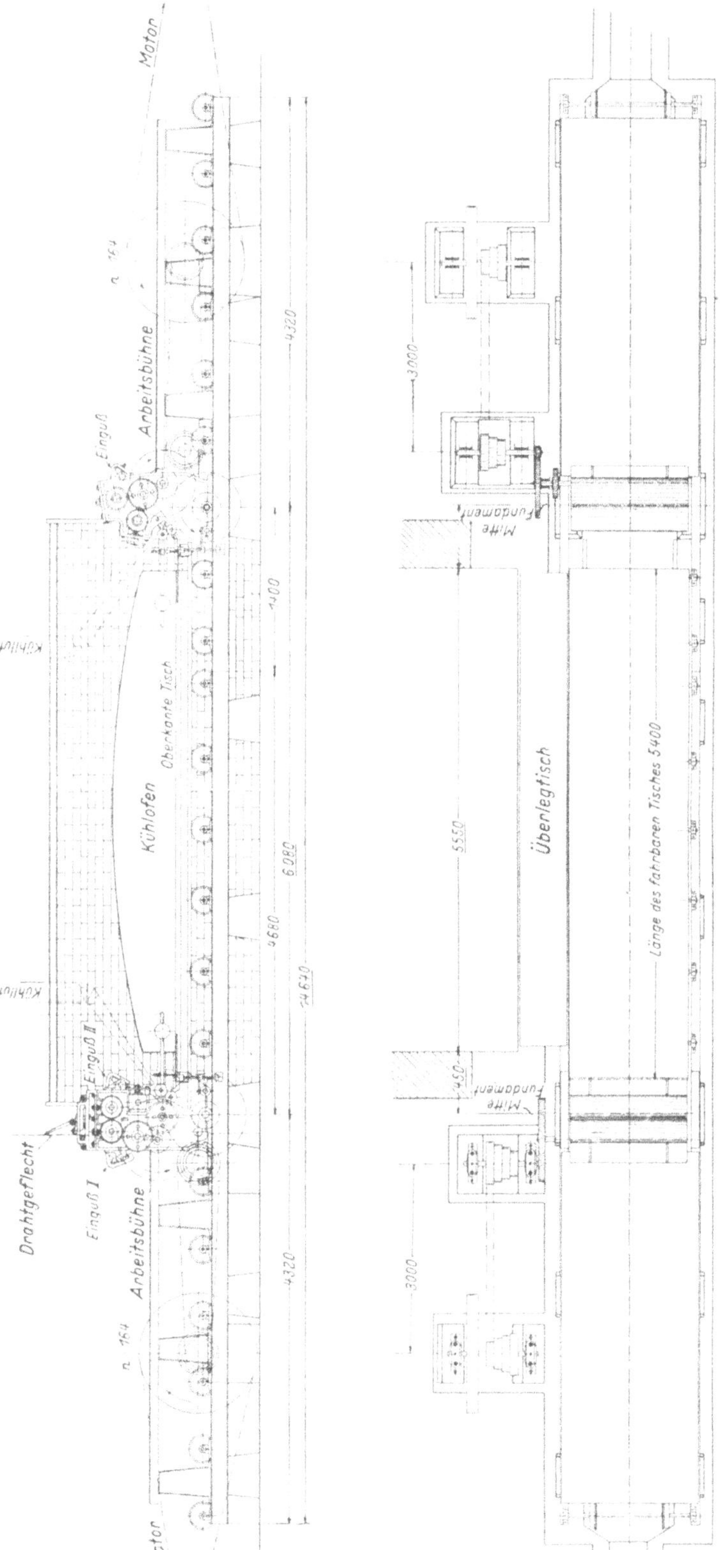

Abb. 1119. Aufstellung einer Drahtglasmaschine „Duplex" und einer Ornament- und Rohglasmaschine „Perplex" mit gemeinsamem Auflagetisch.

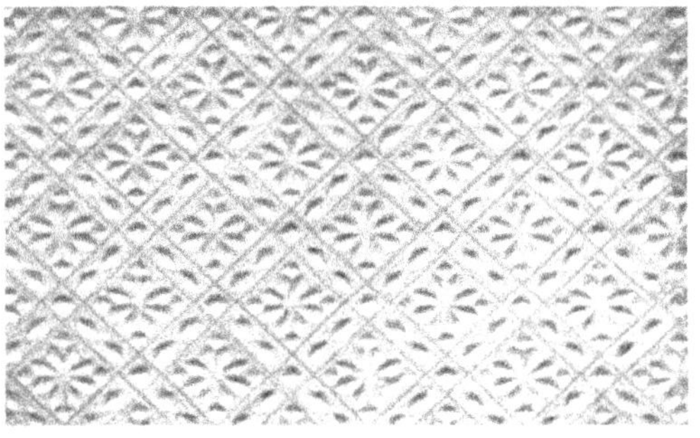

Verre diamanté Nr. 2.

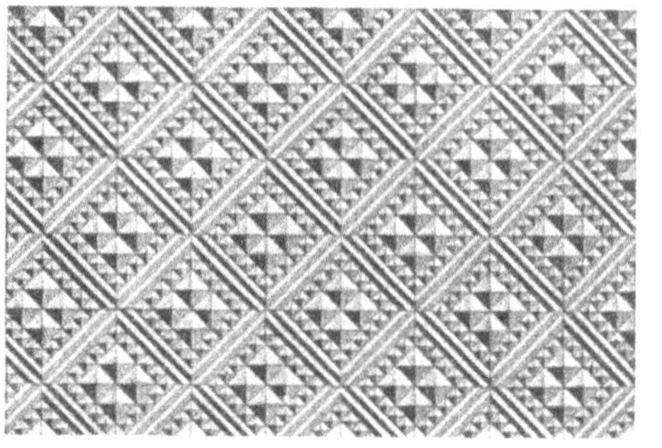

Nr. 2.

Verre diamanté Nr. 4.

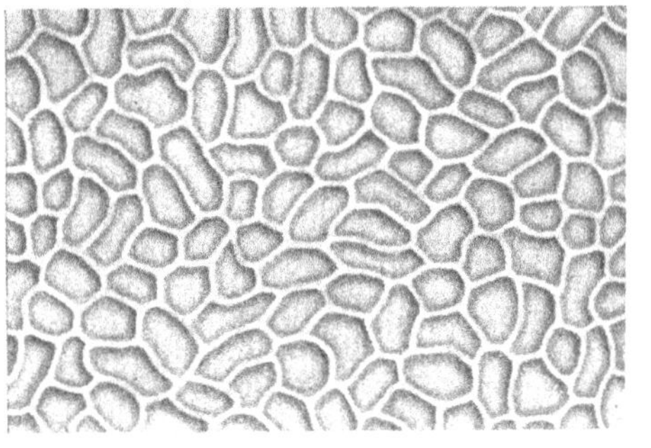

Nr. 4.

Verre diamanté Nr. 6.

Nr. 6.

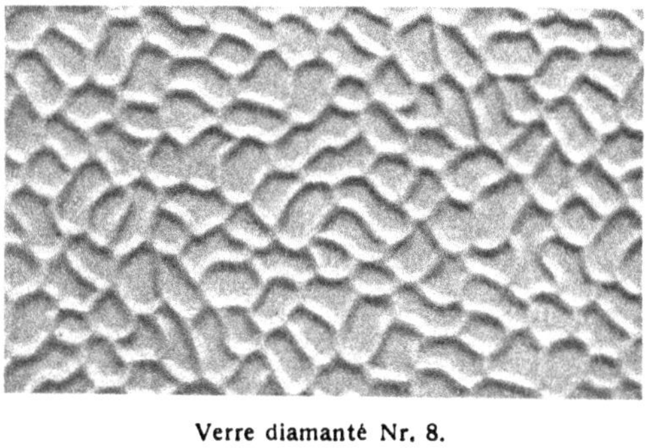

Verre diamanté Nr. 8.

Nr. 8.

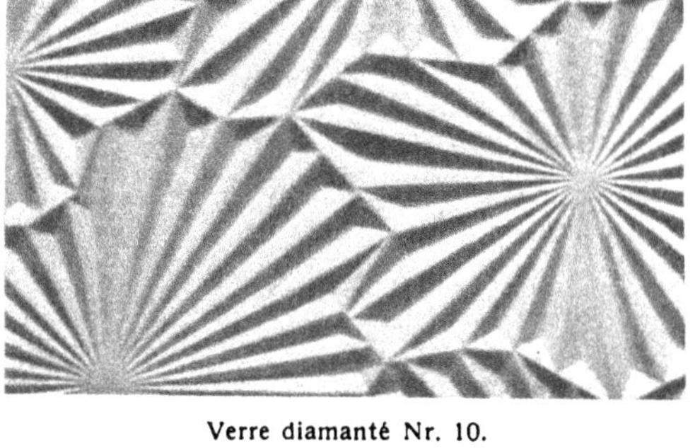

Verre diamanté Nr. 10.

Nr. 10.

Abb. 1120. Numerierung der Muster von Ornamentglas. Links: belgisch, rechts: böhmisch. 1/2 natürlicher Größe.

Unter Beobachtung all dieser Möglichkeiten muß gesagt werden, daß die Arbeit mit der Ornamentmaschine wenig Schwierigkeiten gibt. Eine weitere sehr gut durchkonstruierte Ornamentmaschine ist auch die „Perplex"-Maschine der Fa. Emil Offenbacher-Marktredwitz. Bei ihr sind alle 4 Walzen auf bestimmte Entfernung voneinander einstellbar. Die Walzen sind mit Innenkühlung versehen. Die Räderantriebe sind gefräst. Die Umkuppelung für Vor- und Rücklauf des Tisches ist bequem zu bedienen. Das Anhalten in der Endstellung geschieht automatisch. Der Vergleich von Abb. 1115 und Abb. 1116 zeigt, daß aus einer solchen Maschine durch Einsetzen einer glatten Walze *B* und Ersatz der glatten Walze *A* durch eine entsprechende Riffelwalze eine Drahtwalzmaschine entsteht. Sie ist jedoch in der Stärke der Tafeln beschränkt, und zwar kann sie nicht höher als 3,3—4 mm gehen. Vgl. S. 1080.

Zweckmäßig ist es, wie schon oben erwähnt, zwei Walzwerke an einem und demselben Kühlofen so aufzustellen, daß sie auf den gleichen Tisch das gewalzte Band ablegen. Man kann so im Falle einer Betriebsstörung rasch weiter arbeiten. Abb. 1119 zeigt eine solche Aufstellung einer Duplex-Drahtglasmaschine und einer Perplex-Ornamentglas-Walzmaschine der Fa. E. Offenbacher.

Im Anschluß an diese Allgemeinbeschreibung der Walzwerke ist noch darauf aufmerksam zu machen, daß sich die Entwicklung einer immer besseren Durchbildung der Einzelteile zuwendet. Dabei wird vor allem eine möglichst gleichmäßige Zufuhr des Glases zum Walzwerk angestrebt. A. Braucart, Verrerie de Fauquez, Rouquières, Belgien, Brit. Pat. 333140 v. 10. II. 30, macht das ganze Walzwerk um eine Achse drehbar, so daß der Zufluß des auf der Beschickungsplatte liegenden Glasvorrats zum Walzwerk geregelt werden kann, also z. B. zum Schluß ebenso rasch wie im Anfang oder der Stärke des Glasbandes entsprechend gestaltet werden kann. Um das Auftreten von Kühlschlieren herabzusetzen, bildet R. Simon-Köln-Ehrenfeld die Beschickungsplatte möglichst dünn aus, versieht sie mit Rippen und begrenzt diese mit schlecht leitendem Material, so daß die dünne Platte ohne sich zu verziehen, in sich gleichmäßige Temperaturen erhält (DRP. 493136 v. 30. VIII. 28). Der gleiche Erfinder versieht das Walzwerk mit verstellbaren Lagern (DRP. 499679 v. 30. VIII. 28). Für die Ausbildung des Tisches sind besondere Vorschläge zur Kühlung von A. Braucart, Verrerie de Fauquez, Rouquiere, Belgien, zu nennen (Brit. Pat. 334488 v. 17. II. 30). Der gleiche Erfinder will zur Erleichterung des Ablösens bzw. zur gleichmäßigen Kühlung beider Seiten der frisch gewalzten Platten von der Tischseite aus Luft oder besser brennbare Gase in den Raum zwischen Tafel und Tisch leiten (Brit. Pat. 333500 v. 14. II. 30).

Über die Verwendung der Walzwerke zur Herstellung von Spiegelglas siehe II. Kapitel, S. 1013, 1020 u. ff; sowie 1032.

Zum Schlusse wird noch die verschiedene Numerierung in verschiedenen Ländern, und zwar in Böhmen und in Belgien gezeigt (vgl. Abb. 1120).

Eine entsprechende Standardisierung der Muster besteht in Deutschland nicht. Jede Firma hat ihre eigenen Muster und eigene Numerierung.

6. Kühlöfen.

Der Kühlofen für die Glassorten dieses Abschnittes (Tafel XVII) besteht im wesentlichen aus dem Vorderofen *1* und einem langen Bievez-Kühlkanal *2*. Die Gesamtlänge solcher Öfen ist ca. 30 m, besser 35 m, bei einer inneren Breite von 3—6 m.

Die Sohle des Vorderofens wird am besten aus guten Streckplatten hergestellt. Die fertiggewalzten Scheiben werden vom Walzenwagen auf den Überlegewagen oder Überlegtisch gezogen, der unmittelbar vor dem Vorderofen steht, und von dort auf die Sohle des Vorderofens geschoben. Wie die Abb. 1104, 1117 und 1118 zeigen, werden zum Überlegen der Platten zwei Krücken benutzt, die unmittelbar hintereinander bedient werden. Mit der langen Krücke wird die im Vorderofen liegende Tafel auf den Bievez-Rost gebracht, so daß die eben gewalzte Platte mit der kürzeren Krücke in den Vorofen geschoben werden kann.

Die Heizung erfolgt durch je vier seitliche Brenner, welche durch die beiden Ventile *3* und *4* mit Gas versorgt werden, das ihnen durch die Kanäle *5* und *6* zugeführt wird. Das Feuer zieht vom Vorderofen durch den Kühlkanal und die Verbrennungsprodukte entweichen direkt durch die Öffnung des Ausnehmetores am anderen Ende des Kanals. Zum Regulieren der Temperatur im Kühlkanal dienen Schieber. Die Konstruktion der Scheibentransportvorrichtung ist so, wie beim Kühlofen für Fensterglas nach Bievez beschrieben wurde, nur die Lagerung der Quintenwellen ist mit Rücksicht auf deren große Länge eine andere und ergibt sich aus *7* und *8* der Tafel XVII.

Unter jeder Welle befindet sich ein I-Träger, welcher an beiden Enden mit den zugehörigen Zugstangen des Hebewerkes fest verbunden ist. Auf diesem I-Träger sind (*7* Tafel XVII) je nach der Breite des Kühlkanals 4 oder 6 Lagerböcke festgeschraubt, welche oben je eine Gleitfläche mit Begrenzungsleisten haben. Auf diesen in einer horizontalen Ebene liegenden Gleitflächen liegt die Quintenwelle mit entsprechend breiten, eingedrehten Lagerstellen; die Länge der Lagerflächen auf den Lagerböcken, der Durchmesser der eingedrehten Lagerstellen und der Durchmesser der Quintenräder müssen in einem Verhältnis stehen, welches der einmaligen Vor- und Rückwärtsbewegung des Rahmenwerkes auf den Quintenrädern entspricht, genau in der Weise, wie wir solches bei den Streck- und Wechselwagen des Streck- und Kühlofens für Fensterglas nach Bievez kennen gelernt haben.

An der Konstruktion dieses Kühlofens scheint vor allem die Isolierung des Fundamentmauerwerkes mit Pappe mangelhaft. Es hat sich gezeigt, daß nur eine Betonplatte von 15—20 cm Stärke, auf welche die Kühlofenfundamente gemauert werden, genügend Sicherheit gibt, um zu verhindern, daß das Fundamentmauerwerk Feuchtigkeit aus dem Erdboden anzieht.

Noch wichtiger scheint die Bedienung des Hebewerkes nicht von Hand aus, wie in den Abbildungen, sondern mit motorischer Kraft. Die Firma F. A. Grosse-Bischofswerda, Sachsen, baute derartige automatische Hebewerke, welche gut funktionieren, ohne besonderer Wartung zu bedürfen. Auch die Konstruktionen der Fa. E. Offenbacher, Marktredwitz, haben sich sehr gut bewährt.

Es soll nicht besonders betont werden, daß beim Bau des Kühlofens auf die größtgießbaren Tafeln Rücksicht zu nehmen ist, so daß heute Kühlöfen mit 500 cm und darüber, lichter Weite, in Verwendung stehen. Auch längere Kühlöfen als der angezogene bis 35 m Länge sind vorteilhaft, weil sich bei deren Verwendung die Gußzeiten entsprechend verkürzen lassen.

Schließlich sei noch erwähnt, daß die Verwendung von Streckplatten im Kühlofen nicht notwendig erscheint, vielfach sogar ein Pflaster von Stücken vorgezogen wird, weil notwendige Reparaturen im Feuer bei einem Belag mit Stücken eben leichter durchführbar sind, als mit den unhandlichen Streckplatten. Selbstverständlich muß auch dieses Pflaster aus Stücken sauber zugerichtet und poliert sein.

Der Betrieb des Kühlofens nach Tafel XVII, also mit abnehmendem Gewölbestich, mit fallenden Scheitelhöhen des Gewölbes von der Einschubseite gegen die Ausnehmseite, ohne jeden Blechschuber, ist dem Kühlofen mit gleichem Stich und Schiebern vorzuziehen. Ganz selbstverständlich ist es wohl heute, daß man auf dem Kühlofen nur mehr mit Pyrometern arbeitet, welche den Betriebsleiter von dem Strecker unabhängig machen, welche selbstverständlich die Temperatur präzise anzeigen und die Temperaturschätzungen des vertrautesten und langjährigsten Streckers richtig ersetzen.

Kontrolle. Wenngleich Instrumente mit Quecksilberfüllung mit einem Meßbereich bis 600° C erzeugt werden, ist deren Verwendung doch nicht zu empfehlen, weil sie in kurzer Zeit schon fehlerhafte Angaben machen, nachdem eben diese Grenztemperatur von 600° C am Kühlofenkopf bei unterbrochenem Kühlofenbetriebe und dem dadurch bedingten Aufschüren des Ofens während der Nichtbenützung erreicht werden kann. Eisen-Konstantan oder besser Nickel-Nickelchrom-Thermoelemente, welche im Preise kaum höher sind als die vorerwähnten Quecksilberthermometer mit einem Meßbereich bis 600° C, haben sich für den Kühlofen ausgezeichnet bewährt und zeigen nach zwölfmonatlichem Betriebe kaum eine Differenz. Während aber nun die Quecksilberinstrumente direkt abzulesen sind, ist für die Ablesung des Thermoelementes ein eigenes Anzeige-Instrument notwendig. Es gleichen sich dessen höhere Anschaffungskosten aber dadurch aus, daß alle 3 oder 4 Pyrometer eines Kühlofens an ein Anzeige-Instrument angeschlossen werden können. Vorteilhaft läßt man normal das Thermoelement des Kühlofenkopfes eingeschaltet und überprüft in regelmäßigen Zwischenräumen, jede halbe Stunde, durch einfaches Hebelumschalten die Temperaturen der restlichen Thermoelemente.

Beim Einbauen des Pyrometers ist selbstverständlich darauf zu sehen, daß alle Pyrometer gleich tief eintauchen, also die Rohrenden vom Kühlofenpflaster gleich weit entfernt stehen. Die Entfernung der einzelnen Pyrometer untereinander ist am Kühlofen empfehlenswert gleich groß zu wählen. Beispielsweise sollten auf dem abgebildeten Kühlofen von rd. 30 m Länge 3 Thermoelemente eingebaut werden: dann wird man das erste und letzte Instrument je 1 m von den beiden Stirnseiten des Ofens zurückgesetzt, das dritte Instrument genau in der Mitte zwischen den beiden ersten einbauen. Auf diese Weise erhält man eine stetig regelmäßig abfallende Temperaturkurve. Der Ofen ist dabei dann richtig eingestellt, wenn die Temperatur des mittleren Instrumentes die Hälfte der Differenz der Temperaturen des ersten und letzten Instrumentes anzeigt. Angenommen, das erste Thermoelement zeige 600°, das letzte 100°, dann muß das mittlere bei richtig gehendem Ofen 250° anzeigen.

Die Kühlofentemperaturen wechseln im allgemeinen je nach der Länge und Breite der Öfen, dem Gewölbetisch usw. zwischen 600—700° am Kühlofenkopfe und ca. 60—80° am Ende des Ofens.

Wie nun die verschiedenen Glasarten dieses Abschnittes eine besondere Gießtemperatur benötigen, ist ihre Kühltemperatur ebenfalls verschieden. Am empfindlichsten bei der Kühlung zeigt sich das Drahtglas, Schwankungen der einzelnen Meßstellen von 5—10° C verursachen schon Bruch. Das Ornament- und Kathedralglas, besonders aber das Rohglas ist weit weniger empfindlich.

Zur Feststellung der richtigen Kühltemperatur mit Meßinstrumenten, für die verschiedenen Glasarten, kommt man am raschesten auf empirischem Wege. In der Zeit, wo der Ofen nicht mit Glas belegt ist, halte man ihn am Kopfe gleichmäßig auf ca. 700° und geht beim Gußbeginn auf ca. 600—630° herunter. Halbstündiges regelmäßiges Nachmessen der anderen Meßstellen und genaue Vormerkung der Temperaturen, wie genaue Vormerkung des Kühlofenbruches, führen schon nach kürzester Zeit zur Feststellung derjenigen Temperaturen, bei welchen es überhaupt keinen Kühlbruch mehr gibt.

Schneiden.

Der Schneidtisch für die Gläser dieses Abschnittes ist höchst einfach: eine gut gehobelte ebene Platte aus Pfosten gefügt und entsprechend auf feste Füße gestellt. Geschnitten wird mit Stahlrädern, langer Schneidlatte, Winkel und Leeren.

Nur die Erzeugung von Ornament- und Kathedralglas verlangt am Kühlofen einen beweglichen Schneidtisch derart, daß die auf dem Holzrost liegende Tafel auf den mit Rädern versehenen Schneidtisch, welcher an den Holzrost herangeschoben wird, hinübergezogen um mit dem Schneidtisch dann soweit vom Holzrost wieder weggefahren zu werden, daß ein Arbeiter zwischen Schneidtisch und Rost Platz findet.

Die Ornament- oder Kathedraltafel verläßt den Kühlofen mit der Prägung auf der Oberseite und muß zum Schneiden gewendet werden.

Zu dieser Arbeit zieht der zweite Arbeiter, welcher dem obgenannten gegenübersteht, das Blatt über den Tischrand vor, unterfaßt es mit einer starken Holzleiste und hebt es hoch.

Nachtrag zu den die Flachglas-Arten behandelnden Kapiteln (10.—12.).

Literatur über Festigkeit von Flachglas etc.

W. Ewald, Beitrag zur Bestimmung der Bruchfestigkeit von Glas und Kristallen. Glas-Industrie, **33**, (1925) Novemberheft. Ref. Glastechn. Berichte **3**, (1925/26), 420.

O. Graf, Versuche über die Elastizität und Festigkeit von Glas als Baustoff. Glastechn. Berichte **3**, (1925/26), 153.

O. Graf, Biegungsfestigkeit von Spiegelglas vor und nach dem Schleifen. Mitteilungen des Vereins Deutscher Spiegelglasfabriken 1926, Nr. 7, S. 205—208. Ref. Glastechn. Berichte **4**, (1926/27), 308.

O. Graf, Glas als Baustoff im Eisenbeton. Glastechn. Berichte **4**, (1926/27), 332 und 373.

O. Graf, Widerstandsfähigkeit von starken Glasplatten in Öffnungen von Eisenbetondecken. Beton und Eisen 1927, S. 77—82. Kristallspiegelglas 1927, Nr. 3 (S. 77—81). Ref. Glastechn. Berichte **5**, S. 183, (1927/28).

L. David, Neuzeitliche freitragende Dacheindeckungen. Ref. Glastechn. Berichte **8**, (1930), S. 512.

H. Craemer, Untersuchung von Draht- und Rohglasplatten auf Biegefestigkeit. Glastechn. Berichte **8**, (1930), S. 30.

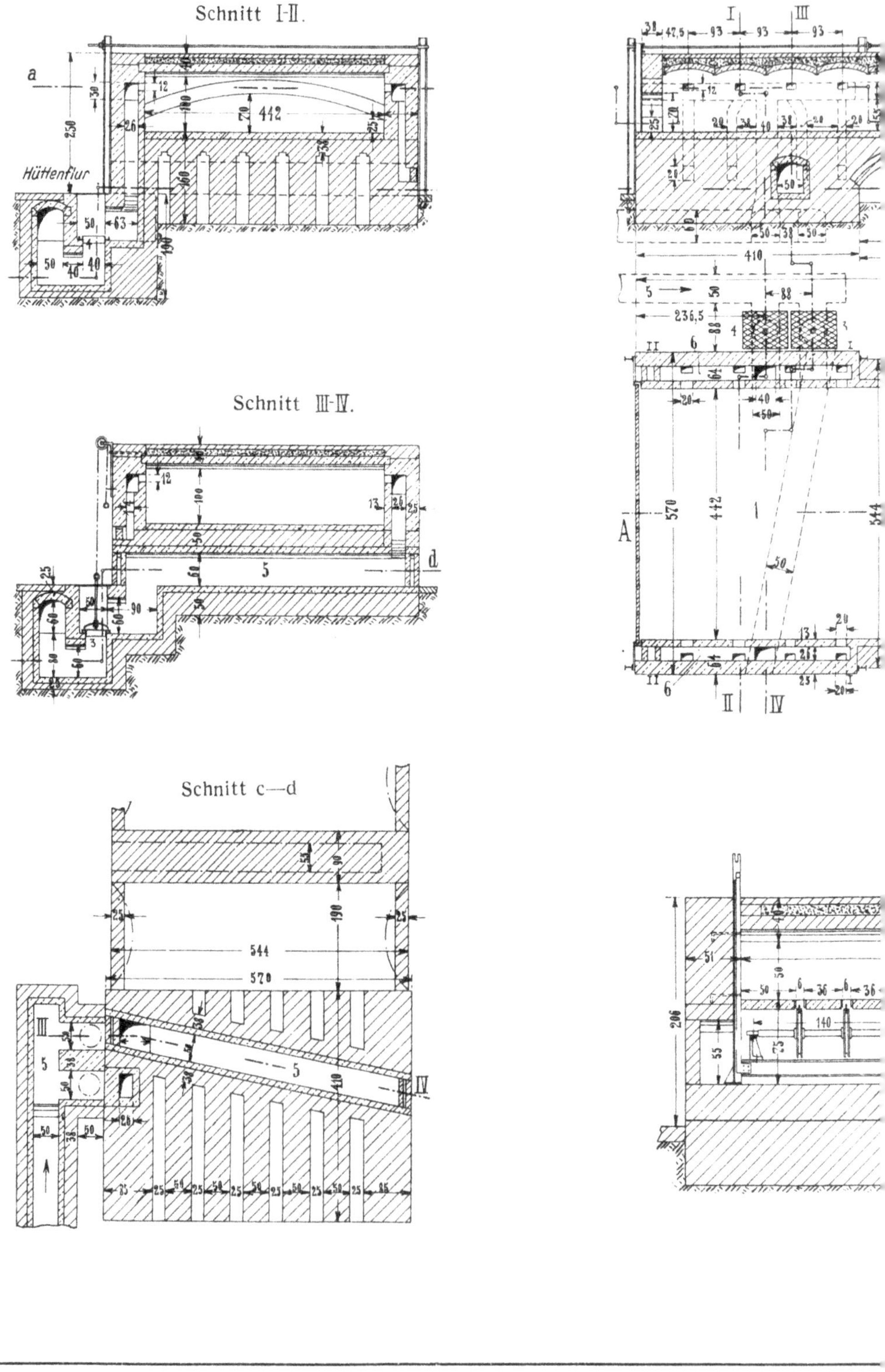

Steindruck von Klein & Volbert, München.

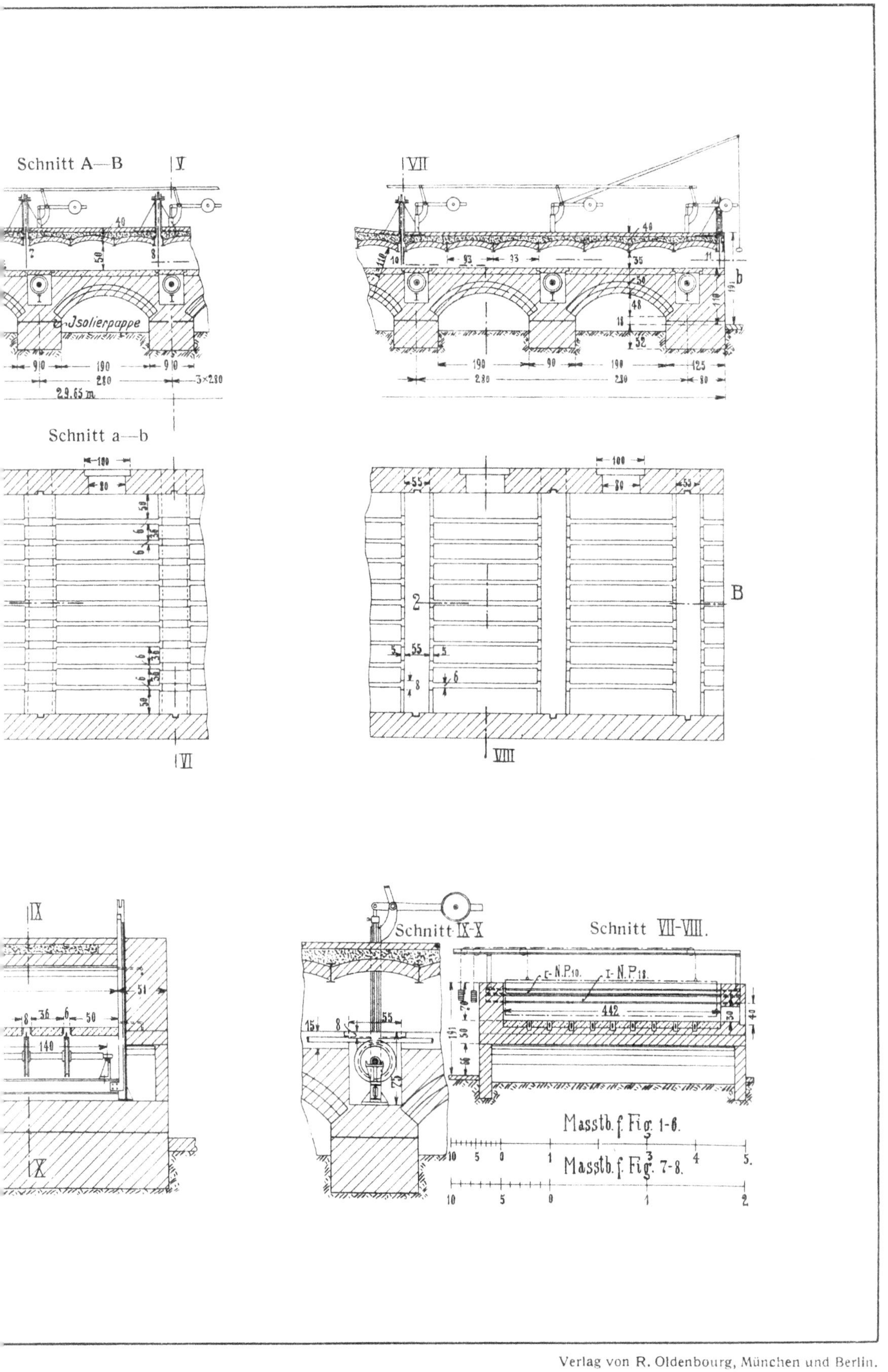

Verlag von R. Oldenbourg, München und Berlin.

13. Kapitel.

Flaschenglas.

Von Dr. Gustav Keppeler und Dr. Hugo Hermann.

I. Arbeitsgebiet der Flaschenfabrikation und Ansprüche an die hergestellten Waren.

1. Aufgaben und Umfang der Flaschenfabrikation.

Die Flaschenerzeugung ist eigentlich als ein Teil der Hohlglasindustrie anzusehen und ist deshalb nicht in einfacher Weise zu begrenzen. Wo besondere Ansprüche an die Reinheit des Farbtones gestellt werden oder die dekorativen Wirkungen in den Vordergrund treten, wo endlich besondere Formen die Verwendung des entsprechend geschickten Glasmachers bedingen und nicht zuletzt, wo die Stückzahl eines Auftrages zu gering ist, um bei einer „Flaschenhütte" Interesse zu erwecken, da werden Flaschen auch heute noch in der Hohlglashütte nach den althergebrachten Methoden erzeugt.

Damit sind einzelne Kennzeichen der Flaschenglasindustrie bereits genannt, und damit ist gezeigt, daß es nur berechtigt ist, den Teil dieser Erzeugung hier in einem gesonderten Kapitel zu behandeln, dessen Arbeitsweisen von denen der Hohlglasindustrie deutlich abweichen.

Im Vordergrund steht bei der Flaschenindustrie[1]) die Massenfabrikation, welche in einem gewissen Zusammenhang mit der Einförmigkeit der Formen zu bringen ist. Sie bedingt die Einstellung aller Einrichtungen auf diese Forderung und weitestgehende Ausnutzung aller Ersparungsmöglichkeiten. Von diesen letzteren sind die örtlichen besonders hervorzuheben, so daß in der Flaschenerzeugung mehr als in irgendeinem Gebiet der Glasfabrikation besondere Rohstoffe gebraucht werden, die keinen großen Verbreitungsbezirk besitzen. Umgekehrt ist aber das Vorkommen günstiger Rohstoffe oft Anlaß für das Entstehen einer Flaschenindustrie in einem bestimmten Landstrich. Ähnlich wirken übrigens vorteilhafte Verkehrsmöglichkeiten, insbesondere Wasserstraßen.

Kann nun auch die gewöhnliche Flasche nicht gerade als ein edles Produkt der Glasindustrie angesehen werden, so werden doch an sie Anforderungen gestellt, die nicht immer leicht zu erfüllen sind. Man hat sich ja ursprünglich damit zufrieden gegeben, daß die Flasche ihren Hauptzweck erfüllt, sich für die Aufbewahrung von Flüssigkeiten und für ihren Transport zu eignen. Es hat sich aber gezeigt, daß u. U. die Flüssigkeit durch die Flasche ganz wesentlich verändert werden kann, bzw. daß die Flasche imstande ist, den Inhalt in sehr verschiedenem Grad zu schützen. So wurden Flaschen beanstandet, weil sie durch zu große Alkaliabgaben den Geschmack des darin enthaltenen Weines beeinflußten, und umgekehrt können manche Biere dureh eine entsprechend braune Farbe davor bewahrt bleiben, den sog. Sonnengeschmack an-

[1]) Einen Überblick über die Entwicklung der deutschen Flaschenindustrie von 1900—1923 gab F. Hillmann, Sprechsaal **56** (1923), S. 56, 68, 79 und 89.

zunehmen. Weiter werden an die Flaschen oft besondere Anforderungen bezüglich ihrer Festigkeit gestellt, und in solchen und anderen Fällen verlangt die heutige Großindustrie der Brauereien und Molkereien oftmals die Einhaltung nicht allein des Kubikinhaltes, sondern auch der linearen Abmessungen innerhalb enger Grenzen, weil sie die Flaschen in Wasch- und Füllmaschinen bringt und deren Wirkungsweise diese Forderung nötig macht. Endlich haben sich für gewisse Flüssigkeiten bestimmte Farbnuancen der Flasche eingebürgert, deren Einhaltung von den Konsumenten ziemlich streng gefordert wird. Durch alle diese Umstände wird die Flaschenerzeugung trotz ihrer unscheinbaren Produkte zu einer ziemlich subtilen Fabrikation, um so mehr als bei der Großerzeugung Zwischenfälle leicht empfindlichen Schaden verursachen können.

Aus dem Gesagten geht schon hervor, daß im allgemeinen die heutigen Flaschenfabriken sich nur der für die Massenerzeugung geeigneten Methoden bedienen, oder diese doch ganz überwiegend bevorzugen. Hierher gehört der Schmelzbetrieb in der Wanne und die Verarbeitung durch die Maschine.

So betrachtet, war die Flaschenfabrikation ursprünglich ganz auf stark, im wesentlichen mit natürlichen Färbmitteln gefärbte Flaschen, also in der Hauptsache auf das eisengrüne und manganbraune Hohlglas beschränkt. Aber in dem Maße, wie massenhafter Bedarf für neue Flaschen und flaschenartige Behältnisse auftrat, bzw. als die Möglichkeit, solche Behältnisse in Massen zu billigen Preisen herzustellen, neue Bedürfnisse entstehen ließ, haben sich der alten Flaschenfabrikation immer neue Fabrikationszweige angegliedert. Diese Entwicklung setzte bei uns ein, als man um die 1880er Jahre für die Abfüllung von Mineralwasser vom traditionellen Steinzeugkrug zur Glasflasche überging. Sehr bald machte sich das Bestreben geltend, für diese Zwecke eine hellere Flasche (halbweiß) zu verwenden und diese Bewegung ist gefördert worden durch das immer stärkere Aufkommen künstlicher Mineralwässer, der Limonaden und anderer alkoholfreier Getränke, die immer mehr die rein weiße Flasche bevorzugten.

Dieser Werdegang ist in Amerika, wo von vornherein keine Bindung an handelsübliche Formen und Farben für bestimmte Getränkearten vorlag (man denke nur an die bestimmte Form der Bordeaux- und derjenigen der Burgunderflaschen, an die streng vorgeschriebenen Farben für Mosel- und Rheinwein und an das Hellgrün der Kognakflaschen usf.), sehr viel rascher verlaufen. Dort hat man von Anfang an auf allgemein übliche Farben verzichtet und den Charakter der Flasche mit dazu benützt, das Einzelerzeugnis eines bestimmten Fabrikanten charakteristisch hervorzuheben. Dieser Zug, aus einem Einzelfabrikat, z. B. einem bestimmten Gebräu, eine typische, allerorts bekannte „Marke" zu machen, hat die Massenfabrikation von Flaschen nach Art und Formen außerordentlich erweitert, vor allem immer stärker das reine Weiß und das ihm nahestehende Kohlebraun in den Vordergrund treten lassen. Sogar Bier wurde schon Anfang des Jahrhunderts in weiße Flaschen mit weitgreifender Staniolumhüllung des Halses gefüllt. Die Absicht, stark auf das Auge zu wirken, die hier zum Ausdruck kam, hat auch weiter die Anwendung des hellen Glases gefördert. Das Aufkommen der halbautomatischen und dann der nach dem Tropfensystem gespeisten Maschinen mit stärkerer Anpassung an die Formen hat diese Bewegung noch stärker vorwärts getrieben und damit besonders auch in den Weithalsflaschen für die immer größer werdende Nahrungsmittelindustrie gefällige Verpackungsmittel geliefert. Auch in England haben sich in den letzten 15 Jahren die gleichen Verhältnisse herausgebildet. Während bei uns noch heute die Hohlglasindustrie der Hausfrau die bekannten „Weckgläser" für das Frischhalten der Früchte liefert, wird in Amerika und England alles, insbesondere Marmeladen, Fischpasten usf. in kleineren Glasgefäßen zum unmittelbaren Verbrauch von der Industrie auf den Tisch gestellt. Das bringt einen ungeheuren Bedarfszustand, der für England mit seinen Dominions einen riesigen Export von Glas als Verpackung für Soßen, Fischpasten, Marmeladen, Patentmedizinen usw. bedeutet, so wie für uns einst die Bierausfuhr gleichzeitig eine wesentliche Ausfuhr von Flaschen war. Schließlich ist noch aus ganz ähnlichen Gründen ein außerordentlich starker Bedarf an Milchflaschen hinzugekommen, die neuerdings den Firmenaufdruck nicht mehr in der Form eingeprägt, sondern um die Formen zu vereinheitlichen, nachträglich im keramischen Sinne durch einen farbigen Stempel, der aufgedruckt und im Kühlofen eingebrannt wird, erhalten.

So ist in diesen Ländern eine ungeheure Erweiterung des Fabrikationsgebietes der Flaschenindustrie entstanden. In Deutschland werden die Anfänge einer gleichartigen Entwicklung erst jetzt deutlich. Wie schon angedeutet, tritt diese Veränderung der Fabrikationsarten besonders auch in dem Vorherrschen des weißen Glases bzw. des Zurücktretens des grünen in Erscheinung. Bei uns herrscht Grün noch vor.

Wie sehr die neuen Fabrikationszweige die amerikanische und englische Flaschenindustrie verändert haben, kommt auch darin zum Ausdruck, daß man einen neuen zusammenfassenden Ausdruck für die Erzeugnisse gewählt hat. Man spricht in diesem Sinne heute nicht mehr von bottles (Enghalsflaschen), kann auch nicht durch die Hinzunahme der Jars (Töpfe, Honig- und Marmeladengläser usw.) das Fabrikationsgebiet voll umschreiben und bezeichnet deshalb diese Erzeugnisse kurz zusammenfassend als „containers“[1]). Wir haben noch keine entsprechende Bezeichnung. Wenn man aber die deutschen Begriffe Enghalsflasche und Weithalsflasche nicht zu engherzig auffaßt, kann man alle genannten Erzeugnisse durch die Bezeichnung „Flasche“ umfassen, und es dürfte deshalb berechtigt sein, dieses neueste Bild der Massen-Hohlglas-Fabrikation, wie es oben skizziert ist, zur „Flaschenfabrikation“ zusammenzufassen.

Immerhin wäre es falsch, andere Methoden in der Flaschenhütte ganz auszuschalten. Es kommt da in Betracht, daß die Anfertigung der Form bei der Vorkalkulation des einzelnen Auftrages eine wichtige Rolle spielt, ferner daß jeder Formenwechsel in der Maschine einen erheblichen Produktionsverlust bedingt. So kommt es denn, daß kleinere Aufträge sich für die Maschinenarbeit nicht als rentabel erweisen. Es wird deshalb für solche auf die Handarbeit zurückgegriffen werden. Ähnlich liegt der Fall mit besonderen Färbungen, etwa Kobaltblau, Violett u. a., welche mangels entsprechend großer Aufträge nicht in einer Wanne geschmolzen werden können. In diesen Fällen muß man nicht allein auf die Handarbeit, sondern sogar auf den Hafenofen zurückgehen. So sind die Bedingungen des Verkaufes in weitem Umfang maßgebend für die Art der Erzeugung. Anderseits ist die maschinelle Einrichtung der Hütte in gewissem Sinne bestimmend für die Form ihrer Erzeugnisse. So lassen z. B. manche Maschinen die Erzeugung von Weithalsflaschen nicht zu, wodurch die mit ihnen eingerichteten Hütten nur insoweit ein Interesse an deren Lieferung haben werden, als sie solche mit der Handarbeit zu bewältigen vermögen. Auch die Farbennuancen bestimmen oft das Produktionsgebiet einer Hütte, indem das Umfärben einer Wanne kostspielig ist und einen Produktionsausfall bedingt, so daß ein Fabrikationsprogramm anzustreben ist, bei welchem dauernd oder wenigstens durch längere Zeit in demselben Farbton gearbeitet werden kann.

In ganz ausgeprägtem Maße geht also die Tendenz in der Flaschenfabrikation auf Massenerzeugung hinaus und diese führt zur Spezialisierung des einzelnen Betriebs, da örtliche Verhältnisse, Einrichtung, Erzeugungsart und Absatz in engen gegenseitigen Beziehungen stehen.

---

[1]) In Amerika erscheint (1931 schon im zehnten Jahrgang) eine Zeitschrift: „Glass Containers“, die ausschließlich der Förderung der Verwendung von Glasbehältnissen für die verschiedensten Zwecke gewidmet ist.

2. Ansprüche an die Eigenschaften der Flaschen.

Ehe nun auf irgendwelche Besonderheiten eingegangen werden kann, sind gewisse Forderungen zu besprechen, die gerade beim Flaschenglas eine Rolle spielen und sich auf das Produkt, die Flasche, beziehen.

a) Die Anforderungen in chemischer Beziehung.

Die Anforderungen, die an ein Flaschenglas in chemischer Beziehung zu stellen sind, kann man ganz allgemein in folgende zwei Punkte zusammenfassen:

1. Das Glas der Flasche darf weder leer beim Lagern in der feuchten Atmosphäre der Keller und anderer Lagerräume, noch gefüllt durch den Inhalt in solcher Weise angegriffen werden, daß das Aussehen und die Widerstandsfähigkeit darunter leiden. Diese Forderung ist bei der guten Qualität der heute im Handel befindlichen Flaschengläser fast immer erfüllt.

2. Die Oberfläche des Glases darf lösliche Stoffe nicht in solcher Menge abgeben, daß der Flascheninhalt in wertvermindernder Weise verändert wird [1]). Da diese Ansprüche vom Verwendungszweck abhängen, seien einige Hauptarten der Flaschen für sich besprochen.

Bierflaschen. Während die Ansprüche an Medizinflaschen in Deutschland (s. u. S. 1097) durch eine amtliche Prüfungsvorschrift genau festgelegt sind, trifft dies bei der Bewertung von Bierflaschen heute noch in keiner Weise zu. Die Methylrotprobe des D.A.B. kommt für Bierflaschen nicht in Frage, da die Anforderungen viel zu weitgehend sind, weil es sich dabei um empfindliche Arzneien und nicht um Genußmittel handelt. Die Auslaugemethode von Mylius, nach der Hohlgefäße 3 Stunden bei 80^0 mit CO_2-freiem destilliertem Wasser behandelt und nach ihrem Auslaugewert in hydrolytische Klassen eingeteilt werden, ist für Apparategläser ausgearbeitet und somit nur in ihrer Ausführungsform, nicht aber in der hydrolytischen Klassifizierung auf Bierflaschen übertragbar. Bevor nun an die Festlegung bestimmter Normen gedacht werden könnte, wäre die Frage zu prüfen, ob überhaupt und in welchem Ausmaße lösliche Bestandteile des Glases schädliche Veränderungen des Bieres hervorrufen können. Solche Untersuchungen sind um so nötiger, als immer wieder Klagen aus Brauereien kommen, daß in deutschen Flaschen aufbewahrtes Bier häufig Mängel zeigte, sich recht wenig hielt und schon nach kurzer Lagerung Trübungen, Eiweißausscheidungen und Verfärbungen aufwies. Es ist nun bemerkenswert, daß die Forscher, die bisher diese Erscheinung untersuchten, vielfach dem aus dem Glas herausgelösten Alkali die Schuld zuschieben. Dies trifft jedoch nach den umfangreichen Untersuchungen im Laboratorium für Glastechnik an der Technischen Hochschule Hannover [2]) nicht zu, denn 32 untersuchte deutsche Owens-Flaschengläser von der mittleren Zusammensetzung:

63,9% SiO_2	6,4% Al_2O_3	2,4% Fe_2O_3	0,8% MnO
13,9% CaO	1,2% MgO	2,0% K_2O	9,4% Na_2O

ergaben nach der Grießmethode [3]) im Mittel nur 13,0 mg (8,5—20,0 mg) und nach Mylius 36,5 $\frac{mg}{1000}$ Na_2O je dm^2. Diese Werte sind als sehr niedrig zu betrachten und

[1]) Über die diesbezügl. Untersuchungsmethoden siehe Späte, Fachausschußbericht der D.G.G. Nr. 3, Chem. Glasprüfungen, sowie Merkblatt über die Methoden zur Prüfung des Glases auf seine chemische Widerstandsfähigkeit von Späte, Glast. Ber. VI (1929), S. 638.

[2]) Keppeler, Glastechn. Ber. **8**, S. 65 (1930). — Keppeler und Maenicke, Sprechsaal **64**, S. 7, 28, 46 u. 65 (1931).

[3]) Sprechsaal **60** (1927), S. 241, siehe dieses Buch, Band I, S. 71.

gehören nach der Klassifikation von Mylius in die 1. bzw. in die 2. hydrolytische Klasse. Berücksichtigt man ferner, daß die Myliusprobe eine Erhitzung von 3 Stunden auf 80° bedingt, und somit die Bedingungen der Prüfung viel schärfer sind, als sie bei der Pasteurisierung bezüglich Zeit und Temperatur vorliegen, so ergibt sich, daß das deutsche Owensglas in chemischer Beziehung von ausgezeichneter Qualität ist.

Es war nun weiterhin zu prüfen, ob diese Alkaliabgaben eine Veränderung der Getränke herbeiführen können. Berücksichtigt man das Verhältnis von Inhalt zur Oberfläche, so ergibt sich bei der Myliusprobe eine Alkaliabgabe an den Inhalt von 0,33 mg Na_2O im Liter. Dies ist eine Lösung, die $^1/_{100000}$ normal ist. Nun enthält das Bier organische Säuren und recht viel Kohlensäure. Ohne Berücksichtigung der CO_2 sind die niedrigsten Säuregehalte — in Milchsäure ausgedrückt — 0,8 g je Liter. 0,9 g entsprächen einer $^1/_{100}$ normal Säure. An CO_2 sind 4 g im Liter vorhanden, was einer $^1/_{10}$ normal Säure entspricht. Demnach sind im Bier an Stoffen, die das aus dem Glase stammende Alkali binden können, der 11000fache Betrag des Notwendigen vorhanden.

Dasselbe Ergebnis haben Geschmacksproben geliefert, bei denen zum Bier versuchsweise steigende Mengen $NaHCO_3$ zugesetzt wurden. Kleine Mengen — bis 300 mg im Liter — wurden als geschmacksverbessernd empfunden. Verschlechternd wirkte der Zusatz erst dann, wenn er 500 mg wesentlich überschritten hatte. Auch dieser Betrag ist ungefähr das 15000fache dessen, was bei 80° in 3 Stunden vom Glase abgegeben war. Alles deutet also darauf hin, daß die aus dem jetzt in Deutschland üblichen Owensglas stammenden Alkalibeträge eine Veränderung des Bieres nicht herbeiführen können.

Anders liegen die Verhältnisse in England und Amerika. Dort ist man besonders unter dem Einfluß der nach dem Tropfensystem gespeisten Maschinen zu weicheren Gläsern übergegangen. Ob diese Gläser allerdings alle Ansprüche des kontinentalen Marktes erfüllen, ist noch nicht genügend klar. Es empfiehlt sich daher, zunächst in ihrer Anwendung vorsichtig zu sein. Da, unabhängig von der etwaigen stärkeren Aufnahme der Speisersysteme in der deutschen Industrie, fabrikatorisch das weichere Glas manche Vorteile hat, muß man mit dessen stärkerem Hervortreten in der deutschen Fabrikation rechnen, wie ja in England und Amerika auch die nach dem Saugsystem arbeitenden Fabriken weichere Gläser verarbeiten. Um so dringender ist daher zu fordern, daß Grenzwerte aufgestellt werden, die den Interessen der Fabrikanten wie den Forderungen der Konsumenten gerecht werden. Dies ist leider zur Zeit noch nicht sicher möglich. Es empfiehlt sich zunächst, in der Anwendung weicherer Gläser etwas vorsichtig zu sein und mit der Alkalität in empfindlichen Fällen nicht über die 3. hydrolytische Klasse, im übrigen nicht über die 4. Klasse (vgl. Band I, S. 68) hinauszugehen. Die Prüfung geschieht am besten nach Mylius (vgl. Band I, S. 67). Zulässige Grenzwerte sind bis jetzt weder gesetzlich noch von den Konsumenten vorgeschrieben.

Die Ursachen für die Trübungen und Verfärbungen von Bier sind nach obigen Darlegungen auf anderem Gebiete als der Alkaliwirkung zu suchen. Nach den Untersuchungen von Keppeler und Maenicke[1]) hat sich ergeben, daß Biere mit einem Eiweißgehalt von über 0,6% mehr zum Trübwerden neigen als eiweißarme. Besonders aber ist die Farbe der Flaschen von großem Einfluß. Wurde eine Anzahl mit Bier gefüllter Flaschen längere Zeit bei Zimmertemperatur der Lichteinwirkung ausgesetzt, so zeigte der Inhalt ein ungleichmäßiges Trübwerden. Ordnete man die Flaschen nach der zunehmenden Stärke der Trübung, so ergab sich für die Flaschenfarbe folgende Reihenfolge: braun, bräunlichgrün, dunkelgrün, helles Flaschengrün. Ein Vergleich

[1]) l. c.

der Adsorptionsspektren der Flaschen gab deutlich zu erkennen, wie entsprechend der Zunahme der Trübung das Spektralband des durch die Flasche hindurchgegangenen Lichtes mehr und mehr in das kurzwellige Ende hineinwächst. Dieses kann als treffender Beweis dafür angesehen werden, daß die Lichtwirkung den Flascheninhalt nachteilig beeinflußt und daß den braunen Flaschen, die das kurzwellige Licht weitgehend adsorbieren, der Vorzug zu geben ist. Diese Ansichten stehen im Einklang mit den Mitteilungen Emslanders und finden in der zunehmenden Bevorzugung von braunen Flaschen in der Brauerei-Industrie ihre bestätigende Auswirkung.

Zur Ermittelung, inwieweit die Farbe des Glases den Inhalt der Flasche vor der Einwirkung des Sonnenlichtes schützt, ist von Brand[1]) vorgeschlagen worden, die Flaschen mit einer lichtempfindlichen Lösung zu füllen und sie dann auf einer weißen Unterlage stehend durch 12 Stunden dem direkten Sonnenlicht auszusetzen. Nach der Belichtung wird die Farbe der Lösung (am besten nach dem Umgießen in ein farbloses Glas) geprüft. In vollkommen lichtschützenden Gläsern bleibt die Lösung gelb. Durchlässige Gläser lassen sie um so blauer werden, je schwächer ihr Lichtschutz ist. Die Lösung wird hergestellt wie folgt:

1,2 g zitronensaures Eisenoxydammoniak,
1,0 g Ferricyankalium,
2,0 g Oxalsäure,

werden jedes für sich in Wasser gelöst, die Lösungen dann vermischt und auf 1 l gebracht. Nach dreistündigem Abstehen im Dunkeln wird die Flüssigkeit in die Versuchsflaschen gegossen.

Über die Durchlässigkeit von farblosem Flaschenglas für ultraviolettes Licht liegt eine Untersuchung von D. Starkie & W. E. S. Turner[2]) vor. Darnach ist, wie zu erwarten, die Durchlässigkeit stark vom Eisengehalt abhängig. Die Grenze der Durchlässigkeit für das eisenreichste Glas mit 0,18% Fe_2O_3 liegt bei $\lambda = 0{,}3175\ \mu$, für das eisenärmste Glas mit 0,05% Fe_2O_3 bei $\lambda = 0{,}296\ \mu$.

Weinflaschen. Ähnlich wie beim Bier liegen die Verhältnisse beim Wein. Auch der Wein enthält beachtliche Mengen an organischen Säuren (Weinsäure, Apfelsäure usw.). Der Menge nach entsprechen diese Säuren dem Gehalt einer $^1/_{10}$ bis $^1/_5$ Normallösung. Dies ist der 10000 bzw. 20000fache Betrag dessen, was an Alkali bei der Myliusprobe in der Wärme abgegeben werden kann. Fallen somit die geringen löslichen Alkalimengen nicht ins Gewicht, so wäre doch eine Geschmacksveränderung durch Zurückdrängung der H-Ionen-Konzentration denkbar. Nach Versuchen von Mummendey[3]) ergab sich jedoch erst bei einem Zusatz von 300 mg Na_2CO_3 entspr. 173 mg Na_2O je Liter eine feststellbare Veränderung des P_H-Wertes und hiermit allerdings auch eine deutliche Geschmacksbeeinflussung. Um den Grenzwert an Alkali zu finden, der dem Wein zugesetzt werden kann, ohne geschmackliche Veränderungen hervorzurufen, wurden Zungenproben veranstaltet, bei denen wachsende Mengen Soda dem Wein zugesetzt wurden, und zwar je Liter in den Abstufungen 8 mg, 12 mg, 16 mg, 20 mg, 24 mg. Von allen zu Rate gezogenen Weinsachverständigen konnte keinerlei geschmackliche Beeinflussung festgestellt werden. Berücksichtigt man nun, daß der Höchstwert der angewandten Zusätze das 70fache dessen beträgt, was bei der bei 80° stattfindenden Behandlung nach Mylius in Lösung geht, so erscheint es ausgeschlossen,

---

[1]) J. Brand, Zeitschrift für das gesamte Brauwesen, **31** (1908), S. 333.

[2]) Journ. Soc. Glass Techn. XII (1928), S. 27. — Glass Review **4**, S. 42. — Ref. Glast. Ber. VI (1928/29), S. 200.

[3]) Mummendey, Einfluß verschiedener Entsäuerungsmittel auf die chemische Zusammensetzung und den Geschmack des Weines. Dissertation, Hannover 1925. Wein und Rebe VII, S. 30 (1925).

daß die heutige Owensflasche irgendeine Veränderung des Weines vom chemischen Standpunkt aus herbeiführen kann. In der Tat haben auch Versuche, die mit Dr. Mummendey[1]) unternommen wurden, ergeben, daß das Glas für Weinflaschen wesentlich angreifbarer sein kann als das bisher übliche grüne und braune Owensglas. Es wurden zwei Weinsorten in Flaschen verschiedener Art, für die die Angreifbarkeit in nebenstehender Zahlentafel angegeben ist, gefüllt und ein halbes Jahr gelagert. Die Flaschen waren nach Form und Farbe nicht gleichwertig, insbesondere war das Glas *d* farblos und ziemlich weithalsig, da Flaschen dieser Angreifbarkeit als Weinflaschen nicht zu erhalten waren. Während bei einer ersten Zungenprobe die Prüfenden eine gewisse Abstufung des Geschmackes feststellen zu können glaubten, ergab eine zweite in der Weinbauanstalt Geisenheim veranstaltete Probe keinen erkennbaren Unterschied im Geschmack, mit Ausnahme der in Flasche *d*, also der angreifbarsten Flasche, eingefüllten Weine, für die „größte Sauberkeit des Geschmacks" betont wurde. Professor von der Heyde hat die Wasserstoffionenkonzentration der Weinproben, die ja für den Säuregeschmack wesentlich ist, gemessen. Die erhaltenen Werte sind in der untenstehenden Zahlentafel aufgeführt. In diesen Zahlen kommt eine kleine Abnahme der Wasserstoffionenkonzentration, die parallel zur ansteigenden Angreifbarkeit der Gläser geht, zum Ausdruck. Die größte Differenz ist 0,224 mg. Da aber nach Paul kleinere Differenzen als 0,300 mg im Liter vom Geschmack nicht erkannt werden, bleibt es zweifelhaft, ob eine erkennbare Geschmacksveränderung durch die Flaschenqualität hervorgerufen ist.

Es wäre wünschenswert, daß derartige Untersuchungen in größerem Umfange durchgeführt werden, um endgültige Klarheit über die zulässige Angreifbarkeit von Weinflaschen zu schaffen. Zunächst ist sicher, daß für Gläser, die sich innerhalb der Klasse III von Mylius bewegen, jeder ungünstige chemische Einfluß ausgeschlossen ist. Für die üblichen Gebrauchsweine wird man ohne weiteres mit Klasse IV auskommen. Nur für die eigentlichen Spitzenweine, die aber der Menge nach außerordentlich stark zurücktreten, wird man vorläufig zur größeren Sicherheit chemisch härtere Flaschen benützen. Im übrigen wird auch hier der Farbe des Glases entsprechende Beachtung, wie schon bei den Bierflaschen hervorgehoben, geschenkt werden müssen. Wegen Prüfung der Lichtwirkung in Glasflaschen vgl. S. 1096.

Zahlentafel 99.

Beeinflussung der Wasserstoffionenkonzentration von Wein in Flaschen verschiedener Angreifbarkeit.

Glasart	Angreifbarkeit		1925 Bodenheimer Leistenberg		1921er Niersteiner Warte	
	Grießmethode Keppeler mg Gelöstes	Mylius 3 Stunden 80° mg Na_2O/dm^2	Wasserstoffexponent P_H	Wasserstoffionen mg im Liter Wein [H·]	Wasserstoffexponent P_H	Wasserstoffionen mg im Liter Wein [H·]
a)	13,0	0,018	2,997	1,000	2,951	1,120
b)	40,0	0,079	3,002	0,995	2,943	1,140
c)	93,5	0,471	3,007	0,984	2,964	1,087
d)	108,0	0,480	3,010	0,776	2,969	1,081

Keppeler u. Mummendey, Wein und Rebe **12** (1930), Heft 6, S. 253.

Medizinflaschen. Für die Herstellung der Medizinflaschen werden sehr häufig sehr weiche Gläser verwandt. Das führt zu großen Schäden. Vielfach sind die Arzneien gegen Alkali sehr empfindlich. Es können dadurch Verfärbungen und empfindliche Schädigungen der Medikamente auftreten. In manchen Fällen, insbesondere bei den Alkaloiden, wird durch die kleinsten Spuren Alkali eine Trübung, d. h. Ausscheidung

[1]) Wein und Rebe **12** (1930), Heft 6, S. 258.

der wirksamen Substanz hervorgebracht. Beim Absitzen der Trübung kann am Boden eine Anhäufung des Stoffes eintreten. Da nun diese Heilmittel in größeren als den beabsichtigten Mengen als schwere Gifte wirken, können durch die Verwendung schlechten Glases gesundheits-, ja lebensgefährdende Umstände hervorgerufen werden. Aus diesen Gründen machten sich Vorschriften notwendig, die eine Begrenzung der Angreifbarkeit des Glases für Medizinflaschen festsetzen. Besonders verdient auf diesem Gebiete hat sich L. Kroeber[1]) durch seine kritischen Untersuchungen gemacht. Wir verdanken ihm auch eine Methode zur Untersuchung von Arzneigläsern, die sich gerade auf das praktische Verhalten von Alkaloidlösungen stützt, und zwar wird Narkotinhydrochlorid[2]), also das salzsaure Salz eines sehr empfindlichen Alkaloides, zur Untersuchung benützt.

Die Prüfungsvorschrift für Medizinglas hätte demnach nach Kroeber folgende Fassung zu erhalten:

„Medizinflaschenglas lasse mit einer Narkotin-Hydrochloridlösung 0,1 i. H. bei Zimmerwärme keine oder nur eine geringe flöckchenartige — keineswegs wolkenförmig zusammengeballte — Abscheidung erkennen, die nicht vor Ablauf einer Viertelstunde einsetzen darf. Ampullen sowie Geräteglas lassen hierbei keine oder höchstens nur vereinzelte Flöckchen erkennen, welche sich nicht vor Ablauf von einer halben Stunde zeigen und nach einer Ruhefrist von einer halben Stunde keine Vermehrung aufweisen dürfen."

Die zuständigen Stellen haben jedoch diese Methode nicht eingeführt. Vielmehr ist durch das Deutsche Arzneibuch, Ausgabe VI, das gesetzlichen Charakter hat, folgende Vorschrift eingeführt: „Die Arzneigläser werden $^3/_4$ mit einer wässerigen Flüssigkeit, die in 1000 cm^3 1 cm^3 n/10 HCl und 5 Tropfen Methylrotlösung (0,2 g Methylrot in 100 g Alkohol) enthält, gefüllt und $^1/_2$ Stunde lang im siedenden Wasserbade erhitzt. Nach dieser Zeit darf die rote Farbe der Flüssigkeit nicht vollständig verschwunden sein."

Wenn auch diese Vorschrift Mängel hat, insbesondere weil sie das Verhältnis von Oberfläche und Inhalt bei den verschiedenen Größen nicht berücksichtigt, muß es doch als erfreulicher Fortschritt bezeichnet werden, daß eine Begrenzung der Alkaliabgabe von Medizingläsern festgesetzt ist.

Milchflaschen. Für Milchflaschen liegen keine Bestimmungen vor. Es sind aber auch hier Bestrebungen[3]) im Gange, Vorschriften für das Glas von Milchflaschen zu schaffen, besonders auch im Hinblick auf die Sterilisierung von Milch, und weil von Ärzten[4]) die Ansicht vertreten wird, daß die aus dem Glas gelöste Kieselsäure bei Kindern hartnäckige Verstopfungen hervorrufe.

b) in mechanischer und thermischer Hinsicht.

Nicht so allgemein wie in chemischer Beziehung sind dagegen die Anforderungen in mechanischer und thermischer Hinsicht erfüllt, weshalb über diese und ihre Bedeutung eingehender gesprochen werden muß. Sie treten insbesonders deutlich

[1]) Chem. Zeitung **38** (1914), S. 1196. — Pharmaz. Zentralhalle **59** (1918) S. 223 u. 233. — Schweiz. Apothekerzeitg. **59** (1921), S. 369 u. 382. — Apotheker-Zeitung **41** (1926), S. 1406. — Sprechsaal **60** (1927), S. 356.

[2]) Turner (Journ. Soc. Glass Techn. VIII (1924), S. 8) hat gute Erfahrungen mit der Narkotinhydrochlorid-Probe gemacht, siehe auch Blackmore, Dimbleby und Turner, J. S. Glass Techn. VII (1923), S. 122—129.

[3]) Kroeber, Prüfung von Glas zur Aufnahme von Milch und Arzneimitteln. Deutsche Nahrungsmittelrundschau **1928**, Heft 2, S. 8 und 9.

[4]) Vgl. Kühn, Die Kieselsäure (Stuttgart 1926 bei Ferd. Enke), sowie Riesser und Kindt, Versuche an Menschen über Kieselsäureausscheidung, Zeitschr. f. physiolog. Chemie, **174** (1928), S. 40.

hervor bei der Champagner-, Selterswasser- und Limonadenflasche und endlich bei allen anderen, für welche Pasteurisierfähigkeit verlangt wird.

Im Vordergrunde steht dabei die Festigkeit der Flasche gegen Innendruck. Wenn man dabei von allen Feinheiten absieht, so kann man, um das Problem einfach zu erfassen, zunächst an die bekannte Formel für die Berechnung der Wandstärke von Rohren anknüpfen. Ist der innere Durchmesser d, der Innendruck p, die auftretende Zugspannung σ und die Wandstärke δ, so gilt die Gleichung

$$p\,d = 2\,\sigma\,\delta.$$

Daraus folgt zunächst, daß unter sonst gleichen Bedingungen die engeren Teile der Flasche, wie etwa Hals und Brust, durch den Innendruck wesentlich weniger gefährdet sind als der eigentliche Flaschenkörper. Von diesem ist aber der gegen den Boden zu liegende Teil durch die Verstärkung der Wand, welche dort immer vorhanden ist, und auch durch die Beeinflussung, welche sich aus dem Boden selbst ergibt, gegen Innendruck widerstandsfähiger als die dem Boden entfernter liegende Region. Es ist also die gegen Innendruck empfindlichste Zone der Flasche zwischen Brust und Boden und es kommt für die Beurteilung der Festigkeit der ganzen Flasche deshalb nur dieser Teil in Betracht. Wir erkennen aus der angeführten Formel weiter, daß unter sonst gleichen Bedingungen die Flasche mit größerem Durchmesser gefährdeter sein wird als die mit geringerem. Weil nun aber die Proportionen innerhalb einer Flaschengattung ziemlich gleich bleiben, so sind auch die Flaschen kleineren Inhalts geringeren Beanspruchungen ausgesetzt als die größeren. Natürlich wäre bei den größeren durch eine entsprechende Erhöhung der Wandstärke ein Ausgleich möglich. Es zeigt aber die Beobachtung an ähnlichen Flaschen verschiedener Größe, daß die Fabrikation diesem Umstand meist nicht Rechnung trägt. Wenn nämlich alle Dimensionen der Flasche proportional vergrößert würden, also auch die Wandstärke, so müßte Gewicht und Inhalt bei ähnlichen Flaschen immer im selben gewissen Verhältnis stehen. Das trifft nun durchaus nicht zu. Vielmehr bleibt die größere Flasche in ihrem Gewicht sehr gegenüber der kleineren zurück oder, was dasselbe ist, die kleinere erscheint unverhältnismäßig schwer, wenn man von der größeren als Einheit ausgeht. Dieser Zustand hat sich wohl ohne besondere Überlegung herausgebildet und hat seine Wurzel wahrscheinlich in den Arbeitsbedingungen. Die dem Glasmacher notwendige Menge Glas zur Erzeugung einer Flasche von bestimmter Größe steht weniger zu deren Inhalt als zu deren Oberfläche in einem bestimmten Verhältnis. Tatsächlich wachsen die Flaschengewichte etwa im quadratischen Verhältnis zu den linearen Abmessungen, während der Inhalt mit dem Kubus zunimmt. So erklärt sich die relative Schwäche der größeren Flasche. Diese hat dabei vom transporttechnischen Standpunkt den Vorteil einer relativ kleineren Tara; es erweist sich denn auch in der Praxis die ½-Literflasche als sehr widerstandsfähig bei der Pasteurisierung, während die 1-Literflasche als empfindlich zu bezeichnen ist.

Es ist hier am Platze, etwas über die Prüfung der Flasche auf Innendruck zu sagen. Hierzu verwendet man meist Druckapparate, welche mit einer Handpumpe betätigt werden. Die Flasche steht in einem Schutzkorb auf einem Teller, der z. B. mittels eines Fußhebels gehoben werden kann. Stellt man nun die gefüllte Flasche in die Presse und drückt deren Mündung durch den Mechanismus gegen ein Dichtungsstück, in dessen Mitte durch eine Bohrung Druckwasser aus der Pumpe eintreten kann, so wird man durch Betätigung der Pumpe den Druck in der Flasche rasch steigern und diese zum Platzen bringen können. Ein in die Druckleitung eingeschaltetes Manometer mit Schleppzeiger gibt dann den erreichten Höchstdruck an. Diese Erprobungsart ist durchaus ungeeignet. Zunächst ist zu bedenken, daß das Einspannen zwischen dem Teller und dem Dichtungsstück erhebliche Spannungen in den Flaschenkörper bringt, die eine ganz andere Beanspruchung ergeben, als sie im normalen Gebrauch der Flasche auftritt. Es haben aber eingehende Untersuchungen über diesen Gegenstand zu dem Ergebnis geführt, daß dauernder niedriger Druck von der Flasche viel schlechter ertragen wird als kurz dauernder höherer. Damit ist der zunächst unverständliche Fall aufgeklärt worden, daß Flaschen, die bei der geschilderten Druckprobe sich als gut erwiesen und bis zu 20 und 30 at ertragen haben, beim Lagern von Getränken mit niedrigerem Druck und beim Pasteurisieren einen erheblichen Prozentsatz an Bruch ergaben.

Der von H. Hermann in einer großen böhmischen Flaschenfabrik benutzte Apparat ist in Abb. 1121 schematisch wiedergegeben. In einem Zylinder ist ein Kolben reibungslos verschiebbar, der mittels Joch über Zugstangen und Haken durch Gewichte belastet werden kann. Die auf solche Weise erzielte Pressung des im Zylinder befindlichen viskosen Öles wird durch Bohrungen und eine kleine Rohrleitung in einen Raum übertragen, der durch ein Schauglas, eingespannt zwischen entsprechende Metallteile, gebildet wird. Er ist unten mit Öl, oben mit Wasser gefüllt. Das Druckwasser wird von dort durch Bohrungen und ein weiches Kupferrohr von 1 mm lichter Weite in ein abermals gebohrtes Kopfstück und von dort in die Flasche geleitet, die von vornherein mit Wasser gänzlich gefüllt ist. Um das Kopfstück gegen die Flasche abzudichten, erhält diese ein zweiteiliges Holzjoch, das so fest zusammengeschraubt wird, daß es nicht über die Flaschenmündung rutschen kann. Durch Zugschrauben wird nun das Kopfstück, das seinerseits an der Unterfläche eine Lederdichtung enthält, gegen die Flaschenmündung gepreßt. Bei einem Querschnitt des Kolbens von 1 cm² wird so die Last von 10 kg einen Druck von 10 at auf die Flasche übertragen. Um diese Last stoßfrei aufhängen zu können, wird sie vorerst auf den Fußboden gelegt und dann mittels eines einfachen Flaschenzuges am Haken hochgezogen. Das Schauglas hat den Zweck, das beim Bruch der Flasche aus dem Zylinder ausströmende Öl aufzunehmen und muß dementsprechend der Hauptsache nach mit Wasser gefüllt werden. Bei dieser Art der Prüfung sind außerordentliche Beanspruchungen auf den Bezirk der Mündung beschränkt. Die Flasche steht sonst ganz frei in einem Topf, der im Falle des Bruches das ausfließende Wasser aufnimmt.

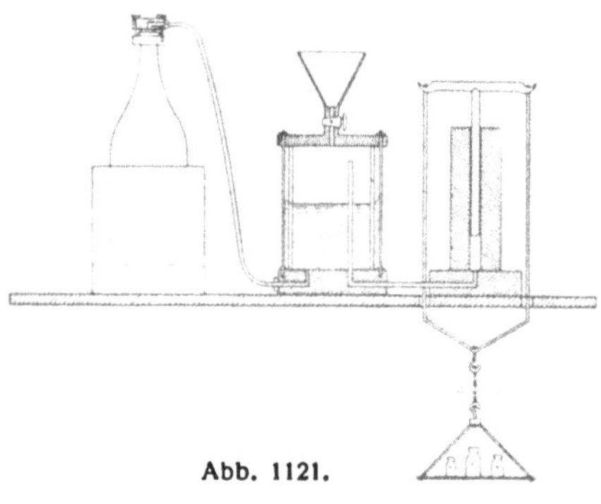

Abb. 1121.

Das Ergebnis einer großen Versuchsreihe, die mit diesem Apparat ausgeführt worden ist, war, daß augenscheinlich fehlerlose Flaschen den Innendruck von 10 at in der Regel gut ertrugen, wenn ihr Inhalt 1 l nicht überstieg. Von den dabei zersprungenen Flaschen hielten viele die dauernde Belastung durch mehr als eine Stunde aus und platzten dann ohne erkennbare äußere Ursache. War in der Flasche ein Steinchen, so erfolgte der Bruch meist gleich bei der Belastung oder unmittelbar darauf. Ohne solche Fehler waren aber die Zeiten bis zum Bruch sehr verschieden und meist zwischen 10 und 40 Minuten gelegen, wenn überhaupt ein Bruch eintrat. Als Norm kann gelten, daß Flaschen bis zu einem Liter Inhalt dann als vollwertig anzusehen sind, wenn sie die Dauerdruckprobe bei 10 at durch eine Stunde ertragen.

Ähnliche Erfahrungen wie bei diesen Versuchen scheint auch McSwiney[1]) gemacht zu haben, der angibt, daß der Widerstand der Flaschen gegen konstanten

[1]) McSwiney, The Glass Industry 7 (1926), S. 261.

Druck geringer zu sein scheint. Man hat es dabei mit Verzögerungserscheinungen nicht ganz aufgeklärter Art zu tun, wie sie auch von Preston[1]) beim Glasbruch unter anderen Verhältnissen beobachtet worden sind. Auch die Beobachtungen von Grenet[2]) über den Einfluß der Belastungsdauer auf die Biege- und Zugfestigkeit von Flachglas stellen eine vollkommene Parallele zu den Beobachtungen an Flaschen dar. Für das vorliegende Problem ist am wichtigsten eine Angabe im Buch „Verre et Verrerie" von Appert und Henrivaux (Paris 1894, S. 44): „Es ist leicht, zu zeigen, daß Flaschen, wie alle elastischen Körper, unter dem Einfluß des Druckes, Veränderungen des Volums erleiden, die diesem Druck proportional sind. Wenn — unter gewissen Umständen — die Elastizitätsgrenzen des Glases überschritten werden, wird die Flasche einen Teil der Ausdehnung beibehalten und nicht ihr ursprüngliches Volumen wieder annehmen. Das hat Salleron bewiesen.

Es folgt nun eine kurze Beschreibung, die allerdings nicht ausreicht, um zu erkennen, ob nicht Salleron einem Irrtum zum Opfer gefallen ist, wenn er die Volumzunahme der Flaschen von 985 bzw. 825 cm^3 Inhalt nach Beanspruchung mit 10, 13, 14 at zu 0,6, 0,8, 0,9 cm^3 gefunden hat. Henrivaux fährt dann fort: „Die Flaschen, die zu stark beansprucht gewesen sind, verlieren an Festigkeit und zerspringen bei sehr schwacher Beanspruchung. Aus diesen Feststellungen ist der Schluß zu ziehen, daß der Glasmacher nicht so sehr danach trachten muß, Flaschen herzustellen, die bei übermäßig starkem Abdrücken nicht zerbrechen, als vielmehr Flaschen, die bei normaler Druckbeanspruchung keine dauernde Volumveränderung erfahren. Bei der Prüfung von Flaschen wird man in gleicher Weise verfahren und sich damit begnügen, sie einem Druck von 10 at zu unterwerfen, welcher nur bei wirklich mangelhaften Flaschen eine dauernde Volumveränderung herbeiführen wird. Steigert man aber den Druck auf 30 at, so wird sich der scheinbare Widerspruch ergeben, daß gerade die Flasche, welche diesen hohen Druck ausgehalten hat, bei Dauerwirkung von 8—10 at leichter zerbrechen kann als eine andere Flasche."

Es sind also schon vor mehr als 30 Jahren richtige Prüfungsmethoden, wenigstens im Prinzip, angegeben worden. Trotzdem aber hat sich gerade in dieser Zeit die oben angeführte unrichtige allerorten eingeführt. Inwieweit allerdings Henrivaux bezüglich der bleibenden Deformationen und der Folgen vorübergehenden höheren Druckes recht hat und wo etwa der Irrtum beginnt, das ist bisher nicht durch einwandfreie Nachprüfung festgestellt worden, obwohl es mindestens theoretisch von erheblichem Interesse wäre.

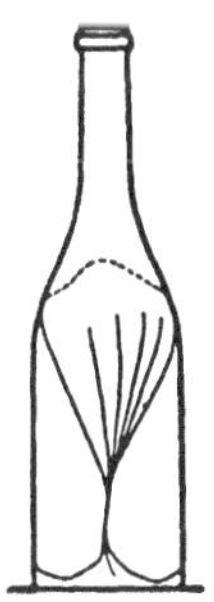

Abb. 1122.

Die Brucherscheinungen bei der Dauerdruckprobe sind bei gesunden Flaschen durchaus charakteristisch. Der normale Sprung ist in Abb. 1122 schematisch wiedergegeben. Er besteht in einem längeren oder kürzeren vertikalen Sprung, der sich nach oben und unten gabelt. Dabei breiten sich die Sprünge nach oben meist fächerförmig aus und laufen oft auf der der Gabelung entgegengesetzten Seite der Flasche ineinander. Nach unten behindert der Boden diese einfache Ausbildung, so daß es dort meist nur zu einem umfassenden Sprung kommt. In selteneren Fällen und scheinbar im Zusammenhang mit Störungen im Kühlprozeß tritt der Bodensprung auf, bei welchem der ganze Flaschenkörper erhalten bleibt und nur der Boden glatt abgetrennt wird (vgl. S. 1104 u. 1161).

Wenn man die Dauerdruckprobe für die Betriebskontrolle benutzen will, dann genügt der oben angegebene Apparat meist nicht mehr, weil man mit ihm höchstens

[1]) Preston, A Study of the Rupture of Glass, Journ. Soc. Glass Techn. **10** (1926), S. 239.

[2]) Bull. Soc. d'Encouragement de l'Ind. **1899**, S. 839. — Referat bei Le Chatelier, Kieselsäure und Silikate (deutsch Leipzig 1920), S. 247—249.

täglich 6—8 Flaschen prüfen kann. Es empfiehlt sich dann, den Apparat nach Abb. 1123 aufzubauen. Das Druckwasser ist hier in einem Windkessel *a* enthalten, der mit Manometer, Sicherheitsventil und Wasserstandsglas versehen ist und durch die Gasflasche *b* bis zum gewünschten Druck aufgeladen werden kann. Von dem Windkessel geht eine Druckleitung zum Prüftisch, von der nun eine beliebige Zahl von Kupferröhrchen zu den Kopfstücken der Flaschen führt. Jede solche Abzweigung ist mit einem kleinen Ventile verschließbar, an welchem augenfällig zu erkennen ist, ob es offen oder geschlossen ist. Im geöffneten Zustand gestattet es dem Wasser nur tropfenweise den Durchgang, damit bei eintretendem Bruch einer Flasche kein Druckverlust und kein unnützer Wasserverbrauch eintritt. Zur Nachschaffung des Wassers in den Windkessel ist dieser noch an eine kleine Druckpumpe angeschlossen. Man kann mit diesem Apparate bei 10 Stationen täglich immerhin 80—100 Flaschen der Probe unterwerfen und dadurch die Betriebskontrolle auch einer größeren Flaschenhütte auf eine ansehnliche Höhe bringen[1]).

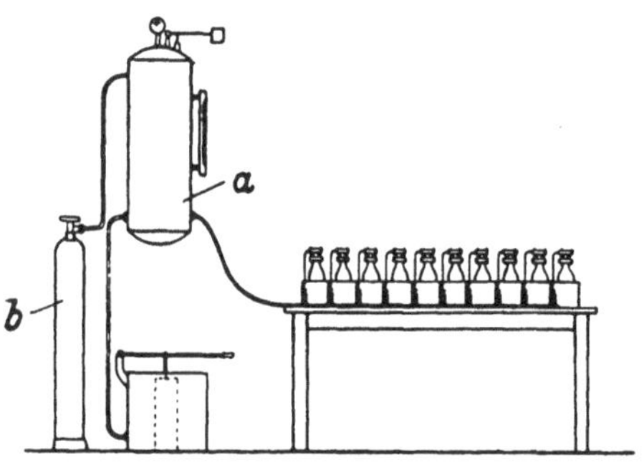

Abb. 1123.

Bei Mineralwasserflaschen genügt es, die Druckprobe mit 5 at durchzuführen, bei Champagnerflaschen wird man dagegen auf 12 at steigen.

Es ist hier am Platze, ältere Angaben über die Beanspruchung von Flaschen anzuführen. Vielfach bedient man sich in der Gärungsindustrie zur Prüfung des Innendruckes der sog. Aphrometer, welche insbesonders in der Champagnererzeugung eingeführt sind. Es sind das kleine Manometer, deren Unterteil als hohler Korkzieher ausgebildet ist und die somit beim Anbohren des Flaschenkorkes die Messung des Druckes im Innern der Flasche zu gestatten scheinen. Diese Messungen führen jedoch zu unrichtigen Resultaten. In der gefüllten Flasche ist der Gasraum über der Flüssigkeit meist sehr gering und dieser setzt sich nun in Verbindung mit dem Hohlraum des Aphrometers. Beträgt z. B. der lichte Durchmesser des Flaschenhalses 18 mm, also der Querschnitt 2,5 cm² und die Höhe von der Flüssigkeitsoberfläche bis zum unteren Rand des Stopfens 6 cm, also der Hohlraum in der Flasche 15 cm³, so wird dieser bei einem Hohlraum im Aphrometer von 3 cm³ auf 18 cm³ vergrößert. Dementsprechend wird bei einem wirklichen Druck von 6 at in der Flasche nur der Druck von $\frac{6 \times 15}{18}$ d. i. 5 at angezeigt, so daß ein Fehler von fast 17% auftritt. Dabei sind die hier gemachten Angaben noch nicht als ungünstig für den Gebrauch des Instrumentes zu bezeichnen.

In der brautechnischen Literatur[2]) finden sich Angaben wiedergegeben, welche Petit für Bierflaschen von 450 cm³ beim Pasteurisieren bei 66° C gefunden hat. Er variierte dabei das Volumen des Gasraumes.

Gasraum in cm³:	9,5	10	11	12	15	20
Druck in at:	39	21	11,5	8,3	5,2	2,6.

Diese Zahlen zeigen zwar einen deutlichen Einfluß des Gasraumes auf die Beanspruchung der Flasche, sind aber gewiß nicht als allgemeine Richtlinien zu nehmen. Es soll deshalb hier versucht werden, die physikalischen Verhältnisse zu beleuchten.

[1]) Dieser Apparat wird mit einigen Verbesserungen von der Firma Schäffer & Budenberg, Magdeburg-Buckau hergestellt.

[2]) Leberle, Die Bierbrauerei II (1925), S. 558.

Die Ausdehnung des Wassers mit steigender Temperatur geht aus den folgenden Zahlen hervor, welche die Volumzunahme eines Liters in cm³ ab 4° C angeben.

Temperatur in ° C:	4	10	20	30	40	50	60	70
Volumzunahme cm³/l:	0	0,3	1,8	4,4	7,8	12,1	17,1	22,7.

Es nimmt sonach 1 l Bier beim Erhitzen auf 66° C um 20,5 cm³ an Volumen zu. Steht ihm dieser Raum nicht zur Verfügung, so wird die Flasche auf jeden Fall zerspringen. Ist der Gasraum darüber größer und mit Luft gefüllt, so wird diese entsprechend komprimiert werden. Sieht man dabei davon ab, daß das Wasser auch etwas von der darin gelösten Luft abgeben kann und berechnet den Druck nach dem Gay-Lussac-Mariotteschen Gesetz, so findet man:

Größe des anfänglichen Gasraumes in cm³:	22	25	30	35	40
Druck bei 66° C in at:	17,4	5,6	2,7	1,8	0,8.

Der Verlauf dieser berechneten Werte ist ein ähnlicher wie bei den Zahlen von Petit. Man kann daraus mit ziemlicher Sicherheit die Beanspruchung von Flaschen schätzen, die mit Milch, Fruchtsäften, Wein usw. gefüllt und der Pasteurisierung unterworfen werden. Beim Bier[1]) liegt der Fall viel komplizierter. Hier spielt das Gleichgewicht Kohlensäure-Wasser eine ausschlaggebende Rolle. Leider finden sich in der Literatur gerade im Druckbereich 5—10 at und für Temperaturen um 60° C keine brauchbaren Daten über die Löslichkeit der Kohlensäure, so daß man darauf angewiesen ist, nur durch Intrapolationen unsichere Werte zu gewinnen. Man kommt auf diese Weise dazu, den Partialdruck der Kohlensäure über einem Bier von 0,35% CO_2 bei 66° mit etwa 8 at einzuschätzen. Dieser Wert wäre unabhängig vom Gasraum, sofern man nicht diesen so groß macht, daß der CO_2-Verlust des Bieres die analytische Zusammensetzung wesentlich beeinflußt. Zu diesem Druck käme dann noch der Dampfdruck der Flüssigkeit und der Partialdruck der nach dem Abfüllen und nach dem Verkorken im Gasraum enthaltenen Luft, den wir je nach der Menge derselben mit einem aliquoten Teil der oben berechneten Zahlen einzusetzen haben werden. Soll dieser Zusatzdruck keine große Rolle spielen, so müßte entweder dafür gesorgt werden, daß die Luft vor dem Verschließen tunlichst aus der Flasche durch Kohlensäure verdrängt würde oder es muß der Füllungsgrad entsprechend verringert werden.

S. English[2]) berichtet über einen Fall, bei dem gut gekühlte und auch sonst fehlerlose Flaschen beim Pasteurisieren auffallend viel Bruch gaben. Die Untersuchung der Umstände bewies, daß die Flaschen zu voll gefüllt waren und daß infolge der Ausdehnung der Flüssigkeit beim Erwärmen in dem kleinen Luftraum und damit im ganzen ein zu hoher Innendruck entstand, der die Flasche sprengte. English schlägt deshalb vor, 2,5—3% des gesamten Flaschenraums beim Füllen leer zu lassen.

Das Verhalten beim Pasteurisieren ist übrigens auch von der Art des Flaschenverschlusses abhängig. Kork- und Kronkorkverschlüsse lassen meist bei höherem Druck etwas Gase entweichen, wodurch dann die permanenten Gase entfernt werden und die Flasche geschont wird. Bei Bügelverschlüssen mit Kautschuckdichtung ist der Verschluß meist ein viel vollkommenerer, weshalb auch in diesem Fall der Bruchausfall beim Pasteurisieren meist größer wird, es sei denn, daß der Druck im Innern der Flasche den Dichtungsring beiseite schiebt, was öfter vorkommt, als man gemeinhin annimmt.

Es ist notwendig, diesen Erörterungen eine kurze Bemerkung über den Einfluß der Flaschenkühlung anzufügen. Man wird natürlich eine gute Kühlung an-

---

[1]) Glass 4 (1927), S. 420. — Ref. Glast. Ber. VI (1928/29), S. 383.

[2]) Einige Zahlen über die Temperatur, bei der in der Praxis Flaschen beim Pasteurisieren sprangen, gibt Turner, Journ. Soc. Glass Techn. VIII (1924), S. 9.

streben und dementsprechend in der Hütte eine Spannungskontrolle organisieren, welche einen zur Beurteilung ausreichenden Teil der Erzeugung erfaßt. Aber auch bei guter allgemeiner Kühlung gibt es immer Flaschen, welche im Spannungsprüfer schwache Doppelbrechung aufweisen. Es ist wiederholt der Versuch gemacht worden, die Flaschen nach diesem Gesichtspunkt zu gruppieren und sie dann einem Pasteurisierversuch zu unterwerfen. Dabei ergab sich immer das Resultat, daß die spannungsfreien Flaschen mehr Bruch aufwiesen als die schwach gespannten.

Wie von einem von uns (K.) im I. Band, S. 241, vorletzter Absatz, betont ist, ist bei Glasgegenständen, bei denen es auf Festigkeit und nicht auf optisches Verhalten ankommt, eine rasche Abkühlung, sofern sie sich gleichmäßig über die ganze Oberfläche erstreckt, nicht schädlich, sondern eher nützlich, weil gleichmäßige Spannungen die Festigkeit steigern. Auch von Zschimmer[1]) wird dieser Standpunkt neuerdings stark betont.

Leider aber wird der Zustand der gleichmäßig verteilten Spannung oft und besonders bei den älteren Kühlöfen schlecht erreicht. Vielfach bleiben gerade in den Böden stärkere Spannungen zurück, worauf von den verschiedensten Seiten hingewiesen wird (z. B. Peddle). So erklären sich auch die Angaben von McSwiney, der besonders die Spannungen im Boden für gefährlich hält (vgl. S. 1161).

Was nun die Temperaturbeanspruchungen betrifft, so kommen sie als Bruchursache bei der Pasteurisierung kaum in Frage. Taucht man gefüllte Flaschen in Wasserbäder von höherer Temperatur, so kann man den raschen Temperaturanstieg des Inhalts beobachten, der beweist, daß erhebliche Temperaturunterschiede zwischen außen und innen nie auftreten, wenigstens nicht bei einer halbwegs normal durchgeführten Pasteurisierung. Es sind dabei größere Differenzen als 10° kaum zu erwarten. Dieser Unterschied wird von normalen Flaschen ohne weiters ertragen, und weil in den mechanischen Eigenschaften der kalten und der warmen Flasche kein Unterschied ist, so genügt die Dauerdruckprobe allein vollkommen. McSwiney gibt übrigens eine Untersuchungsmethode in der Art an, daß er Flaschen mit kaltem Wasser gefüllt plötzlich in heißes Wasser taucht und nun beobachtet, welche Temperaturdifferenz nicht mehr ertragen wird.

Bei den modernen Flaschenwaschmaschinen kommt allerdings eine andere Beanspruchung auf Wärmefestigkeit in Betracht. Hier wird die kalte Flasche erst mit warmem und später mit kaltem Wasser ausgespritzt. Kouwenhoven[2]) veröffentlichte Versuche, bei welchen die gefüllte Flasche erst durch Eintauchen in ein Wasserbad auf eine bestimmte Anfangstemperatur gebracht wurde, dann möglichst rasch entleert und durch schiefes Einbringen in ein zweites Wasserbad wiederum möglichst rasch gefüllt wurde. War das erste Wasserbad kälter als das zweite, so wurde von allen Flaschen eine Temperaturdifferenz von 70° C ohne Anstand ertragen. War dagegen das erste Wasserbad das wärmere, so sprangen die Flaschen schon bei Temperaturdifferenzen von 27—32° C. In Übereinstimmung mit den oben für das Pasteurisieren angestellten Betrachtungen ist also die Bruchgefahr beim raschen Anwärmen geringer als beim Abschrecken. Grundsätzlich sind diese Fragen bereits im I. Band, S. 124, behandelt, so daß hier für die Anwendung auf Flaschen die Anführung obiger Zahlen genügt. McSwiney machte ähnliche Versuche, indem er die kalten Flaschen auf einer Eisenplatte stehend mit Wasser von immer höherer Temperatur mittels eines Trichters so rasch wie möglich füllte, und die Differenz bestimmte, bei der Bruch eintrat. Er gibt für diese Versuche keine Erfahrungszahlen an.

---

[1]) Sprechsaal **61**, S. 869 (1928). — Vgl. auch das Referat Wendlers hierüber. Glast. Ber. **6**, S. 661 (1928/29).

[2]) The testing of milk bottles and the effect of desiqu of the bottle head upon breakage. Glass Industry 7 (1926), 137.

Neben diesen aus der Praxis hervorgegangenen Prüfverfahren sind gelegentlich auch andere mechanische Erprobungen vorgenommen worden. So hat man Flaschen im liegenden Zustand in der Zerreißmaschine zerdrückt, weil man annahm, daß diese Erprobung einen Schluß auf die Stapelfähigkeit zulasse. Ebenso hat man die stehende Flasche bis zum Bruch belastet. Diese Probe ist immerhin interessant, weil sie bis zu einem gewissen Grad der Beanspruchung beim Füllen und Verkorken entspricht. In manchen Glasfabriken besitzt die Mündungswulst der Flasche besonders leicht Spannungen. Es wird deshalb in englischen Fabriken auf das Vorliegen dieser Empfindlichkeit geprüft, und zwar in der Weise, daß die Flasche schrägstehend eingespannt wird und man einen Pendelhammer von bestimmtem Gewicht aus bestimmter Höhe gegen die Wulst schlagen läßt (Abb. 1124). Der Wulst muß eine je nach Flaschenart erfahrungsgemäß festgestellte Größe des Schlags aushalten. Es mag bei dieser Gelegenheit erwähnt werden, daß der Bruch beim Abfüllen in manchen Brauereien ein beträchtlicher ist, während er in anderen keine Rolle spielt. Das deutet darauf hin, daß weniger die Flasche selbst daran die Schuld tragen dürfte, als vielmehr die Manipulation oder die Maschine selbst.

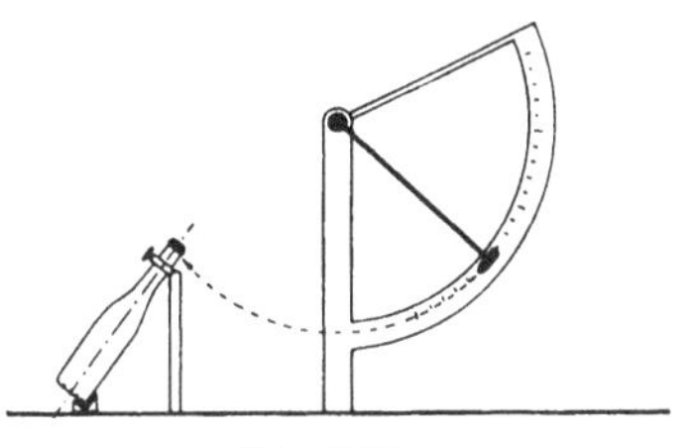

Abb. 1124.

Selbstverständlich kann nur eine innerhalb der normalen Grenzen fehlerlose Flasche den bisher besprochenen Anforderungen genügen. Man wird deshalb bei auftretendem größerem Flaschenbruch auch die vorkommenden Fehler beachten müssen. So kann zu hohe Temperatur im Kühlofen krumme Hälse verursachen, die dann natürlich in den Füll- und Stöpselmaschinen sich als empfindlich erweisen, vorausgesetzt, daß die Abweichung nicht überhaupt das glatte Funktionieren der Maschine stört. Auch kann die Wandstärke des Flaschenkörpers an zwei gegenüberliegenden Stellen sehr ungleich sein, man spricht dann von schlechter Verteilung, und endlich kann die Menge des Glases am Boden zu groß oder zu klein sein, also zu starke oder zu schwache Böden vorliegen. Solche fehlerhafte Flaschen sind natürlich in jeder Hinsicht empfindlich. Eine besondere Schwächung erfahren Flaschen durch Einschlüsse, Steinchen. Preston weist in seiner Studie über den Glasbruch auf die Wahrscheinlichkeit hin, daß zur Auslösung des Sprunges ein Keim notwendig sei. Ein sichtbarer Stein ist immer mindestens als solcher zu bewerten. Meist aber verursacht er in seiner Umgebung sehr erhebliche Spannungen, welche schon bei einer geringen überlagerten Beanspruchung zum Bruch führen müssen. Eine Besonderheit bilden unter den Einschlüssen die Gasblasen. Sie sind im allgemeinen als gutartig zu bezeichnen. Liegen sie jedoch knapp an der Innenwand, dann können sie beim Fülldruck platzen und Anlaß sein zur Bildung kleiner Glassplitter, wodurch die Flasche in hygienischer Beziehung verdächtig wird. Millionenrisse, wie sie bei älteren Kühlöfen ab und zu auftreten, schädigen die Festigkeit der Flasche nicht.

Erwähnt möge hier noch werden, daß von seiten der Konsumenten ab und zu Beanstandungen von Flaschen erhoben werden, bei welchen die Erzeugungsverhältnisse in der Hütte für allerhand Schäden den Sündenbock abgeben sollen. So wurde versucht, einen üblen Geschmack des Bieres dadurch zu erklären, daß beim Verschmelzen der Flaschenmündungen eine Rohölfeuerung angewendet worden ist; ein angeblicher fettiger Belag sollte seine Ursache in Teerdämpfen haben, die aus dem Generatorgas stammen, mit dem der Kühlofen betrieben worden ist. Solche Anwürfe konnten aber bei eingehendster Nachprüfung nie als stichhaltig anerkannt werden. Es hat sich aber in einem Fall gezeigt, daß bei schlechter Einlagerung, z. B. in der Nähe von Petroleumfässern, die Ware tatsächlich durch die Dämpfe eine Verschmutzung erleiden kann, die später durch einen normalen Waschprozeß nicht zu beseitigen ist.

Zahlentafel 100.

In Deutschland genormte Flaschen.

Nummer des Normenblattes	Gegenstand					
DIN 5095 (Juli 1930)	Mineralwasserflaschen für Kronenkorkverschluß	Bezeichnung	K 0,35 DIN 5095	K 0,5 DIN 5095	K 0,75 DIN 5095	K 1 DIN 5095
		Inhalt etwa Liter	0,35	0,5	0,75	1
		Inhalt der Flasche gestrichen voll Liter	0,375 ± 15 cm³	0,53 ± 20 cm³	0,78 ± 20 cm³	1,03 ± 20 cm³
		Gewicht der leeren Flasche . Gramm	430	550	650	800
DIN 5096 (Juli 1930)	Mineralwasserflaschen für Drahthebelverschluß	Bezeichnung	D 0,35 DIN 5096	D 0,5 DIN 5096	D 0,75 DIN 5096	D 1 DIN 5096
		Inhalt etwa Liter	0,35	0,5	0,75	1
		Inhalt der Flasche gestrichen voll Liter	0,375 ± 15 cm³	0,53 ± 20 cm³	0,78 ± 20 cm³	1,03 ± 20 cm³
		Gewicht . . Gramm	430	550	650	800
DIN 5103 (April 1930)	Saftflaschen	Bezeichnung	Saftflaschen für 250 g DIN 5103	Saftflaschen für 500 g DIN 5103	Saftflasche für 1 kg DIN 5103	
		Füllung etwa Liter	3/16	3/8	3/4	
		Inhalt der Flasche gestrichen voll Liter	0,20 ± 10 cm³	0,39 ± 15 cm³	0,78 ± 30 cm³	
		Gewicht der leeren Flasche Gramm	220	330	650	
DIN 5101 (Mai 1931)	Milchflaschen	Bezeichnung	Milchflasche 0,25 DIN 5101	Milchflasche 0,5 DIN 5101	Milchflasche 1 DIN 5101	
		Nenninhalt . Liter	0,25	0,5	1	
		Inhalt der Flasche gestrichen voll Liter	0,265 ± 10 cm³	0,52 ± 15 cm³	1,03 ± 20 cm³	
		Gewicht der leeren Flasche etwa Gramm	300	500	700	

Die Ansprüche auf Einhaltung der Maße und Gewichte der Flaschen sind sehr verschieden. Bei gegebener äußerer Form spielt das Gewicht insofern eine Rolle, als mit steigendem Flaschengewicht der Inhalt abnimmt. Bei Handflaschen kann man da nicht dieselben Ansprüche stellen wie bei Maschinenflaschen, die deshalb von Großbetrieben ausschließlich verlangt werden. In Deutschland sind für eine Anzahl Waren, die Gegenstand der Flaschenfabrikation sind, Normen aufgestellt und für weitere in Bearbeitung. Über die bereits bestehenden Normenblätter gibt nebenstehende Aufstellung (Zahlentafel 100) Auskunft.

Über die genormte Form und ihre Maße sowie verwendete Glasart und das Anbringen von Zeichen vergleiche die Original-Normblätter.

Wiedergabe erfolgt mit Genehmigung des Deutschen Normenausschusses. Verbindlich ist die jeweils neueste Ausgabe des Normblattes im Dinformat A 4, das durch den Beuth-Verlag G.m.b.H., Berlin S 14, zu beziehen ist.

Die Maschinenflaschen zeigen allerdings häufig den Fehler, daß sie „optisch" sind, d. h. eine Glasverteilung besitzen, welche an die der „Falschwalzen" des Serviceglases erinnert. Ein weiterer möglicher Fehler der Maschinenflaschen und der festgeblasenen Handflaschen liegt in schlechten Nähten. Er entsteht dann, wenn die beiden Formhälften entweder nicht gut aufeinander gepaßt sind oder nicht dicht zusammengeschlossen werden. Vielleicht ist dieser Fehler mit dafür verantwortlich, daß man Flaschen mit Schrift eine geringere Festigkeit, insbesonders gegen Innendruck, zuschreibt als den glatten Flaschen. Es mag dabei sehr darauf ankommen, wie die Schrift verteilt und ausgeführt ist. Als allgemeine Regel ist aber die angeführte Behauptung kaum zu halten.

Bezüglich der Farbfehler kann nur gesagt werden, daß gewisse Toleranzen ohne weiteres eingeräumt werden. Doch sollen grüne Flaschen nicht deutlich ins Blaue oder Gelbe spielen, braune nicht allzu dunkel ausfallen und auch nicht eine tote Lederfarbe zeigen. Das Martellgrün der Kognakflasche ist eine immerhin heikle Farbe.

II. Die Zusammensetzung und Rohstoffe für Flaschengläser.

Die Besprechung der Zusammensetzung und der Gemengesätze für Flaschengläser ist nicht unter einheitlichen Gesichtspunkten möglich, weil sich gerade in dieser Hinsicht die mitteleuropäische Flaschenindustrie von der der Weststaaten deutlich unterscheidet.

Wie Turner[1]), sowie auf ein umfangreicheres Material gestützt — im ganzen kamen 112 Flaschenglasanalysen zur Betrachtung — Keppeler[2]) zeigen konnte, hat sich die Zusammensetzung der Flaschengläser im Laufe der Jahrzehnte stark verändert. Man kann dabei einige Haupttypen, die sich durch häufigeres Auftreten herausheben[3]), unterscheiden, und zwar folgende:

I. Ältester Flaschenglastyp, am längsten in Frankreich herrschend, in Deutschland lange als Champagnerflasche benutzt.
II. Späterer Typ für deutsches mundgeblasenes Flaschenglas.
III. Deutsches Owensglas.
IV. Amerikanisches Speiserglas.
V. Weißhohlglasähnliches und kohlegelbes Glas.

---

1) Journ. Soc. Glass Techn. X (1926), S. 80.

2) Glast. Ber. VIII (1930), S. 65.

3) Unter Berücksichtigung von 267 Analysen hat T. Cantor ein Übersichtsbild der Flaschengläser in einem Vierdimensionaldiagramm nach Zschimmer aufgestellt. Sprechsaal **60** (1927), S. 891, 920, 941 u. 962.

Für die Arten des Flaschenglases sind die mittleren Zusammensetzungen in folgender Zahlentafel 101 zusammengestellt:

Zahlentafel 101.

Mittlere Zusammensetzung der Flaschenglastypen.

	Typ I	II	III	IV	V
SiO_2	60,4	62,6	64,0	70,5	72,8
$Al_2O_3 + Fe_2O_3$	7,5	9,8	8,8	2,1	0,9
$CaO + MgO + MnO$ . .	25,9	19,1	15,5	9,8	9,1
$Na_2O + K_2O$	6,2	8,5	11,7	17,6	17,2

Von diesen Typen spielen heute nur noch die Typen III, IV und V eine Rolle. Mitteleuropa, also vor allem Deutschland und Böhmen, ist dem Typ III bis jetzt treu geblieben. Auch England hat bis zum Kriege ganz ähnliche Gläser geschmolzen, ist aber dann rasch dem Beispiel Amerikas gefolgt, das die den Typen IV und V entsprechenden Gläser produzierte. Von wesentlichem Einfluß auf die Umstellung in der englischen Flaschenindustrie sind die Arbeiten Turners und seiner Schule gewesen. Dabei dürfte die von ihm sehr liberal festgesetzte Grenze[1]) für als haltbar zu betrachtende Gläser (nicht mehr als 18% Na_2O und nicht weniger als 8% CaO) maßgebend gewirkt haben. Der Unterschied dieser Entwicklung beruht darauf, daß die europäische Flaschenindustrie schon in der Zeit der ausschließlichen Handarbeit eine mächtige Entwicklung erfahren hatte und die Gemengewahl nur vom Standpunkte der Verbilligung aus geschah, also zur Verwendung billiger Rohstoffe, vor allem geeigneter Gesteine, trieb. In Amerika diktierte die Maschine, und weitgehende Rücksicht auf sie ließ alkalireiche und aus reinen Rohstoffen erschmolzene Gläser bevorzugen. Dieser Einfluß zeigte sich schon beim Aufkommen der Owensmaschine. Die Speisermaschinen waren mit anderen Gläsern undenkbar. So kommt es, daß die ganze amerikanische Flaschenerzeugung vom mitteleuropäischen Typ III ganz abweichende Gläser erschmilzt und verarbeitet. Die Wahl solcher Gläser wurde noch gefördert, weil sie den Übergang zu größeren Leistungen je Ofeneinheit ermöglichten. Die unten angegebenen Analysen ausländischer Owensflaschen (Nr. 4—6) zeigen im Vergleich mit deutschen oder auch älteren englischen Flaschengläsern diesen Unterschied deutlich und beweisen, daß die deutsche Glastechnik es verstanden hat, die Maschinenarbeit dem ortsüblichen Glase anzupassen.

Zu diesem Überblick ist noch kurz zu bemerken, daß Frankreich eine eigene Entwicklung auf diesem Gebiete durchgemacht hat. Auch heutzutage läuft noch keine Owensmaschine in Frankreich. Die für dieses Land so wichtige Fabrikation der Champagnerflaschen bevorzugt immer noch Glaszusammensetzungen mit 17% CaO und 10% Na_2O, die also unserem Typ II nahestehen. Ihre Verarbeitung geschieht vorwiegend mit der Bouchermaschine[2]). (Bd. I, S. 599—602.) Aber auch hier bahnt sich eine Wandlung an. Man hat unter Verwendung von O'Neill-Maschinen die Anwendung von Gläsern mit 12% CaO, 14% NaO und 4—6% Al_2O_3 für Champagnerflaschen begonnen. Die übrige ca. 500 Millionen umfassende Produktion von weißen, halbweißen, braunen, cognacgrünen und bordeauxgrünen Flaschen wird zu 75% in Feedermaschinen mit weichen Sätzen mit meist 10% CaO und 14—14,5% Alkali, manchmal sogar 15,5—16,5% Alkali hergestellt.

---

[1]) Specifications in the Glass Industry, Journ. Soc. Glass Techn. VIII (1924), S. 1—30.

[2]) Die Boucher-Maschine ist noch mit ca. 200 Exemplaren in Frankreich verbreitet, wird aber anscheinend durch neuere Handmaschinen, wie die von Schiller, Kutzscher usw., verdrängt.

Man hatte seinerzeit bezweifelt, daß sich die Owensmaschine für die europäische Flaschenfabrikation eignet, und es ist deshalb in Traffordpark bei Manchester eine Versuchsanlage eingerichtet worden, in welcher unter Owens persönlicher Leitung die Maschine mit Glas gespeist wurde, das nach den Grundsätzen und mit den Gemengematerialien der deutschen Glasindustrie aufgebaut war. Seither ist es allmählich dahin gekommen, daß man jetzt die Owensgemenge kaum mehr von den für die Handarbeit üblichen unterscheidet, ja daß an demselben Ofen, welcher die Maschine speist, auch Handwerkstellen eingerichtet werden, die dasselbe Glas verarbeiten. Wenn diese Tatsachen hier angeführt werden, so geschieht es deshalb, weil damit die Anpassungsfähigkeit der Maschine und der Bedienungsmannschaft dargetan ist. Dies mag für die meisten nach dem Saugsystem gespeisten Maschinen zutreffend sein, denn sie nehmen über die Glasfläche streichend eine dünne Schicht der heißesten Oberfläche auf und können leicht durch die Stärke des Vakuums und des Blasdrucks sich dem einmal vorhandenen und gleichmäßig eingestellten Zähigkeitsgrad des Glases anpassen. Zwischen jeder Berührung der Vorform mit dem heißen Glasfluß tritt immer wieder weitgehende Kühlung dieser Vorform ein. Die Wirkung der Temperatur der Glasschmelze auf die Vorform, die ja gleichzeitig Zuteilapparat, „Speiser", ist, wird also ganz unvergleichlich kleiner, als bei einem Apparat, durch den dauernd heißes Glas fließt.

Anders liegen die Dinge bei dem mit Schwerkraftwirkung arbeitenden Tropfsystem. Hier fließt nur von der eigenen Schwere getrieben der Glasfluß dem Zuteilapparat, dem Speiser, zu. Dieser steht also dauernd unter der Wirkung der Glastemperatur. Dieser Zuteilapparat ist ein verhältnismäßig feiner Mechanismus, dessen Baustoffe die Überschreitung einer ziemlich niedrigen Temperatur verbieten. Auf der andern Seite muß aber bei dieser Temperatur ein bestimmter Flüssigkeitsgrad, geringe Zähigkeit vorhanden sein. Beide Bedingungen lassen sich aber nur mit weichen, also alkalireichen und tonerdearmen Gläsern erfüllen. Diese Gläser boten gleichzeitig auch leichtere Schmelzbarkeit und vor allem auch die Möglichkeit, Leistungssteigerungen von stärkstem Ausmaße herauszuholen.

Es ist aber bemerkenswert, daß heute die in den Owensmaschinen Amerikas und Englands hergestellten Flaschen sich in ihrer Zusammensetzung von den in Feeder-Maschinen erzeugten nicht mehr unterscheiden. Die Owensbetriebe sehen also in der Verwendung dieser Gläser ebenfalls Vorteile. Bei dieser Sachlage sollte man also nicht mehr den Gegensatz „Feedergläser" und „Owensgläser" aufstellen. Der Hauptunterschied liegt vielmehr darin, daß Deutschland und Böhmen, nach wie vor, tonerdereiche Gläser des Typus III mit Hilfe von alkalireichen Gesteinen schmelzen, während Amerika und England reine Rohmaterialien verwenden und daraus die genannten weicheren Gläser schmelzen. Demnach wird die Besprechung der Zusammensetzung von Flaschengläsern am besten nach diesen beiden Gesichtspunkten getrennt geschehen.

1. Aus reinen Rohmaterialien erschmolzene Flaschengläser.

Gehen wir nunmehr auf die aus reinen Rohstoffen erschmolzenen Gläser ein, wie sie als Handflaschen oder auch mit halbautomatischen Maschinen verarbeitet werden, so ist darüber nicht viel zu sagen. Sie entsprechen etwa der Zusammensetzung weich eingestellter oder gefärbter Hohlgläser (vgl. 14. Kapitel).

Interessanter sind die Zusammensetzungen der modernen englischen und amerikanischen Maschinengläser. Hier werden meist solche mit niedrigem Kalkgehalt und hohem Alkaligehalt bevorzugt, bei denen man den Kieselsäuregehalt oft sehr hoch hinauftreibt.

Zahlentafel 102.

Nr.	Bezeichnung	SiO_2	Al_2O_3	Fe_2O_3	MnO	CaO	MgO	Alk.	SO_3
1	Weißes Maschinenglas .	75,23	0,41	0,07	—	7,60	0,15	15,93	0,44
2	Halbweiß	73,17	2,43	0,31	0,35	7,15	0,14	16,24	0,25
3	Halbweiß	72,57	1,35	0,14	—	7,79	0,19	17,28	0,53
4	Braun (Owens)	73,00	0,25	0,45	0,48	8,59	1,49	15,64	—
5	Weiß (Owens)	71,98	0,85	0,06	0,08	9,07	—	16,93	0,76
6	Braun (Owens)	70,54	0,17	0,08	0.45	7,77	1,53	19,02	—
7	Grün	67,56	2,15	3,03	1,97	8,85	0,32	15,77	0,43
8	Grün	68,73	1,94	1,73	1,87	9,12	2,11	13,82	0,57
9	Preßglas, weiß	75,68	0,07	0,08	—	6,67	0,21	16,63	0,44

Die Gläser 1—3 zeigen deutlich ihre Verwandtschaft mit dem unter 9 als Vergleichsglas angeführten Preßglas. Die Einführung der Tonerde erfolgte dabei wahrscheinlich durch Feldspat, teils um die Arbeitseigenschaften zu beeinflussen, teils zur Hebung der Widerstandsfähigkeit gegen lösende Flüssigkeiten. Die Gläser 4—6 zeigen die oben betonte Tatsache, daß sich amerikanische Owensgläser von Feedergläsern nur wenig unterscheiden, und Nr. 5, daß also auch farbloses Glas auf Owensmaschinen hergestellt werden kann. Der Eisengehalt von Glas 1 und 5 zeigt, daß bei richtigem Wannenbetrieb eine bemerkenswerte Eisenaufnahme im Glas nicht stattfindet. Dabei sind die angeführten braunen Flaschen mit Kohle, richtiger mit etwas Sulfat und Kohle, gefärbt[1]). Diese Art der Färbung gelingt gerade bei alkalireichen Gläsern besonders leicht, viel leichter als die im Inlande übliche Färbung mit Braunstein, die zudem teuerer ist. Die grünen Flaschen stehen im Kieselsäuregehalt den weißen nach. Bemerkenswert ist hier in Nr. 8 der Magnesiagehalt, von dem freilich nicht gesagt werden kann, ob er beabsichtigt oder durch die Verwendung dolomitischen Kalksteins bedingt ist. Immerhin ermöglicht er ein bedeutendes Sinken im Alkaligehalt, eine Tatsache, der wir später noch einmal an einem Beispiel begegnen werden.

Die Gemenge für die aufgezählten Gläser ergeben sich ohne weiteres aus den Analysen. Nur ein Punkt muß stark hervorgehoben werden. Zur Einführung von Natron dient Natriumkarbonat, also kalz. Soda. Natriumsulfat wird nur in beschränkten Mengen zum Zwecke der Läuterung beigegeben. Die Bevorzugung der Soda verstärkt die Vorteile der alkalireichen Gläser ganz wesentlich. Namentlich die Steigerung der Leistungen, die der amerikanischen Technik eigen ist, und die damit zusammenhängende Erleichterung des Schmelzbetriebs und die Besserung der Ofenökonomie sind auf die Verwendung von Soda zurückzuführen. Turner hat eindringlich darauf hingewiesen, daß unter den Faktoren, die den wesentlichen Fortschritt der englischen Glasschmelztechnik bedingen, die überragende Bedeutung nicht den konstruktiven Verbesserungen, sondern vor allem dem Übergang zum alkalireicheren Glas und der Sodaverwendung, dem Abgehen vom Sulfat zukommt (vgl. Öfen S. 1135). Damit ist die Stellungnahme, die Keppeler schon seit 1910 einnahm, die aber in der deutschen Glasindustrie nicht genügend beachtet wurde, durch die neuere englische Entwicklung glänzend gerechtfertigt[2]). Deshalb sei erneut auf diese Ausführungen hingewiesen.

Wie gegen den Ersatz von Sulfat durch Soda, so bestehen auch gegen die Abkehr von den tonerdereichen Gläsern in Mitteleuropa Bedenken, und zwar ist das Hauptbedenken, das dem Übergang zu den besprochenen Gläsern entgegensteht, die Sorge,

[1]) Vgl. Band I, S. 142—143; ferner Glast. Ber. VIII (1930), S. 275.
[2]) Dies Werk, I. Aufl., S. 159 u. ff., II. Aufl., S. 163. Abschnitt: „Sulfat oder Soda?"

diese Gläser könnten in chemischer Beziehung nicht genügend haltbar sein. Wie die Zahlentafel 103 auf Grund von im Keppelerschen Institut ausgeführter Untersuchungen zeigt, ist die chemische Angreifbarkeit dieser Glasarten allerdings recht hoch[1]). Aber die Tatsache, daß in England und Amerika sich diese Gläser bewähren, und die auf S. 1094 u. ff. wiedergegebenen Arbeiten und Erwägungen sollten doch zur versuchsweisen Anwendung solcher Glaszusammensetzungen wenigstens dort führen, wo auch die Gesteine durch weite Anfuhr verteuert sind.

Zahlentafel 103.

Nr.	Glasart	Zusammensetzung						Alkaliabgabe		
		SiO_2	Al_2O_3	Fe_2O_3	CaO	K_2O	Na_2O	Mylius 3 Stunden 80° mg Na_2O/dcm^2	Grießmethode mg Hannover	Grießmethode mg Standard D. G. G.
10	Deutsch, halbweiß .	70,4	1,18	0,19	12,95	1,07	13,88	0,058	30,8	12,8
11	Englisch, weiß . . .	74,10	0,32	0,10	9,74	1,25	14,28	0,323	50,8	30,9
12	Englisch, weiß . . .	73,71	0,32	0,08	9,85	1,35	14,35	0,381	53,6	34,7
13	Kohlegelb, Amerikanisch	70,93	1,38	0,51	8,99	0,54	17,35	0,471	93,5	75,0

Bei der Beurteilung der Werte nach Mylius ist zu beachten, daß die englischen und amerikanischen Gläser im Muffel-Lehr gekühlt sind, also keine Oberflächenvergütung durch Rauchgase erfahren haben. Der Mylius-Wert liegt also im Vergleich mit den Grießwerten verhältnismäßig hoch.

2. Mit Gesteinen erschmolzene Flaschengläser.

Ein ganz anderes Bild bieten die mitteleuropäischen Flaschen. Ihr Kalkgehalt liegt höher, bei etwa 12—14%, der Alkaligehalt überschreitet selten 14% und geht in Ausnahmefällen sogar bis zu 8% herunter. Die weißen und halbweißen Gläser stehen dabei nicht dem Preßglas, sondern eher dem Fensterglas nahe. Diese vertragen nur geringe Zusätze von Gesteinen, als welche hauptsächlich Feldspate in Betracht kommen. Dabei handelt es sich weniger um eine Alkaliersparnis, als vielmehr um eine Verbesserung der Arbeitseigenschaften. In dem Maße, wie die Färbung eine Erhöhung des Eisengehaltes zuläßt, ist der Weg für die Einführung von typischen Gesteinen freigegeben, und wir sehen an dem gleichzeitigen Ansteigen des Tonerdegehaltes der Gläser, daß diese Möglichkeit weitestgehend ausgenutzt wird. Bei grünen Flaschen kann der Eisengehalt, gerechnet als Oxyd, bis zu 3% ansteigen, so daß man in der Verwendung halbwegs eisenarmer Gesteine kaum mehr beschränkt ist, sondern meist noch zur Korrektur der Farbe Eisenerze, Kiesabbrände usw. zusetzen muß. Auch die braunen Flaschen kommen mit dem Eisengehalt manchmal ziemlich hoch auf etwa 1,5—2%. Zur Abtönung der Farbe wird bei allen Sorten Braunstein verwendet, und wir finden deshalb in den grünen Flaschen 0,5—1,0% MnO, in den braunen 4—6% MnO. Natürlich besteht immerhin Anlaß, mit diesem Material zu sparen. Eine genaue Gemengevorschrift bezüglich der Farboxyde hat beim Wannenbetrieb keinen Sinn, weil der Farbton durch die Art der Feuerführung im Schmelzprozeß stark beeinflußt wird und diese sich im Lauf der Zeit schon durch die natürliche Abnutzung der Brenner immer etwas ändert. Es ist vielmehr Sache des Betriebsmannes, die Farbe der Ware täglich zu beobachten und zu ihrer Korrektur entsprechende kleine Änderungen in den Zusätzen anzuordnen.

[1]) Violet Dimbleby und Prof. Turner geben für einige Natronkalkgläser, wie sie für Flaschenherstellung in Frage kommen, die Analyse und Angreifbarkeit nach ihrer Methode. Journ. Soc. Glass Techn. X (1926), S. 346.

Als Beispiele sind in der folgenden Zahlentafel 104 Analysen einer Reihe von modernen mitteleuropäischen Flaschengläsern zusammengestellt.

Zahlentafel 105.

Nr.	Bezeichnung	SiO_2	Al_2O_3	Fe_2O_3	MnO	CaO	MgO	Alk.	SO_3
14	Halbweiß	71,29	1,27	0,19	0,45	12,67	0,65	12,75	0,64
15	Hellgrün	64,04	8,62	1,25	0,72	12,12	0,35	12,25	0,44
16	Martellgrün	63,04	4,35	0,81	1,61	14,07	0,68	14,95	0,53
17	Grüne Handflasche . .	62,03	9,77	2,34	0,54	13,70	0,91	10,00	0,52
18	Champagner	60,82	10,10	1,62	0,55	15,19	0,76	10,15	0,60
19	Grün, Owens	62,87	9,08	1,58	0,81	13,15	0,80	10,49	0,48
20	Desgl.	56,56	10,97	2,79	0,93	13,49	1,82	12,97	0,56
21	Desgl.	63,27	6,98	2,21	0,71	13,97	0,81	11,92	0,45
22	Desgl.	59,97	10,95	1,76	0,42	12,74	0,82	12,72	0,52
23	Desgl.	61,77	5,93	2,85	1,23	14,04	4,44	9,27	n. b.
24	Braun, Owens	59,13	8,97	1,50	4,65	12,82	1,44	10,74	0,66
25	Desgl.	60,75	7,37	1,29	5,86	13,88	0,64	9,56	0,55
26	Desgl.	65,40	4,40	1,29	3,81	12,86	4,40	6,78	n. b.

Das halbweiße Glas ist hier nicht ohne Absicht an die Spitze gestellt. Viele moderne Gläser haben mit ihm das eine gemeinsam, daß die Summe von Kieselsäure und Tonerde etwa auf gleicher Höhe bleibt. Bei Grünglas steigt sie häufig bis auf 72%, bei Braunglas dagegen liegt sie meist etwas niedriger, etwa um 70% herum. Das dürfte mit den Arbeitseigenschaften zusammenhängen, welche der erhöhte MnO-Gehalt bedingt. Die Kalk- und Alkaligehalte variieren in ziemlich engen Grenzen. Nur die beiden Gläser mit hohem Magnesiagehalt fallen aus der Reihe heraus. Sie folgen besonderen Regeln und zeichnen sich durch einen niedrigen Alkaligehalt aus. Plenske[1]) hat Analysen von Flaschengläsern veröffentlicht und dabei zwei Gruppen unterschieden: A. solche mit hohem Tonerdegehalt (9—10%) und wenig Magnesia, B. solche mit mittlerem Tonerdegehalt (4—6%) und hohem Magnesiagehalt. Seine Analysen zeigen allerdings für beide Fälle einen ziemlich gleichbleibenden niedrigen Alkaligehalt, während aus den vorstehenden Zahlentafeln hervorgeht, daß dieses Extrem in der Praxis doch nur bei der Verwendung von erheblichen Magnesiamengen erreicht wird.

Alle Gläser dieser Art zeichnen sich durch hohe chemische Widerstandsfähigkeit aus. Sie sind in diesem Punkte den Gläsern, die aus reinen Rohstoffen erschmolzen sind, weit überlegen. Einige Beispiele aus der mehrfach erwähnten Arbeit Keppelers dürften dies bestätigen. Sie sind in Zahlentafel 105 (S. 1113) zusammengestellt.

Der hohe Tonerdegehalt der Flaschengläser, wie wir sie zuletzt betrachtet haben, ist gewiß für ihre Widerstandsfähigkeit günstig, aber er verlangt insbesonders bei der Maschinenarbeit eine Gewöhnung an das Glas, die nicht sofort erreicht wird. Das ist wohl auch der Grund dafür, daß man sich bei der mechanischen Flaschenerzeugung zunächst immer den leichter zu verarbeitenden tonerdearmen Gemengen zugewendet hat. Für die Flaschenhütte liegt, wie schon erwähnt, der Hauptgrund für die Verwendung der Gesteine in der Ersparnis an Natron als Sulfat oder Soda, obwohl auch andere Vorteile daraus resultieren. Wir begegnen da in der Literatur und wohl auch auf den Hütten selbst manchmal Unklarheiten, weshalb einige Winke über die Gemengekosten hier am Platze sind. Bei gleichbleibender angestrebter Glasanalyse

[1]) Plenske, Sprechsaal **42** (1909), S. 79, 88.

Zahlentafel 105.

Nr.	Nr. im Original	Bezeichnung	Zusammensetzung								Alkaliabgabe	
			SiO_2	Al_2O_3	Fe_2O_3	MnO	CaO	MgO	K_2O	Na_2O	Grießmethode Hannover mg	Mylius 3 h 80° mg/dcm²
27	63	Deutsches Flaschenglas 1926	69,56	2,82	2,30	0,50	14,44	0,57	1,45	8,26	10,4	0,032
28	68	Deutsche Bierflasche 1927	62,45	7,40	2,13	0,93	12,21	2,59	1,93	10,43	11,3	0,064
29	69	Deutsches Flaschenglas 1928	68,64	3,44	1,40	1,42	14,24	0,27	1,06	9,16	12,0	0,019
30	70	Deutsche Mineralwasserflasche 1927	64,39	6,98	2,47	0,89	12,23	1,16	3,70	8,37	10,0	0,032
31	71	Deutsche Bierflasche 1927	66,67	5,13	2,25	0,49	13,67	0,46	1,52	9,71	13,0	0,027
32	73	Deutsches Flaschenglas 1928	66,84	5,68	1,94	0,85	13,07	0,26	1,60	9,64	15,0	0,030
33	74	Deutsches Flaschenglas 1926	62,92	7,08	2,52	1,01	13,40	0,40	2,52	10,18	10,8	0,033
34	75	Deutsche Mineralwasserflasche 1927	63,88	7,45	1,93	0,90	12,87	0,33	2,78	9,52	9,6	0,027

kann man die Tonerde auf verschiedenen Wegen einführen. Als typische Rohstoffe sollen hier toniger Sand, Mergel und Phonolith in Betracht gezogen werden. Wir können mit jedem dieser Stoffe mindestens einen Teil des gewünschten Tonerdegehalts des Glases erzielen. Der Mergel wird uns aber gar kein Alkali mitbringen, der Sand vielleicht keines oder wenig. So kann es kommen, daß eine genaue Durchrechnung zu dem Ergebnis führt: es ist immer noch besser, teureren reinen Kalk und vielleicht außerdem teureren reinen Sand zu verwenden, weil dadurch die Möglichkeit gewahrt bleibt, mehr von dem Soda oder Sulfat sparenden Phonolith ins Gemenge zu bringen. Feste Regeln lassen sich da nicht aufstellen, manchmal bewirkt sogar der Aufwand für die Zerkleinerung des einen oder anderen Materials eine bestimmende Verschiebung in der Kalkulation. Es ist aber bei der Verwendung von Gesteinen immer erhöhte Rücksicht auf die Betriebssicherheit zu legen, und es darf trotz berechtigter scharfer Gemengekalkulation nie dahin kommen, daß ein Produktionsausfall riskiert wird. Es ist deshalb, wenn man es nicht mit ganz besonders gewissenhaften Lieferanten zu tun hat, immer zu empfehlen, nur stückiges Gestein zu beziehen und sich nicht auf den Bezug von Schotter oder Grus einzulassen. Die Zumischung von wechselnden Mengen verwitterten Gesteins oder von Abraum beim Bezug von zerkleinertem Material kann das Gemenge deutlich beeinflussen und zu Betriebsstörungen führen, die in keinem Verhältnis zu den Ersparnissen stehen (s. die Analysen 5 und 6 der folgenden Zahlentafel). Jedenfalls soll jede eintreffende Lieferung vor ihrer Verwendung eingehend beobachtet werden. Welche maximale Menge eines Gesteines in das Gemenge eingeführt werden kann, läßt sich nur durch die Erfahrung im Betrieb selbst entscheiden. Es zeigt sich aber fast überall, daß sie in dem Maß gesteigert werden kann, als die Arbeiterschaft und die Aufsicht sich daran gewöhnt, so daß in vielen Betrieben der Tonerdegehalt der Flaschengläser von Jahr zu Jahr zunimmt und mit den in der Zahlentafel 104 angeführten Werten seine Grenze noch nicht erreicht hat.

Von den in der Glasindustrie eingeführten Gesteinen[1]) gibt die nachfolgende Zahlentafel 106 einige Analysen an:

[1]) Vgl. auch Band I, S. 181.

Zahlentafel 106.

Nr.	Name und Herkunft	SiO_2	Al_2O_3	Fe_2O_3	MnO	CaO	MgO	Alk.	Glühv.
1	Nephelinphonolith von Milseburg, Rhön . . .	59,64	16,40	5,43	—	1,59	Spur	14,92	2,26
2	Brenkener Phonolith . .	50,3	24,00	2,30	—	1,20	1,30	18,1	2,8
3	Phonolith von Sellnitz, Böhmen	53,97	21,77	1,81	0,40	1,58	0,50	15,85	4,22
4	Phonolith Aussig, Böhmen	55,00	21,57	2,95	0,27	2,45	0,47	12,23	4,45
5	Pechstein von Meißen . .	72,42	10,40	1,89	—	2,60	Spur	6,16	7,64
6	Derselbe, verwittert . .	73,50	10,40	1,89	—	2,60	Spur	0,62	11,18

3. Färbungsmittel.

An Färbemitteln für Flaschengläser ist eine reiche Auswahl gegeben. Im allgemeinen wird man jedoch Stoffe vorziehen, welche reich an Farboxyden sind, also Erze, Kiesabbrände usw. Man hat dann den Vorteil, die Grundlage des Gemenges unverändert beizubehalten und auch bei Farbkorrekturen keine fühlbaren Schwankungen in den Betrieb zu bringen. In der Literatur wird besonders zur Erzielung eines entsprechenden Eisengehaltes der Basalt empfohlen. Wo aber alkalireiche Gesteine ohnehin schon verwendet werden, da wird man mit dem Basalt meist ein schlechtes Geschäft machen. Basalt löst sich langsam im Glasfluß und fordert deshalb weitgehende Feinheit des Korns (am besten unter 0,5 mm) und verursacht so für die Zerkleinerung höhere Kosten. Dazu kommt, daß er bei seiner relativen Alkaliarmut oft den Zusatz des alkalireichen Gesteines beschränkt. Überdies ist bei Farbfehlern ein entsprechendes Abbrechen oder Zusetzen des Basaltes von viel größerer Wirkung auf das Glas, als wenn man mit Erzen arbeitet, von denen man nur einen Bruchteil des Gewichtes zu verwenden braucht, um den gleichen Zweck zu erzielen. Immerhin wird man den Basalt zum Aufbau des Grundgemenges nicht verschmähen, dort wo bessere Gesteine nicht oder nur zu teuer zu haben sind.

Der Braunstein wird in den hochwertigen Formen meist am billigsten kommen. Insbesonders für hellere Gläser wird man auch eisenarme Sorten bevorzugen. Sowohl bei den Eisenverbindungen als auch beim Braunstein kann die Art der Feuerführung den Aufwand erheblich beeinflussen. Bei den alkalireicheren Gläsern wird Braun, wie mehrfach betont, durch Sulfat mit Kohle erzeugt.

Tür bläuliche Töne werden Kobaltverbindungen benutzt. Man greift auch hier gerne zu den billigsten Rohstoffen, also kobalthaltigen Sanden und Schlacken. Bei der großen Färbekraft des Kobalts bleiben die Zusätze meist recht gering, so daß man auch mit armen Produkten arbeiten kann. Bei grünen Tönen dienen Chromverbindungen zur Erzielung des richtigen Farbtones. Als solche kommen reine Chromate[1]) in Betracht, aber auch chromathaltige Sulfate, wie sie als Abfallprodukte gewonnen werden. Die letzteren haben den Nachteil, daß sie in ihrer Zusammensetzung sehr stark schwanken, doch ist es anderseits ein Leichtes, ihre Menge zu wechseln, indem man gleichzeitig den übrigen Sulfatzusatz vermehrt oder vermindert. Da für Likörflaschen, Verpackungsgläser für Spezialitäten usf. oft rein grüne Färbung erwünscht ist, verdienen die verschiedenen Chrompräparate größere Beachtung.

---

[1]) Vgl. Bd. I, S. 188.

III. Die Schmelzöfen der Flaschenfabrikation.

Als Schmelzöfen für die Flaschenerzeugung werden seit langem Hafen- und Wannenöfen benutzt. Wenn wir aber hier die Flaschenerzeugung als Massenfabrikation auffassen und so abgrenzen von einer der Hohlglaserzeugung nahestehenden Herstellung solcher Waren in kleinerem Umfang, dann können wir heute vom Hafenofenbetrieb bereits ganz absehen und ihn als abgetane Sache behandeln, selbst wenn er da und dort noch besteht. Auch die Tageswanne kommt für die eigentliche Flaschenerzeugung nicht in Frage.

Der hier allgemein verwendete Ofen ist die kontinuierliche Wanne, und zwar bis vor kurzer Zeit in der überwiegenden Zahl der Fälle die mit Hufeisenflamme. Gegenüber der in Bd. I, S. 492, und Tafel XIII, XIV beschriebenen Wanne treten dabei keine wesentlichen Änderungen auf, wenn auch die Breite bis über 5 m beträgt und die Länge dementsprechend vergrößert erscheint. Vielfach, insbesonders bei Maschinenwannen, wird dabei nicht nur das Gewölbe freitragend ausgeführt, sondern es werden auch die Seitenwände des Oberbaues entsprechend abgefangen, so daß sie beim Wechseln der Bordwandsteine bestehen bleiben können. Es hat jedoch diese Konstruktion bei der Flaschenglaswanne nicht die gleiche Bedeutung wie bei der Tafelglaswanne.

Der tiefgreifende Unterschied zwischen der mitteleuropäischen und der englisch-amerikanischen Flaschenindustrie, welcher bereits bei der Besprechung der Glaszusammensetzung hervorgehoben worden ist, hat in Amerika und England den Anstoß zur Entwicklung neuerer Ofentypen gegeben und auch die Wahl der Baustoffe für die Wannen entscheidend beeinflußt. Auch in Frankreich hat die Verwendung des Feeders viel rascheren Einzug gehalten und dazu geführt, daß der Wannenbau dem amerikanischen Vorbilde folgte. Diese Entwicklung ist vor allem durch die starke Steigerung der geforderten Leistungen bedingt. Dies mögen einige Zahlen beleuchten. Man kann als eine normale Produktionsziffer aus der Zeit des Handbetriebes 8—12 kg Glas pro m² und Stunde (d. s. 0,2—0,3 t in 24 Stunden) annehmen. In europäischen Owensbetrieben erreicht man in gleichem Maße 20—25 kg, u. U. sogar noch etwas mehr. Turner gibt als Leistungen amerikanischer Wannen 34—38 kg an, in einem Fall sogar 65 kg. Diese Zahlen sind allerdings nicht ohne weiteres vergleichbar, weil die verarbeiteten Gemenge dabei nicht berücksichtigt sind (vgl. hierzu die Ausführungen S. 1110 u. 1135).

Es ist selbstverständlich, daß die stärkere Anspannung der Öfen von diesen mit einer geringeren Lebensdauer beantwortet wurde. Dabei zeigt es sich allerdings, daß die Gemengesätze und Glassorten einen entscheidenden Einfluß üben. Die tonerdereichen Gläser, wie sie auf dem Kontinent geschmolzen werden, wirken nicht so zerstörend ein, besonders wenn sie unter reichlicher Verwendung leichtschmelzender Gesteine gewonnen werden. Unangenehmer verhalten sich dagegen die in der Analyse dem Fensterglas nahestehenden halbweißen und weißen Flaschengläser, bei denen der Tonerdegehalt ziemlich niedrig liegt. Die kalkarmen und alkalireichen Gläser der modernen Feedermaschinen sind dagegen wieder gutartiger, weil sie keinen so heißen Ofengang bedingen, wie die obenerwähnten härteren Gläser. Immerhin wird in der amerikanischen Literatur wiederholt beklagt, daß bei den modernen Betriebsverhältnissen die Lebensdauer der Wannenöfen nur mehr mit 11—13 Monaten anzusetzen ist.

In einem Aufsatz über „Die Brennstoffersparnis in der Glaswerkspraxis" faßt T. C. Moorshead[1]), Direktor der United Glass Bottle Manufacturers Ltd.-London, seine Erfahrungen über den Zusammenhang der Wannenabnutzung mit der Durch-

[1]) Glass Industry 8 (1927), S. 185.

satzsteigerung dahin zusammen, daß bis zu einer Wannenbelastung von 0,9 t Glas je m^2 Herdfläche in 24 Stunden der Wannenverschleiß recht erträglich ist. Auch bei einer Steigerung auf 1,07 t/m^2/24 Std. geht die Lebensdauer des Ofens nur wenig zurück. Dagegen machen sich höhere Beanspruchungen stark geltend, und zwar sinkt die Lebensdauer der Wanne bei 1,30 t/m^2/24 Std. auf drei Viertel und bei 1,8 t/m^2/24 Std. auf die Hälfte derjenigen mäßiger Belastung. Natürlich handelt es sich dabei um ungefähre Zahlen, da ja in ihnen auch die Glasart ihren Einfluß ausübt.

Diese Umstände haben für die Verbesserung des Wannenbaumaterials besonderes Interesse erweckt, und die so gestellte Aufgabe wird in der verschiedensten Richtung verfolgt, sowohl bezüglich der Stoffart, wie der Herstellungsverfahren. Bemerkenswert bleibt, daß auch deutsches Material, z. B. der Wannenblock der Stettiner Chamottefabrik vorm. Didier (Werk Niederlahnstein, Direktor Dr.-Ing. Rosenow), hohe Beanspruchungen aushält. Der letztere Block hat an verschiedenen Stellen in stark beanspruchten Feederwannen, wie uns von Betriebsseite mitgeteilt wird, Wannenreisen von 17,4, ja 19 Monaten erreichen lassen. Dies ist insofern interessant, als der Didierblock mit 24% Al_2O_3 die gleiche Leistung erreicht, wie z. B. ein bekannter amerikanischer Stein, der Laclede-Christy-Block mit 42% Al_2O_3. Das weist erneut darauf hin, daß für die Haltbarkeit der Wannenblöcke weniger die chemische oder rationelle Zusammensetzung von Wichtigkeit ist, als Schamottemenge, Schamotteart, insbesondere ihre Körnung, Massebereitung, verdichtende Verformung, Trocknung und Brand, kurzum das ganze Herstellungsverfahren. Besondere Beachtung wird deshalb auch der Verdichtung des Steines zugewandt. Aus diesem Grunde wird das Gießverfahren[1]) ähnlich dem Hafengießverfahren auf Wannensteine angewandt. Der dem Gießverfahren zugrunde liegende Vorgang der weitgehenden Verflüssigung von Tonschlickern mit Hilfe von Schutzkolloiden und Alkali wird im „S. u. G.-Verfahren" von Scheidthauer & Giessing benützt, um mit dem geringsten Aufwand von Bindeton magermittelreiche Steine zu stampfen. Vom Standpunkte der Verdichtung der Masse und der Verbesserung des Gefüges ist auch das, zunächst bei Häfen bewährte Arbeitsverfahren von Dr. Hochhut (Deutsche Spiegelglas A.G.)-Grünenplan (DRP. 485757 vom 7. 11. 1925) beachtenswert. Was die Verbesserung der Stoffart betrifft, so wird besonderes Interesse den verschiedenen Arten des Sillimanitsteins entgegengebracht. Seine Herstellung wird auf dem verschiedensten Wege vollzogen. Es wird sowohl natürlicher Sillimanit verarbeitet, als künstlicher, im elektrischen Ofen hergestellter als Rohstoff für derartige Steine verwandt. Man sucht bei solchen Steinen natürlich möglichst geringe Mengen von Bindeton zu verwenden und sie durch scharfen Brand zu verdichten. Am weitesten gehen auf diesem Gebiete die Corning Glass Works, die im elektrischen Ofen eine der Sillimanitformel nahe entsprechende Masse durchschmelzen und den Fluß in Formen, die eine Lunkerbildung möglichst ausschließen, zu Blöcken gießen[2]). Diese als „Corhart-Steine" eingeführten Wannenblöcke haben sich dort, wo sie versuchsweise eingebaut waren, im Vergleich mit anderem Wannenbaumaterial gut bewährt. Eine gute Übersicht über all diese Bestrebungen und die Eigenschaften der so hergestellten Steine gab H. Hirsch[3]). Aus seiner Arbeit ist manche interessante Einzelheit zu entnehmen. Im ganzen aber ist das Gebiet noch sehr in der Entwicklung, und es fehlen vor allem vergleichende Betriebszahlen. Namentlich die Frage, ob die längere Lebensdauer eines derartigen Steines ausreichend ist, um den sehr viel höheren Preis auszugleichen, kann noch nicht

[1]) Band I, S. 424.

[2]) Vgl. hiezu den Bericht Turners über die Besichtigung der Anlage der Corhart Refractories Company in Louisville, Kentucky USA. Journ. Glass Techn. XIII (1929), S. 380—382, sowie S. 389 über die Isolierfähigkeit dieser Steine.

[3]) Entwicklung der Wannensteinherstellung. Glast. Ber. VII (1930), S. 497.

beantwortet werden. Es ist erfreulich, daß die Fachausschüsse der Glastechnischen Gesellschaften Englands und Deutschlands sich mit diesen Fragen beschäftigen und zur Klärung bringen wollen. Einen verheißungsvollen Anfang geben schon die Berichte von Rees[1]) und von Miehr[1]).

Die **Bauart der Öfen** hat eine wesentliche Wandlung dadurch erfahren, daß sie vor allem vom Bestreben geleitet ist, die einzelnen Konstruktionsteile möglichst frei zugänglich anzuordnen, um gegenseitige Beeinflussung auszuschließen und für den Überblick und die Kontrolle jederzeit den Weg freizuhalten. Wesentlich ist hierbei, daß die Regeneratoren niemals mehr unter die Wanne selbst gestellt werden. Ein Hauptmerkmal dieser neuen Öfen ist der vollkommen freiliegende Wannenboden, der durch entsprechende Eisenkonstruktionen gestützt ist. Damit ist eine viel bessere Kühlhaltung des Bodens gegeben, als früher mit dem besonders für diesen Zweck angeordneten Kühlkanalsystem. Die später angeführten Beispiele zeigen diese Bauweise ausnahmslos (s. S. 1123 u. ff.).

Bei der Anpassung der Öfen an die gesteigerten Betriebsanforderungen zeigt sich als weiteres Hauptmerkmal die Zerlegung der Wanne in die deutlich abgegrenzten Teile der Schmelzwanne und der Arbeitswanne. Zu diesem Schritt führt die Notwendigkeit, die Temperatur des Arbeitsraumes auf der bestimmten, dem Maschinengang angepaßten Höhe zu halten, also diesen Teil von der gesteigerten Hitze im Schmelz- und Läuterungsraum und von den dort sich vollziehenden intensiven Glasströmungen unabhängig zu machen. Die Gründe hierfür sind ohne weiteres klar. Erstlich darf für den Gang der Maschinen die Zähigkeit des Glases nur in ganz geringen Grenzen schwanken, was bei der starken Temperaturabhängigkeit der Zähigkeit zwingt, die Temperatur auf wenige Grade konstant zu halten. Anderseits entsprechen Strömungen gleichzeitig Inhomogenitäten, die selbstverständlich vermieden werden müssen. Die Befreiung der Arbeitswanne von den Einflüssen der Schmelzwanne ist aus diesen Gründen für die Owens-Maschine, die ja in der Drehwanne schon die für sich stehende Arbeitswanne besitzt, nicht so unbedingt notwendig, als für andere nach dem Saugsystem arbeitende Maschinen (Westlake, Roirant, Monish). Aber am stärksten tritt dies Bedürfnis für die an Tropfenspeiser angeschlossenen Maschinen auf. Denn — wie schon oben S. 1109 gesagt — entnehmen die saugenden Maschinen eine verhältnismäßig dünne Horizontalschicht. Bei den üblichen Speisern fällt ein Posten nach unten, der eine ganze Anzahl im Speiser übereinanderliegender Schichten enthält. Man hat also im Speiserposten gewissermaßen einen örtlichen Vertikalschnitt durch die im Speiser befindlichen Schichten. Da aber die thermischen Strömungen wie die Entnahmeströmung vorwiegend horizontal verlaufen, prägen sich in einem solchen Vertikalschnitt die vorhandenen Inhomogenitäten sehr deutlich ab. Deshalb müssen sie hier besonders ferngehalten werden.

Für die Durchführung der Trennung der Schmelzwanne von der Arbeitswanne sind eine Anzahl verschiedener Konstruktionen vorgeschlagen und in die Betriebe übergegangen. Die Trennung durch eine Brücke im eigentlichen Sinne, die die ganze Breite des Herdes überspannend, dem Glas in voller Breite den Durchlaß freiläßt, ist bei den neueren Wannenkonstruktionen nicht angewandt. Ihre Wirkung entspräche der von Schwimmbrücken und ist nicht ausreichend.

Überall ist die Verbindung zwischen Arbeitsteil und Schmelzteil fast auf der ganzen Wannenbreite unterbrochen und nur mit Hilfe eines verhältnismäßig engen

[1]) Journ. Soc. Glass Technology XII (1928), Proceedings, Ber. von Rees, S. 120—122, Ber. von Miehr, S. 158—176. — Glast. Ber. VI (1928/1929), S. 345. — DGG.-Fachausschußbericht. — Vgl. auch die Beobachtungen über die Fabrikation feuerfester Produkte in USA. von G. V. Evers, Journ. Soc. Glass Techn. XIV (1930), S. 205.

Durchlasses hergestellt. Der Grundriß des Glasraumes ist also an dieser Stelle stark eingeschnürt. Die Ausbildung dieser Einschnürung kann sich nun auf den Glasraum beschränken, so daß sich das Trennungsorgan unter der, beiden Wannenteilen, der Schmelzwanne und der Arbeitswanne, gemeinsamen Decke befindet. Diese Wannen wären deshalb als „einhäusig" zu bezeichnen. Daneben gibt es Konstruktionen, bei denen Decke und Boden für die beiden Wannenteile ganz getrennt sind. Wir haben dann zwei getrennte Wannen für das Schmelzen und das Ausarbeiten, die nur durch eine Art Kanal verbunden sind. Diese Durchlaßwannen sind als zweihäusig zu bezeichnen. Die Einschnürung könnte an sich bei beiden Arten parallelwandig oder X-förmig begrenzt sein. Jedoch ist die parallelwandige Trennung bei den zweihäusigen Durchlaßwannen für andere Konstruktionsteile störend und bisher nicht angewandt. Die Ausführung fällt z. Z. für die Praxis weg. Demnach haben wir folgende praktisch ausgeführten Möglichkeiten:

Durchlaßwannen (Halswannen).

1. einhäusig	2. zweihäusig
a) Mit parallelwandiger Einschnürung des Glasraumes (Brückenwannen).	a) fehlt.
b) Mit X-förmiger Einschnürung des Glasraumes: einhäusige Taillenwannen (Wannen mit wespenförmigen Brücken „wesp shape bridge" nach Teisen)	b) Mit X-förmiger Einschnürung des Glasraumes: zweihäusige Taillenwannen (Wespenwannen im engeren Sinne).

Man sieht, daß die in der Praxis üblichen Bezeichnungen nicht eindeutig sind. Vor allem ist die Verwendung der Bezeichnung „Hals" einzig für die Taillenwannen im Widerspruch mit dem allgemeinen Sprachgebrauch. „Hals" bezeichnet jedes verengtes Verbindungsstück ohne Rücksicht auf die Form der Verjüngung, die Form der Schultern. Dagegen umfaßt der Begriff der Taille nicht nur den engen Teil, sondern auch die Verjüngung, und zwar nicht den abgehackten Einschnitt des Glasraums einer Brückenwanne. „Halswanne" bedeutet also nichts anderes als Durchlaßwanne allgemein. Die allmählich zum Durchlaß hin verjüngte Begrenzung wird am besten durch die Bezeichnung „Taille" zum Ausdruck gebracht. Die Unterscheidung der Taillenwannen in solche mit einheitlicher Decke und unterbrochener Decke erschöpft nicht die baulichen Unterschiede, denn bei den letzteren ist nicht nur die Decke sondern auch der Boden und die Wände getrennt. Es sind zwei für sich stehende Bauten. Ich glaube, man kann diesen Unterschied nicht kürzer und besser als durch die Bezeichnungen: „einhäusig" und „zweihäusig" ausdrücken. Neue technische Ausdrücke sollten immer dem allgemeinen Sprachgebrauch entsprechen, so daß sie jeder ohne Erklärung versteht.

Bei der überwiegenden Mehrzahl der Wannenbauten geschieht die Trennung durch eine in die Wanne eingesetzte Zwischenwand, die, zwar sprachlich nicht ganz richtig, als „Brücke" bezeichnet wird[1]). Bei diesen **„Brückenwannen"** ist weder der Boden noch das Gewölbe in die Einschnürung einbezogen, sondern das Gewölbe geht in gerader Flucht über die unterteilte Gesamtwanne hinweg. Ebenso geht der Boden in der normalen Breite der ganzen Länge nach durch. Die Zwischenwand, die den Durchlaß enthält, erhebt sich also, gewissermaßen im Glasraum der Wanne sitzend, vom Wannenboden und geht nur wenig über den Glasstand in die Höhe. Sie ist aber keine massive Mauer, sondern immer hohl und mit Öffnungen in der äußeren Wannenwand, die die Kühlung der Zwischenwand gestatten. Die Breite dieser hohlen Zwischenwand ist vielfach über die ganze Breite der Wanne hinweg von gleichmäßiger Stärke (vgl. Abb. 1130—1134). In anderen Fällen, bei den

[1]) Man kehrt damit zu Formen zurück, die schon die allerersten Wannen von Siemens aufwiesen. Sie waren durch Brücken, die ganz den neu eingeführten Trennungswänden gleichen, in 3 Abteilungen, einen Schmelz-, Läuterungs- und Arbeitsteil geschieden. Schmelz- und Läuterwanne waren sogar durch eine bis zur Decke gehende Mauer, einen Vorläufer unserer heutigen Schirmwände, getrennt. Erst später sah Siemens, daß er bei Flaschenglas mit den von ihm eingeführten Ringen und Schwimmern auskam. Dies bedeutete damals einen gewaltigen Fortschritt. Vgl. z. B. Benrath, Glasfabrikation 1875 (Vieweg). — Henrivaux, Le verre et le cristal, Paris. Dunod 1883.

einhäusigen Taillenwannen wird sie vom Durchlaß aus gegen die Wannenwand breiter und öffnet sich mit ziemlich großer lichter Weite an der Wannenwand. Durch diese Öffnung ist es möglich, eine weitgehende Kühlung der Zwischenwände zu vollziehen. Dies geschieht durch Einblasen von Luft, von Luft und Dampf mit Hilfe eines Injektors, aber auch gelegentlich mit Wasserstaub. Die Kühlung muß um so intensiver gestaltet werden, je dünner die Wandungen des Trennungsorgans infolge der Steinauflösung werden. Deshalb ist die Temperatur im Innern des Einbaus regelmäßig zu prüfen. Die von der Durchlaßstelle sich nach außen erweiternde, also im Grundriß sich ungefähr als X-förmig oder Doppeldreieck darstellende Zwischenwand hat man auch in der Annahme eingeführt, daß bei dieser Grundrißgestaltung die Umfassungswände sich mehr den Stromlinien, die das Glas zum Durchlaß und vom Durchlaß aus wählt, anpassen, und daß man so tote Winkel, die man bei der rechteckigen Einschnürung befürchtete, beseitigen könnte. Diese Betrachtungsweise übersieht aber, daß abgesehen von der Bewegung im Durchlaß selbst, die durch die Ausarbeitung verursachte „Entnahmeströmung" gegen die thermischen Längs- und Querströmungen zurücktritt.

Schließlich ist noch eine besondere Bauart von Flaschenwannen zu nennen, die von Moorshead angegeben ist. Sie soll durch Abschrägung aller 4 Ecken der Schmelzwanne die „toten Winkel" vermeiden und wird als „Torpedowanne" bezeichnet. (Brit. Pat. 227939 vom 27. Okt. 1923.) Über die praktische Ausführung und Ergebnisse siehe S. 1126 u. ff.

Eine besonders starke Variation zeigt sich in der Art, wie der Durchlaß eingesetzt wird. Man findet oben offene und bedeckte, siphonartig wirkende Durchlässe, unter diesen solche, die über dem Wannenboden oder in einer Flucht mit ihm die Brücke durchbrechen und schließlich solche, bei denen der Durchlaß unter den Wannenboden heruntergezogen ist. Die unten aufgeführten Beispiele (Abb. 1134, 1130, 1132 und 1131) zeigen alle 3 Arten. Die nebenstehende Abb. 1125 zeigt etwas detaillierter die Bauart einer solchen Durchlaßbrücke. Die Bauart ist noch dadurch bemerkenswert, daß der Boden der Arbeitswanne gehoben und damit in dieser geringerer Glasstand und stärkere Kühlung erzielt ist. Die Vorlage zu dieser Abbildung verdanke ich der Liebenswürdigkeit des Herrn Ing. Pesserl von der Fa. Fours et Fumistere Industrielle-Paris. — Berücksichtigt man den Zweck des Durchlasses, der nicht nur Verbindungsglied zwischen Schmelz- und Arbeitsraum ist, sondern vor allem Misch- und Kühlungsorgan, so erkennt man, daß man nicht allgemein einer der Anordnungen den Vorzug zuweisen kann. Sie hängt zu sehr von der Glasart und Betriebsweise ab. Nur soviel ist allgemein zutreffend, daß man, je höher der Durchsatz ist, um so mehr den Durchlaß durch Auseinanderziehen der Brückenwände, Herunterziehen des Bodens frei legen muß, sofern man nicht das gleiche durch andere Kühlmaßnahmen erreicht.

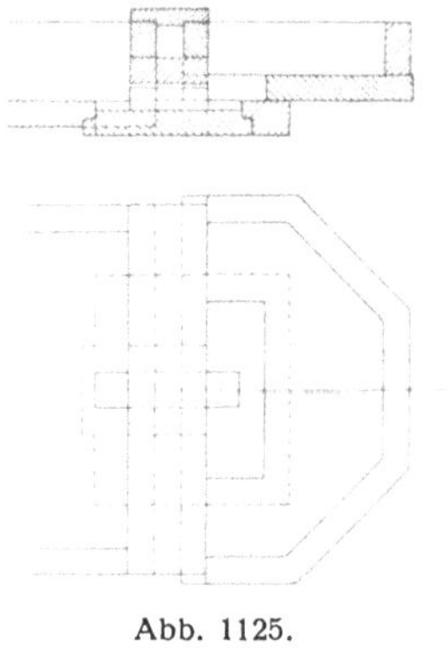

Abb. 1125.

Die geschilderte Trennung durch Zwischenwände im Glasbehälter erfüllt aber häufig, namentlich bei weich eingestellten Gläsern und scharfem Betriebsgang die Forderung, den Arbeitsteil in seiner Temperatur unabhängig vom Schmelzteil zu erhalten, nicht genügend. Deshalb ist eine gegenseitige Abschirmung eingeführt worden, die durch eine aus einzelnen Schamottesteinen bestehende auf die Zwischenwand aufgesetzte Wand gebildet wird. Dieser Aufbau wird als Gitterwerk gebaut und ist gerade in dem Aufbau aus einzelnen Steinen außerordentlich anpassungsfähig an die Bedürfnisse des jeweiligen Betriebes. Es gibt Fälle, bei denen diese Abschirmung durchaus nicht gleichmäßig über die ganze Wannenbreite vollzogen, sondern dem Gang oder der Beanspruchung der einzelnen Wanne angepaßt wird. Wichtig ist ferner, daß beim Aufheizen der Gesamtwanne die Schirmwand zunächst fehlen und nach dem Aufheizen eingesetzt werden kann.

Eine gute Vorstellung des Brückendurchlasses und der Abschirmung der Arbeitswanne gibt nachstehende, der Arbeit von Gehlhoff[1]) entnommene Abb. 1126.

Abb. 1126.

Ein weiteres sehr beachtliches Mittel für die Temperaturbeherrschung in der Arbeitswanne ist das Tieferlegen der Decke dieses Wannenteiles. Sogar stufenweises Tiefergehen mit der Decke ist vorgeschlagen[2]). Bei all dem soll die Arbeitswanne klein sein. Sie wird am besten zwecks Einschränkung der thermischen Strömungen isoliert.

Zweihäusige Taillenwannen. Neben diesen Wannen, bei denen die Einschnürung des Glasweges nur durch die in die Wanne eingebaute, mit Durchlaß versehene Zwischenwand hervorgebracht wird, gibt es Wannen, bei denen die Einschnürung Decke und Boden mit umfaßt. Bei diesen Bauten ist also eine vollkommene Trennung in zwei ganz selbständige Wannenbauten, die Schmelzwanne und die Arbeitswanne, vorhanden, die nur durch einen kleinen Kanal, dessen Wände nach allen Seiten freiliegen, verbunden sind. Die Wände und die Decken der Schmelz- und der Arbeitswanne verjüngen sich in ähnlicher Weise zum Verbindungskanal, wie es die Abb. 1127 und 1128 für den Boden zeigen. Wir bezeichnen diese Wannen als zweihäusige Taillenwannen. Man kann auch, dem angelsächsischen „wasp shape" folgend, kurz von Wespenwannen sprechen. Der Zweck, dem die Schirmwände der einhäusigen Brücken- und Taillenwannen dienen, die Hitze der Schmelzwanne weitgehend von der Arbeitswanne fernzuhalten, wird bei den Wespenwannen ohne weiteres erreicht. Aber diese Wirkung ist so stark, daß die Einstellung der richtigen Temperatur nur mit Hilfe besonderer Brenner für die Arbeitswanne möglich ist, was natürlich nur da zulässig, wo im übrigen die Wärmeökonomie der Wanne hervorragend ist.

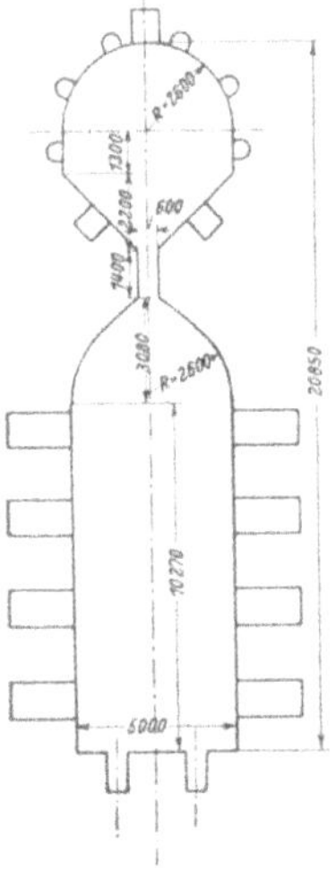

Abb. 1127.

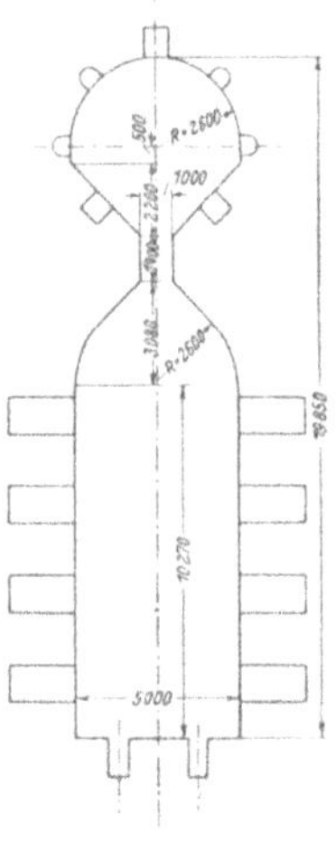

Abb. 1128.

Die Abb. 1127 und 1128 geben zwei ausgeführte Beispiele im schematischen Grundriß. Bei der zweiten Ausführung hat man durch Herunterziehen des Verbindungskanals, ähnlich wie es oben für die Brückendurchlässe angegeben ist, eine stärkere Mischung und Kühlung des Glases erreicht und deshalb eine Verkleinerung der auch dem Abstehen dienenden Arbeitswanne ermöglicht. Einzelheiten enthält die folgende Zahlentafel:

[1]) Glast. Ber. IX (1931), S. 22. — Der Druckstock zur Abbildung wurde von der Glastechn. Gesellschaft, Frankfurt a. M., zur Verfügung gestellt.

[2]) Brownlee, Glasschmelzöfen in Amerika. Glast. Ber. VIII (1930), S. 228.

	Ausführung 1 (Abb. 1127)	Ausführung 2 (Abb. 1128)
Herdfläche der Schmelzwanne .	63,2 m²	64,0 m²
„ „ Arbeitswanne .	25,9 „	19,4 „
Glasstand	1 m	1 m
Tagesleistung	75—85 t	70—80 t
Spez. Schmelzleistung	1,19—1,35 t/m²/24 h	1,09—1,25 t/m²/24 h
Maschinenbesetzung	6 Feedermaschinen	6 Feedermaschinen
Glasart	Grünglas m. 16% Na_2O	unbekannt

Glasstand. Der Glasstand wird bei allen neueren Flaschen-Glaswannen ziemlich übereinstimmend gewählt. Es besteht nur ein Unterschied zwischen farblosem und gefärbtem Glas. Mit Rücksicht auf die stärkere Durchlässigkeit für Wärmestrahlen ist der Glasstand beim farblosen Glase tiefer, und zwar fast allgemein 1,2 m, beim farbigen Glas, besonders bei Grün, das gerade die Wärmestrahlen stark absorbiert, 0,9 bis höchstens 1 m.

Brenner. Die scharfe Beanspruchung der modernen Wannen zwang auch zur Abkehr von der Längsbeheizung (Hufeisenflamme). Sie werden fast sämtlich durch Querflammen beheizt, wie die angeführten Beispiele dies zeigen. Dabei zeigt die Gestaltung der Brenner, wie aller Bauteile, freiere Lage, die eine stärkere Kühlung der eigentlichen Brenner bedingt und im Falle der Reparaturbedürftigkeit leichter zugänglich ist. Die Querführung der Flamme zwingt, für eine bessere Mischung von Gas und Luft zu sorgen und verhältnismäßig enge Brenneröffnungen zu wählen. Außer durch die unten ausgeführten Beispiel werden die Einzelheiten durch die nebenstehende Abb. 1129 des Brennerschnittes einer Dixon-Wanne nach einer Skizze Websters[1]) erläutert. Es sei besonders auf die aus Hohlplatten bestehenden Brennerzungen, deren Kühlung dadurch möglich wird und auf die Blindöffnungen in der Brennerwand, die ein rasches und sicheres Auswechseln der Brennerzungen ermöglichen, hingewiesen (vgl. auch Abb. 1134). Diese wertvollen Einzelheiten sind auch bei den beiden im 15. Kap. wiedergegebenen Osram-Wannen angewandt. Diese beiden letzten Beispiele zeigen noch eine weitere sehr beachtenswerte Neuerung. Bei ihnen ist jedem einzelnen Brenner sein selbständiges Kammerpaar zugeordnet. Dadurch ist natürlich der einzelne Brenner in seiner Wirkungsweise noch besser regulierbar.

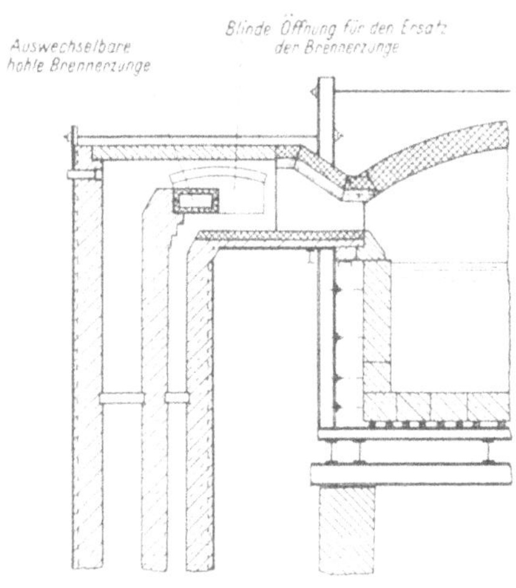

Abb. 1129.

Einlegevorbauten. Zu den aus Amerika stammenden Einzelheiten des Wannenbaues gehören auch die als Doghouses bezeichneten Einlegevorbauten[2]). Es ist kein Zweifel, daß bei ihrer Anwendung Wärmeverluste, wie sie beim früher üblichen Einlegen bei weit und lange offenstehenden Türen entstehen, vermieden werden, und daß sie also zur Verbesserung der Wärmeökonomie mit beitragen. Es bleibt aber die Frage, ob nicht ihr Strahlungsverlust groß und das Abschmelzen in ihnen langsam ist. Beschickungsvorrichtungen, die den Zutritt kalter Luft hindern und die das

[1]) Journ. Soc. Glass Techn. XI (1297), S. 322.

[2]) Vgl. Der Einlagevorbau, Aufbau, Bedienung, Vor- und Nachteile von Silbert Guß, Sprechsaal, **64** (1931), S. 110.

Gemenge unmittelbar in die Wanne geben, dürften eine noch bessere Lösung des Problems sein, sofern die Anordnung so geschieht, daß eine Zerstäubung des Gemenges möglichst vermieden wird. Bezüglich der Verhinderung des Staubens sind natürlich die Vorbauten sehr gut wirkend. Auch die kontinuierliche Zufuhr mit Transportschnecken in wassergekühltem Einbau, für die Eckert[1]) das Beispiel System Amco angibt, sind sehr beachtenswert.

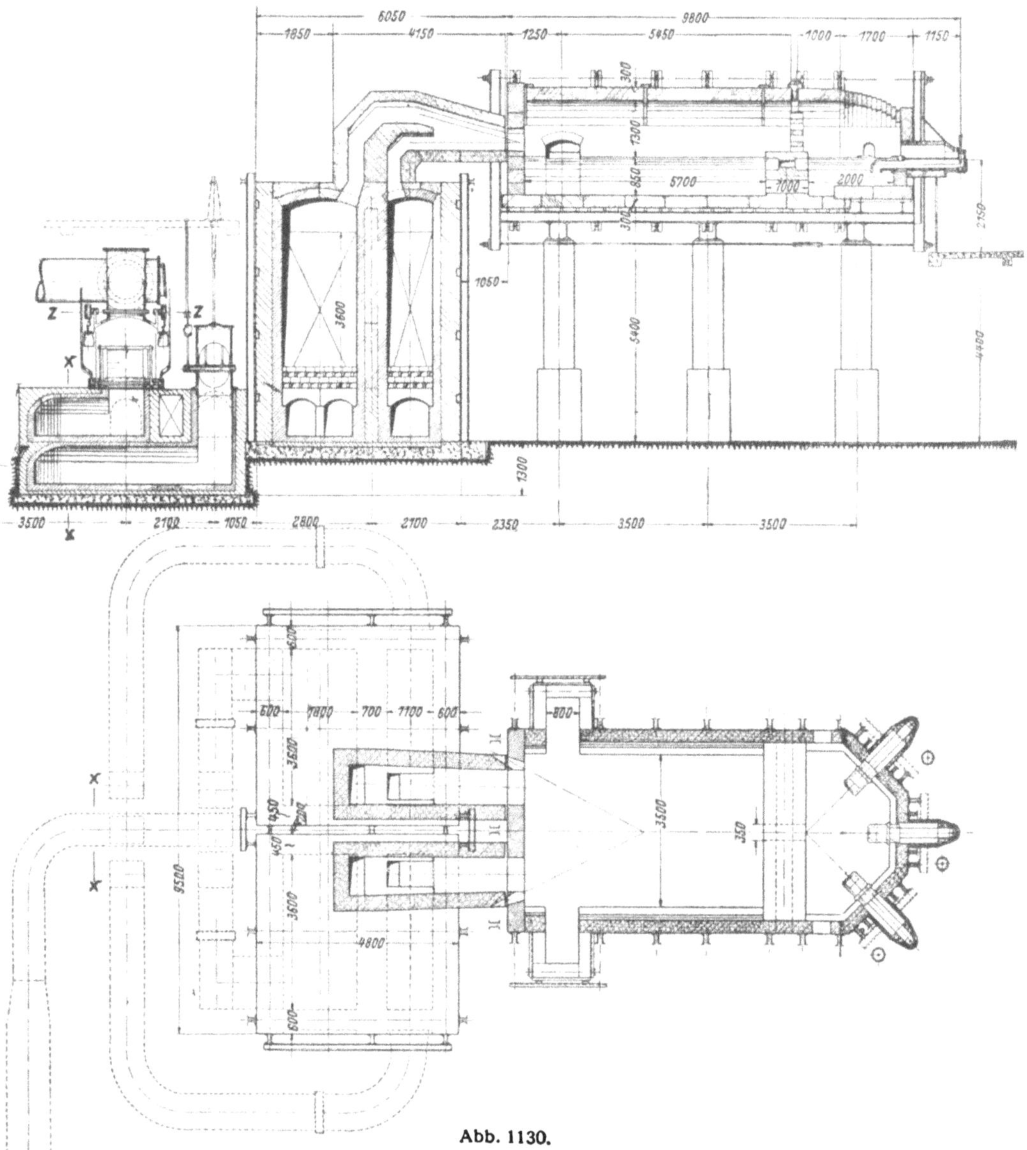

Abb. 1130.

Bei den Einzelheiten der Konstruktionen dürfen auch die Hängedecken nicht übersehen werden, über die Müllensiefen[2]) zusammenfassend berichtet hat. Ferner sei auf Vorschläge und Erfahrungen hingewiesen, deren Beachtung einen Schutz der Wannensteine vor frühzeitiger Auflösung liefern dürfte und die von

[1]) Glast. Ber. VIII (1930), S. 205.
[2]) Glast. Ber. VIII (1930), S. 129.

H. Hausner[1]) mitgeteilt sind. Vielfach findet man Wasserkühlung der gefährdeten Teile empfohlen, sogar wassergekühlte Hohlformen aus Stahlblech [Teisen[2]), Milliken Brths. & Blaw-Knox Ltd.[3])]. Dieser Gedanke ist aber mit Vorsicht anzuwenden. Wir fürchten, daß an Bauteilen, bei denen das flüssige Glas direkt oder indirekt mit der Wasserkühlung in Berührung kommt, sich ein Wärmegefälle vom Glas zur Kühlung ausbildet, das in irgendeiner Schicht gerade die Temperatur des günstigsten Entglasungsbereichs zeigt und damit die Entglasungsgefahr und Steinbildung im Erzeugnis hervorruft. Jedenfalls liegen umfassende günstige Erfahrungen auf diesem Gebiete bis jetzt nicht vor.

Als wichtige Veröffentlichung über alle im Abschnitt „Schmelzöfen" dieses Kapitels angeschnittene Fragen, besonders mit Rücksicht auf die Herstellung weißer Flaschen ist noch der Vortrag Eckerts, Neuzeitliche Hohlglaswannen[4]) zu nennen.

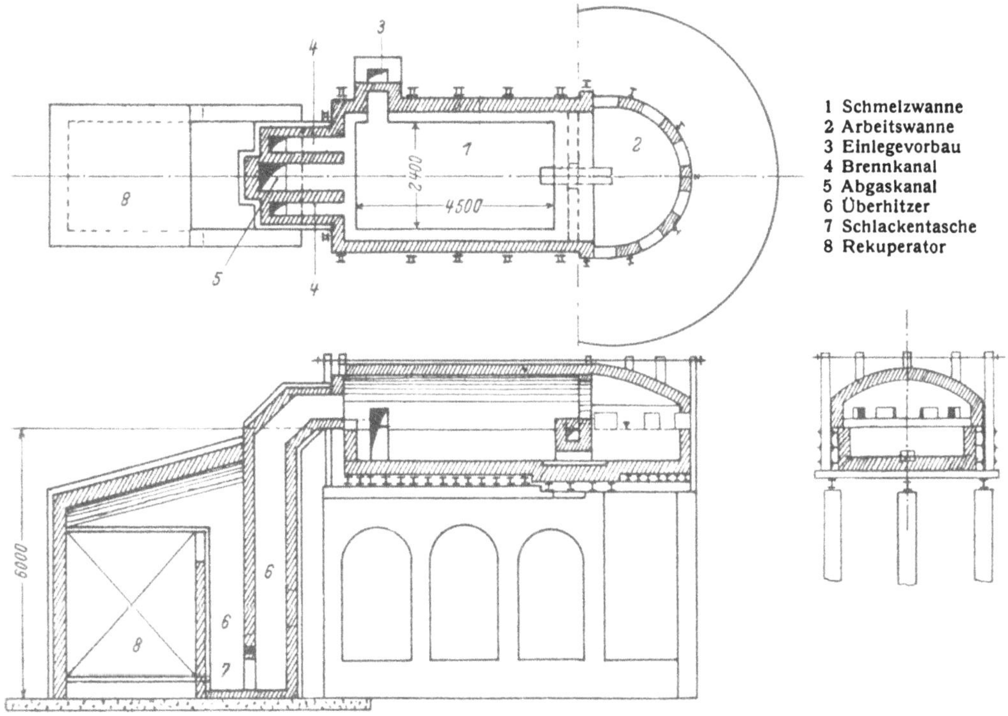

Abb. 1131.

Zur Erläuterung des Gesagten sind im folgenden einige **Einzelbeispiele von Glasschmelzwannen** zur Erzeugung von Flaschenglas mitgeteilt. Zur Ergänzung der im ersten Bande gegebenen Konstruktionen, die ausschließlich sich auf deutsches Material stützen, sind absichtlich an dieser Stelle ausländische Bauarten bevorzugt, die besonders geeignet sind, die oben erwähnten Entwicklungsrichtungen deutlich zu machen.

1. 3 Feeder-Weißglaswanne der Fours et Fumisterie Industrielle (Abb. 1130), zu der der Herausgeber die Vorlage der Güte des Herrn Frank R. Pesserl-Paris verdankt. Diese Wanne bildet insofern einen Übergang zu den neueren Kon-

[1]) Glast. Ber. VIII (1930), S. 25.
[2]) Journ. Soc. Glass Techn. IX (1925), S. 68.
[3]) Glass, Februar 1928, Water-cooling as applied to Glass Tanks and Furnaces.
[4]) Glast. Ber. VIII (1930), S. 193.

struktionen, als sie noch mit Hufeisenflamme beheizt wird. Im übrigen sind alle Merkmale, die bei der allgemeinen Besprechung oben erwähnt sind, erkennbar. Der Durchlaß ist bei einer Weite von 350 × 300 mm in geringer Erhöhung über die Flucht des Wannenbodens durchgeführt. Die Zwischenwand ist parallelwandig mit Kühlöffnungen nach außen. Die Beheizung geschieht regenerativ. Die Längsführung der Flamme macht es natürlich bei angestrengtem Betrieb besonders nötig, eine „Schirmwand" aufzustellen. Sie ist in der Tat, wie die Zeichnung ergibt, hier angewandt. Die Gemengezufuhr geschieht durch zwei seitlich vor den Brennern angeordnete „Einlegevorbauten" (Doghouses). Die wesentlichen Größenverhältnisse sind die folgenden: Herdfläche der Schmelzwanne 20,0 m², Herdfläche der Arbeitswanne 5,5 m², Gesamtherdfläche 26,9 m², Glasstand 850 mm, Glasvolumen: Schmelzwanne 17,0 m³, Arbeitswanne 4,0 m³, Gesamtvolumen 21,0 m³, Tagesleistung: 20 t Glas in 24 Stunden. Spez. Schmelzleistung: 1 t/m² pro 24 Stunden. Brennstoffverbrauch

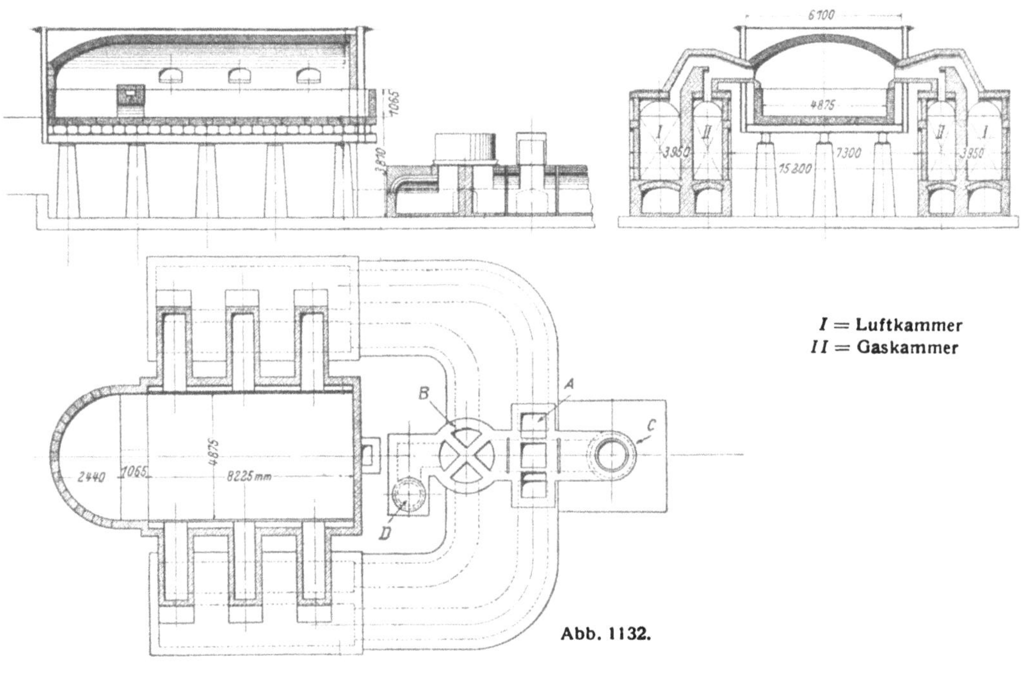

Abb. 1132.

je kg Glas: 0,47 kg Steinkohle von 7000 WE. Eine ausgeführte Anlage arbeitet mit 3 Müller-Feedern und Lynchmaschinen für Medizinflaschen.

2. Amsler-Morton-Weißhohlglaswanne mit Überhitzer-Rekuperator (Abb. 1131). Über das Prinzip des Rekuperators aus dieser Wanne hat Herr Dr. Eckert-Berlin berichtet[1]). Die Beheizung erfolgt mit doppelter Hufeisenflamme. Im Vergleich mit den übrigen Wannen ist nur hervorzuheben, daß die Zwischenwand parallelwandig ist und der Durchlaß im Boden der Wanne heruntergezogen ist. Über die Größenverhältnisse und Leistung geben folgende Zahlen Auskunft: Herdfläche der Schmelzwanne 10,8 m², Herdfläche der Arbeitswanne 4,75 m², Gesamtherdfläche 15,5 m², Glasstand 700 mm, Glasvolumen: Schmelzwanne 7,6 m³, Arbeitswanne 3,3 m³, Gesamtvolumen 10,9 m³, Tagesleistung: 10 t. Spez. Schmelzleistung: 0,93 t/m²/24 Std.

[1]) Glast. Ber. VIII (1930), S. 193.

3. Regenerativ-Wannenöfen der Firma Stein & Atkinson, London SW 1 (Abb. 1132), für die mir liebenswürdigerweise die Firma Stein & Atkinson die Vorlagen zur Verfügung gestellt hat.

Die besondere Schraffur der Wannenteile deutet das in England übliche Material an. Es werden dort alle Bauteile, die mit Glas in Berührung kommen, aus Hafentonmasse (vorwiegend Stourbridge-Potclay) hergestellt.

Die Zwischenwand zwischen Arbeitswanne und Schmelzwanne ist hier in einer Breite von etwa 1,1 m parallelwandig durchgeführt. Der Durchlaß liegt in der Flucht des Wannenbodens und hat eine Weite von 500 × 500 mm. Bemerkenswert ist noch das Hochziehen der Kammern, deren oberer Teil über den Arbeitsboden hinaufragt. Dies zeigt Abb. 1133 deutlich, die auch im übrigen ein eindrucksvolles Bild dieser Art von Wannen gibt. Die maßgebenden Größenverhältnisse sind die folgenden: Herd-

Abb. 1133.

fläche der Schmelzwanne 40,0 m², Herdfläche der Arbeitswanne 9,0 m², Gesamtherdfläche 49,0 m², Glasstand 1000 mm, Glasvolumen: Schmelzwanne 40,0 m³, Arbeitswanne 9,0 m³, Gesamtvolumen 49,0 m³. Tagesleistung: 35 t Glas in 24 Stunden. Spez. Schmelzleistung: 0,88 t/m²/24 Std. Kohlenverbrauch: 0,7 kg pro kg Glas.

4. Teisen-Regenerativ-Wanne (Abb. 1134). Auch hier sind die Vorlagen vom Konstrukteur selbst, Herrn Th. Teisen, C. J.-Birmingham, zur Verfügung gestellt. Die in der allgemeinen Beschreibung hervorgehobenen Einzelheiten sind auch bei dieser Wanne vertreten. Die Zwischenwand zwischen Schmelz- und Arbeitswanne ist aber besonders ausgebildet. Sie erweitert sich vom Durchlaß aus nach der Außenwand zu. Während die bisherigen Beispiele durchweg „Brückenwannen" sind, ist diese Konstruktion als einhäusige Taillenwanne zu bezeichnen. Die Erweiterung der Zwischenwand ist aber nicht so stark, wie wir es bei der in Kapitel „Glühkolbenglas" gezeigten Wanne finden werden. Auch die Höhenlage des Durchlasses ist hier eigenartig, insofern er ziemlich hoch über den Wannenboden gehoben ist. Der Wannenboden ist aber an dieser Stelle unterbrochen, so daß auf diese Weise die

notwendige Kühlwirkung hervorgebracht wird. Bemerkenswert ist ferner die Hochstellung der Kammern und die Kühlquerlöcher in der Brennerzunge.

Für eine Ausführung, die zur Erzeugung grünen Flaschenglases dient, macht Herr Teisen in einer Privatmitteilung an den Herausgeber folgende Angaben: Herdfläche der Schmelzwanne: 20,9 m², Herdfläche der Arbeitswanne: 7,15 m², Gesamtherdfläche: 28 m². Glasstand: 1,06 m. Gesamter Wanneninhalt: 72,5 t, Tagesleistung: 20 t Grünglas in 24 Stunden, Kohlenverbrauch: 0,6—0,7 t je t Glas. Spezifische Schmelzleistung: 0,85—0,95 t/m²/24 Std. — Der Kohlenverbrauch ist nach Angabe des Herrn Teisen etwas hoch und kann noch herabgesetzt werden. Bei größeren Ausführungen geht der Brennstoffverbrauch noch weiter zurück.

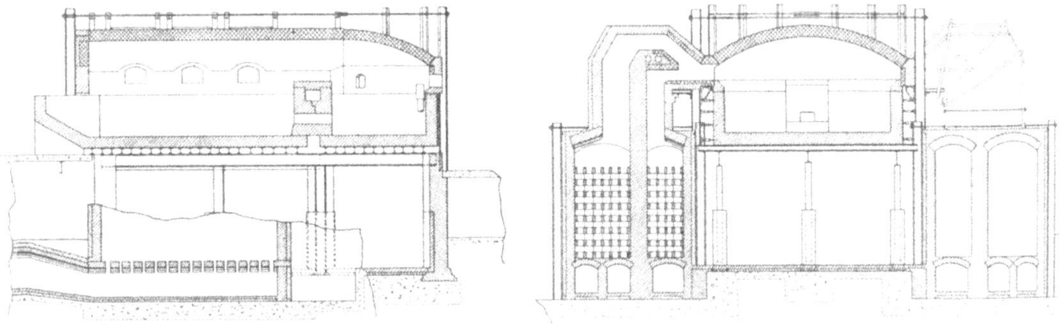

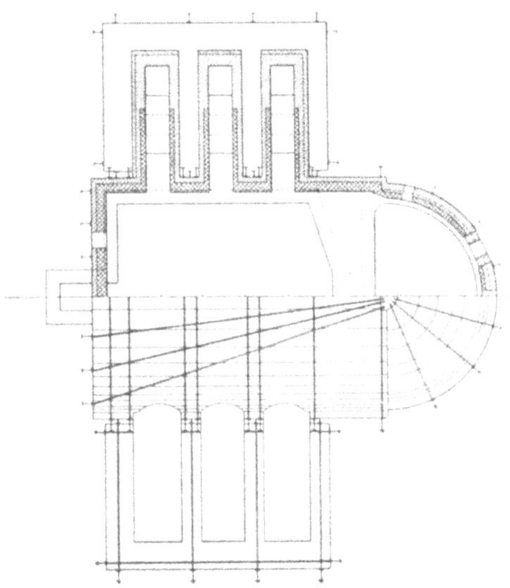

Abb. 1134.

5. Moorsheads Torpedowanne (Abb. 1135) im Betrieb bei der United Glass Bottle Manufacturers zu Charlton bei London mit je 2 Owensmaschinen. Dieser Wannenofen ist durch die Abschrägung sämtlicher vier Ecken der Schmelzwanne gekennzeichnet. Er ist in mehreren Ländern durch Patente geschützt, in Deutschland durch das DRP. 446241. — Der Herausgeber möchte nicht versäumen, auch an dieser Stelle Herrn Moorshead verbindlichst für die Überlassung der reichhaltigen Unterlagen über diese Wanne zu danken.

a) Schmelz- und Läuterwanne. In Abb. 1136 ist die Torpedowanne in der Aufsicht und mehreren Schnitten dargestellt. Die Abbildungen zeigen die Regeneratorkammern und Gaszüge nicht, da sie nichts Besonderes enthalten. Die Regeneratoren sind 3,2 m hoch, gemessen von der Oberkante des Zuges bis zur Bogenspitze in der Kammer, und 1,06 m breit. Die Kammern sind wie üblich mit Steinen im Gitterwerk ausgesetzt. Die Ölfeuerung vereinfacht natürlich den Bau durch den Wegfall der Gaskammern. Die zum Durchlaß führende Einschnürung des Glasraumes ist nach außen sehr breit geöffnet. Der Durchlaß selbst ist in der Flucht des Bodens durchgeführt. Die Läuterwanne ist sehr klein und besitzt am Ende rechts und links je einen Durchlaß, der zu einer der Drehwannen führt. Die Wanne besitzt eine Schmelzfläche von 40 m² und eine maximale Schmelzleistung von 50 t je 24 h. Diese entspräche einer spez. Schmelzleistung von 1,25 t/m²/24 h. Der Ölverbrauch ist bei Öl von 10000 WE je Tag: 12 t, was 0,34 t Kohle von 7000 WE je t Glas entspricht. Die maximale Schmelzleistung wird nicht immer ausgenutzt. Oft sinkt infolge des geringeren Glasbedarfs der Maschinen die Schmelzleistung auf 30 t je Tag. Mit sinkender Belastung sinkt der Brennstoffverbrauch nicht entsprechend. Für eine Senkung der geschmolzenen Glasmenge um 10 t sinkt zwischen 50 und 30 t der Ölverbrauch um 1 t. Diese Fest-

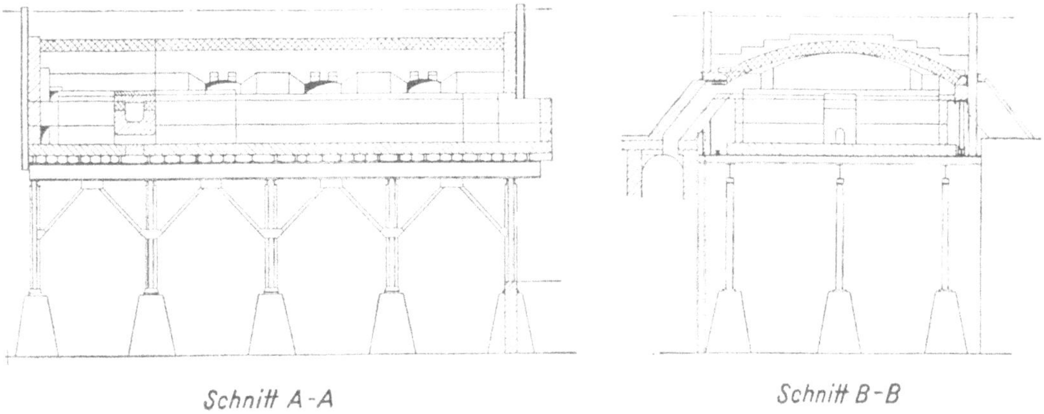

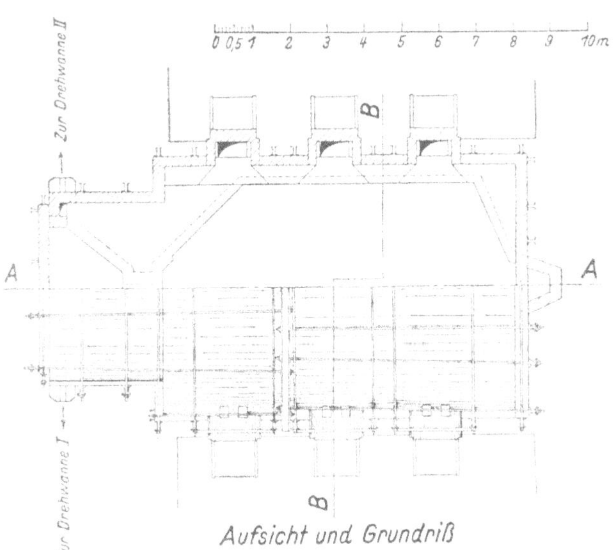

Abb. 1135.

stellung ist außerordentlich wichtig, weil wir bis jetzt gezwungen waren, unsere Anschauungen über den Zusammenhang zwischen relativem Brennstoffverbrauch und Schmelzleistung aus dem Vergleich verschiedener Öfen abzuleiten, was natürlich große Unsicherheiten enthält. Hier aber können wir diese Beziehung auf Grund der Angabe Moorsheads an gleichartigen, z. T. übereinstimmenden Wannen entnehmen. Die entsprechenden Ziffern sind in folgender Zahlentafel für Öl mit 10000 WE und Steinkohle mit 7000 WE zusammengestellt:

Zahlentafel 108.

Ölverbrauch t je Tag	Tagesleistung t Glas	Spez. Schmelzleistung t/m²/24 h	Ölverbrauch t je t Glas	Steinkohlenverbrauch t je t Glas
12	50	1,25	0,24	0,34
11	40	1,00	0,28	0,40
10	30	0,75	0,33	0,47

Ähnlich klingen die Angaben Coad-Pryors[1]), die er auf Grund 6jähriger Erfahrungen an den Wannen des gleichen Betriebs (United Glass Bottles Manufacturers

[1]) Journ. Soc. Glass Techn., XIV (1930), Proceedings, S. 88—90.

Ltd.) über den Einfluß der Belastung auf den Brennstoffverbrauch machte. Nach ihm entspricht einer Änderung der Belastung der Wanne um 10% eine Änderung des Kohlenverbrauchs von nur 1,9%. Natürlich schwanken die Ergebnisse stark, der höchste Brennstoffzuwachs, der einer 10proz. Leistungssteigerung entsprach, war 2,45%, der niedrigste 1,28%. Die soeben erwähnten Zahlen, die der Privatmitteilung Moorsheads an den Herausgeber entnommen sind, entsprächen 4—4,5% Brennstoffänderung für 10% Leistungsänderung. Sie liegen also durchaus in der gleichen Größenordnung.

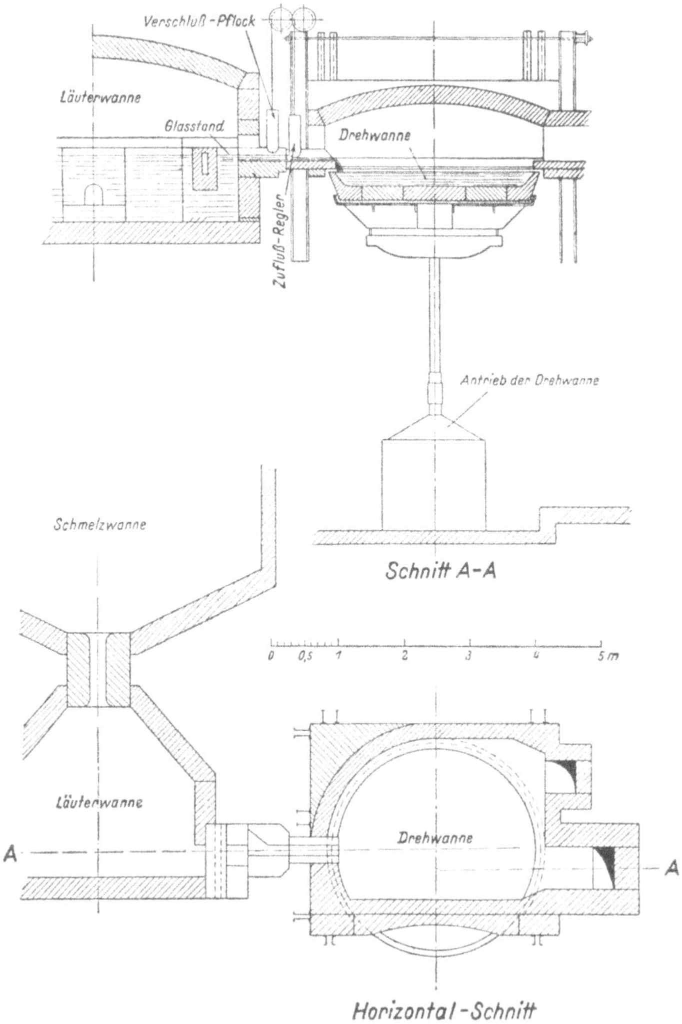

Abb. 1136.

Bessere Übereinstimmung kann man nicht erwarten, weil die Angaben auf ganz verschiedener Bezugsbasis gemacht sind.

b) Die Drehwanne ist in Abb. 1136 dargestellt. Ihre Konstruktion ist die übliche, jedoch ist besonders hervorzuheben, daß die Beheizung rekuperativ erfolgt, und zwar mit Hilfe eines Rekuperators, der großenteils aus metallischen Konstruktionsteilen hergestellt ist, wodurch infolge der hohen Leitfähigkeit der Rekuperatorröhren ein hoher Wirkungsgrad erreicht wird. Natürlich leiden die metallischen Teile in Berührung mit den Abgasen und bei hohen Ofentemperaturen wächst die Abnützung außerordentlich rasch. Es sind eine Reihe von Legierungen mit Nickelchrom sowie Mangan in den verschiedensten Verhältnissen für Rekuperatoren versucht worden. Sie waren aber in bezug auf die Widerstandsfähigkeit gegen den Angriff der Ofengase nur teilweise brauchbar.

Die Abb. 1137 zeigt, daß die Lufterhitzungsfläche mit Röhren und Krümmern hergestellt wurde, da damit eine einfache und gedrungene Konstruktion ermöglicht wurde. Man entschloß sich, die Röhren mit einem lichten Durchmesser von 10 cm zu wählen. Dieser Querschnitt erschien bei der Beachtung aller in Frage kommenden Faktoren als der günstigste. Ein kleinerer Querschnitt hätte zwar größeren Wirkungsgrad gehabt, wäre aber wegen der größeren Zahl der Rohrstücke und Krümmer wesentlich teurer gewesen. Bei größerem Querschnitt hätte man wohl die Konstruktion vereinfachen und verbilligen können, aber nur auf Kosten des Wirkungsgrades. Ein anderer Grund für die Wahl der Röhren mit 10 cm Durchm. war der, daß Röhren dieses Querschnitts in Nickelchromlegierung mit einer Länge von 3 Fuß (91,4 cm) und einer Wandstärke von $^3/_8$ Zoll (9,5 mm) gegossen werden konnten. Kleinere Querschnitte hätte man in kleineren Längen gießen müssen.

Es sei hervorgehoben, daß der Rekuperator aus drei verschiedenen Materialien hergestellt ist. Die Röhren, die zuerst in Berührung mit den Gasen kommen, sind aus Carborundum, die Krümmer hierzu aus Nickelchrom hergestellt. In der nächsten Abteilung, die schon mäßigere Temperaturen besitzt, sind Röhren und Krümmer aus Nickelchromlegierung und die letzte Abteilung ist ganz aus Gußeisen, sowohl für die geraden Rohrstücke wie für die Krümmer hergestellt.

Die Bauart der Rekuperatoren mußte Rücksicht auf die hohe Temperatur der Abgase nehmen, die mit 1150—1200° C in die Rekuperatorkammer eintreten. Durch Vorversuche war festgestellt, daß bei dieser Temperatur alle Metalle, sowohl Legierungen wie hitzebeständiger Stahl, in horizontaler Lage unter dem eigenen Gewichte verbogen werden. Dadurch kommen Spannungen in die Verbindungen und verursachen große Undichtigkeiten. Man griff deshalb zu beweglichen Lagern für diesen Teil des Rekuperators. Dazu kommt die natürliche Korrosion der Röhren, die wächst, wenn die Gase auf die Flächen stoßen. Trotzdem wurde die horizontale Lagerung der geraden Rohrstücke gewählt, weil man so diesen Teil des Rekuperators, in dem die heißeste Luft in Berührung mit den heißesten Gasen hindurchzieht, leichter anordnen und dabei eine Temperatur, die nahe der der eintretenden Abgase ist, erzielen konnte. Die oben erwähnte Gefahr des Undichtwerdens ist im vorliegenden Fall besonders groß, weil die Luft unter beträchtlichem Druck durch den Rekuperator zieht. Unter diesen Umständen führen Undichtigkeiten zu großen Verlusten. Man hat sich deshalb entschlossen, Nickelchromlegierungen dort, wo die Temperaturen über 600—650° sind, nicht zu verwenden. Der gußeiserne Teil des Rekuperators ist nicht höher als 350—400° beansprucht.

Zur Form der Konstruktion des Rekuperators sei noch bemerkt, daß der Teil, in dem Carborundum für die geraden Rohrstücke verwendet wird, Krümmer aus Nickelchrom enthält. Diese liegen aber außerhalb der Rekuperatorwand und werden so vor den heißen Gasen geschützt. Aus diesem Grunde ist eine besondere Methode für die Verankerung des Rekuperators benützt (Abb. 1137, Skizze I). Außerhalb der Mauern der Rekuperatorkammern ist ein Rahmen aus T-Trägern usw. aufgestellt, welche die Teile des Rekuperators zusammenhalten, und zwar werden zwischen Ansätze, die an der Außenseite der Krümmer angegossen sind, und Bolzen von zwei Platten begrenzte Federn gesetzt, welche die Krümmer gegen die Carborundumröhren pressen. Diese Platten wurden so dicht als möglich zwischen Feder und Krümmer gesetzt. Diese Anordnung war notwendig, um die Federn möglichst vor zu hoher Erhitzung zu schützen, bei der sie ihre Härte und Spannkraft verlieren.

Die Methode hat sich sehr gut bewährt. Bei einer Krümmertemperatur von 850 bis 900° sind die Federn nur so wenig heiß, daß sie ohne Gefahr mit der Hand berührt werden können. Die Krümmer, die außerhalb der Mauer liegen, werden durch Isolationen abgedeckt.

Im zweiten Teil (Abb. 1137, Skizze II), für dessen Bau Nickelchrom verwendet ist, und zwar für beide Teile, sowohl für Krümmer als für die geraden Rohrstücke,

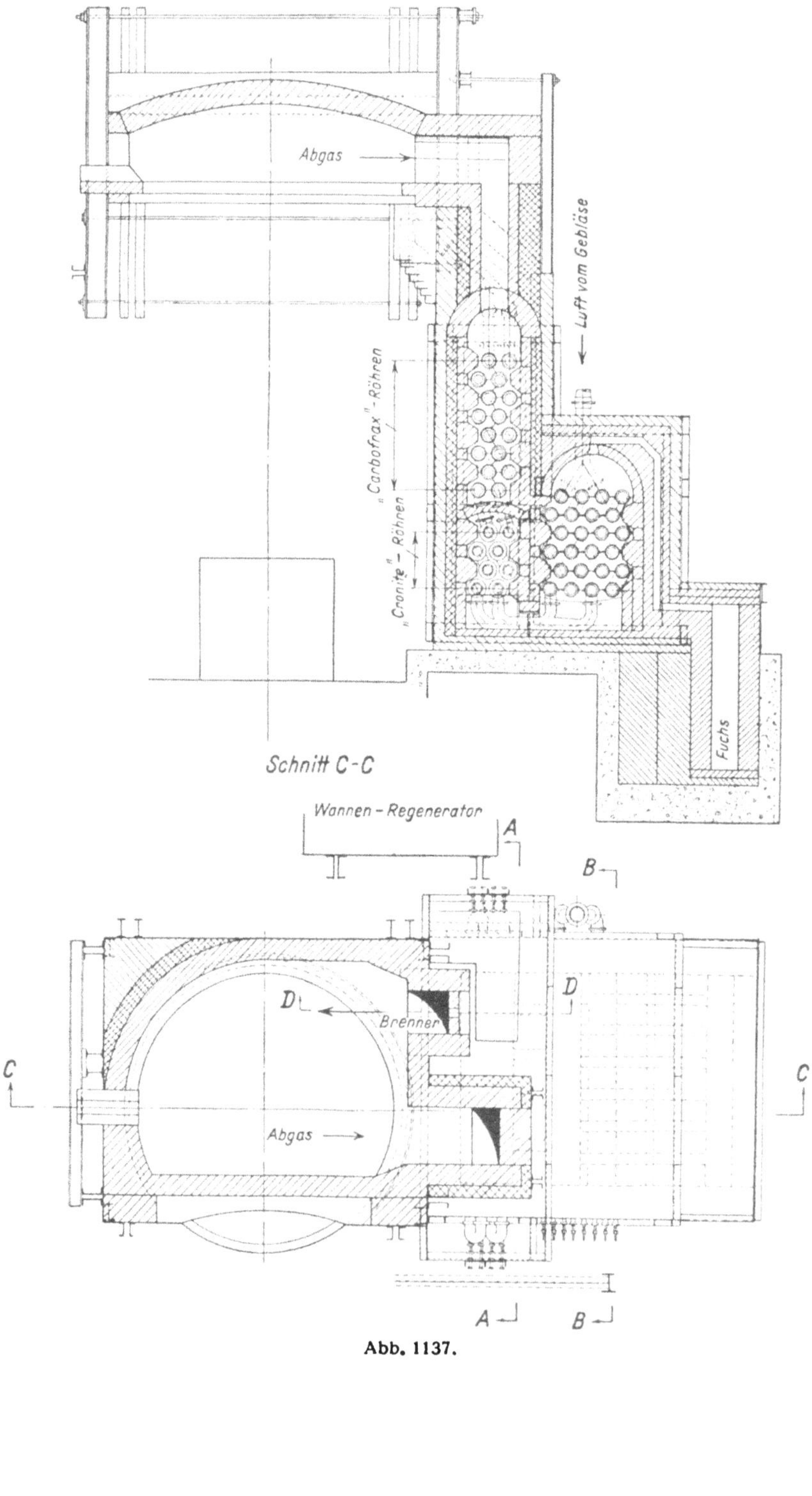

Abb. 1137.

sind diese mit gebolzten Flanschen zusammengehalten, wobei die Bolzen aus demselben Material bestehen wie die Röhren und Krümmer. Der gußeiserne Teil ist in einem besonderen, neben dem heißeren Teil angeordneten Raum des Rekuperators untergebracht, weil die notwendige Größe der Rekuperatorfläche nicht zu erzielen war, wenn man sämtliche Teile übereinander angeordnet hätte.

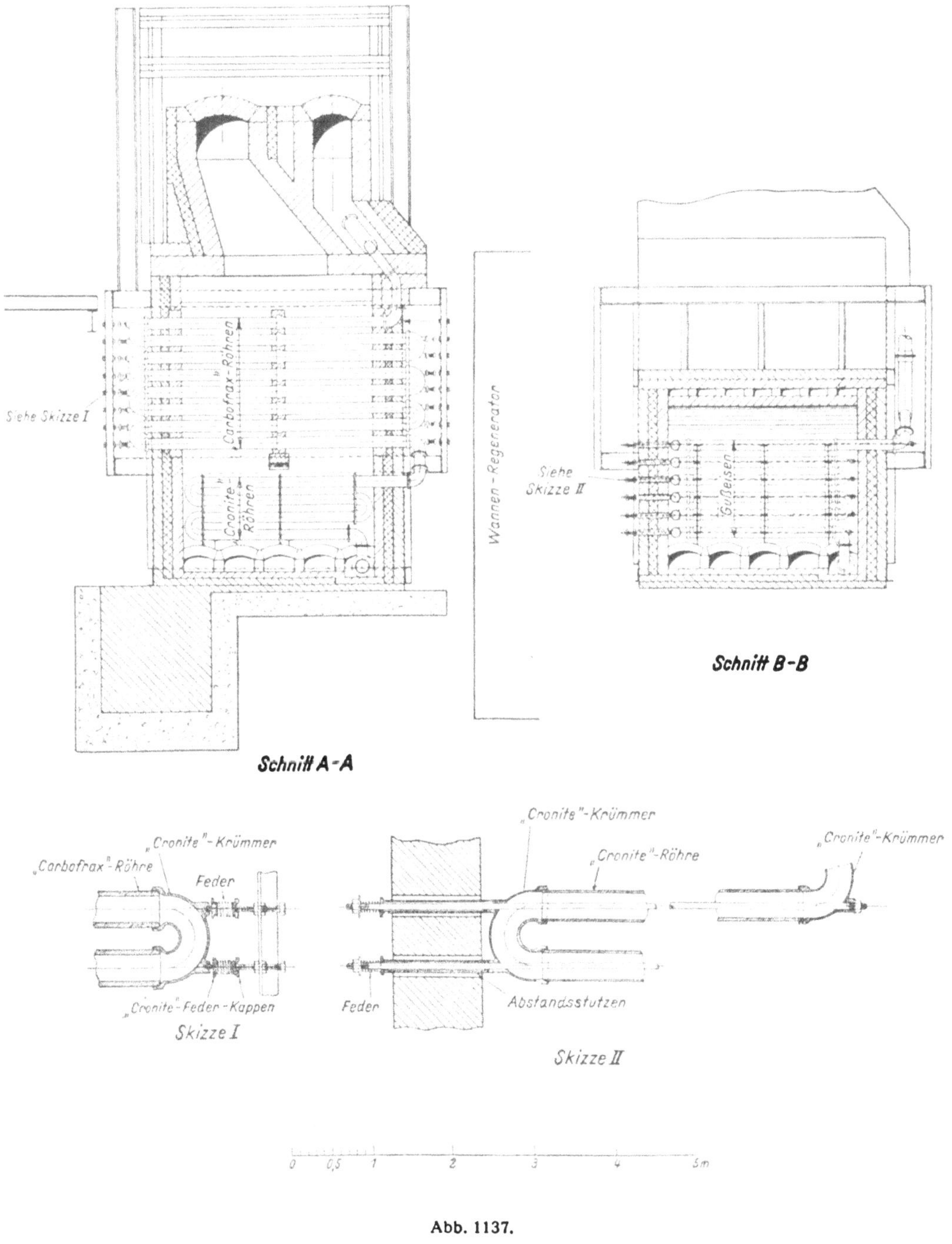

Abb. 1137.

Zahlentafel 109.

Vergleich deutscher und englischer Ofenleistungen in der Flaschenglas-Industrie.

Deutsch nach Maurach, Glasschmelz-Wannenöfen WBG. 1927									Englisch nach Turner, Development of Glass Melting Furnaces Journ. Soc. Glass Techn. XI, 1927, S. 310.										
Nr.	Nr. im Original	Herdfläche gesamt	Herdfläche beheizt	Glasstand	Tagesleistung	Spez. Schmelzleistung auf Gesamtherdfläche	Spez. Schmelzleistung auf beheizter Herdfläche	Kohleverbrauch	Nr.	Nr. im Original	Jahreszahl	Schmelzwannenfläche Engl. Maß	Schmelzwannenfläche Deutsches Maß	Glasstand	Art der Ware	Tagesleistung	Spez. Schmelzleistung Engl. Maß	Spez. Schmelzleistung Deutsches Maß	Kohlenverbrauch
		m²	m²	m	t Glas	t Glas je m² in 24 h	t Glas je m² in 24 h	t Kohle (7000 WE) je t Glas				sq. ft.	m²	m		t Glas	sq. ft. je t Glas in 24 h	t Glas je m² in 24 h	t Kohle je t Glas
									A. Farbloses Glas.										
									1. Rekuperativ.										
									20	9	1924	340	31,6	1,2	Kleine Flaschen	18	19	0,57	0,62
									2. Regenerativ.										
1	H_8	12,0	10,0	0,75	6,0	0,50	0,60	0,71	21	16	1927	322	30,0	1,2	Flaschen u. Tönnchen	25,5	12,9	0,85	—
2	H_9	13,8	13,8	0,60	6,9	0,25	0,50	0,88	22	18	1927	431	40,0	1,07	Weithalsware	37,6	11,7	0,94	0,60
3	H_{10}	17,3	12,2	1,00	7,8	0,45	0,62	0,43	23	5	1923	432	40,1	1,2	Weithalsware und Verschiedenes	41,7	10,5	1,04	0,63
4	H_{14}	31,0	18,0	1,20	8,0	0,26	0,44	0,60	24	6	1923	432	40,1	1,2		48,5	9,0	1,21	0,5 bis 0,55
5	H_{15}	82,6	31,4	1,00	19,0	0,23	0,60	0,54	25	7	1923	432	40,1	1,2		48,5	9,0	1,21	—
									26	10	1924	432	40,1	1,2	Verpackungsglas	58,0	7,6	1,44	0,56
									27	11	1924	462	43,0	1,2	Literflaschen und kleine Flaschen	29.0	16,0	0,68	0,62
									28	12	Gleicher Ofen wie 27					27,0	17,6	0,62	0,72
									29	17	1927	473	44,0	1,2	Versch. 4 Masch.	29,0	16,0	0,68	0,62
									30	13	1926	520	48,3	1,2	Verpackungsglas usw.	62,8	8,4	1,30	0,54
									31	15	1927	520	48,3	1,2	,,	80,0	6,6	1,66	0,55
									32	8	1924	551	51,2	1,2	Milchflaschen	68,0	8,25	1,33	—
									33	14	1926	650	60,4	1,2	Versch. 8 Masch.	69,0	9,6	1,14	—
Mittel:						0,34	0,55	0,63										1,09	0,59

B. Farbiges Glas.

a) Braun.

									34	18	1923—24	349	32,4	0,9	Flaschen	24,3	14,5	0,75	0,80

b) Grün.

1. Rekuperativ.

6	F_2	26,8	19,6	1,15	9,2	0,36	0,47	0,71											
7	F_{11}	56,0	32,6	1,05	20,0	0,36	0,61	0,70											
8	F_{12}	56,0	32,6	1,15	15,6	0,28	0,48	0,71											
9	F_{13}	56,7	28,4	1,00	10,4	0,18	0,37	1,02											
10	F_{14}	58,3	36,3	1,05	20,0	0,34	0,55	0,70											
Mittel:						0,30	0,50	0,77											

2. Regenerativ.

11	F_3	28,0	16,8	1,00	8,5	0,30	0,50	0,82	35	24	1927	370	34,4	0,9	Enghals-Literflaschen	12,7	16,5	0,66	—
12	F_4	36,0	27,0	1,00	7,15	0,20	0,26	0,97	36	26	1927	380	35,3	—	Flaschen	40,5	9,5	1,15	0,66
13	F_5	38,5	28,0	1,00	3,68	0,10	0,13	1,60	37	23	1927	420	39,0	1,2	Enghals-Literflaschen	31,6	13,5	0,81	—
14	F_6	43,0	25,8	1,00	12,0	0,28	0,46	0,52	38	19						29,3	14,9	0,73	0,81
15	F_7	46,0	30,8	1,05	13,8	0,30	0,45	0,82	39	20	1925	432	40,1	1,05	Literflaschen und ½-Literflaschen	31,3	14,0	0,78	0,68
16	F_8	46,7	27,5	1,10	14,2	0,30	0,52	0,77	40	21						22,0	20,0	0,55	1,1
17	F_9	51,0	32,5	1,00	15,0	0,29	0,47	0,52	41	25	1927	437	40,6	0,9	Enghals-Literflaschen	30,8	14,5	0,76	—
18	F_{10}	53,7	30,0	1,20	14,5	0,27	0,48	0,75	42	22	1927	468	43,5	0,8	Liter- u. ½-Literflaschen	39,4	12,0	0,91	0,57
19	F_{15}	80,7	46,8	1,10	33,0	0,41	0,71	0,49											
Mittel:						0,27	0,44	0,80										0,79	0,77
Gesamtmittel:						0,30	0,50	0,75										0,64	0,56

Schließlich ist noch darauf hinzuweisen, daß die Lager sowohl im gußeisernen Teil des Rekuperators wie bei dem Carborundumteil in Kugelflächen liegen, damit sich die Röhren ohne die Gefahr von Spannungen frei bewegen können. Die Methode der Befestigung des Chromnickelteils ist wohl aus Abb. 1137, Skizze II ohne weiteres verständlich. Auch diese Art der Befestigung hat sich bewährt.

Die Arbeitsweise dieses Metallrekuperators hat durchaus befriedigt. Wenn die Abgase die Drehwanne mit 1250° C verlassen, tritt die vorgewärmte Luft mit 900 bis 950° aus dem Rekuperator, während die zum Schornstein ziehenden Abgase auf 180—200° abgekühlt sind.

Der Ölverbrauch der Drehwanne variiert natürlich mit der Arbeitstemperatur und diese Temperaturen variieren beträchtlich mit dem Charakter der Flaschen, die die Maschine macht. Wird sehr kleine und leichte Ware hergestellt, muß das Glas sehr flüssig gehalten werden und deshalb läuft die Drehwanne bei sehr hoher Temperatur, wahrscheinlich 1320°. Wird dagegen mit sehr großen Posten gearbeitet, so kann die Temperatur etwa 1120° sein. Der Ölverbrauch der Drehwanne ist bei der niedrigen Temperatur ungefähr 280 Gallonen (1270 l je Tag) und bei der höchsten Temperatur dürften ungefähr 400 Gallonen (1820 l) pro Tag verbraucht werden.

Ergebnisse der neueren Wannen. Für die angeführten Beispiele sind nach Möglichkeit die Größenverhältnisse, Tagesleistungen, spezifische Schmelzleistung und Kohlenverbrauch oben angegeben. Schon diese Zahlen zeigen, daß sie, verglichen mit dem früher Üblichen, höhere Leistungen und gleichzeitig relativ kleineren Kohlenverbrauch aufweisen. Es ist aber wünschenswert, diese Tatsachen an einem umfangreicheren Material nachzuweisen. Diese Aufgabe ist erleichtert, weil ziemlich gleichzeitig, im Jahre 1927, sowohl von deutscher, wie von englischer Seite wichtige Veröffentlichungen hierüber gemacht wurden. Einerseits hat die Wärmetechnische Beratungsstelle der deutschen Glasindustrie, Frankfurt a. M., unter der Leitung von Herrn Dr. H. Maurach auf Grund der umfangreichen Messungen und Umfragen eine Zusammenstellung für die Bauart und Ergebnisse der deutschen Flaschenwannen in dem Sonderheft der WBG „Glasschmelzwannenöfen“ mitgeteilt. Anderseits hat Professor Turner in einer „the Development of Glass Melting Furnaces in Recent Times“ betitelten Arbeit die Ergebnisse der neuen englischen Wannenbauten zusammengestellt und die Ursachen der darin liegenden Fortschritte untersucht. Die für uns wichtigen Zahlen und Angaben sind in der Zahlentafel 109 zusammengestellt. Um den Überblick zu erleichtern, sind, obwohl Bauart und Größe oft stark auseinandergehen, für die zusammengehörigen Gruppen bei einigen der uns interessierenden Größen die Mittel gezogen.

In den Zahlen der Tafel kommt nach mehrfachen Richtungen hin der typische, in diesem Kapitel mehrfach betonte Unterschied der heutigen englischen und der hauptsächlichen deutschen Glasindustrie deutlich zum Ausdruck. Dieses zeigt sich vor allem in den Leistungen der Öfen. Während die untersuchten Öfen an farblosem Glas in Deutschland 6—8 t und nur in einem Falle 19 t liefern, schwankt die englische Tagesleistung für Weißglas, wenn man von dem einen herausfallenden Wert der Rekuperativwanne mit 18 t absieht, zwischen 25 und 80 t. Ganz analog liegen die Dinge beim farbigen Glas, wo in Deutschland in Rekuperatoröfen 9—20 t, bei den Regeneratoren zwischen 7 und 15 t täglich geschmolzen werden und nur eine Wanne erreicht mit 33 t ungefähr das, was in England üblich ist, nämlich 20—40 t.

Diese erhöhte Leistung ist aber nicht nur durch die Vergrößerung der Wannen hervorgebracht, worüber der Vergleich der Herdflächen Auskunft gibt, sondern es ist auch, auf den Quadratmeter Herdfläche bezogen, eine wesentliche Steigerung des Durchsatzes eingetreten. Für die Berechnung der deutschen Wannen ist die von der

WBG als „beheizte Herdfläche“ angegebene Größe zugrundegelegt. Ganz vergleichbar sind aber die entsprechenden Herdflächen nicht, weil ja in England die Schmelzwanne durch die Brückenabsperrung in ihrer Größe definiert ist, während es bei den deutschen Wannen schwierig ist, eine entsprechende Herdfläche genau abzugrenzen. Betrachtet man die sich so ergebenden Zahlen, so ist die spezifische Schmelzleistung beim farblosen Glas verdoppelt und beim farbigen Glas fast das Eineinhalbfache. Mit der Steigerung dieser Durchsatzleistung geht natürlich der Kohlenverbrauch je Einheit Glas zurück[1]). Am deutlichsten ist dies aus den Zahlen ersichtlich, die oben S. 1127 bei Besprechung der Torpedowanne mitgeteilt sind und von Moorshead und von Coad-Pryor gegebene Vergleichswerte für gleichartige Wannen aus dem gleichen Betriebe bei schwankender Belastung darstellen. Dabei muß betont werden, daß gegen die früheren Kohlenverbrauchssätze (1:1,2 bis 1:1) auch bei den deutschen Wannen im letzten Jahrzehnt der Kohlenverbrauch ganz wesentlich gesenkt wurde. Es ist kein Zweifel, daß dieses Ergebnis zum großen Teil dem Wirken der WBG zuzuschreiben ist. Aber entsprechend den gesteigerten Leistungen ist auch der Kohlenverbrauch der englischen Wannen noch etwas niedriger. Es zeigt sich also, daß die wirtschaftliche Auswirkung dieser neuen Wannen in jeder Beziehung als günstig zu bezeichnen ist.

Man darf aber nicht in den Fehler verfallen, anzunehmen, daß die in der obigen Darstellung im einzelnen bezeichneten Konstruktionsverbesserungen den Hauptanteil an diesen Ergebnissen hätten. So notwendig sie für die Erreichung der vorliegenden Ergebnisse waren, so bleiben sie doch nicht die Hauptsache. Da, wie gezeigt, alles mit der Leistungssteigerung zusammenhängt, so liegt der Schwerpunkt des Fortschrittes in der Änderung der Zusammensetzung und vor allem in der Gemengeart begründet. Es ist schon auf S. 1108 in diesem Kapitel darauf hingewiesen, daß die englisch-amerikanischen Gläser sich durch Tonerdearmut und Alkalireichtum auszeichnen. Diese lassen sich natürlich rascher und bei niedrigerer Temperatur schmelzen. Dazu tritt, und dies wurde ebenfalls schon oben (S. 1110) betont, der Übergang von Sulfat zu Soda mit seinen vielen Vorteilen. Turner betont diese beiden Umstände in der erwähnten Arbeit ausdrücklich und glaubt, es sei nicht übertrieben, die Schmelzbeschleunigung, die durch den Übergang zu Soda erzielt ist, auf gute 40% einzuschätzen.

Die diesen Ausführungen zugrunde liegenden Durchschnittszahlen werden aber noch durch neuere Mitteilungen aus den Vereinigten Staaten von Amerika übertroffen. So werden für neuere Amsler-Morton-Wannen Schmelzleistungen von 1,2—1,4 t Glas je m² und 24 Stunden genannt. Dabei wirken Konstruktionsneuerungen, wie die zu Rekuperationszwecken verwendete Doppeldecke, sowie sehr hohe Gas- und Luftgeschwindigkeiten im Brenner (bis 35 m und mehr) günstig. Turner[2]) gibt in einem neueren Bericht noch höhere Zahlen für die Spitzenleistung einiger amerikanischer Wannen. Die Leistungen sind bei ölbefeuerten Öfen festgestellt und wohl nur mit diesen erreichbar. Sie sind wie folgt:

22,3 m²	37 t	1,8 t/m²/24 Std.
33,1 „	41 t	1,4 „ „ „
26,8 „	41 t	1,7 „ „ „

Dabei handelt es sich durchweg um Wannen für Feederbetrieb. Die Owensbetriebe zeigen geringere Ofenleistungen. Eine große moderne Owensanlage hatte eine spez. Schmelzleistung von 0,72 t/m²/24 Std.

[1]) Vgl. auch Keppeler, Glast. Ber. VIII (1930), S. 73, — sowie die mathematische Behandlung dieser Fragen durch Lamort, Glast. Ber. IX (1931), S. 30.

[2]) Journ. Soc. Glass Techn. XIII (1929), S. 390.

Es ist aber doch recht bemerkenswert, daß zur gleichen Zeit, in der so hohe Leistungen erreicht wurden, sich Bestrebungen Geltung verschaffen, die eine Abkehr von den Riesenwannen bedeuten. Man sucht für die Einheitswanne, die also nur eine Maschine speist, eine ökonomische Form, weil bei einem Ofen mit einer Maschine, während des Erneuerungsbaus, nur ein, unter Umständen sehr kleiner, Bruchteil des Maschinenparks einer Fabrik still liegt, während bei Reparaturen oder beim Neubau der Riesenerwanne eine große Anzahl der Maschinen und damit die Produktionskräfte der Fabrik ganz oder zum großen Teil brachliegen. Turner[1]) fand auf seiner Reise schon eine ganze Anzahl kleinerer Wannen. Die Einmaschinenwanne war aber noch nicht geschaffen, da der Wunsch, die Wanne möglichst auszunützen, bis jetzt überall zur Aufstellung von mindestens 2 Maschinen an einer Wanne führte.

In den Ergebnissen, wie sie die Zahlentafel 109 gibt, kommt aber auch die starke Bevorzugung Englands für das farblose Glas zum Ausdruck (vgl. auch S. 1092). Dafür spricht schon allein die große Anzahl stattlicher Wannen, in denen Weißhohlglas erschmolzen wird. In jenen Zahlen ist aber im wesentlichen auch die Lösung des Problems, Weißglas in Wannen zu schmelzen, enthalten. Es ist erkennbar, daß in England die Weißglaswanne mit höherem Glasstand als die Farbglaswanne arbeitet. Weiter aber ist daraus zu lesen, daß das Weißglas den stärkeren Durchsatz (durchschnittlich 1,1 t/m^2 pro 24 Stunden spez. Schmelzleistung gegen 0,8 $t/m^2/24$ Std. beim farbigen Glas) gestattet, weil es ja rasch schmilzt und rasch läutert und weil der damit erzielbare große Durchsatz die bei uns zu stark gefürchtete Aufnahme von Eisen auf einen unmerklichen Betrag herabmindert, wobei noch zu bedenken ist, daß ja bei der großen Wanne die mit Glas in Berührung befindliche Fläche verhältnismäßig klein ist.

In Deutschland finden die Fragen des Ofenbaues und der Ofenkonstruktion wesentliche Förderung durch die Wärmetechnische Beratungsstelle Frankfurt a. M., Leiter Dr.-Ing. H. Maurach. Wir möchten diesen Abschnitt über Schmelzwannen nicht abschließen, ohne auf das wertvolle Wirken der WBG noch besonders aufmerksam gemacht zu haben.

IV. Flaschenblasmaschinen.

Die Gestaltungsarbeit, also das Blasen der Flaschen, vollzieht sich bei der diese Fabrikation kennzeichnenden Massenherstellung in heutiger Zeit durch vollautomatische Maschinen[2]). Diese sind, wie auch die Halbautomaten, im neunten Kapitel des ersten Bandes ausführlich beschrieben. Unter Hinweis auf diese Darstellung können an dieser Stelle nur die Entwicklungstendenzen aufgezeichnet werden, die speziell in der Flaschenfabrikation neuerdings zutage treten. Dabei können auch ergänzend einige der neueren Maschinen, die eben für diese Entwicklung typisch sind, beschrieben werden.

Einer der wesentlichsten Arbeitsvorgänge, die überhaupt den vollautomatischen Betrieb ermöglichen, ist das genaue Bemessen der für eine Flasche notwendigen Glasmenge und das Zubringen dieses Postens Glas zur Vorform, kurz gesagt, die „Speisung". Die Art, wie diese Aufgabe gelöst ist, trennt die verschiedenen Methoden der maschinellen Flaschenherstellung in zwei Hauptgruppen. Bei der einen saugt die Vorform selbst das notwendige Glas in flüssigem Zustande ein. Sie leistet dabei

[1]) l. c. S. 388.

[2]) Vgl. auch B. M. Pearson, Aspects of bottle machine operation. Glass Industry 9 (1928), S. 134. — Kurzes Referat in Glast. Ber. VI (1928/29), S. 464.

also gleichzeitig Speis- und Formarbeit. Wir hatten uns gewöhnt, in Erinnerung an den glücklichen Vater der Haupterfindung auf diesem Gebiete, dies System allgemein als Owens-System zu bezeichnen. Das System hat aber auch in der Hand anderer Erfinder wichtige Neuerungen gebracht und seinen Geltungsbereich erheblich erweitert. Es ist deshalb zweckmäßig, diese Gruppe von Flaschenblasmaschinen nach der Art der Speisung unter der kurzen Bezeichnung „Saugsystem" zusammenzufassen.

Bei der anderen Gruppe geschieht die Speisung durch von der Formarbeit ganz getrennte Organe, die meist „Speiser" im engeren Sinne heißen. Die erfolgreichen Systeme auf diesem Gebiete arbeiten alle in der Weise, daß ein richtig bemessener, Tropfenform besitzender Posten unter dem Einfluß der Schwerkraft in die Vorform fällt. Wir wollen für die mit solchen Speiserarten arbeitenden Maschinenaggregate die Bezeichnung „System mit fallendem Tropfen", oder noch kürzer: „Tropfsystem" benützen.

Es ist nicht möglich, allgemein ein Werturteil darüber abzugeben, ob das eine oder das andere der beiden Systeme das bessere sei. Die Bedingungen der Fabrikation sind zu verschiedenartig, um überall die gleiche Lösung zu gestatten. Der Fortschritt der Technik liegt ja eben darin, daß für eine Aufgabe mehrere Lösungen gesucht werden und daß insbesondere dort, wo Schranken der Patentrechte bestimmte Arbeitsarten verbieten, ein eigener und unabhängiger Weg gesucht wird, der wirtschaftlich das gleiche in technisch verschiedener Weise erreichen läßt. So hat, wie wohl selten auf einem technischen Gebiete, die Erfindertätigkeit gerade für die Flaschenfabrikation eine kaum mehr übersehbare Vielseitigkeit der Maschinenarten geschaffen, so daß fast für jede spezielle Aufgabe mehrere geeignete Werkzeuge zur Verfügung stehen. Immerhin kann einiges Kennzeichnendes über die beiden Hauptsysteme gesagt werden.

1. System der Saugspeisung.

Es ist kein Zweifel, daß in dem Zusammenfallen der beiden Arbeitsvorgänge, des Glasfassens und der Formung des Külbels, ein Vorzug des Saugsystems liegt. Es ist auch schon oben darauf hingewiesen, daß auf diese Weise hohe Gleichmäßigkeit des Glaspostens leichter erreichbar ist als beim fallenden Tropfen (s. S. 1109). Das schmale hohe Külbel, das die meisten Saugmaschinen von Owens übernommen haben, läßt nicht die großen Temperaturunterschiede zwischen Innen und Außen auftreten, die ein gedrungener dicker Posten zeigt. So kommt es, daß alle gut arbeitenden Saugmaschinen in ihren Erzeugnissen allgemein sehr gute Glasverteilung und gleichmäßige Wandstärke in den Hauptteilen der Flasche zeigen. Beim eigentlichen Owens-System wird diese Gleichmäßigkeit noch ganz wesentlich durch die Drehwanne unterstützt, deren Glasfläche an sich schon durch die Sonderheizung gleichmäßig auf die bedingungsgemäße Temperatur gebracht werden kann, dazu aber durch die eigene Drehung einen noch weitergehenden Ausgleich der Temperatur erfährt.

Aber diese Vorteile sind auch mit Nachteilen erkauft. Die besondere Drehwanne bedeutet eine nicht einfache Konstruktion, vor allem aber verschlingt sie erhebliche Wärmemengen durch Leitung und Strahlung, die durch die besondere Heizung gedeckt werden müssen. Da nun, wie wir gleich sehen werden, gerade auf dem Entwicklungsweg, der, von Owens selbst betreten, von seinen Mitarbeitern und Nachfolgern fortgesetzt wurde, die Erzielung immer größerer Massen erstrebt wurde, so wurde mit der Vergrößerung der Leistungen, die im übrigen die Wirtschaftlichkeit verbesserte, gerade die rotierende Vorwanne zum immer größeren Nachteil[1]). Darum

[1]) Moorshead, Presidental Adress, Journ. Soc. Glass Techn. IX (1925), S. 292.

sind Bestrebungen im Gange, sie zu ersetzen. Soweit wir aber sehen, ist bis jetzt keine Lösung gefunden, die für größte Leistungen der Saugmaschinen die Drehwanne vollständig ersetzen könnte.

Owens-Maschinen. Die Schilderung im ersten Bande, S. 652 u. ff., vor allem aber S. 663—667 zeigt, wie die Owens Bottle Co. ihre Maschinen immer mehr durchgearbeitet hat und sie zu immer größeren Leistungen führte. Auch mit den dort angegebenen Maschinenformen hat die Entwicklung noch nicht ihr Ende gefunden. War dort gezeigt, daß für die Leistungen der Maschinen neben der großen Anzahl von Flaschen, vor allem auch der Übergang zur Herstellung immer größerer Behälter bis zu Säureflaschen von 130 l Inhalt, das Ziel der Konstruktionen war, so ist neuerdings das Bestreben gewesen, Maschinentypen zu schaffen, die besonders große Mengen auch kleiner Flaschen erzeugen. Das Hauptmittel zur Erreichung dieses Zieles ist das, daß jede Formeneinheit 2 Sätze gleichzeitig arbeitender Formen mit mehreren Formhöhlungen erhält. Es ist klar, daß mit der verstärkten Anzahl der Formen und der Vergrößerung der Formen der Durchmesser des Karussels auch größer werden mußte. An Stelle der 2½ m im Durchmesser messenden ersten Maschinen zeigen die neuen Owensmaschinen einen Durchmesser von 5,2 m. Auch die Höhe ist vergrößert. Sie sind 3,8 m hoch und entsprechend dem vergrößerten Durchmesser ist auch die Umlaufgeschwindigkeit höher, und zwar am Umfang gemessen durchschnittlich 0,6 m pro Sekunde. Von dieser Maschinenart sind zwei Typen gebaut. Der Typ CA besitzt 10 Einheiten und in jeder Einheit 2 Formen, die ihrerseits 3 Formhöhlen für die Herstellung von Flaschen bis zu 225 g enthalten. Der Typ CB ist analog, jedoch für etwas größere Flaschen mit 225—900 g Glas bestimmt. Sie besitzt ebenfalls 10 Einheiten mit je 2 Formen, aber mit nur 2 Formhöhlen. Der Typ CA macht also bei einer Umdrehung 60, der Typ CB 40 Flaschen pro Umdrehung. Bei drei Umdrehungen in der Minute erhält man also 180 bzw. 120 Flaschen in der Minute. Die Tagesleistung solcher Maschinen bewegt sich also je nach der Größe der Flasche in der Gegend von 150 bis 200000 Flaschen. Dadurch wird auch deutlich, daß solche Maschinen an die Leistungsfähigkeit der Schmelzwanne die größten Anforderungen stellen, und daß mit Leichtigkeit ein Bedarf von 50—70 t je Tag eintreten kann. Aber gerade bei solchen Mengen bringt auch die Arbeit der nun 4 m Durchm. besitzenden Drehwannen gesteigerte Schwierigkeiten.

Es hängt mit der betonten Zielsetzung, die Herstellung einer bestimmten Art von Flaschen mit einer Maschine auf riesenhafte Zahlen zu bringen, zusammen, daß die Owensschen Konstruktionen die Anpassungsfähigkeit an wechselnde Formen und Größen, vor allem auch bei kleineren Aufträgen, nicht im wünschenswerten Maße besitzen. Es ist deshalb das Streben einer Anzahl von Konstrukteuren, unter Beibehaltung des Saugsystems diese Mängel zu beseitigen und den Maschinen stärkere Anpassungsfähigkeit an wechselnde Bedürfnisse zu verleihen. In dieser Richtung bewegen sich die Konstruktionen von Redfern und Hillmann. Die neueste Zeit bringt nun auch Konstruktionen, bei denen der Gegensatz zu den Owensschen Riesenmaschinen am stärksten zum Ausdruck kommt, die nämlich die Drehwanne verlassen und die mit vielen Einheiten arbeitenden Maschinen in ganz kleine Maschinen mit wenigen Einheiten oder gar nur einer auflösen. Dieses Bestreben ist erfolgreich durch die „Monish"-Maschine und die Maschine von Roirant in die Praxis übergeführt.

Bei den großen Maschinen mit ihrem komplizierten Mechanismus darf man die besonderen Schwierigkeiten und ungünstigen Arbeitsbedingungen, die sich aus dem Standort und der Verarbeitung des heißen Glasflusses ergeben, nicht unterschätzen. Barbarisch, meint Redfern[1]), seien die Bedingungen, unter denen Flaschenblas-

[1]) Journ. Soc. Glass Techn. XI (1927), S. 257.

maschinen, vor allem solche, die gemeine Flaschen in Riesenmengen herstellen, zu arbeiten hätten. „Mit Schmutz, Hitze, verkohltem Öl, Glasscherben, Abnutzung und grobem Verschleiß liegt man hier im Kampf. Dabei hat die Maschine volle 24 Stunden, Woche für Woche, Monat für Monat, solange die Ofenreise dauert, zu laufen und wenn der Ofen erneuert ist, geht es, nach dieser kurzen Zeit der mechanischen Überholung, im gleichen Takte weiter. Das Imgangehalten eines Ofens kostet so viel, daß der Ingenieur die Konstruktion einer Maschine anstreben muß, die ohne jede Unterbrechung ihre Verrichtung vollzieht und einen endlosen Strom von Flaschen ausschüttet. Unter den heutigen wirtschaftlichen Verhältnissen stehen bestenfalls 2—3 Stunden alle 14 Tage, höchstens in der Woche für das Reinigen, Nachsehen und Ölen der Maschine zur Verfügung."

Diesen harten Bedingungen suchte Redfern seine Maschine anzupassen, die im Prinzip eine Owens-Maschine ist, z.B. auch mit der Drehwanne arbeitet, aber in allen Einzelheiten eine besondere Konstruktion erhalten hat. Redfern ist Direktor der Wisky-Brennerei John Walker & Sons-London, für deren Flaschenversorgung er die Maschine konstruierte, wobei er erfolgreiche fachmännische Unterstützung bei den Herrn R. F. Hall und Sydney Hunt fand[1]). Im einzelnen ist über die Maschine folgendes zu sagen:

Redfern-Maschine. Kennzeichnend für diese Maschine ist der starke, in sich fest versteifte Hauptrahmen des Karussels, an dem die Einheiten mit ihren beweglichen Teilen befestigt sind, der aber gleichzeitig so einfache Verbindungen aufweist, daß in kürzester Zeit eine bereitstehende Einheit gegen eine in der Maschine schadhaft gewordene ausgetauscht werden kann (vgl. die Abb. 1138—1143).

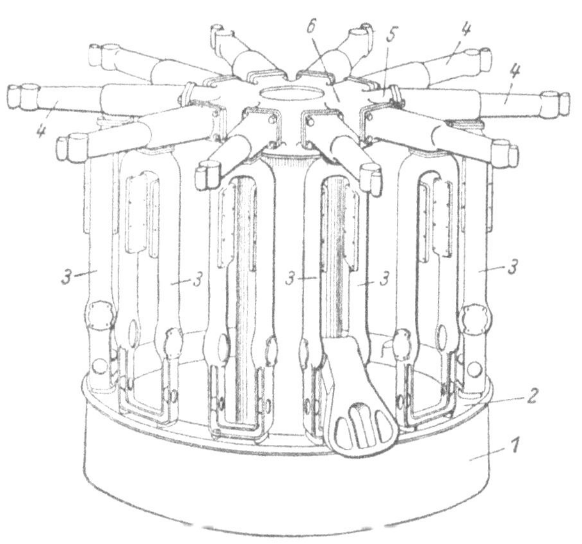

Abb. 1138.

Die Maschine besitzt zwei Grundelemente, von denen das eine feststehend ist, das andere sich dreht. Das feststehende Grundelement ist eine hohle Mittelsäule, die sich unten in einen weiten kreisrunden Trog erweitert. Im Boden dieses Troges liegen die Daumen für die Bewegung der Fertigformsitze und zum Öffnen und Schließen der Fertigformen. Um den Rand des Bodens läuft eine mit Rizinusöl gefüllte Rinne. Über dieses feste Grundelement stülpt sich das bewegliche (Abb. 1138) so, daß die Mittelsäule eine mächtige Mittelachse bildet, um die sich der Karusselrahmen dreht, und dessen Fuß *1* in die ölgefüllte Rinne des feststehenden Elementes taucht. Dieser in Öl

[1]) Für eine Reihe wesentlicher Konstruktionselemente der weiter unten beschriebenen Redfern-Maschine sind die Patentrechte auf Robert Frederic Hall-Birmingham eingetragen, z. B. DRP. 443469 vom 8. VII. 1920 mit brit. Priorität vom 10. VII. 1917: Abstreifmesser, gekennzeichnet durch die das Messer tragende Welle, DRP. 447427 vom 5. XI. 1920, mit brit. Priorität vom 8. XI. 1919: Daumenfläche aus Teilen bestehend, welche im Kreis aufeinander folgen und einzeln verstellt werden können zum Zwecke der Einstellung stark variabler Steuerkurven, DRP. 470901 vom 2. VII. 1920 mit brit. Priorität vom 10. VII. 1917: Drehgestell, gekennzeichnet durch eine mittelständige, gegen die feste Luftzuleitung abdichtende Kammer, durch radiale Arme mit den Trägersäulen verbunden. DRP. 474752, Befestigung des Fertigformträgers an Gelenkparallelogrammen.

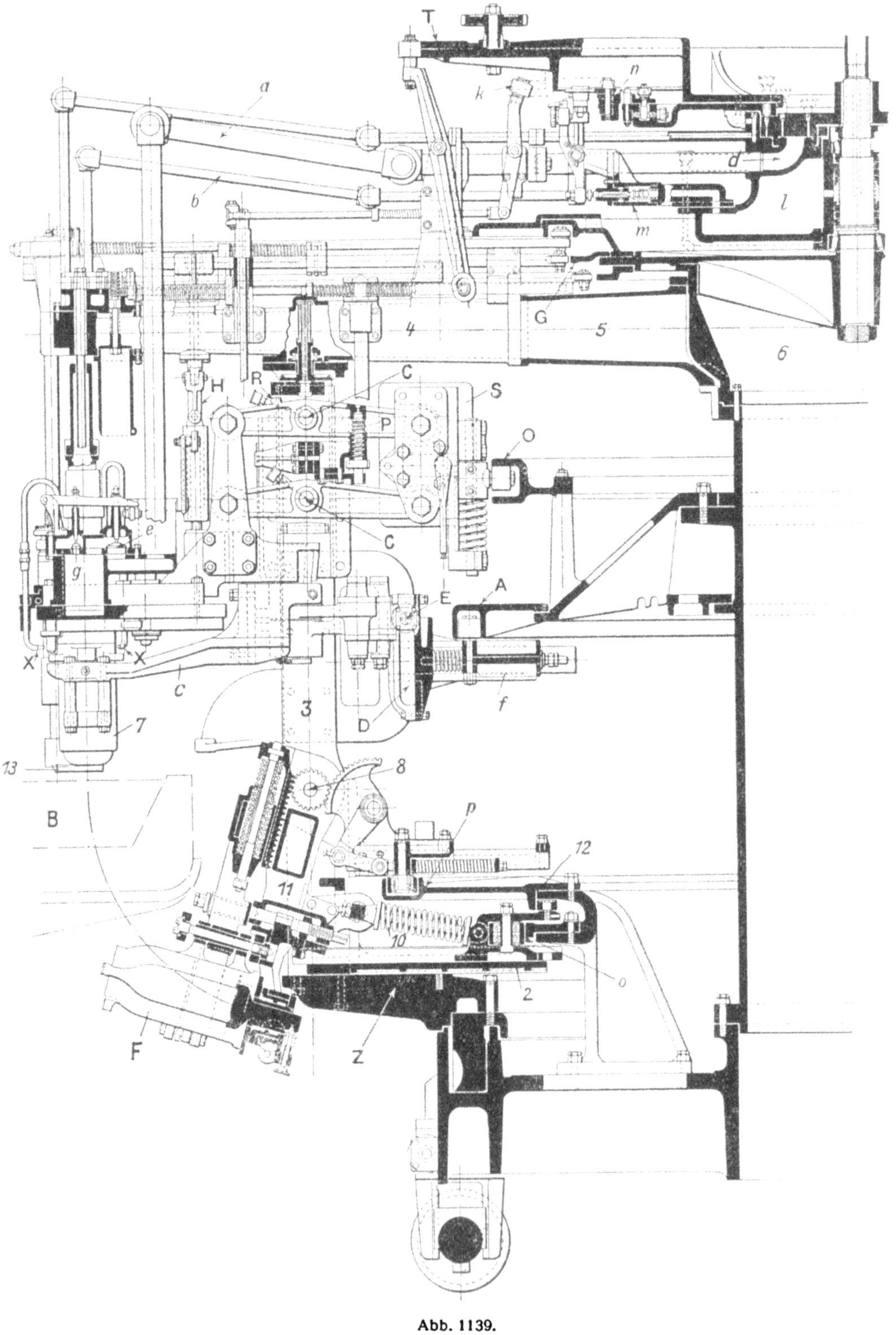

Abb. 1139.

tauchende Fuß *1* hat einen Zahnkranz, in den eine, ebenfalls in Öl liegende eingekapselte Schneckenwelle greift und so das ganze Karussel in kreisende Bewegung setzt.

Beim beweglichen Grundelement (Abb. 1138) sind wesentliche Teile die Ständer *3*, die den ganzen Mechanismus einer Formeneinheit aufnehmen. Jeder dieser Ständer besteht aus einer oben und unten verbundenen Doppelsäule *3*, die die Form eines von den Seiten her in die Höhe gequetschten O hat. Diese Ständer sind unten auf einem starken Ring *2* befestigt und oben mit je einem radialen Arm *4* verbunden. Alle diese Radialarme *4* sind an radialen Stutzen *5* an der zentralen Kammer *6* befestigt. Diese Konstruktionsteile, Doppelsäule, Radialarm, Stutzen und Zentralkammer sind hohl und bilden einen ununterbrochenen Weg für die Kühlluft. Infolge der exakt aufeinandergepaßten breitflächigen Bolzenverbindungen bilden die genannten Teile ein Rahmenwerk von hoher Festigkeit und Widerstandskraft, dessen Teile unter sich und gegen Ersatzstücke getauscht werden können. Dieses Rahmenwerk steht also mit seinem gezahnten Fuß *1* in der ölgefüllten Randrille der Basis der Mittelsäule und erhält durch die erwähnte Schneckenwelle seinen Antrieb.

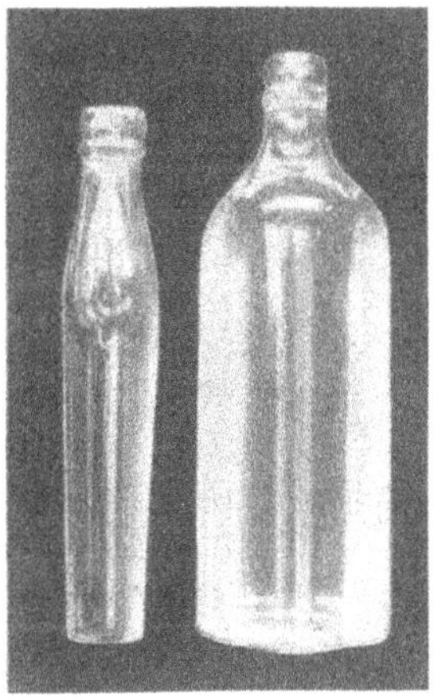

Abb. 1140. Külbel und fertige Flasche aus einer Redfern-Maschine.

Jeder im Rahmenwerk stehende, doppelsäulige Ständer enthält zwischen den beiden Säulen zwei Unterelemente, und zwar einerseits den Mechanismus für die Herstellung und das Vorblasen des Külbels, anderseits die Einrichtung für das Fertigblasen (Abb. 1139). Das Ein- und Austauchen der Vorform wird durch Vermittlung eines Gelenkparallelogramms, das um die in den Ständern *3* befestigten Zapfen *C* spielt, vom Daumen *O* gesteuert. Zum Ausgleich des Gewichtes der ganzen Vorformeinrichtung ist am entgegengesetzten Ende des Parallelogramms ein in seiner Größe veränderliches Gewicht *S* aufgehängt, so daß das Spiel der Hebel sich ohne die geringste Hemmung vollzieht. Die Bewegung ist so gering, daß die Abnützung unmerkbar ist. Das Öffnen und Schließen der Vorform geschieht durch den Daumen *A*, der mit einem radial gleitenden Schlitten *f* auf ein Kniehebelpaar wirkt, das zangenartig die Vorformarme *c* spreizt und schließt. Das Kniehebelpaar ist mit dem Schlitten durch einen senkrecht verschiebbaren Kopf *D—E* verbunden, der die Höhe der Vorformarme entsprechend der Höhe der Form leicht einstellen läßt.

Der Fertigform-Sitz *11* schwingt um den ebenfalls zwischen den beiden Säulen *3* des Ständers befestigten Zapfen *8*. Er wird bewegt durch den Daumen *o*, der einen Schlitten radial verschiebend mit starken Federn *10* den Sitz hebt, während die Rückkehr in die hängende Lage durch einen zweiten Daumen *12* gesichert ist. Das Öffnen und Schließen der Fertigform *F* wird von der Kurvenbahn *p* gesteuert. Über einen Schlitten und einen Kniehebel greift ein Sektor auf ein Ritzel, das lose auf dem Zapfen *8* läuft und mit einer Zahnstange einen stark gefederten Schlitten bewegt, der in üblicher Weise die Form öffnet und schließt.

Die Lagerung der Zapfen für die Vorformarme und den Fertigformsitz zwischen den beiden unter sich fest verbundenen und nach allen Seiten abgesteiften Säulen des Ständers hat die wichtige Folge, daß, einmal richtig eingestellt, Vorform und Fertigform genau senkrecht übereinanderliegen und damit die Fertigform beim Hochgehen mit ihrer Achse genau in die Achse des Blaskopfs fällt, was noch durch weitere Hilfsmittel gesichert wird. Dadurch ist die Gefahr von Fabrikationsausfall gerade durch die Fehler, die aus der ungenauen Flucht zwischen Blaskopf und Fertigform entstehen und die sonst außerordentlich zahlreich sind, beseitigt.

Das Messer 13 schneidet in der Ebene, die die Vorform nach dem Auftauchen aus dem Glasstand einnimmt. Es bleibt zunächst unter der Vorform liegen, um die Formhöhlung verschlossen zu halten, während das Külbel vorgeblasen ist. Dann hebt sich die Vorform ein klein wenig, damit das Messer reibungslos zurückschwingen kann.

Alle beweglichen Teile sind weitgehend durch Federn gepuffert, um die Gefahr von Verzerrungen und Brüchen auf ein Minimum herabzusetzen. So gleichen z. B. die Federn des Fertigform-Mechanismus Sperrungen von 15 cm Weite zwischen

Abb. 1141. Redfern-Maschine im Aufbau. Zwei Einheiten sind eingebaut, links hängende Fertigform, rechts gehobene Form.

Unterkante des Kopfrings und Oberseite der Fertigform und ebenso zwischen den Stirnkanten der beiden Fertigformhälften aus. Bei den Vorformen nehmen die Federn noch größere Sperrungen auf. Alle wichtigeren Lager sind Kugel- oder Rollenlager, staubsicher eingekapselt.

Die Saugluftleitungen *a* stehen mit Stutzen *d* in Verbindung, die auf einer Gleitfläche schleifen. Entsprechend jeder Formeneinheit hat diese Gleitfläche Öffnungen, so daß nur, wenn der zur Formeneinheit gehörende Stutzen über die Fläche gleitet, der Anschluß an die Saugpumpe vorhanden ist. Die Druckluft wird durch die Röhren mit Kugelgelenken *b* gegeben. Der Zutritt der Luft wird durch das Ventil *m* geregelt, das seinerseits durch den stark verstellbaren Daumen *n* gesteuert wird. Dieser Daumen wird nämlich aus mindestens 64 Segmenten zusammengesetzt und jedes Segment besteht aus 10 aufeinanderliegenden Plättchen. Die Rolle, die das Blaseventil *m* einer Formeneinheit steuert, kann während des Ganges der Maschine mit Hilfe einer senkrechten Spindel so eingestellt werden, daß sie auf einer bestimmten Lage der Daumenplättchen spielt. Auf diese Weise kann der Luftzutritt nach Zeitdauer und Strömungsverlauf für jede Flaschenart eingestellt werden. Und zwar grundsätzlich bei jeder Formeneinheit auf eine andere Flaschenart. Man wird zwar hiervon keinen vollen Gebrauch machen. Aber die Möglichkeit besteht und zeigt die große Anpassungsfähigkeit der Redfern-Maschine an wechselnde Bedürfnisse der Auftragserfüllung.

Im nahen Zusammenhang steht hiermit die Aufgabe, auch die anderen Bewegungen veränderten Größen und Formen der zu erzeugenden Flaschen anzupassen. Auch dem ist dadurch Rechnung getragen, daß die Daumen in ausreichenden Grenzen um den Umfang verstellbar sind.

Die Maschine wird mit 6, 10, 12 und 15 Einheiten hergestellt. Jede dieser Größen kann innerhalb 2 Tagen in eine andere umgewandelt werden. Eine einzelne Fabrikationseinheit kann innerhalb 25 Minuten aus der Maschine herausgenommen und betriebsfertig gegen eine andere ausgewechselt werden. Es können bis zu 10 verschiedene Flaschen auf den Maschinen mit 10, 12 und 15 Einheiten hergestellt werden, auf der Maschine mit 6 Einheiten sechserlei Flaschen. Die zulässige Höhenschwankung der herzustellenden Flaschen geht von 60 mm bis 400 mm. Die maximale Weite ist vom äußeren Durchmesser der Fertigform abhängig, und zwar haben die Blasformen der 6- bis 12-Einheitenmaschinen einen Durchmesser von 280 mm, die der 15fachen Maschine 230 mm. Die Produktionsmöglichkeit je Woche der verschiedenen Größen ist die folgende:

	Reputed Quarts (1/6 Gallon = 0,756 Liter)		Reputed Pints (1/12 Gallon = 0,378 Liter)	
	Mit Einzelformen Gross	Doppelformen Gross	Einzelformen Gross	Doppelformen Gross
Sechsfache Maschine . .	1120	1680	1493	2240
Zehnfache ,, . .	1866	2800	2489	3733
Zwölffache ,, . .	2240	3360	2987	4180
Fünfzehnfache ,, . .	2800	4200	3733	5600

Die Größenverhältnisse sind: Höhe 4,5 m, Durchmesser 5,1 m. Umdrehungsgeschwindigkeit: 1½—6 Umdrehungen je Minute. Gewicht bei 15 Einheiten: 60 t.

Die bis jetzt gebauten Maschinen haben alle Erwartungen, die der Konstrukteur in sie setzte, erfüllt.

Die ursprüngliche Maschine dieses Typs (mit 10 Einheiten konstruiert) (Abb. 1142) arbeitet seit 1920 in den Werken von John Lumb & Co. Ltd. Castleford, Yorkshire, und hat sich als ein technischer und wirtschaftlicher Erfolg erwiesen. Während der Ofenreise, die am 17. Februar 1928 endigte, hatte diese Maschine fortwährend Tag und Nacht während 17 Monaten gearbeitet. Natürlich sind viele Jahre Experimente auf dieser Maschine gemacht worden und infolge der dabei gewonnenen Erfahrungen ist eine große Anzahl von Verbesserungen in den neuen Maschinen angebracht worden. Die Maschine in Castleford ist hauptsächlich für die Herstellung von „Johnnie Walker“ Whisky-Flaschen angewandt worden. Die maximale Produktion von viereckigen Quarts in einer Woche ist 1665 Gross gewesen, und die maximale Produktion von viereckigen Pints in einer Woche 2151 Gross. Die Maschine produzierte durchschnittlich 1585 Gross von viereckigen Quarts je Woche in 12 aufeinanderfolgenden Wochen.

Neue Redfern-Maschinen. Außer dieser Maschine sind 2 Redfern-Maschinen mit 15 Einheiten (Abb. 1143) in Japan zur Aufstellung gekommen, und zwar bei der Mitsubishi Shoji Kaishy Ltd.

Die Hillmann-Maschine entfernt sich noch stärker, als die Redfern-Maschine, vom Vorbilde der Owens-Maschine und soll sich in noch höherem Maße als diese nach Form und Größe der Flasche wechselnden Aufträgen, besonders auch für kleinere

Abb. 1142. Redfern-Maschine mit 10 Einheiten, im Aufbau.

Hütten, anpassen. Die Grundprinzipien, nach denen die Maschine gebaut ist, sind bereits in Band I, S. 668 und 669, geschildert. Wie wir dort sehen, ist es ein hervorstechendes Merkmal, daß auf die Drehwanne von Owens verzichtet wird und dafür nur ein kleiner Vorherd zur Glasentnahme dient, der nur nach Betriebsunterbrechungen vorübergehend beheizt werden muß. Die Erneuerung der Glasoberfläche im Vorherd, die durch das Eintauchen der Vorform verändert ist, geschieht durch einen über die Oberfläche bewegten Abschäler, der die oberste Schicht entfernt und tiefer in den Wannenraum hineinwirft, wo das Glas erneut aufgeschmolzen wird. In neuerer Zeit setzt Hillmann (DRP. 478817 v. 27. 6. 29) in den Vorherd zwischen der Eintrittsstelle des Glases zum Vorherd und der Austrittsstelle einen in den Glasvorrat eintauchenden, nach hinten in die Hauptwanne hineinragenden Leitkörper, so daß für das zur Entnahmestelle wandernde Glas eine kanalartige Führung entsteht, die etwas dem Vorherd der Monish-Maschine (s. u.) ähnelt.

Ferner ist die Anordnung der Formeneinheiten so, daß man Länge und Gang der Steuerkurven für die Bewegungen der Formenteile stark variieren kann. Damit ist es möglich, den Weg, den die Maschine bei der Umdrehung vom Ansaugen des Glases in die Vorform bis zur Überführung des Külbels in die Fertigform zurücklegt, zu verändern und damit den Bedingungen der zu blasenden Flaschenart anzupassen, eine Aufgabe, die Owens durch die Schaffung verschiedener Typen erreichte. Es ist natürlich, wie dies schon am Beispiele Redferns gezeigt ist, von großer Wichtigkeit, diese

Abb. 1143. Redfern-Maschine mit 15 Einheiten.

Aufgabe an ein und derselben Maschine zu erfüllen. Die in Abb. 591, Band I, S. 668, dargestellten Hilfsmittel zeigen, daß der Gedanke Hillmanns recht fruchtbar ist. Schließlich ist die Anordnung von Vorform und Fertigform senkrecht übereinander, wobei alle Bewegungen von beiden Formarten mit senkrecht bleibender Hauptachse durchgeführt werden, infolge der Einfachheit besonders wertvoll. Auch sind weitere Verbesserungen und Vereinfachungen bei den verschiedenen Versuchsmaschinen durchgeführt worden.

Ein endgültiger Erfolg der Maschinen lag aber bis jetzt nicht vor. Für den außerhalb des Betriebes stehenden Erfinder ist es natürlich schwierig, alle Maßnahmen, die für ein gutes Gelingen der Versuche notwendig sind, durchzusetzen. Es scheint, daß es bis jetzt Betriebsinteressen verhinderten, eine Glaszusammensetzung anzuwenden, die die Arbeit des Hillmannschen Vorherdes günstig gestalten würde. Die ersten Maschinen waren infolge mechanischer Unzulänglichkeit nicht dauernd erfolgreich. Die Arbeit mit der letzten Versuchsmaschine ist zur Zeit der Niederschrift dieser Mitteilungen durch Streik gestört. Es sind nun zwei weitere Hillmann-Maschinen gebaut, die in einer mitteldeutschen Fabrik in Betrieb gekommen sind. Die ersten Berichte zeigen, daß die Berücksichtigung aller bisherigen Erfahrungen diese Maschinen wesentlich vervollkommnet hat und daß nun mit einem endgültigen Erfolg der Hillmann-Maschine zu rechnen ist.

O'Neill Saug-Maschine (Brit. Patent 315154 vom 10. Okt. 1928). Der auf dem Gebiet der nach dem Tropfsystem gespeisten Maschinen so erfolgreiche Konstrukteur O'Neill hat nun auch eine Flaschenblas-Maschine nach dem Saugsystem gebaut. Er verzichtet auf die Drehwanne und ersetzt sie, wie dies bei der Hillmann- und bei der Monishmaschine geschieht, durch einen Vorherd, durch den mit Hilfe einer besonderen Vorrichtung das Glas strömt und sich an der Entnahmestelle erneuert. Die Maschine ist eine stetig kreisende Rotationsmaschine. Von seinen altbekannten Blasemaschinen (vgl. Bd. I, S. 610—614) übernimmt der Erfinder das Zweitischsystem, das an der Wanne einen verhältnismäßig schmalen Raum beansprucht. Der erste Tisch bildet das Külbel. Das Fertigblasen geschieht auf dem zweiten Tisch. — Über die Maschine ist noch wenig bekannt geworden. Frank R. Pesserl[1]) berichtet auf Grund der Besichtigung einer in England laufenden Maschine recht günstig. Bei einem Kraftverbrauch von 3,5 PS und 40—50 Umdrehungen in der Minute erzeugte die Maschine 1400 Milchflaschen von $^3/_4$ Liter Inhalt.

Monish-Flaschenblasmaschine[2]) der Fa. John Moncrieff Ltd.-Perth-Schottland. Diese Maschine arbeitet ebenfalls nach dem Saugsystem. Die vorhandenen Ausführungen haben 3 Arme mit Vorform und Fertigform. Wesentlich ist neben der eigentlichen Blasmaschine der Vorherd des Ofens, aus dem die Maschine das Glas entnimmt. Gerade die Lösung dieses Problems, des Ersatzes der Drehwanne durch einen langsam fließenden, sich erneuernden Glasstrom erscheint für die Weiterentwicklung des Saugsystems von weittragender Bedeutung. Es erscheint durchaus möglich, daß die weitere Ausbildung dieser Lösung auch für andere Saugmaschinen in Frage kommt.

Der Vorherd[3]) ist ein kleiner Schamottestiefel mit einer hufeisenförmigen, ungefähr 20 cm weiten und 15 cm tiefen Rinne. Der Stiefel ist bestens isoliert und die Rinne wird ebenfalls fast ganz mit feuerfesten Steinen abgedeckt, daß ohne Hilfsbrenner genügend Hitze im Vorherd bleibt, um das Glas auf geeigneter Temperatur zu halten. Der einzige, freier Strahlung ausgesetzte Teil des Vorherdes hat nur eine Oberfläche von ungefähr 15 cm im Durchmesser. An dieser Stelle taucht die Vorform der Maschine zum Zwecke der Glasentnahme ein. Das Glas fließt in den Stiefel durch die Schwerkraft und wird in den Ofen durch ein kleines Schamottepaddel unmittelbar hinter dem Punkt, wo die Vorform das Glas ansaugt, in den Ofen zurückgetrieben. Das Paddel treibt das Glas in kontinuierlichem Fluß durch die Rinne und zurück in den Ofen. Auf diese Weise wird das Glas heiß gehalten und die vom Messer abgeschnittenen Glasteile kehren zur Wiedererhitzung in den Ofen zurück.

Der Bewegungsmechanismus des Paddels ist aus dem Schnitt (Abb. 1145) und der Seitenansicht (Abb. 1144) leicht ersichtlich. Den Glasstand in der Stiefelrinne zeigt *1*. Das mit Stiel *5* versehene Paddel ist durch *4* dargestellt. Es wird mit Hilfe des Stiftes *3* an dem Paddelhalter 6 befestigt, mit dem der Drehzapfen *7* fest verbunden ist. Im

[1]) Sprechsaal, **63** (1930), S. 956. — Ref. Glast. Ber. IX (1931), S. 175.

[2]) Der Name Monish ist zusammengezogen aus dem der herstellenden Firma John Moncrieff Perth (Schottland) und dem des Erfinders Mac Nish.

[3]) Brit. Pat. 320033 vom 1. Juni 1928.

Schlitz *12* des Paddelhalters *6* läuft der Kurbelstift *11*, der bei seiner Drehung um die Achse *8* den Halter *6* mit dem Paddel um den Drehzapfen *7* hin und her schwingen läßt. Gleichzeitig hebt und senkt die auf die Rolle *13* wirkende Daumenscheibe 10 den Halter mit Paddel, die mit den Kreuzköpfen *14* an den Stäben *9* feste Führung finden. Durch diesen Mechanismus wird also das Paddel in das Glas eingetaucht, vorwärts bewegt, gehoben und in der Luft wieder zurückgeführt.

Die Geschwindigkeit des Paddels kann zwecks Einhaltung der gewünschten Temperatur variiert werden, wobei selbstverständlich die Temperatur um so niedriger ist, je langsamer das Glas durch den Vorherd geht. Das Paddel wird durch einen halbpferdigen Motor angetrieben. Es ist so konstruiert, daß eine möglichst geringe Öffnung in der Abdeckung der glasführenden Rinne notwendig ist und arbeitet unabhängig von der Flaschenblasmaschine. Auf der Innenseite des Ofens ist vor der Zuflußrinne des Stiefels ein kleiner Schwimmer angebracht, um das Scherenschnittglas von der Rückkehr in die Rinne zurückzuhalten, bis es vollkommen wieder geschmolzen ist. Für den Fall der Unterbrechung der Arbeit ist ein Hilfsbrenner vorgesehen, der das Glas im Stiefel wieder aufzuheizen gestattet.

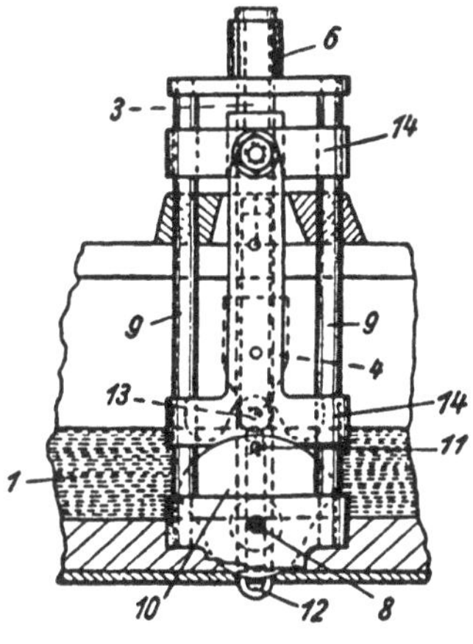

Abb. 1144.

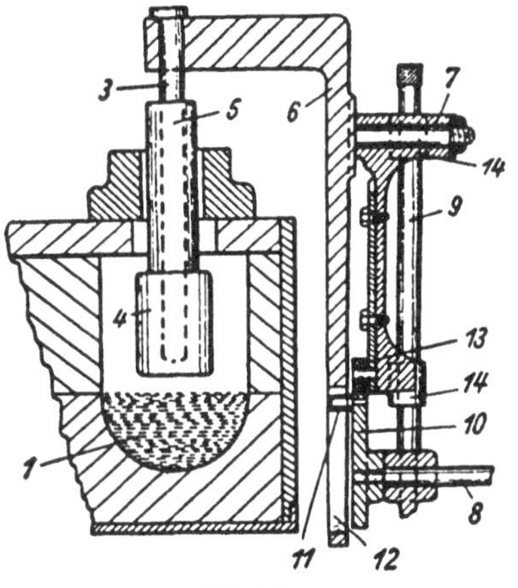

Abb. 1145.

Die Flaschenblasmaschine[1]) ist eine Rotationsmaschine. Sie kreist aber nicht stetig, sondern mit schrittweise unterbrochenem Gang, wobei jede Vorform in der Herdöffnung so lange anhält, bis sie sich voll Glas gesaugt hat und das Überschußglas am Boden der Vorform von einem Messer abgeschnitten ist.

Die Maschine (Abb. 1146) ist auf der Grundplatte *1* montiert, die ihrerseits auf mit Rädern versehenen Füßen steht. Die Höhe der Grundplatte und damit das Niveau der Maschine wird durch Stellschrauben mit gemeinsamem Kettentrieb *1a* eingestellt. Auf der Grundplatte *1* ist die Mittelsäule *2* befestigt. Sie ist die Achse, um die sich die Hauptbewegungen vollziehen. Über diese Mittelsäule ist ein hohles dreieckiges Prisma *3* gestülpt, an dessen Flächen die drei Fertigformen *4* hängen. Diese schwingen um die horizontale Angel *5*. Am unteren Ende der Dreikantsäule ist ein kreisrunder Flansch *6* angebracht, der auf dem Kugellager *7* ruht, das seinerseits in dem auf dem Kugellager *9* kreisenden Tisch *8* läuft. Dieser Tisch *8* wird, wie folgt, in hin und hergehende Bewegung versetzt. Mit dem Rad *13* ist durch den Kurbelstift *12* die Zahnstange *11* verbunden, die in den Zahnkranz *10* eingreift. Das durch das Schneckengetriebe *16* angetriebene Rad *13* setzt also durch

[1]) Brit. Patent 320024 vom 1. Juni 1928.

den Zahnkranz *10* den mit ihm verbundenen Tisch *8* in hin und hergehende Bewegung, wobei die Zahnstange *11* durch Stifte *14* geführt wird, und zwar beträgt der Ausschlag der Tischbewegung 120°. Durch einen vom Tisch *8* aus in den Flansch *6* eingreifenden Stift wird die Dreikantsäule mit den daran befestigten Formen bei der Vorwärtsbewegung mitgenommen. Am Ende des Vorwärtsganges springt der Verbindungsstift aus, der Flansch *6* mit der die Formen tragenden Säule bleibt stehen und der Tisch kehrt, wieder um 120° zurückgehend, in die Anfangsstellung zurück. Auf diese Weise wird der schrittweise und pausierende Gang der Maschine hervorgebracht.

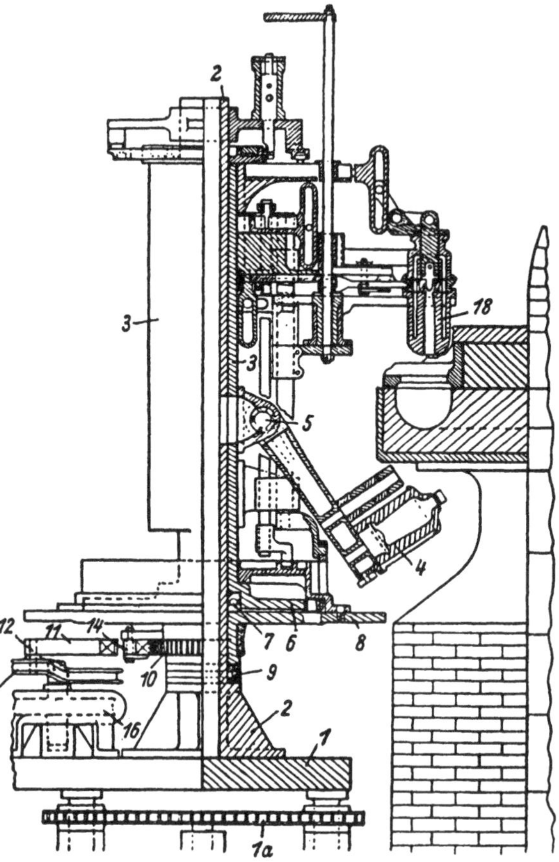

Abb. 1146.

Sämtliche Bewegungen der Einzelorgane, das Heben und Senken der Vorformen *18*, das Öffnen und Schließen derselben, das Ausschwingen des Messers, das Öffnen und Schließen der Kopfringform am Blaskopf oder auf den Vorformen werden durch Daumenkurven in dem hin und her gehenden Tisch gesteuert.

Für das Heben und Senken der Fertigform dient eine mit dem Tisch *8* fest verbundene Kurvenschiene *19*. Sie ist in Abb. 1146 nicht zu sehen, aber in Abb. 1147. Diese Schiene umfängt zwei Drittel des Kreisweges. Sie besitzt zwischen dem ansteigenden und absteigenden Ast ein kurzes Horizontalstück auf der höchsten Höhe. Diese Kurvenschiene *19* ladet so stark aus und geht so hoch hinauf, daß sie beim Rückgang mit Tisch *8* die herunterhängende Fertigform faßt, hebt und direkt unter die darüber befindliche Vorform führt. Beim dann eintretenden Vorrücken von Tisch *8* gehen Formensäule und Schiene zusammen um ein Drittel des Umfangs vorwärts, d. h. in dieser Periode bleibt die Fertigform auf dem Horizontalstück der Schiene stehen. Geht Tisch und Schiene dann wieder zurück, so bleibt die Formensäule stehen, aber die Fertigform fällt auf dem absteigenden Ast der Schiene wieder herunter, bis die sie tragenden Arme wieder in tiefster Lage an der Formensäule hängen.

Der Rundgang der Maschine enthält also drei Stationen I, II, III. Wenn die Vorform *18* sich der Glasentnahmestelle (I) nähert, wird sie geschlossen und erhält den Saugkopf aufgedrückt. Mit dem Vorwärtsgehen des Tisches *8* wird die Vorform in die Entnahmestelle gebracht und mit der Beendigung dieses Schrittes macht die Formensäule *3* halt, die Vorform taucht in den Glasspiegel und saugt sich voll. Unterdessen geht der Tisch *8* rückwärts und kurz bevor er in die Ausgangsstellung zurückkehrt, wird die Vorform gehoben und das an ihr haftende Glas abgeschnitten. Dann geht der Tisch wieder vorwärts und nimmt auf seinem Wege die Formensäule mit. Dabei kommt die Vorform mit dem Külbel auf die nächste Station (II). Während dieser Bewegung hängt die Fertigform *4* in der in Abb. 1146 gezeigten Stellung. Beim Rückwärtsgehen des Tisches *8* wird sie aber durch die mitgenommenen Kurvenschienen *19*, deren ansteigender Ast in Abb. 1147 deutlich zu sehen ist, bei II in die höchste Stellung gebracht. Im selben Moment verläßt das Külbel die Vorform und wird von der Fertigform umschlossen. Der Tisch macht jetzt wieder seine Vorwärtsbewegung, die Fertigform läuft auf dem nun horizontalen Stück der Schiene *19* stehend mit der Formensäule nach Station III und wird auf diesem Wege fertiggeblasen. Auch die Vorform ist offen nach III gewandert. Nun vollziehen sich mit dem zurückgehenden Tisch folgende Bewegungen: Der Kopfring öffnet sich, geht mit dem Blaskopf und der offenen Vorform in die Höhe, während gleichzeitig die Fertigform auf der Schiene *19* abwärts geht, bis sie schließlich wie anfangs herunterhängt. Währenddessen schließen sich Vorform und Kopfring, um für die neue Glasentnahme bereit zu sein, der Saugkopf wird aufgesetzt und mit dem neuen Vorrücken des Tisches tritt die Vorform wieder in die Saugstellung. Die Fertigform mit der geblasenen Flasche wird mit der schrittweisen Rotation der Formensäule mitgeführt, bis sie wieder nach Station II, immer noch hängend, gelangt, wo sie durch einen Anschlag am unteren Ende der Kurvenschiene *19* geöffnet wird, so daß die fertige Flasche herausgenommen werden kann, worauf die offene Fertigform durch die rückläufige Bewegung der Schiene senkrecht in die Höhe gehoben wird. Die Abb. 1147 zeigt diesen Augenblick deutlich.

Abb. 1147.

Die rückläufige Bewegung des Tisches *8* und der Schiene *19* entspricht ja dem Stillstand der Formensäule. Geht also die Schiene im Bilde nach rechts, so kommt die nun leere Fertigform in die Höhe und umschließt das im Kopfring hängende Külbel.

Die Maschine braucht 2 PS zum Antrieb. Außerdem sind nötig Druckluft von 0,3—0,7 at für das Blasen, Saugluft für die Vorformspeisung und Kühlluft für die Formen. Außer der geschilderten Ausführung wird noch eine kleinere geliefert, die die Bezeichnung „Monish Minor" führt. Diese ist in allem kleiner, als das besprochene Modell, ausgeführt. Für den Antrieb der Minormaschine ist weniger als eine Pferdekraft, für das Paddel dazu weniger als eine halbe Pferdekraft notwendig.

Die Monish-Maschine ist erst in den letzten Jahren in Betrieb gekommen. Sie soll aber in einer Glasgower Fabrik gut arbeiten. Die Flaschen sollen sehr gut ausgefallen sein, vor allem wird die gleichmäßige Verteilung des Glases gelobt. Es traten keine unzulässigen Inhaltsschwankungen auf. Die Leistung war 40 Gross in 8 Stunden. In der Zwischenzeit hat sie sich weiter rasch eingeführt. Auf den britischen Inseln arbeiten zur Zeit der Drucklegung von der „Monish Major" 12 Stück, von „Monish Minor" 2 Stück, in Frankreich (in den Etablissements-Tissier-Creil) eine „Major"-Maschine. Ferner ist eine Major-Maschine nach Südafrika geliefert und eine Minor-Maschine dorthin in Bestellung gegeben. Mit Rücksicht auf das stark zutage tretende Bedürfnis nach kleinen Vollautomaten für Flaschenfabrikation bringt man sowohl in England wie in Deutschland dieser neuen Maschine des Saugsystems lebhaftes Interesse entgegen. Man darf deshalb der Maschine eine entwicklungsreiche Zukunft prophezeien.

Roirant-Maschine. Die bis jetzt geschilderten Maschinen zeigen deutlich eine immer stärkere Auflösung des Flaschenblas-Automaten in kleinere, mit weniger Einheiten arbeitende Maschinen. Diese Entwicklung ist bei der Roirant-Maschine am weitesten getrieben, insofern, als hier jede einzelne Einheit für sich unmittelbar am Ofen arbeitet. Die Maschine ist im Band I, S. 669—671, abgebildet und beschrieben. Es ist an Beschreibungen wenig nachzutragen. Zunächst soll bezüglich der Arbeit dieser Maschinen eine kleine Berichtigung vorgenommen werden. Es muß der letzte Satz von S. 670 wie folgt heißen: Nach dem Öffnen der Fertigform schwenkt der Blaskopf aus und der kippbare, durch einen Hebel bewegte Boden der Flasche wirft die fertige Flasche auf eine Schurre (*11*).

Die Roirant-Maschine, wie sie im I. Band beschrieben ist, hat in den letzten Jahren wesentliche Verbesserungen und weitere Ausgestaltung erfahren. Es sind jetzt von der Maschine mit Saugspeisung 2 Typen ausgebildet: Type „B" und Type „F".

Type „B" entspricht am meisten der früher geschilderten Bauart, jedoch sind die Einzelheiten verbessert, vor allem die Einrichtungen für die Einstellung der Einzelorgane. Produktionszahlen: Veoveries à Bouteilles du Nord in Denain erzielt in 24 Std. über 4000 gute Burgunderflaschen mit eingestochenem Boden mit 700 g Gewicht und 740 cm^3 Inhalt aus halbweißem Glas mit 16—17% Natron, 6700 Vichy-Flaschen (500 g Gewicht und 470 cm^3 Inhalt) mit Kronkork aus Grünglas. — Von mancher Seite wird über zu starken Kraftverbrauch besonders für Kühlluft geklagt, was von Konstrukteurseite bestritten wird. In den Glashütten von Puy-Guillaume werden für motorische Kraft 9—10 PS gebraucht, für den Ventilator 6,5—7 PS, was bei 1-l-Vichy-Flaschen bei einem kWk-Preis von 5 Pf. 0,24 Pf. je Flasche für Kühlung der Formen ausmacht.

Type „F" wird besonders für kleine Flaschen und Flakons gebaut. Sie ist einfacher konstruiert und durch die Art des Fertigblasens eigenartig. Dabei wird (D.R.P. 497741) die Flasche durch Ansaugen des Glases an die Wand der Fertigform fertiggestellt. Dieses Ansaugen geschieht durch Absaugen der Luft in die Formnähte und die Ringnut des Bodens. Produktionszahlen in 24 Std. 10500 Flakons mit Kronverschluß von 120 g Gewicht und 125 cm^3 Inhalt in Etablissements Tissier in Creil. Größte Flaschen für Type „F" $^1/_4$-l-Vichy mit 320 g Gewicht: 7200 Stück. — Kraftverbrauch ähnlich wie bei Type „B".

2. System der Tropfspeisung.

Wie bekannt, muß bei diesem System die Entstehung des Külbels in zwei verschiedenen Einrichtungen, dem Speiser und dem Formmechanismus der Blasmaschine, vollzogen werden. Dabei war aber die Existenz brauchbarer Speiser die Grundbedingung, um Halbautomaten zu Vollautomaten zu entwickeln. Man konnte an der Maschine alle Vorgänge selbsttätig einrichten und sie konnte doch nie zum Vollautomaten werden, solange die Frage der Beschickung nicht geregelt war. Aber mit ihrer Lösung erstand dem Saugsystem ein Wettbewerb von beachtlicher Stärke. Denn sobald die Pfadfinder auf diesem Gebiet aussichtsreiche Wege für die Speisung nach dem Fallprinzip gezeigt hatten, war für die Flaschenfabrikation im großen ein neuer Weg auch für diejenigen offen, denen das Saugsystem infolge der bestehenden Patente nicht zugänglich war. Besonders aber hat das schon bei der Besprechung der Owens-Maschinen aufgezeigte Bedürfnis, eine größere Beweglichkeit in die Fabrikationsart zu bringen, die neue Entwicklung vorwärts getrieben. Es gab eine große Anzahl von Flaschenarten, ganze Warengruppen, denen die Owens-Produktion, besonders in ihren Anfängen, nicht gerecht werden konnte, eben wegen des Zuges, so sehr ins Große zu gehen. Die ungeheure Leistungsfähigkeit, die sich in imponierenden Produktionszahlen für einige in großen Massen gebrauchten Flaschen ausdrückt, wurde gemessen an der Vielgestaltigkeit des Marktes anderer Glasbehältnisse zur Schwerfälligkeit.

In diese Lücke suchte man sogleich mit den mit Speiser arbeitenden Maschinen zu springen. Ihre Herkunft vom Halbautomaten und ihr Weg zu immer mehr mechanisierten, aber handbeschickten Blasmaschinen prädestinierten sie dazu. Diese Entwicklung knüpft ja unmittelbar an die Handarbeit an. Wenn auch die Produktionskraft dieser Maschinen mehr und mehr gesteigert wurde, so blieb sie doch in gewissen Grenzen, und, was das Wichtigste ist, sie war auf die Ofeneinheit bezogen, immer auf mehrere Maschinen verteilt. Darin lag ohne weiteres die gewünschte stärkere Beweglichkeit des Betriebes bezüglich der Ausnutzung der Ofenleistung und der Anpassung an die wechselnde Art der Aufträge, die noch dadurch ganz wesentlich gesteigert wurde, daß man mit dem Speiser die verschiedensten Maschinen kuppeln konnte. Dabei war aber der Weg des Speisers selbst ein dornenreicher (vgl. Bd. I, S. 687 u. ff.). Neben seiner mechanischen Durchbildung stand die Frage des geeigneten Glases. Auch heute noch hat, wenigstens vorläufig, das Tropfensystem einen Nachteil. Das ist die ungenügende Homogenität des Postens (vgl. a. S. 1109). Die Art der Entnahme führt dazu, daß er immer geschichtet ist. Bei guten Speisern ist diese Schichtung vorwiegend konzentrisch und schmiegt sich schalenartig der Flaschenwand an, so daß sie vom Auge in der Durchsicht durch die Wand kaum erkannt wird. Immerhin scheint es beim Tropfensystem schwierig, gleichmäßige Glasverteilung und Wandstärke zu erzielen.

Nach Qualität und Quantität befriedigende Leistungen sind aber nur mit weichem Glas möglich. Als dies erkannt war, wurde aus der Not eine Tugend. Das Glas erlaubte die Leistung von Maschinen und Öfen stark zu steigern[1]). Dies und der Wegfall der Drehwanne machte den Ofenbetrieb viel wirtschaftlicher. Auch kommt die gleichmäßige Glasentnahme an mehreren Zapfstellen der Arbeit des Ofens, der Homogenisierung des Glases und, bei farblosem Glas, dessen Eisenarmut zugute. Aber die Entwicklung ging bald über das ursprüngliche Ziel hinaus. Mit der Entwicklung der Speiser konnten auch die Maschinen zu höherer Leistung geführt werden, und Graham[2]) schuf in Zusammenarbeit mit der Owens Bottle Co. eine 15armige, von Speisern

[1]) Siehe S. 1110 und 1135.

[2]) Bd. I, S. 606—609.

beschickte Karussellmaschine nach dem Kippsystem, die in ihrem mächtigen Bau und in ihren Leistungen den Kolossen eigentlich Owensscher Schöpfung nichts nachgibt. Aber sie ist eine Ausnahme geblieben. Regel sind die kleineren Einheiten. Charakteristisch für die mit Speiser arbeitenden Maschinen und ihre Stärke bleiben, neben der größeren Wärmeökonomie der Öfen, doch ihre mannigfaltigen Erzeugungsmöglichkeiten, vor allem auch die Anpassung an die Weithalsware. So ist diese Arbeitsart für die gesamte Hohlglasindustrie eine überaus wertvolle Ergänzung des Saugsystems geworden. Diese Bedeutung bleibt dem System auch dann, wenn, wie die oben geschilderte neuere Entwicklung zeigt, auch innerhalb des Saugsystems Arbeitsweisen mit ähnlicher Beweglichkeit der Fabrikation hervorgebracht werden.

a) Speiser.

Im I. Band, S. 687—704, ist von der kundigen Hand des Herrn Geh. Rat Wendler die Anfangsentwicklung und der damalige Zustand der Speisertechnik beschrieben. In der Zwischenzeit hat sich gewissermaßen eine „natürliche Auslese" vollzogen. Von den vielen, mancherlei Wege abtastenden Versuchen sind nicht alle erfolgreich gewesen und damit hat sich das Bild der Konstruktionen vereinheitlicht. Bevorzugt sind eine Reihe von Modifikationen des Tropfenspeisers. Im Betrieb erfolgreich, noch mehr aber für andere Konstruktionen richtunggebend, ist unter ihnen der Postenspeiser von Tucker, Reeves und Beatty[3]). Eine zweite wichtige Entwicklungsquelle ist der Hartford-Fairmont-Speiser (vgl. Bd. I, S. 695 u. ff.), der einen Kolben, der in einen Napf stößt, zur Beeinflussung der Postenbildung benützt. Diese beiden Erfindungsgedanken spielen bei den Speisern, die eine besondere Bedeutung gewonnen haben, die Hauptrolle. Alle beruhen darauf, daß in einen kleinen aus der Stirnwand der Wanne herausreichenden Vorsprung zähflüssiges Glas einfließt und durch eine im Boden des Vorsprunges befindliche Öffnung, einen Tropfen bildend, austritt. Im Momente, wie sich infolge des Gewichtes des Tropfens eine Einschnürung, die sich zum Schwanze auszuziehen droht, zeigt, wird der Posten abgeschnitten. Um einen neuen Posten vorzubereiten, wird die Oberfläche, die mit dem Scherenschnitt in Berührung war, bei Tuckers & Reeves mit einer Gasflamme erhitzt und in die Öffnung zurückgetrieben. Bei Miller spielt Luft, die sich an den Wandungen erhitzt, die gleiche Rolle. Um aber Tropfengröße und Tropfenform noch stärker beeinflussen und die Geschwindigkeit des Vorganges erhöhen zu können, wird fast allgemein ein kolbenförmiger „Treiber" benützt, der im Momente, wie der Tropfen sich abzuschnüren droht, vorstößt und damit mehr Glas liefert, sobald aber der Schnitt erfolgt, sich zurückzieht und den Glasstrom aufhält, ja das Glas in die Öffnung zurückholt. Um die Wirkung dieses Treibers zu verbessern, hat man, wohl zuerst bei Rankin, einen zylindrischen Mantel in geringem Abstand vom Treiber eingesetzt, der eine unmittelbarere Wirkung des Treibers auf das ausfließende Glas hervorbringt. Die britische Vertretung der Hartford Empire Co., das British Hartford Fairmont Syndicate Ltd.-London

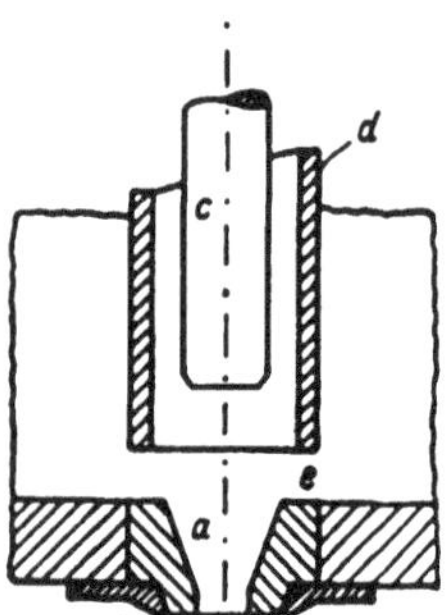

Abb. 1148. Schema des Rankin-Speisers.

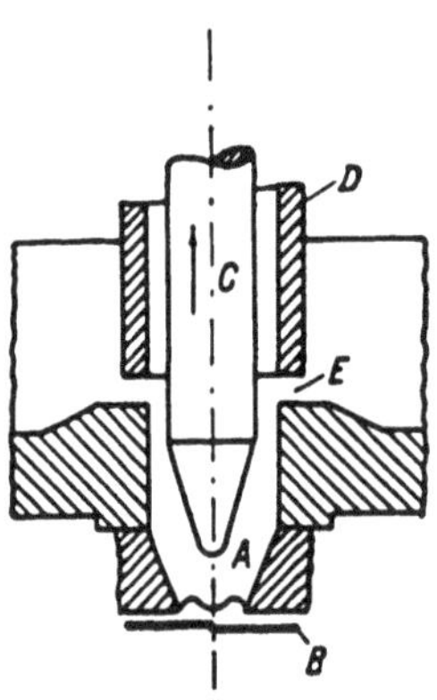

Abb. 1149. Schema des Hartford-Single-Speisers.

[3]) DRP. 433650. — Siehe auch Bd. I, S. 690.

ist im Besitz der englischen Patente für den Rankin-Speiser. Infolgedessen hat sich die Konstruktion der beiden, d. h. des Hartford-Single-Feeders und des Rankin-Feeders außerordentlich genähert. Dies wird durch die schematische Abbildung in den Abb. 1148 und 1149 erläutert. Man sieht, daß der Mantel *d* bzw. *D* bei *e* bzw. *E* den Durchgang zwischen der Hauptglasmenge des Speisers und dem Öffnungsnapf *a* bzw. *A* stark einengt. Dadurch kommt in der Einrichtung eine Wirkung zustande, die einer Pumpe mit schlecht sitzenden Ventilen verglichen werden kann. Im Durchfluß *e* bzw. *E* wirkt das zähflüssige Glas wie ein schlechtes Ventil drosselnd. Die Folge davon ist die, daß der die Rolle des Kolbens einer Pumpe spielende Treiber *c* bzw. *C* das Glas vor und im Öffnungsnapf stärker als das im freien Raum befindliche Glas beeinflußt. Der Vergleich der Abb. 1148 und 1149 zeigt, daß die Mittel zur Hervorbringung dieser Wirkung beim Hartford-Single-Speiser noch etwas verstärkt sind. Der Durchgang bei *E* ist ebenso wie der Spielraum zwischen Treiber und Mantel verengt. Für die Ansammlung der Glasmasse, die zur Postenbildung notwendig ist, ist ein besonderer und vergrößerter Napf geschaffen. Durch die Ausbildung der Spitze des Treibers ist die scharfe Einstellung der Tropfengröße und Tropfenform bis zu den kleinsten Glasmengen herab möglich.

Um die unmittelbare pumpenartige Wirkung des Treibers *c* auf das vor der Öffnung liegende Glas noch zu verstärken, hat schon Rankin vorgeschlagen, den Mantel *d* vor dem Kolbenstoß niederzusenken. Es scheint aber, daß dieser Gedanke wenig Verbreitung gefunden hat, wohl deshalb, weil die rotierende Bewegung wichtiger ist. Unregelmäßigkeiten in Zusammensetzung und Temperatur im Speiser lassen sich nämlich im Speiservorsprung nicht vollständig vermeiden. Die daraus entstehenden Übel können aber auf ein erträgliches Maß herabgesetzt werden, wenn die Ungleichmäßigkeiten in parallele bzw. konzentrische Schichtung gebracht werden. Dies gelingt, wenn der Mantel in rotierende Bewegung versetzt wird, eine Maßnahme, die sich sowohl bei Rankin wie beim Hartford-Feeder findet.

Es ist hier nicht der Ort, eine ausführliche Beschreibung aller in Frage kommenden Speiser zu geben. Es genügt, als Beispiel den Hartford-Einzelspeiser in seiner jetzigen Form zu beschreiben.

Der Hartford-Einzelspeiser (Hartford-Single-Feeder). Die Abb. 1150, 1151 und 1152 zeigen diesen vortrefflich durchkonstruierten Speiser in den verschiedensten Ansichten. Der eigentliche wirksame Teil ist ganz schematisch in Abb. 1149 dargestellt. Die genannten Lichtbilder zeigen den Speiservorsprung, wie er an eine in der Wannenstirnwand befindliche Öffnung angesetzt wird. Der Hauptantrieb geschieht durch den Elektromotor *1*, der bei *2* ein Schneckengetriebe antreibt. Der Treiber *5* kann am Halter *6* genau zentrisch und in die gewünschte Höhe eingestellt werden. Der Halter *6* ist an den Führungsschäften *7* befestigt, an denen ebenfalls die Höhenlage des Treibers eingestellt werden kann und die beim Heben und Senken den Treiber führen. Die hebende und stoßende Bewegung des Treibers *5* wird durch eine Daumenscheibe, die bei *4* eingekapselt liegt, angetrieben. Die Scherenarme der Abschneidevorrichtung schwingen um eingekapselte Angeln *8* und sind durch ineinandergreifende Zahnräder miteinander verbunden. Die Auslösung der Bewegung der Schere wird durch die Daumenscheibe *3* gesteuert. Die Scherenarme *10* und *10a* werden durch die Federn *12* und *12a* gezogen, und zwar dient die Feder *12* für den Schnitt, die Feder *12a* für die Öffnung der Schere. Die Bewegung des Treibers und des Scherenschnittes ist durch ein Planetengetriebe so gekuppelt, daß eine zeitliche Verschiebung zwischen den beiden Funktionen hervorgebracht werden kann. Diese Einstellung geschieht durch ein Handrad. Auf diese Weise ist es möglich, die Zeitspanne zwischen dem Treiberstoß und dem Scherenschnitt einzustellen und dadurch die Gestalt des Postens, besonders in seinem oberen

Ende zu bestimmen. Der zylindrische Mantel *13*, dessen Bedeutung oben auseinandergesetzt ist, wird im Halter *17* befestigt, der gleichzeitig den Antrieb für diesen sich drehenden Mantel erhält. Der Halter wird durch den Arm *18* gehalten und kann mit dem Schaft *19* in bestimmte Höhenlage gebracht werden. Für die Bewegung des Mantels ist ein besonderer Motor *14* vorgesehen, der über ein Schneckengetriebe *15* die senkrechte Welle *15a* antreibt. Durch ein Zahngetriebe *16* wird die Bewegung auf den Mantel übertragen.

In dem beschriebenen Apparat findet leicht auf dem Wege von der Wanne zur Mündung eine ungleichmäßige Abkühlung und damit, wie oben gesagt, Schichtenbildung statt. Aus diesem Grunde ist außer der Bewegung des Mantels noch eine besondere Heizvorrichtung vorgesehen, die die Glasoberfläche im Feedervorsprung gleichmäßig erhitzt. Die Möglichkeiten der Speisung sind bei dem beschriebenen Feeder außerordentlich groß. Tropfen von kleinstem Ausmaße (Bruchteile einer Unze), also 10—15 g bis zu 2200 g Glas enthaltende Posten können auf diese Weise dosiert werden. Die Geschwindigkeit des Speisens hängt natürlich von der im Einzelposten geförderten Glasmenge ab. Entsprechend den genannten Grenzen der Postengröße schwankt die pro Minute gelieferte Postenzahl von 80 bis 3. Dieser Speiser ist sowohl in Amerika wie in England außerordentlich stark verbreitet und befriedigt durch die qualitativen und quantitativen Leistungen vollkommen.

Abb. 1150.

So elegant und so vielseitig anwendbar nun auch die Arbeit der Tropfenspeiser ist, so bestehen doch große Hemmungen für weite Kreise der deutschen Glasindustrie, sich diesen Vorteil zunutze zu machen. Dem stehen vor allem die patentrechtlichen Verhältnisse im Wege. Einerseits scheint der Flaschenverband oder führende Mitgliedshütten derselben Generallizenzen für Speiserpatente zu besitzen[1]), anderseits besitzen die Hugo Stinnes A.G. Hamburg bzw. die in deren Hand befindlichen Ruhrglaswerke-Carnap das deutsche Patent von Tucker, Reeves und Beatty (DRP. 433650 mit der Priorität vom 24. Okt. 1913). Gerade dieses Patent wird für

[1]) In der Tat besitzt der Deutsche Verband der Flaschenfabriken G. m. b. H.-Berlin eine Reihe von deutschen Patenten auf Speiserformen, die besondere Ausbildungen der oben geschilderten Rankin- und Hartford Single-Feeder sind: DRP. 472140 vom 24. VIII. 1924: Gemeinsame Drehung von Kolben und Mantel, sowie selbständige Bewegbarkeit des Mantels in seiner Tragplatte. — DRP. 455492 vom 16. I. 1925: Drehung des Mantels und Drehung von Mantel und Kolben in entgegengesetzter Richtung. — DRP. 454537 vom 13. XI. 1926: Ausbildung des Kolbens und des Mantels in den verschiedensten Formen (versehen mit Rillen, Rippen, Höckern), die in den Oberflächen von einfachen Drehungskörpern abweichen.

die weitere deutsche Entwicklung von starkem Einfluß sein. Die Nichtigkeitsklage gegen dies Patent ist in beiden Instanzen abschlägig beschieden worden, in anderen Patentprozessen ist die Frage, ob andere Speiserpatente von ihm abhängig sind, noch nicht endgültig entschieden. Diese Umstände werden eine Rolle spielen, wenn fortschrittliche Weißhohlglaswerke ihre Fabrikation dem steigenden Bedarf von farblosem Flaschenglas folgen lassen wollen, und sie werden dann Schwierigkeiten haben,

Abb. 1151.

Abb. 1152.

zu verhindern, daß die Flaschenindustrie im engeren Sinne, die bisher das Grün- und Braunglas als Hauptdomäne betrieb, eine Expansion in dieser Richtung vollzieht. Würde ein solcher Vorgang zur Tatsache, so wäre dies eine vollkommene Parallelerscheinung zur amerikanischen und englischen Entwicklung[1]).

[1]) Vgl. S. 1092 u. 1093.

b) Mit Speisern zusammenarbeitende Blasmaschinen.

Die Anzahl der Maschinen, die mit Speiser zusammen einen vollautomatischen Betrieb ergeben, ist außerordentlich groß. Alle Maschinen, die mit einer nach oben geöffneten Vorform die Fertigung beginnen und vollkommen selbsttätig den Blasvorgang zu Ende führen, sind für die Zusammenarbeit mit Speisern geeignet. Sie alle aufzuzählen und zu beschreiben, würde hier zu weit führen. Für die Zwecke des Buches genügt es, auf einzelne wichtige Beispiele hinzuweisen, und es seien hierfür zunächst die im ersten Bande beschriebenen Maschinen genannt.

Abb. 1153.

Für die bevorzugte Herstellung von Weithalsflaschen werden vor allem Preßblasemaschinen angewandt, und zwar nennen wir einerseits die Zweitischpreßblasemaschine von Miller (S. 587), anderseits die Eintischmaschine von Hartford Fairmont Co. (S. 585, 588, 708), die z. B. in Greenwood bei London bei der Rock Ware Co. für die Herstellung von Milchflaschen in größtem Maßstabe benützt wird. Weiter ist an die Zweitischmaschinen nach dem Kippsystem von O'Neill (S. 610) und von Lynch (S. 614) zu erinnern[1]). Für besonders große Leistungen einer Flascheneinheit sei die Severin-Kippmaschine von J. B. Graham (S. 606) genannt. Zu diesen in allen Industrieländern bekannten Maschinen kommen noch zwei französische Konstruktionen, die zehnarmige Renodier-Maschine, von der einige Exemplare in Verbindung mit Rankin-Feedern in Frankreich laufen, sowie die 8armige Roirant-Maschine für Tropfspeisung.

[1]) Das neueste Lynch-Modell 10 ist in Glass Industry 12 (1931), 119 unter Beigabe guter Zeichnungen beschrieben.

Diese Maschine, als „M 8“ bezeichnet, ist eine Eintisch-Rotations-Maschine mit 8 Einheiten. Zwei Eigenheiten sind hervorzuheben: Das Karussell steht auf einem Tisch, der $^1/_8$ der Umfangsbewegung mitmacht, dann aber mit gleicher Geschwindigkeit rückwärts geht, so daß die Vorform zur Aufnahme des Postens stillsteht. Ferner wird das Fertigblasen durch Ansaugen an die Formwand vollzogen (DRP. 487977 vom 18. XII. 1928), also ähnlich Roisant-Maschine mit Saugspeisung Type „F‘, (siehe S. 1151). Die Maschine lieferte in Puy-Guillaume in 24 St. 31000 gute 1 l-Vichy-Flaschen (720 g Gewicht und 940 cm³ Inhalt) gegen 3500 Flaschen gleicher Art mit Type „B“ (S. 1150).

Außer den schon im ersten Band beschriebenen Maschinen sei noch auf die eigenartige Neukonstruktion der Hartford Fairmont Co., die „Hartford I.S. Maschine“, aufmerksam gemacht, die im folgenden näher beschieben sei.

Abb. 1154.

Die Hartford I.S. (Individual Section) Maschine (Abb. 1153 und 1154) besteht, wie ihr Name sagt, aus vier unabhängig voneinander gesteuerten und regulierbaren Abteilungen, von denen jede eine Flaschenblasmaschine für sich bildet, wobei aber die vier Einzelmaschinen die Überlegarbeit des frei im Kopfring gehaltenen Külbels von der Vorform zur Fertigform um eine in gleicher Achse liegende Horizontalwelle vollziehen, und zwar so, daß Vorform und Fertigform tangential zum Bewegungskreis stehenbleiben, also ganz ähnlich wie bei der handbetriebenen Severin-Kippmaschine[1]). Die vier Abteilungen sind auf einer gemeinsamen Grundplatte dicht nebeneinander montiert und erhalten eine nach der andern die Posten aus einem Speiser durch einen im oberen Teil der Abbildungen sichtbaren Verteilungsmechanismus *1*. Der Posten fällt dann durch eine der Zuführungsröhren *2* in die Vorform einer Abteilung, wo das Külbel mit dem Kopf nach unten geformt wird, und zwar etwa in der

[1]) Band I, S. 602 u. ff.

Weise des Überlegesystems[1]) (Proeger, Schiller) mit einem Saug- und Blasstoß zur besseren Ausbildung des Mundstücks. Dann öffnet sich die Vorform und das Külbel wird von einem um die Horizontalachse *3* schwingenden Arm *4* in die Fertigform, die sich um das Külbel schließt, herübergebracht. Der Kopfring trennt sich vom Külbel und kehrt zur Vorform zurück, welche unmittelbar einen neuen Glasposten erhält, und während sich dies vollzieht, wird die Flasche in der Fertigform ausgeblasen. Kurz ehe das neue Külbel herübergereicht wird, öffnet sich die Fertigform und die fertige Flasche wird aus der Form gehoben. Dazu dienen um Achsen *5* kurbelartig schwingende Arme, deren Greifer *6* die Flasche auf ein vor der Maschine laufendes Transportband *7* stellt, von wo sie weggenommen und in den Kühlofen gebracht wird. Alle Bewegungen der Maschinenteile besitzen pneumatischen Antrieb, aber ihre wohlbekannten Nachteile sind durch Sonderkonstruktionen und durch mechanische Steuerungen aller Bewegungen überwunden worden. Die wesentliche Verbesserung sind vom Feeder aus mechanisch angetriebene Steuertrommeln *8*. Jede Steuertrommel enthält 19 Schlitze, in denen Nocken zum Öffnen und Schließen der Ventile eines Ventilblockes sitzen. Da diese Nocken rings auf dem Umfang der Trommel beliebig verstellt werden können, ist es an dieser zentralen Stelle möglich, jede Bewegung eines Organs, Zeitpunkt ihres Eintretens und ihre Zeitdauer, so festzulegen, um den jeweils besten Gang der Maschine zu erreichen. Es ist nicht wie bei den ruckweise rotierenden Maschinen notwendig, einen Vorgang an irgendeiner Station zu regulieren. Es ist bezeichnend für die ganze Konstruktion, daß keine schweren beweglichen Teile, wie z. B. rotierende Tische, die bei ihrem Umlauf mehrmals in Gang kommen und stillgesetzt werden, vorhanden sind. Die ganze Maschine hat nur wenige und langsam bewegte Teile. Die Tatsache, daß die einzelnen gleichartigen Bewegungen bei den vier Abteilungen der Maschine zeitlich gegeneinander versetzt sind, führt zu einem gewissen Massenausgleich, und dieses alles ergibt einen widerstandsfähigen Mechanismus, der einen kaum beachtlichen Betrag an Überwachung und Instandsetzung fordert.

Vergleicht man die Wege, auf denen sich bei der I.S.-Maschine die Fertigstellung einer Flasche vollzieht, mit denen bei rotierenden Maschinen, so wird klar, daß die Leistung in der Zeiteinheit wesentlich höher sein kann. Sie ist natürlich stark von der zu verarbeitenden Glasmasse abhängig, einerseits wegen der Kupplung mit der Arbeit des Speisers, anderseits wegen der für das Starrwerden des Glases notwendigen Zeit. Einen Anhalt für die Leistungen der Hartford-I.S.-Maschine geben etwa folgende Zahlen:

Glasgewicht je Flasche	Flaschenzahl in 24 Stunden
60 g	55000
100 g	45000
400 g	25000
850 g	15000

Die Art der herzustellenden Flaschen ist außerordentlich variabel bis zu einer Größe von 340 mm Höhe und 150 mm Dmr. Die übliche Installation ist für 50 mm Dmr. zugeschnitten. Aber trotz dieser starken Variationsfähigkeit in den herzustellenden Flaschen, möchten wir doch glauben, daß das Hauptanwendungsgebiet in erster Linie die Massenherstellung von kleinen Flaschen ist. Der Vorteil, den ihre Arbeitsweise bietet, geht mit ansteigendem Glasgewicht stark zurück. Die Maschine braucht 1,8 at Luftdruck und ungefähr 3 m³ Frischluft.

---

[1]) Band I, S. 634 und 638.

3. Mechanische Kühlofen-Beschicker.

Ein vollautomatischer Betrieb, der den ganzen Fertigungsgang vom Gemenge zur gekühlten versandfähigen Flasche umfaßt, ist nur möglich, wenn auch der Weg von der Blasmaschine zum Kühlofen und die richtige Placierung auf dem Kühlofenband durch eine mechanische Einrichtung vollzogen wird. Deshalb sind neuerdings für die Erfüllung dieser Aufgabe eine Reihe von Bauarten aufgekommen. Abb. 1155 stellt den Kühlofen-Beschicker der Hartford-Empire Co.-Hartford, Conn. USA. dar. Der Antrieb und der die einzelnen Operationen regelnde Mechanismus steht auf einer Plattform, die von drei Säulen getragen ist. Von dieser Plattform gehen zwei sich regelmäßig verschiebende Arme nach unten, an denen je ein Überleghebel mit Greifer angebracht ist. Die Flasche wird von einem pneumatisch meist vom Feeder aus gesteuerten, stoßweise bewegten Transportband zu einer bestimmten Stelle geführt. An dieser erfaßt sie der Greifer einer der beiden Überlegehebel und setzt sie auf das Kühlofenband. Die Bewegungen sind so geregelt, daß eine gleichmäßige Besetzung des Bandes ohne Berührung der Flaschen unter sich stattfindet. Im wesentlichen werden die Bewegungen durch Motorantrieb hervorgebracht und geregelt. Nur die Überleghebel werden pneumatisch betrieben und gesteuert, und zwar gewöhnlich vom Feeder aus. Der Beschicker legt 11—40 Flaschen je Minute in den Kühlofen ein.

Abb. 1155.

Bei dem Kühlofen-Beschicker der Amsler-Morton Co. wird die Anzahl Flaschen, die auf der Breite des Ofenbandes Platz hat, auf einem Arm gesammelt, der gefüllt über das Kühlofenband einschwenkt und die Flaschen dort absetzt.

V. Kühlen und Kühlöfen.

Zur Kühlung der in der Massenfabrikation hergestellten Flaschen werden ausschließlich Bandkühlöfen mit kontinuierlichem Betrieb verwendet. In ihnen werden im Gegensatz zum Betrieb der Kammerkühlöfen die Flaschen stehend gekühlt, was insofern von Bedeutung ist, als eine hohe Anfangstemperatur nicht so leicht zu Deformationen führt — insbesondere zu krummen Hälsen — wie bei der Kühlung der liegenden Flasche. Auch das Zusammenbacken der Flaschen, wie es im Stapel vorkommt, und das Auftreten von Millionenrissen ist dabei eine Seltenheit. Wichtig bleibt aber in allen Fällen, daß die Flasche entsprechend heiß in den Kühlofen gepflegt wird, weil erfahrungsgemäß Flaschen, die zu lange Zeit brauchen, ehe sie in den Kühlofen gelangen, dort ihre Spannungen verhältnismäßig langsam verlieren bzw. sich dort nicht mehr entsprechend aufwärmen, so daß sie schließlich als schlecht gekühlte Flaschen den Ofen verlassen. In dieser Hinsicht ist nicht allein wegen der Arbeitsverhältnisse, sondern auch wegen der Güte der Kühlung der modernen automatischen Beschickung des Kühlofens, wie sie bei den neueren Flaschenmaschinen durchgeführt wird, eine günstige Rolle zuzuweisen. Es ist nicht zu übersehen, daß der eigene Wärmeinhalt der Flasche unmittelbar nach dem Verlassen der Fertigform wesentlich zum Ausgleich der Spannungen beiträgt. Deshalb sind im Gegensatz zur direkten automatischen Überführung die Eintragvorrichtungen bei Handwannen wegen der meist großen Wege oft schädlich. Auch die Kombination von Hand- und Maschinenarbeit an einer Wanne bietet bei gemeinsamem Kühlofen gewisse Nachteile.

Die Bandkühlöfen der Flaschenindustrie verzichten heute durchaus auf die Kasten, welche für andere Artikel oftmals notwendig sind. Bei ihnen werden die Flaschen direkt, wenn nicht automatisch mit der Schippe oder mit Hacken auf das eiserne Förderband gestellt, wie es bereits in Bd. I, S. 519 beschrieben ist. Die Unterschiede in den einzelnen Bauarten ergeben sich aus der Art der Beheizung der Eintrittsseite und aus der Führung der Rauchgase und aus anderen besonderen Bedingungen, welche für die Abkühlung der Flaschen vorgesehen sind.

Einer der stärksten Unterschiede wird durch den Umstand bedingt, ob die Flamme, die zur Beheizung des Kühlkanals dient, frei in diesen Kanal schlägt oder ob sie durch Zwischenwände getrennt, in besonderen Zügen den Kanal umspült. Die erstere Art wäre als Kanalkühlofen mit offenem Feuer (in Amerika und England einfach „Lehr" genannt), die zweite, die ja dem Muffelofen der Keramik entspricht, als Muffelkanalkühlofen („muffle lehr") zu bezeichnen. Die neuere Entwicklung gehört ganz dem zweiten.

Für die Arbeit der verschiedenen Kühlöfen ist natürlich die Verteilung der Temperatur im gesamten Kühlraum besonders kennzeichnend. Um eine solche Charakteristik der Öfen zu ermöglichen, haben Cousen, Howes und Winks[1]) ein Nickelchrom-Thermoelement mit ca. 12 m langen Schenkeln, das sie an verschiedenen Stellen mit dem Einsatz durch den Kühlkanal laufen ließen, verwendet. Die Untersuchung zeigt die Überlegenheit der Kanalmuffeln, gibt aber den Hinweis, daß auch bei diesen der Temperaturgang nicht richtig eingestellt sein kann (zu spätes und mangelhaftes Erreichen der Kühltemperatur, ungenügende Gleichmäßigkeit zwischen Mitte und Seite). Es ist kein Zweifel, daß die hier verwendete Untersuchungsweise auch von großem Vorteil für das erste Einregeln neuer Kühlöfen ist.

Im Anschluß an die grundlegenden Arbeiten von Twyman[2]) und von Adams und Williamson[3]) hat J. B. Murgatroyd[4]) interessante und praktisch wertvolle Betrachtungen über das in der Praxis zu wählende Kühlschema angestellt. Er geht aus von der nach Twyman definierten oberen Kühltemperatur, bei der 95% der Spannungen in 3 Minuten verschwinden sollen und bemißt den Entspannungsbereich so, daß bei der unteren Kühltemperatur nur noch 1% der vorhandenen Spannungen in 3 Minuten verschwinden. Da nun für einen Temperaturabfall von 7—9°, nach Twyman von 8°, die Zähigkeit und damit die für die Beseitigung einer gegebenen Spannung notwendige Zeit sich verdoppeln, ergibt sich auf Grund der genannten Annahme ein Entspannungsbereich von 56° C. Dieses Temperaturintervall muß durchwandert werden, ohne daß Temperaturunterschiede in dem zu kühlenden Glase, die zu neuen Spannungen führen, auftreten können. Offensichtlich hängt dies von der Geschwindigkeit der Abkühlung im Entspannungsbereich ab. Murgatroyd macht nun einen verhältnismäßig einfachen Ansatz, um den zulässigen Temperaturabfall zu berechnen. Er muß hierfür verschiedene Annahmen machen, die sicher nicht allgemein gültig sind. Eine nicht unwichtige Rolle in seinem Ansatz spielt das Verhältnis des Ausdehnungskoeffizienten unter dem Transformationspunkt und demjenigen oberhalb des Transformationspunktes. Murgatroyd setzt dies Verhältnis (N) zu 3 ein.

---

[1]) The Control and Distribution of Temperature in Lehrs. Journ. Soc. Glass Techn. XII (1928), S. 146—161.

[2]) Journ. Soc. Glass Techn. I (1917) S. 62.

[3]) Journ. Franklin Institution **190** (1920), S. 597. — Vgl. auch Bd. I, S. 232 u. ff.

[4]) Journ. Soc. Glass Techn., **14** (1930), S. 3—16.

Mit Recht weist Turner darauf hin, daß dies Verhältnis sehr wechselnd ist. Es ist aber bemerkenswert, daß das Ergebnis der Murgatroydschen Berechnungen der praktischen Erfahrung sehr nahekommt. Sein Ansatz ergibt für ein einfaches, weiches, farbloses Feederglas als zulässigen Temperaturabfall im Entspannungsgebiet: $\frac{1{,}3^0\,C}{L^2}$ je Minute, wo L die maximale Wandstärke des zu kühlenden Stückes ist, d. h. bei 1 cm Wandstärke darf man, ohne daß beachtliche Spannungen auftreten, im Entspannungsbereich die Temperatur um 1,3° C in der Minute senken. Bei einer Wandstärke von 0,5 cm kann die Abkühlungsgeschwindigkeit 1,3:0,25 = 5° C je Minute sein. Für die Abkühlung im gesamten 56° C umfassenden Entspannungsbereich müssen also 11 Minuten zur Verfügung stehen. Für die Erreichung der oberen Kühltemperatur braucht man ca. 15 Minuten. Das ca. 450° C betragende Intervall von der unteren Kühltemperatur bis zur Raumtemperatur kann rascher (10—15° C je Minute) durchschritten werden. Es genügen 35 Minuten. Im ganzen ist also die für das Verweilen im Muffelkanal notwendige Zeit, unter den gemachten Annahmen: 15 + 11 + 35 = 61 Minuten, wovon nur 11 Minuten für den Entspannungsbereich notwendig sind.

Es ist schon gesagt, daß die Annahmen Murgatroyds nicht allgemein gültig sind. Man wird aber, wenn man die notwendigen physikalischen Größen für das in der Praxis vorliegende Glas bestimmt und evtl. einen Sicherheitsfaktor berücksichtigt, bei der Verfolgung der Murgatroydschen Gedankengänge zu einem sehr brauchbaren Kühlschema kommen. Natürlich ist ein solches Vorgehen nur dann von Erfolg, wenn es sich um einheitliches, auf lange Zeit gleichbleibendes Kühlgut handelt. — Die Einzelheiten müssen im Original nachgesehen werden. Das Referat in den Glastechnischen Berichten ist nicht ausreichend.

1. Kanalkühlofen mit offenem Feuer.

Bei dem in Band I, S. 519, beschriebenen Owens-Kühlofen ist es notwendig, die Flaschen mit einer langstieligen Schippe in den Kühlofen zu pflegen, damit der vordere Teil des Bandes freibleibt und Zeit hat, sich durch die strahlende Wärme der Oberflamme zu erhitzen, ehe er mit den Flaschen in Berührung kommt. Dieser Mangel an Grundwärme schließt eines der wichtigsten Probleme der Kühlung im Kanalofen in sich. Dieser Mangel tritt um so stärker hervor, je mehr Masse das Transportband enthält, um so mehr, als es ja meist aus Eisen ist. Diese Frage spielt nicht nur beim Kanal mit direkter Heizung eine Rolle, sondern ebensosehr beim Muffellehr, dessen sparsame Beheizung den Wärmeentzug im Boden der Flasche stark fühlbar macht. In einer Diskussion über solche Fragen hat Peddle betont, daß in 99 von 100 Fällen die Brüche der Flaschen im Boden entständen. Es ist klar, daß man auf die Beseitigung dieses Mangels besonders achten, also dem Transportband, dessen zum Kühlkanal zurückkehrendes Trumm sich auf dem Rückweg abgekühlt, neue Wärme zuführen muß.

Zur Herbeiführung größerer Bodenwärme sind eine Reihe von Konstruktionen entstanden, die alle darauf beruhen, die Abgase der Flamme in der Nähe des Transportbandes abzuziehen. Man ordnet zu diesem Zweck in den Seitenwänden nahe dem Band Öffnungen an, durch welche die Flammengase abziehen und sammelt diese in einem Kanal, möglichst unter dem Band, von wo sie erst zum Schornstein geführt werden, wobei gleichzeitig noch die Außenwände erwärmt werden. Auf diese Weise werden kalte Luftströmungen vom Boden ferngehalten und über die Querschnitte gleichmäßig verteilte Temperatur erhalten. Im weiteren Verlauf des Bandes angeordnete Austrittsöffnungen sorgen für das gewünschte Temperaturgefälle. Kanalkühlöfen dieser Art sind von Teissen-Birmingham und von Stein- und Atkinson-London und anderen gebaut.

Die Öfen dieser Art sind, verglichen mit den verfeinerten Muffelkühlöfen, verhältnismäßig immer noch grobe Instrumente, schwerfällig in der Bewältigung der Massen und wenig sparsam im Kohlenverbrauch. Aber als Mittelglied in der Entwicklung haben sie eine vielseitigere Anwendbarkeit. Der Muffellehr ist straff auf einen bestimmten Temperaturverlauf im Kanal eingestellt und an dieser Einstellung nimmt bei dem üblichen Massendurchsatz der Wärmeinhalt des Durchsatzes erheblichen Anteil. Das Temperaturgefälle bleibt also nur so lange konstant, als die Art des Einsatzes nicht wesentlich wechselt. Wir in Mitteleuropa haben nun immer noch, zum mindesten neben der Hauptfabrikation, kleinere Aufträge wechselnder Art zu erfüllen. Für solche Fälle sind Öfen der geschilderten Art geeignet, weil ihr Gang weniger abhängig von der zu kühlenden Ware ist.

Ein zweiter Punkt, der die Öfen mit offenem Feuer von den Muffelöfen unterscheidet, ist der folgende: Dadurch, daß die Flaschen mit den Flammengasen der Oberheizung in Berührung kommen, tritt an den Flaschen immer ein Belag von Sulfaten auf, der durch den Schwefelgehalt der Heizgase bedingt ist. Für diese Sulfatbildung herrschen ja im Kühlofen die günstigsten Bedingungen, weil bei den verhältnismäßig kleinen Flammen und dem Zutritt von Luft ein großer Sauerstoffüberschuß gegeben ist und die Optimaltemperatur für die Bildung von SO_3 aus SO_2 und Sauerstoff bei 400—430° C, also im Bereich der Kühlofentemperatur liegt.

Dieser Kühlbeschlag verbessert das Verhalten der Flasche. Er verschwindet bei der normalen Reinigung der Flasche ohne weiteres und nach der Reinigung ist die Oberfläche infolge Alkalientzugs chemisch verbessert[1]). Aber das Auftreten des Kühlbeschlages gibt der Kundschaft manchmal Anlaß zu unberechtigten Reklamationen, in manchen Fällen auch, wenn beim Kunden eigene Fabrikations- oder sonstige Fehler, die mit der Flasche gar nichts zu tun haben, auftreten. Also diese Gründe lassen es wohl erwünscht erscheinen, beschlagfreie Flaschen zu liefern. Außerdem wirkt eine klare reine Glasflasche viel ansprechender und ist oft unmittelbar verwendbar. Das Waschen und Trocknen bringt aber für die Flaschenfabrik erheblichen Aufwand an Zeit und Kosten, die wegfallen, wenn die blanken Flaschen unmittelbar vom Kühlofen kommend verpackt und verschickt werden können. Deshalb wird in der Massenfabrikation dem Muffelofen mehr und mehr der Vorzug gegeben.

2. Muffelkanalkühlöfen.

Aus den geschilderten Gründen hat man Kanalkühlöfen eingeführt, bei denen der Kühlkanal von Doppelwänden, in denen die Feuergase ohne Berührung mit dem zu kühlenden Gut ziehen, umgeben ist. Die Übertragung der Hitze geschieht also mittelbar durch die Kanalwand. Dadurch vollzieht sich rings um den Einsatz eine von der Wand kommende Wärmestrahlung, die eine gleichmäßigere Querschnittserhitzung ergibt, sofern Strömungen kalter Luft im Kühlkanal ferngehalten werden. In den Wandzügen, also in der Muffel, ist die Führung der Feuergase auch straffer, so daß die Beheizung etwas sparsamer sein kann. Wichtig ist auch hier, daß die notwendige Bodenwärme erzielt wird.

Es bestehen viele Konstruktionen von Kanalmuffeln und es sollen hier nur einige typische Einzelheiten hervorgehoben werden. Die Muffel umfaßt stets nur einen Teil des Kühlofens am Einlegende. Zu ihrer Beheizung tritt das Gas in eine Verbrennungskammer ein, die über dem Gewölbe oder unter dem Boden der Muffel liegt und aus der die heißen Gase durch Hohlsteine in den Seitenwänden entweder

[1]) Keppeler, Chem. Wirkung der Glaskühlung. Sprechsaal 61 (1928), 300. — Löber, ebenda, S. 161 und Rexer, Keram. Rundschau 38 (1930), S. 560.

unter oder über die Muffel strömen, um dann nach etwaiger nochmaliger Umkehrung durch den Schornstein abgeführt zu werden. Der sich an die Muffel anschließende Abkühlkanal ist meist völlig unbeheizt oder enthält noch auf eine gewisse Länge Züge, in denen ein Teil der Rauchgase weitergeführt wird. Dieser Teil ist meist leicht gebaut, um durch seine Wärmeverluste eine Abkühlung der Flaschen zu ermöglichen, während die Muffel selbst und der unmittelbar anschließende Teil durch entsprechende Schichten isoliert ist. Ein in Deutschland ausgebildetes Beispiel ist der Muffelkanalkühlofen der Hedwigshütte (Preuß & Winzen), Viersen, Rhld., der nach dem Patent (DRP. 414842 v. 19. 3. 22) des Herrn Ing. Hans Hillmann-Dresden gebaut ist.

Die Beheizung dieses Ofens (Abb. 1156) geschieht in der unterhalb des Förderbandes (Transportbandes) liegenden Sohle weit über das Ende der eigentlichen Muffelheizung hinaus bis zu etwa drei Viertel der Gesamtlänge des ganzen Ofens.

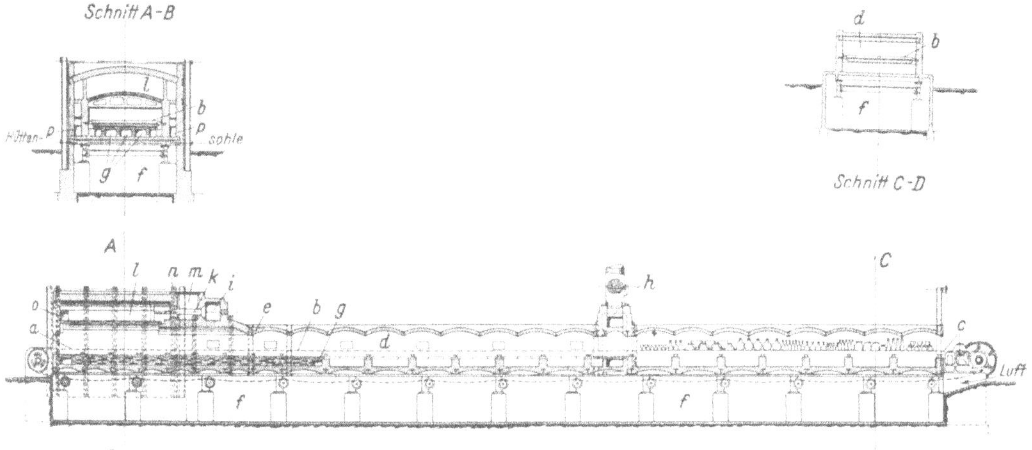

Abb. 1156.

Die Konstruktion ist aus der Abb. 1156 ersichtlich. Das zu kühlende Glasgut wird bei *a* in den Ofen eingesetzt, wandert nun auf dem endlosen Transportbande *b* bis zur Austrittsstelle *c* durch den Ofen hindurch. Das Transportband wird am Ofenkopf und Ofenende über angetriebene Kettenräder geführt. Der Ofen besitzt eine in der Längsrichtung durchgehende Kühlkammer *d*, die nach oben hin durch ein Gewölbe *e* abgeschlossen ist. Unterhalb des oberen Trums des Transportbandes *b* sind Kanäle *g* angeordnet, die in drei Viertel der Ofenlänge bis zum Kamin *h* hindurchgehen und Abgase der Muffelheizung führen.

Das Heizgas zur Beheizung der Muffel wird durch den Gaskanal *i* in den Ofen geleitet durch Brennerrohre *k*, und zwar in den oberhalb der Muffel liegenden Verbrennungsraum *l*. Die zur Verbrennung des Gases erforderliche Luft wird in dem unter den Heizzügen liegenden Raum *f*, der von diesen Zügen strahlende Hitze erhält, vorgewärmt und von hier in den Luftkanal *m* geführt und tritt durch die Düsen *n* in den Verbrennungsraum *l* ein. Aus dem Verbrennungsraum *l* geht die Wärme durch die Öffnung *o* in die Ableitungskanäle *p* zu den Kanälen *g* und gelangt durch diese in den Kamin *h*, in welch letzterem zur Regulierung eine Drosselklappe eingebaut ist. Die Regulierung der Heizgase geschieht unmittelbar vor Eintritt in den Kanal *i* durch Gasventil oder Drosselklappe. — Die Breite des Kühlbandes ist 1,6—2,2 m, Vorschub 10 cm je Minute. Die Kühldauer der Ware beträgt also bei 25 m langem Band ca. 3½ Stunden, je nach Beschaffenheit des Glasgutes, soll aber noch durch raschere Bewegung des Bandes herabgesetzt werden.

Die Temperaturkurve verläuft in gleichmäßig absteigender Linie bis zum Ofenende. Als Brennstoff kommt Rohgas zur Verwendung. Der Brennstoffverbrauch beträgt bei durchgehendem Betrieb etwa 15—25 kg Braunkohlenbriketts für 100 kg fertig gekühlte Ware. Für eine Leistung von 25000 Stück $^3/_4$-l-Flaschen in 24 Stunden ist ein Kanalkühlofen von 30 m Baulänge und 2,50 m l. W. erforderlich.

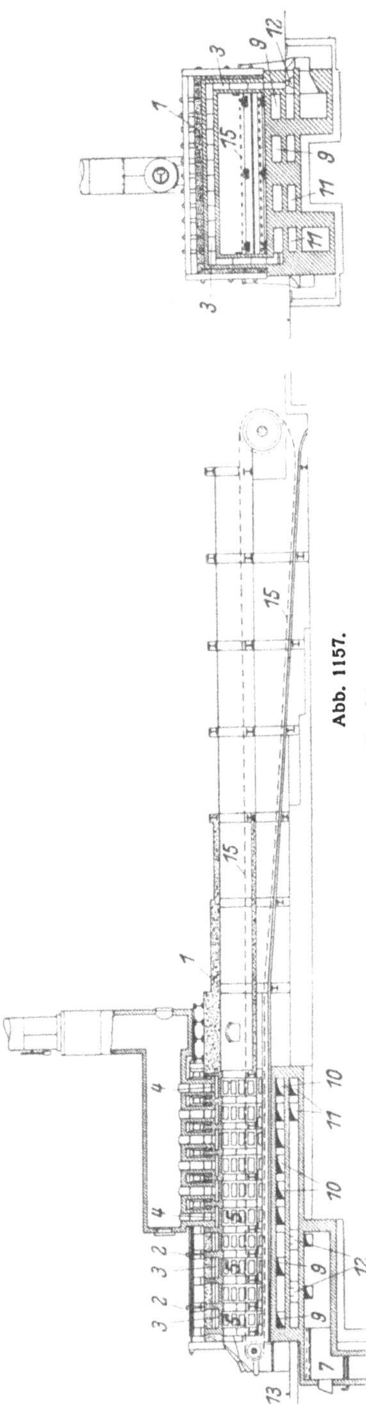

Abb. 1157.

Bezeichnungen:

1. Korksteinisolation
2. Feuerfeste Hängeplatten
3. Feuerzüge
4. Rauchgaszüge
5. Muffelformstücke
7. Gaseintritt
8. Hauptgaskanal
9. Verbrennungsgasaustritt
10. Verbrennungsgas — Austritt zu den Abzügen
11. Lufteintritt zur Feuerung
12. Gasbrenner und Regulierventil
13. Hüttenflur
15. Transportband

Als weiteres Beispiel einer Kanalmuffel sei der Dixon-Ofen (H. L. Dixon Co.-Pittsburg Pa.) genannt, der einige Besonderheiten zeigt. Die eigentliche Muffelkammer besteht aus 10 und mehr senkrechten röhrenartigen Elementen, von denen die ersten 4 durch die Flamme beheizt werden, während durch die übrigen 6 die Abgase ziehen. Um zu vermeiden, daß der Einsatz auf das kalte Transportband kommt, tritt das Förderband auf der Einlegeseite nicht aus dem Ofen und es kommt bereits vorgewärmt in die Muffel. Dort ist Vorsorge getroffen, daß gegenüber der Außenluft ein kleiner Überdruck herrscht, so daß also kalte Luft nicht auf die Flaschen treffen kann. Dieser Umstand ist auch deshalb wichtig, weil durch Zugwirkungen leicht Feuergase aus etwas undichten Zügen in den eigentlichen Kühlraum übertreten können und so trotz der Verwendung der Muffel Sulfatbeschläge auf der Ware sich zeigen. Der Abkühlkanal des Dixon-Ofens besteht aus Eisen, um das Abstrahlen der Wärme zu begünstigen.

Andere Konstruktionen stammen z. B. von Th. Teisen-Birmingham. Abb. 1158 zeigt seinen Muffellehr Typ I, 1,2 m breit für die Kühlung von Medizinflaschen im Betrieb. Man erkennt bei *a* die mit Eisenblech verkleidete Kühlzone mit den Schiebern, die den Zutritt der Kühlluft regeln. Oben ist der Ventilator *V* erkennbar, der die Abgase abzieht, deren Wärmeinhalt zurückgewonnen und zur Vorwärmung der Verbrennungsluft verwendet, so daß der Brennstoffverbrauch auf ein geringes Maß reduziert wird.

Die neuere Entwicklung der Muffelkühlöfen. Wenn man die Temperaturverhältnisse einer größeren Flasche unmittelbar nach dem Verlassen der Blasform betrachtet, so erkennt man, daß neben Stellen, die den Transformationspunkt unterschritten haben, andere — und zwar in größerem Umfange — vorhanden sind, die höhere Temperatur als jene besitzen. Gelänge es also, den Wärmeinhalt der Flasche in diesem Zustande zunächst zu erhalten, müßte der Temperaturausgleich zwischen den verschieden heißen Stellen der Flasche ohne weitere Wärmezufuhr spannungsfreies Glas ergeben. Natürlich erscheint dies nur bei größeren Flaschen mit beachtlicher Glasmasse möglich.

Abb. 1158.

In der Tat konnte z. B. mit dem unten besprochenen Hartfordlehr gezeigt werden, daß mit steigendem Einsatz der Brennstoffverbrauch proportional zurückging und bei 20 t in 24 Stunden auf Null sank (vgl. hiezu die Abb. 1159). Stark wurde die große Bedeutung der latenten Wärme, die in den aus der Fertigform kommenden Flaschen steckt, für den Ausgleich der Spannungen und damit für den Kühlvorgang von W. S. Mayers[1]), Oberingenieur der Monongahely Glass Co.-Fairmont W.Va. betont. Er gründet auf diese Feststellung die Konstruktion seines „Initial Heat Lehrs". Coad-Pryor[2]) hat Temperaturen sowie die spezifische Wärme des Glases bestimmt und auf Grund dieser Werte ebenfalls die Bedeutung des Wärmeinhaltes des Ofeneinsatzes betont. Dies geht auch aus den zahlreichen Temperaturmessungen in allen Stadien des Werdegangs der Flaschen, die A. I. Shilin[3]) ausführte, hervor. Alle diese Ergebnisse lassen als Ziel der Konstruktionen den „feuerlosen Kühlofen" erscheinen, richtiger gesagt, den Kühlofen, dessen Wärmebedarf möglichst aus dem zu kühlenden Glase stammt; denn der ganz feuerlose Kühlkanal ist nur ein Ideal, dem sich die technische Ausführung mehr oder weniger nähert. Es ist klar, daß für das Anheizen und bei Arbeitspausen eine stärkere Zusatzheizung notwendig ist. Überhaupt kann das Mindestmaß von Heizung nur im dauernden Gleichgewichtszustand vorhanden sein. Alle Änderungen irgendwelcher Art, Veränderung der Durchgangsgeschwindigkeit, der Flaschenart oder Flaschenzahl des Einsatzes, ja des Maschinenganges und damit des Wärmeinhaltes und der Wärmeverteilung im einzelnen Stück, natürlich auch der Glasart, bedingen eine Änderung der Zusatzheizung bzw. der Abkühlungsverhältnisse in den Wandzügen.

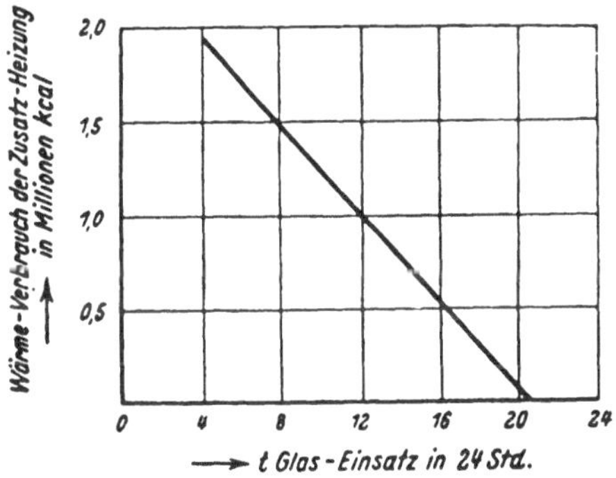

Abb. 1159.

Die so gestellte Aufgabe beruht also erstens in der möglichsten Ausnützung und Zusammenhaltung der Hitze, die das Glas mitbringt, und zweitens in der vollkommenen Beherrschung der Abkühlung, die das Glas auf dem Wege durch den Kühlkanal erfahren soll. Diese Bedingungen erfordern eine Reihe von Maßnahmen, die in den neueren Kanalmuffelöfen verwirklicht sind (vgl. auch S. 1159 u. ff.).

[1]) Glass Industry **31** (1923), S. 163.

[2]) Economics of the Annealing Process, Journ. Soc. Glass Techn. XI (1927), S. 30.

[3]) Bestimmung der Grenztemperatur für die Kühlung von Flaschen bei maschineller Herstellung vor der Kühlung. Sprechsaal **63** (1930), S. 893—899.

Wenn der Wärmeinhalt des Glases gegenüber der Wärmeaufnahme des Ofens stark in den Vordergrund treten soll, so muß die *Masse des Ofens möglichst klein* sein. Mit Ziegel- und Schamottebauten ist diese Aufgabe in nicht vollkommener Weise zu erreichen. Die neueren Öfen verwenden deshalb weitgehend metallische Baustoffe. Das fordert aber in zweiter Linie, daß Leitung und Strahlung des Ofens wenigstens in der Zone des Spannungsausgleiches weitgehend herabgesetzt werden. Es fordert also in diesem Teil *beste Isolation*.

Wenn nun ein solcher Kühlofen gegeben und in ihm der Temperaturverlauf bedingungsgemäß eingestellt ist, so bleibt der Wandverlust in der Zeiteinheit konstant. Die Wärmezufuhr durch das Glas wird dann bei gleichartigem Glas um so größer sein, je mehr Glas in der Zeiteinheit, d. h. je rascher das Glas durch den Kühlofen bewegt wird. Man sieht, daß auf diese Weise auch hier Ersparnisse an Produktionskosten und an Brennstoff vollkommen parallel gehen. Deshalb zeigen die neueren Kühlöfen eine außerordentlich *kurze Kühlzeit*.

Die damit zusammenhängende Steigerung der Laufgeschwindigkeit des Bandes wird um so mehr gefördert, je *leichter das Band* ist. Diese Verminderung der Masse des Bandes wird auch aus wärmeökonomischen und sonstigen kühltechnischen Gründen gefordert. *Hurlbut*[1]) berechnet, daß Bänder aus starkem Eisenblech einen Wärmeverlust von 85000 kcal, also 12 kg bester Kohle, pro Stunde verursachen. Es ist klar, daß ein derartiges nicht voll aufgeheiztes Band durch seinen starken Wärmeentzug auch starke Bodenspannungen im Glas hervorruft. Man wird deshalb einerseits eine möglichst kleine Masse für das Band wählen und wie dies schon in früheren Beispielen gezeigt ist, *Maßnahmen für die Bandheizung* treffen, so daß das Band die Einlegestelle schon heiß erreicht. Aus dem ersten Grunde findet man mehrfach *Förderbänder aus geeignetem Drahtgewebe* (Hartford, Amco).

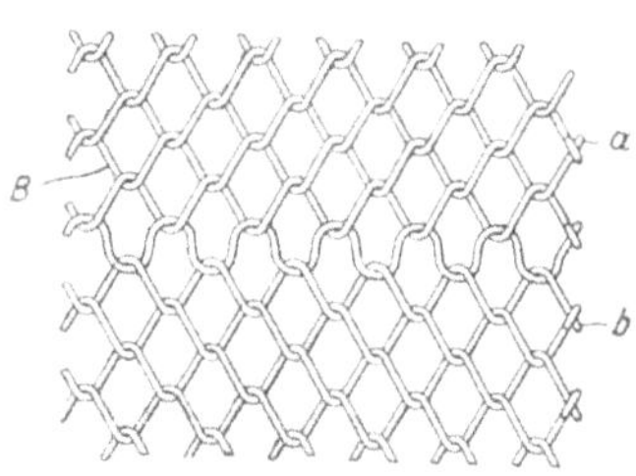

Abb. 1160.

Abb. 1161.

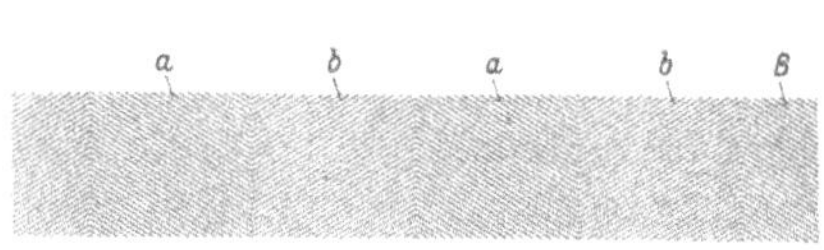

Abb. 1162.

Die Verwendung von Drahtgeweben schützt ein älteres verfallenes Patent. Sie ist aber auch für Einzelausführungen in Verbindung mit anderen Konstruktionselementen patentiert (DRP. 466220, Anspruch 4, Hartford-Empire Co.).

Das Material eines solchen Förderbandes *B* besteht vorzugsweise aus miteinander verschlungenen Drähten von annähernd schraubenförmigem Verlauf (Abb. 1160 und 1161). Die benachbarten Schraubenlinien fassen ineinander und bilden jedoch ein Geflecht, das eine Oberfläche mit diagonal angeordneten Rippen aufweist, welche bewirken würden, daß das Förderband infolge seiner Berührung mit den Rollen oder anderen Unterstützungseinrichtungen seitlich zu kriechen bestrebt ist. Dieser Nachteil wird bei dem dargestellten Band dadurch vermieden, daß es aus miteinander abwechselnden Abschnitten *a* und *b* (Abb. 1162) besteht, die aus rechts- und linksgängigen Schraubenlinien geflochten (Abb. 1160 und 1161) sind. Hierdurch wird das Bestreben des benachbarten Bandabschnittes, das in der entgegengesetzten Richtung zu kriechen bestrebt ist, aufgehoben. Zum Zwecke der *Wiedererwärmung des Bandes* werden beide Trümmer, das zurückkehrende und das in den Ofen hineinwandernde, über die Feuerzüge laufen gelassen (Amco britisches Patent 309528 vom 6. Juni 1929).

[1]) Journ. Soc. Glass Techn. XI (1927), S. 37.

Alle diese Maßnahmen betreffen die Zusammenhaltung der vom Glas mitgebrachten und der zusätzlichen Heizungswärme, um in den eingesetzten Flaschen in ihrer ganzen Masse gleichmäßig die Entspannungstemperatur zu erreichen und für einige Zeit aufrechtzuerhalten (vgl. S. 1160, 1165 und Bd. I, S. 235 u. ff.). Diese Temperatur ist von der Zusammensetzung des Glases abhängig. Folgende Zahlen nach English geben einige Anhaltspunkte:

Glaszusammensetzung			Entspannungs-temperatur
SiO_2	Na_2O	CaO	
73,18	19,38	6,26	526 °C
74,99	16,00	8,16	552 „
74,93	13,02	11,68	601 „

Aber die zweite Aufgabe der Kühlung ist ja eben die, nach dem Spannungsausgleich einen gleichmäßig verlaufenden Wärmeentzug zu vollziehen. Die selbstwirkenden Einflüsse, Leitung und Strahlung der Wand, sowie die dadurch hervorgebrachte allmähliche Abkühlung der Heizgase in den Muffelzügen und endlich der Wandverlust im nichtgeheizten Ende sind zu konstant, nicht genügend beeinflußbar und den wechselnden Forderungen eines Ofens zu schwer anpaßbar. Es müssen weitere Mittel eintreten, um das Temperaturgefälle in seiner Verteilung über den ganzen Ofen richtig einzustellen. Zwei Wege, die sich besonders bewährt haben, seien aus den vielen bestehenden Vorschlägen herausgegriffen, der eine (Amsler Morton Co., W. A. Morton und P. L. Geer, Britisches Patent 309511 vom 6. Juni 1929) beruht darauf, daß die Abgase der Muffelheizung durch mehr oder weniger weit geöffnete Auslässe, die über die Länge der Kanalmuffel verteilt sind, abgezogen werden. Durch die Einstellung der Auslaßventile kann der geforderte Temperaturverlauf im Ofen erreicht werden. Dem Hartford-Lehr liegt gerade der umgekehrte Gedanke zugrunde. Durch Öffnungen, die gleichmäßig über den Kühlkanal verteilt sind und deren Öffnungsquerschnitte durch Klappenventile eingestellt werden können, wird an den einzelnen Stellen kalte Luft eingezogen, damit die notwendige Kühlung hervorgerufen und auf diese Weise der bedingungsgemäße Temperaturverlauf erreicht. Man kann gegen die zweite Art der Regelung das Bedenken äußern, daß man auf diese Weise mit „falscher Luft" arbeite und so die Verbrennung erschwere. Da aber ja mit künstlichem Zuge gearbeitet und der einmal eingestellte Temperaturverlauf nur selten prinzipiell geändert wird, ist dieses Bedenken wohl kaum ausschlaggebend.

Die Wirkung dieser neuen Kanalmuffeln ist, wie vielfach betont, ganz stark von der genauen Einhaltung des günstigsten Temperaturverlaufes im Kühlkanal abhängig. Deswegen fordern sie genaue Temperaturkontrolle, die am besten durch in geeigneten Abständen über den ganzen Kühlkanal verteilte Thermoelemente vollzogen wird (vgl. Bd. I, S. 305 u. ff.).

Im folgenden seien Beispiele derartiger Kanalmuffelöfen näher beschrieben.

Die Hartford-Kanalmuffel. Bei diesem Muffelkanal-Kühlofen (DRP. 466240, 495856, 481366, 481367) ist die Verwendung von Mauerwerk auf das geringste Maß beschränkt (vgl. Abb. 1163—1165). Er besteht vollkommen aus metallischen Teilen, die exakt ausgebildet und genau zum Ganzen zusammengefügt sind. Er ist aus einer Anzahl kurzer gußeiserner Abteilungen zusammengesetzt. Jede Abteilung besteht aus drei Kammern, deren luft- und gasdichte Vereinigung den Muffelofen so bildet, daß drei übereinanderliegende Kanäle entstehen, dessen mittlerer (*B*) den eigentlichen Kühlkanal bildet, während durch den oberen (*A*) und den unteren (*C*) Kanal die Kühlungs- bzw. Erhitzungsmedien unter genauer Kontrolle strömen, so daß in der Kühlkammer der gewünschte Temperaturverlauf streng eingehalten werden kann. Infolge der starren Verbindung der einzelnen Abteilungen dehnt sich der die Kanäle enthaltende Hauptteil bei der Erwärmung gemeinsam aus und zieht sich bei der Außerbetriebsetzung wieder als Ganzes zusammen. Um diese Bewegung ohne Verziehung zu ermöglichen, ist der genannte Hauptteil mit einer großen Anzahl von Rollen (*17*) versehen, die auf einer Schiene laufen.

Sowohl der obere (*A*) als der untere (*C*) Kanal steht in Verbindung mit einem Ventilator (*14*), der am Auslaufende des Lehrs aufgestellt ist und gestattet, die Erhitzungs- und Kühlungsmedien durch die betreffenden Züge mit Unterdruck zu ziehen. Um die Zugstärke in jedem Kanal selbständig in Kontrolle zu halten, sind sowohl in den oberen (*10—13*) wie in den unteren (*1—9*) Zügen Drosselklappen vorgesehen.

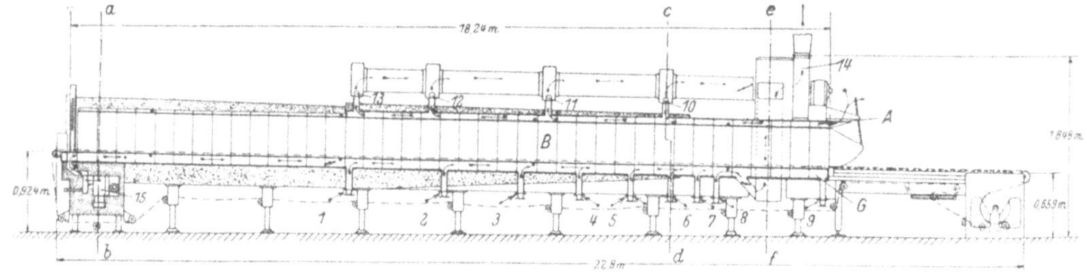

Abb. 1163a.

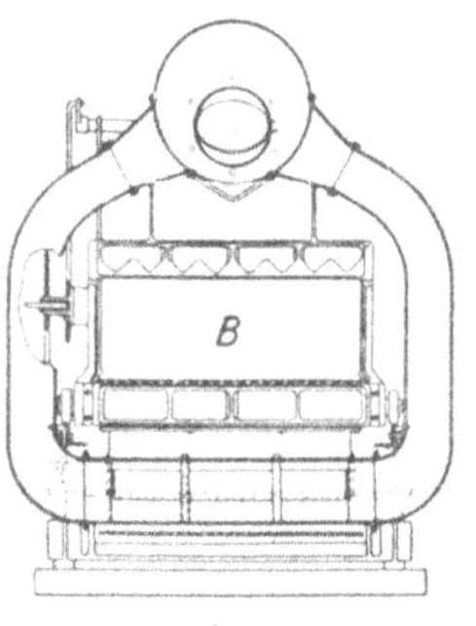

Schnitt e-f

Abb. 1163b.

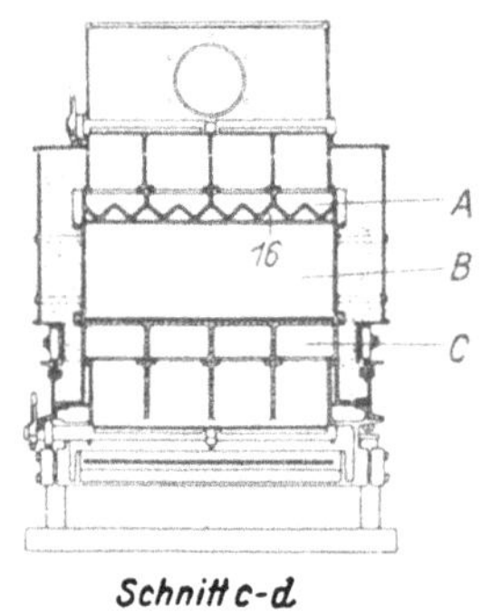

Schnitt c-d

Abb. 1163c.

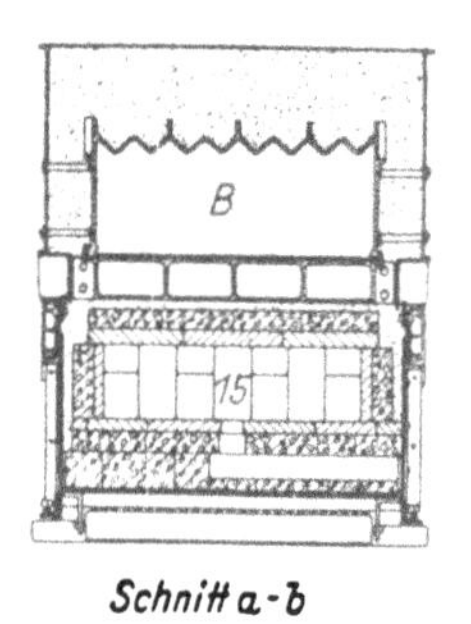

Schnitt a-b

Abb. 1163d.

Der flüssige oder gasförmige Brennstoff wird in einer kleinen Verbrennungskammer (*15*), die unter dem Aufgabeende des Ofens angebracht ist, verbrannt. Die Verbrennungsprodukte ziehen mit einer Geschwindigkeit durch den Bodenzug, die durch die Zugkraft des Ventilators und die Größe der Verdünnung mit kalter Luft bestimmt ist. Für diese Verdünnung der heißen Gase sind an verschiedenen Stellen Drosselklappen vorgesehen, die genau und jede für sich den Zutritt einer geeigneten Menge von kalter Luft aus der Atmosphäre zu bemessen gestatten. Der Zug (*A*), der über der eigentlichen Kühlkammer liegt, wird durch Strahlung und Konvektion erhitzt. Seine untere Bodenfläche, also gewissermaßen die Decke der eigentlichen Kühlkammer, besitzt zickzackförmigen Querschnitt, so daß eine im Verhältnis zur Breite der Kühlkammer möglichst große Oberfläche mit starker Strahlung entsteht. In diesem oberen Zug zieht das Kühlmedium in umgekehrter Richtung zu dem Zug des Erhitzungsmediums im Bodenzug. Der obere Kühlzug ist nach dem Auslaufende offen und erlaubt, von dort kalte Luft in den Zug (*A*) zu ziehen.

Vom Ventilator führt etwa bis zu $^2/_3$ der Kanalofenlänge ein weites Abführungsrohr hinweg, mit dem der Kühlzug *A* durch eine Anzahl Zwischenstücke verbunden ist. In diesen Zwischenstücken sind die Drosselklappen (*10—13*) angebracht, die die Zufuhr kalter Luft in gewünschter Menge und Verteilung über die Länge des Zuges gestatten. Der Ofen ist ringsum ausgezeichnet isoliert, jedoch nicht über die ganze

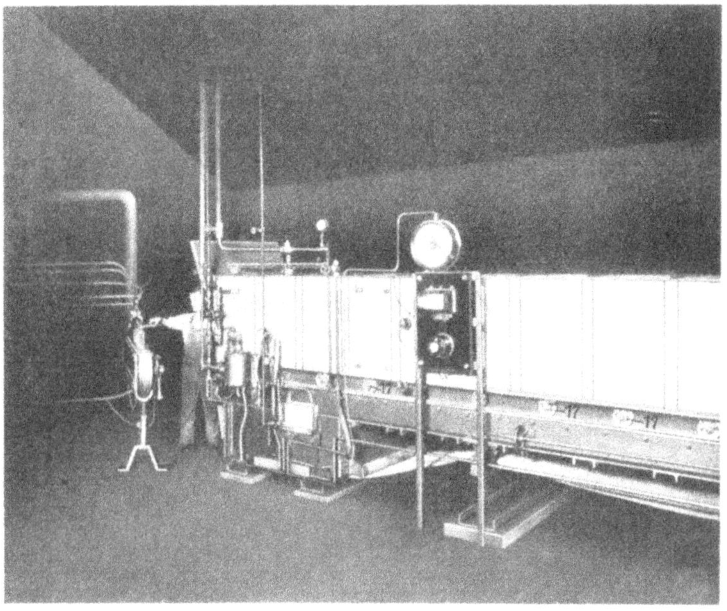

Abb. 1164.

Abb. 1165.

Fläche gleichmäßig, sondern nach dem Auslaufende abfallend, so daß der letzte Teil überhaupt frei von Isolation ist. Eine besondere Ausbildung hat das Transportband erfahren. Es besteht aus einem Drahtgeflecht, das entsprechend seiner kleinen Masse geringen Wärmeinhalt hat und infolgedessen nach der Abkühlung nur sehr wenig Hitze und kurzen Weg bedarf, um sich der Ofentemperatur anzupassen. Die Flechtart wechselt in bestimmten Abständen, wodurch Verwerfungen und Verziehungen des Transportbandes begegnet wird (s. o. S. 1166). Der Antrieb des Transportbandes liegt weit außerhalb des eigentlichen Kühlofens, so daß das Transportband und damit die Ware nach ihrem Austritt aus dem Kühlkanal einen ziemlich langen Weg (ca. 4,5 m) offen zurücklegen. Dadurch ist die Ware für die Packer leichter greifbar. Die Arbeit des Abnehmens, der Kontrolle und der Verpackung wird dadurch wesentlich erleichtert.

Um zu verhindern, daß frische Luft in den Kühlkanal eindringt, ist der ganze Ofen vom Auslaufende zum Aufgabeende ganz schwach nach abwärts geneigt. Außerdem sind durch geeignete Türen und Kulissen die Öffnungen so weit eingeengt, als es der Durchtritt der zu kühlenden Ware gestattet. Der ganze Ofen steht unter starker Kontrolle mit Hilfe eines Systems von 12 Thermoelementen. Mit Hilfe von 10 Thermoelementen wird die Temperatur an verschiedenen Stellen des Kühlkanals gemessen, während 2 Thermoelemente die Temperatur der Heizgase feststellen. Besonders

Abb. 1166.

wichtig ist noch, daß infolge der geringsten Verwendung von Mauerwerk ein Fundament für den Ofen nicht vorhanden zu sein braucht. Er kann ohne weiteres auf den Hüttenflur mit Hilfe von Querschienen gestellt werden. Der Ofen wird in folgenden Dimensionen hergestellt:

	Typ D Meter	Typ E Meter
Länge ohne die Antriebspartie des Transportbandes . .	18,3	18,3
Übliche Länge des offenen Teiles des Transportbandes .	4,5	4,5
Gesamte Weite ausschließlich der seitl. Saugleitungen . .	1,22	1,45
Höhe bis zur Oberkante des Ventilators	1,83	1,83
Breite des Transportbandes	0,86	1,08
Höhe der Kühlkammer	0,38	0,38

Der Hartford-Lehr wird geliefert von „The British Hartford-Fairmont Syndicate Ltd.“ London E. C. 1, Ely Place, der ich für die Vorlagen zu den Abb. 1163—1166 besonders dankbar bin.

Der Hartford-Lehr gestattet, gemäß den neuen Anschauungen, eine sehr rasche Kühlung. Die Kühlzeit hängt natürlich auch hier von der zu kühlenden Glasmasse ab. Je nach dem Gewicht und der Form der Flaschen geschieht die Kühlung in 40 bis 140 Minuten. Dies ist auch von allgemeiner Bedeutung für die Fabrikation, weil in ganz kurzer Zeit Fehler, die in irgendeinem Teile des Herstellungsganges auftreten, erkannt und abgestellt werden können. Abb. 1167 zeigt an Temperaturkurven die gleichmäßige und genau bestimmte Kühlarbeit des beschriebenen Lehrs.

Amco-Unit-Kanalmuffel der Amsler Morton Co., Pittsburg Pa., in Deutschland vertreten durch Dr. Eckert, Berlin-Lichterfelde. Auch dieser Ofen zeichnet sich aus

1. durch genaue Einhaltung der Entspannungs-Temperatur und -Zeiten und eines bestimmten Temperaturabfalles,
2. geringsten Verbrauch an zusätzlicher Wärme,
3. außerordentliche Verkürzung der Kühlzeiten.

Auch bei der Amco-Kanalmuffel ist weitgehender Gebrauch von metallischen Baustoffen gemacht (Ganzmetalltyp). Die Temperaturregelung, insbesondere die in der Entspannungszone, wird unabhängig von den folgenden Teilen des Kanals eingestellt und reguliert durch die schon erwähnte (S. 1167) der Amsler Morton Co. geschützte stufenweise, parallele und regelbare Ableitung der Feuergase[1]) der unteren Heizmuffel durch einen Saugzug. Der Strahlungsverlust ist durch sorgsame Isolation möglichst vermindert. Das Förderband, von dem beide Trümmer über die Bodenheizzüge laufen[2]), besteht ähnlich wie beim Hartford-Lehr aus Stahldrahtgewebe mit in bestimmten Absätzen gegeneinander versetzten Windungen. Die durchschnittliche Kühlzeit normalen Glases beträgt 2½—3 Stunden, entsprechend einer Bandgeschwindigkeit von durchschnittlich 12—15 cm pro Minute. Eine elektrische Temperaturmeßeinrichtung gestattet, die Gleichmäßigkeit und Symmetrie der Beheizung sowohl auf beiden Seiten wie in der Länge zu kontrollieren. Der Temperaturverlauf sowohl bezüglich der Länge der Entspannungszone wie des Abfalles in der Kühlzone ist außerordentlich gleichmäßig.

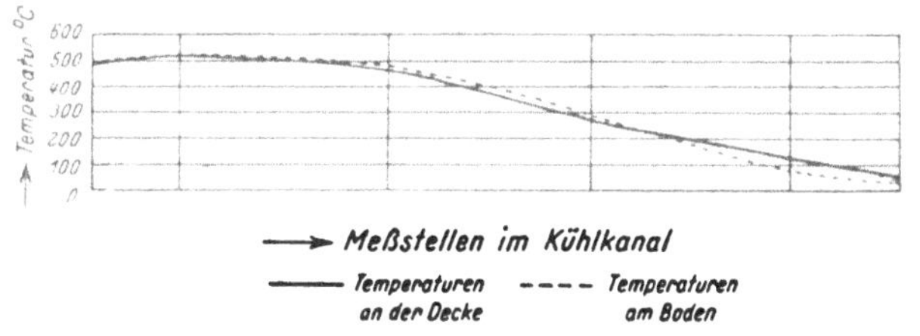

Abb. 1167.

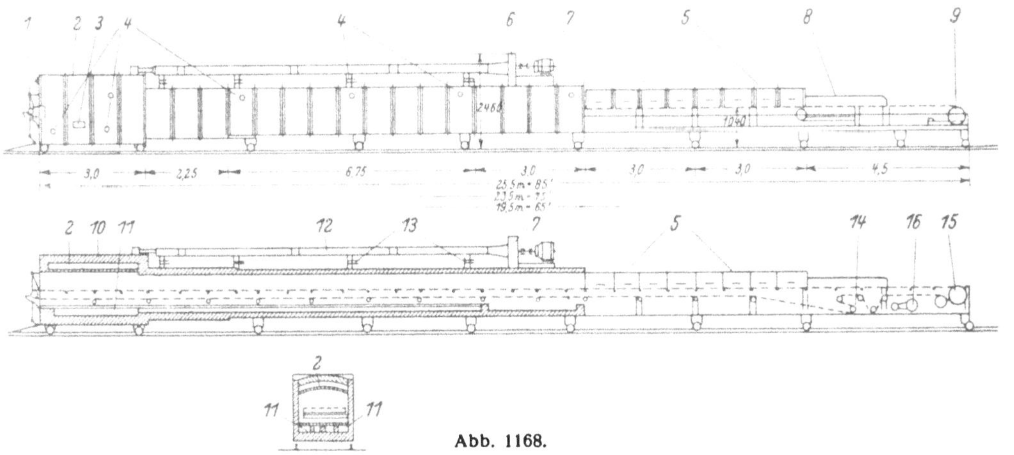

Abb. 1168.

[1]) Brit. Pat. 309511 vom 6. Juni 1929.

[2]) Brit. Pat. 309528. — Übrigens ist diese Maßnahme z. B. auch bei den Dixon-Kanalmuffeln angewandt. Siehe S. 1164.

Eine besonders eigenartige Lösung der Aufgabe, den Wärmeverlust durch das Förderband möglichst herabzusetzen, findet sich in dem „Dixon-Auto-Thermal-Lehr" verwirklicht. Es ist in ihm für die Bewegung der zu kühlenden Flaschen ein Rost von dicht aneinanderliegenden rotierenden runden Eisenstäben verwendet. Der Antrieb erfolgt mit zwei endlosen Ketten, von denen je eine auf den Seiten der Kanalmuffel läuft. An jeder Seite hat jeder zweite Stab ein gezähntes Rädchen, das in die Kette eingreift. Die Kette treibt also auf einer Seite jeden zweiten Stab an. Die dazwischenliegenden Stäbe werden von der anderen Seite angetrieben. Nach unten liegen die Stäbe in eine dicke Asbestlage gebettet, so daß ein Wärmeverlust dadurch nicht möglich ist. Auch die Zufuhr zum Kühlofen geschieht durch eine derartige Rollenbahn, von der aus durch eine automatische Schleuse die Flaschen im Kühlofen mit kleinem Abstand in Reih und Glied gestellt werden. Der Ofen ist im übrigen vorzüglich isoliert, so daß eine besonders geringe Zusatzwärme für die Heizung notwendig ist. Bei der Besichtigung durch den einen von uns (K.) zeigte diese neue Kanalmuffel vortreffliche Arbeit. Nähere Angaben, insbesondere über die Haltbarkeit der kreisenden Stäbe, waren leider nicht zu erhalten.

Abb. 1169.

Elektrisch geheizte Kanalmuffeln. Es ist klar, daß Kanalmuffeln, wie die zuletzt beschriebenen, auch elektrisch, durch Widerstandsheizung, verhältnismäßig einfach zu beheizen sind. In der Tat sind in Amerika[1]) solche Öfen im Gang und sollen befriedigend arbeiten. Die Frage ihrer Bewährung ist lediglich eine Frage der Kosten des elektrischen Stromes. Die deutschen bzw. überhaupt die kontinentalen Verhältnisse dürften der Entwicklung dieser Heizungsart in der Flaschenkühltechnik nur dort günstig sein, wo der Betrieb nur ein Minimum von Zusatzwärme erfordert.

Beschränkung der Anwendbarkeit der Kanalmuffeln. Die beschriebenen neueren Kanalmuffeln sind natürlich nur als Glied vollautomatischer Produktion denkbar, wobei für eine bestimmte Muffel Glasart und Flaschenform für längere Zeit nur wenig wechselt. Bei stark schwankender Produktionsart sind sie wenig geeignet (vgl. S. 1165).

Einbrennmuffeln. Das Anbringen von Besitzzeichen, Handelsmarken usf. in den Fertigformen der Blasmaschinen ist bekanntlich außerordentlich teuer und umständlich, da die Vertiefungen in der Form von Hand ausgearbeitet werden müssen. Außerdem wird bei der Verwendung solcher Formen bei wechselnden Kunden trotz bleibender Grundform der Flasche die Leistungsfähigkeit der Maschinen infolge des Austausches der Formen herabgesetzt[2]). Selbst die Vorteile der genormten Flasche gehen damit für die Fabrikation verloren. Ferner kann bei nicht ganz exakter Kühlung

---

[1]) Glast. Ber. VI (1928), S. 237.

[2]) Eine Lösung, die Prägung der Flaschenformen zu verbilligen, ist die, daß man in die übereinstimmenden Formen ein austauschbares Stück, das die Prägung enthält, einsetzt. F. O'Neill (USA.-Patent 1576212 vom 9. III. 1926) gestaltet dies Einsatzstück zylindrisch und verwendet zur Befestigung einen riegelartigen Verschluß, der den raschen Austausch der Prägestempel gestattet.

die Festigkeit durch die ein- oder aufgeprägten Stempel der Flaschen leiden. Glatte Flaschen lassen sich natürlich im großen Zuge billiger und einfacher herstellen. Um mit dieser Arbeitsweise doch das Bedürfnis des Kunden, seine Flasche besonders gekennzeichnet zu sehen, vereinen zu können, ist man dazu übergegangen, im Sinne der Keramik bzw. der Glasmalerei diese Bezeichnungen mit Emaillefarben aufzubrennen. Dies ermöglicht, die Bezeichnung in bunten Farben auf farblosem Glase bzw. in hellen Farben auf dunkelgefärbten Gläsern scharf herauszuheben. Das Auftragen der Farben geschieht mit Stempeln, am besten durch Stempeln mit geeignetem Öl und Einpudern der geölten Stellen mit Emaillefarbe. In manchen Fällen werden beide Techniken vereint. Man prägt das Fabrikzeichen beim Blasen der Flasche durch die Form ab, deckt mit Hilfe einer das Fabrikzeichen umgebenden Schablone diese Prägung gegen den Grund ab und trägt mit einem Zerstäuber die Emaillefarbe auf. Alle derartigen Dekorationen müssen eingebrannt sein. Der großen Produktion entspricht nur der kontinuierliche Kanalmuffelofen. Der Temperaturverlauf ist einerseits mit Rücksicht darauf, daß die kalte Flasche vorliegt, und daß auch etwas höhere Einbrenntemperatur im Vergleich mit der Kühltemperatur notwendig ist, ein etwas

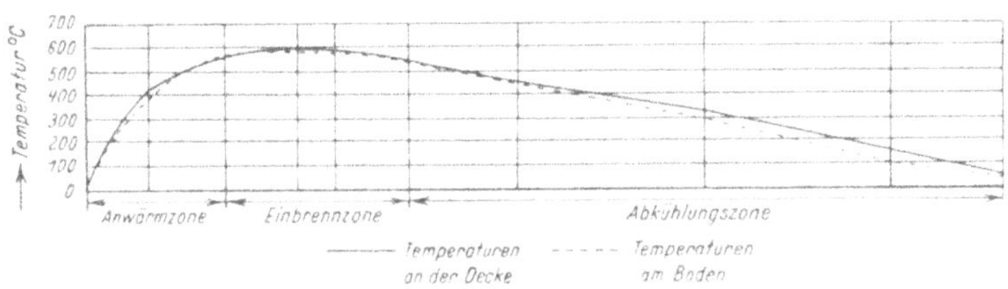

Abb. 1170.

anderer. Im Prinzip gleicht aber der Einbrenn-Muffelkanal dem Kühlkanal. Nur ein Beispiel sei hervorgehoben: der Hartford-Dekorations-Lehr (Hartford Decorating Lehr), der, wie gesagt, im Prinzip vollkommen dem Kühlofen nach Hartford gleicht. Abb. 1170 gibt vergleichsweise den Temperaturverlauf im Dekorations-Lehr. Ein derartiger Muffelofen brennt täglich die Dekoration von ca. 45000 Flaschen mit 75 mm Dmr. ein und spart gegenüber genannten Einbrennöfen an Raum und Brennstoff.

VI. Gesamtanlagen.

Der Charakter der Flaschenfabrikation als einer vollautomatischen Massenherstellung, zu der sie sich in den letzten Jahrzehnten entwickelt hat, läßt nur geringe Verschiedenheiten in der Planung der Fabrikanlagen zu. Der normale Gang: Rohstoff, Gemenge, Schmelzöfen, Blasmaschinen, Kühlöfen, Verfrachtung oder Fertigwarenlager zwingt, für die Fabrikationseinheit die einzelnen Organe auf einer geraden Linie zu entwickeln. Meist sind aber die bestehenden Fabriken infolge geschichtlicher Entwicklung sehr stark durch ihre bestehenden Gebäude an der Durchführung eines solchen Planes gehindert. Nur in seltenen Fällen wird es möglich sein, eine sinngemäße, Zeit und Wege sparende Anordnung der Einzelbauten einzurichten. Eines der wenigen Beispiele, wo in neuerer Zeit eine Flaschenfabrik von Grund auf neugebaut wurde, ist das Werk der United Glass Bottle Manufacturers Ltd. in Charlton b. London. Da, wie gesagt, die Verteilung der Hauptteile der Fabrikation durch den Fabrikationsgang gegeben ist, dürfte es genügen, an der Hand dieses Beispiels zu zeigen, wie eine moderne Flaschenfabrik aufgebaut ist, wobei die Nebenbauten durch örtliche Einflüsse, Art des Grundstückes und die besonderen Bedürfnisse der Betriebe wechseln können.

Die Fabrik (vgl. Abb. 1172) hat sowohl Anschluß an den Großschiffahrtsweg der Themse wie Eisenbahnanschluß. Beide Verkehrswege sind durch Gleise innerhalb der Fabrik unter sich verbunden. Auf der rechten Seite des Bildes sind 4 Schienenstränge erkennbar, auf denen Brennstoff und Schmelzmaterial abgeladen werden kann. Bedenkt man, daß jede Fabrikationseinheit täglich Zehntausende von Flaschen liefert, dann wird klar, wie wichtig die Organisation der Beförderungseinrichtungen für ein solches Werk ist.

Besonderes Interesse ist der Vorbereitung und Bewegung der Gemengematerialien zugewandt. Da nasser Sand einerseits infolge der Ungleichmäßigkeit des Wassergehaltes eine exakte Einhaltung der Gemengezusammensetzung erschwert und da er vor allem schwer zu transportieren ist und aus dem Bunker nicht gleichmäßig fällt, ist eine Sandtrocknung (*1*) vorhanden. Sie besteht aus einem mit Koks beheizten Trommeltrockner, der 8 t Sand in der Stunde liefert. Der trockene Sand

Abb. 1171.

wird mit Eisenbahnwagen zu Elevatoren und von diesen in Silos (*2*) aus Eisenbeton gebracht, von denen 6 für die Lagerung der verschiedenen Gemengerohstoffe vorhanden sind, mit einem Fassungsvermögen von je 700 t (vgl. Abb. 1171). Die Schmelzmaterialien Sand, Kalk, Soda usw. werden unten in automatische Wagenkarren aufgenommen. Mit diesen Elektrowagen wird das Rohmaterial zum Gemengemischer (*2a*) gebracht. Andere elektrische Wagen bringen das fertige Gemenge zu Gemengebehältern, die am Beschickungsende eines jeden Ofens (*3*) angebracht sind. Von diesen Behältern aus fällt das Gemenge unmittelbar in den Einlegevorbau eines jeden Ofens.

Die Öfen (*3*) sind nach dem, dem Direktor der Fabrik Herrn Moorshead, patentierten „Torpedosystem" gebaut (vgl. S. 1126 u. ff.). Der Durchschnittsdurchsatz eines Ofens beträgt 30—40 t pro Tag, gestattet jedoch, zu manchen Zeiten 50 t zu erreichen. Im allgemeinen werden die Öfen mit Öl beheizt. Für den Fall, daß man statt Öl mit Gas heizen will, sind zwei Generatoranlagen mit je 3 Drehrostgeneratoren (*15*) vorgesehen.

Da die vorliegende Anlage mit Owens-Maschinen arbeitet, steht zwischen jedem Schmelzofen und jeder Maschine eine Drehwanne (*4*) von 3 m Dmr., die mit einer besonderen, ebenfalls mit Öl betriebenen Rekuperativheizung versehen ist. Es muß besonderer Wert darauf gelegt werden, die Temperatur dieser Drehwannen konstant zu halten. Dies geschieht mit einem automatischen Temperaturregler, der die Ölzufuhr zum Brenner mit der Ofentemperatur verknüpft, so zwar, daß bei steigender Temperatur die Ölzufuhr gedrosselt wird. Sinkende Temperatur läßt mehr Öl zufließen.

Bei der Planung der Anlage wurde besonderer Wert darauf gelegt, daß die Maschinen (*5*) leicht zugänglich sind. Deshalb ist um jede Maschine eine Plattform

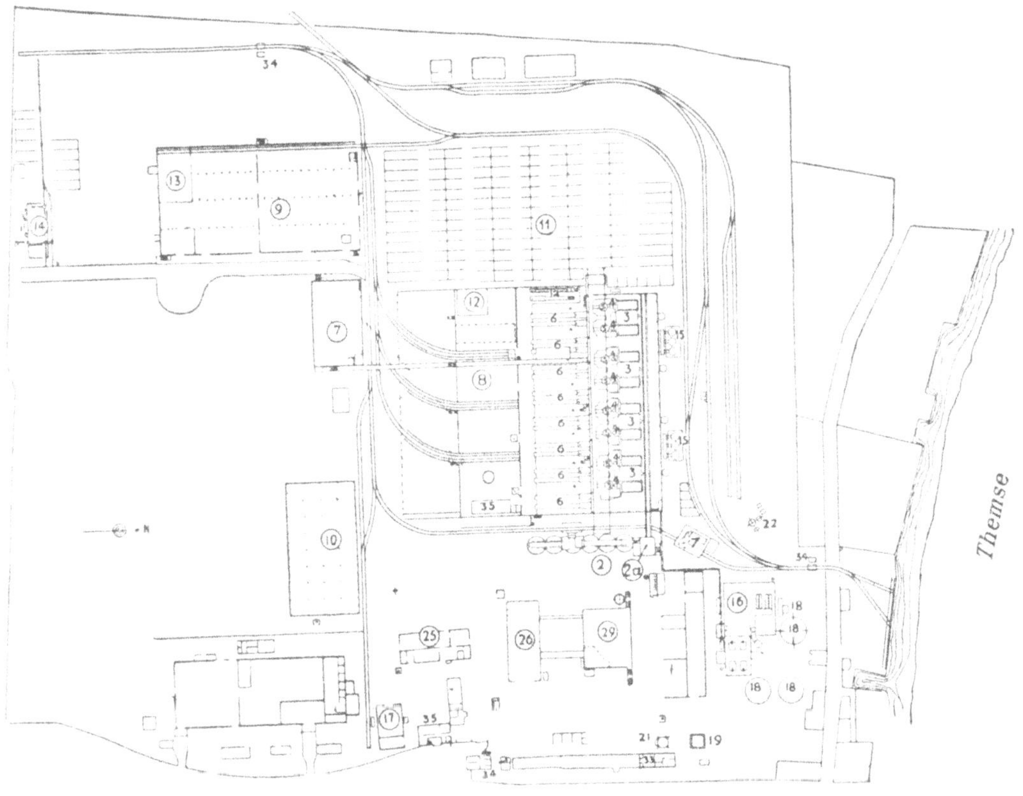

Abb. 1172.

gelegt, die sich, an den Maschinen vorbeiführend, durch die ganze Maschinenhalle fortsetzt. Über sämtliche Maschinen hinweg ist ein gemeinsamer Laufkran angeordnet, der sowohl beim Abbau wie bei der Änderung des Maschinentypes wertvolle Dienste leistet.

Für die Gesamtanlage werden durch die Wahl des Owens-Systems keine besonderen Maßnahmen bedingt. Die Anwendung des Speisersystems setzt nur an die Stelle einer Ofeneinheit eine größere Anzahl von Speisern und rotierenden Maschinen. Die Grundprinzipien der Bauart werden dadurch nicht wesentlich verändert.

An die Öfen schließen sich kontinuierliche Kühlöfen nach dem Muffelprinzip (*6*). Zu jeder Maschine gehören zwei Kanalmuffeln, 2 m breit und ungefähr 21 m lang. Die neueren Öfen der Firma, die auf Grund der Arbeiten von Coad-Pryd gebaut sind, gestatten wesentlich raschere Kühlung, und es werden infolgedessen in Zukunft nur halbsoviel Kühlöfen und solche von geringerer Breite notwendig sein. Am Ende der Kanalmuffeln wird die Ware weggenommen und in Transportkisten gebracht, die im Lager (*8*) zunächst niedergesetzt werden. In dieses Lager münden unmittelbar die Gleisanschlüsse, die eine direkte Verladung und Abfuhr der Ware gestatten. Außer diesem Lager sind noch weitere Lager (*9* und *10*) vorhanden. Auch ist der für die parallele Erweiterung der eigentlichen Fabrik um die Hälfte des jetzigen Umfanges vorhandene Platz für die Stapelung der Produktion im Freien eingerichtet (*11*). Die große Bedeutung, die, wie schon oben angedeutet, die Dekoration der Flaschen mit Emaillefarben gewinnt, verlangt auch dafür besondere Einrichtungen (*12*). In dem Plan ist zwischen der Zahl *8* und *12* durch gestrichelte Linien die Lage der Kanalmuffel für Einbrennzwecke angedeutet. Da für dieselben Zwecke auch Ätzung und Sandstrahlgebläse in Anwendung kommt, ist auch hierfür ein besonderer Bau (*14*) vorhanden, der aber mit Rücksicht auf die Flußsäuredämpfe möglichst von den übrigen Anlagen entfernt liegt.

Natürlich bedarf ein derartiges Werk eine große Anzahl von Hilfseinrichtungen, in erster Linie Kessel- und Maschinenhaus, elektrische Zentrale (*17*), Wasserbehälter (*21*), Wasserreinigungsanlage (*22*), Wasserrückkühlung (*19*), Heizölbehälter (*18*). Besonders wichtig ist auch das Formenhaus (*7*), ein zweistöckiges Gebäude, in dessen Erdgeschoß die Reinigung, Reparatur und Lagerung der Formen geschieht, während das Obergeschoß der Herstellung der Formen dient. Durch die weiteren auf der Abbildung enthaltenen Zahlen sind noch folgende Bauten bezeichnet: *25* Kantine, *26* Garage, *29* Lager für Ziegel und Wannenblöcke, *33* Laboratorium, *34* Fabriktore mit Portierhaus und Brückenwaage, *35* Direktion.

14. Kapitel.

Weißhohl- und Farbglas.

Von Dr.-Ing. Ludwig Springer, Zwiesel (Bayern).

In diesem Kapitel werden verschiedene Glassorten besprochen, die oft in der Form und in der Herstellung sowie nach dem Verwendungszweck sehr stark voneinander abweichen. Es handelt sich im Anschluß an das vorige Kapitel in erster Linie um das reinweiße Hohlglas, insbesondere Kristallglas; allein wenn man von der Kristallglasfabrikation schlechthin spricht oder die Arten der Gläser einer Kristallglasfabrik betrachtet, so sieht man, daß neben dem eigentlichen farblosen Kristall vor allem auch alle möglichen Arten von farbigem Hohlglas hergestellt werden. Andererseits muß man zum Weißhohlglas auch das Preßglas rechnen, weil es ihm in der Farblosigkeit und der Form vielfach gleichkommt und nur in der Art der Herstellung als „gepreßtes" Weißhohlglas sich vom obigen „geblasenen" Weißhohlglas unterscheidet; natürlich kann auch das Preßglas in der gleichen Weise gefärbt werden wie das Kristallglas. Endlich kann man meist nach der Art der Formgebung, wenn auch oft weniger hinsichtlich der Farblosigkeit, die verschiedenen Arten des Apparateglases für physikalische, chemische und technische Zwecke hierher zählen.

Vorweg ist die Frage zu behandeln: „Was ist Kristallglas?"[1]) Der Inhalt des Begriffes „Kristall", der schon benützt wurde, ehe man das Bleikristall herstellte, war ja zu verschiedenen Zeiten wechselnd.

Die alte Glasindustrie kannte völlig farbloses Glas noch nicht, sondern es hatte einen grünen oder blauen Stich; auch die in anderer Beziehung mustergültigen Produkte aus der Glanzzeit Venedigs ließen in dieser Hinsicht noch viel zu wünschen übrig. Erst böhmische und schlesische Hütten stellten ein dem Bergkristall — daher der Name — in der Farblosigkeit nahe kommendes Produkt her, auch „böhmischer Kristall" genannt, wobei noch Kalk in größerer Menge als bewußter Zusatz verwendet wurde. Der Bleikristall kam erst später — wenigstens in Mitteleuropa — auf; man hat also beim Kristallglas zwei Gruppen zu unterscheiden: das Kalkkristallglas und das Bleikristallglas, von denen aber, wenigstens in Mitteleuropa, ersteres das ältere ist und von jeher als Kristallglas schlechthin galt, und es empfiehlt sich, den Bleikristall durch die Bezeichnung „Bleikristall" besonders hervorzuheben.

Wenn es im Handel vielfach als „Pottascheglas" bezeichnet wird, so ist das nur insofern richtig, als das gute Kalk-Kristallglas, wie nachfolgend ausgeführt wird, vorwiegend mit Pottasche geschmolzen wird; das bedingt aber keinen Unterschied gegenüber dem Blei-Kristallglas, welches erst recht hauptsächlich mit Pottasche hergestellt wird, sondern allenfalls nur gegenüber dem gewöhnlichen Hohlglas, das vorwiegend ein „Sodaglas" ist.

Für das „Bleikristall" ist nach Ansicht des Verfassers[2]) ein Wertmesser die Schwere des Kristallglases, die vom Bleigehalt abhängig ist. Freilich sind dabei feinere Unterschiede durch bloßes „Wägen in der Hand" nicht feststellbar. Für die spez. Gewichte müßten auch durch ein Übereinkommen zwischen Fabrikant, Händler und Verbraucher die Grenzwerte festgelegt werden. Ihre Bestimmung, wie die des Bleigehaltes kann nur experimentell durch geübte Kräfte erfolgen.

---

[1]) L. Springer, Was ist Kristallglas? Glasindustrie-Jahrbuch 1928, S. 128.

[2]) Sprechsaal **60** (1927), S. 481, sowie l. c. S. 131.

Weiter ist zu beachten, daß nicht bloß die Schwere bzw. der Bleigehalt eine Rolle spielt, sondern auch die Farblosigkeit und der Glanz sowie die Güte des Schliffes und der Politur; hierdurch kann oft ein leichtes Bleikristall hochwertiger werden, als ein schweres Bleikristall.

Viele Irrtümer entstehen auch dadurch, daß von so und so viel Prozent Bleioxyd bzw. Mennige gesprochen wird mit Bezug auf den Sand im Gemenge (wobei die Sandmenge auch wieder verschieden gemeint ist, bald 75 oder 100 kg, bald 150 Pfd.), während der Händler bzw. Käufer den Bleioxyd-Gehalt im fertigen Glase — mit Recht — meint. So kann man von 60—80prozentigem Bleikristall sprechen hören, was bei technischen Gläsern unmöglich ist und nur bei optischen Gläsern vorkommt; in Wirklichkeit ist nur der Zusatz von Mennige auf 100 bzw. 150 Sand gemeint. Wenn aber in einem üblichen Satz 60 kg Mennige auf 100 kg Sand (nebst den zugehörigen Flußmitteln) treffen, so enthält das fertige Glas erst etwa 30% Bleioxyd (auf 150 kg Sand gerechnet, nur etwa 20% Bleioxyd).

Man könnte wohl etwa folgenden Vorschlag zur Normung machen:

Über 30% Bleioxyd — Schweres Bleikristall,
23—17% Bleioxyd — Normales Bleikristall,
13— 7% Bleioxyd — Blei-Halb-Kristall.

Aber erstens gibt es alle möglichen Zwischenstufen, zweitens ist der Bleigehalt auf einfache Weise schwer festzustellen und drittens hängt der Wert des Glases auch noch von Farblosigkeit und Glanz ab.

Der zweifellos sicherste Maßstab würde für die Eigenschaften des Kristalls der Brechungsindex und die Lichtabsorption sein. Doch solche Bewertungen setzen eine Durchdringung des Handels mit technisch-wissenschaftlichen Methoden voraus, wie wir sie wohl noch lange nicht besitzen werden.

Nun wird aber besonders in den letzten Jahren sehr gutes Preßglas hergestellt, teils in einfachen Formen, teils in reichlicher Musterung, vielfach nach Art der handgeschliffenen Muster. Der Zusammensetzung nach ist es meist bleifrei, manchmal aber auch bleihaltig; ferner ist es oft, wenigstens in einzelnen Mustern, von Hand nachgeschliffen.

Unter solchen Verhältnissen entstand allmählich eine große Begriffsverwirrung, besonders unter den Händlern und Käufern; deshalb sind von den Glasfabrikanten selbst in Verbindung mit der Fachschule für Glasindustrie in Zwiesel (Bay.) Anregungen zu einer Art „Normung" ausgegangen, welche in Zusammenarbeit mit dem Reichsausschuß für Lieferbedingungen (Ral) im Sept. 1930 zu folgendem Entwurf von Begriffsbestimmungen für Kristall- und Preßglas führten:

a) Begriffsbestimmungen für das Material (Glasmasse):

1. „Bleikristall" ist ein völlig farbloses, hochglänzendes, lichtbeständiges Glas (nicht verfärbend), das einen Bleioxydgehalt von 18% oder darüber aufweisen und dementsprechend schwer sein muß.

2. „Kristall" ist ein fast farbloses glänzendes Glas, geschmolzen ohne Bleimennige, jedoch veredelt durch Zusätze von Pottasche, Baryt oder Borsäure. Enthält ein solches Glas einen Zusatz von Bleimennige bis 17,9%, dann ist es gestattet, dies als „Spezialkristall" zu bezeichnen.

b) Begriffsbestimmung für die Bearbeitung:

1. Bleikristall oder Kristall handgeschliffen soll mundgeblasen und muß vom Grund auf am Schleifrad mit der Hand geschliffen sein.

2. Bleikristall oder Kristall vorgepreßt und nachgeschliffen ist nicht mundgeblasen, sondern gepreßt; die Muster sind durch eine Preßform erzeugt und mit der Hand nachgeschliffen.

3. Bleikristall oder Kristall gepreßt ist nicht mundgeblasen, auch nicht nachgeschliffen, sondern nur durch Pressen erzeugt.

Bem.: Zusätze, wie edel, echt, hochwertig, vollwertig, od. dgl. sind nur für diese Erzeugnisse statthaft.

Dieser Entwurf hat zu einer lebhaften Kritik geführt[1]). Erwähnt sei nur ein abgekürzter und knapper Abänderungsvorschlag der Industrie- und Handelskammer Leipzig:

1. Kristall: Als Kristall wird ein farbloses und glänzendes Glas ohne Zusatz von Bleimennige oder mit einem Bleioxydgehalt bis zu 23% bezeichnet, dessen Schliffmuster vom Grund auf am Schleifrade mit der Hand geschliffen ist.

---

[1]) W. Körting, Bezeichnungsvorschriften für Kristallglas?, Sprechsaal **63** (1930), S. 253. — B. Mauder, Qualitätsbestimmung, ebendort, S. 408. — W. Körting, Bleikristall contra Preßkristall, ebendort, S. 508.

2. Preßkristall: Als solches wird ein Glas bezeichnet, das die unter Kristall genannten Eigenschaften aufweist, aber durch eine Preßform erzeugt worden ist.

3. Bleikristall: Als Bleikristall wird ein Glas bezeichnet, das einen Bleioxydgehalt von über 23% aufweist, völlig farblos, hochglänzend, lichtbeständig und spezifisch schwer, ferner mundgeblasen und handgeschliffen ist.

Zu diesen Vorschlägen bzw. Entwürfen ist folgendes zu bemerken:

Das Kristallglas im Sinne des bleifreien Glases muß an erster Stelle stehen, weil es älter ist und früher schlechthin als solches bezeichnet wurde. — Es ist nicht ausgeschlossen, daß in naher Zukunft auch das Kristall bzw. Bleikristall als Rohglas gepreßt oder mit Maschinen geblasen[1]) und dann erst von Hand geschliffen wird. Ob man mit dem Gehalt an Bleioxyd auf 18 oder 23% gehen soll, darüber kann man verschiedener Meinung sein; auf jeden Fall aber muß dieser auf das fertige Glas bezogen werden. — Es müßten auch noch einige Worte eingefügt werden über die Reinheit des Glases (von Blasen, Steinchen und Schlieren), sowie über nachträgliches Verfärben und Erblinden.

Trotzdem sollen die großen Schwierigkeiten der Normung dieser Glassorte nicht verkannt werden; wenn auch die Zusammensetzung des Rohglases, sowie die Art der Herstellung und Bearbeitung verhältnismäßig leicht genormt werden kann, so ist zu bedenken, daß der Wert eines Kristallglases auch von der Schönheit der Form und der Qualität des Musters, also sozusagen von der künstlerischen Beurteilung sehr abhängig ist.

Schließlich ist noch darauf hinzuweisen, daß man eigentlich mit „Kristall“ im engeren Sinne nur das geschliffene Glas (und eher noch entspr. gepreßtes Glas) bezeichnen dürfte, welches dadurch die Kristallformen der Natur nachahmt, woher ja sein Name rührt. Dagegen müßte man alle sonst durch Qualität der Glasmasse sowie Schönheit der Form hervorstechenden Gläser, ob sie nun schon am Ofen vom Glasmacher erzeugt (z. B. Venetianergläser, Strohgläser) oder erst nachträglich durch Gravur, Ätzerei, Malerei usw. veredelt wurden, mit einem anderen Namen, vielleicht „Edelgläser“ bezeichnen.

I. Geblasenes Weißhohl- und Farbglas.

Das geblasene Weißhohl- und Farbglas umfaßt in erster Linie das bessere Gebrauchs- und feinere Zierglas in Form von Bechern, Kelchen, Karaffen, Dosen, Schalen, Vasen, Pokalen usw. Je nach den Ansprüchen, die man an diese Gläser stellt, richtet sich vor allem die Art der Zusammensetzung sowie der roheren und feineren Formgebung; ihre Grundform erhalten alle die hierher gehörigen Glasarten durch Aufblasen eines gläsernen Hohlkörpers.

1. Die Zusammensetzung des Weißhohlglases.

Die Zusammensetzung des Weißhohlglases bzw. das hierzu nötige Gemenge ist in erster Linie bestimmt durch die Aufgabe, ihm seine Haupteigenschaft, nämlich Farblosigkeit und Glanz zu verleihen. Im allgemeinen geht auch heutzutage noch die praktische Erfahrung dahin, daß ein Natronglas sich nie so farblos erhalten läßt wie ein Kaliglas, eine Erscheinung, die in der Naturfarbe dieser Glasarten begründet sein dürfte (näheres s. später unter „Entfärbung“). Hinsichtlich des Glanzes

[1]) Verfasser hat kürzlich ein amerikanisches „Kristallglas“ untersucht, und zwar ein Weinglas, dessen mit Ceroxyd gelblich gefärbter Kelch geblasen war, während Stengel und Fuß in einem Stück aus farblosem Bleiglas gepreßt waren.

aber, der von der Lichtbrechung abhängt, übertrifft ein stark bleihaltiges Glas alle übrigen Glassorten, insbesondere die Kalkgläser, wenn auch ein größerer Barytzusatz den Glanz zu erhöhen vermag, während Borsäure und Zinkoxyd ohne allzu großen Einfluß hierauf sind (vgl. Bd. I, S. 127). Demgemäß unterscheidet man zwei Haupttypen des Weißhohlglases:

a) Kalkglas,
b) Bleiglas.

a) Das Kalkglas.

Das Kalkglas ist nun, je nach den gestellten Ansprüchen, ein reines Natronkalkglas, was aber wegen der Schwierigkeiten der Entfärbung (s. oben und später) selten der Fall ist. Das sog. Normalnatronkalkglas aus mitfolgendem molekularen Verhältnis[1]):

1 Natron : 1 Kalk : 6 Kieselsäure,

entsprechend einer prozentischen Zusammensetzung von

12,9% Natron : 11,6% Kalk : 75,5% Kieselsäure

und einem Glassatz aus:

29,4 kg Soda : 27,6 kg Kalkspat und 100 kg Sand

ist praktisch zu schwer schmelzbar sowie schwierig verarbeitbar und wird darum mit mehr Soda (33—35) und weniger Kalkspat (18—25) weicher eingestellt.

Die Zusammensetzung dieses „Sodaglases“[2]) ist in den letzten 50 Jahren bemerkenswert konstant geblieben; der Natrongehalt steigt bis auf 16—17%, der Kalkgehalt fällt bis zu 6—9%, der Rest ist Kieselsäure. Diese Zusammensetzung ist ein Kompromiß zur Erzielung der verschiedenen Eigenschaften. Ein höherer Alkaligehalt führt sofort in den Bereich geringerer Haltbarkeit, geringerer Alkaligehalt verringert Schmelzbarkeit und Geschmeidigkeit besonders bei maschineller Verarbeitung. Ein höherer Kalkgehalt macht zwar gut schmelz- und läuterbar; allein auch bei eisenärmsten Kalksorten geben mehr als 10% Kalk im Glase Anlaß zu mangelhafter Entfärbung. Ein teilweiser Ersatz des Natrons durch Kali hat zwar verschiedene Vorteile, vor allem den der besseren Farblosigkeit; allein es steht der hohe Preis der Pottasche entgegen. Die Gefahr der Entglasung ist besonders bei den maschinellen Verfahren aktuell geworden; man kann derselben durch Einführung mehrerer Glasbestandteile zugleich entgegenwirken, so durch etwas Kali statt Natron, etwas Baryt statt Kalk, Tonerde mit eisenarmem Feldspat, Magnesia mit Dolomit, Borsäure. Das führt dann zu den folgenden Kompositionen.

Am häufigsten verwendet wird ein Natron-Kali-Kalkglas, das man als „böhmisches Halbkristall“ bezeichnen könnte; es enthält neben wesentlichen Mengen Natron auch mehr oder weniger Kali. So gebraucht man z. B. zur Herstellung von böhmischen Schleifgläsern mittlerer Qualität[3]) folgende Glassätze:

15 Soda (98proz.), 13 Pottasche (80—85proz. mit einem Gehalt von etwa 15% Soda), 12 Kalkspat, 100 Sand.

---

[1]) Bem.: Wenn auch die sog. Normalformel der Gläser sowie überhaupt Angaben von molekularen Zusammensetzungen heutzutage verpönt sind, so hat der Verfasser hier und nachfolgend doch solche neben der prozentischen Zusammensetzung angegeben; denn sie geben doch einen festen Punkt in der Mannigfaltigkeit der Glaskompositionen und spielen immerhin auch heute noch beim Austausch der Oxyde hinsichtlich der Glaseigenschaften eine wichtige Rolle.

[2]) F. Eckert, „Entwicklung der Weiß-Hohlglas-Erzeugung“, Sprechsaal **60**, (1927), 1030.

[3]) Vgl. R. Hohlbaum, Zeitgemäße Herstellung, Bearbeitung und Verzierung des feineren Hohlglases.

Hieraus ergibt sich etwa folgende prozentische Zusammensetzung des daraus erschmolzenen Glases:

7,9% Natron, 5,9% Kali, 5,4% Kalk, 80,6% Kieselsäure.

Das molekulare Verhältnis dieses Glases ist annähernd:

1,34 Kali + 0,66 Natron : 1 Kalk : 14,4 Kieselsäure;
der für Kieselsäure nach Tscheuschner mit $z = 3$ berechnete Wert wäre 15, also ein ziemlich hartes Glas.

Ein zweiter ähnlicher Satz lautet:

15 Soda (98proz.), 12 Pottasche (wie oben), 17 Kalkspat, 100 Sand.

Hieraus berechnet sich folgende prozentische Zusammensetzung des Glases:

7,3% Natron, 6,2% Kali, 7,3% Kalk, 79,1% Kieselsäure.

Das molekulare Verhältnis ist:

1,43 Kali + Natron : 1 Kalk : 10 Kieselsäure;

der für Kieselsäure berechnete Wert ist mit $z = 3$ rd. 9 und mit $z = 3\frac{1}{3}$, wie es der Anwesenheit von etwa $\frac{1}{3}$ Kali in der Molekularformel nach Keppeler entspricht, rd. 10, also auch ein sehr hartes Glas.

Diese beiden Glassorten sollen sich vor allem auch zur Herstellung solcher Kristallgläser eignen, welche nachträglich durch Farben im Feuer dekoriert werden, weil sie sehr hart sind und im Muffelfeuer nicht erweichen und auch nicht entglasen. Vielfache Anstrengungen, die Pottasche ganz durch Soda zu ersetzen, sind immer mißglückt, nicht etwa, weil reine Sodagläser nicht ebenso hart eingestellt werden könnten wie reine Pottaschegläser, sondern weil das analoge Natronglas schon während der Arbeit meistens entglast; für weichere Gläser steht dem Ersatz der teueren Pottasche durch Soda nichts im Wege, außer allenfalls die Entfärbung (s. später).

Dem Verfasser sind z. B. nachstehende, praktisch erprobte, hierher gehörige Glassätze bekannt geworden:

13 Soda, 24 Pottasche, 22 Marmormehl, 100 Sand.

Die prozentische Zusammensetzung dieses Glases lautet ungefähr:

5,5% Natron, 12,5% Kali, 9,5% Kalk, 72,5% Kieselsäure.

Ein anderer erprobter Satz ist:

13 Soda, 20 Pottasche, 15 Marmormehl, 100 Sand, 3 Borax krist., 1 K-Salpeter.

Daraus ergibt sich folgende prozentische Zusammensetzung:

8,65 Natron, 9,05 Kali, 5,66 Kalk, 75,90 Kieselsäure, 0,74 Borsäure.

Dagegen sind die folgenden Gläser die Repräsentanten des feinen, böhmischen Kristallglases, welches sich durch seine Härte und seine Farblosigkeit besonders auszeichnet („böhmischer Voll-Kristall"); (hierbei ist Natron in das Glas gar nicht absichtlich eingeführt, kommt aber in kleineren Mengen durch die auch hier verwendete, etwa 15% Soda enthaltende Melasse-Pottasche hinein):

35 Pottasche, 13 Kalkspat, 100 Sand;
14,8% Kali, 2,4% Natron, 5,6% Kalk, 77,2% Kieselsäure;
1,6 Kali : 0,4 Natron : 1 Kalk : 13,0 Kieselsäure.

Dem Verfasser sind aus eigener Erfahrung z. B. folgende ähnliche Glassätze bekannt geworden, bei denen aber selbst bei Verwendung von sodahaltiger Pottasche zwecks besserer Schmelzbarkeit immer noch eine kleine Menge Soda eigens hinzugesetzt wurde:

31 Melasse-Pottasche, 4 Soda, 12 Marmormehl, 100 Sand.
36 Hydrat-Pottasche, 2 Soda, 14 Marmormehl, 100 Sand.

Wie man schon aus den Glassätzen ersieht und die Berechnung des molekularen Verhältnisses zeigen würde, handelt es sich auch hier um ziemlich „harte" Gläser, besonders beim zweiten Satz.

Aus der angegebenen Zusammensetzung verschiedener Kristallgläser, besonders ihrer molekularen Verhältnisse folgt:

Die Kristallgläser sind vor allem charakterisiert durch einen niedrigeren Kalk- und höheren Kieselsäuregehalt; letzterer erreicht meistens den durch die Tscheuschner'sche Formel geforderten Kieselsäurewert $z = 3$, freilich meist nicht den von Keppeler speziell für Kaligläser verlangten Kieselsäurewert $z = 4$. Diese große Härte der Kristallgläser, welche natürlich eine schwere Schmelzbarkeit bedingt, ist nicht bloß für solche Sorten nötig, die für Muffeldekorationen bestimmt sind, sondern auch wegen der besseren Entfärbung solcher alkaliarmer Gläser.

Infolgedessen besitzen diese „böhmischen" Kristallgläser im allgemeinen auch hohe chemische Widerstandsfähigkeit, so daß Beschläge durch die Atmosphärilien besonders bei Lagerung und Verpackung sowie vor allem beim Versand über See verhältnismäßig selten auftreten; natürlich sind auch hier alle Vorsichtsmaßnahmen, wie gute Austrocknung nach dem Waschen sowie trockene Lagerung möglichst in unverpacktem Zustande zu beachten[1]). Über die Abhängigkeit der chemischen Widerstandsfähigkeit der Alkalikalkgläser von der Zusammensetzung sind in der letzten Zeit anschließend an frühere Untersuchungen (siehe I. Band, S. 94 ff.) verschiedene neue Erfahrungen[2]) bekanntgeworden; aus diesen geht vor allem auch hervor, daß der Kalk einen wechselnden Einfluß auf die Widerstandsfähigkeit ausübt, so daß es zu einem bestimmten Alkaligehalt vielfach zwei Kalkgehalte, einen höheren und einen niedrigeren, für gleiche Haltbarkeit gibt. Ferner wurde beim Vergleich der Kalikalkgläser und Natronkalkgläser gefunden, daß bei molekularem Austausch der beiden Oxyde in Übereinstimmung mit den früheren Untersuchungen die Natrongläser durchweg besser sind; dagegen sind beim Vergleich gewichtsprozentisch übereinstimmender Gläser in großen Teilen des technisch brauchbaren Glasgebietes die Kaligläser besser bzw. die Natrongläser schlechter, was für den Übergang von kalireichen zu natronreichen Kristallgläsern sehr wichtig ist.

Schließlich wurde gefunden[3]), daß die Oberflächenverwitterung der Gläser keinesfalls dem Heißwasserangriff bei der üblichen Prüfmethode, höchstens noch einigermaßen dem Kaltwasserangriff, am besten aber dem Heißsäure-Angriff entspricht. Während im allgemeinen ein Natronkalkglas in seinem Verhalten gegenüber heißem Wasser immer besser wird, je mehr man Kieselsäure durch Kalk ersetzt, erreicht es gegenüber dem Säureangriff ein Optimum bei etwa 8% Kalk, um dann wieder abzufallen, besonders von 15% Kalk an. Ferner ist es heutzutage nicht mehr ganz richtig zu sagen, daß die Natrongläser leichter löslich sind als die Kaligläser; es ist vielmehr so, daß gegenüber Wasser die Kaligläser wohl besser sind, aber gegenüber Säure und Verwitterung die Natrongläser beständiger sind.

---

[1]) Vgl. G. Gehlhoff u. K. Schmidt, Über Lagerung und Verpackung von Glaswaren, Sprechsaal **60** (1927), S. 336.

[2]) Vgl. G. Keppeler, Sprechsaal **60** (1927), S. 239 ff. und Glastechn. Berichte, Bd. V (1927/28), S. 97; E. Berger, ebenda, Bd. V (1927/28), S. 569 ff.; J. Enß, ebenda, S. 449 ff.; E. Zschimmer, Sprechsaal **62** (1929), S. 38; G. Keppeler, Keram. Rundsch. **38** (1930), S. 663.

[3]) Weberbauer, Über die Säureangreifbarkeit von Gläsern und deren Zusammenhang mit der Verwitterung, Dissertation, Leipzig 1931. Ferner priv. Mitt. von R. Schmidt, Labor. der Osramwerke, Weißwasser O.L.

Daraus folgt auch, daß die Heißwasserprobe, nach welcher die guten Kalkkristallgläser im allgemeinen in die 4. bis 3. Haltbarkeitsklasse gehören, kein einwandfreies Kriterium für die Verwitterung sein kann, sondern nur eine Kaltwasser- bzw. Kaltsäureprobe, z. B. die Verwitterungsprobe nach Mylius oder eine Grießprobe bei 20° und 4 Wochen Dauer, oder wenn forciert und rasch gewünscht, eine Heißsäure-Probe mit 10proz. Salzsäure bzw. Schwefelsäure.

Es sind also diese Beobachtungen über die Haltbarkeit der Kalkkristallgläser hinsichtlich ihrer Abhängigkeit von wechselndem Kali- und Natrongehalt, sowie vom Kalkzusatz bei ihrer Komposition wohl zu beachten. Der Versuch einer Einreihung der Kristallgläser in die Myliusschen Haltbarkeitsklassen ist bei F. A. I der D.G.G. im Gang.

Baryt-Zusatz. Manchmal werden dem gewöhnlichen Kristallglas — s. auch noch nachfolgend Bleiglas — und insbesondere dem Preßglas (s. d.) kleinere und größere Mengen von kohlensaurem Baryt zugesetzt. Der Verfasser[1]) hat mit solchen Glassätzen eine Reihe von Versuchsschmelzen in kleinem Maßstabe in einem Glasofen ausgeführt und dabei folgende Erfahrungen gemacht: Ersetzt man in normalen Gläsern den Kalk vollständig durch die entsprechende, d. h. durch die doppelte Menge Baryt, so wird das Gemenge bedeutend leichter schmelzbar und läutert ausgezeichnet. Ersetzt man den Kalk nur teilweise durch Baryt, so schmilzt das Glas entweder gleich gut oder höchstens etwas schwerer, zeigt immer noch etwas bessere Läuterung. Dagegen ist ein direkter Ersatz der Alkalien durch Baryt nicht möglich, man kann nur wegen der leichteren Schmelzbarkeit in barytreichen Gläsern mit dem Alkaligehalt etwas zurückgehen.

Der günstige Einfluß des Baryts speziell auf die Läuterung des Glases gilt wohl nicht für zu hohen Gehalt an Baryt, wie man z. B. bei der Herstellung barytreicher Gläser für optische Zwecke erfahren hat und auch aus einer neuen englischen Untersuchung[2]) hervorgeht. Schon bei einem Glas mit ca. 11% Baryt (nebst etwa 19,5% Natron und 69% Kieselsäure) begann die Schwierigkeit, ein blasenfreies Glas zu erhalten; bei ca. 19,4% Baryt (nebst ca. 15% Natron und 65,5% Kieselsäure) war das Glas noch nach 20 Stunden blasig und erst mit höherer Temperatur trat Besserung ein. Bei weiteren Versuchen zum Ersatz von Soda durch Baryt konnten etwa 41% Baryt eingeführt werden; es trat dann aber weitgehende Korrosion des Hafens auf.

Dem Verfasser ist aus der Praxis bekannt geworden, daß eine Glasfabrik etwa folgenden Kristallglassatz im großen Maßstabe schmolz:

100 Sand, 14 Baryt, 13 Kalkspat, 28 Pottasche, 8 Soda, 0,5 Arsenik.

Allein dieses Glas schmolz gegenüber einem gewöhnlichen böhmischen Kristall zu schwer und war angeblich schlechter zu läutern, allerdings dann sehr leicht zu verarbeiten, aber auch zur Dekoration im Muffelfeuer zu weich.

Ein Hauptnachteil des Barytglases soll der sein, daß es sich beim Blankätzen mit Flußsäure nicht gleichmäßig abätzt, bei größerem Barytgehalt sogar trübe, milchige Ausscheidungen zeigt und in seiner Oberfläche — oft erst mehrere Wochen nach erfolgter Säurebehandlung — anläuft (infolge einer durch die Säure eingeleiteten Alkalien-Auswaschung, welche zur Kristallisierung der Oberfläche führte.)

---

[1]) L. Springer, Der Baryt beim Glasschmelzprozeß, Zeitschrift „Österreichs Glasindustrie" 1918, Nr. 8—10.

[2]) S. English und W. E. S. Turner, Journ. of the Soc. of Glass Techn., XI, (1927), 425; — Referat im Sprechsaal 61 (1928), 512.

Trotzdem scheinen aber neuerdings wieder an Baryt reiche Kristallgläser hergestellt zu werden; so ergab ein vom Verfasser erst jüngst analysiertes Weinglas aus Schlesien folgende Zusammensetzung:

73,0 Kieselsäure, 0,3 Tonerde, 7,1 Baryt, 1,6 Kalk, 9,1 Kali, 9,1 Natron.

Ein entsprechender Glassatz lautet etwa:

100 Sand, 12,5 kohlens. Baryt, 4 Marmor, 18 Pottasche, 21,5 Soda (sehr weich!).

Dieser Glassatz ist natürlich nicht empfehlenswert; er ist zwar sehr leicht schmelzbar, aber das Glas besitzt keine große chemische Widerstandsfähigkeit. Es ist überhaupt zu bedenken, daß beim Ersatz von Kalk durch Baryt diese geringer wird, außer wenn man an Alkalien abbricht.

Borsäure-Zusatz: In der letzten Zeit wird, wie für alle Glassorten, so auch für Kristallglas ein kleiner Zusatz an Borsäure empfohlen[1]); denn die Borsäure macht das Gemenge bei richtiger Einführung leichter schmelzbar, befördert die Läuterung und verbessert die Farbe des Glases sowie seine chemische Widerstandsfähigkeit. Aber die günstigen Eigenschaften werden nur erreicht, wenn man die Borsäure in richtiger Weise einführt[2]). Für die Praxis ist es am einfachsten, einige kg Soda, allenfalls auch Pottasche, durch die gleiche Gewichtsmenge von Kristallborax zu ersetzen; dadurch kommen ungefähr die gleichen Mengen glasbildende Stoffe hinein wie mit Soda, nämlich statt etwa 0,5 kg Natron rd. 0,5 kg borsaures Natron; es wird auf diese Weise wenigstens ein Teil des Natrons durch Borsäure ersetzt. In diesem Fall wird die chemische Widerstandsfähigkeit innerhalb gewisser Grenzen — mindestens bis zu 5—7% — verbessert. Genauer ist es, von der prozentischen Zusammensetzung des Glases auszugehen und zunächst 1—2% Natron oder auch 1—2% Kieselsäure durch Borsäure zu ersetzen und dann den Glassatz entsprechend auf Borax umzurechnen unter Abbruch von Soda bzw. Pottasche; denn auch beim Ersatz von Kieselsäure durch Borsäure wird bis zu gewissen Grenzen die chemische Widerstandsfähigkeit erhöht; dieser hat aber noch den Vorteil, daß die Schmelzbarkeit wesentlich erniedrigt wird, während beim Ersatz von Natron durch Borsäure bei größeren Mengen die Schmelzbarkeit des Gemenges sich allmählich wieder erhöht.

Es ist zu bedenken, daß durch die Einführung von Borsäure auch die physikalischen Eigenschaften des Glases geändert werden können, so z. B. die Verarbeitungsfähigkeit und die Kühltemperatur, wie auch die Standfestigkeit beim Einbrennen von Glasmalereien; auch kann bei größeren Mengen die Schleifhärte des Glases sich etwas erhöhen und besonders zu beachten ist, daß Borsäure den Ausdehnungskoeffizienten des Glases wesentlich herabsetzt, was bei Überfanggläsern eine Rolle spielt.

Bemerkung: Einen gleichzeitigen Zusatz von Baryt und Borax empfiehlt F. H. Zschacke[3]), wobei natürlich die soeben für beide Stoffe gemachten Ausführungen zu beachten sind.

b) Das Bleiglas.

Auch beim Bleiglas können mehrere Sorten unterschieden werden, je nach den Ansprüchen, die man an die Schwere und den Glanz des Glases stellt; natürlich treten diese Eigenschaften um so mehr hervor, je bleireicher das Kristall ist. Die Unterschiede drücken die Bezeichnungen einerseits „Halbkristall" bzw. „Spezialkristall", anderseits „Vollkristall" bzw. „echtes Bleikristall" aus[4]).

---

[1]) F. H. Zschacke, Die Verwendung der Borsäure in der Glasindustrie, Die Glashütte **59** (1929), S. 821.

[2]) F. Müller und L. Springer, Der Einfluß der Borsäure auf die Schmelzbarkeit und Widerstandsfähigkeit des Glases, Die Glashütte **61** (1931), S. 219.

[3]) F. H. Zschacke, Rohstoffe zur Veredlung der Glasmasse, Die Glashütte **60** (1930), S. 817.

[4]) L. Springer, Über Bleimennige und Bleiglas, II. Teil, Sprechsaal **57** (1924), 413 und 426.

a) **Das Halb- oder Spezial-Bleikristall** enthält neben Bleioxyd auch noch Kalk oder Baryt, selten Zinkoxyd, neben Kali auch Natron.

Die molekulare Zusammensetzung eines solchen Halbkristalls ist z. B.:

0,76 (Kali + Natron): 1 (Kalk + Bleioxyd): 7,67 Kieselsäure

mit dem entsprechenden Glassatz:

34 Pottasche, 3,5 Salpeter, 9 Kalkspat, 50 Mennige, 100 Sand.

Ein anderer Glassatz lautet:

28 Pottasche (80—85%), 3 Salpeter, 13 Kalkspat, 13 Baryt, 26 Mennige, 100 Sand.

Hieraus berechnet sich folgendes molekulare Verhältnis der einzelnen Glasbestandteile:

0,57 (Kali + 0,13 Natron) : 1 (Kalk + Baryt + Bleioxyd) : 5,38 Kieselsäure.

Einen ähnlichen Glassatz verwendete nach den Erfahrungen des Verfassers eine schlesische Glasfabrik, und zwar:

46 Pottasche (85proz., sodahaltig), 4 Salpeter, 1 Arsenik, 4 Marmormehl, 8 Baryt, 32 Mennige, 150 Sand.

Gerade bei diesem Glassatz trat die Frage auf, ob er nicht mit Alkalien übersättigt sei bzw. wie weit man den Kalk- und Barytzusatz abändern könnte, um ein widerstandsfähiges Glas zu erhalten. Es wurde deshalb empfohlen, wenn der Ofengang die Schmelzarbeit erlaubt, den Satz noch etwas härter einzustellen, etwa wie folgt:

46 Pottasche, 4 Salpeter, 1 Arsenik, 15 Marmormehl, 18 Baryt, 32 Mennige, 150 Sand.

Eine rheinische Glasfabrik verwendete folgenden Leichtkristallsatz:

20 Pottasche, 3 Soda, 7 Salpeter, 5 Kalkspat, 5 Baryt, 20 Mennige, 80 Sand.

Solche und ähnliche Kristallgläser („Edelkristall") mit etwa 10% Bleioxyd im fertigen Glase werden heutzutage sehr viel hergestellt.

b) **Das echte, reine Bleikristall** ist ein reines Kalibleiglas, d. h. es wird nur mit Mennige und Pottasche (ohne oder nur mit unwesentlichen Mengen von Soda) erschmolzen. Freilich treten auch hier wesentliche Unterschiede im Bleigehalt auf (schwerer und leichter Bleikristall im engeren Sinne). Die molekulare Zusammensetzung des Kalibleiglases

1 Kali: 1 Bleioxyd: 6 Kieselsäure

entspricht einer prozentischen Zusammensetzung von

13,8% Kali, 32,7% Bleioxyd, 53,4% Kieselsäure

und einem Glassatz von

37,9 Pottasche, 62,5 Mennige, 100 Sand;

diesem mehr theoretischen Satz kommt folgendes, viel angewendetes Gemenge annähernd gleich:

1 Pottasche, 2 Mennige, 3 Sand

oder

$33\frac{1}{3}$ Pottasche, $66\frac{2}{3}$ Mennige, 100 Sand.

Die prozentische Zusammensetzung dieses Glases ist:

11,1% Kali, 35,1% Bleioxyd, 53,8% Kieselsäure.

Vielfach aber werden in der Praxis die Bleigläser einerseits alkaliärmer eingestellt, da ja die Mennige selbst als Flußmittel wirkt, anderseits auch bleiärmer, um an der teuren Mennige zu sparen, worunter dann natürlich Schwere und Glanz des Glases leiden.

Was namentlich noch die Widerstandsfähigkeit der industriellen Bleikristallgläser gegen die Atmosphärilien betrifft, so ist zu sagen[1]): Man

[1]) L. Springer, „Über Bleimennige und Bleiglas", II. Teil, Sprechsaal **57**, (1924), 413 und 426.

kann zunächst auf die Haltbarkeit von Bleigläsern nach den Untersuchungen von Weber mit seiner bekannten Salzsäureprobe hinweisen, wonach folgende Gläser als gut haltbar zu bezeichnen sind (Glassätze vom Verfasser berechnet):

α) Kristallglas von St. Louis:

7,36 Kali (+ 0,7 Natron), 37,02 Bleioxyd (+ 0,17 Kalk), 53,70 Kieselsäure, 1,12 Tonerde.
0,5 Kali : 1 Bleioxyd : 5,3 Kieselsäure (+ Tonerde) ($z_4 = 5{,}0$).
21,6 Pottasche (sodah.), 70,9 Mennige, 100 Sand.

β) Kristallglas von St. Lambert:

9,12 Kali (+ 0,3 Natron), 34,9 Mennige, 0,6 Kalk, 53,7 Kieselsäure (+ 1,07 Tonerde).
0,6 Kali + Natron : 1,0 Bleioxyd + Kalk : 5,3 Kieselsäure (+ Tonerde) ($z_4 = 5{,}44$).
25,5 Pottasche (sodah.), 65,0 Mennige, 1,8 Kalk, 100 Sand.

γ) Kristallglas von St. Baccarat:

10,35 Kali (+ 0,1 Natron), 35,24 Bleioxyd (+ 0,8 Kalk), 52,4 Kieselsäure (+ 0,96 Tonerde).
0,64 Kali + Natron : 1,0 Bleioxyd + Kalk : 5,1 Kieselsäure (+ Tonerde); ($z_4 = 5{,}04$).
30,0 Pottasche, 69,0 Mennige, 3,0 Kalkspat, 100 Sand.

Vergleicht man diese Kristallgläser, so ergibt sowohl die prozentische Zusammensetzung mit dem entsprechenden Glassatz als auch die Berechnung des molekularen Verhältnisses, daß sie bei niedrigem Alkaliengehalt von höchstens 10% bzw. höchstens 30 kg Pottasche auf 100 kg Sand im Gemenge, einen hohen Kieselsäurewert aufweisen, der sogar den theoretisch für vorwiegend Kaligläser mit $z = 4$ geforderten Wert (s. später) manchmal übersteigt oder ihm wenigstens sehr nahe kommt.

Über die gute Haltbarkeit schwerer optischer Bleigläser vgl. dieses Werk, I. Bd., S. 105ff. und Zschimmer, Theorie der Glasschmelzkunst, 1. Teil.

Aus diesen Untersuchungen ergibt sich als Schlußforderung für die Praxis hinsichtlich der Zusammensetzung der Bleikristallgläser, wenn sie von guter atmosphärischer Widerstandsfähigkeit sein sollen, die Regel:

Man kann mit dem Bleigehalt sehr hoch gehen, wenn man nur den Alkaligehalt möglichst niedrig hält.

Anschließend an diese Untersuchungen von Springer haben sich weiterhin Knapp[1]), Keppeler[2]) und Zschimmer[3]) mit der Abhängigkeit der chemischen Resistenz der Bleigläser von ihrer Zusammensetzung beschäftigt, doch sind deren Veröffentlichungen durch die Versuche von Karmaus[4]) teilweise überholt. Dort wurde zunächst auch festgestellt, daß mit sinkendem Bleigehalt und steigendem Alkaligehalt die Auslaugbarkeit durch Wasser außerordentlich stark wächst. Dagegen verhält sich die Auslaugbarkeit durch Säuren, besonders soweit die Menge des gelösten Bleies in Frage kommt, geradezu umgekehrt (vgl. auch Kalkgläser) und die Fleckenempfindlichkeit der Bleigläser, die durch den Säuregehalt des Schweißes und von Einwickelpapieren hervorgerufen wird, läuft nicht parallel mit dem Verhalten zu Wasser und zu Säuren. — Damit ist aber nach Ansicht des Verfassers noch nicht allgemein giltig festgestellt, daß auch die Haltbarkeit der Bleikristallgläser gegen Atmosphärilien (Kohlensäuregas und Wasserdampf) sowie flüssiges Wasser (bei der Reinigung usw.) nur allein an der Säurelöslichkeit laborgemäß gemessen werden kann, sondern wohl je nach Art der Gläser (ob optische Gläser oder Kristallgläser) und dem Verwendungszweck eine von beiden Proben oder auch beide zugleich maßgebend sein muß. — Keppeler[5]) hat die Versuchsergebnisse von Karmaus in zwei Bildtafeln dargestellt, welche die Haltbarkeit sämtlicher Kalibleigläser abzuschätzen gestatten.

---

[1]) Sprechsaal **57** (1924), S. 512 ff.
[2]) Sprechsaal **57** (1924), S. 573.
[3]) Sprechsaal **58** (1925), S. 576.
[4]) Sprechsaal **59** (1926), S. 725 ff.
[5]) Glastechn. Ber. **5** (1927/28), S. 105.

Warum aber trotzdem in den letzten Jahrzehnten ein Übergang vom ursprünglich schweren Bleikristall mit hohem Bleigehalt, wie ihn die älteren englischen, französischen und belgischen Gläser zeigen, zu dem leichten Bleikristall der Gegenwart, wie ihn dann nachfolgende Beispiele zeigen werden, stattgefunden hat, ergibt sich aus folgenden Gesichtspunkten: Einmal ermöglichte die Einführung der Gasfeuerung statt der früheren Halbgasfeuerung mit Steinkohlen in verdeckten Häfen eine größere Hitze in den Glasöfen und somit eine härtere Einstellung des Bleiglases. Hierdurch konnte man mit dem Bleigehalt zurückgehen und dann sogar mit reiner Gasfeuerung das Bleiglas in offenen Häfen schmelzen. Dazu kam der weitere Vorteil, daß der Glassatz billiger sowie das erschmolzene Glas in der Haltbarkeit besser und auch in der Farblosigkeit reiner wurde. So scheinen die heutigen leichten Bleigläser allen Anforderungen zu genügen.

Als leichtes, aber reines Bleikristall wird oft etwa folgender durchschnittliche Satz angewendet:

6 K-Salpeter, 36 Pottasche, 40 Mennige, 100 Sand;

derselbe liefert ein Glas von folgender prozentischen Zusammensetzung:

16,4% Kali, 23,5% Bleioxyd, 60,1% Kieselsäure

mit einem molekularen Verhältnis von:

1,65 Kali : 1 Bleioxyd : 9,44 Kieselsäure ($z_3 = 11{,}2$, $z_4 = 14{,}9$).

Ein ziemlich weiches, aber im allgemeinen noch genügend haltbares Glas.

Ein anderer praktisch erprobter Satz lautet etwa:

20 Pottasche (kalz. 100proz.), 26 Pottasche (hydr. 85proz.), 3 Soda, 4 K-Salpeter, 60 Mennige, 150 Sand,

Das Gemenge ist etwas mit Alkalien übersättigt, so daß es für die Beständigkeit des Glases besser wäre, wenn man mit denselben etwas zurückginge.

Der Verfasser hatte in der letzten Zeit die Gelegenheit, noch verschiedene Bleikristallgläser auf ihre Zusammensetzung zu untersuchen und entsprechende Glassätze kennenzulernen, worüber keine näheren Angaben gemacht werden können; aber soviel kann gesagt werden, daß ihre Zusammensetzung sich durchschnittlich immer um folgende Werte bewegte:

12,5 Kali, 2,5 Natron, 1,0 Kalk, 22,5 Bleioxyd, 0,8 Tonerde, 60,7 Kieselsäure.

Ähnliche Zusammensetzungen (neuerdings geht man gemäß Normung bis auf 18% Pbo herunter) findet man, ob nun ein bayerisches, rheinisches oder schlesisches Bleiglas analysiert wird; es kann als Typus des heutigen Bleikristallglases bezeichnet werden; gegenüber den früheren schweren Bleigläsern ist es ein leichteres Kristall, scheint aber allen Anforderungen zu genügen, wofür auch die Isolytenlage (60—80) nach Keppeler (Glast. Ber. 5, Tafel bei S. 107) spricht. Das Glas gehört danach an die Grenze zwischen resistenten und harten Apparategläsern.

Dagegen zeigte nach jüngsten Erfahrungen des Verfassers[1]) schon Glas I folgender Zahlentafel keine besonders gute Haltbarkeit mehr an der Luft, obwohl sein Alkaliengehalt nach der Zschimmer'schen bzw. Keppeler'schen Regel genügt, während Bleiglas II ein Schwitzen und Mattwerden nach einigen Wochen aufwies, da es ja sicher zu weich ist.

---

[1]) L. Springer, „Erfahrungen und Untersuchungen über Glasfehler", Glastechniche Berichte III (1925/26), 395 und Glastechnische Fabrikationsfehler, Sprechsaal 60 (1927), 498, 517, 534, 556 und 576.

Bleiglas I	Bestandteile	Bleiglas II
65,4	Kieselsäure	64,8
15,3	Bleioxyd	15,0
1,2	Tonerde und Eisenoxyd	0,3
0,5	Kalk	0,2
14,0 } 16,2	Kali	13,3 } 17,7
2,2	Natron	4,4
1,2	Borsäure	2,0
über 200	Isolytenwert nach Keppeler geschätzt	über 500

Solche bleiarmen Gläser werden von den Glashütten alkalireicher eingestellt, weil sie sonst zu schwer schmelzen, während tatsächlich ein niedriger Bleigehalt auch ein alkaliarmes Gemenge erfordert, wenn das Glas widerstandsfähig sein soll.

Hieraus folgt ganz allgemein: Während die Kalikalkkristallgläser den nach Keppeler geforderten Kieselsäurefaktor $z = 4$ nie erreichen, weil die Gläser zu schwer schmelzbar und verarbeitbar würden, kann man das bei Kalibleikristallgläsern schon verlangen, da diese infolge ihres Bleigehaltes noch genügend leicht schmelzbar sind, wenn auch die in der Praxis bewährten Bleikristallgläser diese Anforderung vielfach nicht erfüllen. Sicherere Schätzungen geben die Isolyten nach Keppeler-Böhmert, Ker. Rundsch. **38** (1930), 663. Die normale Zusammensetzung des Bleikristallglases wäre dann auch entsprechend einem Kieselsäurewert $z = 4$ gleich einem molekularen Verhältnis zu setzen von

1 Kali : 1 Bleioxyd : 8 Kieselsäure,

die prozentische Zusammensetzung dieses Glases ist:

11,76% Kali, 27,86% Bleioxyd, 60,37% Kieselsäure;

sein Satz lautet:

28,5 Pottasche, 47,2 Mennige, 100 Sand;

also ein hartes Bleikristall mittlerer Schwere.

Sein nach Keppeler-Karmaus geschätzter Isolytenwert ist 25. Das Glas gehört, verglichen mit Kalkgläsern zu den besten Gläsern der zweiten Myliusschen Klasse.

Die Frage: Soda- oder Pottasche-Bleikristallgläser? ist nach einer englischen Untersuchung[1]) dahin zu beantworten, daß die Sodagläser zwar leichter schmelzen und läutern sowie allenfalls chemisch widerstandsfähiger gegen Wasser sind, aber weniger farblos.

Borsäurehaltige Bleikristallgläser. Eben wegen der oft geringen chemischen Widerstandsfähigkeit der gewöhnlichen alkalireichen Bleikristallgläser gehen neueste Versuche dahin, einen Teil der Alkalien durch Borsäure zu ersetzen, mit welcher man ja in diesem Sinne auch bei den Kalkgläsern sehr gute Erfahrungen gemacht hat; außerdem ist der Preisunterschied beim Ersatz von Pottasche durch Borax nicht groß. Im allgemeinen wird man auch hier einige kg Pottasche durch Kristallborax ersetzen; manchmal scheint man aber weiter gehen zu wollen, wie folgender, dem Verfasser bekanntgewordener Satz für ein borsäurehaltiges Bleikristallglas zeigt:

100 Sand, 27 Mennige, 11 Pottasche, 6 Kalisalpeter, 34 Kristallborax.

Aus dem Glassatz errechnet sich folgende Zusammensetzung des Glases, während die Analyse eines solchen Glases beistehende Bestandteile ergab:

---

[1]) Hodkin und Turner, Journ. Soc. Glass. Techn. IV (1920); Ref. i. d. Glastechn. Ber. VII (1929/30), 292.

Aus dem Satz errechnet	Bestandteile	Durch die Analyse gefunden
65,68	Kieselsäure	60,79
—	Tonerde	0,10
17,12	Bleioxyd	17,66
9,19	Kali und Natron	11,—
8,—	Borsäure	10,50

Allerdings soll die Schmelze dieses Glases einige Schwierigkeiten bereiten; immerhin stellt es vielleicht den Anfang für einen neuen Typus haltbarer Bleikristallgläser dar.

Bem.: Wesentlich ist für die Bleikristallgläser noch gute Eignung für Säurepolitur; jedoch fehlen hierfür Regeln, die aus der Zusammensetzung auf den Grad dieser Eigenschaft schließen ließen.

2. Ansprüche an die Schmelzmaterialien und die Entfärbung des Weißhohlglases.

Die alte Glasindustrie dürfte wirklich farbloses Glas nach unseren Begriffen nicht gekannt haben; alle antiken Gläser zeigen wenigstens an starkwandigen Stellen einen grünen oder gelben Stich, selbst die venezianischen Gläser in der Blütezeit sind in der Farblosigkeit nicht einwandfrei. Dabei ist jedoch zu bemerken, daß die Gläser der Antike und Venedigs als reine Natrongläser mit wenig Kali und Kalk immer verhältnismäßig stark grünlich waren, während syrische und chinesische sowie spätrömische Gläser, weil kalihaltig, schon viel reiner waren. Vollkommen farblose, an den Bergkristall erinnernde Gläser sind erst spät in Schlesien und Böhmen in der Form des „böhmischen Kristalls", und in England und Frankreich als Bleikristall zuerst hergestellt worden (s. auch S. 1177). Um aber die Bedeutung gerade der Farblosigkeit für das Glas in das richtige Licht zu setzen, sollen hier am besten einige diesbezügliche Sätze aus dem Werke „Kunstgläser" von C. Jäger[1]) und G. Fraunberger (1922) folgen:

„In der Lichtdurchflutung, in der Zurückwerfung und Brechung der Strahlen, im Aufblitzen prismatischer Zerlegungen liegt die ästhetische Wesenheit des Glases; daraus folgt schon von selbst, daß nur das farblos durchsichtige, gänzlich reine, völlig luftklare Glas den höchsten Forderungen entsprechen kann. Mittelbar und uns nicht recht bewußt, entspringt diesem dringenden Verlangen nach der letzten Vollkommenheit des Werkstoffes auch unser ausgeprägtes Wohlgefallen an zierlich leichten, dünnwandigen Glasgebilden. Deutlich steht diesem Lustgefühl auch die Abneigung gegenüber, welche wir bei der Betrachtung dickwandiger, massiver, schwerer Gefäße, wie wir sie nicht selten beim Schliffglas treffen, nie ganz unterdrücken können; solche Gefäße haben eben nicht mehr die geforderte vollkommene Farblosigkeit; denn je dicker das Glas wird, um so stärker tritt ein Schimmer der natürlich nie völlig ausschaltbaren Eigenfarbe der Glasmasse hervor und um so merklicher wird auch die Absorption des Lichtes. Jedenfalls muß für edelste, wasserhellste Glasgefäße, vor allem für den stolzprunkenden Schliffkristall, die letzte überhaupt noch erreichbare Klarheit und Farblosigkeit erkämpft und gesichert werden; da darf nicht ein peinlich störender, grünlicher, gelbgrünlicher oder violetter Eigenton des Glasflusses uns ernüchtern und enttäuschen. Blinkendes, wasserklares Kristall-

[1]) Ehemaliger Zeichenlehrer a. d. Fachschule f. Glasindustrie in Zwiesel in dem Werk „Kunstgläser" (Weizinger & Co., München, 1922).

glas ist so köstlich, daß es mit seinem sprühenden Funkeln immer wieder von neuem entzückt und hinreißt; das reine, farblose Glas schreitet wie der Diamant unter den Edelsteinen in fester gleichbleibender Geltung an der Spitze und ist den Launen der Mode so ziemlich entrückt."

a) Die Ansprüche an die Schmelzmaterialien.

Allein mit den im vorigen Abschnitt angegebenen Glassätzen läßt sich noch kein reinweißes, farbloses Glas erzeugen; denn erstens sind die in der Glasindustrie verwendeten Schmelzmaterialien nie so rein, vor allem so eisenfrei, daß die Glasmasse nicht einen grünlichen Stich erhalten würde und zweitens ist es eine immer noch offene Frage, ob nicht dem Glas von Natur aus, auch wenn es mit den reinsten Materialien erschmolzen wäre, eine gewisse Färbung zukommt, wie es z. B. ziemlich sicher von sehr bleireichen Gläsern erwiesen ist, die einen gelblichen Stich haben. Ebenso zeigt sich, wie schon öfters erwähnt, daß Natrongläser nie so farblos werden wie Kaligläser bzw. daß die auch mit reinster Soda hergestellten Natrongläser immer einen grünlichen Stich haben. Weiterhin ist für die Herstellung eines rein weißen Glases der Satz selbst von großer Bedeutung, und zwar gilt als Regel:

> Ein Gemenge bzw. ein Glas läßt sich um so besser entfärben, je flußmittelärmer bzw. je härter es ist, weil vor allem die Eisenverbindungen das Glas um so stärker färben, je weicher es ist; auch ein zu großer Kalkgehalt wirkt in diesem Sinne schädlich.

Besonders trifft diese Forderung für die heutzutage meist übliche Schmelze des Kristallglases in offenen Häfen zu, während in verdeckten Häfen auch mit einem weicheren Glassatz — und er muß hier weicher sein, sonst würde er nicht durchschmelzen — ein schönes Kristall zu erzielen ist. Die Ursache hiervon liegt in der schädlichen Einwirkung der Flammengase (reduzierende Bestandteile, Flugasche) auf die Farbe der Glasmasse, deshalb ist es ja erst seit Einführung der Gasfeuerung mit ihrer viel reineren Flamme gelungen, auch in offenen Häfen ein schönes Kristallglas zu erzeugen, besonders bei Bleiglas, wo noch Bleiabscheidung auftreten kann (s. Schmelzprozeß).

Trotzdem ist z. B. dem Verfasser ein Fall bekannt geworden, wo bei einem Drehrostgenerator so viel Kohlenstaub in den Ofen kam, daß bei Beginn der Arbeit die oberste Glasschicht ziemlich stark gelb, in 5 cm Tiefe noch lichtgelb und erst in 10 cm Tiefe völlig farblos erschien.

Zu den Ansprüchen an Art und Reinheit der Rohmaterialien übergehend, soll zunächst der Einfluß von Natrium- und Kalium-Sulfat auf die Farbe geprüft werden.

Um darüber ein richtiges Urteil zu gewinnen, muß man sich nach Meinung des Verfassers[1]) zunächst über die Ursachen klar werden, welche die Erzeugung eines farblosen Glases erschweren. Es sind die beiden Hauptfeinde des farblosen Glases, nämlich Eisen und Schwefel. Zu einem möglichst farblosen Glase müßte ein möglichst eisenarmes Sulfat genommen werden. Weiter wird aber die Farblosigkeit dadurch hintangehalten, daß durch den Kohlezusatz und die Flammengase leicht eine zu weit gehende Zersetzung des Sulfats zu Schwefelnatrium eintritt, welches dann das Glas gelb färbt.

Die gleichen Ursachen sind es ja auch, warum es bei Verwendung von stark sulfathaltiger Pottasche in der Kristallglasschmelze ganz ausgeschlossen ist, die Entstehung von Galle durch Zugabe von

---

[1]) L. Springer, Über die Glaubersalzschmelze, Sprechsaal **49** (1916), S. 208, 216, 224, 231, 237. — Siehe ferner: Zschimmer, Zimpelmann und Riedel, Sprechsaal **59** (1926), S. 331, 353, 393, 417 und 422; sowie Zschimmer, Glastechnische Berichte IV (1925/26), 281.

reduzierenden Stoffen wie Kohle zum Gemenge verhindern zu wollen [1]), weil die Kohle bzw. das Kaliumsulfid entweder dem Glase eine Färbung erteilt, oder bei Farbgläsern die Farbe verändert und schließlich bei Bleigläsern das Bleioxyd zu Blei reduziert; man müßte dann die Galle abschöpfen. Wenn auch Killer [2]) mit einem besonders gereinigten Sulfat bei Labor-Schmelzen sehr schöne Gläser erhielt, so ist es doch fraglich, ob die Herstellung von solchem besonders gereinigten Sulfat gegenüber der Soda rentabel ist (Verfasser mußte diese Frage in einer eigens für dieses Verfahren für eine Glasfabrik aufgestellten Rentabilitätsberechnung mit Nein beantworten) und ob sich im Großbetrieb, d. h. im industriellen Glasofen gegenüber Laboratoriumsversuchen mit solchem Sulfat und Kohle ein reinweißes Kristallglas herstellen läßt, ohne daß gelbliche Mißfärbungen durch Kohle bzw. Schwefel auftreten, wenn auch der eine Hauptfeind, das Eisenoxyd, ausgeschaltet ist; von erfolgreichen Versuchen im Großbetrieb hat man bis heute noch nichts gehört.

Es ist also wohl daran festzuhalten: Mit wesentlichen Mengen Glaubersalz im Glassatz unter Zusatz der nötigen Reduktionskohle kann im technischen Betrieb nach den heutigen Erfahrungen reinweißes Glas nicht erzielt werden.

Die weitere Frage, ob mit Soda allein, ohne Pottasche, ein erstklassiges Produkt gewonnen werden kann, wurde früher schon einmal gestreift und mit Nein beantwortet (vgl. S. 1179). Bei der Herstellung von optischem Glas [3]) wurde gefunden, daß ohne Ausnahme die Kaligläser stets weniger gefärbt und glänzender sind, als die entsprechenden Gläser mit gleichem Natrongehalt. Das könnte darauf beruhen, daß Kaligläser den Ton weniger stark angreifen als Natrongläser und daher weniger eisenhaltige Verbindungen auflösen, die eine Färbung im Glase verursachen. Wahrscheinlicher dürfte aber sein, daß die eisenhaltigen Kaliverbindungen weniger gefärbt sind als die entsprechenden Natronverbindungen. Die gleichen Beobachtungen haben Hodkin und Turner (siehe Bleikristallglas) bei vergleichenden Schmelzen über Soda- und Pottasche-Bleikristallgläser gemacht. — Auch Verfasser konnte sich bei größeren Laborversuchen sowohl bei Kalkgläsern als auch bei Bleigläsern davon überzeugen, daß unter sonst gleichen Bedingungen und ohne Entfärbung die Kaligläser immer wesentlich farbloser sind als die Natrongläser.

Für die übrigen bei der Kristallglasschmelze verwendeten Materialien ist in erster Linie zu verlangen, daß sie möglichst eisenfrei sind.

Diese Forderung ist natürlich vor allem für den Hauptbestandteil eines jeden Kristallglasgemenges, den **Sand** zu stellen. Schon bei der Besprechung der Rohmaterialien (Bd. I, S. 153) ist darauf hingewiesen, daß der Eisengehalt im Sande nicht über 0,02% Eisenoxyd hinausgehen soll. Namentlich Deutschland besitzt ja viele Sandvorkommen von dieser hervorragenden Qualität, wobei der Gehalt an Eisenoxyd auf 0,01%, ja noch weniger heruntergeht. Man kann zwar auch noch einen Sand mit etwas höherem Eisengehalt (bis zu etwa 0,1%) zu entfärben versuchen, wird aber immer auf Schwierigkeiten stoßen; bei der einen Schmelze wird es mehr, bei der anderen weniger gelingen, ja bei ein und derselben Schmelze wird der eine Hafen besser, der andere schlechter in der Farbe ausfallen, so daß sich die kleinen Mehrkosten für einen Sand erster Qualität gegenüber einen solchen von zweiter Qualität immer rentieren. Weiter wird auch, wie Verfasser an anderer Stelle [4]) ausführlich dargelegt hat, von den Sandlieferanten bei ihren Inseraten usw. hierauf viel zu wenig Wert gelegt. Es wird eine Analyse mit möglichst hohem Prozentgehalt des Hauptbestandteils angeführt, also z. B. 99,94% Kieselsäure, jedoch das Wesentlichste, das Eisenoxyd, wird nicht erwähnt. Wenn ein Sand 99,94% Kieselsäure

[1]) R. Hohlbaum, l. c.

[2]) Killer, Die Verwendung von besonders gereinigtem Glaubersalz zur Herstellung von Ia Kristallglas, Sprechsaal **53** (1920), S. 93.

[3]) C. J. Peddle, Trans. Opt. Soc. Vol. XXIII (1921—1922) Nr. 2, Sprechsaal **55** (1922), S. 195, 209, 221, 233.

[4]) L. Springer, Welche Anforderungen sind an die Glassande zu stellen? Zeitschr. Steinbruch und Sandgrube (1921).

enthält, so kann natürlich nicht mehr viel Eisenoxyd vorhanden sein, d. h. in diesem Fall höchstens 0,06%. Dann läge aber schon kein erstklassiger Sand mehr vor. Dagegen wird meist ein übertrieben hoher Wert auf möglichst wenig Tonerde bzw. Ton gelegt, was allen neueren Untersuchungen und Erfahrungen widerspricht. In erster Linie ist der Eisengehalt maßgebend und wenn es mit der Entfärbung nicht mehr klappen will, dann ist von den Rohstoffen vor allem der Sand zu untersuchen.

Trotzdem hat es infolge der oben angeführten Gründe der Fachausschuß I der Deutschen Glastechnischen Gesellschaft[1]) absichtlich unterlassen, Grenzwerte bezüglich des Eisengehaltes für die einzelnen Glassorten festzulegen; es wurde nur die Ausführung der Eisenbestimmung genormt.

Es ist natürlich zwecklos, extreme Anforderungen an die Eisenfreiheit des Sandes für Kristallglas zu stellen, da das Eisen im Glas häufig zum weitaus größeren Teil der Hafenauflösung, den Scherben usw. entstammt. Als kleinster Mehrbetrag von Eisenoxyd im Sande, der sich speziell bei optischen Gläsern in einer Verschlechterung der Farbe bemerkbar machte, wurden 0,005% Eisenoxyd festgestellt[2]).

Dieser Wert dürfte wohl für Kristallglas auch zutreffend sein. In diesem Zusammenhang wird man als Sande erster Qualität solche mit einem Gehalt von etwa 0,010—0,015% Eisenoxyd ansehen, ohne daß damit eine Norm aufgestellt sein soll. Wenn man nun bedenkt, daß der in Kristallgläsern gefundene Gehalt an Eisenoxyd 0,03—0,04% beträgt und hiervon aus dem Sand und den anderen Rohstoffen höchstens die Hälfte stammt, so ist es klar, daß einerseits selbst größere Schwankungen im Eisengehalt des Sandes (innerhalb der obigen Grenzen) auf den Eisengehalt und damit die Farbe des Glases nicht von wesentlichem Einfluß sein können, anderseits den übrigen oben schon genannten „Eisenzubringern" (Hafenmaterial, Scherben usw.) viel größere Bedeutung beizumessen ist.

Trotzdem muß aber auch an dieser Stelle auf eine sorgfältige Behandlung des Sandes hingewiesen werden, da ja der Sand das hauptsächlichste Schmelzmaterial für das Kristallglas ist. Sieht man, wie mit demselben bei der offenen Verladung in oft nicht genügend gereinigte Eisenbahnwaggons, dann beim Entladen, Lagern, Trocknen bzw. Brennen umgegangen wird und namentlich welche Möglichkeiten der Verunreinigung mit Eisen hierbei gegeben sind, so müßte man die prinzipielle Forderung aufstellen, daß Sand für Kristallglas nur in Säcken zum Versand kommen sollte.

Es sind auch von Glasfabriken und Sandlieferanten schon wiederholt Versuche gemacht worden, gewöhnliche Sande durch Behandlung mit Salzsäure oder „Blankit" oder gar durch bloßes Glühen für Weißhohlglas brauchbar zu machen; allein alle diese Versuche führen, wie auch der Verfasser[3]) jüngst wieder gezeigt hat, zu keinem praktischen Ergebnis.

Eine gewisse Unsicherheit scheint neuerdings über die Schädlichkeit des Titangehaltes von Sanden zu herrschen; nach Versuchen von F. Eckert, sowie solchen des Verfassers, erscheint es höchst unwahrscheinlich, daß der Gehalt von Titanoxyd bei Sanden jemals eine solche Größe erreicht, daß eine sichtbare Färbung hervorgerufen werden könnte. Der Titangehalt in guten Glasschmelzsanden wurde nach verschiedenen neueren Untersuchungen nur zu etwa 0,02—0,03% Titanoxyd festgestellt. Viel beachtlicher ist der Titangehalt, der aus der Hafenauflösung stammen kann, da die feuerfesten Tone ziemliche Mengen an Titanoxyd enthalten (selten 0,3, meist 1—3%).

---

[1]) D. G. G., Entwurf zur Normung von Glasschmelzsanden.

[2]) H. Heinrichs, Glasschmelzsande der deutschen Glasindustrie, Glastechnische Berichte V (1927/28), 49.

[3]) L. Springer, Über Bestimmung und Beseitigung des Eisengehaltes in einem Glasschmelzsand, Glastechnische Berichte I (1923), S. 81.

Der Kohlegehalt eines dadurch gelblich bis rötlich gefärbten Sandes beträgt nie mehr als 0,2%, ist also — wenigstens für gewöhnliche Kristallgläser — nicht schädlich[1]). Dagegen soll er sehr schädlich sein für feine, oxydierend geschmolzene Gläser, in dem Sinne, daß er „bläst", d. h. das Glas feinbläsig („gispig") macht, was aber durch Salpeter zu beseitigen ist; jedoch hat man eine gelbliche Mißfärbung des Glases durch Kohle nicht zu befürchten[2]).

Ähnliches gilt für das zweite Naturprodukt der Glasschmelze, **den kohlensauren Kalk.** Freilich braucht man hier keinen so strengen Maßstab mehr anzulegen, weil Kalk in viel geringerer Menge im Glas vorhanden ist als Kieselsäure, zudem kommt er auch nicht in so hervorragender Eisenreinheit in der Natur vor.

Der Verfasser[3]) hatte in den letzten Jahren Gelegenheit, eine Reihe von Kalksorten auf ihre Eignung zur Kristallglasschmelze zu untersuchen und fand Kalkvorkommen, wie z. B. Tschirnhausner Kalkmergel, Ulmer Kalk, Marmormehl von Hohenelbe bei Prag usw., deren Eisengehalt nicht viel über 0,03% hinausgeht; aber im allgemeinen genügt für die Kristallglasfabrikation auch noch ein Kalk mit nicht mehr als 0,1% Eisenoxyd; auch sog. „Kalkmergel" ist in dieser Beziehung oft sehr eisenarm, wenn er auch mißgefärbt erscheint. Ein demnächst erscheinender und vom Verfasser redigierter F.A.-Bericht der D.G.G. wird hierüber genaue Angaben bringen.

Dabei wird unter „Kalkmergel" nicht ein viel Magnesia, Tonerde und Kieselsäure enthaltendes Material verstanden — wie es im eigentlichen mineralogischen Sinne richtig ist (vgl. die Zusammensetzung solcher Materialien im I. Bd., S. 171, Zahlentafel 53) — sondern ein in der Natur meist schon pulverig vorkommender kreideähnlicher Kalk („Wiesenkalk"), der abgesehen von einem oft hohen Gehalt an Feuchtigkeit und etwas Gips sehr hochprozentig an kohlensaurem Kalk und sehr eisenarm ist, allerdings meist durch organische Substanzen mehr oder weniger mißgefärbt; solcher Kalkmergel wird von vielen Kristall- und Preßglashütten sehr vorteilhaft verwendet, nur für bleihaltiges Glas dürfte er sich wegen seines Bitumens nicht gut eignen.

Speziell für Bleikristallfabriken ist neben dem Sand das wichtigste Schmelzmaterial die **Mennige.** Es gibt eine Reihe möglicher Verunreinigungen und sonstiger Nebenbestandteile in der Mennige, welche Mißfärbungen des Glases hervorrufen können. Anderseits muß schon hier betont werden, daß bei der Bleiglasschmelze oft Mißfärbungen vorkommen, die nicht auf Verunreinigungen in der Mennige, sondern auf Unter- bzw. Überfärbung mit den Entfärbungsmitteln oder auf reduzierende Stoffe bzw. Rauchfeuer zurückzuführen sind.

Speziell mit dem Gehalt an Eisenoxyd und sonstigen Verunreinigungen in der Mennige hat sich der Verfasser[4]) befaßt und gefunden, daß man heutzutage in ihr bei der Leistungsfähigkeit der Mennigefabriken einen Eisengehalt von höchstens 0,01%, ja bis nur 0,007% verlangen kann. Nach weiteren Untersuchungen über die Bestimmung des Eisengehaltes in der Mennige[5]) ist unbedingt eine Normung der Eisenbestimmung in der Mennige durchzuführen, da je nach dem angewandten Verfahren ein und dieselbe Mennige als brauchbar oder bedenklich bewertet werden kann; insbesondere ist auch auf einen schwerlöslichen Eisengehalt, der von den Apparaten bei der Mennige-Gewinnung herrührt, Rücksicht zu nehmen. Weiter wird auch die Frage des höchstzulässigen Eisengehaltes in einer guten Kristallmennige nochmals erörtert. Heinrichs meint, daß zwar mit einer Mennige von 0,010%

---

[1]) Schauer, Die Färbung der in der Natur vorkommenden Sande, Sprechsaal **58** (1925), S. 547.

[2]) E. Zschimmer, Theorie der Glasschmelzkunst, I. B.

[3]) L. Springer, Der Kalk als Glasschmelzmaterial, Sprechsaal **56** (1923), S. 188. — Vgl. a. Sammelreferat von Vogel über engl. und amerikan. Arbeiten und Vorschriften betr. Kalk für die Glasindustrie, Sprechsaal **57** (1924), S. 482.

[4]) L. Springer, Über Bleimennige und Bleiglas, Sprechsaal **57** (1924), S. 413 und 426.

[5]) L. Springer, Über die Eisenbestimmung in der Mennige, Glastechnische Berichte IV (1926/27), S. 458. — H. Heinrichs, Die Eisenbestimmung in der Mennige, Zeitschrift f. ang. Chemie **41** (1928), S. 450. — L. Springer, Neue systematische Untersuchung von Mennige, speziell auf ihren Eisengehalt, Glastechnische Berichte VI (1928/29), S. 186. — Nochmals Eisenbestimmung in der Mennige, ebendort, S. 452. — J. F. Sacher, Zur chem.-analyt. Bewertung der Bleimennige, Zeitschr. Farbe und Lack, 1928, Nr. 47. — H. Hundeshagen, Zur kolorimetrischen Bestimmung des Eisens in Bleimennige für Kristallglas. Glasindustrie **37** (1929), Heft 13 und 14.

Eisenoxyd ein einwandfreies Bleikristall erschmolzen werden kann, daß sich aber Unterschiede über 0,005% in dicker Schicht doch bemerkbar machen; deshalb macht er den Vorschlag, Produkte mit einem Gehalt bis zu 0,005% Eisenoxyd als „Spezial-Kristallmennige" von gewöhnlicher „Kristallmennige" bis zu 0,010% Eisenoxyd zu unterscheiden.

Bezüglich des Kupfergehaltes ist dem Verfasser eine Mennige bekannt geworden mit 0,003% Kupferoxyd, die das Glas nicht färbte, während eine andere Mennige mit 0,08% Kupferoxyd ein blaues Kristallglas ergab. Auch ein Gehalt von Nickel- und Kobaltoxyd wäre möglich und besonders zu beachten, da dieselben schon in sehr kleiner Menge das Bleiglas intensiv blau bis violett färben; so ist dem Verfasser zwar nicht über Mennige, aber über gefällten kohlensauren Baryt ein Fall bekannt geworden, wo derselbe bei sonstiger sehr großer Reinheit mit einem Gehalt von 0,006% Kobaltoxyd ein optisches Glas in dicker Schicht verhältnismäßig stark blau färbte. — Dagegen ist eine färbende Wirkung von Antimonoxyd normalerweise nicht zu befürchten.

Wohl aber könnte metallisches Blei[1]) gewisse Störungen hervorrufen; dasselbe betrug bei zwei Sorten englischer Herkunft 0,4—0,5%, bei einer deutschen Sorte 0,2%, bei einer anderen deutschen Sorte nur Spuren, letztere zeigt, daß man ein hiervon praktisch freies Produkt herstellen kann. Metallisches Blei kann sich — trotz Zusatz von Salpeter — abscheiden. Wenn aber Salpeter vorwiegend zur Oxydation des Bleies verbraucht wird, so entzieht man ihm wieder seiner entfärbenden Wirkung, wodurch auch wieder Mißfärbungen hervorgerufen werden können, und zwar speziell grünes Glas infolge ungenügender Oxydation des Eisens.

Praktisch wichtig kann auch noch der Gehalt an Bleisuperoxyd[2]) sein (theoretisch 34,9%, praktisch oft nur 24—26%!); es wurde nämlich die Erfahrung gemacht, daß Mennigesorten mit wenig Bleisuperoxyd schlechter läutern und schwerer schmelzen, weshalb ein Gehalt von mindestens 30% Bleisuperoxyd verlangt werden soll. Es scheint aber auch auf das Ausgangsmaterial bzw. die Farbe der Mennige anzukommen: Scharlachrote Mennige mit mehr lockerem Gefüge soll ungleich besser schmelzen als eine — an sich ebenso reine — ziegel- bzw. orangerote Sorte von mehr pulvrigem Aussehen; ganz abzuraten ist von der feinpulvrigen Orange-Mennige („Pariser Rot"). — Auch über die Mennige wird nächstens ein vom Verfasser redigierter F.A.-Bericht der D.G.G. erscheinen.

Mindestens ebenso hohe Ansprüche kann man an andere künstlich hergestellte Schmelzmaterialien, an Soda, Pottasche, gefällten Baryt usw. stellen, und zwar kommen die guten Produkte dieser Art im Handel vor mit einem etwa 10mal geringeren Eisengehalt als die reinen Kalk- und Sandsorten. Schließlich ist, wie schon beim Sand besonders betont, auf größte Reinlichkeit beim Transport, bei der Aufbewahrung und beim Gebrauch aller Schmelzmaterialien und des Gemenges zu sehen, so daß vor allem keine Verunreinigungen mit Eisen in irgendwelcher Form (Rost von Eisenteilen, Mörtel der Lagerräume usw.) hineinkommen können.

Ein weiterer Punkt ist der Scherbenzusatz; dieser muß erstens einmal möglichst rein und sauber gehalten bzw. vorher ausgesucht und gewaschen werden, vor allem von Eisen von den Pfeifennäbeln, zweitens muß derselbe, auch wenn er von der gleichen Glasmasse herrührt, auf ein Mindestmaß beschränkt bleiben, und schon wegen der Entfärbung immer abgewogen werden. Denn Glasscherben zeigen, da sie schon einmal die Schmelze mitgemacht und dabei auch aus den Schmelzgefäßen usw. Eisenoxyd aufgenommen haben, daher bereits einen größeren Eisengehalt als die neu verwendeten Rohmaterialien. — Auch ist es wichtig, wenn man fortlaufend kristallklares Glas erzielen will, die Häfen und Wannen jedesmal so gut als möglich auszuarbeiten bzw. öfters das Glas vollständig auszuschöpfen, weil ein größerer „Bodensatz" allmählich auch eine ungünstige Einwirkung auf die Glasfarbe gewinnt. Diese Erscheinung ist ja auch der Grund, warum es schwierig ist, in kontinuierlichen Wannenöfen andauernd ein reinweißes Glas zu erzielen.

Auf noch einen Punkt wird im I. Band dieses Werkes, S. 397, aufmerksam gemacht, und zwar bei der Besprechung der Dinassteine als Kappenmaterial; wo es sich um das Schmelzen von farblosem Glas in offenen Häfen — und natürlich auch Wannen — handelt, ist zu berücksichtigen, daß Dinas-

---

[1]) H. Heinrichs, Metallisches Blei in der Mennige, Glastechnische Berichte 1927/28, Bd. V, S. 505.

[2]) R. Schmidt, Die Anforderungen an Glasmennige, Keram. Rundschau **35** (1927), S. 840.

steine aus Zementquarziten nicht so rein, d. h. so eisenarm sind wie solche aus kristallinen Quarziten, also durch erstere leicht eine Verunreinigung des Glases eintreten kann.

b) Entfärbung.

Sind dann so in der Zusammensetzung des Gemenges und in der Reinheit der Schmelzmaterialien alle Voraussetzungen für die Erzeugung eines reinen Kristalls gegeben, so muß noch die richtige Auswahl der Entfärbungsmittel getroffen werden.

Die Entfärbung selbst, ihr Wesen und ihre Wirkung, braucht hier im allgemeinen nicht mehr behandelt zu werden; das ist schon im I. Band, S. 136 und 146 geschehen; neuerdings hat sich eine ausführliche Diskussion[1]) darüber entsponnen, wobei aber nur auf die letzten Untersuchungen[2]) etwas näher eingegangen werden kann.

Danach sind in der glastechnischen Literatur falsche Anschauungen über das Wesen der Entfärbung und die Wirkungsweise der einzelnen Entfärbungsmittel vorhanden. Eine sog. additive Entfärbung durch Wirkung der Komplementärfarben kann im Glas niemals zustandekommen in dem Sinne, daß die Lichtdurchlässigkeit nicht vermindert oder gar erhöht würde; es ist also auch mit der komplementären oder einfacher gesagt, physikalischen Glasentfärbung immer ein Lichtverlust verbunden, so daß der Ausdruck „subtraktive" Entfärbung richtiger wäre. Eine wirkliche Entfärbung ist die chemische Entfärbung, wenn man den färbenden Bestandteil in eine farblose oder gar flüchtige Verbindung umwandelt. Die hauptsächlichste Mißfärbung des Glases wird durch Eisenverbindungen hervorgerufen, weshalb der Einfluß des Eisens auf die Glasfarbe[3]) zu beachten ist, also vor allem die bekannten Erscheinungen, daß Eisenoxydul intensiv blaugrün, Eisenoxyd nur schwach gelb färbt.

Braunstein zeigt nur eine rein chemische Entfärbung; es scheint also, als ob durch die Sauerstoffabgabe des Braunsteins das Eisen in das nur schwach färbende Eisenoxyd umgewandelt worden ist. Allein die genaue Untersuchung ergibt merkwürdigerweise, daß das Eisen doch hauptsächlich als Oxydul vorhanden ist. Dann bleibt nur die Erklärung, daß sich eine farblose Mangan-Eisen-Verbindung bildet. Nur bei sehr großem Überschuß von Manganoxyd gegenüber Eisenoxyd soll durch Hervortreten von dessen Violettfärbung auch noch eine Komplementär-Wirkung, also auch noch eine physikalische Entfärbung hinzutreten können.

Die Cer-Entfärbung ist ebenfalls von rein chemischer Wirkung; die Verhältnisse liegen teilweise ähnlich wie beim Braunstein.

Neodym-Verbindungen zeigen eine typische physikalische Entfärbung. Obwohl dieses Verfahren patentamtlich schon 1896 Droßbach geschützt war, haben 1922 die Corning Glass Works sogar in Deutschland hierauf ein Patent erhalten, allerdings nur für Borosilikatgläser, was aber trotzdem nicht berechtigt erscheint. Nach Versuchen des Verfassers ergibt Neodym sowohl bei Kalk- wie auch bei Bor-Gläsern die gleiche physikalische Entfärbung.

Nickeloxyd zeigt auch physikalische Wirkung; es darf nur in kleiner Menge verwendet werden, da es auch in schwacher Konzentration das Glas schon grau färbt.

Kobaltoxyd kommt vor allem als Zusatz zur Mangan- und Cer-Entfärbung in Frage, da in beiden Fällen ein gelber Farbstich des Glases hinterbleibt, welcher durch die komplementäre Blaufärbung des Kobaltoxyds sehr gut aufgehoben werden kann.

Für die Selen-Entfärbung hat man bis jetzt noch keine ausreichende Erklärung gefunden. Nach allgemeiner Anschauung wirkt sie physikalisch, indem das Selenrot die Komplementärfarbe zum Eisengrün ist. Allein nach neueren Untersuchungen ist auch eine chemische Wirkung möglich. Nachteilig ist auch die große Flüchtigkeit des Selens; es scheint aber aussichtsreich zu sein, diese Erscheinung durch Einführung mit Zinkselenid zu bekämpfen, welches wohl ähnlich wie Schwefelzink erst bei 1000—1200° verdampft (auch Na-Selenit soll beständiger sein). Auch das Absinken des Selens beim Wannenbetrieb zum Bodenglas, so daß zuweilen solches mit starker Braunfärbung aufsteigt, soll durch Vermischen von Selen mit Zink verhindert werden können (vgl. Pesserl, Sprechsaal **64** (1931), S. 298). Eine weitere Schwierigkeit ist die starke Abhängigkeit der Selen-Entfärbung von der Kühltemperatur, wobei sowohl blaßrosa gefärbte Gläser farblos als auch stärker gefärbt werden können.

---

[1]) H. Schönborn, Über additive und subtraktive Farbenmischung und Entfärbung, Sprechsaal **61** (1928), S. 432 und Ungen. Verfasser, Vorschlag zur eindeutigen Begriffsbestimmung zusätzlicher und abzüglicher Entfärbung, Sprechsaal **61** (1928), S. 622.

[2]) G. Jaeckel, Das Entfärben des Glases, Glastechn. Ber. VIII (1930), S. 527.

[3]) Vgl. hierzu noch: Jebsen-Marwedel und A. Becker, Über den Farbstich von Glas ohne Entfärbung, Sprechsaal **63** (1930), S. 874 ff.

Versuche über die Beständigkeit der Entfärbung mit Röntgen-Bestrahlung zeigen starke Nachfärbung bei Mangan und Selen, dagegen keine Veränderung bei Nickel und Kobalt.

Die Selen-Entfärbung, am besten ausgeführt mit selenigsaurem Natron oder Selenzink, wird nur bei Eisengehalten unter ca. 0,1% Eisenoxyd ihr Ziel erreichen; in anderen Fällen muß man zu einer Kombination von Mangan, Kobalt und Nickel greifen, je nach dem Verhältnis von Eisenoxydul:Eisenoxyd.

Anschließend hieran empfiehlt L. Springer[1]) wieder den Braunstein neuerdings als gutes Entfärbungsmittel, besonders weil eine Überfärbung nicht so leicht möglich ist.

Zur Praxis des Entfärbens soll folgendes ausgeführt werden.

In früheren Zeiten hat man mit Braunstein allein, allenfalls unter Zusatz von etwas Antimonoxyd und einer Spur Kobaltoxyd bei der Schmelze in verdeckten Hafen recht gute Erfolge erzielt. Allein in offenen Schmelzgefäßen ist der Braunstein infolge Einwirkung der Flammengase sehr schwankend in der Wirkung. Deshalb hat man in der neueren Zeit zu gleichmäßiger wirkenden Entfärbungsmitteln gegriffen, vor allem zu Nickel- und Kobaltoxyd sowie Selen-Verbindungen. Nickeloxyd ist zwar recht beständig, gibt aber für sich allein, besonders bei der geringsten Überfärbung, kein vollkommenes Resultat. Selenpräparate würden wohl die beste Entfärbung darstellen, sind aber von der Ofenhitze usw. sehr abhängig; deshalb verwendet man Gemische von Nickel- oder Kobalt- und Selenverbindungen, oft noch mit einem kleinen Zusatz von Braunstein und Arsenik, während man für Bleiglas auch heutzutage oft noch Braunstein mit Salpeter oder Nickeloxyd, aber nicht gerne Selen nimmt.

F. Eckert[2]) stellt folgende Anforderungen an ein ideales Entfärbungsmittel: Im oxydierenden Schmelzfuß ist eine gelbliche Färbung zu kompensieren, was durch ein rotstichiges Blau geschieht. Diese Bedingung ist aber selten erfüllt, am meisten noch bei Bleikristallglas; hier bevorzugt man daher blaustichige und purpurähnliche Entfärbungsmittel, als welche vielfach schon Nickeloxyd allein wirkt. Es hat aber den Nachteil, daß es viel „Grau" ins Glas bringt und nur bei Kaligläsern günstig wirkt. Den ausgesprochen blauen Ton des Eisenoxyduls müßte man durch ein Entfärbungsmittel kompensieren, welches unter reduzierenden Bedingungen ein Gelbrot ergibt. Da aber nie die reinblaue Färbung des Eisenoxyduls vorhanden ist, sondern mehr oder weniger Gelb des Eisenoxyds bzw. ein gemischtes Grün, so muß gerade dieser „grüne Rest" der Eisenoxyde von einem idealen Entfärbungsmittel aufgehoben werden. Hierfür hat sich bis jetzt eine Kombination von Kobalt und Selen am besten bewährt. Jedoch hat gerade das Selen große Nachteile, indem es selbst das Glas je nach Art der Verbindung verschieden färbt, gegen oxydierende und reduzierende Bedingungen sehr empfindlich ist, beim Einschmelzen leicht flüchtig geht, nachträglich im Kühlofen und auch am Licht wieder Verfärbungen hervorruft. Deshalb ist vor allem bei der Selen-Entfärbung auf konstante Schmelz- und Arbeits-Bedingungen zu sehen, wenn ein gleichmäßiger Erfolg erzielt werden soll, was beim Wannenbetrieb leichter möglich ist als beim Hafenbetrieb.

Zur Orientierung über die ungefähren Mengenverhältnisse der Entfärbungsstoffe — genaue Angaben lassen sich hier nicht machen, weil jede Entfärbung nach dem Glassatz, der Reinheit der Rohmaterialien, dem Ofengang usw. ausprobiert werden muß und zwar nicht in kleinen Probetiegeln, sondern gleich in den großen Schmelzhäfen — seien einige der früheren oder ähnliche Kristallglassätze mit der zugehörigen Entfärbung nochmals angeführt:

a) 75 kg Sand, 13 kg Marmormehl, 23 kg Pottasche, 3 kg Soda, 0,5 kg Arsenik, 1 g grünes Nickeloxyd + 2 g selens. Natron.

b) 70 kg Sand, 25 kg Mennige, 8 kg Kalkspat, 25 kg Pottasche, 4 kg Salpeter, 0,5 kg Arsenik, 1 g Nickeloxyd.

Weitere Beispiele s. unter Entfärbung des Preßglases.

Zwecks praktischen Gebrauchs der Entfärbungsmittel stellt man sich zur bequemeren Dosierung der nur in kleinen Mengen anzuwendenden Stoffe sog. Ent-

[1]) L. Springer, Über Braunstein als Entfärbungsmittel. Die Glashütte **61** (1931).

[2]) F. Eckert, Entwicklung der Weißhohlglas-Erzeugung, Sprechsaal **60** (1927), 1030.

färbungsmischungen her, indem man dieselben mit einem größeren Quantum von feinem Quarzsand (Quarzmehl) oder Kalkmehl mischt; z. B. hat der Verfasser folgende Entfärbungsmischung als sehr gut befunden:

700 g Quarzmehl,
200 g Arsenik,
20 g Nickeloxyd, schwarz,
10 g Selen, met.,
70 g Braunstein.

Von dieser Mischung treffen etwa 100 g auf ein Kristallglasgemenge mit 100 kg Sand usw., selbstverständlich eignet sich nicht ein und dieselbe Mischung für jedes Glas.

Außerdem sind zahlreiche fertige Entfärbungsmischungen im Handel erhältlich unter den verschiedensten Bezeichnungen wie Kristallit, Universal, Matador, Meteor, Be-Ka-Mischung, Achromit, Schneeweiß usw. Nach vielen eigenen Untersuchungen des Verfassers enthalten dieselben vielfach ähnliche Bestandteile wie in der vorigen Mischung, manchmal mit und manchmal ohne Selen, hie und da auch Kobaltoxyd oder seltene Erden usw.

Außer den bisher genannten, hauptsächlich physikalisch wirkenden Entfärbungsmitteln muß noch der chemisch wirkenden Entfärbungsmittel, vor allem Salpeter und Arsenik, allenfalls noch Antimonoxyd, gedacht werden. Die entfärbende Wirkung von Antimonoxyd ist nach eigenen Untersuchungen des Verfassers[1]) zweifelhaft; dagegen haben Salpeter und Arsenik (wie auch deren im Krieg gebräuchlichen Ersatzstoffe, Chlorate und Superoxyde) entschieden schon für sich allein eine stark entfärbende Wirkung, besonders eine Mischung von Salpeter + Arsenik bzw. der Salpeterersatz von Schott u. Gen., der sich als arsensaures Natron erweist. Verfasser[2]) hat darüber eine große Reihe von Schmelzversuchen im Laboratorium und im Glasofen angestellt und gefunden, daß die Umwandlung des stark blaugrün färbenden Eisenoxyduls in das viel schwächer hervortretende Eisenoxydgelb durch die Sauerstoffabgabe obiger Stoffe so groß ist, daß man dann nur noch eine geringere Menge von physikalisch wirkenden Entfärbungsmitteln braucht, um die Restfärbung aufzuheben, und eine Überfärbung viel weniger möglich ist, vielleicht auch eine nachträgliche Verfärbung, weil das Eisenoxyd im fertigen Glas — im Gegensatz zur Schmelze — die beständigere Form zu sein scheint. Deshalb sei bei der Entfärbung auch ein größerer Zusatz von Salpeter (1—3 kg, besonders bei der Braunsteinentfärbung) und Arsenikmehl (0,3—0,6 kg, besonders bei Selen-E.) auf ein Gemenge von 100 kg Sand empfohlen. Ältere Gläser sind trotz ihrer weichen Einstellung oft wunderbar entfärbt, was nebst anderen Ursachen (verdeckte Häfen, Holzfeuerung) sicherlich auch auf den früher stark üblichen Zusatz obiger Stoffe zurückzuführen ist.

Verfasser[3]) hat auf diese günstige Wirkung der chemisch wirkenden Entfärbungsmittel schon früher aufmerksam gemacht, bevor noch die folgenden amerikanischen Versuchsergebnisse speziell über die günstige Wirkung des Arseniks bekannt wurden.

---

[1]) L. Springer, Antimonoxyd als Entfärbungs- und Läuterungsmittel bei der Glasschmelze, Sprechsaal **48** (1915), S. 97, 106, 211, 221.

[2]) L. Springer, Schmelzversuche mit Salpeterersatz von Schott & Gen., Sprechsaal **49** (1916), S. 167, 384; Über die Entfärbung von Glas mit Salpeter und Arsenik sowie Salpeterersatzstoffen, Sprechsaal **50** (1917), S. 166.

[3]) L. Springer, Über die Entfärbung des Glases, Sprechsaal **59** (1926), S. 168.

Erwähnt seien in diesem Zusammenhang noch englisch-amerikanische Erfahrungen über die Selen-Entfärbung[1]). In Amerika wird besonders in Wannenöfen fast ausschließlich mit Selen entfärbt unter Zusatz von einer Kleinigkeit Kobaltoxyd (0,5 g auf 100 kg Sand!). Die Selenentfärbung eignet sich nur für erstklassige Weißgläser (Eisenoxydgehalt insgesamt nur 0,07—0,09%). Ein Zusatz von Glaubersalz bedingt einen vermehrten Verbrauch an Selen. In einem reinen Sodagemenge wirkt selenigsaures Natron bedeutend stärker als elementares Selen. In sehr eisenarmen Gläsern genügen 3 g Selen auf ein Gemenge von 100 Pfd. Sand. Ein Zusatz von Salpeter verstärkt sogar die Selenentfärbung; d. h. man muß weniger nehmen. Arsenik ist für die Selenentfärbung von größter Bedeutung, weil er eine Überfärbung verhindert. Beim Erhitzen der mit Selen entfärbten Gläser im Kühlofen zwischen 500—625° bleiben gut entfärbte Gläser auch farblos, während überfärbte Gläser entweder bleichen oder sich stärker verfärben. Bei starkwandigem Glas soll die Schmelzprobe reinweiß erscheinen, bei schwächerem Glas etwas überfärbt, wenn das fertige Glas farblos sein soll. Man braucht besonders in Wannen um so weniger Selen, je heißer sie gehen; auch sollen sie stets leer gearbeitet werden! Wenn der Glassatz zuviel Soda enthält, bekommt man leicht eine dunkle Färbung. Bei Zusatz von Braunstein soll man sogar mehr Selen brauchen. Gegenüber der Braunsteinentfärbung ist das Selen sowohl bei der Schmelze als auch bei der Kühlung viel beständiger. In verdeckten Häfen aber soll Braunstein vorteilhafter sein. Bleihaltige Gläser kann man mit Selen nur entfärben, wenn ihr Bleigehalt 1—2% beträgt; dann muß man mit Braunstein entfärben, ebenso wenn das Gemenge sehr viel Salpeter braucht oder der Eisengehalt der Rohstoffe sehr hoch ist oder in verdeckten Häfen; in allen andern Fällen ist die Selenentfärbung überlegen. Auch ist das selenentfärbte Glas viel lichtbeständiger als das manganentfärbte Glas. — E. Zschimmer erörtert im Anschluß hieran die Möglichkeit eines künstlichen „Alterns" der Gläser, damit sie sich dann nicht mehr verfärben und meint schließlich, die Hauptsache bei jeder Entfärbung wäre die Verwendung möglichst eisenfreier Schmelzmaterialien und feuerfester Stoffe sowie möglichst geringer Scherbenzusatz.

Weitere Versuche speziell von Cousen und Turner beschäftigten sich besonders mit der Wirkung des Arseniks, welcher geradezu als Stabilisator der Selen-Entfärbung bezeichnet werden kann. Während bei 1340—1380° innerhalb dreistündiger Schmelzzeit die Selenentfärbung allein gelang, bekam man über 1400° in der gleichen Zeit die häßliche Gelbfärbung (allerdings auch bei niedrigeren Temperaturen bei längerer Schmelzzeit). Fügte man dagegen Arsenik in der 50fachen Menge des Selenzusatzes bei, also etwa 170 g Arsenik auf 100 kg Sand gerechnet, so ist es möglich, die bräunliche Mißfärbung bis zu 8stündiger Schmelzzeit zu verhindern. Weitere Versuche zeigten die Wirkung des Arseniks auf die Eisenfärbung. Durch dieselbe konnte eine entfärbende Wirkung des Arseniks allein auf Eisenoxyd ohne Selen oder andere Entfärbungsmittel bewiesen werden; bei 0,5 g Arsenik auf 100 g Sand war das Glas praktisch farblos, jedenfalls bedeutend farbloser als viele sogenannte entfärbte Handelsgläser. Darnach wäre der Arsenik das primäre Entfärbungsmittel, während man Selen oder Kobaltoxyd nur einführt, um die Wirkung des Arseniks vollständiger zu machen. — Soweit diese englischen und amerikanischen Untersuchungsergebnisse.

Anschließend berichtet Zschimmer über eigene Beobachtungen betr. die Entfärbung und Verfärbung des Glases. Zunächst wird noch auf eine Beobachtung des Engländers Rees hingewiesen über die Wirkung von Arsenik in kohlehaltigen Sulfatgemengen. Es wurden 0,3 kg Arsenik auf 100 kg Gemenge beigesetzt; eine Herabminderung des Arseniks führte leicht zu einer schwachen Braunfärbung des Glases. Zschimmer erklärt dieselbe durch die Einwirkung überschüssiger Kohle bzw. des Rauchfeuers, wogegen Arsenik hilft, und berichtet dann über einen ähnlichen Fall bei der Schmelze von Spiegelglas aus einem Sulfatgemenge, wobei regelmäßig etwa 0,2 kg Arsenik auf 100 kg zugesetzt wurden, wobei das Glas beim Wegfall des Arseniks nicht die erwünschte blaugrüne sondern eine bräunliche Färbung bekam. Nachträgliche Verfärbung des Glases am Licht zeigen besonders Gläser mit hohem Alkaliengehalt, also sogenannte sehr weiche Gläser; hierbei soll speziell das Nickeloxyd besonders verhängnisvoll sein. Ein letzter Fall zeigte, daß ursprünglich schwach blaugrüne Spiegelglas-Schnittscherben im Lichte allmählich eine gelbgrüne Färbung annahmen, also dieselbe Umfärbung, welche in der Schmelze die Oxydationsmittel wie Arsenik oder Salpeter im Glase hervorrufen; andererseits konnte dieselbe beim Brennen der Gläser in einer Muffel wieder rückgängig gemacht werden.

Bei der praktischen Prüfung der Entfärbung werden täglich vor dem Abstehenlassen des Glases aus jedem Hafen einzelne Proben gezogen und auf weißem Untergrunde (eigenes Traggestell für Entfärbungsproben) gesammelt zum Vergleich mit den Proben des vorhergehenden Tages, um die Dosierung — ein etwas Mehr oder

---

[1]) E. Zschimmer, Über den gegenwärtigen Stand der Selenentfärbung, Sprechsaal **58** (1925), 868 nach Untersuchungen der Engländer Cousen und Turner sowie Bemerkungen amerikanischer Glashüttenchemiker mit eingehender Literaturangabe sowie Zur Frage der Entfärbung und Verfärbung des Glases, Sprechsaal **59** (1926), S. 93.

Weniger — für die folgende Schmelze genau bemessen zu können. Dabei ist noch zu beachten, daß zwischen ungekühlten und gekühlten Proben auch ein größerer Unterschied sein kann bzw. daß im ungekühlten Zustande oft eine kleine Überfärbung vorhanden sein darf, weil dieselbe im Kühlofen zurückgeht und umgekehrt; deshalb nimmt man gerne auch noch von den geblasenen und gekühlten Gläsern ein Muster.

Aus der Betrachtung von Flachgläsern ist jedermann bekannt, daß die Glasfarbe in der Sicht durch die lange Kante stark in Erscheinung tritt. A. Ruß und M. Thomas[1]) machen hiervon Gebrauch und empfehlen eine sog. Stabmethode, bei der ein Bündel Stäbe von 30 cm Länge gegen das Licht — aber nicht in die Sonne — gehalten wird. Auf diese Weise sind auch kleine Farbunterschiede noch feststellbar. Neigt man das Bündel schwach gegen eine weiße Licht reflektierende Fläche (z. B. Papier), so kann man auch den Graugehalt erkennen. Gibt dieses Verfahren auch keine zahlenmäßigen Belege, so ist es doch für die laufende Betriebskontrolle sehr

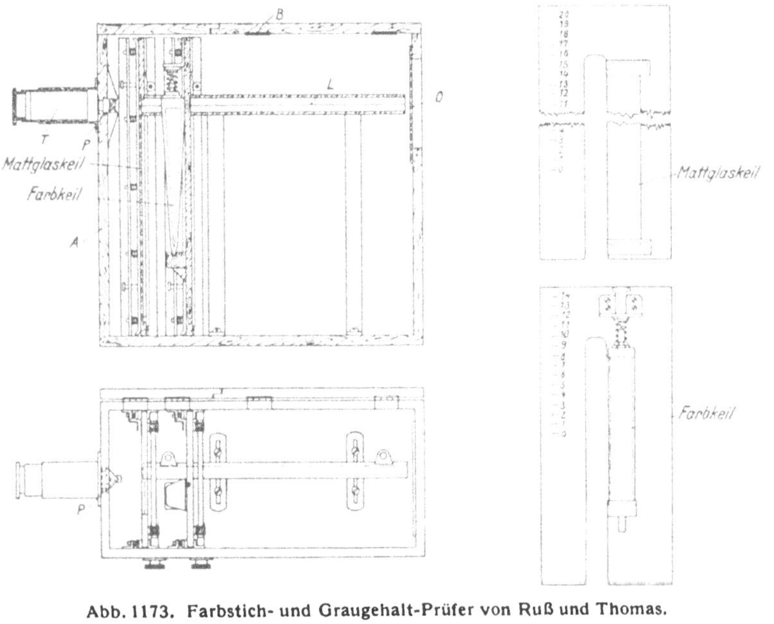

Abb. 1173. Farbstich- und Graugehalt-Prüfer von Ruß und Thomas.

brauchbar und aufschlußreich. Genauere Prüfungen werden mit einem Kolorimeter ausgeführt, das in Abb. 1173 wiedergegeben ist. Es besteht aus einem Holzkasten *A* mit einem zweiteiligen Deckel *B*, einer Beobachtungsvorrichtung — Tubus *T*, Doppelprisma *P*, Opalglasscheibe *O* — den Photometerkeilen und einer Auflage für den Meßstab *L*. Ein Mattglaskeil dient zur Ermittlung des Graugehaltes, während der Farbstich durch Farbglaskeile verschiedener Standard-Farben photometrisch bestimmt wird. Die Farbkeile bestehen nicht aus Farbgläsern, sondern aus farblosen Glasküvetten mit lichtbeständigen Farblösungen. Die gemessenen Keillängen in cm geben ein Maß der Über- bzw. Unterfärbung an.

Die Verfasser teilen dann noch einige Ergebnisse mit, die sie mit ihrer Methode erhalten haben. So z. B. blieb der Graugehalt sowie der Farbstich von Glasproben aus einem Hafen während eines Arbeitstages fast unverändert. Von Bedeutung war jedoch die Kühlung. Eine rote bis rotgelbe Überfärbung der Stäbe wurde beobachtet bei zu kurzer Kühlung, während bei gleicher Kühlzeit wie bei der Glasware die rötliche Überfärbung stark zurückging, dagegen der blaue und grüne Farbstich nicht.

[1]) Sprechsaal **62** (1929), S. 924.

Mit Nickeloxyd entfärbte Gläser weisen im Gegensatz zu Selen entfärbten einen typisch grauen Stich auf, der abhängig ist vom Nickelzusatz. Eine Reihe von Tabellen und Diagrammen erläutern die gemachten Angaben.

Endlich sind bei der Durchführung der Entfärbung noch folgende Punkte zu beachten:

Der Scherbenzusatz ist, da Scherben infolge der schon einmal vollzogenen Schmelze ein verhältnismäßig stark eisenhaltiges „Rohmaterial" sind, bei der Bemessung der Menge des Entfärbungsmittels wohl zu beachten und daher möglichst konstant zu halten bzw. immer dem Gewichte nach auszuführen; denn wenn auch die Scherben schon entfärbtes Glas sind, können sie ihre Farbe beim abermaligen Einschmelzen doch ändern. — Daß der Standort der einzelnen Häfen im Ofen wegen der verschiedenen Einwirkung der Hitze und der Art des Feuers auf die Entfärbung sehr zu beachten ist, dürfte allgemein bekannt sein; ebenso ist die Zeitdauer der Schmelze von Einfluß, so daß z. B. die Sonnabendschmelze, wenn das Glas über Sonntag unter Feuer steht, einen etwas größeren Zusatz von Entfärbungsmitteln braucht. Mit zunehmendem Alter werden die Unterschiede in der Entfärbungsmenge, auch zwischen den einzelnen Häfen, immer kleiner. Dies ist z. T. dadurch erklärlich, daß anfänglich die Häfen stärker abschmelzen und somit mehr eisenhaltige Schamotte ins Glas kommt.

Eingehende Versuche über diese und ähnliche Fragen hat auch S. Guß[1]) veröffentlicht, wobei eine Reihe von Tabellen und Diagrammen die Erscheinungen erläutern.

3. Das farbige Hohlglas.

Die bisher genannten Glassorten können durch Färbungsmittel (s. I. Band, S. 132 u. ff.) in den verschiedensten Tönen gefärbt werden. Gleiche Reinheit der Schmelzmaterialien und Färbungsmittel vorausgesetzt, liefern die Bleigläser die schönsten, sattesten und glänzendsten Farben; ihnen schließen sich die Halbkristalle und Barytgläser an, dann folgen die kalireichen Kalkgläser, während die mit Soda erschmolzenen Natronkalkgläser im allgemeinen weniger gute Färbungen liefern.

Zur Herstellung der Farbgläser dienen im allgemeinen dieselben Glassätze, wie vorher zu den farblosen Gläsern angegeben, indem man dem Gemengesatz die betreffenden Farbstoffe zusetzt; freilich erfordern bestimmte Glassorten, wie z. B. das Rubinglas und die getrübten Gläser, auch besondere, etwas abweichende Glassätze (s. nachfolgende entsprechende Beispiele). Hier sei noch auf eine Erscheinung hingewiesen: Es wird vielfach nicht berücksichtigt, daß die Farbstoffe besonders in Kalkgläsern meist wie Flußmittel wirken, wodurch man Gläser der verschiedensten „Härte" erhält. Dieser Übelstand, welcher sich besonders bei Verwendung als Überfanggläser und beim Einbrennen in starkem Muffelfeuer zeigt, würde nicht so sehr auftreten, wenn man durch die Farbstoffe die entsprechende Menge Kalk, Baryt oder Bleioxyd ersetzt. Jedenfalls darf aber dieser Austausch nicht einfach im gegenseitigen chemischen Verhältnis erfolgen, weil einerseits der Schmelzwert, anderseits der Einfluß auf die Zähigkeit und insbesondere die Ausdehnung oft ganz anderen Verhältnissen folgt. Genaue Angaben hierüber sind bis jetzt nicht vorhanden, so daß von Fall zu Fall durch den praktischen Versuch entschieden werden muß. Die Tatsache selbst ist aber immerhin wohl zu beachten.

Im nachfolgenden soll nun die Zusammensetzung der verschiedenen Farbgläser besprochen werden, ohne daß auf Einzelheiten eingegangen werden kann; hierbei sollen unterschieden werden:

---

[1]) S. Guß, Entfärbungs- und Schmelzversuche, Sprechsaal **63** (1930), S. 792.

a) die durchsichtigen (transparenten) bleifreien und bleihaltigen Farbgläser;
b) die undurchsichtigen (opaken), weißen und farbigen Gläser;
c) die Überfanggläser.

a) Die durchsichtigen (transparenten) Farbgläser.

Die Angabe besonderer Glassätze ist hier bei den meisten Farben nicht nötig, da die früher aufgeführten bleifreien und bleihaltigen Gemenge verwendet werden können; für letztere wäre nur zu merken, daß man infolge des höheren Gewichtes durchschnittlich $\frac{1}{3}$ weniger an Farbstoffen braucht.

Blaues Glas wird erzeugt hauptsächlich mit Kobaltpräparaten, abgetönt mit Kupfer-, Nickel- und Manganverbindungen. Da Kobaltoxyd sehr stark färbt, so treffen auf 100 kg Sand nur etwa 150—400 g Kobaltoxyd. Himmelblaue Töne liefern etwa $1\frac{1}{2}$ kg Kupferoxyd, 6—8 kg hiervon das sog. Aquamarinblau.

Dieses prächtige Kupferblau[1]), welches dem Kobaltblau durch wärmere Farbtönung überlegen ist, wird am schönsten im Natronbleiglase erhalten; im Kaliglas entstehen schöne blaugrüne bis grüne Farbtöne. Für tiefsatte Töne setzt man etwas Kobaltoxyd hinzu. Zur Schmelze verwendet man am besten Kupferoxyd, schwieriger geht es mit Kupfervitriol, weil es sich auch als „Galle" teilweise abscheiden kann. Es wurde versucht dieselbe zu beseitigen durch Abbrennen, wobei aber — durch zu weitgehende Reduktion — meist so rotsträhniges Oberflächenglas entsteht — dann durch Zusatz von Reduktionskohle, wobei aber noch stärkere Kupferabscheidungen[2]) am Hafenboden auftraten — z. B. von der Zusammensetzung: 60% met. Kupfer, 21% Kupferoxydul, 5,3 Eisenoxydul, 13,6 Schamotte — endlich mit Arsenik, indem derselbe in 1 kg auf 100 kg Sand — mit dem Kupfervitriol innigst gemischt wurde, was noch den besten Erfolg hatte, indem die roten Strähnen fast ganz ausblieben. Natürlich kann man die „Galle" auch abschöpfen, eine solche Probe bestand aus 87% gebranntem Kupfervitriol und kann wieder eingeschmolzen werden. — Der bei diesen Versuchen verwendete Grundglassatz war in allen Fällen: 100 kg Sand, 18 Kalkspat, 32 Soda, 6 Pottasche mit 4—6 Kupfervitriol.

Ein Zusatz von einigen kg Braunstein gibt Veilchen- und Indigoblau. Blaues Glas mit Kobaltpräparaten ist verhältnismäßig am leichtesten herzustellen, weil es gegen reduzierende Einflüsse ziemlich unempfindlich ist.

Violettes Glas erhält man in erster Linie mit Braunstein, wobei zu bedenken ist, daß ein schönes Blauviolett nur in Kali- und Bleigläsern und mit eisenarmem Braunstein erzielt werden kann, während Natrongläser und eisenreicher Braunstein ein rötliches oder ein bräunliches Violett geben. Ferner ist die Braunsteinfärbung wie die entsprechende Entfärbung abhängig von einer reinen Flamme, weshalb man dem Gemengesatz meist Salpeter zugibt. Normales Violett erhält man mit 4—6 kg Braunstein auf 100 kg Sand, kleinere Mengen liefern Amethystfarben; oft wird noch etwas Kobaltoxyd zugesetzt. Ein bräunliches, aber sehr beständiges Violett liefert Nickeloxyd mit etwas Kobaltoxyd.

Ein eigentümlich schönes, zartes Blauviolett gibt Neodym-Nitrat, wie es die Glasfabrik Moser-Karlsbad mit einem Präparat der Gasglühlicht-Auer-Gesellschaft in Berlin nach Vorschlägen von Prof. Weidert herstellt.

Grünes Glas kann mit den verschiedensten Farbstoffen erhalten werden. Eisenoxydul gibt das gewöhnliche Flaschengrün. Im Verein mit Braunstein, wohl auch mit etwas Chrom- oder Kobaltoxyd erhält man sog. Antikgrün, z. B. mit 0,5 kg Eisenhammerschlag und 3 kg Braunstein. Chromverbindungen allein oder abgetönt mit anderen Farbstoffen liefern das reinste Grün; infolge der Schwerlöslichkeit des Chromoxyds im Glase kann man im allgemeinen bloß bis zu höchstens 1 g Chromoxyd auf 100 kg Sand gehen, die Farbe selbst mit etwas Kupferoxyd oder Kobaltoxyd

[1]) S. Guß, Über Versuche bei der Aquamarinblau-Schmelze, Keram. Rundschau **35** (1927), S. 89.

[2]) Über Metallabscheidungen bei der Glasschmelze, siehe einen Artikel von L. Springer in der Keram. Rundschau **34** (1926), 503.

abtönen[1]). Bei Übersättigung mit Chromoxyd, z. B. etwa 15 kg Kaliumbichromat auf 100 kg Sand, entsteht der Chromaventurin, ein in der Durchsicht unscheinbares, schmutzgrün gefärbtes Glas, dagegen in der Ansicht mit dunkelgrünen, glänzenden Kristallflittern von ausgeschiedenem Chromoxyd durchsetztes, sehr hartes Glas. Ein gelbliches Grün (Goldgrün) erhält man in Kalkgläsern mit etwa 0,5 kg Uranoxydnatron.

Ein eigentümlich schönes Gelbgrün gibt Praseodym-Nitrat, wie es ebenfalls die Glasfabrik Moser-Karlsbad mit einem Präparat der Gasglühlicht-Auer-Gesellschaft in Berlin herstellt.

Braunes Glas als besseres Hohlglas selten hergestellt, ergeben Eisenverbindungen mit Braunstein, auch Nickeloxyd in Natronkalkgläsern, endlich Schwefelverbindungen s. folgenden Abschnitt.

Gelbes Glas liefern zunächst Eisenoxyd mit Braunstein, natürlich ein unscheinbares, grünliches bis bräunliches Gelb. Mit stark hellgelber Farbe (sog. Kaisergelb) löst sich im Glase das Schwefelkadmium, das man in einer Menge von etwa 2 kg oft mit etwa der Hälfte Schwefelblumen auf 100 kg Sand einem weichen, d. h. alkalireichen Glassatz zusetzt. Trotzdem ist diese Farbe wegen der Zersetzbarkeit des Schwefelkadmiums nicht so leicht gleichmäßig herzustellen und wegen auftretender Mißfärbungen (Bildung von Schwefelblei) in Bleiglassätzen überhaupt nicht gut zu verwenden. Das gilt auch für das sog. Kohlegelb; es wird scheinbar mit kohligen Substanzen (Koks oder Holzkohlepulver) ebenfalls in weichen Kalkglassätzen erzeugt, wobei man auf 100 kg Sand etwa 2—4 kg Kohlepulver zusetzen und entweder sulfathaltige Pottasche bzw. Soda verwenden oder eigens einige kg Sulfat zugeben muß. Früher glaubte man, daß die kohlehaltigen Stoffe allein das Glas färben; später stellte man fest, daß dies nur möglich sei bei Vorhandensein oder durch absichtliche Zugabe von kleinen Mengen Sulfaten im Gemengesatz, welche durch die kohlehaltigen Stoffe zu gelbfärbenden Sulfiden reduziert werden.

Allein in der neueren Literatur finden sich Angaben, nach welchen die Gelb- bzw. Braunfärbung des Glases durch Kohlenstoff allein erzielt werden kann. So hat Springer[2]) wenigstens bei Laborschmelzen auch mit reinsten, von Sulfat freien Schmelzmaterialien nur unter Zusatz von kohlehaltigen Stoffen gelbes Glas erhalten und die Färbung kolloidal verteiltem Kohlenstoff zugeschrieben. P. Fedotjeff und A. Lebedeff[3]) wollen ebenso mit völlig schwefelfreien Substanzen, und zwar mit Zucker- und Holzkohle bis zu etwa 5% Zusatz, dieselbe Färbung erzielt haben. E. Eckert und F. H. Zschacke[4]) halten nach diesen beiden und eigenen Versuchen solche Färbungen für möglich, doch wären sie schwer reproduzierbar und instabil. H. Heinrichs und C. A. Becker[5]) schreiben, daß im Glase gelöster Kohlenstoff Färbungen verursacht, die den mit Alkali- und Eisensulfid erzeugten Farben sehr ähnlich sind.

Dagegen glaubt A. Bork[6]) durch Laborversuche nachgewiesen zu haben, daß schwefelfreie Kohle (in Wasserstoff geglühte Zuckerkohle oder Ruß) wenigstens Glas-

---

[1]) Vgl. a. E. Zschimmer, C. M. Grisar und H. Mees, Signalgrün und die Absorption des Kupferoxyds in verschieden zusammengesetzten Gläsern, Zeitschrift f. techn. Physik, VII. Jahrg. 1926, S. 290—300 (Ref. i. d. Glastechnischen Berichten IV (1926/27), S. 385).

[2]) L. Springer, Kohlegelbglas, Sprechsaal **52** (1919), S. 88.

[3]) P. Fedotjeff und A. Lebedeff, Ztschr. f. anorg. u. allg. Chemie **134** (1924), S. 87, Ref. Glastechn. Ber. IV (1926/27), S. 75; siehe auch I. Bd., S. 143.

[4]) E. Eckert und F. H. Zschacke, Sulfidische Braunfärbung von Gläsern, Keram. Rundschau **36** (1928), S. 203.

[5]) H. Heinrichs und C. A. Becker, Glasfärbung durch Metallsulfide, Glast. Ber. VI (1928/29), S. 51, und Studien über sulfidisch gefärbte Gläser, Sprechsaal **61** (1928), S. 411.

[6]) A. Bork, Färbung des Glases durch Kohle und Sulfide, Glast. Ber. VIII (1930), S. 275.

pulver nicht färbt, sondern daß vielmehr das „Kohlegelb" vor allem durch Eisensulfid hervorgerufen wird. — Ebenso konnte H. Jebsen-Marwedel[1]) die durch Kohle in Abwesenheit von Schwefel verursachte Braunfärbung nicht mehr realisieren, als absolut schwefelfreie Ausgangsmaterialien (Glyzerinkohle) benutzt wurde; dagegen genügte ein geringer Schwefelgehalt der Ofenatmosphäre, um von der Oberfläche her eine Braunfärbung zu erzielen.

Allein L. Springer[2]) hat in neueren Untersuchungen gezeigt, daß Spuren von S-Verbindungen nur im Verein mit viel überschüssiger Kohle Glas gelb färben. Daß nicht in erster Linie das Schwefeleisen die Gelbfärbung verursacht, wie Bork meint, geht schon daraus hervor, daß man auch in sehr eisenarmen Gläsern mit Schwefelverbindungen, z. B. Schwefel selbst oder Sulfat + Kohle die tiefsten Färbungen erzielen kann, während anderseits gerade Schwefeleisen selbst als direkter Zusatz leicht „ausbrennt" und nur grün färbt. Ein eigentümliches Verhalten zeigt der Graphit, indem gereinigtes Material nicht färbt, natürliches Material — wahrscheinlich infolge des Schwefelgehaltes — in kleinen Mengen eine Färbung ergibt, in größeren Mengen nicht mehr.

Hier sei noch erwähnt, daß F. H. Zschacke[3]) mit Quecksilberoxyd gelbe, blaugrüne und rötliche Gläser erhalten haben will; durch chemische und optische Untersuchungen konnte meistens kein Hg nachgewiesen werden. — L. Springer[4]) hält es nach ähnlichen Versuchen für unwahrscheinlich, daß es sich um eine Färbung durch Hg handelt, sondern nur um Eisenfärbungen der Rohstoffe bzw. der zugesetzten Reduktionsmittel.

Die Schmelze des kohle- und schwefelgelben Glases ist meist hinsichtlich Läuterung und Verfärbung mit Schwierigkeiten verbunden. Deshalb sind in der letzten Zeit darüber eine Reihe von Versuchen angestellt und Veröffentlichungen bekanntgeworden.

E. Felsner[5]) betont, daß man bei der Durchführung des Schmelzprozesses das allenfalls auftretende starke Schäumen nicht durch Zugabe von Flußspat oder Kochsalz verhindern soll, sondern einmal durch ein vollständiges Blankschmelzen der zuerst allein eingelegten Scherben, dann durch öfters wiederholtes Einlegen des Satzes in kleinen Mengen, z. B. von nur 2 Kellen je Einlage bei stark schäumenden Gläsern, die dann zum Niederschmelzen je etwa 25 Minuten braucht. Die letzte Einlage mache man 45—60 Minuten vor Schmelzende, so sei es möglich den Hafen vollzuschmelzen und trotzdem homogenes Glas zu erhalten. E. Eckert und F. H. Zschacke[6]) kommen zu folgenden Versuchsergebnissen:

Es ist nicht vorteilhaft, den Schwefel in einer Form einzuführen, in der er leicht herausbrennt; dadurch entsteht große Unsicherheit im Farbton und allenfalls heftige Gasentwicklung mit Überschäumen und Schwierigkeiten bei der Läuterung. Sicherer ist es, den Schwefel in Form von Sulfat einzuführen. Kohle zur Reduktion genügt im allgemeinen nicht vollständig und gibt außerdem wieder Schwierigkeiten bei der Läuterung; vollständiger wirken fein verteilte metallische Reduktionsmittel, z. B. Aluminium- und Magnesiumpulver. Besonders günstig sind aber alle gasförmige oder gasentwickelnde Reduktionsmittel, wie Wasserstoff usw. Noch einfacher gestaltet sich das Schmelzen und Läutern mit einem stabilen Sulfid, z. B. Schwefeleisen mit einem geringen Kohlezusatz als Reduktionsmittel, der in dieser kleinen Menge eher läuternd wirkt. Hiefür eignet sich am besten Schwelkoks aus Ruhr-Gasflammkohle mit rd. 1,5% Schwefel. Ein Satz mit 1,4% Schwelkoks und 1,0% Natron als Sulfat gibt ein vorzüglich schmelzbares und läuterndes Braunglas, das beliebig heller und dunkler variiert werden kann.

---

[1]) Jebsen-Marwedel, Über die Eisenfärbung des Glases, Sprechsaal **63** (1930), S. 876.

[2]) L. Springer, Über Kohle- und Schwefelgelb- sowie Quecksilber-Gläser, Sprechsaal **64** (1931), demnächst erscheinend.

[3]) F. H. Zschacke, Quecksilbergläser, Glastechn. Ber. VIII (1930), S. 519.

[4]) L. Springer, unter [2]).

[5]) Über das Schmelzen des gelben Glases, Keram. Rundschau **34** (1926), 211.

[6]) Sulfidische Braunfärbung von Gläsern, Keram. Rundschau **36** (1928), 203.

H. Heinrichs und C. A. Becker[1]) haben die reduzierende Wirkung von Metallen auf schwefelsaure Salze ausprobiert und dann auf die Erschmelzung von schwefelhaltigen Gläsern übertragen, und zwar mit Proben von 100 kg Glas. Als Grundglas diente ein gewöhnliches Alkalikalkglas, dem soviel Farbstoffe zugesetzt wurden, daß 0,4% Schwefeleisen entstehen mußten, und zwar 1,265 kg Eisenvitriol und 329 g + 10% Überschuß = 360 g Aluminiumpulver. Das Gemenge mit diesen Materialien wurde in 3 Einlagen in den kleinen Hafen eingelegt und bei stark oxydierendem Feuer geschmolzen; trotzdem fand ein Ausbrennen des Schwefeleisens nicht statt, das fertige Glas zeigte eine schöne tiefbraune Farbe, ähnlich wie mit Graphit, war aber im Gegensatz dazu völlig blank, ohne daß es geblasen worden war. Beim zweiten Versuch wurde das gleiche Grundglas nur mit ⅓ weniger Farbkörper unter gleichen Bedingungen erschmolzen; das Glas mußte aber einen ganzen Tag stehen, trotzdem war das Schwefeleisen nicht herausgebrannt, wenn auch der Farbton wesentlich lichter und mehr grünlichbraun („antikgrün") war. Was die Verwendung von Schwefeleisengläsern in der Praxis betrifft, so kommen vor allem Bier- und Wein- sowie Medizinflaschen in Betracht, dazu noch etwas schwarzes Glas für verschiedene Zwecke. Braunes Medizinglas wird jetzt meist mit Graphit hergestellt, der zwar billig ist, aber fast immer blasiges Glas ergibt. Braune Bier- und Weinflaschen werden bis jetzt in Deutschland fast ausschließlich mit Eisenoxyd und Braunstein gefärbt; letzterer ist teuer und wird in der reduzierenden Atmosphäre der Wannenschmelze viel verschwendet, noch mehr bei Herstellung von schwarzem Glas. Alle diese Braun- und Schwarzfärbungen können viel billiger mit Schwefeleisen oder mit Eisenvitriol und einem Reduktionsmittel ausgeführt werden. Endlich wurden die Schwefelkadmium-Gläser noch näher untersucht; die Reduktion des Kadmiumsulfats gelingt ebenfalls leicht mit Aluminium, dagegen nicht mit Zink und Magnesium. Von ersterem wurde soviel zugesetzt, daß 0,3% Schwefelkadmium im fertigen Glas vorhanden sein mußten. Näheres, insbesondere auch über das „Lebrigwerden" dieser Gläser siehe in der zitierten Originalarbeit.

Angaben, die M. F. Schur und A. W. Utkin[2]) über die Braunfärbung mit Pferdemist gemacht hatten, stellt S. Guß[3]) ins richtige Licht, gibt anschließend nochmals eine zusammenfassende Darstellung der sog. Kohlegelbschmelze und empfiehlt als die beste, sicherste und billigste Technik die mit Kohlenstoff in Verbindung mit Glaubersalz.

Silbergelb kann man sowohl in bleifreien als besonders in bleihaltigen Gläsern herstellen, wobei auf 100 kg Sand etwa 0,5 kg Silbernitrat treffen. Immerhin bereitet ein massives Silbergelb einige Schwierigkeiten, indem das Silber sich leicht abscheidet und zu wolkigen Trübungen Veranlassung gibt, weshalb man es meist nur als Überfang oder in Form der sog. Gelbbeize (s. Dekoration des Hohlglases) verwendet. — Dagegen erhält man in bleireichen Gläsern ein sog. Chromgelb mit Chromverbindungen, wozu man dann gleich chromsaures Blei selbst als Färbungsmittel nimmt.

Neuerdings wird auch Ceroxyd zur Gelbfärbung des Glases verwendet, wie z. B. Verfasser solches zu einigen Prozenten in einem amerikanischen Kelchglas nachweisen konnte.

Rotes Glas (Rubinglas) liefern Gold-, Kupfer- und Selenverbindungen, deren Färbung zusammen mit dem vorher besprochenen Silber- und Kohle- bzw. Schwefelgelb zu den sog. Anlauffarben (vgl. Bd. I, S. 138 u. ff.) gehört; hier seien nur noch einige praktische Angaben gemacht.

1. Für Goldrubin verwendet man als Färbungsmittel heutzutage meistens eine Auflösung von Gold in Königswasser, die man mit einer kleinen Menge Sand mischt und zur Trockene verdampft; früher diente der Cassiussche Goldpurpur. Nach R. Hohlbaum wirkt Gold in Form von Barytphosphatpurpur auf das Anlaufen der Farbe sehr günstig; nach Zsigmondys Patent scheidet sich das Gold beim Verarbeiten schon aus, wenn man barytreiche Gläser damit färbt. Das Färbevermögen des Goldes ist sehr groß: $\frac{1}{100000}$ Gold des Glasgewichtes färbt schön rosa, $\frac{1}{50000}$ satt rot, mehr

[1]) Glasfärbung durch Metallsulfide, Glastechnische Berichte, VI (1928/29), S. 51. Studien über die Herstellung sulfidisch gefärbter Gläser, Sprechsaal **61** (1928), 411.

[2]) und [3]) Aus der Glasschmelzpraxis (Ein Beispiel der Anwendung eines organischen Stoffes als Orange-Färbemittel beim Glasschmelzen, Die Glashütte **60** (1930), S. 279 u. 389.

als $\frac{1}{10000}$ wird nicht aufgenommen. Man kann sowohl Kalkgläser mit Gold färben — so erhält man z. B. ein Rosaglas mit einem gewöhnlichen Pottasche-Kalkglassatz unter Zugabe von 16 g Gold (auf 100 kg Sand), noch bessere Färbungen, besonders in dunkleren Tönen, geben Bleigläser (s. einen Versatz bei den Überfanggläsern).

Nach amerikanischen Versuchen[1])[2]) über durchsichtiges Rubinglas und Opalrot wurde schließlich ein Rubinglas folgender molekularer Zusammensetzung als sehr gut befunden:

0,464 Natron : 0,536 Bleioxyd : 1,960 Kieselsäure : 0,029 Borsäure : 0,107 Zinnoxyd.

Der hieraus vom Verfasser berechnete Glassatz würde lauten: 41,5 Soda, 103,4 Mennige, 100 Sand, 30 Borsäurehydrat, 13,7 Zinnoxyd. Ein sehr weiches, reichlich mit Zinnoxyd überladenes Glas! Bei diesem Glas sollen andere Färbungen als rot oder farblos nicht auftreten, also eine Verfärbung nach Braun, Purpur oder Blau nicht möglich sein. Das Glas habe sich bewährt für Rohre sowie geblasenes, überfangenes und gepreßtes Glas, es sei allen erdenklichen Temperaturübergängen unterworfen worden, ohne daß es anders als rubinrot oder farblos ausgesehen habe. Diese Erscheinung wird auf die Anwendung von genügend Zinnoxyd zurückgeführt; dasselbe gestattet weiter die Herstellung eines Rubinglases mit einem sehr geringen Goldquantum. Es bestehe kein Zweifel, daß rotes Glas schon mit einem Goldzusatz von 1:20000 hergestellt worden sei. Während die aus der Literatur ersichtlichen Vorschriften 1:1000—1500 erfordern; dieses Goldquantum könne durch die Einführung des Zinnoxyds mindestens auf ein Fünftel herabgemindert werden.

Eine ausführliche kritische Darstellung über die alten Verfahren zur Herstellung des Goldrubins, besonders von Kunkel und Miller, gibt E. Zschimmer[3]); dabei werden auch einige falsche Literaturangaben richtiggestellt und der günstige Einfluß von Arsenik auf die Goldrubin-Entwicklung an einem Beispiel gezeigt.

2. Der Kupferrubin hat gegenüber dem Goldrubin mit seinem blauen Farbstich einen mehr gelblichen Ton. Man erhält ihn durch Kupferverbindungen, am besten Kupferoxydul oder Kupferhammerschlag unter Zusatz eines Reduktionsmittels, wie Zinnmetall und Zinnoxydul (nicht Zinnoxyd), Eisenhammerschlag, Weinstein. Die Rubinbildung ist bei 0,4% Kupferoxydul des Glasgewichtes schon möglich, bei 0,8% gewiß und schon sehr stark; man nimmt also auf ein Gemenge von 100 kg Sand etwa 0,6 kg Kupferoxydul, dazu 2 kg Zinnoxydul, allenfalls noch 0,5 kg Weinstein. Die Schmelze des Kupferrubins erfordert besondere Erfahrung und Vorsicht, weil einerseits durch eintretende Oxydation das Glas „durchgehen", d. h. grün, anderseits beim Anlaufenlassen wie der Goldrubin „lebrig" werden kann. Deshalb werden nach alten Schmelzverfahren die Färbemittel erst der letzten Gemengeeinlage beigegeben oder das Gemenge wird teilweise bloß gefrittet, dann in Wasser ausgeschöpft und erst mit dem Rest des Satzes fertiggeschmolzen.

Noch ein Hinweis auf einige neuere Erfahrungen über dieses heikle Gebiet der Glasschmelze! Amerikanische Versuche[3]) ergaben folgende Regeln: Sehr flüssige Gläser nehmen die endgültige Färbung rasch an, strengflüssige langsam; Ersatz des Kalkes durch Natron oder besonders Bleioxyd erhöht die Geschwindigkeit der Farbentwicklung. Nötig zur Bildung eines guten Rots ist hoher Kieselsäuregehalt, sonst entsteht Neigung zur Braun- oder Schwarzfärbung und zum Opakwerden. Allerdings tritt dadurch besonders bei Kalikalkgläsern leicht Streifenbildung ein, die aber durch etwas Bleioxyd verringert wird. Die beste Farbe ergab ein Glas von dem Satz: 100 Sand, 26 Pottasche, 30 Bleiweiß, 10 Borax, 13 Soda, 3,5 Kupferoxydul, 2 Zinnoxydul, 1 Weinstein; es werden aber noch andere gute Rubinglassätze angeführt. Eisen und Mangan sind für die Entwicklung eines guten Rots nachteilig. Erneutes Schmelzen erhöht die Gleichmäßigkeit des Farbtons. Die Farbtiefe nimmt beim Anlaufen mit der Temperatur zu, wobei die Erhitzungsdauer keinen großen Einfluß hat.

Für die Fritte[4]) wird folgende Zusammensetzung empfohlen: 12 kg Sand, 28 kg Mennige, 13 kg Glasscherben, 240 g Kupferoxydul (rot), 400 g Zinnoxydul, 120 g

---

[1]) T. H. Belamy, Verbessertes Goldrubinglas, Journ. Amer. Ceram. Soc. **II** (1919), 313. Referat im Sprechsaal **56** (1923), 494.

[2]) E. Zschimmer, siehe nachher.

[3]) A. E. Williams, Transact. Amer. Ceram. Soc. XVI (1914), S. 284—306. Referat im Sprechsaal **52** (1919), S. 140.

[4]) J. Baldermann, Sprechsaal **53** (1920), S. 491.

Eisenoxydul (gelb?), 60 g Eisenhammerschlag (pulv.), 500 g Weinstein (rot). Die Schmelze dieser Fritte wird in einem kleinen Tiegel ausgeführt und dann in Wasser ausgeschöpft. Diese Fritte wird dann unter nochmaligem Zusatz von 200 g Borax, 200 g Weinstein und 12 g Eisenfeilspänen etwa 3 Stunden bei größter Hitze des Ofens geschmolzen, wobei sie rot wird. Die Hauptsache für das gute Gelingen eines Kupferrubins ist die richtige Behandlung der Schmelze wie auch der Verarbeitung; hier kommt es auf viele Kleinigkeiten an, die in den dortigen Artikeln eingehend besprochen sind, aber hier nicht mehr erörtert werden können.

Das vorige Verfahren ist die alte, etwas umständliche Art der Rubinschmelze; viel einfacher ist es eine im Handel befindliche Rubin-Komposition z. B. von B. Lange-Pirna zu verwenden[1]). Als Grundglas dient folgender Satz: 100 kg Sand, 13 kg Marmor, 35 kg Soda. Der zugehörige Überfang lautet: 16 kg Sand, 14 kg Mennige, 6 kg Pottasche, 1 kg Rubinkomposition; letzteres Gemenge liefert bei einmaliger Schmelze sofort gebrauchsfähiges Rubinglas. — Verfasser hat für beide Glasarten auch die Ausdehnungszahl berechnet und sie ziemlich genau übereinstimmend gefunden (zu etwa 250—260), was ja für das gute Zusammenhalten von Überfanggläsern sehr wichtig ist (s. später).

Zur Geschichte und neueren Erkenntnis über die Kupferrubin-Gläser sind mehrere neuere Untersuchungen erschienen[2]).

Die grundlegenden Vorgänge bei der Rubinbildung im allgemeinen behandelt nach eigenen Versuchen mit L. Riedel[3]) speziell über den Kupferrubin und nach einer Arbeit von B. Lange[4]) speziell über den Goldrubin, E. Zschimmer[5]) in einem Vortrag. Es ist aber nicht mehr möglich, auch nur die für die Hüttenpraxis wichtigen Schlußfolgerungen wiederzugeben. Vgl. Original.

Speziell die „Normung von roten und grünen Signalgläsern" behandelt ein Bericht des Fachausschusses I der Deutschen Glastechnischen Gesellschaft.

3. Der Selenrubin wird erhalten mit Selenverbindungen unter Zusatz eines Reduktionsmittels wie Arsenik, so z. B. wie Lachsrosa mit 120 g selenigsaurem Natron und 200 g Arsenik in einen gewöhnlichen Glassatz, Granatrot mit 0,5 kg Selen und 1 kg Schwefelkadmium. Doch ist auch eine gleichmäßige, starke Selenfärbung schwierig herzustellen. Näheres hierüber mit Literaturangaben, s. I. Bd., S. 142.

Nach neueren amerikanischen Versuchen[6]) wurden folgende Erfahrungen gemacht: Gegenüber dem Gold- und Kupferrubin soll die Selenfärbung den Vorteil haben, daß sie billiger ist als Goldrubin und bei richtiger Behandlung beständiger wie Kupferrot. Gute rote Farben lassen sich erzielen, wenn erstens der Hafen während des Einfüllens und Läuterns gut verschlossen wird, damit sich kein Selen verflüchtigt, zweitens das Glas nach dem Herausnehmen gekühlt wird, und zwar ½ bis 1 Minute. In der Preßware wurde die rote Farbe am besten entwickelt, wenn man nach dem Pressen 1—5 Minuten mit 900° erhitzte, in der in Formen geblasenen Ware entstand die rote Farbe zuweilen schon vor dem Einsetzen in den Kühlofen, zuweilen erst danach; die freigeblasene Ware entwickelt die Farbe schon während der Verarbeitung. Immer spielt also der Arbeitsgang bei der Herstellung selenroter Gläser eine wichtige Rolle.

Auf jeden Fall ist bei der Herstellung von selenrotem Glas mit Selen und Schwefelkadmium — vielleicht könnte statt dessen besser Selenkadmium oder Selenzink

[1]) E. S. Sprechsaal **53** (1920), S. 536.

[2]) H. Kühl, Kupferrubin, Sprechsaal **54** (1921), S. 383. — L. Riedel, Beitrag zur Geschichte der Technologie der reduzierten Kupfergläser, Ker. Rundschau **36** (1928), S. 704.

[3]) L. Riedel und E. Zschimmer, Über die Abhängigkeit der Lichtdurchlässigkeit des Kupferrubinglases von der Anlaufzeit, Anlauftemperatur und Konzentration des Kupfers, Ker. Rundschau **37** (1929), S. 197 u. 237.

[4]) B. Lange, Über die Färbung und Entstehung der Goldrubin- und Saphiringläser, Fr. Vieweg, Braunschweig 1930.

[5]) E. Zschimmer, Das Wesen der Rubinbildung, Sprechsaal **63** (1930), S. 832 u. 852.

[6]) Kirkpatrick und Roberts, Journ. Amer. Ceram. Soc. **II** (1919), 895. — Referat im Sprechsaal **57** (1924), S. 121.

verwendet werden — auf ein ziemlich weich eingestelltes Glas zu achten, bei dem viel vom Kalk durch Zinkoxyd ersetzt und Pottasche hauptsächliches Flußmittel ist. Weinsteinzusatz wirkt günstig. Sprechsaal **64** (1931), 394.

Graues und schwarzes Glas wird, da es ein eigentliches Färbmittel hierfür nicht gibt, erzeugt durch kleinere und größere Mengen von Nickeloxyd (besonders für Hellgrau) Braunstein (z. B. etwa 20 kg auf etwa 100 kg Sand) allenfalls auch durch Schwefelverbindungen, Hochofenschlacken, eisenhaltiges Gestein; gerade letztere können als billiger Ersatz für die teueren Metalloxyde dienen, wie der Verfasser selbst an mehreren Beispielen in der Praxis durch eigene Versuche feststellen konnte[1]).

b) Getrübtes, weißes und farbiges Glas.

Getrübtes Glas wird durch Zusatz der verschiedenen Weißtrübungsmittel zum Gemenge erhalten; gibt man außerdem noch Farbstoff hinzu, so bekommt man farbige, opake Gläser. Für das Zustandekommen der Trübung bei den einzelnen Stoffen gibt es verschiedene Ursachen, wie sie z. B. im 1. Band S. 131 dieses Werkes auseinandergesetzt sind. Danach kann man die getrübten Gläser in gewisse Gruppen unterscheiden.

Eine andere Einteilung speziell der getrübten Kristallgläser wählt R. Hohlbaum, welche hier nicht übergangen werden soll, da zum ersten Male der Versuch gemacht ist, auch in die Bezeichnung dieser oft sehr verschieden zusammengesetzten Glassorten eine gewisse Ordnung nach chemisch-technischen Gesichtspunkten hineinzubringen; zugleich seien hierbei einige charakteristische Glassätze angegeben.

α) **Alabastergläser**: Die Trübung beruht auf dem Vorhandensein von äußerst fein verteilten, in der Glasschmelze nicht oder wenig löslichen Körpern. Als Typen lassen sich folgende Formeln bzw. Glassätze aufstellen:

Mit Talkum: 0,7 Kali + 0,3 Natron : 0,5 Magnesia : 6,25 Kieselsäure.

Glassatz: 41 kg 60—65proz. sog. Alabaster-Pottasche, 10 Talkum, 100 Sand.

Mit Zinnoxyd: 0,8 Kali + 0,2 Natron : 0,5 Kalk : 6,0 Kieselsäure + 0,2 Zinnoxyd.

Ein entsprechender Glassatz ist nicht angegeben, berechnet sich aber zu 31 Pottasche, 6 Soda, 14 Kalkspat, 100 Sand, 8,5 Zinnoxyd.

Bleihaltige Alabastergläser sollen ausschließlich mit Zinnoxyd getrübt werden; als Typus wird ein Glas mit folgender Formel angegeben:

0,8 Kali + 0,2 Natron : 0,44 Bleioxyd : 5,7 Kieselsäure + 0,28 Zinnoxyd.

Ein entsprechender Glassatz findet sich nicht. Als Rohstoffe kommen die gleichen, wie im vorigen Satz in Frage. Blei wird als Mennige eingeführt.

β) **Beingläser**: Wenig durchscheinende, das Licht mit rötlichbrauner Farbe durchlassende Gläser, als Trübungsmittel dient ausschließlich Knochenasche und als Typus kann folgende Formel für bleifreies Glas gelten:

0,7 Kali + 0,3 Natron : 0,9 Kalk : 6,13 Kieselsäure + 0,2 Phosphorsäure.

Glassatz: 31 kg Pottasche (80—85%), 6 Soda (98%), 8 Kalkspat, 20 Knochenasche, 100 Sand.

Ein entsprechend bleihaltiges Glas lautet:

26 kg Pottasche (80—85%), 3 Salpeter, 70 Mennige, 15 Knochenasche, 100 Sand.

---

[1]) Vgl.: E. Plenske, Sprechsaal **46** (1913), 612, u. S. Rolf, ebenda **64** (1931), 394.

γ) **Spat- und Kryolitgläser:** Wenig durchscheinende, das Licht in seiner natürlichen Farbe durchlassende Gläser (Spatgläser mit wässerigem Glanz, Kryolithgläser mit mehr porzellanähnlichem Aussehen). Hierfür seien folgende Beispiele angeführt:

0,5 Kali + 0,5 Natron : 1 Kalk + 0,22 Tonerde : 6,86 Kieselsäure.

Glassatz: 14 Pottasche, 15 Soda, 20 Flußspat, 37 Feldspat, 100 Sand (der veränderliche Flourgehalt kommt in der Formel nicht zum Ausdruck).

1 Natron : 1 Tonerde + 0,8 Zinkoxyd : 8,7 Kieselsäure.

Glassatz: 30 Kryolith, 13 Zinkweiß, 100 Sand (sog. amerikanisches Kryolithglas).

Ein gewöhnlicher Kryolithglassatz lautet:

24 Pottasche oder 20 Soda, 2 Kalkspat, 14 Kryolith, 100 Sand.

Ebenso kann man die entsprechenden Bleigläser herstellen; letztere können aber auch noch mit Arsenik (meist unter Zusatz von etwas Knochenasche) getrübt werden, wobei sich dann in der Schmelze wahrscheinlich arsensaures Blei als Trübungsmittel bildet und beim Erkalten ausscheidet (sog. Emailgläser); als Beispiel diene folgender Satz:

30 Pottasche (80—85%), 5 Salpeter, 5 Knochenasche, 70 Mennige, 15 Arsenik, 100 Sand.

Nach den Untersuchungen von Agde und Krause (Ztschr. f. angew. Ch. (1927) S. 525, 804 und 886; Ref. Glastechn. Ber. (1927/28), S. 366—367), sowie von F. R. Doerinckel (Glastechn. Ber. 9 (1930), S. 270—272) ist das eigentliche trübende Mittel nur Natriumfluorid, allenfalls noch Calciumfluorid, gleichgültig, welche Fluorverbindung man zusetzt. Dieser Schluß wird vor allem aus Aufnahmen von Röntgendiagrammen gezogen.

Die farbigen getrübten Gläser werden im allgemeinen mit denselben Glassätzen hergestellt, dazu mit den gleichen Färbungsmitteln wie die transparenten Gläser, nur daß man infolge der Trübung für einen gleich satten Farbton weniger Färbungsmittel braucht.

Obige Einteilung entspricht im wesentlichen den verschiedenen Trübungsvorgängen und kann zur Anwendung empfohlen werden. Es ist jedoch zu beachten, daß die Bezeichnung „Alabasterglas" für die verschiedensten weißen Trübgläser schon in Anwendung ist.

„Milchglas" ist gleich „Beinglas" zu setzen, vielleicht sogar ihm vorzuziehen. Die Bezeichnung Opal für einfache Trübung ist zu verwerfen, da den Gläsern das Farbenspiel, das Opaleszieren fehlt. „Opak" umfaßt jede Trübung.

Die mitgeteilten Glassätze sind nur als ungefähre Beispiele angeführt, ohne daß sie als praktisch für alle Fälle erprobte Rezepte empfohlen werden sollen. Gerade für die getrübten Gläser gilt der Grundsatz, daß ein und dasselbe Gemenge, ähnlich wie bei den gelben und roten Farbgläsern, — vor allem in Abhängigkeit vom Ofengang und der Art der Schmelze gutes, ein ander Mal schlechtes Glas liefern kann.

Das Gebiet der getrübten Gläser erhält seine besondere Bedeutung durch ihre Anwendung in der Beleuchtungstechnik, wo ihnen die Aufgabe gestellt ist, bei geringstem Lichtverlust möglichst gleichmäßige Zerstreuung des Lichtes („diffuses Licht") hervorzurufen. Im Zusammenhang mit diesen Fragen sind auch eine Reihe von Arbeiten erschienen. Zschimmer[1]) macht einige mehr theoretische Angaben. G. Schott[2]) verbreitet sich umfangreicher über die Trübgläser, ihre Herstellung und Eigenschaften. Zinnoxyd-getrübte Gläser scheiden für den vorliegenden Zweck aus. Die durch Tröpfchen hervorgerufene Trübung (s. a. Bd. I, S. 131, sowie S. 132, wo eine Mikrophotographie eines Milchglas-Dünnschliffes wiedergegeben ist) enthält die Schwierigkeit die Tröpfchen in richtiger Größe (Abb. 1174) zu erhalten und Zusammenlagerungen kleiner Tröpfchen (Abb. 1175) zu vermeiden. Die Arbeit bespricht auch den Einfluß des Brechungsvermögens des Dispersionsmittels und der dispersen Phase sowie des Verteilungsgrades auf die Art der Trübung. Sie gibt aber keinen Hinweis, durch welche Maßnahmen der Hersteller den gewünschten Trübungsgrad in die Hand bekommt. Immerhin enthält der Aufsatz eine Anzahl für den Fabrikanten wichtige Einzelheiten, derenwegen auf das Original verwiesen wird.

---

[1]) Glastechnische Berichte I (1923), S. 74.

[2]) Ebenda III (1925/26), S. 315. — Zur Frage der Daten des ohne besondere Trübungsmittel hergestellten Alabasterglases äußert sich auch Silvermann, Referat im Sprechsaal **58** (1925), 35.

Besonders „Über das Rauhwerden des Kalziumphosphatglases für Beleuchtungszwecke" findet sich eine ausführliche Untersuchung von E. Zschimmer, K. Hesse und L. Stoeß[1]). Bestimmend für die optischen Eigenschaften eines Kalziumphosphatopals sind hauptsächlich folgende Faktoren:

1. Zusammensetzung des Grundglases, 2. Konzentration des Kalziumphosphates, 3. Temperatur-Zeitverlauf während des Schmelzens und der Verarbeitung. Dabei muß das Glas zu einer stets gleichbleibenden Schichtdicke verarbeitet werden.

Die häufigsten Störungen bei der Opalglasfabrikation sind die, daß das Glas entweder zu wenig anläuft, oder, was meist der Fall ist, daß das Glas zu bald „rauh" wird, dies liegt dann offenbar an der Nichtbeachtung eines oder mehrerer der obigen Faktoren.

Bei den praktischen Versuchen wurden 5 Schmelzen im Hüttenmaßstabe im Betriebe der Firma Gebr. Putzler, Glashüttenwerke G. m. b. H. in Penzig, O.-L., gemacht, wovon 4 eine verschiedene Zusammensetzung des Grundglases hatten. Die Kalziumphosphatgehalte waren dabei 4, 6, 6, 8% auf 100 Glas. Die 5. Schmelze unterschied sich von einer der vorhergehenden nur durch den Temperatur-Zeitverlauf während des Abstehens und des Ausarbeitens.

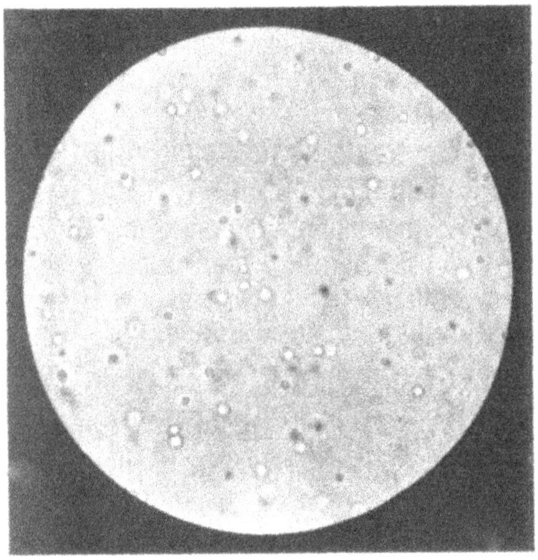

Abb. 1174. Milchglas mit gleichmäßig verteilten Tröpfchen.

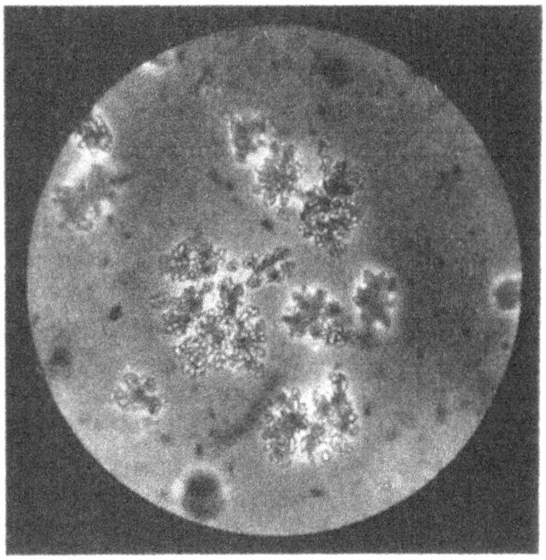

Abb. 1175. Milchglas mit unerwünschter Zusammenlagerung der Tröpfchen.

Es wurden zu den Versuchen je 200 kg Glas in einen offenen Hafen geschmolzen und in Zahlentafeln und einem Schaubild der Temperaturverlauf jeder der 5 Schmelzen zusammengefaßt; während des Ausarbeitens wurden von Zeit zu Zeit Probekörper aufgeblasen, von deren Innenseite zu mikroskopischen Untersuchungen Dünnschliffe (mit unveränderter Oberfläche) angefertigt wurden. Zahlreiche Mikrophotogramme zeigen die Entwicklung der Kalziumphosphatausscheidung von kleinsten runden Scheibchen bis zu größeren sechsstrahligen Rosetten.

Die Beobachtungen in der Hütte ergaben, übereinstimmend mit den Erscheinungen unter dem Mikroskop, daß die Temperaturen der Schmelze und die Zeit, während der sie bei den verschiedenen Temperaturen steht, den weitaus größten Einfluß auf die Neigung zum Rauhwerden haben. Die Änderungen in der chemischen Zusammensetzung (also auch in der Konzentration des Kalziumphosphates) treten dagegen zurück. Bei den vorliegenden Gläsern erwies sich eine Arbeitstemperatur von 1150 bis 1200° als die günstigste; das Glas wurde erst nach 9 Stunden rauh; tiefere Temperaturen verkürzen die Zeit des Ausarbeitens wesentlich. Abkühlen der Schmelze auf 1100° oder darunter hatte zur Folge, daß das Glas in kurzer Zeit rauh wurde. Die Hauptbedingung bei der Herstellung eines guten Kalziumphosphatglases ist also die Einhaltung der richtigen Temperaturen und Zeiten beim Schmelzen und Verarbeiten des Glases. —

Betr. Geschichte der mit Knochenasche getrübten Gläser sei verwiesen auf eine neuere Untersuchung, „Knochenasche, ihre Verwendung für opake, opaline und Rubingläser" von F. Jochmann-Weißwasser (Sprechsaal **59** (1926), 442), wobei auch noch eigene Versuche beschrieben sind, welche die

[1]) Sprechsaal **58** (1925), 513 und 529. — Referat von Dietzel, Glastechnische Berichte IV (1926/27) S. 31.

Schmelz- und Verarbeitungsschwierigkeiten dieser Gläser im Vergleich zu den mit Fluorpräparaten hergestellten Gläser zeigen.

Schließlich sei noch auf den, besonders für die beleuchtungstechnischen Fragen wichtigen Fachausschußbericht der Deutschen Glastechnischen Gesellschaft: „Klassifikation lichtzerstreuender Gläser" aufmerksam gemacht.

c) Überfanggläser.

Überfanggläser dienen dazu, ungefärbte Glasschichten mit dünneren, stark gefärbten „Überfang"-Schichten zu überziehen. Sie sind stark gefärbte, meistens blei- oder borhaltige, aber auch kalkhaltige Gläser.

Nach R. Hohlbaum[1]) lassen sich folgende Typen für das Grundglas aufstellen:

0,1 Natron + 0,5 Kali : 1 Bleioxyd : 5,4 Kieselsäure;
0,44 „ + 0,9 „ : 1 „ : 8,8 + 0,6 Borsäure.

Allein wenn man die verschiedenen Glassätze für Überfanggläser betrachtet, so findet man, daß sie sich ebensowenig wie die getrübten Gläser auch nicht nach ihrem Grundglas in bestimmte Gruppen einteilen lassen. Dies zeigen uns einige, am besten nach obigem Autor selbst, angegebenen Glassätze, z. B.

Goldrubin: 35 kg Pottasche, 73 kg Mennige, 100 kg Sand, 40 g Gold oder 26 Pottasche, 44 Mennige, 20 Borax, 100 Sand, 36 g Gold.

Diese Glassätze können auch für andere Überfangfarben dienen unter Zusatz der betreffenden Färbungsmittel, wie bei den massiven Farbgläsern, nur daß man etwa dreimal so viel Färbemittel nehmen muß. Als getrübte Überfanggläser (Opal-Überfanggläser) finden vielfach die bleihaltigen Emailgläser Verwendung.

Einige abweichende Glassätze sind:

Granatrot: 50 Soda, 25 Zinkoxyd, 100 Sand, 1 Schwefelkadmium, $\frac{1}{2}$ Selen.

Kanariengelb: 35 Pottasche, 17 Kalkspat, 10 Kryolith, 100 Sand, 1,7 Schwefelkadmium, 0,8 Schwefel.

Vergleiche hiezu eine ausführliche Abhandlung „Die Opal-Überfanggläser" von E. Knörrn[2]), der die Zusammensetzung (mit entsprechenden Glassätzen), die Schmelze und die Verarbeitung, besonders hinsichtlich der verschiedenen Arten des Überfangs, von den sechs wichtigsten Gebieten der Opal-Überfanggläser, nämlich des ganz überfangenen Hell- und Opalglases, durchscheinend und dicht deckend, des teilweise überfangenen Hell- und Opalglases, dicht deckend, des ganz überfangenen Farb- und Opalglases, und zwar letzteres als Grundglas und als Überfangglas, der verlaufenden Artikel usw. behandelt.

Nach eigener Analyse des Verfassers hatten zwei Überfangzapfen ohne wesentliche Abweichung folgende Grundzusammensetzung in runden Zahlen: 46,0 Kieselsäure, 32,0 Bleioxyd, 0,5 Tonerde, 9,5 Kali, 11,0 Borsäure; Rest Farbstoffe.

Die Ursache für die wechselnde Zusammensetzung der Überfanggläser liegt darin, daß sie mit dem Grundglas in der Wärmeausdehnung (vgl. Bd. I, S. 117) übereinstimmen müssen, weil sonst ein Zusammenhalten unmöglich ist. Alkalien, alkalische Erden, Bleioxyd und Farbstoffe vergrößern die Ausdehnung, und zwar am meisten die Alkalien, während umgekehrt die Kieselsäure und die Borsäure sie verringern. Ist also die Ausdehnungszahl zu groß, so muß man dem Gemenge mehr Sand oder Borsäure zugeben oder an den Alkalien abbrechen; ist sie zu klein, so muß man mehr Alkalien bzw. auch Bleioxyd oder weniger Sand nehmen.

Die alleinige Beachtung des Ausdehnungskoeffizienten erschöpft aber die beim Überfang sich abspielenden Vorgänge und möglichen Komplikationen nicht, wie die

---

[1]) l. c.
[2]) Keram. Rundschau **35** (1927), 601 und 620.

Untersuchungen von Turner und Winks[1]), von English und Turner[2]) sowie die von Winks und Turner[3]) ergaben. Es sind darnach für die Haltbarkeit der Überfanggläser die Änderung des Ausdehnungskoeffizienten bei höheren Temperaturen, die mangelnde Übereinstimmung des Transformationspunktes, sowie des Erweichungspunktes und schließlich die größere Abkühlungsgeschwindigkeit des farbigen Glases von ungünstigem Einfluß.

Praktische Prüfung der Überfanggläser. Ob ein Überfangglas zu seinem Grundglas paßt, wird in der Glasfabrik meist durch folgende praktische Prüfung zweier Glassorten auf ihre Verwendbarkeit zur Überfangarbeit festgestellt, was fast täglich vor Arbeitsbeginn geschehen muß. Es werden überfangene Zylinder von etwa 20 bis 30 cm Länge und 5—6 cm Dmr. hergestellt und in Ringe von 2—3 cm Höhe zerteilt. Sind die Spannungsunterschiede zwischen Grundglas und Überfangglas sehr bedeutend, so zersplittert der Zylinder sofort, wenn er an den Sprengstein gehalten wird, und dann ist es überhaupt zwecklos, das Überfangglas arbeiten zu lassen, weil es meist schon im Kühlofen zerreißt. Hat man den Zylinder in Ringe zerteilt, so werden diese an einer Seite aufgesprengt, wobei folgende Beobachtungen gemacht werden können (Abb. 1176).

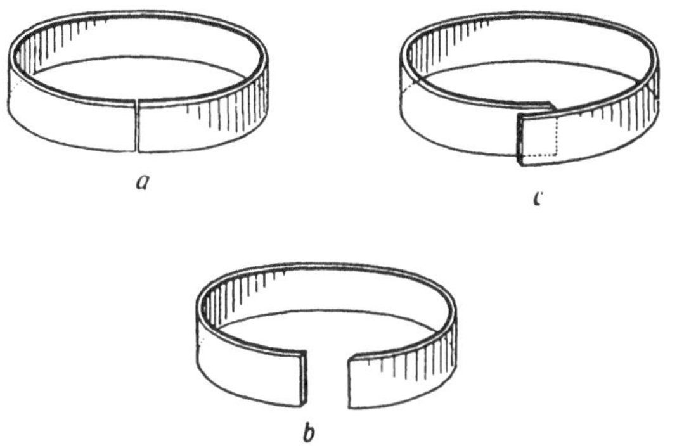

Abb. 1176. Prüfung der Überfanggläser (Ringprobe).

a) Stimmen beide Glasschichten in ihren Ausdehnungszahlen überein, so bleibt der Ring fast ganz geschlossen, beim Aufklopfen klappert er nicht.

b) Gehen aber die Ringenden nach dem Aufsprengen auseinander — oft springt der Ring schon beim Aufschneiden — und klappert er beim Aufklopfen, dann ist das äußere Überfangglas zu weich, d. h. seine Ausdehnungszahl zu groß; es muß für dieses etwas weniger Soda, Pottasche, Mennige oder umgekehrt mehr Sand bzw. Borsäure zugesetzt werden; andernfalls müßte das innere Grundglas im entgegengesetzten Sinne abgeändert werden.

c) Schieben sich aber die Ringenden nach dem Aufsprengen übereinander oder lassen sie sich wenigstens leicht übereinanderlegen, dagegen umgekehrt schwer auseinanderziehen, — oft tritt beim Aufsprengen ein spiralförmiger Sprung auf — dann ist das äußere Überfangglas zu hart, d. h. seine Ausdehnungszahl zu klein; es muß für dieses etwas mehr Soda, Pottasche, Mennige zugesetzt oder umgekehrt an Borsäure, Sand etwas abgebrochen werden; andernfalls müßte das innere Grundglas im entgegengesetzten Sinne geändert werden.

Vorstehende Regeln gelten für Außenüberfang, für Innenüberfang müssen sie im umgekehrten Sinne angewendet werden. Ferner soll man Überfanggläser bei möglichst hoher Anfangstemperatur und langsam kühlen, selbst auf die Gefahr hin, einige Stücke durch Erweichen einzubüßen; denn nur so kann man sich vor schweren Verlusten bei der Nachbearbeitung oder beim Schleifen usw. bewahren.

---

[1]), [2]) u. [3]) Journ. Soc. Glass Techn. XII (1928), S. 57, 75 und 161. — Referate: Glast. Ber. VI (1928/29), S. 312, 313 und 594.

Nach neueren, eingehenden „Untersuchungen an Sprengringen"[1]) tritt in dem Falle, wo der Ausdehnungskoeffizient des inneren Glases größer als der des äußeren ist, eine Zertrümmerung leicht ein, weil die Zerreißfestigkeit der Gläser geringer ist als die Druckfestigkeit. Der Bruch tritt besonders schnell ein, wenn der innere Ring dünn ist oder wenn er geritzt wird. Gegenüber schroffer Erhitzung von innen her (Wasserstandglas) ist der Ring weniger empfindlich als gegen Außenerhitzung. Bei schneller Abkühlung ist es umgekehrt. Die Spannungen gleichen denen eines schnell gekühlten Rohres aus einheitlichem Glas.

Ist der Ausdehnungskoeffizient des inneren Glases kleiner als der des äußeren, so ist in der Kälte der innere Ring größer als der äußere, der also von innen aus unter Druck gesetzt wird. Der innere Ring sperrt den äußeren. Die Festigkeitsverhältnisse sind umgekehrt wie im vorhergehenden Fall.

Zum Beweise dieser Regeln wurde ein und dasselbe Glas mit Gläsern von verschiedenem Ausdehnungskoeffizienten überfangen, wobei auch die Schichtdicken verändert wurden.

a) Ausdehnungskoeffizient des Überfangglases kleiner als der des Grundglases (Drückende Ringe):

Nr.	$\alpha \cdot 50$	Innen stark, außen schwach	Gleich stark	Innen schwach, außen stark
1	93,6	nicht gesprungen	nicht gesprungen	nicht gesprungen
2	90,8	„ „	„ „	„ „
3	90,6	„ „	„ „	gesprungen
4	88,4	„ „	wenig gesprungen	„
5	86,2	„ „	gesprungen	„
6	83,6	wenig gesprungen	„	„

b) Ausdehnungskoeffizient des Überfangglases größer als der des Grundglases (Sperrende Ringe):

Nr.	$\alpha \cdot 50$	Innen stark, außen schwach	Gleich stark	Innen schwach, außen stark
1	93,6	nicht gesprungen	nicht gesprungen	nicht gesprungen
7	95,3	gesprungen	wenig gesprungen	„ „
8	97,6	„	gesprungen	„ „
9	98,7	„	„	gesprungen
10	103,0	„	„	„

Bemerkenswert war die Art der Risse an den beiden Sprengringarten: Im ersten Falle waren die Risse unregelmäßig verteilt, im zweiten Falle verliefen sie meist spiralförmig. Während im ersten Fall bei drückenden Ringen die Schichten fest aufeinander hafteten, zerfiel das Glas bei sperrenden Ringen zuweilen in seine beiden Schichten (analog den Erscheinungen bei Glasuren 1. Glasweiß, 2. Absprengen der Glasur. D.H.).

Eine andere wesentlich einfachere Probe[2]) zur Prüfung von Überfangglas ist die folgende, die sich namentlich auch für Stäbe- und Röhrenemails (s. S. 1310) u. a. eignet: Man nimmt je einen kurzen Stab der beiden durch Überfang zu vereinenden Gläser, legt sie streng parallel so nebeneinander (z. B. durch Aufstellen auf

[1]) G. Gehlhoff und M. Thomas, Osramwerke-Weißwasser, Sprechsaal **59** (1926), 697, Referat Salmang, Glastechnische Berichte 1926/27, Bd. IV, 436.

[2]) Sharp, Journ. Amer. Ceram. Soc. IV (1921), S. 219.

eine Platte), daß am einen Ende die beiden Stäbe in einer Flucht liegen. Man macht dieses Ende durch Erhitzen weich und drückt es mit einer Zange zusammen. Dann zieht man dies verschweißte Ende zu einem dünnen Streifen gerade und ohne Verdrehung aus, daß die beiden Gläser einander parallel liegen. Sprengt man das ausgezogene Ende ab, so zeigt sich folgendes:

a) Passen die beiden Gläser gut zusammen, so bleibt der Streifen gerade oder nimmt nur eine minimale Krümmung an (Abb. 1177a).

b) Besitzt das zum Überfang der anderen bestimmte Glas (im Bild schraffiert) zu hohen Ausdehnungskoeffizienten, tritt eine Krümmung des Streifens ein, bei der das Überfangglas innen ist (Abb. 1177b).

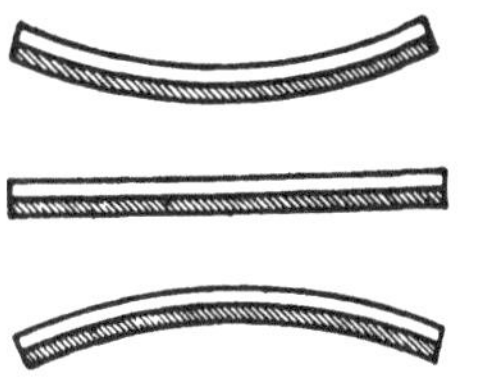

Abb. 1177. Prüfung der Überfanggläser (Stabprobe).

c) Zu kleiner Ausdehnungskoeffizient des Überfangglases (schraffiert) wird durch die anders gerichtete Krümmung angezeigt (Abb. 1177c). Das schraffierte Überfangglas befindet sich dann außen.

Diese Ausführung wählt man, wenn man die Probe am Hüttenofen machen will. Im Laboratorium und vor der Glasbläserlampe legt man die beiden Stäbe parallel nebeneinander, erhitzt sie bis zum Zusammenfließen und zieht dann aus. Man vermeidet auch hier jede Verschränkung, weil bei paralleler Lage der Grad der Krümmung deutlicher und für den Unterschied der Gläser maßgebender ist.

Nach Erfahrungen des Verfassers[1]) halten auch Überfanggläser, die durch Zusatz größerer Mengen von Farboxyden (z. B. Eisenoxyd und Braunstein) zu dem zu überfangenden Kristallglas hergestellt wurden, ganz gut auf dem Kristallglas. Die Ursache hievon liegt daran, daß zwar eine wesentliche Änderung der Glaszusammensetzung eintritt, aber doch in dem Sinne, daß der A. K. bleibt. Sicher ist, daß der Ausdehnungskoeffizient nicht allein maßgebend ist. Verfasser hat schon auf die Bedeutung der Elastizität hingewiesen. Turner und Winks[2]) machten ähnliche Erfahrungen und haben hervor, daß bei Gläsern der Ausdehnungskoeffizient nicht konstant ist, sondern in einem bestimmten Temperaturgebiet eine sprunghafte Änderung erfährt. Tritt diese Änderung beim Überfang und beim Klarglas bei wesentlich verschiedener Temperatur ein, so treten Spannungen auf, auch wenn bei der Messung in einem kurzen Intervall die Ausdehnungswerte beider Gläser übereinstimmten. Sehr wichtig ist auch die Übereinstimmung der unteren Entspannungstemperaturen.

Berechnung der Überfanggläser. Sieht man von den soeben erwähnten Schwierigkeiten ab, so konnte man auch von vornherein durch Berechnung die Verwendbarkeit zweier Glassorten zur Überfangarbeit feststellen[3]). Man kann hierbei für die nichtfärbenden Bestandteile die Ausdehnungszahlen zugrunde legen, wie sie im 1. Band (Eigenschaften des Glases, S. 118) angegeben sind. Dagegen sind für die Färbungs- und Trübungsmittel im Glase die Ausdehnungszahlen noch nicht bestimmt worden; mit gewissen Einschränkungen dürften aber wohl dieselben Werte gelten, wie sie von Mayer und Havas für farbige Emailgläser ermittelt wurden (Bd. I, S. 118).

Ein Beispiel: Ein Weißglassatz hat folgende Zusammensetzung: 100 Sand, 20 Marmormehl, 35 Pottasche (Hydr. 80prozentig). Dieses Gemenge liefert folgende Glasbestandteile: 100,0 Kieselsäure, 11,2 Kalk, 19,0 Kali. Hieraus berechnet man nun die prozentische Zusammensetzung des Glases und vermehrt dieselbe mit den zugehörigen Ausdehnungszahlen:

---

[1]) L. Springer, Sprechsaal **59** (1926), 806.

[2]) A study of the caring of colourless by blue glass. Journ. Soc. Glass Techn. **12** (1928), 57. — Referat in Glastechnische Berichte VI (1928/29), 312.

[3]) L. Springer, Sprechsaal **53** (1920), S. 193.

77,0%	Kieselsäure	× 0,8 =	61,6
8,4%	Kalk	× 5,0 =	42,0
14,6%	Kali	× 8,5 =	124,1 = 227,7.

Die Summe 227,7 ist die sogenannte Ausdehnungszahl des Weißglases. In gleicher Weise wird das zugehörige Silbergelb berechnet, dessen Satz lautet: 100 Sand, 70 Mennige, 30 Pottasche, 5 Kalisalpeter. Hieraus findet man folgende prozentische Zusammensetzung und Ausdehnungszahl:

53,3%	Kieselsäure	× 0,8 =	42,8
36,3%	Bleioxyd	× 3,0 =	108,8
10,0%	Kali	× 8,5 =	85,0
0,3%	Silber	× 4,0 =	1,2 = 237,1.

Die Summe 237,1 ist die Ausdehnungszahl des Überfangglases; dieselbe ist also um etwa 9 zu hoch; daher muß an Kali weniger genommen werden, und zwar im Verhältnis von dessen Ausdehnungszahl, also um $9 : 8 \cdot 5 =$ etwa 1% Kali; damit sich aber die prozentische Zusammensetzung des Glases nicht ändert, wird dafür 1% Kieselsäure mehr genommen, was bei deren kleinen Ausdehnungszahl nicht viel ausmacht. Das Überfangglas soll also besser folgende prozentische Zusammensetzung mit entsprechendem Glassatz haben:

54,5%	Kieselsäure	— 100	Sand,
36,3%	Bleioxyd	— 68	Mennige,
9,0%	Kali	— 29	Pottasche,
		5	Salpeter,
0,3%	Silber	— 1	Silbernitrat.

Der wirkliche Ausdehnungskoeffizient der beiden Gläser wird gefunden, wenn man die Ausdehnungszahl durch 10 Millionen teilt, also zu 0,0000227, was aber für die Kontrolle gewöhnlich nicht nötig ist. In gleicher Weise können die beim Kupferrubin-Überfangglas angegebenen Glassätze mit der Ausdehnungszahl 250—260 berechnet werden; dabei ist gar nicht nötig, erst die prozentische Zusammensetzung des Glases festzustellen, sondern man bezieht die Ausdehnungszahl bei beiden Gläsern einfach auf 100 kg Glas. Weiter wird dann in obengenannter Abhandlung ein Überfang-Milchglassatz berechnet und an demselben besonders die Einrechnung der fluorhaltigen Stoffe gezeigt. — Jedenfalls können solche Berechnungen die geeignete Grundlage für praktische Versuche und zur Kontrolle bieten.

4. Die Schmelzöfen.

Im allgemeinen werden in der Kristallglasfabrikation nur Hafenöfen gebraucht, und zwar die gewöhnlichen einfachen Konstruktionen.

In Ergänzung der Angaben des Bd. I dieses Werks[1]) ist speziell für Weißhohlglas auf folgendes hinzuweisen. Es sind zwei Gesichtspunkte, die die Wahl der Öfen beim Weißhohlglas beherrschen: einerseits die verhältnismäßig lange Zeit des Ausarbeitens der Häfen, anderseits die Notwendigkeit, in günstiger Weise die Arbeitsplätze um den Ofen zu gruppieren und gleichzeitig an Hüttengrundfläche zu sparen. Während z. B. beim Gußspiegelglas der Hafen mit seiner ganzen Füllung aus dem Ofen genommen und ausgegossen wird, verstreicht beim Ausarbeiten des Weißhohlglases längere Zeit, die um so größer ist, je kleiner der Einzelgegenstand ist. Während dieser Zeit muß der Ofen auf der Arbeitstemperatur gehalten werden. In den Hütten wird immer wieder betont, daß die Gleichmäßigkeit des Temperaturhaltens gerade in dieser Periode beim Regenerativofen mit seinem Wechselzug erschwert sei. Trotzdem herrscht in Deutschland gerade der Regenerativofen vor. Die Mängel, die sich aber bei seiner Benützung gezeigt haben, hat man versucht, durch das Siebert-System sowie den Vielflammenofen von Knoblauch zu beseitigen. Im Ausland ist der Rekuperativofen sehr viel häufiger als in Deutschland. Er gestattet mit der dauernd gleichbleibenden Richtung des Flammenzuges, den Bedürfnissen der Ausarbeitungsperiode besonders entgegenzukommen. Die Erfüllung des zweiten Gesichtspunktes, sparsame Inanspruchnahme des Hüttenflures führt häufig zum ovalen und runden Herd, der — auf eine bestimmte Hafenzahl bezogen — die kleinste Fläche des Hüttenflures in Anspruch nimmt und dem Ofenblock an

[1]) 8. Kapitel, Öfen, S. 431 ff.

sich große Standfestigkeit gibt, die noch durch die günstige Form der Verankerung[1]) gesteigert wird. Weiter gestatten diese Herdformen durch sektorartige Einteilung der sich an den Ofenumfang anlehnenden Arbeitsbühne in möglichst sparsamer Weise bequeme Arbeitsplätze für die Glasmacher zu schaffen.

Aber für die Oberflammenöfen ist diese Gestaltung des Herdes ungünstig und sie besitzen deshalb durchweg rechteckigen Grundriß, sowohl für Rekuperativ- wie Regenerativsysteme, wobei aber zu betonen ist, daß das letztere in diesen Fällen vorherrscht. Dagegen ist der Unterflammofen für Rund- oder Ovalöfen ohne weiteres anwendbar. Werden sie regenerativ beheizt, finden wir vielfach den Büttenofen, weniger häufig den Schlitzofen. Beim Rekuperatorsystem erscheint der Zentralbrenner mit nach außen überschlagender Flamme sehr günstig. Die Beaufschlagung des Querschnittes durch die Flamme ist so sehr gleichmäßig. Es ist dies eine Parallele zu dem in der Porzellanindustrie vorherrschenden Brennofen mit überschlagender Flamme, der ähnlich hohe Temperaturen und ebenfalls gleichmäßige Flammenverteilung über den Querschnitt liefert. Zur Erläuterung des Gesagten sei auf folgende Beispiele hingewiesen:

a) Boëtius-Ofen.

Dieser meist runde oder oval ausgeführte Ofen mit Halbgasfeuerung und zentralen nach außen überschlagenden Brennern wird immer noch da und dort in der Weißhohlglasindustrie verwandt. Er ist in Band I, S. 435/36 unter Beigabe von Abbildungen beschrieben. Die immer noch anhaltende Verwendung dieses Halbgasofens ist wohl auf die geringen Baukosten und die allgemein für runde und ovale Öfen zutreffenden Vorzüge zurückzuführen: geringe Grundfläche, günstige Verteilung der Arbeitsplätze. Es kommt hinzu, daß das Halbgassystem ohne Zugwechsel arbeitet und deshalb sehr einfach zu handhaben ist. Bedenklich ist nur, daß die Einhaltung gleichmäßiger Temperatur erschwert ist und große Sorgfalt im Schüren erfordert. Auch liegt die Gefahr vor, daß leicht bei zu starker Kohlenaufgabe rußendes Feuer auftritt. Bei der Verwendung bedeckter Häfen tritt diese Gefahr nicht auf.

Diese mit der Beschickung von oben zusammenhängenden Schwierigkeiten werden durch die Anwendung von Unterschubfeuerungen vermieden. Es existieren dafür verschiedene Konstruktionen. Erwähnt sei die mit Schneckenzubringer arbeitende Einrichtung der Fa. Stein und Atkinson-London („Hagan Mechanical Stoker").

b) Rekuperativöfen.

Einen Übergang zu den eigentlichen Rekuperativöfen bilden die im Auslande (vor allem in Schweden und in England) eingeführten Rekuperativöfen mit eingebautem Generator. Diese haben im Prinzip die gleiche Flammenführung wie die Boëtius-Öfen, also zentrale, nach außen überschlagende Flammen, wobei die Abgase in kleinen Kanälen, die in den zwischen den Hafentoren stehenden Pfeilern angeordnet sind, ihren Abzug finden. An Stelle des Halbgasschachtes sind aber dem alten Siemens-Generator (der „Schüttung") entsprechende Treppenrostvergaser eingebaut, die eine gleichmäßigere Gasentwicklung gestatten. Der Einbau dieser Generatoren in den Ofenunterbau führt natürlich zur Herabminderung der Strahlungsverluste und führt das Gas dem Brenner mit seiner vollen Hitze und reich mit Kohlenwasserstoffen beladen zu. Außerdem sind je nach der Größe der Öfen 1, 2 und 4 Rekuperatoren in den Unterbau eingebaut. Bei runden und kleineren Öfen wird ein Zentralbrenner von entsprechender Größe verwandt, bei größeren ovalen Öfen zwei Brenner, die ähnlich wie die beiden Bütten des Regenerativunterbrenners verteilt

[1]) Bd. I, S. 467.

sind. Solche Öfen werden z. B. von Hermansen[1]), Ingelstad i. Schweden, gebaut. Eine Besprechung dieser Öfen hat auch unter Beifügung einiger Betriebsresultate Prinz[2]) gegeben.

Eine wesentliche Vervollkommnung dieser Art von Öfen verdanken wir Teisen, Birmingham[3]), der einerseits durch einen sehr vollkommenen „Hexagonal-Rekuperator"), anderseits durch sehr günstige Gestaltung des Brenners, den sog. „Tangential-Brenner"[4]), diese Öfen zu sehr wertvollen Hilfsmitteln der Hohlglasindustrie entwickelt hat. Der Zentralbrenner erhält die Luftzufuhr durch tangential in den Umfang des Brenners einlaufende Kanäle. Dies verleiht der Flamme eine straffe, rasche Verbrennung erzielende Form. Bei einem Versuch mit zwei nur bezüglich der Brenner sich unterscheidenden Öfen, von denen der eine einen üblichen Rundbrenner, der zweite einen Teisenschen Tangentialbrenner enthielt, war die Tempe-

Abb. 1178. Flammenbild des Teisenschen Tangentialbrenners.

ratur beim Teisen-Ofen im Brenner 100° unter der Temperatur des üblichen Brenners, dagegen die Temperatur an der Vorderseite der Häfen um 50° höher, als beim anderen Ofen. Abb. 1178 zeigt die Flammengestaltung in dem Teisenschen Tangentialbrenner. Um die photographische Aufnahme zu erleichtern, ist die Flamme auf Luftmangel eingestellt. Trotzdem ist der prachtvolle Flammenwirbel erkennbar, vor allem aber auch, daß diese Art der Luftzufuhr durch die Zwischenschicht von Luft zwischen Flammenfuß und Stein den Brennermund vor Überhitzung schützt. Eine anderwärts veröffentlichte (l. c.) Abbildung zeigt, daß nach halbjähriger Benützung des Brenners die Kante des Brennermundes so gut wie nicht angegriffen ist.

Einen zwölfhäfigen Ofen mit 4 Teisenschen Rekuperatoren zeigt Abb. 1179, die auf Grund folgender Bezeichnung der einzelnen Teile ohne weiteres klar sein dürfte.

Rekuperativöfen mit getrenntem Gaserzeuger hat vielfach Dralle, Nehse folgend, gebaut. Diese Öfen mit rechteckigem Herd sind in Band I beschrieben, und zwar

[1]) Hermansen, Quelques questions d'utilisation de la chaleur, aus Einzelaufsätzen in der Zeitschrift „Combustion économique", Brüssel, zusammengestellt im Verlag dieser Zeitschrift 1925 erschienen. — Siehe ferner Glastechnische Berichte **3** (1925/26), S. 42.

[2]) Prinz, Rekuperative Glasschmelzöfen, Sprechsaal **59** (1926), S. 15.

[3]) Trans. Soc. Glass Techn. **11** (1927), S. 265.

[4]) DRP. 430224 (14. November 1922).

Hafenofen mit niederschlagender Oberflamme, S. 471, Tafel IV,
Hafenofen mit Prallflamme, S. 473, Abb. 347—350.

Diese Öfen haben sich ganz hervorragend bewährt, vor allem auch durch ihre große Dauerhaftigkeit bewiesen, daß die diesbezüglichen Bedenken gegen die Rekuperatoren unbegründet sind [1]).

Bezüglich des Vergleichs von Rekuperativ- und Regenerativöfen vgl. Bd. I, S. 455 u. ff.

Ergänzend sei bemerkt, daß auf die obenerwähnte Veröffentlichung von Prinz M. v. Reiboldt [2]) antwortet und auf die Bedeutung dieser Konstruktionen, die ja von Dralle [3]) nach ursprünglichen Plänen von Nehse gebaut wurden, und deren vortreffliche Bewährung in der Praxis hinweist.

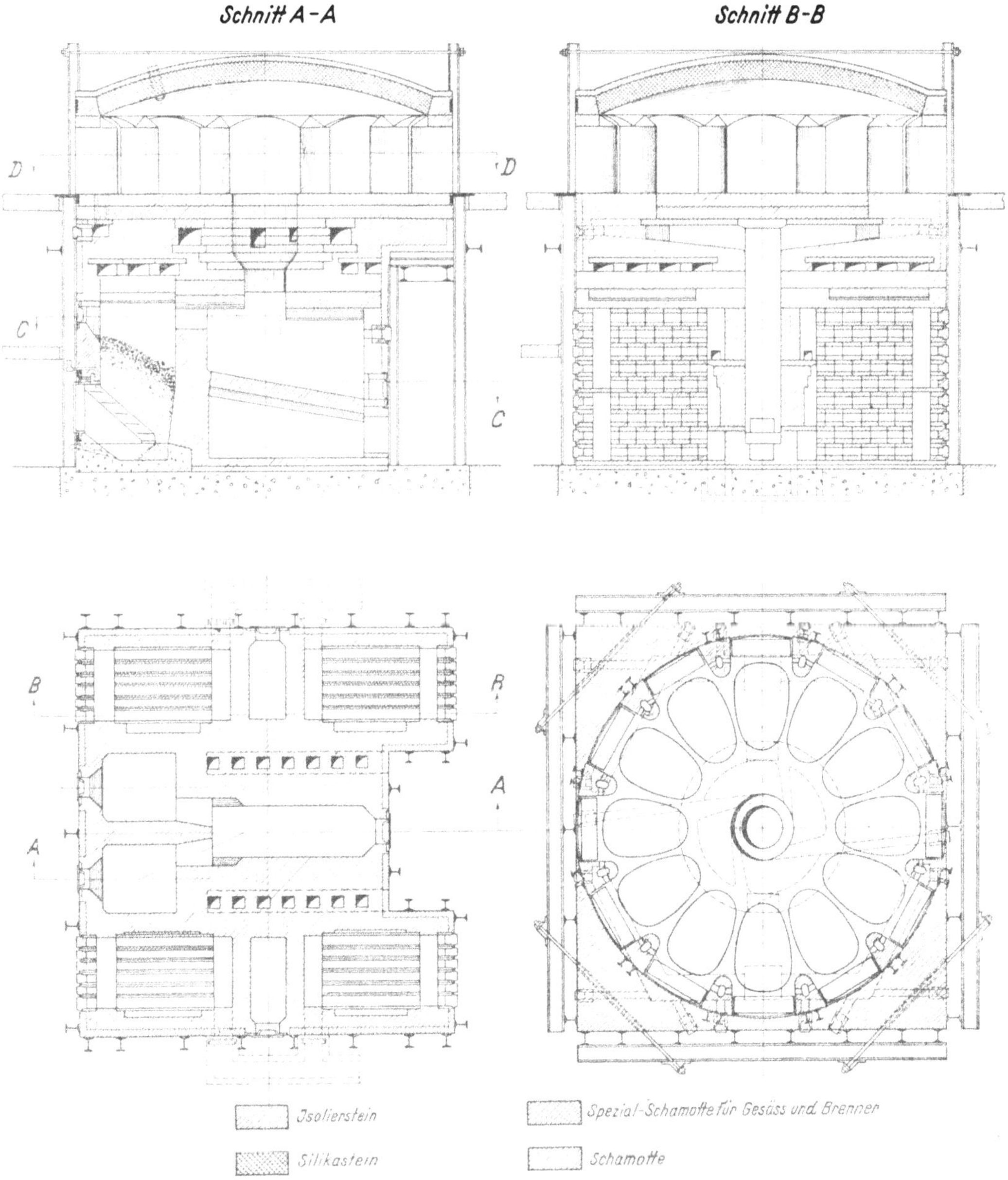

Abb. 1179. Zwölfhäfiger Teisenofen mit Hexagonal-Rekuperatoren.

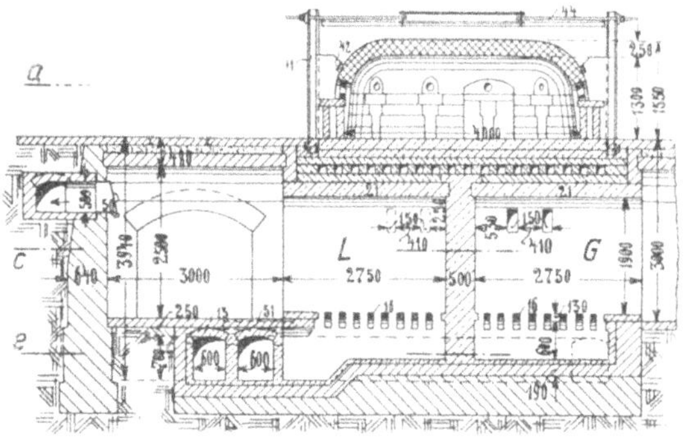

Schnitt A—B.
Abb. 1180.

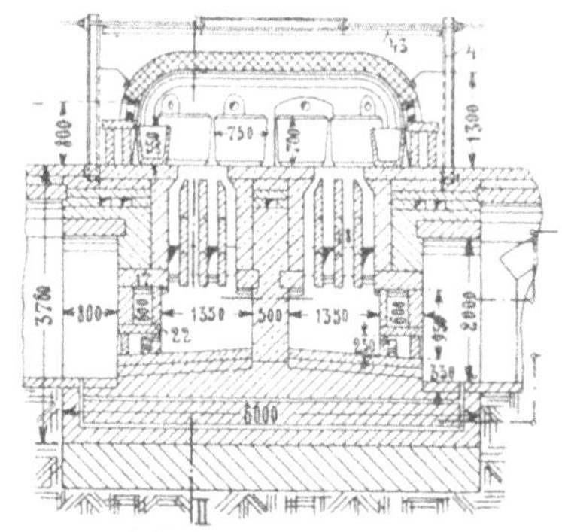

Schnitt III—IV.
Abb. 1181.

c) Regenerativöfen.

Aus den oben schon betonten Gründen werden bei rechteckigen Häfenöfen wenigstens die Ecken abgerundet. In dieser Beziehung ist auf den Hafenofen mit Unterflamme (Büttenbrenner mit Brennerzungen, Schlitzbrenner) Bd. I, S. 480, hinzuweisen. Da dieser Ofen speziell für Tafelglas entworfen ist, ist er mit 4 Auftreibtrommeln verbunden. Denkt man sich diese Trommeln aus den Abb. 358—362 entfernt, so hat man ohne weiteres einen viereckigen Weißhohlglasofen für 10 Häfen, dessen Konstruktion aus den genannten Abbildungen hervorgeht.

Noch häufiger aber findet man aus den erwähnten Gründen Hafenöfen von ovalem Grundriß. Ein solcher Hafenofen von ovaler Form für 8 Häfen und zwei kleinere Sätzel ist in den Abb. 1180—1182 dargestellt. Die 8 Häfen haben je 750 mm oberen Durchmesser, während die kleinen an den Stirnseiten des Ofens stehenden Sätzel je 500 mm Durchmesser besitzen. Dieser Ofen ist von „Dralle" wiederholt ausgeführt und dient speziell zur Herstellung von Weißhohlglas und Schmuckgegenständen.

Ein Schnitt durch die Längsachse des Ofens (Schnitt III—IV, Abb. 1181) zeigt, daß wir es mit einem Unterflammofen mit Schlitzbrennern zu tun haben. Der Ofen besitzt Regenerativkammern der üblichen Anordnung. Das Gas kommt von der getrennt angelegten Generatoranlage zum Hauptgaskanal und zum Absperrventil *28*. Von da tritt es durch die Wechseltrommel *31*, welche bereits in Bd. I, S. 449—451 mit Abb. 302 und 303 beschrieben ist. In der gezeichneten Trommelstellung treten die Frischgase durch die Öffnung *c* nach *b* und von dort in den linken Gaskammerkanal II. Auf der anderen Seite ist der von der rechten Gaskammer kommende Kanal III, welcher in den Raum *d* der Wechseltrommel mündet in der gezeichneten Stellung *e* verbunden und die von der rechten Ofenseite abströmenden Gase gehen demnach durch die Wechseltrommel in den Schornsteinkanal IV. Für die Luft ist das Wechselventil *34* getrennt angeordnet, welches abwechselnd die eine Kammer (abströmende Ofenseite) mit dem Kamin verbindet, während die andere (einziehender Kopf) die Frischluft einsaugt.

Gas und Luft vereinigen sich (Abb. 1188 und 1183) in dem von unten durch Zungen abgeteilten Brenner und treten durch einen schmalen rechteckigen Schlitz in der Sohle des Ofens aus, so daß die Flamme halbkreisförmig den Herdraum durchzieht und auf der anderen Ofenseite ebenfalls wieder durch einen zweiten rechteckigen Schlitz nach unten abzieht.

---

[1]) Bd. I, S. 458.

[2]) v. Reiboldt, Rekuperative Glasschmelzöfen. — Entgegnung. Sprechsaal **59** (1926), S. 315.

[3]) Das technische Büro von Robert Dralle ist nach dessen Tode von seinem langjährigen Mitarbeiter Fr. Grieße, Oldendorf, Kreis Hameln, übernommen worden. Er baut jetzt die Dralleschen Spezialkonstruktionen.

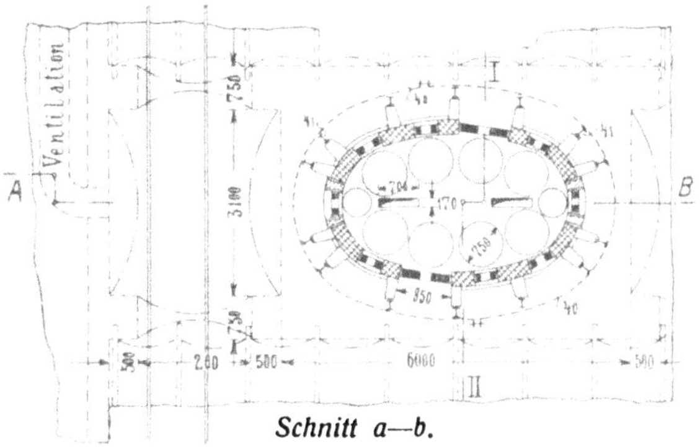

Schnitt a—b.

Abb. 1182.

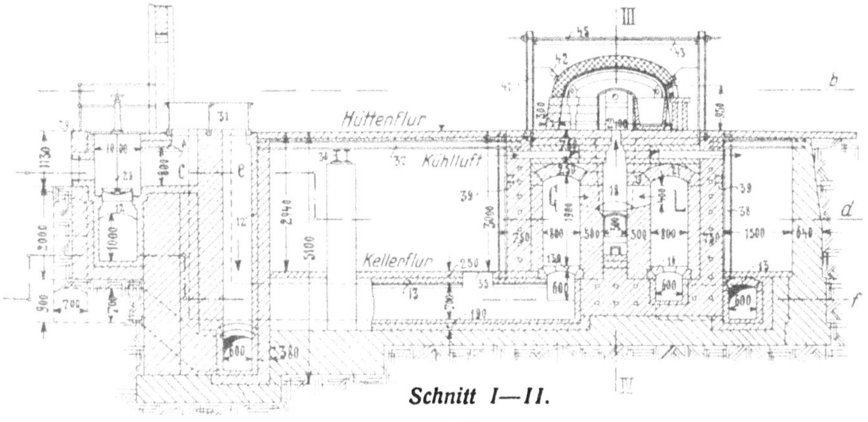

Schnitt I—II.

Abb. 1183.

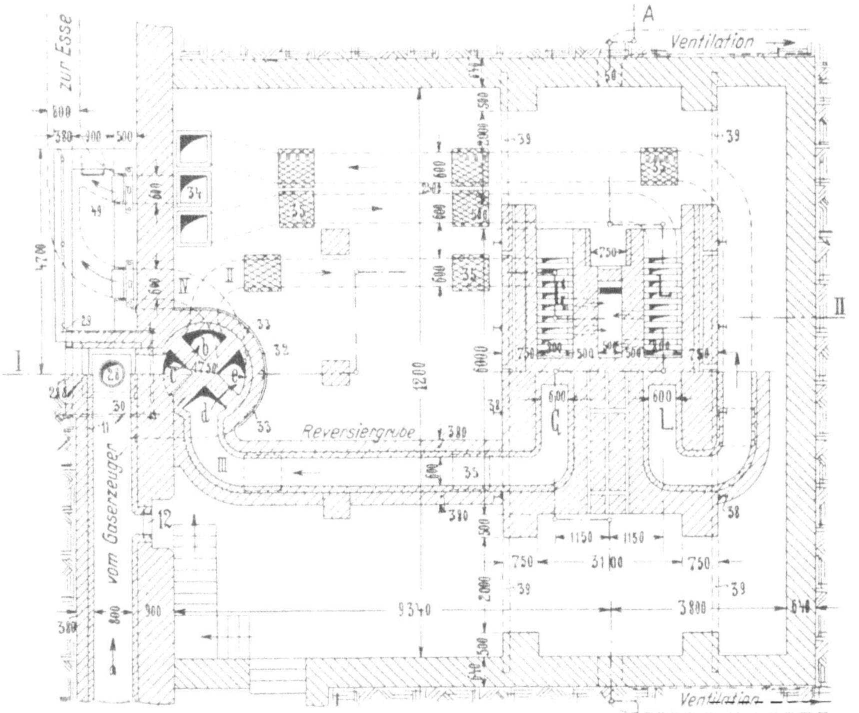

Schnitt c—d, e—f.

Abb. 1184.

Dieser Ofen ergibt eine einfache und haltbare Konstruktion durch die gegenseitige Verspannung in der Verankerung und durch den allseitigen gleichmäßigen Ausgleich der auftretenden Kräfte. Die Verankerung ist in Bd. I, S. 467, Abb. 336 angedeutet. Die senkrechten Träger können bei dieser Bauart sehr gut durch die Pfeiler vor der Einwirkung der Hitze geschützt werden, ohne daß die Zugänglichkeit darunter leidet. Dralle rechnete für den abgebildeten Hafenofen eine monatliche Produktion von 69000 kg Glas und einen Kohlenverbrauch von 180 kg Steinkohle für 100 kg fertiges Glas einschließlich Kühl- und Temperöfen. Die hierbei verwendete Steinkohle hatte jedoch nur einen Heizwert von 5700 WE, so daß die Verbrauchszahl für unsere Normalsteinkohle entsprechend geringer sein würde.

Wie oben angedeutet, enthält die Regenerativfeuerung die Schwierigkeit, einen größeren Ofenraum auf überall gleiche Temperatur zu heizen, besonders aber tritt diese Schwierigkeit in der Periode des Ausarbeitens zutage. Siebert hat deshalb einen Ofen konstruiert, der während der Schmelz- und Läuterperiode regenerativ, beim Ausarbeiten mit Flammengleichzug arbeitet.

Hafenofen mit Regenerativ- und Konstantfeuerung von Hermann Siebert (Tafel XVIII). Dieses Ofensystem hat sich gut bewährt und seinerzeit große Verbreitung gewonnen. Siebert erhielt am 7. Mai 1878 das DRP. 3647, für den zu schildernden Ofen.

Fig. 1 zeigt einen Längsschnitt durch einen Siebertofen für 10 Häfen à 750 mm Durchmesser und zwei Sätzel von 500 mm Durchmesser.

Aus Fig. 4, 5 und 6 ist die Lage der Kanäle und der Regeneratoren zu ersehen.

Das Gas strömt vom Hauptgaskanal durch eine Reguliertrommel *1* und den Kanal *2* nach der Gaswechseltrommel *3*.

Von der Gaswechseltrommel *3* zieht das Gas durch den Kanal *4* in die Gaskammer *5*, während die Abgase aus der Gaskammer *6* durch den Kanal *9* zur Gaswechseltrommel gelangen und von hier aus, den Schornsteinschieber *17* passierend, durch den Hauptschornsteinkanal *10* zum Schornstein ziehen.

Die Luft tritt durch das Luftventil *23* ein, durchzieht den Kanal *24* und gelangt dann, je nach Stellung der Luftwechselklappe *11*, in die Luftkammer *13* oder *14*, während die Abgase durch den einen oder den anderen dieser Kanäle, den Schornsteinschieber *16* passierend, ebenfalls durch den Hauptschornsteinkanal *10* zum Schornstein ziehen.

Fig. 2 zeigt einen Längsschnitt durch den Brenner und die darunter liegenden Glastaschen *25* mit den nach außen führenden Kellergängen.

Luftventil, Luftwechsel und Schornsteinschieber sind in Fig. 3 im Schnitt dargestellt.

Aus Fig. 1 ist ersichtlich, daß die vier Kammern je eine, auf einem Bogen stehende Scheidewand haben. Diese bezwecken eine gute Verteilung von Gas, Luft und Abgasen zwischen dem Gitterwerk der Regeneratoren.

Die Gase und die Luft gelangen aus der Gas- bzw. der Luftkammer durch je einen Kanal in einen der Brenner *b*, die im Gesäß angeordnet sind (Büttenofen), und von hier aus schlägt die Flamme in und durch den Ofen. Ihre Abgase ziehen während der Schmelze in bekannter Weise durch den anderen Brenner und von hier aus durch die Brennerkanäle nach den zugehörigen Gas- und Luftgeneratoren, um endlich, die Wechsel passierend, in den Schornsteinkanal *10* zu gelangen.

Die bisher beschriebenen Anordnungen entsprechen genau dem Regenerativsystem von Siemens, die von Siebert eingeführten Verbesserungen nehmen ihren Anfang in Fig. 1, dort sind zwischen je zwei Häfen in der Ringmauer Öffnungen *19* angeordnet, welche in die beiden tiefer liegenden horizontalen Sammelkanäle *20* einmünden, und diese sind wieder durch zwei senkrechte Kanäle *21* (Fig. 4 und 5) mit dem zwischen den beiden Regeneratorenkanälen *12* und *15* (Fig. 6) liegenden Schornsteinkanal *22* verbunden, der, mit einem Schornsteinschieber *18* versehen, ebenfalls in den Hauptschornsteinkanal *10* einmündet (Fig. 2—5 und 6).

Die Wirkung dieser Einrichtung ist nun folgende: Während der Schmelze, wo die höchste Temperatur verlangt wird, arbeitet der Ofen nach dem Regenerativsystem mit wechselnder Flamme. Sobald es nötig wird, Teile des Ofens in ihrer Temperatur zu steigern, wird der Schornsteinschieber *18* gezogen. Hierdurch wird ein Teil der Flamme genötigt, seinen Ausweg durch die Öffnungen *19* zu nehmen, wodurch den Häfen an der der Flammenrichtung abgekehrten Seite Wärme zugeführt wird.

Durch Schließen und Öffnen der kleinen Abzugsöffnungen *19* hat man es in der Gewalt, die Menge der Wärme, welche nach einem bestimmten Teil des Ofens gezogen werden soll, zu bestimmen.

Die Wärme, welche den Ofen durch die Öffnungen *19* verläßt, ist nicht verloren, da die Abzugskanäle im Innern des Ofens liegen und die in diesen Kanälen abgegebene Wärme der Gesamtofenwärme durch Transmission wieder zugute kommt. Einen Teil der Wärme geben diese Abgase auf dem Wege zum Schornstein an die parallellaufenden Kanäle *12* und *15* ab.

Siebert bezweckt, bei der Ausarbeitung des Glases zwei Flammen in Anwendung zu bringen. Dies wird erreicht, indem man die Schornsteinschieber *16* und *17* schließt, wodurch der Rückzug der Abgase durch die Regeneratoren aufhört; hierauf werden die beiden Wechsel *3* und *11* auf Mitte gestellt. Bei dieser Stellung teilt sich sowohl der Gas- als auch der Luftstrom in zwei Teile, und nun ziehen Gas und Luft gleichzeitig durch ihre zugehörigen zwei Gas- und zwei Luftkammern in die beiden Brenner, so daß dann zwei Flammenströme, aus jedem Brenner einer, in den Ofenraum gelangen und nach den Öffnungen *19* in der Ringmauer in regelmäßiger Verteilung nach den Sammelkanälen *20* und von hier aus durch die Kanäle *21* und *22* zum Schornstein ziehen. Dieses Kanalsystem wird allgemein, wo Siebertöfen in Betrieb sind, als „Konstantkanal" bezeichnet.

Durch Stellung der beiden Wechsel läßt sich jeder der beiden Flammenströme regulieren, wobei natürlich der „Konstantschieber" *18* mehr oder weniger geöffnet werden muß.

Knoblauchscher Vielflammenofen. Einen anderen Versuch, die Schwierigkeiten der gleichmäßigen Beheizung mit Wechselzugflammen zu beseitigen, stellt der Knoblauchsche Vielflammenofen dar. Er beruht im Prinzip darauf, daß ein Ofen mit stark in die Länge gezogenem Herd querbeheizt wird, und zwar durch eine größere Anzahl von Wechselzugflammen, wobei jedes Brennerpaar seine besondere Wechseleinrichtung erhält. Die Einrichtung gestattet auch, während des Ausarbeitens den Ofen ohne Wechsel mit „Konstantfeuer" zu beheizen. Die Folge dieser Anordnung ist natürlich, daß man eine der Brennerzahl entsprechende Zahl von Öffnungen, die das Gesäß in der Nähe der Zustellung durchbrechen, erhält. Ob das immer ohne Gefahr für die Dauerhaftigkeit des Gesäßes und ohne Schwierigkeit für das Einsetzen und Ausnehmen der Häfen ist, muß erst die längere Erfahrung mit der geschilderten Einrichtung zeigen.

Im übrigen ist es klar, daß sich durch eine entsprechende Zahl von Querbrennern langgestreckte Öfen ebensogut und mit einfacherer Konstruktion und Betriebsweise rekuperativ heizen lassen.

Betreffend Wannen für Hohlglas vergleiche das 13. Kapitel S. 1115 u. ff.

5. Das Gemenge und der Schmelzprozeß des Kristallglases.

Die Herstellung des Gemenges geschieht beim Kristallglas auch heutzutage meist noch durch Handarbeit in Mischtrögen; manchmal werden auch Mischmaschinen, besonders bei Bleiglas, wegen der Giftigkeit der Mennige verwendet; dagegen sind bei raschem Wechsel der Farben wegen der Umständlichkeit der Reinigung die Mischmaschinen weniger gut zu gebrauchen.

Der Schmelzprozeß des gewöhnlichen Kristallglases nimmt den normalen Verlauf; da es sich aber immer um ein erstklassiges Produkt handelt, muß er sehr sorgfältig durchgeführt werden. Man wird also den Ofen zuerst möglichst gut aufschüren, bevor man in die Hafen die erste Einlage macht, damit auch diese gut durchschmilzt, so daß kein steiniges und gispiges Glas entsteht; man wird ferner die weiteren Einlagen erst dann machen, wenn das jeweils vorhergehende Gemenge schon gut durchgeschmolzen ist. Auf jeden Fall erfordert das Kristallglas, besonders das harte „böhmische“ Glas, einen sehr heißgehenden Ofen, damit die gewöhnlichen Schmelzfehler vermieden werden. Das Kristall- und Farbglas läßt man meistens auch noch blasen, und zwar entweder mit Holzklötzchen oder mit Stückarsenik. Das Abstehenlassen dauert verhältnismäßig nicht lange, nur 1—2 Stunden.

Die Bleiglasschmelze geht im allgemeinen genau so vor sich, wie die gewöhnliche Kristallglasschmelze, so daß ebenfalls in der Nacht geschmolzen und täglich gearbeitet werden kann, wenn man offene Häfen und Gasfeuerung benützt. Nimmt man aber verdeckte Häfen, was wegen der Empfindlichkeit des Bleiglases gegen reduzierendes Feuer bei der Halbgasfeuerung unbedingt nötig ist und bei sehr schwerem Bleiglas auch trotz Gasfeuerung meist noch gemacht wird, so dauert die Schmelze länger. In diesem Falle richtet man dann eine Art kontinuierlichen Betrieb ein, indem nur an einem Teil der Häfen gearbeitet, in den anderen gleichzeitig geschmolzen wird. Die Frage nach der Schmelze von Bleikristall in offenen Häfen wurde in den Fachzeitschriften schon öfters behandelt, im allgemeinen wird immer betont, daß Bleiglas wohl in offenen Häfen geschmolzen werden kann, wenn auf reine Rohstoffe und auf eine reine oxydierende, von Rauch und Flugasche freie Flamme gesehen wird. Oft aber wird Bleiglas in offenen Häfen in kurzer Zeit durch Schlieren und Batzen verunreinigt und der Hafenboden durch reduziertes Blei rasch zerfressen, am Hafenboden finden sich dann Bleikugeln. Die Abscheidung des Bleis hat ihre Ursachen entweder in einem falschen Gemengesatz oder in staubigen Verunreinigungen aus der Gemengekammer oder in einer stark rußenden Flamme. Um eine stets klare Flamme zu sichern, empfiehlt sich, Gasreiniger einzuschalten. Manchmal wird schon eine größere Entfernung zwischen Generator und Ofen und ausreichender Staubkammer genügen. Hauptsache ist immer: oxydierende Flamme. Ferner müssen zur Verhütung der Schlieren die Häfen mit großer Sorgfalt hergestellt werden, insbesonders mit möglichst viel gebranntem Ton und möglichst feingemahlenem, einheitlichem Ton, damit die Hafenwandungen gleichmäßig abschmelzen und nicht einzelne Teile fahren lassen. Ferner muß der Sand frei von organischen Stoffen, wie Pflanzenfasern, und die Mennige frei von met. Blei sein. Endlich ist wertvoll: rasches Einschmelzen bei großer Hitze und Zusatz von Oxydationsmitteln, wie Salpeter, zum Gemenge und allenfalls zur Abhilfe in den Häfen, jedoch beides mit Vorsicht.

Besonders bei den Farbgläsern ist von großer Wichtigkeit und oft nicht zu unterschätzender Schwierigkeit eine sehr gleichmäßige Verteilung des Färbemittels im Glase, ohne welche eine homogene Färbung nicht möglich ist. Die Färbemittel werden entweder in feingepulverter Form zunächst mit einem kleinen Teile des Gemenges gut vermischt, und dann erst dem Hauptteil desselben zugesetzt oder es werden die betreffenden Farbstoffe in Form von Lösungen über den Sand ausgegossen, im Sand

Abb. 1 Schnitt A—B

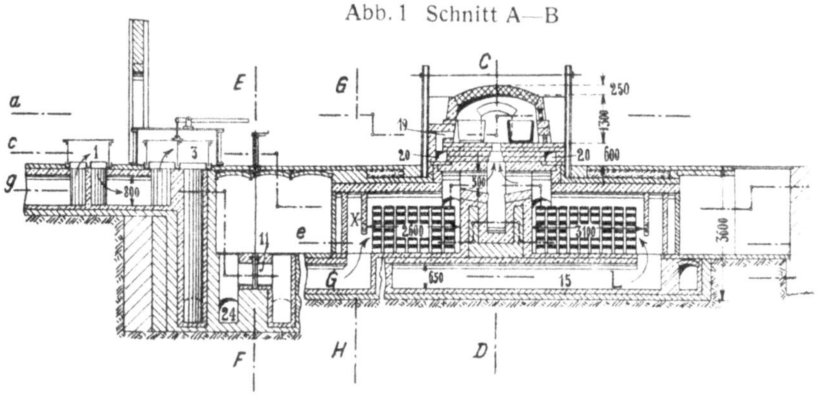

Abb. 4 Schnitt e—f

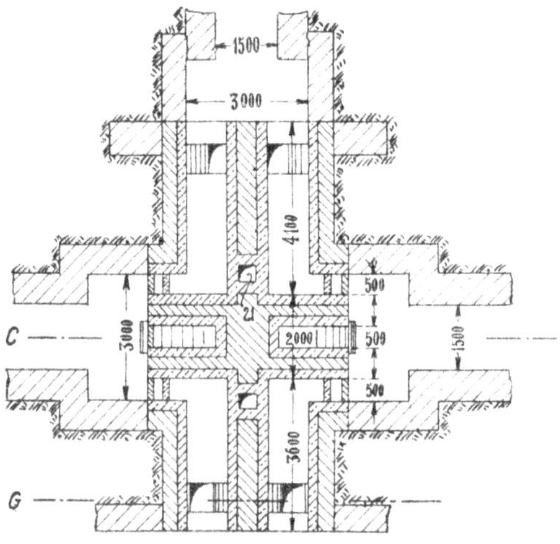

Abb. 8 Schnitt g—h

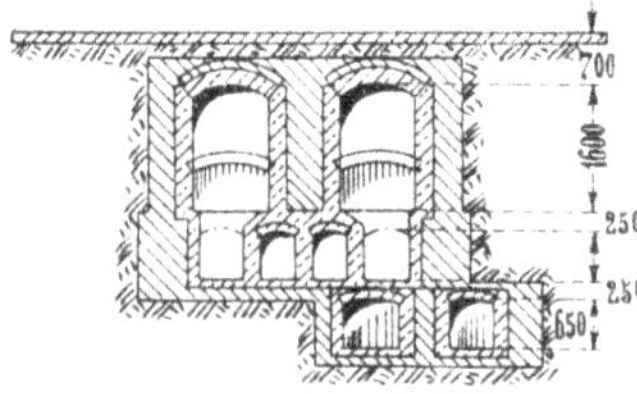

Abb. 7 Schnitt a—b

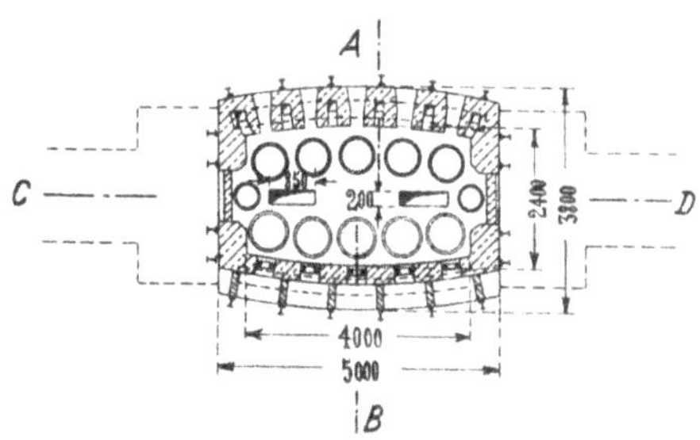

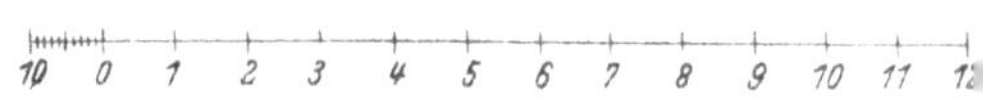

Steindruck von Klein & Volbert, München.

--D

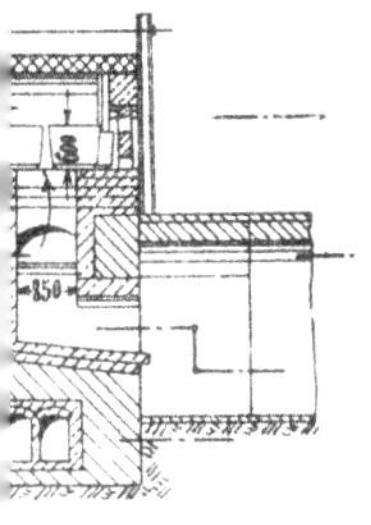

Abb. 3 Schnitt E—F

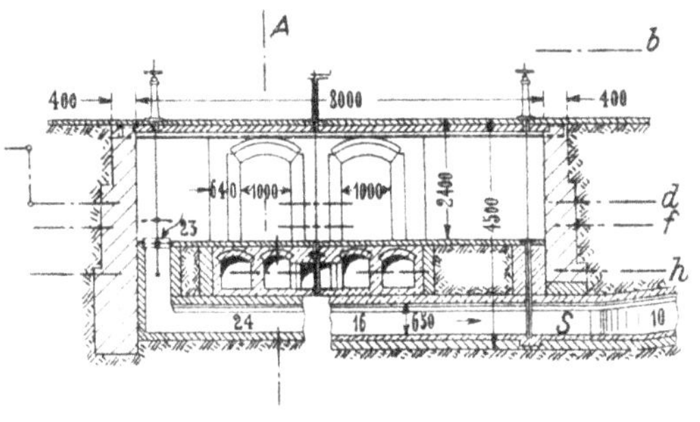

d

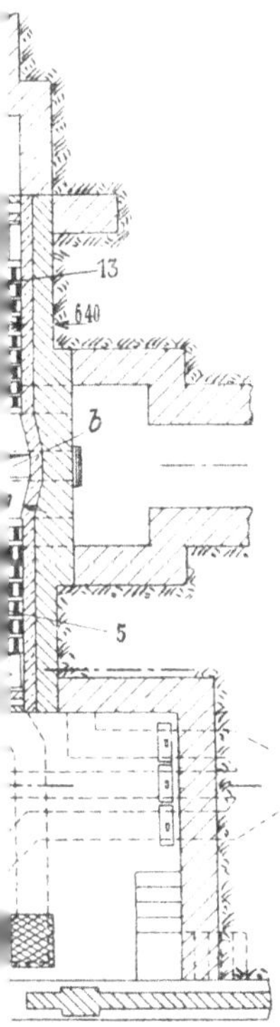

Abb. 6 Schnitt g—h

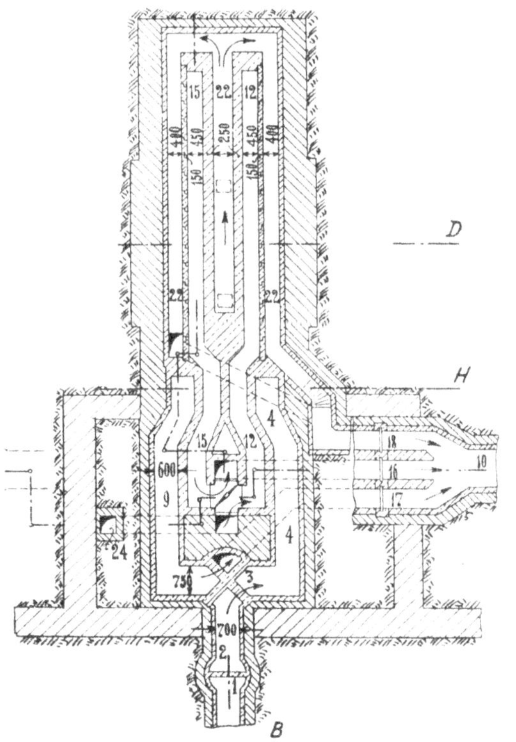

Verlag von R. Oldenbourg, München und Berlin.

durch Umwerfen desselben verteilt, und so mit diesem in das Gemenge eingeführt. Sehr leicht erfolgt die Lösung und Verteilung der Färbungsmittel in der Schmelze, wenn man sie als kiesel-, bor- und phosphorsaure Salze (Farbkompositionen) dem Gemenge zusetzt. Schließlich ist der Farbton nicht bloß von der Zusammensetzung des Gemenges und den angewandten Farbstoffen abhängig, sondern auch von der Art der Schmelze, indem in bestimmten Fällen eine reduzierende, in anderen Fällen eine oxydierende Schmelze erforderlich ist, was durch Zusatz von Oxydationsmitteln, wie Salpeter, oder durch Reduktionsmittel, wie Kohle, Arsenik, bzw. entsprechende Flammenführung erzielt wird. Leicht zersetzliche oder stark flüchtige Farbstoffe werden erst der letzten Einlage des Gemenges, aber berechnet auf die ganze Glasmasse, zugesetzt, dann aber durch Blasenlassen nachträglich in derselben gleichmäßig verteilt. Beispiele für diese Besonderheiten der Farbglasschmelze siehe bei einzelnen Farbglassätzen.

Endlich ist bei der Schmelze der gewöhnlichen Farbgläser darauf zu achten, daß die Häfen stets leer gearbeitet oder doch sonst ganz geleert („ausgefeimt“) werden, was die einzige Sicherheit zur Erzielung eines stets gleichbleibenden Farbtons bietet. Die färbenden Metalloxyde scheiden sich leicht aus dem schmelzenden Glase aus und sinken zu Boden; werden nun die Häfen nicht täglich leer gearbeitet, so bilden die unteren Glasschichten eine immer konzentrierter werdende Lösung des Farbstoffes, die bewirkt, daß mit jedem Tage die Glasfarbe an Stärke zunimmt, da beim Blasen eine gründliche Mischung aller Glasschichten erfolgt. In der Praxis wird diesem Übelstande außer durch völliges Leerarbeiten der Häfen auch noch dadurch entgegengewirkt, daß man das Gemenge von Tag zu Tag mit weniger Farbstoffen versetzt, bis sich ein gewisses Mindestquantum als genügend erweist.

Schmelz- und Verarbeitungsfehler.

Bei der Erschmelzung und Verarbeitung des Glases können eine Reihe von Glasfehlern auftreten; auf dieselben ist im allgemeinen kurz im 1. Band dieses Werkes eingegangen, hier seien noch einige typische Fälle aus der eigenen Praxis des Verfassers[1]), speziell über Weißhohlglas, angeführt.

Knotiges und feinsteiniges a) Kalk- und b) Blei-Kristallglas. a) Eine Glasfabrik klagt über unreines, sogenanntes steiniges Glas, das schon längere Zeit vorkommt; der Glassatz ist ein normales Pottasche-, Soda-, Kalkgemenge. Der Fehler zeigt sich als kleine Knoten im Glas; da die bloße Untersuchung mit dem Auge bzw. dem Mikroskop kein eindeutiges Urteil zuläßt, werden die Steinchen möglichst vom umgebenden Glas befreit und für sich allein untersucht, aber auch die Hauptbestandteile des fehlerhaften Glases festgestellt. Das Untersuchungsergebnis ist unten angegeben. Hieraus ergibt sich, daß das steinige Glas zwar nicht einen Bestandteil vorwiegend enthält, aber einen viel größeren Tonerdegehalt aufweist, der jedenfalls auf Schamottesteine aus Häfen und Ringen zurückzuführen ist; dieselben scheinen Ton fahren zu lassen, was sich auch aus dem hohen Tonerdegehalt des fehlerfreien Glases ergibt.

Analysen zu

a)

Steinfreies Glas	Bestandteile	Steiniges Glas
77,3	Kieselsäure	74,8
2,0	Tonerde	**3,9**
9,8	Kalk	9,3
11,0	Alkalien	12,0

[1]) L. Springer, Erfahrungen und Untersuchungen über Glasfehler. Glastechnische Berichte III (1925/26), 395 und Glastechnische Fabrikationsfehler, Sprechsaal **60** (1927), 498, 517, 534, 556 und 576, sowie über steiniges Glas, Sprechsaal **63** (1930), S. 464 ff. und ebendort **64** (1931), S. 129 ff. C. J. Peddle, „Defects in Glass“, London W. C. 2, Strand, Glass Publications, Ltd. 1927.

b) Auf einem anderen Werk der gleichen Fabrik zeigten sich bei der Bleiglasschmelze ganz ähnliche Erscheinungen, also auch kleine Steinchen in sämtlichen Häfen. Die Häfen sind teils von der Glasfabrik selbst hergestellt, teils von einer Schamottefabrik gekauft worden. Das Untersuchungsergebnis des steinfreien und des steinhaltigen Glases ist unten angegeben. Unter dem Mikroskop zeigen die Steine eine charakteristische netzförmige Struktur.

b)

Steinfreies Glas	Bestandteile	Steinhaltiges Glas
63,1	Kieselsäure	61,5
0,9	Tonerde	**3,0**
17,3	Bleioxyd	14,7
1,7	Kalk	3,2
17,0	Alkalien	18,0

Im Falle von groben Steinen (bis zu Faustgröße) ergab die Analyse: 95,11 SiO_2, 0,86 Al_2O_3, 1,43 Kalk, 2,60 Natron, was zweifellos für Gemengesteine spricht.

Gemengesteinchen im Bleikristallglas. In einer Bleikristallglasfabrik trat in allen Bleiglashäfen eine große Anzahl von Steinen während der Verarbeitung der Glasmasse auf. Da als Schmelzsand ein Gemisch von normal körnigem mit wenig grobkörnigem Sand verwendet wurde, führte die Fabrik die Steinchen darauf zurück, daß der gröbere Sand sich nicht vollständig löse. Die Steinchen traten auf, wenn die Häfen leer gearbeitet wurden. War ein Hafen in der vorhergehenden Schicht nicht ganz leer gearbeitet, so traten in der nächsten Schicht keine Steine auf. Die Steinchen erschienen mehr oder weniger opak, unregelmäßig geformt, 2 bis 5 mm stark, von eigentümlicher, sehr flach gedrückter Gestalt. Die Analyse der möglichst sauber aus dem klaren Glas herausgearbeiteten Steinchen ergab eine Zusammensetzung, die der des Glases sehr nahe lag. Schamottesteinchen kamen also nicht in Frage, ebensowenig Entglasung, wie im Mikroskop festgestellt wurde. Demnach handelt es sich um nicht voll durchgeschmolzenes Gemenge.

Entglasungssteinchen im Bleikristall. Die Ausscheidungen traten beim Abstehen des Glases auf. Die mikroskopische Untersuchung zeigte Kieselsäureentglasung in Form von Christobalit. Dieser Befund wurde beim erneuten Erhitzen auf 850 bis 900°, wobei der Christobalit sich aufzulösen begann, bestätigt. Einzelheiten über die angeführten Erfahrungen sind in den zitierten Originalarbeiten nachzusehen.

Steiniges Wannenhohlglas. Eine Glasfabrik hatte eine Weißhohlglaswanne frisch in Betrieb genommen; allein von Anfang an wurde beobachtet, daß die Steine des Wannenbeckens stark ausgefressen wurden; nach 2 bis 3 Wochen war das geschmolzene Glas so stark mit Steinen durchsetzt, daß eine Verarbeitung nicht mehr möglich war und die Wanne zum Auslaufen gebracht werden mußte. Das verwendete Gemenge ist in untenstehender Zusammenstellung unter a) wiedergegeben. Es ist zwar etwas weich, d. h. ziemlich reich an alkalischen Flußmitteln, enthält aber keine stark lösenden Stoffe wie Glaubersalz oder Fluorsalze in größerer Menge, so daß die starke Zersetzung der Wannensteine dadurch nicht erklärt werden kann; aber es zeigte sich, daß die Steine im Glase von losgelösten Teilen der Wanne herrührten; denn die chemische Analyse eines Steines aus dem Glase ergab einen sehr hohen Tonerdegehalt und keinen Kalk (s. unten unter c). Endlich sprach die Untersuchung der Wannensteine selbst für ihre eigene Schuld an der starken Zersetzung; das Gefüge der Steine war ziemlich locker und porös, insbesondere aber enthielten die Steine die Schamotte in grober Körnung, bis zu etwa 5 mm Durchm., welche sich leicht aus dem Gefüge herauslösen. Dagegen war ein größerer Quarzgehalt nicht vorhanden, wie schon der äußere Befund und dann auch die chemische Analyse eines Wannensteines zeigte (s. unten unter b). Nach diesen Beobachtungen und Untersuchungen mußten die Steine im Glas bzw. das schnelle und starke Zerfressenwerden der Wanne hauptsächlich auf unrichtige Zusammensetzung, insbesondere zu grobes Korn der Wannensteine, zurückgeführt werden.

Steiniges Wannenhohlglas.

a) Zusammensetzung des Gemenges.

100,0 kg Sand	32,5 kg Soda
1,1 kg Tonerde	1,1 kg Glaubersalz
26,0 kg Marmormehl	1,1 kg Salpeter
5,3 kg Pottasche	

b) Wannenstein	Bestandteile	c) Glasstein
60,1	Kieselsäure	nicht bestimmt
39,0	Tonerde	31,5

Kritziges Kristallglas. Kurz erwähnt sei noch folgender Fall des Vorkommens feiner Steinchen, sogenannter Kritzer, in Kristallglas. Die Ursache wurde in der verwendeten Pottasche gesucht, zumal dieselbe in den Fässern hart und grobknollig geworden war und so mit ihr nur schwer ein gutes Gemenge hergestellt werden konnte. Die Untersuchung der Pottasche ergab, daß sie außer viel Feuchtigkeit einen großen Rückstand enthielt, und zwar, neben fein verteilter Kieselsäure, viel grobe Quarz- und Schamottekörner, welche jedenfalls das steinige Glas direkt verursachen konnten, soweit nicht auch die schlechte Mischung schuld war.

„Feuerweißes" Glas. Nach der Schilderung der Fabrik handelt es sich bei gewöhnlichen Flakongläsern um eine Entglasung in Form von Schlieren und Winden; der Glassatz enthält auf 100 Sand bei nur 12 Kalk etwa 40 Soda, dazu 1½ Salpeter und 1½ Glaubersalz. Der Ofen soll heiß gehen; das Schlieren tritt auch trotz sehr häufigen Wechsels der Näbel auf. — Nach diesen Erklärungen und insbesondere nach der Untersuchung des Glasfehlers mußte derselbe als Arbeitsfehler bezeichnet werden. Denn die matten weißen Streifen erwiesen sich unter dem Mikroskop nicht als Entglasung, sondern als ein Schleier feinster Bläschen, die ausgehend vom Kopf oder Hals der Gläser sich in deren Körper weit hineinziehen, also sogenannte Anfangsbläschen darstellen, die auch als „Feuerweiß" bekannt sind. Ihre Ursache ist im allgemeinen entweder auf die Verwendung zu wenig angewärmter Pfeifen zurückzuführen, deren Eisen dann bläst, oder auf zu starkes Rauchfeuer, wenn solches bei der Arbeit in den Ofen eingelassen wird, wobei sein Kohlegehalt sich auf die Pfeife und das angefangene Glas niederschlägt und ebenfalls bläst. Freilich konnte auch der zu weiche, mit Fluß- und Läuterungsmitteln überladene Glassatz zu nachträglicher eigentlicher Gispenbildung wenigstens von Zeit zu Zeit die Veranlassung geben. Deshalb wurde eine härtere Einstellung des Glassatzes empfohlen.

Anderer Fall von „feuerweißem" Glas. Es handelt sich um Weißhohlglas, das aus einer Stiefelwanne gearbeitet wurde. Die Erscheinung trat als feiner weißer Schleier auf. Das Glas trübte sich beim mehrfachen Anfangen auf dem Pfeifennabel. Die mikroskopische Untersuchung ergab nicht Bläschen sondern feste Teilchen. Demnach handelt es sich um Kristallisation: Entglasung, die durch die zu kalte Verarbeitung infolge des Stiefelbetriebes eingetreten war. Verbesserung: heißer verarbeiten!

Fehler infolge unzureichender chemischer Widerstandsfähigkeit der Kristallgläser. Hierzu wurde schon bei der Zusammensetzung des Bleiglases ein Fall leicht erblindender Bleikristallgläser näher besprochen. — Anschließend hieran seien noch die häufig auftretenden Flecken und Beschläge in hohlen Glasstopfen, besonders auch wieder bei Bleiglas, besprochen. Dieser Beschlag tritt erst später nach Tagen und Wochen auf, kann daher beim Sortieren des Rohglases nicht erkannt werden. Es wird vermutet, daß der Beschlag durch den Atem oder verunreinigte Luft, welche der Glasmacher einbläst, entsteht. — Die nähere Beobachtung und Untersuchung einer großen Zahl von Glasstopfen zeigt, daß der Fehler in Form von oft ganz regelmäßig verteilten zahlreichen, weißen, stecknadelkopfgroßen runden Flecken mit einer Art Kristallisationspunkt in der Mitte, manchmal auch in größeren Partien im Innern der Stopfen erscheint; bei einzelnen Stopfen sind die Flecken bereits zu Wassertröpfchen zerflossen. Bei der chemischen Untersuchung erweist sich der Beschlag als alkalihaltig, d. h. er besteht hauptsächlich aus den Alkalien des Glases, welche also nur durch den Angriff der Feuchtigkeit ausgewittert sein können. Als Ursache hiefür kann man wohl nur Feuchtigkeit durch den Atem der Glasmacher heranziehen. Zur Lösung der Frage, inwieweit die Zusammensetzung des Glases die Bildung desselben begünstigen könnte, wurde dasselbe analysiert und folgende Hauptbestandteile in runden Zahlen gefunden:

62 Kieselsäure, 1 Tonerde + Kalk, 22 Bleioxyd, 15 Alkalien (Kali).

Hieraus folgt, daß das Glas die durchschnittliche Zusammensetzung eines sog. normalen Bleikristalls besitzt und an der Entstehung des Beschlages eine direkte Schuld nicht trägt[1]).

Zersetztes Preßglas. Glasbecher, die nach Übersee versandt wurden, erhalten einen weißen Hauch; es sollte die Ursache hieran festgestellt werden, auch ob sie möglicherweise durch Seewasser gelitten hätten.

Der Beschlag erscheint unter dem Mikroskop in Form kleinster, stark gehäufter, sternchenartiger Kristallisationen; bei der chemischen Untersuchung reagiert er alkalisch und braust mit Säuren sogar schwach auf, also Auswitterung von kohlensauren Alkalien. Sehr auffallend ist, daß der weiße Hauch hauptsächlich auf der Innenseite der Becher liegt, gerade als ob sie beim Gebrauch von kohlensäurehaltigen Wassern angegriffen worden wären.

Die chemische Analyse des Glases ergab:

71,8 Kieselsäure, 1,2 Tonerde, 9,1 Kalk, 17,6 Natron,

also ein sehr weiches Glas.

Beschlagenes Kristallglas. Kristallgläser zeigten nach dem Überseetransport ebenfalls einen weißen Beschlag; sie waren aus folgendem Glassatz erschmolzen:

---

[1]) Vgl. auch E. Zschimmer, l. c. Sprechsaal **58** (1925), Nr. 36, S. 576.

Sand	100 kg
Kalkspat	17 „
Pottasche	24 „
Soda	12 „
Natronsalpeter	4 „

Als dem gleichen Glassatz noch 3,6 kg Mennige zugesetzt wurden, trat der Beschlag über den gleichen Umständen nicht mehr auf. — Die proz. Zusammensetzung beider Gläser berechnet sich zu etwa:

Altes, schlechtes Glas	Bestandteile	Neues, gutes Glas
73,8%	Kieselsäure	71,9%
0,5	Tonerde	0,5
7,1	Kalk	6,9
12,3	Kali	12,0
6,3	Natron	6,1

Man sieht also, daß gerade die Erscheinung des Beschlagens der Gläser beim Überseetransport sehr häufig auftritt, wobei auch verhältnismäßig hart eingestellte Gläser den erhöhten Anforderungen nicht genügen; hier ist vor allem auf möglichst trockenes Verpackungsmaterial zu sehen. Besonders oft macht man ganz allgemein und vor allem auch beim Überseetransport die Beobachtung, daß die Gläser auf der Innenseite starke Beschläge bekommen; ganz abgesehen davon, daß die Innenwandungen bei Hohlgläsern chemisch weniger widerstandsfähig sind, weil ihnen Feuerpolitur und Einwirkung der Kühlgase mangelt (siehe später), rührt der Fehler vielfach davon her, daß vom Waschen noch kleine Flüssigkeitsreste in den Hohlkörpern (Flaschen usw.) verbleiben und dann besonders bei erhöhter Temperatur das Glas zu zersetzen beginnen. Daher ist sorgfältigste Reinigung und Trocknung der Hohlgläser vor der Verpackung für längere Lagerung oder Überseetransport nötig.

6. Die Formgebung des geblasenen Weißhohlglases.

In den überaus mannigfaltigen Gestaltungsmöglichkeiten, ja in der Anpassung an jede Form, die dem geschmolzenen Glase eigen ist, wirkt sich die Sonderart des Glases am stärksten aus. Deshalb erscheint, noch mehr als der Techniker, der schaffende Künstler[1]) berufen, an der Spitze dieses Abschnittes die Reize unseres Werkstoffes hervorzuheben:

„Worin liegt der Geist und Sinn der Schönheit des Glases, worin besteht die in der Formgestaltung entscheidende, ästhetische Wesenheit des Werkstoffes Glas?“ Ein Nebeneinander mag darauf antworten: Eine Kugelhaube aus Holz gedreht, in Ton oder irgendwelchen anderen undurchsichtigen Stoffen geformt, ist ein Gebilde von äußerster Einfachheit, ohne sonderlichen Reiz; Licht und Schatten verteilen sich auf seiner Oberfläche in strenger, nüchterner Regelmäßigkeit, ihre allzu übersichtliche, einförmige Abstufung wirkt fast ärmlich und leer. — Dagegen die ganz gleiche Form in Glas, etwa eine schlichte Schale: welch eine Schönheitsfülle. Welch ein Blinken und Spiegeln, ein Leuchten und Funkeln. Licht dringt ein durch die schmalen Schalenwände, bricht sich hier und prallt dann zurück, strahlt wieder auf der Gegenseite. Kein anderer Werkstoff ist so unberechenbar launisch im Lichte, keiner bewegt und kompliziert so sehr selbst die einfachste Form; darum stört und beunruhigt es uns um so mehr, als bei irgendeinem anderen Werkstoff, wenn beim Glas der Künstler in der Formgestaltung unklar und unübersichtlich geworden ist. Der kreisrunde Gefäßquerschnitt, worin das Höchstmaß von Einfachheit, Regelmäßigkeit und leicht zu überschauender Klarheit liegt, ist daher beim Glas der schönste. Er ist auch technisch und praktisch am vorteilhaftesten, daher hat man an ihm auch durch alle Jahrhunderte festgehalten.

Schon aus dem innersten Wesen des Glases ergibt sich sonach die zwingende Notwendigkeit, die gesamte Form des Gefäßes so einfach, klar und übersichtlich als möglich zu gestalten; auch alle schmückenden Einzelheiten, welche ihm durch Kneifen,

[1]) C. Jäger und G. Fraunberger, Kunstgläser (1922).

Anlöten, Schleifen, Gravieren, Bemalen usw. gegeben werden, müssen dieser Forderung sich unterordnen. Auch die technischen Voraussetzungen drängen nach Einfachheit und Großlinigkeit der Gesamtform. Trotz aller Fortschritte vollzieht sich auch heute noch die Ausformung beim Qualitätsglas im allgemeinen durch Blasen, frei von der Pfeife oder im Model: Uralte Techniken, die keine komplizierten Gefäßformen vertragen. Für das freie Blasen vor der Pfeife ist der runde Querschnitt und der elliptoide Längsschnitt der natürlichste. Aber auch für das Blasen im Model ist der runde Querschnitt normal; denn ursprünglich und vielfach heute noch, und zwar gerade beim Edelglas verwendet man als Model Holzklötze, in welche die Form des Glasgefäßes hohl eingedrechselt ist. Schon daraus ergibt sich das Kreisrund des Querschnittes, welches weiterhin noch deshalb gefordert wird, weil der Glasbläser während des Blasens die Pfeife und mit ihr das werdende Gefäß in rasche Umdrehung versetzt, um dadurch die vollendetste Rundung und höchste Politur zu erzielen. Je einfacher, großliniger und harmonischer die Profilierung ist, desto schöner und sicherer bläßt sich die Form, desto gleichmäßiger in der Stärke wird die Glaswandung und desto leichter ist sie spannungsfrei zu kühlen; komplizierte Formen springen auch unfehlbar, wenn sie bemalt in der Glut der Muffeln gebrannt werden.“ —

Für die Betrachtung der beim Kristallglas geübten Gestaltungstechniken empfiehlt es sich, einerseits zwischen der Herstellung des Arbeitsstückes am Ofen von seiten des Glasmachers, der sog. Rohformgebung, und anderseits der sog. Feinformgebung oder Raffinerie des Glases, der ein großer Teil des Rohglases durch Schleifen, Gravieren, Ätzen, Bemalen und anderen Dekorationstechniken unterzogen wird, zu unterscheiden. Dazwischen schiebt sich oft noch ein dritter Verarbeitungsprozeß ein, nämlich die sog. Nacharbeitung des Rohglases durch Abschleifen oder Absprengen der Kappen, Zuschleifen oder Verschmelzen der hierbei entstehenden scharfen Ränder, Ebenschleifen der Böden usw. Es muß aber betont werden, daß bei manchen Techniken ein Teil des Kristallglases bereits am Glasofen von eigentlichen Glasmachern vollständig fertiggestellt und mit mannigfachsten Verzierungen versehen wird und höchstens noch die Nachbearbeitung der Ränder und Böden durchzumachen hat, während ein anderer Teil des Glases am Glasofen nur als Rohglas fabriziert und dann erst weiter im obigen Sinne veredelt (raffiniert) wird. Betriebstechnisch sind die Raffinerien vielfach mit der Glasfabrik verbunden. In anderen Fällen liefert die Glasfabrik nur das Rohglas an eigene selbständige Veredelungsanstalten (Glasschleifereien, Malereien usw.).

Die Rohformgebung des Kristallglases (Herstellung des Rohglases). Wie schon in den vorigen Ausführungen bemerkt, ist die Verarbeitung des Kristallglases in den wesentlichen Punkten noch die gleiche geblieben wie seit alten Zeiten. Während beim gewöhnlichen Hohlglas (Flaschenglas, Medizinglas, Wirtschaftsglas) die Maschine weitgehend ihren Einzug gehalten hat, geschieht die Fabrikation des Kristallglases sozusagen noch immer handwerksmäßig mit dem uralten charakteristischen Werkzeug des Glasmachers, der Glasbläserpfeife und einfachen Hilfsinstrumenten. Der Grund hierfür liegt darin, daß teils bestimmte Formen, besonders der kompliziert zusammengesetzten Ziergläser, mit der Maschine überhaupt nicht gearbeitet werden können, teils weil ganz allgemein der Glanz des Glases, auf den es besonders beim farblosen Kristall in erster Linie ankommt, darunter leiden würde. Nur in seltenen Fällen wäre auch die Maschinenarbeit wirtschaftlich von Vorteil, da sie nur dann sparsam arbeitet, wenn Riesenmengen derselben Art und Form auf einmal hergestellt werden sollen. Dieser Fall tritt nur selten beim Kristallglas ein, ja er widerspricht dem Sinne des Kristallglases, ein „Edelglas“ zu sein. Man versucht aber, trotz der Handarbeit wirtschaftlicher zu arbeiten, indem man z. B. unter Beibehaltung der alten Arbeitsteilung zwischen Meister, Gehilfen und Anfänger die einzelnen Werkstellen möglichst stark besetzt.

Werkzeuge und Formen. Das wichtigste Glasmacherwerkzeug ist wie beim gewöhnlichen Hohlglas die Glasbläserpfeife, auch nach Form und Größe dem dort verwendeten Instrument gleichkommend. Dazu kommen dann verschiedene, auch dort teilweise schon gebräuchliche Hilfswerkzeuge wie Vorstreicheisen (Richteisen, Zwackeisen), Auftreibeisen, Hefteisen, Scheren, Zangen, Wallholz; diese Instrumente sind allerdings, besonders für die Herstellung der verschiedenen Gläser, sehr mannigfaltig, sodaß auf Einzelheiten gar nicht eingegangen werden kann.

Glasbläserpfeifen speziell für Kristallglas zeigen die beiden folgenden Skizzen (Abb. 1185 und 1186).

Hilfswerkzeuge speziell des Kristallglasmachers zeigen die folgenden Abbildungen 1187—1196.

Abb. 1185 und 1186. Glasbläserpfeifen für Kristallglas.

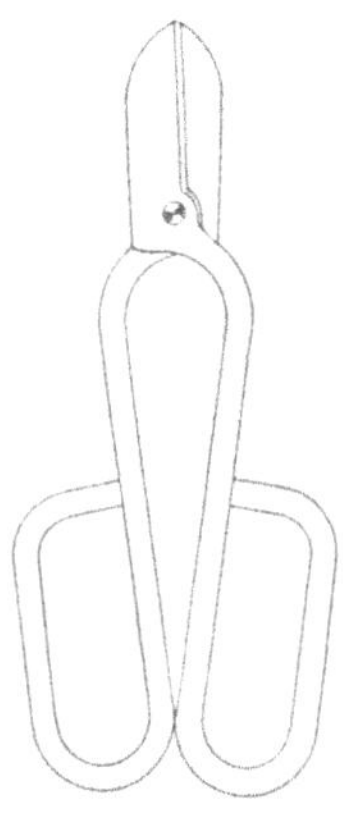

Abb. 1187. Abschneidescheren.

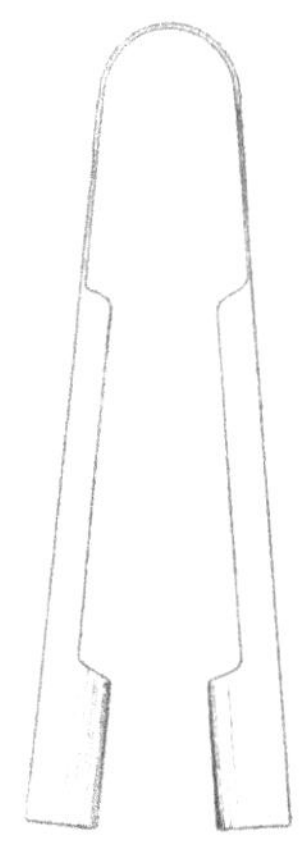

Abb. 1188. Stielschere.

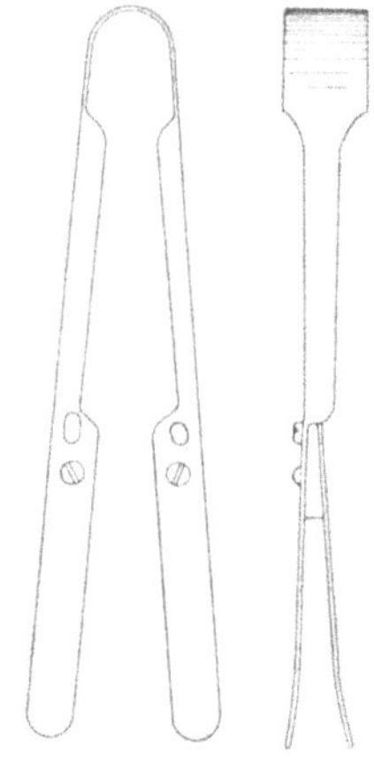

Abb. 1189. Einfache Bodenschere.

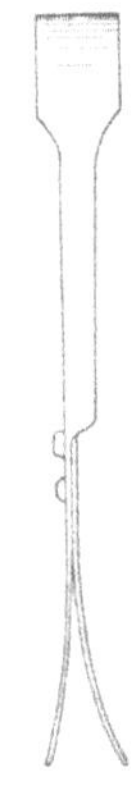

Abb. 1190. Doppelte Bodenschere.

Abb. 1191. Weiten-Schere.

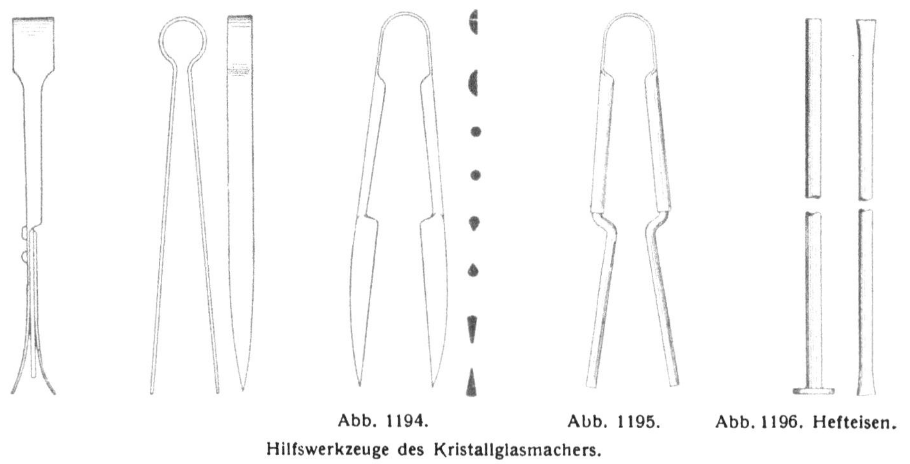

Abb. 1194. Abb. 1195. Abb. 1196. Hefteisen.

Hilfswerkzeuge des Kristallglasmachers.

Hiermit ist die Reihe der Werkzeuge, die in Weißhohlglasfabriken gebraucht werden, nicht erschöpft; aber für die Anfertigung der meisten hierher gehörigen Gläser dürften sie wohl genügen, außerdem haben die meisten Glashütten ihren eigenen Hüttenschmied, der besonders geartetes Werkzeug nach Angabe des Meisters herstellt.

Die Formen für Kristallglas bestehen seit der ältesten Zeit aus Holz; heutzutage sind aber auch für Kristallglas die Metallformen in großen Mengen in Gebrauch, ferner hat man Formen aus Kohlenmasse (Retortenkohle) sowie aus Kunststeinmasse hergestellt.

Am besten bewähren sich auch heutzutage noch für Kristallglas die Holzformen, weil in ihnen sein Glanz am schönsten erhalten bleibt; denn das glühend heiße Glaskülbel, das in die Form gebracht wird, entwickelt an den inneren Flächen der Form Wasserdampf und Zersetzungsgase, die wie ein Luftpolster der werdenden Form sich anschmiegen und die „Feuerpolitur" zu schönster Entwicklung bringen. Natürlich hat dieser Vorgang den Nachteil zur Folge, daß sich die Holzformen rasch abnützen. Sie brennen gewissermaßen aus, so daß darin geblasene Gegenstände nicht immer die gleiche Größe bekommen. Besonders rasch ist die Abnützung bei der Herstellung dickwandiger Gegenstände. Für Holzformen eignen sich am besten Linde, Pappel, Erle, also jene Hölzer, welche eine weiche Kohle liefern, die die Bildung des Oberflächenglanzes nicht stört; dagegen ist Buchenholz zwar haltbarer, aber es gibt wegen seiner härteren Kohle oft Veranlassung zur Bildung von Formringen an den Gläsern.

Unter den Metallformen sind am meisten gebräuchlich die Gußeisenformen; wie schon erwähnt, sind sie viel länger haltbar als die Holzformen, auch vermag man heutzutage in ihnen durch Gebrauch von guter Formenschmiere, Einstellen von Strohhalmen usw. beim Einblasen ein schönes weißes Glas mit gutem Glanz zu erzielen. Diese Einlagen wirken ähnlich wie die Innenfläche der Holzformen. Formen aus Messing oder Nickeleisen kommen seltener in Verwendung.

Idealsten Oberflächenglanz gibt das freie Aufblasen in der Luft. Da dies bei unserer heutigen Technik nur selten angewandt wird und fast ausnahmslos zu Formen gegriffen werden muß, müssen Holz- und Kohleformen als die besten gelten. Wegen der schnellen Abnützung dieses Materials kommen die Metallformen in erster Linie in Frage, darunter, weil am billigsten, vor allem die Eisenformen, obwohl Messing- und Bronzeformen viel besser sind, so daß vor allem eine Verbesserung der Eisenformen durch entsprechende Legierungen (s. alitiertes, d. h. mit Aluminium behandeltes Eisen der Firma Krupp-Essen und ähnliche Spezialstoffe) anzustreben ist.

Nähere Ausführungen hierüber s. bei Preßglas-Formen, wo diese Frage noch viel wichtiger ist.

Die Einrichtung einer vollständigen Glasmacherwerkstätte für Kristallglas ist ähnlich wie beim gewöhnlichen Hohlglas; sie besteht aus dem Arbeitsgestell mit Wassertrog und Scherbenbehälter, sowie dem Motz- und Wucherklotz zur Vorformung des Glaspostens; für die besonders beim Kristallglas noch häufige Stuhlarbeit ist meistens der Glasmacherstuhl für den Meister zum Fertigmachen der Gläser vorhanden. Vor der Arbeitsöffnung am Ofen befindet sich die Marbelplatte aus Schamotte oder Eisen, dazu der Drebbes zum Auflegen der Pfeife bzw. des Hefteisens beim Einwärmen der Gläser und eine ähnliche Vorrichtung zu demselben Zweck, der Pfahl, am Wassertrog.

Was nun die Formgebung des Glases selbst betrifft, so hat man ursprünglich das Glasstück vollständig freihändig ohne eigentliche Form nur mit Pfeife und dem Hilfswerkzeug am Ofen bezw. auf dem Glasmacherstuhl fertig gemacht; auch heutzutage wird diese Arbeitsweise teilweise noch angewendet und als „Stuhlarbeit" bezeichnet. Wenn aber die Herstellung eines Glases außer mit der Pfeife und den Hilfswerkzeugen auch noch durch Einblasen in eine Form erfolgt, so spricht man von der „Formarbeit", die heutzutage meistens angewendet wird; richtig gesagt, die heutige Arbeit in den Kristallhütten ist eine Verbindung von Stuhlarbeit und Formarbeit (vgl. Abb. 1197).

Abb. 1197. Vollbesetzter, moderner Kristallglasofen.

Arbeitsweisen. Die Herstellung der verschiedenen Kristallglassorten, insbesondere der Ziergläser, ist so mannigfaltig, daß es unmöglich ist, diese nach allen Richtungen und in allen Einzelheiten zu beschreiben, weshalb hier im folgenden nur charakteristische Beispiele herausgegriffen werden. Auch kann es nicht Aufgabe dieses Buches sein, die einzelnen Verfahren ausführlich oder in neuer Darstellung zu behandeln; sie sind in der Spezialliteratur dieses Gebietes [1]) schon oft eingehend geschildert worden.

Auch bei der nachfolgenden Darstellung wurden oft in den zitierten Büchern enthaltene Beschreibungen mit entsprechenden Abbildungen übernommen; alle Einzelheiten wolle man in den Originalwerken selbst nachsehen.

Herstellung eines Weinglases nach der Stuhlarbeit (Abb. 1198). Obwohl die reine Stuhlarbeit heutzutage nur mehr selten ausgeübt wird, weil sehr geübte Glasmacher nötig sind, soll doch an einem Beispiel dieses Verfahren gezeigt werden, und zwar an der Herstellung eines Weinglases mit Fuß, ein sehr begehrter Kristallglasartikel, für den auf vielen Fabriken oft mehrere Öfen ganz allein gehen; freilich wird heutzutage der Kelch des Glases meist in der Form geblasen, aber die

---

[1]) Vergleiche hiezu folgende Werke:

1. „Die Kunst der Glasmasse-Verarbeitung", von F. Fischer (1892);
2. „Zeitgemäße Herstellung, Bearbeitung und Verzierung des feineren Hohlglases", von R. Hohlbaum (1911);
3. „Der Schmuck des Glases", von H. Strehblow (1920);
4. „Die gebräuchlichsten Verzierungsarbeiten des Glases", von C. Jung. (Sonderdruck aus dem Sprechsaal **53** (1920), S. 107, 119, 129, 138, 145.

übrige Arbeit ist im wesentlichen die gleiche, besonders die charakteristische Formung des Stengels und Fußes. Gewöhnlich arbeiten drei Glasmacher zusammen, der Anfänger, der Gehilfe und der Meister.

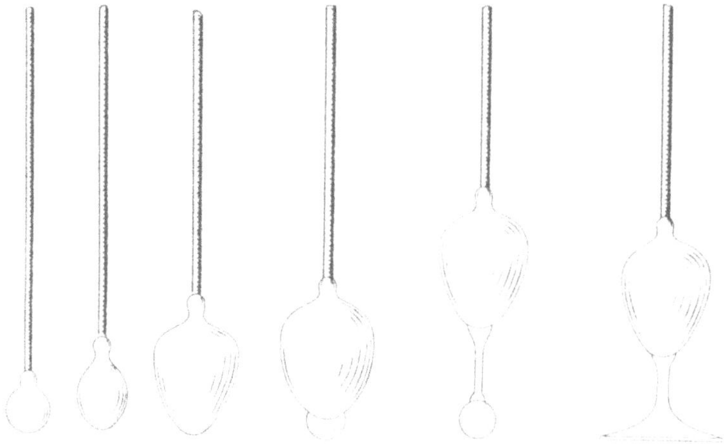

Abb. 1198. Herstellung eines Weinglases nach der Stuhlarbeit.

Der Anfänger fängt an der Pfeife das Glas an, marbelt es auf der Marbelplatte und bläst daraus das Külbel (*a*). Der Gehilfe nimmt darüber das nötige Glas auf, streicht es vor das Pfeifenende und engt es ein (*b*). Hierauf formt er es mit dem Wallholz vor und bläst den Kelch auf (*c*). Der Glasmacher fertigt endlich Stengel und Fuß des Kelches; hierzu nimmt er mit einem Eisenstab flüssiges Glas aus dem Hafen und setzt es an den unteren Teil des Kelches (*d*). Daraus formt er den Stengel mit der Stengelschere, indem er deren Enden an die Glasmasse leicht andrückt und unter Drehung zum Stengel auszieht (*e*). Um nun noch den Fuß herzustellen, bläst der Gehilfe an einer Pfeife eine kleine, starkwandige Glaskugel, heftet sie an den Stengel an und sprengt die Pfeife ab. Der Glasmacher wärmt die Kugel ein und treibt diese zum Fuß auf (*f*), indem er die Pfeife mit dem Kelch auf der Lehne des Stuhles rollt, das Auftreibeisen schräg in die Öffnung der Kugel hält und allmählich rückwärts drückt und verbreitert. Das Formen des Stengels und Fußes besorgt der Glasmacher, indem er auf dem Glasmacherstuhl sitzt, daher „Stuhlarbeit" genannt.

Herstellung eines Kruges nach der Formarbeit (Abb. 1199, *a*—*e*).

Nachdem wie vorher das Glas an der Pfeife angefangen wurde, bläst der Gehilfe unter Schwenken Luft ein, damit der Posten die Länge der Form erhält (*a*); dann wird das Glas unter fortwährendem Drehen an der Pfeife in die Form *b* eingeblasen. Hierauf wird der Glaskörper aus dieser gezogen, am Boden an ein Hefteisen genommen und von der oberen Kappe weggeklopft (*c*). Um die Mündung zu formen, wird diese durch Einwärmen erweicht, dann der Rand mit einer Schere gleichgeschnitten, verschmolzen, die Mündung aufgetrieben und der Ausguß ausgebogen (*d*). Zum Schlusse wird der Henkel angesetzt (*e*), indem der Anfänger an einem Eisen aus Glas einen Zylinder marbelt, welchen

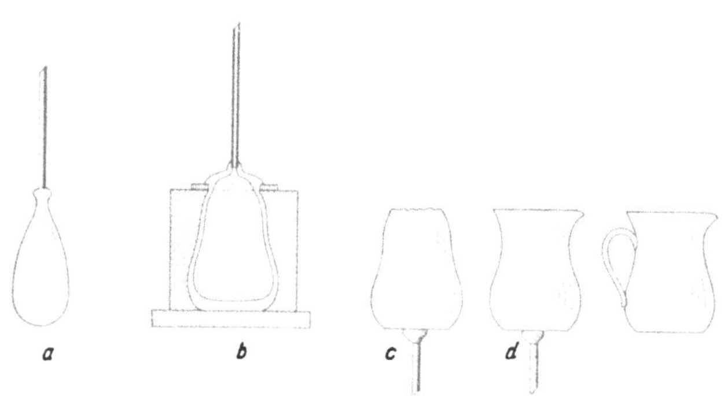

Abb. 1199. Herstellung eines Kruges nach der Formarbeit.

der Glasmacher an zwei Stellen an den Krug anpickt, formt und die überstehenden Teile wegschneidet. Bei billigeren Krügen benützt man keine offene, sondern eine geschlossene Form, sodaß am Krug keine Kappe entsteht und treibt die Mündung vollkommen auf.

Die rheinische und die böhmische Hohlglasmacherarbeit. Das Glasmachen nach der rheinischen oder deutschen Arbeitsweise ist, wie schon die Bezeichnung sagt, in Deutschland ausgebildet und sie wird auch von den deutschen Glasmachern fast ausschließlich festgehalten. Es machen hiervon nur die Hütten des bayerischen Waldes sowie einige schlesische eine gewisse Ausnahme, was wohl in beiden Fällen auf den Einfluß des engangrenzenden Böhmens zurückzuführen ist.

Der Glasmacher nach der böhmischen Arbeitsweise hingegen ist zumeist tschechischer oder anderer slawischer oder auch ungarischer Herkunft. Natürlich gilt aber auch hier wieder die oben angeführte, vermutlich auf Grenzeinflüsse zurückzuführende Ausnahme. Bei der Besprechung des Unterschiedes der beiden Arbeitsweisen kann hier nur das Hohlglas, der allerdings komplizierteste Teil der Glasmacherei, berücksichtigt werden. Weiter ist zu bemerken, daß beim Hohlglas nach der rheinischen Art fast nur Gläser guter Qualität, nämlich solche für schweren Schliff und ausnahmsweise auch Überfangrömer hergestellt werden; jedoch ist die Größe dieser Gegenstände dann beschränkt. Dagegen werden nach der böhmischen Art dieselben Kelche bis zu einer noch größeren künstlerischen Vollendung ausgeführt. Neben Kelchen werden aber nach letzterer Art alle anderen Artikel, z. B. die schweren geschliffenen Bleikristallgläser wie Kompotteller, Krüge, Karaffen, Becher, Vasen usw. gemacht, also im ganzen Gegenstände von größeren Ausmaßen.

a) Die Zusammenstellung und der Arbeitsgang einer rheinischen Werkstelle:

1. Ein Gehilfe bläst den Kelch (Oberteil) und zwar am vorteilhaftesten in einer eisernen, andernfalls in einer hölzernen Form. Letztere muß aber, was wesentlich ist, mit einer Kappe versehen sein, welche oben je nach Größe nur eine Öffnung (Hals) von 2,5—4 cm hat. Die Form ist infolgedessen auch immer zweiteilig. Ein mechanisches Trittwerk mit Wasserkühlung dient dem Gehilfen für die Abkühlung der Form, sowie auch für deren Auf- und Zuklappen. Die Glasmacherpfeife nach der rheinischen Art ist dicker als die der böhmischen und ist außerdem noch am unteren Ende mit einem nach unten stärker werdenden Ansatz, dem Nabel, versehen. Mit dieser Pfeife fängt der Gehilfe die nötige Glasmasse für den Kelch auf einmal an, d. h. ohne vorher ein Külbel zu machen, formt das flüssige Glas auch weiter nicht, sondern wälzt dasselbe auf einer gußeisernen Platte zu einem kleinen, dickwandigen Zylinder, bläst es dann etwas auf und geht hierauf damit in die beschriebene Form, um es darin fertigzublasen und dem Meister zu übergeben. Der rheinische Gehilfe arbeitet also alles über den Nabel der Pfeife.

2. Der Meister übernimmt vom Gehilfen die Pfeife mit dem daranhängenden Kelchoberteil und macht daran Stengel und Fuß, was in sitzender Stellung auf dem Glasmacherstuhl erfolgt. Der Stuhl ist eine gewöhnliche Sitzbank mit zwei, etwa 20—25 cm hohen horizontalen Lehnen, auf welchen die linke Hand des Meisters die Pfeife mit dem Glas in rotierende Vor- und Rückbewegungen versetzt. Und so wird von dem Meister je ein abgeschnittenes Stückchen flüssiges Glas zuerst zum Stengel und dann zum Fuß geformt. Der Meister kommt also während seiner ganzen Arbeit mit dem Ofen selbst fast gar nicht in Berührung. Die Handwerkszeuge des Meisters sind: Eine Abschneidschere, eine Knopfschere, eine Fußschere zur Formung des Fußes und zuletzt eine Schablone, um die richtige Größe des fertigen Kelches festzustellen.

3. Der „Kaier" fängt mit einer dünnen, massiven Eisenstange das nötige Quantum Glas für Stengel und Fuß im Hafen an und bringt es dem Meister zu.

4. Ein Junge trägt das fertige Glas zur Abkühlung in den Kühlofen.

Eine kleine Ausnahme macht der rheinische Doppelstuhl. Es bleibt hierbei alles genau wie vorher, nur daß derselbe mit zwei Meistern arbeitet, wovon der eine den Stengel und der andere den Fuß des Kelches macht. Auch Doppelstühle mit noch anderen Zusammenstellungen und mehr Personal sind zu finden, was im einzelnen zu erörtern zu weit führen würde.

b) Die Zusammenstellung und der Gang einer böhmischen Werkstelle:

1. Der Külbelmacher fängt, ganz gleich für welchen Artikel, ob Kelch, Krug, Vase usw., mit der böhmischen Pfeife ein Quantum Glas, je nach Art und Größe des herzustellenden Gegenstandes, an und bläst es zu einer entsprechenden größeren oder kleineren Kugel auf, die der Glasmacher Külbel nennt. Er läßt es fast erkalten und gibt es dem Gehilfen.

2. Der Gehilfe nimmt die Pfeife mit dem besagten Külbel und fängt darüber je nach Größe des Artikels ein weiteres Quantum Glas an, formt es mit dem Wallholz zylindrisch oder anders, je nachdem die Form des herzustellenden Gegenstandes es gebietet. Dazwischen bläst er auch hin und wieder in die Pfeife, um die der Form annähernde Größe zu erreichen. Ist diese rohe Formung fertig, so geht er mit dem Glas in die Form. Diese ist entweder von Eisen oder auch vielfach von Birnbaum- oder Buchenholz und im Gegensatz zu der rheinischen ohne Kappe. Die böhmische Glasmacherpfeife ist ein glattes, stählernes Rohr von etwa 10—20 mm Durchmesser, sie ist ohne jeden Ansatz und wird nur für schwere Artikel das obere Drittel mit einen Holzgriff bekleidet. Der Gehilfe arbeitet also alles wie geschildert über das Külbel.

3. Der Meister übernimmt die vom Gehilfen geblasene Form und macht den Gegenstand fertig. Beim Kelch selbst legt er mit einem Hefteisen etwas Glas an und formt daraus den Stengel; aus einem zweiten, an das untere Ende des Stengels genau so angelegten Stückchen Glas, macht er den Fuß. Bei aufgetriebenen Artikeln wie Krügen, Karaffen usw., ist die Arbeit des Auftreibens und des Henkelmachens die des Meisters. Bei gewöhnlichen Gläsern, Bechern, Vasen usw. arbeitet er genau so mit wie oben der Gehilfe. Der böhmische Meister steht also im Gegensatz zum rheinischen während jeder seiner Arbeit mit dem Ofen selbst dauernd in engster Berührung.

4. Ein Junge hält die Form und gibt sie dann wieder ins Wasser und trägt den fertigen Gegenstand zur Abkühlung weg.

Im großen und ganzen läßt sich also zusammenfassend sagen: Der rheinische Glasmacher arbeitet Alles über den Nabel, der böhmische Glasmacher dagegen Alles über das Külbel. Der rheinische Gehilfe bläst in eine Form mit Kappe, der böhmische in eine solche ohne Kappe. Der rheinische Meister läßt sich das Glas für Stengel und Fuß bringen und schneidet es ab, während der böhmische es sich am Ofen selbst anlegt. Die Arbeit des böhmischen Glasmachers erstreckt sich nicht nur auf Kelche, sondern auf alle anderen Gegenstände, sie ist weit vielseitiger und verschiedener Natur als die des rheinischen Glasmachers. Die Handwerkzeuge sind, obwohl bei beiden äußerst einfach, so doch auch bei beiden verschieden.

Eigenschaften der Arbeitsweisen. Handelt es sich um die Anfertigung von Kelchen im großen, so wird die rheinische Arbeitsweise vorgezogen. Handelt es sich um die Produktion von anderen Hohlglasartikeln mit wenig oder gar keinen Kelchen, so wird die böhmische Arbeitsweise angewendet.

Eine rheinische Werkstelle mit einfacher Besetzung leistet besonders in Kelchen etwa 25% mehr als eine entsprechende böhmische Werkstelle; der Vorteil wirkt sich einerseits im Lohn, anderseits in der besseren Ausnutzung der Hafen aus. Daher ist die rheinische Werkstelle für Stapelware bzw. Massenartikel vorzuziehen. — Dazu kommt noch, daß die rheinische Arbeitsweise direkt um den Ofen, also auf der Bühne, weniger Platz benötigt, weil die Glasmacherbank mit dem Meister unten steht; daher ist es auch möglich, größere Quantitäten an Glas zu verarbeiten.

Gemusterte Gläser: Verwendung von Vorblaseformen und „optisch“ geblasenes Glas. Wollte man für alle Glasgegenstände, die mit gezierter Oberfläche geliefert werden sollen, passende Formen anschaffen, so wären große Kapitalien nötig, um so mehr, als die Mode auch die Glasfabrikation nicht unbeeinflußt läßt. Man stellt also gemusterte Gläser her, d. h. solche, welche an ihrer Oberfläche erhabene oder vertiefte Muster tragen, indem man den Glasposten in gemusterte Metallformen bläst oder bloß in eine gemusterte Vorblaseform einlegt und nachher in der eigentlichen Fertigform fertig bläst. Die Vorblaseformen sind, wie die Fertigformen, Metallformen, die mit Mustern versehen sind (vgl. Abb. 1200). Sie werden vorteilhaft aus Messing hergestellt, besitzen aber nicht die Endform des Gegenstandes, sondern stellen lediglich zylindrische, unten offene oder geschlossene Körper vor. Eine einfache Vorblaseform besteht aus einer Anzahl von senkrecht um einen Kreis angeordneter Eisenblechstreifen von 15—30 cm Höhe (s. Abb. 1201 u. 1202).

Bläst man in einen solchen „Vorbläser“ einen Glasposten ein, so zeigt er im Querschnitt z. B. die Form der Abb. 1201, d. h. das Glas weist acht von oben nach unten verlaufende Rippen auf, die bei seiner Weiterverarbeitung in der Fertigform nicht mehr verschwinden. Wird der Glaskörper, nachdem er dieser Vorblaseform entnommen ist, noch an der Pfeife gedreht, so werden die acht Rippen spiralförmig gewunden (Abb. 1202). Nun erst wird den so vorgeformten Glaskörpern, allenfalls nach nochmaligem Anwärmen im Ofen, durch Einblasen in die Fertigform ihre endgültige Gestalt erteilt, wobei die Außenfläche sich der Form anpaßt, also kantenlos wird, während die innere die Kanten behält. Solche mit Vorblaseformen erzeugte Gläser unterscheiden sich deshalb von den aus gemusterten Fertigformen hergestellten Gegenständen dadurch, daß bei ihnen die Verzierung nicht aus der Glasoberfläche heraustritt und keine scharfen, sondern verschwommene Umrisse auftreten. Die aus Vorblaseformen erzeugten Gläser werden in vielen Fabriken mit dem Namen „optisch" bezeichnet. Durch Vorsetzen der Bezeichnung des Musters ist das Dessin des Glases eindeutig bestimmt; so spricht man von carreau-optisch, wenn der fertige Gegenstand Vierecke zeigt. Andere Muster sind runde Walzen, Streifen oder Vierecke, dazu kommt noch das gedreht-optische Glas.

a

b

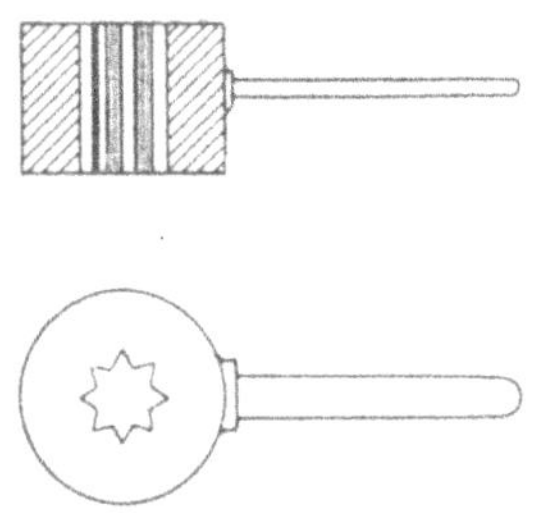

Abb. 1200. Massive Vorblaseform für „optisch" geblasenes Glas.

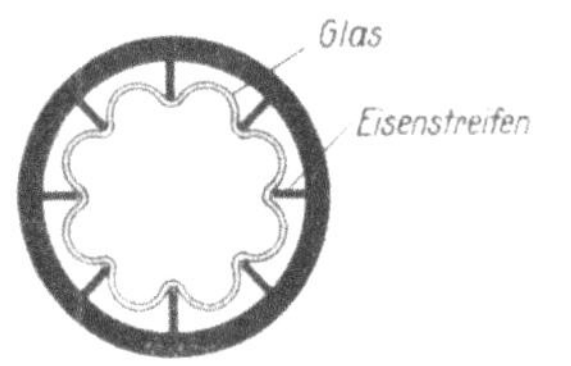

Abb. 1201. „Vorbläser" für „optisch" geblasenes Glas.

Abb. 1202. Vorgeblasener Körper, an der Pfeife gedreht.

Eine weitere Verzierungsart bilden die sog. „gelippten" Gläser, die einen in Wellen- oder Zickzack-Linien verlaufenden Rand aufweisen, den man Lippe nennt. Diese Art wird entweder freihändig oder mit Lippenkernen und Lippendrückern hergestellt; zahllos sind die Formen der Lippe und somit der entsprechenden Hilfsformen. Da diese Verzierungsart vor allem beim Beleuchtungsglas angewendet wird, so sei hier nicht näher darauf eingegangen, sondern dorthin verwiesen.

Auflegarbeiten und umsponnene Gläser. Bei den bisherigen Glasmacherarbeiten wurde die Verzierung des Glases nur durch Formänderung des Glaspostens erzielt, ohne daß weitere Glaspartien mit dem ersten Glasposten vereinigt werden. Nun seien einige Verzierungsarbeiten genannt, bei denen der Glaskörper während der Arbeit ein oder mehrere Mal mit weiteren, noch weichen Glaspartien verbunden wird; dies ist in erster Linie Handarbeit und wird mit den einfachen Glasmacherwerkzeugen hergestellt. In neuerer Zeit ist dazu vor allem für das Umspinnen des Glases die Spinnmaschine dazu gekommen.

Eine einfache Verzierung dieser Art ist die einfache Auflegearbeit.

Um den oberen Rand der noch heißen Glasvase wird ein Glaswulst gelegt, der durch Eindrücken einer Zinke des Zwackeisens in gleichen Abständen in mehrere Teile geteilt wird. Jeder derselben wird mit demselben Instrument in der Mitte gefaßt, ein wenig ausgezogen und der gebildete Lappen an die Vase gedrückt.

An anderen Gläsern werden besonders sog. „Nuppen" aufgelegt, vor allem an dem alten Weinglas, dem Römer, die entweder frei aus der Hand gebildet oder durch Metallstengel erzielt werden. (vergl. Abb. 1217)

Weiter lassen sich insbesondere mit Glasfäden die mannigfaltigsten Verzierungen auf dem Glase hervorbringen.

So z. B. wird an eine Schale am Fußrand (Abb. 1203) ein schnurdicker Faden angesetzt, und zwar in Form kleiner Schlingen, so daß sie einerseits als Zierde, anderseits als Fuß für das Glas dienen; ebenso gut kann man den oberen Rand der Schale schmücken. Durch verschiedenartige Anwendung dieses Verfahrens entstehen die Schlangenfaden- und Flügelgläser. Wird das Glas mit dünnen Glasfäden in vielen Windungen verziert, so spricht man von einem umsponnenen

Glas. Dabei können die Glasfäden farblos, opak oder verschiedenfarbig sein, ferner auf den Gläsern erhaben oder eingebettet, sowie das Glas spiralförmig umgeben oder verschieden verzogen sein. Das Umspinnen selbst ist entweder Handarbeit, wobei die Fäden meist etwas unregelmäßig verlaufen (wild umsponnenes Glas), oder Maschinenarbeit mittels der sog. Spinnmaschinen. Sollen die Fäden erhaben sein, dann wird das farbige Glas unmittelbar nach der Herausnahme aus der Form umsponnen, sollen die Fäden in der Oberfläche eingebettet sein, überspinnt man den Glasposten vor dem Einblasen in die Form. Grundglas und Spinnglas müssen wie beim Überfangglas in der Härte zusammenpassen.

Die Umspinnung einer Konfektdose mit erhabenen Fäden von Hand geschieht folgendermaßen (s. Abb. 1204, *a* und *b*): Der Gehilfe hat die Dose fertiggeblasen und an der Pfeife auf die Gabel des Arbeitstroges gelegt; der Meister hat inzwischen an einem Hefteisen etwas Spinnglas aufgenommen und einen spitzzulaufenden Zylinder daraus hergestellt. Während nun der Gehilfe das Glas entsprechend dreht, pickt der Meister den weichen Zylinder mit der Spitze an das

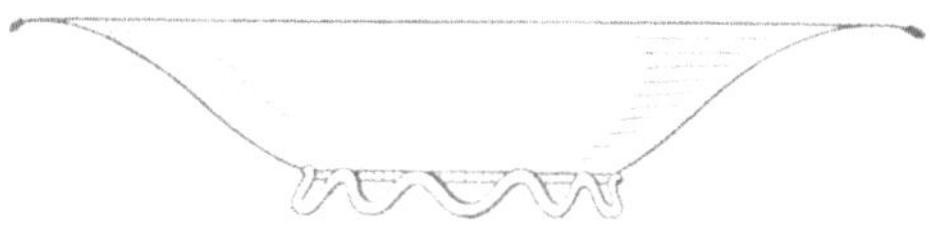

Abb. 1203. Schlangenfadenglas.

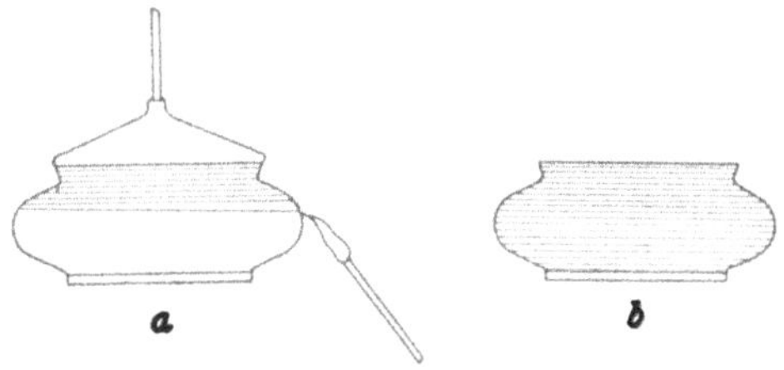

Abb. 1204. Umspinnen einer Konfektdose von Hand.

Glas an, wodurch sich fortlaufend ein Glasfaden abzieht und um den Glaskörper legt (*a*); so entsteht die fertige Dose (*b*). Gleichmäßiges Umspinnen nach dieser Art erfordert sehr viel Geschicklichkeit, sicherer und schneller geht es mit der Spinnmaschine.

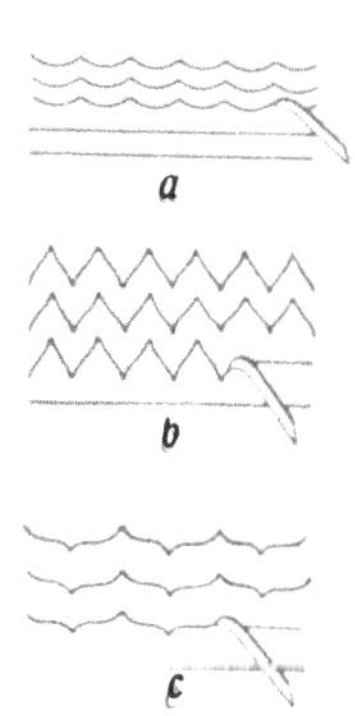

Abb. 1206 *a—c*. Herstellung von Schuppen- und Zickzack-Mustern.

Die Spinnmaschine (Abb. 1205) besteht aus einem horizontal gelagerten Eisenrohr *W*, das an einem Ende ein 20—30 cm langes Schraubengewinde trägt, das Lager *L* ist als Schraubenmutter zur Drehung des Eisenrohres ausgeführt. Das andere Ende des Rohres trägt eine Schnurscheibe S_1, die lose auf dem Rohr sitzt und ihre Rotation dem Rohre durch einen Stift übermittelt, der mit S_1 fest verbunden in einem Schlitze *s* derselben steckt. Die Schnurscheibe S_1 wird durch das Handrad S_2 mittels Kurbel bewegt; das ganze ist auf einem Gestell gelagert. Am anderen Ständer desselben ist ein sogenanntes „Volleisen" *v* zur Auflage des Spinnglases befestigt. In das Eisenrohr *W* kann die Glasmacherpfeife *p* mit dem zu umspinnenden Körper eingeschoben und mit der Stellschraube *F* festgeklemmt werden. Ist das geschehen, so legt man das an einem Hefteisen aufgenommene Spinnglas in das Volleisen, heftet mit einem Zwackeisen einen Glasfaden an das eine Ende des Glaskörpers und dreht mittels des Handrades das Eisenrohr und somit die Pfeife mit dem Glaskörper so lange, bis der Faden am anderen Ende angekommen ist. Dann wird die Pfeife mit dem umsponnenen Glas herausgenommen und der Glasgegenstand nochmals „verwärmt". (vgl. auch Abb. 1216, *a* u. *b*.

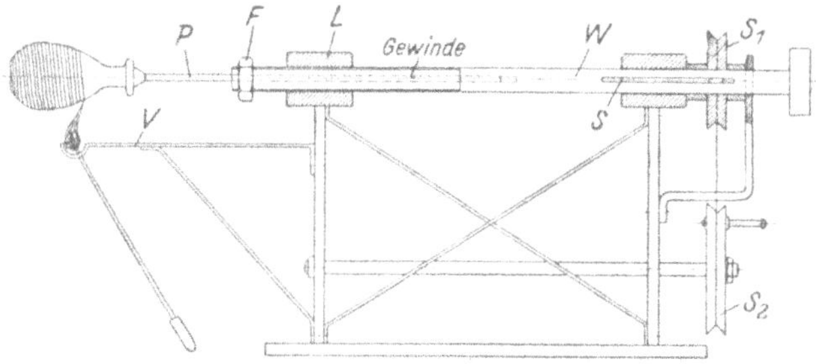

Abb. 1205. Umspinnen einer Vase mittels der Spinnmaschine.

Umsponnenes Glas kann man noch weiter bearbeiten, vor allem auch durch Verziehen der Fäden. Hierzu wird gleich nach dem Umspinnen das Glas nochmals gut eingewärmt und dann werden die Glasfäden mit einem Stahlhäckchen verzogen, z. B. in Schuppen- oder Zickzack-Mustern, wie beiliegende Abbildungen 1206, *a—c* zeigen.

Überfangglas. Die besondere Zusammensetzung der Überfanggläser sowie die Prüfung der Härte, d. h. ihr Zusammenpassen mit dem Grundglas wurde schon früher ausführlich erörtert (s. S. 1211). Das Grundglas ist meistens Kristallglas, das Überfangglas ein Farbglas; es kann aber auch das Grundglas schon ein Farbglas sein oder ein Grundglas mit mehreren, verschiedenfarbigen Schichten überzogen werden, außerdem kann der Überfang gleichmäßig oder verlaufend sein. Endlich spricht man von Außen- und Innenüberfang.

Bei der großen Bedeutung, welche das Überfangglas für die Glastechnik hat, muß dessen Herstellung ausführlich besprochen werden; denn einerseits spielt das Überfangglas besonders für die weitere Dekoration in den Glasschleifereien und Ätzereien eine große Rolle, anderseits werden einzelne Farbgläser, wie z. B. Gold- und Kupferrubin oder Silbergelb vorwiegend als Überfanggläser hergestellt.

In der Glasfabrik kann nun das farbige Überfangglas täglich in einem kleinen Hafen (Tiegel, Satzel) geschmolzen und auch direkt aus diesem verarbeitet werden, wenn man größere Mengen von Überfangglas braucht. Ist aber der Bedarf nur ein geringer und werden dafür sehr mannigfaltige Farben benötigt, so verwendet man

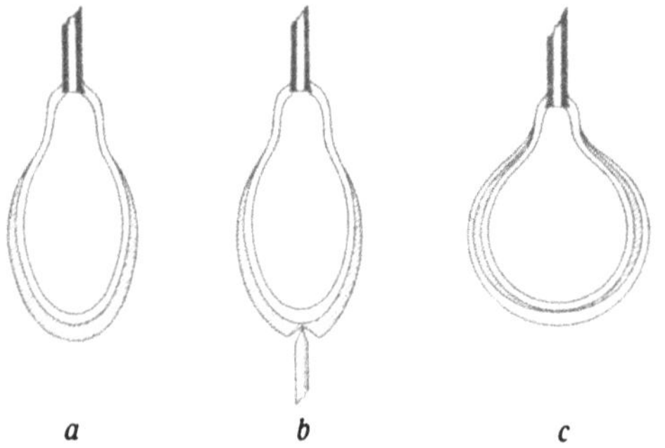

Abb. 1207. Verlaufender Überfang.

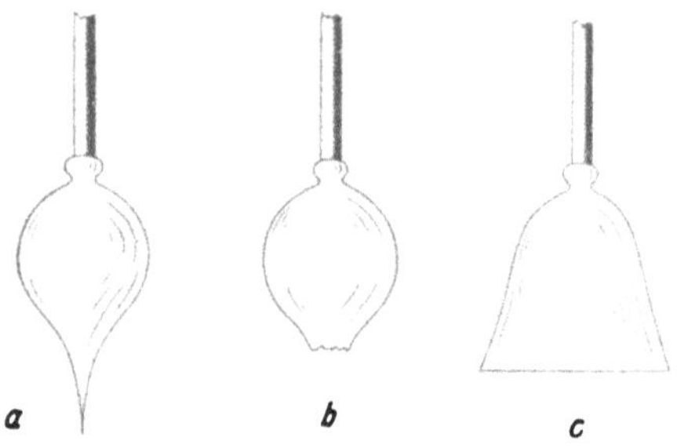

Abb. 1208 *a—c*. Trichterherstellung für Trichter-Überfang.

sog. Überfangzapfen, d. s. Glasstangen von 25—30 cm Länge und 3—4 cm Dicke. Diese werden entweder auf der Glasfabrik von Zeit zu Zeit aus dem Hafen geschmolzen, gearbeitet, gut gekühlt und nach Bedarf verwendet, oder sie werden heutzutage vielfach von Spezialfabriken bezogen, die sie in reichhaltiger Farbenskala von gleichbleibender Qualität und in der dem Grundglas angepaßten Härte liefern. Je nachdem nun das Überfangglas aus dem Hafen oder vom Zapfen gearbeitet wird, ist das Verfahren verschieden.

Überfang aus dem Hafen. Beim gleichmäßigen Überfang wird zunächst aus dem Kristallglas ein Külbel geblasen, dieses in das in einem besonderen Hafen geschmolzene Farbenglas gesteckt („überstochen"), dann darüber wieder Kristallglas aufgenommen und fertig gearbeitet. Danach liegt das Farbglas zwischen zwei Kristallglasschichten eingebettet. Die Ausführung der Arbeit ist die gleiche, wie sie aus den nachfolgenden Abbildungen für verlaufenden Überfang hervorgeht.

Auch beim verlaufenden Überfang (Abb. 1207 *a—c*) wird zunächst das Kristallkülbel mit Farbglas überstochen (*a*), dann unten mit einem spitzen Eisen ein Einstich gemacht (*b*), wodurch das Farbglas an dieser Stelle geschwächt wird. Bläst man nun nach abermaligem Überstechen mit Kristallglas weiter auf, so wird sich diese geschwächte Stelle erweitern, dagegen das Farbglas in der Mitte verdicken, nach oben und unten aber allmählich verlaufen (*c*). Der fertige Gegenstand erscheint somit abgetönt gefärbt.

Diese beiden Arbeitsverfahren ergeben den sog. Innenüberfang, bei dem die Farbglasschicht nicht an der Oberfläche, sondern im Innern des Glases liegt. Soll Außenüberfang aus dem Hafen erzeugt werden, so wird zunächst ein entsprechend großer Kristallglasposten vorgearbeitet, dann mit Farbglas überstochen und fertiggemacht.

Überfang vom Zapfen. Die Herstellung von Innenüberfang nach diesem Verfahren gestaltet sich folgendermaßen:

Zunächst wird der Überfangzapfen im Arbeitsloch des Ofens am Hefteisen teilweise erweicht und dann an das inzwischen vorbearbeitete Kristallglaskülbel eine kleine Partie des farbigen Glases angepickt, der Rest des Zapfens abgeschnitten. Das Külbel mit dem Zapfenglas wird nun gut eingewärmt, hierauf letzteres gleichmäßig am Külbel verteilt, dann wie vorher nach nochmaligem Überstechen mit Kristallglas fertiggeblasen.

Schwieriger gestaltet sich der Außenüberfang vom Zapfen; hierbei können zwei Arbeitsweisen unterschieden werden, nämlich der Trichterüberfang und der

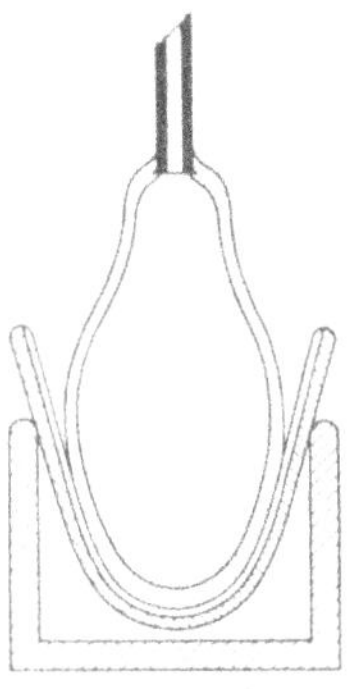

Abb. 1209. Trichter-Überfang.

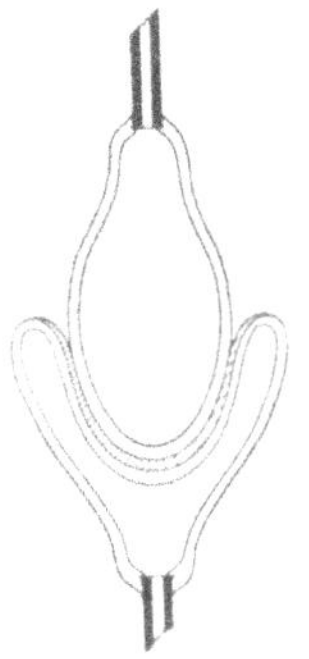

Abb. 1210. Hauben-Überfang.

Haubenüberfang. Der Trichterüberfang wird folgendermaßen ausgeführt (Abb. 1208 und 1209):

Aus Grundglas wird wie vorher ein genügend großes Külbel hergestellt, vom Zapfen überfangen und möglichst groß aufgeblasen; dieses wird an das Hefteisen genommen, eingewärmt und zu einem großen trichterförmigen Körper aufgetrieben, der die Farbglasschicht außen trägt (Abb. 1208 *a*—*c*). Derselbe wird vom Hefteisen getrennt, mit der Öffnung nach oben in eine geeignete Holzunterlage gestellt und nun in den Trichter ein Kristallglasposten eingeblasen, so daß er mit diesem verschmilzt (Abb. 1209). Schließlich wird das Ganze fertig gemacht. Oft ist der Trichter unten geöffnet, also ein abgestumpfter Kegel.

Der Haubenüberfang wird folgendermaßen ausgeführt (Abb. 1210):

Auch hier wird ein entsprechend großes Külbel mit Farbglas überfangen und aufgeblasen, dann nach starkem Erweichen des überfangenen Teils senkrecht nach oben gehalten, wodurch letzterer einsinkt. Dadurch entsteht ein doppelwandiges Gefäß, das zunächst wie der Trichter beim vorherigen Verfahren behandelt wird; nur muß schließlich die äußere Kristallglaswandung durch Abschrenken und Abschlagen entfernt werden, so daß das Überfangglas nach außen kommt. Freilich liegt letzteres hierbei nicht ganz in der Oberfläche, sondern ist von einer ganz dünnen Kristallschicht (des ursprünglichen Külbels) überdeckt.

Band- und Fadengläser; Gläser nach Venetianer Art. Hierher gehören Gläser, welche mit weißopaken oder verschiedenfarbig-opaken Bändern, Streifen und Fäden durchzogen sind. Zu deren Herstellung braucht der Glasmacher dünne Glasstäbchen (Fäden) aus verschiedenem opaken Glas; dieselben steckt er dann symmetrisch in einen kleinen Eisentopf und bläst nun einen Glasposten ein; die Stäbchen picken an und der Glasposten mit den anhaftenden Stäbchen wird nun wieder eingewärmt und kann dann zu einem beliebigen Glasgegenstand geformt werden, welcher die Fadeneinlagen in den verschiedensten Musterungen zeigt. Besonders die alten venetianischen Glasmacher hatten große Fertigkeit in der Herstellung solcher und noch viel komplizierterer Gegenstände; sie werden auch noch heutzutage von einzelnen bayerischen, böhmischen und schlesischen Glasmachermeistern in gleicher Vollkommenheit hergestellt. Auf die Einzelheiten der Fabrikation kann hier nicht näher eingegangen werden, es sollen nur die drei Hauptarten dieser Glasarten kurz beschrieben werden.

Retikuliertes (netzförmiges) Glas zeigt in seiner Masse ein netzförmiges Gewebe von opaken Fäden mit gleichen Maschen, davon jede eine kleine Luftblase einschließt (Abb. 1211). Bei der Herstellung werden zunächst durch Überfangtrichterarbeit aus farblosen Glastrichtern und weißen, regelmäßig darin verteilten Glasstäbchen konische Hülsen gewonnen, ähnlich wie beim einfachen Bandglas. Diese schiebt man dann entgegengesetzt ineinander, wobei nur beim Anwärmen und Aufblasen die Rippen an der Kreuzungsstelle verschmelzen, jedesmal eine kleine Luftblase einschließend.

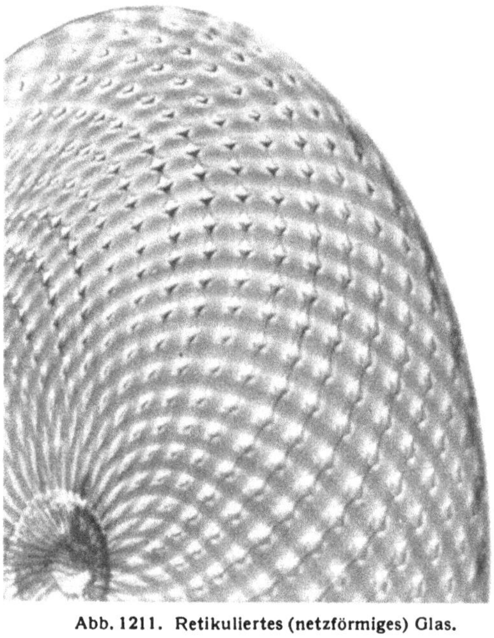

Abb. 1211. Retikuliertes (netzförmiges) Glas.

Abbildung 1212 zeigt eine mit blauen Fäden durchsponnene Schale, die in dieser Technik hergestellt ist und die Wirkung solcher Erzeugnisse deutlich zum Ausdruck bringt.

Faden- (Filigran-) und Spitzen- (Petinet-) Glas (Abb. 1213) ist ein meist farbloses Glas, das in mannigfaltiger Weise von zahlreichen, weißopaken oder bunten, feinen Fäden durchzogen ist. Zu seiner Herstellung werden zunächst farbige Glasfäden mit einem Glasklümpchen umgeben und unter Drehen ausgezogen, wodurch spiralförmig gemusterte Glasstäbchen entstehen. Diese werden nun in einer Zylinderform verschiedentlich verteilt und in dieselbe ein Glaskülbchen hineingeblasen, mit dem sie verschmelzen. Nach wiederholtem Drehen und Aufblasen, gegebenenfalls abermaligem Überfangen mit anderem Glas, erhält man die gewünschte Form.

Millefiori-(Tausendblumen-)Glas (Abb. 1214 und 1215) enthält in seiner Masse blumenähnliche Muster eingeschlossen. Die farbigen Plättchen sind Abschnitte von verschieden gemusterten Glasstäbchen, wie sie für das vorige Zierglas gebraucht werden; sie werden mit farblosem Glas überstochen und weiter aufgeblasen. (vergl. auch Abb. 1216).

Glasinkrustationen:

In einer farblosen Glasmasse können Reliefs oder ganze Figuren von silberglänzendem Aussehen eingeschlossen sein. Diese bestehen aus schwach gebranntem Ton; werden sie nun mit Glas überfangen, so tritt die in den Poren der Tonmasse noch eingeschlossene Luft in die Oberfläche der Figur und erteilt ihr durch Totalreflexion des Lichtes einen Silberglanz. Der Glaskörper erhält durch

Marbeln seine vorläufige, durch Schleifen seine endgültige Gestalt. In ähnlicher Weise können farbige Tier- und Pflanzenmuster wiederum aus Glas selbst in Glas eingeschlossen werden.

Perlmutter- und Brokatglas ist ein dunkel gefärbtes Glas mit Gold- oder silberglänzenden Flittern, welche nichts anderes sind als Einlagen von verschiedenen, farbigen Glimmer- oder auch schwerschmelzbaren Glasplättchen; die Herstellung geschieht ebenfalls durch Überfangarbeit. Nicht

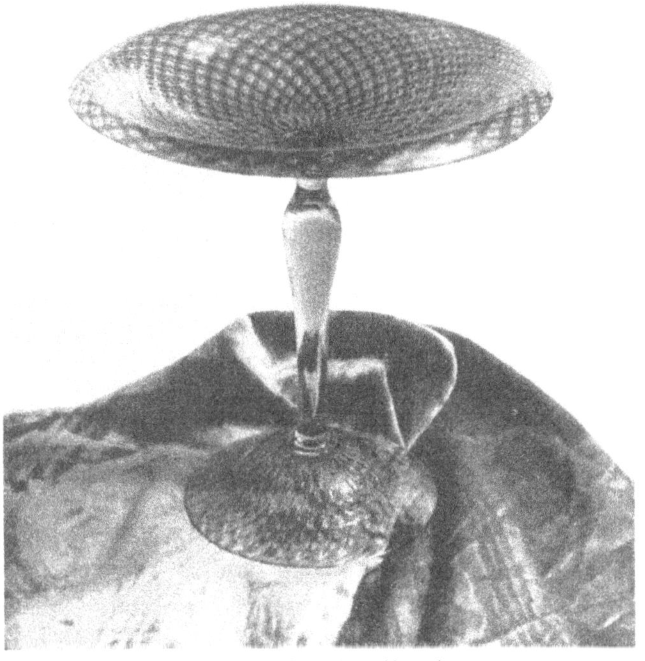

Abb. 1212. Sammlung Keppeler.
Retikulierte Schale aus Glasstäben und kobaltblauem Mittelfaden (Josephinenhütte-Oberschreiberhau).

zu verwechseln sind diese Glasarten mit den oft ähnlich aussehenden Aventuringläsern (siehe Kupfer- und Chromaventurin unter den Sätzen für rotes und grünes Glas).

Marmor- und Opalin-(Florett-)Glas. Das Marmorglas besteht aus einem opaken Grundglas, von verschiedenfarbigen Adern durchzogen. Zur Herstellung werden in das fertiggeschmolzene opake Grundglas vor Arbeitsbeginn verschiedenfarbige Glasstäbe von etwa 20—30 cm Länge und 2—5 mm Dicke gesteckt und in die Glasmasse eingerührt. Sie verschmelzen mit der Glasmasse, ohne sich in ihr eigentlich zu lösen, und erzeugen so die farbige Aderung. Grundglas und Glasstäbe müssen gleich hart sein, weil sonst das fertige Glas leicht springt. Mit reinem opaken Glas ohne Zuhilfenahme von Farbglas lassen sich auch schon mannigfaltige Verzierungen hervorrufen, welche auf der verschieden starken Ausscheidung des Trübungsmittels (meist Knochenasche) bei verschieden rascher Abkühlung beruhen. So kann

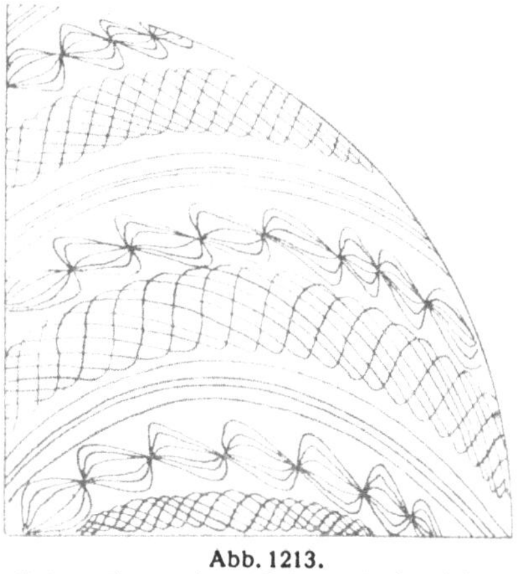

Abb. 1213.
Faden-(Filigran-) und Spitzen-(Petinet-)Glas.

z. B. das sogenannte Florettglas, d. i. ein transparentes Glas, mit erhabenen Musterungen aus opakem Glas durch Einblasen in passende Formen gewonnen werden.

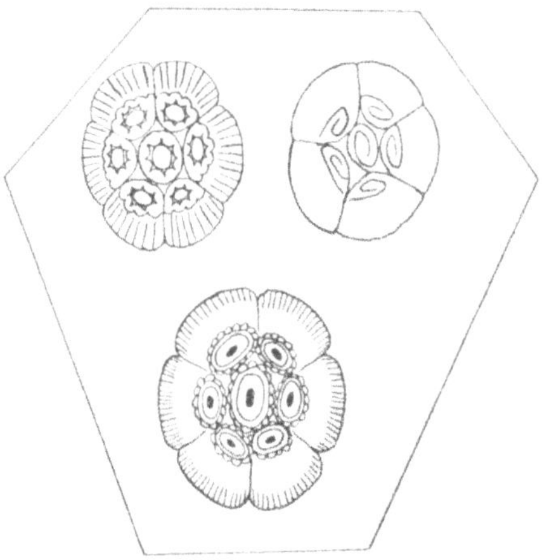

Abb. 1214.

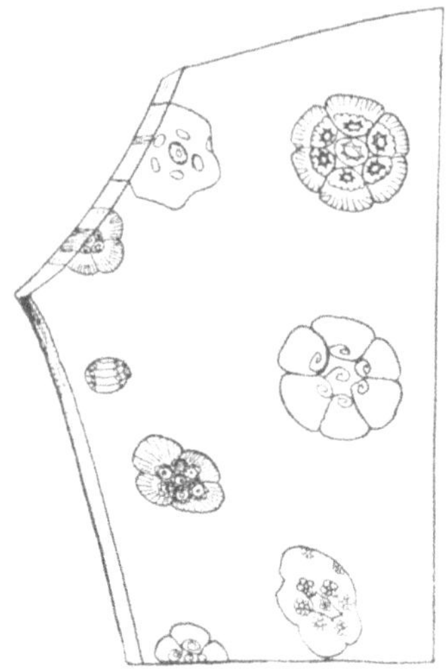

Abb. 1215.

Millefiori-(Tausendblumen-)Gläser.

Eis-(Craquele-)Glas, Krokodilglas, gekröseltes Glas.

Das eigentliche Eisglas, auch „geschrecktes“ oder „geschrenktes“ Glas genannt, mit zahlreichen feinen Rissen und Sprüngen durchsetzt, erhält man, indem man den Glasposten in feuchte Sägespäne oder direkt in Wasser eintaucht, wodurch er mehr oder weniger stark zerklüftet, und dann durch abermaliges Anwärmen diese Sprünge für den Zusammenhalt des Glases unschädlich macht und fertig arbeitet. Sehr grob kraqueliertes Glas heißt Krokodilglas. Man kann aber auch den noch weichen Glasposten durch Eintauchen mit grobkörnigem Glaspulver (Krösel) überziehen und dann fertig blasen (sogenanntes „Hütteneis“ zum Unterschied von „Malereis“, das erst nachträglich in den Glasmachermuffeln aufgebrannt wird). Andere Arten von Eisglas, nämlich das „geleimte Eisblumenglas“ und das „geätzte Eisglas“ siehe bei den Glasdekorationen.

Irisierendes Glas. In Nachahmung der antiken, bei Ausgrabungen gefundenen Gläsern bemüht man sich, deren natürliches, durch Zersetzung (vgl. Bd. I, S. 62 u. ff.) entstandenes und auf Interferenz des Lichtes beruhendes Irisieren (in verschiedenen Farben Schillern) auf künstliche Weise nachzuahmen; zu diesem Zwecke setzt der Glasmacher das fertige, aber noch rotglühende Glas an der Pfeife den Dämpfen von leicht zersetzlichen Salzen, besonders Zinnsalz aus, welche das Glas oberflächlich angreifen und somit im auffallenden Licht die „Farben dünner Blättchen“, den Irisschimmer, hervorrufen. Die Technik selbst wird in der sog. Irisiertrommel (Abb. 1216) gleich in der Glashütte ausgeführt. (Sog. „Hütteniris“ im Gegensatz zum „Maleriris“, d. s. Lüster; s. Glasmalerei!)

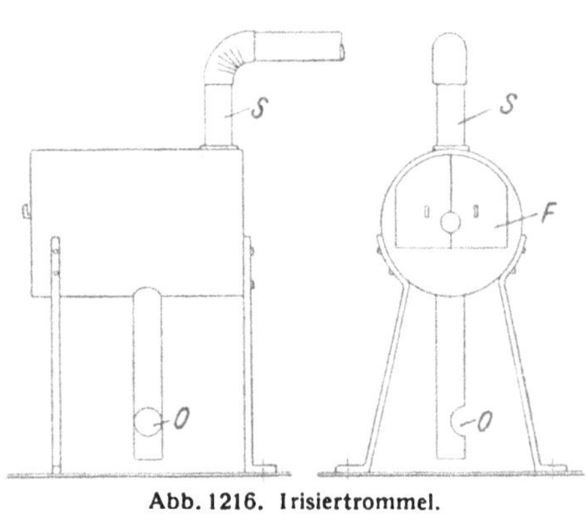

Abb. 1216. Irisiertrommel.

Die Irisiertrommel besteht aus einem wagerecht liegenden Eisenblechrohr von 40—60 cm Durchmesser. An einem Ende ist es durch einen Rohrstutzen *S* mit einem Abzug verbunden, am anderen Ende besitzt es eine doppelflügelige Tür *F* zum Einbringen des Glases. Es ist in der Mitte unten kreisförmig durchbrochen und ruht dort auf einem engeren Rohr E_1, welches unten seitwärts eine Öffnung *O* zur Einführung des Irisierlöffels hat. Soll ein Glas irisierend gemacht werden, so wird der

Löffel rotglühend gemacht, in die Öffnung geschoben und mit dem Irisiersalz gefüllt, das auf dem heißen Löffel zu verdampfen beginnt. Deshalb bringt man sofort das noch heiße Glas an der Pfeife in die Trommel über die aufsteigenden Dämpfe und setzt es unter fortwährendem Drehen etwa eine halbe bis eine Minute ihrer Wirkung aus, wobei Abzugsstutzen und Türe der Trommel geschlossen bleiben. Dann kommt das Glas in den Kühlofen; beim Mattiris wird es nochmals eingewärmt (Mattbrennen des Iris).

Als Irisiermischung dient hauptsächlich Zinnsalz unter Zusatz von kleineren Mengen Strontium- und Bariumsalzen; letztere sollen wegen ihrer roten bzw. grünen Flammenfärbung offenbar eine ähnliche Einwirkung auf das Glas ausüben, was aber sehr bezweifelt werden muß, da ja das Irisieren keine wirkliche Färbung, sondern nur eine Interferenzerscheinung des Lichtes ist. Zur Hervorbringung des Effektes genügt also chemischer Angriff, der in überaus dünnen Lagen durchsichtige Schichten veränderter Zusammensetzung erzeugt. Andere ähnliche Effekte, aber in der technischen Ausführung doch verschieden, können durch die Lüster und die Metallreflexfarben auf dem Glas hervorgebracht werden, wie bei der Glasmalerei näher zu ersehen

Abb. 1217. Verschiedene Gläser in Techniken nach Venetianer Art. (Glassammlung T. H. Hannover.)

a Bierglas aus Kalibleiglas, blaugrün (Eisenoxydulfarbe) „umsponnen" und mit einfachen „Nuppen" besetzt.
b „Fugger-Römer", apfelgrünes Kalibleiglas. Fuß dicht „umsponnen", mit Trauben-Nuppen.
c Farblose Schale in Kalibleiglas mit eingeschmolzenem „Millefioridekor". *e* Faden-Glasstäbchen zur Herstellung der Millefioritechnik.
d Flügelglas venetianischer Art. Farblos mit blauen, mit der Zange gezwickten Flügeln. In den Ranken des Stieles opak-weiße Fäden.

ist. Noch stärker tritt das Irisieren hervor, wenn man farbig umsponnenes oder krakeliertes Glas irisiert; besonders der Amerikaner Tiffany (Tiffany Glass and Decoration Co.) hat sich um die Herstellung der irisierenden Gläser bemüht, weshalb „Tiffany-Gläser" zur Gattungsbezeichnung für diese Art Gläser wurde, ohne daß die Nachahmungen die Schönheit der echten Tiffany-Gläser erreicht hätten. Unter den gegenwärtigen Fabrikaten fallen die ungewöhnlich stark irisierenden Erzeugnisse der Württembergischen Metallmanufaktur Geislingen a. St. besonders auf. Die kennzeichnende Erscheinung soll dadurch hervorgerufen sein, daß der zum Irisieren zu bringende Glasgegenstand zunächst mit einem metallischen Silberspiegel (vgl. S. 1279) überzogen und dann der Einwirkung von Salzdämpfen bei geeigneter Temperatur ausgesetzt wird.

Neuerdings wird das Irisieren (richtiger: „Irisierendmachen“) auch durch mechanisches Aufspritzen der irisierenden, flüssig gemachten Präparate ausgeführt. Man benutzt hierzu Zerstäuber, welche man sich aus Steinzeug- oder Glasflaschen auch selbst herstellen kann. Als Irisierflüssigkeit wird z. B. empfohlen[1]) eine Lösung von 2,5 kg Eisenchlorid, 350 g Zinnsalz und 140 g Sr-Nitrat in 5 l Salzsäure; je heißer die Gläser vom Ofen weg behandelt werden, umso dunkler wird die Goldfärbung.

Abb. 1217 stellt eine Reihe von Gläsern dar, deren Wirkung durch Glasmacherarbeit erzielt wird.

Auftreiböfen. Die Weiterverarbeitung des vom Anfänger aufgenommenen Kristallglaspostens erfolgt bei großen und kompliziert zusammengesetzten Gegenständen, welche ein wiederholtes Einwärmen benötigen, oft nicht in der Arbeitsöffnung des Schmelzofens, sondern in eigenen kleinen Auftreiböfen, wie solche insbesondere auch zur Herstellung des Preßglases dienen und dort näher beschrieben sind. Diese Verarbeitung des Glases an eigenen Öfen ist nicht bloß nötig wegen des wiederholten Einwärmens solcher Gegenstände, sondern weil am Schmelzofen infolge Schwefelgehalt des Gases sich bildende Beschläge auf dem Glas das Anhaften von angesetzten Glasteilen erschweren bzw. wieder zum Abspringen bringen (s. S. 1245 „Hüttenrauch“).

7. Die Kühlung des Kristallglases und die Kühlöfen.

Die Kühlung des Kristallglases erfolgt nach den allgemeinen Grundsätzen dieses Prozesses (Bd. I, S. 232). Es ist nicht nötig, das Glas ohne Rücksicht auf Dicke der Wandungen und die Härte möglichst lange im Kühlofen liegen zu lassen, sondern die Hauptsache ist, daß das Glas von einer bestimmten hohen Anfangstemperatur, obere Kühltemperatur, in bestimmten Temperaturabfall heruntergekühlt wird[2]). Das gilt natürlich insbesondere für dickwandiges Kristallglas (Schleifglas), ferner für reichlich angesetzte, d. h. aus mehreren Teilen zusammengesetzte Gegenstände und insbesondere auch für alle Arten von Überfanggläsern, bei welchen oft eine gute Kühlung vor manchem Schaden bewahrt, der infolge unpassender Zusammensetzung entsteht und vor allem bei weiterer Verarbeitung sonst auftritt. Gerade letzterer Punkt trifft allgemein für alle Gläser zu, die noch einer Veredelung durch Schleifen, Ätzen, Malen unterzogen werden, wobei sich oft erst die Fehler einer schlechten Kühlung durch Risse und Sprünge zeigen.

In der Weißhohlglasfabrikation werden die verschiedensten Formen von Kühlöfen verwandt. Dies ist in der Tatsache begründet, daß die Produktion sehr verschiedenartig ist. Wie schon angedeutet, erfordern besondere Gläser besondere Kühlung, aber auch einfaches Glas ist um so besser zu kühlen, je starkwandiger der Gegenstand ist. Auch von diesem Umstande hängt die Wahl der Kühlöfen ab. Einzelne Beispiele sind im folgenden gegeben:

Kammeröfen mit direkter Feuerung werden gewöhnlich in größerer Anzahl zu einer Gruppe vereinigt. Abb. 1218—1220 zeigen eine solche Ausführung. Jede Kammer erhält einen einfachen Planrost. Zum Abzug der Verbrennungsprodukte dient ein Ventil, „zum Pflegen“, d. h. zum Einbringen der zu kühlenden Gläser, die Einbringtür.

---

[1]) J. Siroky, Über das Irisieren des Glases. Sprechsaal **61** (1928), S. 1004.

[2]) Vgl. auch O. Knapp, „Praktische Anleitung zur Kühlung von Hohlgläsern“, Sprechsaal **61** (1928), S. 42, 62, 83.

Die Abb. 1221—1223 zeigen einen Kammerkühlofen für Weißhohlglas mit Gasfeuerung. Das Gas wird durch den Gaskanal *1* und je zwei mit Regulierklappen versehene Knieröhren in die beiden Brenner *3* einer jeden Kammer geführt. Der Durchmesser der Brenneröffnungen ist etwas größer als der Durchmesser der Knierohre, so daß durch den Zwischenraum zwischen Brenneröffnung und Gaszufuhr die notwendige Verbrennungsluft Eintritt findet. Der eigentliche Brennermund ist durch *4* bezeichnet. Die Verbrennungsgase ziehen durch das regelbare Ventil *6* in den Schornsteinkanal *7*. Diese Öfen bieten bezüglich des Brennmaterialverbrauches keinen Vorteil. Sie sind aber im Betrieb reinlicher und das Feuer läßt sich besser regeln, was der Qualität der erzeugten Ware zugute kommt.

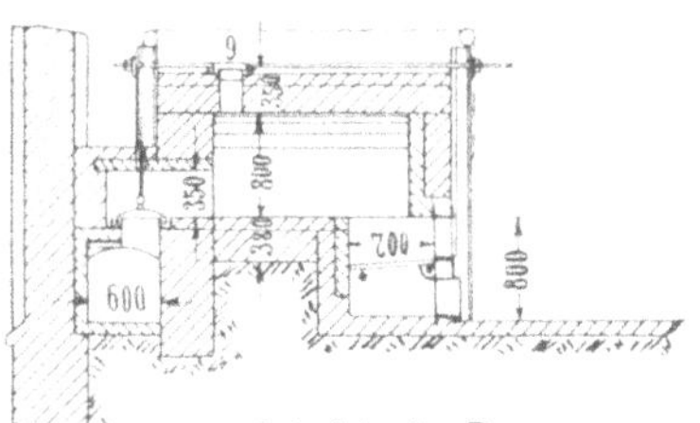

Schnitt: *A—B*.
Abb. 1218.

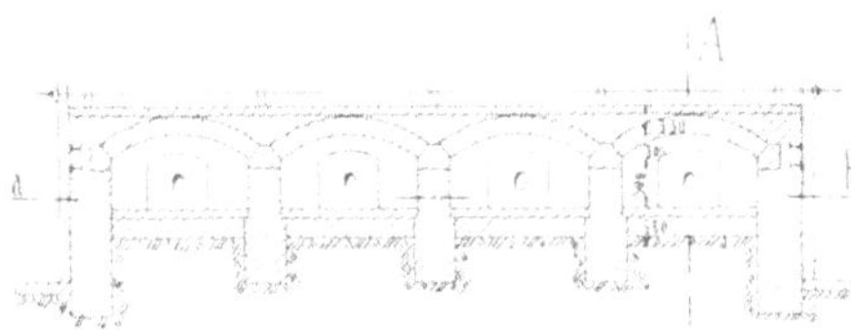

Schnitt: *C—D*.
Abb. 1219.

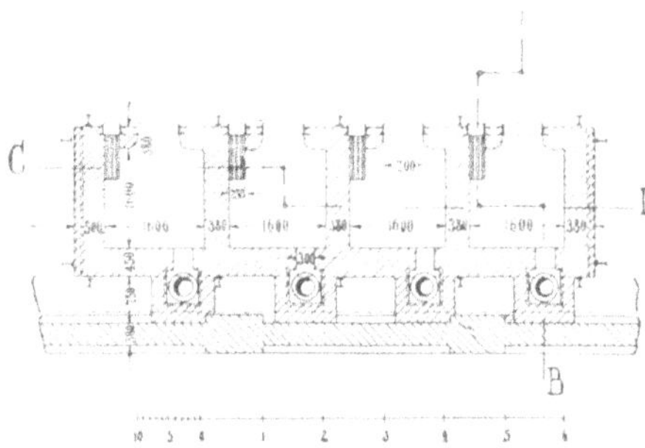

Schnitt: *a—b*.
Abb. 1220.

Abb. 1218—1220. Kammerkühlofen mit direkter Feuerung.

Je nach der Art des Betriebes können die eben skizzierten zwei Ofensysteme für intermittierenden und auch für kontinuierlichen Betrieb benutzt werden. Im ersteren Falle werden die zu kühlenden Gläser direkt in den Ofen gepackt, im zweiten Falle benutzt man sog. Kühltöpfe, packt die Gläser in diese und hebt die gefüllten Kühltöpfe mit einer eisernen Gabel heraus, stellt sie aufrecht auf den Hüttenflur, bedeckt sie mit einem Deckel und läßt sie so allmählich mit ihrem Inhalt abkühlen. Solche Kühltöpfe werden

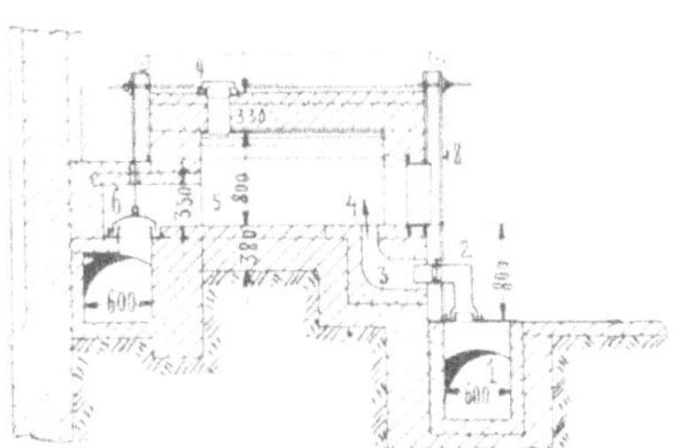

Schnitt: *A—B*.
Abb. 1221.

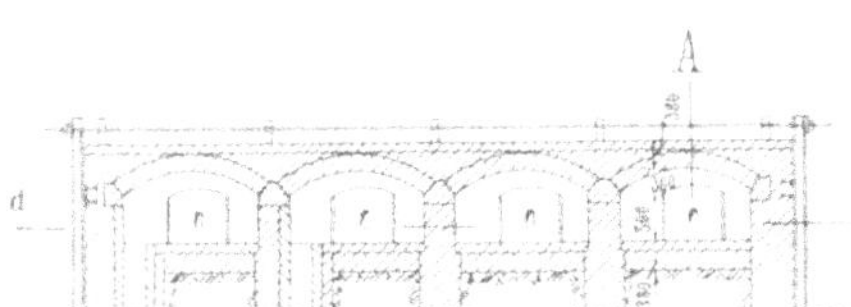

Schnitt: *C—D*.
Abb. 1222.

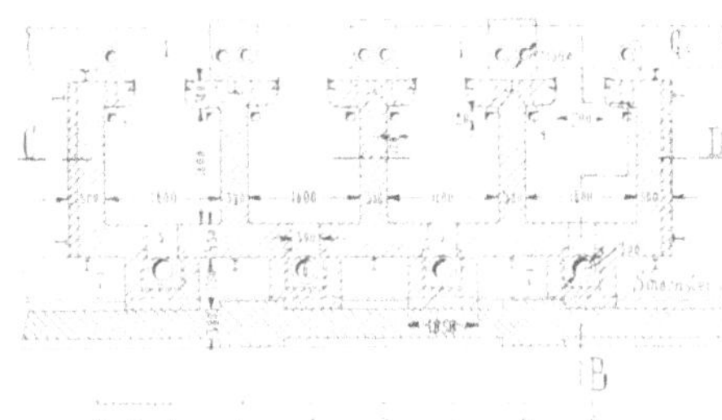

Schnitt: *a—b*.
Abb. 1223.

Abb. 1221—1223. Kammerkühlofen mit Gasfeuerung.

aus Schamotte oder aus Eisenblech hergestellt, sie haben gewöhnlich 350 mm Dmr. und etwa 800 mm Länge.

Soll bei den Öfen mit Gasfeuerung das Feuer gelöscht werden, so nimmt man die Knierohre fort und verschließt die Gasaustrittsöffnungen, welche mit einer Sandzarge umgeben sind, durch Überstülpen von gußeisernen Glocken, deren Rand in den Sand greift.

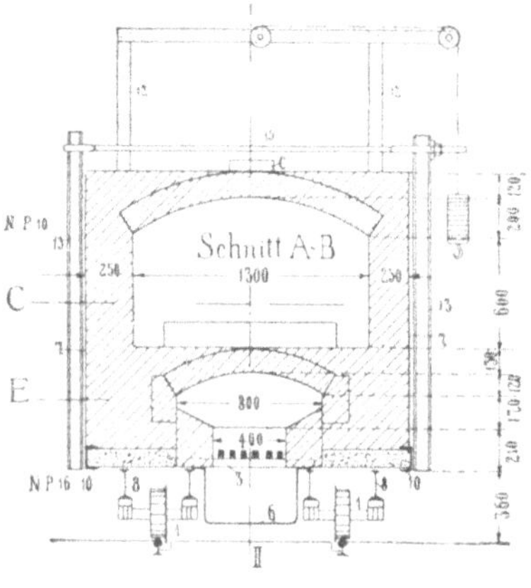

Abb. 1224.

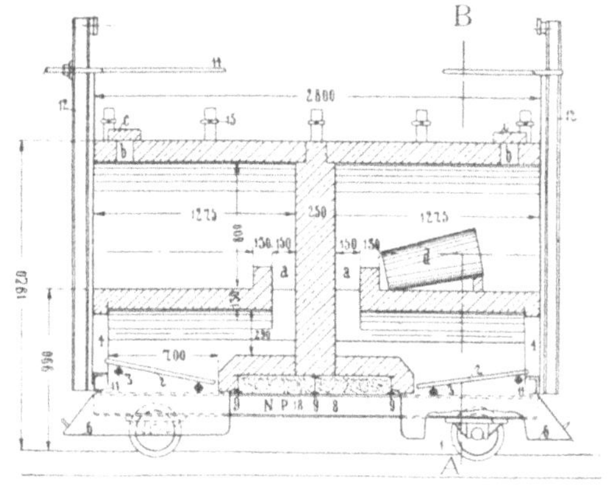

Abb. 1225.

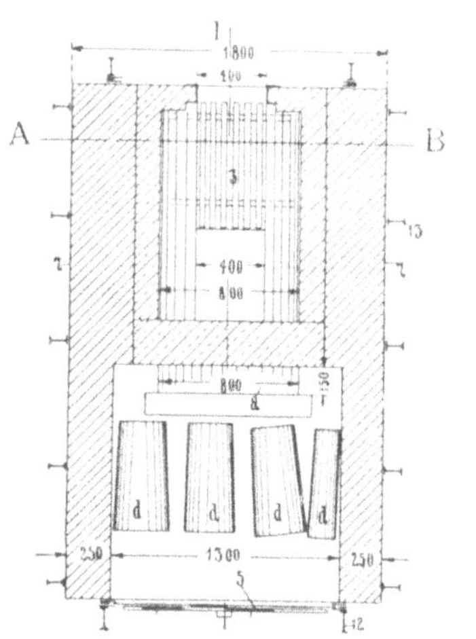

Abb. 1226.

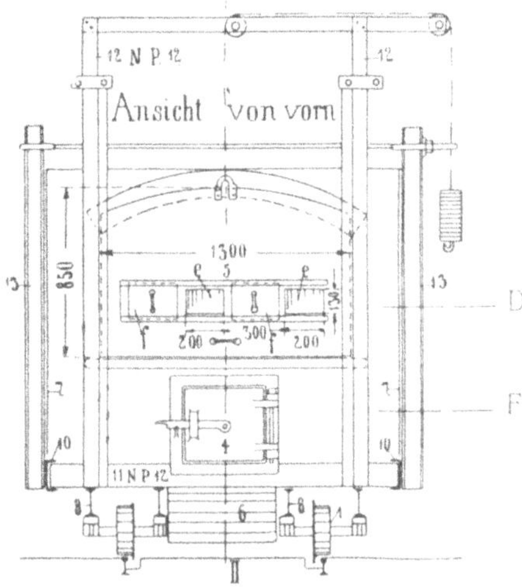

Abb. 1227.

Abb. 1224—1227. Kleiner, fahrbarer Kühlofen.

Bei intermittierendem Betrieb müssen dann, wenn die Öfen gefüllt sind, natürlich auch die Brenner, die Pflegetüren und Schornsteinventile geschlossen werden, damit die Abkühlung der rotglühenden Gläser ganz allmählich vor sich geht. In den Ofengewölben werden zweckmäßig Lüftungsdeckel 9 angebracht, welche beim Ausnehmen der Gläser geöffnet werden können.

Kanalkühlöfen sind in Band I schon beschrieben, und zwar ein Kanalkühlofen mit Kastenförderung S. 514, Abb. 394—396, und ein Kanalkühlofen mit Wagenförderung S. 513, Abb. 392/93. Ferner ist auf die Kanalkühlöfen, die im 13. Kapitel, S. 1159—1173 in diesem Bande beschrieben sind, zu verweisen.

Für bestimmte Zwecke ist es wünschenswert, noch kleinere, fahrbare Kühlöfen zu haben, die auch besonders für die Herstellung von kleineren gepreßten Schmuckgegenständen (Armringe, Serviettenbänder, Schmucksteine) geeignet sind und ganz nach den Bedürfnissen des Glasmachers gestatten, den Kühlofen in die Nähe seiner Arbeitsstelle zu bringen. Abb. 1224—1227 stellen einen derartigen Ofen mit 2 Kühlkammern und Schutzeinsätzen für die hergestellte Ware dar.

Eine merkwürdige Erscheinung bei der Herstellung der Gläser ist der sog. Hüttenrauch[1]), eine Bezeichnung, unter welcher oft sehr verschiedene Erscheinungen in den Glasfabriken zusammengefaßt werden. So versteht man hierunter speziell auch den weißen Belag, den aus dem Kühlofen kommende Gläser zeigen und der sich leicht abwischen bzw. abwaschen läßt („Kühlrauch"). Er wird direkt als ein Zeichen guter Kühlung betrachtet, insofern ein starker Belag für gut gekühltes Glas spricht, was wohl damit zusammenhängt, daß dann eben das Glas auch auf die erwünschte höchste Kühltemperatur gebracht wurde, wobei sich der Belag am stärksten bildet. Dieser Beschlag besteht hauptsächlich aus den kohlensauren und schwefelsauren Salzen der Alkalien und des Kalkes. Sie entstehen dadurch, daß bei der hohen Temperatur die an der Oberfläche des Glases liegenden Oxyde sich mit CO_2 und besonders mit $SO_2 + O_2$ der Rauchgase des Kühlfeuers umsetzen, und daß neue Oxydmoleküle infolge Diffusion an die Oberfläche dringen, die dann ebenfalls gebunden werden[2]). Wird das Glas an der Oberfläche zu heiß, so wird der Hüttenrauch eingebrannt. Dann läßt er sich nicht mehr beseitigen.

Man könnte denken, daß das zur Bildung von „Hüttenrauch" führende Schwefeldioxyd schon beim Schmelzen oder wenigstens Warmhalten bzw. Wiederaufwärmen des Glases zur Arbeit seinen Einfluß geltend mache, indem es infolge Bildung von schwefelsauren Salzen auf der Glasmasse dieselbe „hautig" oder „weißrauchig" macht; doch ist dies bei den höheren Temperaturen der Schmelzhitze nicht so leicht möglich, weil hierbei die entsprechenden Sulfate nicht beständig sind. Wohl aber trifft dies zu bei der Verarbeitung des Glases am Ofen, wobei in erster Linie das Schwefligsäuregas schädlich ist. Deshalb verwenden noch heutzutage viele Kristallglashütten, wenn sie auch mit Kohlen schmelzen, zur Arbeit das schwefelfreie Holzgas, ebenso zum Betrieb der Kühlöfen; sonst muß man auf eine möglichst schwefelarme Kohle sehen.

Will man das Einwärmen der Arbeitsstücke am Schmelzofen selbst vornehmen, so ist es stets empfehlenswert, vor die Einwärmlöcher einige Holzstücke zu legen oder die letzteren in das aufzutreibende Glas zu stecken, da durch deren Verbrennung eine reduzierende, keinen Beschlag hervorbringende Flamme erzielt wird. Ganz verkehrt wäre es, wenn man dem ganzen Ofen eine rauchige Flamme geben wollte; denn dann würde das Glas selbst rauchig werden, d. h. es würde sich beim Anwärmen der Pfeifennäbel sowie beim Anfangen und Verarbeiten der Glasposten am Ofen der Rauch auf denselben ansetzen und infolgedessen eine große Anzahl kleiner Bläschen im Glase entstehen, das dadurch ein schmieriges Aussehen bekommt, sog. „Feuerweiß". (S. hierüber unter Fabrikationsfehler einen diesbezüglichen Fall noch näher beschrieben, dieses Buch S. 1225).

Aus diesen Untersuchungen ist ersichtlich, daß die Herstellung von Reingas und das Problem der Gasreinigung gerade auch für die Kristallglas-Industrie sehr wichtig ist. Hierüber ist nun in den letzten Jahren tüchtige

[1]) L. Springer, Hüttenrauch oder Beschläge beim Schmelzen usf.", Glastechnische Berichte V (1927/28), 112.

[2]) Löber, „Kühlung und Auslaugwert chem. Apparategläser", Sprechsaal **61** (1928), 160 und 189 und Keppeler, „Chem. Wirkung der Glaskühlung", ebenda **61** (1928), 300.

Arbeit geleistet und auch deren Ergebnis vielfach in die Öffentlichkeit gekommen[1]). Danach sind Flugasche, Wasser, Teer und Schwefel die hauptsächlichsten Verunreinigungen des Generatorgases. Es gibt einfache Gasreinigungsanlagen für kleinere Glaswerke speziell bei Verwendung von Braunkohle. Für bessere Ware, zumal aus bleihaltigem Glas, kann das Braunkohlengas nur dann verwendet werden, wenn es tief heruntergekühlt ist, damit alle Teernebel ausfallen, erst dann darf man dem Gas den Schwefel entziehen. Weiter sind in den Berichten eine Reihe von Gasreinigungsapparaten ausführlich beschrieben und teilweise abgebildet, sowie Firmen für den Bau derselben angegeben. Einen breiten Raum der Erörterungen bildet die Entfernung der in der Glasindustrie so lästig empfundenen Schwefelverunreinigungen der Generatorgase. Das von Brown vorgeschlagene Verfahren durch Zusatz von Kalk — 2—3% frisch gebrannter Kalk zur Kohle — läßt sich bei sauren Aschen durchführen; bei kalkhaltigen Aschen, wie z. B. der Braunkohlen, kann man nur das Gas reinigen und steht als Reinigungsmittel zur Entfernung des Schwefels nur Raseneisenerz od. dgl. zur Verfügung, wobei aber Voraussetzung ist, daß die Gase absolut teer- und wasserfrei sind. So gibt es im Rheinland kleinere Braunkohlenvergasungsanlagen (8—15 t in 24 Stunden), welche das Generatorgas reinigen, wobei es dann allenfalls auch für die Absprengund Verschmelzmaschinen gebraucht werden kann. Somit kann die Entteerung und Entwässerung des Gases wohl gut gelingen, noch nicht aber die Entschwefelung; allein gerade die Schwefelverbindungen können katastrophal wirken, sowohl bei der Herstellung gewisser Artikel am Glasofen, als auch durch Verschlechterung der Luft im Hüttengebäude.

Die Nachbearbeitung des rohen Kristallglases. Hier handelt es sich um das Absprengen der „Kappen" (vgl. Abb. 1228), um das Zuschleifen oder Verschmelzen der hierbei entstehenden scharfen Ränder, manchmal auch um eine Nachbearbeitung des Bodens zu einem Flach- oder Hohlboden. Diese Arbeiten können in einfacher Weise, wie es besonders in früherer Zeit üblich war, am Absprengund Zuschleifapparat ausgeführt werden, der in seinem Bau den nachfolgenden Kugler- bzw. Kastenschleifzeugen entspricht, oder aber es geschieht heutzutage viel rationeller an eigenen Absprengund Verschmelzmaschinen sowie automatischen Flach- und Hohlbodenschleifmaschinen; auf deren Konstruktion und Arbeitsweise braucht hier nicht mehr eingegangen zu werden, da sie im I. Band, S. 754 ff. im Abschnitt „Maschinen und Apparate zum Fertigmachen der Glasgegenstände" ausführlich beschrieben sind.

Abb. 1228. Gläser mit „Kappen", die noch abzusprengen sind. Nach einem Lichtbild von Dr. Fr. Stoedtner, Berlin NW 7.

[1]) Es sei nur verwiesen auf den Vortrag „Reingas im Glashüttenbetrieb" von Oberingenieur F. Groß in Witten (Ruhr) auf der 5. Glastechnischen Tagung in Köln, veröffentlicht in den Glastechnischen Berichten 1926/27, Bd. IV, 449, und auf einen Bericht des Fachausschusses II der D. G. G. über „Probleme der Gasreinigung", erschienen im Verlag der Deutschen Glastechnischen Gesellschaft, 1927.

Über die namentlich beim Absprengen und Verschmelzen der Ränder von Gläsern auftretenden Beschläge hat Verfasser[1]) eine Reihe von Erfahrungen gewonnen und Untersuchungen anstellen lassen, und ist dabei zu folgendem Ergebnis gekommen: Ein weißlich-bläulicher Hauch kann auf jeden Fall durch den Schwefelgehalt des verwendeten Gases entstehen, bzw. er bleibt ohne denselben aus. Damit soll aber nicht gesagt sein, daß nicht auch die Zusammensetzung des Glases eine Rolle spielt, ob hart oder weich; dabei muß die Möglichkeit offen gelassen werden, daß in manchen Fällen der Fehler als eine Art von Entglasung (Bd. I, S. 40/41) zu bezeichnen ist, besonders wenn das Gas völlig schwefelfrei ist. Meist verstärkt sich auch der Beschlag, wenn der Brenner mit viel Luft geht. Andere Untersuchungen[2]) führten zu ähnlichen Ergebnissen.

Hierher gehört auch noch die Erscheinung des Abringelns der Gläser beim Verschmelzen. Dieselbe ist meistens auf unsachgemäße Kühlung bzw. auf ungenügendes Vorwärmen vor dem Einbringen in die eigentliche Verschmelzflamme zurückzuführen. Besonders leicht tritt das Abringeln ein, wenn vor dem Verschmelzen besonders am Mundrand von Gläsern bereits ein leichter Dekor durch Gravur in horizontal verlaufenden Schnitten angebracht wurde. Es ist klar, daß dann die Gläser gerade an diesen Stellen zum Abspringen direkt sozusagen vorbereitet sind. Hier bleibt nichts anderes übrig, als die Gläser zuerst zu verschmelzen und dann erst zu gravieren.

8. Die Raffinerie des Hohlglases.

(Die verschiedenen Dekorationstechniken.)

Eine weitere Behandlung der Glasoberfläche findet hauptsächlich zu dekorativen Zwecken statt; hierher gehören das Schleifen, Gravieren und Ätzen des Glases, dann die gesamte Glasmalerei.

a) Die Glasschleiferei.

Bei dieser Art der Glasbearbeitung muß man zwei Verfahren unterscheiden:

1. Das eigentliche Glasschleifen, bei welchem die Gläser nur mit Eckenschliff versehen werden (auch Scheibenschliff genannt).

2. Das sog. Kugeln, bei welchem die Gläser mit Musterschliff versehen werden (auch Zeugschliff genannt).

Beide Arten der Glasschleiferei zerfallen im allgemeinen in folgende drei Prozesse:

Das Rauhschleifen an Eisenscheiben mit grobkörnigem Sand und Wasser als Schleifmittel.

Das Feinschleifen an Sandsteinscheiben, meist ohne eigentliche Schleifmittel nur mit Wasser.

Das Polieren an Holz- (Pappelholz-) und Korkscheiben, auch an Borstenrändern mit Polierrot, Trippel, Zinnasche und feinstem Sandschlamm (sog. „blauer Sand“) unter Wasserzusatz als Poliermittel.

Beim Rauhschleifen wird die gewünschte Vertiefung nur rauh „herausgerissen“, dann aber durch das Feinschleifen wieder geebnet; da hernach die Glasoberfläche noch matt ist, muß sie durch das Polieren noch glänzend gemacht werden.

---

[1]) L. Springer, „Erfahrungen und Untersuchungen über Glasfehler“, Glastechnische Berichte, Bd. III (1926), S. 395; und „Glastechnische Fabrikationsfehler“, Sprechsaal **60** (1927), 498, 517, 534, 556, 576.

[2]) G. Offe u. G. Schulte, „Die Ursachen des Anlaufens der Mundränder von Gläsern beim Verschmelzen derselben mit Steinkohlengas“, Sprechsaal **60** (1927), 264.

Die Schliffmuster werden vorher entweder mit rotem Lack (Mischung von Mennige mit Spirituslack oder Dicköl) oder mit farbigem Fettstift auf die Gläser in roher Weise aufgezeichnet.

Der wirksame Bestandteil der einzelnen Schliffarten ist beim Rauhschleifen weniger die Eisenscheibe als vielmehr der Sand. Die verhältnismäßig weichere Eisenscheibe hält dabei den Sand fest. Auch beim Feinschleifen ist es der Sand, der zwar nicht zugesetzt wird, sondern eben von der Sandstein-Schleifscheibe direkt das Glas angreift; dagegen sind beim Polieren die eigentlichen Poliermittel wieder wirksam (vgl. die ausführlichen Mitteilungen über Schleifen von Spiegelglas S. 923 ff.).

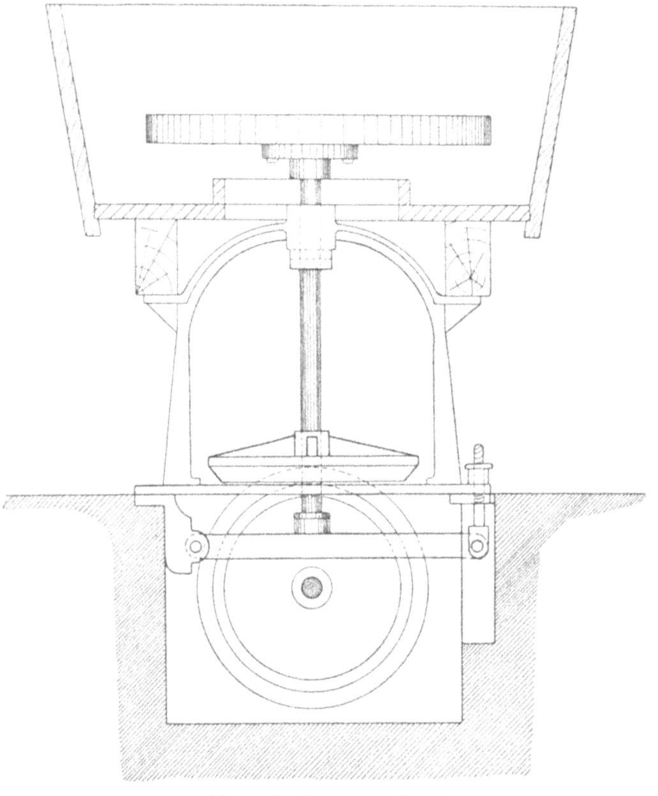

Abb. 1229. Kastenschleifzeug.

Abb. 1230. Eckenschliff am Kasten-Schleifzeug.

In neuerer Zeit werden auch künstlich hergestellte Schleifscheiben[1]) verwendet; sie haben sich besonders als Schleifscheiben in der Kuglerei schon sehr gut eingeführt und besitzen den Vorzug, daß sie bedeutend härter sind als die bisherigen Schleifmittel. Es kommen vor allem zwei Arten in Betracht, nämlich Silizium-Karbid oder Karborundum (Karborit, Diamantin) und Kunst-Korund oder Elektro-Korund, d. i. künstliche Tonerde (auch Alundum, Aloxit, Elektrorubin usw. genannt). Karborundum-Scheiben dienen in erster Linie für den Grobschliff als Ersatz für die Eisenscheiben, insbesondere auch für Ecken-, Muschel- und Olivenschliff, und zwar ohne Sand als Schleifmittel; Korund-Aloxit-Schleifscheiben können zwar hierfür auch verwendet werden, noch besser aber für den Feinschliff statt der Sandstein-Scheiben. Gerade auch bei Schleifmaschinen (siehe nachher) bewähren sich die künstlichen Steine sehr gut.

Die eigentliche **Glasschleiferei** wird im **Kastenschleifzeug** (Abb. 1229) ausgeführt, d. i. ein offener Kasten mit einer senkrechten Achse in der Mitte, an der eine horizontal rotierende Schleifscheibe angebracht ist.

---

[1]) B. Kleinschmitt, „Die Verwendung von künstlichen Schleifmitteln in der Glasbearbeitung", Die Glasindustrie **34** (1926), 497.

Meistens sind drei solcher Schleifzeuge nebeneinander aufgestellt, von denen das erste mit der Eisenscheibe das Rauhschleifen, das zweite mit der Sandsteinscheibe das Feinschleifen, das dritte mit der Holzscheibe das Polieren besorgt. Die Ausführung geschieht in der Weise, daß der Schleifer das Glas an die rotierende Scheibe andrückt, bis er es abwechslungsweise nebeneinander mit der gewünschten Anzahl von Flächen versehen hat; daraus geht schon hervor, daß nach diesem Verfahren nur ebene Flächen erzielt werden, die sich zum sog. Eckenschliff ergänzen (siehe Abb. 1230).

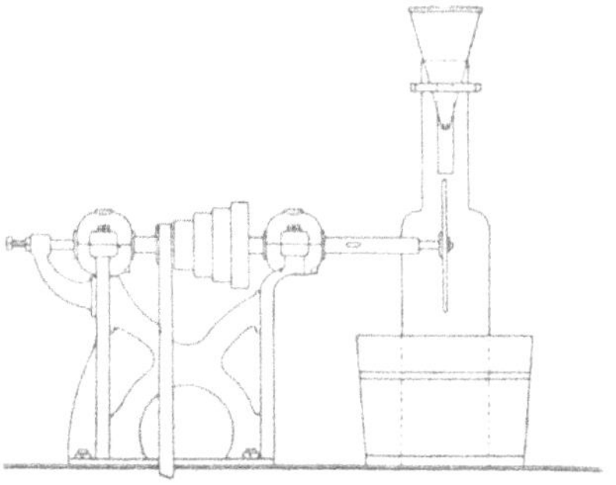

Abb. 1231. Kugler-Schleifzeug.

In der **Kuglerei** wird die Arbeit zum Unterschied vom vorigen Verfahren am **„Kuglerzeug"**, d. h. der Hauptsache nach an einer vertikal sich drehenden Schleifscheibe „Kuglerzeug" (Abb. 1231 und 1232) ausgeführt.

Abb. 1232. Arbeit am Kugler-Schleifzeug. (Fachschule Zwiesel.)

Das Werkzeug ist auf einem Arbeitstisch montiert und besteht aus einem Eisengestell, das eine waagrechte Achse mit verschieden großen Antriebswellen — zwecks Regulierung der Geschwindigkeit — trägt, an deren in eine Spindel auslaufendes eine Ende die Schleifräder angesteckt werden können. Über denselben befindet sich noch eine Vorrichtung zur langsamen Zufuhr der Schleif- und Poliermittel. Je nach der äußeren Form bzw. dem Profil der Räder erhält man die verschiedenen Arten des Schliffes, Musterschliffe, Abb. 1233.

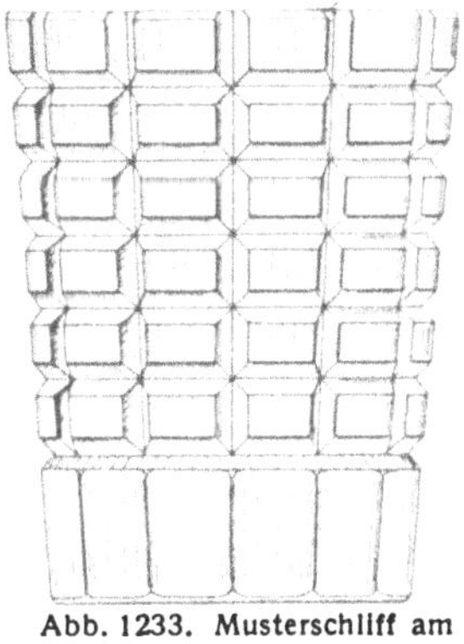

Abb. 1233. Musterschliff am Kugler-Schleifzeug hergestellt.

Einen Satz von Gläsern, die ebenfalls am „Kuglerzeug" geschliffen sind, aus der neueren Produktion der Josephinenhütte-Oberschreiberhau zeigt Abb. 1234. Schließlich ist auf die ebenfalls gekugelten Gläser mit Überfang- bzw. Beizfarben in Abb. 1265 zu verweisen.

Die Kuglerräder müssen entsprechend zugerichtet bzw. abgedreht werden, was meist mit Feuerstein geschieht.

Besondere Sorgfalt erfordert das Polieren (Glänzen) des Kristallglases. Es geschieht am besten mit dem Pappelholzrade, und zwar unterscheidet man noch drei aufeinanderfolgende Stadien, das „Überreißen", das „Einmal-Glänzen" und das „Blauen", wozu allenfalls noch ein Nachglänzen mit Trippel kommt; sonst aber wird als Poliermittel der in 3 Feinheitsgraden („Überreißer", „Einmalglänzer" und der „Blaue") Schlamm benützt, der beim Rauhschleifen als Gemisch von Sand, Glaspulver und Eisenteilchen anfällt[1]).

Manchmal benützt man auch die Feuerpolitur durch Erhitzen und damit oberflächliches Verschmelzen der Gläser in Muffelöfen, so daß sie auch wieder ihren natürlichen Glanz bekommen, ferner die Säurepolitur mit Flußsäure, welche in dem folgenden Abschnitt „Glasätzerei" ausführlich behandelt ist.

Ein weiterer Fortschritt auf dem Gebiete der Glasschleiferei und der Gravur bezieht sich auf die Kraftquellen zum Antrieb der Maschinen. Während in den früheren Zeiten fast ausschließlich Wasserkraft, und zwar nur in Form der einfachen Wasserräder in Betracht kam, verwendet man jetzt, wo Wasserkräfte zur Verfügung stehen, mehr und mehr Turbinen; anderseits steht Dampfkraft zur Verfügung, ferner in der

Abb. 1234. Gekugelter Musterschliff mit Goldrändern. Josephinenhütte-Oberschreiberhau.

neueren Zeit Gasmotoren und Elektromotoren, welche besonders für den Einzelantrieb von Gravierwerkzeugen sehr bequem sind, so daß jetzt der Graveur nicht mehr mit „Hand und Fuß" arbeiten muß (siehe folg. Abschnitt!).

Für einfache Schliffgattungen können aber auch automatische Schleif- und Poliermaschinen verwendet werden, welche rein mechanisch ohne Andrücken des Glases durch einen Schleifer gleichzeitig mehrere Stücke fertigstellen.

Nachfolgend seien einige derartige Maschinen der Firma Fr. W. Kutzscher, Glasformen- und Maschinenfabrik in Deuben-Dresden, kurz beschrieben und abgebildet.

a) Flächenschleifmaschinen (Abb. 1235) bewähren sich zum Schleifen aller Größen von Pflaumenecken und Ganzecken (Abb. 1236—1238); der Schliff ist in allen Fällen auffallend schön und akkurat. Es können eine ganze Anzahl von Maschinen

[1]) Ausführliche Darstellung des Kristallglasschliffes siehe das Buch „Der Schmuck des Glases" von H. Strehblow. Vergleiche ferner folgende neuere Abhandlungen: W. Hannich, „Werkzeuge und Einrichtungen zur Glasschleiferei für Handbetrieb", Sprechsaal **54** (1921), 574; Dräsel, „Mechanische und chemische Poliereien", Sprechsaal **60** (1927), 70. (Allerdings betrifft der erste Artikel hauptsächlich den Schliff von Kleinglas, wie Knöpfe, Perlen, Steine, und dann erst die Schleifeinrichtungen für Hohlglas; der zweite Artikel behandelt hauptsächlich die Entstaubung der Arbeitsräume).

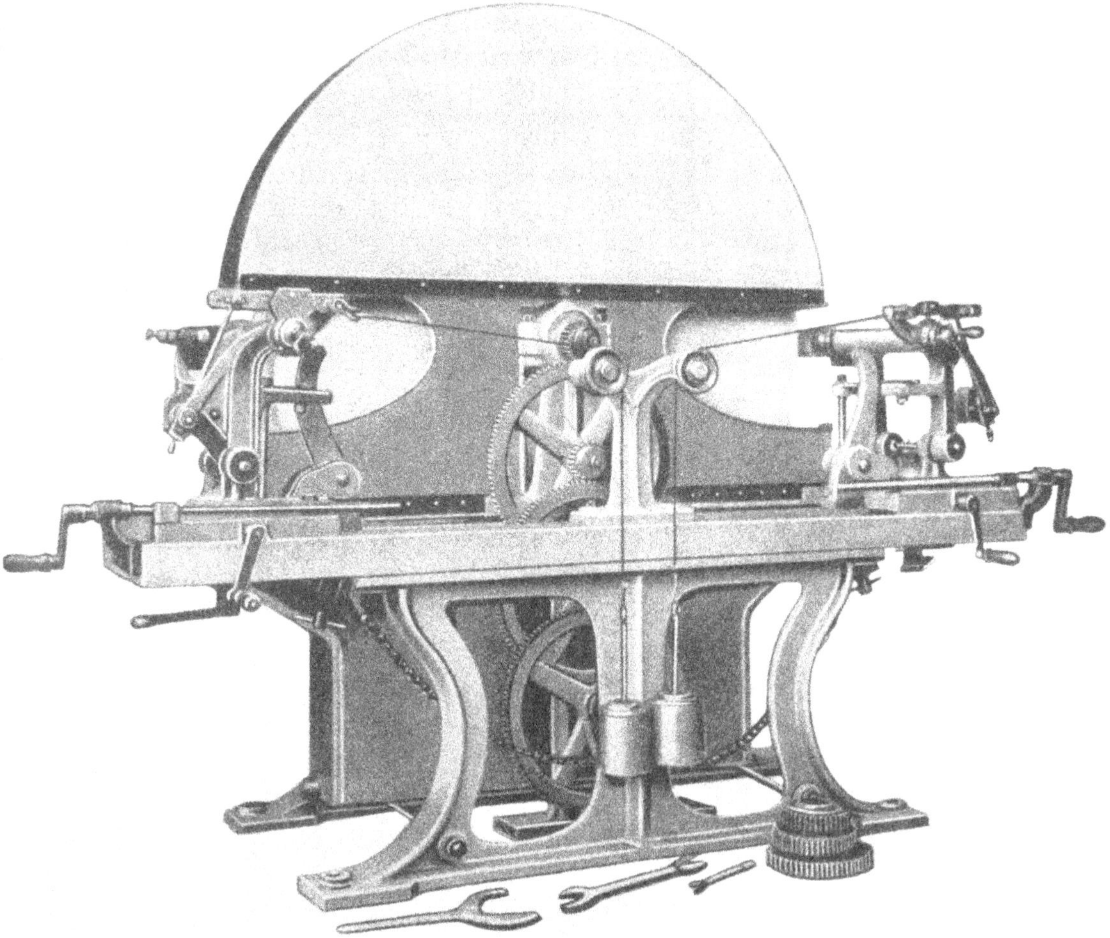

Abb. 1235. Flächenschleif-Maschine der Fa. Fr. W. Kutzscher-Deuben bei Dresden.

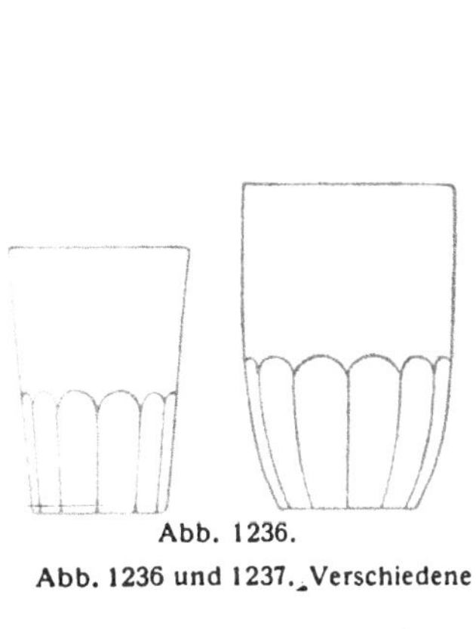

Abb. 1236.

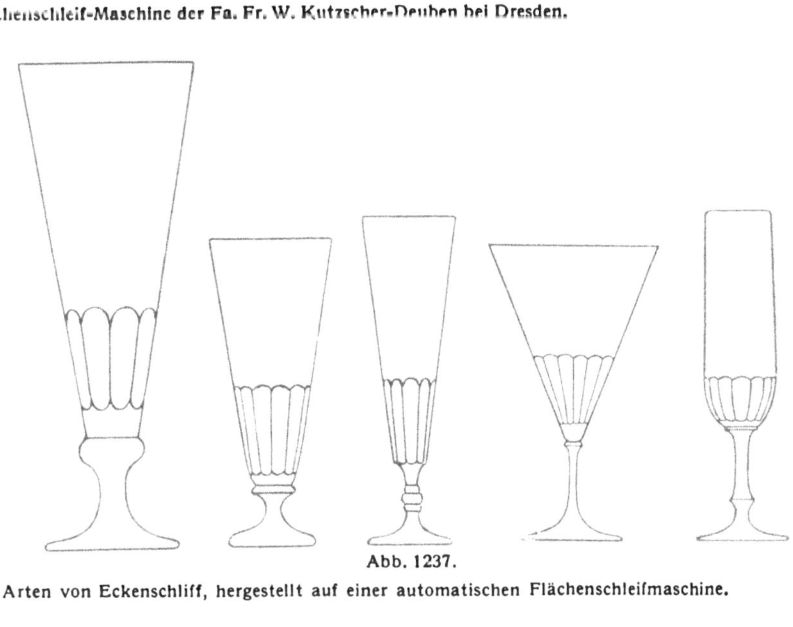

Abb. 1237.

Abb. 1236 und 1237. Verschiedene Arten von Eckenschliff, hergestellt auf einer automatischen Flächenschleifmaschine.

Abb. 1238.

Abb. 1238. Verschiedene Arten von Eckenschliff, hergestellt auf einer automatischen Flächenschleifmaschine.

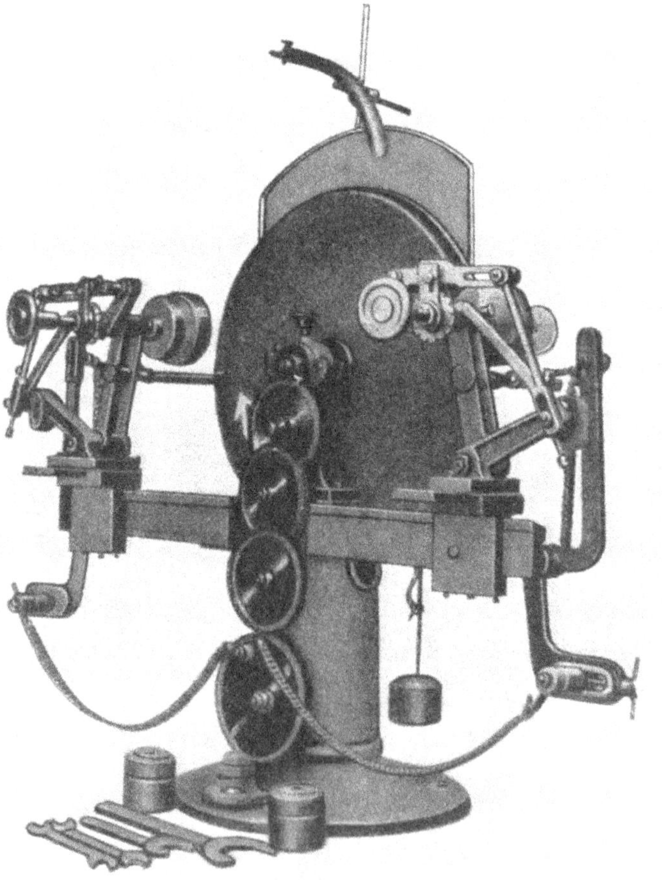

Abb. 1239. Kugel-Schleifmaschine von Kutzscher-Deuben bei Dresden.

Abb. 1240. Mechanischer Kugelschliff.

von einer Person bedient werden, denn sie arbeiten automatisch und ruhig; sobald der Schliff beendet ist, wird das Glas ausgeschaltet. Tagesproduktion etwa 400 Gläser.

b) Kugel-Schleifmaschinen arbeiten die verschiedensten Größen von Kugelflächen an alle erdenklichen Gläsersorten. Siehe Abb. 1240 u. 1241. Die Stärke des

Abb. 1241. Mechanischer Kugelschliff.

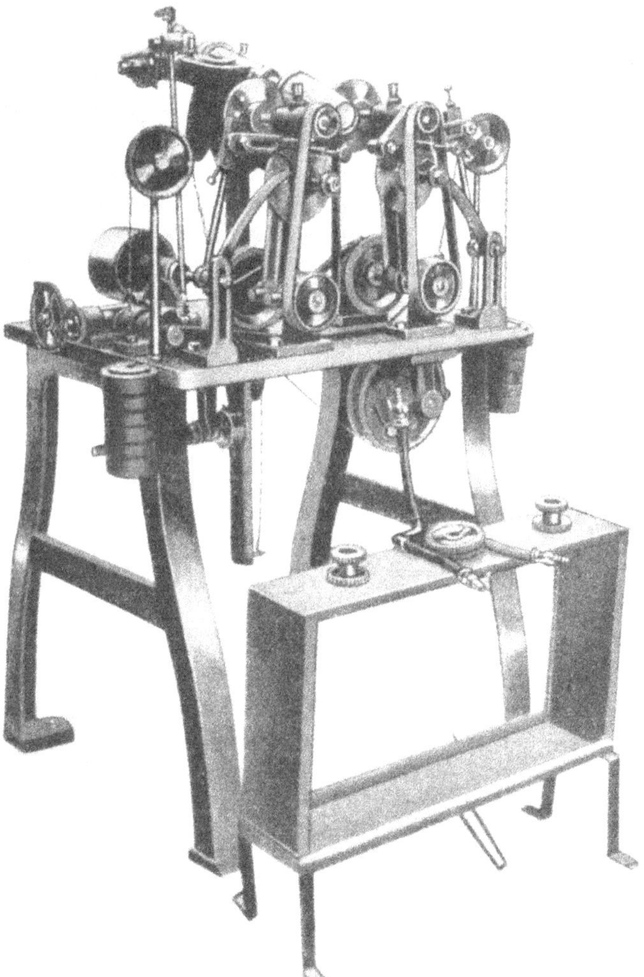

Abb. 1242. Universal-Kunstschliff-Maschine der Fa. Fr. W. Kutzscher-Deuben bei Dresden.

Glases kommt nicht in Frage, da der Belastungsdruck und die Schaltgeschwindigkeit regulierbar sind. Tagesproduktion ca. 500 Stück. Von ähnlicher Konstruktion und Arbeitsweise sind die Olivenschleifmaschinen.

c) Universal-Kunstschliff-Maschinen wie Abb. 1242 fertigen sämtliche der in der beiliegenden Abbildung 1243 dargestellten Schliffe und andere mehr. Die

Abb. 1243. Schliffmuster, hergestellt auf einer Universal-Kunstschliff-Maschine.

Handhabung ist einfach und der Schliff exakt; geschliffen wird mit Kunststein und Wasser, und das Glas kann je nach Muster mit zwei Schleifscheiben gleichzeitig bearbeitet werden. Der damit erzeugte Feinschliff läßt sich leicht polieren. Produktion je nach Muster[1]).

b) Das Glasgravieren.

Das Glasgravieren ist ein Schleifen des Glases in stark verkleinertem Maßstabe und dient hauptsächlich dazu, um feine, vertiefte Verzierungen ornamentalen und figürlichen Charakters auf dem Glase herzustellen. Dementsprechend ist auch das Glasschneidewerkzeug (Abb. 1244) ein ähnlicher Apparat wie das Kuglerwerkzeug, nur im viel kleineren Ausmaß, wobei zur Ausführung der Gravur rotierende Kupferrädchen verschiedener Größe (von etwa Stecknadelkopf- bis Fünfmarkstückgröße, für flotte Linienführung in der Industrie sogar bis 10 cm groß) und mit Petroleum sowie Nuß- oder Rapsöl angemachtes Schmirgelmehl als Schneidemittel dienen. Der Graveur befeuchtet das Rädchen mit der Schmirgelmasse und drückt dann das Glas an, so daß unter fortwährender entsprechender Bewegung des letzteren der gewünschte Schnitt entsteht (Abb. 1245). Dieser ist matt und wird auch meistenteils so belassen, damit er sich vom Kristallglas gut abhebt. Da das Glasstück sich

[1]) Vgl. noch: W. Hannich, „Einrichtung einer Glasschleiferei für Maschinenbetrieb", Keram. Rundschau 1922, Nr. 24 und 27, sowie von demselben Verfasser: „Möglichkeiten im Glasschleifmaschinenbau", Die Schleifmittel-Industrie 1925, Nr. 13.

gegen das Rädchen, das sich an der gleichen Stelle bleibend sehr rasch dreht, verschiebt, erscheint die auf diese Weise erzeugte Gravur stets als schraffierte, aus parallelen, dicht nebeneinanderliegenden Strichen zusammengesetzte Fläche, besonders deutlich dann, wenn das Werkstück senkrecht zur Radebene bewegt wurde. Diese schraffurartigen Flächen sind karakteristisch für die Graviertechnik. Sollen

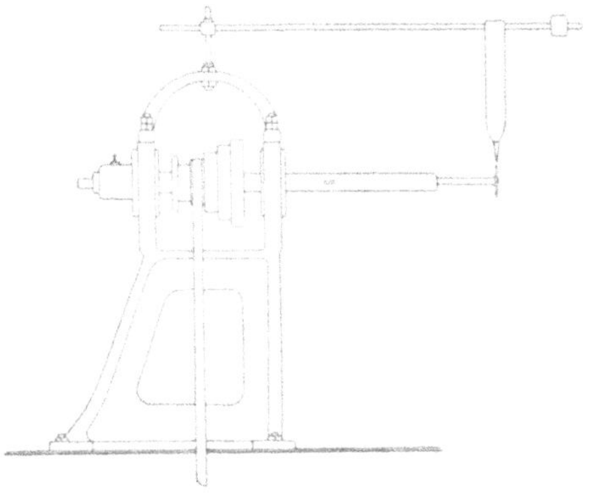

Abb. 1244. Glasschneide-(Graveur-)Werkzeug.

Abb. 1245. Arbeit am Glasschneide-Werkzeug.

Abb. 1246. Teller und Schale mit Linienschnitt von Prof. Mauder-Zwiesel.

einzelne Stellen hellglänzend gemacht werden, so geschieht diese Politur an einem Blei- oder Holzrädchen[1]). Die künstlerischen Möglichkeiten dieser Technik sind außerordentlich vielseitig. Abb. 1246 zeigt einen Teller und eine Schale mit ansprechendem Linienschnitt. Wichtig ist auch die Verbindung mit anderen Arten der Oberflächenbearbeitung (Sandstrahlgebläse und Ätzung siehe Abb. 1263), sowie mit Überfang und mit Beizfarben (Egermann-Gläser, siehe Abb. 1264). Eine weitere

[1]) Spezialliteratur: H. Strehblow, „Der Schmuck des Glases."

Ausbildung ist der Tiefschnitt, der ähnlich den antiken Gemmen und Kameen in freiester Gestaltung Figürliches in das Glas vertieft oder aus dem Glas erhaben herauszuarbeiten gestattet. Vergleiche die Beispiele in Abb. 1247, 1248 und 1249.

Abb. 1247.
Tiefschnitt. Entwurf: Prof. B. Mauder. Ausführung: Glasfachschule Zwiesel.

Abb. 1248. Gravierte Gläser. Entwurf: Prof. B. Mauder. Ausführung: Fachschule Zwiesel.

In neuerer Zeit hat auch der Apparat mit biegsamer Welle in der Gravurtechnik Eingang gefunden. An das Handstück können die verschiedenen Räder, die sonst für Feinschliff Verwendung finden, angebracht werden. Die Technik eignet

Abb. 1249. Teller mit geschliffenem Putto — 1/4 nat. Größe. Prof. von Eiff-Stuttgart. Signiertes Einzelstück.

Abb. 1250.
Gravierung von Flachglas mit Karborundrad an biegsamer Welle. — Das Glas wird zur Bindung des Staubes und zur Kühlung mit Wasser berieselt. Kunstgewerbeschule Stuttgart. Abteilung: Prof. von Eiff.

sich besonders zum Gravieren großer Flächen, Flach- und Tiefgravur kann damit erzeugt werden; speziell für Hohlglas ist sie erst in der Entwicklung begriffen. Besonders eigenartige Erzeugnisse sind in dieser Technik von Prof. von Eiff-Stuttgart und seinen Schülern hervorgebracht worden (vergleiche unsere Abbildung 1250).

Ein „Radieren" des Glases im eigentlichen Sinne kann durch Ritzen mit einem Diamantstichel ausgeführt werden. Diese Technik gibt feine, glitzernde Strichführung, die künstlerisch den besten Federzeichnungen und Radierungen gleichkommen. Heutzutage wird diese sehr wertvolle Technik nur mehr selten angewendet. Abb. 1264 zeigt ein Beispiel im Vergleich mit den anderen hierhergehörenden Techniken.

c) Die Glassandbläserei.

Auf die Idee, mit Wind und Sand die härtesten Körper zu bearbeiten, kam um etwa 1860 zuerst der Engländer Tilghman, und zwar auf Grund der Wahrnehmung, daß der am Meeresufer emporgeschleuderte Sand die Fensterscheiben mattiert. Er ließ den Sand aus 25—30 m Höhe auf Glas fallen und baute danach die erste Maschine, die in verbesserter Form auf der Wiener Weltausstellung 1873 zu sehen war; trotzdem dauerte die allgemeine Einführung noch längere Zeit. Das Prinzip beruht darauf, daß Sandkörner gegen Glas geschleudert, dasselbe mattierend angreifen; werden dabei bestimmte Stellen des Glases durch Reservagen geschützt, so kann man die verschiedensten hellen Muster auf mattem Grunde oder auf Überfanggläsern erzeugen. Die hierbei verwendeten Sandstrahlgebläse arbeiten nach verschiedenen Systemen. So kann man vor allem Druck- und Vakuumgebläse unterscheiden, je nachdem der Sand durch Preßluft gegen den Glaskörper geschleudert oder durch Luft-

Abb. 1251. Sandstrahlgebläse für Hohlglas.

verdünnung angesaugt wird; auch spricht man von trockenen oder nassen Verfahren, je nachdem trockener oder Sandschlamm verwendet wird.

Bis zum gegenwärtigen Stande der Technik[1]) haben die Sandstrahlgebläse wichtige Verbesserungen erfahren, es werden von Spezialfirmen verschiedene Systeme für die einzelnen Glasarten gebaut.

So liefert die Firma J. Fahdt, Maschinenfabrik in Kötzschenbroda-Dresden, vier Haupttypen, nämlich:

a) Sandstrahlgebläse für Matt- und Mousselinglas (Flachgläser);
b) Sandstrahlapparate zum Gravieren, Mattieren und Dekorieren von Hohlglas, besonders Beleuchtungsglas;
c) Spezialgebläse zum Etikettieren, Signieren und Dekorieren von Flaschen, Bechern sowie für Inschriften und Firmenschildern;
d) Freistrahl-(Universal-)Gebläse für Flach- und Hohlglas, auch zur Bearbeitung von Steinen usw.

Die Badische Maschinenfabrik in Durlach stellt drei Haupttypen her, nämlich:

a) Sandstrahlapparat zum Einblasen von Eichmarken, Inschriften, Firmenschildern und Verzierungen auf Hohlgläsern, ferner zum Mattieren von Glas, Stein, Hartgummi;
b) Sandstrahluniversalgebläse sowohl für die Grabsteinindustrie als auch für Glastafeln jeglicher Größe;
c) Sandstrahlgebläse zum Mattieren von Glastafeln bis 140 cm Dmr. und 300 cm Länge.

Sämtliche Sandstrahlgebläse sind hinsichtlich Konstruktion, Verwendung und Arbeitsleistung in der zitierten Abhandlung ausführlich beschrieben und teilweise abgebildet.

Nachstehend ist ein Sandstrahlgebläse speziell für Hohlglas der Firma J. Fahdt, Maschinenfabrik in Dresden, abgebildet und kurz beschrieben (Abb. 1250). Vorstehend abgebildetes Sandstrahlgebläse arbeitet automatisch und dient zum Mattieren und Dessinieren von Hohlglas aller Art.

Durch Einbau einer Luftwäsche in diesen Apparat sind die Übelstände, die den bisherigen Vakuumsandstrahlgebläsen anhafteten (starke Staubentwicklung durch Auspuff der mit Sand- und Glasstaub geschwängerten Luft und hohem Verschleiß der Exhaustoren) durch Ansaugen derart verunreinigter Luft vollkommen beseitigt. Die den Arbeitskessel verlassende, staubgeschwängerte Luft muß diese Luftwäsche passieren, wobei alle Staubpartikelchen niedergeschlagen werden und die Luft vollkommen gereinigt durch den Exhaustor in die Außenluft tritt. Die Benutzung der Luftwäsche gestattet die Verwendung eines Hochdruckgebläses, wodurch der Kraftverbrauch der Maschine ganz wesentlich vermindert wird. Der Arbeitskessel zerfällt in zwei Kammern, in denen wechselweise gearbeitet wird. Die Eigenheit der Arbeitsweise der Vakuumsandstrahlgebläse hat einen außerordentlich geringen Verschleiß der Maschine und aller arbeitenden Teile zur Folge, sodaß die Lebensdauer dieser Maschine eine überaus hohe ist. Die Mattierung ist sehr zart und unterscheidet sich kaum vom geätzten Matt. Jegliche Staubbelästigung und die damit verbundenen großen Nachteile aller nach Drucksystem arbeitenden Maschinen fallen bei diesem Gebläse vollkommen weg. Es ist in dieser Beziehung hygienisch und entspricht allen Anforderungen der gewerbepolizeilichen Vorschriften.

Die Maschine wird nur in einer Größe gebaut und sind die Dimensionen und Betriebsfaktoren in nachstehender Zahlentafel angegeben:

Nr.	Art	Kraftverbrauch	Bedienung	Gewicht	Zur Aufstellung benötigter Raum
27	Vakuumsandstrahlgebläse	4 HP	1 Mädchen	1800 kg	$3 \times 4 \times 3$ m

Endlich baut die Firma Alfred Gutmann A.-G. in Ottensen b. Hamburg verschiedene Typen von Sandstrahlgebläsen, darunter auch für Hohlglas, besonders auch für unregelmäßige Formen[2]).

Über die von der genannten Firma hergestellten Sandstrahlgebläse und ihre Anwendung bei der Glasveredelung findet sich eine ausführliche Abhandlung in den Glastechn. Ber. 1931, Jahrg. 9, Heft 4, von U. Lohse. Für kleinere Betriebe mit kleinerer Stückzahl und kleineren Abmessungen

[1]) G. Bründl, „Verzierung der Gläser durch Sandstrahl“, Zeitschrift Die Glashütte, 1927, S. 226 und 245.

[2]) W. Hannich, „Das Sandmattieren der Knöpfe, Perlen und großer Glasgegenstände“, Keram. Rundschau (1925), 173.

werden Sandstrahlgebläse nach dem Saugsystem, mit Druckluft und mit Dampf empfohlen; bei großen Stückzahlen und Abmessungen sollen selbsttätig arbeitende Apparate verwendet werden, bei welchen zwei Gruppen, nämlich solche für Hohlglas und solche für Tafelglas unterschieden werden. Für Hohlglas wird für besonders feine Mattierung das Dampf-Sandschlamm-Gebläse empfohlen.

Als Schablonen für Sandstrahlgebläse[1]) in der Glasindustrie gebraucht man fast ausschließlich Schablonen aus Eisenblech. Zinkschablonen werden nur verwendet für Flachglas, sog. Musselinglas, aber nur zum Auftragen eines sandfesten Spezialkitts; Papierschablonen werden höchstens zu Versuchszwecken für ein Probeglas gebraucht. Für alle Hohlgläser dagegen sowie Beleuchtungsgläser dienen ausschließlich etwa 1 mm starke Stahlblechscheiben, welche dem zu mattierenden Körper genau anzupassen sind.

Der Hohlglaskörper wird mit dieser Blechschablone dem Sandstrahl direkt ausgesetzt. Die Stahlschablonen halten ziemlich lange, da auch beim Mattieren von Hohlglaskörpern größtenteils mit Vakuumsandstrahlgebläsen, also mit ganz niederem

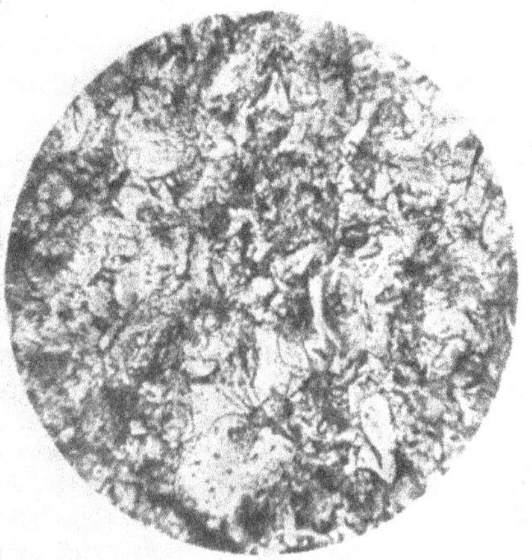

Abb. 1252. Bleiglas, sandmattiert, Aufsicht, 100fach vergr.

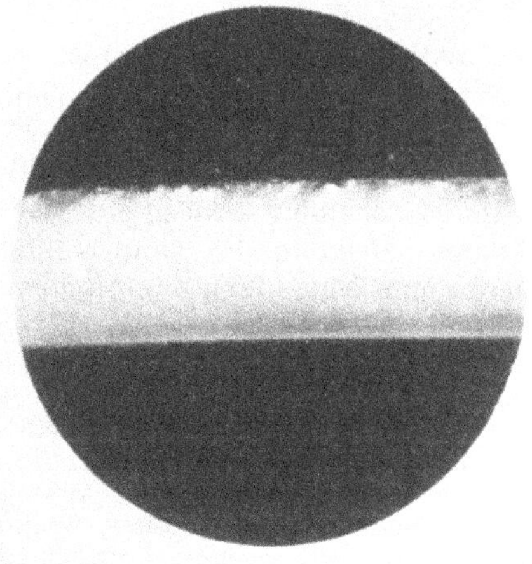

Abb. 1253. Das gleiche Bleiglas wie in Abb. 1250. Schnitt senkrecht zur sandmattierten Fläche. 20fach vergr.

Druck gearbeitet wird. — Die Verwendung von Stahlschablonen hat allerdings einen Nachteil, das Muster wird nicht absolut scharfkantig, da es beinahe unmöglich ist, eine Schablone anzufertigen, die auf Hunderte gleicher Glaskörper mit gleicher Präzision paßt.

Deswegen wird auch neuerdings, wenn besonders feine und präzise Mattierung verlangt wird, bei Beleuchtungs- und Hohlglas ein anderes Verfahren angewendet, welches etwa dem Verfahren der Musselinglasherstellung ähnelt. — Mit Hilfe einer Negativschablone wird auf den Glaskörper ein Negativ aus einem gummiartigen Kitt aufgebracht. Die Zinkschablone wird dann entfernt und der Hohlglaskörper mit dem gummiartigen Negativ dem Sandstrahl ausgesetzt. Die Gummimasse wird nach erfolgter Mattierung abgewaschen. — Das einfachere und billigere Verfahren ist selbstverständlich die Verwendung von Zinkschablonen, die Qualität ist aber nicht so hochwertig wie die des Negativverfahrens.

Bei dem Sandstrahlprozeß spielt die Druckfestigkeit des Glases eine untergeordnete Rolle, maßgebend ist vielmehr die Sprödigkeit des Glases, gemessen durch die Arbeit, welche einen Körper durch Stoß zerstört. Entsprechend der verschiedenen Sprödigkeitszahl der einzelnen Gläser werden

[1]) L. Springer, „Schablonen für Sandstrahlgebläse“, Sprechsaal **61** (1928), 162 und 305.

denn auch Borosilikatgläser am schwersten, Bleigläser am leichtesten vom Sandstrahl zertrümmert[1]).

Der Glasblasesand ist gewöhnlicher Quarzsand, wie er auch als Glasschmelzsand verwendet wird, von möglichst gleicher Korngröße in verschiedenen Feinheitsgraden; jedoch muß für feinstes Matt eine Kombination des Sandmatts mit der Flußsäureätzung angewendet werden. Je gröber der Sand, um so gröber ist die Zerklüftung; ferner wird das Glas bei einem Blasewinkel von 90° am stärksten angegriffen. Abb. 1252 und 1253 zeigen ein Bleiglas in der Aufsicht und im Querschnitt, mit Sand von 0,3—0,6 mm Korngröße mattiert. Die Verwendung des Sandstrahlgebläses in Verbindung mit der Graviertechnik zeigt das Glas d in Abb. 1264.

Spezialliteratur: Mertens, „Das Sandstrahlgebläse in der Glasfabrikation" (1890); J. B. Miller, „Die Verzierung der Gläser durch den Sandstrahl" (1911). Vergleiche ferner einen Vortrag „Das Sandstrahlgebläse und seine Anwendung in der Glasindustrie" von U. Lohse auf der Glastechnischen Tagung in Berlin im Herbst 1930, der in den Glastechnischen Berichten 1931, Bd. IX, Heft 4, veröffentlicht ist.

d) Die Glasätzerei.

Das Ätzen des Glases beruht auf seiner Zersetzung durch gasförmige und wässerige Flußsäure sowie flußsaure Salze (Fluoralkalien). Hierbei entsteht einerseits aus der Kieselsäure des Glases Siliziumfluorid, das aber bei Gegenwart von viel Wasser nicht entweicht, sondern Kieselsäure und Kieselflußsäure bildet, anderseits werden die basischen Oxyde des Glases in mehr oder weniger lösliche flußsaure und kieselflußsaure Salze umgewandelt.

Die Darstellung der Flußsäure wird heutzutage meist in Spezialfabriken ausgeführt und von diesen bezogen; nur für ganz große Glasätzereien käme eine Selbstfabrikation in wirtschaftlicher Weise in Frage. Die stark konzentrierte Flußsäure ist etwa 65—70 proz., die mittlere Qualität 50—55 proz., es kommt aber auch 40 bis 45 proz. Ware vor. Als Verunreinigung enthält die technische Flußsäure vor allem auch Kieselflußsäure und etwas Schwefelsäure. Hochkonzentrierte Flußsäure erkennt man schon daran, daß sie beim Ausgießen stark raucht, was allerdings auch von der Temperatur des Aufbewahrungsortes abhängt; deshalb muß Flußsäure besonders im Sommer immer an einem kühlen Raum aufbewahrt werden. Was noch den Bezug von Flußsäure betrifft, so wird sie aus Frachtersparnis meist im hochkonzentrierten Zustande versandt; anderseits ist mit der Flußsäure um so schwieriger umzugehen, je stärker sie ist. Es würde daher zur Herstellung der gewöhnlichen Ätzbäder, die an sich mit viel Wasser verdünnt werden, eine schwache Flußsäure genügen; nur für Säurepolitur und Linienätzung braucht man eine hochprozentige Ware.

Zum Transport und zur Aufbewahrung der Flußsäure dienen gewöhnliche Bleigefäße, aber auch schmiedeeiserne Gefäße können verwendet werden; sie haben den Vorteil größerer Leichtigkeit und mechanischer Festigkeit. Auch mit wachs- bzw. paraffinartigen Stoffen durchtränkte Holzfässer können gebraucht werden. Überhaupt greift die wässerige und gerade die hochkonzentrierte Flußsäure die Gefäße viel weniger an als das Flußsäuregas, was man merkt, wenn man eine halbentleerte Flasche längere Zeit stehen läßt.

Außer der Flußsäure werden bei der Glasätzerei insbesonders die flußsauren Salze verwendet. Leider kann das wichtigste, der flußsaure Kalk (Flußspat) direkt nicht gebraucht werden, weil er in Wasser nicht löslich ist; er dient aber zur Herstellung der Flußsäure und somit der anderen flußsauren Salze, nämlich denen des Kaliums, Natriums und Ammoniums, wobei aber scharf zu unterscheiden ist zwischen den neutralen und sauren Salzen, weil erstere für sich allein im allgemeinen das Glas nicht ätzen (s. nachher). Als Hilfsmaterialien dienen noch die bekannten Mineral-

[1]) F. Späte, „Das Mattieren von Glas", Sprechsaal, **59**, 1926, S. 6.

säuren (Salz-, Salpeter- und Schwefelsäure) sowie Soda, Pottasche und kohlensaures Ammonium, als Zusatz manchmal noch Kochsalz, Salmiak, schwefelsaures Kali usw.

Hier sei noch hingewiesen auf die Abhandlung „Fluoride und ihre Beziehung zur Glastechnik“ von F. Doernickel in den Glastechn. Ber. 1931, Jahrg. 9, S. 268—270; dort wird bezüglich des spezifischen Gewichtes der Flußsäure angegeben, daß dieses bis zu etwa 75% Fluorwasserstoffgehalt auf 1,26 ansteigt, um dann wieder abzufallen. Was den Reinheitsgrad betrifft, so soll der Gehalt an Kieselflußsäure mit 8%, der an Schwefelsäure mit 2,5% nach oben begrenzt werden.

Vorsichtsmaßregeln beim Glasätzen; Unschädlichmachung der Dämpfe und Flüssigkeiten.

Infolge der Wichtigkeit dieser Punkte seien hierüber ausführliche Angaben gemacht, und zwar hauptsächlich nach Ausführungen des Gewerberates Gutmann-Forst (Lausitz)[1].

Das Arbeiten mit Fluorwasserstoff bringt sowohl für die beschäftigten Arbeiter als auch für die Anwohner solcher Betriebe erhebliche Schädigungen mit sich, wenn nicht geeignete Vorkehrungen getroffen werden. Für die Anwohner kommen hauptsächlich wirtschaftliche Nachteile durch Schädigungen von Obstkulturen und Forsten, Verätzung von Fensterscheiben, Zerstörung zum Bleichen oder Trocknen ausgelegter Wäsche und Belästigung durch säurehaltige Abwässer (Wasch- und Spülwässer) in Frage, die Arbeiter sind dagegen großen Gesundheitsgefahren ausgesetzt.

Beim Arbeiterschutz handelt es sich hauptsächlich um die Verhinderung einer direkten Berührung der beschäftigten Personen mit den Säurebädern und eine unschädliche Absaugung der sich entwickelnden Säuredämpfe an der Entstehungsstelle. Die Anwohner wiederum haben ein großes Interesse an einer Unschädlichmachung der abgesaugten Säuredämpfe und der abgehenden säurehaltigen Spül- und Abwässer.

Als einfachster und sicherster, wenn auch nicht bequemster Schutz der erwachsenen Glasätzer (die Beschäftigung von Frauen und Jugendlichen ist gesetzlich verboten) gegen Hautverätzungen sind Gummihandschuhe, Gummischürzen und in Gummifüßlinge auslaufende Gummihosen anzusehen. Diese Schutzkleidung ist vom Arbeitgeber zu stellen und instand zu halten, vom Arbeitnehmer aber auch zu benutzen.

Empfehlenswert ist ein Einfetten der Hände mit Vaseline vor dem Anziehen der Handschuhe, ein Einfetten des Gesichtes zum Schutze gegen etwaige Säurespritzer und das Tragen doppelter Handschuhe, um bei Verletzungen des äußeren Handschuhes durch Glasscherben noch einen zweiten Schutz zu haben.

Große Vorsicht ist auch beim Öffnen der Flaschen nötig, weil diese besonders im Sommer plötzlich große Mengen von Gas entwickeln!

Der Fußboden der Ätzräume wird am besten durch aneinandergelötete Bleitafeln homogen verbleit; die Wände werden mit zähbleibendem Asphalt oder Teer (Gudron) bestrichen.

Gegen die Bodenfeuchtigkeit und die verschütteten Säurereste schützen Lattenroste aus Holz, deren Latten aber wegen der Gefahr des Stolperns beim Transport der Glasgegenstände möglichst eng aneinander gestellt werden müssen.

Bei der Absaugung und Unschädlichmachung der Flußsäuredämpfe vereinigen sich die Forderungen des Arbeiter- und Nachbarschutzes. Es genügt zwar in gewissen Fällen, wo die Säurepoliereien in ganz einsamer Gegend (Sandflächen, Seengebiete) oder innerhalb eines großen Fabrik-

[1]) Gutmann, „Arbeiter- und Nachbarschutz in Glasätzereien“, Reichsarbeitsblatt — Nichtamtlicher Teil, Heft 39 (16. Oktober 1926), referiert in Glastechnische Berichte IV (1926/27), S. 394.

geländes liegen, oft einfache Absaugung und direkte Ableitung der Dämpfe durch einen hochgeführten Schornstein aus Holz oder ähnlichem schwer angreifbarem Material (vgl. Abb. 1254), in den meisten Fällen jedoch, zumal, wo bewohnte Häuser, Obstgärten oder Waldbestände in der Nähe sich befinden, ist eine Niederschlagung oder Neutralisation der Dämpfe notwendig. Weil die Flußsäuredämpfe vom Wasser sehr begierig aufgenommen werden, ist dies mit verhältnismäßig geringen Mitteln zu erzielen; im allgemeinen genügt einfache Durchleitung der Dämpfe durch einen mit Kalkmilch gefüllten Behälter (vgl. Abb. 1255).

Als Baustoff für die Ventilatorgehäuse und Abzugshauben ist Kieferholz am geeignetsten, auch für die Abzugsleitung und -schlote wird dieses meistens verwendet. Zum Zusammenfügen des Holzes können Eisennägel wegen der schnellen Durchrostung nicht verwendet werden; bewährt haben sich verbleite Kupfernägel oder außen umgelegte verbleite Eisenbänder. Die Flügelräder der Schraubengebläse werden am besten durch einen Hartgummiüberzug vor der Säureeinwirkung geschützt.

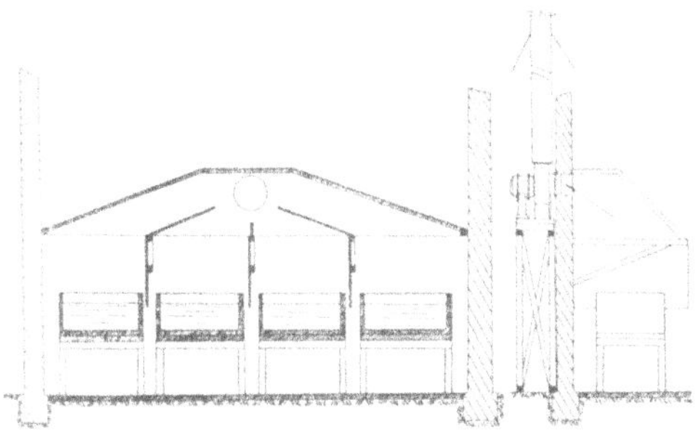

Abb. 1254. Säureluft-Absaugung für eine Kristall-Ätzerei.

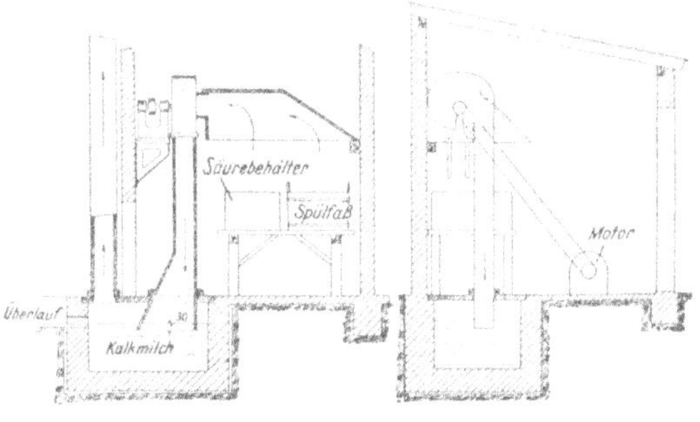

Abb. 1255. Säureluft-Absaugung und Aufwaschung durch Kalkmilch.

Schwierigkeiten bereitet überall da, wo ein unschädliches Versickern der Abwässer in Grubenfeldern und Sandgruben oder die Einleitung in wasserreiche Vorfluter nicht angängig ist, die Unschädlichmachung der fluß- und schwefelsäurehaltigen Spülwasser und der verbrauchten Säurebäder, vor allem wegen der Gefahr der Vergiftung von Trinkwasserbrunnen. Diese müssen in solchen Fällen in Gruben gesammelt, neutralisiert und filtriert werden, ehe sie in Bäche und Teiche eingeleitet werden dürfen. Weil Mauerwerk von den Säurewässern nach kurzer Zeit zerstört wird, ist eine widerstandsfähige Innenauskleidung solcher Sammelgruben unbedingt erforderlich. Hierfür hat sich ein Gemisch von Asphalt und Goudron ohne Sandbeimischung in einer Stärke von 10 cm an den Seitenwänden und 20 cm am Boden gut bewährt. Das Mischungsverhältnis ist ein Teil Asphalt auf drei Teile Goudron, das Gemisch wird in einem Kessel geschmolzen und durch mehrmaligen Anstrich bis zur gewünschten Stärke innen aufgetragen.

Die Neutralisierung der gesammelten Abwässer erfolgt am besten in einem Bottich mit Rührwerk unter Zusatz von gelöschtem Kalk (Förderung der Absäuren durch Hartbleipumpe). Aus diesem gelangen sie dann in ein Filter oder ein umfangreiches Absatzbecken mit Ablauf. Der aus schwefelsaurem Kalk, Fluorkalzium und Kieselflourkalzium bestehende Rückstand und Ausfallschlamm ist als Dünger verwendbar.

Eine kombinierte Neutralisierungsanlage für Flußsäuredämpfe und flüssige Absäure hat die Firma Arno Erbe in Freital zum Patent angemeldet.

Abb. 1256 gibt eine schematische Darstellung dieser Anlage. Durch einen Strahlapparat *a* werden die Säuredämpfe durch die Öffnung *b* in den turmartigen Filter *c* gesaugt, in dem gleichzeitig die durch den Strahlapparat *d* herangeförderten flüssigen Absäuren über ein gradierwerkartiges Feld *e* geleitet werden. Gemeinsam mit den Säuredämpfen gelangen diese dann in die Filter f_1 und f_2, wo sie mit Kalkmilch in Verbindung treten, die durch die Pumpe *p* in dauerndem Kreislauf gehalten wird. Das gleichzeitig als Zusatzwasser dienende Druckwasser fördert die Hochdruckpumpe *q*. In der Mischgrube *o* wird eine der Zusatzwassermenge entsprechende Menge Frischkalk zugesetzt. Durch das Rohr *r* fließen von hier die neutralisierten Abwässer über ein Absetzbecken ab. Eine solche Anlage dürfte sich besonders für Gegenden mit schwierigen Abwasserverhältnissen empfehlenswert erweisen. — Soweit diese sehr beachtenswerten Ausführungen.

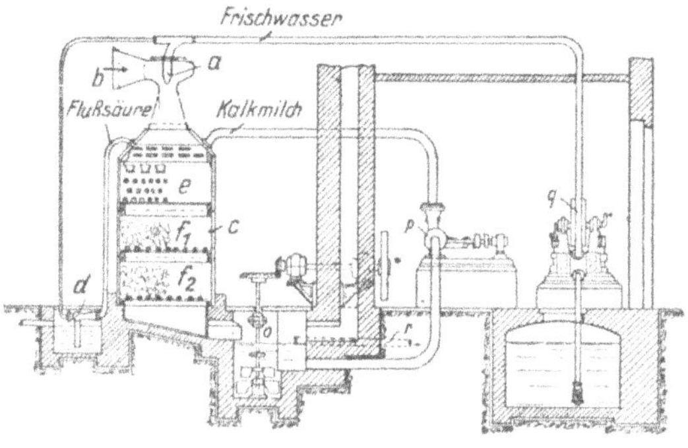

Abb. 1256. Neutralisierungsanlage für Flußsäuredämpfe und Absäure.

Ferner sei verwiesen auf den ausführlichen Artikel „Richtlinien für die Einrichtung von mechanischen und chemischen Poliereien für Hohlglas" von W. Dräsel im Sprechsaal **60** (1927), S. 70. Kurz behandelt wird die mechanische Poliererei, für welche hauptsächlich eine Entstaubungsanlage wegen der gesundheitsschädlichen Wirkung des Glasstaubes auf die Arbeiter empfohlen wird; sehr eingehend ist aber die chemische Poliererei, also die Säurepolitur (siehe später) besprochen, worüber zwar hinsichtlich der Zusammensetzung der Ätzbäder und Ausführung der Politur nichts Neues angegeben ist, wohl aber die Einrichtung der chemischen Poliererei hinsichtlich der Anlage der Säure- und Spülbäder, der Trockenvorrichtungen und Warmwasserbereitung, der Lüftungsanlagen und Beseitigung der säurehaltigen Abwässer eingehend behandelt und durch Skizzen entsprechender Anlagen erläutert ist.

Die einzelnen Ätzflüssigkeiten. Man unterscheidet vor allem die Hell- und Tiefätzerei, welche blanke, vertiefte Flächen und Muster auf Glas erzeugt, die Mattätzerei zur Mattierung des Glases, die Säurepolitur zum raschen Polieren fein geschliffenen Kristallglases, ferner einige besondere Ätzverfahren.

α) Die Hell- und Tiefätzerei. Das gewöhnliche Hell- und Tiefätzbad erhält man durch Verdünnung starker Flußsäure mit Wasser, wobei die Regel gilt, daß die Ätzung um so schneller und tiefer vor sich geht, je stärker das Bad ist, aber um so heller und blanker wird, je verdünnter es ist. Handelt es sich also um die Herstellung eines eigentlichen Tiefbades zur möglichst raschen und tiefen Ätzung des Glases, so nimmt man etwa 1 Teil starke Flußsäure und 2—3 Teile Wasser oder überhaupt verdünnte Flußsäure.

Handelt es sich dagegen um die Erzielung einer möglichst blanken Ätzung, so muß man die Flußsäure je nach ihrer Stärke mit 5—10 Teilen Wasser verdünnen.

Die Herstellung eines sog. Radierätzbades zum Einätzen tiefer, feiner Linien (s. nachher Radierung mit der Hand und mit Maschinen) bereitet einige Schwierigkeiten; das Bad soll einerseits möglichst stark sein, damit es die Linien rasch und tief einfrißt, anderseits darf es aber nicht zu konzentriert sein, weil es sonst unregelmäßige, eisartige Linien gibt. Man nimmt daher etwa 1 Teil Flußsäure, 2—3 Teile Wasser und setzt noch etwas starke Schwefelsäure, bei Bleigläsern auch Salpetersäure zu.

Wegen der unbequemen Versendung der Flußsäure verfährt man oft so, daß man zu einer Lösung von Fluoralkalien in viel Wasser noch Salzsäure oder Schwefelsäure setzt, wodurch man ein Bad erhält, das ähnlich ätzt wie verdünnte Flußsäure,

d. h. es kann wenigstens zum Hellerätzen von mattierten Gläsern verwendet werden (sog. Abätzbad).

Sog. Streichtief ist eine breiige Masse, die mit wenig verdünnter Flußsäure und indifferenten Stoffen, wie gef. schwefels. Baryt oder Mehl, mit dem Pinsel streichbar angemacht und auf das Glas aufgetragen wird; es kann zum Tiefätzen kleinerer Flächen und Dekore vorteilhaft verwendet werden.

β) Die Mattätzerei. Hierzu verwendet man nur noch selten gasförmige Flußsäure, indem man das Glas den Dämpfen aussetzt, die von einem Gemisch von Flußspat und konz. Schwefelsäure entstehen (Ätzung von Teilstrichen auf Thermometern, Meßröhren). Gewöhnlich gebraucht man konzentrierte Lösungen von Fluorsalzen; dabei bilden Kalisalze das schönste seidenartige Matt besonders für Kristallglas, während Natriumsalze ein rauhes Matt liefern.

Die Theorie des Säurematts[1]) hat im Laufe der Zeiten ihre Meinung geändert. Die kristallinische Struktur, welche das Säurematt aufweist, könnte aus unlöslichen

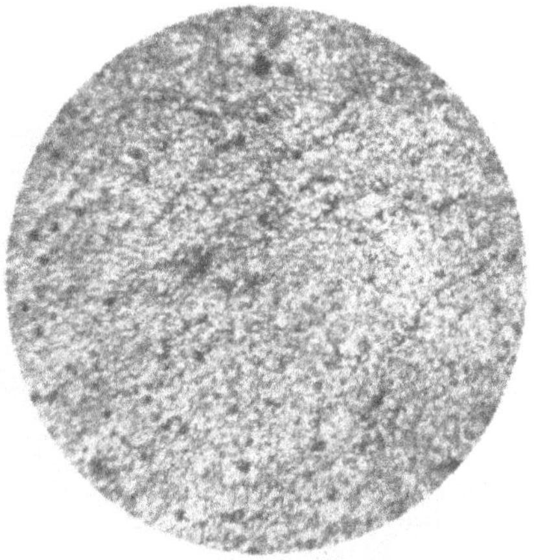

Abb. 1257. Normal mattiertes Glas (100fach vergr.).

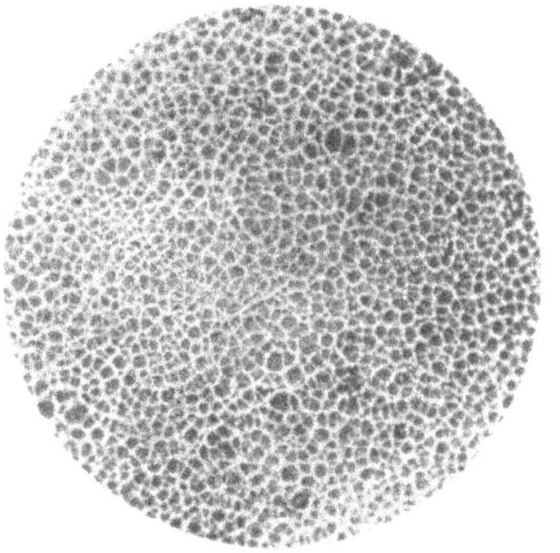

Abb. 1258. Zu glasig mattiertes Glas (100fach vergr.)

Fluoriden bzw. Silikofluoriden bestehen; dann müßten sie aber in Ätzalkalien bzw. Mineralsäuren löslich sein, was jedoch nicht der Fall ist. Nach neueren Untersuchungen kommt man zu der Meinung, daß die unlöslichen Salze als feine Kriställchen sich am Glase zunächst wohl absetzen, aber an diesen Stellen das Glas vor weiterem Angriff schützen, so daß es um diese Kriställchen kaum noch gelöst werden kann, wodurch eine unregelmäßige, matte Oberfläche entsteht; die scheinbaren Kristallstrukturen sind also nur die Konturen von Kristallen, die sich beim Ätzen gebildet haben, bei der nachfolgenden Reinigung aber wieder entfernt werden. Dafür spricht auch der Umstand, daß das Mattkorn sich gegen mechanische Einwirkungen genau wie Glassubstanz verhält und daß Glas im Mattbad schließlich auch vollständig aufgelöst wird.

Hieraus ergibt sich, daß eine Mattierung um so heller wird, je weniger Kristalle sich absetzen und je größer diese sind; umgekehrt wird eine Mattierung weißer und dichter sein, je mehr sich Kristalle absetzen und je kleiner diese sind. Man kann also die Größe des Mattkorns, wenn man die Löslichkeit der verschiedenen Glasbestandteile und der Zusätze beachtet, und damit das Aussehen der Mattierung regeln. (Vgl. Abb. 1257 und 1258.)

[1]) Vgl. K. Hesse, „Die mikroskopische Struktur der Oberfläche mattierter Gläser", Glastechnische Berichte III (1925), S. 33; G. Schott, „Herstellung und Eigenschaften lichtzerstreuender Gläser", Glastechnische Berichte III (1925), S. 315; F. Späte, „Das Mattieren von Glas", Sprechsaal **59** (1926), S. 6.

Bei gleichem Prozentgehalt im fertigen Glase gibt Baryt das größte, Bleioxyd das kleinste Mattkorn; dazwischen liegen Kalk, Zinkoxyd und Tonerde.

Namentlich die abweichende Mattierung eines tonerdereichen Glases ist sehr wichtig für die Fehler beim Mattätzen. Wenn nämlich die Mattierung wolkig und streifig wird, so können daran zu frische oder inhomogene oder zu kalte Ätzbäder auch die Schuld tragen. Vielfach liegt aber dieser Fehler im Glase selbst; die Streifen und Winden sind nichts anderes als ein tonerdereicheres Hafenglasurglas, welches bei unrichtigem Anfangen usw. vom Glasmacher in den Posten hineingezogen wird. Meist sind diese Schlieren vorher gar nicht ersichtlich, erst beim Ätzen treten sie hervor[1]). Ähnliche Erscheinungen können bei Überfanggläsern durch Reißen des dünnen Kristallkölbels auftreten.

Die Herstellung eines Mattbades kann auf 3 Arten geschehen: In der einfachsten Weise benützt man eine konzentrierte Lösung der sauren Fluorsalze in warmem Wasser; durchschnittlich braucht man hierzu 10—20 Teile Fluorsalze auf 100 Teile Wasser. Solche Ätzbäder greifen ohne weiteren Zusatz das Glas mattierend an. Allerdings setzt man zwecks stärkerer Wirkung oder zur Auffrischung oft kleine Mengen Salz- oder Schwefelsäure zu.

Man kann aber auch die neutralen Fluorsalze etwa im Verhältnis von 10:100 in Wasser lösen, muß dann jedoch auf jeden Fall eine Säure zusetzen, weil sie für sich allein das Glas nicht angreifen.

Endlich kann man das Mattbad direkt selbst herstellen, indem man eine bestimmte Menge Flußsäure zuerst mit etwa der 10fachen Menge Wasser verdünnt, dann mit Pottasche bzw. Soda sättigt, d. h. soviel hinzu gibt, bis kein Aufbrausen eintritt und nun abermals etwa die gleiche Menge Flußsäure oder auch eine andere Säure hinzusetzt.

Auf diesen drei Grundsätzen beruhen alle Vorschriften für Mattbäder in den glastechnischen Büchern; vielfach setzt man noch die sog. Verdichtungssalze, wie Salmiak, schwefelsaures Kali usw., hinzu.

Sog. Streichmatt ist ähnlich wie Streichtief eine streichfähige Masse mittels mattierender Flüssigkeiten. Am einfachsten nimmt man sog. Mattsalz, d. i. saures Ammoniumfluorid, verreibt es mit Wasser unter Zusatz von Flußsäure auf einer Glasplatte sehr fein und trägt es auf das Glas auf. Nach wenigen Minuten kann man den Auftrag wieder abspülen, und es erscheint nach dem Trocknen ein weißliches Matt. Erwähnt sei noch, daß Spezialfabriken auch gebrauchsfähiges Streichmatt, Fluorfarbe, Ätzpomade liefern, darunter vor allem auch die Fa. G. Moderow in Berlin SO 26.

Die technische Ausführung der Tief- und Mattätzung des Hohlglases. Vor jeder Ätzung müssen die Gläser aufs sauberste gereinigt werden — am besten mit warmer verdünnter Sodalösung — und dürfen dann an den zu ätzenden Stellen mit den bloßen Fingern nicht mehr berührt werden, sondern sollen möglichst bald in die Ätzbäder kommen. Diese werden am besten hergestellt und aufbewahrt in Bleigefäßen oder in Holzbottichen, die innen mit Blei ausgeschlagen oder mit einem haltbaren Pech ausgepicht sind. In diese Bäder werden die Gläser bei der Kristallglasätzerei meist mit der Hand, die mit Gummihandschuhen geschützt ist oder auch mit hölzernen, bleibeschwerten Gestellen eingetaucht und bis zur Erzielung der gewünschten Wirkung drinnen belassen, was bei einem Hell-Tiefbad, besonders bei Abätzung von Überfang mehrere Stunden dauern kann, während das Mattbad durchschnittlich in 10—20 Minuten wirkt[2]). Vor dem Mattätzen stellt man die Gläser gewöhnlich 5—10 Minuten in ein sog. Vorbad, d. i. ein gewöhnliches Hellbad; in demselben Bad

[1]) Diesbezügliche Abbildungen gibt Hesse, Glast. Ber. III (1925/26), S. 37, Abb. 11 u. 12.

[2]) Speziell über die Innenmattierung von Glühbirnen siehe Sprechsaal **61** (1928), S. 670.

kann man vorteilhaft das Glas nach dem Mattbad einstellen, sowohl zur Abätzung der anhaftenden Salze als auch zur Verfeinerung des Mattons. Die Auffrischung der Ätzbäder geschieht am besten durch Zugabe von etwas Flußsäure, allenfalls auch Schwefelsäure. Unbrauchbar gewordene Tiefbäder können oft vorteilhaft durch Zugabe von Pottasche oder Soda in Mattbäder umgewandelt werden (s. vorher). Eine wichtige Rolle spielt bei jeder Glasätzung die richtige Temperatur; wenn ein Bad nicht gut wirkt, so ist zunächst immer daran zu denken, ob es bzw. der Ätzraum auch eine bestimmte Wärme hat; diese soll auf keinen Fall unter 15° heruntergehen und am besten etwa 25° betragen, obwohl gerade Mattbäder oft erst bei 30—40° gut wirken. Diejenigen Stellen des Glases, die nicht geätzt werden sollen, werden mit sog. Decklack (Deckfarbe) eingedeckt. Diese Decklacke bestehen der Hauptsache nach aus Auflösungen von Asphalt sowie Harzen und Fetten in Terpentinöl. Sie müssen die Eigenschaft haben, daß sie am Glase gut haften und bei den Ätztemperaturen noch nicht erweichen. Nach Vollendung der Ätzung werden die eingedeckten Gläser mit Terpentinöl oder Petroleum oder auch nur heißer, verdünnter Sodalösung aufgeweicht, wonach sich die Ätzschutzfarbe ablöst, dann mit Sägespänen noch abgerieben und sauber gewaschen. Der Decklack kann entweder von Hand aufgetragen bzw. in bestimmten Mustern aufgemalt werden (unter Verwendung besonders präparierter Mallacke), oder aber er wird nach dem Umdruckverfahren (unter Verwendung besonderer Umdrucklacke) für Massenerzeugnisse auf das Glas übertragen, indem das Muster in Stahlplatten mittels Salpetersäure eingeätzt, dann mit dem Umdrucklack überstrichen, auf Seidenpapier abgezogen und auf Glas übertragen wird. (Auf die Einzelheiten dieser Technik kann hier nicht näher eingegangen werden, sie ist in dem am Schluß dieses Abschnittes angeführten Spezialwerken ausführlich beschrieben.)

Guillochiermaschine und Pantograph. War schon das Umdruckverfahren ein großer Fortschritt in der Glasätzerei, so ist besonders noch die Einführung von Maschinen, wie der Guillochiermaschine und des Pantographen, zu erwähnen. Diese dienen vor allem dazu, um vertiefte Linienmuster auf dem Glase herzustellen. Dazu werden die Gläser zunächst durch Eintauchen in einen geschmolzenen Decklack vollständig

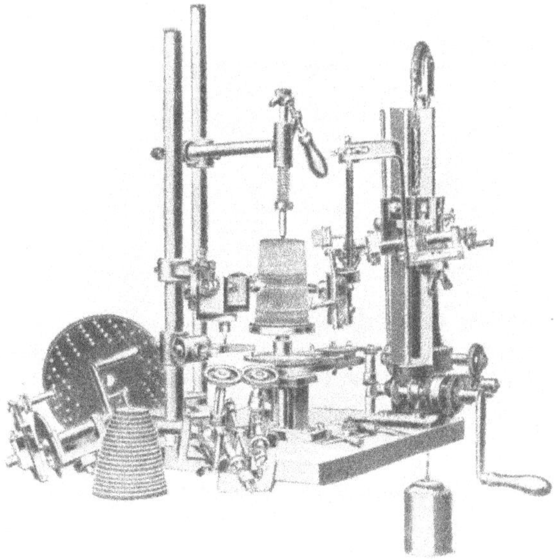

Abb. 1259. Einfache Guillochier-Maschine.

mit der Ätzschutzfarbe versehen. In diese kann man nun in einfacher Weise von Hand mittels einer Graviernadel, viel rascher aber mit den genannten Maschinen, das gewünschte Muster einradieren. Hierauf wird es in einem Tiefbad (speziell Radierätzbad) eingeätzt und dann das Glas vom Lacke wieder befreit.

Das Prinzip der Guillochiermaschine beruht darauf, daß das in der Maschine eingespannte Glas in langsame drehende Bewegungen versetzt wird, während gleichzeitig an entsprechenden Vorrichtungen bewegte Stifte das Muster eingraben.

Die in Abb. 1259 dargestellte einfache Guillochiermaschine arbeitet Ringel-, Zickzack-, Wellen- und Schlingenmuster, auch gerade Linien; gleichzeitig kann immer nur ein Glas mit dem betreffenden

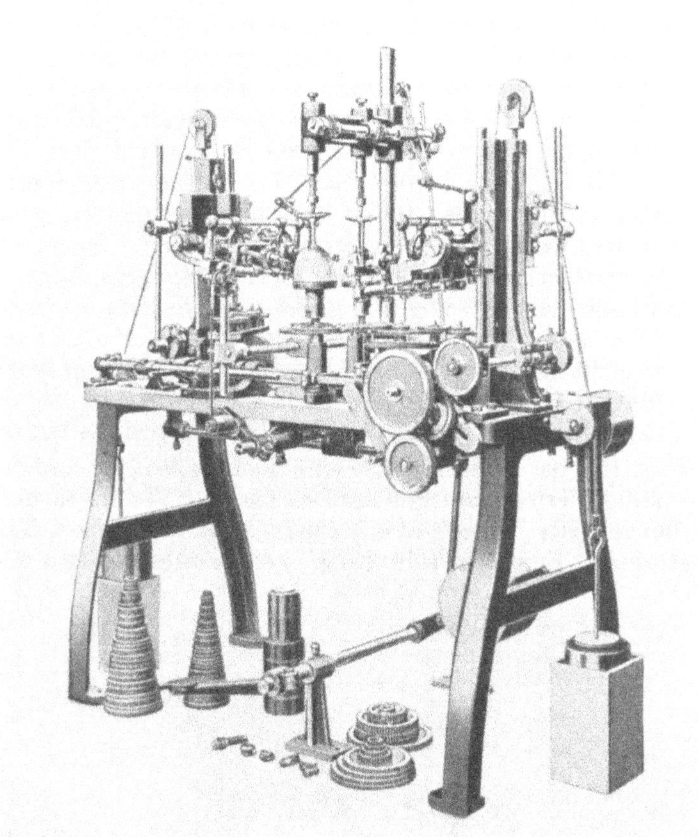

Abb. 1260. Automatische Universal-Guillochiermaschine der Fa. Kutscher-Deuben bei Dresden.

Muster versehen werden. Größe: 65 cm hoch, 46 cm breit, 60 cm lang; Gewicht: 75 kg netto; Leistung: 125 Gläser stündlich.

Eine größere automatische Universal-Kraft-Guillochiermaschine für zwei Gläser (Abb. 1260) dient zur Herstellung fast aller Guillochagen, wie Ringel-, Wellen-, Zickzack-, Schlingen- und Rosetten-Mustern sowie geraden Linien. Die Bedienung hat nur die Gläser aufzusetzen und die Maschine durch Fußtritt einzurücken, alles andere, wie Bechereinspannen, Guillochieren usw., geschieht selbsttätig. Leistung: Etwa 400 Gläser in 1 Stunde; Größe: 150 cm hoch, 130 cm lang, 85 cm breit; Gewicht: Etwa 500 kg netto.

Beim Pantograph, mit welchem man gleichzeitig 20—30 Gläser mit demselben Muster versehen kann, ist der Dekor auf einer Zinkplatte bedeutend größer eingraviert. Diese liegt auf dem Tisch der Maschine und ein Arbeiter fährt mit einem Stift des Pantographen die Linien nach; diese Bewegung wird auf Metallstifte übertragen,

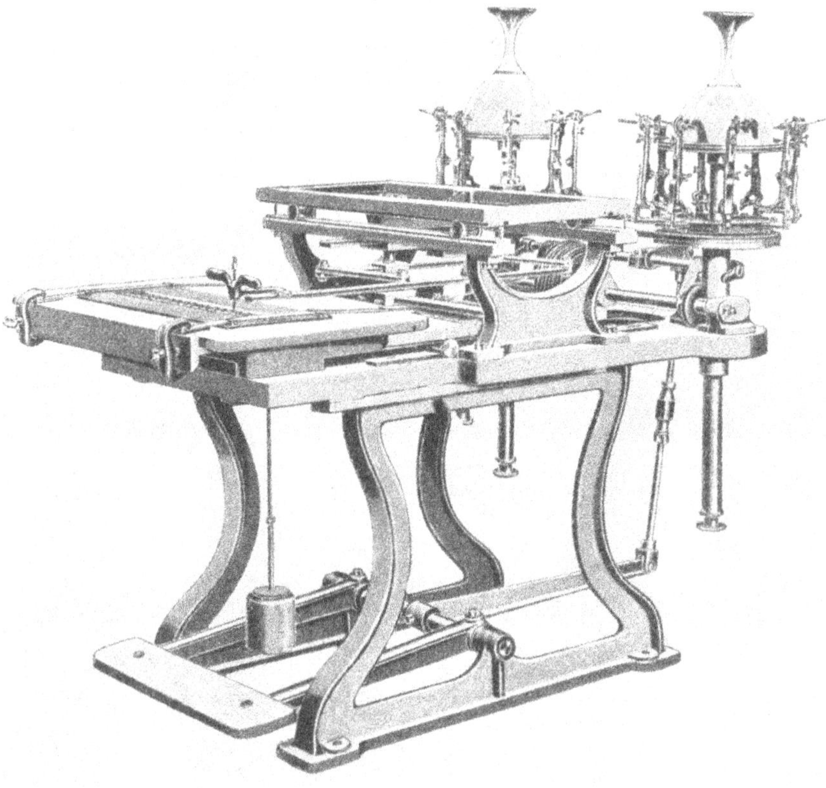

Abb. 1261. Einfacher Pantograph für 2—4 Gläser (Fa. W. Kutzscher-Deuben bei Dresden).

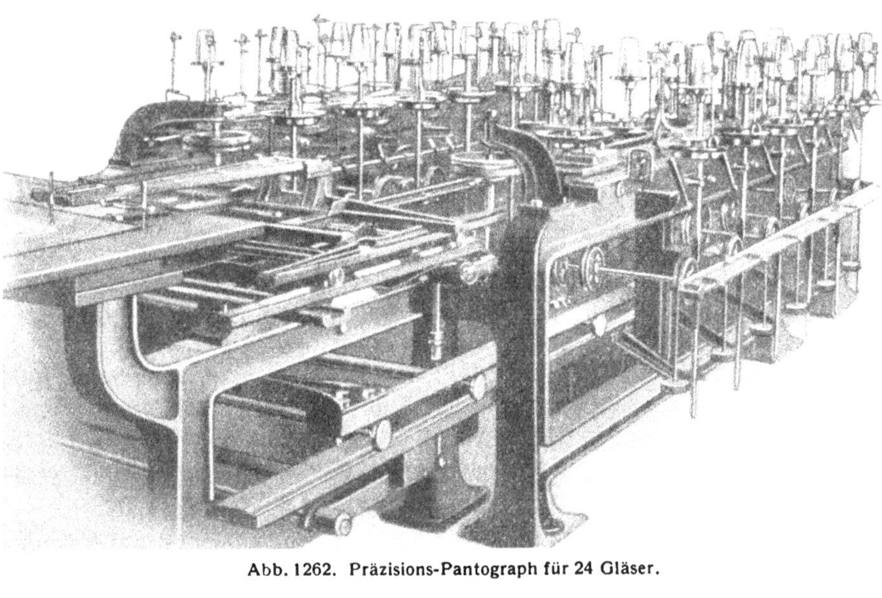

Abb. 1262. Präzisions-Pantograph für 24 Gläser.

welche den Dekor in die Wachsschicht der an einer Drehachse eingeklemmten Gläser einradieren.

Ein einfacher Pantograph für 2--4 Gläser (Abb. 1261) arbeitet außer Bechern und Kelchen besonders auch größere Sachen, wie Fruchtschalen, Glocken, Schüsseln usw.

Der in Abb. 1262 dargestellte Präzisions-Pantograph für 24 Gläser dient zur Herstellung von Verzierungen aller Art auf Gläsern, an eine bestimmte Ausführungsform ist man nicht gebunden, da mit Dessinplatten gearbeitet wird. Jeder Dekor kann nach Belieben breit und lang gehalten werden, ohne daß verschiedene Vorlagen nötig sind; dazu bedarf es nur einiger Verstellungen an der Maschine. Die Bedienung ist sehr einfach und der Gang sehr leicht. Die bedienende Person hat nur mit einem Führungsstift die Gravur auf der Musterplatte nachzufahren, wodurch das Muster gleichzeitig auf

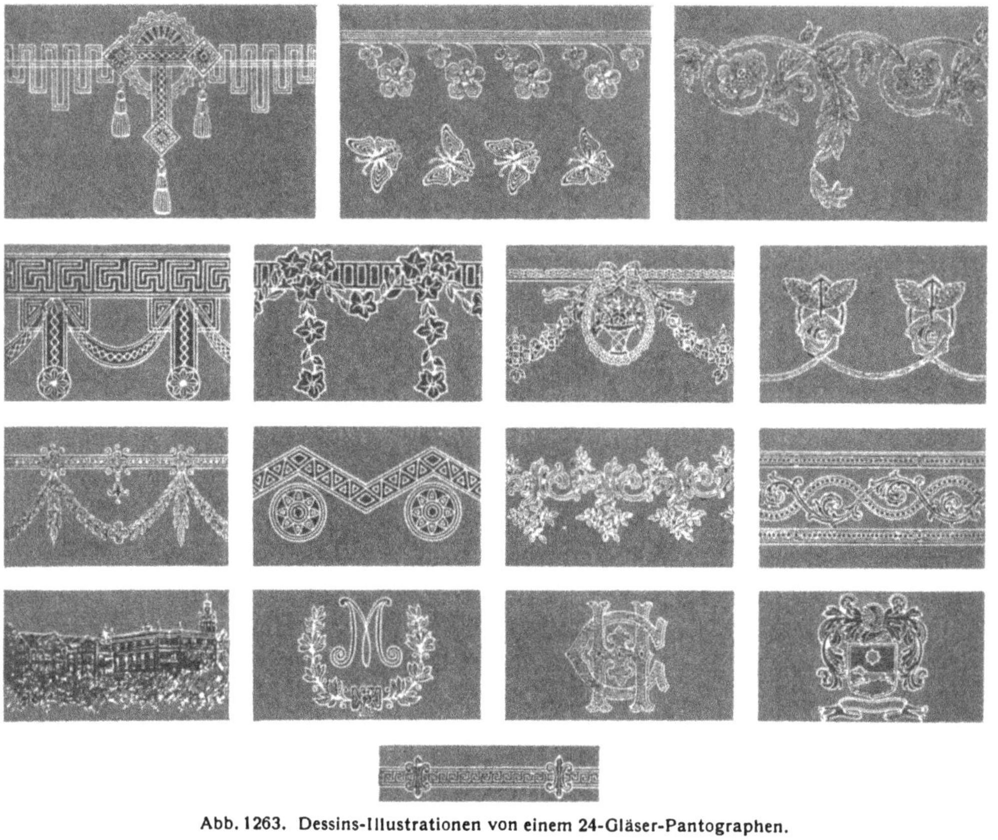

Abb. 1263. Dessins-Illustrationen von einem 24-Gläser-Pantographen.

sämtliche Gläser übertragen wird. Es können Becher, Schüsseln, Kelche, Teller, Karaffen usw. eingraviert werden. Größe des 24fachen Pantographen: 4,5 m lang, 22 m breit, 1,2 m hoch; Gewicht: 2500 kg.

Die vielfache Ausnützungsmöglichkeit der Pantographen geht aus den vorstehenden Dessin-Illustrationen (Abb. 1263) hervor und ist in keiner Weise beschränkt, da mit Musterplatten gearbeitet wird.

So wunderbar diese Maschinen arbeiten, so ist die Technik doch noch verhältnismäßig umständlich, da ja das Muster nur in den Decklack einradiert wird und von der Flußsäure in das Glas eingeätzt werden muß; das einfachste und natürlichste wäre es, daß die Maschine mit geeigneten Stiften (die alte Diamantsticheltechnik auf Gläser von Hand!) die Muster direkt in das Glas eingraviert; allein eine solche Maschine gibt es bis heute noch nicht.

Einen Vergleich verschiedener mechanischer und Ätz-Methoden zur Oberflächenverzierung farbloser Gläser gibt auch Abb. 1264.

γ) **Die Säurepolitur.** Schon bei der Glasschleiferei wurde erwähnt, daß der letzte Prozeß beim Kristallglas, insbesondere Bleiglas, durch das Polieren mit Säure ersetzt werden kann. Dieser Vorgang beruht auf der Wirkung der Flußsäure im Verein mit starker Schwefelsäure, das Glas unter stürmischer Entwicklung von Siliziumfluoridblasen anzugreifen und dadurch bereits feingeschliffenes, aber noch mattes Glas völlig blank zu scheuern. Die Flußsäure ist der eigentliche, allein wirksame Bestandteil des Polierbades. Die Schwefelsäure dient zur Verflüchtigung des Gases und Ablösung der Ätzsalze. Alle anderen Zusätze sind zwecklos; sie werden meist angegeben entweder aus Unkenntnis des Poliervorganges oder zur Täuschung des Käufers eines Rezeptes.

Eine genaue und allgemein gültige Vorschrift für ein Polierbad läßt sich nicht angeben, weshalb es auch wenig Wert hat, sich ein entsprechendes Rezept um teueres Geld zu kaufen; denn seine Zusammensetzung ist abhängig von der Art des Glases

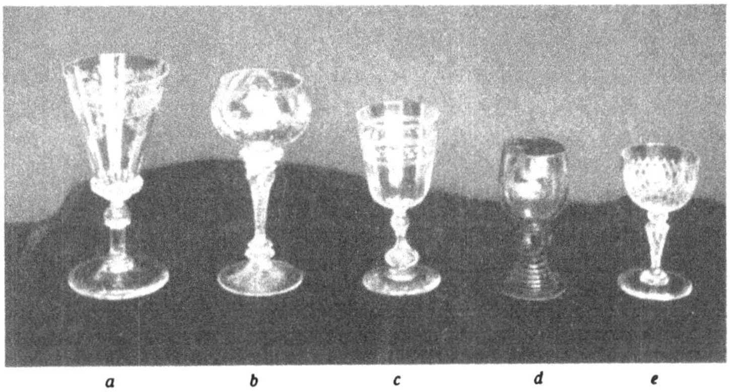

a *b* *c* *d* *e*

Abb. 1264. In verschiedenen Techniken verzierte Gläser. (Glassammlung T. H. Hannover.)
a Federzeichnung ähnlicher Dekor mit dem Diamant geritzt.
b Blätterranke am Kelch graviert.
c Linienornament guillochiert und klar geätzt. Blattranke dazwischen graviert.
d Eisengrünes Glas. Dekor: Sandstrahlgebläse mit etwas Gravur.
e Linienführung guillochiert und klar geätzt.

und der Stärke der Ätzflüssigkeiten, muß also immer erst ausprobiert werden. Als Richtschnur kann etwa folgende Angabe dienen:

2 Maßteile starke Flußsäure,
2 „ „ Schwefelsäure,
1 Maßteil Wasser.

Diese Mischung wird am besten in Bleigefäßen angesetzt und muß während des Polierens durch Erwärmen auf einem Sandbad oder Durchleiten eines Dampfrohres etwa 40° warm erhalten werden. Durch die fortwährende Gasentwicklung und die Politur wird hauptsächlich die Flußsäure, viel weniger die Schwefelsäure verbraucht, so daß erstere öfters nachgefüllt werden muß. Bei der Ausführung der Säurepolitur sind natürlich im besonderen Maße alle früher angegebenen Vorsichtsmaßregeln für das Arbeiten mit starker Flußsäure zu beachten.

Die Politur selbst geschieht im allgemeinen folgendermaßen: Das feingeschliffene und gutgereinigte Glas wird entweder einzeln mit Gummihandschuhen bzw. Holzzangen oder in mehreren Stücken zusammen in einem Holzgestell wiederholt hintereinander kurze Zeit, z. B. 3—4mal je 15—30 Sekunden oder auch 8—10mal je 5 Sekunden oder auch 40—50mal je 1—2 Sekunden, in die Ätzflüssigkeit eingetaucht und nach jedesmaligem Tauchen in einem unmittelbar danebenstehenden Gefäß mit warmen Wasser von den anhaftenden Salzen kräftig abgespült, schließlich in einem von Flußsäuredämpfen freien Raum getrocknet.

Bleiglas erfordert stärkere Bäder und poliert sich rascher als gewöhnliches Glas, das schwächere Bäder und längeres Eintauchen benötigt. Ist das Bad zu schwach, d. h. dauert es über 30 Sekunden, bis es genügend poliert, so muß entweder noch Flußsäure zugesetzt oder besser erwärmt werden; ist es zu stark, d. h. wird das Glas eisartig angefressen, so muß man etwas mehr Wasser zusetzen oder mit der Temperatur zurückgehen. Feinere Artikel werden nach der Säurepolitur noch „abgezogen", d. h. mit dem Filzrad nachpoliert. Schliffmuster für Säurepolitur sollen das Glas möglichst völlig bedecken, weil an größeren blanken Stellen der etwas unregelmäßige Angriff der Säure fast immer hervortritt. Wirtschaftlich ist die Säurepolitur der mechanischen Politur unbedingt überlegen, auch technisch läßt sich der silberne Hochglanz eines Bleikristalls nur durch Säurepolitur erreichen. (Über die Einrichtung des Säurepoliturraumes, die Menge und Art der benötigten Wasser- und Säurebottiche sowie die Ventilation und Beseitigung der Säuredämpfe und Abwässer gelten die schon früher bei der Ätzerei gemachten Ausführungen.)

δ) Besondere Ätzverfahren. Hierher gehören einmal Ätztinte und Stempelflüssigkeit, zwei Präparate, die man sich selbst herstellen oder auch von Spezialfabriken (z. B. von der schon genannten Firma G. Moderow-Berlin) bebeziehen kann. Mittels der Ätztinte kann Glas mit matten Schriftzügen und Zeichnungen unter Anwendung eines Gänsekiels oder einer Stahlfeder versehen werden. Eine Vorschrift für Ätztinte lautet z. B. folgendermaßen: Man bereitet zuerst eine gesättigte Lösung von Fluorammonium in Flußsäure und verdickt dann dieselbe durch Zusatz von Schwerspatpulver und einigen Tropfen Glyzerin.

Zur Herstellung von Stempeln auf Glas können hauptsächlich zwei Verfahren unterschieden werden, nämlich die direkte Stempelung und das Einstaubverfahren. Bei der ersten Methode wird die Stempelflüssigkeit, meist auch eine konzentrierte Lösung von Fluorammonium in Flußsäure, auf ein Stempelkissen gebracht und von dort mit einem Gummistempel auf das Glas übertragen. Nach dem zweiten Verfahren wird entweder bloß Öl auf das Glas aufgestempelt und dann dieser Abdruck mit Ätzsalz eingestaubt und dessen Wirkung abgewartet; oder aber man befestigt den Stempel auf einem Laufbrett, versieht ihn mit der bereits fertigen Stempelfarbe und rollt nun das Glas darüber ab. Alle näheren Einzelheiten müssen aus den Spezialwerken und den Prospekten der Firmen, z. B. von G. Moderow-Berlin, ersehen werden.

Sog. Eisglas erhält man, wenn man es einige Zeit in starker, mit nur wenig Wasser verdünnter Flußsäure ätzt; dann wird das Glas eisartig angefressen, weil die entsprechenden Verbindungen unregelmäßig von der Glasoberfläche sich ablösen. Hier sei auch noch das sog. Eisblumenglas erwähnt; zu dessen Herstellung wird mit dem Sandstrahl rauhmattiertes Glas mit gutem Leim bestrichen und getrocknet, dabei reißt der sich zusammenziehende Leim Glassplitter ab, so daß das Glas nach Entfernung des übrigen Leimes in heißem Wasser ein eisblumenartiges Aussehen bekommt (vgl. auch noch das ähnlich aussehende Craquelé-Glas und gekröseltes Glas).

Mit der Sternchen- und Saumätzung sowie der Linienätzung hat sich insbesonders Dr. B. Müller[1]) beschäftigt. Schon beim Eisbad beobachtet man, daß die Salze am besten an Rauhungen des Glases oder an Lackrändern haften. Werden nun auf das Glas kleine Lackpünktchen aufgesetzt und die Ätzung in einem schwachen Eisbad (etwa 1 Flußsäure : 1—2 Wasser) durchgeführt, so bleiben besonders um die Wachspünktchen die Salze haften und wachsen nach allen Richtungen sternchen-

---

[1]) Früher Laboratoriumsleiter an der Fachschule für Glasindustrie in Zwiesel, Sprechsaal **44** (1911), S. 361.

förmig weiter. Werden auf das Glas größere Lacktropfen aufgetragen und wird es dann im vorigen Bad oder noch besser im folgenden Linienbad geätzt, so erhält man die Saumätzung, d. h. die bedeckte Stelle wird mit einem rauhmatten Saum umgeben.

Die Linienätzung beruht auf folgender Grundlage: Während bei der Säurepolitur eine stürmische Gasentwicklung nötig ist, darf diese hier nur langsam und gleichmäßig vor sich gehen. Dann graben die aufsteigenden Gasblasen in die Wandungen des Glases vertiefte, dicht nebeneinander laufende Linien ein, die vor allem durch die Form des Glases bedingt sind; im allgemeinen eignen sich nur nach oben ausladende Glasformen für diese Ätztechnik. Nach 10—30 Minuten ist die Ätzung beendet. Das Bad besteht aus etwa 2 Maßteilen konzentrierter Schwefelsäure und 1 Maßteil höchstkonzentrierter Flußsäure. Es wirkt am besten bei einer Temperatur von 30° und muß luftdicht verschlossen aufbewahrt werden, weil es Wasser anzieht.

Spezialliteratur über Glasätzerei. Ausführliche Darstellungen der Glasätzerei siehe in den allgemeinen glastechnischen Büchern von R. Hohlbaum (speziell für Kristallglas) und Dr. B. Müller sowie von Strehblow, dann in den Spezialwerken „Gesamtgebiet der Glasätzerei" von F. E. Fischer und das neuere Buch „Die Glasätzerei" von J. B. Miller, endlich des Verfassers Buch „Dr. L. Springer, Glas-Malerei und -Ätzerei, insbesondere nach ihren chemischen Grundlagen", worin der Verfasser die gesamte Glasätzerei, vor allem nach ihren chemischen Grundlagen mit Angabe seiner vielen eigenen praktischen Erfahrungen auf diesem Gebiete ausführlich darstellt; ein ähnliches, sehr empfehlenswertes Werk ist das Buch „Die Glasveredlung" von K. Hesse, Bd. 10 des Werkes „Das Glas in Einzeldarstellungen" (Leipzig 1929, Akad. Verlagsges.).

e) Die Glasmalerei.

Hier ist nur von der Hohlglasmalerei die Rede, bei welcher farbloses oder auch farbiges Hohlglas mit den mannigfaltigsten Ornamenten und Figuren in Glasmalerfarben versehen und diese farbigen Verzierungen durch Einbrennen in Muffelöfen auf dem Glase dauerhaft befestigt werden. Dagegen schaltet hier aus die Tafel- und Fensterglasmalerei, bei welcher die Bilder teils aus farbigen Gläsern zusammengesetzt sind, teils ebenfalls nach dem vorigen Verfahren ausgeführt werden, ferner die sog. Kaltmalerei, bei welcher die Farben ohne Einbrennen nur mit Lacken und Kitten auf dem Glase befestigt werden und daher wenig haltbar sind.

Je nach den verwendeten Präparaten kann man folgende Arten der Glasmalerei unterscheiden:

Die Glasmalerei mit den eigentlichen Glasmalerfarben. Die Glasmalerfarben bestehen in ganz ähnlicher Weise, wie die Aufglasurfarben der Keramik, aus zwei Hauptbestandteilen: a) dem eigentlichen Farbkörper, der die Farbe verleiht und dessen färbender Anteil meist ein färbendes Metalloxyd ist und b) aus dem Fluß oder Email, das farblos ist und als sehr weiches, viel Bleioxyd und Borsäure enthaltendes Glas nur dazu dient, den Farbkörper zu verteilen und bei niedriger Brenntemperatur auf der Glasfläche festzusetzen. Es verleiht der Farbfläche Glanz und wird manchmal auch allein verwendet (Transparent- und Opakemail). Bei der Herstellung der Glasmalerfarben werden entweder die Bestandteile des Flusses mit den Farbstoffen zusammengeschmolzen und dann feinst gemahlen, oder es werden nur die Bestandteile des Flusses für sich geschmolzen, gemahlen und dann in bestimmten Verhältnissen (etwa 30:1) mit dem Farbpräparat gemischt. Hinsichtlich der äußeren Erscheinung der Glasmalerfarben nach dem Einbrennen unterscheidet man die undurchsichtigen (opaken) Emailfarben, die durchsichtigen Transparentfarben, die in dünner Schicht aufgetragenen Flachfarben und die glanzlosen oder seidenmatten Mattfarben[1]).

Einige Beispiele für die Zusammensetzung der Glasmalerfarben seien hier genannt. Versätze zu einem Fluß für Opakemail: 30 Sand und 80 Mennige. Transparentemail: 10 Sand, 70 Mennige, 20 Borsäure[2]).

Die Farbkörper sind entweder einfache Metalloxyde bzw. Metallsalze wie Eisenoxyd-Rot, Bleichromat-Gelb oder Gemische derselben. Die verschiedenen Arten von Karmin, Violett usw. werden mit Goldpurpur hergestellt und brauchen besondere Flüsse. Für Flachfarben wird der Fluß aus etwa 10 Sand, 60 Mennige, 30 Borsäure durchgeschmolzen und mit ungefähr $^1/_5$ Farbpräparat gemischt. Mattfarben sind Flachfarben mit einem Zusatz von Zinnoxyd oder Porzellanpulver.

Die Polier- und Glanzmetalle[3]). Abgesehen vom Hinterlegen des Glases mit Blattgold und Blattsilber kommen hier nur die im Feuer beim Einbrennen nicht oxydierenden Edelmetalle Gold und Silber, manchmal auch Platin, in Betracht. Die Poliermetalle bestehen aus feinstem Metallpulver wie Gold- und Silberpulver, auch kohlensaurem Silber, mit etwa $^1/_{10}$ Fluß, meist borsaures Blei oder Wismutoxyd, das zur Verbindung des Metalles mit dem Glas beim Einbrennen dient. Danach erscheinen die Metalle matt und erdig, sie erhalten erst durch Polieren mit Achatstein oder Glasbürste ihren Hochglanz (daher ihr Name). Was noch das Poliergold betrifft, so erhält man das hierzu nötige feine Goldpulver durch Auflösen von Goldblech oder Goldstücken in Königswasser, Abdampfen der überflüssigen Säure, Ausfällung des Goldes mit Eisenvitriol und Trocknung (noch feineres Goldpulver soll man mit Oxalsäure erhalten); es wird dann mit Fluß versetzt, auch oft etwas Silber zugesetzt (Grüngold), ferner meist mit reichlich Quecksilberoxyd oder Kienruß gestreckt. Zum Auftrag auf das Glas wird das so bereitete Poliergold mit Öl angerieben, es kommt aber im Handel heutzutage auch „Flüssiges Poliergold" vor.

Metallisches Silber für Poliersilber erhält man durch Abscheidung aus einer Silbernitratlösung mit Kupferblechstreifen oder mit Reduktionsmitteln, z. B. Formalin. Hier sei noch erwähnt, daß das Poliersilber oft auf der Rückseite eine unschöne Gelbfärbung[4]) zeigt. Da die Gelbfärbung auf einer Einwanderung des Silbers in das Glas beruht (wie bei der Gelbbeize), so ist sie einerseits abhängig von der Einbrenntemperatur, welche möglichst niedrig sein soll, anderseits von der Art des Silbers. Kohlensaures Silber und feines graues, glanzloses Silberpulver färben das Glas weniger als metallglänzendes und kupferhaltiges Silberpulver.

Beizen, vielfach fälschlich als Ätzen bezeichnet (s. I. Bd., S. 144), sind meist durchsichtige, nicht auf der Oberfläche aufliegende, sondern in Glas eingedrungene Färbungen mit Metallen; am wichtigsten sind die Gelbbeize mit Silber und die Rot- oder Rubinbeize mit Kupfer.

Die Gelbbeize beruht auf der Gelbfärbung des Glases durch Silber; das Gelbbeizpräparat besteht aus irgendeinem Silbersatz (nicht metallisches Silber) und einem Zusatz von Gelberde (Ocker) oder Kaolin; letztere Stoffe dienen nur als körpergebende,

---

[1]) K. Killer, Einiges über Glasmalerfarben. Glastechn. Ber. **VII** (1929/30), S. 317.

[2]) Über bleihaltige, ungiftige Schmelzfarben siehe Sprechsaal **38** (1905), S. 299; Über bleifreie Schmelzfarben siehe Sprechsaal **23** (1901); Über säurefeste Schmelzfarben siehe Sprechsaal **44** (1914) und Keram. Rundschau **44** (1914).

[3]) Neue ausführliche Mitteilungen über „Die Fabrikation des Glanz- und Poliergoldes", ferner „Zur Herstellung des Glanzplatins und des Glanzsilbers" und „Zur Fabrikation des Grüngoldes", endlich „100 Jahre Glanzgold" von F. Chemnitius, Sprechsaal **60** (1927), S. 182, 226, 313 und **61** (1928), S. 748 und 767.

[4]) L. Springer, „Die Gelbfärbung des Poliersilbers auf der Rückseite", Keramische Rundschau **45** (1915) und **46** (1916).

streichfähige Substanzen und zur Verdünnung des Silberpräparates, also zur Einstellung des gewünschten Farbtones. Sie wirken aber nicht als Fluß- oder Haftmittel und haben natürlich auch auf die Färbung keinen direkten Einfluß; sie müssen im Gegenteil beim Einbrennen unlöslich und unschmelzbar sein. Ein und dasselbe Präparat gibt um so dunklere Töne, je höher eingebrannt wird; bei gleicher Temperatur liefert das silberreichste Präparat die dunkelste Färbung. Eine bestimmte Vorschrift läßt sich nicht angeben; im allgemeinen nimmt man 10—20 Teile Silbersalz auf 100 Teile Ocker. Eine gleichmäßige Mischung bekommt man, wenn man salpetersaures Silber in Wasser löst und mit feingeriebenem Ocker mischt, allenfalls zum Trocknen verdampft; noch vorteilhafter ist es, in der Ocker-Aufschlämmung durch Fällung mit Salzsäure Chlorsilber als wasserunlösliches Präparat auf den Ockerteilchen niederzuschlagen. Die Gelbbeizmasse wird mit Gummiwasser angerieben und mit dem Pinsel auf das Glas aufgetragen; sie kann aber auch mit Druckfirnis angemacht und nach dem Umdruckverfahren auf das Glas übertragen oder bei Tafelglas im trockenen Zustande im Staubkasten aufgestaubt werden. Hierauf werden die Gläser in der Muffel bei etwa 600—650° eingebrannt, wobei sich Silber in der Oberfläche des Glases auflöst. Hernach wird die Beizmasse abgewaschen; sie enthält noch einen großen Teil des Silbers und kann wieder verwendet werden[1]).

Bezüglich der Abhängigkeit der Silberaufnahme von der Zusammensetzung des Glases hat schon R. Zsigmondy[2]) darauf hingewiesen, daß es weniger auf die Hauptbestandteile ankäme als vielmehr auf nebensächliche Zusätze, wie einen kleinen Gehalt an Eisenoxydul, Kohle bzw. Schwefel, Arsenik. Eine ähnliche Beobachtung beim Schmelzen von Glas mit Sand von verschiedenem Eisengehalt wird von einem ungenannten Glashüttentechniker[3]) bekanntgegeben. Zur Klärung der Verhältnisse hat der Verfasser[4]) systematische Versuche angestellt mit folgenden Ergebnissen: Die Hauptbestandteile üben meistens eine spezifische Wirkung auf die Silberaufnahme aus, indem Natrongläser empfindlicher sind als Kaligläser, Barytgläser empfänglicher als Kalkgläser, während bei Bleigläsern ein besonderer Einfluß nicht festgestellt werden konnte (vorausgesetzt ist gewichtsproz. Austausch der Glasoxyde bei gleicher Viskosität und gleicher Einbrenntemperatur). Die Einwirkung der Nebenbestandteile ist sehr wesentlich und oft viel größer; sehr günstig wirken Arsenik und Antimonoxyd, aber auch kleine Mengen von Eisenoxydul sowie Kohle bzw. Schwefel.

Die Rotbeize besteht aus einem Gemisch von Kupferoxyd oder besser Kupfervitriol mit Ocker, z. B. 200 Teile Kupfervitriol und 100 Teile Gelberde. Nach dem Auftragen und ersten Einbrennen im gewöhnlichen Feuer erscheint das Glas in grünlicher Farbe, nun muß es in einer Eisenblechmuffel reduzierend (Einlegen von Kohlen usw.) gebrannt werden, worauf es zunächst schwarze Farbe annimmt (s. Schwarzglanzbeize); wird es endlich nochmals in einem dritten Brande bei gewöhnlichem Feuer erhitzt, so läuft es erst rot an. Man kann aber auch in zwei, ja sogar in einem Brande die Rotbeize ausführen. Verfasser hat die Literatur über die Rotbeize ausführlich zusammengestellt und Versuche mit den verschiedensten Beizpräparaten bei verschiedenen Einbrenntemperaturen ausgeführt und besonders den Einfluß der Zusammensetzung der Glassorten studiert. Danach scheint der alte Erfahrungssatz bestätigt, daß nicht zu harte, an Kalk arme und Pottasche reiche

[1]) L. Springer, „Über die Gelbätze", Sprechsaal **54** (1921), S. 212, 226.

[2]) R. Zsigmondy, Das Gelbfärben des Glases durch Lasieren, Sprechsaal, 1895, Nr. 39 bis 45.

[3]) Unbekannter Verfasser, Gelbätze, Sprechsaal **61**, (1928), S. 769).

[4]) L. Springer, Aufnahmefähigkeit verschiedener Hohl- und Flachgläser für Gelbbeize, Glastechn. Ber. IX (1931), Heft **6**, S. 334.

Glassätze zur Rotbeize am besten geeignet sind. Ein Einfluß der Nebenbestandteile wie bei der Gelbbeize scheint nicht vorhanden zu sein. Auf einen häufig bei der Rotbeize auftretenden kleinen Fehler sei noch aufmerksam gemacht. Beim Eintrocknen und Anglühen zieht sich die als Träger der Beize verwendete Erde stark zusammen und bildet dabei feine, glasurrißähnliche Sprünge, die auf der Glasfläche farblos bleiben. Sie sind nur bei sehr genauer Betrachtung erkennbar, aber doch so häufig auftretend, daß man in ihnen ein Kennzeichen für die Beiztechnik sehen kann[1]).

Die künstlerischen Effekte, die mit der Beizung erzielbar sind, siehe Abb. 1265 im Vergleich mit einem Überfangglas. Diese Abbildung zeigt einerseits fertig geschliffene Gläser mit nachträglicher Beize koloriert, anderseits geblasene Gegenstände, in die nach der Beize durch Gravierung Zeichnungen eingearbeitet sind. Bei dieser letz-

a *b* *c* *d* *e*

Abb. 1265. Verschiedene gelb und rot gebeizte Gläser. (Sammlung Keppeler.)

a Kristallglasdose mit Flächenschliff und graviertem Deckel. Schliff-Flächen teilweise „gelb gebeizt".
b Trinkbecher, teilweise rot gebeizt und graviert.
c Kupferrot überfangenes Trinkglas. Überfang teilweise ausgeschliffen.
d Kristallglasschale (böhmisch) mit Flächen und Musterschliff. Fuß gelb gebeizt.
e Vase aus der Biedermeierzeit, kupferrot gebeizt mit eingravierten Zeichnungen (Egermann-Glas).

teren Technik erscheinen dann die Zeichnungen farblos auf rotem bzw. gelbem Grunde („Egermann-Gläser").

Blau-, Grün-, Schwarz- und Goldbeize. Eine Blaubeize mit Kobaltverbindungen oder eine Grünbeize mit Chrom- bzw. Eisenverbindungen ist nicht möglich, weil diese bei Muffeltemperatur nicht in das Glas einwandern (vgl. „Diffusion", Bd. I, S. 6). Eine Art Grünbeize erhält man beim ersten Brand der Rotbeize oder durch Gelbbeizen von blauem Glas. Eine Schwarzglanzbeize tritt beim zweiten Brand der Rotbeize auf (s. d.), offenbar verursacht vom zu dicht in der Oberfläche liegendem feinverteilten Kupfer, das beim weiteren Brande tiefer ins Glas dringt und so sich mehr verteilt. Eine Goldbeize erscheint beim reduzierenden Brennen von Gelbbeize[2]).

---

[1]) L. Springer, „Studien und Versuche über Rotätze", Sprechsaal **49** (1916), S. 50, 56, 64, 75, 80, 88 und **50** (1917), S. 95, 104, 111.

[2]) L. Springer, Blau-, Grün-, Schwarz- und Goldbeize auf Glas; Keramische Rundschau **33** (1916).

Lasuren und Lüster. Es gibt verschiedene andere Verfahren, um auf Glas durch Einbrennen von Metallverbindungen zwar keine einheitlichen, aber sehr mannigfaltige Färbungen zu erzielen. Hierher gehören die Reduktions-(Metallreflex-), Lüster- und Irisierfarben. Reduktions- oder Metallreflexfarben erhält man durch Einbrennen hauptsächlich von Silbersalzen, manchmal auch Kupfer- und Wismutverbindungen in schwach reduzierendem Feuer. Die sog. Reduktionsbeizmassen sind also hauptsächlich eine Gelbbeize (etwa 10—15 Silber: 100 Ocker). Der Farbton ist zum Teil abhängig von dem Metall, indem Silber mehr goldige und blaue, Kupfer mehr rote Töne gibt. Allein es kommt nicht so sehr auf die Mischung, als vielmehr auf das Aufstreichen und Einbrennen an, so daß man mit der gleichen Mischung die verschiedensten Metallreflexe erzielen kann; sie sind vielmehr abhängig von der Art des Auftrages, ob schuppig, flammig usw., von der Höhe der Einbrenntemperatur sowie der Dauer und Stärke der Reduktion. Gegenüber den folgenden Lüsterfarben haben die Metallreflexe den Vorteil, daß sie viel kräftiger wirken und sehr beständig sind [1]).

Lüsterfarben bestehen ähnlich wie Glanzgold aus organischen Metallverbindungen (Resinaten), in Ölen löslich. Sie werden entweder durch Zusammenschmelzen mit Kolophonium oder durch Fällung mit Harzseifenlösung hergestellt; Blei- und Wismut-Resinate, auch Phosphorsäure- und Borverbindungen dienen als Haftmittel. Die Selbstherstellung ist umständlich, im Handel sind alle möglichen Präparate von Spezialfabriken erhältlich. Das Einbrennen geschieht in der Muffel in gewöhnlichem Feuer, selten reduzierend.

Irisierfarben erhält man durch Einwirkung metallischer Dämpfe, vor allem durch Zinnsalz, auf rotglühendes Glas. Das Irisieren geschieht meist schon vom Glasmacher in der Irisiertrommel (s. Verarbeitung des Glases), selten nachträglich in einer Muffel, in der man die Gläser auf Rotglut erhitzt und eine Pfanne mit Zinnsalz einstellt.

Auftragen und Einbrennen der Glasmalerei-Präparate. Die Glasmalerei-Präparate werden meist mit verschiedenen Ölen feinst verrieben — für Gelb- und Rotbeize sowie Reduktionsfarben dient meist nur Wasser — und dann entweder mit dem Pinsel aufgemalt oder mit dem Ärographen aufgespritzt oder durch Umdruck aufgetragen. Die Spritztechnik hat den Vorzug, daß auch größere Flächen einwandfrei behandelt werden können, was von Hand schwierig ist. Dann werden sie in eigenen Muffelöfen eingebrannt, d. h. die Gläser werden mit den aufgetragenen Malereien in denselben allmählich soweit erhitzt, etwa 550—650°, bis die Farben eben zum Schmelzen kommen, wodurch sie fest haftend und glänzend werden. Man unterscheidet verschiedene Arten von Muffelöfen, wie Topf-, Kachel- und Hohlziegel-Muffeln; nachfolgend sei eine in der Fachschule für Glasindustrie in Zwiesel gebräuchliche Topfmuffel näher beschrieben.

Die Anlage besteht aus dem Muffelofen, in welchem die Topfmuffel aus Ton und von zylindrischer Form eingesetzt ist; der vordere offene Teil der Muffel kann durch einen ebensolchen Deckel verschlossen werden. Der Muffelofen selbst enthält unten den Feuerraum mit Rostfeuerung meist für Holz, in der Mitte den Muffelraum und oben den Abzugskanal für die Verbrennungsgase. Die Flamme kommt vom Feuerraum, umspült die Muffel und zieht oben ab. In der Muffel werden die Gläser auf Tonplatten gestellt, bei kleineren Gegenständen und Glastafeln in mehreren Etagen übereinander, dann wird die Muffel verschlossen und gebrannt.

---

[1]) B. Müller, „Metallische Reflexe auf Glas", Sprechsaal **44** (1911), S. 130, 144 und **45** (1912), S. 421, 437 und **29**, ferner B. Mauder, „Das Reduktionsverfahren", Keramische Rundschau **33** (1925), S. 527.

Abb. 1266a und b stellt eine Muffel mit größerem Brennraum dar. Eine besser durchgebildete, auch reiche Erfahrungen der Keramik heranziehende Konstruktion einer Einbrenn-Muffel der Fa. F. Padelt-Leipzig zeigt Abb. 1267. Eine derartige Muffel ist neuerdings in der Glasfachschule Zwiesel aufgestellt und bewährt sich gut. Schießlich sei auf die im Flaschenglas-Kapitel S. 1168 beschriebenen Kanalmuffeln für Einbrennzwecke hingewiesen.

Für Gelb- und Rotbeize sowie insbesondere Reduktionsfarben werden auch Eisenblechmuffeln gebraucht; die an der Fachschule für Glasindustrie in Zwiesel

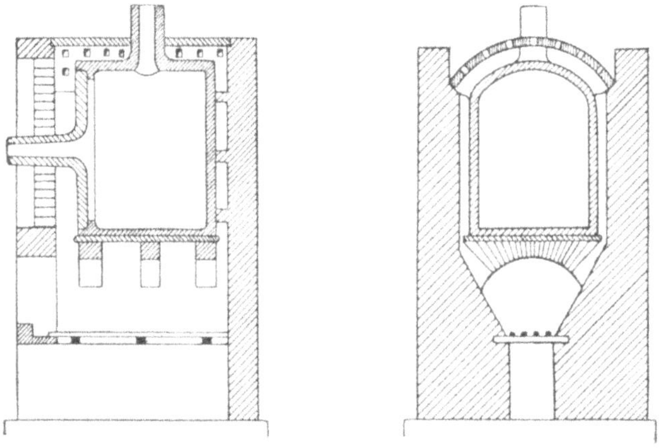

a b

Abb. 1266. Muffel zum Einbrennen von Glasmalereien.

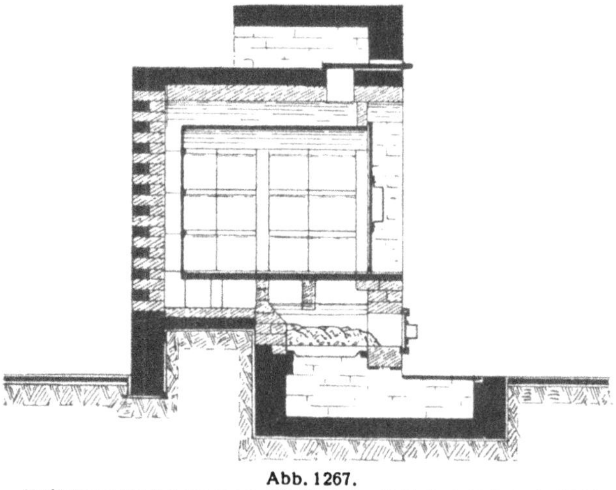

Abb. 1267.
Muffel zum Einbrennnen von Farben von H. T. Padelt-Leipzig W 31.

für diese Zwecke dienliche Eisenblechmuffel ist ganz ähnlich gebaut wie die vorher beschriebenen Tonmuffel, nur hat sie noch einen Kaminschieber zur Regulierung des Feuers. Für billige Glaswaren werden neuerdings die sog. Zugmuffeln (Kanal- oder Kreis-Muffeln) angewendet; Leuchtgasheizung empfiehlt sich bei entsprechendem Gaspreis; elektrische Muffelöfen[1]) sind bequem und geben gute Ergebnisse, im allgemeinen aber im Gebrauch noch zu teuer.

[1]) F. Greiner-München, „Der elektrische Muffelofen im Dienste der Flachglasmalerei", Glasindustrie-Zeitung „Diamant" **6** (1925); ferner ausführliche Berichte über diesbezügliche Versuche in Böhmen siehe „Allgemeine Glas- und Keramische Industrie" (Haida) **4** (1928); Diamant **25** und **26** (1928); Die Glashütte **33** (1928); Glastechn. Ber. VII (1929/30), 317.

Von Verzierungen des Hohlglases auf kaltem Wege, also ohne nachträgliches Einbrennen in der Muffel, sind manchmal gebräuchlich die Herstellung von Metallspiegeln, insbesonders die Versilberung des Hohlglases durch reduzierende Flüssigkeiten nach den gleichen Vorschriften wie bei der Verspiegelung des Spiegelglases (s. d. S. 992 u. ff.), nur daß man die Flüssigkeit einfach in das Hohlglas einfüllt und einige Zeit stehen läßt oder auch z. B. bei größeren Kugeln auf mechanischem Wege umschwenkt.

Auch das Galvanisieren von Glas wird hie und da angewendet. Hier kann nur kurz erwähnt werden, daß man zur Herstellung von metallischen Ornamenten oder Überzügen das Glas für den elektrischen Strom zuerst leitend machen muß, was durch Einbrennen von Glanzgold oder Versilbern oder Einreiben mit Graphit geschieht; hierauf wird dann das Glas in geeigneten Bädern galvanisiert.

Endlich werden photochemische Reproduktionsverfahren reichlich gebraucht, worüber aber nur auf die Spezialliteratur verwiesen werden kann.

Spezialliteratur über Glasmalerei und einschlägige Techniken: R. Hohlbaum, l. c.; P. Randau, „Die farbigen, bunten und verzierten Gläser"; F. Hermann, „Die Glas-, Porzellan- und Emailmalerei"; J. F. Miller, „Die Verzierung der Gläser usw."; Strehblow, „Der Schmuck des Glases"; J. Krüger und C. Flek, „Photokeramik". Ferner hat der Verfasser wie die Glasätzerei (s. d.), so auch die Glasmalerei in dem Werke „Die Glas-Malerei und -Ätzerei" samt den einschlägigen Techniken, insbesonders nach ihren chemischen Grundlagen, ausführlich behandelt; endlich sei noch verwiesen auf das Buch „Die Glasveredlung", von K. Hesse, Bd. 10 des Werkes „Das Glas in Einzeldarstellungen".

II. Gepreßtes Hohlglas.

Nachfolgend wird nicht das gesamte Preßglas, sondern nur das gepreßte Hohlglas behandelt, sodaß also die Herstellung von massivem Preßglas, wie Knöpfe, Linsen, Platten, Fließen usw. ausscheidet.

Vom geblasenen und besonders auch geschliffenen Hohlglas unterscheidet sich das Preßglas dadurch, daß seine Flächen ein etwas welliges, gehämmertes Aussehen haben, daß die Ränder schärfer hervortreten, dagegen Ecken und Kanten mehr oder weniger abgerundet erscheinen. Die Ursache hierfür ist in der Formgebung zu suchen; durch den Preßvorgang, bei welchem nicht nur die äußere, sondern auch die innere Gestalt des Glases durch eine Form bestimmt wird, erhält das Glas gerade auch an den meist nicht mit Preßmustern versehenen Innenwandungen ungewollt keine glatte Oberfläche, während anderseits die durch das Pressen hervorgebrachte Musterung oft nur entfernt dem nachgebildeten echten Schliff ähnelt. Trotzdem kommen aber heutzutage Preßgläser in den Handel, welche diese Übelstände so wenig als möglich zeigen und für Preßgläser als sehr gut bezeichnet werden müssen (vgl. noch einige diesbezügliche Ausführungen bei der Formgebung des Preßglases).

1. Die Zusammensetzung des gepreßten Hohlglases.

Für Preßglas werden im allgemeinen die gleichen Glassätze verwendet, wie für ein geblasenes Weißhohlglas; es wird also auch ein möglichst farbloses Glas herzustellen versucht, sofern man nicht, was selten geschieht, ausgesprochen farbiges Glas herstellen will. Der ebenso vollständigen Entfärbung des gepreßten wie des geblasenen

Glases steht aber besonders in offenen Häfen der Umstand entgegen, daß es etwas dünnflüssiger sein, also etwas weicher eingestellt werden muß. Daher preßte man anfänglich nur Bleiglas, später wurde das Bleioxyd aber durch Zinkoxyd, Baryt und Kalk, das Kali wenigstens teilweise durch Natron ersetzt. Zu weich darf das Glas auch nicht sein, weil es schnell erkaltet, spröde wird und beim Eindringen des Preßstempels nicht geschmeidig genug ist. Das Preßglas muß also eine derartige chemische Zusammensetzung haben, daß die Viskosität der Glasmasse nur langsam mit sinkender Temperatur steigt, also während des Pressens verhältnismäßig lange im formbaren Zustande verweilt und daher ein langsames Abpressen gestattet. Dies erreicht man in erster Linie durch einen nicht allzuhohen Alkaligehalt, außerdem bei besseren Gläsern durch einen Zusatz von Bleioxyd, bei mittleren durch einen solchen von Baryt; denn zu alkalireiches Glas geht beim Pressen rasch in den starren Zustand über unter Bildung hoher Spannungen und hat deshalb wegen seiner bedeutenden Sprödigkeit große Neigung zum Reißen und Springen[1]). Dabei ist besonders auch die Wärmeausdehnung, die bei alkalireichen Gläsern sehr groß ist, zu beobachten (vgl. auch Bd. I, S. 117 und Bd. II, S. 1290). Einige Beispiele für ältere Preßglassätze sind:

Sand	100	100	100	100	100	100
Pottasche	10	22	10	22	10	9
Soda	25	15	30	22	20	28
Kalkspat	15	18	15	10	—	16
Baryt	15	—	23	—	21	5
Mennige	—	—	—	12	—	—
Zinkoxyd	—	5	—	—	—	—

Wegen der Verarbeitung am Ofen ist es aber nötig, bei der Einstellung des Gemenges den Standort des Hafens im Ofen zu berücksichtigen. Also müssen die Eckhafen und die Sätzel anders eingestellt sein als die Mittelhafen, damit die Viskosität der einzelnen Häfen untereinander ungefähr ausgeglichen ist. Ist dies nicht der Fall, dann können die einzelnen Werkstellen nicht bis zum Schluß der Arbeitszeit arbeiten.

Dem Verfasser sind aus seiner Praxis z. B. folgende zwei neuere Preßglassätze bekannt geworden:

Sodasatz		Pottaschesatz
210 kg	Sand	210
60 kg	Soda	15
20 kg	Pottasche	67
34 kg	Kohlensaurer Kalk	34
10 kg	Kohlensaurer Baryt	10

Für diese beiden Sätze bestand die Aufgabe, sie so abzuändern und zu einem Satz zu vereinigen, daß gleiche Mengen Soda und Pottasche verwendet werden konnten bei gleichbleibender Schmelzbarkeit und Verarbeitungsfähigkeit. Die Berechnung ergab 40 Soda und 40 Pottasche unter Beibehaltung der übrigen Gemengebestandteile.

Die prozentische Zusammensetzung der Gläser berechnet sich zu folgenden Bestandteilen:

Sodaglas	Bestandteile	Pottascheglas
12,87	Natron	4,94
3,82	Kali	12,87
6,68	Kalk	6,61
3,04	Baryt	3,01
73,58	Kieselsäure	72,84

Das molekulare Verhältnis ist beim Sodaglas:

0,21 Natron + 0,04 Kali : 0,12 Kalk + 0,02 Baryt : 1,22 Kieselsäure;
oder: 1,79 Alkalien : 1 Erdalkalien : 8,71 »

Die Kontrolle ergibt als richtigen Kieselsäurewert $z_3 = 12,6$.

[1]) Vgl. a. E. Plenske, Sprechsaal 44 (1911), S. 68.

Das molekulare Verhältnis des Pottascheglases ist:

0,14 Kali + 0,08 Natron : 0,12 Kalk + 0,02 Baryt : 1,21 Kieselsäure;
oder: 1,57 Alkalien : 1 Erdalkalien : 8,64

Die Kontrolle ergibt als richtigen Kieselsäurewert, wenn man auch hier mit z_3 rechnet, obwohl man fast mit z_4 rechnen müßte, da es sich vorwiegend um ein Pottascheglas handelt,

$$z_3 = 10,4,$$
$$z_4 = 13,8.$$

Hieraus ersieht man, daß diese Preßglassätze, die praktisch ein sehr gutes Produkt liefern, ziemlich weich sind.

Der oben errechnete Durchschnittsglassatz zeigt folgende prozentische Zusammensetzung: 73,4 Kieselsäure, 6,65 Kalk, 3,0 Baryt, 9,3 Natron, 7,6 Kali und folgendes molekulare Verhältnis: 1,65 Alkalien : 1 Kalk + Baryt, 8,73 Kieselsäure; $z_3 = 11,16$, $z_4 = 14,88$; also auch ein „weicher" Satz.

Erwähnt sei noch folgender Fall: Ein dem Verfasser eingesandtes Preßglas fiel durch seinen Glanz auf und sollte nach der Meinung des Einsenders sicherlich Bleioxyd enthalten; allein die chemische Analyse ergab nur die gewöhnlichen Glasbestandteile in nachfolgendem prozentischem Verhältnis, woraus sich beistehender Glassatz annähernd errechnen läßt:

Proz.	Zusammensetzung	Glassatz
76,2	Kieselsäure + Tonerde	100 Sand
7,7	Kalziumoxyd	20 Kalkspat
16,1	Natron	35 Soda

Der hohe Glanz des Glases muß also in der guten Entfärbung und tadellosen Feuerpolitur begründet sein.

Zwei bekannte, moderne, deutsche Qualitäts-Preßgläser, die im Hafenofen erschmolzen werden, haben nach F. Eckert[1]) folgende Zusammensetzung (durch Analyse gefunden):

Preßglas 1 %	Bestandteile	Preßglas 2 %
76,8	Kieselsäure	76,8
0,3	Tonerde	0,8
0,08	Eisenoxyd	0,01 (?)
6,5	Kalk	5,6
—	Baryt	1,2
16,0	Natron	13,7
—	Kali	2,0

Ein amerikanisches Maschinen-Preßglas, das im Wannenofen geschmolzen wird, zeigt nach der Berechnung aus dem Glassatz folgende Bestandteile:

75,6 % Kieselsäure, 1,3 % Tonerde, 0,1 % Eisenoxyd, 3,8 % Kalk, 2,7 % Magnesia (!), 16,2 % Natron, 0,3 % Kali.

In diesem Zusammenhang ist noch auf die Arbeit von C. A. Becker und Chr. Kraft[2]) zu verweisen, in der die Analysen von 11 Wirtschaftspreßgläsern und die nach der Standard-Grießmethode bestimmte chemische Widerstandsfähigkeit mitgeteilt sind. Die Zusammensetzungen der untersuchten Gläser schwanken zwischen:

[1]) l. c. Sprechsaal **60** (1927), S. 1030.

[2]) Über Zusammensetzung und Haltbarkeit von Wirtschaftspreßgläsern. Sprechsaal **62** (1929), S. 261.

74,6 bis 75,9% Kieselsäure,
4,5 » 8,3% Kalk,
14,8 » 19,8% Alkalien.

Sie weisen demnach ziemliche Konstanz des Kieselsäuregehaltes auf, dagegen starke Schwankungen im Kalk und Alkali. Baryt enthalten nur zwei deutsche Gläser, Magnesia ein amerikanisches.

Die Auslaugbarkeit nach der Standard-Grießmethode der D.G.G. ergibt Werte zwischen 31 und 81 mg Löslichkeit. Nur drei Gläser kommen, nach Mylius klassifiziert, in die Klasse IV, zwei auf die Grenze zwischen Klasse IV und V, alle übrigen kommen in die Klasse V. Da anscheinend diese Gläser sich in der Praxis im allgemeinen bewährt haben, ist ersichtlich, daß gerade das Preßglas, im Verhältnis zur Masse, an der Oberfläche, wohl teils infolge des Preßvorganges, teils infolge der chemischen Einwirkung der Kühlgase, sich recht günstig verhält. Zu dieser Folgerung führen auch anderweitige Erfahrungen, doch wäre es wünschenswert, wenn diese Fragen zahlenmäßig besser aufgeklärt wären. Betr. Einzelheiten muß auf das Original verwiesen werden.

2. Zur Schmelze des Preßglases.

Was nun weiter die Entfärbung des farblosen Preßglases und die Ansprüche an die Schmelzmaterialien sowie die Zusammensetzung des farbigen Preßglases, ferner die Öfen zur Herstellung der Preßgläser und den Schmelzprozeß betrifft, so gelten hier im allgemeinen die gleichen Grundsätze und Erfahrungen wie für das geblasene Hohlglas (s. d. die einzelnen Punkte S. 1222). Es sei nur noch bemerkt: Möglichst farbloses Preßglas, besonders in offenen Häfen, zu erschmelzen, ist oft noch schwieriger wie beim geblasenen Glas, weil die Entfärbung bei den meist weicheren Sätzen weniger wirksam ist (vgl. das vorige Beispiel). Anderseits stellt man aber vielfach an das gewöhnliche Preßglas keine so hohen Ansprüche an die Farblosigkeit, so daß meist in Wannenöfen, besonders Tageswannen, geschmolzen wird. Zur näheren Illustration des Einflusses der Härte des Glases auf die Entfärbung sei noch ein Fall aus der Praxis des Verfassers erwähnt:

Eine Glasfabrik hat bisher mit Steinkohlenhalbgasfeuerung in verdeckten Häfen ein tadelloses Preßglas aus etwa folgendem Satz geschmolzen:

120 Pfd. Sand, 22 Kalkspat, 44 Soda, 2½ Salpeter, 100 g Arsenik, 65 g Braunstein, 50 g met. Antimon, 2 g Smalte.

Nun wurde zur Gasfeuerung übergegangen in offenen Häfen, jetzt konnte mit diesem Satz kein reinweißes Glas erzielt werden. Zunächst dachte die Fabrik daran, daß die Schmelzmaterialien, insbesondere der Sand, an Reinheit nachgelassen hätten, allein die chemische Untersuchung ergab, daß diese nichts zu wünschen übrig ließen. Der Verfasser machte den Vorschlag, einmal das Glas härter einzustellen, in der Annahme, daß in offenen Häfen mit einem solch weichen Glassatz kein reinweißes Glas erzielt werden könne. In der Tat hatte auch ein von der Fabrik schon versuchter noch weicherer Satz (120 Sand, 11 Kalk, 6 Baryt, 44 Soda) in der Farbe noch weniger befriedigt. Auch wurde eine andere Entfärbung, und zwar mit Nickel- und Selen-Präparaten empfohlen, weil reine Braunstein-Entfärbung in offenen Häfen zu schwankend ist.

Gemäß obigen Vorschlägen wurde rasch auch in offenen Häfen mit etwa folgendem Satz ein sehr gutes Preßglas erzielt:

120 Pfd. Sand, 20 Kalkspat, 2 Baryt, 33 Soda, 12 Pottasche

mit entsprechender Entfärbung aus Nickel- und Selen-Präparaten.

3. Die Formgebung des gepreßten Hohlglases.

a) Allgemeines.

Wie schon einleitend kurz erwähnt, beruht der Hauptunterschied zwischen geblasenem und gepreßtem Hohlglas in der Formgebung. Das allgemeine Prinzip besteht darin, daß diese mittels Glaspreßmaschinen ausgeführt wird, indem man die nötigen Glasmengen in die eigentliche äußere Form einführt und dann mit der inneren Form, dem sog. Stempel, auspreßt. Dieser drängt das Glas in alle freien Hohlräume und bewirkt, daß es sich genau an die Innenwand der Preßform anschmiegt; Muster der Innenwand der Form oder des Stempels werden genau wiedergegeben. Deshalb können die Glaspressen nur für zylindrische oder nach oben sich erweiternde Hohlglaskörper in Anwendung kommen[1]). Die äußere Form ist selten glatt, sondern mit allen möglichen Mustern versehen. Dieser Preßkristall wird in großem Maßstabe hergestellt. Bei ihm ist also rohe Formgebung und Verzierung durch das

Abb. 1268. Platte, Schale und dreiteilige Schale aus Preßglas in lichten Farben; „Aga-Glas" der A.G. Glashüttenwerke Adlerhütten, Penzig bei Görlitz.

Muster in einem einzigen Arbeitsvorgang vereinigt, das Preßglas wird am Ofen bereits fertiggestellt und braucht nur selten mehr eine unwesentliche Nachbearbeitung. Man hat auch schon versucht, die Fabrikation des echten Schleifkristalls dadurch zu verbilligen, daß man die Schliffmuster vorpreßt und durch Nachschleifen und Polieren vollendet. Wenn dies auch bis zu einem gewissen Maße gelingt, so behält doch die Innenseite des Glasgegenstandes ihr welliges Aussehen. Allein nach neuesten Berichten aus Amerika ist auch die Beseitigung dieses Fehlers durch Verschmelzen gelungen, so daß jetzt in Amerika große Mengen vorgepreßten Schliffkristalls hergestellt werden; ausführliche Einzelheiten hierüber s. I. Bd., S. 552. Ohne Nacharbeitung haben aber auch, wie schon einleitend erwähnt, die äußeren Flächen dieses Aussehen, wenn es auch heutzutage gelingt, Gläser herzustellen, die z. B. Eckenschliff sehr nahe kommen. Bei reicher Musterung sucht man den beim Pressen entstehenden scharfen Ecken und Kanten ihre harte Form durch die sog. Feuerpolitur zu nehmen, wobei aber oft ihre Abrundung zu weit geht.

[1]) Genau genommen muß man aber auch die Gläser unter Preßglas nennen, die mittels Preßblasmaschinen hergestellt werden und eigentlich auch Preßgläser sind; denn die Luft ersetzt hier den sogenannten Stempel und drückt das Glas an die Innenwand der Form. Dadurch werden auch hier alle freien Hohlräume ausgefüllt und die Muster wiedergegeben.

Die Stellungnahme der Technik, die die Herstellung aller Güter zu verbilligen sucht, entsprach früher leider nicht immer den Geboten des guten Geschmacks. Nicht mit Unrecht klagten Jäger und Fraunberger über diese Erscheinung: „Während bei der Glasbläserei trotz der Verwendung der Model (Formen) und trotz mancher maschineller Behelfe der Charakter eines individuellen Handwerks noch so ziemlich gewahrt bleibt, ist die Preßglasfabrikation eine typische maschinelle Massenerzeugung, welche im Arbeitsvorgang die individuelle Geschicklichkeit des Arbeiters gänzlich ausschaltet. Leider hat die Preßglasindustrie — von ganz vereinzelnten

Abb. 1269. Rohkostschale, Fruchtschale und Fingerschale mit Unterteller aus Preßglas in lichten Farben; „Aga-Glas" der A.G. Glashüttenwerke Adlerhütten, Penzig bei Görlitz.

Ausnahmen abgesehen — bisher einen erstaunlichen Ungeschmack bekundet. Gedankenlos übernimmt sie oft Formen des geblasenen Glases und der Keramik, skrupellos suchte sie mit unzulänglichen und verächtlichen Mitteln Schliffglas vorzutäuschen und verübte an Dekoren wahre Schauertaten. Preßglas ist eben bisher Massenartikel im schlimmsten Sinne gewesen. Für seine Veredlung ist noch nichts Ernstliches geschehen und zur Ausbildung von Preßglasformen, welche als Ausdruck eigenen Wesens überzeugend charakteristisch für diese Technik und schön zugleich wären, ist es noch nicht gekommen. Hier lägen vordringliche Aufgaben, lockend, lohnend, würdig der besten schöpferischen Kräfte"[1]). — Es muß betont werden, daß, seit diese Zeilen geschrieben wurden, sich auf dem Gebiet des Preßglases schon

[1]) Jäger und Fraunberger, Kunstgläser, 1922.

manches gebessert hat, so daß es jetzt Preßglasfabriken gibt, die auch geschmacklich befriedigende Ware herstellen. Als Beispiel hierfür seien einige Muster der Glashüttenwerke A.-G. Adlerhütten-Penzig in Abb. 1268 und 1269 gezeigt.

b) Das Pressen.

Nach dieser kurzen Abschweifung sei nun die Herstellung des Preßglases genauer beschrieben, bezüglich der Maschinen selbst aber auf den I. Band, 9. Kap., S. 542 u. ff. dieses Werkes verwiesen. Die Preßglasfabrikation benötigt zwar keine Künstler von Glasmachern, aber auch hier gilt Geschicklichkeit und Verständnis als wichtig. Wie beim Blasen des Hohlglases, so arbeiten auch bei der Herstellung des Preßglases mehrere Glasmacher zusammen, und zwar im allgemeinen der Presser mit seinem Gehilfen („Anfänger"), welcher das Glas am Ofen vorbereitet und in

Abb. 1270. Herstellung von Preßglas.
(Mitte: der Presser mit Gehilfen, rechts: der Fertigmacher.)

die Formen einführt. Dazu kommt für kompliziertere Formen noch der Fertigmacher, ferner Hilfskräfte, wie der Formenschieber, der Anhefter, der Einträger, der Wegleger (vgl. Abb. 1270).

Je nach dem Arbeitsgang teilt man also das Preßglas in zwei Gruppen ein, und zwar in „unverwärmtes" und „verwärmtes" Preßglas.

Das unverwärmte Preßglas bedarf, wie schon der Name sagt, keiner Nachbearbeitung am Ofen mehr; der Artikel ist nach dem Pressen und Kühlen in der Hütte fertig und z. T. schon verkaufsfähig. Seine Oberflächen sind aber immer blind. Hierher gehören alle Wirtschaftsartikel — schlechtweg ordinäres Preßglas — wie Teller, Konfektdosen, Leuchter u. a. m. Aber auch das technische Preßglas gehört z. T. hierher, sei es nun, daß die einzelnen Gegenstände später noch veredelt werden oder nicht. Es sind dies u. a. Autospiegel, Autoscheinwerferabschlußscheiben, Deckenschalen, Linsen, Fließen, Autoascher und Batteriegläser.

Das verwärmte Preßglas ist z. T. eine Veredlung des unverwärmten Preßglases. Diese Veredlung geschieht, indem ein gepreßter Gegenstand sofort nach dem Pressen in einem besonderen Ofen oder Vorrichtung bei offener Flamme weiter erhitzt wird. Durch dieses Erhitzen verschmelzen sich die unebenen und rauhen Stellen der Oberflächen, so daß diese nicht mehr blind aussehen, sondern einen schönen Glanz aufweisen, genau wie bei der Politur. Man nennt deshalb auch das verwärmte Preßglas „feuerpoliertes“ Preßglas. Endlich können aber bei dieser Gelegenheit an dem Glase noch weitgehende Formänderungen vorgenommen werden; vor allem das sog. Auftreiben, wobei der Auftreiber — ähnlich wie oft bei der Herstellung des geblasenen Glases (s. d.) — die hauptsächlich zylindrisch gepreßte Form des Glases nach oben erweitert, z. B. eine fast zylindrisch gepreßte Vorform zu einer flachen Schale oder einen Teller ausweitet, ferner auch noch verschiedene Ränder, Nuppenverzierungen usw. anbringt.

Da das Preßglas leicht und gerne mit schliffähnlichen Mustern versehen wird, dabei aber den Vorzug größerer Billigkeit besitzt, ist man heute in weit größerem Maße dazu übergegangen, ganze Service aus Preßglas herzustellen. Nun sind aber der Formgebung beim Preßglas gewisse Grenzen gesteckt, da man aus der Form (also von einem nachträglichen Zusammentreiben abgesehen) eben nur Gegenstände herstellen kann, die oben nicht enger sind als unten. Aus diesem Grunde schien es anfangs unmöglich, Karaffen und Krüge, wie sie z. B. zu einem Toilettenservice gehören, aus Preßglas herzustellen. Man versuchte daher anfänglich wenigstens diese Gegenstände in geblasener Ausführung herzustellen, also geblasen und gepreßt zu kombinieren. Der Unterschied war aber zu auffallend, weshalb man bald wieder davon abkam und andere Wege suchte.

Um sowohl der Möglichkeit des Pressens als auch der herzustellenden, oben verjüngten Form gerecht zu werden, blieb nichts anderes übrig, derartige Gegenstände, wie Flakons und Karaffen, umgekehrt zu pressen und dann den Boden zusammenzuziehen und zu verschmelzen.

Auch die Anfertigung der Tortenplatten und Aufsätze kann nicht im gewöhnlichen Arbeitsgang geschehen, sondern man muß hier den Fuß und die Schale getrennt pressen und dann zusammensetzen. Dies gilt auch für gemusterte Krüge; hier muß der Henkel eigens aufgesetzt und der Ausguß später ausgearbeitet werden. Einige Beispiele sollen die Fabrikation erläutern[1]).

Zwecks Herstellung eines unverwärmten Tellers legt der Anfänger kurz vor Beginn der Arbeitszeit das Anfangeisen, d. i. ein etwa 1500 mm langes und etwa 25 mm starkes Rundeisen, an dessen einem Ende eine kleine Eisenkugel angeschweißt und an dessen anderem Ende ein Holzgriff befestigt ist, bis zur Rotglut in die Arbeitsöffnung des Ofens. In der Zwischenzeit hat der Presser die angewärmte Form und den angewärmten Stempel aus dem Formenwärmeofen auf seiner Presse befestigt. Der Anfänger überfängt nun sein heißes Anfangeisen mit etwas Glas und läßt dieses abkühlen, fängt dann über dieses abgekühlte Glas die zur Herstellung eines Tellers benötigte Glasmenge an, indem er das Anfangeisen in die Glasmasse steckt und nach rechts erst langsam und zuletzt schneller dreht. Nun macht er mit dem Anfangeisen eine Kehrtwendung und läßt das angefangene Glas in die Form ablaufen. Der Presser schneidet die abgelaufene Glasmenge mit einer möglichst scharfen Schere ab und drückt mittels des Preßhebels (Schwengel) den Preßstempel in das flüssige Glas. Durch den Druck muß das Glas die Eisenform ausfüllen, weil diese eben durch den Formenring abgeschlossen wird, um so dessen innere Gestalt anzunehmen. Nach einigen Sekunden läßt der Presser den Schwengel los, und der Teller ist fertig. Derselbe wird nun auf eine Asbestplatte geschüttet und zum Kühlen in den Kühlofen eingetragen. Nach einigen Stunden ist die Kühlung beendet, der Teller wird sortiert und ist verkaufsfähig.

Die Herstellung eines verwärmten Tellers geschieht bis zum Pressen in genau der oben geschilderten Weise. Während der Presser den Teller preßt, hat der Anhefter das „Hefteisen“, d. i. ein etwa 1500 mm langes und ein etwa 25 mm starkes Rundeisen, an dessen einem Ende eine der Größe des Tellerbodens entsprechende Eisenscheibe oder ein Ring befestigt ist, in die Trommel (Vorwärmeofen) zum Anwärmen gelegt. Sobald nun der Teller gepreßt ist, wird er mit seiner Innenfläche auf eine eiserne Scheibe, deren Oberfläche genau der Innenfläche des Tellers entspricht, gelegt. Der Anhefter

[1]) Nach einer Beschreibung, die Herr Fritz Wuromus, Betriebsleiter bei der Vitrometan-A.G. in Medias (Rumänien) dem Verfasser zur Verfügung stellte.

setzt nun das heiße Hefteisen mit dem Ende, an dem sich die Eisenscheibe oder Ring befindet, auf den Tellerboden. Da beides, der Teller und das Hefteisen, sehr heiß sind, klebt der Teller an das Hefteisen fest. Jetzt hält der Anhefter unter stetem Drehen den Teller in die Trommel zum Verwärmen. Nach einigen Sekunden nimmt er den Teller aus der Trommel und gibt nun das Hefteisen mit dem Teller dem Auftreiber oder Fertigmacher. Dieser bearbeitet den Teller mit einem Holzbrettchen oder einer Messingschiene so, daß er die vorgeschriebene Fasson annimmt und rund wird. Nachdem dies geschehen ist, klopft er den Teller auf eine mit Asbest belegte Schamotteplatte oder eine Koksunterlage ab und wird von hier vom Einträger zum Kühlen in den Kühlofen eingetragen. Die Kühlung ist nicht anders als beim unverwärmten Teller. Nach der Kühlung wird der Teller sortiert und der Grat, der sich durch das Anheften gebildet hat, am Boden abgeschliffen.

Die Herstellung von Bechern, Bierseideln, Schalen, Kompotts, Jardinieren u. a. m. ist genau dieselbe wie die Herstellung eines verwärmten Tellers.

Pressen von Flaschen usw. Wie schon bemerkt, mußte man früher zu gepreßten Servicen die dazugehörigen Flaschen, Kännchen und Karaffen aus Hohlglas oder geblasenem Preßglas

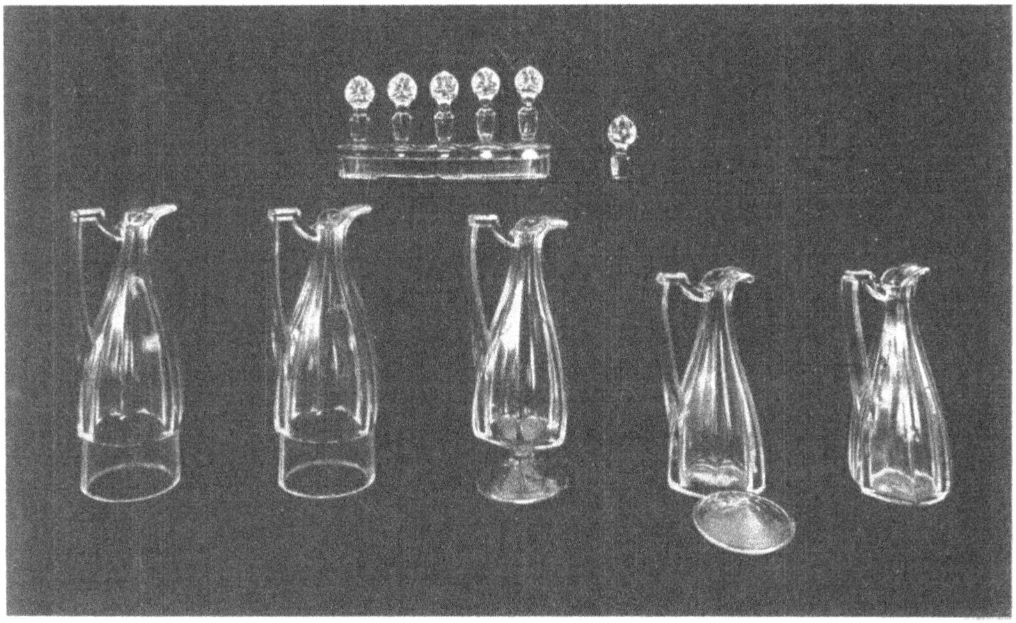

Abb. 1271. Werdegang einer enghalsigen Flasche mit Henckel und eingezogenem Boden. (Aus dem Deutschen Museum in München, Raum „Glas".)

herstellen. Heute ist es jedoch auch möglich diese Artikel gepreßt zu liefern. Die Herstellung geschieht folgendermaßen: Die Form ist so konstruiert, daß sich im Boden derselben der Ausguß (die Schnauze) der Karaffe befindet. Die Form ist oben etwas höher ausgearbeitet als die vorgeschriebene Höhe der fertigen Karaffe, so daß sich dadurch unmittelbar an das Muster ein ungefähr 50 mm hoher glatter Ring mit anpreßt, der später als Boden zusammengezogen wird. Der Stempel hat an seinem unteren Ende einen Absatz, der genau denselben Durchmesser aufweist wie der innere Halsdurchmesser der fertigen Karaffe. Der Preßvorgang ist der übliche. Nach dem Pressen wird der dünne Glasboden, der sich nun am äußersten, engsten Ende des Flaschenhalses befindet, mittels eines mit Wasser angenetzten Rundeisenstabes durchgestoßen. Nun wird die Karaffe eingezangt und das Ende, an dem der etwa 50 mm hohe glatte Ring mit angepreßt worden ist, in die Trommel zum Anwärmen gegeben. Unter stetem Drehen läßt man dieses Ende stark erweichen. Ist dies geschehen, nimmt der Fertigmacher die Zange mit Karaffe auf seinen Arbeitsstuhl und schneidet mittels einer Bodenschere den angepreßten Ring ein. Dadurch bildet sich der Boden der Karaffe. Das überstehende Glas schneidet er ab, läßt nochmal den nun zusammengezogenen Boden in der Trommel verschmelzen und glättet ihn. Jetzt wird das andere Ende der Karaffe in die Trommel gehalten, an dem der Ausguß angepreßt ist, damit hier die Stelle, an der sich beim Pressen der durchgestoßene Glasboden befunden hat, gut verschmolzen werden kann. Nach dem auch dies geschehen ist, wird die Karaffe ausgezangt und den üblichen Weg zur Kühlung gegeben. Der Boden wird später abgeschliffen und poliert, der Stopfen wie gewöhnlich eingebohrt (vgl. die Abb. 1271).

Einen noch anderen Arbeitsgang benötigen die Tortenplatten, Fruchtschalen und Aufsätze. Diese werden so hergestellt, daß man das Ober- und Unterteil auf zwei verschiedenen Pressen getrennt preßt und dann zusammensetzt. Nehmen wir an, es soll eine Fruchtschale angefertigt werden. Der Teller wird genau so gepreßt wie üblich, etwas früher aber preßt die andere Werkstelle den Fuß, zangt ihn sofort ein und erwärmt denselben in der Trommel. Ist der Teller nun fertig gepreßt, so wird derselbe sofort ausgeschüttet, so daß sein Boden nach oben zu liegen kommt. Jetzt wird der angewärmte Stengel des Fußes genau auf die Mitte der Außenseite des Tellers gesetzt. Da nun beide Teile, der Teller und der Fuß, sehr heiß sind, verschmelzen sich Stengel und Teller miteinander und

Abb. 1272a. Werdegang eines Aufsatzes.

Abb. 1272b. Umwandlung in eine Fruchtschale und Tortenplatte.
(Aus dem Deutschen Museum in München, Raum „Glas".)

halten so fest zusammen. Der zusammengesetzte Gegenstand wird nun nochmals in die Trommel gegeben und verwärmt, damit auch der Teller seine Feuerpolitur erhält. Die Kühlung folgt nun darauf. Damit die zusammengesetzten Artikel auch halten, soll man beide Teile, das Ober- und das Unterteil, immer aus einem Glas herstellen, also beide Werkstellen müssen aus einem Hafen arbeiten (vgl. Abb. 1272).

Aus Sparsamkeitsrücksichten hat man nun aber in letzter Zeit versucht, besonders den dritten Mann — den Auftreiber oder Fertigmacher einer Werkstelle, bei den verwärmten Gläsern zu sparen. Dies soll z. T. nach zwei Methoden erreicht werden. Zuerst ist man besonders bei kleinen Artikeln, wie Becher, kleinen Kompotts und kleinen Tellern, davon ausgegangen, diese Artikel sofort nach dem Pressen auf sog. Verschmelzmaschinen zu stellen und dann zu verschmelzen. Hierzu werden ähnliche Verschmelzmaschinen verwendet wie für Hohlglas (deren Beschreibung s. I. Bd. dieses Werkes, S. 762). Danach werden sie abgenommen und dem ordnungsmäßigen Kühlvorgang übergeben. Hierbei kann man also neben dem Fertigmacher die Anhefter, und später auch noch das Schleifen ersparen, weil ein Grat durch das Anheften ja nicht mehr entsteht.

Die zweite Methode ist die, daß man die gepreßten Artikel, wie Becher, niedere Seidel, Tabletts, Teller und Kompotts — auch große — sofort nach dem Verwärmen auf gußeiserne Unterlagen legt, die genau die Oberfläche und Gestalt aufweisen wie die Innenfläche des betreffenden Gegenstandes. Man nennt diese Methode „auf den Pilz arbeiten". Der Arbeitsvorgang wird erklärlich, wenn man bedenkt, daß die verwärmten Artikel sehr weich aus dem Verwärmeofen — der Trommel — kommen. Wird nun ein noch biegsamer Artikel, wie z. B. ein Teller, auf so einen Pilz gelegt, so schmiegt sich der Teller einfach an die gegebene eiserne Unterlage an und erhält dadurch seine vorgeschriebene Form. Von dieser Unterlage, dem Pilz, kann der etwas erkaltete Teller leicht abgehoben und dann wie gewöhnlich gekühlt werden. Nach dieser Methode kann nur der Fertigmacher gespart werden; an dessen Stelle muß aber für die Bedienung der Pilze eine ungelernte Kraft treten, die Geschick und guten Willen zeigt, denn sonst sind alle Gegenstände schief.

Ob sich automatische Beschickungsvorrichtungen für das Eintragen der gepreßten Gegenstände unter den europäischen Verhältnissen in naher Zukunft einbürgern werden ist fraglich, weil hier die Anzahl der von jeder Sorte benötigten Glasgegenstände schwankt und doch nach jeder Pause meistens ein anderer Artikel hergestellt wird. Für die Maschinenglasherstellung mittels Revolverpressen od. dgl. kommen sie selbstverständlich in Frage.

Besondere Arbeitsmaßnahmen und Fabrikationsfehler beim Pressen des Glases (s. a. I. Bd., S. 548): Von größter Wichtigkeit für den Betrieb des Glaspressens ist, wie teilweise schon bei Beschreibung derselben dargelegt wurde, die Aufrechterhaltung der richtigen Temperatur bei Form- und Preßstempel. Sind diese Teile zu kalt, so werden die gepreßten Gläser rampig und reißen an den Rändern ein; sind diese Teile zu heiß, so beginnt das Glas am Eisen zu haften. In beiden Teilen tritt dann auch ein Erblinden des Preßglases ein. Dieser Fehler kann aber, wie E. Plenske (l. c.) bemerkt, speziell beim Preßglas darauf beruhen, daß durch den Preßvorgang eine Verschiebung der einzelnen Teilchen in der Nähe der Glasoberfläche vor sich geht. Diese Erscheinung tritt vor allem dann auf, wenn beim Pressen das an der Form bereits festanliegende Glas durch einen weiteren Druck des Stempels um eine Kleinigkeit nach oben geschoben wird, was besonders bei hohen Arbeitsstücken möglich ist.

Ganz ähnlich, wie eben geschildert, entstehen auch die weißen Ränder bei den Preßgläsern mit Fuß, wie Fußbecher, Zuckerschalen u. a. Hier ist der Vorgang nur augenscheinlicher, denn sobald das Glas in die Form geschnitten ist, fängt der Presser an zu drücken. Dadurch wird naturgemäß der obere weite Teil des Glasgegenstandes, z. B. des Fußbechers wegen des geringen Widerstandes voll; nun erst preßt sich der Fuß aus, weil die kleine Öffnung zum Fuß dem Glas mehr Widerstand entgegensetzt. Nachdem auch der Fuß fertig gepreßt ist, entsteht ein Ausgleich und eine Verschiebung der einzelnen Teilchen der Glasoberfläche, die dann durch die weißen Ränder gekennzeichnet ist. Allerdings ist hier dieser Übelstand abzuändern, wenn der Fuß kleiner gemacht wird, oder wenn der Presser vorsichtiger preßt. Der Oberflächenglanz kann beim Preßglas auch durch eine zu poröse Gußeisenform beeinträchtigt werden. Überhaupt ist auf das Formenmaterial besonders Wert zu legen, weil bekanntlich auch die schwächsten Konturen der Form oder des Stempels auf dem gepreßten Gegenstand zu sehen sind, und meistens nicht mehr „weggewärmt" werden können. Deshalb ist es unerläßlich, gerade die Stempel nicht länger als eine Tagesarbeit ungeputzt zu benutzen, weil die innere Fläche des Glasgegenstandes schlechter oder gar nicht zu verwärmen ist. Es ist aber auch möglich, daß die gepreßten Gläser blind werden, trotzdem diese aus Formen stammen, die frisch geputzt aus der Formenstube kamen. Dies ist der Fall, besonders bei rauher Witterung, wenn die kalten Formen sofort in den Formenofen gestellt werden. Hier schwitzen diese, so daß sich dadurch leichter Verunreinigungen an die Flächen ansetzen und dann festbrennen. Der Glasmacher kann dies aber an der Werkstelle schwer feststellen, sodaß nun in diese Form umsonst gearbeitet wird, weil alle Gläser aus dieser Form blind sind. Wird dieser Übelstand bemerkt, so muß die Form von neuem geputzt werden. Überhaupt ist es zweckmäßig, wenn jede Form vor dem Pressen nochmals untersucht und ausgewischt wird.

Endlich kann das Preßglas in den Verschmelz- und Auftreiböfen blind anlaufen, weshalb dort mit rauchender Flamme zu arbeiten ist; oder man legt Holzstücke in die Ofenöffnung, die rauchentwickelnd verbrennen und so das Anlaufen verhindern.

Ein Reißen und Springen des Glases tritt, wie schon bei der Zusammensetzung des Preßglases kurz erwähnt, besonders bei zu weichem Glas ein. Da dieses einen schnellen und kräftigen Druck erfordert, so dringt es leichter in die Stoßfugen der Preßform ein; es entstehen zum Einreißen neigende, starke Nähte. Bei längerem Gebrauch werden die Fugen weiter und die Nähte dicker. Aber auch die Arbeitsweise des Pressers kann ein Reißen und Springen des Glases verursachen, wenn z. B. die Presse nicht richtig eingestellt ist, oder wenn der Presser die Glasgegenstände zerdrückt.

Speziell über die Ursachen der Gefrierrisse und Runzeln (Wellen) des Preßglases haben E. Zschimmer, K. Hesse und K. Meures[1]) eine ausführliche Untersuchung angestellt. Man betrachtet allgemein das aus dem Ofen kommende Glas als eine Flüssigkeit mit bestimmter Zähigkeit und Oberflächenspannung. Zur Erklärung der Erscheinungen bei der Glasverarbeitung genügt diese Vorstellung indes nicht. Infolge der Berührung mit den kühleren Form- und Stempelflächen hat man bei der Herstellung von Hohlkörpern drei Schichten vor sich; äußere Lederhaut, dünnflüssige Schmelze und innere Lederhaut, die in der Regel eine geringere Zähigkeit haben wird als die äußere.

Diese Vorstellung genügt zunächst zur Erklärung der Gefrierrisse. Nimmt man z. B. eine gewisse Menge Glas aus dem Ofen, die Kugelgestalt haben möge, und preßt sie zu einer Platte, so gibt man ihr dadurch eine größere Oberfläche; denn die kleinste Oberfläche besitzt bei gleichem Volumen die Kugel. Hat sich an deren Oberfläche der lederartige Beutel von zähem Glas gebildet, so muß dieser bei plötzlicher Oberflächenvergrößerung durch das Auspressen zerreißen. Die so entstehenden Spalten sind Gefrierrisse. Zu deren Behebung ist es nötig, von vornherein der Glasmasse eine Form zu geben, die dem zu pressenden Gegenstand angepaßt ist. Dazu sind z. B. Fangeisen nötig, deren Kopfende entsprechend dem zu pressenden Stück eine ganz bestimmte Form hat; der Füller muß dann durch geschickte Bewegungen dem Posten eine geeignete Form geben. Dadurch wird der große Oberflächenunterschied der Glasmasse vor und nach dem Pressen vermieden und damit weitgehend die Gefahr von Gefrierrissen.

Ähnliche Betrachtungen gelten für die Runzelbildung. Denkt man sich einen Glastropfen etwa durch Ablassen von Luft abgeschreckt, so daß die Lederhaut schon beträchtliche Zähigkeit besitzt, so wird beim Abkühlen und deshalb Zusammenziehen der eingeschlossenen Glasmasse dasselbe geschehen wie bei einem austrocknenden Apfel; die „Lederhaut" wird runzlig, denn der bereits zähe Beutel wird gezwungen, auf einer kleineren Oberfläche Platz zu nehmen. Diese Vorstellung gilt natürlich nicht nur für die Kugelform. Bei einem Körper mit kreisrunder Bodenfläche entstehen dann konzentrische Wellenlinien, u. U. wird sich die Bodenfläche trichterförmig einziehen.

Diese Annahmen wurden durch Versuche im Laboratorium und in der Industrie gestützt. Das Glas I von der Zusammensetzung in Prozenten

[1]) Sprechsaal **58** (1925), S. 185, 200, 216; Referat in den Glastechn. Ber. III (1925), S. 342.

SiO_2	75,5	CaO	7,2
Na_2O	16,9	As_2O_3	0,4

ist für die Neigung zur Runzelbildung in der Praxis bekannt und wurde darum für die Versuche im Laboratorium gewählt. Der Tiegel blieb noch einige Zeit auf der gewünschten Gießtemperatur. Als Gußform diente eine ausgedrehte Schraubenmutter, die auf einer polierten Eisenplatte lag. Als Formtemperaturen wurde 0, 20, 100 und etwa 400° gewählt, während die Glastemperaturen zwischen 1140 und 1500° schwankten. Dabei ergab sich, daß bei niederer Formtemperatur grobe Runzeln entstehen, die bei steigender Glastemperatur immer feiner und zahlreicher werden. Bei erhöhter Formtemperatur (100°) wurden die Wellen gegenüber den entsprechenden Proben von niederer Formtemperatur ebenfalls feiner. Die Verfasser schlossen daraus, daß bei genügender Steigerung der Formtemperatur die Runzeln schließlich unendlich fein, d. h. verschwinden würden. Ein Versuch bei etwa 400° bestätigt dies.

Für die bei der Firma Gebr. Putzler, Glashüttenwerke in Penzig (O.-L.), durchgeführten Industrieversuche wurde ein Probeglas II von der Zusammensetzung in Prozenten

SiO_2	75,0	CaO	9,1
Al_2O_3	0,6	ZnO	0,4
Na_2O	13,9	PbO	0,1
K_2O	0,9		

gewählt, aus dem Konservenglasdeckel gepreßt wurden. Die Absicht bei dieser Versuchsreihe war lediglich, den Einfluß der Formtemperatur einigermaßen exakt zu erfassen. Zur Messung der Glastemperatur diente ein Ardometer, mit dem die Oberfläche des Glases im Hafen anvisiert wurde. Zu Beginn des Pressens war die Form kalt und wärmte sich erst während des Betriebes an. Bei 75° Formtemperatur erscheint die ganze Oberfläche des Deckels gekrümmt und von groben Runzeln durchzogen. Bei 100° beginnt sich die Fläche, an der die Posten zuerst die Form berührten, zu glätten. Erst bei 300° treten die Runzeln deutlich zurück und sind bei 350° ganz verschwunden.

Bezüglich des Einflusses der chemischen Zusammensetzung auf die Neigung zur Runzel- und Rissebildung weiß man in der Hüttenpraxis schon längst, daß man Verhältnis und Art der Glasoxyde in weiten Grenzen verändern kann, um noch ein brauchbares Preßglas zu bekommen. Dies beweist auch eine weitere Versuchungsschmelze III in Prozenten

SiO_2	75,7	MgO	2,7
Al_2O_3	1,3	CaO	3,8
Na_2O	16,5		

Diese erhält man im wesentlichen aus Glas I, wenn man statt CaO etwas MgO und Al_2O_3 einführt. Während Glas I praktisch ganz ungeeignet ist, liefert Glas II sowie Glas III brauchbare Preßgläser.

Die Eignung zu Preßgläsern ist hauptsächlich durch zwei physikalische Glaskonstanten bestimmt, nämlich den Ausdehnungskoeffizienten und die Zähigkeit. Bei einem guten Preßglas sollte der Ausdehnungskoeffizient möglichst klein sein; denn dann ist die Schwindung der Glasmasse in dem Beutel gering, die Haut selbst wird nicht so stark zusammengezogen. Diese Konstante muß natürlich im Arbeitstemperaturbereich bestimmt werden. Von ebensolcher Bedeutung ist, wie erwähnt, die Änderung der Zähigkeit bei fallender Temperatur. Ein Glas, dessen Zähigkeit allmählich zunimmt (langes Glas), ist als Preßglas besser geeignet als ein solches mit rascher Zunahme der Zähigkeit (kurzes Glas); denn bei diesem tritt die harte Lederhaut rascher auf und damit die Runzelbildung stärker in Erscheinung. Die Auswahl unter den langen Gläsern mit geringen Ausdehnungskoeffizienten wird dadurch sehr eingeschränkt, daß man Farblosigkeit und Blasenreinheit wie auch den Herstellungspreis der Ware zu berücksichtigen hat. Die günstigste Zusammensetzung muß daher meistens durch einen Kompromiß gefunden werden.

Auch aus dieser Untersuchung ist als Hauptfolgerung zu entnehmen, daß ganz besondere Aufmerksamkeit beim Preßglas auf die Aufrechterhaltung der richtigen Temperatur bei den Formen und Stempeln während der Arbeit verwandt werden muß. Diese werden wohl in besonderen Öfen angewärmt, aber es muß doch während der Arbeit einmal für geeignete Abkühlung oder auch Anwärmung gesorgt werden. Das Abkühlen geschieht gewöhnlich mittels Preßluft oder durch Wechseln von Form und Stempel, wie es bei den Revolverpressen von selbst der Fall ist. Ein Abkühlen mit Wasser schädigt die Formen. Das Anwärmen wird beim Stempel dadurch erreicht, daß man ihn außen oder innen mit Leuchtgas heizt. Der Formenring wird meistens auf einen Ringbrenner mit Gasheizung gelegt und so während der Arbeit warm gehalten. Es ist also leicht erklärlich, daß durch die verschiedene Ausdehnung der Formenteile untereinander viele Fehler auftreten können, die meistens wo anders gesucht werden. Z. B. kommt es oft vor, daß „der Stempel saugt" und dadurch an der Innenwandung des Gegenstandes Unebenheiten auftreten, die den Artikel unbrauchbar machen. Dies kommt daher, daß der Stempel heißer geworden ist als der Formenring, und daß dadurch der Stempel beim Hinausgehen aus der Form keinen Spielraum mehr hat und so das Glas mit ansaugt. Entstehen die Unebenheiten nur an der Innenwand des Bodens, so ist die Konstruktion des Stempels schuld. „Fällt Glas in den gepreßten Gegenstand", so entsteht dies dadurch, daß der Preßring zu kalt ist. Dadurch dringt beim Pressen etwas Glas zwischen Stempel und Ring. Dieses durchgepreßte Glas — welches nun sofort erkaltet, weil es sehr dünn ist — springt beim Hinausgehen des Stempels ab und fällt in die Form, wo es dann anklebt, manchmal sogar anschmilzt. Auch hier wird der Artikel dadurch unbrauchbar.

Überhaupt wären sehr viele Fehler zu vermeiden, wenn es möglich wäre, Formen herzustellen, die sich durch die Temperatur nicht oder sehr wenig beeinflussen lassen und nicht abnutzen, denn je länger in eine Form gearbeitet wird, desto eher springt sie. Durch das öftere Putzen wieder werden die Kanten der inneren Form in Mitleidenschaft gezogen und müssen, wenn es der Artikel verträgt, nachgearbeitet werden. Um diese Übelstände etwas zu beseitigen, verchromt man die Innenflächen der Gußeisenformen. Dadurch will man in erster Linie das bis heute geläufige Putzen der Formen mit Öl und Schmirgel vermeiden. Bekanntlich besitzt Chrom eine höhere Härte als Gußeisen, so daß die Formen, die innen mit einer Haut von metallischem Chrom überzogen sind, eine längere Lebensdauer besitzen [1]).

c) Material für Glasformen.

Hierüber sind, besonders über Preßglasformen [2]), in der letzten Zeit eine Reihe von Untersuchungen und Versuche angestellt worden, sodaß davon noch etwas ausführlicher die Rede sein muß, da die Sache ja auch für geblasenes Weißhohlglas von Bedeutung ist.

Nach A. Wendler-Berlin [3]) hat sich die Praxis bisher hauptsächlich mit Grau- und Coquillen-Guß, und in seltenen Fällen mit Stahl zufrieden gegeben. Die Firma Fr. Krupp-Essen hat sog. alitiertes Eisen, d. h. mit Aluminium behandeltes Eisen in den Handel gebracht, das kein Abreißen und Zundern zeigen soll. Die holländische Glühlampenfabrik von Philips schlug die Verwendung von Chrommetall oder Legierungen derselben bzw. von Aluminium mit Eisen, Kobalt und Nickel vor. Allein Formen aus solchen Materialien, wie auch stark vernickelte Eisenformen sind zu kostspielig. Die Corning Glass Works verwenden für heiß zu verarbeitende Gläser wie Pyrexglas, kobalthaltige Chromstähle. — Die idealste Lösung des Formenproblems besteht in der Abschaffung der Formen und Blasen an freier Luft. Da aber dies allgemein nicht möglich ist, müssen die Formen in Anpassung an die dort herrschenden Verhältnisse konstruiert werden, so z. B., daß die glasberührte Innenschicht aus einem sich leicht erhitzenden Metall, wie Kupfer, Messing und Aluminium, bestehen müßte; deshalb haben ja auch Messing- und Bronzeformen gute Eigenschaften, ähnlich den immer noch am besten bewährten Holzformen. Nach dem Vorschlag einer englischen Fabrik werden die Formen aus Kupfer- oder Aluminiumlegierungen mit leicht angreifbaren Erdalkalimetallen hergestellt.

Hierzu bemerkt Schild [4]): Alitiertes Eisen dürfte sich für normale Formen kaum eignen, da die harte Oberfläche meist von zahllosen Rissen durchsetzt ist. Für hochbeanspruchte Formenteile wird in Deutschland vielfach der V2a-Stahl von Krupp mit Erfolg verwandt; in Amerika dient für den gleichen Zweck wie auch für Flachglaswalzen eine Legierung „Chromel A" aus 80% Nickel und 20% Chrom. Für einige Spezialwerke hat sich Silber am besten bewährt. Wichtig ist die richtige Wärmeverteilung und -ableitung bei allen formgebenden Teilen.

---

[1]) Siehe unten!

[2]) Eine ältere Abhandlung „Preßglasformen" von P. Walter s. i. Sprechsaal **41** (1908), S. 582, worin vor allem auch das Anwärmen der Formen vor dem Gebrauch, die Kühlung während der Arbeit sowie das Putzen und Aufbewahren ausführlich behandelt werden.

[3]) Materialien für Glasformen, Sprechsaal **58** (1925), S. 76.

[4]) Glastechnische Berichte III (1925/26, S. 418; Referat zu obigem Artikel.

B. Strauß-Essen[1]) hat die Zusammensetzung und das Gefüge des Gußeisens und den Einfluß dieser Punkte auf die Verwendung bei Glasformen erörtert sowie die Eignung der verschiedenen Metalle und Metallegierungen besprochen. Zur Herbeiführung einer Verbesserung der Glasformen muß man in erster Linie auf die Oxydation des Materials achten; sehr zu empfehlen sind daher die durch hohen Chromgehalt gekennzeichneten nichtrostenden Stahle; sie sind lagerbeständig, ferner klebt das Glas nicht so leicht an ihnen, endlich erleiden sie auch bei sehr hoher Hitze keine Formänderung. Daher hat sich der hochlegierte, nichtrostende Sonderstahl V2a in mehreren Glaswerken als Preßform schon bewährt; sein Nachteil ist nur, daß er sich schwierig bearbeiten läßt; deshalb wäre der weichere und auch billigere Sonderstahl V5m zu versuchen.

Endlich hat sich der Fachausschuß III der Deutschen Glastechnischen Gesellschaft eingehend mit den Glasformen beschäftigt und systematische Versuche darüber anstellen lassen[2]), mit folgenden vorläufigen Untersuchungsergebnissen: Alitiertes Eisen und Alit scheinen sich zwar für Pfeifennasen und Anfangeisen zu bewähren, nicht aber für Glasformen, weil er zu grobkörnig und spröde ist. Gute Erfahrungen dagegen wurden berichtet über Formen aus Perlitguß der Linke-Hoffmann-Werke. Vereinzelt wurden auch amerikanische Formen aus Halbstahl versucht. Bewährt hat sich auch der Chromstahl V2a und der weichere Stahl V5m von Krupp. Diese Stähle haben vor allem den Vorzug, daß auch bei größerer Hitze das Glas nicht so leicht anklebt, was wohl auf der Bildung von schwer löslichem Chromoxyd beruht; ähnlich würde vielleicht auch Aluminium und Magnesium günstig wirken. Überhaupt ist die Frage des Anklebens grundlegend für das ganze Formenproblem, ebenso natürlich die Frage der Wirtschaftlichkeit bei Speziallegierungen, weshalb auch nur an Einsätze bzw. Überzüge aus solchen gedacht wird.

Zusammenfassend ergeben sich aus den angeführten Untersuchungen die von einem bestgeeigneten Formenwerkstoff für höchstbeanspruchte Formen (Preß- und Vorformen) zu erfüllenden Bedingungen wie folgt:

1. Oxydationsfreiheit bei den hohen Betriebstemperaturen von einigen hundert Grad (Nichtankleben der Glasmasse).
2. Kleinstmögliche spezifische Wärme.
3. Größtmögliche Wärmeleitfähigkeit.
4. Große Festigkeit auch bei den hohen Betriebstemperaturen (vor allem bei vollautomatischen Maschinen).
5. Kleinstmöglicher Ausdehnungskoeffizient.
6. Hohe Politurfähigkeit und Dichtigkeit.
7. Politurbeständigkeit bei den hohen Betriebstemperaturen. — Lagerbeständigkeit.
8. Gute Bearbeitungsmöglichkeit mit normalen Werkzeugen (Zusammenpassen der Formteile, Hobeln, Bohren, Drehen, Ziselieren).
9. Formbarkeit durch Gießen.
10. Schweißbarkeit (autogen, elektrisch oder im Schmiedefeuer).
11. Verhältnis von Kosten zu Leistung nicht größer als bei den bisher gebrauchten Formvorrichtungen.

Aus der vorstehenden Zusammenstellung wird man erkennen, daß es nicht einfach, wenn nicht gar unmöglich sein wird, einen Werkstoff zu finden, der gleichzeitig alle Bedingungen in gleichem Maße erfüllt. Man wird daher Kompromisse schließen und nach den jeweils in Frage kommenden Verhältnissen den Werkstoff auswählen müssen.

Eine gute Übersicht über die Eignung eines Materials als Form für die Glasverarbeitung wird durch die folgende graphische Darstellung erhalten:

---

[1]) Glastechnische Berichte III (1925/26), S. 407; Werkstoffe für die Glasformen.

[2]) Glastechnische Berichte IV (1927/28), S. 21.

In Bild 1273a sind die Wärmeleitzahlen als negative Abszisse, die spezifischen Wärmen als positive Abszisse aufgetragen; nach der vorausgegangenen Zusammenfassung ist die Eignung eines Stoffes um so besser, und zwar in bezug auf Hochleistung (Hochleistungsseite), je größer seine Wärmeleitfähigkeit und in bezug auf gute Oberflächen (Qualitätsseite), je kleiner seine spezifische Wärme ist. Bild 1273b zeigt ein analoges Diagramm bezüglich Wärmefestigkeit und Ausdehnungskoeffizient; die Schlußfolgerungen dürften aus der vorstehenden Zusammenfassung ebenfalls klar sein. Hieraus folgt, daß Silber und Kupfer die besten Werkstoffe wären — aber sie sind zu teuer; wesentlich schlechter eignet sich Aluminium, von den Metallen der Eisengruppe besitzt Gußeisen immer noch die verhältnismäßig besten thermischen Eigenschaften.

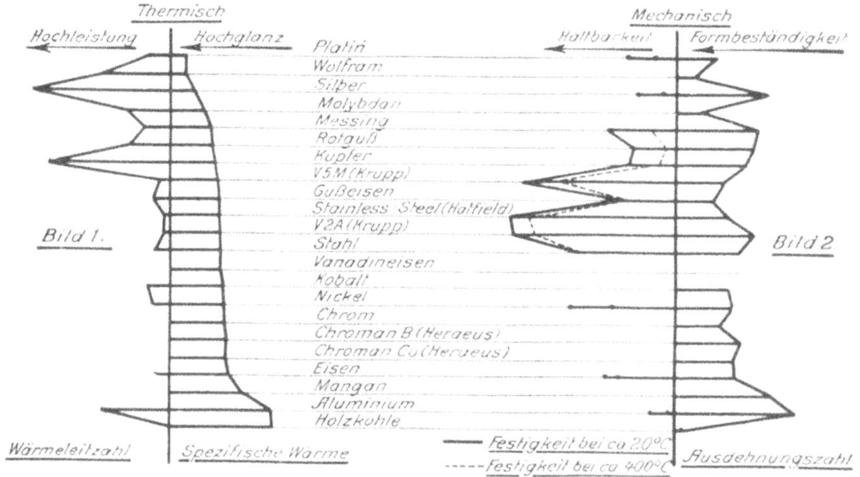

a *b*

Abb. 1273. Thermische und mechanische Eignung von Werkstoffen für hochbeanspruchte Glasformen.

Was speziell noch die Frage des Anklebens von Glas an den Formwerkstoffen betrifft, so sind die Unterschiede in den Klebegrenzen bezüglich der Temperatur bei den einzelnen Werkstoffen verhältnismäßig gering, so daß man sich in dieser Hinsicht von keinem Material besondere Vorteile erwarten darf.

Die elektrolytische Verchromung von Glasformen. In der Zeitschrift „Glass Industry" 1926[1]), Nr. 8 wurde darauf hingewiesen, daß die guten Eigenschaften des Chrommetalls sich verschiedene Industrie-Zweige bereits zunutze machen, z. B. zur Verchromung von Druckplatten und Formverchromung in der Gummiindustrie, dann auf die Möglichkeit der Verchromung von Glasformen. Der Referent Stein dieses Artikels betonte mit Recht, daß der Inhalt dieses Aufsatzes überholt sein dürfte, denn schon seit 1924 wurde in einer der größten Glashütten Mitteldeutschlands das oben besprochene Thema praktisch behandelt, wobei Resultate erzielt wurden, welche die Zweckmäßigkeit des Verfahrens beweisen.

Die erste ausführliche Mitteilung hierüber brachte ein Artikel „Die elektrolytische Verchromung in der deutschen Preßglasindustrie"[2]). Es handelt sich um Versuche der Firma Albert Butziger in Leipzig. Nachdem auseinandergesetzt wurde, welche Schwierigkeiten die bisherigen Preßglasformen durch Abzundern, Nachpolitur bzw. Nachgravur mit sich brachten, so daß unverchromte Formen höchstens 1500—2000 Pressungen aushalten, worauf sie wieder geputzt und poliert werden müssen — können verchromte Formen bis zu 80 000 Pressungen aushalten; erst dann müssen sie gereinigt werden, der Chromüberzug ist aber noch vorhanden und ermöglicht dann nochmals eine ebenso große Zahl von Pressungen. Bereits Ende 1924 wurden von der Firma A. Butziger-Leipzig die

[1]) „Können Glasformen mit einem Chromüberzug versehen werden?" — Referat Glastechnische Berichte II (1926/27), S. 344.

[2]) Zeitschrift „Die Glashütte" **36** (1926), Verfasser ungenannt.

Versuche mit der Verchromung von Preßglasformen angestellt, auch starke Nickelüberzüge wurden versucht, die aber in der Hitze rasch zerstört werden. Die Firma hat inzwischen das Verfahren so ausgebildet, daß auch ganz schwierige Formstücke einwandfrei verchromt werden können. Die Glasfabrik A. G. Brockwitz in Sachsen hat hierzu eine Anlage geschaffen, welche von obiger Firma geliefert wurde; eine ausführliche Beschreibung derselben mit Abbildungen sowie des Betriebsvorganges bei der Verchromung ist beigegeben. Außer der eigentlichen Anlage ist noch nötig eine Absaugevorrichtung (für die schädlichen Chromdämpfe) und eine Entchromungsanlage zur allenfallsigen Entfernung des Chromniederschlages, wenn die Formen nachgebessert werden sollen. — Auch in der deutschen Hohlglasindustrie, speziell in Hütten mit Owens- und Schiller-Maschinen, sind große Erfolge mit der Verchromung von Mündungseinsätzen sowie Vor- und Fertigformen gemacht worden[1]).

K. Illig-Berlin[2]) betont vor allem die Schwierigkeiten, das Chrom elektrolytisch auf anderen Metallen abzuscheiden; langjährige planmäßige Entwicklungsarbeiten hat auf dem Gebiet der Verchromung die Abteilung für Elektrochemie der Siemens & Halske A.G. durchgeführt. Durch Einführung der elektrolytischen Verchromungen in der Glasindustrie können ganz erhebliche Ersparnisse an Werkstoffen und Löhnen für die jetzt ständig erforderliche Reinigung und Wiederaufarbeitung der Formen erzielt werden. Tilgungs- und Betriebskosten von Verchromungsanlagen sind im Vergleich hierzu niedrig, so daß auch kein wirtschaftliches Hindernis besteht. — Allerdings scheint die Verchromung nicht alle Hoffnungen erfüllt zu haben, sodaß sie in der jüngsten Zeit wieder zurückgeht.

Bem.: Eine zusammenfassende Übersicht über das ganze Gebiet ist unter dem Titel „Werkstoffe für Glasform-Vorrichtungen als Bericht Nr. 11 des Fachausschusses III der D. Glastechn. Gesellschaft erschienen, erstattet von Oberingenieur R. Simon in Köln-Ehrenfeld; hierin werden sowohl die geeignetsten Materialien für Glasformen als auch das Verchromen ausführlich behandelt.

d) Auftreib- und Verschmelzöfen (Trommelöfen).

In Weißhohlglasfabriken werden die von dem Gehilfen angefangenen Gläser oft in besonderen Öfen wieder angewärmt, um dem Glase die für die weitere Verarbeitung nötige Temperatur zu erteilen. Insbesondere das Preßglas wird, wie schon bei seiner Herstellung geschildert, in besonderen Öfen aufgetrieben und verschmolzen, d. h. feuerpoliert. Derartige Öfen als Auftreib- und Verschmelzöfen — nach dem ähnlichen Vorgang in der Fensterglasindustrie auch als Trommelöfen — bezeichnet, werden sowohl mit direkter als auch Gasfeuerung beheizt. Eine ausführliche Beschreibung samt Abbildungen solcher Öfen siehe im I. Band, S. 520ff.[3]).

Vorteilhaft ist für kleinere Öfen auch die Ölfeuerung.

Besonders zum Vorwärmen kleinerer und mittlerer Gegenstände eignet sich eine transportable Trommel, die mit Öl geheizt wird. Hier kommt es vor allen Dingen auf die Qualität des Öles an sowie auf die Konstruktion des Brenners. Eine bewährte

[1]) Vgl. a. noch ein Referat über diesen Artikel in den Glastechnischen Berichten IV (1926/27), S. 224, mit einigen abweichenden Erfahrungen des Referenten M.

[2]) „Elektrolytische Verchromungen von Glasformen und Walzenmaterial", Glastechnische Berichte V (1927/28), S. 241.

[3]) Vgl. a. H. Knoblauch, „Größere Verschmelz- und Auftreiböfen für Hohl- und Preßglas", Sprechsaal **43** (1910), S. 78; H. Schall, „Anlage und Betrieb der Trommelöfen in der Hohl- und Preßglas-Industrie", Keramische Rundschau **34** (1916).

Konstruktion ist die in Abb. 1274 wiedergegebene Trommel der Fa. Winter, Donig u. Co. in Thurn bei Teplitz-Schönau. Sie besteht aus dem Schamottekörper *1*, welcher auf einem fahrbaren Tischgestell verankert ist mit dem seitlich angebrachten Ölbrenner *2*, dem Ölreservoir *5*, welches sich über dem Schamottekörper *1* befindet und auf zwei Trägern, die mit der Verankerung angebracht sind, ruht.

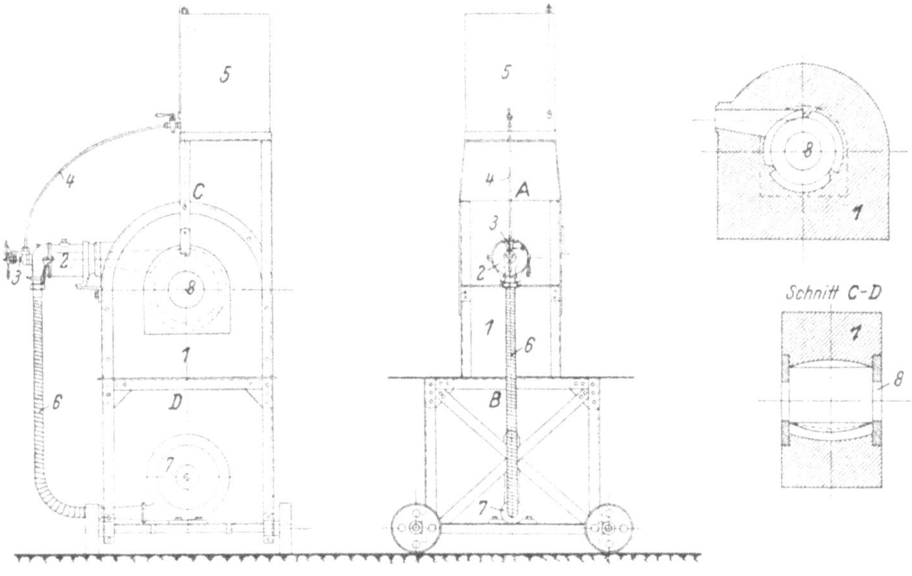

Abb. 1274. Trommelofen mit Ölfeuerung.

Die zum Betriebe der Trommel nötige Luft liefert das im Tischgestell untergebrachte Elektrogebläse *7*,

3 ist der Ölregler,

4 ist der Ölzuführungsschlauch,

6 ist der Luftzuführungsschlauch,

8 ist die Arbeitsöffnung,

A — *B* und *C* — *D* sind Querschnitte durch den Trommelkörper.

Neuerdings hat man auch elektrisch beheizte Trommelöfen versucht.

4. Die Kühlung des Preßglases und die Kühlöfen.

Da jedes Preßglas außer seiner normalen Spannung noch die Druckspannung vom Pressen bei der Herstellung erhält, so muß seiner Kühlung besonderes Augenmerk geschenkt werden. Im allgemeinen werden aber die gleichen Verfahren angewendet und dieselben Öfen gebraucht wie beim Hohlglas, worüber auch daselbst nachzulesen ist. Es kommt hier bei der Kühlung aber nicht nur auf die Öfen, sondern in erster Linie auf das ordnungsgemäße Überwachen derselben an. Bei der Stärke des Preßglases ist es nicht möglich, daß sich ein allzu stark abgekühlter Gegenstand im Kühlofen noch bis zu seiner Entspannungstemperatur erwärmt. Wird also ein Gegenstand zu spät eingetragen, so muß er unbedingt verspannt aus dem Kühlofen kommen. Umgekehrt ist die Deformationsgefahr gerade wegen der Stärke viel größer als beim Hohlglas. Der Gegenstand darf deshalb auch nicht zu heiß in den Kühlofen kommen.

Die Kühlöfen, ob nun Wagen-, Zug- oder Bullöfen, sollen vor allen Dingen vor dem Eintragen sehr heiß sein, damit auch die Gläser, die unten auf dem Boden liegen, gut entspannt werden und nicht springen. Gehen z. B. die unteren Gläser wegen schlechter Kühlung zu Bruch, so entsteht die Gefahr, daß die oberen Gläser, die doch aufgeschichtet werden, wegen ihrer Schwere nachrutschen und so zerbrechen. Daher manchmal auch der viele Kühlofenbruch. Nach Schluß der Arbeit ist es gut, wenn die Kühlöfen noch einige Zeit — ca. 20 Minuten genügen — geheizt werden, damit sich auch die zuletzt eingetragenen Stücke bis zur Entspannungstemperatur erwärmen können. Besondere Beobachtung verdient das Ausleeren der Kühlöfen. Die Öfen dürfen nicht zu zeitig geöffnet werden. Normalerweise sollen die Gläser erst dann aus dem Ofen genommen werden, wenn man sie mit bloßen Händen anfassen kann; Bedingung ist dies nicht, denn auch die Gläser, die mit behandschuhten Händen aus dem Ofen genommen werden, weisen nach dem Erkalten keine Spannungen auf. Natürlich muß die Kühlung vorher einwandfrei gewesen sein. Bruch entsteht beim Ausleeren meistens dadurch, daß die heißen Gläser sofort der kalten Luft ausgesetzt werden, oder daß man die heißen Gläser in feuchte Ausleerkasten legt.

5. Die Verzierung und Veredlung des Preßglases.

Eine der geläufigsten Verzierungen des Preßglases ist die Bemalung der Außenflächen mittels Anilinfarben. Es werden hier die glatten, vom eingepreßten Muster übriggebliebenen Flächen mit dieser kalten Farbe überstrichen, und täuschen so „Überfangglas" vor. Da diese Farben jedoch nicht halten, auch nicht lichtecht und die Konturen der Pinselstriche nicht beseitigt werden können, handelt es sich hier um einen gewöhnlichen Massenartikel. Besser wirkt schon die Bemalung der Flächen, wie oben S. 1273 beschrieben, mit Transparentfarben, die dann eingebrannt werden; freilich sind auch diese Farben oft noch wenig haltbar. Eine Ausnahme macht hier die gelbe Farbe, die mittels Gelbbeize (s. S. 1274) hergestellt werden kann. Alle anderen Farben müssen mit dem Pinsel aufgetragen werden — auch das Spritzverfahren kann man anwenden. Weiter können nun auch die so bemalten Artikel noch mit Metallverzierungen versehen werden. Eine weitere Veredlung erreicht man durch Ätzen (s. S. 1265); hier werden einige Stellen, wie z. B. im Boden einer Schale die eingepreßten Muster Früchte, bei Aschenschalen Tiere oder Landschaften, mattiert und dann der Boden glatt geschliffen.

Eine andere Verzierung der Gläser geschieht mittels Glanz-Gold, Silber oder Platin, indem man meistens die Ränder der Gläser mit einem der drei Glanz-Edelmetalle (s. S. 1274) versieht und dann einbrennt. Dann kommt noch das Nach- und Ausschleifen der Flächen in Betracht. Z. B. kann man die Flächen eines Likörglases nachschleifen und an einer gepreßten Aschenschale Ecken anschleifen und in diesen dann noch einen Stern am Boden einschleifen. Oder aber man mattiert einen Gegenstand, z. B. eine Autovase und schleift den schon eingepreßten Stern nach. Endlich veredelt man das Preßglas dadurch, daß man auf das heiße Glas direkt am Ofen Metalloxyde aufspritzt; so entstehen irisierende Gläser in den verschiedensten Abstufungen (vgl. oben). Zuletzt sei noch der Verzierung gedacht, die für sehr billige Ware, z. B. für Reklamezwecke, angewandt wird. Hierher gehören die Abziehbildertechnik und die Drucktechnik für die Bierseidel, Ascher und Zahlteller.

III. Apparateglas.

Eine besondere Art des meist geblasenen Hohlglases ist das sog. Apparateglas, welches vor allem für chemische und physikalische sowie medizinische und technische Zwecke verwendet wird. Hierher gehören also die chemischen Gerätegläser, die physikalischen Apparategläser, die Thermometer- und Wasserstandsröhren, besondere Einkoch- und Pasteurisiergläser, spezielle medizinische Gläser. Bei all diesen Glassorten ist wohl zu unterscheiden, ob bloß an ihre Form besondere Ansprüche gestellt werden, wie z. B. an viele mannigfaltig und kompliziert zusammengesetzte, chemische und physikalische Apparate aus Glas, oder ob auch die chemischen und physikalischen Eigenschaften, insbesondere chemische Widerstandsfähigkeit, hohe mechanische Festigkeit, Verhalten bei verhältnismäßig hoher Temperatur gegen plötzlichen Temperaturwechsel usw., also wie z. B. beim eigentlichen chemischen Geräteglas, Kochbecher, Kochkolben und bei guten Thermometer- und Wasserstandsröhren im höchstmöglichen Maße gesteigert sein müssen.

1. Zusammensetzung der Apparategläser.

a) Gewöhnliches Apparateglas.

Vom gewöhnlichen Apparateglas, bei dem es mehr auf die Form ankommt, und das dann meist in den Glasbläsereien erst aus einzelnen Teilen zusammengesetzt wird (s. Verarbeitung des Apparateglases), verlangt man, daß es sich vor allem gut verarbeiten läßt, d. h. bei der weiteren Verarbeitung in den Glasbläsereien nicht allzu schwer erweicht und dann bei dem wiederholten Anwärmen und Abkühlen nicht rauh wird, was meist auf Entglasung zurückzuführen ist. Deshalb würden sich kalkreiche Gläser, wie sie etwa für Fensterglas üblich sind, für diese Zwecke nicht eignen; dagegen hat man gefunden, daß insbesondere ein kleiner Tonerdegehalt der Entglasung entgegenwirkt und die Glasmasse günstig beeinflußt (s. Eigenschaften des Glases). So ist z. B. dem Verfasser folgender bewährter Satz speziell für Isolierflaschen bekannt geworden:

100 kg Martinrodaer Sand (mit 3½% Tonerde),
22 kg Muschelkalk (ziemlich weißer kohlensaurer Kalk),
32 kg Solvay-Soda (98—100%).

Dieser Satz liefert ein Glas von folgender prozentischer Zusammensetzung:

73,6 Kieselsäure, 2,7 Tonerde, 9,4 Kalk, 14,3 Natron,

und einem molekularen Verhältnis von:

6,3 Kieselsäure : 1 Kalk + Tonerde : 1,2 Natron.

Der berechnete Kieselsäure-Wert ist 7,4, das Glas ist von mittlerer Härte. Der Isolytenwert nach Keppeler-Ippach ist auf 40 zu schätzen. Demnach steht das Glas sogar auf der Grenze zwischen resistentem und hartem Apparateglas.

Während des Weltkrieges hat sich das Ausland, speziell Amerika und England, bemüht, die früher fast ausschließlich von Deutschland bezogenen Apparategläser nachzumachen; es ist nicht uninteressant zu hören, welche Erfahrungen hiebei sich herausbildeten[1]).

Als Grundlage für die Erzeugung eines Glases für Lampenarbeit wurde ein vor dem Kriege aus Deutschland eingeführtes Röhrenglas genommen, das sich als sehr zufriedenstellend erwies und nach einer chemischen Analyse folgende Zusammensetzung hatte: 69,64 Kieselsäure, 3,02 Tonerde, 0,06 Eisenoxyd, 0,18 Manganoxyd, 6,40 Kalk, 0,37 Magnesia, 6,98 Kali, 13,36 Natron. Auf Grund dieser

[1]) Dr. Späte, „Gläser für Lampenarbeit", Glastechnische Berichte 1923, Bd. I, 1, Referate nach amerikanischen Abhandlungen.

Analyse wurde folgendes Gemenge zur Erschmelzung eines ähnlichen Glases berechnet: 110,4 Sand, 40,0 Kalifeldspat, 22,2 Kalkstein, 41,0 Soda, 21,3 Kalisalpeter, 0,3 Braunstein. Das aus diesem Gemenge gewonnene Glas zeigte alle guten Eigenschaften, welche man von einem solchen Glas hinsichtlich Schmelzbarkeit und Verarbeitungsfähigkeit verlangt.

Nach anderen Untersuchungen wurde auf Grund von Analysen hauptsächlich deutscher bewährter Gläser, für Lampenarbeit als bestes Gemenge hiefür folgendes befunden: 100 Sand, 30 Feldspat, 11 Kalkspat, 37,5 bzw. 33,5 Soda (95prozentig), 1 Magnesia (?), 0,5 Arsenik bzw. 0,2 Antimonoxyd 0,3 bzw. 0,1 Braunstein. Dazu wird noch bemerkt, daß Arsenik und Antimonoxyd die Ursachen einer schlechten Farbe des Glases zu sein scheinen (?), außerdem zur Schwarzfärbung des Glases bei der Lampenarbeit Veranlassung geben könnten. Auch wird noch darauf hingewiesen, daß ein Glas mit hohem Kalkgehalt nicht notwendigerweise für Lampenarbeit ungeeignet sein muß; gerade Kalkgläser mit gleichen Mengen Kali und Natron sollen sich außerordentlich gut verarbeiten lassen.

Besonders erwähnenswert ist hier eine Abhandlung „Thüringer Glas" von Dr. F. Eckert, Glaswerke Ruhr, Essen-Karnap, in den Glastechnischen Berichten 1926, (Bd. III), S. 425. Nach einer kurzen Einleitung über die geschichtliche und wirtschaftliche Entwicklung der Thüringer Röhrenglasindustrie wird dargelegt, daß die Entstehung und der Ruf derselben sich in folgendem Zusammenhang herausgebildet hat: Das tonerde und kalireiche Glas, wegen seines hohen Flußmittelgehaltes gut schmelzbar, ließ sich vor der Lampe leicht verarbeiten und zeigte eine äußerst geringe Neigung zum Mattwerden.

Bei der Firma Schott & Gen. in Jena wurden dann Spezial-Röhrengläser entwickelt, welche zwei grundsätzliche Fehler des Thüringer Glases vermeiden, nämlich dessen geringe chemische Widerstandsfähigkeit — dieselbe wurde erhöht durch weniger Alkalien und mehr Tonerde sowie Einführung der Borsäure — und die thermischen Nachwirkungen bei Gegenwart von beiden Alkalien — wofür die Spezial-Thermometergläser aufkamen.

Aber mindestens 90% der gesamten vor der Lampe verarbeiteten Glasmengen blieben nach wie vor dem „Thüringer Glas" erhalten; dabei kann man drei Gruppen desselben unterscheiden.

1. Die Gruppe des physikalisch-chemischen Apparateglases, wie Thermometer, Reagenzröhren, Subkutanspritzen; neben einer gewissen höheren Anforderung an die chemische Widerstandsfähigkeit wird in erster Linie eine große Beständigkeit gegen das Mattwerden vor der Lampe verlangt. Die Farbe soll auch möglichst weiß sein.

2. Die Gruppe der Verpackungsgläser und der gewöhnlichen medizinisch-pharmazeutischen Gläser; die Ansprüche an die chemische Haltbarkeit sind wesentlich geringer, anderseits die an schnelle Verarbeitungsmöglichkeit erheblich gesteigert. Rauhwerden vor der Lampe fällt hier nicht so sehr ins Gewicht, dagegen sieht man außerordentlich auf genaue Rohrdimensionen hinsichtlich Wandstärke und Durchmesser. Bei dieser Gruppe ist die Maschine auch schon in die Weiterverarbeitung, d. h. in die eigentliche Lampenarbeit eingedrungen — man stellt Flach- und Rundböden, Rollränder und Gewindegläser sowie Reagenzgläser vollmaschinell her; letztere genügen hinsichtlich chemischer Widerstandsfähigkeit nur den bescheidensten Ansprüchen.

3. Die Gruppe der Spielwarenindustrie, insbesondere des Christbaumschmucks. Das hier verwendete Glas soll möglichst weich, d. h. schnell verarbeitbar sein, vor der Stichflamme keine Blasen ziehen und sich gut versilbern lassen; Haltbarkeit und Farbe sind von geringer Bedeutung.

Nachfolgende Zahlentafel gibt die Zusammensetzung von drei typischen Gläsern, von denen keine 10% der handelsüblichen Thüringer Röhrengläser wesentlich abweichen dürften:

Gruppe	Glas für	Kieselsäure	Tonerde	Natron	Kali	Alkali	Kalk	In kleinen Mengen
1	Apparate	68,5	3,2	14,2	6,3	20,5	7,1	Arsenik, Manganoxyd, Nickeloxyd, Eisenoxyd
2	Verpackung	68,7	3,9	17,0	3,8	20,8	7,4	
3	Christbaumschmuck	68,0	3,1	22,0	—	22,0	7,2	

Charakteristisch ist eine Zunahme des gesamten Alkaligehaltes bei gleichzeitiger Abnahme des Kali, während die übrigen Bestandteile ziemlich konstant sind.

Nun werden einige Erfahrungen mitgeteilt, welche die Glaswerke Ruhr A.-G. in Essen-Karnap machten bei der Zusammensetzung von Röhrengläsern für die Danner-Röhren-Ziehmaschine. Während Schott & Gen. in Jena versucht haben, einen Kompromißtyp zu schaffen, suchten die Ruhrwerke zwei Glassorten herzustellen, nämlich für Apparateglas einerseits und die beiden letzteren Gruppen zusammen anderseits. Hierbei wurden über 100 Versuchsschmelzen ausgeführt und die hierbei erhaltenen Gläser nach allen Richtungen genau untersucht. Was speziell die chemische Widerstandsfähigkeit betrifft, so zeigte sich beim Vergleich mit dem bisherigen Thüringer Glas, daß mindestens $^4/_5$ desselben als mangelhaft zu bezeichnen sind, d. h. in die 5. Alkalitätsklasse nach Mylius[1])

[1]) Vgl. Bd. I, S. 67ff.

fallen, in der Gruppe fanden sich nur zwei Gläser, die als weicheres, und eines, das als härteres Apparateglas bezeichnet werden konnte, abgesehen von Spezialgläsern. Das einzige Mittel, um die Weichheit des Glasflusses zu erhöhen und gleichzeitig die Haltbarkeit zu verbessern, ist die Borsäure, welche sich daher in allen Maschinengläsern finden; da aber durch zuviel derselben das Glas zu teuer und auch „kurz" beim Verarbeiten wird, darf der Zusatz über 3—4% Borsäure nicht hinausgehen. Hiermit kann man beim Apparateglas bis in die 3. Alkalitätsklasse nach Mylius vordringen und vollkommen hinreichende Witterungsbeständigkeit erzielen; nicht aber ist dies möglich gewesen bei den zwei anderen Glasgruppen, weil sonst die Verarbeitungsfähigkeit vor der Lampe leidet. Hier muß man sich in den Grenzen der 4. Alkalitätsklasse bewegen. Umfassende praktische Untersuchungen haben gezeigt, daß man erst in der Mitte der 3. Alkalitätsklasse vor einem „Soda-Ausschlag" beim Lagern hinreichend gesichert ist; daher zeigen denselben bei feuchter Lagerung sämtliche Thüringer Gläser bis auf ein oder zwei Ausnahmen der 1. Gruppe. Wie der Gebrauch zeigt, ist aber dieser Umstand in allen praktisch vorkommenden Fällen ziemlich belanglos.

Was die Verbindungsfähigkeit der Apparategläser betrifft, so wird dieselbe nicht so sehr durch die Gleichheit der Ausdehnungskoeffizienten, als durch die Ähnlichkeit des Erweichungscharakters und verhältnismäßig hohen Zähigkeitsbereich gewährleistet. Kieselsäure- und Tonerdegehalt einerseits, Kaligehalt anderseits, gegenüber dem spröde machenden Natron und dem „kurz" machenden Kalk sind die wesentlichsten Faktoren. Daß auch Inhomogenität des Glases durch falschen Schmelzprozeß und verschieden starke Hafenauflösung usw. von Einfluß sind, ist klar.

Zu einer möglichst geringen Verfärbung vor der Lampe tragen die Abwesenheit von Arsen, Antimon und Zink sowie ein möglichst geringer Gehalt an Eisenoxyd und Entfärbungsmitteln bei. Farblosigkeit und Glanz des Glases werden erhöht durch Kali und Borsäure.

Was schließlich die Verarbeitungsfähigkeit besonders des Apparateglases vor der Lampe bzw. das sog. Mattwerden betrifft, so soll es sich weder um eine Oberflächen-Entglasung noch um eine Verdampfung der oberflächlichen Alkalien handeln, sondern die Erscheinung wird so erklärt, daß die Oberfläche lediglich durch eine Kräuselung von deutlicher Fließstruktur rauh geworden ist. Hinsichtlich der chemischen Zusammensetzung wirkt in diesem Sinne günstig eine möglichste Zurückdrängung der Kieselsäure durch Tonerde, ein möglichst hoher Alkaligehalt, besonders Kali, wenigstens bei der 1. Gruppe; Borsäure wirkt hier merkwürdigerweise nicht günstig.

Die zuletzt wiedergegebene Ansicht Eckerts, betreffend das Mattwerden von Röhren vor der Lampe, ist wohl nicht allgemein zutreffend. Nach Ansicht des Herausgebers handelt es sich um die Folgeerscheinung von Feuchtigkeit enthaltenden Oberflächen, die sich beim Stehen an der Luft in weichen Gläsern ausbilden. Vgl. Bd. I, S. 63/64, wo auch Abb. 47 diese Auffassung deutlich bestätigt. Die Richtigkeit der Auffassung, daß es sich nur durch Feuchtigkeit angegriffenes weiches Glas handelt, geht auch aus der Bemerkung Eckerts hervor, daß Al_2O_3 günstig, Borsäure ungünstig bei der Beseitigung der Erscheinung wirke.

b) Spezielles Apparateglas.

An die speziellen Apparategläser werden besondere Ansprüche hinsichtlich ihrer chemischen Zusammensetzung gestellt, um besondere Eigenschaften, wie vor allem hohe chemische und thermische Widerstandsfähigkeit zu erreichen; es sei aber gleich hier betont, daß die beste Zusammensetzung nichts nützt, wenn nicht auch das Gemenge gut gemischt und homogen durchgeschmolzen wird, die Verarbeitung gleichmäßig erfolgt und eine sorgfältige Kühlung angewendet wird.

Die Grundsätze, nach welchen diese Spezialgläser besonders hinsichtlich der Einwirkung der einzelnen Bestandteile auf die Eigenschaften zusammenzusetzen sind, wurden bereits im ersten Band beim Kapitel über die Eigenschaften der Gläser ausführlich behandelt; hier sei nur noch auf einige inzwischen erschienene neueste Untersuchungen besonders über die chemische Widerstandsfähigkeit hingewiesen[1]).

---

[1]) G. Keppeler, Überblick über die Haltbarkeit der Alkalikalkgläser, Sprechsaal **60** (1927), S. 239 ff. u. Glastechn. Ber. V (1927/28), S. 97 ff.

E. Berger, Phys. u. chem. Eigenschaften der Na-K-Ca-Al-Gläser, ebenda S. 569.

J. Enß, Untersuchungen über die Abhängigkeit der Wasserangreifbarkeit des Glases von seiner Zusammensetzung, ebenda S. 449 ff.

E. Zschimmer, Die heiße Lösungsalkalität feuerpolierter Natronkalkgläser als Funktion der chem. Zusammensetzung, Sprechsaal **62** (1929) S. 38 ff.

G. Keppeler und K. Böhmert, Beiträge zur Kenntnis der Alkalikalk-Kieselsäuregläser, Keram. Rundschau **38** (1930), S. 663 ff.

Aus diesen geht vor allem hervor, daß der Kalk einen wechselnden Einfluß auf die Widerstandsfähigkeit ausübt, so daß es zu einem bestimmten Alkaligehalt vielfach zwei Kalkgehalte, einen höheren und einen niedrigen, für gleiche Haltbarkeit gibt. Ferner wurde der Einfluß der anderen zwei- und dreiwertigen Oxyde eingehend untersucht. Bei einem Vergleich der Kalikalkgläser und Natronkalkgläser wurde gefunden, daß bei molekularem Austausch der beiden Oxyde in Übereinstimmung mit den früheren Untersuchungen die Natrongläser durchwegs besser sind; dagegen sind beim Vergleich gewichtsprozentig übereinstimmender Gläser in großen Teilen des technisch brauchbaren Glasgebietes die Kaligläser besser.

Hingewiesen sei noch auf die vom Fachausschuß 1 der Deutschen Glastechnischen Gesellschaft festgelegten Standardmethoden zur Prüfung der Gläser auf chemische Widerstandsfähigkeit, sowie ihre Einteilung in Haltbarkeitsklassen[1]).

Anschließend hieran sind auch noch neuere Untersuchungen z. B. über das Verhalten des Glases gegen gesättigten Wasserdampf[2]), sowie gegen Alkalilösungen verschiedener Konzentration[3]) bekannt geworden.

Eine eingehende „Kritische Untersuchung der Methoden zur Bestimmung der Angreifbarkeit der Gläser" hat E. Rexer[4]) ausgeführt und zwar über die Grießprobe, die Mylius'sche Probe und die Autoklavenprobe, wie sie genannt sind.

Schließlich muß noch auf die neuen Untersuchungen[5]) über den Einfluß der Härtung und Kühlung, insbesondere über die günstige Wirkung der Kühlofengase, auf die chemische Widerstandsfähigkeit des Glases hingewiesen werden.

Die Entwicklung und den heutigen Stand der Zusammensetzung, speziell der chemischen Gerätegläser zeigt folgende Tabelle (nach G. Keppeler):

Bestandteile	Stas 1868	Kavalier 1879	Jena vor 1910	Jena 1911	Konsol 1915	[6]) Pyrex 1915	Jena seit 1920	[7]) Resista 1923
Kieselsäure	77,0	79,1	66,4	64,7	67,3	80,5	74,5	78,9
Borsäure	—	—	4,0	10,6	6,2	11,8	4,6	13,5
Tonerde	—	—	2,4	4,2	2,5	2,0	8,5	1,0
Zinkoxyd	—	—	6,2	10,9	7,8	—	—	—
Magnesia	—	—	5,2	—	3,4	—	—	1,0
Kalk	10,3	7,6	—	0,6	0,8	—	0,8	0,3
Baryt	—	—	—	—	—	—	3,9	—
Natron	5,0	6,4	15,6	7,8	10,9	4,4	7,7	2,8
Kali	7,7	6,7	—	0,3	—	—	—	1,9

[1]) Glastechn. Berichte VI (1928/29), S. 635 ff.

[2]) F. Friedrichs, Über das Verhalten des Glases gegen gesättigten Wasserdampf, Sprechsaal **61** (1928) Nr. 14/15, S. 261 u. 282.

[3]) F. Friedrichs, Über das Verhalten des Glases gegen einige wässerige Alkalilösungen, Sprechsaal **61** (1928) 713, 730, 751, 967 und 980.

[4]) Rexer, Kritische Untersuchung der Methoden zur Bestimmung der Angreifbarkeit von Gläsern, Keram. Rundschau **38** (1930), 387 u. ff.

[5]) S. Gehlhoff u. R. Schmidt, Über Lagerung u. Verpackung der Glaswaren, Sprechsaal **60** (1927), S. 336 u. 352. — H. Löber, Kühlung u. Auslaugewert chemischer Apparategläser, ebenda **61** (1928), S. 160 u. 181. — G. Keppeler, Chemische Wirkungen der Glaskühlung, ebenda, **61** (1928), S. 300. — E. Rexer, l. c.

[6]) O. Lechner, Sprechsaal **54** (1922), S. 254, 285.

[7]) J. Wolf, Sprechsaal **55** (1923), S. 439, **56** (1924), S. 457.

Während also für ein gutes chemisches Geräteglas ursprünglich nur kieselsäurereiche Alkalikalkgläser verwendet wurden, begann das Glaswerk Schott und Genossen in Jena mit der Einführung sogen. seltener Glasoxyde, wobei dann besonders Amerika in der letzten Zeit zu sehr borsäurereichen Kompositionen fortschritt; allein man hat gefunden, daß ein hoher Borsäuregehalt wohl für die thermische Widerstandsfähigkeit sehr günstig ist, nicht aber in allen Fällen bei der chemischen Widerstandsfähigkeit besonders gegen Alkalilösungen[1]).

Als Beispiel für die Zusammensetzung und die Haltbarkeit moderner chemischer Gerätegläser seien hier noch Angaben über zwei Glassorten von bekannten Thüringer Firmen teils nach eigenen Analysen des Verfassers, teils nach Untersuchungen der Osram-Werke gemacht:

Bestandteile	Glas Nr. 1	Glas Nr. 2
Kieselsäure	75,7 %	67,2 %
Borsäure	7,1	5,0
Tonerde	4,9	3,7
Natron	6,3	10,9
Kali	1,2	6,6
Kalk	1,1	6,5
Baryth	3,6	—
Magnesia	0,1	0,1
Spezifisches Gewicht	2,41	2,45
Ausdehnungs-K. linear	48,5	86,1
Grießlöslichkeit	5,5 mg	18,9 mg

Ähnliche Zusammensetzungen weisen die sonstigen speziellen Apparategläser auf wie z. B. die Verbrennungsröhren, welche vor allem auch schwer schmelzbar sein müssen und möglichst wenig entglasen sollen, dann die Wasserstandsröhren und die Reflexions-Wasserstandsgläser[2]), welche außerdem gegen hohen Druck sehr widerstandsfähig sein müssen, endlich die Thermometerröhren[3]), an welche ja noch besondere Ansprüche gestellt werden, worüber im ersten Band bereits ausführliche Mitteilungen gemacht sind. Auch an medizinische Gläser, besonders Fiolen und Ampullen werden besondere Ansprüche gestellt, denen verschiedene Firmen durch Einführung von Spezialgläsern Rechnung getragen haben; es sei bemerkt, daß auch die Untersuchungsmethoden für die allgemeinen und speziellen Medizingläser auf genügende Haltbarkeit inzwischen genormt wurden (vgl. S. 1097).

An deutschen Patenten betr. Apparate-Spezialgläser (Klasse 32b) sind folgende zu nennen:

D.R.P. 273707, Schott u. Gen.-Jena v. 20. 9. 11	Glas gek. durch 4—15% Al_2O_3, 3—11% CaO, 5—15% B_2O_3, 4—14% Alkali.
„ 399692, A. Kelly u. B. Jones-London v. 28. 9. 20	Anwendung von Alkaliborat bei der Zusammensetzung gleicher Stoffe.
„ 480753, L. Hochstein-Wandsbeck v. 19. 3. 25	Glas gek. durch 80—85% SiO_2, 16—22 B_2O_3, 2—1,5 Al_2O_3 und 2—1,5 ZrO_2.
„ 495941 (Zusatz zu 480753), ebenfalls L. Hochstein v. 11. 4. 26	Glas best. aus 85—90% SiO_2, 13—9 B_2O_3, 1—0,5 Al_2O_3 und 1—0,5 ZrO_2.
„ 513453, Glasfabrik Sophienhütte R. Bock G. m. b. H.-Ilmenau v. 18. 4. 26	Alkali-Alumino-Borosilikatglas, d. gek., daß mindestens 4 Oxyde der Elemente des 2. period. Systems mit mindestens 1% von jedem darin enthalten ist.

[1]) H. Thiene, Glas und Apparat, 1924, Nr. 1 sowie Sprechsaal, 57 (1924), 627.
[2]) H. Thiene, Sprechsaal, **58** (1925), S. 45.
[3]) H. Fischer, Glastechn. Ber. V (1927/28), Nr. 7 S. 307 und H. Thiene, Glas u. Apparat, 1927, Nr. 11.

Manches interessante Material, namentlich Analysen und Vergleiche der Angreifbarkeit ist in der ausländischen Literatur enthalten, die im Weltkrieg und den ersten Nachkriegsjahren sich mit Apparate-Spezialgläsern befaßte. Es seien genannt:

English und Turner, Oberflächenangriff von Glas durch Chemische Reagenzien und Vergleich verschiedener Laboratoriums-Glastypen. Journ. Soc. Glass Techn. I (1917) 153.

National Physical Laboratory, Notes on Glass. Chemical News CXI (1915), 133.

Alex. Silvermann, Use of Barium compounds in Glass. Journ. Soc. Chem. Ind. **34** (1915), 399.

F. W. Branson, Composition of some types of Chemical Glassware. Journ. Soc. Chem. Ind. **34** (1915), 471.

P. Nicolardet, Sur l'attaques des verres de France, de Bohême et de l'Allemagne. Compt. Rend. 1916, 355.

H. Walker and F. W. Smither, Comparative Texts of Chemical Glassware. Journ. of Ind. u. Engen. Chemistry **9** (1917), 1090.

F. W. Branson. Some aspects of the scientific glassware Industry. Journ. Soc. Chem. Ind. **37** (1918), 337.

A. Livache, La verrerie de laboratoire en Angleterre. Bull. soc. encour. ind. nation. **130** (1918), 411—20.

2. Der Schmelzprozeß des Apparateglases.

Der Schmelzprozeß des Apparateglases vollzieht sich wie der des anderen Hohlglases, auch in den gleichen Öfen, ohne daß beim gewöhnlichen Apparateglas Besonderheiten zu erwähnen wären. Dagegen erfordern die schwer schmelzbaren Spezialgläser, die neben den sonst seltener verwendeten Glasoyxden, Zinkoxyd, Baryt, Magnesia, und Borsäure, beachtliche Mengen an Tonerde und relativ hohen Kieselsäuregehalt aufweisen, sehr heißgehende Öfen und große praktische Erfahrungen hinsichtlich des Einlegens und der ganzen Behandlung der Schmelze, die aber in den Einzelheiten so verschieden sind, daß sie nicht allgemein beschrieben werden können. Verfasser hatte in den letzten Jahren Gelegenheit, eine Reihe von Spezialgläsern für Glasfabriken zu analysieren; dieselben enthielten meist außer den gewöhnlichen Bestandteilen kein Bleioxyd und wenig Kalk, dafür aber reichlich Baryt, Tonerde und Zinkoxyd, endlich meist etwa 10% Borsäure. Wird nun aus den Analysen der Glassatz berechnet für die gewöhnlichen Schmelzmaterialien und dann im Industrieofen probeweise zu schmelzen versucht, so sind diese Glassätze sehr schwer schmelzbar (vgl. Pyrexglas). Nur eine besondere Auswahl der Gemengebestandteile und die Ausbildung eines geeigneten Schmelzganges führt zu solchen Gläsern.

3. Die Herstellung der Apparategläser.

Hierbei muß unterschieden werden einerseits zwischen solchen Sorten, die in der Hauptsache außer geringer Nachbehandlung (Abschleifen bzw. Absprengen der Kappen, Verschmelzen der Ränder) am Glasofen fertiggestellt werden, also Becher, Kolben, einfache Retorten, Glasröhren und Glasstäbe, anderseits solche Gattungen, die aus Rohglas (Hohlgefäßen und Röhren) erst nachträglich in den Glasbläsereien zu den fertigen Apparaten aufgeblasen, zusammengesetzt und verschmolzen werden, was bei allen kompliziert zusammengesetzten chemischen, physikalischen und technischen Apparaten geschieht.

Hier sei zunächst die eigentliche Glasmacherarbeit am Ofen (die sog. „Hüttenarbeit") an einigen charakteristischen Beispielen erörtert.

a) Hüttenarbeit.

Herstellung eines Bechers.

Ein dünnwandiger Becher für Laboratoriumszwecke wird folgendermaßen hergestellt: Wie beim Kristallglas wird zunächst an der Pfeife ein kleiner Glasposten, kurz „Post" geheißen, aufgenommen. Solange die zylindrisch gewälzte Post noch weich ist, kerbt man sie dicht hinter dem Pfeifenkopf mittels einer Schere ein und bläst Luft nach. Indessen ist das Glas ziemlich hart geworden, man muß es dann noch einmal erhitzen, was entweder am Schaffloch des Ofens oder an einem besonderen Einwärm- und Auftreibofen geschieht, um endlich zu darmähnlicher Form aufzublasen, die schnell in die warme Hohlform aus Eisen eingetaucht und unter stetiger Drehung der Pfeife zwischen den Händen an die Wände der Form angeblasen wird. Jetzt zieht man den fertigen Becher heraus und sprengt ihn durch Benetzen mit einem nassen Eisen an der eingekerbten Stelle, also oberhalb der „Kappe", die sich beim Aufblasen bildete (v. a. Abb. 1228), von der Pfeife los. Ein Junge fängt das Glasstück mit einem an einem Stiel befindlichen Drahtnetz auf und trägt es zum Kühlofen. Nach der Kühlung kommt der geblasene Becher in der Absprengerei, wo die „Kappe" abgesprengt und der so entstehende Rand durch nochmaliges Erhitzen glattgeschmolzen und passend, unter Umständen mit Ausguß, gebogen wird, womit dann das „Becherglas" fertig ist.

Herstellung einer Retorte.

Zur Herstellung einer Retorte (Abb. 1275) wird wie gewöhnlich zunächst ein Külbel hergerichtet und nach unten zu einer keulenförmigen Blase (*a*) ablaufen gelassen. Nach genügender Kühlung wird der untere Teil derselben aufgewärmt, nach oben geblasen, und in halber Umdrehung geschwenkt, wobei der vorgewärmte untere Teil sich überbiegt; dann wird die Retorte nach Augenmaß zur erforderlichen Größe aufgeblasen (*b*). Die Herstellung geschieht also vollständig freihändig ohne Form.

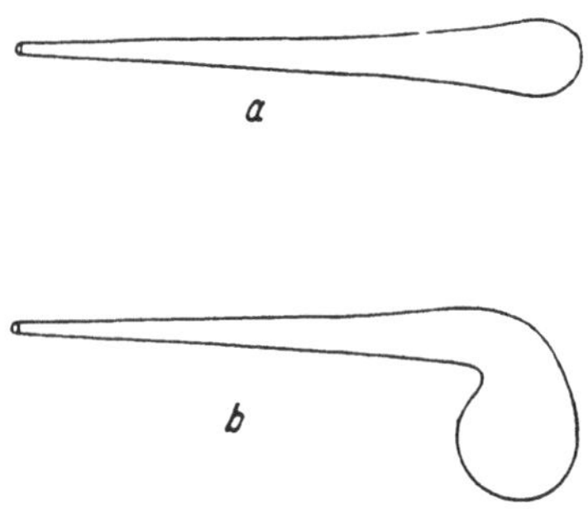

Abb. 1275.
a und *b*: Herstellung einer Retorte.

Ganz entsprechend, also durchaus nach den beim Hohlglas geschilderten Arbeitsverfahren geschieht die Herstellung anderer Glasapparate in der Hüttenarbeit.

Eine besonders wichtige Rolle in der Hüttenarbeit spielen die Röhren und Stäbe.

Über dieses Sondergebiet verdankt der Herausgeber der freundlichen Mitarbeit des Herrn Regbmstr. a. D. Hodecker-Ilmenau (Sophienhütte) folgende Beschreibung.

Die Herstellung von Glasröhren und -stäben im Handziehverfahren. Wie in vielen Zweigen der Glasindustrie, so hat die Maschine auch auf dem Gebiete des Rohrziehens ihren Siegeslauf angetreten. Aber wenn sie auch zweifellos ganz erhebliche Erfolge zu verzeichnen hat, so verlohnt es sich immerhin, sich mit der Herstellung von Glasröhren und Glasstäben im Handziehverfahren zu beschäftigen, denn einerseits verkörpert sich in dieser Arbeit ein gut Stück der alten Glasmacherkunst, und zwar eines der schwierigsten und interessantesten, und anderseits gibt es in der Glasindustrie Gebiete, in die die Rohrziehmaschine heute noch nicht eingedrungen ist und aller Voraussicht nach wohl auch nie eindringen wird. Das liegt unbestreitbar daran, daß zwar die Maschine überall dort am Platze ist und sich bewährt, wo es sich um eine wirkliche Massenerzeugung handelt, daß aber gerade beim Glasrohr die Verhältnisse so liegen, daß an seine chemischen und physikalischen Eigenschaften bzw. an die aus ihm hergestellten Geräte und Apparate von Wissenschaft und Technik derartig verschiedene Anforderungen gestellt werden, daß alle diese Gläser mit besonderen Eigenschaften nicht etwa durch ein einheitliches Glas ersetzt werden können um so der Maschine den Weg zur Massenerzeugung freizumachen. Dazu kommt, daß durch die Menge und Vielgestaltigkeit der Spezialröhren, wie Rillen-, Vielfach-, Scheidewand-, Kapillarröhren usw., wohl für immer die Herstellung eines großen Teiles aller Röhren dem Handziehverfahren vorbehalten bleiben wird.

Die Arbeitsweisen und die Bezeichnungen der einzelnen Arbeitsgänge sind entsprechend den verschiedenen Gegenden, in denen das Rohrziehen ausgeübt wird, nicht ganz einheitlich. Einheitlich sind aber überall die physikalischen Grundgesetze, nach denen die Arbeit erfolgt und das Rohr hergestellt wird. Man kann eine allgemeine Unterscheidung der Röhren treffen in Zylinderröhren, Biegröhren und Spezialglasröhren.

Zylinder- und Biegröhren. Zunächst soll die Herstellung der beiden ersten Gruppen beschrieben werden. Beide Arten von Röhren werden von einem Durchmesser von wenigen Millimetern beginnend bis zu einem solchen von etwa 80 mm hergestellt. Das Zylinderrohr kennzeichnet sich im wesentlichen durch seine geringe Wandstärke, die sich von einem kleinen Bruchteil eines Millimeters bei den kleineren Durchmessern bis zu etwa 2 mm bei den größeren Durchmessern erstreckt. Röhren mit größeren Wandstärken lassen sich im allgemeinen als Biegröhren bezeichnen. Natürlich gibt es hier Sonderbezeichnungen und Zwischenstufen, deren Herstellung sich aber nicht grundsätzlich von der zu schildernden Art unterscheidet.

Der allgemeine Gedanke, der dem Verfahren zur Herstellung von Glasröhren und -stäben im Handbetriebe zugrunde liegt, ist der, daß ein unter bestimmten Voraussetzungen bearbeiteter hohler oder massiver Glasklumpen so auseinandergezogen wird, daß das gewünschte Rohr oder der verlangte Stab entsteht.

Zu diesem Zwecke wird (vgl. Abb. 1276 mit den einzelnen Stadien der Arbeit) zunächst vermittels der Pfeife, deren Stärke und Durchmesser entsprechend den Abmessungen des herzustellenden Glasrohres gewählt wird, durch schnelles Drehen um ihre Längsachse soviel Glasmasse aus dem Ofen entnommen, als die Zähigkeit des geschmolzenen Glases gestattet. Dieser erste Glasposten *(a)*

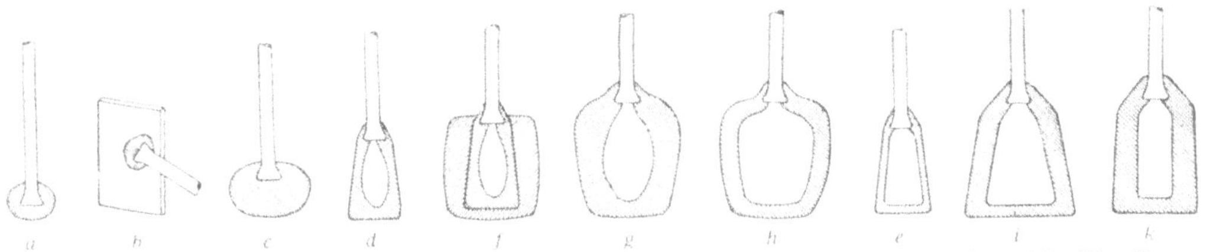

Abb. 1276. Stufen der Herstellung des „Zuges" für Glasröhren. *a—d*, *f—h* für Zylinderröhren, *e*, *i* und *k* für Biegröhren.

wird nun auf der Wälzplatte, einer etwa 40 × 60 cm großen Eisenplatte, die zur Erzielung einer glatten Oberfläche zuvor mit reinem Bienenwachs eingestrichen ist, „abgewälzt" *(b)*. Dieses Hin- und Herrollen auf der Wälzplatte geschieht so lange, bis das Glas genügend abgekühlt ist, um es mit neuer zähflüssiger Glasmasse aus dem Ofen „überstechen" zu können. Auf diese Weise entsteht die zweite, größere Post *(c)*, die zunächst noch als massiver Glasklumpen abgewälzt wird. Sobald es die Zähflüssigkeit des Glases gestattet, wird jetzt durch das Pfeifenrohr in diese Masse ein Hohlraum eingeblasen *(d)* der nach weiterer Verarbeitung zur Innenwand des Rohres ausgezogen wird. Demgemäß muß jetzt schon beim Einblasen der Luft zur Bildung des inneren Hohlraumes darauf Rücksicht genommen werden, ob ein Zylinderrohr oder ein Biegrohr, also ein Rohr mit schwacher oder starker Wand, ob ein enges Rohr oder ein weites Rohr hergestellt werden soll. Im allgemeinen kann man sagen, daß bei Herstellung von Zylinderröhren der Hohlraum von eiförmiger Gestalt ist wie in Fig. *d* der Abb. 1276, daß er dagegen Kegelform bei Herstellung von Biegröhren erhält *(e)*. Nun wird die so behandelte Post nach genügender Abkühlung erneut mit Glas überstochen *(f)* und so durch weiteres Abwälzen und Aufblasen der „Zug" fertiggestellt. Dieser Vorgang gehört mit zu den schwierigsten Teilen des ganzen Arbeitsganges, denn hierbei muß der Meister die für das Rohr vorgeschriebene Wandstärke suchen. Dieses ist eine überwiegend gefühlsmäßige Arbeit, die außerordentliche Geschicklichkeit und Schulung erfordert. Die schon beim Aufblasen der zweiten Post für die entsprechende Art des zu ziehenden Rohres vorgebildete Grundform des Hohlraums wird jetzt von dem Meister erweitert und endgültig festgelegt. Dabei kann man allgemein sagen, daß die Form des „Zuges" bei Zylinderröhren bis zu einem Durchmesser von etwa 25 mm der Fig. *g* entspricht, während die Form des „Zuges" für Zylinderröhren von größeren Weiten bis zu einem Durchmesser von etwa 80 mm und einer entsprechenden Wandstärke bis zu 2 mm der Form *h* entspricht.

Bei Biegröhren, also Röhren mit größerer Wandstärke, wird der „Zug" zur Herstellung von Röhren bis etwa 8 mm Dmr. die Form *i* haben, bei größeren Durchmessern und größeren Wandstärken eine Form entsprechend der Fig. *k*. Die Verschiedenartigkeit der äußeren Formen des Zuges und der in ihm eingeschlossenen „Luft" ist erforderlich, um beim späteren Ziehen die gerade für die herzustellende Röhrenart erforderliche Art des Abflusses der Glasmasse von der Post zur Bildung des Rohres zu ermöglichen. Außer den dargestellten Formen des Zuges, die nur besonders kennzeichnende Arten darstellen, gibt es natürlich noch eine Anzahl Zwischenformen. Man ersieht schon hieraus, welche Geschicklichkeit und gefühlsmäßige Einstellung er erfordert, um für ein bestimmtes Rohr auch immer die richtige Form der Post zu finden.

Durch die an der Glasmasse vorgenommenen, beschriebenen Arbeiten ist sie soweit abgekühlt, daß sie sich nicht mehr ohne weiteres zum Rohr ausziehen läßt. Sie muß also nochmals im Ofen eingewärmt werden. Dieses erfolgt in der Weise, daß die Pfeife mit dem daran befindlichen Zuge etwa in ihrer Mitte auf einen dicht vor dem Ofenloch stehenden eisernen Bock (Abb. 1277) so aufgelegt wird, daß der Zug in den Ofen hineinragt. Durch fortwährendes Drehen und Schwenken des Pfeifenendes erreicht es der Meister, daß trotz zunehmender Erweichung des Glases in der Ofenhitze die dem Zug vorher gegebene Form im wesentlichen erhalten bleibt. Von großer Wichtigkeit ist hierbei die Beobachtung des Grades der Erweichung der Glasmasse, da dieser Zustand einen wesentlichen Faktor für das Ziehen des Rohres darstellt.

An dieser Stelle sei erwähnt, daß die vorbeschriebenen Arbeiten auf dem Wälzblech als die Thüringer Art des Röhrenziehens bezeichnet werden. Die

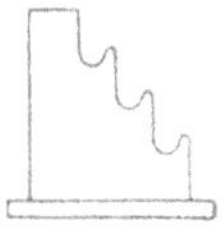

Abb. 1277. Auflage-„Bock" für die Pfeife beim Aufwärmen des Zuges.

Abb. 1278. „Nabel" am Hefteisen für das Ziehen von Röhren und Stäben.

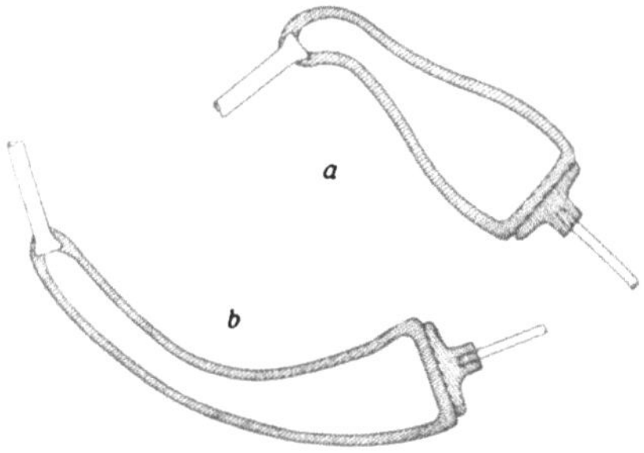

Abb. 1279. *a* Aufsetzen des erweichten „Zuges" auf den „Nabel". *b* Beginn des Ziehens.

Schlesische Art besteht demgegenüber darin, daß die entsprechenden Arbeiten anstatt auf der Wälzplatte in dem sog. „Motz" oder „Löffel" ausgeführt werden, dem bekannten Werkzeug, wie es auch der Hohlglasmacher für seine Arbeiten verwendet, dessen Abmessungen der zu verarbeitenden Glasmasse entsprechen.

Zwischendurch taucht der Meister die Fußfläche des Zuges in ein Gefäß mit kaltem Wasser. Dadurch wird die Glasmasse an dieser Stelle geschränkt und einerseits ein festes Anhaften an dem anzusetzenden Hefteisen erzielt, anderseits aber ein vorzeitiges Abziehen der Hauptmasse des Glases von dem Hefteisen verhindert. Während der Meister den Zug im Ofen einwärmt, hat sein Gehilfe, der Läufer, mit einem Hefteisen (Abb. 1278) etwas Glas angefangen und zu einer Fläche, dem sog. Nabel, breitgedrückt, der aus demselben Grunde wie die Post in Wasser abgeschreckt wird. Die breite Fläche nach oben haltend, erwartet der Läufer nun vor der Werkstelle die Beendigung des Einwärmens durch den Meister. Ist dieser Zeitpunkt gekommen, so zieht der Meister den erweichten Zug schnell aus dem Ofenloch heraus und setzt ihn mit seinem Fußende auf die bereitgehaltene Fläche des Nabels (Abb. 1279, *a*). Mit diesem von Pfeife und Hefteisen getragenen Zug begeben sich die beiden Glasmacher nun in den Rohrgang, und das eigentliche Ziehen beginnt. Dabei bewegen sich beide in entgegengesetzter Richtung, den zwischen ihren Werkzeugen befindlichen Posten Glas zu einem Rohr ausziehend (Abb. 1279, *b* und Abb. 1280. Die für das Rohr vorgeschriebenen Abmessungen werden nun dadurch erzielt, daß der Meister durch die Pfeife fortwährend Luft in den Zug bläst, um die gewünschte und auf dem Wälzblech schon vorher vorbereitete Wandstärke zu erhalten. Die Tätigkeit des Blasens wird nicht unwesentlich dadurch unterstützt, daß die eingeführte Luft durch die umschließende heiße Glasmasse stark erhitzt und dadurch ausgedehnt wird.

Die Geschwindigkeit, mit der sich die beiden Rohrzieher voneinander entfernen, ist für beide nicht dieselbe und ist außer durch die jeweilige Temperatur des Glases dadurch bedingt, daß der Läufer durch die Geschwindigkeit seiner Fortbewegung den vorgeschriebenen Durchmesser des Rohres bestimmt. Zu dieser Tätigkeit ist ein sehr gutes Augenmaß erforderlich, da ja die Röhren teilweise in Längen bis zu 100 m ausgezogen werden und der Durchmesser auf Millimeter genau eingehalten werden muß. — Zur Erzielung besonderer Gleichmäßigkeit des Rohres wird der Zug während der ganzen Arbeit an Pfeife und Nabel um seine Längsachse gedreht.

Ist der Zug vollkommen ausgezogen, so wird das Ziehen auf beiden Seiten noch eine kurze Zeit fortgesetzt, damit das Rohr in seiner ganzen Länge möglichst gerade bleibt. Erst wenn dieses zu erwarten ist, wird er von Pfeife und Nabel abgeschränkt. Dann erfolgt das Zerlegen des Rohres in die üblichen Fabrikationslängen durch Schneiden des noch warmen Rohres mit einem Stahlmesser. Durch die an der Außenwand schneller erfolgte Abkühlung des Rohres als diese in seinem Innern geschehen kann, sind Spannungen entstanden, die noch unausgeglichen sind und die durch Berührung mit dem Stahlmesser ausgelöst werden, so daß an diesen Stellen ein meist glatter Schnitt erfolgt.

Die geschilderte Art des Rohrziehens erfordert deshalb eine ganz besondere Sorgfalt, weil sie ja nicht von der Geschicklichkeit und Tüchtigkeit eines einzelnen abhängig ist, sondern sich darstellt als das Produkt einer überwiegend gefühlsmäßigen Einstellung zweier Leute aufeinander.

Die in der geschilderten Weise gezogenen Glasröhren weisen bei schlechter Arbeit und ungeschickter Auswahl der Stücke im Durchmesser manchmal Unterschiede auf, daß man die daraus hergestellten Apparate (Büretten) für genaue Meßzwecke immer zuerst einzeln eichen muß. Nach einem Verfahren von Küppers in Aachen (DRP 292737) soll nun diese umständliche Einzelarbeit vermieden werden können, so daß man die einmal ausgeführte Eichung auf beliebig viele Büretten, Spritzen usf. übertragen kann. Es besteht darin, daß in das normalgezogene Rohr ein genau zylindrischer Eisen-

Abb. 1280. Ziehen der Glasröhren von Hand.
a Vorbereitung des „Zuges" durch „Abwälzen" der „Post" auf der Wälzplatte.
b der „Zug" wird auf den „Nabel" gesetzt.
c Ausziehen der Röhren.
d Jungen fächeln zwecks rascherer Abkühlung Luft auf die Mitte der eben entstandenen Röhren.

kern eingesetzt und hierauf luftleer gepumpt wird; beheizt man dann das Rohr von außen fortschreitend, so wird das Glas weich und durch den äußeren Luftdruck gleichmäßig gegen den inneren Kern gepreßt, den man nach dem Abkühlen wegen seiner stärkeren Zusammenziehung leicht herausnehmen kann. Das Verfahren ist bereits praktisch erprobt und hat sich namentlich für Präzisionsspritzen ausgezeichnet bewährt. Man kann so auch Rohre mit vier- und achteckigem Querschnitt herstellen.

Die Herstellung von Glasstäben ist bedeutend einfacher. Sie erfolgt ebenfalls nach dem beschriebenen Grundsatz. Die Stäbe werden jedoch aus dem massiven Glasposten ohne vorherige Einführung von Luft gezogen.

Wie einleitend bemerkt, ist die Herstellung von Röhren und Stäben mit Maschinen nur dann lohnend, wenn es sich um sehr große Produktionen handelt. In der Tat ist auch in den Fabriken, die mit Röhrenziehmaschinen arbeiten, die Art der

Röhren, insbesondere bezüglich ihrer Zusammensetzung stark vereinheitlicht worden. Über maschinelles Röhrenziehen vgl. andere Abschnitte dieses Werkes: Bd. 1, S. 705—714, Bd. 2, S. 1381.

Spezialglasröhren. Einen großen Raum nehmen ihrer Vielgestaltigkeit nach in der Röhrenfabrikation die Spezialglasröhren ein. Da gibt es z. B. Röhren mit ovalem, dreieckigem und viereckigem Querschnitt. Diese Röhren werden im allgemeinen genau so hergestellt wie die runden Röhren, nur mit dem Unterschied, daß bei der letzten Formgebung des Zuges auf der Wälzplatte die äußere Gestalt des Rohres,

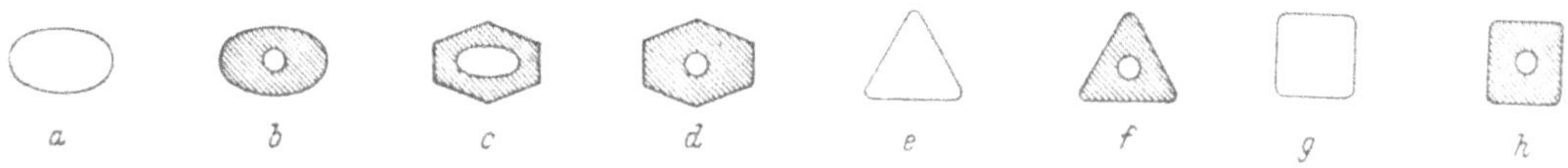

Abb. 1281. Verschiedene Röhrenquerschnitte für Spezialzwecke.

wie oval, viereckig, usw. durch entsprechendes Drücken der Post festgelegt wird. Andere Spezialglasröhren kennzeichnen sich dadurch, daß beispielsweise starkwandige Röhren, die in ihren äußeren Abmessungen vom Kreisquerschnitt abweichen, sich mit ihrem inneren Durchmesser dem äußeren Querschnitt anpassen oder aber den inneren Durchmesser kreisrund behalten. Derartige Röhrenquerschnitte sind in den Abbildungen 1281 (*a*—*h*) dargestellt. Es erübrigt sich, auf die Herstellungsart jedes einzelnen Rohres einzugehen, da sie grundsätzlich immer dieselbe ist.

Abb. 1282.

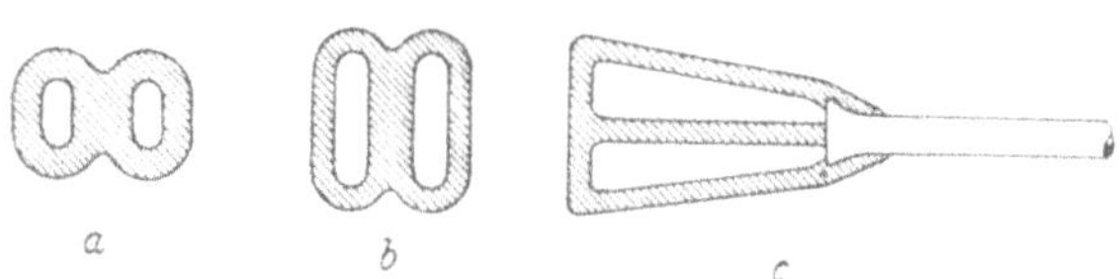

Abb. 1283.

Scheidewandröhren (Abb. 1282) haben die verschiedensten Verwendungszwecke und werden daher in größeren Mengen angefertigt. Die Herstellung erfolgt bis zum Einblasen der Luft in die Post (Abb. 1276, *d*) in der üblichen Weise.

Dann muß aber der Hohlraum in zwei Teile geteilt werden. Dies geschieht so, daß die Post in ihrer gesamten Länge von der Fußfläche bis zur Pfeifenöffnung durch ein geeignetes Werkzeug, die Vierkantschere, soweit zusammengepreßt wird, daß sich die einander gegenüberliegenden Wände des vorher kreisrunden Querschnittes berühren (Abb. 1283, *a*). Durch weiteres Überstechen, Ausblasen der getrennten Luftkammern usw. (Abb. 1283, *b* und *c*) wird nachher beim Ziehen die Form (Abb. 1282) des Scheidewandrohres erhalten.

Den größten Raum unter den Spezialglasröhren nehmen die Kapillarröhren und unter diesen wieder die Thermometerröhren ein. Ihre Herstellungsart weicht wesentlich von derjenigen der anderen Röhren ab. Der außerordentlich kleine Querschnitt der inneren Öffnung bedingt, daß schon beim Einblasen der Luft in die weiche Glasmasse hierauf entsprechende Rücksicht genommen werden muß. Wenn das aufgenommene Glas noch in verhältnismäßig recht weichem Zustande ist, läßt man es unter fortwährendem Drehen bei lotrechter Haltung der Pfeife um die Pfeifenöffnung herum zu einer breiten Masse zusammenlaufen und bläst in diesem Zustande und in dieser Lage eine ganz geringe Menge Luft in die Glasmasse ein (Abb. 1284). Dann wird die Pfeife mit der Post nach unten oder im Kreise herumgeschwenkt. Diese nimmt dabei und nach erfolgtem Abwälzen etwa die in Abb. 1285 dargestellte Form an. Die ursprünglich kleine runde Luftblase ist zu einem langgezogenen Hohlraum von äußerst geringem

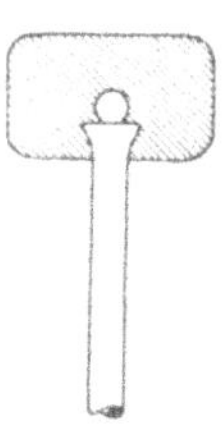

Abb. 1284.

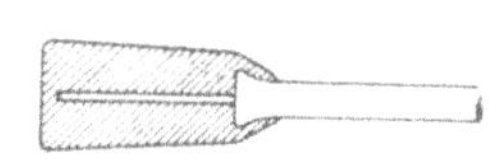

Abb. 1285.

Durchmesser auseinandergezogen, wie es durch unmittelbares Einblasen der Luft nicht möglich gewesen wäre. Jetzt beginnt das „Stellen" der Post, d. h. die genaue Einstellung des Kapillardurchmessers entsprechend der Größe, der für das fertige Rohr verlangten Kapillarrohröffnung. Angenommen, der durch Schwenken und Abwälzen geformte Luftraum ist weiter als es der endgültige Querschnitt erfordert, so muß die Post zur Erzielung der richtigen Abmessungen „gedrückt" werden, d. h. der Rohrzieher drückt mit dem Schenkel einer Schere auf die Außenfläche der Post, die Schere dauernd in der Längsrichtung der Post bewegend, bis durch den ausgeübten Druck von außen die eingeschloffene Luft den erforderlichen Durchmesser angenommen hat (Abb. 1286). Diese Arbeit des „Stellens" der Post muß deshalb noch bedeutend sorgfältiger vorgenommen werden und erfordert noch mehr Geschicklichkeit als das Stellen der Post für ein gewöhnliches Glasrohr, weil hierbei gemachte Fehler durch späteres Blasen beim Ziehen des Rohres nicht wieder ausgeglichen werden können.

Wenn nämlich nach dem Stellen der Post diese abermals überstochen, abgewälzt und wieder eingewärmt ist, würde selbst ein geringes Einblasen von Luft in die weiche Glasmasse beim Ziehen des Rohres eine derartig große Veränderung des Querschnittes der Kapillare herbeiführen, daß ganz andere Abmessungen zutage kommen würden als beabsichtigt ist. Um dies voll würdigen zu können, sei er-

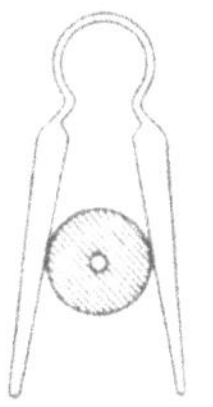

Abb. 1286.

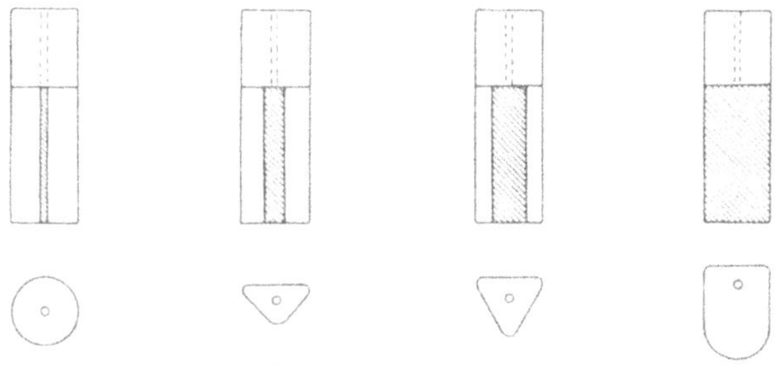

Abb. 1287. Verschiedene Querschnitte von Thermometer-Kapillarröhren und ihre Vergrößerungs-Wirkung.

wähnt, daß der kleinste Durchmesser der Kapillaröffnung, wie er besonders für Fieberthermometerröhren in Frage kommt, etwa 0,03 mm beträgt, während die größte Öffnung, die noch für technische Thermometer in Frage kommt, etwa 1 mm Dmr. hat. Beim Ziehen des Rohres kann also nur noch durch die Geschicklichkeit der Fortbewegung der Läufer der äußere Durchmesser, die Stärke des Rohres, bestimmt werden.

Um das Auge und das Gefühl des Rohrziehers zu unterstützen, wird zweckmäßig im Anschluß an den Rohrgang ein Mikrometer aufgestellt, mit dem die innere Öffnung sogleich nach Fertigstellung des Rohres gemessen, und dem Rohrzieher angegeben werden kann, ob er bei dem folgenden Zuge die Luft enger oder weiter zu stellen hat.

Wie gesagt, werden die Kapillaren überwiegend zur Herstellung von Thermometerröhren verwendet, und je nach dem Verwendungszweck und dem notwendigen Grade der Genauigkeit des fertigen Instrumentes schwankt der Kapillardurchmesser. Bei Verwendung von runden Querschnitten des Rohres (Abb. 1287, *a*) ergibt sich nur eine verhältnismäßig geringe Vergrößerung des Fadens, die die Ablesbarkeit der Thermometer sehr erschwert. Man hat deshalb nach Formen gesucht, bei denen durch den Querschnitt des Rohres selbst eine Vergrößerung des Fadens erzielt wird. Die allgemeine Form mit der dieses bis zu einem gewissen Grade erreicht wird, ist die des dreiseitigen Prismas, bei dem die vordere dem Beschauer zugewendete Kante als vergrößernde Linse wirkt. Hierbei fällt die Lage der Öffnung mit der Schwerpunktsachse des Prismas zusammen (Abb. 1287, *b*).

Das Maß der Vergrößerung des Fadens ist aber außer von dem Brechungskoeffizienten des Glases abhängig von dem Verhältnis des Durchmessers der Kapillaröffnung und ihrer Entfernung von dem als Linse wirkenden Teil des Rohres. Wie aus Abb. 1287, *c* ersichtlich, ist diesem Umstande mit Erfolg durch eine exzentrische Lagerung der Öffnung im Querschnitt des Rohres Rechnung getragen und damit eine stärkere Vergrößerung des Fadens erzielt. Die vollkommenste Vergrößerung des Fadenbildes ist durch eine besondere Querschnittsform (Abb. 1287, *d*), wie sie der Glasfabrik Sophienhütte Richard Bock G. m. b. H. in Ilmenau durch DRP. 450698 in ihrem „Optima"-Kapillarrohr geschützt ist, erreicht. Die Vergrößerung der Fadenstärke geht hier über den gesamten Querschnitt des Kapillarrohres.

Die zuletzt genannten 3 Arten von Kapillaren werden auf die Art hergestellt, daß die letzte Post vor ihrem Einwärmen die äußere Gestalt dadurch erhält, daß sie durch eine ihrem späteren Querschnitt entsprechende Form gezogen wird (31).

Der Wunsch, die Sichtbarkeit des Fadens zu erhöhen, führte noch zu anderen Maßnahmen. Ein weiteres Mittel besteht darin, die Kapillaröffnung weiß oder farbig zu hinterlegen. Der Arbeitsgang dabei ist folgender:

Während der Meister die Post (Abb. 1286) stellt, hat sein Gehilfe an einem Hefteisen einige Stücke Emaille befestigt, die er in der Hitze des Glasofens zum Erweichen bringt. Diese weiche Emaillemasse wird mit ihrem Hefteisen über die waagrecht liegende Post (Abb. 1284) gebracht, mit ihrem unteren Teil in der Nähe der Pfeife auf die Post gesetzt und dann mit Hilfe eines Handeisens längs über die obere Seite der Post gestrichen (Abb. 1289). Die Post wird nun wie üblich überstochen und das Rohr in bekannter Art gezogen. Auf diese Weise liegt die Emaille mitten im Glasrohr eingebettet, wie beispielsweise in Abb. 1289 *a* und *b* dargestellt. Sie trägt durch ihre Farbenwirkung wesentlich zur besseren Ablesungsmöglichkeit des fertigen Instrumentes bei.

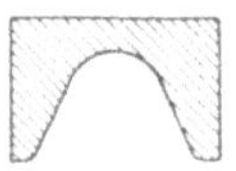

Abb. 1288.

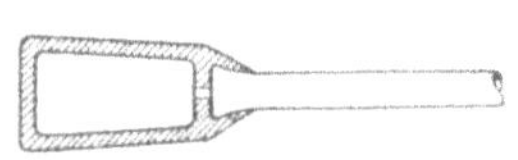

Abb. 1289.

a *b*

Abb. 1290.

Erwähnt sei noch, daß hierfür nicht jede beliebige Glasemaille genommen werden kann. Die Ausdehnungskoeffizienten des Glases und der Emaille müssen möglichst nahe beieinander liegen, da sonst der Zug infolge der auftretenden Spannungen bereits im Rohrgang beim Erkalten zerspringt, auf jeden Fall aber bei der Weiterverarbeitung vor der Gebläselampe zu Bruch geht (vgl. Bd. I, S. 117, sowie Bd. II, S. 1211, Überfang).

Wie die geschilderten Herstellungsarten ganz besondere Fachkenntnisse der Rohrzieher erfordern, werden auch an die Eigenschaften der Gläser selbst, die zur Herstellung von Thermometern dienen, ganz besondere Anforderungen gestellt. Von diesen ist die wichtigste, daß das Glas eine äußerst geringe thermische Nachwirkung (s. Bd. I, S. 120) haben muß, was vor allem bei der Anwendung der Thermometer für ärztliche Zwecke zu verlangen ist.

Ein besonderes Gebiet ist die Herstellung von Vielfachröhren, d. h. von Glasröhren mit mehreren parallel laufenden Kapillaröffnungen. Diese werden zur Herstellung von Zerstäubern, für die Luftzuführungswege von bestimmten Brennern usw. benutzt. Es kommen dabei Röhren mit bis zu 20 Kapillaröffnungen in Frage.

Die Herstellung eines solchen Rohres geschieht grundsätzlich unter ganz anderen Bedingungen und Voraussetzungen als bei den geschilderten Arten des Rohrziehens. Da es schwer möglich ist, in die weiche Glasmasse eine größere Anzahl von parallellaufenden Kanälen hineinzubringen, geht man hier zweckmäßig vom fertiggezogenen Biegrohr von etwa 20 mm Durchmesser aus (DRP. 341465 der Glasfabrik Sophienhütte Richard Bock G. m. b. H. in Ilmenau).

Das Verfahren besteht darin, daß man eine der gewünschten Anzahl von Kanälen entsprechende Anzahl von Glasröhren zu einem Bündel vereinigt und durch Erhitzen mit ihren Außenflächen zusammenschmilzt. Um bei dem Zusammenschmelzen der Glasröhren mit kreisrundem Querschnitt die Bildung von Lufträumen zwischen den einzelnen Röhren zu verhindern und um überhaupt ein Zusammenschmelzen praktisch zu erzielen, werden in die sich beim Zusammenlegen der Röhren bildenden Hohlräume dreikantige Glasstäbe gelegt, die sich mit den Außenflächen der Röhren verbinden (Abb. 1291, a). Sollen z. B. Röhren mit 7 Kanälen hergestellt werden, so erhitzt man ein Bündel aus 7 Röhrenenden, die an einer Seite an einem Hefteisen befestigt sind, bis sich diese mit ihren Außenflächen und den zwischen sie eingesteckten dreikantigen Glasstäben verschmolzen haben, d. h. man bildet einen dicken Glasblock mit Längskanälen, weiten, nicht kapillaren Durchmessers. Sodann findet ein Abschließen der Öffnungen des unteren Teiles des Röhrenbündels durch Glasmasse statt. Nach dem Verschließen wird das verschmolzene Röhrenbündel, wie bekannt, mit Glasmasse überstochen und in üblicher Weise auf der Wälzplatte und mit der Schere zur richtigen Post gestellt, so daß es nunmehr in einen zylindrischen Mantel von Glasmasse eingeschlossen ist (Abb. 1291, b). Das Schließen der Öffnungen ist vor dem vollständigen Eintauchen des verschmolzenen Röhrenbündels in die Glasmasse erforderlich, da sonst das weiche Glas in die Öffnungen der Röhren ungleichmäßig eindringen würde, wodurch nie ein gleichmäßiger Zug Röhren zustande kommen würde.

Das Auseinanderziehen auf größere Längen findet dann in bekannter Weise statt. Die einzelnen Röhren ziehen sich gleichmäßig aus, und es bilden sich Kapillaren, die von außen gleichmäßig mit Glasmasse umgeben sind, ohne daß sich zwischen den Kapillaren noch Zwischenräume befinden, während die Durchmesser der Kapillaren vollständig kreisrund sind (Abb. 1291, c).

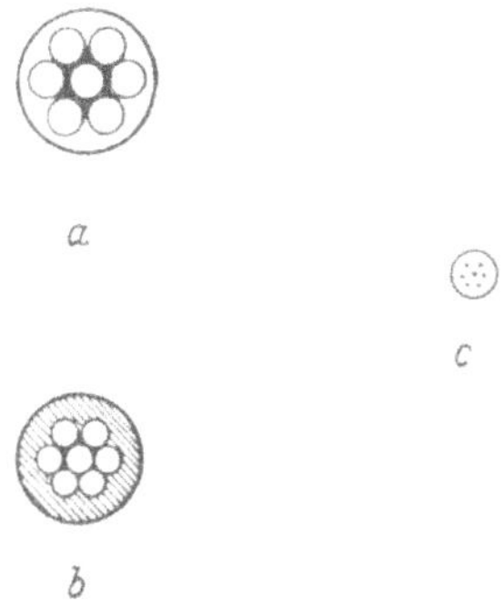

Abb. 1291.

Die Herstellung von Isolierflaschen[1]. Die Verwendung doppelwandiger Glasgefäße nach Weinhold und Dewar zum Zwecke der Wärmeisolierung ihres Inhaltes kam lange Zeit nur für Zwecke der Wissenschaft und für vereinzelte Zweige der Industrie, z. B. zur Aufbewahrung und zum Transport von flüssiger Luft, in Frage. Als man jedoch die Zweckmäßigkeit eines Isoliergefäßes für den täglichen Bedarf erkannte, hat sich bald eine weitverzweigte Isolierflaschenindustrie entwickelt. Diese bringt ihre Erzeugnisse in allen denkbaren Formen und Größen auf den Markt. Mögen diese nun in ihren äußeren Umhüllungen und in ihrer Gestalt noch so verschiedenartig sein, ihre Wirkung beruht doch immer auf demselben Grundsatz:

Die Wände des Zwischenraumes eines doppelwandigen Gefäßes sind mit einem Spiegelbelag versehen und der Zwischenraum selbst ist luftleer gepumpt und verschlossen. Auf diese Weise werden beide Möglichkeiten des Wärmedurchgangs, die Strahlung sowohl als auch die Leitung, durch Spiegelbelag und luftleeren Raum stark gehemmt, und die isolierende Wirkung des doppelwandigen Gefäßes zustande gebracht.

Der Herstellungsgang eines solchen Gefäßes sei im folgenden an dem Beispiel einer Isolierflasche beschrieben:

Nach dem bisher allgemein üblichen Verfahren (Abb. 1292) werden zunächst in der Hütte zwei einzelne „Rohkolben" hergestellt, deren Abmessungen so gewählt sind, daß der eine (A) dem Außengefäß, der andere (B) dem Innengefäß entspricht. Beide haben vom Einblasen her noch die sogenannte Kappe (k), die zunächst entfernt werden muß. Dies erfolgt in der Weise, daß der auf den Rändern der Scheibe einer Absprengungsmaschine sich um seine Längsachse drehende Kolben an der Stelle, an der die Kappe entfernt werden soll, durch eine Stichflamme (*a*) erhitzt wird (vgl. Bd. I, S. 755ff.) und durch Berühren mit einem Diamanten auf einer scharfen Linie abgesprengt wird. Von dem Außenkolben wird auf die gleiche Art auch der Boden abgesprengt (C), damit der Innenkolben (D) in ihn hineingesteckt werden kann (E). Zur Weiterverarbeitung müssen die beiden Kolben gegeneinander abgestützt werden. Das erfolgt in der Weise, daß zwischen den beiden Wandungen mit einem hierzu geformten Stäbchen metallische Stützen oder meistens solche aus Asbest (*b*) geschoben werden.

Die so „gestopften" Kolben müssen nun zu einer Einheit verbunden werden. Der erste Schritt hierzu ist der, den Außenkolben wieder mit einem Boden zu versehen und den Boden aus der stehengebliebenen Wand „abzuziehen". Die Kolben werden mit ihrem Halsteil in eine sich drehende, zur Abdichtung mit Asbest ausgekleidete Hülse (*c*) gesteckt und der untere Körperteil des Außenkolbens der Wirkung einer oder mehrerer starker Gebläselampen (*d*) ausgesetzt (G). Ist der Grad der Erweichung soweit vorgeschritten, daß das Glas droht seine Gestalt zu verlieren, so ergreift der Glasbläser das äußere Ende der weichen Masse mit einer größeren Pinzette (*e*) und drückt diese unter fortwährendem Drehen der Pinzette entsprechend der Drehung des ganzen Kolbenkörpers zusammen und zieht die überschüssige Glasmasse ab (G). Gleichzeitig wird durch die Metallhülse von der Halsseite her Luft eingeblasen (*f*), damit die weichen Teile des Außenkolbens sich nicht an den Innenkolben legen und der neue Boden des Außenkolbens geformt werden kann.

[1]) Auch die Bearbeitung dieses Abschnittes verdankt der Herausgeber der freundlichen Unterstützung des Herrn Rgbmstr. a. D. Hodecker-Ilmenau.

Die vorhandene Erwärmung in dem soeben gebildeten Boden des Außenkolbens wird dazu benutzt, um gleich das Ansatzrohr anzubringen. Die Stelle, an der dies seinen Platz haben soll, wird für kurze Zeit einer besonders intensiven Spitzflammenerwärmung ausgesetzt. Ist das Glas dadurch genügend erweicht, wird durch kräftiges Blasen von der Halsseite her, der Boden „durchgeblasen", so daß eine kleine Öffnung entsteht. An diese Öffnung wird nun das Ansatzrohr angeschmolzen (H). Es dient im weiteren Verlaufe des Arbeitsganges dazu, die die Verspiegelung bewirkende Flüssigkeit einzuführen und die Verbindung mit der Vakuumpumpe herzustellen.

Zur Verschmelzung des Halses des Innenkolbens mit dem des Außenkolbens wird die Flasche nun mit ihrem Boden in ein sich drehendes Gestell wie bei (F) gesteckt. Die beiden Halsenden, von denen der innere (*g* in E) etwas vorstehen muß, werden dann durch einen starken Mehrfachbrenner erweicht. Das Verschmelzen erfolgt so, daß der innere Hals mit Hilfe einer Kohle so umgelegt wird, daß er den Rand der äußeren Flasche berührt und mit ihm verschmilzt. Diese Arbeit erfolgt unter Einblasen von Luft von der Seite des am Boden befindlichen Ansatzrohres her. Die so entstandene „Rohflasche" muß nun an ihrer Halsverschmelzungsstelle besonders gekühlt werden, da die durch das Erhitzen des Glases entstandenen Spannungen leicht zu einem Zerspringen des Glases führen können. Dieses wird dadurch zu erreichen versucht, daß der frischverschmolzene und noch heiße Hals der Rohflasche in einen sog. Kühltopf gesteckt wird, d. h. in einen mit Asbest ausgelegten Blechtopf, der vorher durch eine Gebläseflamme erhitzt wurde. Die Rohflasche bleibt nun bis zu ihrer Abkühlung in diesem Topf. Man darf sich nicht verhehlen, daß diese verhältnismäßig primitive Art des Kühlens den gewünschten Effekt nicht immer erzielt und die Flasche gerade an dieser Stelle infolge der oft noch vorhandenen Spannungen im Glase leicht zu Bruch gehen kann.

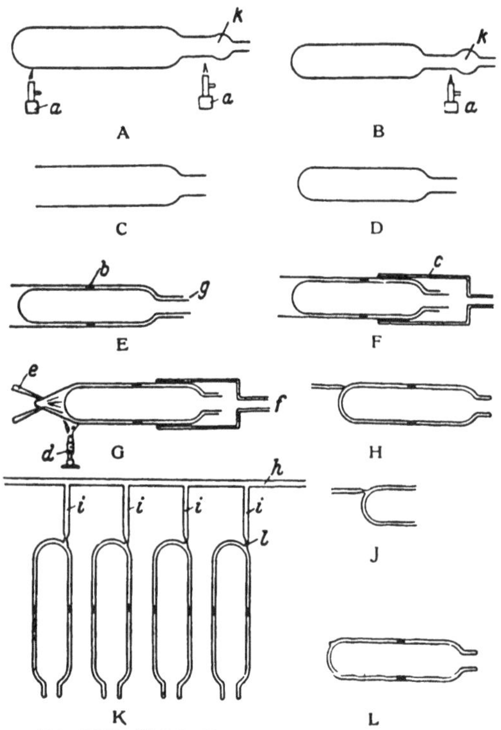

Abb. 1292. Übliche Herstellung von Isolierflaschen.

Nun folgt die Verspiegelung des Zwischenraumes der doppelwandigen Rohflasche. Diese erfolgt im allgemeinen durch Erzeugung eines Silberspiegels, jedoch kommen in einzelnen Fällen auch Kupferspiegel zur Verwendung. Die Silberlösung wird durch das Ansatzrohr in den Zwischenraum zwischen Innen- und Außenflasche gefüllt und nach Hinzufügen eines Reduktionsmittels auf die Versilberungsmaschine gelegt. Diese bewirkt ein fortwährendes Drehen der Flasche, wodurch eine innige Mischung der Silberlösung mit dem Reduktionsmittel eintritt und in verhältnismäßig kurzer Zeit der metallische Silberspiegel sich auf der Glasfläche niederschlägt.

Nach erfolgtem Ausspritzen der restlichen Flüssigkeit müssen die Flaschen in besonderen Trockenöfen getrocknet werden. Danach ist es erforderlich, den Silberbelag aus dem Ansatzrohr zu entfernen und dieses kurz über dem Boden zu einem Rohr mit Kapillaröffnung zu verengen (J). Das Entfernen des Silberbelages geschieht entweder durch Auspinseln des Ansatzrohres mit Salpetersäure oder dadurch, daß es kurz über dem Boden abgeschnitten wird und ein neues unversilbertes Röhrchen angesetzt und gleichzeitig zum Kapillarrohr verengt wird. Die Entfernung des Silberbelages an dieser Stelle ist deshalb nötig, weil nach erfolgtem Auspumpen die Flasche an dieser Stelle „abgestochen", d. h. von der Pumpe abgeschmolzen und verschlossen wird. Würde der Silberbelag nicht entfernt werden, so würde er zu Undichtigkeiten an der Abschmelzstelle Veranlassung geben, das Vakuum würde in kurzer Zeit durch Eindringen von Luft aufgehoben, und die Isolierflasche könnte ihren Zweck nicht erfüllen.

Die so vorbehandelten Flaschen müssen nun noch gepumpt werden. Sie kommen dazu in sog. Pumpkästen, meistens Kästen aus starkem Eisenblech, deren Wände zweckmäßig zur Isolierung mit Asbest ausgelegt sind. In diesen Kästen befindet sich ein starkwandiges Glasrohr (*h*) mit mehreren Abzweigröhren (*i*), die „Gabel", die die Verbindungsleitung zur Pumpanlage darstellt (K). An diese Abzweigröhren, von denen etwa 8—12 Stück in einem Pumpkasten sind, werden die versilberten Flaschen mit dem Ansatzrohr mit Hilfe eines kleinen Handgebläses angeschmolzen. Nun werden die Pumpkästen geschlossen und deren Innenraum durch kleine Gasflammen angeheizt. Es ist wichtig, die Flaschen auf möglichst hoher Temperatur zu halten, da die durch die Temperatursteigerung bedingte Luftverdünnung und Verdampfung von Feuchtigkeitsresten („Wasserhaut“) im Zwischenraum des doppelwandigen Gefäßes erst ein möglichst vollkommenes Vakuum gewährleistet. Das Pumpen selbst erfolgt in zwei Stufen. Die Hauptmenge der Luft wird zunächst mit der sog. Vorvakuumpumpe, von der die verschiedensten Systeme in Gebrauch sind, abgesogen. Ist der Pumpvorgang weit genug vorgeschritten, dann wird das System auf die Hoch- oder Feinvakuumpumpe, die meistens eine Quecksilberdampfstrahlpumpe ist, umgestellt und das Vakuum auf den höchstmöglichen Grad gebracht. Die Höhe des Vakuums wird laufend durch Quecksilbermanometer geprüft und auf diese Weise wird auch festgestellt, ob an den Flaschen irgendwelche Undichtigkeiten vorhanden sind, die dann mit Hilfe des überspringenden elektrischen Funkens gesucht werden müssen.

Ist der Pumpvorgang beendet, so wird die Flasche „abgestochen“, d. h. das Ansatzrohr wird an der verengten Stelle (*l*) durch eine Gebläseflamme erweicht und durch den äußeren Luftdruck zusammengedrückt, so daß nur noch der bekannte, kleine Pumpstutzen übrigbleibt (L).

Die so fertiggestellte „Nackt- oder Ersatzflasche“ wird nun geprüft, indem man sie mit kochendem Wasser füllt, mit einem Korken verschließt und nach 24 Stunden die Temperatur des eingefüllten Wassers mißt. Hierbei gilt als Norm, daß die ½-Liter-Flasche noch mindestens 45° aufweisen muß.

Je größer der Inhalt der Gefäße, desto höher natürlich die erhaltene Temperatur.

Nun sind die Flaschen fertig, um in die verschiedenen Umhüllungen montiert werden zu können, eine Arbeit, die außerhalb der Aufgaben der Glasfabrikation liegt.

Wenngleich die Herstellung von doppelwandigen Isolierflaschen in der beschriebenen Form die zur Zeit im allgemeinen übliche Fabrikationsart darstellt, so ist doch zu beachten, daß diesem Verfahren, besonders wenn es sich um Massenerzeugung handelt, wesentliche Mängel anhaften. Sie bestehen vor allem darin, daß diese Isolierrohflaschen tatsächlich keine einheitlichen Körper darstellen, da sie ja immer aus zwei getrennt angefertigten einzelnen Kolben hergestellt werden. Selbst wenn die Kolben aus ein und derselben Schmelze stammen bzw. vollkommen gleicher chemischer Zusammensetzung sind, so besteht doch immer die Möglichkeit, daß z. B. ungleiche Wandstärken der einzelnen Körper an den Verschmelzungsstellen oder ungleiche Kühlung die Zusammenverarbeitung erschweren und die Ursache für späteren Bruch bilden. Dazu kommt, daß im allgemeinen, um die Weiterverarbeitung zu erleichtern, die Kolben in ihrer Wandstärke verhältnismäßig schwach gehalten werden und dadurch schon an und für sich erhöhte Bruchgefahr in sich tragen. Eine besonders schwache Stelle bei den nach dem geschilderten Verfahren hergestellten Isolierflaschen bildet der Boden der Außenflasche, der meist papierdünn ist und daher leicht zum Bruch Veranlassung gibt. Dieses ist in der Herstellung begründet und ist ganz erklärlich, wenn man bedenkt, daß die Glasmasse zur Neubildung des abgesprengten Bodens ja aus der Seitenwand „abgezogen“ werden muß. Diese Tatsache läßt sich auch nicht ganz dadurch ändern, daß man die Kolben besonders starkwandig wählt.

Die empfindlichste Stelle des ganzen Gebildes ist jedoch die Halsverschmelzungsstelle, da hier zwei verschiedene Gläser zusammengeschmolzen und darauf einem meist nicht genügenden Kühlprozeß unterworfen werden, bei dem es nicht immer möglich ist, die durch das Verarbeiten an der Gebläselampe an der Verschmelzungsstelle aufgetretenen Spannungen vollkommen wieder zu beseitigen.

Doppelwandgefäße nach dem Verfahren der Glasfabrik Sophienhütte.

Es sind viele Versuche gemacht, diese geschilderten Mängel zu beheben. Am vollkommensten scheint dieses durch ein Verfahren erreicht zu sein, das der Glasfabrik Sophienhütte Rich. Bock G. m. b. H., Ilmenau (Thür.), durch DRP. 349862, 375239, 401592, 438523, 452713 geschützt ist. Hierbei ist das Ziel verwirklicht worden, das ganze doppelwandige Gefäß aus ein und derselben Glasmasse in einem Arbeitsgang unmittelbar am Glasofen fertigzustellen, so daß die fertige doppelwandige Rohflasche später überhaupt nicht mehr mit irgendeinem Gebläse in Berührung kommt. Sie braucht nur noch versilbert und gepumpt zu werden, ein Arbeitsgang, durch den nachträglich keine Spannungen mehr in das Glas hineingebracht werden können.

Nach diesem Verfahren (Abb. 1293) wird zunächst der Außenkolben, wie üblich, eingeblasen (1). Dieser kann, da eine spätere weitere Verarbeitung nicht in Frage kommt, ganz starkwandig gehalten werden; vor allem bezieht sich dieses auf den Boden der Flasche, der ja die stärkste Beanspruchung auszuhalten hat. In demselben Arbeitsgang wird auch gleich das Loch (*a*) durchgeblasen, an das später das Ansatzrohr angesetzt wird.

Nachdem der Kolben von der Pfeife abgeschlagen ist, wird die Kappe (*b*) in einer besonderen kleinen Muffel zugeschmolzen und mit Hilfe einer bei (*a*) wirkenden Saugpumpe (*c*) als weiche Glasmasse zu einer Einbuchtung (*d*) nach innen gesogen (2). In diesen in zähflüssigem Zustande befindlichen Sack wird nun so viel flüssige Glasmasse gefüllt, als zur Bildung des Innenkörpers erforderlich ist (3). Mit Hilfe eines sich drehenden aus mehreren Längsteilen bestehenden Dornes wird sie durch den

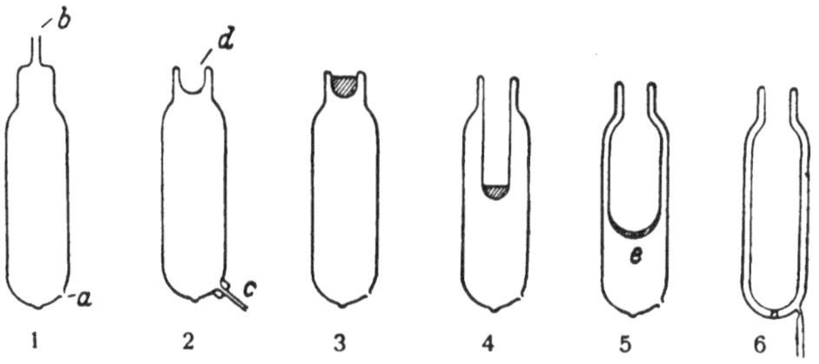

Abb. 1293. Herstellung einer Isolierflasche nach dem pat. Verfahren der Glasfabrik Sophienhütte-Ilmenau.

Hals in das Innere der Flasche geschoben (4). Die Teile dieses Dornes werden jetzt auseinandergespreizt und so die weiche Glasmasse bis zu dem Durchmesser der Innenflasche ausgedehnt (5). Durch weiteres Einführen des gespreizten Dornes in den Innenraum der Außenflasche verteilt sich das Glas (*e*) am unteren Teil des Dornes vollkommen gleichmäßig auf die herzustellende Wandung des zu bildenden Innengefäßes. Dieser Arbeitsgang ist glastechnisch von besonderem Interesse, da hier ein Verfahren verwirklicht ist, bei dem die noch flüssige Glasmasse durch mechanische Hilfsmittel gewissermaßen von innen heraus geformt und bearbeitet wird.

Die so fertiggestellte doppelwandige Flasche wird nun noch, wie üblich, mit dem Ansatzrohr versehen (6). Besonders sei auf die Abstützung der Flasche hingewiesen. Sie wird lediglich durch eine einzige Asbestkugel am Boden der Flasche bewirkt, wobei die statisch günstigste Lagerung der Innenflasche gegeben ist, und eine weitere Bruchgefahr ausgeschaltet wird. Daneben werden auch die häßlichen Flecken der Seitenabstützung vermieden, die eine Folge der Nichtversilberung des Glases an dieser Stelle sind.

Das Wesentlichste an dem geschilderten Verfahren ist, daß sich der ganze Arbeitsgang so schnell vollzieht, daß die fertige Flasche in noch heißem Zustande in den Kühlofen gebracht und nun das aus einem Guß hergestellte doppelwandige Gefäß einem intensiven Hüttenkühlprozeß unterworfen werden kann. Auf diese Weise ist die größte, überhaupt erreichbare Stabilität gewährleistet.

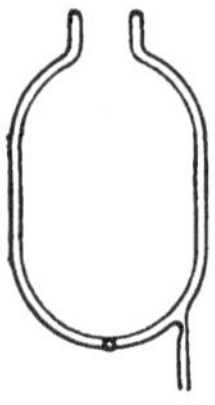

Abb. 1294.

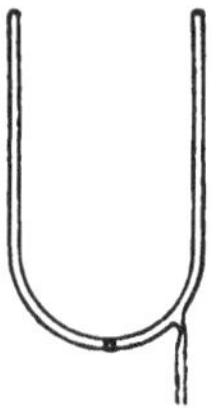

Abb. 1295.

Nach diesem Verfahren lassen sich besonders vorteilhaft Gegenstände mit weitem Körper, wie Karaffen (Abb. 1294) und zylindrische doppelwandige Gefäße (Abb. 1295), mit einem Inhalt bis zu 10 l herstellen, was nach dem bisher üblichen Verfahren nur mit äußersten Schwierigkeiten und großen Unkosten möglich war. Die nach dem geschilderten Verfahren hergestellten doppelwandigen Gefäße führen den Namen „Stabilotherm" und sind besonders noch dadurch gekennzeichnet, daß für sie ein derartig gefärbtes Glas verwendet wird, das nach erfolgter Versilberung einen Goldscheinspiegel zeigt, der jedoch nicht mit dem Goldscheinspiegel gewöhnlicher Flaschen verwechselt werden darf, der durch Verkupferung erzielt wird.

15. Kapitel.

Glühlampenglas.

Von Dipl.-Ing. W. Frommel.

Einleitung.

Die Glasteile der Glühlampe.

Der lichtgebende Teil der Glühlampe besteht bekanntlich aus einem Metall- oder Kohlenfaden, der durch den elektrischen Strom zur hellen lichtausstrahlenden Weißglut erhitzt wird. Er ist bei den Metallfadenlampen auf dem sog. „Gestell“ montiert (Abb. 1296). Dieses wird in seinem unteren Teil, dem „Fuß“, aus einem Glasrohr gebildet, das sich in seinem nach abwärts gerichteten offenen Teil trichterartig zu einem flachen Tellerrand erweitert. Dieses Rohr führt daher die Bezeichnungen „Fußrohr“, „Trichterrohr“ oder „Tellerrohr“.

Das obere Ende des Fußrohres ist breitgequetscht und daher geschlossen. Mit dieser „Quetschstelle“ ist ein Glasstäbchen verschmolzen, das den eigentlichen Träger des Leuchtdrahtes bildet. Es besitzt eine oder mehrere linsenförmige Verdickungen, in welche dünne, federnde Drähte, die Halter des Glühfadens, eingesetzt sind.

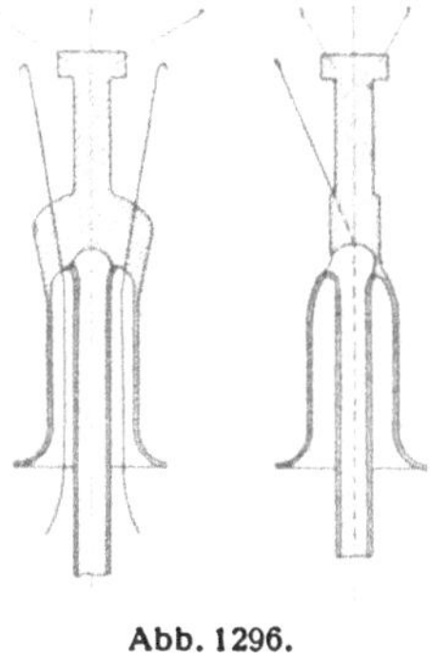

Abb. 1296.
Gestell einer Glühlampe.

Die jetzt ausschließlich hergestellten „spitzenlosen“ Lampen besitzen außerdem ein dünnes Glasröhrchen, das in den Trichter des Fußes hineinragt und mit demselben, unmittelbar unter der Quetschstelle, verschmolzen ist. An diesem Punkt wird die Wandung des Fußrohres aufgeblasen, so daß die Öffnung des Rohres diese Wandung durchbricht. Diesen Durchbruch des „Pumprohres“, wie man das dünne Röhrchen aus später zu erläuternden Gründen nennt, durch das Fußrohr kann man an jeder Lampe deutlich sehen.

Durch den Trichter des Fußrohres gehen, eingeschmolzen in die Quetschstelle, wo sie von der Glasmasse vollständig umhüllt sind, die beiden Stromleitungsdrähte für den Glühfaden in der Lampe.

Bei den Kohlenfadenlampen, die heute nur noch für Spezialzwecke fabriziert werden, ist der leuchtende Kohlenfaden, ohne besondere Halterung, direkt oberhalb der Quetschstelle an die aus derselben herausragenden Stromzuführungsdrähte angeschlossen. Es fehlt also bei dem Gestell dieser Lampen das Glasstäbchen. Außerdem auch das in den Trichter eingeschmolzene Pumprohr.

Um den Leuchtdraht der Glühlampe vor dem Verbrennen in der atmosphärischen Luft zu schützen, wird über das Gestell ein aus Glas gefertigter dünnwandiger Hohlkörper, „Kolben“ oder „Ballon“ genannt, gestülpt, der mit dem Teller des Trichterrohres luftdicht verschmolzen wird. Der Raum, in dem nunmehr das Gestell steht, wird luftleer gepumpt oder mit einem indifferenten Gas, wie Stickstoff oder Argon, oder einer Mischung beider gefüllt, wodurch der Glühfaden vor Verbrennung geschützt und eine seinen Leuchteffekt bedeutend steigernde Temperaturerhöhung möglich wird.

Das Evakuieren und Gasfüllen geschieht bei den spitzenlosen Lampen durch das Pumprohr, das nach dem Verschmelzen des Ballons mit dem Fuß die einzige Kommunikation des Gestellraumes mit der Außenluft darstellt. Sie wird nach Beendigung dieser Prozedur durch Zuschmelzen des Pumpröhrchens ebenfalls abgeschnitten.

Bei Lampen älterer Art und den Kohlenfadenlampen fehlt das Pumpröhrchen. Die Entlüftung erfolgt bei ihnen durch ein dünnes, in die Wand des Kolbens eingesetztes Glasrohr, von welchem an der fertigen Lampe nur noch die Abschmelzstelle in Form einer kleinen Spitze am Kopf des Kolbens zu sehen ist. Die Glasröhrchen, die diesem Zweck dienen, pflegt man „Ansatzröhren" zu nennen.

Endlich ist als letzter Glasteil der Glühlampe noch die „Sockelfüllung" zu nennen, welche die beiden Stromzuführungsdrähte und die mit ihnen verbundenen Kontaktstellen der Glühlampe, das Gewinde und das Bodenplättchen, voneinander isoliert.

Der enorme Umfang, den die Glühlampenbeleuchtung und die auf ihr aufgebaute Lampenindustrie angenommen hat, hat auch zur Anlage einer Anzahl von Glashütten geführt, die sich ausschließlich oder doch vorwiegend mit der Herstellung der Kolben, Röhren und Stäbe beschäftigen. Mehrere dieser Glashütten befinden sich in den Händen der großen Glühlampenfabriken, die sich damit den unabhängigen Bezug ihres wichtigsten Halbfabrikates gesichert haben.

Die Fabrikation der Glasteile der Glühlampe erscheint im Vergleich zu anderen Produkten der Glasindustrie ziemlich einfach, um so mehr als eine Raffinerie der Artikel nur in geringem Ausmaß stattfindet. Da aber ihre Weiterverarbeitung zur Lampe eine mehrfache formändernde Verschmelzung miteinander und mit bestimmten Metallen erfordert und diese Operationen heute durchweg maschinell ausgeführt werden, so sind die Lampenfabriken gezwungen, außerordentlich hohe Ansprüche sowohl an die Qualität des Glases, wie auch an die Formgebung der aus ihm erzeugten Körper zu stellen.

Dies wurde um so mehr der Fall, je mehr sich die Lampenfabrikation von der manuellen zur halbautomatischen und von dieser zur vollautomatischen Herstellung entwickelte. Dadurch ist die Glühlampenglaserzeugung in Wahrheit eine äußerst exakt arbeitende und komplizierte Industrie geworden, die sich, um den hohen Qualitätsansprüchen genügen zu können, in ausgedehntem Maße wissenschaftlicher und mechanischer Hilfsmittel bedienen muß.

I. Glas als Werkstoff der Glühlampen.

1. Eigenschaftsforderungen für Kolben- und Röhrengläser.

Ausdehnungskoeffizient.

Jahrzehntelang hat man die Zusammensetzung des Röhrenglases auf den Ausdehnungskoeffizienten[1]) des Platins abgestimmt, und da das Röhrenglas mit dem Kolbenglas verschmolzen werden muß, so war damit auch dessen Zusammensetzung in eine bestimmte Richtung gedrängt. Die logische Entwicklung war allerdings die,

[1]) Vgl. Bd. I, S. 117, sowie E. Aschermann, „Über das gedachte Einschmelzen von Metallen in Glas", Glas-Apparat **1929**, 115.

daß man als Material für die Stromzuleitungsdrähte, die in die Quetschstelle des Lampenfußes eingeschmolzen sind, Platin wählte, weil dessen Ausdehnungskoeffizient 0,000091 in der Werthöhe des durchschnittlichen Ausdehnungskoeffizienten normaler Weißhohlgläser 0,000080—0,000090 lag. Die Ausdehnungskoeffizienten aller anderen, namentlich der unedlen Metalle sind viel größer, und Stromzuführungsdrähte z. B. aus Kupfer ($\alpha = 0{,}000172$), hätten das Glas schon während des Einbettens gesprengt. Anderseits ist es aber ganz unmöglich, ein Glas mit einer derartigen Ausdehnung herzustellen. So blieb die Wärmeausdehnungszahl 0,000091 tatsächlich diejenige physikalische Konstante, nach welcher sich die Zusammensetzung des Glases an erster Stelle zu richten hatte.

Die übrigen physikalischen Eigenschaften des Glases — wie Viskosität, Wärmestoßfestigkeit, Elastizität usw. wurden in den Anfängen der Glühlampenfabrikation nicht beachtet, da die verhältnismäßig primitive Herstellung der Lampen, die mehr mit der Hand, als automatisch geschah, durch individuelle Behandlung jedes einzelnen Ballons die Unzulänglichkeiten der Glasbeschaffenheit ausglich.

Erst als die Metallurgie Unedelmetallkompositionen herstellen lernte, deren Ausdehnungskoeffizient im Bereich der möglichen Glasausdehnungen beliebig einzustellen war, konnte sich die Röhrenglasfabrikation erlauben, den Ausdehnungskoeffizienten des Platins als Richtpunkt für die Ausdehnung ihres Materials fallen zu lassen. Trotzdem traten so gut wie keine Änderungen in dem Charakter der Röhrengläser ein, denn das Material, das sich im Lauf der Fabrikations- und Verarbeitungserfahrungen herausgebildet hatte, besaß so viel andere wertvolle Eigenschaften, daß man das Prinzipielle seiner Zusammensetzung auch weiterhin beibehielt. Erst die jüngste Entwicklung der Kolbenfabrikation, die Freimachung von Bleiglas, hat stärkere Abweichungen der Wärmeausdehnung des Glases von dem Ausdehnungskoeffizienten des Platins zur Folge gehabt.

Viskosität.

Bei den ursprünglichen, mehr manuellen als automatischen Herstellungsverfahren der Glühlampen, blieben die Gestelle ziemlich lange in der nicht übermäßig heizkräftigen Verschmelzflamme. Um der dadurch naheliegenden Gefahr der Entglasung zu entgehen, und den Fabrikationsvorgang zu beschleunigen, wählte man ein gering viskoses, d. h. wenig zähes Bleiglas mit niedrig liegender Erweichungstemparatur.

Die Forderung konnte fallen, als vollautomatische Verschmelzmaschinen mit stark heizkräftigen Gasbrennern ein rascheres Arbeiten gestatteten.

Mit der Verwendung des zäheren bleifreien Glases war auch der Vorteil verbunden, daß man den Kolben, während des Luftleerpumpens, ohne die Gefahr zu deformieren, stark erhitzen konnte, so daß die Evakuierung durch die starke Wärmeausdehnung der letzten Luftreste vervollkommnet und beschleunigt wurde, und die an der Oberfläche der inneren Kolbenwandung haftenden und in ihr okkludierten Gase und Wasserdämpfe vollkommen vertrieben wurden.

Für die hüttenmäßige Verarbeitung erschienen zunächst die weniger viskosen, weniger rasch erstarrenden Gläser mit hohem Bleigehalt besser geeignet. Für die Röhrenerzeugung, sowohl für die manuelle, wie für die maschinelle, ist das sicher der Fall.

Dagegen hat es sich in der Kolbenfabrikation gezeigt, daß der Unterschied in der Härte nicht so groß ist, daß er die Produktionsfähigkeit der Arbeiter zu hemmen vermöchte. Im Gegenteil, das raschere Erstarren der viskoseren bleiarmen und bleifreien Glassorten ist für die mechanische Formgebung der normalen Kolbentypen nur vorteilhaft. Die Wandstärke der Kolben kann schon beim Ausschwenken des

Külbels vor dem Einblasen in die Form gleichmäßiger erteilt werden, und eine Deformierung des Kolbens bei vorzeitigem Öffnen der Form tritt weniger leicht ein, als bei einem weicheren Glas.

Beständigkeit des Glaszustandes.

Das mehrfache und verhältnismäßig lange andauernde Erhitzen der Kolben und Röhrengläser in der Lampenfabrikation legt die Gefahr der Entglasung durch Kristallbildung nahe. Es treten die Erscheinungen ein, die auf S. 31 des I. Bandes dieses Buches dargelegt sind. Das Glas wird „grätzig", und solche Stellen führen entweder schon während der Fabrikation zum Bruch oder die dabei an der Verschmelzstelle von Kolben und Fußrohr auftretende Porosität bewirkt, daß die evakuierten Lampen allmählich Luft einziehen und unbrauchbar werden.

Diese unangenehmen Entglasungen treten bei der Verarbeitung der Kolben vor der Verschmelzflamme zuweilen ganz spontan auf. Mitten in großen Partien guter Kolben kommen einzelne Exemplare oder ganze Serien vor, die damit behaftet sind. Die Nachprüfung kann ergeben, daß die Kolben mit so verschiedenem Verhalten in ihrer analytischen Zusammensetzung und ihren physikalischen Konstanten völlig übereinstimmen, ja daß sie vielleicht sogar aus einer Schmelze und einem Hafen stammen.

Man kann sich für diese Erscheinung, die naturgemäß den Fabrikationsbetrieb sehr beunruhigt, nur die Erklärung geben, daß die im Glase unsichtbar schlummernden Kristallkeime nicht gleichmäßig in der ganzen Schmelze eines Hafens verteilt sind. Vielleicht ist er auf der einen Seite heißer gegangen als auf der anderen, vielleicht war das Gemenge nicht absolut gleichmäßig gemischt, vielleicht kühlte die Schmelze während des Abstehens bei offenen Arbeitslöchern an einzelnen Stellen rascher als an anderen: alles dies und ähnliches kann die Ursache einer schichtweise verschiedenen Entglasungstendenz im Hafeninhalt sein, die dann entsprechend ihrer größeren oder geringeren Intensität zur sichtbaren Auswirkung kommt, wenn das Glas vor der Verschmelzflamme längere Zeit in der Temperatur der maximalen Kristallisationsgeschwindigkeit verharrt.

Damit erklärte sich auch, daß ein bleihaltiges Kolbenglas, das auf einem Ofen geschmolzen sich einwandfrei verarbeiten läßt, auf einem anderen Ofen gearbeitet, auf einmal zur Entglasung neigt. Der Fehler liegt eben nicht in der Zusammensetzung der Materie, sondern in ihrem Entstehungsvorgang.

Seine Beseitigung gelingt meistens nur dadurch, daß man durch kleine Änderungen am Gemengesatz, die man praktisch ausprobiert, die Kristallisationsgeschwindigkeit des Glases herabsetzt.

Ein weiterer schlimmer Feind der Glasverarbeitung ist das „Rauhwerden" vor den Verschmelzflammen, das von den Lampentechnikern auch meistens als „Entglasung" bezeichnet wird, wenngleich es mit der eben beschriebenen echten Entglasung nur die unangenehmen Folgen gemein hat.

Die Ursache ist in den meisten Fällen die Wasseraufnahme der Glasoberfläche, wie im I. Band, S. 64, näher ausgeführt ist. Man erkennt die beginnende Oberflächenzersetzung an einem blauen Schimmer, der an den Bleigläsern oft schon nach einer Woche auftritt. Dieses „Blauanlaufen" der Kolben und Röhren, das Jahre hindurch einen Streitpunkt zwischen den Lampenfabriken und Glashütten gebildet hat, wird sicherlich sehr befördert durch ungeeignete Lagerung der Gläser in feuchter Luft und durch feuchte oder doch hygroskopische Packung[1]). Sie ist besonders stark,

[1]) Vgl. Bd. I, S. 62 Anmerkung, sowie Gehlhoff, Sprechsaal **60** (1927), S. 336 und 352; Glastechnische Berichte **5** (1927/28), S. 193.

wenn die die Lagerplätze umgebende Atmosphäre durch schwefelsäurehaltige Rauchgase angesäuert ist, wie es auf den Hüttenwerken meistens der Fall sein wird. Bei der Verpackung der Kolben und Röhren in Papier ist zu beachten, daß dieses, vom Leimungsprozeß her, noch Spuren von schwefelsaurer Tonerde enthalten kann, die die Fleckenempfindlichkeit des Glases zur Auswirkung bringt.

Man wird also in den Glashütten vor allem darauf achten müssen, keine großen Lager anzusammeln und Lagerort und Verpackung so trocken wie möglich wählen.

Man hat das Blauanlaufen der Kolben, weil es auch im Innern derselben auftrat, auch auf eine Wasseraufnahme durch die Ausatmung der Glasbläser durch die Pfeife hindurch zurückgeführt und namentlich die Alkoholiker unter den Kolbenmachern als die Urheber des Übels verdächtigt. Systematische Versuche darüber haben aber keinen Anhaltspunkt für die Richtigkeit dieser Behauptung ergeben.

Der blaue Anlauf läßt sich übrigens, wenn er noch nicht sehr weit fortgeschritten ist, durch Waschen beseitigen. Allerdings hat dies unmittelbar vor der Weiterverarbeitung der Kolben und Röhren zu geschehen, da er sonst sehr bald von neuem in vermehrtem Maße auftreten würde. Deshalb waschen auch die Lampenfabriken die Kolben erst, ehe sie in die Fabrikationssäle kommen.

Oberflächenabsorption und Gaseinschluß des Glases.

Die Oberfläche des Glases bindet außer Wasser auch Gase, wie Kohlensäure, Kohlenoxyd, Wasserstoff, Stickstoff, die durch einfaches Waschen mit Wasser und selbst mit scharfen chemischen Agenzien, wie heißer Kaliumbichromat-Schwefelsäure und verdünnter Flußsäure nicht beseitigt werden können. Erst durch Evakuieren der Kolben bei gleichzeitigem Erhitzen aller Wandungen werden die Gase entfernt. Indessen bleibt die Kolbenwand auch dann noch aufnahmefähig und absorbiert die Gase und Wasserdämpfe, die aus dem Glühdraht der Lampe beim erstmaligen Brennen frei werden. Man beseitigt sie durch Einführung eines Absorptionsmittels (Phosphor) mit dem die Leuchtdrähte imprägniert werden.

Außer der Oberflächenabsorption von Gasen durch das Glas ist auch die Lösung solcher in der Glasmasse zu berücksichtigen, da diese Gase beim Erhitzen des Kolbens während der Evakuierung frei werden oder auch in heißgehenden Lampen ganz allmählich während des Brennens entbunden werden und das Vakuum schädigen.

Daneben können auch noch die Gase störend werden, die in den Gispen eingeschlossen sind und diese, insoferne sie nahe an der Glasoberfläche sitzen, beim Heißwerden der Kolben oder Röhren, sprengen.

Sie rühren, ebenso wie die im Glas gelösten Gase, von dem Zerfall der bei der Schmelze unzersetzt gebliebenen Rohstoffreste her und bestehen demnach vorwiegend aus Sauerstoff und Kohlensäure[1]). Es ist deshalb notwendig, die Schmelze gründlich zu blasen und bei hoher Hitze gut blank zu schmelzen.

Elektrolytisches Verhalten.

Die durch die Quetschstelle geführten Stromzuleitungsdrähte wirken in dem Glas als Elektroden. Es findet eine Elektrolyse des Glases statt, die zur Zerstörung der Quetschstelle, Zerspringen derselben und damit zum Kurzschluß der Lampe führen kann.

Im kalten Zustand leiten die Gläser nicht merkbar. Erst bei Erhitzung auf höhere Temperaturen setzt eine Leitfähigkeit ein, die zu der Zusammensetzung des Glases in abhängiger Beziehung steht. Allerdings läßt sich eine einfache Formel dafür nicht aufstellen.

---

[1]) Vgl. a.: Herm. Salmang und A. Becker, „Die Gase im Glas", Glastechnische Berichte V (1927/28), 520, VI (1928/29) 625.

Für die Glühlampenglasherstellung ist zunächst wichtig, daß der Zusatz des Bleies, der in erster Linie die Herabsetzung der Viskosität bewirken soll, auch die Leitfähigkeit in steigender Weise herabsetzt.

In dem nebenstehenden Kurvenbild (Abb. 1297) sind als Beispiel die Leitfähigkeiten dreier normaler Bleigläser für Röhren angegeben, deren Zusammensetzung aus der Zahlentafel 110 ersichtlich ist.

Zahlentafel 110.

Glassorte	SiO_2 %	Na_2O %	K_2O %	PbO %
I	63	7	8	22
II	56	5	9	30
III	56	4	7	33

Von wesentlicher Bedeutung für die Leitfähigkeit eines Glases ist außerdem das Mengenverhältnis der beiden Alkalien. Natriumoxyd erhöht die Leitfähigkeit viel stärker als Kaliumoxyd. Dagegen sind Gläser, die nur mit Kali aufgeschmolzen sind, noch leitfähiger als solche, die beide Oxyde enthalten. Nach der österreichischen Patentanmeldung A 3162/26 ist die Leitfähigkeit eines Glases, das neben Kieselsäure, Kalium- und Natriumoxyd mindestens noch ein zwei- oder dreiwertiges Metall enthält, dann am geringsten, wenn der Glassatz so zusammengesetzt ist, daß in dem fertigen Glas das Verhältnis von Kaliumoxyd zu Natriumoxyd in den Grenzen von 7:1 bis 3:1 liegt.

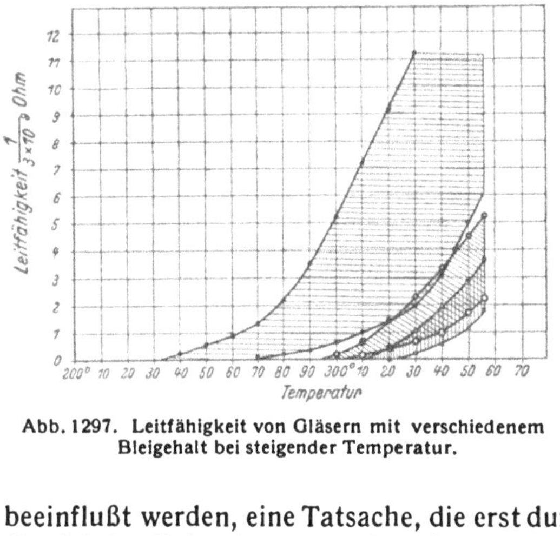

Abb. 1297. Leitfähigkeit von Gläsern mit verschiedenem Bleigehalt bei steigender Temperatur.

Auch durch Einführung von Kalk kann die Leitfähigkeit ganz wesentlich beeinflußt werden, eine Tatsache, die erst durch die Arbeiten von Gehlhoff und Thomas[1]) die richtige Beleuchtung erfahren hat. Die österreichische Patentanmeldung A 3393/26 versucht die Auswertung dieser für die Herstellung des Fußrohrglases wichtige Tatsache zu schützen, indem sie die Herstellung Bleioxyd enthaltender Gläser für elektrische Glühlampen, die mindestens 2% Kalziumoxyd enthalten, zum Gegenstand hat.

Die übrigen Oxyde, welche in den üblichen Glassorten vorkommen können, beeinflussen die Leitfähigkeit ebenfalls[2]), und zwar derart, daß nach dem Kalk Borsäure die stärkste elektrolytische Isolation bewirkt, während weiterhin BaO, Fe_2O_3, PbO, MgO, ZnO, SiO_2, Al_2O_3 in abnehmender Weise daran beteiligt sind. Die Alkalien beschließen diese Reihe. Sie leiten am stärksten, können aber praktisch nicht ausgeschaltet werden. Sie machen gewöhnlich 15—25% des Glassatzes aus.

Es empfiehlt sich also, für Gestellrohrglas bleihaltiges Glas zu verwenden.

Thermische Eigenschaften.

Wärmeleitfähigkeit. Kolbenglas soll eine möglichst hohe Wärmeleitfähigkeit besitzen. Beim Verarbeiten vor der Flamme erfolgt die Erhitzung immer nur ein-

[1]) Ztschr. f. techn. Physik, VI. Jahrg. 1925, Nr. 10, S. 544—554.

[2]) Ebenda.

seitig, d. h. von außen her. Je schneller sich daher die Glasmasse durchwärmt, desto mehr wird eine Spannungsbildung zwischen der Außen- und der Innenschicht der Glaswand und damit ein Springen des Glaskörpers vermieden. Anderseits ist auch eine hohe Wärmeleitfähigkeit im Interesse einer raschen Abwicklung des Verarbeitungsprozesses. Die Wärmeleitfähigkeit ist bei bleifreien Gläsern höher als bei bleihaltigen und nimmt mit steigendem Bleigehalt ab. Dadurch erklärt sich zum Teil der geringere Bruch der bleifreien Gläser in der Verarbeitung.

Die Wärmeleitfähigkeit der bleifreien Gläser liegt in der Werthöhe von 0,00220 g/cal cm/s. Bei den für Kolben üblichen Bleigläsern ist sie z. B. bei einem Bleigehalt von 30% etwa 0,00160.

Spezifische Wärme: Diese ist bei bleifreien Gläsern größer als bei bleihaltigen und fällt mit zunehmendem Bleigehalt.

Wärmestoßfestigkeit: Im Zusammenhang mit diesen Werten und dem des Ausdehnungskoeffizienten steht bekanntlich die Größe des „thermischen Widerstandskoeffizienten", der indessen bei den für Kolbengläser üblichen Zusammensetzungen keine Werte annehmen kann, welche dieselben als wärmestoßfeste (resistent) erscheinen lassen, so wünschenswert dies auch im Interesse der mehrfachen Erhitzung der Gläser während der Lampenfabrikation und schließlich auch im Gebrauch der Lampe erscheint. Kleine Zusätze von Borsäure haben keine nennenswerte Wirkung und größere Zuschläge, wie bei den Geräte- und Beleuchtungsgläsern beeinträchtigen die sonstigen Eigenschaften, vor allem die Viskosität und natürlich auch den Preis der Kolben nachteilig.

Glücklicherweise kompensiert aber die geringe Wandstärke der Kolben weitgehend dieses Manko, das außerdem durch eine Kühlung der Kolben, analog der auch sonst in der Glasindustrie geübten, verringert werden kann, und im Verein mit der in mehreren Etappen gesteigerten Anwärmung und einer Nachkühlung nach der Verformung vor der Flamme lassen sich Kolben und Röhren, auch ohne Wärmestoßfestigkeit zu besitzen, nahezu sprungfrei durch die Lampenfabrikation führen.

Mechanische Eigenschaften.

Von diesen verdient das spezifische Gewicht die meiste Beachtung. Es beträgt bei den Bleigläsern 2,8—3,3 je nach dem Bleigehalt, bei den bleifreien Gläsern ist es im Durchschnitt 2,5. Die Glasteile sind an der gesamten Glühlampe mit ca. 80% des Gewichtes, bei sehr großen Lampen mit noch mehr beteiligt. Da die meisten der Glühlampen importierenden Länder Gewichtszölle darauf erheben, so ist es ökonomischer, Lampen aus dem leichteren, bleifreien Glas anzufertigen.

Zug- und Druckfestigkeit sowohl, wie Elastizität sind zwar für die Haltbarkeit des Kolbens beim Transport und bei der Verarbeitung zur Lampe von Bedeutung, indessen vermögen sorgfältige Formgebung und ebensolche Verpackung etwaige ungünstige Faktoren in dieser Richtung praktisch zu kompensieren.

Dagegen ist das Vorhandensein von Spannungen im Glas und eine daraus resultierende Sprödigkeit die Ursache von Selbstsprüngen der Ballons sowohl, wie der Röhren. Man wirkt durch eine nicht zu harte und nicht zu natronreiche Einstellung des Glassatzes entgegen. Daneben scheint das wirksamste Mittel zur Verhütung dieser störenden Eigenschaften immer noch eine gute Kühlung zu sein, wie sie auch sonst in der Glasindustrie angewendet wird, und zu der sich die Kolben erzeugenden Hütten immer mehr entschließen, obwohl man ursprünglich, wegen der Dünne des Objektes, darauf verzichten zu können glaubte.

Hüttentechnische Eigenschaften.

Außer den Anforderungen, die an die physikalische Beschaffenheit des Glases vom Gesichtspunkt seiner Weiterverarbeitung ausgestellt werden müssen, muß es natürlich auch so zusammengesetzt sein, daß seine Erschmelzung und Verarbeitung in der Hütte mühelos und fehlerfrei vor sich geht.

Namentlich die Verarbeitung durch die Maschine, sowohl bei den Röhren wie auch bei den Kolben, verlangt wegen des ununterbrochenen Arbeitstempos ein sorgfältig geläutertes, homogenes Glas von stets gleichbleibender Viskosität. Daher muß nicht nur der Glassatz so gewählt sein, daß er „gutartig" einschmilzt, sondern auch die Arbeitstemperatur des Glases muß durch laufende Kontrolle aufs gleichmäßigste einreguliert werden.

Nicht minder verlangt auch die Herstellung der mundgeblasenen Kolbengläser und der von Hand gezogenen Röhren dieselben Qualitäten im Interesse einer raschen und guten Massenarbeit. Für das Röhrenziehen von Hand ist ein Glas mit geringerer Viskosität wirtschaftlicher, weil der Verformungsprozeß ziemlich viel Zeit beansprucht und daher ein langsam erstarrendes, im Sinne der Ausführungen Bd. I, S. 52, „langes" Glas erfordert.

Endlich bestehen auch noch ästhetische Qualitätsansprüche insofern, als das Glas möglichst rein weiß sein soll, um die geringste Lichtabsorption zu besitzen. Aus dem gleichen Grunde sind natürlich auch dichte kleine Bläschen, sog. Gispen, zu vermeiden, die außerdem Bruchgefahr mit sich bringen. Größere Blasen stören aus dem gleichen Grunde, besonders weil sie die Wandstärke vermindern und damit die beim Luftleerpumpen in der Hitze stark beanspruchte Druckfestigkeit vermindern. Einschlüsse von Gemenge- und Hafensteinen bilden ebenfalls eine Bruchgefahr, ebenso Hammerschlag, wie er von den Pfeifen abspringt. In optischer Hinsicht sind auch Schlieren sehr störend, da sie die gleichmäßige Lichtverteilung behindern.

2. Bevorzugte Zusammensetzungen der Glühlampengläser.

a) Kalk-Alkali-Gläser.

Die ersten fabrikatorisch hergestellten Glühlampen (1878) wurden in den Lampenfabriken selbst aus Glasröhren angefertigt. Das Material derselben war gewöhnliches sog. Thüringer Glas, also ein weich eingestelltes Kali-Natron-Kalk-Silikat. Die Heimat dieser Glasröhren war Thüringen, und das Glas erfreute sich deshalb großer Beliebtheit, weil der natürliche Tonerdegehalt des Glases, vom Sand der dortigen Gegenden herrührend (vgl. Bd. I, S. 152), die langsame Verarbeitung vor der Gebläseflamme ohne Entglasung gestattete.

Der Mechanisierung der Lampenherstellung konnte dieses Glas aber bald nicht mehr genügen. Man brauchte ein weniger starres, länger formbar weich bleibendes Glas mit einem Ausdehnungskoeffizienten, der, wie bereits früher erwähnt, dem des Platins gleichkam. Das führte zur Verwendung der

b) Bleigläser.

Die ersten Sorten derselben lehnten sich vollständig an die wertvollen Bleikristallgläser der Kelchfabrikation an, zumal diese Kompositionen besonders gut vor der Flamme verarbeitbar waren. Als Beispiel nennen wir ein französisches Kolbenglas, das auch in Deutschland seinerzeit viel verwendet wurde. Es enthielt nach der Analyse:

42,6 % SiO_2,
49,6 % PbO,
6,2 % K_2O,
0,7 % Na_2O,
0,9 % Sb_2O_3,

und ließ sich aus einem Glassatz von der Zusammensetzung[1]):

42,6 kg Sand,
50,8 „ Mennige,
9,1 „ Pottasche,
0,9 „ Antimonoxyd,

leicht und mit denselben Eigenschaften erschmelzen wie das Originalglas. Der Ausdehnungskoeffizient berechnet sich zu 0,000082. Das spezifische Gewicht war infolge des großen Bleigehaltes sehr hoch, es betrug: 4,0. Das außerordentlich weiche, leichtflüssige Glas verband sich vorzüglich mit dem Platin und gab daher sehr dauerhafte Einschmelzstellen. Selbst späterhin, als man die Gläser mit so hohem Bleigehalt bereits verlassen hatte, benützte man diese und ähnliche Kompositionen immer noch, um die stromzuführenden Platindrähte mit feinen Fäden derselben zu umwickeln und durch diesen Überzug ein dicht verschmelzendes Medium zwischen dem härteren Fußröhrenglas und dem Platindraht herzustellen.

Es wurden daher derartige hoch bleihaltige Gläser unter der Bezeichnung „Wickelglas" in den Handel gebracht.

Freilich wurde durch ein solches Glas die Herstellung der Glühlampe außerordentlich verteuert. Dazu gesellten sich Schwierigkeiten in der Schmelze des Glases, das infolge seiner großen Lösungskraft die Schmelzhäfen und Kränze stark angriff, bald steinig wurde und zur Schlierenbildung neigte. Auch die Ausarbeitung war nicht leicht, das Glas war schon bei relativ mäßiger Hitze dünnflüssig und langsam erstarrend und erschwerte die Schnellarbeit und die Gleichmäßigkeit der Formgebung, auf die man allerdings damals noch nicht den Wert legte, wie heute. Bei der Verarbeitung trat nur allzuleicht Bleiausscheidung in störender Weise auf, und die Haltbarkeit des Glases ließ sehr zu wünschen übrig.

Man verminderte daher den Gehalt an teuerem Bleioxyd und begann gleichzeitig das Kali zum Teil durch Natron zu ersetzen. Wir geben nachstehend die Zusammensetzung einiger Kolben und Röhrengläser dieser Art, wie sie etwa in den letzten 10 Jahren vor dem Kriege allgemein verarbeitet wurden:

SiO_2	53,7 %	56,5 %	62,3 %
PbO	35,0 %	29,5 %	22,4 %
K_2O	9,3 %	8,6 %	8,3 %
Na_2O	2,0 %	5,4 %	7,0 %

Man sieht aus diesen Analysen ganz deutlich, wie die Qualität der Gläser immer „unedler" und wie auch ihre Einstellung „härter" wurde. Auch die dazu gehörenden

[1]) Bei der Berechnung dieses und aller folgenden Glassätze sind die Rohmaterialien als hundertprozentige chemische reine Chemikalien angenommen und die im Bd. I, S. 218, angegebenen Werte zugrunde gelegt worden. Für die Praxis sind die Gemengesätze demnach der individuellen Beschaffenheit der Rohmaterialien entsprechend, umzurechnen. Einem Wunsche des Herausgebers entsprechend, sind die Gemengesätze sämtlich im Sinne der Ausführungen in Bd. I, S. 217, so berechnet, daß sie beim Erschmelzen 100 Gewichtsteile Glas ergeben. Für Berechnungen und Vergleiche ist dieses Verfahren sicher dienlich, für die Praxis der Glashütten aber, die doch wohl noch überwiegend „von Hand", und zwar von Arbeiterhand, abwiegen lassen, wird sich immer empfehlen den Gemengesatz in „ganzen runden" Zahlen anzugeben und seine Größe der Hafeneinlage anzupassen.

Glassätze zeigen dasselbe Bild, das wir hier der Übersichtlichkeit halber auch in Prozenten der eingeschmolzenen Rohmaterialien geben:

	I	II	III
Sand	50,0	50,9	55,6
Mennige	33,3	27,1	20,4
Kalz. Pottasche	15,0	13,5	12,9
Soda	1,7	8,5	11,1

Die Ausdehnungskoeffizienten dieser Gläser bleiben aber immer noch in der Nähe desjenigen des Platins:

	I.	II.	III.
α = 0,0000	89,5	87,0	90,7

Der treibende Faktor, die Kolben- und Röhrenglaszusammensetzungen in der angegebenen Richtung zu ändern, war natürlich in erster Linie die Preisgestaltung. Es ist interessant, einen Versuch kennenzulernen, der einerseits diesem Bestreben Rechnung tragen sollte, indem er den Bleigehalt stark verminderte, anderseits aber die dadurch vermehrte Viskosität des Glases durch eine Erhöhung des Kaligehaltes wieder auszugleichen suchte, wohl in Berücksichtigung des Umstandes, daß ein Leichterschmelzbarmachen durch Soda auch die Sprödigkeit des Glases vermehrt hätte. Der Glassatz und seine Analyse lauteten:

Sand	69,2 kg	SiO_2	69,2%
Mennige	13,8 „	PbO	13,5%
Kalz. Pottasche	15,8 „	K_2O	10,8%
Soda	11,1 „	Na_2O	6,5%

Der Ausdehnungskoeffizient berechnet sich auf 0,0000841.

Der Versuch zeitigte indessen keinen Erfolg. Schon die Schmelze gestaltete sich unter den gleichen Bedingungen, wie sie bei den vorher genannten Sätzen gegeben waren, schwierig. Das Glas war nur schwer schlierenfrei zu bekommen, noch mehr aber erwies es sich bei der Weiterverarbeitung als unbrauchbar, es entglaste leicht und zeigte eine so geringe Wärmestoßfestigkeit, daß es bei dem mehrfachen Erhitzen in der Lampenfabrikation zu einem Übermaß von Bruch kam.

Mit weit besseren Ergebnissen, sowohl nach der technischen wie nach der wirtschaftlichen Seite, traten die Gläser auf den Plan, die einen Teil des Bleies durch Baryt ersetzten. Man nahm, gestützt auf die Untersuchungsergebnisse von Winkelmann und Schott (vgl. Bd. I, S. 118) an, daß Bariumoxyd in den Glassatz eingeführt, den Ausdehnungskoeffizienten des abgeschmolzenen Glases fast ebenso beeinflußt wie Bleioxyd. Darauf fußend, brachten verschiedene Glasfabriken Kolben und Röhrengläser heraus, die neben Blei mehr oder weniger Baryt enthielten. Es war dies namentlich während des Weltkrieges der Fall, der den größten Teil der europäischen Bleiproduktion für militärische Zwecke absorbierte und die Einfuhr überseeischen Bleies verhinderte.

c) Blei-Baryt-Kolben und Röhrengläser.

	I.	II.	III.	IV.
Sand	62,5 kg	64,9 kg	68,1 kg	66,9 kg
Mennige	18,1 „	13,5 „	7,0 „	6,8 „
Baryt	5,4 „	6,7 „	9,1 „	11,2 „
Kalz. Pottasche	10,6 „	11,3 „	11,1 „	18,6 „
Soda	14,4 „	15,4 „	17,8 „	8,7 „

SiO_2	62,5%	64,9%	68,1%	66,9%
PbO	17,7%	13,2%	6,8%	6,6%
BaO	4,2%	5,2%	7,1%	8,7%
K_2O	7,2%	7,7%	7,6%	12,7%
Na_2O	8,4%	9,0%	10,4%	5,1%
α = 0,0000	94	92	91	90

Die Ausdehnungskoeffizienten sind hier absichtlich noch mit den Schott-Winkelmannschen Oxydfaktoren errechnet, um die scheinbar gute physikalische Übereinstimmung der Gläser untereinander darzutun.

Inzwischen haben aber die Arbeiten von English und Turner[1]) die Unhaltbarkeit dieser Werte gezeigt und teilweise auch erheblich andere Faktoren für die einzelnen Glasoxyde ermittelt. Danach berechnen sich die Werte der Ausdehnungskoeffizienten der vorstehenden Gläser wie folgt:

	I.	II.	III.	IV.
α = 0,0000	93,5	95,2	97,5	93,6

Die Tatsache, daß man bis vor kurzem noch Blei und Baryt als gegenseitige Ersatzmittel wenigstens in bezug auf den Ausdehnungskoeffizienten ansah und auch die Barytgläser tatsächlich ohne Schwierigkeiten mit den Bleigläsern verschmelzen konnte, zeigt deutlich, welch übertriebene Bedeutung man den Ausdehnungskoeffizienten beimaß.

Die vorangegangenen und folgenden Angaben von Ausdehnungskoeffizienten sind sämtlich mit den English-Turnerschen Werten berechnet.

Die in der obenstehenden Zahlentafel wiedergegebenen Gläser und eine große Zahl von ähnlichem Charakter sind bei einiger Vorsicht durchweg leicht zu erschmelzen. Der Baryt erweist sich tatsächlich als ein „gutartiges Schmelzmittel" (vgl. Bd. I, S. 176), und auch die Ausarbeitung derartiger Gläser bereitet nicht die geringsten Schwierigkeiten.

Auch an die Verarbeitung vor der Verschmelzflamme bei der Lampenfabrikation hatte man sich bald, ohne sichtliche Nachteile zu empfinden, gewöhnt, und heute noch sind die Baryt enthaltenden Bleigläser noch allgemein im Gebrauch.

An Stelle des kohlensauren Baryts lag es nahe, auch den wesentlich billigeren kohlensauren Kalk in das Kolben- oder Röhrenglas einzuführen. Die Versuche haben indessen nicht an Boden gewinnen können, denn beim Vorherrschen des Kalks etwa in demselben Maße, wie die Bleisubstitution durch Baryt erfolgte, zeigen die Gläser eine viel höhere Viskosität und eine weit größere Tendenz zur Entglasung und zum Rauhwerden vor der Flamme. Auch die Sprödigkeit dieser Gläser ist gegenüber den reinen Blei- und den Blei-Barytgläsern bedeutend, so daß Repräsentanten dafür seltener anzutreffen sind. Ein Kolbenglas österreichischer Provenienz, das längere Zeit in einer Glühlampenfabrik verarbeitet wurde, hatte folgende Zusammensetzung:

SiO_2	62,7%	Sand	62,7 kg
PbO	20,4%	Mennige	29,9 „
CaO	1,8%	Kohlens. Kalk	3,2 „
MgO	0,2%	„ Magnesia	0,4 „
K_2O	8,4%	Kalz. Pottasche	12,3 „
Na_2O	6,5%	Soda	11,1 „

[1]) Journ. Americ. Ceram. Soc., Bd. 10 (1927) Nr. 8, S. 551—560, und Glastechnische Berichte, Jahrgang 5, Nr. 9, S. 425.

Dagegen ergab ein Kolbenglas von der Zusammensetzung:

SiO_2	65,7%	Sand	65,7 kg
PbO	11,3%	Mennige	11,6 „
CaO	5,4%	Kohlens. Kalk	9,6 „
K_2O	12,1%	Kalz. Pottasche	17,8 „
Na_2O	5,5%	Soda	9,4 „

bei leichter Erschmelzbarkeit in der Hütte keine brauchbare Verarbeitung vor der Flamme, da es leicht entglaste und so spröd war, daß ein großer Teil der Lampen an den Verschmelzstellen sprang.

Die Ursachen sind nicht ganz klar, vielleicht sind sie in einer Schichtenbildung im Schmelzhafen zu suchen, denn es konnte gelegentlich beobachtet werden, daß in einem für Wirtschaftsglaserzeugung dienenden Hafen, der zufällig durch Bleiglas verunreinigt worden war, ebenfalls ein bedeutender Bruch an der eingeblasenen Ware auftrat.

Außer dem Kalkzusatz ist für Blei-Kolbengläser auch der Zusatz von Zinkoxyd oder gelegentlich auch von Borsäure bekanntgeworden. Den Zusatz von Zinkoxyd hat eine Kolbenfabrik vorgenommen, um ihre Produkte, die vorwiegend über See transportiert wurden, vor den zersetzenden Angriffen der feuchten Atmosphäre zu schützen. Tatsächlich sind diese Kolben auch blank geblieben. Sie sollen außerdem sowohl in der Schmelze des Glases wie auch in der Verarbeitung stets blank geblieben sein. Die Analyse zeigte folgendes Bild, zu der der nebenstehende Gemengesatz errechnet wurde:

SiO_2	64,3%	Sand	64,3 kg
PbO	15,1%	Mennige	15,5 „
BaO	4,3%	Baryt	5,5 „
ZnO	2,3%	Zinkoxyd	2,3 „
K_2O	0,4%	Pottasche	0,6 „
Na_2O	13,3%	Soda	22,8 „
As_2O_3	0,3%	Arsenik	0,3 „

Borsäure findet sich in bleihaltigen Kolbengläsern, wenn diese einer starken und plötzlichen Hitzeentwicklung durch einen hochbelasteten Leuchtdraht ausgesetzt sind, wie dies bei den Projektionslampen der Fall ist. Ein Beispiel bietet dafür ein unter dem Namen „Wolframglas" bekanntgewordenes amerikanisches Bleiglas, das nachstehende Zusammensetzung aufweist:

SiO_2	72,5%
B_2O_3	12,6%
PbO	7,4%
Al_2O_3	2,6%
CaO	0,2%
K_2O	0,2%
Na_2O	4,5%

An diesem Glas bemerken wir auch einen Tonerdegehalt, der so hoch ist, daß man seinen beabsichtigten Zusatz sofort erkennt. Tatsächlich wird er auch durch Feldspat in die Glasmasse eingeführt. Das Glas beginnt angeblich erst über 600° zu erweichen und nähert sich in seinem Verhalten durchaus den wärmestoßfesten Gerätegläsern.

Allerdings wird ihm in jüngster Zeit erfolgreich durch ein bleifreies Glas mit Tonerdezusatz mit gleichen physikalischen Konstanten der Rang streitig gemacht.

Bei einigen anderen amerikanischen Gläsern, die demselben Zweck dienen sollen, ist dann ein Gehalt an Magnesiumoxyd bemerkenswert, den wir späterhin bei den bleifreien Gläsern stets wiederfinden werden. Wir geben die Analysen eines solchen Kolbenglases und des mit ihm verschmolzenen Fußrohrglases wieder, bemerken aber dazu, daß es sich hier offenbar um ein Spezialfabrikat handelt, dem eine allgemeine und typische Bedeutung nicht zukommt.

	Kolbenglas	Fußrohrglas
SiO_2	72,76%	58,54%
B_2O_3	15,45%	—
PbO	6,82%	17,94%
ZnO	—	5,49%
CaO	0,20%	0,51%
MgO	0,50%	0,21%
Al_2O_3	1,23%	2,54%
K_2O	1,94%	5,02%
Na_2O	2,10%	8,39%

d) Bleifreie Gläser.

Drei Gesichtspunkte haben nach jahrzehntelangem Vorherrschen der Bleigläser wieder die Verwendung bleifreier Gläser in der Fabrikation der Glühlampen herbeigeführt: Einmal der Preis, der weit unter den Erzeugungskosten der Bleigläser liegt, dann die Möglichkeit, diese Gläser in der Wanne schmelzen zu können und damit die kontinuierliche Fabrikation der Kolben mit der Maschine zu ermöglichen, und endlich die technischen Fortschritte der Lampenfabrikation, die durch die vollkommen automatisch gewordene Formung und Verschmelzung der Glasteile nunmehr auch ein härteres Glas als Bleiglas nicht nur verwenden konnte, sondern geradezu verlangte.

Auch die Konstruktion der Hochwattlampen, deren beträchtlich gesteigerte Leuchtkraft eine starke Hitzeentwicklung im gasgefüllten Innern des Kolbens zur Folge hatte, verlangte nach einem schwerer schmelzbaren Glas.

So kamen sich die Wünsche der Verbraucher und die der Erzeuger der Kolbengläser entgegen. Freilich verging eine Zeit, ehe eine, beide Teile befriedigende Lösung des neuen Problems gefunden wurde. Die beiden Kontrahenten — Glashütte und Lampenfabrik — mußten die beiderseitigen Anforderungen und Erzeugungsmöglichkeiten erst kennenlernen.

Manche Hütten boten zunächst die gewöhnlichen Weißhohlgläser — also die Kalk-Alkali-Silikate — an, die man vor der Einführung des Bleiglases als unbrauchbar für diesen Zweck verlassen hatte. Das war natürlich von vornherein ein aussichtsloses Beginnen, denn diese Gläser eigneten sich wegen ihrer starken Neigung zur Entglasung nicht für die Weiterverarbeitung in der Lampenfabrikation.

Auch die Entwicklung des Blei-Barytglases zum nur barythaltigen bleifreien Glas war ein entschiedener Mißerfolg. Zur Orientierung erwähnen wir ein Glas dieser Art, das in der Hütte recht gut zu schmelzen und verarbeiten ging, den Ansprüchen an Haltbarkeit und Stabilität des Glaszustandes während des Verarbeitens vor der Flamme aber absolut nicht entsprechen konnte.

SiO_2	77,2	Sand	62,5
BaO	7,9	Baryt	8,3
K_2O	8,8	Pottasche	10,4
Na_2O	6,1	Soda	8,3
			89,5

Die ersten bleifreien Kolbengläser, die praktische Bedeutung erlangten, wurden in Amerika hergestellt. Schon im Jahre 1913 befanden sich hochkerzige Glühlampen auf dem Markt, deren Kolbenglas folgende Zusammensetzung aufwies, wobei der geringe Bleigehalt, falls er nicht überhaupt auf einem Analysenfehler beruht, sicher nur eine Verunreinigung des Glases, aber kein beabsichtigter Zusatz ist.

SiO_2	69,3%
PbO	0,4%
B_2O_3	17,4%
CaO	Spur
Al_2O_3	2,6%
K_2O	1,4%
Na_2O	4,8%
Sb_2O_3	4,3%

Aber auch hier handelt es sich noch um eine Spezialität, die eben aus einem normalen Borosilikat-Geräteglas hergestellt war.

Das englische Patent 145428/19 vom 17. Juni 1920 (entnommen aus Chemical Abstract. Bd. 4, S. 3142) beschreibt aber ein bleifreies Glas für Glühlampenkolben, das 20—36 Mol. Natron und 6—36 Mol. alkalische Erden enthalten soll und ergänzt diese, nicht gerade engbegrenzten, Angaben durch folgenden Gemengesatz als Beispiel:

100,0	Mol.	SiO_2	entsprechend	72,1%
25,5	„	Na_2O	„	18,9%
7,9	„	CaO	„	5,2%
7,7	„	MgO	„	3,7%

Dieser Glassatz ist sehr weich eingestellt und dürfte in der mitgeteilten Form vielmehr eine Richtlinie als ein Beispiel aus der Praxis sein. Bemerkenswert an dem Glas ist lediglich der Magnesiagehalt, der zweifellos beabsichtigt ist, und der auch einem anderen englischen Kolbenglas, das im Hafen geschmolzen wurde, eigen ist. Dieses hat die Zusammensetzung:

SiO_2	27,07%	entsprechend[1])	Sand	27,07
CaO	3,02%	„	Dolomit	10,0
MgO	3,86%			
$K_2O + Na_2O$ . .	20,62%	„	Salpeter	4,—
			Soda	32,—
As_2O_3	0,37%	„	Arsenik	0,37
MnO	0,06%	„	Braunstein . . .	0,07

Magnesia- und kalkhaltige Gläser für die Glühlampenfabrikation sind durch das amerikanische Patent 1369988 und durch das französische Patent 519075 geschützt. Keppeler hatte schon in der ersten Auflage dieses Werkes (Bd. I, S. 171) auf die Bedeutung der Magnesia für Glasschmelzzwecke und ihre Vorzüge hingewiesen, die lange nicht genügend beachtet wurden. Doch dürfte dieser Hinweis auch der Grund sein, warum ein entsprechendes deutsches Patent nicht erteilt wurde.

Die später bekanntgewordenen amerikanischen Kolbenglassätze, die speziell für die Schmelze in der Wanne und zur Verarbeitung des Glases mit der Westlake-Maschine bestimmt sind, zeigen aber bereits ein ganz anderes Bild. Sie enthalten neben Magnesia noch Tonerde als charakteristischen Bestandteil, und beide Stoffe werden durch natürliche Mineralien eingeführt, die Magnesia durch Dolomit, die Tonerde durch Feldspat.

---

[1]) Nach freundl. Mitteilung des Fabrikanten.

Als Beispiel sei ein amerikanisches Kolbenglas angeführt, dessen Analyse und dazu berechneter Satz das folgende Bild zeigen:

SiO_2	72,4%	entsprechend	Sand	69,6 kg
CaO	5,3%	„	Soda	28,9 „
MgO	3,7%	„	Dolomit	17,0 „
Al_2O_3	0,8%	„	Feldspat	4,1 „
Fe_2O_3	0,4%			
Na_2O	17,4%			

Auch die europäischen Glashütten, die bleifreies Kolbenglas herstellen, haben sich mehr oder minder an diesen Glastyp angelehnt und den Satz nach Bedarf durch einen geringeren Zusatz von Kalk und Magnesia oder auch durch mehr Baryt leichter schmelzbar und weniger viskos gemacht. Vielfach enthalten sie auch Kali, infolge der Verwendung von Kalifeldspat oder einer Zugabe von Salpeter als Läuterungs- und Entfärbungsmittel.

Die Analyse des bleifreien Kolbenglases einer deutschen Glühlampenfabrik ergab:

SiO_2	70,4%
CaO	5,6%
MgO	3,4%
BaO	2,2%
Al_2O_3 — F_2O_3	0,8%
K_2O	1,3%
Na_2O	16,5%

Die Magnesia, die früher in der Glasindustrie kaum verwandt wurde, weil man fürchtete, daß sie sich schwer im Glase löse und die Gläser strengflüssig mache, auch Schlieren und Steine hervorrufen könne, ist in den bleifreien Kolbengläsern zum unentbehrlichen charakteristischen Merkmal geworden, so daß dieselben vielfach auch als „Magnesiaglas“ bezeichnet werden.

Die Einführung dieses Oxydes in das Glas hat vorwiegend den Zweck, den Ausdehnungskoeffizienten desselben herabzusetzen und ihn dem der Bleigläser anzupassen, und zwar aus folgenden Gründen:

Für die Lampenfabriken schien es wichtig, den Einschmelzdraht, der sich auch bei den Bleigläsern bewährt hatte, beizubehalten. Deshalb wollten sie auch als Fußrohrglas das Bleiglas nicht entbehren. Der bleifreie Kolben, den man aus wirtschaftlichen und technischen Gründen verlangte, mußte sich aber dann mit diesem Bleiglas gut verschmelzen lassen. Das neue Kolbenglas mußte ihm also auch mit dem Ausdehnungskoeffizienten nahestehen. Nun aber konnte ein bleifreies Kalkglas, wenn es leicht schmelzbar und leicht erweichbar sein sollte, wie es sowohl in hüttentechnischer, wie in verarbeitungstechnischer Hinsicht erforderlich war, nur mit einem ziemlich hohen Gehalt an Alkali, und zwar wegen des Preises an Natron erhalten werden. Der Ausdehnungskoeffizient eines solchen bleifreien Glases, das keine Magnesia enthielt, ist naturgemäß sehr groß. Um ihn herabzusetzen, wurde Magnesiumoxyd eingeführt oder genauer gesagt, ein Teil des Kalkes durch Magnesia ersetzt.

Wie groß die Bedeutung der Magnesia in dieser Hinsicht ist[1]), geht am besten aus einem Beispiel hervor. Berechnet man zu dem obenerwähnten amerikanischen bleifreien Glassatz die Größe von α mit Hilfe der English-Thurnerschen Koeffizienten, so ergibt sich ein Wert von $\alpha = 89{,}3 \times 10^{-7}$.

[1]) Vgl. a. das Bd. I, S. 173 Gesagte.

Ersetzt man dagegen in diesem Satz die Magnesiamenge durch die äquivalente Menge Kalk, so ergibt sich nachstehend Glasanalyse und Ausdehnungskoeffizient:

SiO_2	71,4%	
CaO	10,2%	
Al_2O_3	0,8%	$\alpha = 94{,}7 \times 10^{-7}$
Fe_2O_3	0,4%	
Na_2O	17,2%.	

Außer dieser Bedeutung der Magnesia für die Bildung bleifreier Gläser mit niederem Ausdehnungskoeffizienten, rühmt man ihr auch noch ein leichteres Einschmelzen als dem reinen Kalziumkarbonat nach. Richtig ist wohl nur, daß Magnesiumkarbonat, das ca. 40% des Dolomits ausmacht, die Kohlensäure rascher und leichter abspaltet als kohlensaurer Kalk, und daß daher die Magnesiagläser viel besser blank zu bekommen sind als die Kalkgläser.

Endlich hat der Magnesiagehalt noch den Vorteil, daß die Gläser „kurz" werden, d. h. rasch erstarren. Dieses Moment macht sie besonders für die Kolbenherstellung mit schnell arbeitenden Blasemaschinen geeignet.

Auch der Tonerdegehalt, der sich noch vielfach in offenbar beabsichtigter Menge in bleifreien Kolbengläsern vorfindet, verstärkt diese Eigenschaft. Man gibt ihn aber auch zu, um der Entglasung vorzubeugen und um die chemische Widerstandsfähigkeit gegen Atmosphärilien, gegen Feuergase und gegen den schroffen Wechsel der Temperatur zu stärken. Tonerde macht das Glas schwerer erweichbar. Die strahlende Hitze der Glühfäden in den Lampen kann daher die innere Oberfläche eines Kolbens nicht so erweichen, wie dies etwa bei einem Bleiglas der Fall wäre. Das ist aber gerade der Vorteil, denn selbst trotz kräftigsten Evakuierens beim Einschmelzen und scharfer Erhitzung dabei, scheiden die Glaswände unter der Hitzstrahlung der Glühfäden immer noch okkludierte Gase ab, und zwar um so mehr, je mehr die den Glühfaden benachbarten Ballonwände oberflächlich erweichen. Das härtere tonerdehaltige Glas verhält sich darin natürlich besser als Bleiglas.

Die Entwicklung der bleifreien Magnesiagläser ist aber auch durch die Bedürfnisse der Hütten selbst herbeigeführt worden, als diese auf die Kolbenerzeugung mit der Maschine und die Erschmelzung des Glases in der Wanne übergingen, wobei sich der Verwendung von Bleiglas enorme Schwierigkeiten entgegenstellten. Bezüglich der Einzelheiten darüber sei auf die Ausführungen von Wendler im Bd. I, S. 631 u. ff. verwiesen.

Fassen wir die Vorteile des bleifreien Glases gegenüber dem Bleiglas zusammen, so sind dies die folgenden:

1. Der Preis: Die Rohstoffkosten für das bleifreie Glas sind um ca. 60—70% geringer als für die bleihaltigen Kolbengläser. Die versandfertigen Kolben selbst stellen sich um etwa 15—25% billiger als bleihaltige Kolben.

2. Die Möglichkeit, das bleifreie Glas in einer Wanne zu schmelzen, wodurch auch die kontinuierliche Arbeit möglich wird. Bleiglas läßt sich in der Wanne nicht herstellen.

3. Die Möglichkeit, die Kolben mit der Maschine zu blasen, was beim Bleiglas wegen dessen langsamen Erstarrens ausgeschlossen ist.

4. Minimalste Neigung zur Entglasung und daher auch

5. Erhöhte Haltbarkeit, d. h. Blankbleiben bei Lagerung und Überseetransport.

6. Unmöglichkeit der Reduktionserscheinungen, die beim Bleiglas infolge Bleiausscheidung bei reduzierenden Flammen, sowohl in der Hafenschmelze, wie auch in der Verarbeitung des Glases ernste Störungen bereiten.

7. Höhere Erweichungstemperatur, demzufolge Anwendung höherer Temperaturen beim Evakuieren und daher bessere Entgasung der Lampenwände.

8. Die Nachteile des bleifreien Glases gegenüber dem Bleiglas sind sehr gering und kommen in der Herstellung wirtschaftlich nicht zur Geltung.

Bei der Verarbeitung wird Bleiglas dem bleifreien Glas dann noch vorgezogen, wenn die betreffende Lampe mit den älteren, aber noch vielfach im Gebrauch befindlichen Handeinschmelzmaschinen hergestellt wird, wozu ein langsam erstarrendes, niedrig erweichendes Glas nötig ist.

Die Schmelze des bleifreien Glases braucht etwas mehr Brennstoff, aber dieses Moment wird, ganz abgesehen von den Vorteilen einer evtl. Wannenschmelze, auch bei der Herstellung im Hafen durch die längere Haltbarkeit der Schmelzgefäße reichlich aufgewogen.

Die Herstellung der Röhren und Stäbe aus bleifreiem Glase begegnet hüttentechnisch im Handziehbetrieb keinen unüberwindlichen Schwierigkeiten, obwohl das Glas „kurz" ist, d. h. rascher erstarrt als Bleiglas und daher die Ausbeute etwas beeinträchtigt wird. Auch die Röhrenziehmaschinen können das bleifreie Glas verarbeiten, wenn es nicht sehr hart eingestellt ist, doch ist auch hier die Ausbeute an gutem Rohr aus den gleichen Gründen wie beim Handziehverfahren geringer.

Indessen ist der Bedarf der Lampenfabrikation an bleifreiem Rohr noch gering. Sie bevorzugt für die Fußrohre immer noch das Bleiglas, das sich infolge seiner geringeren Viskosität, den Einschmelzdrähten besser anschmiegt als bleifreies Glas. Außerdem gibt Bleiglas die okkludierten Gase schon bei der Anfertigung des Gestelles und beim Verschmelzen mit dem Kolben zum größten Teil ab, was bleifreies Glas nicht in demselben Umfang tun würde. Den Rest der Oberflächengase verliert Bleiglas während der Evakuation des Kolbens vollständig, weil es im Gegensatz zum bleifreien Glas auch noch während dieses Prozesses eine Zeitlang so heiß bleibt, daß die Gasentbindung stark gefördert wird.

Die größere vollständigere Verflüssigung des Bleiglases am Fußrohrtrichter ist auch die Ursache, weshalb das Bleiglas der Verschmelzung mit dem bleifreien Kolbenglas keine Schwierigkeiten bereitet. Das Bleiglas des Rohres löst das bleifreie Glas des Kolbens, und es bilden sich Zwischenglasschichten, deren Kompositionen Übergänge der beiden Gläser ineinander darstellen und die unvermeidlichen Spannungen, die trotz des nicht sehr großen Unterschiedes der Ausdehnungskoeffizienten der beiden Glassorten bestehen, mildern.

3. Spezialglassorten der Glühlampenfabrikation.

a) Opalglas.

Gegenüber dem grellen, starke Schlagschatten werfenden Licht der Klarglaslampen ist das diffuse, weiße, nicht blendende Licht der Opallampe wärmer, für das Auge angenehmer zu ertragen und auch als Raumbeleuchtung ästhetisch wirkungsvoller. Es schien daher zunächst, als ob der Verwendung des Opalglases in der Glühlampenindustrie eine überragende Bedeutung zukommen würde. Das trat indessen nicht ein. Neben technischen Komplikationen, welche den Herstellungsgang von Opalglas und Opallampe verteuerten, hemmte der geringere Leuchteffekt bei gleichen Stromkosten die allgemeine Verbreitung, zumal auch die billigere innenmattierte Glühlampe der Opallampe erfolgreich Konkurrenz machte.

Die opale oder milchweiße Trübung wird bei den für Glühlampen verwendeten Gläsern gewöhnlich durch Fluorverbindungen hervorgerufen. Seltener werden mit Phosphaten getrübte Gläser angewendet. Sie entsteht in beiden Fällen dadurch, daß sich beim Erkalten der in der Hitze klaren Glasschmelze Fluor- bzw. Phosphorverbindungen als feine, dicht aneinander gelagerte Tröpfchen abscheiden. Diese brechen die hindurchgehenden Lichtstrahlen in anderem Maße als das umgebende Glas, in das sie eingebettet sind. Der Unterschied der Brechungsexponenten des Klarglases und der Emulsion der Abscheidungen in ihr bewirken außerdem auch noch eine totale Reflexion, so daß ein durch das opale Glas hindurchgehender Lichtstrahl einen verhältnismäßig langen, vielfach gebrochenen Weg zurücklegen muß. Werden schließlich infolge geeigneter Schmelzbedingungen die im Glasfluß ausgeschiedenen Teilchen sehr klein, so tritt außerdem noch eine Beugung des Lichtes ein. Diese drei Irritationen des Lichtes beim Durchgang durch das Glas lassen dieses als getrübt, das austretende Licht als diffus erscheinen. Der in erster Linie durch die Reflexion bewirkte lange Weg des Lichtes durch das Glas absorbiert natürlich auch einen erheblichen Teil desselben. Daher ist die von der Opallampe bei einem bestimmten Stromverbrauch ausgesandte Lichtmenge geringer, als die einer Klarglaslampe unter den gleichen Bedingungen.

Von einer guten Opallampe fordert man daher, daß sie so wenig wie möglich Licht absorbiert, anderseits aber den Nachteil der Klarglaslampe vermeidet, nämlich den in der Glut blendenden Glühfaden sehen zu lassen. In der Glasindustrie pflegt man diese beiden Bedingungen als gute Deckung bei starker Lichtdurchlässigkeit zu bezeichnen.

Man hat es einigermaßen in der Hand, die Zusammensetzung des Glases und den Verlauf der Schmelze so zu gestalten, daß die beiden Bedingungen erfüllt werden. Gibt man dem Glas einen reichlichen Tonerdegehalt, so scheiden sich beim Erstarren der Schmelze klare Tröpfchen aus, die wahrscheinlich aus Aluminiumfluorid bestehen. Sie besitzen einen höheren Brechungskoeffizienten als das sie umgebende Glas. Ein Teil des Lichtes wird seitlich abgelenkt und dadurch die Trübungserscheinung hervorgerufen. Wird der Gehalt an Tonerde und Fluor in dem Glassatz verändert, so ändert sich auch das Verhältnis der Brechungsexponenten von Medium und Ausscheidung, und die Intensität der Trübung wird eine andere.

Diese Beeinflussung der Opalbildung kann indessen sehr gestört werden durch den wärmetechnischen Verlauf des Schmelzprozesses. Geht die Schmelze zu heiß, so entweichen erhebliche Mengen des Fluors als Siliziumfluorid und die Milchweiße hellt aus Mangel an Trübungsmitteln auf. Anderseits braucht man aber zur Ausarbeitung des Glases eine höhere Temperatur, damit die ausgeschiedenen Anteile nicht zu klein ausfallen. Ist dies der Fall, so reflektieren die kleinen Kugelgebilde entsprechend ihrer geringen Oberfläche nur wenig, und das Licht passiert das Glas, ohne große Streuung erfahren zu haben. Es resultiert ein durchscheinendes Glas ohne Deckung des lichtaussendenden Glühfadens.

Schlimmer noch ist es, wenn das Schmelzfeuer oder auch die Ausarbeitungstemperatur Schwankungen unterliegt. Es tritt dann leicht der Fall ein, daß die trübenden Ausscheidungen verschiedener Größe sind. Der Hafeninhalt liefert dann aus verschiedenen Schichten auch verschieden getrübtes Glas. Ja, es kann sogar vorkommen, daß sehr kleine Trübungspartikel, deren Bildung im Verlauf einer Abkühlung der Schmelze vor sich ging, bei einer vorübergehenden Aufwärmung zusammenfahren und Konglomerate größerer Natur mit ganz anderen Reflexions- und Beugungseffekten bilden. Dann entsteht fleckiges Glas oder, wenn der Vorgang intensiv genug wird, tritt sogar die Bildung von Knoten ein, die beim Ausarbeiten der Schmelze als Schlieren sichtbar werden.

Endlich ist auch zu berücksichtigen, daß die fluorhaltigen Gläser die Häfen weit mehr lösend angreifen als andere Schmelzen, und daß dadurch ihr Tonerdegehalt schwankt, so daß auch hierin eine Variation der Trübung liegt.

Es ist natürlich, daß man diesen Schwierigkeiten beim Schmelzen fluorgetrübter Gläser durch die Wahl anderer Trübungsmittel auszuweichen sucht. In Frage kommt dafür nur die bekannte Phosphattrübung durch phosphorsauren Kalk (Knochenasche), die das auch anderweitig in der Glaserzeugung viel verwendete Beinglas gibt. Das Zustandekommen der Trübung dieser Glassorte kann als bekannt vorausgesetzt und hier übergangen werden. Für die Herstellung opaler Glühlampengläser ist die Phosphattrübung indessen wenig geeignet, da bei ihr die trübenden Ausscheidungen größer ausfallen als bei den Fluorgläsern. Sie zeigen nicht nur große Absorption, die unerwünscht ist, sondern auch nur wenig Reflexion, so daß das hindurchgegangene Licht wenig diffus, das Glas also nicht deckend genug ist. Außerdem eignen sich die Phosphatgläser wegen ihrer Sprödigkeit, die noch größer ist als bei den Fluorgläsern, recht wenig für die Verarbeitung zu Glühlampenkolben.

Überhaupt ist die Sprödigkeit auch der Fluorgläser noch ein sehr wunder Punkt im Hinblick auf ihre Verwendbarkeit. Es ist nun einmal dieses Glas praktisch nicht homogen, da es die, wenn auch symmetrisch angeordnete, Einbettung zweier Gläser mit verschiedenen Ausdehnungskoeffizienten ineinander darstellt. Kommt nun solches Glas in die Hitzebehandlung des lampenfabrizierenden Automaten, so rufen die beiden verschiedenartigen Ausdehnungen Spannungen hervor, die zum Bruch führen können. Es ist klar, daß hier natürlich auch eine vorausgegangene Temperung des Glases ohne Einfluß ist.

Man wird aus diesen Ausführungen ersehen, daß die Schmelze eines flourhaltigen Opalglases erhebliche Sorgfalt erfordert und daß das unbedingte Gelingen einer Nuance der Trübung nicht im voraus sichergestellt werden kann. Ein gleichmäßiger, am besten pyrometrisch überwachter Ofengang, gleichmäßiges, nicht sehr starkes Bülwern der Schmelze, Einhalten einer etwas höheren Arbeitstemperatur als es sonst für Gläser gleicher Schmelzbarkeit üblich wäre, und größte Vorsicht beim Nachwärmen des Ofens während der Arbeitspausen sichern einigermaßen gleichmäßigen Ausfall. Scherbenzusatz zur Schmelze vermeidet man am besten. Die Schwierigkeiten der homogenen Trübkörperchenbildung werden dadurch nur vermehrt. Übrigens schmelzen Fluorgläser leicht ein, da die leichtschmelzenden trübenden Fluoride, Kryolith und Flußspat, stark verflüssigend wirken.

Von der Glühlampe wird natürlich auch eine Konstanz der Lichtdurchlässigkeit bzw. der Lichtabsorption in engen Grenzen verlangt, ohne Rücksicht auf Form und Größe des Ballons. Diese Forderung birgt weitere Schwierigkeiten für den Glasfabrikanten in sich, da die Lichtabsorption auch eine Funktion der Wandstärke ist. Es müßte also bei stets gleichmäßig getrübtem Glas die Wandstärke der großen wie der kleinen Kolben gleich sein, was den Möglichkeiten der Herstellung wie der Verarbeitbarkeit widerspricht. Man muß also die Trübung ändern, sei es durch Variationen im Glassatz oder in der Führung der Schmelze, je nach der Größe der Kolben, die herzustellen sind. In viel beschäftigten Fabriken mag man sich wohl auch dadurch helfen, daß man die Größe der aus einer Schmelze zu blasenden Ballons nach dem Ausfall der Trübung wählt.

Dazu ist es notwendig, die Lichtabsorption ständig zu prüfen, was am besten mit einem Photometer oder einer Ulbrichtschen Kugel geschieht. Die Massenfabrikation wird sich auf Stichproben beschränken, eine Sortierung der Produktion aber zweckmäßig mit einem einfachen Vergleichsapparat vornehmen, wie er in der Abb. 1298 dargestellt ist.

Ein innen weiß, außen schwarz angestrichener Holzkasten wird von innen durch eine in der Mitte der Rückwand angebrachte Glühlampe beleuchtet. Die Vorderseite des Kastens trägt drei kreisförmige Ausschnitte. Vor dem mittleren derselben ist durch eine Halterung ein Opalballon von normaler Absorption so gelagert, daß sein

Körper den Ausschnitt verschließt. Vor die beiden anderen Öffnungen hält man in der gleichen Weise die zu prüfenden Kolben, indem man dieselben leicht dreht. Die Prüfung nimmt man bei abgedämpftem Tageslicht vor. Das Auge nimmt sehr rasch die Fähigkeit an, die Helligkeitsgrade der verschiedenen Ballons in ihrem Verhältnis zum Normalballon abzuschätzen und eine Sortierung der Ballons nach Lichtabsorption zu ermöglichen. Das Verfahren ist natürlich subjektiv, kann aber in den Händen ein und desselben Beobachters doch brauchbare Sortierungen liefern.

Um die Ballons auszuscheiden, die infolge Wandstärkendifferenzen oder Schlierenbildung fleckig sind, und um zugleich Unreinlichkeiten in der inneren Ballonwand zu erkennen, nimmt man eine Sortierung über einem Durchleuchtungsapparat vor. Die Ballons werden über eine röhrenförmige Glühlampe gesteckt und unter Umdrehung von allen Seiten besehen. Die Beobachtungskerze befindet sich dabei in einer verdunkelten Zelle. Etwas praktischer ist es, die Beobachtung in einem aus drei Spiegeln gebildeten Winkel vorzunehmen (s. Abb. 1299), weil sich hierbei gleichzeitig der Anblick des Ballons von verschiedenen Seiten bietet und einen direkten Vergleich ermöglicht, ob an allen Punkten gleichmäßige Lichtdurchlässigkeit besteht.

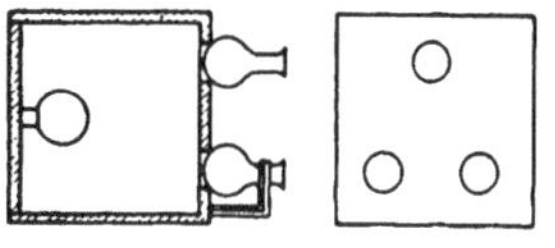

Abb. 1298.
Schematische Darstellung des Apparates zur vergleichenden Beobachtung der Lichtabsorption opaler Glühlampenkolben.

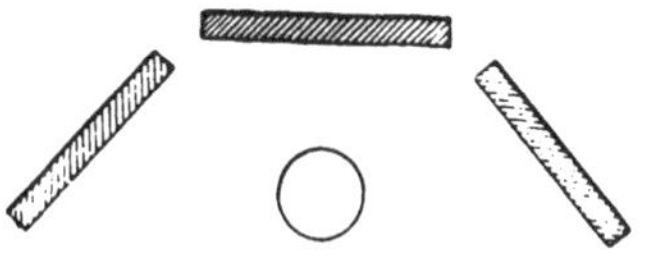

Abb. 1299.
Schema des Spiegelapparates für die Beobachtung opaler Glühlampenkolben.

Was die Zusammensetzung der Opal- oder Milchgläser betrifft, so war bereits gesagt, daß die trübenden Stoffe in der Hauptsache Fluorverbindungen sind. Man verwendet dafür Kryolith und Flußspat. Ersteren kann man auch durch Chiolith und künstliche Präparate (s. Bd. I, S. 194) ersetzen. Die zur Trübung nicht unbedingt notwendige, aber doch sehr förderliche Tonerde wird durch Feldspat eingeführt. Opale Gläser können bleihaltig oder bleifrei sein. Als Beispiel seien einige Sätze angeführt:

Bleihaltiges Opalglas für Glühlampenkolben		Bleifreies Opalglas für Glühlampenkolben	
Sand	100	Sand	100
Pottasche	30	Soda	15
Mennige	30	Pottasche	15
Kryolith	4	Feldspat	20
Flußspat	8	Flußspat	20
Feldspat	4	Kryolith	10
Salpeter	5	Zinkoxyd	5

Es gibt natürlich zahllose Varianten dieser Glassätze. Manche führen einen Zusatz von Zinkoxyd an, um die Differenz der Brechungskoeffizienten zwischen Trübungspartikel und Umbettung besonders zu verstärken.

Die opalen Gläser werden massiv oder als Überfang über ein Grundglas gearbeitet. Wesentliche Unterschiede in der Zusammensetzung sind dadurch nicht bedingt. Als Überfangglas muß der Zusatz an Trübstoffen etwas stärker gehalten werden, da die Schichtdicke des Überfanges geringer ist als die Wandstärke des Massivglases. Selbstverständlich müssen bei der Überfangarbeit Opal und Grundglas in ihren Ausdehnungskoeffizienten harmonieren. Opal als Überfangglas erschien notwendig, so lange sich die Glühlampenfabrikation noch nicht vom Bleiglas emanzipiert hatte und dieses wegen seiner Verschmelzbarkeit mit dem Gestellrohr auch als Unterlage unter das Opalglas forderte. Gegen die Einführung des massiven Opalglases bestanden allerdings auch von vornherein Bedenken wegen der während des Einschmelzprozesses und wohl auch noch während des Brandes der evakuierten Lampe auftretenden Fluorabgabe, die zerstörend auf die Glühfäden wirkt.

Über den Grad des Lichtverlustes, den Glühlampenopalglas gegenüber dem Klarglas aufweist, ist zu sagen, daß derselbe zwischen 8 und 15% liegt. Überfangopal wird immer etwas stärkere Lichtabsorption aufweisen, da bei ihm auch noch die Lichtverschluckung des Klarglases hinzutritt.

Dieses Moment war natürlich auch ausschlaggebend für die Einführung des massiven Trübglases. Dazu kommt dann noch, daß eine Lampe aus massivem Opal immer etwas leichter ist als eine überfangene, ein Umstand, der im Hinblick auf die Verzollung nach Gewicht von Wichtigkeit ist.

Für die Herstellung der kleinen Glühlämpchen für Taschenlampen, deren Anfertigung nicht in den Glashütten, sondern in den Lampenfabriken geschieht, werden Röhren aus Milchglas gezogen, die dann über eine Klarglasröhre geschoben und mit dieser vor der Lampe (automatisch) zu dem kleinen Ballon aufgeblasen werden, so daß die Milchglasröhre, die Hälfte des Lampenkörpers bedeckend, als Reflektor dient.

b) Gefärbte Gläser.

Bleiglas und bleifreies Kolbenglas werden nach den allgemein üblichen Methoden transparent gefärbt. Zu beachten ist, daß die größere Löslichkeit der Metalloxyde in Bleiglas intensivere und feurigere Farbwirkung hervorruft als in bleifreien Gläsern. Auch die Nuancierung fällt in Bleiglas anders aus.

Blau wird gewöhnlich durch Kobaltoxyd oder durch Kupferoxyd hervorgerufen. Zusätze von chromsaurem Kali ziehen die Farbe ins Grüne, wie es für Signallampen gefordert wird.

Wegen seiner intensiven Färbekraft ist Kobaltoxyd nur in sehr kleinen Mengen, 0,1 bis höchstens 1% anzuwenden. Der Kupferoxydzusatz dagegen wird in Mengen von 5 bis 15% zum farblosen Grundglas zugegeben. Die Grüntönung des blauen Glases bewirken Zusätze von 0,5—1% chromsauren Kalis.

Größere Zusätze des letzteren geben bei Vorhandensein von Kupferoxyd ein reines Grün. So geben Klargas-Gemenge mit 3% Kupferoxyd und 2% chromsaurem Kali ein schönes warmes Grün.

Gelbe Farben werden in Bleigläsern durch Eisenoxyd in Mengen von 15—20% bei gleichzeitigem Zusatz derselben Menge reinen Braunsteines erzielt. Bei bleifreien Gläsern kann man ein schönes gelbes Transparent auch durch Beimischung von 5—10% Graphit zum klaren Grundglassatz erreichen. Gelbe Kolbengläser werden vorwiegend als Lampen für photographische Dunkelkammern verwendet. Bei den bleihaltigen Gläsern wirken die großen Mengen Metalloxyd, die im Glassatz enthalten sind, recht nachteilig auf die Verarbeitbarkeit ein. Sie setzen einesteils die Viskosität des Glases stark herab und erhöhen gleichzeitig die Sprödigkeit. Durch gute Kühlung dieser Ballons läßt sich diesen Nachteilen einigermaßen entgegentreten.

Auch das rote Glas in heller und tiefer Deckung dient photographischen Zwecken. Es wird gewöhnlich als Kupferrubinrot erzeugt. Über die Entstehung des Kupferrubins ist im I. Bd., S. 141, näheres mitgeteilt. In der Praxis der Kolbenglaserzeugung stellt man sich gewöhnlich zunächst eine stark überfärbte Rubinfritte her, die man dann je nach Tiefe der gewünschten Farbe in größerer oder kleinerer Menge dem normalen Klarglasgemenge zusetzt. Für Rubinglas der Kolbengläser sind zweckmäßig bleihaltige Gemenge abzuschmelzen, da sich in diesen der rote Farbton reiner entwickeln läßt als in bleifreien Gläsern, wo er leicht „lebrig" trüb oder fleckig wird. Als Beispiel für die Herstellung eines photographischen Rubinglases sei folgendes angeführt: Der Fritte wird ein Bleiglas mit etwa 25% Bleioxyd, 15% Alkalien und 60% Kieselsäure zugrunde gelegt und auf diesen Satz 5% rotes Kupferoxydul und 3,5% Zinnpräparat (d. i. granuliertes metallisches Zinn oder 5% Zinnoxydul) als Reduktionsmittel gegeben. Diese Fritte schmilzt in wenigen Stunden sehr leicht ab, wobei reduzierendes Feuer und Überhitzung zu vermeiden ist, um die fast stets auftretende Ausscheidung von metallischem Kupfer auf ein Minimum zu beschränken. Diese Farbfritteschmelze greift den Hafen stark an. Sofern man nicht einen eigenen Fritteofen unterhält, wird man daher die Frittefabrikation an das Ende einer Hafenperiode verlegen, um einen ohnehin zu nichts weiter mehr brauchbaren Hafen dafür auszunützen.

Die Farbfritte wird in Wasser ausgeschöpft. Sie sieht tief dunkelrot, fast schwarz aus. Zur Herstellung des eigentlichen Rubinglases wird zunächst eine Fritte aus klarem, ungefärbtem Bleiglas durch

Ausschöpfen in Wasser hergestellt. Diese Fritte wird ebenso wie die Rubinfritte getrocknet und dann mit derselben im Verhältnis 3 : 1 gemischt und zusammen abgeschmolzen. Das Abschmelzen erfordert große Geschicklichkeit, um Reduktionen, die teils als Anläufe, teils als direkte Kupferpartikel auftreten, zu vermeiden. Die eingeblasenen Kolben sind meistens noch hell transparent braun, gelb oder fleckig und erhalten ihre endgültige rote Farbe erst durch das Anlaufenlassen.

Auch dieser Prozeß, der in einem besonderen Einwärmeofen vorgenommen wird, verlangt große Aufmerksamkeit, da auch hier die Überhitzung die schon im theoretischen Teil dieses Buches (I, S. 141) erwähnten Umschläge in Braun und Schwarz hervorruft. Die Ballons müssen hierbei auf einem Rechen einzeln stehen und gegenseitige Berührung vermeiden. Soferne die Temperatur im Einwärmeofen, zu dem man auch einen gewöhnlichen Kühlofen verwenden kann, nicht gleichmäßig ist, muß man durch öfteres Umsetzen des Rechens, z. B. auf einem Drehgestell, für gleichmäßige Erhitzung sorgen. Der Anlauf erfolgt bei etwa 400° in 15—20 Minuten. Die Ballons werden aus dem Ofen genommen und unter einer Haube langsam gekühlt.

Danach werden sie, ähnlich wie es bei der Prüfung des Opalglases beschrieben ist, durch Aufstecken auf eine Rohrlampe auf Gleichmäßigkeit der Farbverteilung sowie Reinheit und Tiefe der Farbe geprüft. Es soll bei einem guten Rubinglas der Leuchtdraht der Prüflampe rein rot, nicht gelb erscheinen.

Goldrubin wird in der Glühlampenindustrie nicht, Selenrubin wohl nur selten verwendet.

Eine besondere Spezialität der farbigen Glühlampen bildet das sog. Tageslichtglas. Es ist ein blaugefärbtes Glas, das die roten Strahlen im Lichte des glühenden Wolframdrahtes absorbiert und dadurch ein Licht gibt, das der Farbe des natürlichen Tageslichtes sehr nahe kommt. Es erscheinen in demselben die beleuchteten Gegenstände in ihren natürlichen Farben. Für die Beleuchtung von Kaufläden, in denen farbige Stoffe oder Blumen ausgelegt werden, für Räume mit technischen Betrieben, bei denen Farbwirkungen eine Rolle spielen, hat die Tageslichtlampe große Bedeutung gewonnen, während sie als Beleuchtung von Wohnräumen, ihrer kalten Wirkung wegen, nicht beliebt ist.

Die Absorption der roten Lichtstrahlen durch das Tageslichtglas ist mit einem Lichtverlust von ca. 60% verbunden, weshalb die im Handel befindlichen Tageslichtlampen sich auf Annäherungswirkungen mit ca. 40—50% Lichtverlust beschränken. Eine Folge der großen Lichtabsorption ist eine starke Erwärmung der brennenden Tageslichtlampen.

Die „Tageslicht"farbe, die sich in bleihaltigem wie in bleifreiem Glase gleich gut entwickeln läßt, wird mit Kupfer, als Oxyd oder Sulfat eingeführt, unter Zusatz chromsauren Kalis hervorgerufen. Beide Stoffe sind nur in geringer Menge, das Kupfer mit ca. 2%, das Chromat mit nur 0,03—0,05% im Gemenge, das im übrigen aus Klarglaskomposition besteht. Nach anderen Vorschriften kann auch Braunstein als Farbstoff zugesetzt werden. Sehr gut eignet sich auch Kobalt und Kupfer.

Die Intensität der Tageslichtfarbe und ihre Tönung ist in noch stärkerem Maße als beim Opalglas vom Ofengang abhängig. Dazu kommt, daß Schwankungen in der Wandstärke leicht zu bemerken sind. Es werden daher die optischen Sortierungsmethoden in ähnlicher Weise angewandt wie bei dem Opalglas.

Obwohl nicht eigentlich zur Glühlampenfabrikation gehörend, müssen hier noch die milchweißen und wachsgelben Gläser erwähnt werden, aus denen die Schaftrohre gefertigt werden, die zur Montierung der vielverwendeten Kerzenimitationen dienen.

Für das blanke Weiß kann Opalglas, wie es im vorigen Abschnitt beschrieben wurde, dienen. Wachsgelb wird durch Zusätze von Eisenoxyd, Braunstein und chromsaurem Blei zu demselben erhalten. Ein sehr natürliches Wachsgelb entsteht aus bleifreiem, milchweißem Glas durch Zusatz von lichtgelbem Uranoxyd.

c) Hartgläser für heißgehende Lampen.

Wie bereits S. 1327 erwähnt, halten die gewöhnlichen bleihaltigen Glasstäbchen den Zugspannungen der eingeschmolzenen Drähte nicht stand, wenn die Hitzeentwicklung in der Lampe sehr groß ist. Man verwendet dann dazu spezielle schwerer schmelzende Hartgläser, die sich in ihrer Zusammensetzung stark an die bekannten Gerätegläser anlehnen. Sie enthalten als härtende Faktoren Borsäure, Tonerde und Zinkoxyd. Nachstehend einige Beispiele solcher Glassätze:

	I.	II.
Sand	100	140
Soda	37	28
Borsäure	15	20
Borax	8	44
Zinkoxyd	14	—
Tonerde	13	16

Zu ihrer Verwendung mit dem Bleiglas der Röhren dienen die sog. Zwischengläser, deren rechnerische Entwicklung S. 1344 erwähnt wird. Als Beispiel geben wir einige Sätze, die sich der Reihe nach mit Bleiglas, untereinander und mit den obenerwähnten Hartglasstäben Nr. I und II verbinden.

	Z. I.	Z. II.
Sand	150	150
Soda	26	18
Pottasche	31	21
Mennige	49	32
Borax	10	33
Zinkoxyd	1	4
Tonerde	0,5	2

d) Sockelgläser.

Die Glühlampen werden in den zu einem Schraubengewinde ausgebildeten Sockel mittels eines Harzkittes befestigt, wobei der eine der beiden aus der Lampe herausragenden Stromzuführungsdrähte an den Sockel angelötet wird.

Der andere Draht endet in einer kleinen Bodenplatte, die in den unteren Abschluß des Sockels eingebettet ist, und zwar, um die Isolierung herzustellen, in einem Plättchen aus schwarzem Glas.

Für dieses schwarze Sockelglas verwendete man ursprünglich die Abfälle des Kolbenglases, indem man sie mit Zusätzen von Kupferoxyd, Braunstein und etwas Kobaltoxyd aufschmolz und aus der Schmelze Stangen zog.

Die Stangen wurden in einem Muffelofen soweit erhitzt, daß die Enden in Tropfenform flossen, die man abschnitt und in den Sockel fallen ließ. Dieser stand dabei in einer Presse unter deren Stempel. Das Bodenplättchen lag in dem Sockel auf der Bodenplatte der Presse. Nach dem Eintropfen des erweichten Schwarzglases wurde der Stempel mit einem Handhebel gesenkt und auf diese Weise das Glas als Boden in den Sockel eingepreßt, wobei sich das Plättchen in die Glasmasse einbettete.

Da die Schwarzglasstangen infolge ihrer Übersättigung mit färbenden Metalloxyden ein sehr sprödes Material waren, zieht man gegenwärtig eine griesförmige Fritte aus Schwarzglas vor. Sie wird von den Glühlampenfabriken in kleinen Wannenöfchen wieder aufgeschmolzen, aus ihnen durch einen Speiser entnommen und in die Sockel automatisch eingebracht.

Die Zusammensetzung dieser Schwarzgläser ist an keine Regel gebunden. Sie werden vielfach in Wannenöfen hergestellt und dienen dann auch noch überwiegend zu anderen Zwecken, wie Schriftplatten und Dekorationsstück.

e) Innenmattierte Kolben.

Seit langem befinden sich schon Glühlampen in Verwendung, deren äußere Glasschicht durch Ätzung mattiert ist und die, ähnlich den Lampen aus opakem Glas, ein diffuses Licht geben. Die Außenmattierung wird an den fertigen Lampen in den Glühlampenfabriken vorgenommen, interessiert infolgedessen die kolbenerzeugende Glasindustrie nicht direkt.

Seit dem Jahre 1928 kommen aber in immer steigendem Umfang die innenmattierten Glühlampen auf den Markt und drängen nicht nur die Opallampen, sondern auch die Klarglaslampen in den Hintergrund. In der Tat ist das von ihnen ausgesandte diffuse, durch die Mattierung kaum geschwächte Licht, ein überaus angenehmes. Die glatte, glasige äußere Oberfläche der Lampe, die nicht wie die außenmattierte Birne der schnellen Verschmutzung ausgesetzt ist, hat, neben einer geschickt betriebenen Preispolitik, die rasche Einführung der innenmattierten Lampe bewirkt.

Da die Innenmattierung bereits an dem Kolben vorgenommen werden muß, so fällt sie schon in das Gebiet der Glasfabrikation. Indessen haben die nicht unerheblichen Schwierigkeiten der Herstellung einer guten Innenmattierung sowie das Brüchig-

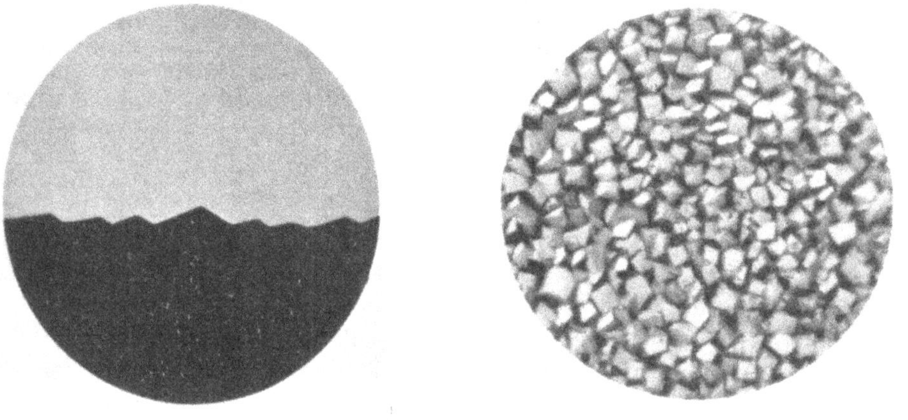

Abb. 1300.

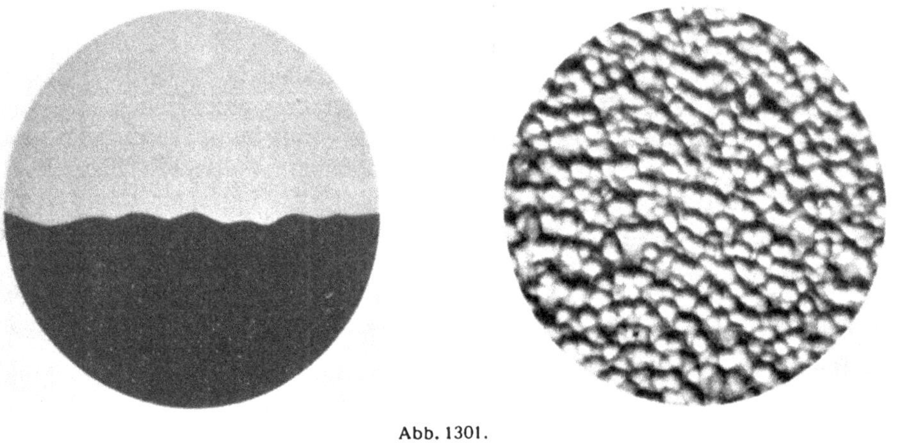

Abb. 1301.

Mikrobilder der Oberfläche eines innen mattierten Kolbens.

1300: Die brüchige, von scharfkantigen Ätzflächen zerissene Glasschicht.
1301: Dieselbe nach der Härtung. Die scharfen Kanten sind durch Abätzen beseitigt, die Bruchgefahr vermindert.

werden innenmattierter Ballons beim Lagern bewirkt, daß der Arbeitsprozeß vorerst nur von jenen Glasfabriken aufgenommen wurde, die in unmittelbarem Kontakt und gesichertem Absatzverhältnis mit den verbrauchenden Glühlampenfabriken stehen.

Das Verfahren der Innenmattierung kann hier nur in seinen Grundzügen skizziert werden, da die Einzelheiten in den Erfahrungen der Fabriken festliegen und nicht zugänglich sind.

Der gesamte Mattierungsprozeß wird automatisch durchgeführt, nicht nur wegen der billigen Massenfabrikation, sondern auch um die einzelnen Phasen der Bearbeitung zeitlich und qualitativ mengenmäßig, völlig gleichmäßig zu gestalten.

Das Verfahren beginnt meist ohne vorherige Waschung der Kolben durch Einspritzen einer Ätzmasse in den Kolben in der Form eines dünnflüssigen Breies, wie er sonst für „Mattätzung“ verwendet wird[1]). Diese Masse besteht aus Fluorsalzen und einem indifferenten Füllmaterial, das die gleichmäßige Verteilung der Salze sichert. Nach kurzer Einwirkung auf das Glas und gleichmäßigem Ablaufen aus dem Kolben, wird dieser mit Wasser ausgespült.

Damit ist die Innenmattierung beendet. Aber die Kolben würden in diesem Zustand nicht die geringste Haltbarkeit zeigen. Die mattierte Glasfläche ist ein Feld von mikroskopisch feinen, scharfkantigen Einrissen, das mechanischen Erschütterungen gegenüber sich wie angeritztes Glas verhält und bei der geringsten Einwirkung von außen den Bruch des Kolbens herbeiführt.

Um diese Nachteile zu beseitigen, wird der Kolben einer Härtung unterworfen, die darin besteht, daß er mit einer, die scharfen Kanten abätzenden Flüssigkeit ausgespült wird, deren Reste durch Waschen mit Wasser beseitigt werden. Nun besitzt der Kolben genügend Festigkeit, um eine angemessene Lagerzeit und die Weiterverarbeitung in der Lampenfabrik zu überstehen. Der Grad der Festigkeit wird durch den Aufschlag einer, aus normierter Höhe auf den Kolbenkopf herabfallenden Elfenbeinkugel gemessen. Der Kolben muß eine bestimmte Anzahl Schläge aushalten, um den Ansprüchen an mechanische Festigkeit zu genügen.

Je feiner das Korn der Mattierung ist, desto schöner wirkt der Lichteffekt der Lampe. Die Zusammensetzung der Ätzmasse, die Arbeitstemperatur und die Arbeitszeiten in den einzelnen Phasen der Mattierung bedingen den Grad des Ausfalles. Selbstverständlich ist auch die Qualität des Glases von entscheidendem Einfluß auf das Gelingen der Mattierung. Stark silizierte, aber tonerdearme Gläser eignen sich besser für die Innenmattierung als tonerdereiche. Nicht zum wenigsten war es die Innenmattierung, die den eine Zeitlang für unentbehrlich gehaltenen Feldspatzusatz zu den bleifreien Kolbengläsern wieder zum Verschwinden gebracht hat.

Die Innenmattierung läßt Schlieren, Bläschen usw. im Glas mit besonderer Deutlichkeit erkennen. Daher erfordert sie gerade ein ganz besonders reines Glasmaterial als Ausgangsobjekt der Bearbeitung.

Aus der Patentliteratur über Innenmattierung seien folgende deutsche Patente (Klasse 32b Gruppe 6) der Patent-Treuhand-Gesellschaft für elektrische Glühlampen G. m. b. H. Berlin angeführt:

D. R. P. 433 028 Verfahren zur Anbringung einer Innenmattierung an Glühlampenglocken und ähnlichen Glasgefäßen vom 24. Januar 1925.
USA Priorität vom 4. Februar 1924.

D. R. P. 441 131 Vorrichtung zum Mattieren der Innenseite von Glühlampenkolben durch Ätzen vom 13. November 1925.
USA Priorität vom 29. Juni 1925.

D. R. P. 452 527 Vorrichtung zum Mattieren der Innenseite von Glühlampenkolben durch Ätzen (Zusatz zum Patent 441 131) vom 12. September 1926.
USA Priorität vom 12. Mai 1926.

D. R. P. 450 463 Maschine zum Mattieren der Innenseite von Glühlampenkolben vom 13. Oktober 1926.
USA Priorität vom 13. April 1926.

[1]) Vgl. Bd. I, S. 109 u. Bd. II, S. 1265.

II. Rohstoffe und Schmelze des Glühlampenglases.

1. Rohstoffe.

Der technische Charakter des Glühlampenglases bedingt, daß die zu seiner Schmelze benutzten Rohstoffe frei von Verunreinigungen und von stets gleichbleibender Zusammensetzung sein müssen. Schon kleine Schwankungen haben Änderungen der physikalischen Eigenschaften des Glases zur Folge, die zu sehr empfindlichen Störungen in der Fabrikation der Lampen führen können. Es kommt nicht nur auf die analytische Gleichmäßigkeit der Schmelzmaterialien an, sondern auch auf die Homogenität ihrer Struktur. Der Schmelzprozeß ist ein etwas anderer, wenn grobkörniges Material an Stelle von feinkörnigem verwendet wird oder etwa feuchtes an Stelle von trockenem, und sowohl bei der Verarbeitung in der Hütte, wie später bei der Verschmelzung in der Lampenfabrikation, kommt die Vorgeschichte des Glases in seinem Verhalten zum Ausdruck.

Über die einzelnen Materialien ist bereits im ersten Band dieses Werkes Ausführliches mitgeteilt, so daß es genügt, an dieser Stelle nur noch einige Bemerkungen hinsichtlich der Beschaffenheit speziell für Kolben oder Röhrenglas zu bringen:

Sand. Da die Farbreinheit des Glases bei den Glühlampenkolben und Röhren nicht die große Rolle spielt wie bei dem Wirtschaftsglas, so braucht man hinsichtlich des Eisengehaltes nicht so ängstlich zu sein und kann an Stelle der bekannten „reinsten" Glassande (Hohenbockaer, Dörentrupper usw.) auch etwas eisenhaltigere verwenden. Tonerdegehalt im Sand ist bis zu 3% kein Fehler. Er macht das Glas wohl etwas schwerer schmelzbar, verhütet aber vor der Flamme das Entglasen.

Kohle, vom Verglühen des Sandes in Flammöfen herrührend, ist schädlich, weil sie im Bleiglas reduzierend wirkt und das ausgeschiedene Blei zu schwarzen Schlieren im Glas Veranlassung gibt.

Die Korngröße des Sandes soll für Bleigläser nicht unter 0,15 mm und nicht über 0,30 mm liegen.

Soda. Die kalzinierte Ammoniaksoda „extra schwer für Glasindustrie" schmilzt ruhiger ein als die gewöhnliche leicht kalzinierte Ware und ist deshalb vorzuziehen. Leblanc-Soda kommt kaum mehr vor, doch ist ein geringer Sulfatgehalt im bleifreien Glassatz als Läuterungsmittel nur günstig. Er kann auch künstlich (bis zu 0,5%) zugesetzt werden.

Kali. Im Gegensatz zu den englischen und amerikanischen Vorschriften für Glühlampengläser, die das Kali ganz oder doch in der Hauptsache durch Salpeter einführen, verwenden die kontinentalen Firmen Pottasche.

Von den verschiedenen Sorten des Handels (vgl. Bd. I, S. 65ff.) verdient die Hydratpottasche für unsere Zwecke wegen der unbedingt reineren und konstanteren Zusammensetzung den Vorzug. Sie läutert das Glas, vielleicht infolge ihres hohen Gehaltes an Konstitutionswasser besser als die anderen Qualitäten, auch scheint der Einschmelzvorgang mit Hydratpottasche neben Soda rascher vonstatten zu gehen, als mit kalzinierter Pottasche.

Infolge ihrer geringeren Hygroskopizität ist die Hydratpottasche besser lagerfähig, so daß eine Wasseranziehung viel weniger zu befürchten ist, als bei der kalizinierten Ware, bei der sehr leicht, sogar in einem Faß, Schichten mit verschiedenem Feuchtigkeitsgrad vorkommen.

Salpeter dient als Oxydationsmittel, namentlich in den Bleigläsern und als Läuterungsmittel überhaupt. Es wird nur der Kalisalpeter verwendet. Über seinen Wert als Schmelzmaterial und seine Wirkung auf die Glashäfen vgl. die zutreffenden Ausführungen Bd. I, S. 184.

Eine weniger bekannte Eigenschaft des Salpeters ist, daß er in kalter gehenden Häfen leicht gispiges Glas gibt.

Blei. Es wird in Form von Mennige (Minium) eingeführt. Glätte wird nicht verwendet, weil sie metallisches Blei einschließt, das im Schmelzfluß ungelöst bleibt und schwarze Pünktchen oder Streifen im Glas gibt, oder auch, indem es verdampft, opal irisierende Blasen verursacht.

Die Mennige kommt in verschiedenen Sorten in den Handel. Einzelheiten über die Zusammensetzung siehe Bd. I, S. 177. Der Oxydationsgrad ist wichtig, wegen des verschiedenen Gehaltes an wirksamen Blei, durch welchen der Viskositätsgrad und der Ausdehnungskoeffizient des Glases wesentlich mitbestimmt ist.

Bei der Beurteilung der Mennige nach dem Aussehen ist zu beachten, daß nicht nur vom Grade der Oxydation des in ihr enthaltenen Bleies, sondern auch von der Mahlfeinheit (Korngröße) der Farbton abhängig ist, der vom tiefsten Zinnoberrot bei den gröberen Sorten bis zum hellen Rotgelb bei den feineren geht. Sehr fein gemahlene Mennige, welche zwischen den Fingern zerrieben „schmiert" (ähnlich wie feuchter Ton), löst sich schlecht im Schmelzfluß, gibt feine Gispen, von denen das Glas schwer zu befreien ist und ist überdies hygroskopisch. Orangefarbige bis rote Mennige ist grobkörniger und daher vorzuziehen.

Von den Verunreinigungen, die in der Mennige vorkommen können, stören die sonst in der Glasindustrie wegen ihrer Farbwirkung am meisten gefürchteten (Eisen und Kupfer) am wenigsten. Unbrauchbar ist eine mit Schwerspat (schwefelsaurem Baryt) verfälschte Mennige, wie sie als Anstrichfarbe verwendet wird (sog. Schiffsmennige).

Auch die reinen Sorten der Mennige enthalten zuweilen geringe Mengen (0,05%) Antimon. Seine Anwesenheit ist schädlich, da es wohl infolge der sehr feinen Verteilung sehr feine Gispen gibt, die auch durch kräftiges Blasen nicht zu entfernen sind.

Endlich achte man bei der Mennige auf das Vorkommen von metallischen Bleiflittern, über deren schädliche Wirkung weiter oben bei der Bleiglätte Näheres gesagt wurde.

Kohlensaurer Baryt. Bestimmend für die Verwendung desselben als Bleiersatz war neben dem weit geringeren Preis die frühere Annahme, daß der Ausdehnungskoeffizient des Endproduktes in nahezu gleicher Weise beeinflußt würde, wie es durch das Blei geschieht[1]).

Barythaltiges Glas ist, auch wenn das Blei durch äquivalente Mengen Baryt ersetzt ist, immer etwas viskoser als nur bleihaltiges. Grundätzlich neigt Barytglas leichter zur Entglasung als Bleiglas[2]).

Schmelztechnisch ist beim kohlensauren Baryt zu beachten, daß er ähnlich den Alkalien als Flußmittel wirkt und die Schmelze sehr erleichtert, was aber weniger Bedeutung für die bleihaltigen Gläser, bei welchen er am häufigsten als Beigabe verwendet wird, hat. Man hat ihn aber um dieser Eigenschaft willen auch schon den schwerer schmelzbaren bleifreien Gläsern beigemischt.

Das Blankschmelzen der Barytgläser erfordert Geschicklichkeit und Aufmerksamkeit. Die Zersetzungsgeschwindigkeit des kohlensauren Baryts ist sehr groß. Die Entbindung seiner Kohlensäure erfolgt in kleinen Blasen und bei heißgehenden Öfen stürmisch. In diesem Gasblasenstrom werden die übrigen Zersetzungsgase mitgerissen und infolgedessen läutert das Barytglas gut und schnell. In kaltgehenden Häfen dagegen mäßigt sich die Gasabscheidung, und die feinen Gasbläschen dringen nur langsam und unvollkommen an die Oberfläche des Hafens, das Glas bleibt feingispig.

Der gefällte kohlensaure Baryt, der nur von wenigen Fabriken hergestellt wird, ist fast ausnahmslos ein sehr reines Präparat, etwas hygroskopisch und mit einem geringen, unschädlichen Gehalt (bis 0,5%) an Sulfat und Sulfid.

Über die Umrechnung bei seiner Verwendung als Bleiersatz vergleiche die Zahlentafel Bd. I, S. 176.

Kalk und Dolomit. Den Ausführungen, die in Bd. I, S. 167—174, über diese Materialien gegeben sind, ist nur hinzuzufügen, daß unter dem Namen Kalkmergel in Mitteldeutschland auch ein bituminöser Muschelkalk gegraben wird, der praktisch eisenfrei ist und infolge eines hohen Gehaltes an petroleumartigen Bitumen gelb gefärbt ist. Aber gerade diese Verunreinigung wirkt in der Glasschmelze läuternd durch Verdampfung, und man erzielt damit ein blankes Glas von hoher Brillanz. Sollte man daher eine reine Kalkeinführung ohne gleichzeitigen Magnesiagehalt beabsichtigen, so ist dieses Material unbedingt zu empfehlen.

Magnesia wird stets durch Dolomit substituiert, die Verwendung von Magnesia usta oder auch von reinem Magnesiumkarbonat begegnet fast unüberwindlichen schmelztechnischen Schwierigkeiten.

Feldspat. Durch den Feldspat werden Kieselsäure, Alkalien, Tonerde und etwas Magnesia in das Glas eingeführt. Aber nicht diese Bestandteile machen ihn als Rohmaterial wertvoll, sondern die Form, in der sie durch ihn in die Glasschmelze kommen. Sie befinden sich im Feldspat schon im molekularen Verband. Daher ist der Feldspat ein überaus geeignetes Schmelzmaterial, durch das man mühelos Bestandteile in das Glas einführen kann, die, als solche direkt zugegeben, die Schmelze ungemein erschweren würden. Die ideale Verteilung der Tonerde und der Magnesia, wenn sie durch Feldspat eingeführt werden, verhütet auch die Steinbildung in der Schmelze, die bei Zusatz dieser Stoffe als Material für sich leicht auftreten würde.

Dabei hat die Verwendung des Feldspates den Vorzug größerer Billigkeit vor der direkten Substition von Tonerde.

Man verwendet nur den Kalifeldspat, weil er in Europa wenigstens in großen Lagern von konstanter Zusammensetzung vorkommt. Norwegen, Bayern und Böhmen sind die Hauptlagerstätten. Einzelheiten siehe in Bd. I, S. 180.

---

[1]) Bekanntlich haben die Arbeiten von English und Turner (s. S. 1325) gezeigt, daß diese Annahme unrichtig ist. Das Preismotiv blieb aber bestehen.

[2]) Allerdings kann, wie der Verfasser zu beobachten Gelegenheit hatte, auch der Fall eintreten, daß bei hochsilizierten Bleibarytgläsern, die leicht entglasen, ein geringer Mehrzusatz an Baryt die Entglasungserscheinung vor der Flamme vollständig behob, wogegen ein Abbrechen am Barytgehalt sie — natürlich — im vermehrten Maße auftreten ließ.

Der dort erwähnte Pegmatit von Ströbel ist selbstverständlich auch zur Fabrikation bleifreier Kolbengläser geeignet, wie überhaupt auch pegmatitische Sande, wie Versuche des Verfassers zeigten, durchaus als Feldspatersatz gelten können.

Um das Material gut zu verteilen, soll der Feldspat mindestens ebenso fein gemahlen sein, wie der Sand.

Läuterungs- und Entfärbungsmittel. Man verfährt wie in der übrigen Glasindustrie, läutert mit Arsenik, Salpeter, dessen Kaligehalt natürlich, als im Glase bleibend, in Rechnung zu ziehen ist, oder auch mit einer kleinen Menge kalziniertem Glaubersalz. Man bläst wie üblich mit dem Klötzel oder der Kartoffel, Rübe usw.

Das Entfärben unterscheidet sich ebenfalls nicht von den Methoden der übrigen Glasschmelzkunst. Am beliebtesten und sichersten entfärbt man mit Nickeloxyd, auch Braunstein und Salpeter dienen diesem Zwecke, Selen kann in Bleigläsern bei schlechter Verteilung die Ursache schwarzer Pünktchen im Glas, die von unzersetztem Bleiselenid herrühren, sein.

Übrigens bedürfen die Kolbengläser wegen ihrer Dünnwandigkeit kaum einer Entfärbung.

Farbstoffe und Trübungsmittel. Auch hier sind die in Frage kommenden Rohmaterialien dieselben wie in der übrigen Glasindustrie, so daß auf Einzelheiten verzichtet werden kann.

2. Die Herstellung der Gemenge.

a) Die Gemengekammer.

Hat man die Sicherheit gewonnen, daß die Gemengematerialien allen Anforderungen an Qualität entsprechen, so ist durch geeignete Lagerung und Behandlung dafür zu sorgen, daß sie diese Beschaffenheit auch behalten. Es gilt dies nicht nur für die Verwahrung in den Hauptlagerräumen, sondern vor allem auch für diejenigen Partien, die für den Tagesbedarf in der Gemengemischkammer bereitgestellt sind.

Diese selbst soll — wie übrigens in jeder Glasfabrik — die Stätte größter Sauberkeit und Trockenheit sein. Es empfiehlt sich, den Boden abwaschbar herzustellen, die Wände mindestens bis zu 2 m Höhe mit Kacheln oder Holzverschalung zu verkleiden und den übrigen Teil und die Decke mit Ölfarbe zu streichen.

Den Sand trocknet man gewöhnlich in einem in der Gemengekammer aufgestellten, mit Generatorgas beheizten Ofen oder in einer rotierenden Trommel, um ihn daran anschließend auch gleich zu sieben und zu lagern. Dadurch entsteht aber unnötige Staubentwicklung im Mischraum und es ist zu empfehlen, bei Neueinrichtungen die Sandtrockenanlage außerhalb der Gemengestube aufzustellen und nur das getrocknete Material aus einem in dieselbe mündenden Silo zu entnehmen.

Die Behälter für die übrigen Materialien sind Bunker, die nur mit ihren Türen oder mit ihren Entnahmetrichtern in die Gemengekammer hineinragen, oder, wenn der Betriebsumfang nur klein ist, saubere Behälter, die den Tagesbedarf der betr. Rohstoffe enthalten und morgens vor Beginn der Mischarbeit nachgefüllt werden. Selbstverständlich sollen dieselben verschließbar sein.

Dasselbe gilt auch für diejenigen Materialien, die in Originalpackungen verwendet werden, wie Pottasche, Mennige, Salpeter. Es sollen nie mehr Fässer geöffnet werden, als dem Tagesbedarf entspricht und über die verbleibenden Reste sollen nach der Entnahme wieder die Deckel gelegt werden, um dem Staub und der Feuchtigkeit den Zutritt zu verwehren.

Für jedes Material soll eine eigene Schaufel zur Verfügung stehen, die, wenn man rationell arbeiten will, in Form und Größe dem Gewicht der zu verwendenden Materialmenge angepaßt ist.

Niemals sollten z. B. die hygroskopischen Alkalien mit derselben Schaufel in Berührung kommen, die zur Entnahme der Mennige oder des Baryts dient. Es bilden sich Krusten der letzteren, durch die das Abwiegen ungenau wird und schlecht aufschmelzende, Steine bildende Konglomerate in das Gemenge geraten.

b) Prüfung der Materialien.

Zur Berechnung eines Glassatzes ist die genaue Kenntnis der Zusammensetzung der Rohmaterialien notwendig. Als allgemeiner Anhaltspunkt gelten natürlich die Angaben der Lieferanten, doch ist es immer gut, jede Partie Rohstoff von einem eigenen Chemiker oder von einem öffentlichen Laboratorium untersuchen und den Gehalt an glasbildenden Stoffen berechnen zu lassen.

Für die praktisch nicht hygroskopischen Substanzen, wie Mennige, Dolomit, Feldspat, Baryt genügt dazu die Untersuchung einer guten Durchschnittsprobe vor Inangriffnahme jeder geschlossenen Lieferung.

Die kohlensauren Alkalien (Soda und Pottasche) besitzen selbst bei sorgfältiger Lagerung einen wechselnden Wassergehalt. Deshalb müssen bei diesen beiden Schmelzmaterialien die wahren Gehalte an effektivem kohlensaurem Alkali erst unmittelbar vor dem Abwiegen des Gemenges durch Titration bestimmt werden und danach die Einwaage berechnet werden.

Bei der Probenahme für diesen Zweck muß mit Überlegung vorgegangen werden. Soda nimmt in offenen Behältern bis zu 10% Wasser aus der Luft auf. Aber die Feuchtigkeit dringt kaum einige Zentimeter tief ein, es bildet sich eine schützende Kruste von feuchtgewordener Soda an der Oberfläche. Die Masse unter derselben hat meistens nicht mehr als 3—4% angezogen.

Man wird also gut tun, zunächst die obere feuchte Partie zu entfernen oder mit der übrigen Soda zu vermischen und dann erst eine Probe aus der Mitte des Behälters zu nehmen.

Völlig falsch ist es, die Soda direkt aus den Säcken, in denen sie gewöhnlich versandt wird, zu entnehmen, wenn diese nicht ganz trocken transportiert und gelagert werden. Man leert diese vielmehr in Bunker oder doch wenigstens Kisten mit Deckel aus, wo sie sich bei gutem Verschluß lange Zeit mit kaum verändertem Titer hält.

Anders ist es mit der Pottasche, die stark hygroskopisch ist. Die Feuchtigkeit dringt rasch durch die ganze Masse und es ist besser eine Durchschnittsprobe aus verschiedenen Höhen des Fasses zu mischen, als an einer Stelle abzunehmen, um ein für die Berechnung des Gemengesatzes maßgebliches Resultat zu erhalten.

c) Wahl und Berechnung der Gemengesätze.

Die Berechnung eines Glassatzes für Kolben und Röhrenglas ist durch zwei Gesichtspunkte bestimmt. Der eine ist der auch sonst in der Glasindustrie übliche schmelztechnische, der andere dagegen ist die Berücksichtigung der physikalischen Eigenschaften des künftigen Glases.

Erst wenn diese beiden Fragen gelöst sind, kann man als drittes nicht minderwichtiges Moment die Gestehungskostenfrage einschalten und Änderungen am ursprünglich Errechneten in den zulässigen Grenzen vornehmen.

Der normale Fall wird sein, daß man von einem gegebenen Glassatz oder von der Analyse eines bewährten Glases ausgeht. Die Berechnung des Satzes aus dieser ist im Bd. I, S. 211, erläutert.

Die physikalischen Eigenschaften eines Glases lassen sich bekanntlich annäherungsweise mit den von Schott, Winkelmann und anderen Autoren empirisch ermittelten Faktoren rechnen, worüber ja auch im ersten Band dieses Buches Eingehenderes mitgeteilt ist.

Für die Berechnung des Ausdehnungskoeffizienten kommen die Schott-Winkelmannschen Zahlen nicht mehr in Verwendung, nachdem, wie bereits S. 1325 erwähnt, die Werte von English und Turner erneut und mit exakteren Methoden ermittelt wurden. Da sie erst nach Erscheinen des ersten Bandes dieses Buches veröffentlicht wurden, sind sie nachstehend angeführt und den von Schott und Winkelmann gefundenen gegenübergestellt (Entnommen: Glastechnische Berichte V (1927), S. 425).

Oxyde	English und Turner	Winkelmann und Schott
SiO_2	$0{,}15 \times 10^{-7}$	$0{,}8 \times 10^{-7}$
Na_2O	$12{,}96 \times 10^{-7}$	$10{,}0 \times 10^{-7}$
K_2O	$11{,}7 \times 10^{-7}$	$8{,}5 \times 10^{-7}$
CaO	$4{,}89 \times 10^{-7}$	$5{,}0 \times 10^{-7}$
MgO	$1{,}35 \times 10^{-7}$	$0{,}1 \times 10^{-7}$
Al_2O_3	$0{,}52 \times 10^{-7}$	$5{,}0 \times 10^{-7}$
BaO	$5{,}2 \times 10^{-7}$	$3{,}0 \times 10^{-7}$
PbO	$3{,}18 \times 10^{-7}$	$3{,}0 \times 10^{-7}$
ZnO	$0{,}21 \times 10^{-7}$	$1{,}8 \times 10^{-7}$
ZrO_2	$0{,}69 \times 10^{-7}$	$2{,}1 \times 10^{-7}$
B_2O_3	$1{,}98 \times 10^{-7}$	$0{,}1 \times 10^{-7}$

Man sieht, daß ganz erhebliche Unterschiede bestehen, die manche bisher der Theorie widersprechende Eigenschaft der Gläser erklären. Es muß aber darauf hingewiesen werden, daß die Verwendung dieser Zahlen keineswegs exakte Resultate liefert, daß vielmehr der Ausfall der Eigenschaften eines Glases auch sehr von dem Gang des Schmelzprozesses abhängt. Immerhin, für vergleichende Berechnungen sind die erwähnten Faktoren sehr wertvoll.

Wünscht man also in einem Glas eine physikalische Eigenschaft zu ändern, so wird man von der Analyse ausgehen und denjenigen Bestandteil, der die betreffende Eigenschaft am meisten beeinflußt in seiner Menge variieren, bis die Berechnung der zur abgeänderten Analyse passenden physikalischen Konstante den gewünschten Wert ergibt.

Analog geht man vor, wenn man ein Glas einem anderen anpassen soll, damit es sicher mit ihm verschmilzt, oder aber, wenn ein Glas gefunden werden soll, das als Verbindungsglas zwischen zwei anderen dienen soll, deren Eigenschaften so weit auseinanderliegen, daß eine direkte haltbare Verschmelzung nicht möglich ist.

Gerade dieser Fall spielt eine wichtige Rolle für die Gestellmacherei der hochkerzigen, heißgehenden Lampen. Die den Leuchtdraht tragenden Glasstäbchen werden so heiß, daß gewöhnliches Bleiglas oder weicheingestelltes Kalkglas (Thüringer Glas) unter der Hitzeausstrahlung und dem Zug des gespannten Leuchtdrahtes deformiert. Man wird also für diesen Zweck ein schwerschmelzbares Hartglas verwenden. Nun besitzt aber ein solches einen viel kleineren Ausdehnungskoeffizienten als das Bleiglas, aus dem Fußrohr und Brücke gemacht sind, und läßt sich daher mit diesen nicht direkt verschmelzen. Man hilft sich dadurch, daß man zwischen beide ein Verbindungsglas einfügt, das sowohl mit dem Bleiglas der Brücke einerseits, wie mit dem Hartglas des Stabträgers anderseits einwandfrei verschmilzt. Das gelingt aber im allgemeinen schon, wenn der Ausdehnungskoeffizient des Verbindungsglases in der Mitte zwischen jenen der beiden Außengläser liegt. Freilich nicht immer, denn auch die übrigen physikalischen Konstanten und die Viskosität der zu verbindenden Gläser beeinflussen die Haltbarkeit der Verschmelzstellen.

Der Mittelwert gibt nur zunächst den Anhaltspunkt. Man stellt nach ihm ein Probeglas her und prüft es auf die Verschmelzbarkeit und das „Halten" mit den beiden Extremen. Ist dies in der einen Richtung nicht der Fall, so muß ein neues Verbindungsglas geschaffen werden, dessen Ausdehnungskoeffizient in der Richtung nach den „nicht haltenden" verschoben ist.

Verschmelzen und Halten wird durch einfaches Aneinanderschmelzen der aus den betreffenden Gläsern hergestellten Glasstäbchen geprüft; dieselben dürfen selbst nach 24stündigem Liegen weder an den Verschmelzstellen (Folge der verschiedenen Viskosität) noch daneben (Folge einer zu großen Differenz der Ausdehnungskoeffizienten) springen.

Um nun einen Überblick zu bekommen, in welcher Richtung die weiteren Versuche für die Zusammensetzung eines brauchbaren Verbindungsglases anzustellen sind, stellt man sich eine Versuchsreihe auf, die aus dem allmählichen Übergang der beiden zu verbindenden Glassorten ableitet.

Es wäre indessen falsch, die Gläser einfach nach der Summe ihrer Rohstoffe zu mischen, vielmehr erscheint es wichtiger, die Summe der glasbildenden Oxyde, wie sie in der Glasanalyse gegeben sind, aufzustellen und, um wieder Prozentwerte zu erhalten, den Durchschnitt aus ihnen zu bilden.

Bezeichnen z. B. W die Gesamtheit der glasbildenden Oxyde des weichen Bleiglases und H die des harten Glases, die miteinander zu verschmelzen sind, so ergeben sich als Übergang von W zu H folgende Kompositionen, die alle ihrem Charakter nach zwischen diesen beiden Glassorten liegen.

$$W - \left(\frac{3}{4}W + \frac{1}{4}H\right) - \left(\frac{1}{2}W + \frac{1}{2}H\right) - \left(\frac{1}{3}W + \frac{2}{3}H\right) - \left(\frac{1}{6}W + \frac{5}{6}H\right) - H.$$

Berechnet man von diesen Gläsern die Ausdehnungskoeffizienten, so zeigen diese eine kontinuierliche Reihe, die, von dem des weichen Glases ausgehend, allmählich zu dem des harten überleitet.

Es lassen sich natürlich noch beliebig viele Zwischengläser innerhalb dieser Reihe aufstellen. Man wird schon durch wenige Probeschmelzen finden, in welcher Richtung von dem Glase, das zur Hälfte den Durchschnitt aus dem Bleiglas und dem Hartglas bildet, das brauchbare Verbindungsglas liegen wird. Die Aufstellung derartiger Versuchsreihen schützt vor einem planlosen Umherversuchen und führt am sichersten zu einem brauchbaren Resultat.

Liegt nun die Analyse des zu erschmelzenden Glases fest, so ist die nächste Aufgabe, die einzuwiegende Menge der Rohstoffe zu berechnen. Dabei ist sorgfältig auf den wahren Gehalt derselben an glasbildendem Oxyd Rücksicht zu nehmen, um wenigstens innerhalb der erfaßbaren Grenzen die gewünschte Zusammensetzung des Glases zu erhalten. Deshalb eben soll kurz vor dem Abwiegen der veränderlichen Alkalien deren Titer festgestellt werden.

Die Berechnungsmethoden selbst brauchen nicht erläutert zu werden, da ja im ersten Bande ausführlich darüber berichtet ist. Um diese Arbeit zu vereinfachen, wird man sich, da in größeren Betrieben dieselben Zahlen immer wiederkehren, Zahlentafeln anfertigen, die die Menge des einzuwiegenden Materials angeben; speziell gilt dies für die verschiedenen möglichen Grädigkeiten von Soda und Pottasche.

Die Größe eines Gemenges ist heute mehr durch die Gepflogenheit auf den einzelnen Hütten bestimmt, gewöhnlich wird das Gemenge so groß gemacht, daß es eine der üblichen Gemengemulden ausfüllt oder daß es gerade die Charge einer Mischmaschine darstellt und schließlich auch der Tragleistung von zwei Männern entspricht, die die Gemengetröge an den Ofen schaffen. Je mechanisierter natürlich die Einrichtungen in den Glashütten sind, desto mehr sind die Grundsätze hinfällig, und man wird dann andere praktischere Normen wählen, wie sie z. B. der Zschimmersche Vorschlag enthält, der die Gewichtsgröße des Gemenges so einrichtet, daß ein Gemenge 100 kg Glas ergibt. (Siehe auch die Bemerkungen S. 1323.)

d) Der Scherbenzusatz.

Über den Zweck und den Wert desselben besteht bei den Praktikern kein Zweifel aus Gründen, die im Bd. I, S. 226, näher ausgeführt sind. Selbstverständlich ist es, daß eine Kolben- oder Röhrenglasschmelze nur mit Scherben des gleichen Glases versetzt werden darf. Da bei dem Absprengen der Kappen bzw. dem Abschneiden der Kolbenhälse wie auch bei der Lampenfabrikation selbst erhebliche Mengen des Ballonglases abfallen, so stehen den Kolbenfabriken reichlich Scherben in reinster Qualität zur Verfügung. Eine weitgehende Verwertung derselben ist daher vom wirtschaftlichen Standpunkt geboten. Eine Beeinträchtigung der Qualität des Glases, selbst durch einen reichlichen Scherbenzusatz bis zu 75% findet, wie sorgfältige Versuche der Praxis zeigten, nicht statt. Die Meinung, daß viel Scherben das Glas spröde machen, trifft jedenfalls für den Verarbeitungsprozeß der Glühlampenkolben, bei welchem kein Schleifen stattfindet, nicht zu. Auch die oft behauptete Alkalienverringerung der Verdampfung macht sich praktisch nicht bemerkbar. Der normale Scherbenzusatz wird natürlich selten eine so extreme Zusatzziffer erreichen. Er wird dem natürlichen Abfall in der Glashütte und der Glühlampenfabrik entsprechend, 30—35% des Gewichtes der eingelegten Gemenge kaum überschreiten, wenigstens bei den mundgeblasenen Kolben. Bei der maschinellen Herstellung ist er allerdings erheblich höher (50—60%).

e) Abwiegen und Mischen der Schmelzmaterialien.

Der Sorgfalt, mit der alle Vorbereitungen für die Gemengemischerei getroffen werden, muß auch die Ausführung des Abwiegens und Mischens entsprechen.

Die Gattierungswaage, die Band I, S. 203, besprochen ist, ist sehr praktisch und empfehlenswert. Sie wird erhöhte Bedeutung dort haben, wo z. B. große Massen Gemenge für Wannenbetrieb gemischt werden müssen. Dem gleichen Zweck dient die Spezialgemengewaage in Schaltgewichts-Konstruktion, die von der Firma Dinse-Maschinenbau-Gesellschaft, Berlin-Reinickendorf-Ost hergestellt wird[1]). Sie zeichnet sich durch eine, jedes Falschwägen ausschließende Gewichtsschaltvorrichtung aus, die außerdem jede abgewogene Menge auf einem Papierstreifen registriert und somit auch späterhin eine Kontrolle der Gemengezubereitung ermöglicht.

Für den Hafenofenbetrieb wird man sich besser in herkömmlicher Weise mit einzelnen Gemengen, die sich aus kleineren Posten der Rohmaterialien zusammensetzen, begnügen. Zu deren Abwiegen reichen Dezimalwaagen, die sauber gehalten werden, vollkommen aus. An Stelle der Gewichte kann man, wenn man die Abwägemengen geheimhalten will, Taren verwenden.

Für die Bemessung der Materialien, die nur in geringen Mengen in den Glassatz kommen, bedient man sich einer kleinen Schalenwaage.

Die Entfärbungsmittel werden gewöhnlich im Betriebsbüro oder im Laboratorium zugabefertig vorbereitet.

Die hauptsächlichen Gemengematerialien wiegt man entweder direkt in den auf der Waage stehenden Mischtrog oder in kleinere Behälter, die dann in die Mischtröge entleert werden.

Das letzte Verfahren ist vorzuziehen, da es viel größere Gewähr für die Sauberkeit und richtige Abwägung bietet. Man besitzt für jedes Material ein oder mehrere Behälter. Im letzteren Falle sind dieselben unter sich gleich schwer gemacht. Jedem Behälter oder jeder Behälterserie entspricht ein Taragewicht. Die Größe der Behälter entspricht der Menge des einzuwiegenden Materials. — Dadurch sind schon von vornherein Verwechslungen der Materialien oder das Aufsetzen eines falschen Taragewichtes leicht bemerkbar.

Hölzerne Behälter kann man mit Zinnblech ausschlagen, um ein leichtes und restloses Herausgleiten des Mischgutes zu erzielen und große Sauberkeit zu erreichen.

Die Reihenfolge, in der die Gemengebestandteile abgewogen werden, ist nur dann gleichgültig, wenn mit einer Maschine gemischt wird. Für das Gemengemischen durch Krücken von Hand wägt man zuerst die spezifisch leichten und voluminösen Bestandteile, wie Soda und Pottasche, ab und bettet dann die schweren, daher im Volumen geringeren Substanzen, z. B. Baryt usw., darin ein. Auf diese Weise werden die letzteren vollständig dem Mischprozeß zugeführt und bleiben nicht in den Ecken des Mischtroges hängen. Der Sand wird zuletzt auf das Gemenge gegeben.

Für das Mischen der Gemenge ist mit Rücksicht auf die Homogenität der zu erzielenden Glasmasse und das gleichmäßigere Einschmelzen die Verwendung einer Mischmaschine sehr zu empfehlen. Die Drais-Smith-Mischmaschine (s. Bd. I, S. 206) und die Eirich-Mischmaschine können gegenwärtig als die vollkommensten Apparate gelten, die in kürzester Zeit ein homogenes Gemenge herstellen.

Das Mischen eines Gemenges von 100 kg Gewicht nimmt in diesen Maschinen ein bis zwei Minuten in Anspruch. Das Gemenge wird in Tröge entleert, die dann zum Ofen transportiert werden, nachdem

[1]) Vgl. S. 994, Die Glashütte, Dresden, Jahrgang 1927. Nr. 50.

jedem derselben eine abgewogene Menge Scherben desselben Glases, das man einschmelzen will, beigegeben wurde.

Zu den Sicherungen des Betriebes gehört eine periodisch ausgeführte Kontrolle des Gemenges, sowohl auf die Richtigkeit der Zusammensetzung wie auch auf die Homogenität der Mischung, die ausschließlich eine Funktion der Mischdauer ist.

Zweckmäßig verbindet man beide Proben miteinander, indem man zuerst das aus der Mischmaschine entleerte Gemenge an einigen Stellen auf Homogenität der Mischung prüft und, wenn diese erwiesen ist, eine größere aus Einzelpartien zusammengemischte Probe einer quantitativen Untersuchung auf die einzelnen Bestandteile unterwirft.

Für beide Proben kann man sich einer subtraktiven Schnellmethode bedienen, die darin besteht, daß man nacheinander die einzelnen Bestandteile mit Hilfe ihrer Lösungsmittel abscheidet. So löst man zunächst aus einer Probe von etwa 10 g die Alkalien durch Auskochen mit heißem Wasser und bestimmt ihre gemeinschaftliche Menge durch Titration, dann scheidet man die alkalischen Erden durch verdünnte Salzsäure aus, darauf die Mennige durch Salpetersäure unter Zusatz von Oxalsäure oder Wasserstoffsuperoxyd, worauf schließlich als Rest der Sand als Unlösliches verbleibt. In den einzelnen Lösungen werden die Bestandteile nach den üblichen analytischen Methoden bestimmt.

Das Verfahren ist nicht ganz exakt, genügt aber den Anforderungen einer Betriebskontrolle vollständig. Sie wird sehr erleichtert, wenn man sie mit einem Parallelversuch an einer in der Reibschale genau gemischten Gemengeprobe vergleicht. Es genügt dann bei einiger Übung eine Abschätzung der Reaktionsprodukte, um größere Abweichungen von der Vorschrift festzustellen.

3. Die Schmelzöfen.

Da die Glühlampenindustrie bis in die jüngste Zeit hinein Bleiglas verwendet hat, das sich in Wannenöfen nicht erschmelzen läßt, so sind vielfach noch Hafenöfen für das Glühlampenglas in Verwendung. Sie haben sich auch dort noch gehalten, wo man bereits zum bleifreien Glas übergegangen ist, aber noch mit Mundblasearbeit fabriziert.

In den Fabriken, die bleifreies Kolbenglas mit Maschinen verarbeiten, hat man indessen schon wegen der kontinuierlichen Arbeit die Wanne als Schmelzgefäß für das bleifreie Glas eingeführt. In Europa arbeiten bereits einige große Werke in dieser Weise.

Natürlich ist der Wannenofen viel wirtschaftlicher, aber doch ist er nur dort am Platz, wo eine große und gesicherte Produktion mit der Maschine zu fabrizieren ist. Der Hafenofen verdient den Vorzug in den meisten Fällen, wo man den Umfang der Produktion einmal einschränken, einmal erweitern will und man Gelegenheit hat, einzelne Häfen auch mit anderem als dem Kolbenglas zu belegen. Außerdem gestattet der Hafenofen das Nebeneinanderschmelzen verschiedener Glassorten, das in der Glühlampenglasfabrikation vorkommt, weil meistens die Röhren eine andere Zusammensetzung haben. Auch Spezialgläser wie Opalglas und Farbgläser können auf dem Hafenofen neben den Klarglaskolben gearbeitet werden. Allerdings liegt in der gleichzeitigen Beschickung des Hafenofens mit verschiedenen Glassorten auch die große Gefahr, daß die Qualität der einen Glassorte leidet, indem alle Sorgfalt der Schmelze einer anderen zugewendet wird.

Demgegenüber scheinen die bei Philips in Antwerpen in Betrieb befindlichen, mit Ölgas beheizten Einhafenöfen eine gute Lösung des Ofenproblems darzustellen. Wie im Betrieb der optischen Glasschmelzereien, steht dort jeder Hafen in einer separaten Ofenkammer, die durch Ölgas geheizt wird. Der Wärmebedarf jedes Hafens kann infolgedessen individuell reguliert werden. Außerdem ist der Hafenwechsel jederzeit nach Bedarf möglich, eine Manipulation, die am Vielhafenofen häufig gar nicht oder meist nur schwierig möglich ist, aber doch stets dann notwendig wird, wenn stark hafenfressende Gläser neben anderen, in dieser Beziehung indifferenteren, geschmolzen werden.

a) Hafenöfen.

Man hört zuweilen, daß die Herstellung des Glühlampenglases spezielle Konstruktionen des Hafenofens bedingt. Das ist wohl zu viel gesagt. Grundsätzlich läßt sich in jedem heißgehenden Hafenofen auch Kolbenglas schmelzen.

Wichtig ist, daß die Schmelze bei hoher Temperatur durchgeführt wird und der Ofen nicht nur gute Oberhitze sondern auch gute Bodenhitze bekommt, damit das Glas sich rasch und vollkommen blank schürt. Man wird also Regenerativöfen, meist in der Form von „Büttenöfen" mit stehenden Kammern und niederem Gewölbe anwenden. Diese erfahrungsgemäß bewährte Konstruktion hat den Zweck, die Rückstrahlung des Gewölbes so intensiv wie möglich auszunützen. Sie steht aber auch keineswegs im Widerspruch zu den neueren Ansichten über die Wirkung der Flamme im Ofen, die der Eigenstrahlung der Gasmassen und ihrer Strömungsgeschwindigkeit die Hauptwirkung der Hitzeabgabe beimißt[1]).

Bei einem niedrig gehaltenen Gewölbe wird der Ofenraum kleiner und die Flamme legt den Weg von der Einströmbütte zur Abgasbütte in der Form eines breiten Bandes zurück, das den Raum des Ofens ziemlich ganz ausfüllt, daher ist die Hitzeabgabe durch Strahlung weit gleichmäßiger nach allen Seiten, als wenn ein hohes Gewölbe der Flamme Raum zur Ausbreitung in Regionen gibt, die keiner Wärme bedürfen. Gleichzeitig sorgt die Enge des Raumes für eine rasche Strömung des Gases und eine permanente Abgabe von fortdauernd erneuerter schärfster Hitze.

Die Wechselflamme des Regenerativofens kann es mit sich bringen, daß zeitweise die eine, dann die andere Ofenhälfte kälter geht. Das wirkt namentlich beim Ausarbeiten des Glases störend, weil die Glasschmelze leicht verschiedene Zähigkeiten annimmt und die Regelmäßigkeit der Formgebung darunter leidet.

Man beseitigt den Mangel der Wechselfeuerung, indem man den Ofen tagsüber während der Ausarbeitungszeit auf „Konstantflamme" gehen läßt.

Während der Konstantheizung brennt das Gas gleichzeitig aus beiden Bütten. Die zwei Flammen bilden zunächst im Ofen zwei große von der Kappe reflektierte Pilze, die den ganzen Ofenraum gleichmäßig erhitzen. Sie werden dann zwischen den Häfen hindurch von den Konstantkanälen abgezogen.

Die Strömungsgeschwindigkeit der Gase ist bei der Konstantfeuerung geringer als beim Wechselfeuer, daher ist auch die übertragene Wärme im Ofen etwas geringer, aber sie ist gleichmäßiger verteilt, was die obenerwähnte konstante Viskosität der Schmelze ergibt.

Man kann auch die einzelnen Konstantabzüge mit Schiebern versehen und jeden für sich regulieren, dadurch hat man es in der Hand, einzelne Häfen mit einem stärkeren oder geringeren Feuergasstrom zu umgeben und demnach heißer oder kälter gehen zu lassen.

Gegenüber diesen speziellen Vorzügen der Öfen mit Konstantfeuerung darf nicht außer acht gelassen werden, daß die Kammern während der Arbeitszeit keine heißen Abgase empfangen und daher allmählich erkalten, so daß bei Beginn der Schmelze die Frischluft unter Zugmangel leidet und die Verbrennung zunächst unvollkommen und daher unwirtschaftlich ist. Erst nach mehrmaligem Wechseln sind auch die Luftkammern soweit wieder aufgebeizt, daß der Ofengang normal wird.

Endlich tritt beim Bau von Glasöfen für Kolbenglas ein Gesichtspunkt, der bei den Öfen für anderes Weißhohl- oder Kristallglas schon betont ist, besonders stark hervor. Es ist die Ausnutzung des Platzes an der Werkstelle, die die Wahl des runden Herdes, kurz des „Rundofens" fordert.

Wie wir später sehen werden, arbeiten an einem Hafen wenigstens 6, manchmal auch 8, zuweilen sogar 10 Glasmacher. Je 2 Mann arbeiten in eine Form. Es muß daher die Peripherie der Arbeitsbühne mit 3, 4 sogar 5 Einnetzfässern für jeden Hafen

[1]) Vgl. Bd. I, S. 462.

besetzt werden. Zwischen diesen und den Arbeitslöchern bewegt sich dann eine in der sonstigen Glasindustrie ganz ungewohnt große Menge arbeitender Personen. Um für diese und die Besetzung des Werkbühnenrandes mit möglichst vielen Einnetzfässern genügend Platz zu gewinnen, muß der Ofen entsprechend gestaltet sein. Die zweifellos günstigste Form bietet der runde Ofen. Hier ist für jeden Kolbenmacher gleichviel Platz vorhanden.

Er ist, wenigstens in der deutschen Glasindustrie, wenig in Gebrauch, obwohl ihm außer dem speziellen Vorteil der günstigen Werkstellenanordnung auch eine sehr gute Wärmeverteilung nachgerühmt wird. H. Knoblauch beschreibt einen solchen Rundofen[1]) und gibt an, daß das günstigste Größenverhältnis einen Fassungsraum für 12 Häfen von 100 cm äußerem Durchmesser und 60—65 cm Höhe entspricht.

Aus der Beschreibung des von ihm konstruierten Rundofens ist hervorzuheben, daß derselbe mit vier Schlitzbrennern ausgestattet ist, von denen je einer als Bogensegment ausgebildet in jedem Quadranten des Ofens liegt. Die Feuergase ziehen wechselweise zwischen zwei nebeneinander liegenden Bütten, so daß also stets zwei parallele Flammenbogen nebeneinander laufen. Dadurch wird die Erhitzung des Ofens eine sehr intensive. Die Abnützung des Ofens wird gleichmäßig dadurch, daß die Feuerführung zwischen den Quadrantenpaaren gewechselt werden kann. Der Rundofen verdiente für die Kolbenfabrikation mehr Beachtung, als ihm bisher zuteil wurde.

Vorherrschend sind immer noch die auch sonst in der Glasfabrikation üblichen ovalen Öfen, wie sie Kap. 14, S. 1214 u. f. beschrieben sind.

Bei diesem werden die Häfen so gesetzt, daß an die beiden Steuer je ein Hafen zu stehen kommt, neben den man evtl. sogar noch ein Sätzel stellt. Es geschieht dies, weil die Werkbühne vor den Steuern den meisten Raum bietet und dort bis zu zehn Kolbenmacher beschäftigt werden können.

Die für Hohlglas sonst sehr beliebte Hafenanordnung im Ovalofen, die Steuerenden stumpf zu halten und dort zwei Häfen mit seitlich angeordneten Arbeitslöchern aufzustellen, ist für das Kolbenmachen unpraktisch.

Die Größe der Kolbenhäfen richtet sich nach dem Umfang der Fabrikation. Da ein guter Kolbenmacher in 8 Stunden ca. 800 Rohballons im Gewicht von 60 g auszuarbeiten vermag, so erfordert dies bei einer Besetzung mit 8 Mann pro Hafen einen Glasinhalt von 385 kg. Man gibt daher den Häfen entsprechende Größe, also mindestens 95 $\times$ 65 cm oder auch noch größer. Kleinere Häfen haben nur dann Sinn, wenn die Produktion gering gehalten werden muß.

Für bleihaltiges Glas genügen dieselben Häfen, wie sie die Kristallglasfabrikation verwendet. Manche geben dafür den tonsubstanzreicheren, standfesten, aber im Glasfeuer leichter löslichen böhmischen Tonen (Trübauer) den Vorzug. Bleifreies Kolbenglas ähnelt in seiner Zusammensetzung und im Verlauf der Schmelze mehr dem Tafelglas. Daher soll sich der quarzreiche Großalmeroder Ton für die Häfen dieser Glassorte besonders eignen. Besondere Vorschriften lassen sich indessen nicht geben. Jede Fabrik hat ihre erprobten Sätze. Es kommt ja auch nicht nur auf die Massemischung, sondern auch sehr auf die Vorbereitung der Tone, Korngröße der Hafenschalen, die mechanische Herstellung und Trocknung der Häfen an.

Der Hafenwechsel wird vorgenommen, wenn Schlieren und Steine aufzutreten beginnen. Es ist wirtschaftlicher, frühzeitig die Häfen zu wechseln als Kolben zu fabrizieren, die in der Sortierung als unbrauchbar ausgeschieden werden müssen.

b) Wannenöfen.

Eine Verwendung von Wannenöfen für das Kolbenblasen mit der Pfeife findet nicht statt. Nur ausnahmsweise sind einzelne Kolbenbläser zur Anfertigung von Spe-

[1]) Hugo Knoblauch, „Neue Vorschläge für den Bau großer Regenerativgasöfen zum Schmelzen von Glas“, Sprechsaal **44** (1911), Nr. 35, 36, 37, S. 6.

zialtypen an der Wanne beschäftigt, wenn die Hauptmenge der Ballons an derselben gleichzeitig mit der Maschine hergestellt wird.

Die Wannen für gemischte und ausschließliche Maschinenarbeit sind Spezialkonstruktionen der Werke, die sich dieser Arbeitsmethode bedienen. Wir entnehmen der Festschrift, welche die Osram G. m. b. H. in Berlin anläßlich der Eröffnung ihres Maschinenglaswerkes in Spandau herausgegeben hat, über die dortige Wanne die nachfolgenden Angaben. Die beigeheftete Tafel XIX ist nach Zeichnungen, die Prof. Gehlhoff dem Herausgeber für diesen Zweck gütigst zur Verfügung gestellt hat, hergestellt.

Maschinenglaswanne. Im Gegensatz zu der in der deutschen Glasindustrie bisher üblichen Bauweise ist bei der Maschinenglaswanne der Unterofen nicht in die Erde versenkt, wo er nur durch enge Stollen mit künstlicher Beleuchtung zugänglich ist. Hier stehen vielmehr die Kammern, denen das von Teer, Staub und Wasserdampf gereinigte Frischgas in eisernen Rohrleitungen zugeführt wird, zu ebener Erde des Ofenhauses, seitlich von dem Wannenboden (1).

Dieser ist aus dicken Schamotteblöcken gebildet, nicht aus übereinandergeschichteten Platten, wie sonst üblich ist. Er ruht auf einem Rost von eisernen Trägern, die auf hohe Pfeiler (2) aus Ziegelmauerwerk aufgelagert sind. Zwischen diesen, unter der Wanne, ist ein großes Becken aus Beton, das mit Wasser gefüllt werden kann und zur Aufnahme etwa ausfließenden Glases dient.

Die Wanne selbst liegt also ein Stockwerk hoch über diesem Becken und ist wie üblich zweiteilig, aus Schmelzwanne und Arbeitswanne bestehend. Bemerkenswert ist, daß an Stelle der sonst üblichen schwimmenden Brücke eine festeingemauerte, aus hohlen Wannenblöcken gebildete, steht, deren Hohlraum durch kalte Luft gekühlt wird.

Ein weiteres konstruktiv interessantes Moment ist der Bau der Bordwand der Wanne, der bei der neuesten Ausführung nicht mehr aus übereinander liegenden Blöcken gebildet wird, vielmehr aus Schamottequadern von ca. 1200 mm Höhe errichtet ist, die mit ihrer kleinsten Fläche auf dem Rand des Wannenherdes hochkant stehen und mit ihren geschliffenen Seitenflächen direkt aneinander anschließen.

Die drei Brenner (5) sind seitlich angeordnet. Jeder Brenner hat seinen eigenen automatisch funktionierenden Gas- und Luftwechsel nach dem Knoblauchschen System. Es hat dies zunächst den Vorteil, daß man durch individuelles Einstellen jedes Brenners die Temperatur in der Wanne nach Belieben regulieren kann und weiterhin, daß sich Reparaturen an jedem Brenner ohne Störung des Gesamtbetriebes vornehmen lassen. Zur Erklärung weiterer Einzelheiten dienen folgende Bezeichnungen:

6 Gaszufuhr,
7 Ventilsitze für Gasumschaltung,
8 Ventilsitze für Luftumschaltung,
9 Abgaskanal,
10 Schornsteinschieber.

Bemerkenswert ist auch die mörtellose Mauerung der Wannenblöcke, die nur durch das schmelzende Glas gedichtet sind und die von außen her durch Anblasen der Fugen mit Preßluft gekühlt werden. Die Glasentnahme erfolgt durch eingehängte Stiefel, damit die in die Wanne greifenden Saugarme der Maschine vor den Feuergasen geschützt sind.

Diese Stiefel tauchen nur wenig unter die Glasoberfläche, um den Zustrom des weichen Glases nicht zu behindern. Wenn ihr im Glas stehender Rand sich aufzulösen beginnt, so kann er durch einen eingelegten Schamottering in der Größe des Stiefeldurchmessers noch einige Zeit geschützt werden.

Die Schmelzwanne mißt 6 × 5 m, die Arbeitswanne 3,5 × 5 m, der Inhalt der Wanne beträgt bei einem Glasstand von 1 m 130 t Glas.

Abb. 1302 stellt die neuere Form einer Regenerativwanne für vier Kolbenblasemaschinen dar. In dem großen Baugedanken entspricht sie vollkommen der vorherigen. Sie unterscheidet sich im wesentlichen nur durch die Gestaltung der Zwischenwand und des Durchlasses, sowie durch die runde Begrenzung der Arbeitswanne, die eine vorteilhaftere Aufstellung der Maschinen gestattet.

Bei der in Form eines Gitters (um aufheizende Feuergase auch nach der Arbeitswanne gelangen zu lassen) aus Dinasblöcken errichteten Zwischenwand, ist besonders hervorzuheben, daß sie sich nach der Mitte verjüngt, infolgedessen besser von außen zugänglich und kühlbar ist. Wichtig ist die Tatsache, daß der Durchlaß unter die Unterkante des Wannenbodens heruntergezogen ist, so daß dieser syphonartig wirkt und von außen starke Kühlung erfährt. Eine weitere Änderung betrifft den Abgaskanal, der bis kurz vor den Schornsteinschieber (10) durch eine Zunge in zwei Teile, für die Gas- und für die Luftkammer getrennt ist. Die in der Abbildung befindlichen Zahlen korrespondieren mit denen der oben erläuterten Tafel A, es bedeutet *9g* den von den Gaskammern, *9e* den von den Luftkammern wegführenden Abgaskanal.

Bei einer noch neueren Wannenkonstruktion ist die Zwischenwand nicht gitterartig sondern massiv gebaut, trennt also die Arbeitswanne von der Schmelzwanne vollkommen. Für die Aufheizung der Arbeitswanne dienen zwei separate Brenner mit Rekuperativfeuerung, welche seitlich an der Arbeitswanne vor der Zwischenwand münden. Diese Konstruktion gestattet eine viel günstigere Temperaturregelung im Arbeitsraum und schützt diesen zugleich vor Gemengeflugstaub aus dem Schmelzraume.

4. Durchführung der Schmelze.

Im vorigen Abschnitt wurde bereits darauf hingewiesen, wie unzweckmäßig es ist, verschiedene Glassorten an einem Hafenofen abzuschmelzen. Ganz besonders macht dies Schwierigkeiten, wenn Farbgläser, Opal- und Klarglas, bleifreies und bleihaltiges Glas nebeneinander hergestellt werden sollen.

Es kann vom besten Schmelzer nicht verlangt werden, daß er diese Aufgaben ohne Glasfehler bewältigt, abgesehen davon, daß der Hafenverschleiß bei verschiedenen Glassorten unterschiedlich ist, und ein öfteres teilweises Eintragen neuer Häfen erfordert, wodurch auch der Ofen sehr leidet. Aber, wenn auch nur eine Glassorte auf dem Hafenofen abgeschmolzen wird, so werden dennoch die Gläser aus den verschiedenen Häfen zuweilen kleine Unterschiede im Verhalten zeigen. Es kommt vor, daß die Viskosität der Gläser verschiedener Häfen verschieden ist, ja sogar die Analyse des Inhaltes verschiedener Häfen weist Unterschiede im Tonerdegehalt und in den Alkalien auf, die natürlich den Ausdehnungskoeffizienten und die Verarbeitbarkeit vor der Flamme nicht unwesentlich beeinflussen. In diesen Unterschieden kommt die Feuergeschichte der einzelnen Häfen wieder zum Vorschein.

Diesen Differenzen steht die Schmelztechnik ziemlich machtlos gegenüber. Die beste Sicherung ist ein gleichmäßiger Ofengang, also ein gut konstruierter und gut geleiteter Ofen und eine gleichmäßig ansteigende Schmelztemperatur sowie die größte Gleichmäßigkeit des Gemenges in allen Häfen, sowohl nach der Zusammensetzung, wie nach der Vollkommenheit der mechanischen Mischung und des Scherbenzusatzes.

Daß die pyrometrische Überwachung der Schmelze bei der Herstellung der Glühlampengläser mehr als bei jeder anderen Glassorte angebracht ist, bedarf wohl keines besonderen Hinweises mehr. Beim Hafenofenbetrieb ist sie wünschenswert, beim

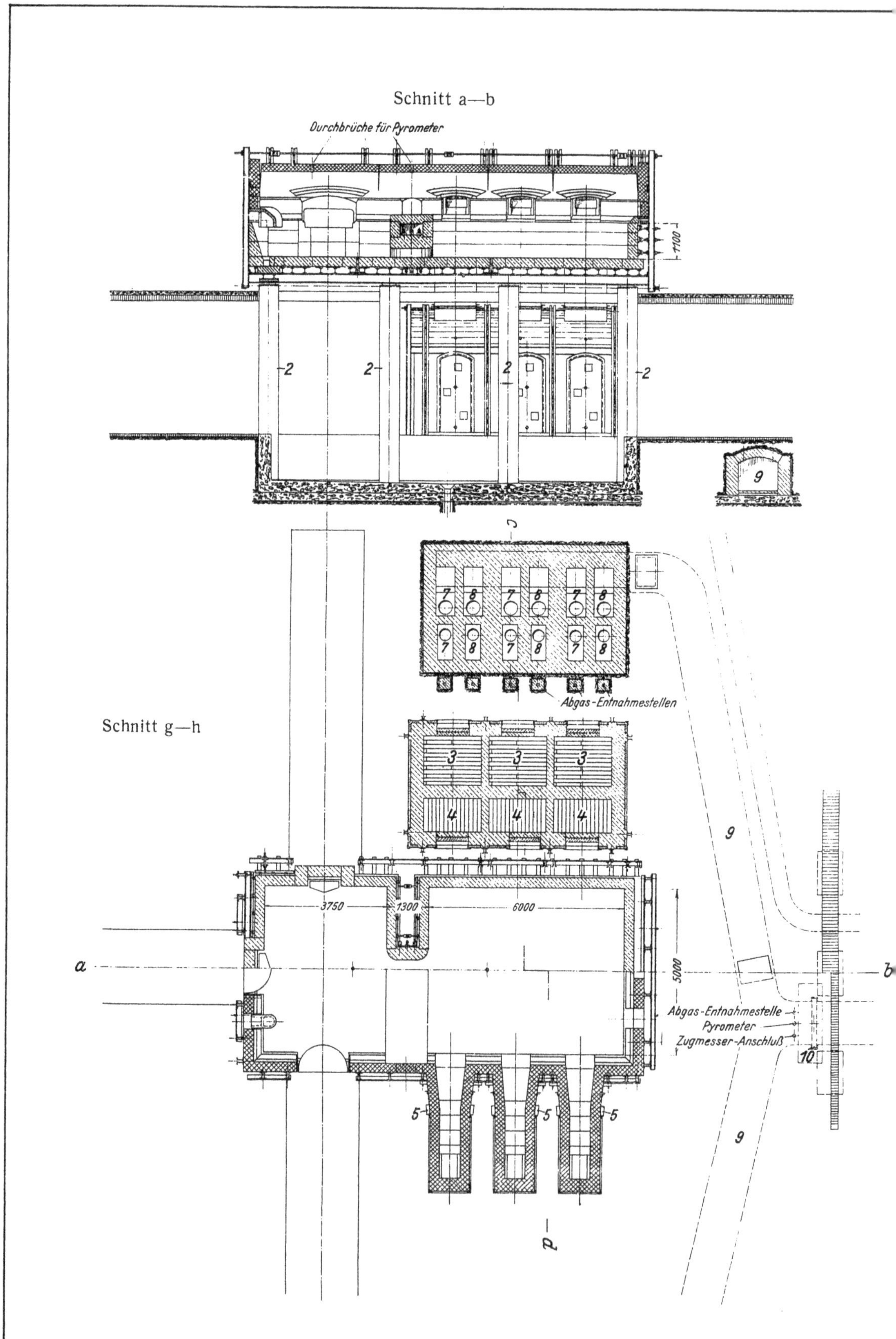

Steindruck von Klein & Volbert, München.

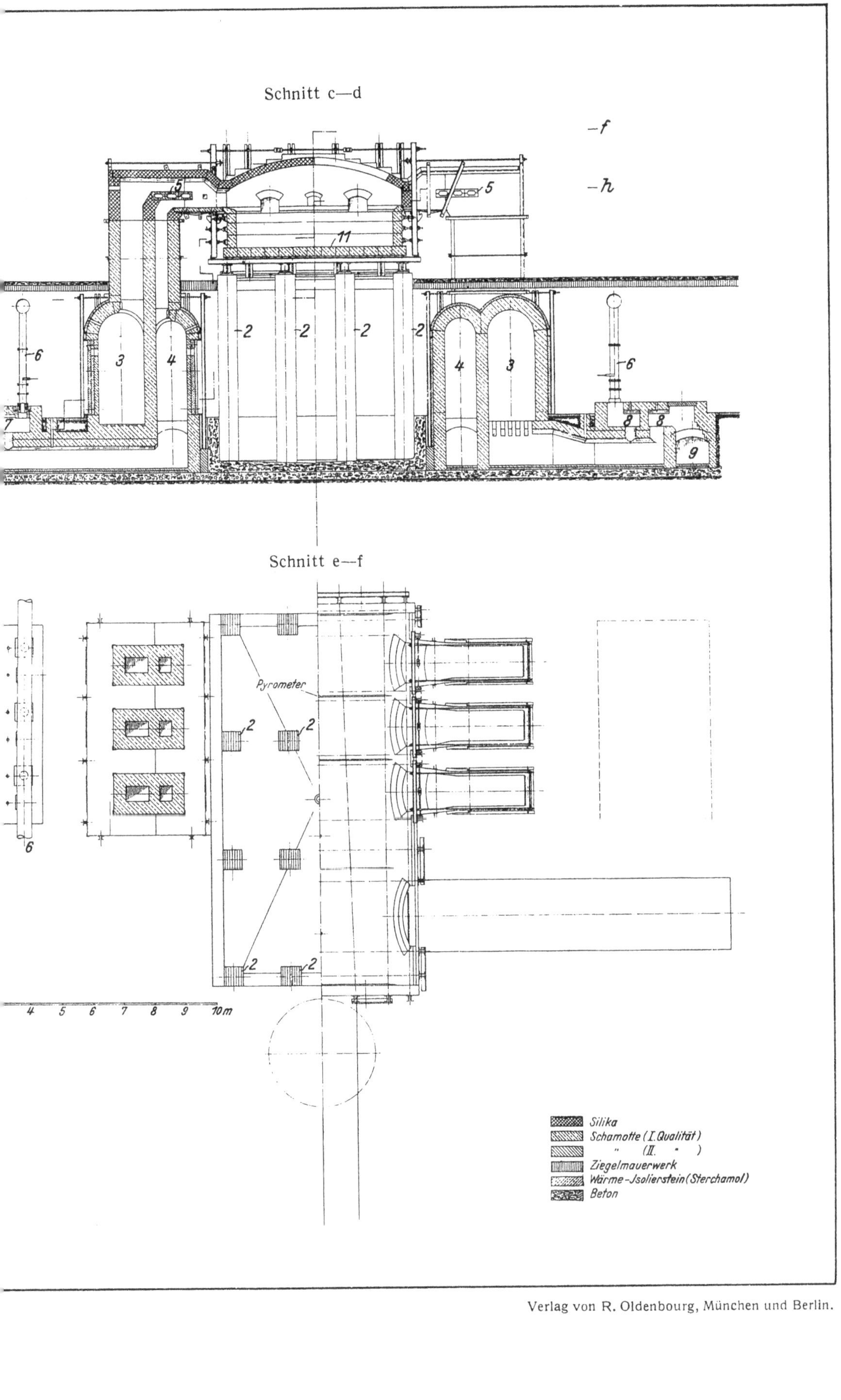

Verlag von R. Oldenbourg, München und Berlin.

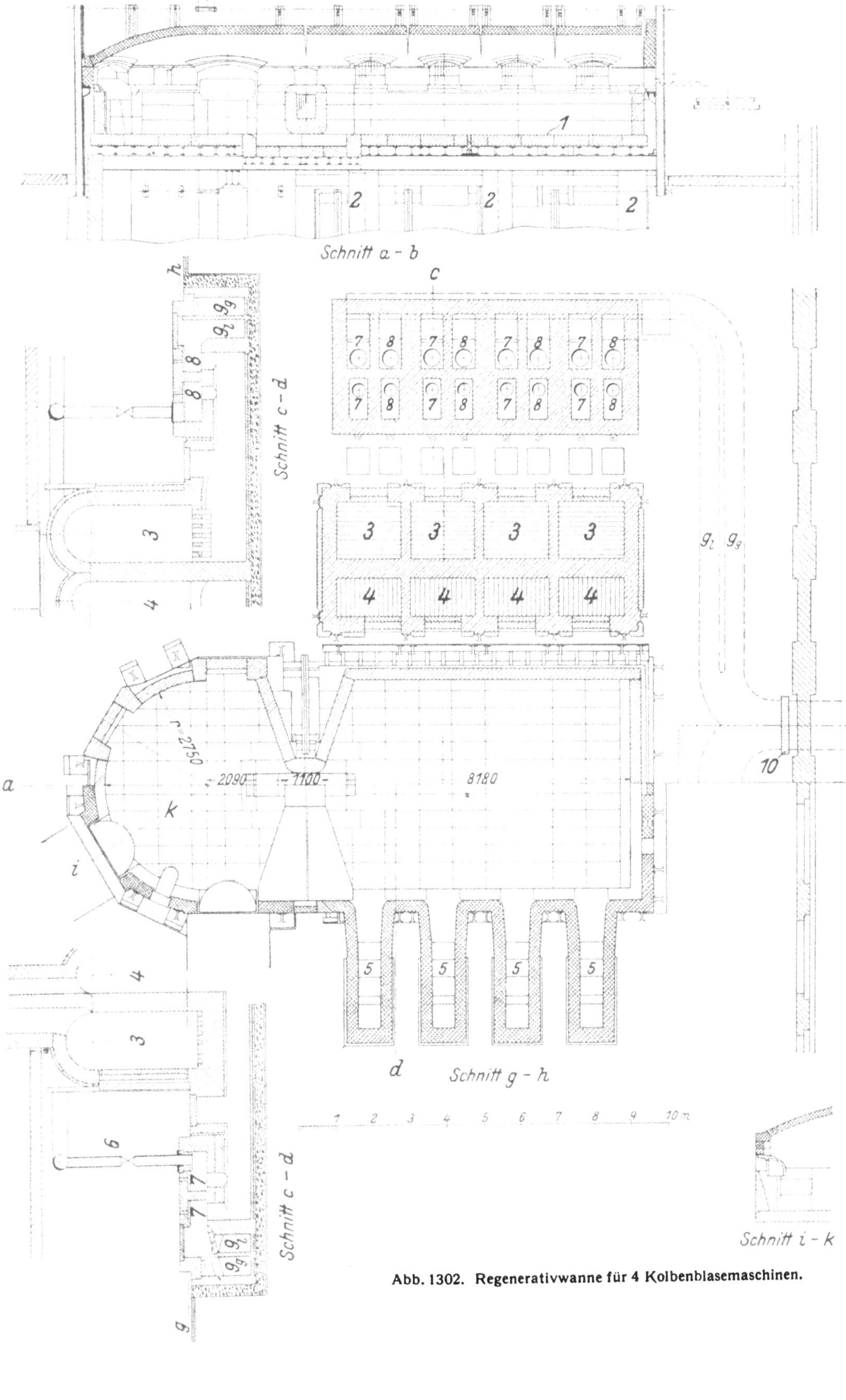

Abb. 1302. Regenerativwanne für 4 Kolbenblasemaschinen.

Betrieb der Wanne für Maschinenglas ist sie unentbehrlich. Instrumentarien und Handhabung sind im 6. Kapitel des ersten Bandes eingehend erörtert.

Kontrolle der Schmelzen. Beim Hafenofenbetrieb ist die sog. Krümmungsprobe ein sehr gutes Hilfsmittel, die Übereinstimmung der einzelnen Schmelzen untereinander annähernd und rasch zu überprüfen. Sie ist in Kap. 14, S. 1213, kurz beschrieben.

Eine in der Praxis bewährte Ausführungsform ist die folgende: Von einer wohlgeratenen Schmelze, deren Ausfall befriedigt hat, macht man sich eine größere Anzahl Stäbchen von etwa 20 cm Länge und 3 mm Dmr. Mit diesen Standardgläsern vergleicht man dann in Zukunft alle Schmelzen.

Aus jedem Hafen wird täglich — am besten natürlich morgens — je ein Stäbchen ähnlichen Durchmessers gezogen.

Je ein Stäbchen des zu prüfenden und des Standardglases wird in der Gebläseflamme erweicht und flachgedrückt. Die flachen Enden werden übereinandergelegt, vor der Flamme miteinander verschmolzen und gemeinsam zu einem geraden Glasfaden ausgezogen, dessen Dicke auf die Länge von 20 cm konstant sein und nicht mehr wie höchstens 0,3 mm betragen soll, was man am besten mit einem Mikrometer nachmißt. Nach dem Ausziehen werden die beiden Stäbchenenden und der übrigbleibende Glasfaden beobachtet.

Sind die Ausdehnungskoeffizienten der beiden Gläser gleich, so liegt der aus den beiden übereinandergeschmolzenen Stabenden gezogene Faden vollkommen glatt.

Besteht dagegen ein Unterschied in den Ausdehnungskoeffizienten, so biegt sich der Doppelfaden zu einem Bogen, dessen innere Seite von dem Glas mit dem größeren Ausdehnungskoeffizienten gebildet wird.

Bei Gläsern, die nur eine quantitative Differenz ihrer Bestandteile aufweisen, eignet sich diese Methode sogar zu einer annähernden Vergleichsbestimmung der Größe der Ausdehnungskoeffizienten.

Zu diesem Zweck legt man den gekrümmten Faden so auf ein Blatt Millimeterpapier, daß er auf einer der geraden Linien eine Sehne von 200 mm Länge einschließt. Der in der Mitte des Bogens gemessene Abstand von der Grundlinie, also die Höhe der Sehne, die sich auf dem Millimeterpapier leicht ablesen läßt, ist ungefähr umgekehrt proportional dem Krümmungsradius des Glasstreifens und bildet damit indirekt eine Maßzahl für den Ausdehnungskoeffizienten des zu prüfenden Glases, vorausgesetzt, daß die eine Seite des Doppelstreifens aus einem konstanten Standardglas besteht.

Man ermittelt empirisch, bis zu welchem Grad der Krümmung ein Glas noch verwendbar ist, und bezeichnet den Wert plus oder minus über der Geraden, als die Toleranz der Abweichung vom Standardglas.

Auf diese Weise lassen sich die einzelnen Häfen täglich mit dem Standart vergleichen und abweichenden Falles durch kleine Zusätze von Alkalien auf den gewünschten Ausdehnungskoeffizienten abstimmen.

Außer dieser Prüfung, die für die Konstanthaltung des Verarbeitbarkeitszustandes der täglichen Produktion wichtig ist, kommen für die Hütte evtl. noch die Prüfung des spezifischen Gewichtes in Frage, deren Ausführung keine Schwierigkeiten bietet.

Interessant ist natürlich auch die Bestimmung der Viskosität der verschiedenen abgeschmolzenen Gläser, wegen der grundsätzlichen Bedeutung derselben für die Verarbeitbarkeit an der Lampenmaschine. Diese Prüfung kommt aber kaum als einfache Hüttenkontrolle in Frage. Durch ein physikalisches Laboratorium ausgeführt, würde sie von Zeit zu Zeit eine wertvolle Nachprüfung einer der wichtigsten Werkstoffeigenschaften des Glühlampenglases sein.

Dagegen sei hier noch eine Qualitätsprobe für das Glas erwähnt, die im Interesse der verarbeitenden Industrie liegt und von der Hütte leicht durchgeführt werden kann. Sie bezweckt, die chemische und mechanische Festigkeit zu prüfen, und wird als einfache Lagerprobe ausgeführt, indem ein nicht zu kleiner Posten Gläser, etwa 500—1000 Stück unter normalen Verhältnissen und in normaler Verpackung eingelagert wird. Ein Teil des Postens wird in regelmäßigen Zeitabständen, etwa alle 8 Tage ausgepackt und auf Angriffserscheinungen, Totalbruch und Sprünge im Ballonkörper geprüft. Beobachtungen, die an einem bleifreien Glase ausgeführt wurden, zeigten in den ersten 8 Tagen nach der Fabrikation keine mechanischen Defekte, nach 14 Tagen waren mehrere vorhanden, das Optimum war nach 3 Wochen erreicht, und von da ab traten Sprünge kaum mehr auf. Der zweite Teil des Versuchsvorrates wird, wenn die kurzfristig untersuchten Ballons keine Verwitterungserscheinungen zeigen, lange Zeit — etwa ein Jahr — in Ruhe gelassen und dann auf etwaige Anzeichen der Verwitterung geprüft.

Zweckdienlich wird auch ein Gegenversuch mit der Lagerung unter ungünstigen Verhältnissen, z. B. in feuchter Atmosphäre ausgeführt oder Packungen in verschiedenen Materialien vorgenommen, um Hinweise auf die Haltbarkeit unter verschiedenen Bedingungen zu gewinnen[1]).

III. Die Herstellung der Kolben.

1. Gestalt und Qualitätsforderungen.

a) Die Typen der Glühlampenkolben.

Die äußere Form der Glühlampenkolben hat im Laufe der Zeiten vielfache Änderungen erfahren. Sie folgte in erster Linie den oft gewandelten Bedürfnissen der Lampenfabrikation. Daneben hat auch die Mode und das Bestreben der Beleuchtungskörperfabrikanten stets Neues zu bieten, eine verwirrende Mannigfaltigkeit der Formen hervorgerufen. So hatte die Osramgesellschaft bis zum Jahre 1925 nicht weniger als 6000 verschiedene Glühlampenformen hergestellt.

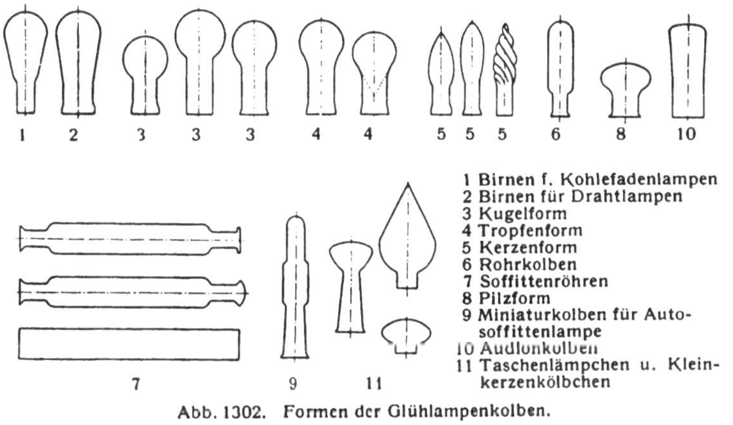

Abb. 1302. Formen der Glühlampenkolben.

Erst die Gründung des internationalen Glühlampenkartells hat zur allmählichen Vereinheitlichung und auch zur Vereinfachung der Ballonformen geführt. Tatsächlich fertigt die Mehrzahl der amerikanischen Glühlampenfabriken nur noch wenige Grundformen, allerdings in verschiedenen, der Lichtstärke entsprechenden Größen an, und die europäischen Fabrikanten folgen bereits diesem Vorbild.

Gegenwärtig beherrschen noch die folgenden, in Abb. 1302 wiedergegebenen Ballontypen den Markt.

1. Birnen ohne Hals, mit rohrförmigem Ansatz, für die Herstellung von Kohlenfadenlampen verwendet. Einstmals die allgemein herrschende Form, ist dieser Typ heute bereits zur Spezialität geworden.

2. Birnen mit weitem Hals, der Ballon für die Anfertigung der luftleer gepumpten (Vakuum-) Lampen mit gestrecktem, in der Richtung der Ballonlängsaxe angeordnetem Draht.

[1]) Es sei hier auf die vorzügliche Abhandlung über diesen Gegenstand von Gehlhoff und Schmidt über die Verpackung von Glaswaren „Sprechsaal“ **60** (1927), 336 verwiesen.

3. Kugelförmige Ballons mit weitem kurzem oder engerem Hals und schroffem Übergang vom kugelförmigen Körper zum zylindrischen Hals. Dieser Ballon dient zur Montierung der gasgefüllten Lampen mit spiralisiertem Draht, der in der Ebene des Horizontalschnittes der Lampe eingebaut wird.

4. Die „Tropfen"form, die eine glückliche Kombination zwischen Birne und Kugel darstellt und eine gefällige Form mit den vielseitigen technischen Vorzügen vereint und die zu Beginn des Jahres 1926 in Verwendung kam, kann als die Einheitslampenform der Zukunft angesehen werden. Man wird sich auch auf den ersten Blick überzeugen, daß dieser Kolbentyp auch in der Glashütte sehr gut zu arbeiten ist, da er im Grunde genommen die Form des aus freier Hand geblasenen Külbels ist.

5. Mit den „Kerzenformen" wenden wir uns eigentlich schon den Spezialtypen zu, bei denen die dekorative Wirkung vor die technische Zweckmäßigkeit gestellt ist. Man unterscheidet „glatte" Kerzen und „gedrehte" Kerzen, die das Bild der flackernden Flamme wiedergeben sollen.

6. Mit „Rohrkolben" bezeichnet man die Ballons für zylindrische Lampen von geringem Durchmesser, wie sie zum Einführen der Lampen durch enge Öffnungen dienen, so z. B. Faßausleuchten.

7. Eine Spezialgruppe bilden die „Soffittenballons", die für Lampen in engen Räumen, wie Schaufenstern, bestimmt sind, wo sie aus schmalen Blendkästen heraus große Flächenhelligkeit verbreiten sollen. Die Ballons sind entweder einfache gezogene oder in Formen eingeblasene Rohre oder gekröpfte Zylinder, welche bereits die verjüngten Ansätze für die Aufnahme der Lampensockel besitzen.

8. Von den „Phantasieformen", wie sie nur mehr selten für Dekorationen und Illuminationen verwendet werden, sollen nur die „Pilzlampen" und die „geriffelten" Ballons genannt werden. Während man Kolben in geometrischen Formen, wie Würfel oder Rhomboeder, allenfalls noch gelten lassen kann, können als Glühlampen ausgebildete Tiergestalten oder ähnliches nur als Geschmacksverirrungen bezeichnet werden.

9. Eine besondere Gruppe bilden die „Miniatur-Kolben" für Schwachstrom und Kleinbeleuchtung. Sie werden in ähnlichen Formen wir für die Großbeleuchtung hergestellt und dienen für Taschenlampen, Auto- und Apparatebeleuchtung und für Signal- und Illuminationszwecke. Die Verarbeitung zur Lampe bedingt oft Ballonformen, die man in der fertigen Lampe nicht wieder erkennt, so z. B. die Autoscheinwerferlampen, die als Rohballon zwei röhrenförmige Ansätze an dem zylindrischen Ballonkörper tragen, die zum Ansetzen der Sockel dienen.

10. Endlich sind noch die Ballons für die Elektronenröhren der funktechnischen Apparate zu erwähnen, die auch als „Audionkolben" bezeichnet werden und deren Fabrikation mit der starken Verbreitung des Funkspruchwesens einen großen Umfang angenommen hat.

11. Außer diesen in der Glashütte an der Pfeife hergestellten Ballons verfertigen die Glühlampenfabriken selbst auch noch kleine Kolben, wie sie z. B. für die Taschenlampen gebraucht werden, durch Bearbeitung eines Glasrohres vor der Gebläseflamme.

b) Anforderungen an die Formgebung der Kolben.

Der Kolben, wie ihn der Glasbläser in der Hütte herstellt, heißt der Rohkolben. Besitzt er einen engen röhrenförmigen Hals, der nicht viel weiter ist als der Durchmesser der Glasmacherpfeife, so wird er direkt von dieser abgeschlagen. Es ist dies bei den Kolben für Kohlenfadenlampen und bei gewissen Miniaturen und Rohrkolben der Fall. Bei den weithalsigen Ballons dagegen bildet, wie bei allen anderen Gegenständen der Hohlglasindustrie, die einen weiteren Durchmesser als die Glasmacherpfeife haben, eine trichterförmige Kappe den Übergang zur Pfeife, von der sie in der üblichen Weise durch Abschlagen getrennt werden (Abb. 1304).

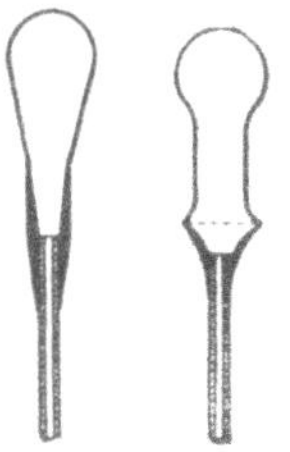

a *b*

Abb. 1304. Rohkolben an der Pfeife. *a)* enghalsiger Kolben ohne Kappe u. Wulst *b)* weithalsiger Kolben mit Kappe u. Wulst.

Die weitere Bearbeitung des Rohkolbens weicht indessen von der beim Hohlglas üblichen ab. Das dünne Glas der Ballons erlaubt im allgemeinen das Absprengen der Kappe durch Anritzen und Erhitzen der Ritzstelle nicht. Die Wandung des Kolbens würde dabei sehr leicht mechanisch zertrümmert oder beim Sprengen einlaufen, d. h. vom Rand aus einreißen, schief abspringen und sich schließlich auch wegen ihrer Dünnwandigkeit vor der Heizflamme deformieren. Außerdem wären billige Massenleistungen, wie sie die Natur des Artikels erfordert, ausgeschlossen. Der Kolben erhält daher unterhalb der Kappe, also am Ende des Ballonhalses, den sog. „Wulst".

Der Wulst ist eine Ausbuchtung der Ballonwand, ringförmig um dieselbe laufend und im Querschnitt ein Dreieck mit abgerundeter Spitze darstellend. Trotz dieser Abrundung herrschen in der Kante des Wulstes, die immer etwas verdickt ist, stärkere Spannungen und es genügt schon ein kurzes kräftiges Erhitzen ohne Anritzen, um den Wulst in der Kantenlinie abzusprengen. Wenn der Wulst sehr scharf ausgeblasen, oder wenn er durch Stauchen der Kappe, während der Ballon noch in der Eisenform steht, sehr breit geworden ist, so springt er schon bei leichtem mechanischem Anschlag ab. Man nennt diese vorzeitige freiwillige Abtrennung der Kappe auch Abringeln. Die Trennungsbahn folgt nicht immer der Wulstkante, sie verläuft in den Spannungslinien und damit nicht selten in den Ballonhals hinein, wodurch natürlich der ganze Kolben unbrauchbar wird. Wenn der Wulst schlecht ausgeblasen ist, ein Fehler, den zu begehen die Anfänger in der Kolbenblaskunst eine besondere Neigung zeigen, so ist der Wulstrand meistens ungleich dick und sprengt sich schlecht schartig oder auch an den Ballon einlaufend ab. Man sieht also, wie wichtig es ist, daß Arbeiter und Hüttenmeister auf einen gut ausgeblasenen Wulst achten.

Besonderen Wert muß die Lampenfabrikation auf die gleichmäßige Verteilung des Glases in der Kolbenform legen. Dadurch wird die Herstellung dieser an sich so einfach erscheinenden Glaskörper so schwierig, daß es langer Übung und eines guten Augenmaßes und Dosierungsgefühls bedarf, um einen allen Ansprüchen genügenden Kolben herzustellen. Diese Tatsache ist wenig bekannt und bei oberflächlicher Betrachtung auch nicht zu bemerken. Es hat sich aber oft gezeigt, daß gute Hohlglasbläser und sogar gute Kelchmacher, die doch gewiß an sauberes Arbeiten in ihrem Fach gewöhnt waren, als Kolbenmacher vollständig versagten. Auch das zwangläufige rasche Arbeitstempo am Kolbenhafen erfordert Geschicklichkeit und sichere Beherrschung aller Handgriffe.

Das Gewicht der Ballons einer Formart (Typ) soll untereinander möglichst gleichmäßig sein. Dadurch wird zunächst eine zolltechnische Forderung erfüllt. Da die Glühlampen in den meisten Ländern mit Gewichtszöllen belegt sind, so sucht man sie möglichst leicht zu machen. Diese Forderung überträgt sich direkt auf den Ballon, der ca. 90% des Gewichtes der Lampe ausmacht. Die untere Grenze der zulässigen Schwere wird durch die Verarbeitungsmöglichkeit am Lampenautomaten bedingt, die zu leichte Ballons ausschließt, während die Begrenzung nach oben technisch größere Toleranzen zuläßt und mehr durch die zollwirtschaftliche Zweckmäßigkeit bestimmt wird.

Die Festsetzung einer möglichst eng begrenzten Gewichtstoleranz für jeden Ballontyp ist daher notwendig und durch ständige Stichproben oder mittels Durchwiegen der gesamten Produktion zu kontrollieren. Die Toleranz wird für den abgesprengten Ballon festgelegt, da ja die außerhalb der Eisenform geblasene Kappe des Kolbens stets eine individuelle Gestaltung und daher auch stets verschiedenes Gewicht aufweist. Wird das Absprengen nicht in der Hütte durchgeführt, so muß allerdings empirisch ermittelt werden, welche äußersten Grenzen des Gewichtes eines Rohballons noch einen verwendbaren abgesprengten Kolben ergeben und danach die Fabrikation geleitet werden.

Aus der Praxis heraus ist somit für jeden Typ der abgesprengten Ballons ein bestimmtes Gewicht ermittelt worden. Indem man dieses in Beziehung zu der Größe des Ballons, d. h. zu seiner Oberfläche und zu der Dicke des Glases setzt, ergibt sich eine Formel für das Ballongewicht. Bezeichnet

$G =$ das Gewicht des Ballons in Gramm,
$O =$ die Oberfläche desselben in Quadratmillimeter und
$W =$ die mittlere Wandstärke in Millimeter,

so gilt für alle birnen-, tropfen-, kugel- oder röhrenförmigen Ballons aus Bleiglas mit dem ungefähren spezifischen Gewicht 3:

$$G = 47{,}2 \cdot O \cdot W.$$

Für bleifreie kalkhaltige Gläser mit dem ungefähren spezifischen Gewicht 2,45 ändert sich die Formel in:

$$G = 40{,}5 \cdot O \cdot W.$$

Diese Formeln geben allerdings nur angenäherte Werte und werden in der Praxis besser durch die den jeweiligen Verhältnissen entsprechenden tatsächlichen Befunde ersetzt. Für die Vorausberechnung neuer Typen sind sie aber brauchbar.

Nun bedeutet aber eine eingehaltene Gewichtstoleranz noch lange nicht die Brauchbarkeit des Ballons, denn eine weitere unerläßliche Bedingung ist die gleichmäßige Verteilung des Glases im Körper des Kolbens. Und das zu erreichen, ist eine der größten Schwierigkeiten für den Kolbenbläser. Es darf die Hauptmenge des Glases nicht in Brust und Kopf des Ballons sitzen und der Hals dünnwandig sein, weil er sonst bei dem in der Lampenfabrikation erfolgenden Abschmelzen in sich aufrollt, ohne mit dem Trichter des Fußrohres zu verschmelzen. Aber auch das Umgekehrte, ein übermäßig starker Hals bei dünnem Ballonkörper, ist fehlerhaft, da für einen zu dünnen Körper beim Evakuieren in der Hitze Eindrück- und Bruchgefahr besteht und eine zu starke Halswand langsam und schlecht mit dem Tellerrand des Rohrtrichters verschmilzt.

Um einen Anhaltspunkt zu gewinnen, in welcher Größenordnung sich die Wandstärken eines Ballons bewegen müssen, um beim Hals ein günstiges Abschmelzen zu gestatten und im Körper eine untere Grenze für den Schutz gegen Implosion im Pumpofen zu sein, dient die empirisch ermittelte Formel

$$W = 0{,}014\, D$$

worin W die Wansdtärke, D den maximalen Ballondurchmesser bedeutet.

Diese Formel gilt nur für Hals und Brust des Ballons. Der Scheitelpunkt (Nippel), der einer etwas größeren Eindrückgefahr ausgesetzt ist, muß dicker sein. Seine Stärke berechnet sich nach der erweiterten Formel

$$W = 0{,}115 \cdot \frac{D^{1{,}206}}{n\left(\frac{D}{n} + 16\right) \cdot 1{,}34}$$

wobei W und D die obengenannten Werte bedeuten, während „n“ der Durchmesser des Ballonhalses ist.

Der Ballonhals muß aber außerdem noch, wenigstens theoretisch, an allen Punkten gleichmäßig wandstark sein, da er sonst ungleich ab- und verschmilzt. Selbst die übliche Toleranz von 25% maximaler Abweichung zwischen der Glasstärke einer Halsseite von der Dicke der gegenüberliegenden Stelle bedeutet für den Glasbläser angesichts der geringen Wandstärke von 0,5—0,7 mm keinen allzu großen Spielraum.

Außer diesen wichtigsten Forderungen, welche die Weiterverarbeitung an den Ballon stellt, verlangt sie auch noch eine korrekte Einhaltung der Umfangslinie des Ballons in der Ebene seiner Vertikalachse. Vor allem muß der größte Durchmesser des Ballonkopfes innerhalb sehr enger Toleranz bei allen Exemplaren eines Ballontyps gleichmäßig sein. Die Kolben werden bei der Herstellung der Lampe über das Gestell gesteckt, indem sie mit dem Äquator ihres Kopfes in einer aus drei Backen gebildeten Halterung ruhen. Differieren nun die Durchmesser der Ballons eines Typs, so stecken sie einmal tiefer, einmal höher über dem Leuchtdraht des Gestells, was mechanische und thermische, optische und ästhetische Unzulässigkeiten mit sich bringt.

Da weiterhin die Zentrierung des Ballons zur Achse des Gestellstabes durch seitlich anschlagende Federn bewirkt wird, ist auch die Einhaltung eines bestimmten Halsdurchmessers erforderlich.

Gelten diese Vorschriften für die Ballons eines Typs unter sich, so darf selbstverständlich auch das Einzelexemplar nicht oval oder windschief sein, sondern es muß immer dem Drehkörper des Vertikalschnittes des Ballons um seine Längsachse entsprechen.

Zur Kontrolle der Einhaltung dieser verschiedenen Forderungen an die Formgebung des Ballons bedient man sich außer der Waage spezieller Kontrollinstrumente. Zur Prüfung der Wandstärke dient in der Hütte eine Fühlhebelzange, die indessen sehr individuell arbeitet und einige Geschicklichkeit in der Bedienung erfordert. Auch ein aus Amerika stammender Wandstärkenmesser, der die Bewegung eines Tasthebels auf ein Mikrometer überträgt, kann keineswegs als vollkommen bezeichnet werden, um so mehr als es nicht immer möglich ist, alle Stellen der Ballonwandung damit abzufühlen.

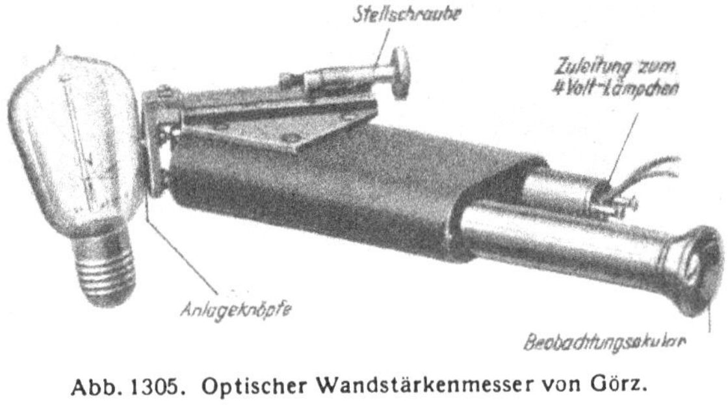

Abb. 1305. Optischer Wandstärkenmesser von Görz.

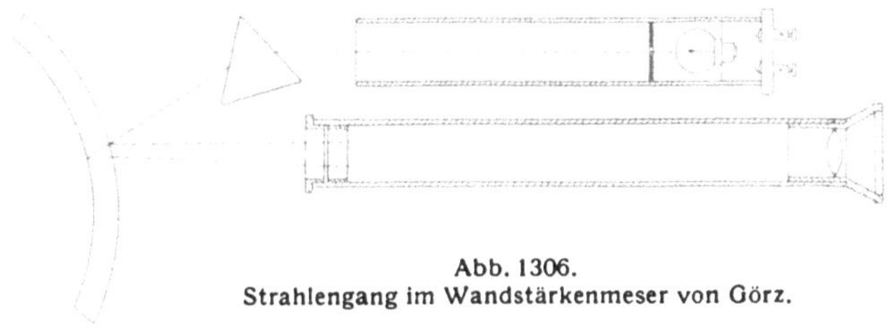
Abb. 1306.
Strahlengang im Wandstärkenmeser von Görz.

Dagegen ist der optische Wandstärkenmesser von Goerz (Fabrikat der Zeiß Ikon A.G. Berlin-Zehlendorf) ein objektiv arbeitendes Instrument, das die Messung selbst dünnster Wandstärken bis auf 0,1 mm genau ermöglicht. Es besteht (Abb. 1305 und 1306) aus einem Beleuchtungsrohr, das eine kleine, auswechselbare Glühlampe von 6 Volt enthält. Diese beleuchtet einen Spalt im Rohrinnern, der mit Hilfe einer Linse und eines Ablenkungsprismas auf dem zu messenden Kolben vertikal stehend abgebildet wird. Dieses Spaltbild wird an der äußeren und inneren Wandung des Kolbens gespiegelt und erscheint in dem parallel angeordneten Beobachtungsfernrohr doppelt. Aus dem gegenseitigen Abstand der Spiegelbilder läßt sich die Stärke der Wandung unmittelbar auf einer durchsichtigen Skala im Beobachtungsfernrohr ablesen. Für Gläser mit stark gebogener Oberfläche, muß die durch die Krümmung bedingte Bildverzerrung berücksichtigt werden. Eine dem Instrument beigegebene Korrektionskurve ermöglicht dies. Bei der geringen Wandstärke der Kolben kann von dem Gebrauch derselben in den meisten Fällen abgesehen werden. Der große Vorzug des Instrumentes besteht darin, daß die Wandstärkenmessung durch einfaches Anlegen des Kolbens an den Anschlag vor dem Beobachtungsfernrohr geschieht, so daß auch geschlossene Gegenstände, wie fertige Glühlampen und enghalsige, dem Fühlhebel unzugängliche Kolben mühelos und rasch damit geprüft werden können. Jedenfalls gibt es noch kein vollkommenes Instrument zur exakten Messung der Wandstärke und man ist vor allen Dingen für die zweckmässigen Massenkontrollen immer noch auf die Feststellung des Gewichtes der Ballons angewiesen, womit sich bei systematischer Handhabung eine ganz gute Kontrolle und Erziehung der Arbeiterschaft zu genügenden Leistungen herbeiführen läßt.

Für die Einhaltung der äußeren Ballonlinie und der Durchmesser dienen Durchfallschablonen und Umfangschablonen, wie sie in der Abb. 1307 dargestellt sind. Die Durchfallschablonen bestehen aus zwei konzentrisch übereinander angeordneten Lochblechen. Die beiden Öffnungen sind so gewählt, daß der Durchmesser der oberen etwa 0,2 mm größer als der der unteren Öffnung und 0,2 mm kleiner als der vorgeschriebene Kopfdurchmesser des Ballons ist. Brauchbar ist jeder Ballon, der beim Einstecken durch die Schablone wohl durch den oberen Ausschnitt, nicht aber durch den unteren hindurchgeht. Es kommt übrigens nicht so sehr darauf an, daß die Ballons einen bestimmten tolerierten Durchmesser haben. Es genügt, wenn sie untereinander gleich sind, da ja die Halterungsbacken danach eingestellt werden können. Daher wird man die Schablonen nicht nach einem theoretischen mittleren Durchmesser ausschneiden, sondern ihnen das Mittel der am häufigsten vorkommenden Durchmesser geben. — Auf diese Weise kann man auch eine Sortierung der Ballons mit einem Handgriff durchführen, indem man unter der zweiten engeren Schablone noch eine dritte anbringt, deren Durchmesser wieder um 0,2 mm unter dem Durchmesser der darüber befindlichen liegt. Dadurch sortieren sich die Ballons, die im Sinne der beiden oberen Schablonen zu klein waren, noch in eine darunterliegende Gruppe, die nach entsprechender Umstellung der Aufarbeitungsmaschine immer noch verwendbar ist.

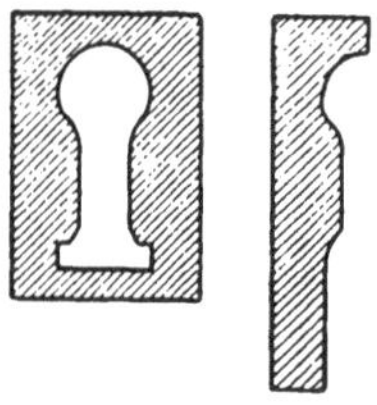

Abb. 1307. Umfangschablonen.

Umfangschablonen (Abb. 1307) sind aus Zink- oder Stahlblech geschnittene Negative der Ballonumrißlinie. Sie werden an den Ballon angelegt und lassen Abweichungen von der vorgeschriebenen Form in der Durchsicht gegen das Licht deutlich erkennen. Auch in Gips gegossene Negative gut geratener Ballons können zur Kontrolle der äußeren Formgebung mit Erfolg benutzt werden.

2. Die Herstellung der Kolben mit Mundblasearbeit.

a) Die Formen.

Mit wenigen Ausnahmen sind die Glühlampenkolben symmetrische Hohlkörper und können daher wie alle analogen Objekte der Hohlglasindustrie in Formen eingeblasen werden, indem sie dabei mit der Pfeife um ihre Längsachse gedreht werden.

Die Formen sind in der Regel zweiteilig und zum Aufklappen eingerichtet. Die Formen für Ballons, welche infolge asymmetrischer Form oder aufgeprägter Muster nicht gedreht werden können, sondern fest eingeblasen werden müssen, wie z. B. gedrehte Kerzen, sind meistens dreiteilig.

Das Material der Formen ist Holz oder Gußeisen. Holzformen werden indessen selten verwendet, da sie eine beschränkte Lebensdauer haben. Von einem mittleren Ballon von etwa 100 mm Länge und 60 mm größtem Durchmesser können auch aus einer guten Birnen- oder Buchenholzform kaum mehr als 200 Exemplare geblasen werden. Die Formen brennen bald aus, wodurch Differenzen in den Ballondurchmessern entstehen. Man kann die Lebensdauer der Holzformen einigermaßen verlängern, wenn man in ihre Innenseite lange Eisendrahtbügel einschlägt, welche das Profil der Ballons wiedergeben, so daß dieser bei der Drehung gewissermaßen in einem eisernen Netz läuft.

Der Massenarbeit und der strengen Einhaltung der Form kann indessen nur durch die Verwendung eiserner Formen genügt werden. Das Material derselben ist dichtes graues Gußeisen. Die Wandstärke der Formen beträgt 20—30 mm und soll möglichst gleichmäßig sein, um die Wärmeleitung gut zu verteilen. Damit beim Einblasen des Glases die Luft entweichen kann, sind durch die Wandungen dünne Kanäle gebohrt. Die Formen müssen für den Gebrauch sorgfältig mit Schmiere ausgekleidet werden. Da dieselbe in ca. 0,2 mm Dicke aufgetragen wird, so ist der Hohlraum der Form um das doppelte dieses Maßes weiter als der entsprechende Durchmesser des

Glasballons. Die Formschmiere besteht gewöhnlich aus Leinölfirnis (Leinöl mit etwas Kolophonium gekocht) und Holzkohlepulver. Viele bevorzugen dafür Erlenholz, doch läßt sich ebenso gut auch Weichholz dafür verwenden. Das pasteuse Auftragen der Schmiere mit dem Pinsel, womöglich unter Zusatz von Mennige, ist zu verwerfen, da es Unebenheiten in der Formlinie verursacht. Eine glatte Schicht der Formschmiere erhält man, wenn man die sauber ausgeputzte Eisenform mit dem erwähnten Leinölfirnis in dünner Schicht ausstreicht. Darauf füllt man die zugeklappte Form zu etwa einem Viertel mit dem durch ein Haarsieb gebeutelten Holzkohlepulver und schüttelt es in der Form, indem man deren Öffnung am Halsende zuhält. Nach dem Ausschütten der überschüssigen Holzkohle haftet eine gleichmäßige dicke Schicht des Pulvers an. Die Form wird nun am Ofen mehrere Stunden, meistens über Nacht, getrocknet. Dann bläst der Kolbenmacher ca. 10 Kolben ein, wodurch sich die Kohleschicht in der für den Gebrauch nötigen Weise glättet. Die gleichmäßige Dicke des Schmiereauftrages prüft man, indem man den Durchmesser der eingeblasenen Ballons nachmißt. Die Schmiereschicht muß absolut glatt sein. Selbst kleinste Körnchen von Kohle oder Schmutz graben in den eingedrehten heißen Ballon Rillen ein.

Wird durch gewisse Arbeitsfehler beim Einblasen des Glases die Ausschmierung beschädigt oder an einzelnen Stellen stärker abgenutzt — der Nippel ist in dieser Weise besonders gefährdet —, so muß die Form sofort aus der Arbeit gezogen und der Schmiereauftrag erneuert werden. Überhaupt hält derselbe nicht mehr wie eine Tagesarbeit aus. Man kratzt daher die Formen nach Gebrauch sehr sorgfältig aus. Dabei müssen auch die letzten Spuren der alten, sehr festhaftenden Schmiere entfernt werden, da sie sonst erhabene Stellen und Unebenheiten in der Ballonwand hervorrufen würden. Außerdem müssen die Luftkanäle der Formen öfters, nötigenfalls auch während der Arbeitszeit, von eingedrungenen festsitzenden Kohleteilchen gereinigt werden.

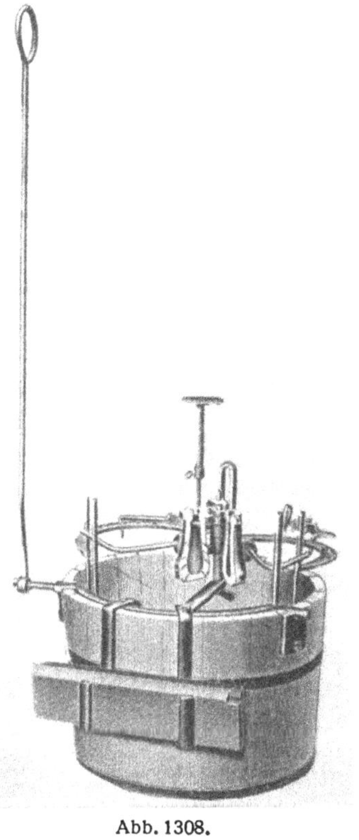

Abb. 1308.
Mechanisches Tretzeug mit eingehängter Kolbenform.

Während des Einblasens der Ballons werden die Formen ständig gekühlt. Zu diesem Zweck hängen sie in mechanischen Tretzeugen (Abb. 1308).

Auch das Kühlwasser, in dem die Formen eingenetzt werden, ist nicht ohne Einfluß auf den Ausfall der Ballons. Daß es sauber sein, täglich am besten mehrmals, erneuert werden muß, ist selbstverständlich. Das Wasser soll aber auch weich sein. Hartes Wasser scheidet Kalk infolge der Erwärmung und der Bewegung beim Eintauchen der heißen Formen aus. Er setzt sich in den Formen als weißer Beschlag fest und gibt Kratzer auf dem Glas.

Die Pfeifen, mit denen die Ballons geblasen werden, sind die auch sonst üblichen. Man wählt sie der Größe der zu blasenden Kolben angepaßt. Für normale Ballons zwischen 30 und 60 g Glasmasse sind Pfeifen von 13 mm Rohrdurchmesser zweckmäßig, für größere Ballons nimmt man stärkere bis 18 mm, für Miniaturen engere bis herab zu 7 mm äußerer Weite. Durch das häufige Abschlagen des Glases, das die Massenfabrikation der Ballons mit sich bringt, verbrauchen sich natürlich die Pfeifenenden sehr stark. Man schützt sie zwar dadurch, daß man den Glasüberzug, der vom

Anfangen des Glases im Hafen am Pfeifennabel sitzt, möglichst lange überhaupt nicht und auch, wenn er zu stark wird, nicht vollständig herunterschlägt. Trotzdem müssen die Enden der Rohre sehr oft erneuert oder die Pfeifen ausgetauscht werden. Das Einschmieren der Pfeifenenden mit feuchtem Tonschlicker erleichtert zwar das Abschlagen, hat aber leicht die Verunreinigung des Glases mit abgesprungenen Tonteilchen zur Folge.

b) Die Ausarbeitung des Glases.

Wir wenden uns nun der Ausarbeitung des Glases zu. Weit mehr als bei irgendeinem anderen Artikel in der Glasindustrie treten bei der Herstellung der Glühlampenkolben von Hand die Merkmale der Massenproduktion in Erscheinung. Dadurch, daß der Ballon ein kleiner leichter Artikel ist, dauert die Herstellung des Einzelexemplares wenig mehr als eine halbe Minute. In der Regel stellt der Arbeiter die Kolben vom Anfangen des Glases aus dem Hafen bis zum Abschlagen von der Pfeife allein her. Diese Umstände gestatten, daß man aus einem Hafen 6, 8 oder sogar 10 Kolbenmacher arbeiten läßt. Diese starke Besetzung und das rasche Erkalten des geringen Glaspostens an der Pfeife zwingt dazu, daß jeder Arbeiter in jedem Augenblick einen ganz bestimmten Platz auf der Werkstelle einnimmt, auf dem er nicht länger verweilen darf, als es die Phase seiner Arbeit erfordert. Es kann daher das Kolbenblasen mit seinem zwangläufigen Rhythmus und Arbeitstempo als eine Art von Fließarbeit angesprochen werden. Ein vollbesetzter arbeitender Kolbenofen bietet darum ein malerisches Bild rastloser Arbeitstätigkeit, wie es sonst in der Glasindustrie bei keinem anderen Artikel zu sehen ist.

Je stärker ein Hafen besetzt ist, je mehr Kolben also aus ihm gearbeitet werden, desto wirtschaftlicher wird er ausgenützt. Man wählt daher, wie bereits früher angeführt, die Ofenform entweder rund oder oval, jedenfalls aber so, daß auch an den beiden Steuern normal große Häfen stehen, damit Platz für die Bewegung von möglichst viel Arbeitern vor einem Hafen besteht und damit an der Peripherie der Werkbühne möglichst viel Einnetzfässer mit Formen aufgestellt werden können.

Die Größe der Häfen muß der Menge des in einer Schicht auszuarbeitenden Glases entsprechen. Da ein Kolbenmacher etwa 800 Rohkolben im Gewicht von 45 g in achtstündiger Arbeitsschicht herstellt, so entspricht dies einer ausgearbeiteten Menge von 36 kg Nutzglas. Bei einer Besetzung von 8 Mann pro Hafen also 288 kg. Das Glas muß häufig abgefehmt werden, um eine blanke Arbeitsschicht zu haben. Um Schlieren zu vermeiden, die sich bei sehr starker Ausarbeitung der Häfen ergeben, sorgt man fernerhin dafür, daß ein verhältnismäßig hoher Glasstand im Hafen verbleibt. Man wählt aus diesen beiden Gründen für die erwähnte Besetzung Häfen mit ca. 350 kg Schmelzgutinhalt, was einer äußeren Dimensionierung der Häfen von 105 cm Dmr. bei 60 cm Höhe entspricht. Bei stärkerer Hafenbesetzung nimmt man entsprechend größere Häfen, bis 135 cm Dmr., stellt nur etwa acht davon in einen Ofen und gewinnt dadurch auch mehr Platz für die Bewegung der Arbeiter, ohne den Heizraum im Ofen zu sehr erweitern zu müssen.

Sehr wichtig ist es, die Arbeitsdisposition, d. h. die Besetzung des Hafens mit den richtigen Ballontypen zu treffen. Am einfachsten ist es, wenn nur mittelgroße Ballons von ungefähr gleichem Gewicht gearbeitet werden. Sowie aber größere Ballons geblasen werden müssen, die pro Stück längere Arbeitszeit und auch eine größere Menge Glas beanspruchen, muß, wenn irgend möglich, ein kombiniertes Arbeiten mit kleineren Formen eingesetzt werden. Man beginnt mit den kleinen Ballons am vollen Hafen, da das Glas in den Morgenstunden noch nicht blank genug ist und eher noch Gispen enthält. Auch neigt bei der anfänglich noch höheren Temperatur im Ofen das Glas noch zur Schlierenbildung. Diese Glasfehler werden aber am kleinen Ballon weit weniger bemerkbar als am großen. Nach einigen Stunden geht man auf die Ausarbeitung der großen Typen über, bis die Abkühlung des Ofens das Glas zäher werden läßt und der sinkende Glasspiegel das Ausbringen größerer Posten an der Pfeife erschwert. Dann setzt man wieder kleinere Typen ein und arbeitet das Glas auf den normalen Reststand aus. Freilich ist ein solches Wechseln der Formen nur dann angängig, wenn es keinen Umbau der Werkstellen notwendig macht. Wenn nur sehr große Ballons gearbeitet werden können, so muß man aus dem zuletzt erwähnten Grund diese beiden Typen gleichzeitig nebeneinander blasen lassen. Günstig ist dies natürlich nicht, denn auch das verschiedene Arbeitstempo bei den beiden Sorten erschwert die Bewegung der Arbeiter vor dem Hafen.

Es wurde bereits erwähnt, daß normalerweise ein Kolbenbläser seinen Ballon vom Anfangen im Hafen bis zum Abschlagen von der Pfeife ohne fremde Handreichung selbst herstellt. Nun ist aber die Zahl der Eisenformen, die sich um einen Ofen herum aufstellen läßt, durch die Länge der Werkbühnenperipherie beschränkt. Man läßt daher in der Regel zwei Kolbenbläser nacheinander in eine Form einblasen derart, daß der eine am Ofen anfängt und das Külbel vorbereitet, während der andere seinen Kolben fertigbläst. Zwei solche Kolbenbläser bilden zusammen eine sogenannte Werkstelle. Die beiden Leute müssen in ihrer Leistungsfähigkeit zueinander passen. Es darf ein langsamerer Arbeiter nicht den schnelleren aufhalten. Gewöhnlich finden sich die passenden Leute schon von selbst zusammen. Verstehen sie in gleichmäßigem Tempo miteinander zu arbeiten, so pflegen sie auch die fertigen Kolben auf eine gemeinsame Stelle abzuschlagen. Die Lohnverrechnung ist dann natürlich auch nicht für den einzelnen Arbeiter möglich, sondern erfolgt für die Werkstelle, deren Mitglieder sich nach Übereinkommen meistens je zur Hälfte in den Ertrag teilen.

Eine andere Arbeitsart ist die, daß der Kolbenbläser mit einem „Anfänger" arbeitet derart, daß ihm dieser das Külbel vom Anfangen bis zur Vorformung zurichtet und der „Meister" dann den Kolben in der Form fertigbläst. Bei gut eingeschulten Leuten ist die Leistungsziffer die gleiche, wie wenn zwei Kolbenbläser selbständig arbeiten. Der Meister verdient indessen bei dieser Arbeitsweise mehr, da der Anfänger in der Regel ein junger Bursche ist, der am Gesamtlohn der Werkstelle nur mit einem kleineren Prozentsatz als die Hälfte beteiligt wird. Diese Arbeitsweise hat den Vorteil, daß die Qualität der Kolben an einer Werkstelle gleichmäßiger ist als bei dem Blasen durch zwei Leute.

Die kleinen Ballons und die mittleren normalen Größen bis 80 mm Dmr. und bis 70 g Gewicht werden direkt vom ersten Glasposten weggeblasen. Größere Typen dagegen werden ähnlich dem Hohlglas „über Külbel" gearbeitet.

Die direkte Arbeit (Abb. 1308) wird, wie bereits erwähnt, von einem Mann besorgt. Sie beginnt damit, daß der Glasmacher einen Posten Glas mit der Pfeife aufnimmt, der dem Gewicht des gewünschten Kolbens entspricht. Mit diesem geht er auf die Wälzplatte. Es ist dies eine eiserne Platte von ungefähr 20 cm Länge, 15 cm Breite und 2 cm Dicke. Die obere Fläche derselben ist eben und poliert und wird überdies noch mit etwas Wachs eingerieben. Sie ruht auf einem der Größe des Kolbenbläsers angepaßten Gestell von etwa 1 m Höhe und ist in der Richtung gegen den Ofen zu, von welchem der Glasmacher an sie herantritt, etwas schräg geneigt. Auf diese Platte legt nun der Glasmacher den am Ende der Pfeife haftenden Glasposten auf und wälzt denselben hin und her, indem er die Pfeife, die nicht mit auf der Glasplatte aufliegen darf, etwas nach abwärts drückt und von der Platte abzieht. Durch dieses Wälzen entsteht aus dem Glasposten allmählich eine kleine Walze von etwas größerem Durchmesser als die Pfeife selbst. Die Glasmasse in ihr ist vollständig homogen. Etwaige Lufteinschlüsse werden durch das Wälzen herausgedrückt. Die Walze muß absolut zylindrisch sein, da sonst später der aus ihr gebildete Kolben ungleich in der Wand-

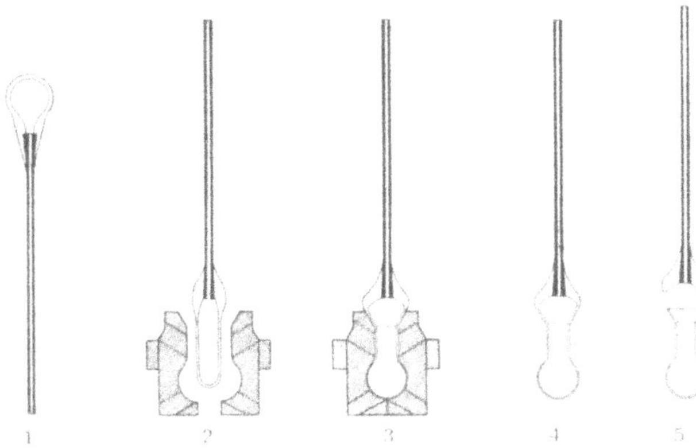

Abb. 1309. Herstellung eines Glühlampenkolbens.

stärke wird. Aus dieser Walze formt nun der Glasmacher zunächst durch Aufblasen das Külbel (1). Wenn es notwendig ist, wärmt er den Glasposten im Ofen noch einmal kurz an und bläst dann aus demselben das Külbel, indem er die Pfeife waagrecht nach vorn gestreckt hält und langsam dreht, wenn der zylindrische Glaskörper sich zu senken beginnt. Hat das Külbel Kugelform angenommen, so hält er die Pfeife nach oben und bläst weiter auf. Er verhütet dadurch, daß die Hauptmenge der Glasmasse in den Kopf des entstehenden Ballons gerät und bewirkt, daß sie sich gleichmäßig über den ganzen Glaskörper verteilt.

Hat das Külbel die nötige Weite erreicht, so wird es durch Ausschwenken der Pfeife in die Länge gestreckt und nimmt dadurch bereits die Gestalt an, in der es in die Eisenform eingeführt werden kann. Es besitzt dann schon ungefähr die Länge des entstehenden Ballons.

Wenn es sich um Ballons handelt, die sehr stark ausgebaucht sind, so bläst der Glasmacher noch einmal in die Pfeife, um den entstandenen länglichen Körper bereits für das Fertigblasen in der Eisenform vorzubilden.

Mit diesem immer noch rotglühenden Glassack geht der Bläser in die Form (2). Durch einen Tritt auf das Tretzeug schließt er die Backen derselben. Dabei hat er darauf zu achten, daß das eingeführte Külbel genau zentrisch in der Form hängt und weder an dem seitlichen Schluß noch an dem Boden der Eisenform von den zusammengehenden beiden Hälften eingezwickt wird.

Durch Senken des Külbels erreicht er, daß dasselbe bis nahezu auf den Boden der Form hinunterreicht. Nun bläst er es auf (3), indem er gleichzeitig mit beiden Händen die Pfeife in rasche Umdrehung versetzt. Dabei hat er auch darauf zu achten, daß die Pfeife immer gleichmäßig hoch gehalten wird, da dies auf die Ausbildung des Wulstes von großem Einfluß ist.

Es ist gleichgültig, ob das Eindrehen des Glases in die Form nach links oder nach rechts herum erfolgt, aber es ist darauf zu achten, daß zwei nacheinander in eine Form arbeitende Glasbläser stets in derselben Richtung drehen, da durch entgegengesetztes Arbeiten kleinere Körnchen aus der Formschmiere ausgelöst werden und dadurch Rillen auf dem Ballon entstehen. Manche Glasbläser pflegen auch die Pfeife zwischen die beiden Handflächen zu nehmen und dadurch dieselbe abwechslungsweise in die Richtung von rechts nach links und links nach rechts in Umdrehung zu versetzen. Diese Arbeit verlangt vor allen Dingen, daß das Drehen nach beiden Richtungen in demselben Tempo erfolgt, da man sonst Gefahr läuft, daß der Ballon schief gezerrt wird. Fühlt der Glasmacher, daß das Glas steif wird und sich nicht mehr aufblasen läßt, was er übrigens auch daran bemerkt, daß die Kappe sich aufzublasen beginnt, so ist das Einformen beendet. Er öffnet dann durch ein Tritt auf das Tretzeug die Form und hebt den Ballon an der Pfeife vorsichtig heraus. Hier hat er vor allen Dingen darauf zu achten, daß er mit dem immerhin noch deformierbaren Glas nicht an die Form anstößt. Es würde dies Eindrücke oder zum mindesten rauhe Stellen an dem Ballon hervorrufen.

Ist der Ballon auf diese Weise fertig geworden (4), so schlägt ihn der Kolbenmacher von der Pfeife ab, indem er das Glas an der Mündung der Pfeife mit einem in Wasser getauchten Eisenstäbchen abschreckt und dann durch einen leichten Schlag auf die Pfeife von dieser abtrennt (5).

Das Abschlagen der Ballons wird in Deutschland durch den Kolbenmacher selbst besorgt. In anderen Ländern dagegen ist es üblich, daß der Glasmacher die Pfeife mit dem fertiggeblasenen Ballon einem vor der Werkstelle stehenden Abschläger übergibt, der dieses Geschäft besorgt. Gleichzeitig nimmt der Glasbläser von dem Abschläger eine neue von dem anhängenden Glasnabel geputzte Pfeife in Empfang und beginnt damit sofort die Arbeit an einem neuen Kolben. Die deutsche Arbeitsweise hat den Vorteil, daß die Arbeiter den Kolben vor dem Abschlagen noch einmal überprüfen und dadurch fehlerhafte Exemplare selbst noch rechtzeitig ausscheiden können, wozu die meist jugendlichen Abschläger nicht befähigt sind. Dagegen kann bei der Zusammenarbeit von Bläser und Abschläger das Herstellungstempo beschleunigt und die Produktion quantitativ erhöht werden.

Die Arbeitszeit, die notwendig ist, um einen Ballon herzustellen, beträgt bei mittlerer Größe desselben ungefähr 35 Sekunden. Davon entfallen 4 Sekunden (11,4%) auf die Aufnahme des Glases mit der Pfeife aus dem Hafen, 5 Sekunden

(14,3%) auf das Wälzen des Glaspostens auf der Platte, weitere 14 Sekunden (40%) auf das Aufblasen des Külbels und Vorformen durch Ausschwenken und dann 5 Sekunden (14,3%) auf das Eindrehen des Ballons in die Form. Die restlichen 7 Sekunden (20%) entfallen auf die Bewegung des Arbeiters zwischen den einzelnen Arbeitsstellen. Man sieht, daß das Herstellen eines Kolbens in ungemein flottem Tempo vor sich geht, und daß daher die Arbeit trotz des geringen Gewichtes der einzelnen Glasposten eine nicht minder große Anstrengung ist als die Herstellung einer geringeren Anzahl von Hohlglaskörpern größeren Gewichtes und Umfanges.

Die durch Abschlagen von der Pfeife gelösten Kolben fallen auf einen aus Holzleisten bestehenden Rechen. Der Abstand der Stäbe voneinander ist etwas weiter als der Durchmesser des Ballonhalses. Die abgeschlagenen Kolben hängen also mit dem Hals durch den Rechen hindurch, indem sie mit der Brust auf den Leisten aufliegen.

Dieses Durchhängen der Kolben ist notwendig. Die Ballons sollen nicht auf den Rechen liegen, da sonst die heißen Köpfe frisch abgeschlagener Kolben, die bereits erkalteten Näbel der vorher abgelegten Ballons berühren und dadurch Kratzer und Schrenkrisse verursachen. Auf einem Rechen können ungefähr 50 Ballons mittlerer Größe untergebracht werden.

c) Die Sortierung der Rohballons.

Die auf den Rechen angesammelten Rohballons werden zunächst einer Qualitätssortierung unterworfen, bei der Glasfehler und Arbeitsfehler ausgeschieden werden. Die Methoden der Sortierung sind natürlich verschieden. In manchen Hütten besorgen sie die Hüttenmeister oder besondere Glasbeschauer direkt am Ofen, indem sie die Ballons von den Rechen auf Sammelgestelle umsetzen und dabei die ungenügenden Ballons vor den Augen der Glasmacher in die Scherben werfen. In anderen Hütten sind besondere Gruppen von Sortiererinnen gebildet, die diese Funktion ausüben. Auf alle Fälle empfiehlt es sich, die aussortierten „schlechten" Ballons in Zählkarten einzutragen, nach Glas- und Arbeitsfehlern getrennt.

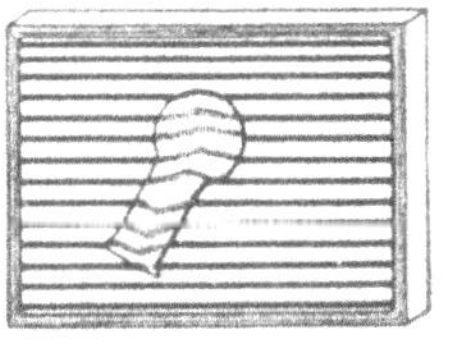

Abb. 1310. Leuchtende Gitterscheibe zur Sichtbarmachung von Glasfehlern.

Es wirkt außerordentlich erzieherisch auf den Kolbenmacher, wenn die Sortierung laufend während der Arbeit geschieht und ihm die Eintragungen auf den Zählkarten möglichst oft vor Augen kommen. Er ist dann laufend über die Brauchbarkeit seiner Arbeit orientiert, von der ja auch sein Verdienst abhängt, und er wird sich Mühe geben, die Fehler zu vermeiden, die zur Ausscheidung seiner Kolben bei der Sortierung führen. Das Durchsehen der Ballons auf Fehler geschieht gewöhnlich bei Tageslicht oder vor diffusem Lampenlicht. In ausgezeichneter Weise lassen sich Glasfehler, namentlich Schlieren, bemerken, wenn man die Ballons vor eine beleuchtete Scheibe aus Mattglas hält, auf welcher schwarze Horizontalstreifen, von ca. 10 mm Breite so aufgetragen sind, daß zwischen ihnen die mattierte Scheibe in Streifen von gleicher Breite sichtbar wird (Abb. 1310). Infolge der Ablenkung, welche das Licht in den verdickten Stellen der Ballonwand und besonders in den Schlieren erfährt, erscheinen beim Durchsehen die dahinterliegenden schwarzen und hellen Streifen verzerrt. In einer englischen Glashütte sind derartige „Gitter"scheiben auf der Arbeitsbühne neben den Werkstellen der Kolbenbläser aufgestellt, damit diese die Ballons bereits an der Pfeife durchsehen und schlierige oder ungleichmäßige Exemplare in den Abfall werfen können.

Von den Glasfehlern war schon früher die Rede. Sie bestehen im wesentlichen aus Schlieren, Knoten, Gispen und größeren Blasen, aus Steinen und Farbfehlern. Sie können zum großen Teil von dem Glasbläser vermieden werden, wenn er sein Glas durch Abfehmen blank hält. Natürlich muß auch der Schmelzer für gut geläutertes und blank geschürtes Glas sorgen und die Hüttenleitung die Verteilung der Ballontypen so disponieren, daß sie der Glasbeschaffenheit angepaßt ist. Ist das Glas blank, so können natürlich unbedenklich auch die größten Ballons gearbeitet werden. Zeigt es dagegen Bläschen, so tut man gut, nur kleine Ballons zu verarbeiten, auf deren Oberfläche sie nicht so sehr sichtbar werden. Dasselbe gilt für Schlieren, und da diese, wenn schon zu meist gegen Feierabend auftreten, wenn die Häfen kälter gehen und ziemlich ausgearbeitet sind, so empfiehlt es sich, zu dieser Zeit kleine Ballons in die Fabrikation einzustellen.

Die Liste der möglichen Arbeitsfehler ist viel größer als die der Glasfehler. Bei gutem Willen des Arbeiters und verständnisvoller Führung des Ofens durch den Hüttenmeister lassen sie sich aber bei gutem Glas recht wohl vermeiden. Die wichtigsten Arbeitsfehler kann man einteilen in:

A. Fehler, welche vom falschen Aufnehmen des Glases herrühren.

a) Zu leichte und zu schwere Ballons. Wie schon auf S. 1355 ausgeführt, müssen die Ballons, um ein reibungsloses rasches Arbeiten auf der Lampenmaschine zu gewährleisten, innerhalb einer bestimmten Toleranz gleichmäßig im Gewicht sein. Es bezieht sich dies auf den abgesprengten Ballon, der sich ja durch Sortierung mit der Waage auf jedes beliebige Gewicht bringen läßt. Selbstverständlich sollen aber so wenig wie möglich Ballons außerhalb der Toleranz liegen. Daher hat schon der Kolbenbläser die an der Pfeife aufgenommene Glasmenge so zu dosieren, daß ein gewichtsrichtiger Ballon entsteht. Man unterstützt ihn in diesem Bestreben, indem man in der Hütte Waagen aufstellt, um das Gewicht der Rohballons mit der Kappe laufend durch Stichproben zu prüfen, und dieses selbst so einstellt, daß es normalerweise abgesprengten Ballons innerhalb einer gewünschten Toleranz entspricht. Leichte und schwere Ballons sind identisch mit solchen von geringer und starker Wandstärke. Erstere reißen vor der Abschmelzflamme auf, wobei sich das Glas in sich aufrollt ohne zu verschmelzen. Letztere springen leicht und erschweren das Verschmelzen unnötig. Beide sind natürlich für die Lampenherstellung unbrauchbar.

b) Anfangblasen, durch Einstechen von Luft beim Eintauchen der Pfeife in die Schmelze entstehend. Sie verdünnen die Ballonwand am Hals, so daß dieselbe beim Verschmelzen mit dem Tellerrohr aufreißt, ohne eine Verbindung zu geben.

c) Gefrierrisse, Aussplitterungen, sogar Entglasungen im Innern des Kolbens, dadurch entstehend, daß die Pfeifenmündung mit feuchtem Ton bestrichen wird, um den aufzunehmenden Glasposten besser haftend zu machen. Wenn der Ton nicht genügend antrocknet, springen Stückchen desselben ab, deren Wassergehalt an den glühenden Wandungen des Kolbens verdampft und die erwähnten Fehler hervorruft.

d) Ungleichmässige Wandstärke erhält der Kolben, wenn der Glasbläser den frisch angefangenen Glasposten beim Abwärtsdrücken auf der Wälzplatte (Seite 43) nicht streng cylindrisch, sondern oval abzieht. Derselbe Fehler entsteht aber auch, wenn die Pfeife nach dem Abschlagen des Kolbens nicht vollkommen vom anhaftenden Nabel gereinigt wird, dessen Reste sich mit dem nächsten aus dem Hafen aufgenommenen Glasposten verschmelzen und das entstehende Külbel einseitig verdicken.

B. Fehler, als Folge schlecht gepflegter Formen.

a) Enthält die Formschmiere gröbere Körnchen von Kohlepulver oder Flugstaub, so entstehen auf dem Ballon Streifen und Kratzer.

b) In schlecht ausgeschmierten Wülsten oder in zu lange mit einer Schmierung benutzten Formen rauhen sich die Wülste des eingedrehten Ballons. Es besteht dann die Gefahr des Abringelns der Ballons an diesen Stellen.

c) Nicht genügend fest aufgetragene Schmiere, besonders im Scheitelpunkt (Nippel) des Ballons, wodurch sich dieselbe beim Einblasen abschürft, namentlich wenn zwei Kolbenbläser nacheinander das Külbel in entgegengesetzter Richtung eindrehen. Es entsteht als Fehler eine abgestufte Überhöhung des Nippels, die außer der optisch und ästhetisch unschönen Wirkung auch erhöhte Bruchgefahr nach sich zieht.

d) Bleibt nach dem Einnetzen der Form Wasser in derselben, meistens im Nippel, stehen, so treten Entglasungen infolge von Oberflächenzersetzungen oder auch Gefrierrisse auf (Wasserflecke).

e) Bei schlecht schließenden Formen können unter Umständen Durchmesservergrößerungen von Ballons auftreten.

f) Ungleichmäßiges Ausschmieren der Formen oder zu lange Benutzung einer Ausschmierung führt zu störenden Durchmesserdifferenzen im Ballonkörper und Hals.

g) Verstopfungen der Abblasebohrungen in den Formen ist zuweilen die Ursache von Deformationen in der Ballonwand.

C. Fehler, welche durch unsachgemäßes Einblasen des Glases entstehen.

a) Das Külbel wurde nicht senkrecht in die Form eingesenkt und in dieser Haltung aufgeblasen. Der Kolben erscheint dann über dem Hals seitlich abgebogen. (Im Hüttenjargon werden solche Ballons „Ohrfeigen" genannt.)

b) Das Külbel wurde zu tief in die Form eingesenkt und stieß an dem Boden derselben an. Es entstehen Verdickungen und rauhe Stellen im Nippel. Der Glasbläser bezeichnet solche Ballons als „zu langes Glas".

c) „Zu kurzes Glas" nennt man nicht ausgeblasene, also zu früh aus der Form gezogene im Kopf verkürzte Ballons.

d) Eingezogene Kolben entstehen, wenn der Glasbläser beim oder nach dem Ausblasen in dem Bedürfnis, Atem zu holen, die Pfeife nicht aus dem Mund nimmt und daher Luft aus dem Kolben wieder ansaugt.

e) Durchgeblasene Kolben entstehen, wenn der Kolbenmacher beim Aufblasen des Külbels dieses zu dünn ausbläst, so daß am Nippel sehr dünnwandige, leicht durchbrechende Stellen entstehen.

f) Schief eingeblasene Kolben sind solche, bei denen die Pfeife nicht in der Achse der Form gehalten wurde. Die Folge sind Ballons mit ungleicher Wandstärke.

g) Festgeblasene, auch angeblasene Ballons nennt man solche, bei denen der Kolbenmacher die Pfeife mit dem Külbel nicht gedreht hat oder mit dem Drehen aufhört, während er noch Luft in dieselbe einbläst. Die Ballons zeigen die Narben der Formschlüsse und Unebenheiten in der Oberfläche.

h) Als „abgerissene" oder besser „hochgezogene" Kolben bezeichnet man den Fehler, der entsteht, wenn der Kolbenmacher, um größere Leistungen zu erzielen, das Külbel rasch in die Form einsenkt und sehr schnell und kräftig aufbläst und den Ballon dann rasch, ohne ihn genügend steif werden zu lassen, aus der Form heraushebt. Bei einer solchen Arbeit wird die Hauptmasse des Glases in den Ballonkopf gedrückt, der Hals bleibt dünnwandig und bekommt sehr leicht Verwindungen. Derartige Ballons sind ganz unbrauchbar.

i) Als „Schneider" bezeichnet man in der Hüttensprache einen Fehler, der dann auftritt, wenn der Kolbenmacher das Külbel beim Einsenken in die Form soweit zusammenfallen läßt, daß sich die Wandungen leicht berühren. Beim Auflbasen solcher Külbel in der Form trennen sich zwar die Kontaktstellen wieder, aber es zieht sich von der einen Seite der inneren Ballonwand zur anderen ein mehr oder minder starker, oft abgerissener Glasfaden. Natürlich sind auch solche Ballons ganz unbrauchbar.

k) Von den Fehlern, die beim Blasen der Wülste entstehen, ist der schlimmste der ungenügend ausgeblasene, eine breite Wölbung bildende, der sich nur sehr schlecht absprengen läßt.

l) Fehlerhaft sind auch die Ballons, bei denen der Wulst mit schiefgehaltener Pfeife hochgezogen und daher einseitig ausgebildet wird.

m) Endlich ist auch das Gegenteil dieser Deformationen fehlerhaft, nämlich der gestauchte Wulst, der durch Aufdrücken der Pfeife auf den eingeblasenen Kolben entsteht. Er ist breitrandig und scharfkantig. Er sprengt sich zwar sehr leicht ab, tut dies aber infolge der großen Spannungen, die in seiner Kante angehäuft sind, häufig ungewollt zu früh, worauf dann leicht in den Ballon hinlaufende Sprünge entstehen. Mit breit angestauchten Wülsten läuft man auch Gefahr, den Höchstdurchmesser zu überschreiten, der sich durch die Halterungen der Lampenmaschine hindurchführen läßt. Dadurch werden diese Ballons ebenfalls unbrauchbar.

D. Fehler, die beim Abschlagen der Kolben entstehen.

a) Hierher gehören zunächst Ballons, bei denen die Pfeife von dem noch in der Form sitzenden Kolben so rasch abgezogen wurde, daß der Nabel der Kappe zu einer dünnen Spitze ausgezogen ist, so daß der Kolben nur eine geringe Öffnung an der Spitze und eine schwere Kappe erhält. Solche Ballons lassen sich schlecht waschen, sofern sie mit Kappe an die Lampenfabrik geliefert werden.

b) An den Pfeifenmündungen bildet sich während der Arbeit Eisenoxyd, sog. Hammerschlag, der sorgfältig beseitigt werden muß, da er sonst in kleinen Flittern absplittert und in das Innere der Ballons gerät, wo er in die Ballonwandungen einbrennt und zu Sprüngen Anlaß gibt.

c) Auch die beim Abschlagen der Ballons entstehenden Glassplitter setzen sich gerne an den heißen Ballonwandungen fest, wo sie zum mindesten ein Schönheitsfehler sind.

d) Absprengen und Kühlen der Kolben.

Absprengen. An das Sortieren der Kolben schließen sich zwei Operationen an, die erst mit der Entwicklung der automatischen Lampenherstellung und mit der Verwendung des bleifreien Glases an Bedeutung gewonnen haben bzw. sogar zur Notwendigkeit wurden. Die eine ist die Abtrennung der Kappe, also des unteren gegen die Glasmacherpfeife hin verjüngten Teiles des Kolbenhalses, die andere das Kühlen der Ballons.

Für die Trennung des Kolbenhalses von seiner Kappe gibt es heute zwei Verfahren. Das ältere ist das Absprengen am Wulstrand, das andere das autogene Abschneiden des Ballonhalses selbst.

Das Absprengen wurde früher allgemein und wird vereinzelt auch heute noch in den Glühlampenfabriken selbst besorgt. Die Kolben wurden danach sofort, also noch mit dem scharfkantigen Sprengrand der weiteren Verarbeitung zugeführt. Daraus ergaben sich verschiedene Unzulänglichkeiten. Zunächst waren die Transportkosten für die Ballons mit Kappe des größeren Gewichtes und des größeren Raumbedarfes wegen höher, außerdem mußten die abgesprengten Kappen als wertvolles Scherbenmaterial wieder an die Glasfabrik zurückgeschickt werden. Ferner hatten die Lampenfabriken kein Interesse daran eine Operation in ihrem Betrieb zu übernehmen, die kostspielig und mit Bruchverlusten verknüpft war. Ausschlaggebend aber war der Umstand, daß abgesprengte Ballons mit scharfem unverschmolzenem Sprengrand stark zum Bruch neigten. Die geringsten, oft kaum sichtbaren kleinen Scharten im Rand springen weiter, namentlich dann, wenn der Kolben vor die Flammen der Lampenmaschine kommt.

Es lag daher durchaus nahe, die Ballons gleich in der Hütte von der überflüssigen Kappe zu befreien. Allerdings mußten sie, um den erwähnten Einlaufsprüngen vorzubeugen, dann auch sofort an Ort und Stelle verschmolzen werden.

Dieses sich in zwei Arbeitsgängen abspielende Verfahren, das sich prinzipiell an die allgemein übliche Hohlglasfertigung anlehnt, hat nur dort Anwendung gefunden, wo das Fehlen von Leuchtgas die weit praktischere Abschneidemethode zunächst ausschloß. Gegenüber dem Absprengen dickwandiger Holzglaskörper wurde es für die dünnwandigen Kolben durch die Ausbildung des Wulstes zweckentsprechend modifiziert. Es entfällt damit das Anritzen der Sprengstelle. Der Ballon wird mit dem Wulst in einen von außen bis zur schwachen Rotglut erhitzten eisernen Konus gehalten, wo er nach wenigen Augenblicken der Wulstkante entlang aufspringt.

Die Beheizung der Konusse kann mit Generatorgas geschehen, indem man sie in die Wand eines einfachen Flammenofens einbaut. Falls Gas zur Verfügung steht, werden die Sprengdüsen durch einen Flammenkranz erhitzt.

Sehr gut lassen sich die Wülste auch durch einen Kranz kleiner Stichflammen sprengen, die aus einem geeigneten Düsenring senkrecht gegen die Wulstkante schlagen.

In beiden Fällen ist es erforderlich, daß der Wulstrand scharf und gleichmäßig stark ausgeblasen ist, damit die Sprengnaht in der Kante des Wulstes und nicht in den Ballon hinein verläuft.

Während bei Ballons mit zylindrischem Hals der Wulst immer vorhanden sein muß, auch wenn er nur eine geringe Ausladung besitzt, ist er bei Ballons mit konisch nach außen verlaufendem Hals entbehrlich, da er hier gewissermaßen durch den scharfen Winkel zwischen Hals und Kappe gebildet wird.

Das Rundschmelzen der Sprengränder der Ballons kann genau wie bei Bechern oder Zylindern auf den bekannten Karussellverschmelzmaschinen (vgl. Bd. I, S. 762) geschehen. Der Verbrauch an Brennstoff ist allerdings im Verhältnis zur Dünnwandigkeit der Artikel immer übermäßig groß, weshalb sich einige Kolbenfabriken sparsam und schnell arbeitende Verschmelzmaschinen gebaut haben, deren Beschreibung der Öffentlichkeit aber nicht zugänglich ist.

Ganz anders und wesentlich rationeller arbeiten die sog. Kolbenhalsabschneidemaschinen, welche den Ballonhals in einer Operation von der Kappe trennen und die Abschneidestelle rund schmelzen. Die Kolben brauchen, da kein Absprengen stattfindet, keinen Wulst oder scharfe Übergangskante, wodurch ein wesentliches Bruchmoment ausgeschaltet wird (Abb. 1311).

Das Prinzipielle des Ballonhalsabschneidens besteht darin, daß der sich um seine Achse drehende Ballon in der Höhe der gewünschten Trennungsstelle zunächst zur

Vorwärmung an einer oder mehreren Stichflammen vorbeigeführt wird, wobei das Glas erweicht und nach unten abzusinken beginnt. In diesem Augenblick befördert die Maschine den Ballon vor die eigentliche Verschmelzflamme. Um deren Hitzeentwicklung auf das Höchstmaß zu steigern, wird sie statt durch Preßluft mit Sauerstoff geblasen. Unter ihrer Wirkung schmilzt das Glas spontan ab. Der abgetrennte Teil fällt nach unten in eine Scherbenkiste. Der fast verflüssigte Rand des verbleibenden oberen Teiles dagegen schmilzt zu einer Verdickung von etwa 1 mm Dmr. zusammen, die dem Ballonhals große Stabilität verleiht und ihn vor Einlaufrissen fast vollständig schützt, aber auch die mechanische Festigkeit bedeutend erhöht. Das Abschneiden des Ballonhalses und das Rundschmelzen vollzieht sich im Bruchteil einer Sekunde. Der Kolben passiert noch eine Nachwärmeflamme und verläßt nach etwa 10—15 Sekunden die Maschine. Um das Zusammenfallen des erweichenden Ballonhalses unter dem Druck der von außen aufprallenden Flamme und dem Abzug des nach unten sinkenden Teiles zu vermeiden, wird während des Abschmelzvorganges Preßluft in den Ballon eingeblasen, die das erweichte Glas auftreibt.

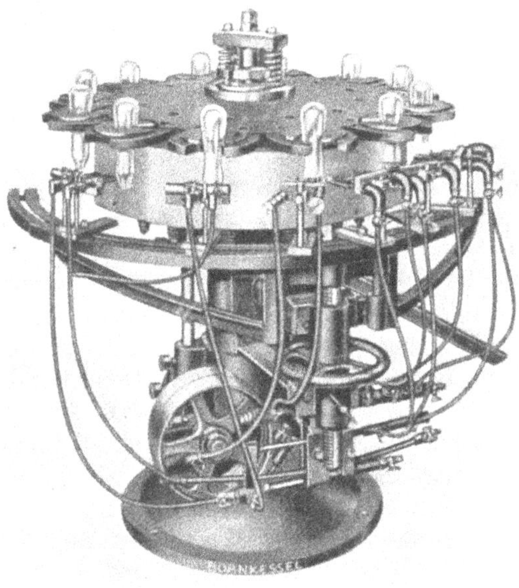

Abb. 1311.
Kolbenhalsabschneide- und Verschmelzmaschine der Vereinigten Bornkesselwerke m. b. H., Berlin.

Die Abschmelzemaschinen sind zuerst in Amerika hergestellt worden und wurden bald darauf auch von den europäischen Kolbenfabriken übernommen. Da sie eigene Konstruktionen der betreffenden Werke sind, so können detaillierte Angaben nicht gegeben werden. Indessen hat in jüngster Zeit auch die Firma Vereinigte Bornkesselwerke m. b. H. in Berlin eine automatische Abschneide- und Verschmelzmaschine in den Handel gebracht, welche sowohl mit Leuchtgas wie auch mit Benzingas und Sauerstoff arbeitet und daher auch allgemein verwendbar ist. Die Maschine ist mit leicht verstellbaren Universalhaltern (Zangen) ausgerüstet, so daß sie für alle möglichen Ballongrößen verwendbar und rasch umstellbar ist. Dadurch scheint sie besonders für Kolbenfabriken mit geringerem Betriebsumfang geeignet zu sein.

Die im autogenen Abschneideverfahren hergestellten Ballons zeigen an der Stelle des Verschmelzrandes, an welcher der letzte Rest des Kappenteiles nach unten abzog, zuweilen eine kleine tropfenförmige Spitze oder einen verdickten Knoten, der sich durch Zusammenschmelzen dieser Spitze gebildet hat. Da diese Verdickung besondere Spannungen enthält, bildet sie ein Bruchmoment, und es entstehen von hieraus leicht Einlaufrisse in den Ballon.

Zu ihrer Beseitigung hat man Vorrichtungen angebracht, welche die Ballonwand glattstreichen.

Die Spitze bzw. der Knoten ist auch eines der Hindernisse, wegen deren die Abschneidetechnik noch nicht auf die allgemeine Hohlglasindustrie, z. B. die Fabrikation geblasener Becher, übertragen worden ist.

Kühlen und Tempern. Dem Absprengen bzw. Abschneiden der Kolben folgt das Kühlen oder Tempern.

Solange Bleiglas verarbeitet wurde, erachtete man dies unter Hinweis auf die Dünnwandigkeit der Ballons nicht für notwendig.

Diese Begründung ist indessen nicht stichhaltig. Es müßten sonst auch die Kolben aus bleifreiem Glas, die auch nicht wandstärker sind, ebenfalls praktisch spannungsfrei sein. Die Ursache liegt vielmehr in der geringeren spezifischen Wärme und der größeren Wärmeleitfähigkeit des Bleiglases gegenüber den bleifreien kalkhaltigen Gläsern (s. Bd. I, S. 116), wonach der Spannungsausgleich in praktisch genügender Weise schon nach dem Ausbringen der frischeingeblasenen Kolben aus der Eisenform und dem langsamen Erkalten auf dem Rechen erfolgt.

Auch gibt die geringe Viskosität der Bleigläser den unter Druck- oder Zugspannung stehenden Teilchen soviel Beweglichkeit, daß auch im erkalteten Zustand ganz allmählich eine Entspannung eintritt[1]).

Selbstverständlich gelten diese Auffassungen nur für die dünnwandigen Kolben. Bleigläser mit stärkeren Wandungen, wie z. B. Röhren und Stäbe, zeigen Spannungen in beträchtlichem Maße, so daß vereinzelt die Glühlampenfabriken und neuerlich auch Röhren erzeugende Glasfabriken dazu übergegangen sind, dieselben durch Kühlung zu entspannen.

In ganz besonderem Maße zeigen farbige und opale Gläser Spannungen, deren Ursache auch nur in ihrer wärmetechnisch ungünstigeren Komposition zu suchen ist. In ganz besonderem Maße tritt die Auswirkung der Spannungen bei den zur Anfertigung der Sockelglasplättchen verwendeten Schwarzglasstangen auf, deren „Sprödigkeit" namentlich beim Einwärmen vor der Verarbeitung in explosivem Zersplittern zum Ausdruck kommt. Man hatte daher schon längst, ehe man an die Kühlung der sonstigen Glühlampengläser dachte, gerade bei diesem Artikel eine Temperung angewendet.

Einem Glühlampenkolben ist natürlich äußerlich nicht anzusehen, ob er Spannungen besitzt oder nicht. Aber schon bei der ersten Weiterverarbeitung in der Hütte, beim Absprengen der Kappe, zeigt es sich in der unangenehmsten Weise.

Die Kolben springen, kaum in die Flamme oder Sprengdüse gebracht, zuweilen explosionsartig zersplitternd oder doch mit scharfen Einläufen von dem vorgesehenen Sprengrand aus in den Ballonkörper.

Diese rapide Form der Spannungsauslösung ist indessen nicht so häufig, wie man eigentlich erwarten sollte. Die Hauptmenge der Ballons rettet leider ihre Spannungen hinüber in die weitere Behandlung, um sie dann als Transportbruch, Bruch beim Waschen oder als Springen auf den Lampenmaschinen, zu entladen. Auch das glücklicherweise nur selten vorkommende Springen fertiger Lampen — oft erst nach langer Lagerzeit — hat seine Ursache in der spontanen Auslösung der Spannungen im Kolbenglas. Die Veranlassung dazu ist zwar gewöhnlich das additive Hinzutreten einer durch Druck, Zug oder Biegung verursachten Spannung in der gleichen Richtung.

Einige besondere Formen der Spannungsauslösung sind in der Kolbenfabrikation stets wiederkehrend und daher besonders anzuführen.

Die eine ist das „Abringeln". Es besteht darin, daß der Kolben an irgendeiner Stelle rundherum horizontal springt. Am häufigsten tritt dies an den exponierten Stellen auf, wo die Ballonperipherie einen Knick macht. Also am Übergang vom Kopf zum Hals oder freiwilligerweise an der für die Absprengung überhaupt vorgesehenen Kante.

Während hier die Erklärung naheliegt, die Sprungursache in der Verdickung des Glases zu suchen, die an der Knickstelle oder daneben liegt, ist es schwieriger, eine Erklärung für die sog. „Haarrisse"

[1]) Der Verfasser prüfte Bleiglaskolben, die nach der Herstellung geringfügige Spannungen gezeigt hatten nach anderhalbjährigem Lagern und fand dieselben vollkommen spannungsfrei.

zu finden. Man versteht darunter kleine, oft kaum sichtbare scharfe Sprünge in der Glasoberfläche von charakteristischer Gestalt. Meistens sind es zwei scheinbar von einem Kernpunkt ausgehende Risse, die oft nicht einmal ganz durch die Glasdicke hindurchgehen. Sie sind sehr unangenehm, weil ihr Weiterspringen häufig erst beim Evakuieren der Ballons eintritt und damit nicht nur eine halbfertige Lampe, sondern auch einige benachbarte durch das Undichtwerden der Luftabsaugeleitung zerstört.

Die landläufige Annahme, daß die Haarrisse von der Berührung der scharfen Abschlagenden des einen Ballons mit dem heißen Körper eines frisch von der Pfeife getrennten anderen Ballons herrühren, ist nicht zutreffend, wenngleich auch dadurch ganz ähnliche Erscheinungen hervorgerufen werden. Doch sind diese meist größer und naturgemäß nur an der Außenseite der Ballons beobachtbar. Diese sind die Folgen ausgelöster, von außen in das Glas hineingetragener Spannungen.

Die unangenehmen Haarrisse aber, jene oftmals in der Glasmasse selbst sitzenden, nicht an die Oberfläche tretenden Rißchen, die in selteneren Fällen sogar an die innere Ballonwand vordringen, rühren wahrscheinlich von Spannungen her, die ohne äußere mechanische oder thermische Einwirkung ihre Ursache in den Inhomogenitäten des Glases selbst haben. Dies ist z. B. dann der Fall, wenn ungenügend gemischtes Gemenge, starker Glasstand im Hafen oder schlecht verteilter Scherbenzusatz, einseitige Erhitzung des Hafens oder ungenügende Läuterung zu inhomogenem Glas führt.

Daß diese Haarrisse nicht „künstlich hervorgerufen" sind, geht auch aus ihrem geradezu periodischen Auftreten hervor und auch aus der bedauerlichen Tatsache, daß sie in der Mehrzahl aller Fälle erst nach längerem Lagern der Ballons, oft sogar erst nach der Feuerbehandlung der Kolben, bei der Verarbeitung und sogar an der fertigen Lampe auftreten. Ein besonderer Fall der Haarrisse, aber nicht minder unangenehm und häufig, sind die unter dem Namen „Nippelsprünge" bekannten Risse. Sie treten im Nippel (Scheitelpunkt) der Ballons auf. Entweder umgeben sie ihn als Ring, so daß unter Umständen sogar die Ballonspitze als Plättchen herausfallen kann, oder sie bilden einen S-förmigen Haken mit dem Scheitelpunkt des Ballons als Mitte oder auch eine Spirale von dem letzteren ausgehend. Da im Scheitelpunkt des Ballons die Glaswandung häufig etwas verdickt ist, treten dort naturgemäß mehr Spannungen auf als in den Wandungen. Die Erklärung für das Auftreten starker Spannungen gerade an dieser Stelle ist zwanglos.

Die Behauptung der „alten Praktiker", daß die Nippelsprünge Schrenkrisse sind, weil beim Einblasen der Kolben noch kalte Wassertropfen vom Einnetzen her in dem tiefsten Teil der Form stehenbleiben, ist natürlich irrig. Einmal schützt beim Einblasen des heißen Glases die als Leydenfrostsches Phänomen bekannte Dampfschicht das Külbel vor Berührung mit dem „kalten" Wassertropfen, von dem längst keine Spur mehr vorhanden ist, wenn das Glas in die Temperaturzone kommt, in der es Spannungen aufzunehmen vermag, und überdies ist es leicht zu zeigen, daß selbst in Eisenformen, die keine Ausblaseöffnungen im Nippel besitzen, die also kein Wasser halten können, die Nippelspannungen und Nippelsprünge genau so auftreten, sind sie ja sogar in dem freihändig, ohne Berührung mit einer Eisenform erzeugten Külbel vorhanden.

Die Spannungen in den Ballons werden in vorzüglicher Weise in den schon Bd. I, S. 239, erwähnten Spannungsprüfern (s. a. Abb. 1312) oder Polariskopen sichtbar. — Als besonders lichtstark und daher für die Untersuchung von Kolben ganz vorzüglich geeignet ist der von den Askaniawerken Berlin herausgebrachte Spannungsprüfer, dessen großes Modell auch die Beobachtung ganz großer Ballons in jeder Lage gestattet, ohne daß man beim Drehen derselben durch die Hülle des Schwarzglasspiegels behindert ist.

Abb. 1312. Spannungsprüfer „Askania" für große Kolben.

Die Spannungen zeigen sich am stärksten im Nippel, wo das bekannte Malteserkreuz meist klar und deutlich sichtbar wird, oder sie sitzen in verwundenem Gang, im Hals des Ballons. Auch an den Knickstellen der Ballonwand treten sie, wie schon erwähnt, auf oder auch an einzelnen Punkten des Ballonkörpers, wo sie die Ursache der Haarrisse werden.

Um nun die Spannungen in den Kolben zu beseitigen, unterwirft man sie einer Nachtemperung. Die Bezeichnung „Kühlen" ist hier nicht am Platz, denn die Kolben werden nicht wie die Erzeugnisse der übrigen Glasindustrie direkt von der Pfeife weg, noch heiß in den Kühlofen gebracht, um dort nach einem Aufwärmen auf die Entspannungstemperatur langsam abzukühlen. Sie werden vielmehr von der Pfeife abgeschlagen, erkalten und werden, in der Regel sogar erst nach der Zwischenbearbeitung durch Absprengen und Verschmelzen, in den Temperofen gebracht, wo sie erst erneut auf die Entspannungstemperatur erhitzt, eine angemessene Zeit in derselben gehalten und dann wieder langsam abgekühlt werden.

Das Aufwärmen kann sehr rasch geschehen. Die Dünnwandigkeit der Kolben gleicht die schlechte Wärmeleitfähigkeit des Glases aus, und Bruch tritt im allgemeinen nicht ein. Ebenso kann das Ausbringen der Kolben aus der Entspannungshitze erheblich schneller vor sich gehen, als es bei starkwandigen Gläsern möglich ist.

Das Wesentliche bei der Kühlung ist, daß man die Entspannungstemperatur und die Entspannungszeit richtig bemißt.

Die erstere kann annäherungsweise nach Gehlhoff und Thomas[1]) errechnet werden. Man geht dabei von der experimentell bestimmten Entspannungstemperatur eines ähnlich zusammengesetzten Glases aus und berücksichtigt die Abweichung des Gehaltes an den einzelnen Oxyden.

Vorzuziehen aber ist es, sie ebenso wie die Entspannungszeit empirisch zu ermitteln.

Die Spannungen und vor allem die Zeit, die man bei entsprechender Temperatur zu ihrer Beseitigung braucht, sind Funktionen der zu kühlenden Masse, die bei einem gegebenen Fassungsraum der Kühleinrichtung ziemlich genau von der Dicke der zu kühlenden Objekte abhängt. Man wird daher die Normen für die Kühlung nach den Temperatur- und Zeitwerten einstellen, die man für die vollständige Beseitigung der Spannungen in der größten Wandstärke der Ballons braucht. Man arbeitet dabei mit einem guten Polariskop und stellt fest, bei welcher maximalen Temperatur und maximalen Kühlzeit vorher spannungshaltige Kolben entspannt aus dem Kühlofen kommen. Hat man solchermaßen die Entspannungstemperatur ermittelt, so ist es notwendig, die Konstanthaltung derselben durch ein Pyrometer dauernd zu kontrollieren.

Eine einfache experimentelle Methode zur Ermittlung der Entspannungstemperatur gibt C. J. Peddle[2]) an. Ein längerer Stab, in der Mitte auf einen Stein aufgelagert, wird in den Kühlofen gebracht. Richtige Temperatur hat geherrscht, wenn nur ein leichtes Durchbiegen der freien Enden stattgefunden hat, unzweckmäßige, wenn kein oder sehr starkes Durchbiegen eintrat.

Bei Feststellung der Kühlzeit hat man zu berücksichtigen, ob die Ballons einzeln oder in Massen in der Entspannungszone verharren. Die Beziehungen zwischen Wandstärke des Kühlobjektes und der Kühlzeit wirken sich bei aneinandergelagerten, sich berührenden Kolben ungefähr dahin aus, daß in Berührung stehende Wandflächen sich wie eine Glasschicht verhalten und entsprechende längere Kühlzeit beanspruchen.

---

[1]) Ztschr. f. techn. Phys., VI. Jahrgang, 1925, Nr. 7a, S. 333—338.

[2]) Defects in Glass. Faulty annealing. Glass, Bd. 2, Jahrgang 1924/25, S. 1004—1010. Referat in Glastechnische Berichte, Jahrgang V, 1927, S. 278.

Diese Überlegung drängt natürlich zur Konstruktion von Kanalkühlöfen, in denen die Ballons einzeln hintereinander die Zone der Entspannungstemperatur passieren oder, wenn sie nebeneinander liegen, dies ohne gegenseitige Berührung tun. Dieser Art sind die Kanalkühlöfen konstruiert, welche die mit der Maschine geblasenen Ballons tempern.

Die Kühlzeit, oder genauer gesagt, die Zeit, welche notwendig ist, um die Spannungen aus den Ballons zu beseitigen, ist bei dieser Art Kühlöfen sehr kurz. Sie beträgt nur eine halbe bis eine Minute. Zweckmäßigerweise läßt man die Kolben dann noch durch eine von der Außenluft abgeschlossene, aber nicht beheizte Zone hindurchgehen, um neu auftretende Spannungen zu vermeiden, wenn in der vorangegangenen Entspannungszone gelegentlich einmal die Temperatur zu hoch ansteigt.

Kühlöfen. Man kann natürlich auch bei etwas längerer Kühlzeit Kanalkühlöfen anwenden, welche die Ballons in Kästen, flach nebeneinander geschichtet, transportieren. Ein solcher Kanalkühlofen ist Bd. I, S. 514, beschrieben. Für den Transport von Glühlampenkolben müssen die Dimensionen entsprechend kleiner gehalten werden. Statt der Kanalkühlöfen können auch gemauerte Kammeröfen verwendet werden, in welche Wagen mit abnehmbaren Horden aus Draht, auf welchen die Ballons liegen, eingeschoben werden. Die Kammer bleibt während des Kühlprozesses durch Flügel- oder Schiebetüren geschlossen, die durch Asbest- oder Isoliersteinbemauerung die Abstrahlung der Wärme verhindern.

In derselben Weise können auch große Massen Ballons in den bekannten festangelegten Kühlöfen getempert werden. Man legt sie hierbei in Mengen von 200—500 Stück in Körbe aus Eisendrahtnetz. Allerdings dauert dann die Entspannung aus den obenerwähnten Gründen mindestens eine bis zwei Stunden.

In allen Fällen ist der Kanalkühlofen der wirtschaftlichere, weil er einfacher zu bedienen, leichter zu regulieren und mit Pyrometer in sicherer Weise zu kontrollieren ist. Die anderen Kühlöfen wird man nur dann verwenden, wenn die Verhältnisse zur Benutzung bereits vorhandener Einrichtungen zwingen.

Neben der Konstanthaltung der Entspannungstemperatur während der zur Beseitigung der Spannungen nötigen Zeit ist es auch erforderlich, den darauffolgenden Temperaturabfall zu einem allmählichen zu gestalten.

Die Entspannungstemperatur liegt bei den bleifreien Kolbengläsern je nach der Zusammensetzung zwischen 500 und 600°. Der Abfall zur Lufttemperatur muß allmählich durch die ganze Dicke des Glaskörpers hindurch in gleichmäßiger Weise erfolgen, um die Beweglichkeit der Glasteilchen, die in der Hitze den Ausgleich der Spannungen herbeiführte, gleichzeitig lahmzulegen. Erfolgt der Temperaturabfall sprunghaft, so besteht die Gefahr, daß die Oberfläche des Ballonkörpers merkbar rascher abkühlt und Schichten mit verschiedenem Ausdehnungskoeffizienten entstehen, was zur Aufnahme neuer Spannungen führt.

Diese allmähliche Abtemperung muß bis zu einem Temperaturfall auf ca. 300° eingehalten werden. Unter dieser Temperatur ist die Aufnahme neuer Spannungen nicht mehr zu erwarten. Die weitere Abkühlung kann dann rapid vor sich gehen.

Auch von diesem Gesichtspunkte aus zeigt sich die Überlegenheit des Kanalkühlofens gegenüber den primitiveren feststehenden Öfen für Massentemperung in einer Charge. Allerdings bereitet dort das Abklingen der Temperaturkurve in der Praxis keine Schwierigkeiten, wenn die Ballons in dichten Haufen liegen, da ihre erhitzte Masse die Wärme lange zusammenhält und auch nur allmählich abfallen läßt. Bei der Einzelkühlung im Kanal muß man natürlich auch den Wärmeabfall hinter der Entspannungszone mit Pyrometern kontrollieren.

Die Kanalkühlöfen können auch, wie schon Bd. I, S. 519, erwähnt ist, als Muffelöfen ausgebildet werden, wodurch die Ballons vor dem weißen Beschlag geschützt sind, der sich auf ihnen beim Tempern in den Heizgasen selbst bildet. An sich ist dieser, aus niedergeschlagenen Aschenteilchen und aus Alkalisulfat bestehend (gebildet aus dem Schwefligsäuregehalt der Feuerungsgase und den Alkalien in der Glasoberfläche), nicht nur nicht schädlich, sondern von günstigem Einfluß auf die Verwitterungsbeständigkeit des Glases. Aber er erfordert doch ein etwas intensiveres Waschen der

Ballons vor der Weiterverwendung und erschwert die Beobachtung geringer Spannungen im Polariskop.

Gekühlte Ballons zeigen wesentlich andere Eigenschaften als ungekühlte, abgesehen natürlich von der höheren Bruchfestigkeit und Wärmestoßfestigkeit, die durch die Beseitigung der Spannungen eingetreten ist. Die Oberfläche der Ballons ist durch den Kühlprozeß gehärtet, die chemische Widerstandsfähigkeit gewachsen und dadurch die Lagerfähigkeit beträchtlich erhöht worden.

Gekühlte Ballons würden natürlich auch für das Absprengen und Verschmelzen bzw. das autogene Abschmelzen des Kolbenhalses günstiger sein und weniger Splitterungsbruch ergeben.

Dem steht aber die Gefahr entgegen, daß sich beim Verschmelzen der Sprengkante der Ballons infolge der raschen Verschmelzung und plötzlichen Abkühlung an der Verschmelzstelle des Glases neue Spannungszonen oberhalb dieser Stelle bilden, die zum „Abringeln" führen können.

Es bleibt daher eine Frage, die sehr von dem Glasmaterial und der Weiterbehandlung der Kolben abhängig ist, welches von den beiden Übeln das kleinere ist. Danach wird es sich richten, ob man erst sprengt, verschmilzt und dann kühlt oder umgekehrt.

3. Herstellung der Kolben durch Blasemaschinen.

Der Gedanke, einen ausgesprochenen Massenartikel wie die Glühlampenkolben, von denen jährlich mehrere 100 Millionen Stück verbraucht werden, durch Maschinen herzustellen, war zu naheliegend, als daß sich nicht schon mit dem Aufkommen dieses Zweiges der Glasindustrie Bestrebungen in dieser Richtung geltend gemacht hätten. Aber erst 1908, 30 Jahre nach der Erfindung der Glühlampe, gelang es der Empire Machine Co. in Portland, ein, wenn auch noch primitives, so doch immerhin schon brauchbares Modell einer Kolbenblasemaschine herauszubringen, das allerdings erst 6 Jahre später, mehrfach verbessert, in den dauernden Betrieb eingestellt werden konnte.

Es war die gewissermaßen halbautomatische „Fertigblasmaschine", die im Bd. I, S. 572, eingehend beschrieben und abgebildet ist und deren wesentlicher Nachteil darin bestand, daß sie zum Blasen eines Kolbens mit einer Glasmacherpfeife beschickt werden mußte, an welcher der von Hand entsprechend groß aufgenommene Glasposten, bereits angefangen vorgewälzt und zum Külbel aufgeblasen, angeheftet hing[1]).

Diese Maschine war der Vorläufer der vollautomatischen Kolbenblasemaschinen, welche alle Operationen, vom Aufnehmen des Glaspostens aus der Schmelze bis zur Ausstoßung des fertigen Kolbens, ohne menschliche Beihilfe besorgt.

Die Repräsentanten dieser Gruppe sind die voll automatische Empiremaschine der Empire Machine Company in Maine (U.S.A.) und Westlake Machine der Libbey Glass Co. in Toledo (U.S.A.).

Über diese beiden Maschinen ist im Bd. I, S. 617—633, so ausführlich berichtet, daß sich weitere Ausführungen erübrigen.

Über die heutigen Leistungsziffern gehen die Angaben auseinander, wohl deshalb, weil noch verschiedene Größenausführungen bestehen und auch die Glasbeschaffen-

[1]) Die Angaben, die an der zitierten Stelle über die Leistung der Maschine seitens der Empire Machine Co. gemacht werden, können nicht bestätigt werden. Ein Exemplar, das 1915 und 1916 erst in einer österreichischen, später in einer tschechoslowakischen Glasfabrik arbeitete, blieb weit hinter der versprochenen Leistungsfähigkeit zurück. Es brachte weder Ersparnis an Arbeitspersonal gegenüber dem manuellen Verfahren noch bessere Qualität. Der Ausschuß betrug bis 70%. Die Maschine wurde nach sechsmonatlichen Versuchen zum alten Eisen geworfen. Die Hauptschwierigkeit lag darin, daß die Arbeiter gezwungen waren, die vorzubereitenden Külbel ganz gleichmäßig im Gewicht und zum richtigen Zeitpunkt bereit zu halten.

heit die Qualität stark beeinflußt, so daß zeitweise bedeutende Ausfälle entstehen. Nach einer Angabe der amerikanischen General Electric Co., dem größten Glühlampenfabrikkonzern der Welt, stehen dort in den drei Glasfabriken in Pitney, Harrison und Niles 12 Westlakemaschinen mit einer Gesamtproduktion von 612000 Kolben in 24 Stunden in Betrieb, so daß also eine Maschine durchschnittlich 51000 Ballons pro Tag erzeugt, wovon aber nur etwa 90% als brauchbar angesehen werden können. Ähnliche Angaben macht die Osram G. m. b. H., Spandau, welche 50000 gute Ballons pro 24 Stunden und Maschine als Normalleistung annimmt.

Natürlich sind im Laufe der Zeit einzelne Organe der Maschinen vervollkommnet und vereinfacht worden, ohne daß dadurch das Prinzipielle des Westlaketyps eine Änderung erfahren hätte. Die wichtigste Variante der vielarmigen Westlakemaschine ist die in den Ausführungen des Bd. I, S. 633, erst als Projekt erwähnte „Single ram“[1])-Maschine, welche nur mit einem einzigen Paar von Saugarmen ausgestattet ist. Während bei der älteren, doppelarmigen Westlake über jedem Pfeifenpaar zwei Saugarme angeordnet sind, welche die ganzen Umdrehungen der Maschine über den Pfeifen und mit diesen mitmachten, besitzt die „Single ram“ nur ein einziges Saugarmepaar auf einer feststehenden Lafette.

Auf dieser schießt es in den Ofen (Wannenstiefel), entnimmt die doppelten Glasposten durch Ansaugen und gelangt in die Ruhestellung in dem Augenblick, in welchem die Rotierung der Maschine ein Pfeifenpaar unter ihre Mündung geführt hat, das nun den Glasposten in der bekannten Weise übernimmt.

Eine weitere sehr wesentliche Vereinfachung bildet bei der „Single ram-Maschine“ der Fortfall der Saugluftanlage, welche der ältere Westlaketyp zur Erzeugung des glasaushebenden Vakuums in den Saugarmen nötig hat. An seiner Stelle wird es nämlich in dem einzigen Saugarmpaar selbst automatisch in dem Moment gebildet, in welchem die Arme durch maschinellen Antrieb gegen den Ofen vorgestoßen werden.

Eine kompendiösere Form des Westlakeprinzipes kommt in der Ivanhoe-Maschine zum Ausdruck. Sie unterscheidet sich von der Westlakemaschine nicht nur in den Dimensionen, die nur etwa die halbe Höhe und die Hälfte des Raumbedarfes ausmachen, sondern vor allem in der konstruktiven Anordnung der Saugarme, die hier zu einer Gruppe von 4 gleichzeitig wirkenden Elementen kombiniert sind. Die Maschine erzeugt also mit jedem Schritt 4 Kolben und produziert je nach der Größe des Kolbentyps bis 90000 Stück Rohballons in 24 Stunden bei einer Ausbeute von 50000—70000 einwandfreien Exemplaren, schlierenfreies Glas vorausgesetzt.

Einige weitere Angaben zur Beurteilung der Ivanhoe-Maschine sind einem Sonderbericht zu entnehmen, den der Herausgeber von Herrn Direktor Spielvogel, Osram-Mg-Werk, Berlin-Siemensstadt erhielt:

„Ein Markstein an dem Entwicklungswege der Westlake-Kolbenblasmaschine war die Änderung der in tangentialer Richtung erfolgten Pfeifenbewegung in die radiale.

Schon bei dem der Westlake nachfolgenden Euclid-Typ sah man sich gezwungen, die Pfeifen zu kürzen, wenn man auf einem nicht allzu großen Maschinenumfang 48 statt bisher 24 unterbringen wollte. Die Befürchtung, die kürzere Pfeife würde eine weniger gute Külbelverformung ergeben, erwies sich als gänzlich gegenstandslos, so daß man bei dem nächstfolgenden Ivanhoe-Typ eine weitere Verkürzung der Pfeife vornahm. Das brachte den außerordentlichen Vorteil, die Maschine so gedrungen wie möglich bauen zu können.

[1]) „ram“ bedeutet eigentlich Ramme und ist hier als Bezeichnung für den Saugarm-Mechanismus benützt.

Am besten kommt der Fortschritt wohl durch den Gewichtsvergleich der 24-spindeligen Westlake mit der 24-spindeligen Ivanhoe zum Ausdruck. Die erste wiegt ca. 30000 kg, die zweite ca. 9500 kg.

Wenn auch in Amortisation und Verzinsung der Unterschied der beiden Typen eine wesentliche Rolle spielt, so wird er in seiner Bedeutung nebensächlich in Anbetracht der außerordentlichen Vereinfachung in der Betriebsführung der Ivanhoe-Maschine. Andererseits muß festgestellt werden, daß verschiedene Bewegungsmechanismen infolge der Unterbringung auf einem äußerst kleinen Raum vielleicht nicht die Zugängigkeit wie bei der Westlake besitzen. Sie sind jedoch in ihrer Konstruktion derart hochgezüchtet worden, daß irgendwelche Betriebsschäden nach menschlichem Ermessen nicht eintreten können.

Den wichtigsten Schritt nach vorwärts bedeutete jedoch der selbständige Antrieb der Pfeifendrehung, der in Verbindung mit der Möglichkeit, Beginn und Ende der Zwischenoperationen feinstens regulieren zu können, eine beliebige Verformung des Külbels bis zum Durchhängenlassen sichert. Gerade in der allerletzten Zeit ist es durch konstruktive Verbesserungen und Vereinfachungen in der Handhabung der Bedienungselemente gelungen, die Ausbeute in 24 Stunden bis auf über 80000 auch den anspruchsvollsten Forderungen genügenden Kolben zu steigern.

Wie aus der nachfolgenden Tabelle ersichtlich, ist die Entwicklung der Leistungsfähigkeit der Ivanhoe-Maschine keineswegs als abgeschlossen zu betrachten. So weist die Ohio bereits 48 Pfeifen auf.

Masch. Type	Saugköpfe	Pfeifenanzahl	Pfeifenbewegung
Westlake	2	24	tangential
Euclid	4	48 gekürzte Westlake	radial
Ivanhoe	4	24 kurze Ivanhoe	radial
Ohio	4	48 kurze Ivanhoe	radial

In Deutschland werden wir den Weg für die Weiterentwicklung in der Verbesserung der konstruktiven Durchbildung und der Schaffung kleinerer Typen, die die Möglichkeit schnellster Umstellung während des Betriebes gewährleisten, zu suchen haben. Diesen Weg hat Geh. Reg.-Rat Dr. A. Wendler in seinem Vortrag auf der Glastechnischen Tagung 1930 richtunggebend gewiesen“ [1]).

Nach einem vom Westlakeprinzip vollständig abweichenden Verfahren arbeitet die Maschine der Corning Glass Works in Corning, N.Y., Amerika [2]).

Die aus einem Vorherd der Glasschmelzwanne kontinuierlich austretende Glasmasse fließt zunächst durch zwei wassergekühlte Walzen *1* und *2*, die es bandförmig vorformen. Es gelangt dann auf ein Förderband *5*, das aus einzelnen Platten *6* besteht, die auf einer endlosen Kette befestigt sind. Jede Platte besitzt eine Öffnung *7*, durch welche das viskose Glas langsam einsinkt. Dem Förderband parallel, nach oben verschoben, läuft ein ähnliches endloses Arbeitsband mit Blasköpfen *8* an der Unterseite. Die mit einer Luftdruckleitung *9* verbundenen Blasköpfe sind auf die Löcher in den Platten des Förderbandes genau eingestellt. Sie werden auf das Glasband gedrückt und blasen im weiteren Vorwärtsschreiten des Arbeitsganges das durch

[1]) Geh. Reg.-Rat Dr. A. Wendler: „Entwicklung und Ziele der maschinellen Weißhohlglas-Herstellung.“ Glastechn. Ber. Jahrg. VIII, Heft 8, S. 453.

[2]) Brit. Pat. 276606. Glass Ind., 9. Jahrgang, 1928, Nr. 2, S. 30. Glastechnische Berichte, Bd. **6**, 1928, Heft 8, S. 465 u. Bd. **8**, 1930, S. 460.

die Öffnung gesunkene Glas allmählich zu einem Külbel auf. Dieses gelangt nun in die Kolbenform *10*, die unter dem Förderband ebenfalls auf einem endlosen Arbeitsband angebracht sind. Die Formen klappen selbsttätig ein; durch die Blaseköpfe wird eine bestimmte Menge Luft eingeblasen und zugleich wird die Form in Umdrehung gebracht, so daß die Kolben frei von Formnähten entstehen. Im weiteren Vorwärtsschreiten der drei Arbeitsbänder entfernen sich die wieder aufklappenden Formen und die Blaseköpfe. Die auf dem Metallband liegenden Reste des Glasstreifens werden durch eine seitlich angreifende Scheibe abgeworfen und schließlich die Kolben, die nur noch an den Durchlochungen des Metallbandes hängen, abgestreift. Die fertigen Kolben gelangen durch einen Greifer auf ein anderes Förderband, welches sie der weiteren Verarbeitung zuführt. Um den großen Glasabfall einzuschränken, der durch die nur teilweise Ausformung des Glasbandes zu Kolben entsteht, wird dieses bereits in den mit Rippenvorsprüngen versehenen Vorformwalzen *1* und *2* so ausgebildet, daß die Abschnitte über den Külbellöchern verdickt, die Zwischenstücke aber in dünner Schicht gehalten sind.

Die Leistung der Maschine übertrifft bei weitem die der Maschinen des Westlaketypes. Sie wird mit brutto 360000 Kolben pro 24 Stunden angegeben, die größtenteils gut sein sollen. Sie ist daher für europäische Bedarfsverhältnisse zu produktiv. Das, soviel bekannt, einzige Exemplar derselben arbeitet in den Corning Works.

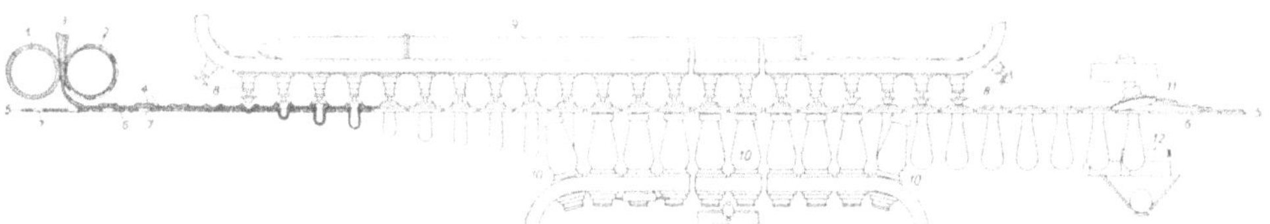

Abb. 1314. Prinzip der Kolbenblasmaschine der Corning Glass Works.

Die Empiremaschine sowohl wie die Westlakemaschinen fanden in Europa zuerst in England schon vor 1914 Eingang. Später wurde eine Empiremaschine in Paris aufgestellt und 1926 errichtete die Osram G. m. b. H. Kommandit-Gesellschaft ein großzügig angelegtes Maschinenglaswerk in Spandau bei Berlin, das bereits 1929 erweitert wurde und gegenwärtig mit drei modernisierten Westlakemaschinen, vier Ivanhoemaschinen und drei Röhrenziehmaschinen nach dem Dannersystem arbeitet.

Ein weiteres Maschinenglaswerk mit Ivanhoemaschinen für die Kolbenfabrikation und Dannermaschinen für Röhrenherstellung wird 1931 von der Vereinigten Glühlampen- und Electrizitäts A. G. in Ujpest bei Budapest in Betrieb gebracht.

Diese Unternehmen[1]) haben in mustergültiger Weise die Aufgabe gelöst, für die Riesenleistung der Glühlampen erzeugenden Maschinen eine Organisation des Gesamtbetriebes zu schaffen, die deren wirtschaftliche Ausnützung erst vollkommen macht.

Sie beruht in erster Linie in der Systematisierung des Betriebes, der eine konsequente Durchführung der Fließarbeit von der Ankunft der Rohmaterialien bis zum Ausgang des Fabrikates aus dem Werk darstellt. Nur dadurch ist es möglich, daß mit einem Minimum von Personal ein Maximum von Leistung erzielt wird, wie es sonst in der Glasindustrie ohne Beispiel ist.

[1]) Näheres darüber ist in der illustrierten Festschrift zu finden, welche die Osram G. m. b. H. Kommanditgesellschaft im Jahre 1927 anläßlich der Einweihung des Maschinenglaswerkes herausgegeben hat. Ferner in dem Vortrag von Direktor Professor Dr. G. Gehlhoff, „Das Maschinenglaswerk der Osram G. m. b. H.", Glastechnische Berichte, VI. Jahrgang (1928), Heft 1, S. 1—16.

Die eigentliche Kolbenproduktion, also das Blasen von 70000 Rohkolben mit der Maschine, das Abschneiden der Hälse, das Kühlen, Sortieren und Verpacken derselben erfordert alles in allem nur ca. 18 Personen. Um die gleiche Menge Kolben in der Handarbeit herzustellen, sind rd. 200 Menschen nötig. Das Gros der Arbeiterschaft entfällt auf die Hilfsbetriebe. Aber auch da ist dank der weitgehenden Mechanisierung eine Menschenleere des Arbeitsfeldes entstanden, wie sie das Kennzeichen für die Entwicklung der Technik unserer Zeit ist.

Die Einführung der Kolbenblasemaschine verbilligt natürlich die Herstellung der Ballons außerordentlich und macht den Fabrikanten in hohem Maße unabhängig von dem guten Willen des Arbeitnehmers. Anderseits aber dürfen auch die Schattenseiten der Maschine nicht verkannt werden. Sie ist der rücksichtsloseste Arbeiter, der sich nicht im geringsten um die Beschaffenheit des Glases kümmert und unnachsichtlich alles verarbeitet, was ihm vor die Saugarme kommt. Die Qualitätsanforderungen, die daher an die ununterbrochen durchgeführte Schmelze gestellt werden, sind auch die denkbar größten und nur mit einem vollkommen ausgerüsteten und vollkommen bedienten technischen Apparat zu erzielen. Außerdem ist die Maschine nur da am Platz, wo ein großer gesicherter Absatz vorhanden ist und sehr bedeutende Serien ein und desselben Ballontyps fabriziert werden können, was schon bei den Kolbenfabriken mittleren Umfanges nicht mehr zutrifft.

IV. Herstellung der Röhren und Stäbe.

Während bei der Herstellung der Glühlampenkolben wohl noch auf lange Jahre hinaus die Mundblasearbeit neben der maschinellen Fabrikation bestehen bleiben wird, scheint bei der Herstellung der Stäbe und der Röhren die Maschine die uralte Kunst des Ziehens von Hand[1]) allmählich ganz aus dem Felde zu schlagen.

Die Verhältnisse liegen hier anders als bei der Kolbenfabrikation. Die Röhrenziehmaschine und ihre Hilfseinrichtungen sind zwar immer noch eine sehr kostspielige Sache, verlangen aber doch nicht bei weitem den großen Kapitalaufwand, den etwa eine Kolbenblasmaschine bedeutet. Es kommt hinzu, daß Kolben nur in der Glühlampenfabrikation Verwendung finden, für Röhren und Stäbe aber ein weites Absatzgebiet in allen möglichen Industrien, vor allem in der Instrumenten- und Gerätefabrikation, vorhanden ist, so daß ein Unternehmen, das Röhren maschinell in Massen herstellt, eine breitere wirtschaftliche Basis findet. Endlich ist wichtig, daß die Röhrenziehmaschine, wenn sie gut eingestellt ist und gut geführt wird, tatsächlich eine so vorzügliche Ware liefert, daß sogar in qualitativer Hinsicht die Handarbeit nicht damit konkurrieren kann, ganz abgesehen natürlich von den um ein Vielfaches geringeren Produktionskosten des Maschinenrohres.

Immerhin wird auch das handgezogene Rohr noch so viel in der Glühlampenindustrie verarbeitet, daß in diesem Zusammenhange seine Herstellung nicht übergangen werden darf.

1. Anforderungen an die Formgebung der Röhren und Stäbe.

Man unterscheidet, wie bereits eingangs angeführt wurde, in der Glühlampenfabrikation Fuß- oder Tellerrohre und Ansatz- oder Pumprohre. Aus den ersteren

[1]) Vgl. insbesondere den Abschnitt „Röhrenziehen" in Kapitel 14, S. 1304.

wird der „Teller" geformt[1]), welcher den Kolben abschließt, und dessen Rohr als „Fuß" in den Kolben hineinragt, wobei in seine breitgequetschte Stelle, die „Brücke", die Stromzuführungsdrähte eingeschmolzen sind.

An das Glas des Fußrohres wird daher die Anforderung gestellt, daß es mit dem Kolbenglas gut und dicht verschmilzt und die Stromleitungsdrähte luftdicht in sich einbetten läßt. Außerdem muß das Glas widerstandsfähig gegen Elektrolyse sein, worüber das Notwendige schon S. 1319 gesagt ist.

Die Verschmelzbarkeit mit dem Kolbenglas war dadurch gegeben, daß man das Rohr aus demselben Glas machte wie den Kolben. Das war eine einfache Sache, solange man Bleiglas verarbeitete.

Die große Viskosität der Bleigläser gestattete sogar Konzessionen zugunsten des Preises der Röhren, insofern man den Bleigehalt der Fußrohre vermindern oder das Blei zum Teil durch Baryt ersetzen und dennoch eine gute Verschmelzbarkeit erzielen konnte. Als man aber zum bleifreien Kolbenglas überging, trat die Frage auf, ob auch das Röhrenglas die Wandlung der Zusammensetzung mitmachen sollte. Es zeigte sich bald, daß dies nicht ging, da das bleifreie Glas beim Einschmelzen der Drähte völlig versagte. Zunächst war die höhere Erweichungstemperatur des bleifreien Glases ein Hindernis, weil bei dieser die einzubettenden Drähte sich entweder oxydierten oder bei der unvermeidlich stärkeren Korrosion durch den Glasfluß die an ihrer Oberfläche okkludierten Gase abgaben und so die Dichte des Einschlusses gefährdeten. Auch der höhere Ausdehnungskoeffizient und Sprödigkeit des bleifreien Glases bereitete Schwierigkeiten, sowohl bei der Wahl des Drahtmaterials wie auch bei der Verarbeitung des Rohres zum Gestell, da hierbei weit größere Spannungen auftraten als beim Bleiglas und der Bruch dadurch viel größer wurde. Auch die stärkere Tendenz des bleifreien Glases zur Elektrolyse und endlich die größere Viskosität, welche auf den Verarbeitungsprozeß verlangsamend wirkt, stellten sich der Einführung des bleifreien Glasrohres in die Glühlampenindustrie hemmend entgegen.

Da nun aber Bleiglas, auch wenn es bis zu 35% Bleioxyd enthält, noch immer viskos genug ist, um sich auch mit hartem bleifreiem Glas einwandfrei zu verschmelzen, so ging die Glühlampenindustrie allen Schwierigkeiten aus dem Wege, indem sie die Röhren nach wie vor aus bleihaltigem Glas bezog.

Ähnlich war es mit den Ansatzröhren und mit den Pumpröhren. Es sei daran erinnert, daß beide dem gleichen Zweck dienen, vorübergehend die Verbindung des zu evakuierenden Kolbeninnern mit der Luftpumpe herzustellen.

Die Ansatzrohre wurden bei der älteren, jetzt verlassenen Herstellung der Glühlampen an der Kopfspitze des Ballons (dem Nippel) angeschmolzen und der Durchbruch in die Ballonwand eingeblasen. Nach dem Aussaugen der Luft durch das etwa 100 mm lange Rohrende wurde dieses durch Erhitzen vor einer Stichflamme erweicht und abgezogen, so daß die an den älteren Glühlampen noch sichtbare unschöne und bruchgefährdete Spitze entstand. Für dieses Glasrohr, das übrigens nach Abschneiden der noch an ihm verbliebenen Ausziehspitze noch einmal in der gleichen Weise verwendet werden konnte, genügte natürlich ein minderwertiges Glasmaterial, das nur die eine Eigenschaft haben mußte, sich mit dem Kolbenglas sicher zu verschmelzen. Man nahm zwar Bleiglas, aber verwendete dazu eine Schmelze, die einfach aus den Rohrabfällen der Hütte und denen der Lampenfabrik zusammengeschmolzen wurde.

Mit dem Pumprohr kann man nicht so summarisch verfahren. Es wird nämlich in das Innere des Fußrohres eingeführt und mit diesem und den eingebetteten Stromzuleitungsdrähten sowie dem Gestellstäbchen zur Brücke gequetscht und danach durch seitliches Aufblasen seiner in der Brücke liegenden Mündung geöffnet (s. Abb. 1296, S. 1315). Die so entstehende Öffnung liegt im Inneren der Glühlampe, und durch sie und das lange Ende des Pumprohres erfolgt die Evakuation des Kolbens. Ist diese beendet, evtl. auf dem gleichen Weg ein indifferentes Gas (Argon,

[1]) Auch die Bezeichnung „Trichter" und Trichterrohr sind dafür üblich.

Stickstoff) in die Lampe gelassen worden[1]), so wird das Pumprohr unterhalb des Kolbens, ebenso wie früher das Ansatzrohr, abgeschmolzen. Bei dieser Technik bleibt also ein erheblicher Teil des Pumprohres in der aus dem Bleiglas des Fußrohres entstandenen Brücke eingeschmolzen. Daher muß das Material des Pumprohres dasselbe sein wie das des Fußrohres.

Die Stäbe endlich haben in bezug auf das Material drei Eigenschaften zu entsprechen.

Zunächst werden sie, wie am Anfang unseres Abschnittes gezeigt wurde, mit der Brücke, also dem Fußrohrbleiglas, verschmolzen, daher sollen sie aus Bleiglas oder mindestens aus einem mit demselben gut verbindbaren bleifreien Glas, z. B. dem Thüringer weichen Natronglas, bestehen.

Weiterhin sollen sich die Halterungshaken, an welchen die Glühdrähte der Lampe aufgehängt werden, in das Stäbchenglas sicher einschmelzen lassen. Diese Anforderung bereitet kaum Schwierigkeiten, da entweder weiches Bleiglas gewählt wird, das sich fast jedem Metall gut anschmiegt, oder ein hartes Glas (s. unten), dessen Ausdehnungskoeffizient sich dem des Hakenmateriales soweit als möglich nähert.

Endlich aber soll das Stabglas auch so viskos und schwer erweichbar sein, daß es sich in der von den Leuchtdrähten ausgestrahlten Gluthitze nicht deformiert. Das ist natürlich ein Verlangen, das beim Bleiglas sehr bald die Grenze der Möglichkeit erreicht.

Um sich aus dieser Not zu helfen, ist man den bereits früher skizzierten Weg gegangen, daß man Stäbe aus sog. Zwischengläsern herstellte, die sich einerseits mit dem Bleiglas der Brücke, anderseits aber auch mit einem sehr viel härteren[2]) Glase haltbar verschmelzen ließen. Aus dem letzteren bestand dann das Stabende, in welches die Halterungsdrähte eingesetzt waren, und das der starken Hitze der Glühdrähte ausgesetzt war. Man wählte dafür Jenaer Thermometerglas 16^{III}[3]), Lausitzer Resistoglas, Verbrennungsröhrenglas, Wolframglas[4]), Molybdänglas[5]) oder irgendein anderes hartes, meist Borsäure und Tonerde als wesentliche Bestandteile führendes Glas.

Das jeweils zweckmäßige Zwischenglas (Verbindungsglas) kann durch die auf S. 1344 angegebenen Errechnungsmethoden gefunden werden.

Die nachstehende Zahlentafel 111 zeigt an Hand der Analysen der betreffenden Gläser sehr schön die Übergänge vom weichen Bleiglas zu den harten Gläsern für heiße Halterung.

Zahlentafel 111.

Glassorte	SiO_2	B_2O_3	Al_2O_3	Na_2O	K_2O	PbO	CaO	MgO	BaO	ZnO	Sb_2O_3	A_2O_3
Röhrenbleiglas . .	56,8	—	—	4,1	7,7	31,4	—	—	—	—	—	—
Zwischenglas . . .	62,2	2,8	0,3	7,8	7,3	19,5	—	—	—	0,5	—	—
Zwischenglas . . .	61,8	9,4	1,0	8,4	4,8	13,0	—	—	—	1,6	—	—
Jena 16^{III}	69,0	2,0	1,0	14,0	—	—	7,0	—	—	7,0	—	—
Resisto	58,6	21,5	2,3	10,8	—	—	—	—	—	3,8	3,1	—
Molybdänglas . .	64,7	11,0	4,4	7,4	0,4	—	0,5	0,1	—	1,1	—	0,2
Wolframglas . . .	76,2	10,7	2,5	4,5	0,4	—	3,3	—	2,4	—	—	—

[1]) In der neuen Glühlampentechnik erfolgt die Gasfüllung nicht mehr wie beschrieben, sondern durch sukzessives Ausspülen der Luft im Ballon durch die betreffende Gasfüllung.

[2]) „Hart" ist hier im Sinne der wärmetechnischen Verarbeitbarkeit, also als erst bei höherer Temperatur erweichend, zu verstehen.

[3]) Siehe Bd. I, S. 122.

[4]) [5]) So bezeichnet, weil es ungefähr den gleichen Ausdehnungskoeffizienten besitzt, wie die Metalle Wolfram oder Molybdän, aus dem die Halterungsdrähte bestehen.

Die Anforderungen, die an die Formgebung der Röhren und Stäbe gestellt werden, sind mit der mechanischen Entwicklung der Verarbeitungsmaschinen in der Glühlampenindustrie in einem Maße gestiegen, dem die Handarbeit des Röhrenziehens in rentabler Weise kaum mehr zu folgen vermag.

So müssen z. B. die aus den Fußrohren geformten Teller und Brücken Stück für Stück von gleichmäßigem Durchmesser und gleichmäßiger Wandstärke sein. Dem kann aber nur entsprochen werden, wenn das Fußrohr in seiner ganzen Länge absolut gerade, absolut rund und von absolut gleichem Außendurchmesser und von absolut gleicher Wandstärke ist und ein Rohr wie das andere diesen Eigenschaften entspricht. Ferner muß das Rohr vollkommen homogen im Glas sein, es darf keine Steine, Knoten, Schlieren und Blasen enthalten. Endlich soll es „im Fleisch", wie die Hüttensprache die Wandstärke bezeichnet, keinen „Külbelstich" zeigen, da derselbe fast stets die Ursache von Spannungen ist, welche das Rohr bei der Verarbeitung zersplittern lassen.

Der „Külbelstich" rührt von dem Überfangen des zuerst aufgenommenen Glaspostens mit einer zweiten Glasschicht her und wird im Querschnitt des Rohres als eine aus konzentrischen Ringen bestehende Schichtenbildung wahrgenommen.

Genau die gleichen Anforderungen werden auch an die Pumprohre gestellt. Dabei muß ganz besonderes Gewicht auf geringe, aber ganz gleichmäßige Wandstärke und vollständiges Rundsein des Rohres gelegt werden. Diese Forderungen sind um so schwerer zu erfüllen, als es sich bei den Pumprohren um engdimensionierte Röhrchen von nur 2—3 mm Dmr. handelt.

An die Formgebung der Ansatzröhren zum Evakuieren der Lampen aus der Ballonspitze wurden diese Anforderungen natürlich nicht gestellt.

Die Stäbe dagegen, aus denen die Gestellträger gefertigt werden[1]), müssen in besonderem Maße frei von Blasen (Gispen) sein, um das immerhin mögliche Aufreißen der Glasoberfläche und die Abgabe des Gasinhaltes an die Lampe zu verhindern. Gispen im Stabglas äußern sich infolge des langen Ausziehens des Glaspostens fast immer als sehr feine, oft nur mit der Lupe erkennbare Ketten von hintereinandergelagerten Bläschen, die bei stärkerem Auftreten als feine weiße Linien im Glas erscheinen. Auch der Durchmesser der Stäbe muß sehr genau eingehalten werden, da ja auch hier die Verarbeitungsmaschinen auf ein bestimmtes Maß eingestellt werden. Besonders erschwert wird die Stabherstellung dadurch, daß meistens nur ein bestimmter Durchmesser gebraucht werden kann, der entsprechend der ohnehin geringen Stärke mit höchstens $^2/_{10}$ mm toleriert wird.

Beim Ziehen der Stäbe von Hand fallen aber die Durchmesser schon in einem Zug recht verschieden aus, so daß man die dimensionsgerechten durch Absortieren aussuchen muß.

2. Das Ziehen der Röhren und Stäbe von Hand.

Die Glashäfen, aus denen das Röhrenglas gearbeitet wird, stehen entweder mit den Häfen für Kolbenglas in einem Ofen oder für sich in einem besonderen kleineren.

Die Glashäfen werden sehr groß gehalten, um genügend Glas für die Ausarbeitung fassen zu können. Eine Röhrenzieherkolonne arbeitet in 8 Stunden ca. 350 kg aus. Arbeitet eine Gruppe an einem Hafen, so verwendet man also Häfen in den Dimensionen von mindestens 115 × 65 cm. Arbeiten zwei Röhrenziehergruppen aus einem Hafen, so muß man diesem, sofern es die Ofenverhältnisse gestatten, mit einer Dimensionierung von 135 × 75 cm oder ca. 1000 kg Bleiglasinhalt bemessen. Diese Art der Ausarbeitung ist die rationellste.

---

[1]) Zum gleichen Zweck können auch Röhrchen von 3—5 mm Dmr. verwendet werden, die Anforderungen an das Glas sind dieselben.

Stehen nur kleinere Häfen zur Verfügung, so müssen die Röhrenzieher mehrere derselben ausarbeiten, was natürlich sehr unwirtschaftlich und auch technisch ungünstig ist, da einige längere Zeit unausgenutzt mit dem Glasinhalt stehen und daher der Gefahr der Entglasung ausgesetzt sind.

Sehr zu tadeln ist die Unsitte, daß die Röhrenzieher bei kleinen Häfen, um die Ausbeute zu steigern, die während der Arbeit entstehenden Abfälle in den Glashafen zurückwerfen, damit sie noch während der Arbeitszeit wieder aufschmelzen. Selbstverständlich kann dadurch kein homogenes Glas entstehen, sondern nur ein von Schlieren durchzogenes, an Spannungen reiches Mischprodukt.

Bei großen Häfen ist es möglich, während der ganzen Arbeitszeit Röhren ein und derselben Dimension zu ziehen. Bei kleineren Häfen muß die Arbeit geteilt werden derart, daß zu Beginn derselben Rohre größerer Dimension, zur Ausarbeitung der Häfen aber engere Röhren oder Stäbe gezogen werden.

Eine Röhrenzieherkolonne besteht aus einem Meister, einem Gehilfen, einem Külbelmacher, einem Rohrschneider und mancherorts auch noch aus einem Läufer.

Die Technik des Rohrziehens von Hand ist in Kap. 14, S. 1304, ausführlich beschrieben. In Ergänzung der dortigen Angaben ist nur noch folgendes zu bemerken.

Nach der Zieharbeit ist in der Röhrenbahn das Rohr zurückgeblieben. Es wird dort von einem Jungen in gleichmäßige Stücke, meistens 1 m Länge, zerschnitten. Er hat dazu einen auf einer Fußbank montierten Kasten vor sich. Die eine Schmalseite desselben ist erhöht und dient als Anschlag für das Rohr, das der Junge über den Kasten zieht, und das er an einer am Kasten markierten Stelle mit einer Stahlschneide anritzt und durch leichtes Abbiegen bricht. Die abgeschnittenen Rohrstücke fallen in den Kasten.

Dem Röhrenschneider fällt unter Umständen noch eine andere Aufgabe schon während des Ziehens zu. Ist das Glas an der Pfeife sehr heiß und noch weich, oder muß die Wandstärke des Rohres dünn gehalten werden, so besteht die Gefahr, daß das Rohr zusammenklatscht. Der Junge hat dann mit einem Fächer (gewöhnlich ist es ein Kistendeckel oder ein mit langen Gänsefedern besetzter Rahmen) neben dem auf die Ziehbahn niederfallenden Rohr herzulaufen und es durch Zufächeln von frischer Luft zum rascheren Erkalten und Steifwerden zu bringen.

Die Anfertigung der Stäbe bereitet wesentlich weniger Schwierigkeiten, da das Aufblasen der Seele wegfällt. Im übrigen ist das Arbeitsverfahren dasselbe wie bei den Röhren.

Die Arbeit des Röhrenziehers ist eine der schwersten in der Hohlglasindustrie. Sie stellt nicht nur die größten Anforderungen an die physischen Kräfte, sondern erfordert auch ein gutes Teil Intelligenz, um die Dimensionierung der Röhren und Stäbe richtig zu bemessen. Die Entlohnung der Röhrenzieher ist auch daher entsprechend hoch.

Die auf der Ziehbahn geschnittenen Röhren und Stäbe werden auf einem Traggestell gesammelt und dann zu der Sortierstube gebracht. Dort erfolgt das Aussuchen, das wohl immer durch Mädchen ausgeführt wird. Zunächst werden die mit Glas- und groben Arbeitsfehlern behafteten Exemplare ausgeschieden. Glasfehler sind, wie schon erwähnt, Knoten, Steine, Gispen, die in längerer Ausdehnung aneinandergereiht sind, und Winden. Als Arbeitsfehler kommen bei der Vorbeschau in Frage gebogene oder verwundene und ovale Rohre. Nicht alle Rohre, die mit diesen Glas- und Arbeitsfehlern behaftet sind, sind total unbrauchbar. Man kann, sofern man Abnehmer für kürzere Röhren hat, die fehlerhaften Stücke aus den Längen herausschneiden und damit noch eine Menge Material retten. Für Stäbe gilt das gleiche. Der Vorbeschau folgt die Kalibrierung. Sie besteht darin, daß die Röhren bzw. Stäbe zunächst auf ihren Außendurchmesser sortiert werden. Zu diesem Zweck befindet sich auf dem Sortiertisch vor jeder Sortiererin ein Kamm aus 5 mm starkem Flacheisen. Die Einschnitte des Kammes entsprechen den für die Rohrdurchmesser zugelassenen Toleranzen.

Die Rohre werden geprüft, indem sie zunächst mit einem Ende auf den Ausschnitt des Kammes gelegt werden, der dem größten zugelassenen Durchmesser entspricht. Fällt das Rohr hinein, so wird es der ganzen Länge nach durch den Einschnitt hindurchgezogen. Dabei machen sich Stellen mit größerem Durchmesser durch Steckenbleiben in der Lehre bemerkbar und können herausgeschnitten werden.

Die sich ergebenden Rohrstücke unter der maximalen Toleranzweite werden sodann über den Kammausschnitt gezogen, der dem vorgeschriebenen Toleranzminimum entspricht. Stücke, die in den Ausschnitt fallen, haben zu kleinen Durchmesser und werden ausgeschieden oder, wenn es Teile eines Rohres sind, herausgeschnitten. Die bei dieser Sortierung abfallenden Rohre mit zu großem oder zu kleinem Durchmesser werden einer erneuten Sortierung in den anschließenden Toleranzen unterworfen.

Diese Methode des Sortierens hat den Vorteil, daß das Rohr seiner ganzen Länge nach auf den Durchmesser geprüft und auch teilweise Abweichungen erkannt und abgetrennt werden können. Es ist dies bei einem anderen Verfahren nicht möglich, das wahrscheinlich nur wegen seiner größeren Leistungsfähigkeit angewendet wird. Hierbei hält die Sortiererin ein mit dem einen Ende am Boden aufstehendes Bündel Röhren in dem linken Arm und läßt aus dem nach oben gerichteten Rohrende Stück für Stück in einen mit der rechten Hand gehaltenen Sortierkamm fallen. Sie stellt diesermaßen den Durchmesser des Rohres an dem einen Ende fest und lehnt das Rohr in einen entsprechend bezeichneten Ausschnitt des Arbeitsstiches, vor dem sie sitzt. Hat sie in jedem Ausschnitt einen größeren Posten Röhren stehen, so dreht sie dieselben um und kontrolliert nun die anderen Enden auf Gleichheit des Durchmessers mit der vorher geprüften Seite. Die Arbeiterinnen eignen sich bald große Geschicklichkeit an, so daß die Arbeit wahrscheinlich etwas schneller vor sich geht als die zuerst beschriebene Methode. Indessen mangelt ihr die Genauigkeit derselben.

Stäbe werden nach dem analogen Verfahren oder auch durch Durchziehen durch eine Lochschablone geprüft.

Die Kontrolle der Wandstärken wird ebenfalls durch präzis aus Stahl gearbeitete Kammkaliber vorgenommen, deren Ausschnitt man über die Rohrwandungen an den beiden Enden eines Rohrstückes zu stecken versucht. Man prüft mit zwei Kalibern, von denen der eine einen Ausschnitt in der Weite des Minimums der zugelassenen Toleranz, der andere eine Weite wie das Maximum derselben besitzt. Die Wandstärke des Rohres entspricht der Vorschrift, wenn sich der Rohrabschnitt in den engeren Kaliber nicht, in den weiteren dagegen mit Leichtigkeit einstecken läßt.

Bei engen Röhren, z. B. den Pumpröhren, ist mit Kalibern dieser Art schlecht zu arbeiten. Man bedient sich hier besser zweier Einsteckdorne und prüft in analoger Weise die lichte Weite der Röhren, ob sie zwischen einem zugelassenen Minimum und Maximum, das durch die Durchmesser der Dorne präzisiert ist, liegt. Die Prüfung muß natürlich an beiden Enden des Rohrstückes vorgenommen werden.

Fußröhren (Gestellröhren) werden normalerweise in Außendurchmessern von 8—15 mm hergestellt. Dabei wird gewöhnlich eine Untersortierung in Gruppen von 0,5 mm Toleranz zugelassen, so daß also z. B. Rohre mit Außendurchmessern 10,0—10,5 mm oder 10,5—11,0 mm bestellt und geliefert werden. Doch erfährt diese Tolerierung noch insofern eine Einschränkung, als die Abweichungen der Durchmesser an den beiden Enden ein und desselben Rohrstückes nicht mehr wie 0,2 mm, bei einer Rohrlänge von einem Meter, betragen darf. Dadurch wird die Konizität der aus dem Rohre gefertigten Trichterfüßchen praktisch vermieden und gleichmäßiges Verschmelzen mit dem Ballon gewährleistet.

Die Wandstärken der Fußröhren (Gestellröhren) sind gewöhnlich mit 0,7—0,9 mm oder 0,8 bis 1,0 mm, jedenfalls meistens mit 0,2 mm Toleranz normiert. Bei weiteren Rohren (über 12 mm Außendurchmesser) kommen auch größere Wandstärken vor.

Pumprohre pflegt man in Außendurchmessern von 2—5 mm, mit Toleranzen von 0,2 mm (also z. B. 2,8—3,0 mm) zu normieren. Ihre Wandstärken betragen meistens 0,5—0,7 mm.

Stäbe werden in Durchmessern von 2—8 mm verwendet, wobei die Toleranzmasse in einer Gruppe auch meistens um nicht mehr als 0,2 mm voneinander abweichen.

3. Das maschinelle Röhrenziehen.

Es sind heute zwei Typen der Röhrenziehmaschine bekannt. Die nach ihrem Erfinder Danner benannte, die im ersten Band dieses Buches S. 705—714 eingehend beschrieben ist[1]), und die Röhrenziehmaschine der N. V. Philips Gloeilampenfabriken in Eindhoven (Holland).

[1]) Eine Beschreibung einer Danneranlage mit Angabe von Leistungsziffern ist in Gehlhoff, „Über maschinelles Röhrenziehen", Glastechnische Berichte III, Jahrgang 1925, S. 205—213, zu finden.

Die beiden Maschinen unterscheiden sich grundsätzlich dadurch, daß bei Danner das aus dem Schmelzofen kommende Glas auf die Außenwandung eines rotierenden Hohlkörpers (die Pfeife) fließt, während es bei der Philipsmaschine in das Innere eines in Umdrehung befindlichen Rohres geführt wird. Dadurch entsteht der gläserne Hohlzylinder, aus welchem durch Abziehen das Glasrohr geformt wird.

Daraus ergibt sich für die Philipsmaschine folgende Konstruktion[1]) (Abb. 1314):

Der Wannenofen *1*, dessen Glasinhalt *2* in einem separaten Schmelzofen vorgeschmolzen wird, steht durch einen Kanal *3* mit der Ziehvorrichtung in Verbindung. Die Temperatur des Glases in dem Ziehofen und die Höhe des Glasstandes werden konstant gehalten.

Durch den Schieber *7*, der nur wenig gehoben wird, fließt ein Strom geschmolzenen Glases in den Verbindungskanal *5* und von dort über die schon etwas schräg geneigte Zunge *10* in das Innere des Hohlkörpers *11*. Dieser besteht aus Chromeisen mit einem Chromgehalt von etwa 40% und wird durch das flüssige Glas nur wenig korrodiert[2]). Er ist schräg liegend, wodurch der Glasstrom nach abwärts fließt. Gleichzeitig wird er durch die Kegelradübersetzung *15* und *16*, von dem Antrieb *17* und *18* aus in Umdrehung versetzt. Dadurch wird der Glasfluß an der Wand des Hohlkörpers, an der er anhaftet, hochgehoben, so daß dieser mit einer Glasschicht überzogen wird.

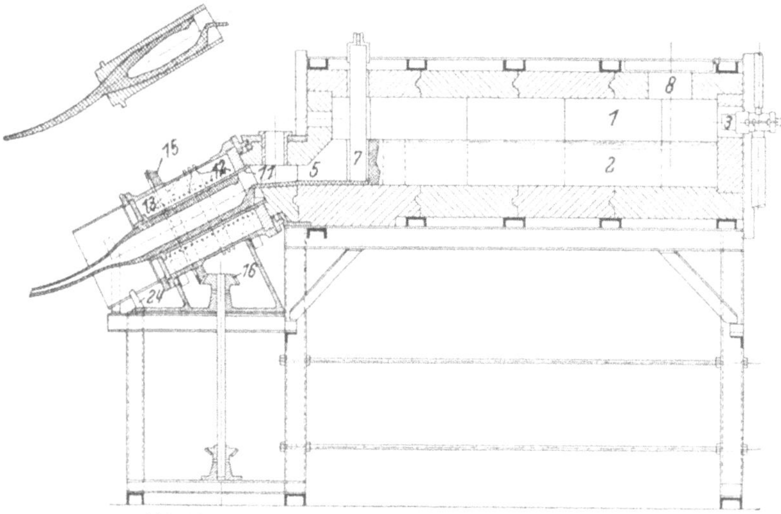

Abb. 1314. Pfeifenofen der Röhrenziehmaschine von Philips.

Da das Glas beim Einfließen in den Hohlkörper eine gewisse Zähigkeit haben muß, so wird es durch die bei den Öffnungen *22* einströmende Luft abgekühlt. Die Kühlung darf indessen nicht zu weit vorschreiten, um das Abwärtsfließen des Glases in dem Hohlkörper nicht zu behindern. Daher wird der Chromeisenzylinder von außen durch eine Widerstandsspirale *12*, die in die Isolationsschicht *13*, eingebettet ist, elektrisch erhitzt.

Der nach abwärts gerichteten Mündung des Hohlkörpers ist die feststehende eiserne Schütze *23* vorgelagert, welche die zu rasche Wärmeabstrahlung des austretenden Glasstromes verhindert. Wenn es nötig ist, wird derselbe noch durch den Brenner *24* aufgewärmt, um die zum Ziehen geeignete Temperatur zu erlangen.

Sollen Stäbe gezogen werden, so wird an Stelle des zylindrischen Hohlkörpers ein solcher mit konisch verjüngtem Mundstück *1/a* verwendet, wodurch die Glasschicht der Wandungen wieder zu einem massiven Strang zusammenfließt (s. Nebenfigur).

Wie bei der Dannermaschine wird auch bei der von Philips das Rohr oder der Stab durch eine Ziehmaschine von dem ständig sich erneuernden Glasposten in dem Hohlkörper abgezogen. An Stelle der von Danner verwendeten Preßluft saugt die Philipsmaschine die Luft durch den Hohlkörper und die vorher erwähnten Kühlluftkanäle *22* ein.

---

[1]) Nach dem österreichischen Patent Nr. 95933. — Die patentrechtliche Stellung dieser Philips-Verfahren ist in einigen Ländern, so in Niederlande noch nicht geklärt. Es schweben Prozesse, in denen die Erklärung der Abhängigkeit der Philipspatente von denen Danners angestrebt wird.

[2]) Die Chromeisenlegierung ist Philips u. a. durch das österreichische Patent Nr. 95775 geschützt.

Das Abziehen des Rohres erfolgt dadurch, daß die erste, von Hand abgezogene Rohrlänge zwischen zwei ineinander gekerbte Rollen gelegt wird (für enge Rohre ein Paar, für weite Rohre mehrere Paare). Die eine Rolle drückt auf das Rohr und bewegt es, entsprechend ihrer Umdrehung, vorwärts. Statt der Druckrolle kann auch eine Kette ohne Ende (wie bei Danner) verwendet werden.

Eine besondere Form der Fördereinrichtung für fortlaufend erzeugte Röhren und Stäbe ist durch D.R.P. 480621 vom 26. II. 1927 der Patent-Treuhand-Gesellschaft für elektrische Glühlampen m. b. H. Berlin geschützt.

Für das Zerschneiden des Rohrzuges hat Philips zwei Maschinen ausgebildet, die von der Dannerschen Anordnung wesentlich abweichen.

Die eine derselben [1]), deren prinzipiellen Bau Abb. 1315 veranschaulicht, besitzt zwar noch das bewegliche Abschneideorgan wie die Dannermaschine. Es ist dies eine rotierende Hartstahl- oder Karborundumscheibe *1*, welche während kurzer Zeit sich mit gleicher Geschwindigkeit und parallel zur Vorschubrichtung des Glasrohres bewegt. Innerhalb dieses Zeitraumes wird das Glasrohr durch einen federnden Bügel *2* leicht durchgebogen und dadurch an einer Stelle, in bestimmtem Abstand vom Rohrende, gegen das Schneiderad gedrückt. Dieses kerbt das Rohr ein. In diesem Augenblick geht der federnde Bügel zurück, das Rohr streckt sich wieder und die Schneidescheibe wandert auf einem Schlitten, entgegen der Vorschubrichtung des Glasrohres, zurück, um nach einer bestimmten kurzen Zeit die Vorwärtsbewegung und Einkerbeoperation an dem inzwischen vorgeschobenen Teil des Glasrohres zu wiederholen.

Der vor der Kerbstelle liegende Teil des Rohres passiert zunächst zwischen der federnden Druckfläche *3* und der sich drehenden Scheibe *4* hindurch und trifft dann auf die um eine Achse drehbare

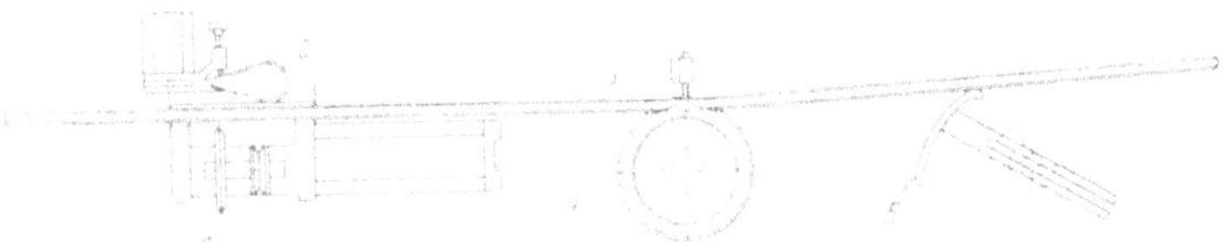

Abb. 1315. Abschneideorgan der Philips Röhrenziehmaschine mit beweglich angeordneter Kerbscheibe.

Wand *5*. Diese hebt sich, durch das Rohr geschoben, und biegt es dadurch ziemlich stark aus seiner Vorschubrichtung ab, derart daß der Drehpunkt der Biegung zwischen den Organen *3* und *4* liegt. Dort erhält also das Rohr auf alle Fälle eine starke Biegungsspannung. Unter dieser allein würde es schon abbrechen, wenn die angekerbte Stelle den Abdrehpunkt zwischen *3* und *4* erreicht.

Es ist aber nicht zu erwarten, daß diese Bruchstelle unter allen Umständen scharf ist. Zersplitterungen sind möglich. Ein reiner ebener Schnitt aber ist wünschenswert, weil er das Beurteilen oder Messen der Gleichförmigkeit und Dicke der Glaswand erleichtert.

Hier nun setzt das Originelle der Philipsschen Erfindung ein. Das Glasrohr wird nämlich noch vom Ofen her heiß in die Abschneidemaschine geführt, indem die Länge der Ziehbahn isoliert gehalten wird und die Wärme durch Asbestauflage auf den Laufrollen oder andere Maßnahmen am Abstrahlen verhindert wird. Durch das Ankerben mit dem sehr schnell rotierenden Schneiderad entsteht außerdem an der Kerbstelle noch eine weitere lokale Erhitzung.

Wenn nun diese besonders heiße Kerbstelle vor die Scheibe *4* gelangt, so erfährt sie dort eine plötzliche Abkühlung, denn die Scheibe besteht aus Filz, der aus einer über ihr angeordneten Büchse dauernd mit kaltem Wasser befeuchtet wird.

Biegungsspannung und plötzliche Abkühlung bewirken nun zusammen ein scharfes und glattes Springen des Rohres oder Stabes, senkrecht zu seiner Längsachse.

Die abgesprengten Glasenden gleiten darauf an einer gebogenen Fläche entlang in eine Sammelmulde, aus der sie von Hand entfernt werden.

Die zweite von Philips konstruierte Abschneidemaschine [2]) zeichnet sich durch ihre verblüffende Einfachheit aus.

Das Wesentliche ist, daß bei dieser Maschine der komplizierte Mechanismus des mit dem Rohrzug laufenden Abschneideorganes vermieden wird.

---

[1]) DRP.-Anm. Nr. 22120.

[2]) DRP. 442568.

An seiner Stelle erhält das — in diesem Falle kalt durch die Maschine geführte — Rohr eine besonders starke Biegespannung, so daß eine nur ganz kurz wirkende, den Vorschub des Rohres nicht hemmende Anritzung genügt, um das Rohr zum Absprengen zu bringen.

Die Arbeitsweise der Maschine ist prinzipiell in der Abb. 1316 wiedergegeben.

Das Glasrohr *R* gleitet zunächst, nachdem es die Zugrolle *1* passiert hat, an einer in die Zugrichtung hineinragenden Wand *2* vorbei. Dadurch erhält das Rohrende eine seitliche Ausbiegung. Diese wird zur hohlen Durchbiegung, wenn die beweglich angeordnete Feder *3* eine Stoßbewegung in entgegengesetzter Richtung gegen das Rohr ausführt.

In der Nähe dieser Feder, dort wo bei der Durchbiegung das stärkste Spannungsmoment in dem Glasrohr entsteht, befindet sich feststehend montiert die Schneidescheibe *4*, die aus hartem Stahl oder Karborundum besteht und mit höchster Geschwindigkeit rotiert.

Damit das Glasrohr nicht zufällig an diese Schneidescheibe anschlägt, gleitet es noch an der Blattfeder *5* vorbei, die aber bei Bestätigung der Stoßfeder *4* mit dem Glasrohr beiseite gebogen wird.

Das Abschneiden erfolgt dadurch, daß die Stoßfeder *3* auf ihrem Gleitschlitten sich gegen das Rohr bewegt und es gegen die Abschneidescheibe *4* drückt. Kaum hat er dieses berührt, so schneidet das Stahlrädchen eine Kerbe in das Rohr, das augenblicklich unter der ihm aufgezwungenen Biegespannung abspringt und in einen Vorratskasten fällt.

Die Stoßfeder *3* schnellt unter der Wirkung der Schraubenfeder *a* wieder zurück. Die Fortsetzung des Glasrohres schiebt sich inzwischen weiter vor, um nach wenigen Augenblicken erneut abgeschnitten zu werden.

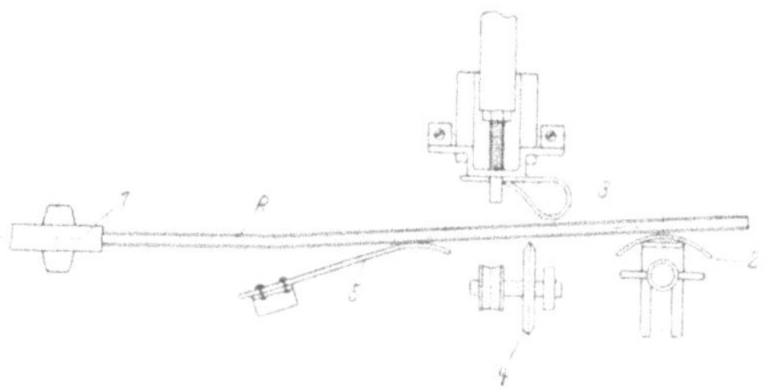

Abb. 1316. Abschneideorgan der Philips Röhrenziehmaschine mit feststehender Schneidescheibe.

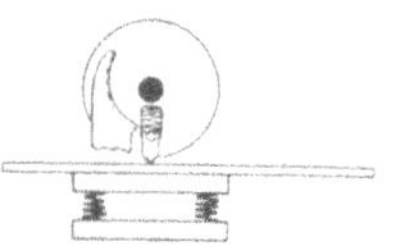

Abb. 1317. Teil-Vorrichtung der Soc. Verre Sili-Chromé-Paris.

Eine sehr einfache Abschneidevorrichtung für endlos gezogene Röhren und Stäbe ist auch die durch das DRP. 499 179 der Société du Verre Sili-Chromé-Paris vom 25. 11. 1926 (französische Priorität vom 26. 11. 1925) geschützte Vorrichtung. Sie besteht darin, daß ein an einer kreisenden Scheibe sitzender Meißel die Röhren oder Stäbe abschlägt (Abb. 1317). Durch Einstellung der Geschwindigkeit der kreisenden Scheibe kann die Länge des Abschnittes bestimmt werden.

Die Vervollständigung der maschinellen Röhrenziehanlagen bilden noch die Sortiermaschinen. Die Konstruktion einer solchen ist im Bd. I, S. 712, beschrieben.

Die gewaltige Überlegenheit der Leistungen der Röhrenziehmaschinen über die Handarbeit geht aus der nachstehenden Gegenüberstellung hervor:

Eine gut eingearbeitete Röhrenzieherkolonne, bestehend aus 4 Mann (Meister, Läufer, Gehilfe und Külbelmacher), arbeitet in 24 Stunden, von denen natürlich nur 8 auf die eigentliche Arbeitszeit entfallen, bestenfalls 200 kg brauchbare Röhren aus, die aber natürlich noch eine ziemlich weite Streuung der Durchmesser und Wandstärken aufweisen und erst durch Sortierung in die verschiedenen Dimensionierungen geschieden werden müssen, welche die Glühlampenfabriken verwenden können.

Eine Dannermaschine dagegen erzeugt bei einer Bedienung durch zwei Mann in 24 Stunden ununterbrochener Arbeit ca. 4000 kg Rohr, wovon der größte Teil innerhalb der eingestellten sehr engen Toleranz von 0,5 mm Dmr. liegt.

Die Gestehungskosten der Handarbeit zur Maschinenarbeit verhalten sich günstigstenfalls wie 7:1, so daß sich also die Ersparnis beim Arbeiten mit der Maschine auf 86% stellt. Dazu kommen noch die großen, natürlich sich auch finanziell auswirkenden Vorteile, welche die Lampenfabrikation durch die Verarbeitung des in der Glasmasse und der Formgebung absolut homogenen Maschinenglasrohres hat.

4. Verpackung der Kolben und Röhren.

In Berücksichtigung dessen, daß Glühlampenkolben ein Massenartikel, infolge ihrer Dünnwandigkeit aber auch sehr empfindlich gegen Stoß und Druck sind, ist die Verpackung derselben ein Problem, bei dem der Grundsatz „billig aber gut" mit Überlegung angewendet werden muß. Es zeigt sich dann gerade hier, daß sehr häufig „besser", „billiger" ist.

Grundsätzlich hat man zu unterscheiden zwischen Verpackung, die nur einmal verwendet wird, also dem Empfänger verbleiben kann und deren Wert den Gestehungskosten der Ware zugeschlagen werden muß, und Verpackungen, die im Pendelverkehr zwischen Erzeuger und Verbraucher mehrmals verwendet werden.

Dann sind die Transportwege und Mittel, ob Wagen bzw. Autotransport, ob Bahntransport oder Überseetransport stattfindet, und endlich das mehrfache Umladen und die Bewegung auf den Lagern bei der Wahl der Verpackung zu berücksichtigen.

Die Länge der Transportstrecke ist von untergeordneter Bedeutung.

Abb. 1318. Kistenpackung von Kolben ohne Papierumhüllung.

Die Zeiten, wo man (tatsächlich war dies der Fall) die Ballons wie die Kartoffeln lose in den Waggon verlud oder sie wie ordinäre Hohlglaswaren in Stroh eingelagert in dem Waggon verstaute, sind natürlich längst vorbei. Heute wird jeder Ballon als wertvolles Exemplar einer individuellen Verpackung gewürdigt. Man überlege nur, daß bei einem Preis von 3,5 Pfennig pro Ballon und einem monatlichen Versand von nur einer Million Ballons jedes Prozent Transportbruch schon einen Verlust von 4200 RM. pro Jahr bedeutet.

Als ungeeignete Verpackungen sind diejenigen zu verwerfen, die gerade sonst in der Glasindustrie eine große Rolle spielen, das sind die, bei denen Stroh, Heu, Holzwolle oder Papierwolle verwendet sind. Gleichviel, ob der Kolben noch durch Einwickeln in Seidenpapier geschützt ist oder nicht, immer dringen manchmal erst durch das Waschwasser beim Ausspülen der Kolben, Fasern der benannten Packstoffe in das Innere des Kolbens ein und setzen sich dort fest, bilden nicht nur Schönheitsfehler, indem sie beim Erhitzen der Kolben verkohlen, sondern schädigen durch Gasabgabe das Vakuum der Lampe und bereiten deren Lebensdauer ein vorzeitiges Ende.

Von den vielen verschiedenerlei erprobten Verpackungsarten der letzten Jahre haben drei Formen sich als die am häufigsten verwendeten erwiesen:

1. Die schichtweise Packung der Kolben in Kisten oder Kartons,
2. die sog. Eierpackung in Fächer und
3. die Packung in einzelnen Stückhüllen.

Bei der zuerst genannten Packung werden die Kolben entweder in dünnes Seidenpapier eingeschlagen oder auch ohne jede Hülle, Glas an Glas, nebeneinander gelegt. Dabei wird zur besseren Raumausnützung und festeren Packung eine wechselseitige Anordnung der einzelnen Kolben vorgenommen, wie es Abb. 1318 zeigt. Die Köpfe der Kolben werden in den einzelnen Reihen durch Streifen von Papier oder Wellpappe voneinander getrennt. Die Schichten in den Kisten wiederum werden durch Tafeln aus diesem Material voneinander geschieden.

Bei dieser ausgesprochenen Papierverpackung ist der Qualität des Packpapieres besondere Beachtung zu schenken. Das Papier enthält zuweilen von seinem Fabrikationsprozeß her Reste von schwefelsaurer Tonerde oder schwefelsaurem Natron, die beim Feuchtwerden der Papiere freie Schwefelsäure abgeben, welche ihrerseits das Glas angreift. Auch die Harzsäure, die stets in jedem Papier noch enthalten ist, wirkt beim Feuchtwerden ebenso. Die verschiedenen Papiersorten sind nun in ungleichem Maße hygroskopisch. Es sind daher diejenigen Papiere zu bevorzugen, welche die geringste Wasseraufnahme zeigen. Außerdem ist darauf zu achten, daß eingewickelte Kolben nicht lange lagern, und wenn schon, dann nur in trockenen, gelüfteten und möglichst im Winter heizbaren Räumen. Auch beim Transport der in Papier verpackten Gläser ist auf Trockenhaltung besonderer Wert zu legen[1]).

Die Verpackung durch Einschichten in Kisten mit zwischengelegter Wellpappe ist viel bruchsicherer als man annehmen möchte. Bei einer richtigen Kistenbemessung, die den Kolben keine Bewegung gestattet, bleibt der Bruch immer unter 1%.

Eine noch bessere, wenn auch in der Anschaffung kostspieligere Verpackung ist die sog. „Eierpackung" in Fächerkartons. Sie ist die gegebene Packung für den Pendelverkehr zwischen Glashütte und Lampenfabrik. Ihr wesentliches Merkmal ist der aus Wellpappe oder Kartonstreifen mittels Einschnitten in denselben zusammengesetzte Fächerrost, der sich nach Art der Scherenspreitzung flach zusammenlegen läßt.

Abb. 1319.
Verpackung großer Kolben in Klimax-Hülsen.

In Verbindung mit dazu passenden, zusammenfaltbaren Durchziehkartons läßt sich diese Packung so zusammenlegen, daß ca. 4 Waggons aufgestellter Kartons in einem Waggon, leer und flachgefaltet, zurücklaufen können.

In die Fächerkartons werden die Kolben eingesteckt, ohne in Papier eingewickelt zu sein, was die Verpackungsmanipulation, vor allen Dingen aber das Auspacken außerordentlich erleichtert. Die Fächerpackung ist die bruchsicherste. Der Bruch bleibt fast immer unter 0,5%. Sie ist sauber und schnell zu handhaben.

Die Verpackung in Hülsen aus Wellpappe oder Kartons ist natürlich im Anschaffungswert auch kostspielig. Sie ist aber speziell für sehr große Ballons von Vorteil, die sich darin praktisch bruchfrei befördern lassen. Da sie auch flach zusammengelegt werden können, so eignen sie sich auch für den billigen Rücklauf in Massen zur Glasfabrik.

Eine sehr zweckmäßige Hülsenpackung bringt die „Pebus", Verkaufsstelle der Wellpappenfabriken G. m. b. H. in Prag-Vinohrady, unter dem Namen Klimaxhülsen in den Verkehr (Abb. 1319). Sie bestehen aus Wellpappehülsen, die einen der Größe des zu verpackenden Kolbens genau angepaßten stumpfen Kegel bilden, der den Ballon fest umgibt. Sie sind natürlich auch flach zusammenlegbar, sehr dauerhaft und daher eine praktische und im Gebrauch billige Verpackung.

Der Originalität halber sei auch noch eine Verpackungsart erwähnt, die in Amerika für Ballons üblich war und vielleicht auch noch ist. Sie besteht aus gepreßten Pappeformen, welche gewissermaßen die durch Längsdurchschnitt erhaltene Hälfte eines Ballons darstellen, so daß also zwei solche Hülsen aufeinandergelegt, ein Etui bilden, in dem der Ballon sicher und sauber eingebettet ist. Der Gedanke ist sicher sehr gut und bei dem Riesenumsatz der amerikanischen Kolbenindustrie und der geringeren Anzahl der dort üblichen Ballontypen auch keineswegs kostspielig. Nur erscheint uns diese Verpackung sehr schwer, so daß die Transportkosten sehr hoch sein dürften.

Für die Verpackung der Röhren und Stäbe existieren wohl keine besonderen charakterischen Methoden. Man schnürt sie gewöhnlich in Bündeln, mit starkem Packpapier oder Wellpappe umhüllt, zusammen. Die Rohrenden werden dadurch geschützt, daß man die Umhüllung auf beiden Seiten über die Rohre hinausstehen läßt, und die beiden Kopfenden mit Seidenpapier ausstopft und kreuzweise mit Papierstreifen verklebt.

Aus Amerika wird über eine Maschine berichtet, die in dieser Weise verpackt und in einer Stunde bei Bedienung durch 6 Personen ca. 1500 kg Röhren von 10 mm Dmr. bewältigt. Bei weiteren Bahn- und Schiffstransporten empfiehlt sich indessen, Röhren und Stäbe in Kisten zu verpacken.

---

[1]) Eingehenderes über dieses Thema siehe bei: Gehlhoff und Schmidt, „Über Lagerung und Verpackung von Glaswaren", Sprechsaal 1927. Nr. 19—20.

16. Kapitel.

Optisches Glas.

Von Dr. Fritz Eckert.

Entwicklungsgeschichte und Einteilung des „optischen Glases".

Vom allgemeinen technischen Begriff des Glases unterscheidet sich der engere Begriff des optischen Glases sowohl in qualitativer wie in quantitativer Hinsicht. Qualitativ umfassen die optischen Gläser alle Möglichkeiten der Zusammensetzung der glasbildenden Oxyde, sofern sie zu verschiedenen Werten der Brechung und Zerstreuung (Dispersion) im Gebiete des sichtbaren und ultravioletten Lichtes führen mit der Einschränkung, daß sich derartige Gläser hinreichend farblos und blasenfrei sowie mit genügender chemischer Widerstandsfähigkeit herstellen lassen, und daß sie die langdauernde optische Kühlung überstehen, ohne zu entglasen. Quantitativ ist das Charakteristikum für optisches Glas seine weitgehendste physikalische und chemische Homogenität, d. h. die Glasstücke, aus denen Linsen usw. angefertigt werden sollen, müssen in jeder Blickrichtung frei von Schlieren und Spannungen sein.

Dieser zweifache Unterschied des optischen Glases gegenüber dem gewöhnlichen Glase drückt sich ebenfalls in seiner Geschichte aus. Diese ist einerseits ein Ringen um die Erweiterung der Mannigfaltigkeit der optischen Gläser, andererseits ein Kampf der Herstellungstechnik gegen die Tücken der Schlieren. Hat sich jenes Ringen um die schrittweise Einführung neuer glasbildender Oxyde im chemischen Laboratorium meist im kleinen Tiegel abgespielt, so war der quantitative Fortschritt des optischen Glases an große und immer größer und kostspieliger werdende Versuche in der Hütte geknüpft. Die Geschichte des optischen Glases bildet, von der reinen Wissenschaft angestoßen und gefördert, von angewandter Chemie und fortgeschrittener Feuerungstechnik vollendet, einen völligen Gegensatz zu der handwerksmäßigen Entwicklung des gewöhnlichen Glases.

Es sind drei große entwicklungsgeschichtliche Einschnitte zu bemerken, welche durch die Namen Fraunhofer, Abbe und Schott und durch das Auftreten der Anforderungen des Weltkrieges gekennzeichnet sind.

Die alte Glasmacherei kannte als glasbildende Oxyde im wesentlichen — von einigen färbenden Bestandteilen abgesehen — nur die Kieselsäure, Kali und Natron sowie Calcium und Bleioxyd. Der entscheidende Fortschritt in der Erweiterung der Mannigfaltigkeit der optischen Gläser, so wie wir sie heute benutzen, geschah durch Einführung der Bor- und der Phosphorsäure sowie von Barium, Zink und Antimon. Die beiden neuen Säuren finden wir schon in der berühmten „ars vitraria experimentalis" 1689 des brandenburgischen Chemikers Joh. Kunckel. Dieser gibt bereits ein Borosilikatkron an, sehr ähnlich dem, wie es heute für die Prismen der modernen Feldstecher hergestellt wird. Die für die optischen Gläser so wichtige Frage der Haltbarkeit führt dann Fraunhofer 1817 durch systematisch angelegte Versuche auf einen entsprechenden, nicht zu hohen Alkaligehalt zurück, bei gleichzeitiger Anwesenheit einer hinreichenden Menge einer zweiwertigen Base, wie Kalk oder Blei. Das optisch so wichtige Bariumoxyd finden wir erstmalig in den Barytgläsern des Jenaer Chemikers Döbereiner 1829, das Zink in einem Zink-Borosilikat-Glas von Maës in Clichy 1851. Systematisch untersucht später ein englischer Geistlicher Harcourt in den 60er Jahren eine große Zahl von Elementen auf ihre Fähigkeit hin, Glas zu bilden. Er führt u. a. auch das Antimon, Aluminium, Magnesium, Fluor ein, aber seine mangelhafte Technik verhinderte ihn, die damit verbundenen neuen optischen Eigenschaften festzustellen.

Im 18. Jahrhundert waren die Engländer noch führend in der Herstellung von Glas für optische Zwecke. Doch kannten sie nur die einfachen Flint- und Krongläser. Der Name Flint kommt von der Verwendung von Feuersteinpulver (engl. flint) an Stelle der damaligen, eisenhaltigeren Sande. Die daraus hergestellten Gläser waren besonders weiß, und so übertrug sich der Name auf die farblosen Kristallgläser überhaupt, denen man später wegen der hohen Brechung (Glanz) steigende Mengen Bleioxyd hinzufügte.

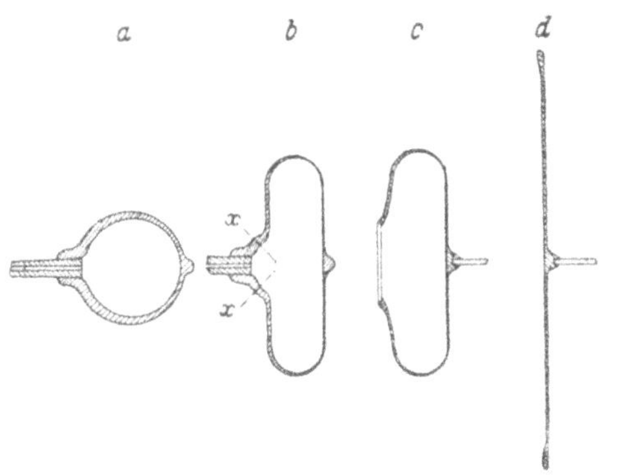

Abb. 1320. Herstellung des Kronglases.

Das Kronglas Abb. 1320 ist ein Herstellungsname und stammt aus der alten Tafelglasfabrikation. Dieses Glas wurde mit der Pfeife angefangen und zur Post aufgeblasen, am anderen Ende ein Hefteisen angeheftet, das Pfeifenende abgesprengt (an der Stelle *xx* im *b*) und durch Drehen zu einer Platte (*d*) ausgeschwenkt, wobei es vorübergehend die Gestalt einer „Krone" (*c*) annahm (n. Benrath). Diese Gläser hatten die übliche Zusammensetzung des damaligen Fensterglases (gewöhnliche Alkali-Kalk-Silikate).

Heute versteht man unter Kron optische Gläser mit verhältnismäßig geringer Zerstreuung gegenüber der Brechung und unter Flint solche mit relativ hoher Zerstreuung (Dispersion).

1663 wird die Einführung des Bleioxydes in das „Flint"-Glas in einem Patent von Tilson erwähnt. Aber erst 1729 wurde dieses neue Glas in seinen optischen Eigenschaften für die Herstellung achromatischer Linsen von Chester Moor Hall verwendet, was später 1758 Dollond in vollkommenerer Weise ausführte. Doch konnte das „sekundäre" Spektrum, das durch die Unähnlichkeit der Farbzerstreuung von Kron und Flint kommt, mit diesen damals bekannten Glasarten nicht behoben werden.

Das optische Glas war die notwendige Bedingung für die Herstellung hochentwickelter optischer Instrumente, und so erfolgte die Initiative zur Überwindung der übergroßen Schwierigkeiten seiner Herstellung immer wieder von seiten der Optik. Das Problem des optischen Glases in aller Schärfe umrissen und die klare Fragestellung nach Abhängigkeit der optischen Eigenschaften im Zusammenhang mit der chemischen Zusammensetzung gegeben zu haben, ist ein Verdienst Fraunhofers. Erst seine Entdeckung der nach ihm benannten Absorptionslinien im Sonnenspektrum ermöglichte ihm die exakte Bestimmung des Brechungs- und Zerstreuungsvermögens verschiedener Glasarten (1814). Ein glücklicher Zufall hatte sein Genie mit dem Unternehmungsgeist Utzschneiders[1]) und dem Vater der Technik der

[1]) Utzschneider wurde durch den Mangel an englischem optischen Glas, der infolge der Kontinentalsperre eintrat, veranlaßt eine optische Glashütte zu errichten.

optischen Glaserzeugung, P. L. Guinand, zusammengeführt. Dieser Schweizer P. L. Guinand führte das Rührverfahren in die Glastechnik ein, wodurch er das feuerflüssige Glas weitgehend beim Schmelzen homogenisieren konnte, und erfand das nachträgliche Senken der guten Hafenglasstücke, was erst eine bessere Ausnützung des einwandfreien Glases ermöglichte. P. L. Guinand entwickelte seine Technik 1784 bis 1805 aus kleinsten Anfängen heraus zu selbständigem Können. Guinand wurde 1805 von Utzschneider für dessen optische Glashütte in Benediktbeuren eingestellt und arbeitete dort von 1809—1814 mit Fraunhofer zusammen, dessem praktischem Geschick 1811 die ersten großen einwandfreien Flintglasschmelzen gelangen (2—4 Ztr. Hafeninhalt). Dann kehrte P. L. Guinand in seine Heimat zurück. Von ihm und seinen Söhnen leiten sich außer der 1857 eingegangenen Glasschmelze von Daguet in Solothurn direkt über Feil und Mantois die Pariser optische Glashütte Parra-Mantois ab, und über Bontemps die Chance Brothers Glaswerke in Birmingham, vor 1914 die beiden einzigen außerdeutschen optischen Glaswerke.

Der Anstoß zur weiteren Vervollkommnung des optischen Glases aber war durch Abbe geschehen, der 1876—1883 die Leitsätze für die notwendige Verbesserung der optischen Eigenschaften der Gläser in aller Klarheit, wenigstens von seiten der Mikroskopie her, aufstellte, ebenso wie Petzval schon früher 1843 die optischen Bedingungen für die modernen vollkommen durchkorrigierten photographischen Objektive abgeleitet hatte, ohne diese mangels entsprechender Gläser realisieren zu können. Dies wurde erst möglich durch die Herstellung der Baryt-Krone in Jena, welche mit der hohen Brechung des Flintglases die geringe Dispersion des Kronglases vereinigten.

Aus der gemeinsamen Arbeit Abbes und Schotts entstand 1886 das berühmte Jenaer Glaswerk Schott & Gen., dem es erstmalig gelang, die umfassende Mannigfaltigkeit der heutigen optischen Gläser fabrikatorisch darzustellen. Das Verdienst Abbes und Schotts liegt weniger im Gedanken der systematischen wissenschaftlichen Durchforschung des gesamten Glasgebietes, mehr schon in der erfolgreichen Durchführung des wissenschaftlichen chemischen Teiles der Arbeit, besonders aber in der tatsächlichen erfolgreichen technischen Herstellung dieser gefundenen optischen Gläser im großen, worauf erst die gesamte optisch-mechanische Großindustrie aufgebaut werden konnte.

1899 bzw. 1913 schuf die Initiative von R. Steinheil, in dessen Familie man sich schon seit zwei Generationen mit der Herstellung optischen Glases beschäftigte, eine zweite deutsche Werkstätte, die Sendlinger Optischen Glaswerke, welche 1917 nach Berlin-Zehlendorf überführt, in modernster Weise ausgebaut und 1926 durch Vertrag mit Schott & Gen. wieder stillgelegt wurden.

Die technische Entwicklung der modernen Kriegsmittel, welche die Anwendung komplizierter optischer Instrumente erfordert, zwingt alle Großmächte, sich im Bezug des optischen Glases möglichst unabhängig zu machen. So entstanden aus diesem Bedürfnis heraus durch Zusammengehen von wissenschaftlichen Forschungsinstituten und technisch fortgeschrittenen Glashütten in Amerika während des Weltkrieges einige leistungsfähige Fabrikationsstätten für optisches Glas: Bausch & Lomb Optical Co., Rochester N.Y., Spencer Lens Co., Hamburg N.Y., Pittsburgh, Plate Glass Co., Chaleroi, Pa., von denen die zwei letzteren nach Kriegsende wieder eingingen. Auch dort ergab die weitere Abrüstung eine starke Einschränkung des Verbrauches. Auch England gewann vorübergehend eine neue Stätte für die Herstellung des optischen Glases in den Derby-Werken (Wood Bros. Glass Co. Ltd.), und neuerdings wollen sich auch Rußland und Japan selbständig machen, wo mit staatlichen Mitteln in Glasschmelzlaboratorien die Eigenfabrikation des optischen Glases systematisch vorbereitet wird.

Einzelheiten über die Geschichte des optischen Glases findet man in folgenden Literaturstellen:

Czapski, Mitteilungen über das glastechnische Laboratorium in Jena und die von ihm hergestellten optischen Gläser. Zeitschr. f. Instr. **6**, S. 293—299, 335—348 (1886).

M. v. Rohr, Theorie und Geschichte des photographischen Objektivs. Berlin 1899. — Beiträge zur Geschichte des optischen Glases. Zeitschr. f. Instr. **29**, S. 50 (1909).
F. E. Wright, Ware-Time-Development of the Optical Industrie. Journ. Opt. Soc. Am. **2/3**, Nos. 1—2 (1919). — Ware Time Produktion of Optical Munitions. Army Ordon. **1**, S. 247/251 (1921).
C. J. Peddle, The Manufacture of Optical Glass. Trans. Opt. Soc. **23**, S. 103—125 (1921).
F. Weidert, Herstellung und Eigenschaften des optischen Glases. Monatsbl. d. Berl. Bez. Ver. deutsch. Ing. Mai 1921.
W. Zschokke, Zur Geschichte des optischen Glases. Zeitschr. f. Instr. **42**, S. 208—215 (1922).
E. Zschimmer, Glasindustrie in Jena. 1. Auflage 1909, 2. Auflage 1923 (Jena).
—, Theorie der Glasschmelzkunst, I. Bd., Jena 1923.
E. Berger, Optisches Glas. Optische Rundschau, 1924.
R. Swinne, Die Anfänge der optischen Glasschmelzkunst. Ker. Rundsch. 1924.
E. Voit und R. Swinne, Die optischen Flintglasschmelzen von Fraunhofer. Zeitschr. f. techn. Phys. **7**, S. 246 (1926).
H. Schulz, Die Geschichte der Glaserzeugung, Leipzig 1928.

Definition und Arten des optischen Glases. Der Name des optischen Glases stammt zunächst von seinem Verwendungszweck her. Man begreift darunter alle diejenigen Gläser, welche man zur Herstellung von optischen Instrumenten irgendwelcher Art gebraucht. Gemäß diesem Verwendungszweck ist das optische Glas in erster Linie gekennzeichnet durch den höheren Grad seiner (optischen) Homogenität gegenüber den übrigen Gebrauchsgläsern. Da die dioptrischen Instrumente auf der geregelten und berechneten Ablenkung der Lichtstrahlen zum Zwecke der Abbildung beruhen, so ist höchste Homogenität des Glaskörpers die Grundbedingung für die Güte des Instrumentes. Für die Präzisionsinstrumente, wie photographische Objektive, Prismenfeldstecher, astronomische Fernrohre, Mikroskope usw., ist der höchste Grad von erreichbarer Homogenität erforderlich. In über hundertjähriger technischer Entwicklung hat man die Herstellungsweise derartig hochwertiger Gläser ausgebildet. Diese Fabrikationsweise soll in folgendem beschrieben werden. Die charakteristischen Stufen dieser Herstellungsweise bestehen in:

a) Schmelzen, Läutern und Homogenisieren durch Rühren.
b) Erkalten der ganzen Schmelze im Hafen, Zerlegen und Vorsortieren.
c) Senken oder Pressen der ausgesuchten Einzelstücke zu viereckigen Platten.
d) Feinkühlung derselben.
e) Optische Sortierung und Vorbereiten der Platten dazu.

Außer der Homogenität erfordern die modernen Objektive mit ihrer weitgehenden Korrektur die genaue Einhaltung von bestimmten Werten des Brechungsexponenten und der Dispersion, was nur durch bestimmte, größtenteils außergewöhnliche Zusammensetzung zu erreichen ist. Die dritte Hauptforderung an die Qualität des optischen Glases ist die der Widerstandsfähigkeit gegen Verwitterung, gegen atmosphärische und klimatische Einflüsse aller Art. Diese Anforderung hat es mit dem besten chemischen Geräteglas gemeinsam. Schließlich darf das optische Glas keinerlei Neigung zum Entglasen haben, da es sonst ungeeignet ist für die Besonderheiten des Senk- und Kühlprozesses.

Neben den so gekennzeichneten eigentlichen optischen Gläsern gehört dem Verwendungszweck nach aber noch eine zweite Art von Gläsern zu den optischen, obwohl sie nicht nach dem hier zu beschreibenden spezifisch-optischen Verfahren hergestellt sind. Es sind dies Brillen, Lesegläser, Projektions- und Beleuchtungslinsen, Scheinwerferspiegel usw., Gläser, die einen geringeren Grad von Homogenität wegen der geringen Anforderung an Abbildungsschärfe zulassen. Infolgedessen stellt man sie auf einem der sonst für Glasgegenstände üblichen billigeren Fabrikationswege her. Im Anschluß an die früheren Kapitel brauchen wir daher die Fabrikation dieser optischen Gläser im weiteren Sinne nur kurz zu besprechen. Ihre Behandlung sei vorweg genommen.

I. Brillenglas, Kondensorlinsen und ähnliches.

Zur Abgrenzung dieser optischen Gläser im weiteren Sinne, gegenüber den Beleuchtungsgläsern mag als Kennzeichen dienen, daß ihre Oberflächen nach der Rohformgebung durch Pressen, Gießen, Blasen oder Senken nachträglich durch Schleifen und Polieren exakt bearbeitet werden. Gepreßte und feuerpolierte Ware ohne nachträgliche kalte Feinbearbeitung muß demnach als optisches Glas im weiteren Sinne ausscheiden.

Brillenglas. Die wichtigste Gruppe der optischen Gläser zweiter Art ist die der Brillengläser. Als Ausgangsmaterial verwendet man hierzu fast ausschließlich gegossenes (gewalztes) oder geblasenes Spiegel- oder Tafelglas. Letzteres wird nur für die schwachen Dioptrien und wenig durchgebogenen Gläser verwendet. Man schneidet unter Vermeidung schlechter Stellen mit dem Diamant-Rundschneideapparat flache runde Scheiben heraus, diese werden in Senkformen aus Schamotte oder Karborundum gelegt, in welche eine Kugelkalotte von dem angenäherten Radius der gewünschten Dioptrie eingeschliffen ist. Zweckmäßig wird die Form mit feinstem Tonmehl ausgestreut. Trotzdem bereitet es manchmal Schwierigkeiten, gleichmäßiges Durchsenken bei gleicher Wandstärke und völliges Anschmiegen an die Form zu erreichen und dabei alle Nachteile zu hoher Temperatur, wie Ankleben oder Oberflächenentglasung, zu vermeiden. Vielfach wird deshalb im geeigneten Moment mit einem Stempel von oben nachgeholfen, um den Prozeß schneller, bei niedrigeren Temperaturen und mit größerer Exaktheit der Formgebung verlaufen zu lassen. Dieser kann von Hand bedient werden oder auch von vorneherein auf das Glas gelegt werden. Die nötigen Erweichungstemperaturen liegen bei den gewissen angewandten Spiegelglastypen zwischen 630 und 680°. Die Ofentemperaturen erscheinen aber wesentlich höher. Da aber diese rund geschnittenen Scheibchen meist ungleiche Dicke aufweisen (keilig sind), so ist man neuerdings vom Senken abgegangen und preßt auch diese Rohlinge, wie im folgenden beschrieben. Dieses Verfahren verdient den Vorzug, wenn es gilt, die guten Stellen des verwendeten Tafelglases möglichst auszunützen.

Für dickere Brillengläser, für stärker durchgebogene und für solche, deren innerer und äußerer Flächenradius wesentlich verschieden sind (höhere Dioptrienzahlen), geht man vom gegossenen Spiegelglas[1]) aus. Man schneidet es in viereckige Stücke, sortiert sie nach Gewicht (mit 1,0—0,5 g Unterschied) und liest sie sorgfältig auf feinste Bläschen aus (Dunkelfeldbeleuchtung). Nach Erwärmen im sog. Ramoullierofen werden sie in einer Hand- oder pneumatischen Presse im plastischen Zustand schlagartig gepreßt.

Die dabei verwendeten Pressen[2]) werden von Hand oder mit dem Fuß bedient. Allgemein haben sich pneumatische Pressen eingeführt, die mit dem Fuße ausgelöst werden und nur einen Mann Bedienung für Ramoullierofen, Pressen und Ablegen in den Kühltopf od. dgl. erfordern. Je nachdem dem Manne die nötigen Transporthandgriffe durch geeignete Hilfseinrichtungen abgenommen werden, können von ihm 100—250 Stück/Std. gepreßt werden. Zur Erhöhung der Leistung können halbautomatische An- und Abtransportvorrichtungen, Hilfskräfte für den Vorschub der Stücke beim Anwärmen, Mehrfachformen, Revolverpressen usw. dienen. Der Preßstempel wurde bisher künstlich vorgewärmt, da die fühlbare Wärme des kleinen

[1]) Vgl. Kap. 11, Bd. II, S. 829 u. ff.

[2]) Die Beschreibung von Preßanlagen, wie sie in manchen Brillenglasfabriken Anwendung finden, gibt das DRP. 263406 von F. E. Sill, Nürnberg, vom 15. Okt. 1912.

Glasstückes zu seiner Warmhaltung im plastischen Zustand bis zum Auspressen nicht hinreichte.

Die aufs Pressen folgende Kühlung bis zu hinreichender Spannungsfreiheit für die Weiterverarbeitung kann bei einigermaßen richtig geleitetem Temperaturabfall leicht in 3—4 Stunden erfolgen. Im kontinuierlichen Kühlofen mit automatischen Transportbändern kann man Brillengläser, sofern sie einzeln liegen, in 20 Minuten hinreichend kühlen.

Augenschutzgläser. Zu den Brillengläsern gehören auch die Augenschutzgläser, auf die in Bd. I, S. 145, schon hingewiesen ist. Sie haben doppelte Bedeutung für die Glasindustrie, weil sie ja auch zur Bekämpfung des Glasmacherstares[1]) empfohlen werden. Die für diese Zwecke dienenden Gläser sind vorwiegend ultraviolett-absorbierend. Viel empfohlen für die Arbeit an heißen Objekten werden auch die ultrarot-absorbierenden Gläser, und für starkblendende Lichtquellen, wie sie beim Schweißen von Eisen auftreten, ist sogar Dämpfung im sichtbaren Gebiet notwendig. Geschichtlich ist der Gegenstand von A. von Pflugk in einer Sonderbroschüre[2]) behandelt. Besprechungen der neueren Augenschutzgläser haben H. Maaß[3]) und L. Bloch[4]) gegeben. Eine vielseitige Untersuchung der einzelnen Oxyde auf die Absorption im U-V und U-R hat Crookes[5]) an der Hand eigener Schmelzen gegeben. Über Augenschutzgläser mit Metallüberzug berichtete O. Knapp[6]).

An speziellen Arbeiten über U-Rotabsorption sind zu nennen:

R. Zsigmondy, Diathermanität einiger Gläser bek. Zusammensetzung Wiedemanns Ann. **49** (1893) 535.

Th. Dreisch, Ultrarote Absorption von Farbgläsern und Salzlösungen. Zeitschr. f. Phys. **40** (1927) 714.

Derselbe, Absorption von optischen Gläsern unterhalb 4,1 μ ebenda, **41** (1927) 428.

Aus der Patentliteratur sind folgende Erfindungen zu erwähnen:

DRP. 374386 Corning Glass Works-Corning V. St. A. v. 26. 11. 1919. Durchsichtiges, stark U-V-absorbierendes Glas mit 5% TiO_2.

DRP. 374642 Die gleiche Erfinderin v. 3. 9. 1921. Durchsichtiges, stark U-V-absorbierendes Glas mit Vanadiumpantoxyd.

DRP. 481143 Sendlinger Opt. Glasw. Berlin v. 27. 5. 1925. Glas mit Cergehalt gek. d. bestimmten Gehalt an den Oxyden von Pb, Sb, Bi, As u. Ca.

DRP. 454430 S. A. d. Man. d. Glaces St. Gobain v. 12. 1. 1927. X-Strahlen absorbierendes Glas mit hohem Pb-Gehalt gek. durch Ersatz von SiO_2 durch höchstens 10% ZrO_2.

DRP. 485910 A. Stahl-Grünenplan. Mehrfarb. Gläser gek. durch Versetzen der Farbschichten durch Preß-Stempel.

Österr. Pat. 48688 Dr. Schanz und Dr. Stockhausen v. 15. 1. 1910. Augenschutzgläser mit starker U-V-Absorption mit Chrom u. a. färb. Oxyden.

Franz. Pat. 356322 Davignon-Frkr. v. 29. 9. 1905. Blaugrünes optisches Glas mit Co, Cu, Fe und U.

Franz. Pat. 615639 Carl Zeiß-Jena v. 5. 5. 1926. U-Rot-absorbierendes Brillenglas mit oder ohne Absorption im U-V-Gebiet (ohne Angabe einer speziellen Lösung).

U.S.A. Pat. 1637439 W. W. Coblentz. U-V- und U-R-absorbierendes Augenschutzglas mit Ceroxydul und Cobaltoxyd.

U.S.A. Pat. 1536919 Parkingson & Pittsburgh Plate Glass Co. v. 15. 11. 1922. Durchlässiges stark ultraviolett-absorbierendes Glas mit Ceroxyd, praktisch frei von Didym-Oxyd mit reduzierender Schmelze.

Vergl. außerdem die Angaben betr. U-V-Durchlässigkeit, S. 1410.

Automatische Brillenpresserei. Die volle Mechanisierung der Herstellung eines Brillenglasrohlinges vom geschnittenen „Bonbon" bis zum fertigen Preßling ist nach dem gegenwärtigen Stand der Technik schon weitgehend erfüllt. Dabei wird die Lösung für den automatischen Vollzug folgender 5 Hauptoperationen verlangt:

---

[1]) Über den Glasbläserstar, Glas u. Apparat, **8** (1927), 12o.

[2]) Farbige, insbesondere grüne Gläser als Augenschutz. Berlin, S. Karger. 1929.

[3]) Augenschutzgläser, Keram. Rundschau **35** (1927), 859.

[4]) Wirksamkeit der Augenschutzgläser im unsichtbaren Gebiet, Licht und Lampe, **1927**, 879. Ref. Glast. Ber., **7** (1929/30), 389.

[5]) Chemical News, **109** (1914), 265 u. ff.

[6]) Keram. Rundschau, **38** (1930), 151.

a) Gewichtssortieren,
b) Beschicken des Verwärmofens,
c) Aufwärmen (Ramoullieren) und Speisen der Presse,
d) Pressen, Härten und Auswerfen,
e) Kühlen.

Je nachdem diese Einzeloperationen automatisiert werden oder nicht, und je nachdem die Verbindung zwischen den Operationen automatisch und evtl. auch kontinuierlich ausgeführt wird, kann man von halb- oder vollautomatischen Betrieben sprechen.

Das Sortieren auf Blasen ist naturgemäß der Handarbeit vorbehalten. Dagegen ist das Gewichtssortieren mit Erfolg mechanisiert worden. Eine Lösung dieser Aufgabe bedient sich dabei einer Anordnung von etwa 2 Dtzd. auf die einzelnen Gewichtsstufen eingestellter Einzelwaagen, die auf einem Karussell von etwa 2 m Dmr. angeordnet sind. Die Prüflinge werden von Hand aufgelegt und an der Stelle, die dem angezeigten Gewicht entspricht, in eine unter dem Karussell befindliche Sammelbüchse abgestreift. Die Sortiergeschwindigkeit ist etwa 60 Stück pro Minute.

Die sortierten viereckigen Rohlinge werden nun an die einzelnen Preßstellen verteilt. Dies muß natürlich immer unter Werksaufsicht mit Zwischenlagerung geschehen.

Das Beschicken des Verwärmofens geschieht ebenfalls automatisch. Die Rohlinge werden zu 20—30 Stück in einem Halter zu einer prismatischen Säule aufgetürmt, und das unterste Stück wird durch eine periodisch wirkende Vorschubeinrichtung auf eine schiefe Ebene gestoßen, von der es in den Ofen gleitet.

Zum Aufwärmen dient ein runder Ofen, dessen Herdplatte sich dreht, und zwar vom gleichen Motor angetrieben wie die vorerwähnte Vorschubeinrichtung. Der Durchmesser der Platte beträgt je nach dem Gewicht des Werkstückes 50—100 cm. Tangential brennt ein Gasbrenner mit vorgemischtem Gasluftgemisch unmittelbar an der Arbeitsöffnung gegen die Drehrichtung in den Ofen. Die Abgase entweichen durch einen kleinen zentralen Schornstein. Auf der Gegenseite mündet die zuführende Gleitrinne derart, daß das Werkstück bis zur Arbeitsöffnung etwa 250 Winkelgrade zurücklegt. In dem „toten" Raum zwischen Arbeitsöffnung und Brenner einerseits und Zuführungsrinne anderseits ist eine Art Abstreifer angebracht, der ab und zu mit Kaolinmehl beschickt wird, um die Drehplatte dauernd einzupudern gegen das Ankleben der Rohlinge.

Das Speisen der Presse geschieht hierbei von Hand, was unter anderem den Vorteil hat, daß kleine individuelle Nachhilfen, welche dem Ramoullieren entsprechen, ermöglicht werden. Doch ist eine Automatisierung dieses Vorganges möglich und wird wohl in Bälde verwirklicht.

Die Presse wird meist pneumatisch angetrieben und durch Fußtritt ausgelöst. Falls damit nicht ein Revolverformtisch verbunden ist, benützt man 3—4 Einzelformen mit Handgriff, um die nötige Preßleistung bei hinreichender Kühldauer herauszubekommen. Mit 4 Formen leistet ein Mann 4500 normale Brillengläser und bis 5500 kleine Linsen in der Schicht. Die Einzelformen werden von Hand in eine Rinne entleert, die in einen dauernd erwärmten Sammelkasten führt.

Diese Sammelkästen werden gefüllt in einen Tunnelkühlofen gebracht, dessen Konstruktion vollkommen dem eines modernen Bandkühlofens für Hohlglas entspricht. Es ist aber ohne weiteres möglich, einen Spezialkühlofen zu konstruieren, bei dem die Brillengläser möglichst einzeln auf einem laufenden Band hindurchgeführt und in 20—30 Minuten ausgekühlt werden.

„Unmittelbares“ Brillenpressen. Es gibt noch eine dritte Möglichkeit der Herstellung von Brillenglasrohlingen, deren Ausbildung bisher technische Schwierigkeiten machte, nämlich das Pressen direkt aus flüssigem Glas. Eine Art gewöhnlicher Preßform nimmt den flüssigen Glasposten zunächst auf. Um diese als Vorratsraum dienende Form sind, meist sternförmig, verschiedene Brillenglasformen angeordnet, die mit dem Vorratsraum durch kleine Kanäle verbunden sind. Das Glas kann durch diese Zuführungskanäle in die Brillenform gepreßt werden. Für die Abflußmöglichkeit von Luft und überschüssigem Glas auf der Außenseite ist Sorge zu tragen. (Ähnliche Formen benützt man zum Mehrfachpressen von Glasstopfen für Medizinflaschen usw. sowie für minderwertige Beleuchtungslinsen usw.) Die sternförmig oder ähnlich den Zacken einer Krone am (zentralen) Preßkörper sitzenden Brillengläser werden an den dünnen Verbindungsstellen abgeschlagen, was unmittelbar nach dem Pressen erfolgen kann.

Dieses Verfahren gibt die besten Oberflächen und verlangt eine minimale Schleifbehandlung. Wegen ungünstiger, weil wahlloser Blasen- und Schlierenverteilung, die viel Ausschuß erzeugt, und großen Glasverlustes durch den zentralen Verteilungsbehälter, in dem das meiste Glas erstarrt zurückbleibt, ist dieses Verfahren, das von der Glasstöpselherstellung übernommen wurde, nur für geringe Qualität anwendbar.

Es ist auch schon wiederholt vorgeschlagen worden, die im Bd. I, Kap. 9, IV., beschriebenen kontinuierlichen Zieh- (Spinn-)Verfahren für Brillenglasherstellung nach entsprechender Umgestaltung nutzbar zu machen, und zwar durch Ausstanzen oder Abschneiden eines laufend gezogenen Glasstranges. Doch hat man hierbei immer mit einer ungünstigen Lagerung der Schlieren zu rechnen neben dem erhöhten Ausfall durch „wahllose“ Verteilung der Fehler, Schwierigkeiten, die auch den erwarten, der eine Brillenpresse mit den Glastropfen eines Feeders speisen will, außer dem schwer zu behebenden Fehler der starken Schwankung des Stückgewichtes.

Beim gegossenen Spiegelglas werden durch das Walzverfahren die verhältnismäßig starken Schlieren des Spiegelglases in horizontalen Schichten übereinandergebreitet. Für die Blickrichtung senkrecht zur Glasoberfläche bleiben sie unsichtbar. Die Haupteigenschaft, auf welche bei der Auslese das Augenmerk gerichtet wird, ist beim Brillenrohling die Blasenfreiheit.

Die Weiterverarbeitung des gesenkten oder gepreßten Brillenrohlings erfolgt durch Schruppen, Schleifen und Polieren wie bei optischen Linsen (s. S. 1469).

Gewalztes optisches Glas. In ähnlicher Weise wie die hier skizzierte normale Brillengläserherstellung hat man aus Gründen der Verbilligung bei optischen Linsen verfahren, die für Instrumente mit nicht zu hohen Ansprüchen an die Genauigkeit dienen, wie billige Photoobjektive, Galilei-Feldstecher usw. Man walzt das sonst wie optisches Glas geschmolzene und gerührte Glas aus, indem man es aus dem Hafen schöpft oder aus kleineren Häfen im ganzen ausgießt in der gleichen Weise, wie im Kap. 11, S. 876 und 1032, geschildert ist. Dieses Glas wird nur in Kühlöfen wie Spiegelglas gekühlt und keiner besonderen Feinkühlung unterworfen. Häufig wird es danach zum Zwecke einer gründlicheren Vorsortierung in Stücke (wie Spiegelglas) beiderseits auf Dicke geschliffen und roh poliert, und dann unter Vermeidung unbrauchbarer Stellen mit dem Schneidrad in Stücke geteilt. Diese Stücke gelangen dann gleich zur Fertigstellung durch Rändeln, Schruppen usw. in die optische Werkstätte. Der Anwendungsbereich dieser Herstellungsart, soweit sie einen greifbaren Vorteil der Glasersparnis und Arbeitsganges geben soll, ist beschränkt und verlangt mindestens eine erhebliche Stückzahl ein und derselben Sorte und keine zu kleinen Krümmungsradien.

Kondensorlinsen. Für die Preßlinge von Kondensorlinsen gewöhnlicher Qualität geht man von Stücken dicken, gegossenen Spiegelglases aus, die im Ramoullierofen wieder erweicht und mit dem Ramoulliereisen für die Preßform roh vorgeformt werden. Gemäß dem geringen Preßweg, den das Glas in der Preßform zurückzulegen hat, wird es hierin bei verhältnismäßig niederen Temperaturen (ca. 900° bei gewöhnlichem Spiegelglas) verarbeitet. Bei bester Qualität geht man in gleicher Weise von Brocken aus optischem Rohglas aus. Mindere Qualität wird mitunter direkt aus dem Hafen angefangen, in die Form geschnitten und verpreßt.

Fresnelsysteme. Eine spezielle Linsenform, die für Leuchtfeuer und ähnliche Zwecke dient, sind die sog. Fresnellinsen. Abb. 1321 gibt einen Durchschnitt durch ein derartiges Linsensystem, das bis zu mehreren Metern Durchmesser ausgeführt wird. Der konstruktive Sinn der Fresnellinsen und Ringe ist, Linsen großen Durchmessers durch konzentrische Unterteilung mit geringer Glasdicke bei gleicher Brennweite herstellen zu können. Sie sind nur für die geringen Anforderungen an Abbildungsgenauigkeit der Beleuchtungstechnik möglich. Fresnellinsen und vor allen Dingen -Ringe werden durch Gießen in eisernen Formen hergestellt. Das Glas muß dabei einen hohen Flüssigkeitsgrad bei der (nicht zu hohen) Gießtemperatur besitzen, damit der flüssige Glasring an der Zusammengrenzstelle sich noch vollkommen optisch ohne jede sichtbare Luftwand vereinigen kann.

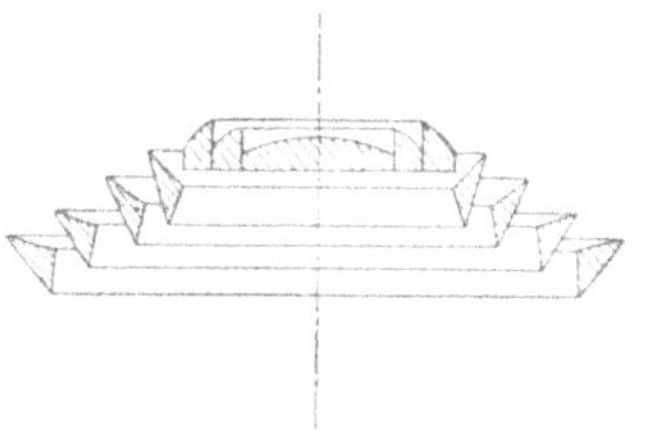

Abb. 1321. Schnitt durch eine Fresnellinse.

Das Glas wird mit einer Kelle ausgeschöpft, und der Gießer bewegt sich beim Ausgießen schnell um die Form herum, während ein zweiter Arbeiter mit einer kleinen Walze das Glas in die Form rollt. Der Anschluß, der das Anfangsglas noch hinreichend flüssig vorfinden muß, darf im fertigen Stück nicht zu sehen sein. Man hat auch mit Erfolg versucht, beim Gießen die Form zu drehen und den Gießer mit Kelle an Ort und Stelle zu lassen.

Das verwendete Glas muß eine hinreichende Haltbarkeit gegen atmosphärische Einflüsse und besonders gegen Seewasser besitzen. Es ist, verglichen mit Spiegelglas, alkaliärmer und kalkreicher. Kleinere Fresnelsysteme für Signalzwecke (Schiffslaternen, Linsen für Signallampen, Zerstreuungsscheiben für Autoscheinwerfer usw.) werden meist direkt aus flüssigem Glas gepreßt und feuerpoliert, können somit auch nicht mehr als optische Gläser im weiteren Sinne angesprochen werden, sondern gehören zum Beleuchtungsglas, wie schließlich auch Baugläser mit optischer Wirkung (Luxferprismen) nicht mehr als optisches Glas im weiteren Sinne angesprochen werden können.

Spiegel. Obwohl an Glas für kathoptrische Zwecke (Spiegel) keine hohen Ansprüche in bezug auf Homogenität gestellt werden, müssen einige Arten hier als optische wegen der Verwendung und des Herstellungsganges erwähnt werden. Große astronomische Spiegel werden aus gegossenem, aufs feinste wie Objektivscheiben gekühltem Glas hergestellt. Völlige Spannungsfreiheit ist hier Hauptbedingung. Sie müssen aus einem Hafen gegossen werden und erforderten deshalb im extremsten Falle die größten jemals gebrauchten Häfen. Da es hierbei fürs Glas nicht auf die optischen Eigenschaften ankommt (optische Konstanten und Homogenität), so verwendet man neuerdings Gläser, die infolge ihrer geringen Wärmeausdehnung weder zu Spannungen neigen noch sich bei Temperaturschwankungen verziehen. Ein solches Glas besteht z. B. aus:

$$75\ SiO_2,\ 18{,}5\ B_2O_3,\ 1\ Al_2O_3,\ 1{,}5\ Sb_2O_3,\ 4\ Na_2O\ \text{(Synthese)}.$$

Parabolspiegel für Scheinwerfer bis 2 m Dmr. werden aus gegossenen Spiegelglasplatten über einen Schamottekern gesenkt und nach entsprechender Feinkühlung durch besondere Parabolschleifmaschinen fertiggestellt. Kleinere Spiegel (Parabol und Mangin) für Autoscheinwerfer, Signalgeräte usw. werden gepreßt, zuweilen auch in Formen geblasen und dann wie Linsen geschliffen und poliert.

Große Spiegelscheiben. Neuerdings wurden nach einem Verfahren von A. N. Finn[1]) Spiegelscheiben bis zu 1,75 m Dmr. direkt in Formen gegossen. Der Hafen, in dem das Glas geschmolzen wurde, hatte nahe am Boden einen mit einem Schamottepfropfen verschlossenen Auslaß. Nach dem Rühren und Abstehen des Glases wird eine mit ff-Material ausgekleidete Schwenkrinne an den Auslaß angelegt und unter etwa 30° Neigung in eine etwa 3 m entfernte Form geleitet, die aus ff-Steinen vollkommen trocken aufgebaut ist (Abb. 1322).

Abb. 1322. Gießen einer großen Spiegelscheibe.

Nach dem Anzapfen ergießt sich der Glasstrom ziemlich schnell in die Form und die Schwenkrinne. Diese muß dabei so gehandhabt werden, daß keine starken Luftblasen durch zu großen freien Glasfall entstehen können. Nach dem Guß wird die Scheibe zugedeckt und durch elektrische Heizelemente und Isolationsmittel einer wochenlangen aufs feinste regulierten Abkühlung unterworfen. Man erhielt auf diese Weise sehr blasenfreie Produkte. Doch kommen bei diesen Verfahren zuviel von den Hafenwänden stammende Schlieren mit in den Glasstrom, als daß man solche Scheiben für die dioptrischen Zwecke großer Refraktorlinsen gebrauchen könnte.

Die Gemengezusammensetzung des verwendeten Glases war:

50 Sand, 4,4 Borsäure, 17,6 Borax, 5,7 Soda, 12 Pottasche, 1,9 Bariumkarbonat, 6,6 Natronsalpeter, 1,9 Zinkoxyd, 0,3 Arsenik.

[1]) Glass Industry 9, S. 62 (1928).

II. Optisches Glas im engeren Sinne.

1. Eigenschaften der optischen Gläser.

Optische Eigenschaften. Vor allem müssen bestimmte optische Eigenschaften, d. h. gewisse Werte der Brechung für verschiedene Farben des Lichtes eingehalten werden. Diese Eigenschaften müssen mit größter Homogenität durch die ganze Glasmasse hindurch und nach jeder Blickrichtung hin verbunden sein. Bekanntlich charakterisiert man die optischen Eigenschaften der Gläser hauptsächlich durch zwei Konstanten: durch den Brechungswert der gelben Natriumlinien n_D und durch den reziproken Wert der relativen mittleren Dispersion $\nu = \frac{n_D - 1}{n_F - n_C}$. Trägt man nun die bekannten Glastypen in ein Schaubild ein mit den Werten von n_D und ν als Koordinaten, so ergeben die früher gebräuchlichen Gläser von gewöhnlichem Kron bis zum schwersten Flint eine annähernd eindimensionale Mannigfaltigkeit von Gläsern. Durch einen bestimmten n_D-Wert war also auch der ν-Wert ziemlich eindeutig gegeben, und zwar durch die Beziehung: $n_F - n_C = 0{,}07812 \cdot n_D - 1{,}10962$.

Die Ergebnisse der klassischen Forschungen Abbes und Schotts eröffneten eine Zweidimensionalität der Gläser, und von nun an gab es zu einem Brechungswert n_D oft eine Reihe Gläser von verschiedenen ν-Werten. In Abb. 1323 sind die wichtigsten Typen mit dem Brechungsexponenten n_D als Abszisse und ν als Ordinate eingetragen. Die gestrichelten Linienzüge grenzen Gebiete gewisser Gläser ab, die unter sich meist chemisch verwandt sind und als Untergruppen des optischen Glases gelten können.

Für die rechnende Optik ist aber auch der Verlauf der Dispersionskurve von größter Wichtigkeit, insbesondere das Verhältnis des blauen Teiles des Spektrums zum roten. Man zerlegt deshalb das Spektrum in mehrere Abschnitte und nennt die

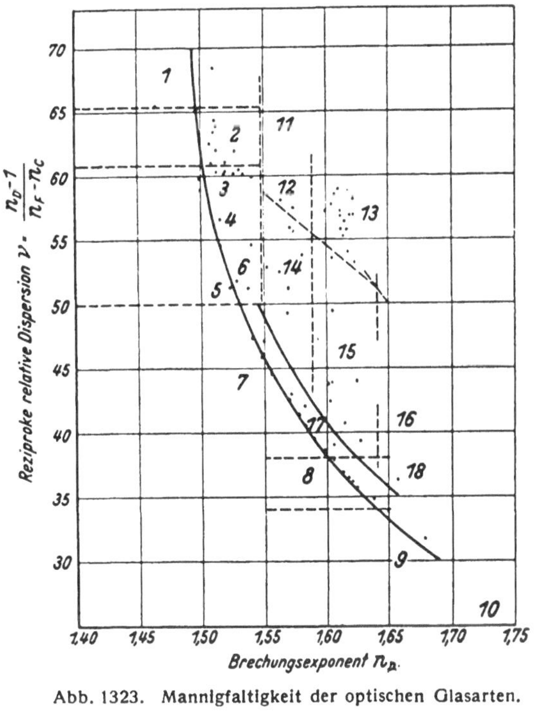

Abb. 1323. Mannigfaltigkeit der optischen Glasarten.

Differenzen der dazugehörigen Brechungsindizes Partialdispersionen und ihr Verhältnis zur mittleren Dispersion $n_F - n_C$ bezeichnet man als relative Partialdispersion, die man allgemein mit dem Buchstaben ϑ benennt.

Sofern in dem Schaubild, Abb. 1323, einige Gruppen zwischen die fortlaufenden Hauptgruppen gestreut sind, wie z. B. (6) Fernrohrflint, so unterscheiden sich meistens diese in den Partialdispersionen. Man kann also zu einem bestimmten Brechungsexponenten innerhalb eines gewissen Spielraumes nicht nur verschiedenen ν-Werte wählen, sondern man hat sogar noch eine gewisse Auswahl im Verhältnis der Partialdispersionen (was zur Behebung des sog. „sekundären Spektrums" bei Objektiven notwendig ist).

Eine einheitliche Bezeichnung für die Gruppen ist bis jetzt nicht durchgeführt, doch werden von verschiedenen Stellen im allgemeinen die folgenden Namen dafür gebraucht:

1. Fluor-Kron,
2. Boro-Silikat-Kron,
3. Gewöhnliches Silikat-Kron,
4. Zink-Silikat-Kron,
5. Kron mit hoher Dispersion,
6. Fernrohr- (Antimon) Flint,
7. Leicht-Flint,
8. Mittel-Flint,
9. Schwer-Flint,
10. Schwerstes Flint,
11. Phosphat-Kron,
12. Leichtes Baryt-Kron,
13. Schweres Baryt-Kron,
14. Leichtes Baryt-Flint,
15. Mittleres Baryt-Flint,
16. Schweres Baryt-Flint,
17. Boro-Silikat-Flint,
18. Borat-Flint.

Zschokke machte den ansprechenden Vorschlag Barytkron in „Barion" und Barytflint in „Barint" zusammenzuziehen[1]).

Benennung der Arten. Zur eindeutigen Bezeichnung eines einzelnen optischen Glases hat sich bisher noch keine Norm allgemein durchsetzen können. Lediglich die Namen Kron und Flint, die seit altersher im Gebrauch sind, haben allgemeine Gültigkeit. (Über ihre Herkunft s. S. 1388.) Die Benennung der Arten kann nach drei Gesichtspunkten geschehen.

a) Die chemische Zusammensetzung, in Gewichtsprozenten der Oxyde angegeben, würde eine hinreichende und eindeutige Bezeichnungsweise vorstellen, wegen ihrer Kompliziertheit jedoch unübersichtlich erscheinen.

b) Fabrikationsbezeichnungen, z. B. die Fabrikationsnummer der Erstlingsschmelze dieses Typs (Glaswerk Schott & Gen.). Aus bekannten psychologischen Gründen ist diese sog. „sinnlose" Namengebung für das Gedächtnis die beste. Diese Art zu bezeichnen, hat sich deshalb auch bei den meisten Fabriken eingeführt. Sie kann jedoch leicht zu der Irreführung verleiten, daß man unter einem

[1]) Zeitschr. f. Instr., **38** (1918), 49.

bestimmten Namen stets dieselbe Glaszusammensetzung erhält. Die Fabriken pflegen jedoch ihre Glaszusammensetzung nach Bedarf zu ändern, sofern nur die Eigenschaften, auf die es ankommt, in diesem Falle die optischen, einigermaßen erhalten bleiben, denn man kann dieselben optischen Eigenschaften durch verschiedene Mischungen erzielen, da man die Wirkung der einzelnen Komponenten in verschiedener Weise ausgleichen kann. Ein bekanntes definiertes Glas erhält man erst dann, wenn man die Summe aller unabhängig voneinander veränderlichen Eigenschaften festlegt. Dieses Verfahren ist aber noch wesentlich komplizierter als die oxydische Zusammensetzung anzugeben. Das letztere wird sich aber erst in einiger Zeit durchsetzen, wenn durch die fortschreitende wissenschaftliche Forschung die letzte Geheimniskrämerei verschwunden ist.

c) Eigenschaftsbezeichnungen. Es ist verschiedentlich versucht worden, die Maßzahlen der charakteristischen Eigenschaften abgekürzt als Endbezeichnung einzuführen. Für die optischen Gläser wählte Zschokke[1]) zwei dreistellige Zahlen, deren erste die Angabe des n_D-, mit den ersten 3 Ziffern hinter dem Komma, und deren zweite der ν-Wert unter Weglassung des Kommas ist. Der Typus Kron 516/640 bedeutet also ein n_D von 1,516 .. und eine ν von 64,0 .. (Diese Bezeichnungsweise wurde bei den Sendlinger optischen Glaswerken mit praktischem Erfolg durchgeführt.)

Diese letztere Bezeichnungsweise gestattet bis jetzt die weitgehendste und eindeutigste Differenzierung, wenn auch gemäß obiger Bemerkung zwei Konstanten wegen einer möglichen Verschiedenheit der Partialdispersion zur eindeutigen Bezeichnung im „Eigenschaftsfeld" in einzelnen Fällen nicht hinreichend sein kann.

Werte für die Eigenschaften optischer Gläser.

In der Zahlentafel 112 geben wir für die hauptsächlich gebrauchten optischen Gläser die zahlenmäßigen Angaben für dieselben aus dem Katalog von 1923 des Jenaer Glaswerkes Schott & Gen. wieder. Die Angaben der Brechung beziehen sich auf die gelbe Heliumlinie d (welche zur wirklichen Ausmessung benützt wurde). Die Korrekturen des Katalogs für die Natriumlinie D sind nicht mitaufgeführt, da es sich meist nur um eine Einheit der vierten Stelle handelt. Spalte 5 gibt die hydrolytische Klasse nach der Bezeichnungsweise der Physikalisch-Technischen Reichsanstalt wieder, Spalte 6 und 7 die dazugehörigen Zahlenwerte der Verwitterungsalkalität (Av) und der natürlichen Alkalität (An)[2]). Die Spalte Kp gibt den sog. Kohäsionspunkt[3]), d. h. diejenige Temperatur, bei der innerhalb 30 Minuten ein Ankleben aufeinandergelegter polierter Glasstückchen der betr. Glasart erfolgt (Vgl. Sil.-Zeitschr. 1914, S. 129). Spalte 10 enthält das spezifische Gewicht s.

Optische Eigenschaften und Zusammensetzung.

Die allgemeinen Grundlagen über die Beziehungen zwischen Zusammensetzung und optischen Eigenschaften sind im Bd. I, 1. Kap., S. 126 u. ff. gegeben. Diese Erläuterungen seien durch einige spezielle Angaben ergänzt.

Analytische u. synthetische Zusammensetzung. Die resultierenden Eigenschaften des Glases hängen nicht nur von den genauen Mengen der glasbildenden Stoffe ab, welche man durch das Gemenge einführt, sondern sie werden auch in erheblichem Maße bestimmt durch den Schmelzprozeß. Dieser wirkt sich in mehrfacher Hinsicht aus: durch Einschmelzverluste, vor allem bei flüchtigen Bestandteilen, durch Hinzutreten von akzessorischen Bestandteilen durch die Hafenauflösung und durch den Einfluß der Wärmevergangenheit. Auch andere Wärmeprozesse, bei denen das Glas wieder erweicht wird, können auf die Eigenschaften verändernd einwirken, wie z. B. das Senken oder Pressen.

[1]) Zeitschr. f. Instr. **38**, S. 49 (1918).

[2]) Vgl. Bd. I, S. 69.

[3]) Vgl. Bd. I, S. 57.

Zahlentafel 112.

Optische Gläser für Massenbedarf des Jenaer Glaswerkes Schott & Gen., Jena.

1	2	3	4	5	6	7	8	9	10	11			12	13	14	15	16
Fabrikations-typ	n_d	ν_d	Mittlere Zerstreuung $C-F$ $(C-F\cdot 10^5)$	h	$A\nu$	An	Kp	$\alpha\cdot 10^8$	S	Bemer-kungen[1]			Teilzerstreuung für				
										b	f	g	$A'-C$ $A'-C/C-F$	$C-e$ $C-e/C-F$	$e-F$ $e-F/C-F$	$F-g$ $F-g/C-F$	$g-h$ $g-h/C-F$
Borosilikatkron																	
144	1,5101	63,4	805	2/3	10	9	577°	828	2,48	b	—	—	0,00285 0,354	0,00439 0,545	0,00366 0,455	0,00433 0,538	0,00357 0,445
3832	1,5163	64,0	806	1/2	5	6	583°	775	2,53	b	—	—	0,00287 0,356	0,00439 0,545	0,00367 0,455	0,00432 0,536	0,00356 0,442
Kron																	
203	1,5182	59,0	879	3	14	15	555°	894	2,55	—	—	—	0,00304 0,346	0,00477 0,543	0,00402 0,457	0,00479 0,545	0,00398 0,453
6223	1,5111	60,6	845	2/3	11	10	561°	920	2,54	—	—	—	0,00294 0,348	0,00459 0,543	0,00386 0,457	0,00459 0,543	0,00381 0,451
Zink-Kron																	
15	1,5332	58,0	918	1/2	4	7	634°	779	2,70	—	—	—	0,00317 0,345	0,00498 0,542	0,00420 0,458	0,00502 0,546	0,00418 0,455
Leichtes Baryt-Kron																	
3453	1,5183	60,3	859	3/4	20	19	538°	891	2,63	—	—	—	0,00300 0,349	0,00467 0,543	0,00392 0,457	0,00465 0,541	0,00385 0,448
Baryt-Kron																	
211	1,5725	57,5	996	1/2	5	12	632°	800	3,21	b	f	—	0,00341 0,343	0,00539 0,541	0,00457 0,459	0,00545 0,547	0,00454 0,456
227	1,5400	59,6	905	2	8	12	605°	842	2,86	b	—	—	0,00313 0,345	0,00491 0,542	0,00414 0,458	0,00493 0,544	0,00409 0,451
7550	1,5688	56,0	1015	1/2	5	10	614°	748	3,11	b	—	—	0,00347 0,342	0,00550 0,542	0,00465 0,458	0,00558 0,549	0,00465 0,458
Schweres Barytkron																	
1209	1,6102	56,5	1080	1	2	10	686°	636	3,57	b	f	—	0,00369 0,342	0,00584 0,541	0,00496 0,459	0,00592 0,548	0,00493 0,457
2994	1,6138	56,3	1090	1	2	8	686°	637	3,61	b	f	—	0,00371 0,340	0,00590 0,541	0,00500 0,459	0,00598 0,548	0,00500 0,458
5970	1,6228	56,9	1095	1/2	5	15	668°	720	3,66	b	f	—	0,00374 0,342	0,00592 0,541	0,00503 0,459	0,00600 0,548	0,00501 0,458

Schwerstes Baryt-Kron																	
4679	1,6172	54,0	1142	1/2	4	12	675°	654	3,64	*b*	*f*	—	0,00388 0,339	0,00617 0,540	0,00525 0,460	0,00632 0,553	0,00529 0,463
Baryt-Leicht-Flint																	
722	1,5796	53,8	1076	1	3	12	632°	706	3,25	*b*	—	—	0,00365 0,339	0,00581 0,540	0,00495 0,460	0,00595 0,553	0,00499 0,464
846	1,5474	53,6	1021	1/2	4	13	569°	871	2,98	—	—	—	0,00346 0,338	0,00551 0,539	0,00470 0,461	0,00566 0,555	0,00475 0,466
5125	1,5890	53,2	1108	1/2	4	12	586°	764	3,33	*b*	*f*	—	0,00375 0,338	0,00597 0,539	0,00511 0,461	0,00614 0,554	0,00516 0,465
Baryt-Flint																	
578	1,5827	46,5	1254	1/2	6	10	580°	825	3,29	*b*	—	—	0,00413 0,329	0,00672 0,536	0,00582 0,464	0,00710 0,566	0,00604 0,481
1266	1,6056	43,9	1379	1	3	10	578°	821	3,52	—	—	—	0,00450 0,326	0,00737 0,534	0,00642 0,466	0,00787 0,571	0,00673 0,488
Baryt-Schwer-Flint																	
748	1,6261	39,1	1601	1/2	6	13	535°	869	3,72	—	—	—	0,00513 0,320	0,00851 0,532	0,00750 0,468	0,00927 0,579	0,00800 0,500
Leicht-Flint																	
276	1,5822	42,0	1385	2	7	14	494°	868	3,20	—	—	—	0,00453 0,327	0,00739 0,534	0,00646 0,466	0,00793 0,573	0,00682 0,492
340	1,5785	41,7	1387	3	12	15	484°	874	3,20	—	—	—	0,00453 0,327	0,00740 0,533	0,00647 0,467	0,00795 0,574	0,00683 0,492
340	1,5814	40,8	1425	3	15	23	441°	958	3,25	—	—	—	0,00462 0,324	0,00760 0,533	0,00665 0,467	0,00818 0,575	0,00703 0,494
Flint																	
103	1,6200	36,3	1706	1/2	5	15	482°	860	3,60	—	—	—	0,00545 0,319	0,00906 0,531	0,00800 0,469	0,00995 0,583	0,00862 0,505
118	1,6129	37,0	1659	2	8	21	489°	908	3,54	—	—	—	0,00532 0,320	0,00880 0,531	0,00779 0,469	0,00966 0,582	0,00837 0,505
167	1,6166	36,6	1684	1/2	5	16	504°	885	3,59	—	—	—	0,00540 0,320	0,00894 0,531	0,00790 0,469	0,00981 0,583	0,00853 0,506
Schwer-Flint																	
102	1,6477	33,9	1912	1/2	5	13	493°	875	3,86	—	—	*g*	0,00604 0,316	0,01011 0,529	0,00901 0,471	0,01127 0,589	0,00983 0,514

[1]) Es bedeutet: *b* blasenhaltig, *f* fleckenempfindlich, *g* gelb.

Eine laufende Kontrolle der Gläser durch Analyse erübrigt sich im allgemeinen. Erstens sind die Analysenfehler im besten Falle so groß, daß sie die Genauigkeit, mit der ein Glas bestimmter Zusammensetzung reproduziert werden *kann*, kaum erreicht. Zweitens ist die chemische Zusammensetzung nicht *allein* verantwortlich für die Quantität der Eigenschaften und ist daher auch nicht hinreichend zur Feststellung der Ursachen etwaiger ungewöhnlicher Abweichungen.

Da also innerhalb eines optischen Betriebes — in dem mit der größtmöglichsten Exaktheit gearbeitet wird — der Unterschied in der Zusammensetzung zwischen berechneter synthetischer und wirklicher Zusammensetzung gemäß Analyse innerhalb der feststellbaren Grenzen konstant zu sein pflegt, so kann man bei der Feststellung der speziellen Eigenschaften der Oxyde von der Synthese ausgehen, trotzdem man dadurch natürlich nicht direkte Zahlenwerte für die theoretischen physikalisch-chemischen Konstanten der Einzeloxyde erhalten kann. Die Zugrundelegung der Synthese ist in der Praxis einfacher, einheitlicher und damit auch genauer. Für die *Einschmelzverluste* der flüchtigen Bestandteile kann man ein bestimmtes Maß schwer angeben, da dies von dem gesamten Verlauf der Schmelze stark abhängt und dieser in den verschiedenen Hütten sehr verschieden zu sein pflegt. Die größte Flüchtigkeit zeigt natürlich Fluor, von dem man bis $\frac{1}{3}$ seines berechneten Gehaltes und darüber beim Einschmelzen verlieren kann. Auch B_2O_3, besonders wenn man es in Form von Borsäure in Gegenwart von Feuchtigkeit einführt, kann zu erheblichen Einschmelzverlusten führen. Bei Borsäuregehalt von 5—10% kann man mit $^1/_{15}$—$^1/_{10}$ Verlust an B_2O_3 rechnen. Bei den übrigen, für wesentliche Verdampfung in Frage kommenden Substanzen, wie Alkalien, Bleioxyd, Kieselsäure usw., muß man bei der Feststellung des Unterschiedes zwischen Synthese nnd Analyse immer besonders berücksichtigen, ob der prozentische Verlust allein durch Verdampfung des Oxydes erfolgte oder durch akzessorische Vermehrung anderer Bestandteile vorgetäuscht wird. Unter Berücksichtigung der Summe beider Effekte kann bei schweren Flintgläsern normalerweise bis 1% PbO und bei alkalihaltigen Gläsern bis 0,5% Gesamtalkali (bezogen auf die gesamte Glasmenge) verlorengehen. Gläser mit niedrigerem Alkaligehalt sind häufig schwerer schmelzbar und bedingen höhere Temperaturen, so daß der gesamte Alkaliverlust in nicht zu extremen Grenzen bei normal höherer Einschmelztemperatur ziemlich konstant in dieser Größenordnung bleibt. An akzessorischen Bestandteilen werden 0,2—1,0% Al_2O_3 und entsprechend mehr Kieselsäure aufgenommen, entsprechend der durchschnittlichen Hafenauflösung von 2—6%, bezogen auf die gesamte Glasmenge. (Die Tiefe der Eisenfärbung kann auch cet. par. nur einen bedingten Anhalt für die Größe der Hafenauflösung geben.) Bei den normalen optischen Gläsern pflegen die Veränderungen des Einschmelzens, bestes Material und sorgfältigste Betriebsleitung vorausgesetzt, erheblich unter diesen angegebenen Grenzen zu liegen, die anderseits auch nur in ganz extremen Fällen überschritten werden dürften.

Neuerdings wird besonders von mir selbst die Auffassung vertreten, daß im Glase die resultierenden Eigenschaften auch ohne Materialveränderungen hervorgerufen werden. Wenn diese Änderungen auch ihrer Summe nach sich mehr bei den elastisch-mechanischen Eigenschaften bemerkbar machen, so sind sie doch auch noch leicht bei den optischen Eigenschaften feststellbar, weil man diese mit besonders großer Genauigkeit zu messen pflegt. Diese konstitutiven Änderungen des Glases werden dadurch hervorgerufen, daß bei der großen Zähigkeit des Schmelzflusses die Reaktionsgleichgewichte bei den Gläsern sich nur sehr langsam einstellen und daher die Konstitution, d. h. die Art und Anzahl der Verbindungen und des Lösungsmittels stark abhängig sind von der Zeit, in welcher der Schmelzfluß in den einzelnen Temperaturbereichen verweilt. Diese konstitutiven Veränderungen gehen auch noch bei verhältnismäßig niederen Temperaturen vor sich, wie sie beim Senken und Pressen angewandt werden![1]).

---

[1]) F. *Eckert*, Zeitschr. f. techn. Physik 7, S. 282 (1926). Einfluß der Wärmevergangenheit auf die optischen Konstanten der Gläser. — Vgl. auch Bd. I, S. 90, 124.

Diese Beobachtungen, die ich als Erscheinung der Wärmevergangenheit bezeichnete, sind unabhängig und in erweitertem Maße von A. Q. Tool und seinen Mitarbeitern bestätigt worden[1][2].

Tool hatte in einer Reihe von Arbeiten schon vorher im Gebiet beginnender Erweichung auf gewisse „Anomalien" hingewiesen und vor allem den Nachweis eines endothermen Effektes beim erwärmten Glas in diesem Temperaturgebiet erbracht, der als „Ersatz" der Schmelzwärme kristalliner Stoffe anzusehen ist.

Dispersion. Die Änderung des Brechungsexponenten mit der Wellenlänge des Lichtes nennt man Dispersion. Wächst der Brechungsexponent mit abnehmender Wellenlänge, so spricht man von normaler Dispersion. Dieser Fall trifft bei Glas stets zu. Normale Dispersion tritt zwischen zwei Absorptionsgebieten auf, z. B. zwischen dem ultraroten und dem ultravioletten bei den Gläsern. Das dem sichtbaren Teil des Spektrums „näherliegende" Gebiet ist das ultraviolette und daher fast allein ausschlaggebend für den Verlauf des sichtbaren Teiles der Dispersionskurve. Der Einfluß der glasbildenden Oxyde auf die Dispersion drückt sich durch die Lage ihres ultravioletten Absorptionsgebietes aus, während die Größe der speziellen Brechung der Einzeloxyde an sich von der Dichte bzw. der Verdichtungswirkung auf die Raumerfüllung der Moleküle abhängt.

Hohe Brechung bewirken daher die „schweren" Oxyde mit hohem Molekulargewicht, vor allem PbO und BaO, die niedrigste Brechung weisen die Glassäuren auf, nur noch übertroffen in der Wirkung von Fluor. Als Beispiel einer stark konstitutiv verdichtend wirkenden Substanz sei die Borsäure in Verbindung mit anderen Oxyden und Bariumoxyd genannt. Freie Borsäure dagegen wirkt auch in Gläsern niedrig brechend.

In der Steigerung der Dispersion stehen an der Spitze die Oxyde mit nahe an „das Sichtbare gerücktem" ultravioletten Absorptionsgebiet, vor allem PbO und Sb_2O_3. Die Oxyde der zweiwertigen Basen BaO, ZnO und CaO geben verhältnismäßig geringe Dispersion bei hoher Brechung, worin besonders das Bariumoxyd mit seinem hohen Molekulargewicht bedeutungsvoll geworden ist. Na_2O übertrifft K_2O in der Dispersionswirkung ebenfalls aus Gründen des näheren ultravioletten Absorptionsgebietes.

Der Charakter der Dispersionskurve drückt sich im Verhältnis der Partialdispersionen aus. Für die Korrektur der feinoptischen Linsen sind die Unterschiede der Gläser darin besonders wichtig. Die wesentliche Aufgabe des Synthetikers in bezug auf Korrektur der Partialdispersion muß sein, bei den schwächer brechenden Gläsern (Kron) im blauen Teil des Spektrums ein verhältnismäßig stärkeres Ansteigen des Brechungsexponenten mit zunehmender Wellenlänge zu bewirken und umgekehrt bei den hochbrechenden Gläsern (Flint), den stärkeren Anstieg des blauen Teils des Spektrums zugunsten des roten zu dämpfen. Die Borsäure „dehnt" den roten Teil des Spektrums relativ zum blauen und wurde früher deswegen vor allem den Boratflinten zugesetzt, die man aber jetzt wegen ihrer geringen Haltbarkeit verlassen hat. Fluor und die Alkalien bewirken umgekehrt eine Dehnung des blauen Anteils, Kali wiederum wirkt stärker in dieser Richtung als Natron. Schon in früheren Zeiten wurde daher Kali als alkalischer Bestandteil der optischen Gläser bevorzugt. Das Fluor vermindert außerdem die gesamte mittlere Dispersion in einem gerade für Krongläser sehr erwünschten Maße. Die Einführung der Phosphorsäure ruft von den Silikaten abweichend hier die Dispersion hervor, indem der blaue Teil stärker gedehnt wird und gleichzeitig allgemein der Brechungsexponent erhalten wird. Die Phosphat-

[1] A. Q. Tool und C. J. Eichlin, Journ. Am. Cer. Soc. **8**, S. 1 (1925), Variations in glass caused by heat treatment.

[2] L. W. Tilton, A. N. Finn und A. Q. Tool, Cause and removal of certain heterogeneities in glass. Scient. Papers of Bur. Stand. **22** (1928), Nr. 572. — Dieselben, Some effects of carefully annealing of optical glass. Journ. Am. Cer. Soc. **11** (1928), S. 292.

krongläser dienen deshalb zur besseren Achromatisierung der Boratflinte in mikroskopischen Objektiven. Außer den Phosphatkronen zeigen nur noch die Antimonflinte einen grundsätzlich abweichenden Verlauf in der Dispersionskurve, den man vor allem erkennt, wenn man als Abszissen die ν-Werte und als Ordinate die ϑ-Werte aufträgt. Mit Ausnahme dieser beiden gen. Glasarten liegen fast alle übrigen Gläser an einer stetig verlaufenden Kurve. Die Antimonflinte sind wichtig zur Behebung des sog. sekundären Spektrums bei Fernrohrobjektiven.

Optisches Verhalten einzelner Gruppen.

Flintgläser. Die reinen Flintgläser sind Mischungen aus Kieselsäure, Alkali und Bleioxyd. Mit zunehmendem Brechungsexponenten und Dispersion werden erstere beiden Bestandteile mehr und mehr durch den letzteren ersetzt. Die äußerste Grenze sind für extra leichtes Flint ca. 20% PbO und für das schwerste alkalifreie Flint 80% PbO. Dazwischen können die Flintgläser als Gemische der beiden Grenzgläser $PbO \cdot SiO_2$ und $R_2O \cdot 6\,SiO_2$ dargestellt werden. Der empirischen Festlegung des günstigsten Alkaligehaltes als Funktion des PbO-Gehaltes gaben Keppeler und später Zschimmer eine formale Beschreibung (s. Bd. I, S. 106 und 107). Die Leichtflinte haben gemäß ihrer schwereren Schmelzbarkeit einen relativ höheren Gehalt an Natron. Mit zunehmendem Bleigehalt wächst der relative Anteil des Kaligehaltes bei entsprechender Abnahme des gesamten Alkaligehaltes. Auch die optischen Eigenschaften bilden eine stetige Funktion des PbO-Gehaltes, und wir erhalten beim Einzeichnen der „reinen" PbO-Gläser in das $n_D/\nu/$Koordinaten-System (Abb. 1323) eine stetig verlaufende Kurve, die zuletzt eine asymtotenartige Neigung zur ν-Achse einzunehmen bestrebt scheint. Diese Gläser bilden zugleich eine unüberschreitbare Grenze im Mannigfaltigkeitsfelde der optischen Glasarten, d. h. es kann zu einem Glas mit gleichem n_D wie ein „reines" Bleiglas, kein Glas mit höherer Dispersion (niedrigerem ν) gefunden werden. Theoretische Aussichten hierzu bieten nach dem periodischen System höchstens Gläser, bei denen Bleioxyd durch Thoriumoxyd ersetzt wird. Praktische Bedeutung können solche Gläser wegen des hohen Preises des Thoriums nicht erhalten.

Zahlentafel 113.

Normale Flint-Reihe (Synthesen)							
n_D	ν	s	SiO_2	PbO	K_2O	Na_2O	As_2O_3
1,541	47,2	2,85	62,6	23,4	7,6	6,1	0,3
1,570	42,5	3,13	54,9	31,7	8,2	5,0	0,2
1,614	36,8	3,55	46,0	43,9	8,4	1,4	0,3
1,624	35,9	3,65	44,3	46,5	8,0	0,9	0,3
1,649	33,8	3,88	40,4	52,0	6,7	0,6	0,3
1,717	29,5	4,46	33,9	61,7	3,3	0,8	0,3
1,778	26,5	4,99	27,0	71,2	1,6	—	0,2
1,920	21,3	6,05	20,0	79,5	0,3	—	0,2

Um bei Flintgläsern die Teildispersion verhältnismäßig zu verbessern, allerdings auf Kosten der Erniedrigung der Gesamtdispersion, werden an Stelle der Kieselsäure einige Prozent Borsäure eingeführt. Es entstehen dadurch die Borosilikatflinte (Beispiel s. Zahlentafel 118). Flintgläser, bei denen die Kieselsäure weitgehend oder ganz durch Borsäure ersetzt ist, die Boratflinte, wurden trotz ihrer günstigen optischen Eigenschaften wegen zu geringer Haltbarkeit verlassen.

Krongläser. Den einfachsten Typus stellt das Alkali-Kalk-Silikat-Glas dar, wie es auch für die meisten technischen Zwecke gebraucht wird. Optisch kommen solche Gläser nur für Brillenglaszwecke und für die einfachsten Linsen in Frage.

Zahlentafel 114.

Gewöhnliche Krongläser für Brillenoptik usw. (Synthesen)

Herkunft	n_D	ν	SiO_2	Al_2O_3	CaO	BaO	K_2O	Na_2O	As_2O_3
Französisch	1,521	59,0	73,4	—	11,2	—	—	15,0	0,4
Mitteldeutsch	1,523	58,5	73,5	0,5	12,0	—	1,5	11,5	1,0[1]
Amerikanisch	1,523	59,1	71,7	0,8	12,0	—	10,0	5,0	0,5
Bayerisch	1,524	59,8	69,8	0,4	8,0	6,0	10,0	5,5	0,3
Gew. Kron	1,501	60,9	73,0	2,0	2,7	—	17,0	5,0	0,3

[1]) Sb_2O_3.

Bei Krongläsern mit ihrer verhältnismäßig niedrigen Brechung (und Dispersion) herrschen demgemäß die sauren Bestandteile vor. Die gewöhnlichen Alkali-Kalk-Silikat-Gläser zeigen für den eigentlichen optischen Gebrauch ein ungünstiges Verhältnis der Teildispersion. Auf die Haltbarkeit für beide wirkt Einführung der Borsäure günstig für den Charakter der Dispersionskurve, außerdem die Vermehrung des Kalkes zuungunsten des Natrons. Beide Bestandteile, B_2O_3 und K_2O, charakterisieren also die Boro-Silikat-Gläser, welche als zweiwertige Basen außerdem an Stelle von Kalk ganz oder teilweise Baryt und Zink enthalten können.

Zahlentafel 115.

Borosilikat-Krongläser (Synthesen)

	n_D	ν	SiO_2	Al_2O_3	B_2O_3	CaO	ZnO	BaO	K_2O	Na_2O	
Boros. Kron	1,496	64,8	70,7	5,0	14,0	—	—	—	—	10,0	+ 0,3 As_2O_3
Prismenkron	1,511	63,8	70,5	—	7,5	2,0	—	—	14,5	5,2	
,,	1,516	64,0	69,0	—	10,0	—	—	3,4	8,3	9,0	
,,	1,516	63,7	68,2	—	10,0	—	2,0	—	9,5	10,0	
Kron mit Bor, Zink und Baryt	1,518	60,3	64,7	—	3,0	—	2,0	10,0	15,0	5,0	
	1,518	60,3	65,7	—	4,5	—	11,5	—	15,0	3,0	
	1,518	60,3	68,0	—	3,2	—	—	10,0	5,0	13,0	
Kron mit Bor und Kalk	1,518	60,9	70,0	0,5	3,2	8,0	—	—	10,0	8,0	
	1,526	61,9	65,0	0,5	8,2	8,0	—	—	10,0	8,0	
	1,532	60,3	65,7		3,5	14,0	—	—	12,5	4,0	

Die Wirkungsweise der Alkalien gegenüber zweiwertigen Basen (mit Ausnahme des Bleies) und gegenüber den sauren Bestandteilen beruht auf einer relativen Erhöhung der gesamten Dispersion. Den sog. Krongläsern mit hoher Dispersion, welche den Übergang zu den leichten Flinten darstellen, ist daher hoher Alkali- vor allem Natrongehalt neben mäßigem Bleioxydgehalt eigen. Da die Alkalien aber gerade die Bestandteile bilden, welche die Verwitterung ungünstig beeinflussen, so können aus diesem Grunde Krongläser mit hoher Dispersion nur mit verhältnismäßig unbefriedigender Haltbarkeit hergestellt werden.

Zahlentafel 116.

Krongläser mit hoher Dispersion (Synthese)

n_D	ν	SiO_2	Al_2O_3	B_2O_3	CaO	ZnO	PbO	K_2O	Na_2O	
1,536	51,1	63,0	—	1,8	2,0	—	16,0	11,0	6,0	+ 0,2 As_2O_3.
1,520	52,0	68,7	—	—	—	2,3	12,3	1,5	15,0	
1,521	51,9	67,0	—	—	—	—	13,7	—	16,0	
1,530	49,2	63,3	1,5	—	—	1,5	18,0	3,5	12,0	

Barytkron. Die Gruppe, welche mit der hohen Brechung der Flintgläser die niedrige Dispersion der Krongläser vereinigen und durch deren Einführung Abbe und Schott erst die Bedingungen für hochkorrigierte Ojektivsysteme erfüllen konnten, sind Boro-Silikat-Gläser, bei denen der Barytgehalt in steigendem Maße Kieselsäure und Alkalien verdrängt bis zur völligen Alkalifreiheit. Wie bei anderen hochbasischen Gläsern, die an sich schon niederiger schmelzbare eutektische Gemische bilden, kann man hier der Alkalien weitgehend entraten. Dadurch steigt die Verwitterungsalkalität dieser schweren Krone zu sehr günstigen Werten an, allerdings auf Kosten der Fleckenempfindlichkeit. Die Gegenwirkung gegen die Entglasungsmöglichkeit verlangt einen verhältnismäßig hohen Gehalt an Borsäure, einen mittleren Gehalt an Tonerde, der oft in engen Grenzen nicht über- und unterschritten werden darf; ferner werden auch aus diesem Grunde weitere hochbrechende Basen zur Vermehrung der Komponenten eingeführt, als welche Zink und Blei in Frage kommen. Das Zink benützt man als Zusatz häuptsächlich bei den schweren Kronen höchster Brechung und verhältnismäßig niedriger Dispersionswerte. Hier finden sich auch die höchsten Borsäuregehalte. Wenn das Maß der Dispersion es zuläßt, so verwendet man PbO-Zusatz, das für die Läuterung günstiger wirkt als ZnO.

Zahlentafel 117.

Baryt-Krongläser (Synthese)

	n_D	ν	SiO_2	Al_2O_3	B_2O_3	ZnO	BaO	PbO	K_2O	Na_2O	
Leichtes Barytkron	1,540	60,0	59,0	—	4,0	4,0	19,5	—	9,6	3,4	+ 0,5 As_2O_3
	1,573	57,5	47,5	1,0	4,0	8,5	30,0	—	7,5	1,0	
Barytkron mit niedr. Dispersion	1,590	61,3	38,2	5,0	15,0	—	41,3	—	—	—	
Schweres Barytkron	1,610	59,0	34,0	6,0	11,0	1,0	47,5	—	—	—	
	1,610	56,7	39,5	2,5	6,5	9,0	42,0	—	—	—	
Bleihaltiges, schwerstes Barytkron	1,610	55,7	39,6	3,0	6,0	8,8	40,5	1,6	—	—	
	1,622	53,2	36,5	3,0	6,7	6,8	41,0	5,5	—	—	
	1,622	57,0	30,4	5,2	11,2	2,6	48,6	1,5	—	—	

Zahlentafel 118.

Barytflinte (Synthese)

	n_D	ν	SiO_2	Al_2O_3	B_2O_3	ZnO	BaO	PbO	K_2O	Na_2O	
Prismenflint	1,570	56,0	49,9	—	6,0	11,4	20,3	3,1	5,0	3,9	+ 0,4 As_2O_3
Leichte Barytflinte	1,570	53,0	50,0	—	1,1	14,0	20,0	4,0	5,5	5,0	
	1,570	50,0	52,4	—	—	5,8	18,5	11,2	1,6	10,1	
	1,548	53,0	53,4	1,1	7,9	—	4,8	12,4	11,9	8,1	
	1,580	53,8	47,6	—	4,0	14,5	22,0	4,1	6,4	1,0	
Normale Barytflintreihe	1,556	58,6	56,0	—	—	2,0	8,5	18,1	13,0	2,0	
	1,586	44,0	48,7	—	—	10,2	16,8	15,1	8,8	—	
	1,627	39,2	42,5	—	—	5,0	11,0	32,8	7,4	0,9	
	1,660	36,0	36,8	—	—	5,0	13,0	38,3	6,5	—	
Barytflint	1,619	37,6	43,7	—	—	3,1	6,5	38,1	8,3	—	
Borosilikatflint . . .			44,7	—	2,7	—	—	43,6	7,6	1,0	

Barytflinte. Diese stellen ein Gemisch von Kron- bzw. Flintgläsern einerseits und schweren Barytkronen anderseits dar. Ihre Zusammensetzung erscheint daher verhältnismäßig kompliziert. Sie enthalten häufig sämtliche bei der optischen Glasschmelzerei üblichen Oxyde. Ihre Synthese kann häufig durch Interpolation von Barytkron und Flintgläsern gewonnen werden, wobei man zu beachten hat, daß die Interpolation auf Orthogonalen-Kurven-Systemen zu erfolgen hat, gemäß den Kurvenscharen, welche sich beispielsweise bei systematischem Austausch von Kieselsäure und Bleioxyd ergeben. Man erhält auf diese Weise fast immer gutartig schmelzende Gläser.

Sondergläser. Unter diesen versteht man seltener gebrauchte Gläser von außergewöhnlicher Zusammensetzung. Zu ihnen gehören die Fluor-Krone, hochsaure, fluorhaltige Gläser, welche möglichst wenig hochbrechende Bestandteile enthalten. Optisch erreicht man dabei niedere Brechung bei geringer Zerstreuung (also „Ultra-Kron"-Gläser) sowie ein günstigeres Verhältnis der Teildispersionen. Die Schwierigkeit ihrer Schmelzung besteht in der Gefahr der Entglasung bzw. Trübung durch Schwankung ihrer Zusammensetzung gegenüber der Synthese wegen der Flüchtigkeit der Fluorverbindungen. Gegen die Trübung wirkt die Unterdrückung aller Mittel, welche diese bei getrübten Opalgläsern erwünschtermaßen hervorrufen. Man muß daher zur prozentischen Verdrängung der Kieselsäure schreiten, die Borsäure als sauren Bestandteil stark erhöhen und die Tonerde so niedrig als möglich halten. Zweiwertige Basen müssen aus optischen Gründen möglichst ferngehalten werden. Daher spielen die Alkalien, besonders das Kali in den Fluorgläsern eine bedeutsame Rolle. Die niedrige Dispersion des Fluorkrons, mit dem weit aus dem Sichtbaren herausgerückten ultravioletten Absorptionsgebiet, läßt dies selbst bei höheren Temperaturen, die bekanntlich die Absorptionsgebiete verbreitern, noch nicht ins Sichtbare rücken. Man kann dies wahrnehmen an der auffallenden Durchsichtigkeit der Schmelzen noch bei Gelbglut.

Die Phosphatkrone und Antimonflinte unterscheiden sich von den Gläsern mit gleichem n_D- und ν-Wert durch den anderen Charakter ihrer Dispersionskurve, durch welche sie ihre Bedeutung in der Optik erhalten haben. Für die optische Lage und den wichtigen Charakter der Teildispersionen bei den Antimonflinten spielt die Oxydstufe, in welche das Antimon durch die physikalisch-chemischen Einflüsse des Schmelzprozesses gebracht wurde, eine merkliche Rolle.

Zahlentafel 119.

Sondergläser (Synthese)

	n_D	ν	SiO_2	Al_2O_3	B_2O_3		K_2O	Na_2O	As_2O_3
Fluorkron . . . (Analyse)	1,470	67,0	53,3	8,8	16,2	F = 5,3	16,2	—	0,2
Phosphatkron .	1,516	70,0	—	10,0	3,0	P_2O_5 = 70,5; MgO = 4,0	12,0	—	0,5
Phosphat-Barytkron	1,558	67,0	—	8,0	3,0	„ = 59,5; BaO = 28,0	—	—	1,5
	1,576	65,2	—	1,5	3,0	„ = 54,0; „ = 40,0	—	—	1,5
	1,591	64,1	—	—	3,0	„ = 45,0; „ = 50,0	—	—	2,0
Boros. Kron mit gesteig. U.-V.-Durchlässigkeit	1,505	64,8	62,0	—	21,0	ZnO = 4,0; Sb_2O_3 = 0,5	9,0	3,5	—
	1,505	63,5	52,0	—	25,0	„ = 0,5; „ = 0,5	21,0	1,0	—
Fernrohr-Flint .	1,523	51,3	53,1	1,1	17,5	Sb_2O_3 = 21,3	6,5	—	0,5

Lichtdurchlässigkeit.

Reflexion. Von allen Gläsern werden bei den optischen die höchsten Anforderungen an die Lichtdurchlässigkeit gestellt. Die Verluste beim Durchtritt des Lichtes durch eine Glasplatte oder Linse setzen sich zusammen aus den theoretischen und vermeintlichen Reflexionsverlusten und aus den praktisch möglichst niedrig zu haltenden Absorptionsverlusten durch sichtbare Färbung. Die Reflexionsverluste berechnen sich nach den Fresnelschen Formeln aus den optischen Konstanten, d. h. für jede Lichtsorte nach dem dazugehörigen Brechungsindex und nach dem Einfallswinkel.

Beim Austritt aus der rückwärtigen Glasfläche wird der Lichtstrahl noch einmal um einen entsprechenden Betrag geschwächt, jedoch um einen etwas geringeren Prozentsatz als beim Eintreten, da auch durch die wiederholt hin und hergehende Reflexion ein gewisser kleiner Teil dieses Betrages wieder ausgeglichen wird. Der gesamte Reflexionsverlust liegt bei den normalen optischen Gläsern zwischen 10 und 12%. Der Unterschied zwischen dem Reflexionsverlust der einzelnen Farben beträgt bei einem mittleren Flint vom Rot bis Violett etwa 1%.

Bei kompliziert zusammengesetzten optischen Instrumenten mit vielen reflektierenden Flächen können diese Reflexionsverluste ganz erhebliche Beträge annehmen. Dies ist schon bei einem normalen Prismenfeldstecher der Fall. Bei noch komplizierteren Instrumenten, z. B. den Sehrohren für Tauchboote, hat man versucht, die Reflexionsverluste auf einem theoretisch möglichen Wege dadurch herabzudrücken[1]), daß man — wahrscheinlich durch eine Materialaufquellung der Glasoberfläche — auf eine bestimmte, wenn auch minimale Glastiefe einen allmählichen Anstieg des Brechungsexponenten zu erreichen suchte gegenüber der sprungweisen Änderung des Brechungsexponenten bei dem idealen Übergang von Luft zu Glas. Es ist nicht bekannt geworden, ob die optischen Vorteile einer derartigen Behandlung der Glasoberfläche aufgewogen werden durch die zweifellosen Nachteile in bezug auf Haltbarkeit.

Absorption. Um die nicht zu vermeidende Absorption für sichtbares Licht bei optischen Gläsern auf ein Minimum herabzudrücken, werden keine der sonst üblichen Entfärbungsmittel, wie Mangan, Nickel, Kobalt, Selen, angewandt. Durch diese komplementäre Graufärbung würde man nur einen erhöhten Absorptionsverlust hervorrufen. Trotzdem gelingt es bei reinstem Material und richtig geleitetem Schmelzprozeß, wenigstens Borosilikatgläser und leichte und mittlere Flintgläser in einer „Weiße" zu erschmelzen, die sonst von den besten handelsüblichen Kristallgläsern nicht erreicht wird. Die Absorption des sichtbaren Lichtes in optischen Gläsern wird durch die akzessorische gelbe bis grünlich-gelbe Eisenfärbung hervorgerufen oder in Einzelfällen durch „Hereinragen" des ultravioletten Absorptionsgebietes ins Sichtbare. Das letztere ist bei den schweren Flinten und bei Antimonflinten der Fall, welche dadurch eine gewisse gelbliche Färbung erhalten. Diese ist auf keine Weise vollständig zu vermeiden, jedoch kann sie durch andere glasbildende, an sich nicht färbenden Bestandteile, wie besonders durch Eisen, in unangenehmer Weise intensiviert werden. Als Bestandteile, welche die Absorption des Eisens und die Ausläufer der ultravioletten Absorption in merklicher Weise konstitutiv beeinflussen können, seien Tonerde, Titan und, von den Alkalien, Natron genannt.

Die Prüfung auf Absorption wird in bekannter Weise durch Photometrieren quantitativ vorgenommen. Allgemein schaltet man dabei die Reflexionsverluste dadurch aus, daß man den Absorptionsverlust für eine gewisse Dicke aus dem Unterschied der Durchlässigkeit zweier verschieden dicker Platten desselben Glases feststellt. Für praktische Fälle empfiehlt es sich, die Feststellung an etwa 10 cm dicken Platten vorzunehmen. Für die Betriebskontrolle bzw. für den Gebrauch der Optiker genügt es aber, eine Intensitätsskala der vorkommenden Färbungen aufzustellen und die Zugehörigkeit der Schmelze zu dieser Skala durch eine Kennziffer zu bezeichnen. Es genügt, zwei solcher Skalen, eine nach gelblicher Färbung aufsteigend für

[1]) Wright, The manufacture of optical glass and of optical systems, Washington 1921, S. 76. — Amy, Contribution à l'étude de la réflexion vitreuse, Revue d'Optique 6 (1927), S. 305. — Ref. Glast. Ber. 7 (1929/30), S. 533.

die Flinte und Antimonflinte und eine nach dem grünlichen aufsteigend für die verschiedenen Kronarten aufzustellen.

Die Größenordnung der vorkommenden Absorption bei guten optischen Gläsern für das gesamte weiße Licht beträgt bei besten Borosilikatgläsern 3% des eintretenden Lichtes für 100 mm Glasweg, 7% bei schweren Barytkronen, 5% bei Barytleichtflint, 9% bei Schwerflint. (Die Werte gelten unter Ausschaltung der Reflexionsverluste und stellen günstigste Werte dar.) Die untere brauchbare Grenze für optische Gläser schwankt natürlich stark nach Verwendungszweck, Größe und Dicke des verwendeten Linsensystems. In keinem Falle dürfte aber bei optischen Gläsern ein Absorptionsverlust von 15—20% für den obigen Glasweg erreicht oder gar überschritten werden. Die Farbe des Spiegelglases liegt im allgemeinen über dem für optische Gläser zulässigen.

Für die spektrale Durchlässigkeit seien in Zahlentafel 121 die Durchlässigkeitsfaktoren K für 100 mm Glasweg angegeben, welche Krüß für 10 wichtige Glasarten des Jenaer Glaswerks Schott & Gen. feststellte. Der Durchlässigkeitsfaktor K gibt das Verhältnis des austretenden, durch Absorption geschwächten Lichtstrahles zum eintretenden unter Ausschaltung des Reflexionsverlustes an.

Zahlentafel 120.

Glastypen für nachstehende Zahlentafel.

Fabr.-Nr.	Typus	Bezeichnung	n_D	ν
3094	O 144	Borosilikatkron	1,5100	64,0
2900	O 2388	Fernrohrkron	1,5254	61,7
2990	O 60	Kalksilikatkron	1,5179	60,2
3046	O 1209	Schwerstes Barytkron	1,6112	57,2
1800	O 722	Barytleichtflint	1,5797	53,8
2572	O 846	,, ...	1,5525	53,0
3111	O 1266	,, ...	1,6042	43,8
3013	O 748	Barytflint	1,6235	39,1
2563	O 919	Gewöhnliches Silikatflint . . .	1,6315	35,7
2625	O 192	Schweres Silikatflint	1,6734	32,0

Zahlentafel 121 (nach Krüß).

Durchlässigkeitsfaktoren K für 100 mm Glasdicke.

Fabr.-Nr.	$\mu\mu$ 480	468	448	425	396	361	347	384
3094	0,95	0,94	0,93	0,94	0,87	0,60	0.29	0,75
2900	0,93	0,91	0,81	0,74	0,82	0,55	0,19	0,63
2990	0,97	0,93	0,92	0,83	0,82	0,60	0,38	0,78
3046	—	—	—	0,70	0,54	0,13	—	0,33
1800	—	—	—	0,67	0,74	0,19	0,02	0,59
2572	0,96	0,94	0,89	0,80	0,88	0,61	0,29	0,72
3111	0,94	0,86	0,79	0,68	0,49	0,02	—	0,23
3013	0,94	0,87	0,79	0,61	0,42	0,01	—	0,18
2563	0,94	0,95	0,83	0,67	0,56	0,01	—	0,22
2625	0,89	0,83	0,63	0,37	0,06	—	—	—

Hohe Ultraviolett-Durchlässigkeit ist besonders für photographische Zwecke erwünscht. Sie ist bei allen möglichst farblosen Borosilikatgläsern weitgehend vorhanden. Ein von Zschimmer besonders günstig zusammengestelltes Borosilikatkron ist das Jenaer Ultraviolett-Kron (vgl. Zahlentafel 119, S. 1407). Auf die Wichtigkeit der durch Wärmevergangenheit konstitutiv veränderten Ultraviolett-Durchlässigkeit wird neuerdings in der Literatur hingewiesen[1]), wobei vor allem auch die Oxydationsstufe der mehrwertigen Elemente von Einfluß ist. Dabei kommt es vor allem auf die Überführung des Eisens in die Oxydulstufe an. Doch ist dabei das durch scharfe Oxydation in der Schmelze erzielte Gleichgewicht Ferri = Ferrooxyd so instabil, daß unter dem Einfluß des Lichtes im festen Glas eine Veränderung im Sinne einer Oxydation vor sich geht, wodurch die gesteigerte Ultraviolett-Durchlässigkeit solcher Gläser nicht nur verloren, sondern sogar noch über das Normale hinaus vermindert werden kann. Hohe Dispersion und Ultraviolett-Durchlässigkeit schalten sich aus physikalischen Gründen natürlich aus. Bei den Photoobjektiven ist für die Ultraviolett-Durchlässigkeit daher der Anteil der stark brechenden, hochdispergierenden Gläser maßgebend. Zahlentafel 122 gibt die Durchlässigkeitsgrenze für einige Photoobjektivtypen an.

Zahlentafel 122.

Durchlässigkeit von Goerzschen Photoobjektiven.

Objektiv	Öffnungsverhältnis	Brennweite in mm	Grenze der Durchlässigkeit bei
Dogmar	1 : 5,5	300	336 $\mu\mu$
Dagor	1 : 6,8	300	338 ,,
Projek. Axiar . . .	1 : 6	300	323 ,,
Kino Hypar	1 : 3	50	327 ,,

Gewöhnliche Brillengläser in 2 mm Dicke pflegen bis 320 $\mu\mu$ durchlässig zu sein. Die äußerste Grenze des Erreichbaren an . Ultraviolett-Durchlässigkeit für Gläser, die nicht reines Quarzglas sind, dürfte 250 mm sein. Für wissenschaftliche Zwecke besonders wichtig sind die Absorptionsgläser geworden, die ultraviolettes Licht möglichst weitgehend durchlassen, das sichtbare Licht dagegen möglichst weitgehend abscheiden. Verschiedene Glaswerke liefern heute solche schwarze, ultraviolettdurchlässige Filtergläser. Ihr hauptfärbender Bestandteil ist Kobalt und Nickel in einem Grundglas von höchster Ultraviolett-Durchlässigkeit.

Ultraviolett-durchlässige Fenstergläser. Gläser mit gesteigerter Ultraviolett-Durchlässigkeit sind neuerdings Gegenstand der technischen und wissenschaftlichen Behandlung in erhöhtem Maße gewesen. Durch alle Arbeiten geht der Hinweis und das daraus folgende Bestreben der Technik, den Eisengehalt, der am meisten für die Ultraviolettabsorption in den üblichen Gläsern verantwortlich zu machen ist, möglichst niedrig zu halten. Dazu kommt, daß das Eisen in der Oxydulform weniger absorbiert als in der Oxydform. Deshalb werden die ultravioletten Gläser meistens unter reduzierenden Bedingungen geschmolzen. Dahin gehört in erster Linie das wohl von Lamplough stammende „Vita-Glas“ der Firma Chance Brothers, das auch anderwärts Nachahmung fand. Die U-V-Durchlässigkeit solcher Gläser geht bei starker Strahlung rasch zurück. Außerdem wird durch Auswahl der Grundzusammensetzung des Glases die Ultraviolett-Durchlässigkeit in einer Reihe von technischen Gläsern gesteigert. Die Literatur über das vorliegende Gebiet ist in der letzten Zeit außerordentlich gewachsen. Wir müssen uns darauf beschränken, unter Verweis auf Band 1, Seite 145, eine Auswahl Arbeiten im wesentlichen dem Titel nach hier aufzuführen:

Dr. Georg Jaeckel, U-V-durchlässiges Flachglas. Glast. Ber. **6** (1928/29) 281.
Tsukamoto, U-V-Durchlässigkeit von geschmolzenem Quarz. Compt. rend. **185**, (1927), 55.
W. W. Coblentz, Neuere Entwicklung des U-V-durchlässigen Fensterglases (mit gutem Lit.-Nachweis! Glass Industry **10**, (1929), 233. — Ref. Glast. Ber. **7** (1929/30), 596.

[1]) F. Eckert, Glas-Industrie **34**, S. 249 (1926). — W. E. S. Turner, Journ. Soc. Glas-Techn., **12**, S. 27 (1928) und Rose, Sprechsaal **62**, S. 314 (1929). — S. English, Glass, **5**, S. 338 (1928).

Derselbe und R. Stair, Über ultraviolette Sonnenstrahlung und die Ermüdungserscheinungen an Fensterglas. Bureau of Standards, Journ. of Research, Paper 113.

C. Dorno, U-V-durchlässiges Glas. Schweizer Zeitschr. f. Gesundheitspflege **8** (1928), 10. Strahlentherapie **33** (1929) 389. Ref. Glast. Ber. **6** (1928/29), 200 u. ausführlicher **7** (1929/30), 534.

A. Rüttenauer, Phys. Untersuchungen an Gläsern erhöhter U-V-Durchlässigkeit. Sprechsaal **61** (1928) 453.

G. Rose, Durchlässigkeit von Glas für U-V-Licht. Sprechsaal **62** (1929), 314.

R. Suhrmann, Beeinflussung der Lichtdurchlässigkeit neuer U-V-durchlässiger Fenstergläser durch Sonnenbestrahlung und Atmosphärilien, Strahlentherapie **31** (1929) 389.

F. E. Lamplough, Eigenschaften und Anwendung des „Vitaglases". Glass **6** (1929) 342.

G. Jaeckel, Celldrahtgewebe (sog. „Cedraglas") im Vergleich mit U-V-durchlässigem Glas. Glast. Ber. **6** (1928/29), 293.

R. H. Christ, U-V-Durchlässigkeit von „Aldur", eines dem Polopas entsprechenden Kondensationsproduktes von Harnstoff mit Formaldehyd. Ind. Eng. Chem. **20** (1928) 1367.

Ch. Fabry u. J. Barot, Methode zur Messung der Brechungindices der Gläser für U-V-Strahlen. Revue d'Optique **7** (1928), 429 — Ref. Glast. Ber. **7** (1929/30), 37.

Die Patentliteratur ist noch nicht sehr übersichtlich, da zur Zeit der Drucklegung dieses Buches wohl eine Anzahl von Patenten sich noch im Erteilungsverfahren befinden. Es sind zu erwähnen:

DRP. 493857 Deutsches Spiegelglas AG. Grünenplan v. 30. 12. 1925, Glas mit hoher U-V-Durchlässigkeit gek. d. Verwendung von Zinnchlorür.

DRP. 524374 Derselbe Erfinder v. 10. 5. 1927, wie vor gek. d. Verwendung von besonderen Reduktionsmitteln.

DRP. 500284 S. A. de St. Gobain v. 31. 5. 1928, wie vor gek. d. reduzierendes Schmelzen mit MnO.

Französ. Patent 618334 Corning Glass Works, Corning U.S.A. vom 4. 6. 1926. Glas mit hoher Ultraviolett-Durchlässigkeit und Verfahren zur Herstellung bestehend in Beschränkung des Eisengehaltes und Anwendung reduzierender Schmelze in verschiedener Art.

Brit. Patent 313728 Chance Brothers Co., Gould, Hamptonn & Martin, West Smethwick vom 6. 6. 1929. Verfahren zur Herstellung von ultraviolett-durchlässigem Glas aus Kieselsäure, Borax und pulvrigem Metall (Zink, Aluminium oder Zinn).

Brit. Patent 320904 Pilkington Brothers, Liverpool & Phelps, London, vom 25. 10. 29. Glas von unveränderlicher Ultraviolett-Durchlässigkeit durch Herstellung von Schmelzen unter oxydierenden Bedingungen bzw. Zusatz von Salpeter usw.

Homogenität.

Das zweite Hauptkennzeichen des optischen Glases ist neben dem bestimmten Werte der Lichtbrechung für die einzelnen Farben die möglichst große Homogenität. Es gibt eine chemische Inhomogenität, die sich in den verschiedenen Arten der Schlieren, d. h. als örtliche Schwankung der Brechungseigenschaften darstellt, und eine physikalische, die durch Doppelbrechung erkennbar ist. Letztere kann durch Kühlung auch noch nachträglich behoben werden.

Chemische Homogenität. Eine bestimmte Zahlengrenze für die Homogenität eines Glases gibt es nicht. Die Qualifikation „gutes Glas" für einen bestimmten optischen Zweck ist an die Unterschreitung eines gewissen Grenzwertes des Gradienten des Brechungsexponenten geknüpft. Wird dieser Gradient gleich null, so ist der Brechungsexponent von Stelle zu Stelle im Glase absolut konstant. Über die Größe dieses Gradienten geben eine Reihe von Messungen Aufschluß, die an einzelnen Schmelzen verschiedener Herkunft und auch an einzelnen Stücken von verschiedenen Autoren gegeben wurden. Es muß betont werden, daß diese Messungen des Brechungsexponenten kaum genauer als bis zur sechsten Dezimale als der ersten unsicheren Stelle ausgeführt worden sind. Die meisten Messungen dürften von geringerer Genauigkeit sein, da dieselben nur mit den allergrößten und den exaktesten existierenden Instrumenten (Sphärometer) ausgeführt werden können. (Über die Methoden vgl. z. B. Kohlrausch, Lehrbuch der praktischen Physik.)

Gifford[1]) findet innerhalb einer Schmelze bei verschiedenen Gelegenheiten (an den „guten" Stücken) eine Schwankung von drei Einheiten der vierten Dezimale des Brechungsexponenten. Zschokke[2]) gibt für Messungen an einzelnen Platten eine Schwankung von n_D von 2—3 Einheiten der vierten Dezimale und als Schwankung bei verschiedenen Platten derselben Schmelze einige Einheiten der dritten Dezimale an. Nach meinen eigenen Messungen schwanken sehr genau bestimmte Schmelzen der Sendlinger Optischen Glaswerke um zwei Einheiten der fünften Dezimale und das stärker empfindliche ν um drei Einheiten der zweiten. Die hier genannten Schwankungen erstrecken sich auf größere Entfernungen von 10—50 cm. Diese Größenordnung derartiger Inhomogenitäten (Kleinheit des Gradienten von n_D) kann natürlich nicht mehr als „Schliere" bezeichnet werden. „Schlieren" nennt man Inhomogenitäten mit so steilem n_D-Gradienten, daß beim Durchblick dem (geübten) Auge optische Verzerrungen sichtbar werden (vgl. a. S. 1458 und 1465).

Demgegenüber weisen Brillengläser Schwankungen des n_D in der Richtung senkrecht zur Oberfläche in der dritten Dezimale schon innerhalb der Strecke von wenigen Millimetern auf. Bei technischen Gläsern schwankt der Brechungsexponent durch die Masse um Einheiten der zweiten Stelle, soweit sich dieses bei der Inhomogenität überhaupt noch feststellen läßt.

Reproduzierbarkeit. Wie schon bei dem Unterschied von Synthese und Zusammensetzung des Glases gemäß Analyse (S. 1399) besprochen wurde, bewirken verschiedene Ursachen eine Veränderung der oxydischen Zusammensetzung während der Herstellung. Die Schmelzeinflüsse (Verdampfen, akzessorische Hafenauflösung, Wärmevergangenheit) können nur empirisch bestimmt werden. Es handelt sich darum, sie durch lange Zeiten hindurch durch peinlichste Überwachung der Ofenführung und Konstanthalten aller einflußreichen Bedingungen in ihrem Einfluß gleichmäßig zu erhalten. Verhältnismäßig leicht dagegen kann man die Fehler durch Einwaage und Gehaltsbestimmung der Oxyde in den Rohstoffen an die äußerste Grenze der Exaktheit heranführen. Es hat sich herausgestellt, daß die Schmelzeinflüsse so konstant gehalten werden können, daß die letztgenannten Fehler durch Einwaage und Berechnung wesentlich ins Gewicht fallen, wenn sie nicht mit größter Sorgfalt ausgeführt werden.

Unter Ausschaltung des letzteren Einflusses durch Verwendung eines Einheitsgemenges wurden von mir bei den Sendlinger Optischen Glaswerken verschiedentlich Schmelzen hintereinander unter möglichst gleichen Bedingungen gemacht, um die Grenze der Reproduzierbarkeit durch Schmelzen festzustellen. Bei einem leichten Barytflint wiesen drei Schmelzen nur eine Schwankung von 7 Einheiten der vierten Dezimale von $n_{,,}$ auf, was für manche optische Zwecke schon hinreichend ist, um eine Ersatzschmelze ohne Rechnung in ein optisches System einbauen zu können[3]).

Physikalische Homogenität (vgl. Bd. I, S. 235ff.). Da mechanischer Druck im Glase Doppelbrechung erzeugt, wonach ein eintretender Lichtstrahl in zwei senkrecht zueinander polarisierte von verschiedener Ablenkung zerlegt wird, so müssen alle Spannungen weitgehend beseitigt sein, damit ein optisches Glas auch physikalisch homogen, d. h. auch isotrop sei.

Es kann hier nicht näher auf die verhältnismäßig komplizierte Theorie der Doppelbrechung eingegangen werden. Wir beschränken uns hier auf Angabe der Untersuchungsmethode und der Größenordnung der zulässigen Spannung.

Zur Untersuchung auf Spannung wird ein Glasstück in möglichst paralleles oder schwach konvergentes polarisiertes Licht gebracht und mit einem Analysator betrachtet. Als Polarisator dient meist eine schwarze Glasplatte, die das unter 57°

[1]) Proc. Roy. Soc. 87, S. 189 (1912).
[2]) Zeitschr. f. Instr. 29, S. 286 (1909).
[3]) Zeitschr. f. techn. Phys. 7, S. 282 (1926).

auffallende natürliche oder künstliche Licht polarisiert reflektiert. Als Analysator verwendet man ein Nikolsches Prisma, manchmal in Verbindung mit einem Okular. Sind die Polarisationsrichtungen vom Polarisator und Analysator gekreuzt, so erscheint das Gesichtsfeld dunkel und ein dazwischen gehaltenes unverspanntes Glasstück ändert nichts an der Helligkeitsverteilung. Sind aber Spannungen vorhanden, so kennzeichnen sich dieselben durch Aufhellung bzw. Auftreten von Farben in dem Maße, wie die Spannung eine geringere oder größere Doppelbrechung im Glase erzeugt. Die Linien gleicher Farben bzw. gleicher Helligkeit zeigen auch die regelmäßige oder unregelmäßige Spannungsverteilung im Glase an.

Optische Rohglasplatten dürfen keinerlei Farbe mehr zeigen, sondern höchstens Reste von schwacher Aufhellung in den äußersten Kanten. Objektivscheiben, senkrecht zur Größenfläche betrachtet, dürfen nur ein schwach regelmäßiges Kreuz aufweisen. Unregelmäßige Verteilung einer auch noch so schwachen Spannung ist stets schädlich (vgl. a. S. 1457).

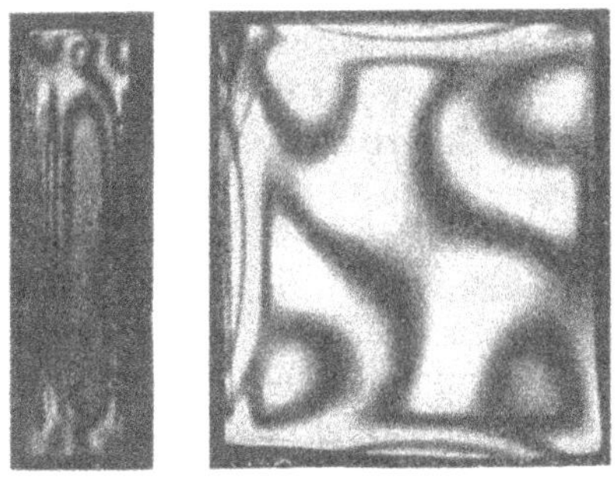

Abb. 1324. Stark u. unregelmäßig verspannte Glasplatte. (Schott & Gen.)

Adams und Williamson definieren ein Glas für optische Zwecke für hinreichend entspannt, wenn in der Mitte der Platte der Gangunterschied kleiner geworden ist als 5 $\mu\mu$/cm. Die Abnahme dieses Gangunterschiedes innerhalb einer bestimmten Zeit um einen gewissen Betrag dient den gleichen Autoren zur Definition des „Ausgleichsbereiches“. Dieser ist der niedrigste Temperaturbereich, bei dem in dieser Zeit die Spannung praktisch noch vollständig verschwindet.

Abb. 1324 zeigt eine ungleichmäßig stark verspannte optische Glasplatte. Abb. 1325 weist kleine scharfe Kreuze von Spannungen auf, die bei der Abkühlung durch die verschiedene Größe der Ausdehnungskoeffizienten zwischen den kleinen entglasten Kugeln und dem eigentlichen Glas in diesem hinterblieben sind.

Abb. 1325. Örtliche Inhomogenitäten (entglaste Kügelchen) verursachen bleibende Spannungen. (Schott & Gen.)

Blasen. Als Inhomogenitäten im physikalischen Sinne muß man auch die im Glase vorhandenen Bläschen bezeichnen. Wir unterscheiden Gasblasen und Vakuumblasen (s. S. 1466). Die Gasbläschen sind die Zeugen einer nicht vollkommenen Läuterung, welche besonders bei alkalifreien Barytkronen bisher technisch nicht vollkommen durchzuführen war. Am blasenfreiesten lassen sich Borosilikatkrone und Flinte schmelzen, auch die leichteren Barytflinte. Besonders die Gläser, welche zu Reflexionsprismen gebraucht werden, verlangen einen hohen Grad von Blasenfreiheit. Diese Prismen werden durch das Okular wie durch eine Lupe betrachtet. Für solche Zwecke verwendet man extra blasenfreie Schmelzen, die ausgesucht werden, und für die sich die Forderung eingebürgert hat, daß sie weniger als 18 sichtbare Bläschen im Kubikdezimeter (Liter) haben sollen.

Widerstandsfähigkeit gegen chemische Einflüsse.

Nach der Art des Angriffes und der Reagenzien unterscheiden wir die Einwirkung von Wasserdampf, von Gasen und Dämpfen anderer Art, von flüssigem Wasser und von Lösungen (sauren und basischen). Für die optischen Gläser interessieren am wesentlichsten die Einflüsse durch Atmosphärilien und durch Berührung von menschlicher Hand. Demgemäß sind die praktisch zu berücksichtigenden Einflüsse vor allem der Wasserdampf der Luft in Verbindung mit Kohlensäure evtl. Schwefliger Säure, der Einfluß von Wasserspritzern (auch Seewasser) und die Fleckenempfindlichkeit gegenüber Berührung mit Handschweiß.

Vorgang des chemischen Angriffes. Unter den genannten Angriffen ist der wesentlichste der des Wassers (vgl. Bd. I, 1. Kap., S. 73 u. 81). Das Charakteristische für den Angriff durch Wasser ist die Wechselwirkung gegenüber Silikaten und Kieselsäure, die im reinen Kieselglas an sich höchste chemische Widerstandsfähigkeit aufweist. Nach Mylius und Förster haben wir uns den Vorgang so vorzustellen, daß flüssiges Wasser über eine Quellung zu hydrolytischer Aufspaltung, vor allem der Alkalisilikate führt. Die Oxyde werden „hydratisiert", d. h. Wasser lagert sich an. In der entstehenden Lauge löst sich wahrscheinlich die Kieselsäure sekundär auf. Bei feuchter Luft geht der Angriff zunächst in ähnlicher Weise vor sich, nur daß die Zersetzungsprodukte durch einen Überschuß von Wasser nicht weggeführt werden, sondern der weiteren Reaktion mit der Kohlensäure der Luft bzw. der Schwefligen Säure ausgesetzt werden. Es entstehen dann in der Quellschicht Karbonate bzw. Sulfate, welche je nach dem weiteren Angriff zu einer sichtbaren Verwitterung führen. Es können sowohl Auskristallisationen stattfinden wie durch Eintrocknen Rissigwerden der Quellschicht.

Makroskopisch-optisch zeigt sich die Verwitterung durch eine allgemeine Trübung (Blindwerden) in ihren höchsten Stadien, wie sie allgemein bei optischen Gläsern nicht vorkommen. Auch Auskristallisationen von Karbonaten in spinnwebartigen Gebilden finden sich bei optischen Gläsern kaum. Die Trübungen, die bei diesen auftreten, werden höchstens bei besonders ungünstigen Umständen, lang andauernde Hitze und sehr feuchte Räume (Schiffsreisen, Tropen) hervorgerufen. Häufiger zeigen sich bei Frontlinsenflächen, die aus hochbasischen Gläsern bestehen, irisierende Oberflächenschichten. Diese Eigenschaft zeigen zuweilen alkalifreie Barytkrone unter besonderen klimatischen Umständen (z. B. in London). Man ist für solche Fälle dazu übergegangen, Frontlinsen aus Borosilikatkron zu verwenden, trotz ihres dabei nicht erreichbaren höchsten Korrekturzustandes des Photoobjektives.

Prüfung. Die Kontrolle der optischen Gläser erstreckt sich demgemäß nur auf die Prüfung ihrer Alkaliabgabe nach der Myliusschen Jod-Eosin-Probe, und zwar wird die natürliche wie die Verwitterungsalkalität bestimmt, obwohl die letztere natürlich die wichtigere ist. Die Prüfungsmethode selbst und die Reaktionen dabei sind in Bd. I, S. 69, ausführlich beschrieben. Da die Myliussche Probe die Menge der von der Flächeneinheit hydrolytisch abgespalteten freien oder gebundenen löslichen Alkalien als Maß der Verwitterungsfähigkeit der Gläser gibt, so erhellt daraus, daß diese Meßmethode alkaliarmen, hochbasischen Glasarten gegenüber sich grundsätzlich anders verhalten muß, wenn der Unterschied zwischen natürlicher und Verwitterungsalkalität gegeben ist. Bei alkaliarmen, hochbasischen Gläsern haben wir meistens eine hervorragende Verwitterungsbeständigkeit, während die natürliche Alkalität unter Umständen, wie bei Antimonflinten, abnorm hohe Werte erreichen kann. Dies kommt daher, daß bei der Bestimmung der natürlichen Alkalität auf den frischen Bruchflächen nicht nur die Alkalien, sondern auch die mehrwertigen Basen mit der Jod-Eosin-Säure reagieren. Das beispielsweise bei schweren Flintgläsern mit in Lösung gegangene

Bleioxyd wird bei dem Wasserüberschuß der „Verwitterung“ wahrscheinlich durch Vermittlung kolloidaler Vorgänge bei der Kieselsäure der Jod-EosinSäure gegenüber unlöslich, so daß diese bei der „Verwitterungsprobe“ nur noch mit dem Alkali reagiert.

Da gerade aber hochbasische, alkaliarme Gläser in der optischen Praxis häufig unangenehme Erscheinungen in der Oberfläche zeigen und irisieren, so ist gerade für diese Gläser eine zweite chemische Prüfung eingeführt worden, welche man als Fleckenempfindlichkeitsprüfung bezeichnet. Zschimmer, der diese Probe eingeführt hat, nennt sie Essigprobe, weil er als Reagenz eine dem Schweiß ähnliche Lösung von 0,5% konzentrierter Essigsäure mit 0,05% Glyzerin in Wasser als Reagenz eingeführt hat. Ein Tropfen dieser Lösung wird auf eine hochpolierte Fläche des zu prüfenden Glases gebracht, nach ca. 24stündiger Einwirkung abgewaschen und getrocknet, worauf ein charakteristischer dunkler bis brauner Fleck mit verschiedenen Randbildungen zurückbleibt. Als besonders empfindlich gegen solche Flecke erwiesen sich außer den obengenannten alkaliarmen, hochbasischen Gläsern auch gewisse sehr borsäurereiche.

W. Tepohl[1]) gibt eine quantitative Methode an, um die Fleckenempfindlichkeit von Gläsern festzulegen. Er benützt eine *n*/10 Salzsäure, die teilweise durch die Reaktion mit dem benützten Glaspulver neutralisiert wird. Der Rest wird zurückbestimmt (Bd. I, S. 72). Da dieser Methode noch einige Bedenken entgegenstehen, so wurde die quantitative Bestimmung der Fleckenempfindlichkeit von Heinrichs und Tepohl[2]) und von Heinrichs[3]) weiter ausgebildet. Der letztere beschreibt sie folgendermaßen: 1 cm^3 des Glases von bestimmter Korngröße und berechneter Oberfläche wird mit 20 cm^3 einer 0,5proz. Essigsäure in einem 100-cm^3-Kolben aus bestem Geräteglas eine Stunde im kochenden Wasserbade behandelt, unter ganz bestimmt festgelegten Arbeitsbedingungen. Danach wird nach Abkühlung der Glasgries abfiltriert und im Filtrat die Menge des in Lösung gegangenen „typischen“ Oxydes bestimmt. Unter „typischen“ Oxyden versteht Heinrichs die nicht alkalischen zwei- oder mehrwertigen Basen (jedoch nicht Tonerde, die gemäß ihrem Verhalten bei der Fleckenempfindlichkeit dem Säurebestandteil des Glases zuzuzählen ist). Als Klasseneinteilung werden fünf Klassen vorgeschlagen, welche nach dem unter den festgelegten Arbeitsbedingungen in mg gelösten typischen Oxyd eingeteilt wird, und zwar

0— 3	mg	gelösten	„typischen	Oxydes“	in	die	Klasse	I,
3—10	„	„	„	„	„	„	„	II,
10—15	„	„	„	„	„	„	„	III,
15—30	„	„	„	„	„	„	„	IV,
über 30	„	„	„	„	„	„	„	V.

Klasse I ist völlig fleckenunempfindlich und enthält die Gläser mit relativ hohem Kieselsäuregehalt.

Klasse II ist bereits empfindlich gegenüber dem Angriff starker Säuren, praktisch aber noch nicht als fleckenempfindlich zu bezeichnen. Hierzu gehören die mittelschweren Bleigläser, einige Barytflinte und Barytkrone.

Klasse III ist die niedrigste Stufe der „Fleckenempfindlichkeit“. Ihr gehören Fernrohrflinte und einige schwere Flinte und einige schwere Barytkrone an.

In Klasse IV fallen die schweren Flintgläser mit 60% PbO Gehalt und darüber und die meist schweren Barytkrone.

Zur höchsten Klasse gehören die schwersten Barytkrone mit hohem Borsäuregehalt, reine Bleisilikatgläser und vor allem die nicht mehr gebräuchlichen Boratflinte.

[1]) Glastechn. Ber. **1**, S. 97 (1923); vgl. auch Zschimmer, Zeitschr. f. Instr. **23**, S. 55 (1903).
[2]) Glastechn. Ber. **3**, S. 213 (1925).
[3]) Zeitschr. f. Instr. **46**, S. 424 (1926).

Diese beiden Methoden ergänzen sich bei der Beurteilung der optischen Gläser, indem die Fleckenempfindlichkeitsprobe für die hochbasischen und hochborsäurehaltigen Gläser den richtigen Maßstab der Praxis gegenüber zeigt, während für die große Menge der alkalihaltigen, kieselsäurereichen Gläser die Verwitterungsbestimmung mit der Jod-Eosin-Probe nach Mylius die klassische Methode bleibt. Es sei nochmals darauf hingewiesen, daß die Berücksichtigung zwischen natürlicher und Verwitterungsalkalität auch ein gewisses Maß für die Eigenschaften gibt, welche in der Fleckenempfindlichkeitsprobe zutage treten.

Haltbarkeit und Zusammensetzung. Die hochbrechenden und hochdispergierenden Gläser verlangen einen derartigen Gehalt an schweren Basen, daß man die damit verbundenen Eigenschaften der Säureempfindlichkeit (Fleckenempfindlichkeit) ziemlich widerstandslos in Kauf nehmen muß. Die leichte Schmelzbarkeit hochbasischer Gläser gestattet dafür allerdings den Alkaligehalt sehr niedrig zu halten oder ganz zu unterdrücken. In neuerer Zeit hat sich Heinrichs bemüht, durch Untersuchung des Einflusses der einzelnen Oxyde bzw. ihrer Verbindungen im Glase auch der Säurelöslichkeit, Verbesserungsmöglichkeiten für diese Gläser zu finden. Ich möchte an dieser Stelle darauf hinweisen, daß gerade auf Grund der Erkenntnis, daß das Glas teilweise aus einer Reihe komplizierter Verbindungen zusammengesetzt ist, diese Löslichkeitsprüfungen von ganz besonderer Bedeutung geworden sind, weil sie gewisse konstitutive Unterschiede aufdecken. Nach Heinrichs erhält man bei den Flintgläsern, die in ihrer Zusammensetzung den Bleiglasregeln von Keppeler und Zschimmer folgen, eine Menge des herauslösbaren Anteils Bleioxyd, welche dem Prozentgehalt desselben im Glas proportional ist. Bei Bleigläsern, die nach anderen molekularen Verhältnissen von Kieselsäure, Bleioxyd und Alkalioxyd zusammengesetzt sind, erhält er eine Fleckenempfindlichkeit, die nicht nur vom absoluten Wert des Bleigehaltes, sondern auch von der übrigen Zusammensetzung des Glases stark beeinflußt wird, d. h. die Fleckenempfindlichkeit steigt und fällt umgekehrt proportional dem Kieselsäuregehalt. Die Einführung von Borsäure steigert die Fleckenempfindlichkeit äußerst stark, sowohl bei Blei- wie bei Bariumgläsern. Besonders günstig verhält sich dagegen die Tonerde. Weitere Untersuchung der Fleckempfindlichkeit von Bleigläsern: Karmaus, Sprechsaal **59** (1926), 725.

Bei der Verwitterungsalkalität spielt die Borsäure jedoch eine andere Rolle, sofern sie unter gewissen Prozentsätzen bleibt, die bei üblichen Gläsern mehr in der Gegend von 10—15% B_2O_3 liegen. Alkali-Kalk-Gläser werden in ihrer hydrolytischen Klasse durch steigende Einführung von Borsäure sukzessive verbessert. (Weiteres über Verwitterung, Auslaugbarkeit und sonstiges chemisches Verhalten der Gläser, vgl. Bd. I, Kap. 1, S. 62—109.

Mechanische und thermische Eigenschaften.

Außer den vorgenannten optischen und chemischen Eigenschaften interessieren bei den optischen Gläsern in zweiter Linie noch die Dichte und deren Änderung mit der Temperatur (Wärmeausdehnung) sowie Schleif- und Ritzhärte. Es muß hier auf die ausführliche Darstellung von Hovestadt und Eckert verwiesen werden.

In einer Zahlentafel über Schleifhärten von optischen Gläsern finden sich relative Zahlen (Bd. I, S. 115).

Werte für Dichte, Wärmeausdehnung, Erweichungspunkt (und Verwitterungsalkalität) finden sich für die optischen Typen des Jenaer Glaswerks Schott & Gen. in dessen Katalog Nr. 2047, Januar 1923, für die Optik, aus welchem auszugweise Teile in Zahlentafel 2 wiedergegeben sind.

Viskosität. Die Frage der Zähigkeit des Glases im Schmelzfluß interessiert auch beim optischen Glas wegen der Anforderungen des Rührprozesses, obwohl es nicht wie das Glas im plastischen Zustande verarbeitet zu werden braucht. Der Rührprozeß an sich gestattet durch elektrische Messung der aufgewendeten Arbeit eine weit größere Genauigkeit der Viskositätsmessung, als dies bei kleinen Ausmaßen im Laboratorium bei der relativ größeren Inhomogenität solch kleiner Tiegelschmelzen möglich ist. Die erste größere Arbeit über die Viskosität stammt von E. W. Washburn und seinen Mitarbeitern[1]).

Literatur.

Hovestadt, Jenaer Glas, Jena 1900.

E. Zschimmer, Artikel Glas im Handbuch der Mineralchemie von Doelter, **1**, S. 855—918; Dresden-Leipzig 1912.

F. Eckert, Die physikalischen Eigenschaften der Gläser. Jahrb. d. Rad. u. Elekr. **20**, S. 93—275 (1923).

Williams, The Manufacture of Optical Glass and of optical Systems.

F. H. Zschacke, Glas, Leipzig 1930.

H. Thiene, Glas, Jena 1931.

2. Rohstoffe und Gemenge.

Allgemeines über Rohstoffe. Mit Ausnahme von einigen seltener gebrauchten, sind die Rohstoffe für die Herstellung der optischen Gläser die gleichen wie die sonst in der Glasindustrie gebräuchlichen. Daher erübrigt sich hier die Beschreibung der Rohstoffe und ihrer Prüfungsmethoden, soweit dieselben im Bd. I, Kap. 2, 1. Teil, ausführlich mitgeteilt sind. Für die optische Industrie werden im wesentlichen nur höhere Ansprüche an Reinheit gestellt, worauf wir hier näher eingehen wollen.

Als „verunreinigende" Bestandteile kann man unterscheiden:

färbende (vor allem Eisen),
teilweise flüchtige (Chloride usw.),
trübende (Sulfate, Chloride),
vollständig glasbildende (Nebenbestandteile).

Die letzteren sind ungefährlich und müssen nur wegen der optischen Lage in Rechnung gestellt werden, wie z. B. ein Tonerdegehalt des Sandes.

Als trübende Bestandteile werden von Fenner und Ferguson[2]) Sulfate und Chloride, vorzugsweise in Pottasche, erwähnt. Bei der Herstellung von optischen Gläsern in Deutschland wurden keine derartigen Erscheinungen bisher beobachtet.

Unangenehm sind die teilweise flüchtigen Bestandteile, weil sie die optische Lage in unbestimmter Weise beeinflussen. Sie müssen daher, z. B. die Chloride in ihrer Gesamtheit, möglichst unter 0,2—0,3% gehalten werden.

Wesentlich ist für alle Bestandteile der Eisengehalt, berechnet als Fe_2O_3. Er muß auf das genaueste bei jedem Rohstoff ermittelt werden und für das resultierende Glas im Satz als Summe der einzelnen Anteile errechnet werden. Diese Summe darf 0,02% Fe_2O_3 nicht überschreiten. Bei erstklassigen Gläsern muß die im Rohmaterial eingebrachte Gesamteisenmenge unter 0,01% bleiben. Die Wirksamkeit so reiner Materialien setzt jedoch voraus, daß die Hafenauflösung an sich gering und, da sie aber nicht ganz zu vermeiden ist, der Eisengehalt des Hafentones klein

---

[1]) E. W. Washburn, George R. Shelton, Earl E. Libman, „The Viscosities of the Soda-Lime-Silica-Glasses at high Temperatures." University of Illinois Bulletin, Nr. 140, April 1924. Vgl. S. English, J. Soc. Glass Techn. **7**, S. 25 (1923); **8**, S. 205 (1924); **10**, S. 52 (1926). — H. V. Stott, B. Irvine and D. Turner, Proc. Roy. Soc. Lond. A. **108**, S. 154 (1925) u. a. m.

[2]) Journ. Am. Ceram. Soc. I (1918), 468.

ist. Da manche Tone bis zu 2,5% Fe_2O_3 enthalten und die Hafenauflösung bei manchen Gläsern (z. B. Barytkron) bis zu 1% betragen kann, so kann die akzessorische Eisenmenge aus Hafenauflösung bis zu 0,02% betragen. Es erhellt hieraus, daß die Benützung möglichst eisenfreier Tone für die Hafenherstellung erwünscht ist.

Für weniger stark angreifende Kron- und Flintgläser beträgt die durchschnittliche Hafenauflösung 0,6%, so daß bei Benützung weitgehend eisenfreier Schiefertone als Magerungsmittel bei einem mittleren Eisengehalt des gebrannten Hafens von 1,7% Fe_2O_3 etwa 0,01% Fe_2O_3 dadurch in die Glasmasse pro Gewichtseinheit gelangen können. Es ist dabei zu berücksichtigen, daß die schwersten Flintgläser entsprechend ihrem hohen spezifischen Gewicht einerseits, und entsprechend ihrer größeren Empfindlichkeit anderseits, besonders sorgfältiger Maßnahmen in bezug auf Eisenfreiheit bedürfen. (Das höhere spezifische Gewicht bedingt an sich eine höhere Volumenkonzentration bei gleichem Gewichtsprozentgehalt.) Von geringem Einfluß ist dagegen der Eisengehalt des Sandes bei den schweren Barytkronen, da ja der Sandgehalt einerseits nur 30—40% beträgt und im übrigen durch die 2—3fache Hafenauflösung gegenüber den Krongläsern die überwiegende Menge des Eisens aus dem Hafen stammt.

Bei den meisten optischen Gläsern kommt es aber doch im wesentlichen auf den Eisengehalt des Sandes an, entsprechend dem hohen Prozentsatz, der davon im Gemengesatz enthalten ist. Nur bei den schweren Flintgläsern ist auf die Eisenfreiheit der Mennige ein ebenso hohes Gewicht zu legen. Die übrigen Rohmaterialien sind teils leicht in hinreichender Eisenfreiheit zu bekommen, teils gehen sie nur zu geringen Prozentsätzen in das Glas ein.

Die einzelnen Rohstoffe.

Kieselsäure. Für optisches Glas kommen fast nur tertiäre Quarzsande, und zwar im mehrfach gewaschenen und getrockneten Zustande in den Gebrauch. Diese Sande sollen mindestens einen SiO_2-Gehalt von 99,8% haben und sollen nicht über 0,012% Fe_2O_3, auf keinen Fall über 0,02% Fe_2O_3 haben. Al_2O_3 kann bei diesen Sanden vernachlässigt werden, da meist unter 0,05%. Evtl. wird sie der optischen Lage halber in den SiO_2-Gehalt mit eingerechnet.

Der Gehalt an TiO_2 ist bei den bekannten optischen Sanden belanglos. Eine Intensivierung der Eisenfärbung tritt nur ein, wenn der TiO_2-Gehalt mindestens das Vierfache des Eisengehaltes beträgt. Das Eisen wird meist im Flußsäureaufschluß (Blindprobe!) und kolorimetrisch mit Kalium- oder Ammonium-Rhodanit im Vergleich mit einer Standardlösung bestimmt werden[1]). Die TiO_2-Bestimmung ist als laufende Betriebsbestimmung unnötig.

Die Körnung darf nicht über 0,5 mm betragen. Besser arbeitet man mit Sand, der in einer eisenfrei ausgefütterten Trommel- oder Rohrmühle gemahlen ist. Mit großem Erfolg wurde in einem optischen Glaswerk Quarzmehl angewandt, das zu 99% durch das 5000-Maschen-Sieb geht, und dessen Schlämmanalyse (bei ca. 40 cm Fallhöhe in Wasser) etwa je $\frac{1}{3}$ in der 3-Minuten- und in der 15-Minuten-Ausfällung ergibt. Der Rest bleibt nach 15 Minuten suspendiert. Läuterungsschwierigkeiten, wie sie Mac Swinney (Glass. Ind. **6**, S. 211 [1927]) theoretisch erörtert hat, haben sich mit solchem Quarzmehl nie ergeben. Dagegen scheint, wie unten beschrieben, die Methode des schnellen, seigerungsfreien Niederschmelzens vom Gebrauch gemahlenen Quarzsandes abhängig.

Die für optisches Glas nötigen bzw. erwünschten höchsten Reinheitsgrade von Glassanden sind nur erhältlich von Werken, die bei ihrem Abbau planvoll und unter chemischer Kontrolle der abzubauenden Schichten vorgehen. Nur wenn die verschiedene Eisenfreiheit der verschieden abgelagerten Schichten ausgenützt und das Produkt bei Waschung und Lagerung sorgfältig getrennt gehalten wird, ist es möglich, die obengenannten reinen Sande zu erhalten. Bei einem derartigen Abbau werden sich allerdings eine Reihe von Sandvorkommen finden lassen, die für optische Glassande ausbeutbar sind (vgl. a. H. Heinrichs, Glastechn. Ber. **5**, (1927), S. 49).

---

[1]) Genauer dürfte die elektrometrische Titration nach dem Aufschluß sein, wie sie Ferguson und Hostetter beschreiben (Journ. Am. Cer. Soc. **2**, S. 608 [1919]).

Borsäure. Als handelsübliche Borsäure (Orthoborsäure) oder soweit der Na_2O-Gehalt des Glases es zuläßt, besser als Borax.

Die natürlichen Vorkommen als Bornatronkalzite und vor allem als Borkalk (Herkunft vorwiegend aus Kalifornien als Colemanit und aus Kleinasien als Pandermit) sind von ziemlich wechselnder Zusammensetzung. Sie enthalten zuweilen aber so wenig Eisen, daß man sie auch direkt für optische Gläser verwenden kann, falls das betr. Glas hinreichend Kalk aufweist, was allerdings bei den wenigsten optischen Gläsern der Fall ist. Man tut auf alle Fälle besser, den Borkalk durch Aufschluß mit Soda und Bikarbonatlösung in Borax überzuführen. Eine spezielle Zusammensetzung eines Borkalkes von Sultan Tschair, Kleinasien (Pandermit) ist folgende:

46,83 %	B_2O_3
31,75 %	CaO
0,41 %	MgO
17,34 %	H_2O
1,91 %	SiO_2
0,28 %	Al_2O_3
0,023%	Fe_2O_3
nicht nachweisbar	Na_2O
1,46 %	SO_3
Spur	CO_2
„	Cl_2.

Bei Gemengen, die B_2O_3 als Borsäure enthalten, ist die Einwirkung von Wasserdampf beim Schmelzen, also vor allem Gemengefeuchtigkeit und Kristallwasser der Rohmaterialien zu vermeiden, damit möglichst wenig flüchtig geht. Trotzdem rechnet man mit 5—8% Verlust, bezogen auf den B_2O_3-Gehalt vom synthetischen Satz zum Glas. Die Schwankung ist abhängig je nach Einführung als Borax oder Borsäure, von der Einschmelztemperatur und -dauer, von der Glasart (d. h. den übrigen Gemengebestandteilen) und von den Feuchtigkeitseinflüssen. Sie ist auch im Einzelfalle nur ungefähr vorauszubestimmen. Es wäre günstig, die durch Erhitzen gewonnene wasserärmere Tetraborsäure $H_2B_4O_7$ zu benutzen, doch bereitet die Mahlung dieses harten Produktes Unannehmlichkeiten.

Phosphorsäure, nur gebraucht für Phosphatkrone (für Mikroobjektive). Bei barythaltigen Gläsern kann sie als tertiäres Bariumphosphat eingeführt werden. Falls der Satz aber barytfrei ist, kann man die Säure als Orthophosphorsäure (H_3PO_4), und zwar dann als wässerige konzentrierte Lösung mit dem übrigen Gemenge vermischen. Die hygroskopischen Eigenschaften der Kristalle bzw. der sirupähnliche Charakter der frischen Phosphorsäure bei Zimmertemperatur lassen eine andere Art der Mischung nicht zu. Der Gemengebrei ist vor dem Einlegen zweckmäßig gut zu trocknen.

Tonerde. Für optisches Glas kommen als Rohstoffe Tonerdehydrat und Kaolin in Frage. Das Hydrat ist handelsüblich in großer Reinheit zu beziehen, muß aber häufig sorgfältig gesiebt werden. Ältere Ware kann einen merklichen Gehalt an Oxyd aufweisen, das äußerst schwer löslich ist und besonders bei alkalifreien Barytkronen zu Blasen Veranlassung geben kann. Tonerdehydrat hat einen um einige Prozent wechselnden Wassergehalt, worauf bei der Gemengeberechnung besondere Rücksicht genommen werden muß. Auch können an unschädlichen Beimischungen SiO_2, Al_2O_3 und CaO enthalten sein. Wegen seiner guten Schmelzeigenschaften wäre an sich die Einführung der Tonerde durch Kaolin vorzuziehen, jedoch sind zwei Eigenschaften unangenehm, nämlich die Gefahr des Zusammenballens des plastischen Materials bei der geringsten Feuchtigkeit, was wiederum leicht zur Gemengesteinbildung führt, und zweitens der verhältnismäßig hohe Eisengehalt. Kaolin pflegt mindestens 0,2 bis 1,0% Fe_2O_3 zu enthalten.

Alkalien. Der größte Anteil der Alkalien wird als Karbonat eingeführt. Im optischen Glas führt man die Pottasche meist kalziniert ein und sorgt durch geeignete trockene, abgeschlossene Lagerung und dauernde Bestimmung des Gemengefaktors für die genaue Einhaltung des verlangten K_2O-Gehaltes. Hydratpottasche gewährt für optische Gläser keinen besonderen Vorteil und hat den Nachteil des höheren

Wassergehaltes. Bei der in Deutschland erhältlichen Mineralpottasche sind folgende Reinheitbedingungen leicht einzuhalten: Gehalt an K_2CO_3 97—98%, Na_2CO_3 unter 0,1%, KCl möglichst unter 0,5%, keinesfalls über 1,2%, K_2SO_4 unter 0,1%, Fe_2O_3 unter 0,02%.

Über Soda für optisches Glas ist nichts besonderes zu bemerken. Es ist erwünscht, Soda zu verwenden, die möglichst wenig staubt, um nicht mit partiellen Gemengeverlusten beim Einlegen und Mischen sowie mit der Belästigung beim Mischen rechnen zu müssen. Es kommt weniger auf das Raumgewicht (schwere Soda, leichte Soda) als vielmehr auf die Härte der Kalzinierung und Entfernung des feinsten Staubes an. Die Härte der Kalzinierung ist notwendig, damit bei dem Transport und Mischen keine Selbstmahlung eintritt, die Feinstaub liefert. Diese Eigenschaften finden sich natürlich eher bei einer schweren Soda, aber das hohe Raumgewicht allein bildet keine Gewähr für dieselben. Es ist unbedingt Ammoniak-(Solvay-)Soda vorzuziehen wegen ihrer größeren Freiheit von Sulfaten und Chloriden. Der Eisengehalt soll 0,002% Fe_2O_3 nicht überschreiten. Die trockene Soda soll mindestens 99% Na_2CO_3 enthalten (vgl. a. F. H. Zschacke, Sprechsaal **60,** S. 34 [1927]).

Die Einführung von Natron als Sulfat ist beim optischen Glas nicht gebräuchlich, vor allem weil es das Eisen in der niederen vorhandenen Oxydationsstufe erhält und dem Glas einen blaugrünen Stich verleiht. In vielen Fällen ist Sulfat wegen des reduzierenden Schmelzens des Satzes überhaupt nicht verwendbar. Dagegen wird bei einigen Gläsern Na_2O mit einigen Zehntel Prozent Sulfat für Läuterungszwecke eingeführt.

Salpeter. Natronsalpeter wird wegen seiner hygroskopischen Eigenschaften und seiner damit verbundenen schlechten Mischbarkeit nicht verwendet. Dagegen enthält fast jedes optische Glas, soweit es überhaupt Alkali hat, einige Prozent Kali als Salpeter; hauptsächlich zum Zwecke der guten Läuterung in Wechselwirkung mit einem Arsengehalt von einigen Zehntel Prozent. Hervorragend reines Kaliumnitrat, 99,8proz., ist als raffinierter Kalisalpeter ohne weiteres im Handel erhältlich.

Kalziumoxyd. Als Ausgangsprodukt kommt nur kohlensaurer Kalk, durch Mahlung aus reinstem Kalkstein oder Kreide hergestellt, zur Anwendung. Eine nicht zu feine Körnung, stets jedoch über 1 mm, ist für die Leichtigkeit des Läuterns zuweilen von Vorteil. Kommen ausgesuchte Kalkspatstücke zur Vermahlung, so ist es möglich, ein fast eisenfreies Produkt herzustellen. Doch genügen meist eine Reihe von sehr reinen Kalksteinen (vgl. Bd. I, S. 170) mit einem Fe_2O_3-Gehalt unter 0,05%.

Magnesiumoxyd, als Oxyd oder als Karbonat eingeführt, kommt bei optischen Gläsern kaum vor. Man zieht die gebrannte Magnesia (Magnesia usta) dem außerordentlich voluminösen Magnesiumkarbonat vor.

Bariumoxyd. Die Rohstoffe hiefür sind das Karbonat und das Nitrat. Als Bariumkarbonat wird für optische Gläser fast nur das künstlich gefällte Produkt verwendet, da der Witherit zu eisenhaltig ist. Das gefällte Bariumkarbonat hat den Nachteil, daß es in einem sehr feinen Zustand vorliegt. Es neigt daher leicht zu Zusammenballungen. Man muß unbedingt sehen, eine möglichst grobe Körnung zu bekommen, da diese wesentlich ist für die günstige Läuterung der Barytgläser. Die Zusammenballungen muß man möglichst dadurch vermeiden, daß man die Mischung zunächst mit Sand vornimmt („Magerungsmittel"). Als chemisches Produkt ist das Bariumkarbonat hinreichend rein und leicht erhältlich. Handelsübliches Bariumkarbonat enthält in Deutschland weniger als 0,01% Fe_2O_3. Im übrigen soll es mindestens 98% bariumkarbonathaltig sein.

Ebenso ist Bariumsalpeter leicht hinreichend rein zu erhalten. Er wird ebenso wie Kalisalpeter in alkalifreien Barytgläsern angewandt, jedoch häufig in größeren Mengen als dieser. Auch das Bariumchlorid findet Verwendung, da es weniger flüchtig ist als die Alkalichloride und sich dabei leichter umsetzt.

Zinkoxyd. Bei Zinkoxyd sind eine Reihe sehr verschieden reiner Produkte im Handel. Für optische Zwecke kommt nur das allerreinste in Frage. Besonders unangenehm beim Zinkoxyd sind die Eigenschaften (wie beim Bariumkarbonat) durch seine feinste Korngröße zu Zusammenballungen zu neigen, was beim Zinkoxyd wegen seines höheren Kristallisationsvermögens in bezug auf Gemengesteine gefährlicher ist. Also auch zunächst mit Sand allein vermischen! Wichtig ist die Reinheit von Sulfaten, insbesondere von Bleisulfat.

Bleioxyd wird ausschließlich durch Mennige eingeführt. Auch bei Mennige ist es sehr schwer, bei der Menge der angebotenen Handelsware, die nur von ganz wenigen Fabriken in hinreichender Reinheit gelieferten Produkte herauszusuchen. Die Gefahr einer höheren Eisenverunreinigung ist ganz besonders groß. Die Farbe des Produktes gibt an sich keinerlei Anhalt. Bei der Bestimmung des Eisen-, Blei- und Antimongehaltes sind besondere Vorsichtsmaßregeln zu beachten. Außer Eisenoxyd finden sich als gefährliche Verunreinigungen vor allem noch Kupferoxyd oder auch Antimon oder Wismut. Der Eisen- und Kupferoxydgehalt muß unbedingt unter 0,02% liegen, wenn man für schwere Flinte allerbeste Farblosigkeit erzielen will. In anderer Weise als durch Mennige das Blei in optisches Glas einzuführen, ist zwecklos[1]).

Antimon. Dieser seltenere Glasbestandteil für optische Spezialgläser bedarf einer ganz besonders großen Eisenfreiheit, da sonst leicht erhebliche Gelbfärbungen des Glases auftreten. Insbesondere muß auf den Gehalt an Schwefel und metallischem Sb geachtet werden, auch Selengehalt findet sich. Es sind auch hier äußerst unterschiedliche Produkte im Handel.

Arsen wird als Arsenik As_2O_3 zum Zwecke der Regulierung der Oxydation bei höheren Temperaturen und zur Läuterung im Verein mit Salpeter in geringen Mengen von einigen Zehntel Prozent ins Glas gegeben. Bei mittleren Temperaturen findet eine Oxydation in As_2O_5 oder zu arsensauren Salzen statt, während bei höheren Temperaturen Sauerstoffabgabe (daher läuternd und farbverbessernd) und teilweise Verflüchtigung stattfindet.

Fluor kann man als Kaliumhydrofluorid HKF_2 oder durch das beständigere Aluminiumfluorid einführen. Man verwendet für diese Gläser selbstverständlich gereinigte Produkte. In das fertige Glas geht trotz sorgfältigster Behandlung beim Einschmelzen wegen der Verflüchtigung als Fluorwasserstoff bzw. Siliziumfluorid nur ein Bruchteil des angewandten Fluors ein. Man muß mit einem Gesamtverlust von 20—30% des eingeführten Fluorgehaltes im Glas rechnen.

Gemengebereitung.

Für die Gemengekammer sind die wichtigsten Forderungen: günstigste Aufbewahrung der Rohstoffe, größte Reinlichkeit und beste Vermischung der Gemengebestandteile, ängstliches Fernhalten alles Eisens.

Zur Aufbewahrung der Rohstoffe nimmt man am besten mäßig große, mit Zinkblech ausgeschlagene Holzkästen, die mit gutschließenden Deckeln versehen sind. Es hat für optisches Glas keinen Zweck, allzu große Silos zu verwenden, da es wichtig ist, von allen Rohstoffen eine bestimmte Menge mit genau berechnetem Gemengefaktor zu halten, und bei solchen, die Wasser anziehen oder sich an der Luft verändern, für genaue Gehaltsbestimmung den ganzen Vorrat durchmischen zu können. Das Siloprinzip erschwert durch die Art der Zugabe von neuem Material die mechanische Durchmischung des alten und neuen Materials und verlangt außerdem im Falle veränderlicher Rohstoffe eine allzuhäufige Bestimmung des Gemengefaktors. Nur Sand läßt sich mit Vorteil bunkern.

Das Auswiegen der einzelnen Bestandteile geschieht unter größtmöglichster Kontrolle und mit möglichster Genauigkeit. Die Tarierung des Abwägegefäßes muß häufig kontrolliert werden. Eine Kontrollstempelwaage ist zweckmäßig, macht jedoch die menschliche Kontrolle nicht überflüssig und schützt nicht vollständig vor Fehlern. Automatische Wiegeeinrichtungen sind natürlich für den Gebrauch des optischen Glases nicht anwendbar. Die abgewogenen einzelnen Mengen werden in einem Mischtrog zusammengegeben und dort vor dem Einsetzen in die Mischtrommel

---

[1]) Über Reinheitsbestimmung der Mennige vgl. H. Heinrichs, Glastechn. Ber. 5, S. 381 (1927) und 5, S. 505 (1927). — Springer, ebenda 6, 186 (1928/1929).

wiederholt durchgekrückt oder durchgeschaufelt. Falls für die Reihenfolge der Mischung besondere Vorschriften gegeben sind, kann auch das Gemenge in verschiedenen Gruppen einzeln in die Mischeinrichtung gegeben werden.

Gewisse Bestandteile, die zum Zusammenballen neigen, müssen direkt vor dem Einwiegen nochmals durch ein möglichst feines Sieb getrieben werden.

An Schaufeln und Gefäßen sind Eisenteile jeglicher Art zu vermeiden. Dieselben müssen verzinkt sein, soweit nicht Holz der günstigere Baustoff ist. Die Mischung erfolgt selbstverständlich maschinell.

Die Anforderungen, die die sorgfältige Einzelmischung ständig wechselnder Gemenge des optischen Betriebes stellen, sind nicht unwesentlich verschieden von den Ansprüchen an homogene Mischung des Gemenges bei Großbetrieben mit fortlaufend gleicher Gemengezusammensetzung. Da die Gemengesätze vielfach wechseln, dürfen beim optischen Glas vor allem keine Klebreste an den Wänden des Mischers hängen bleiben, was eine Verarmung an einem spezifischen Rohstoff bedeuten würde. Das Gemenge muß also peinlich trocken und die Wände und Schaufelflächen möglichst glatt sein. Poliertes Zinkblech ist zu bevorzugen. In dieser Richtung hat ein Mischer mit beweglichen Schaufeln vor einem Drehmischer mit feststehenden keine grundsätzlichen Vorzüge. Während bei ersterem System zwischen Schaufeln und Wänden stets ein, wenn auch noch so kleiner unbestrichener Raum bleibt, so steht bei letzterem zum Entfernen etwa anklebender Gemengereste nur die Schwerkraft zur Verfügung.

Eine Gefahr des Entmischens gibt es während des Mischvorganges selbst in einer einigermaßen wirksamen Mischvorrichtung nicht. Gegenteilige Angaben in der Literatur beruhen auf einer falschen Anwendung der Methode der Statistik durch eine ungenügende Anzahl von Probeentnahmen während der ersten Zeit des Mischvorganges bis zur Erreichung des Grenzwertes der möglichen Homogenität für die betr. Mischmaschinen (vgl. a. F. H. Zschacke, Sprechsaal 61, S. 312, 1928); Beim optischen Glas ist es unbedingt nötig, sich diesem Grenzwert durch reichliche, ja überlange Mischdauer möglichst zu nähern. Eine gute Mischung wird unterstützt durch mäßige Füllung der Maschine, die im allgemeinen ein Drittel des zur Verfügung stehenden Volumens nicht überschreiten soll. Die Mischdauer für ein Gemenge von 300—400 l bewegt sich zwischen 20—40 Minuten.

Brauchbare Mischer für optisches Glas sind u. a. die Mischer mit umlaufenden Schaufelsystemen von Eirich, der auch Vorrichtungen gegen ballendes Gemenge hat, ferner die Schaufelmischer von Werner & Pfleiderer, der Doppeltrogmischer mit horizontalen Achsen von Gauhe, Gockel & Cie., schließlich auch die Doppelkegelmischer mit feststehender Schaufel von Drais-Smith u. a. m. (Siehe auch Bd. I, S. 205—208).

Eine greifbare Entmischungsgefahr besteht beim Entleeren der Mischer, wenn größere Fallhöhen vorkommen und bei Rüttelbewegungen des stehenden Gemenges, vor allem beim Transport.

Eine weitere Gefahr könnte in einer Zusammenballung von Barium- und Zinkoxyd bestehen. Gute Trockenheit des Gemenges ist deshalb hierbei besondere Vorbedingung, besser „magert“ man diese Stoffe vor durch eine Vormischung von Hand mit Sand und „Einsieben“ des fraglichen Stoffes. Es ist selbstverständlich, daß das für einen Hafen bestimmte Gemenge in einer Portion in der Maschine gemischt wird. Falls die normale Maschine bei besonders voluminösem Charakter nicht zureicht, kann das Gemenge auch im Notfall aus zwei vollkommen gleichen Teilen Gemenge zusammengesetzt werden. Ein Durchkrücken des fertiggemischten Gemenges empfiehlt sich nicht mehr. Vor jeder neuen Mischung ist die innen vollständig verzinkte

Gemengetrommel möglichst zu reinigen, evtl. dadurch, daß man reinen Sand hindurchschickt.

Das fertig gemischte Gemenge soll nicht allzulange stehen, jedenfalls nicht mehrere Tage. Elektrische Aufladungen durch die Reibung beim Mischen sind ohne Belang für die Qualität des erschmolzenen Glases. Unter Umständen können sie zu etwa stärkerer Zerstäubung beitragen, ehe sie von den Flammengasen abgeleitet werden.

Mit dem Brikettieren von Gemenge, etwa indem man das angefeuchtete Gemenge in Ziegelpressen preßt, hat man bisher keine besonderen Erfahrungen gemacht. Beim geübten Einlegen ist die Gefahr des Staubens beim gewöhnlichen Gemenge auch nicht erheblich größer als beim Brikettieren. Schmelzvorteile gewährt das Brikettieren nicht.

Gemengeberechnung.[1])

Genauigkeit der Bedingungen der optischen Lage. Bei gutem, gleichmäßigem Glas, gutem Ofen und aufmerksamer Führung desselben ist die Genauigkeit der optischen Lage überwiegend von der Genauigkeit abhängig, mit der der Oxydgehalt der Rohstoffe bestimmt wurde. Auf peinliche Nachrechnung des Gemengesatzes für jede Schmelze auf Grund „frisch“ (d. h. unmittelbar vor dem Gebrauch des betr. Rohstoffes) bestimmter „Gemengefaktoren“ ist ebenso zu achten wie darauf, daß die Rohstoffe so rein sind (von färbenden Bestandteilen abgesehen), daß man es mit möglichst geringen Schwankungen an sich, besonders der Feuchtigkeit, zu tun hat.

Die Schwankungen der optischen Lage werden ja einerseits bedingt durch die Schwankungen der Einschmelzbedingungen, anderseits durch die begrenzte Genauigkeit, mit der der Gemengesatz berechnet werden konnte. Beim Einschmelzen verschwinden nicht nur die gasförmigen Zersetzungsprodukte des Gemenges, sondern auch ein gewisser Prozentsatz der festen, ziemlich feuerbeständigen Oxyde (Chloride usw., Borsäure und Alkalien, aber auch schwere Basen wie Bleioxyd und schließlich auch schwer schmelzbare Bestandteile wie Kieselsäure), dafür kommen Bestandteile der Hafenauflösung, Kieselsäure, Ton und Eisen hinzu. Bei hinreichender Kontrolle der obengenannten Ofenbedingungen läßt sich die Differenz der aus dem Gemenge berechneten Zusammensetzung (Synthese) gegenüber der Zusammensetzung des erschmolzenen Glases leicht konstant halten. Für das Treffen der optischen Lage (n_D und ν) muß also noch die Garantie gegeben sein, daß die Synthese stets die gleiche Prozentzahl Oxyde auf mindestens $^1/_{10}$ % genau enthält. Besondere Sorgfalt muß man bei den Flintgläsern obwalten lassen. Doch kommt es hierbei nicht nur auf die genaue Einführung des PbO-Gehaltes durch die Mennige an, sondern ebenso sehr auf die übrigen Bestandteile. Nicht sowohl weil diese direkt so großen Einfluß auf die Brechung hätten, als vielmehr sich eine Änderung z. B. der Alkalien indirekt durch Änderung des Prozentgehaltes von PbO geltend macht. Es sei daran erinnert, daß eine Änderung von 1 % PbO durchschnittlich eine Schwankung von n_D um $4\frac{1}{2}$ Einheiten der dritten Dezimale im Bereich der mittleren Flintgläser bewirkt.

Gemengefaktor. Man muß von jedem einzelnen Rohstoffvorratsposten wissen, wieviel Prozent des fraglichen Oxydes in der Gewichtseinheit enthalten ist. Für die Gemengeberechnung führt man hierzu am besten den Multiplikator ein, mit dem die Gemengeeinheit des Oxydes, beispielsweise 1 kg, multipliziert werden muß, um diejenige Menge Rohstoff zu erhalten, welche diese Gewichtseinheit (1 kg Oxyd) enthält. Man kann diesen Multiplikator „Gemengefaktor“ nennen. In der folgenden Zahlentafel 123 sind die theoretischen Gemengefaktoren der trockenen, chemisch ideal reinen Substanzen aufgeführt neben den praktischen, d. h. denen in handelsüblich reinster Form vorliegenden Rohstoffen.

---

[1]) Vgl. Bd. I S. 211.

Zahlentafel 123.

Gemengefaktoren gebräuchlicher Rohstoffe (trocken).

Oxyd	eingeführt als	Chem. Formel	Gemengefaktor Theor.	Gemengefaktor Prakt.	Bemerkungen
SiO_2	Sand	SiO_2	1,000	1,003	
B_2O_3	Borsäure	$B(OH)_3$	1,771	1,77	
	Borax krist.	$Na_2B_4O_7 + 10\,H_2O$	2,729	2,73	
	Pandermit	$HCa(BO_2)_3 + 2\,H_2O$	—	2,2—2,5	
P_2O_5	Phosphorsäure	H_3PO_4	1,380	1,5—1,8	
	tert. Bar. Phosph.	$Ba_3(PO_4)_2$	4,237	—	
Al_2O_3	Tonerdehydrat	$Al(OH_3)$	1,527	1,53—1,54	
	Kaolin	$Al_2O_3 \cdot 2\,SiO_2 \cdot 2\,H_2O$	2,532	2,5—2,8	
Na_2O	Soda kalz.	Na_2CO_3	1,710	1,73—1,83	
	Borax krist.	$Na_2B_4O_7 + 10\,H_2O$	6,1	—	
K_2O	Pottasche Kalz.	K_2CO_3	1,467	1,47	m. Wasseranziehung
	Salpeter	KNO_3	2,146	—	
CaO	Karbonat	$CaCO_3$	1,784	1,785—1,79	
BaO	Karbonat	$BaCO_3$	1,287	1,300	
	Salpeter	$Ba(NO_3)_2$	1,704	—	
	Chlorid	$BaCl_2$	—	—	
PbO	Mennige	Pb_3O_4	1,024	1,022—1,026	
ZnO	Zinkoxyd	ZnO	1,000	1,002	
Sb_2O_3	Antimon	Sb_2O_3	1,000	—	
As_2O_3	Arsenik	As_2O_3	1,000	—	unbest. weg. Oxyd. u. Verflüchtigung

Für die Zusammenarbeit vom chemischen Laboratorium und der Gemengeabteilung ist folgendes zu beachten:

In einen Rohstoffkasten werden nicht viel über die Hälfte seines Fassungsraumes von einer Rohstoffsendung eingefüllt und durch Durcheinanderschaufeln eine möglichste Gleichmäßigkeit der Masse erzielt. Dann werden in bekannter Weise von verschiedenen Stellen Stichproben entnommen, etwa in der Gesamtmenge von etlichen 100 g. Diese werden im Laboratorium nochmals gut durchmischt und eine Probe davon direkt als Durchschnittsprobe für die quantitative Bestimmung des Oxydgehaltes und die Berechnung des Gemengefaktors verwendet. Ist für alle fraglichen Rohstoffe der Gemengefaktor frisch bestimmt, so wird auf Grund der theoretischen Oxydzusammensetzung der betr. Glasart das Gemenge ausgerechnet, und zwar genau für den erfahrungsmäßigen Inhalt der für die Schmelze bestimmten Hafengröße. Dieser soll bekanntlich sehr voll geschmolzen werden, aber doch sollen auch keine Gemengereste zurückbleiben. Ein kleiner Ausgleich kann evtl. mit Scherben erzielt werden. Von jedem fertigen Gemenge wird eine Stichprobe für Kontrollzwecke einige Zeit über die Fertigstellung der betr. Schmelze im Fabrikationsgang aufbewahrt.

Scherben aus Schmelzen, die schon mit einem erheblichen Scherbenanteil geschmolzen sind, sollen nicht wieder zum Einschmelzen verwendet werden, da sonst eine ständige Anreicherung des beim Einschmelzen hinzutretenden Eisens stattfinden würde und die Färbung der Gläser merklich schlechter machen würde. Für jede Glasart müssen daher zwischendurch scherbenfreie oder nahezu scherbenfreie „Regenerations"-Schmelzen gemacht werden. Im allgemeinen ist der Scherbenanfall auch sehr viel größer, als daß er vollständig verschmolzen werden könnte. Ein nicht zu hoher Scherbenzusatz von 20 bis höchstens 30% von Scherben, die erst einen einmaligen Schmelzprozeß durchgemacht haben, ändert die optische Lage kaum merklich innerhalb des normalen Schwankungsbereiches. Wenn man ein übriges tun will, so kann man vom SiO_2- und Al_2O_3-Gehalt des Gemenges bzw. vom SiO_2-Gehalt allein die 0,6%-Vermehrung dieser Substanzen durch Hafenauflösung entsprechend dem Prozentgehalt der Scherben berücksichtigen.

Synthetische Zusammensetzung. Von der analytisch feststellbaren oxydischen Zusammensetzung ist zu unterscheiden der allgemeine, als Grundlage für die Gemengeberechnung dienende Satz der synthetischen Zusammensetzung. Diese führt ja manche Oxyde durch verschiedene Rohstoffe ein, sie läßt daher in der Kompensation noch einigen Spielraum gegenüber der vorgeschriebenen oxydischen

Zusammensetzung. Z. B. ist zu entscheiden, wieviel K_2O als Salpeter eingeführt wird. Ohne zwingenden Grund wird man allerdings von einem einmal bewährten Satz nicht abweichen, um nicht aus weiteren Gründen die Konstanz der einzelnen Verluste zu gefährden.

Für die Komposition des Satzes gelten folgende allgemeine Gesichtspunkte:

Borsäure ist als Borax einzuführen, soweit der Natrongehalt es gestattet, der Rest als Borsäure.

Für den Salpeter- und Arsenikgehalt gilt etwa folgendes:

2—3% des K_2O-Gehaltes, sofern ein solcher vorhanden ist, werden als Salpeter eingeführt, ungefähr dieselben Mengen in Zehntel Prozent als Arsenik. Bei hartschmelzenden Krongläsern nimmt man nur 1—1,5% als Salpeter, bei den schwersten Flinten und Antimonflinten 3—4%. Entsprechend ist der Arsenikgehalt zu erhöhen. Barytflinten gibt man außerdem entsprechend ihrem Bariumoxydgehalt 1—3% Bariumoxyd als Nitrat bei. Alkalifreie Barytkrone enthalten 4—6% BaO als Salpeter und ebenfalls entsprechenden Arsenikgehalt.

Bei bariumhaltigen Gläsern, bei denen die Genauigkeit der optischen Lage keine ausgesprochen große Rolle spielt, wie z. B. bei Prismenflinten, kann man die Läuterung durch Einführung eines Teiles BaO als Chlorid günstig beeinflussen. $BaCl_2$ ist relativ wenig flüchtig und setzt sich frühzeitig und leicht in der Schmelze um.

„Entfärbungsmittel“ zur Kompensation der grünlichen Eisenfärbung werden bei optischem Glas nicht angewendet, einerseits wegen der schwachen Eisenfärbung, die das optische Glas überhaupt nur haben darf, anderseits, weil durch die Entfärbungsmittel die gesamte Lichtdurchlässigkeit wesentlich herabgesetzt wird. Ältere optische Gläser enthalten teilweise Mangan als Entfärbungsmittel, dies aber wohl auch wegen seines günstigen Einflusses auf die Läuterung.

Der Scherbenzusatz wird in der Weise berücksichtigt, daß man vorwiegend Scherben solcher Schmelzen auswählt, die einen höheren Wert der n_D (und niedrigeren ν-Wert) aufweisen, um die zusätzliche Hafenauflösung zu kompensieren. Scherben von Schmelzen, deren Lage niedriger in n_D liegt, als der Durchschnitt des Typs können ohne Berücksichtigung im Satz nicht gebraucht werden. Außer durch die optische Lage, ist die Höhe des Scherbenzusatzes nur durch die Färbung begrenzt. Es werden Schmelzen von 0—100% Scherbengehalt ausgeführt.

3. Schmelzöfen und Häfen.

a) Schmelzöfen.

Die individuelle Behandlung des optischen Glases gestattet in einem Ofen nur einen einzigen Hafen zu schmelzen. Die Gründe, weshalb dieser möglichst groß genommen werden soll, wurden weiter oben erörtert. Als normale Größe seien Häfen von 1100 × 800 × 850 mm genommen, jedoch die Möglichkeit der Verwendung von Häfen gleicher Höhe über 1300 mm Dmr. vorgesehen. Abgesehen von der Frage des Brennstoffes, welche teilweise die Möglichkeit der Wahl zwischen Rekuperativ- und Regenerativsystem bedingt, liegt die wichtigste Entscheidung bei der Wahl zwischen Oberflammen- oder Büttenbeheizung, d. h. bei der Wahl zwischen horizontaler oder vertikal überschlagender Flammenführung.

Nach meiner persönlichen Erfahrung und Überlegung ist für das Stadium des Schmelzens die Einwirkung der Flammenhitze durch Leitung und Strahlung direkt auf die Oberfläche des Glasbades auch beim Hafenschmelzen von solch überragender Bedeutung, daß darin ein so ausgesprochener Vorteil des Oberflammenofens für die wichtigste Periode des gesamten Schmelzprozesses des optischen Glases liegt, daß gewisse Nachteile beim Rührprozeß, die fast ganz zu umgehen sind, gern für diese Vorteile in Kauf genommen werden können. Es ist ein Unding zu glauben, daß man die Wärme beim Hafenschmelzen durch die Wand des Schamottehafens übertragen könnte. Dies würde ein derartiges Wärmegefälle von außen nach innen fordern, daß ihm kein Hafen standhielte. Gerade wenn man mit hoher Flammentemperatur arbeiten will, muß man mit einem gewissen Wärmeabfall von oben nach unten im Ofenraum rechnen, um den Hafen standfest zu erhalten. Ferner ist, wie ich weiter unten zeigen werde, zur Unterstützung der vertikalen Konvektionsströme, die zum Grobhomogenisieren nötig sind, ein gewisser Temperaturunterschied zwischen vorn und hinten sogar erwünscht. Die überschlagende Flamme des Büttenofens, welche außerdem sich nur für Regenerativfeuerung eignet, greift während der Schmelzperiode zweifellos den Hafen stärker an, und es liegt die Gefahr einer größeren Hafenauflösung von vorneherein vor. Den Nachteil des Oberflammenofens der geringen „Grundhitze", während der „Arbeitsperiode" des Rührens, kann man durch entsprechende Schutzmaßnahmen, besonders gegen das Eindringen des kalten Luftstromes in die Arbeitsöffnung, die möglichst klein gehalten werden kann, verhindern und ausgleichen.

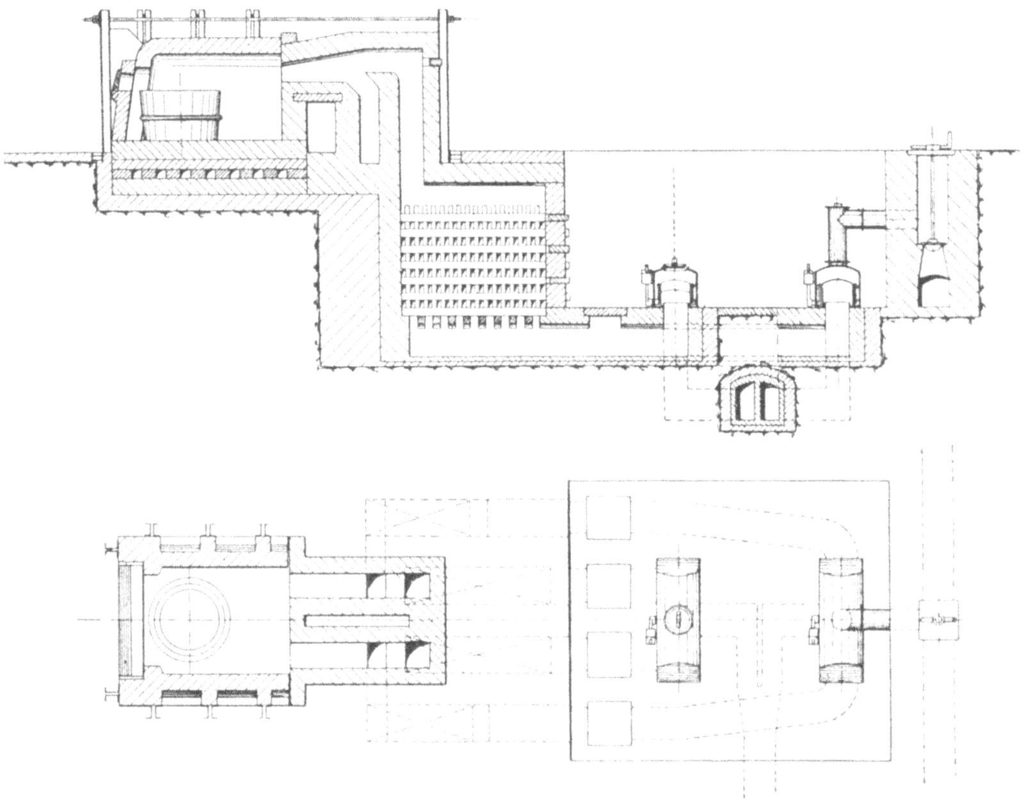

Abb. 1326. Einhafen-Regenerativofen für Generatorgas.

Es sind daher hier nur zwei Ausführungsformen wiedergegeben, ein regenerativer Oberflammenofen mit Umkehrflamme für Generatorgasfeuerung und ein ölbefeuerter Rekuperativofen, wie er für die Sonderzwecke des optischen Glasschmelzens ganz besonders geeignet erscheint. Bei diesem kann ebensogut Naturgas und Reingas jeder Art bei bei nahezu gleicher Unterofen- und Brennerkonstruktion Verwendung finden.

Der einhäfige Generatorgas-Oberflammenofen mit Regenerativfeuerung (Abb. 1326) wurde in der Tiefe des Ofenraumes reichlich bemessen, um eine möglichst vollständige Verbrennung der Flammengase zu erzielen, bei nicht zu großer Durchströmungsgeschwindigkeit der Gase durch den Ofenraum. Unter dem Gesäß und rückseitig zwischen den Brennern ist für die nötige Kühlung Sorge getragen. Gas- und Luftwechsel sind mit Forter-Ventilen ausgerüstet und in einer Grube hinter dem Ofen angeordnet. Gas und Luftkanäle treten unter den Kammern in ihrer ganzen

Länge nach ein, da sich bekanntlich nur dann eine annähernd gleichmäßige Verteilung durch das ganze Gitterwerk erreichen läßt. Die Kammern sind verhältnismäßig hoch gehalten und außerdem tiefgelegt, um die zu einer Regelung mit Spielraum nötige Auftriebsreserve zu gewährleisten. Ein Ventilator für die Luft wird diese Bedingung besonders für die Aufheizzeit erheblich verbessern.

Die Größe der Querschnitte des Brenners und die Dimensionierung des Ofenraumes ist auf Grund folgender Annahme für Braunkohlengas festgelegt. In einer Schmelze sollen 1000 kg Kronglas bis 1500 kg schweres Flintglas geschmolzen werden. Es wird angenommen, daß Braunkohlenbriketts von 4800 WE, und zwar 2,2 t mit 10 Mill. WE in 24 Stunden vergast werden. Dieses setzt etwa eine Vergasung in einem Drehrostgenerator voraus, bei der man 1350—1400 WE pro m³ auf 1 kg Braunkohlenbriketts bei 20% Generatorverlust herausholt. Sollte allerdings nur eine Ofeneinheit mit einem Generator betrieben werden, so wird sich ein anderer moderner Generatortyp empfehlen, der mindestens gleich hohen Wirkungsgrad bei diesem niedrigen Durchsatz ergeben muß. Die fühlbare Wärme des Gases ist nicht berücksichtigt, weil man beim optischen Glas mit so langen Kanälen arbeiten muß, daß sich Staub und Wasser hinreichend absetzen, wenn man nicht gar vorzieht, das Gas in einer besonderen Anlage[1]) zu reinigen und zu trocknen. Bei wasserärmeren Kohlen als hier vorausgesetzt, könnte sich eine Nutzbarmachung der fühlbaren Vergasungswärme empfehlen; in diesem Falle würde man direkten Anbau des Generators an den Schmelzofen unter Zwischenschaltung eines Staubsackes od. dgl. und Rekuperativfeuerung bevorzugen. Es sei auch hier nochmals erwähnt, daß es sich empfiehlt, besonders schwefelfreie Brennstoffe zu verwenden.

Das Gas tritt ungefähr mit einer Geschwindigkeit von 14—16 m/s, bezogen auf das Volumen der theoretischen Verbrennungstemperatur, in den Ofenraum. Der Hafen ist nahe an den Vorsetzer gerückt, um die verschiedenen Arbeiten zu erleichtern. Das feuerfeste Mauerwerk des Oberofens selbst wird nachträglich mit Isoliermaterial vollständig umkleidet. Bei der Isolierung der Decke muß mit Vorsicht vorgegangen werden und vor allem durch häufiges Nachsehen eine stete Kontrolle darüber erfolgen, ob nicht Fugen anfangen durchzubrennen, was leicht zur vorzeitigen Zerstörung des Gewölbes führen kann. Solche Stellen müssen rechtzeitig von der Isolation befreit werden. In bezug auf sonstige Ausführung der Verwendung von ff. Steinen, Verankerung, weicht der Ofen nicht von den üblichen ab. Eine Glastasche ist nicht vorgesehen. Das Glas, das aus einem Hafen ausläuft bzw. das Herdglas, das sich von Zeit zu Zeit ansammelt, muß bei hochgetriebenem Ofen durch eine seitliche Öffnung abgezogen werden. Den Boden mit Rinnen zu versehen oder schwach zu neigen, ist zwecklos.

Der Einhafen-Recuperativ-Ofen, Bauart Amco (Abb. 1327), weist einen nur um ein Geringes kleineren Ofenraum auf, Unterofen und Gesamtausschachtung ist aber erheblich kleiner als beim Regenerativofen. Die Vorteile einer Ölfeuerung, besonders für optisches Glas, liegen in folgendem: Da der Bedarf an optischem Glas der Menge nach niedrig zu sein pflegt, so handelt es sich meist nicht um große Anlagen, die wie im Abschnitt „Werksorganisation" gezeigt wird (s. S. 1475), auch im Anschluß an eine schon bestehende Hütte getrennt gelegt werden müßten. Für eine selbständige Anlage wird eine Vergasungsanlage mit Generator einen erheblichen Teil der gesamten Kapitalsanlage erfordern. Die Mehrkosten der Verwendung des meist teuereren Brennstoffes Öl bringt eine derartige Ersparnis an Anlage- und Betriebskosten, daß in vielen Fällen der Betrieb mit Öl für eine kleine optische Anlage sogar rentabler sein kann als der der Feuerung mittels Kohlengas. Die vollkommene Verbrennung im Ölbrenner, die reinoxydierende Wirkung der Flamme, die Rückstands- und die Schwefelfreiheit und vor allem die hohe Verbrennungstemperatur und Strahlungswirkung sind erhebliche weitere Vorteile, die besonders in diesem Falle ausgenützt werden können. Die hohe Flammentemperatur an sich ist ungefährlich, wenn man den Hafen nicht mit der Stichflamme in Berührung bringt. Sie stellt aber gerade eine ideale Feuerung für einen Rekuperativ-Oberflammenofen dar, und durch das höhere ausnützbare Temperaturgefälle und den größeren Anteil der Wärme, die durch Strahlung übertragen wird, ergibt diese Feuerungsart einen hohen Nutzeffekt, auch abgesehen vom Wegfallen des Generatorverlustes und des Verlustes der fühlbaren Wärme des Frischgases.

---

[1]) Über Gasreinigung s. Bd. I, 296 u. 297.

Der Brennstoffpreis pro WE verhält sich bei Öl und Steinkohle meist wie 3:1, der Preis der dem Ofen zugeführten WE dagegen nur wie 2:1. Doch fällt er bei

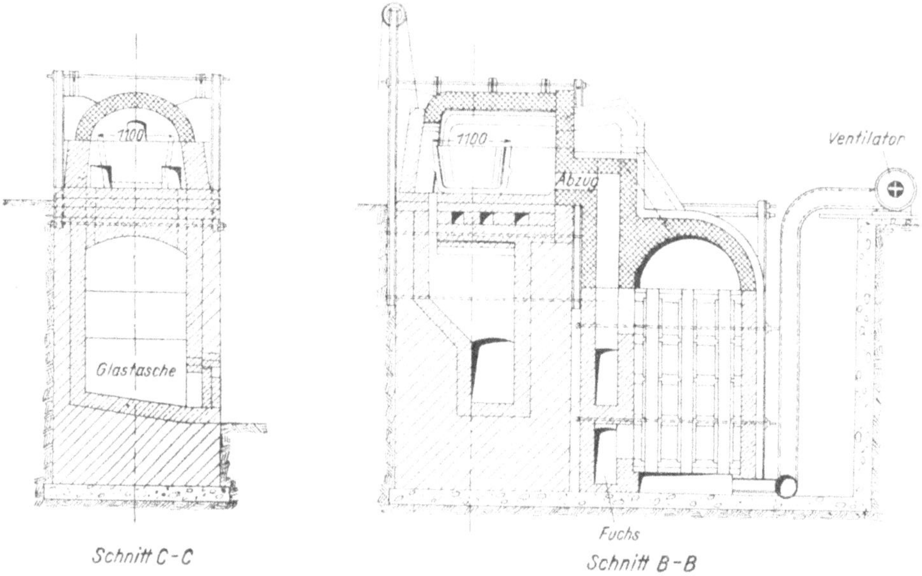

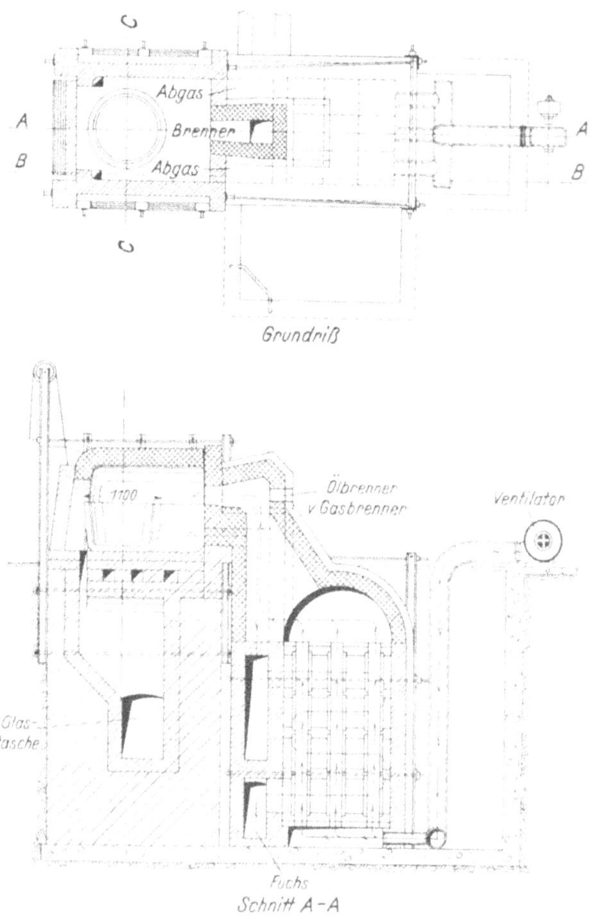

Abb. 1327. Einhafen-Rekuperativofen für Öl- oder Gasbeheizung. Bauart Amsler-Morton.

optischem Glase gegenüber den andern Vorteilen kaum ins Gewicht.

Die Luftzuführung geschieht durch ein Gebläse. Es ist ein Ölbrenner mit Preßluftzerstäubern vorgesehen. Der Preßluftzerstäuber hat vor dem Niederdruckzerstäuber den Vorteil, daß bei ihm ein hoher Prozentsatz der Luft (etwa 85%) vorgewärmt werden kann. Es ist angenommen, daß er mit 1—1½ at arbeitet, dann werden 6,5 m³ von Überdruck gebraucht, was 1,5 angesaugtem m³ entspricht. Wo Preßluft nicht vorhanden, kann auch mit Dampf zerstäubt werden. Wichtig ist die gleichmäßige Vorwärmung des Öles, die man auch zweckmäßig mit Elektro-Thermostat vornehmen kann. Der Bedarf ist auf einen Verbrauch von 500 kg Öl von 10000 WE in 24 Stunden geschätzt und verbraucht damit ungefähr 12 m³ Luft pro kg Öl. 12,5—18% der Luft werden kalt als Preßluft zugeführt, die übrige erhitzt durch einen Spezial-Amco-Rekuperator auf ungefähr 950°—1000°.

Der Amco-Rekuperator gehört zu dem Typ, der nur horizontale Stoßfugen für die Luftröhren aufweist und daher immer dicht bleibt. Er arbeitet an sich mit natürlichem Auftrieb, doch ist aus Annehmlichkeitsgründen für die Ofenführung künstliche Luftzufuhr vorgesehen.

Seitlich ist eine Grube zum Ziehen von Glas aus der beheizten Glastasche angebracht. Um eine möglichst intensive und doch gleichmäßige Wärmewirkung zu erzielen, ist ein Mittelbrenner und paarweis oder einzelregulierbare Abzüge vorgesehen. Um die Vorteile eines nahe an den Vorsetzer gerückten Hafens mehr ausnützen zu können, wurden die Abzüge auch dementsprechend ausgebildet. Der Ofenraum konnte gegenüber dem vorherigen Entwurf und entsprechend der besseren Verbrennung und des geringeren Volums Verbrennungsgase entsprechend kleiner ausgebildet sein. Die zwei Horizontalzüge liegen in der Hinterwand und hüllen im weiteren Verlauf den aufsteigenden Luftschacht ein. Die beiden kleineren liegen links und rechts vom Hafentor und können leicht reguliert (durch aufgelegte Steine) und repariert werden. Sie dienen dem Herdglas auch als Abfluß zur Glastasche. Auf diese Weise kann die „Unterhitze" des Ofens eingestellt werden. Die Verbindung der Glastasche mit dem Abzuge liegt nicht im Schnitt B-B und ist daher in der Abb. 1327 nicht sichtbar. Rückwärts hinter dem Unterofen liegt eine zweite Grube, welche den Rekuperator zugänglich macht. Die Isolierung ist nur für den Unterofen und Brenner eingezeichnet. Auch der Oberofen wird zweckmäßig ganz isoliert.

b) Hafenherstellung, Behandlung und Temperung.

Die Ansprüche, die an die Häfen bei optischem Glas gestellt werden müssen, sind den in der Spiegelglasindustrie üblichen sehr ähnlich. Es kann nicht genug betont werden, wie wichtig die gute und zweckmäßige Qualität der Häfen für die Qualität des optischen Glases ist, dessen höchstes Ziel vollkommene Homogenität darstellt. Wenn wir von den Inhomogenitäten absehen, die aus dem Gemenge selbst stammen können, so ist und bleibt der stärkste Feind des optischen Glases die Auflösung von Fremdkörpern, insbesondere die Auflösung des Hafens selbst. Dieses letztere ist, von groben Fällen abgesehen, zu schätzungsweise 80% die Ursache der praktisch nicht zu vermeidenden Inhomogenitäten.

Der Hafen kann von Hand „geschlagen", oder er kann nach dem Gießverfahren hergestellt werden. Beides hat seine Vorzüge. Der geschlagene Hafen hält leichter eine rauhere Behandlung aus und neigt weniger zu Trockenrissen, wie sie in der feinen Gießhaut des gegossenen Hafens an bestimmten Punkten leicht entstehen.

Das besondere Kennzeichen des Gußhafens ist eine dichte und feine Haut an der Oberfläche, welche dem ersten Angriff des Gemenges bei vernünftigem Vorbrand besonders gut standhält. Da bei optischem Glas in jedem Hafen nur eine Schmelze gemacht wird, so hat diese Gußhaut nur einer Schmelze zu widerstehen, und eine Dicke von schätzungsweise 1—2 mm ist infolgedessen meist hinreichend[1]). Ist die Gußhaut allerdings aufgelöst, so geht in vielen Fällen die weitere Auflösung des Gußhafens schneller und unregelmäßiger vor sich wie beim sorgfältig geschlagenen Hafen. Unter der Voraussetzung einwandfreier Herstellung ist für optisches Glas jedoch der Gußhafen vorzuziehen (s. a. Abb. 1328).

Hafenmasse. Was die Zusammensetzung des Hafens anbelangt, so ist beim optischen Glas eine größere Anpassung der Zusammensetzung der Schamotte an die Art des Glases erwünscht, als bei den technischen Gläsern, die sich untereinander erheblich weniger unterscheiden als die teils stark basischen, teils saueren optischen Gläser. Ich habe allerdings die Erfahrung gemacht, daß in erster Linie die Güte der Herstellung und das Verhalten des Hafens im Brand und im Schmelzofen eine Rolle spielt und in zweiter Linie erst die Unterschiede der Angreifbarkeit, die sich aus der Verschiedenheit der Zusammensetzung der Tone ergibt. Als Beweis mag angeführt

[1]) Bei einem 1100 Hafen mit ca. 2,5 m² benetzter Innenfläche entspricht einer Hafenlösung von 1% eine Abschmelzung von ca. 2 mm Tiefe.

werden, daß in der deutschen Glasindustrie sich für zwei ganz entgegengesetzte Glasarten, die nur das gemeinsam haben, verhältnismäßig schlierenfreies Glas zu ergeben, ein und derselbe Ton mit ganz geringen Unterschieden der Beimischung durchgesetzt hat. Es sind damit die Hafenmischungen aus dem kieselsäurereichen Großalmeroder Ton gemeint, welcher fast ausschließlich in der bayrischen Spiegelglasindustrie, soweit keine gegossenen Häfen in Frage kommen, benützt wurde. Der gleiche Ton, nur mit geringen Zusätzen von Meißener Ton, war in der Beleuchtungsglasindustrie für Glühlampenbleiglas von 20—30% PbO-Gehalt gebräuchlich. Wenn die Forschung für eine Begründung dieses Gebrauches auch heute noch nicht weit genug ist, so glaube ich, daß in diesem Falle die Praxis durch vielfachste Bewährung feinfühlig genug ist, um an diesem einen Beispiel evident beweisen zu können, daß nicht in erster Linie die verwendeten Tone auf die Glasart abgestimmt zu werden brauchen, sondern daß es vorwiegend auf die Struktureigenschaften der Schamotte ankommt. Das soll nicht etwa heißen, daß beliebige Tone verwendet werden können, sondern daß die

Abb. 1328. Gegossene Häfen. (Sendl. opt. Glaswerke.)

besten und geeignetsten versagen, wenn man sie nicht zu einer brauchbaren Struktur bildet. Je nach den verschiedenen Ansprüchen an Temperatur und Erhitzungsdauer, an Feuerschwindung und Auflösungsvermögen usw. muß man unter Kompromiß die richtigen Tone wählen, unter besonderer Berücksichtigung des Gehaltes an Kieselsäure bzw. Tonerde, Flußmitteln und Eisen.

Form und Größe. Die Häfen sind immer rund und sollen möglichst groß sein. Ihre Dimensionen nach oben hin werden lediglich durch die Handhabung begrenzt. Je größer man die Schmelzen machen kann, desto leichter erhält man nicht nur absolut, sondern auch relativ hohe Ausbeute. Als Mindesformat für gute Fabrikation muß man 700 × 900 mm annehmen. Als Normalformat betrachte ich 800 bis 850 × 1100 mm, als annähernd obere Grenze 800—900 × 1300 mm. Die erste Zahl bedeutet die Höhe, die zweite den äußeren Durchmesser des Hafens im ungebrannten Zustand. Verdeckte Häfen zu verwenden ist nicht nur zwecklos, sondern sogar schädlich. Bei richtiger Flammenführung ist auch in offenen Häfen eine Reduktion nicht zu befürchten, dagegen wird die Schmelzdauer bei verdeckten Häfen ungünstig verlängert und der Wärmefluß muß durch die Schamottewand hindurchdringen, die Hafenauflösung stark vermehrend. Schließlich kann die Läuterung durch hohe CO_2-Konzentration über der Schmelze ungünstig beeinflußt werden.

Trocknung. Der Trockenprozeß muß besonders sorgfältig geleitet und überwacht werden. Für Räumlichkeit, Luftfeuchtigkeit und Temperatur gilt das gleiche wie sonst. Das scharfe Nachtrocknen bei höheren Temperaturen (ca. 70°) in verhältnismäßig gesättigter Atmosphäre der auf eine Bodenkante gestellten Häfen, wie es in der Spiegelglasindustrie üblich ist, war beim optischen Glas bisher nicht üblich. Man begnügte sich mit einem äußerst langsam geleiteten Vortrocknen bei 15—22°, bis der Hafen ein Absetzen gestattete, was ungefähr 6—8 Wochen in Anspruch nahm. Darauf wurde der Hafen auf das Trockenlager gebracht, wo er weitere 3—4 Monate stand und nur mehr wenige Prozent Feuchtigkeit aufwies. Während des Trockenprozesses achte man genau auf alle entstehenden feinsten Risse und verfolge dieselben durch Anzeichnen. Die Trockenrisse pflegen da aufzutreten, wo der Hafen zuletzt trocknet. Das ist außen eine Zone rings um die Außenwand des Hafens ca. $^2/_5$ vom Boden und im Innern des Hafens die Stelle größter Dicke beim abgerundeten Übergang der Seitenwände in den Boden. Durch geeignete Maßnahmen, Überhängen mit feuchten Tüchern, Zudecken mit Holzdeckeln usw. verhindert man das Vorauseilen der leichter trocknenden Teile. Die Risse, die im Innern des Hafens am Boden auftreten und die meist auch auf Trockenrisse zurückzuführen sind, zeigen das Allgemeinbild der Abb. 1329.

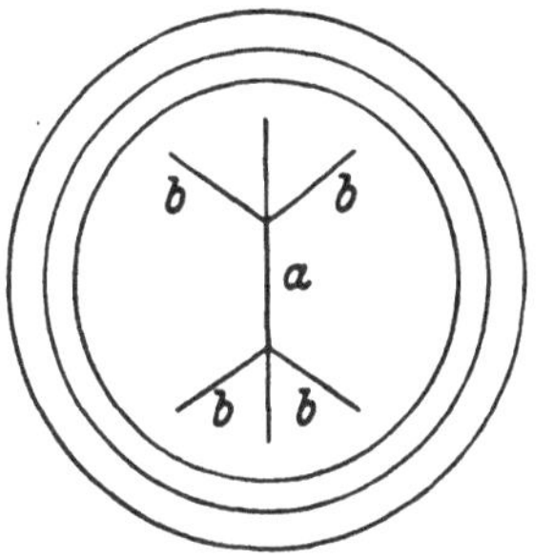

Abb. 1329. Schema der Bodenrisse eines Hafens.

Infolge der Trockenspannungen platzt nämlich erst ein Durchmesser auf, die beiden Halbflächen springen dann unter Umständen, nochmals zwei weitere Risse bildend. Je ungleicher die Trocknung, je stärker schwindend das Material, je größer die Gegensätze zwischen innen und außen, desto leichter tritt diese Erscheinung auf. Bei Unsymmetrie verzieht sich das Bild und tritt evtl. nur teilweise auf. Sind die Risse nicht allzu groß, was man beim Einsetzen kontrolliert, so sind sie weder allzu gefährlich noch schädlich.

Das zweite Stadium, bei welchem die Risse genau kontrolliert werden müssen, ist beim Überführen des Hafens vom Temper- in den Schmelzofen und das dritte Stadium, nachdem der Hafen hochgetempert ist, kurz vor dem Einlegen. Die Beanspruchung der Häfen bei optischen Glasschmelzen ist in bezug auf die Temperatur eine sehr extreme. Da ein gewisser Prozentsatz der Häfen immer Risse zeigen wird, muß man für die betr. Hafensorte, die man verwendet, auf Grund einer genauen Statistik, am besten bildlich, sich möglichst bald ein Urteil darüber schaffen, welche Art von Rissen man ohne Gefahr zulassen kann, und welche nicht. Hierbei ist auch die Glassorte zu berücksichtigen, da die hochbasischen schweren und flüssigen Gläser leichter zum Auslaufen neigen wie die zähen saueren.

Der Trocknungsprozeß ist hier geschildert, wie er bisher üblich war. Es sei eigens darauf hingewiesen, daß die Schnelltrocknung bei höherer Temperatur mit einem Übergangsstadium durch gesättigte Dampfatmosphäre auch für empfindliche Schamotteformen wie Glashäfen große Aussichten verspricht. Besonders eine optische Glasfabrik mit ihrem ungewöhnlich großen Hafenpark würde Hafentrockenraum sparen. Streng genommen muß das obenerwähnte Spiegelglashafentrocknen schon als Übergangsverfahren zu den Prinzipien des Schnelltrocknens aufgefaßt werden.

Tempern. Das Tempern bezweckt die vollständige Entfernung des Kristallwassers und des Porenwassers und aller Feuchtigkeitsreste sowie einen gelinden Vorbrand auf eine Temperatur, die dem Hafen relativ unempfindlich gegen die Einwirkungen des unvermeidlichen Zuges beim Transport macht und ein weiteres schnelles Hochtempern ermöglicht. Unter Berücksichtigung der bekannten, beim Brennen von Tonen stattfindenden Vorgänge ergibt sich für Häfen von der obengenannten normalen Größe eine Temperungskurve, welche die Steigerung der Temperatur angibt nach Schaubild (Abb. 1330). Es ist empfehlenswert, die Temperung so einzurichten, daß sie normalerweise in 4, höchstens 5 Tagen beendet ist. Im Notfalle kann aber bei exakter Überwachung des Temperaturanstiegs in der Hälfte der Zeit ohne Gefahr getempert werden. Im Betrieb ist darauf zu achten, daß die Häfen nicht zu lange auf hoher Temperatur im Temperofen stehen. Häfen, die 10—14 Tage auf 1000—1100° C gestanden haben, zeigen eine viel stärkere Auflösung und neigen leichter zum Bruch.

Temperofen. Ob man einen Temperofen für einzelne Häfen[1]), für zwei Häfen oder für kontinuierlichen Betrieb in Art eines Tunnelofens baut, hängt ganz von der Größe des betreffenden Betriebes ab. Zur Zeit läuft nirgends ein optischer Glasbetrieb, der einen Temperofen nach Art eines kontinuierlich geführten Tunnelofens rentabel erscheinen ließe. Der Nachteil dieser Art der Antemperung ist außerdem ein Mangel an Individualität der Behandlung. Ein derartiger Tunneltemperofen kann nur für Hochkonjunktur im optischen Glase in Frage kommen. Einen kontinuierlichen Tunnel-Hafentemperofen mit patentierter Muffelheizung beschreibt Dreßler[2]). Ein derartiger Ofen in verkleinertem Maßstabe wäre auch für optische Glashäfen brauchbar. Ein- und Zwei-Hafentemperöfen stationären Systemes gleichen vollständig den üblichen Hafentemperöfen (vgl. Bd. I, S. 192), eine Besprechung erübrigt sich hier.

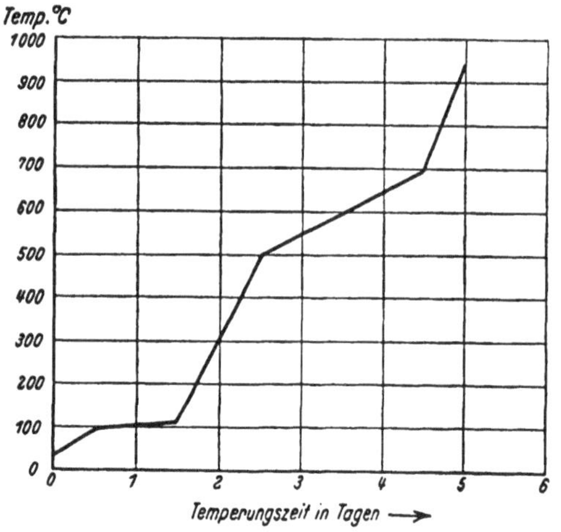

Abb. 1330. Temperkurve für Häfen.

Im einzelnen Temperofen wird der Hafen auf drei Steine gestellt, so daß er sich etwa einen halben Stein über dem Boden befindet und die Hitze von allen Seiten gleichmäßig an den Hafen herankann.

Für das Antempern der Häfen gilt in noch höherem Maße, was man bei der Antemperung von grüner Schamotte überhaupt beobachten muß; nämlich, daß man den Hafen im Anfang auf keinen Fall einer stark strahlenden Flamme aussetzen darf, auch wenn die Lufttemperatur verhältnismäßig gering ist. Es ist dafür zu sorgen, daß bis zu 200° keine leuchtende Flamme im Ofen ist, sondern nur mit heißer Luft bzw. Abgasen getrocknet und vorgetempert wird. Man wird dann die besten Erfahrungen in bezug auf Gleichmäßigkeit der Temperatur machen. Man versäume trotz Pyrometeranlage nicht, zu geeigneten Zeiten nach dem Aussehen den Fortschritt des Temperns zu beurteilen.

Einfahren. Das Überbringen des Hafens vom Temperofen in den Schmelzofen geschieht am besten mit einer Transportzange mit Gegengewicht, die von Hand bedient wird, und die auch zum Ausfahren des vollen Hafens aus dem Schmelzofen dienen kann. Eine Konstruktion geht aus der Abb. 1337, S. 1447. ohne weiteres hervor. Es ist zweckmäßig, die Häfen mit „Ohren" oder noch besser mit Wülsten zu versehen, damit die Zange besseren Halt findet. Andernfalls muß der grüne Hafen eine entsprechende Einkerbung erhalten, in welche die Zange fassen kann. Der Temperofen befindet sich zweckmäßig in der Nähe des Schmelzofens. Sollte dieses aus örtlichen Verhältnissen

[1]) Vgl. Bd. I, S. 526, sowie Teissen, Note on Potarchs. Journ. Soc. Glass. Techn. (1923).
[2]) Journ. Am. Cer. Soc. 8, 216 (1925).

nicht möglich sein, so kann auch ein weiterer Transport des Hafens stattfinden, wobei man ihn zum Schutze gegen kalte Luft mit Brettern umgibt, die während des Transportes in Brand geraten und den Hafen mit einer Schutzhülle von heißen Flammengasen umgeben. Ehe der Hafen in den Schmelzofen eingesetzt wird, ist dort das Gesäß für die Aufnahme des neuen Hafens vorbereitet. Es muß ausgeebnet werden, von allen Glasresten möglichst befreit werden und wird mehrere Zentimeter hoch frisch mit Sand eingestreut. Auch Koks kann man verwenden, sofern dieser keine leicht schmelzende Schlacke bildet, die das Ankleben des Hafens eher befördert. Der eingesetzte Hafen wird zurechtgerückt, so daß er mit seiner ganzen Fläche gut aufsitzt. Für das richtige, spätere Abfehmen der Glasoberfläche ist es zweckmäßig, wenn er nicht ganz horizontal steht, sondern eine leichte Neigung gegen das Hafentor hat, aus Gründen der vom Rand abfließenden Hafenschlieren darf diese Neigung aber nicht übertrieben werden.

Brennen. Unmittelbar nach dem Einsetzen wird das Hafentor herabgelassen, zugesetzt und gut verschmiert. Die Flamme, die schon beim Einsetzen des Hafens gebrannt hat, stellt man mit geringem Kaminzug fast ohne Luftüberschuß ein, so daß der Hafen zunächst eine gleichmäßige Temperatur annimmt, die der bei seiner Entnahme aus dem Temperofen entspricht, also 1000—1100°. Nach einer halben bis ganzen Stunde kann man mit der Temperatursteigerung beginnen und man bringt Häfen von der obengenannten Größe im Schmelzofen im Laufe von etwa 5 Stunden auf 1400° und brennt sie dann noch eine weitere halbe bis eine Stunde auf 1430—1450° vor, nicht länger. Genaue Angaben können nicht gemacht werden, da es hierbei sehr auf die verwendeten Tone und Häfen ankommt. Manche sehr fetten Mischungen mit Tonen von erheblichem Flußmittelgehalt vertragen ein höheres, insbesonders längeres Vorbrennen überhaupt nicht, sondern zeigen dann eine geradezu abnorme Auflösung. Im allgemeinen kann man sagen, daß ein allzu hohes und langes Vorbrennen, auf jeden Fall ein wesentlich höheres als auf die angewandte Schmelztemperatur, schädlich ist.

Die Verhältnisse beim optischen Hafen — dieser Eintagsfliege — können nicht verglichen werden mit den Erfahrungen der anders beanspruchten und behandelten Häfen anderer Gebrauchszweige, wo Häfen Wochen periodisch wechselnden Bedingungen ausgesetzt sind. Dadurch wird eine ganz andere Scherbenstruktur erzeugt.

Häfen aus zweierlei Material, beispielsweise mit einer Aufstrichmasse[1]) aus Porzellan, Zirkon oder ähnlichem haben sich lange Zeit nicht bewährt, sondern führten im Gegenteil zu den schlimmsten Erscheinungen, wie Abblättern, Reißen usw. Doch soll es in neuester Zeit gelungen sein, dieses Problem in praktisch nutzbringender Weise zu lösen. Auch der Gebrauch von Porzellanhäfen hat sich nicht durchsetzen können, schon wegen ihrer geringen Wärmefestigkeit und wegen des hohen Preises.

Schon während des Vorbrennens und insbesondere vor Beginn des Einlegens überzeugt man sich, ob der Hafen im Innern, besonders am Boden neue Risse zeigt, oder ob die vorhandenen sich verschlimmert haben. Man kann durch Einwerfen einiger Scherben, welche die Temperatur momentan etwas abschrecken, dieses besser beobachten. Zeigt der Hafen ein gutes Aussehen, so kann mit dem Einlegen begonnen werden. Hat man Scherben von dem betreffenden Glas, so gibt man erst eine Scherbeneinlage auf den Boden von mindestens einigen Zentimetern Höhe, zweckmäßig von solcher Höhe, daß das nachträglich eingelegte Gemenge nicht mehr mit dem stets schwächer gebrannten Boden in Berührung kommt. Ein Verglasen der Wände, wenn es gut ausgeführt wird, ist nützlich. Ein bequemes Mittel um die Seitenwände zu verglasen, ist das Einstauben des Hafens mit Glaspulver.

Auflösung und Korrosion des ff-Materials. Da die gefährlichsten Schlieren des optischen Glases von der Hafenauflösung herkommen, so ist man hier besonders

---

[1]) Vgl. S. R. Scholes, Journ. Am. Cer. Soc. 3, 498 (1920).

interessiert an der „Mechanik“ des Vorgangs der Auflösung und Korrosion des Hafenmaterials.

Je geringer die Porosität, desto geringer ist natürlich die „eutektische“ Aufschlußwirkung des durch Kapillarwirkung eindringenden aufschließenden Glasflusses. Doch kann diese geringe Porosität nicht lediglich durch hohes Vorbrennen erreicht werden. Im Gegenteil, diesem Mittel sind enge Grenzen gesetzt, besonders bei an sich flußmittelhaltigen Tonen.

Beim optischen Glas ist es noch wichtiger als bei Wannenglas, daß die unvermeidliche Auflösung nur in kleinsten Teilchen erfolgt. Für die stärker korrosionartigen Erscheinungen, die uns von Wanneblöcken aus geläufig sind, reicht die nur nach Stunden messende Beanspruchung beim optischen Hafenschmelzen nicht aus. Lediglich an der Oberfläche ist der bekannte „Alkaliring“ eingefressen.

Literatur.

W. Rosenhain J. Soc. Glass Techn. 3,93 (1919).
R. Sosman J. Am. Cer. Soc. 8,19 (1925).
O. Bartsch, Studien über Hafenauflösung. Glastechn. Ber. 4, S. 261 (1926).

4. Der Schmelzprozeß.

Einlegen des Gemenges. Beim Einlegen von Scherben hat man zu beachten, daß Glasscherben die Hafenwände schneller abschrecken als das schlechter wärmeleitende Gemenge. Die kleinen Bruchteile von Millimeter tief gehenden Rissen, welche durch das Abschrecken der Hafenwände mit der kalten Einlage entstehen, sind möglichst zu vermeiden. Eine Gefahr ist nur bei Scherben und allenfalls bei der ersten Gemengeeinlage vorhanden.

Für das Niederschmelzen des Gemenges gibt es nur einen Gesichtspunkt, nämlich, daß es so geleitet werden muß, daß die Homogenisierung, welche durch Feinkörnigkeit und möglichst ideale Mischung des Gemenges erzielt ist, nicht durch den Verlauf des Schmelzprozesses wieder illusorisch gemacht wird. Die entstehenden Eutektika dürfen sich also räumlich nicht von den übrigen Bestandteilen, die in der Glasbildung zurückbleiben, trennen. Ein zu langsames Einschmelzen bei zu niedriger Temperatur würde dies bewirken. Dieses begrenzt die Einschmelztemperatur und Dauer nach unten. Nach oben hin wird sie im wesentlichen nur durch die Haltbarkeit der Häfen und ihrer Auflösungsfähigkeit begrenzt; in zweiter Linie durch die Erscheinungen, daß Bestandteile in allzu hohem Maße sich verflüchtigen können und gleichzeitig läuterungsstörende Einflüsse auftreten. Der wesentliche Unterschied liegt in der Dauer des Schmelzprozesses. Es sei hier bemerkt, daß die Dauer ziemlich weitgehend unabhängig ist von der Hafengröße, allenfalls ist sie in erster Annäherung proportional der Glastiefe. Als Einschmelztemperatur für verschiedene Glasarten finden sich folgende Anhaltspunkte in C. Dölters Handb. f. Min. Chem.:

Zahlentafel 124.

Einschmelztemp.	Glasart
1000°	Phosphatglas (3 B_2O_3 · 70,5 P_2O_5 · 12 K_2O · 4 MgO · 9 Al_2O_3 · 1,5 As_2O_3)
1100°	Schweres Bleisilikatglas (20,8 SiO_2 · 79 PbO · 0,2 As_2O_3)
1130°	Boratglas (52,5 B_2O_3 · 1 SiO_2 · 1,5 Na_2O · 1,5 K_2O · 6 ZnO. 12 BaO · 16 PbO · 9 Al_2O_3 · 0,5 As_2O_3)
1320°	Schweres Bar. Borosilikatglas (14,5 B_2O_3 · 39 SiO_2 · 41 BaO · 5 Al_2O_3 · 0,5 As_2O_3)
1370°	Gewöhnliches Flintglas (45,7 SiO_2 · 1,5 Na_2O · 7,1 K_2O · 45,4 PbO · 0,3 As_2O_3)
1410°	Gewöhnliches Kronglas (2 B_2O_3 · 69,2 SiO_2 · 8 Na_2O · 11 K_2O · 4 CaO · 3,5 ZnO · 2 PbO · 0,3 As_2O_3).

[1]) Handb. der Werkstoffe von Krais, II. Bd., S. 22, Thiene, Glas. Leipzig 1921.

Die praktische Weiterentwicklung der Schmelztechnik hat nun ergeben, daß im Gegensatz hierzu und zu den früheren Annahmen die zweckmäßigeren Einschmelz- und Läuterungstemperaturen für die verschiedenen Gläser nicht allzusehr abweichen. Daß die „leichtschmelzbaren" Gläser auch bei niederen Temperaturen zum Schmelzen zu bringen sind, beruht nur darauf, daß ein Teil ihrer Gemengebestandteile sehr niedrig schmelzende Eutektika bildet. Läßt man den Schmelzprozeß, verleitet durch diese leichte Schmelzbarkeit zu langsam verlaufen, so entsteht jene gefährliche räumliche Trennung der eutektischen Gemische von den schwerschmelzbaren Bestandteilen, die durch nichts wieder vollständig rückgängig gemacht werden kann, denn die Mittel der nachfolgenden Homogenisation sind nur von beschränkter Wirksamkeit im Rahmen dessen, was an Temperatur und Zeit zur Verfügung steht. Nur bei den leichtschmelzbaren schwersten Flint-, Fluorkron- und Phosphatkron-Gläsern liegen die Einschmelztemperaturen natürlich tiefer. Das Niederschmelzen des eingelegten Gemenges muß also bei allen Gläsern so geleitet werden, daß durch entsprechende Homogenisierung oder schnelles Ansteigen der einwirkenden Temperatur die vorgehende Bildung von Eutektika und die nachfolgende Auflösung der schwer schmelzbaren Bestandteile möglichst nahe aneinandergerückt wird.

Bei den schwer schmelzbaren Gläsern kann die Einschmelztemperatur, obwohl es erwünscht wäre, nicht höher genommen werden, weil man bei dem gegenwärtig zur Verfügung stehenden Hafenmaterial nicht über 1430—1470° hinausgehen kann. Die hier genannten Temperaturen sind gemessen bei nicht abgestellter Flamme mit Platin/Platin-Rhodium-Thermoelementen mit doppelter Schutzhülle, 30 cm unter dem Scheitel der Ofenkappe hinter dem Hafen zwischen zwei Oberflammenbrennern hereinragend (wahre mittlere Ofentemperatur ca. 20—30° niedriger). Beim Niederschmelzen sind die Temperaturen im Gemenge und Hafen selbst natürlich niedriger, was nicht nur durch das kalte eingebrachte Schmelzgut, sondern auch durch das Öffnen der Einlegeöffnung beim Einlegen verursacht wird.

Einfluß der Korngröße der Gemengebestandteile. Von entscheidendem Einfluß auf die Höhe der Ausbeute an gutem Glase ist die Zusammensetzung des Glases, insofern diese den günstigen Verlauf des Einschmelzens fördert oder nicht. Aber nicht nur die oxydische Zusammensetzung ist dabei ausschlaggebend, sondern auch die Verbindungsform der Oxyde im Gemenge und deren Korngröße.

Das Mittel der Korngröße, d. h. das Verhältnis von Oberfläche zur Masse der einzelnen Bestandteile gibt uns noch ein Mittel an die Hand, mit dem wir einen gewissen Ausgleich zwischen leicht- und schwerschmelzbaren Bestandteilen hervorrufen können. Es ist daher zweckmäßig, die schwerzersetzbaren und -schmelzbaren Bestandteile, wie Quarzsand, in feinen Korngrößen zu wählen (vgl. Abb. 1331. Mikro-Aufnahme eines niederschmelzenden Gemenges, bei dem beträchtliche Reste ungleicher Sand-Körner in verglaster Grundmasse liegen).

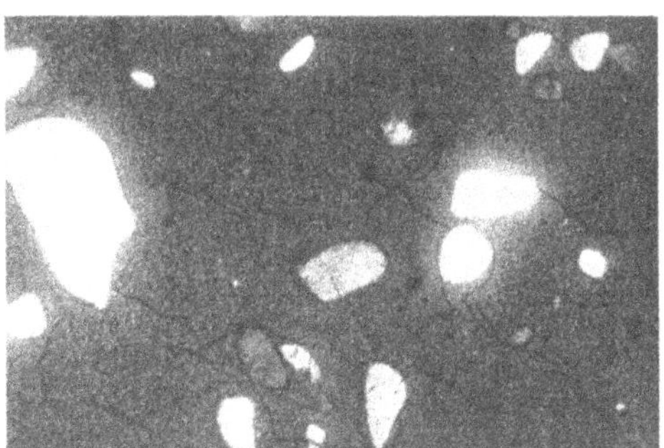

Abb. 1331. Mikroaufnahme von schmelzendem Glas mit ungelösten Sandkörnern.

Es erhellt aus dieser Betrachtung aber als weitere Folge, daß auch die Korngrößen des schwerschmelzbaren Teiles, beispielsweise des Sandes, unter sich nicht stark variieren darf, d. h. es soll nicht staubfeines Material neben verhältnismäßig grober Körnung vorhanden sein. Dieses ist der Grund, weshalb man häufig die Meinung hört oder auch die Erfahrung gemacht hat, daß einfach gewaschener Sand von einheitlichem natürlichem Korn günstiger im Schmelzen ist wie zu Quarzmehl gemahlener Sand. So kann z. B. bei Flintgläsern die Bildung einer bleireichen Silikatschmelze durch schnelle Auflösung des staubfeinen Anteils des Sandes vor der nachträglichen Auflösung der anderen Korngrößen des Sandes derartig vorauseilen, daß im weiteren Verlauf der Schmelze eine vollständige Durchmischung und Auflösung der Schlieren durch Diffusion nicht mehr erfolgen kann oder auch eine Separierung von verschieden spezifisch schweren Gläsern erfolgt. Durch selektive Ausschlämmung einer bestimmten Korngröße aus Quarzmehl konnte ich infolgedessen eine geradezu überraschende Abkürzung der Schmelzdauer erzielen, wenn man als solche die Zeit von der ersten Einlage bis zum Verschwinden des letzten nachweisbaren kristallinischen Quarzes ansieht.

Art des Einlegens. Man kann die erste Einlage durchschmelzen bis zur Großblasigkeit ohne jeden Schaden, aber meist auch ohne jeden Nutzen. Höchstens bei schwer schmelzbaren Gläsern, die leicht zu Steinbildungen neigen, empfiehlt sich dieses Verfahren. Es verlängert im allgemeinen unnötig die Schmelzdauer, wenn auch ein Teil der Zeit des längeren Einschmelzens bei der Läuterung wieder hereingebracht wird. Jedenfalls empfiehlt es sich für alle folgenden Einlagen (ebenso wie auch für die erste) das sog. „Kopf"-Einlegen, d. h. man legt den Hafen immer wieder gehäuft voll, wenn die vorhergehende Einlage bis auf eine kleine breiige Insel von schätzungsweise 20 cm Dmr. herabgeschmolzen ist (vgl. Abb. 1332). Diese Art hat bei allen Gläsern zum Erfolg geführt. Ein Mangel an Grundhitze ist aus weiter unten aufgeführten Gründen nicht zu befürchten, vorausgesetzt, daß durch das oben genannte mehrstündige Vorbrennen des leeren Hafens der Ofen auch an seinen unteren Teilen gut durchgewärmt wurde. Zähe Gläser und stark schäumende sind in kleinen Einlagen und heiß einzuschmelzen (besonders stark saure und tonerdereiche) [1]).

Abb. 1332. Niederschmelzender Gemengehaufen, letzte Einlage. (Schott & Gen.)

Der niederschmelzende Gemengehaufen ist unmittelbar nach der Einlage und weiter bis zu seinem Verschwinden in der Glasmasse ein thermisch vollkommen uneinheitliches Gebilde. Er ist infolge seiner pulverigen Struktur eine äußerst schlecht wärmeleitende Masse, und die Flächen gleicher Temperatur sind konzentrische zwiebelschalenförmige Schichten mit raschem Temperaturabfall nach innen. Für die erste Einlage kann sich der Temperaturausgleich nach innen auf Stunden verteilen. Aus dieser Bemerkung allein erhellt schon die fundamentale Wichtigkeit dieser Arbeitsperiode für den Zustand der Schmelze bei Beginn der Läuterung in bezug auf ihre vorläufige Homogenität.

Wichtig ist, wie schon mehrfach darauf hingewiesen, durch schnelles Schmelzen diese Periode abzukürzen und vor allem Seigerungseffekte möglichst zu vermeiden. Es scheint mir als ob geringe Mengen Wasserdampfes, welche auf den obenerwähnten, nach innen fortschreitenden isothermen Flächen entwickelt werden, in dieser Richtung einen günstigen Einfluß ausüben. Die Kühlwirkung der aufsteigenden Dampfblasen halten die äußeren heißeren Schichten zäher und verhindern besonders die leichtflüssigeren Eutektika am allzu starken Verfließen. Es mag vorläufig dahingestellt bleiben, ob man das Wasser für die Verdampfung besser in Form von Feuchtigkeit nach der Mischung des Gemenges etwa durch Wasserdampf diesem zusetzt oder in Form von Kristallwasser geeigneter Rohstoffe einführt. Bei stärker borsäurehalten Gläsern, auf deren optische Lage es sehr genau ankommt, wird man auf dieses Mittel aus früher erwähnten Gründen besser verzichten. Diese Anschauung mag eine Erklärung für die von Parkin und Turner gemachte Beobachtung sein, daß er mit 3—5% Gemengefeuchtigkeit ein homogeneres Schmelzen im Glase erzielt; denn lediglich aus besserer Konservierung der Gemengehomogenität durch Feuchtigkeit kann die Wirkung derselben nicht erklärt werden (vgl. Journ. Soc., Glastechn. Ber. **10**, S. 114, 213 (1926). Auf eine andere Erklärungsmöglichkeit durch Einhüllen des Sandkornes durch im Feuchtigkeitswasser gelöste Flußmittel weist neuerdings Jebsen-Marwedel hin. „Schmelzen und Formgeben des Glases" (S. 71 und 78).

Eine wichtige Regel ist ferner, den Hafen möglichst gestrichen vollzuschmelzen. Eine Ausnahme muß man nur bei den Barytkronen machen, die stark zum Schäumen neigen, wobei sonst ein Teil des Glases unnütz verloren würde. Der überstehende

---

[1]) Über Reaktion im „festen" Zustand vor Eintritt eines Eutektikums vergl. z. B. H. K. Krause u. W. Weyl Glast. Ber. **8**, 213 (1927), E. Kordes ebenda **6**, 44 (1928), Keppeler, Gemengeverdichtung, ebenda **7**, 135 (1929).

Rand des Hafens, allseitig vom Feuer umgeben, dem Gemengestaub — einen an sich schon inhomogener Bestandteil — besonders ausgesetzt, überzieht sich mit einer Schicht schwerschmelzbaren Tonerde-Kieselsäureglases, das eine beständige Schlierenquelle für die Oberfläche der Schmelze bildet bis in die späteste Zeit ihres Werdeganges hinein. Die Fläche dieses unvermeidlichen Randes muß daher tunlichst verkleinert und dabei um jeden Zentimeter gegeizt werden. Aus diesem Grunde ist es angenehm, wenn die Häfen möglichst horizontal stehen.

Blasen (Pülvern). Würde man die Zeit des Rührbeginnes nur abhängig machen von der Beendigung der Läuterung, so würden manche schnell läuternde Gläser, besonders bei der hier beschriebenen und allein empfohlenen „Heiß-Schnell-Schmelzung" geläutert sein, ehe die grobe Homogenisierung durchgeführt ist. Als solche sehe ich die Zerstörung aller Inhomogenitäten an, welche aus der Korngröße des Gemenges, von der Entmischung beim Niederschmelzen und von der ersten Hafenauflösung herkommen. Diese groben Inhomogenitäten müssen bei höchster Temperatur, welche aus praktischen Gründen beim Rühren nicht einzuhalten ist, durch Diffusion weitgehend ausgeglichen werden. Man muß also diese Diffusion, welche auf natürlichem Wege allein durch die Strömungsbewegung des Glases im Hafen unterstützt wird, durch künstliche Bewegung. wie sie das Pülvern erzeugt, unterstützen. Da durch das heiße Einschmelzen ein großer Teil der Gase schon hierbei entwichen ist, so verläuft die Läuterung bei dieser Methode weniger stürmisch. Auch aus diesem Grunde muß man durch rechtzeitiges Pülvern oder Blasen die Läuterung künstlich hinausziehen, um in die Rührperiode mit möglichst homogenem Glas einzutreten. Das künstliche Erzeugen von Blasen hat ferner einen weiteren Vorteil: Unter Gasentwicklung heftig läuternde Gläser überdecken sich mit einem Schaum, der schlecht Wärme leitet und den weiteren Läuterungsprozeß im Innern des Hafens ungünstig hinauszieht. Beim weitgehend geläuterten Glase, das nochmals durch Pülvern künstlich mit Blasen durchsetzt wird, entsteht diese Schaumschicht nur in viel geringerem Maße. Außerdem erreicht man eher den Idealzustand, daß man es zuletzt mit großen Blasen zu tun hat, welche beim Aufsteigen die kleineren einsammeln. Denn wir wollen ja nicht die Läuterung an sich verzögern, sondern nur die grobe Homogenisierungsperiode hinreichend lange bei hoher Temperatur ausdehnen. Bei vielen Krongläsern hat man sonst aber leicht die Erscheinung, daß sie am Schluß der Läuterung plötzlich noch mit feinen Blasen durchsetzt sind, welche unverhältnismäßig lange zum Aufsteigen bzw. zur Absorption brauchen.

Das Pülvern (Blasen) erfolgt ein- bis dreimal. Normalerweise bläst man mit Holz, Kartoffeln oder Wasserdampf (zugeführt durch ein Leitungsrohr von ca. ¾" bis mit einer 1-mm-Düse), das erstemal ¾—1½ Stunden nach Verschwinden des „Kopfes" der letzten Einlage, das zweitemal ca. ½—1½ Stunden später, das letztemal bläst man besonders gründlich unter Rührbewegung mit einem wassergekühlten Blaseisen, am besten mit Sauerstoff. Ein derartiges Blaseisen besteht aus drei zweckentsprechend ineinanderbefestigten Rohren. Die beiden äußeren dienen zur Wasserzu- und -ableitung, das Innere zur Gasdurchführung. Durch Sauerstoff schaltet man spielend leicht alle reduzierenden Einflüsse, die sich bis dahin evtl. geltend gemacht haben, aus und verbessert auch die Farbe erheblich, was sich besonders bei Flint- und Krongläsern geltend macht. Ich glaube auch beobachtet zu haben, daß die Sauerstoffblasen besonders leicht im Gegensatz zu Blasen aus anderen Gasen vergehen.

Gasgehalt und Gasabgabe von Gläsern. Salmang und Becker haben nach Washburn[1]) und seinen Mitarbeitern Gasgehalt und Gasabgabe von Gläsern im flüssigen Zustande im Vakuum

[1]) E. W. Washburn, F. F. Fortit und E. N. Bunting, „Dissolved Gases in Glasses". Univ. Illin. Bull. **18**, 1920, Nr. 118. — Salmang und Becker, Glastechn. Ber. **6**, S. 520 und 625 (1928).

untersucht. Salmang konnte zeigen, daß ein im Vakuum entgastes Glas nach Abkühlen und wieder Erhitzen auf die betreffende Temperatur kein neues Gas mehr abgibt, sofern nicht diese Temperatur überschritten wird. Danach muß man jedes Glas durch hinreichend lange und hohe Erhitzung frei von Gasen machen können, wie dies auch aus den Ausführungen Bd. I, S. 229 u. 230 hervorgeht.

Dies wird beim optischen Glase durch das beschriebene schnelle und hohe Einschmelzen und Läutern weitgehend erreicht. Doch sind hier in der Praxis dem Erfolge gewisse Grenzen gesetzt. Die eine besteht in der Anwendbarkeit hoher Temperatur, welche bedingt ist durch die Haltbarkeit, d. i. den Erweichungscharakter, Form und Beanspruchung der Häfen. Da ich schon darauf hingewiesen habe, daß die höchste Temperatur erst nach einer gewissen Zeit in das Innere des dicken Hafens eindringt, und damit auch dieses „Knochengerüst" zum Erweichen bringt, so steht auch aus diesem Grunde nur eine beschränkte Dauer für die Beeinflussung des Glases durch höchste Temperaturen zur Verfügung.

Manche Gläser, die wie die Barytkrone schon von den Rohstoffen aus außergewöhnliche Gasmengen mitbringen, können daher unter den bisher zur Verfügung stehenden Bedingungen nicht bis zur völligen Entgasung geläutert werden.

Ein Einfluß der Gaspartialdrücke der Ofenathmosphäre auf den Reaktionsverlauf der Zersetzung ist besonders während des Niederschmelzens sicher vorhanden. (Vgl. Jebsen-Marwedel l. c.).

Die abgegebenen Gase kommen sicher zum größten Teil aus der Zersetzung der ursprünglichen Salze usw., worauf Salmang besonders hinweist. Es bleibt allerdings die Frage noch offen, ob darüber hinaus Gase „physikalisch" im Glase gelöst werden, ob diese Lösung eine merkliche Temperaturfunktion hat und aus diesem Grunde Gasentbindungen mit Temperaturänderungen eintreten können.

Läutern. Während der letzten Stunden des Läuterungsprozesses hat man die Temperaturüberwachung wegen der dabei auftretenden höchsten Beanspruchung der Häfen sehr sorgfältig vorzunehmen. Im allgemeinen genügt dabei die Temperaturkontrolle durch das in der Ofenkappe eingebaute Thermoelement. Die Differenz, welche die Anzeige des Instrumentes gegenüber der wahren Temperatur im Hafen aufweist, muß festgelegt werden und bedarf einer häufigen Nachkontrolle, um vor Überraschungen durch Änderungen der Thermokraft oder sonstigen Störungen des Instrumentes sicher zu sein.

Die Temperaturmessung mit einem optischen Pyrometer während des Läuterungsganges vorzunehmen, empfiehlt sich nur, wenn durch entsprechende Maßnahmen die „schwarze" Temperatur ohne Störung des Läutervorganges erhalten werden kann. Die bewegliche Flamme des Ofens, von allen Seiten gespiegelt, läßt im allgemeinen keine genaue Messung zu, und ein Abstellen der Flamme zum Zwecke der Feststellung der schwarzen Ofentemperatur kann für die Qualität der Endläuterung geradezu gefährlich werden. Höchstens den Augenblick des Wechsels bei einer Regenerativfeuerung kann man für optische Messung der Temperatur ohne welteres benutzen.

Dieses letzte Stadium der Läuterung, wie auch das kommende der Homogenisierung ist durch ständige Probeentnahme scharf zu verfolgen. Die Läuterung kontrolliert man am besten durch „Stichproben", wobei man mit einer kalten, sauberen Eisenstange von ca. 16 mm Dmr. bald von der Oberfläche, bald tief in den Hafen stechend, Proben herausholt. Die Blasenverteilung verrät einem den Fortschritt der Läuterung. Verläuft diese regelmäßig, so muß das Glas noch dicht von großen Blasen durchsetzt sein, wenn es „aus dem Sande" ist. Dieses Stadium, das längstens 1—2 Stunden nach der letzten Einlage erreicht sein muß, erkennt man an den feinen Glasfäden, die von einer genommenen Stichprobe ablaufen, indem man dieselbe leicht durch zwei Finger laufen läßt: es dürfen sich keinerlei Knötchen mehr fühlen lassen. Die Elastizität und Druckfestigkeit dieser Fäden (gleicher Stärke) gibt auch weiterhin ein gutes Bild über den Verlauf der Läuterung, da mit zunehmender Homogenität auch die Elastizität wächst. Ebenso gestattet die mikroskopische Betrachtung dieser Fäden eine wertvolle Beurteilung des Schmelzprozesses.

Gegen Ende des Schmelzprozesses und während des Rührens entnimmt man die Proben am besten nur der Oberfläche und bedient sich hierzu zweckmäßigerweise einer kleinen Schöpfkelle von ca. 5 cm Dmr. Diese „Schöpfproben" dienen vor allem zur Beurteilung der Blasenfreiheit, der Farbe und der Schlierenfreiheit. Gute, homogene Schöpfproben, die etwa in der Mitte des Rührprozesses entnommen sind, können trotz ihrer großen Verspannung nach Anschleifen und Polieren einer ebenen Fläche zur Schnellkontrolle der optischen Lage auf einem Pulfrich-Refraktometer dienen. Wird die Schöpfprobe aus sehr heißem Glas entnommen, so können sich, besonders bei schnell erstarrenden Gläsern, wie z. B. bei Barytkron, Vakuumblasen bilden, welche zu Täuschungen über den Grad der Blasenfreiheit Veranlassung geben können.

Die hohen Temperaturen, welche in den letzten 1—2 Stunden des Läuterungsstadiums notwendig sind, verlangen eine möglichst gleichmäßige Temperatur des Ofenraumes. Da gewissermaßen nur die mittlere Ofentemperatur wirksam ist, so ist einleuchtend, daß eine hohe mittlere Temperatur, die an die Grenze der Hafenbeanspruchung heranführen muß, keine großen Temperaturunterschiede in der Umgebung des Hafens gestattet, da sonst die extremsten auftretenden Höchsttemperaturen notwendig zu einer lokalen Überbeanspruchung und damit zum Auslaufen des Hafens führen müssen. Der weiter obenerwähnte Satz, daß praktisch fast alle Gläser mit gleichen Temperaturen geschmolzen werden können, gilt vor allem für dieses Endstadium aus Gründen, die bei der Läuterung erwähnt wurden. Auch bei den hochbasischen, starkflüssigen Gläsern mit relativ niedrigerer Läutertemperatur wird der Hafen durch den statischen Druck dieser spezifisch schweren Baryt- und Flintgläser so stark beansprucht, so daß die gesamte Beanspruchung des Hafens tatsächlich dieselbe wie bei zäheren, leichteren Gläsern ist und daher die Gefahren im Endstadium mindestens die gleichen sind.

Die Gleichmäßigkeit der Temperaturverteilung unterstützt man bei Regenerativfeuerung durch häufiges Wechseln, etwa viertelstündlich in der letzten Stunde, während man vorher halbstündlich wechseln kann. Es ist selbstverständlich, daß man dabei für besonders reine und helle Flamme sorgt, und den Kaminzug so regelt, daß die Flamme ohne allzu starken Überdruck den ganzen Ofenraum erfüllt. In dieser Beziehung erweist sich der Oberflammenofen mit Umkehrflamme (vgl. S. 1425ff.), bei dem die untere Brennerkante etwa handhoch über dem Hafenrand liegt, als besonders günstig. Wie schon erwähnt, erzeugen die dabei immer noch verbleibenden Temperaturunterschiede gegenüber dem etwas kälteren Hafenboden und der stärker abgekühlten, dem Hafentore zugewandten Vorderseite die bis zuletzt unbedingt notwendigen vertikalen Konvektionsströme, welche allein das Absetzen verschieden spezifisch schwerer Schichten verhindern, nachdem im früheren Stadium die Grobhomogenisierung durch das erwähnte Pülvern stattgefunden hat. Es muß erwähnt werden, daß diese vertikalen kreisförmigen Konvektionsströme bei der wechselnden Regenerativfeuerung sich nach der Stellung der Flamme zum Hafen richten, und daß man sich bei der Stichprobeentnahme zwecks Läuterungskontrolle danach entsprechend zu richten hat.

Es sei noch darauf hingewiesen, daß durch unvorsichtiges Rühren Blasen entstehen können. Sowohl durch die Oberflächenwelle bei zu heftigem Rühren wie durch „Entbinden" gelöster Gase durch die mechanische Bewegung können Blasen erzeugt werden. Aber auch auf den Einfluß der Hafenwände auf Blasenbildung muß hingewiesen werden. Während der Läuterung sammeln sich an der zähen Schicht der Hafenwand leicht Blasen an, die dann in der Rührperiode ins Glas gespült werden können. Die gefährliche Tatsache, daß bei manchen Glastypen die Hafenwände voller Blasen sitzen, mag aber auch noch auf andere Weise sich erklären lassen: Das Glas — besonders die flüssigeren Typen — dringt während der gesamten Schmelzperiode immer tiefer in die Schamotteporen, ein und immer aufs neue spielen sich in dieser Grenzschicht die Auflösungsvorgänge mit Gasentbindung („Läuterung") ab. So findet sich hier immer eine ständige, wenn auch meist schwache Quelle für die Entwicklung von Gasblasen.

Scherbenzusatz. Man kann Scherben in beliebigem Verhältnis zum Gemenge zusetzen von 0—100%. Über die Berücksichtigung der Beeinflussung der optischen Lage wurde schon oben berichtet (S. 1424). Hier soll nur vom Einfluß auf den Schmelzverlauf etwas gesagt werden. Im allgemeinen bewirken Scherben einen beschleunigten Verlauf des Niederschmelzens und eine Verzögerung der Läuterung[1]). Letzteres vor allem, weil der Gasentbindungs- und Zersetzungsprozeß weniger stürmisch verläuft und daher viel längere Zeit eine gewisse Feinblasigkeit zu bemerken ist. Der Scherbenzusatz

[1]) Vgl. auch Hodkin, Howes und Turner, Glastechn. Ber. **6,** S. 681 (1928).

ist in seiner Höhe beim optischen Glase meistens nur aus Rücksicht gegen die gute Farbe beschränkt. Sonst kommt als Nachteil höchstens eine gewisse Gefahr ungünstigen Springens der im Hafen abgekühlten Masse in Frage, wohl infolge der gerade bei Scherbenglas unverhältnismäßig langen Dauer und hohen Temperatur im Läuterungszeitraum.

Abstellen. Ist die Läuterung hinreichend beendet, so erfolgt das Abstellen des Feuers, bei gleichzeitigem Schließen der Kaminschieber und „Aufsetzen" der Arbeitsöffnung. Das letztere ist deshalb zweckmäßig, weil bei geschlossenem Ofenraum durch Strahlung ein derartiger Ausgleich der Wärme erfolgen kann, daß die Schamotte des Hafens vollständig gleichmäßig durchwärmt wird und im letzten Augenblick noch zum Aufbrechen des Hafens führen kann. Durch das Aufsetzen der Arbeitsöffnung wird aber etwas kalter Luft Zutritt gewährt, welche die im Erweichungsstadium befindlichen Schamottewände des Hafens erhärtet und außerdem das immer noch in heftiger Bewegung befindliche Glas im Hafen beruhigt. Der Glasspiegel senkt sich etwas, die hauptsächlichsten Tonerdeverunreinigungen durch Hafenauflösung, welche spezifisch leichter sind, ziehen sich an der Oberfläche zusammen, teils am Rande, teils in charakteristischen Streifen in der Mitte des Glasspiegels. Diese mit Tonerde angereicherten „Hafenschlieren" sind bei allen Gläsern stets gekennzeichnet bei hohen Temperaturen durch ihre geringere optische Schwärze, d. h. durch ein dunkleres Aussehen, während sie bei mittleren Temperaturen etwa von 600—1000°, bei denen die meisten Gläser anfangen, erheblich durchsichtig zu werden, als helle milchigen Streifen herauszuleuchten pflegen. Diese hauptsächliche Schlierenschicht muß vor dem Rühren durch gründliches Abfehmen restlos entfernt werden. Durchschnittlich kann man mit einer Schicht von 1—2 cm rechnen, die entfernt werden muß. Die Technik des „Abfehmens" selbst kann als bekannt vorausgesetzt werden.

Rühren. Nun beginnt der wichtigste Prozeß des optischen Glases, nämlich das möglichst vollständige Homogenisieren des Glases durch Rühren. Für diesen Vorgang, der mit größter Präzision geleitet werden muß, kommt heute nur noch das maschinelle Rühren in Frage. Man muß vor allem bedenken, daß das Rühren an sich die Homogenisierung des Glases, die letzten Endes auf einem Ausgleich aller chemischen Inhomogenitäten beruht, nur unterstützen kann. Das zeigt uns, daß der Rührprozeß zur Homogenisierung wesentlich nur in dem Stadium dienen kann, bei welchem noch eine lebhafte Diffusion stattfindet, d. h. bei welchem das Glas noch hinreichend flüssig ist. Leicht homogenisieren lassen sich daher die Gläser, welche lange dünnflüssig bleiben wie die Barytkrone, schwerer dagegen die zähen Silikatgläser. Die Homogenisierung der schweren Bleigläser dagegen macht deshalb Schwierigkeiten, weil sie weiter getrieben werden muß, wegen der weitergehenden optischen Sichtbarkeit der niedrig brechenden Hafenschlieren in dem hochbrechenden Flintglase. Daraus ergibt sich, besonders unter Berücksichtigung des exponentiellen Temperaturabfalles, daß möglichst schnell mit dem Rühren nach dem Aufsetzen begonnen werden muß, um die für die obengenannte Diffusionsmöglichkeit zur Verfügung stehende, verhältnismäßig kurz dauernde Zeit der hohen Temperaturen möglichst auszunutzen. Während bei der Schmelze die Temperatur der Glasmasse bis zum letzten Läuterungsstadium hinter der Ofentemperatur nachhinkt, fällt letztere bei der sinkenden Temperatur des Rührprozesses rascher ab. Dies Vorauseilen bzw. das Abfallen der Ofentemperatur überhaupt, muß man während dieser ersten Zeit des Rührens möglichst hintanhalten. Die Mittel dazu sind: Wiederanstellen einer mäßigen oxydierenden Flamme und Beschränken der Arbeitsöffnung auf ein Minimum. Beim Wiederanstellen der Flamme ist der Kaminzug so gering als möglich zu halten, damit möglichst ein leichter Überdruck im Ofenraum ein weiteres Eindringen von kalter Luft durch die Arbeitsöffnung verhindert. Gibt man zuviel Kaminzug, so kann nämlich trotz der Flamme sogar ein stärkerer Temperaturabfall erzeugt werden.

Die Arbeitsöffnung selbst wird durch Vorsetzen eines zweckmäßig gestalteten „Rührkuchens“ möglichst verkleinert. Außerdem muß die Bewegung der Rührstange konstruktiv derartig durchgeführt sein, daß sie an der Stelle des Durchtritts durch die Arbeitsöffnung ein Minimum von Bewegungsfreiheit verlangt.

Maschinenrühren. Was die Technik des Rührens betrifft, so beschränke ich mich auf die Beschreibung der für das maschinelle Rühren notwendigen Geräte. Das Rühren von Hand kommt nicht mehr in Frage, weil es die Gleichmäßigkeit des maschinellen Rührens nicht ersetzt und bei großen Häfen wegen des großen Kraftaufwandes erfolgreich nicht durchführbar ist.

Die wesentlichsten Teile des Rührgerätes sind der Schamotterührer, die Fassungsstange und der maschinell angetriebene Bewegungsmechanismus

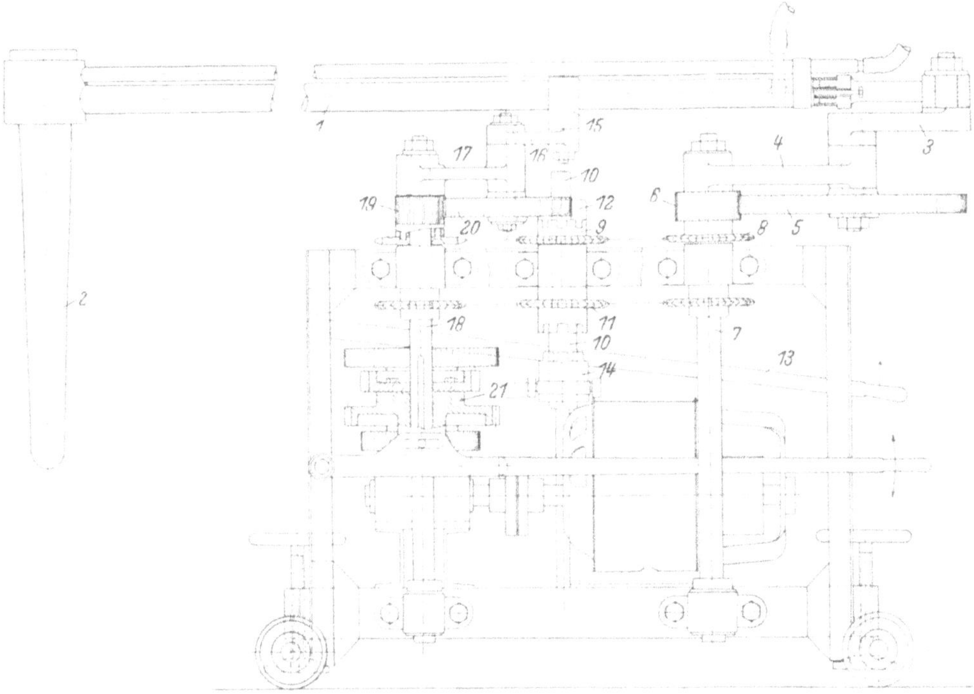

Abb. 1333. Einfache Rührmaschine nach Dr. Eckert.

dieser Stange. Als Material für den Rührer selbst kommt nur Schamotte in Frage. Rührer aus wassergekühltem Eisen bewährten sich nicht. Sie kühlen die Schmelze zu stark ab und verkürzen gerade diejenige Periode, innerhalb welcher noch eine Homogenisierung möglich ist. Was die Form des Rührers betrifft, so wählt man zweckmäßig eine unten abgerundete schwach konische Form von einer Länge, daß die Rührerspitze etwa 12—18 cm über dem Hafenboden sich befindet. Der Durchmesser darf nicht zu klein gewählt werden, nicht nur aus Gründen der Festigkeit, sondern auch aus Gründen der „Verdrängung“, auf die weiter unten bei der Wirkung des Rührvorganges näher eingegangen werden wird. Um den Rührer nicht zu schwer zu gestalten und ihm größere mechanische Festigkeit zu verleihen, wird er zweckmäßig mit einer Höhlung versehen, welche ungefähr $^2/_5$ seines Durchmessers einnimmt und 5—10 cm oberhalb seiner Spitze endet. Die Fassung des Rührers muß so erfolgen, daß die Schamotte nur auf Druck beansprucht wird. Faßt man sie von innen im hohlen Teil, so wird die Schamotte auf Zug beansprucht und trotz eines Verstärkungsringes wird man bei dieser Beanspruchung häufiger Bruch haben als bei der erstgemeinten, hier abgebildeten Anordnung. Die chemische Beanspruchung des Schamotterührers ist eine wesentlich geringere als die der Hafenwände, nicht nur weil die Dauer und die Temperatur bei der Beanspruchung sehr viel geringere sind, sondern auch weil der Rührer nur mit fertigem, schon verhältnismäßig gut homogenisiertem Glase und nicht mit dem schmelzenden Gemenge in Berührung kommt.

Die Rührstange selbst besteht aus dem hohlen Rührerkopf, dem Wasserzu- und -ableitungsrohr und der Anspannvorrichtung innerhalb des Rührerkopfes, welche von außen bedient werden kann.

In Abb. 1333 ist eine Rührmaschine für die speziellen Zwecke des optischen Glases angegeben, die gemäß den hier auseinander gesetzten Grundsätzen folgende Bewegungen ausführen kann: Sie rührt angenäherte Kreise, erfordert eine möglichst kleine Arbeitsöffnung beim Durchtritt durch den Vorsetzer, die Kreise können von 0 bis ca. 700 mm kontinuierlich während des Arbeitens verstellt werden, die Umlaufgeschwindigkeit des Rührens kann zwischen 3 und 40 Touren variiert werden.

In Abb. 1334 ist schematisch die Bewegung des Rührers und der Rührstange in praktisch vorliegenden Verhältnissen aufgezeichnet. Sämtliche Stellungen der Rührstange kreuzen sich in dem Punkt A, der so nahe an den Vorsetzer zur Kleinhaltung der Öffnung herangesetzt wurde, als es die Dimensionen der Rührmaschine tunlich erscheinen ließen. Die Rührstange *1* ist befestigt an einem Augenlager (Abb. 1333), auf dem größeren Kurbelhebel *3/4*, der im gestreckten Zustand den Radius R hat. Sie wird geführt durch das Gleitlager *15* des kleineren Kurbelhebels *16/17* von gestrecktem Radius r. Durch einen

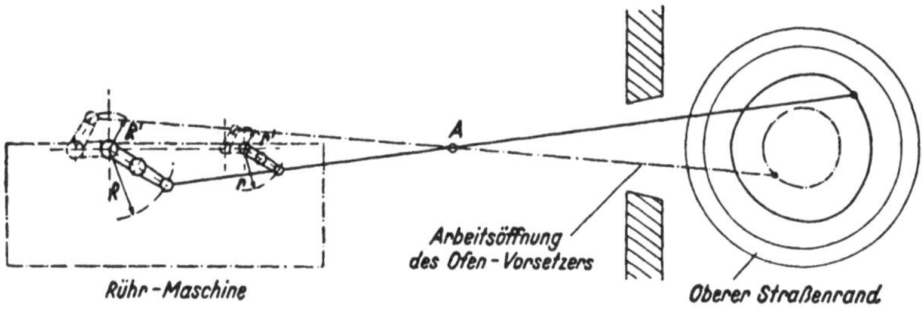

Abb. 1334. Schema der Rührbewegung.

Steuerungsmechanismus kann während des Rührens jederzeit der Winkel der beiden Kurbelarme, aus welchen der Antriebshebel besteht, bis zu 0° verstellt werden und so R' bzw. r' von Hand beliebig bis zur Größe 0 verstellt werden.

Der Rühr- und Steuermechanismus der Maschine funktioniert in folgender Weise (Abb. 1333):

Der Rührarm *1*, an welchen der Rührer *2* befestigt wird, sitzt mittels eines Augenlagers auf der Kurbel *3*. Letztere dreht sich um das Augenlager des Kurbelhebels *4*. Das Stirnrad *5*, welches mit der Kurbel gekuppelt ist, greift in das Stirnrad *6*, welches lose auf der Achse des Hebels *4* läuft. Wird die Kurbel durch die Achse *7* gedreht und das Stirnrad *6* durch nachher beschriebene Vorrichtung festgehalten, so läuft das Stirnrad *5* als Planetengetriebe um Stirnrad *6*. Die Bewegungsbahn des Augenlagers des Rührarms *1* wird, so lange Stirnrad *6* festgehalten wird, eine Spirale sein, deren Windungszahl von dem Übersetzungsverhältnis der Stirnräder *5* und *6* abhängig ist. Wird nun dem Stirnrad *6* die gleiche Drehzahl oder Drehrichtung wie der Achse *7* oder Kurbel *4* erteilt, so bleibt Kurbel *3* relativ zur Kurbel *4* ohne Drehung. Das Augenlager des Rührarmes *1* beschreibt angenäherte Kreise, deren Durchmesser von der jeweiligen Stellung des Hebels *3* zu Hebel *4* abhängig ist. Es würde im Minimum, wenn Hebel *3* dieselbe Länge wie Hebel *4* hätte und wenn die Hebel genau übereinander lägen, trotz Drehung des Hebels *4* keine Bewegung des Augenlagers des Rührarms *1* erfolgen. An dem Stirnrad *6* sitzt ein Kettenrad *8*, welches mittels Kette mit dem Kettenarm *9* in Verbindung steht. Das Kettenrad *9*, welches an einer Hälfte als Klauenkupplungshälfte ausgebildet ist, ist auf die Achse *10* aufgekeilt. Auf der Achse *10* läuft lose das Kettenrad *11*, welches ebenfalls mit einer Klauenkupplungshälfte versehen ist. Über dieses Kettenrad *11* erfolgt der Hauptantrieb auf die Achse *7*. Die Zähnezahlen der Kettenräder sind gleich, so daß Kettenrad *11* die gleiche Umdrehungszahl besitzt wie die Achse *7*. Durch den Kupplungshebel *13* werden die Kupplungshälften *12* und *14*, welche untereinander fest verbunden sind, ein- und aus- oder aus- und eingerückt. Die Kupplungshälfte *12* ist starr und nicht drehbar, so daß wenn Kettenrad *9* mit *12* gekuppelt ist, ist Kupplung *14* ausgerückt. In diesem Falle ist das Stirnrad *6* festgehalten und Stirnrad *5* wirkt als Planetengetriebe, wird die Kupplung umgeschaltet. Sie wird, weil Kupplung *14* durch Gleitkeil mit Welle *10* verbunden ist, den Zahnrädern *8* und *9* und somit Stirnrad *6* die gleiche Drehung erteilt wie die der Welle *7*. Hebellänge *16* verhält sich zu Hebellänge *3* wie Hebellänge *17* zu Hebellänge *4*. Dieses Verhältnis muß wiederum übereinstimmen mit dem Verhältnis Entfernung der Welle *18* vom theoretischen Festpunkt zur Entfernung der Welle *7* zum Festpunkt. Das Übersetzungsverhältnis des Zahnräderpaares *19* und *20* muß gleich dem von *6* und *5* sein.

Der Hauptantrieb erfolgt durch einen Gleichstrommotor, dessen Tourenzahl durch Widerstände im Verhältnis von 1:6 reguliert werden kann, über ein Schneckengetriebe. Das Wechselgetriebe *21* ermöglicht weiterhin eine Regulierbarkeit um das Doppelte, so daß die Maschine auf eine beliebige Tourenzahl zwischen *4* und *48* während des Betriebes eingestellt werden kann.

In Abb. 1335 ist eine Rührmaschine der Sendlinger optischen Glaswerke, Zehlendorf, in Betrieb zu sehen, die nach dem „Storchschnabel"prinzip konstruiert ist und daher wirkliche Kreise rührt, jedoch ein geringeres Maß von Bequemlichkeit und Verstellbarkeit aufweist als das vorstehend beschriebene Modell.

Es ist von Vorteil, die Außenhaut des Rührers aus besonders feinkörnigem, dichtem Material zu machen. Das innere Material des Rührers ist, um es hinreichend temperaturempfindlich und luftdurchlässig zu machen, besser aus etwas grobkörnigerem Material zu machen. Man hat bei einem solchen

Abb. 1335. Rührmaschine der Sendlinger opt. Glaswerke.

Rührer mit feinkörniger Außenhaut auch den Vorteil, daß schon bei verhältnismäßig geringem Brand die Außenhaut dicht wird, während das Innere der Schamotte noch in demjenigen Zustand verbleibt, welcher gegen plötzlichen Temperaturwechsel widerstandsfähig ist. Eine Methode, um einen derartigen Rührer herzustellen, bietet uns das Gießen aus zweierlei Massen. Eine äußerst feinkörnige Masse wird zuerst in die Gipsform eingefüllt und nach kurzer Zeit, nachdem sich eine 1—3 mm dicke Haut gebildet hat, die Masse herausgegossen und mit der zweiten grobkörnigeren Masse ausgefüllt. Wir erhalten dadurch eine äußerst innige Verbindung und vermeiden bei sorgfältiger Herstellung ein Abplatzen der Haut. Es genügt jedoch im allgemeinen auch die Gußhaut, die bei einmaligem Gießen von selbst entsteht. Auch in Form geschlagene oder gestampfte Rührer, sofern ihre Oberflächenhaut nachpoliert wird, können verwendet werden. Wenn der Rührer in die Glasmasse eingetaucht wird, so erfolgt häufig noch ein Blasen des Rührers, d. h. das in seinen Poren enthaltene Luftvolumen dehnt sich aus und tritt teilweise in die Glasmasse ein. Bei Rührern, welche eine dichte Haut besitzen und nach innen zu hinreichend porös sind, kann die Luft vorzugsweise nach innen entweichen, so daß ein „Blasen" des Rührers nicht stattfindet.

Beim Brennprozeß ist durch häufiges Umdrehen des Rührers darauf zu sehen, daß er keinerlei Krümmungen aufweist. In einem kleinen gesonderten Brennofen wird eine gegebene Anzahl von Rührern ständig in Bereitschaft gehalten. Das Vorbrennen wird etwa auf 1200—1280° (je nach der Tonsorte) vorgenommen und soll 6—12 Stunden nicht überschreiten, damit keine Feuerrisse auf der Außenhaut auftreten.

Das Einlegen des Rührers geschieht folgendermaßen: Der Schamotterührer wird aus dem Brennofen entnommen, mit einem geeigneten Gerät in den Kopf der bereitliegenden Rührstange eingeschoben und einigermaßen festgezogen. Darauf wird der Rührer mit der Rührstange durch die Arbeitsöffnung in den Ofenraum gebracht und durch geschickte, horizontal streifende Bewegung über der Glasoberfläche der Rührer mit Glas überzogen. Man läßt ihn nun so lange in der Flamme des Ofens stehen, bis er dem Aussehen nach die gleiche Temperatur wie der Ofen angenommen hat. Es ist selbstverständlich, daß der Vorgang des Einlegens von der Entnahme aus dem Temperofen bis zum Anbrennen in dem Schmelzofen möglichst beschleunigt wird. Ein Rührer muß die immerhin einige Minuten dauernde Prozedur ohne weiteres aushalten. Nachdem der Rührer verglast und temperiert ist, sowie etwaige Verunreinigungen von der Glasoberfläche mit der Krücke entfernt wurden, wird der Rührer langsam in das Glasbad eingesetzt, die Rührmaschine herangerollt und die Rührstange eingespannt. Nun muß eine genaue Zentrierung der Kreisbewegung des Rührers in bezug auf die Hafenoberfläche erfolgen, teils durch Nachregulierung der einzelnen Vorrichtungen, teils durch seitliches Verschieben der Rührmaschine. Nachdem man abgewartet hat, bis alle Luftblasen vom Einsetzen des Rührers aufgestiegen sind (andere „Gasentbindungen" der Schamotte des Rührers sind fehlerhaft), kann mit der mechanischen Homogenisierung begonnen werden.

Rührmethode. Um die richtige Methode des Rührens zu finden, muß man sich den Zweck dieses Vorgangs und seine physikalischen Einzelheiten klarmachen. Der Zweck des Rührens ist ein doppelter: einerseits mechanische Unterstützung der Homogenisierung, d. h. des Ausgleichs von Konzentrationsunterschieden, der letzten Endes durch Diffusion zustande kommt, anderseits Verhütung der Vermischung homogenisierten Glases mit anderem Glase. Während in der ersten Zeit des Rührens, vielleicht im ersten Drittel jener erste Zweck überwiegt, tritt im zweiten Teil die Konservierung der erreichten Homogenität in den Vordergrund. Das bei Rührbeginn im Hafen befindliche Glas müssen wir nach seiner Homogenisierungsmöglichkeit nach zwei Gesichtspunkten hin betrachten: die Glasmasse als Ganzes ist zwar durch die Periode der Grobhomogenisierung (Pülvern, Läutern, Konvektionsströme) soweit homogen geworden, daß Unterschiede im spezifischen Gewicht größerer Proben oben und unten aus dem Hafen nicht vorhanden sind, in Bezug auf kleine und kleinste Dimensionen sind aber noch Ungleichheiten vorhanden, die jetzt beseitigt werden müssen. Daneben bestehen noch grobe Ungleichmäßigkeiten fremder Art, jene Schlieren und Winden, die meist stark tonerde- oder kieselsäurereiches Glas vorstellen oder von der Auflösung sonstiger Fremdkörper herrühren. Diese bedürfen wegen ihrer hohen Zähigkeit einer so langen Zeit zur Auflösung und einer so intensiven „mechanischen" Verarbeitung durch das Rühren, daß in der Zwischenzeit die ersterwähnte Masse des Glases längst homogenisiert ist, und nur die Gefahr des aus kontinuierlicher Quelle ständig neu heranrückenden Hafenschlierenstromes gegeben ist.

Man kann also nur die große Masse des Glases an sich homogenisieren und die anfänglich darin verteilten Grobschlieren, nicht aber ist es möglich, die im späteren Stadium des Läuterungsprozesses in die Glasmasse eingetretene grobe fremde Inhomogenität gleichzeitig und ohne Gefahr für das Hereintreten neuer Feinde zu molekular disperser Verteilung bringen. Ein allzu langes Verlängern des gesamten Rührprozesses ist daher zwecklos.

Die verhältnismäßig kurze erste Periode des Rührens dagegen darf und soll man durch Zusatzheizung, wie oben beschrieben, künstlich etwas verlängern. Hierbei wird man zweckmäßig so schnell rühren, als Maschine und Glas es zulassen. Die Rührgeschwindigkeit ist nach oben begrenzt durch die mechanische Beanspruchung und das Entstehen von Blasen im „Kielwasser" des Rührers. Der Durchmesser des Rührkreises wird zunächst ganz klein gehalten, und man geht langsam mit einer äußerst flachgängigen Spirale auf größere Durchmesser, so daß man etwa am Ende der Diffusionsperiode bei einem Radius des Rührkreises von zwei bis drei Fünfteln des oberen inneren Hafendurchmessers angekommen ist. In dem Maße wie man den Rührkreis vergrößert, sowie in dem Maße, in dem das Glas zäher wird, verringert man die Peripheriegeschwindigkeit.

Ein grobes aber hinreichendes Maß für die richtige Geschwindigkeit gibt die Höhe der „Bugwelle“, welche der Rührer wirft.

Man kann natürlich auch durch Instrumente, sei es mechanisch, sei es elektrischer Art, den Arbeitsaufwand messen, welchen das Rühren erfordert, und die Peripheriegeschwindigkeit des Rührers durch Regulierung der Tourenzahl bei einem gegebenen Durchmesser so vornehmen, daß man mit „konstanter Rührleistung“ fährt. Eine Beschreibung eines derartigen Apparates erübrigt sich, da er von der Konstruktion der Rührmaschine selbst abhängt, im übrigen aber eine einfache mechanische bzw. elektrische Leistungsmessung darstellt. Will man daraus gleichzeitig die relative Zähigkeit des Glases ablesen, so müssen natürlich entsprechend die absolute Rührgeschwindigkeit, Änderung der Hebelarme bei Veränderungen an der Rührmaschine usw. berücksichtigt werden.

In dieser ersten (Diffusions-) Periode ist es zwecklos, zu große Kreise zu rühren und mehrfach von großen wieder auf kleine Durchmesser zu gehen. Da der Rührer nämlich ein wenn auch kleines, so doch merkliches Volumen der Glasmasse in bezug auf den gesamten Hafeninhalt verdrängt, so ist die Wirkung seiner Bewegung in allen Teilen des Hafens gleichzeitig zu spüren, und nicht bloß, wo er unmittelbar hindurchstreicht. Er übt gewissermaßen eine „massierende“ Wirkung auf die gesamte Glasmasse aus, und zwar um so mehr, je schneller er bewegt wird. Diese massierende Wirkung reicht schon allein aus, um die Masse des Glases zu homogenisieren.

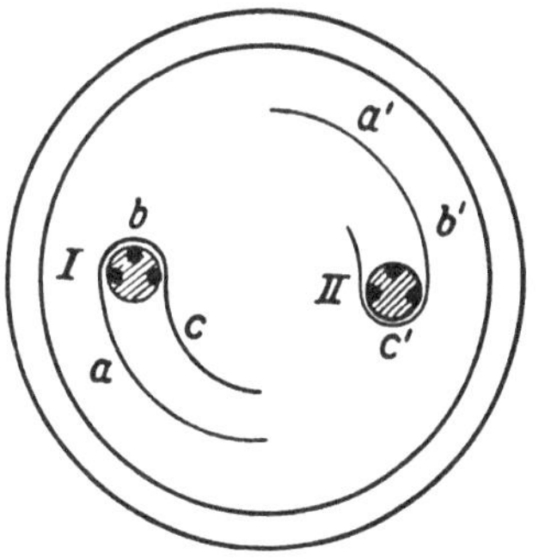

Abb. 1336. Schema der Rührbewegung.

Auf die groben Schlierenfäden von zähem Glase übt der Rührer außerdem noch eine andere Wirkung aus, welche man als eine Entfernung oder Reinigung des zentralen Teiles bezeichnen muß. Dies wird bewirkt durch ein Abrollen des Umfangs des fest eingespannten Rührers auf das ihn umgebende Glas. In Abb. 1336 ist dies schematisch veranschaulicht. In Stellung I sind mit 3 Punkten Stellen der Rührerperipherie bezeichnet, an welchen die Stellen *a*, *b* und *c* einer zähen Hafenschlieren anliegen sollen. Die Schliere wird von dem Rührer mitgenommen, etwa wie Wasserpflanzen durch den Kiel eines Schiffes. Der Rührer bewege sich im Sinne eines Uhrzeigers nach Stellung II. Die Peripheriepunkte des festeingespannten Rührers werden nunmehr um 180° gegen die Bewegungsrichtung liegen, die entsprechenden Stellen der Schliere mögen dagegen *a'*, *b'* und *c'* sein, d. h. die Schliere hat sich auf dem Rührerumfang abgerollt und wird langsam hinausbefördert. Diese Vorstellung in Verbindung mit dem übrigen Vorhergesagten erklärt uns ohne weiteres den Zweck des Rührens in der zweiten Rührperiode, die nun folgt, und die lediglich den Zweck hat, die Homogenität der mittleren Glasmasse möglichst zu erhalten. Auf keinen Fall darf infolgedessen der Rührer mehr die schlierenfreie Mittelzone betreten, sondern er darf sie nur sorgfältig auf Kreisen von konstantem Radius geführt umkreisen und hat dabei noch die Aufgabe, das von außen herandrängende schlierenreiche Glas zurückzuhalten.

Die Rührbewegung hat aber noch einen weiteren Erfolg vorwiegend im zweiten Stadium, aber auch schon im ersten, nämlich die vertikalen Konvektionsströme, die im Läuterungsstadium eine so große Rolle spielen, möglichst zu unterdrücken. Dadurch soll vor allem verhindert werden, daß die am Boden befindliche Schlierenschicht aufsteigen kann. Die auf einem Radius kreisende Bewegung des Rührers hält den mittleren Teil der Schmelze in ständig rotierender Bewegung, während die Schichten des Glases, die außerhalb des konstanten Rührkreises liegen, mit ihrer Annäherung der Wand entsprechend ständig stark gebremst werden. Ein Rotieren der Masse in dem Sinne, daß die Umdrehungsgeschwindigkeit von innen nach außen abnimmt, würde ein „Abrollen“ der Außenschichten an der bremsenden Hafenwand bewirken und das Glas von innen nach außen bewegen, was notwendig ein sehr störendes Hochsteigen in der Masse zur Folge hätte. Dies wird durch die geschilderte Rührweise vermieden. Bei dieser Rührmethode ist noch nicht gesagt, daß alles außerhalb des Rührkreises liegende Glas schlierig bleiben muß. Die „massierende“ Bewegung des Rührens setzt sich ja bis zur Hafenwand fort und, wenn keine groben Hafenauflösungsschlieren vorhanden waren, so bleibt auch von diesem Glas ein großer Teil brauchbar.

Das Rühren der zweiten Periode wird unter ständiger Herabsetzung der Tourenzahl nun möglichst lange fortgesetzt, d. h. so lange, als es die zunehmende Zähigkeit des Glases irgendwie erlaubt. Das Ziel sollte sein, die Glasmasse so lange in rotierender Bewegung zu erhalten, als nach Aufhören des Rührens die Gefahr besteht, daß Konvektionsströme schlierige Schichten der Wand- und Bodenpartien ins Innere bringen. Da sich beides bis zu einem gewissen Grade ausschließt, muß ein Kompromiß gemacht werden. Man hört mit dem Rühren auf, wenn man 3—4 Touren/Minute erreicht hat. Das Glas ist dann zwar schon sehr zähe, aber noch nicht konvektionsströmefrei. Es handelt sich nur darum, die Schmelze von außen und vom Boden her so schnell wie möglich abzukühlen, bis mindestens die Randpartien in den zähplastischen Zustand übergegangen sind.

Trotzdem wird in den meisten Fällen im Endstadium nicht zu vermeiden sein, daß ein gewisser Teil der in der Abkühlung zurückgebliebenen Bodenschlierenschicht infolge seiner größeren Wärme in der Mitte des Hafens aufsteigt und sich auf der Oberfläche verbreitet. Beim Zerlegen der erstarrten Glasmasse nach dem Erkalten kann man in vielen Fällen diese Schliere als pinienförmiges Gebilde sehen.

Eine ähnliche Erscheinung kann man durch ungeschicktes Entnehmen des Rührers aus dem Hafen hervorrufen, besonders wenn man die Rührerspitze beim Herausnehmen nochmals in die Bodenschicht eintaucht. Ein Belassen des Rührers im Hafen und Miterstarrenlassen bringt aber auch keine besonderen Vorteile, hingegen den Nachteil, daß das Glas in der Umgebung des Rührers stark zersplittert.

Aus dem Gesagten geht hervor, daß kompliziertere Arten der Rührbewegung höchstens Nachteile bringen können. Als besonders schädlich sind dabei hervorzuheben Zykloidenbewegung und Bewegungen mit vertikaler Komponente. In beiden Fällen holt man das schlechte Wandglas immer wieder in das homogenisierte herein. Die vertikale Bewegungsart, welche den Zweck haben soll, verschieden schwere Schichten auszugleichen, ist hinfällig nicht so sehr wegen ihrer Unwirksamkeit, als vielmehr weil keine verschieden spezifisch schwere Schichten beim Rührbeginn vorhanden sind bzw. sein dürfen.

Die mechanische Bewegung des Rührers im Glas hat zuweilen die unangenehme Folge, im Glas gelöste Gase wieder zu entbinden, wie man dies bei kohlensäurehaltigem Wasser längst kennt. Von dieser Erscheinung werden vorwiegend dünnflüssige Gläser betroffen, die beim Schmelzen aus ihrem Satz viel Kohlensäure abgeben wie die Barytkrone, aber auch manche zähe Borosilikatgläser. Das Mittel hiergegen ist, durch heißen Schmelz- und Läuterungsprozeß die Gase möglichst weitgehend vorher auszutreiben, und das Rühren langsam einzuleiten, und die Geschwindigkeit langsam zu steigern unter ständiger Kontrolle durch Probeentnahme.

Literatur.

E. D. Williamson and L. H. Adams, Note on the Motion of the Stirrers Used in Optical Glass Manufacture., J. Am. Cer. Soc. 3, S. 671 (1920).

E. Zschimmer, Theorie der Glasschmelzkunst II. Jena 1924.

C. N. Fenner, The Technique of Optical Glass Melting. J. Am. Cer. Soc. 2, S. 102 (1919).

H. Jebsen-Marwedel, Schmelzen und Formgeben des Glases. Leipzig 1929.

F. H. Zschacke, Glas. Dresden 1930.

5. Von der Schmelze zum optischen Rohglas.

Hafenausfahren. Nach Beendigung des Rührens und Entnahme des Rührers aus dem Glase muß der Hafen so schnell wie möglich ausgefahren werden. Das Losbrechen des Hafens und das Ausfahren mit der maschinell angetriebenen fahrbaren Hafenzange (Abb. 1337), die schon zum Einfahren diente, sind Manipulationen, welche genau denen im Gußglasbetriebe gleichen. Ihre Beschreibung erübrigt sich. Es wird auf das Kapitel 11, S. 861, verwiesen. Für die Konstruktion der fahrbaren Hafenzange mit maschinellem Antrieb sei ebenfalls auf dieses Kapitel verwiesen. Wichtig ist beim optischen Glas nur, daß die Schmelze in sich beim Transport möglichst wenig geschüttelt und gestoßen wird. Die Fahrbahn muß bis zu der Stelle, wo der Hafen abgesetzt wird, sofern kein gut gelegtes Geleise für eine fahrbare Zange vorhanden ist, glatt und sauber sein. Am geeignetsten ist eine im Kran schwebend aufgehängte Hafenzange, welche von 3 Mann bedient wird, die von Cruikshank für Spiegelglas eingeführt wurde.

Abb. 1337. Ausfahren des Hafens mit Zange von Hand. (Schott & Gen.)

Hafenkühlung. Nun folgt die Kühlung des Hafens, welche den Zweck hat, die Masse des Glases so weit spannungsfrei abzukühlen, daß es sich durch Schlagen mit dem Hammer leicht weiter zerlegen läßt. Die vorübergehend auftretenden Spannungen sollen dabei die Glasmasse in möglichst von gleichmäßigen Flächen begrenzte, nicht zu kleine Stücke zerreißen.

Nur für besondere Zwecke, wie für ganz große Objektivscheiben, wird wie beim Spiegelgußglas der gesamte Hafeninhalt ausgegossen (s. S. 1395).

Da die Gefahr vorhanden ist, daß der Schamottehafen springt, ehe das Glas im Innern hinreichend erstarrt ist, so daß es noch auslaufen kann, wird der Hafen so schnell wie möglich mit einem Eisenreifen, dessen Enden zusammengekeilt oder zusammengeschraubt sind, gebunden. Bei kieselsäurereichen Hafenmischungen, welche besonders temperaturempfindlich sind, muß dieses Binden sehr schnell erfolgen.

Bei der Hafenkühlung sind vor allem drei Fehler zu vermeiden: allzu starkes Zerspringen, Vakuumblasen und das Entstehen einer Kugel.

Würde man den Hafen im Freien der natürlichen Abkühlung überlassen, so würden bei dem entstehenden großen Temperaturgefälle vorübergehend so heftige Spannungen auftreten, daß vor allem die der Oberfläche nahen Partien in viele kleine

Stücke zersprängen. Durch provisorischen Einbau des Hafens in eine isolierende Schicht von Isoliersteinen, Sand, Kieselgur oder durch eine permanente Vorrichtung, die Kühlhaube, im Notfalle durch Abstellen der Schmelze im Temperofen kann man die Abkühlung beliebig langsam vor sich gehen lassen. Erfolgt diese Abkühlung zu langsam und zu gleichmäßig, so daß die vorübergehend auftretenden Spannungen nicht groß genug sind, um den ganzen Glasblock zu zerreißen, so entsteht ein massiver Glasblock, eine Kugel (durch Abblättern der Randpartien), welche nach dem Erkalten außerordentlich hohe Restspannungen zeigt. Diese Kugel neigt in ihrem Äußeren dazu, in konzentrische Kugelschalen abzublättern, in ihrem Innern radial zu zerspringen (Abb. 1338). Beides macht das Glas für weitere optische Zwecke unbrauchbar. Die Vakuumblasen treten schließlich auf, wenn der Wärmeentzug durch die Oberfläche der Schmelze bewirkte, daß der obere Teil in sich schon vollkommen fest ist, während im Innern oder am Boden das Glas noch weich ist. Dieses weiche Glas durchschreitet dann erheblich später die Temperaturzone mit größerer Ausdehnung, d. h. es zieht sich erheblich später stark zusammen, so daß es in kleinere oder größere Hohlräume zerreißt, welche ein hochgradiges Vakuum umschließen. In den Fällen, wo die Vakuumblasen klein geblieben sind (wenn auch noch so zahlreich), schließen sie sich beim Wiedererwärmen während des Senkprozesses vollständig.

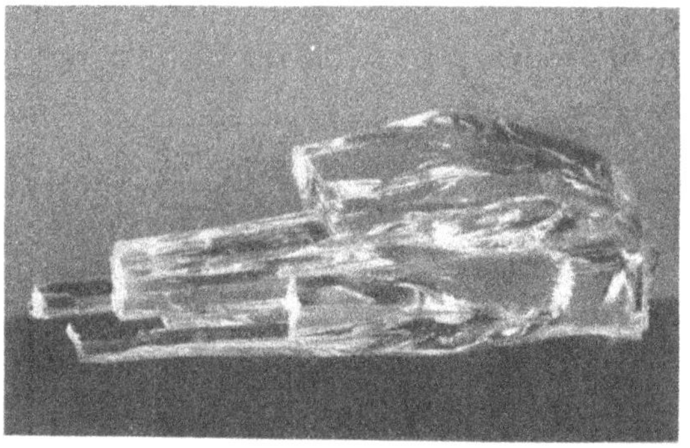

Abb. 1338. Stück einer radial gesprungenen Kugel. (Schott & Gen.)

Eine genaue Anweisung über Temperaturabfall und Art des Wärmeentzuges kann nicht gegeben werden, da dieses von der Hafengröße, Form und vor allem von der Art des Glases und schließlich auch von der Art der Schmelzführung abhängt. Die Art des Glases spielt die größte Rolle insofern, als die verschiedene Art des Erstarrungscharakters, die Temperaturabhängigkeit, der Ausdehnungskoeffizient und die Wärmeleitfähigkeit dabei eine ausschlaggebende Rolle spielen. Aber auch der Gang des Schmelzverlaufes ist von Einfluß insofern, als die Höhe der Schmelztemperatur die Kohäsionseigenschaften des Glases beeinflußt. Es hat den Anschein, als ob bei sehr hohen Schmelztemperaturen das entstandene Glas mehr dazu neigt, eine Kugel zu bilden. Bei kleineren Häfen als 1 m Dmr. kommt dies nicht so leicht vor.

Es ist zweckmäßig, den Hafen nicht auf ein gut isolierendes Material abzustellen, sondern auf normal wärmeleitendes Mauerwerk, damit die Wärme auch durch den Boden abfließt. Um den Wärmeverlust durch die Oberfläche von Anfang an nicht zu heftig zu gestalten, wird diese nach einiger Zeit mit einer dünnen Schicht Kieselgur oder Sand bestreut. Der Zeitpunkt des Aufstreuens dieser Schicht ist sehr wichtig, ebenso wie der Zeitpunkt des Inkrafttretens der weiteren Isolation durch Herablassen der Isolationshaube. Das Bestreuen mit Kieselgur erfolgt, wenn die Oberfläche so weit erstarrt ist, daß sie sich mit einem Eisen nur mehr mit Gewalt eindrücken läßt, bei den schnell erstarrenden Barytkronen, wenn die ersten Sprünge die Oberfläche durchziehen. Dieser Zeitpunkt schwankt ja nach den obengenannten Bedingungen zwischen ½—1½ Stunde. Das Bestreuen kann manchmal mit Vorteil nur teilweise stattfinden.

Nach dem Bestreuen der Oberfläche erfolgt das weitere Abstehen der Schmelze, bis die „Haube" heruntergelassen werden kann. Dieses erfolgt durchschnittlich 20 Minuten bis 1 Stunde später. Nachdem die „Haube" heruntergelassen ist, wird die Schmelze sich selbst überlassen. Die Abkühlung einer 1—1½-t-Schmelze erfolgt in 8—10 Tagen soweit, daß sie ausgefahren werden kann. Beim Ausfahren muß eine richtig gekühlte Schmelze mindestens eine nahezu gerade Sprungfläche quer durch die Mitte von oben bis unten zeigen.

Über die Einrichtung der Kühlhaube ist folgendes zu bemerken: Ein rund gemauerter Sockel aus feuerfesten Steinen oder rohem Mauerwerk von etwas größerem Durchmesser als die Größe des verwendeten Hafens stellt die Grundplatte dar, auf welche der Hafen abgesetzt wird. Mittels einer Aufzugvorrichtung ist die „Haube" aus Eisenblech, die mit einer halben Stein starken Wand aus Isoliersteinen gefüttert ist, über diesen Sockel herunterzulassen. Zum besseren Luftabschluß kann die „Haube" in einem Ring von Sand aufgesetzt werden. Der lichte Durchmesser der „Haube" soll keinesfalls den doppelten Hafendurchmesser überschreiten und hat zweckmäßig etwa einen 50% größeren Durchmesser als der obere Hafenrand. Desgleichen soll die Höhe etwa das $1\frac{1}{2}$fache des Hafens betragen.

Zur zweckmäßigen Ausführung der Hafenkühlung ist es notwendig, daß eine genaue Betriebsstatistik geführt wird, welche alle Daten enthält, die von Einfluß sind. Diese sind: Glasart, Hafengröße (Höhe, Durchmesser), Glasgewicht, optisch gemessene Glastemperatur, Zeiten des Abstehens, Zudecken, Herunterlassen der Haube, Art und Weise des Abdeckens (Material, Körnung, ganz oder teilweise).

Zerlegen des Hafens. Mittels einer Brechstange werden die beiden Hälften der Schmelze auseinandergerückt, und ein guter Brocken, der genau bezeichnet wird, entnommen und weitergeleitet zur Begutachtung der Farbe und Blasen sowie der vorläufigen Bestimmung der optischen Konstanten mittels eines daraus gearbeiteten Meßprismas. Die größten Brocken werden mit einem Vorschlaghammer in Stücke von erwünschter Größe zerschlagen, und im übrigen die Gesamtheit dieser Brocken in die Rohsortierung transportiert. Der Abfall an kleinen Scherben bezieht sich hauptsächlich auf Glas, das an den Schamottewänden anhaftete und infolge der sehr verschiedenen Ausdehnung von Schamotte und Glas zersplitterte. Dieses Glas wäre sowieso wegen der Hafenschlieren in den meisten Fällen unbrauchbar.

Der Gesamtverlust an Glas bis zu diesem Stadium durch Verstäuben des Gemenges beim Einlegen, Probeentnahme, Abfeimen und Zersplittern in kleine Stücke beziffert sich durchschnittlich auf 20—30% der berechneten eingelegten Glasmenge.

Rohsortierung. Die Rohsortierung des Glases bezweckt für den Senkprozeß die Brocken so herzurichten, daß diese möglichst nur stumpfwinklige Ecken aufweisen und verfolgt gleichzeitig den Zweck, die gröbsten Fehler, wie grobe Schlieren, Steine usw., durch Abschlagen auszumerzen. Dieses Abschlagen geschieht mit einem Stahlhammer, ähnlich wie er beim Bearbeiten von feuerfesten Steinen gebraucht wird. Die andere Hand des Mannes ist dabei von einem starken Lederhandschuh geschützt. Auf jeden Brocken wird die Schmelznummer mit einem Diamantstift eingeritzt (s. Abb. 1339).

Abb. 1939. Rohsortierung (Sendl. opt. Glaswerke).

Das Gewicht der Rohglasbrocken schwankt im allgemeinen zwischen 0,5 und 12 kg. Kleinere lohnen nicht die Verarbeitung, größere sind zu unhandlich. Falls größere Linsen für Objektivscheiben verlangt werden, so wird dieses in einzelnen Fällen durch Auswahl besonderer Brocken berücksichtigt. Meist verwendet man aber zum Senken von Objektivscheiben, die dabei gleich eine runde Form erhalten, schon ausgesuchtes, optisch einwandfreies Plattenglas, damit man mit Sicherheit die ganze Scheibe aus einwandfreiem Glas hat.

Senken (s. Abb. 1340). Die Gesamtheit der zu einer Schmelze gehörigen zugehauenen Rohglasbrocken werden in großen, einzelnen Transportkisten in die Senkerei weitergeleitet.

Um das Rohglas in eine für die Weiterverarbeitung geeignete Form überzuführen, werden die Rohglasbrocken im Senkprozeß in viereckige Platten von quadratischem Grundriß umgewandelt. Dieses geschieht durch das Senken in Schamotteformen. Unter Senken versteht man das Breitfließenlassen der Glasmasse unter dem Einfluß der eigenen Schwere im Stadium einer wirklichen, wenn auch sehr zähen Flüssigkeit. Die Senktemperaturen liegen zwischen 700 und 1000° und werden auch Fließtemperaturen genannt. Der Grad der Flüssigkeit bedingt, daß die Formgebung durch ein feuerfestes Gefäß erfolgt. Als solche verwendet man Schamotteformen. Um das Ankleben des zähflüssigen Glases an den Schamottewänden zu verhindern, werden diese mit einem feinen, aufgeschlämmten Ton- oder Kaolinbrei ausgeschwenkt. Dadurch entsteht eine feine, nach dem Senken weniger als $^1/_{10}$ mm starke Haut, die bei richtiger Temperatur weder am Glase noch an der Schamotte haftet. Der Boden der Formen wird mit einer Asbestplatte oder billiger mit Asbestpappe ausgelegt. In diese wird die Schmelznummer eingepreßt, so daß sie nachher im Boden der Platte sichtbar wird. Die Seitenwände der Formen sind schwach konisch ausgebildet, so daß das fertig gekühlte Stück durch Umkippen sich leicht herausnehmen läßt.

Abb. 1340. Senkofen u. gefüllte Senkformen (Sendl. opt. Glaswerke).

Nach dem Einlegen der Brocken in die Formen ist zu kontrollieren, ob der Brocken richtig liegt, so daß beim Senken keine Überlappungen stattfinden können, ob die Schmelznummern stimmen und ob die Brocken ihrem Gewicht nach in eine geeignete Form gelegt sind.

Zahlentafel 125.

Gangbare Plattengrößen.

Glasart	Grundkante		Höhe	
	von mm	bis mm	von mm	bis mm
Prismenkron . . .	100	250	30—45	80—100
Prismenflint . . .	80	200	30—40	50— 60
Barytkron	80	170	25—35	45— 55
Sonstige Sorten . .	80	180	25—35	45— 60

Platten über 22 cm² werden nicht gebraucht.

Objektivscheiben werden in runden Formen aus ausgesuchtem Plattenglas gesenkt. Häufigster Durchmesser ist 180—400 mm, bei einer Dicke von $^1/_7$—$^1/_9$ des Durchmessers.

Das Senken kann natürlich in jedem Ofen, der eine langsame Erhitzung auf 800 bis 1000° gestattet, und bei dem man die Formen auf ebene Unterlagen aufstellen kann, erfolgen. Als besonders geeignet aber erscheint als Senkofen ein Tunnelofen mit kontinuierlichem Betrieb, dessen Größe der Durchschnittsleistung der betr. optischen Glashütte angepaßt ist.

Kontinuierlicher Senkofen (Abb. 1341—1345). Der Senkofen ist als Tunnelofen ausgebildet, durch den die Schamotteformen mit den Senkstücken auf Einzelwagen durchgefahren werden. Die Wagen werden nach dem Ausfahren auf Geleisen

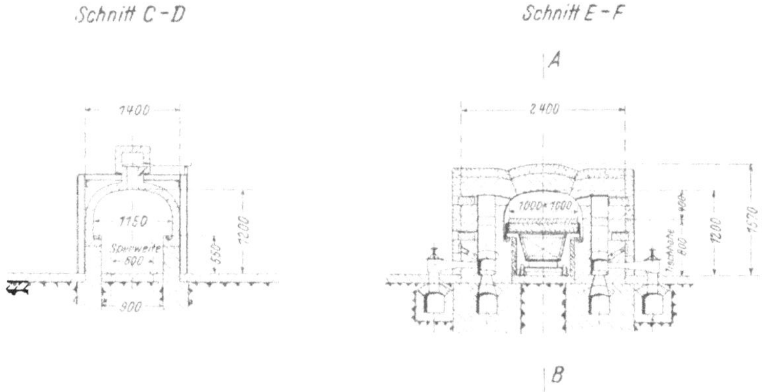

Abb. 1342.

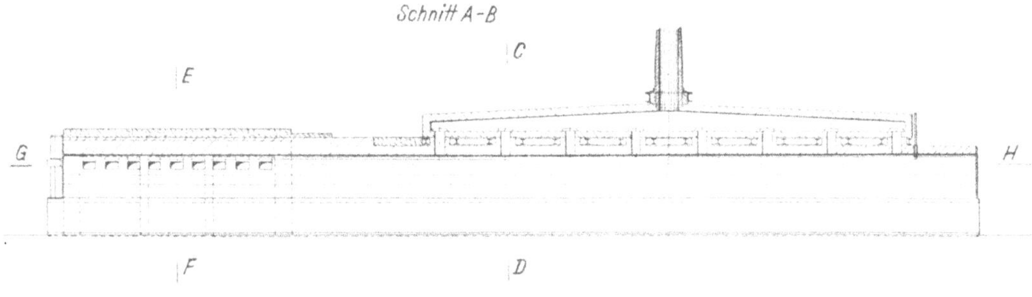

Abb. 1343.

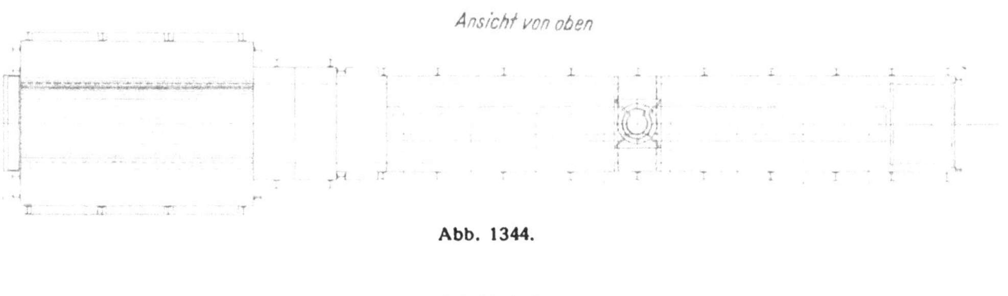

Abb. 1344.

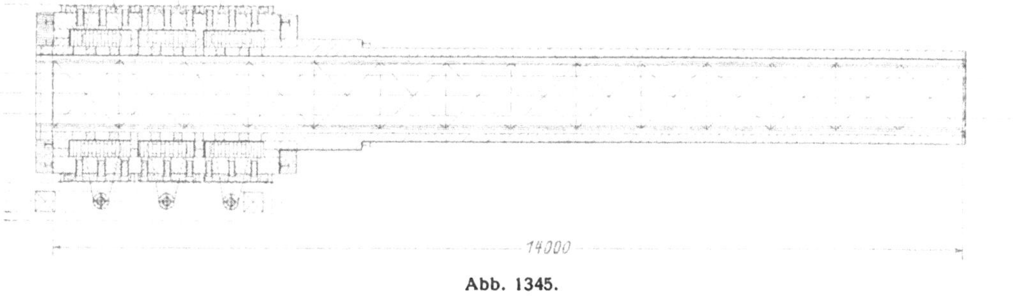

Abb. 1345.

Abb. 1341—1345. Kontinuierlicher Senkofen für offene Gasbeheizung.

und Drehscheiben direkt vor die Kühlöfen und wieder vor das Beschickungsende gefahren. Die Platte des Wagens besteht aus Schamotte mit einer starken isolierenden Zwischenschicht (s. Abb. 1342). Die nutzbare Fläche der Platte ist mit 1000 × 1000 mm angenommen. Seitlich ist eine Sandabdichtung vorgesehen, welche den Unterraum mit dem Fahrgestell vor Erwärmung durch eindringende Feuergase vollständig schützt. Dieser Abschluß ist wichtig, um eine gleichmäßige Wärmeverteilung im Ofenraum selbst zu erzielen. Bei den Senköfen besteht die Gefahr des Eindringens von falscher Luft ganz besonders, die durch die gesteigerte Zugwirkung, die unter Umständen angewandt werden muß, noch verstärkt werden kann. Die Gewölbedecke des Feuerungsraumes ist möglichst niedrig gehalten, um jeden unnötigen Wärmeverbrauch zu vermeiden und die Wärmeübertragung auf das Senkgut möglichst günstig zu gestalten. Der ganze Ofen ist überhaupt auf äußerst geringen Wärmeverbrauch zugeschnitten und in allen Teilen mit einer starken Isolationsschicht umgeben, die in der Zeichnung nicht eingezeichnet ist. Über dem Transportraum mit ansteigender Temperatur, welcher durch die Abgase beheizt wird, ist für diese ein System von einzel einstellbaren Abzugslöchern angebracht. Der eigentliche Senkraum beschränkt sich auf 3—4 Plattengrößen bzw. Wagen, von denen angenommen wird, daß etwa alle 20—30 Minuten um eine Einheit vorgerückt wird. Die Brenner sind ohne eigentliche Vorwärmung mit sehr langer Vorverbrennung und günstiger Verteilung der Flamme ausgebildet. Nähere Konstruktion geht aus den Schnitten der Abbildungen 1342 und 1345 hervor. Es ist denkbar, an deren Stelle sog. „Steinstrahlbrenner“ zu verwenden, welche besonders bei Reingas eine einfache Art der Aufteilung der Flamme und zweckmäßige Konstruktionsmöglichkeiten der Verteilung und Regelung erlauben. Dabei kann die Länge der Einzelflämmchen durch die Vormischung geregelt werden. Windpressung ist dabei erforderlich. Eine Muffelbeheizung würde die beste Reglungsmöglichkeit geben, aber teurer im Brennstoffverbrauch sein. Eine Vorwärmung der Luft im Senkofen durch dessen eigene Abwärme ist nicht lohnend.

Schnitt C-D (Abb. 1341), gibt die Konstruktion im Antransport- und Auftemperungsteil wieder. Für gute Abschlußmöglichkeiten des Ofens an beiden Enden ist gesorgt. Am Beschickungsende ist außerdem noch ein Hilfsschieber angebracht, der eine weitere dauernde oder vorübergehende Abschieberungsmöglichkeit ergibt.

Zahlentafel 126.

Glasart	Fließ-temperatur für ½ h	Deformat.-Temperat. für 6 h	Ent-spannungs-temperatur	Entglasungstemperatur für 6 h	
				untere	obere
Flint 649/338	660	430	380	720	825
Flint 613/369	730	460	405	720	875
Kron 519/604	770	520	420	570	1015
Kron 516/640	810	605	485	660	1275
Barion 614/564	840	645	570	650	950
Barion 590/612	845	645	595	730	1000
Barion 573/575	910	640	—	625	1025

Temperaturen in Celsius.

Die Bedingung, die ein solcher Ofen zu erfüllen hat, ist, daß auch die größten Stücke einem so langsamen Temperaturanstieg ausgesetzt werden, daß sie mit Sicherheit nicht springen. Jeder Einsprung gibt eine Luftwand, die sich beim Senken niemals ganz schließt und das Stück mindestens partiell unbrauchbar macht. In der Fließzone hat das Glas so lange zu verweilen, bis alle Ecken der Form gleichmäßig ausgefüllt sind und die Glasoberfläche sich als ebener Spiegel darstellt. Der Ofen weist etwa in $^4/_5$ einen langsamen Temperaturanstieg auf 500—700° auf (beginnende

Erweichung), um dann rasch auf die Senktemperatur zu steigen, die bis zum Ofenaustritt gehalten werden muß. In der Zahlentafel 126 sind die unteren Senktemperaturen — als Fließtemperaturen für $1/_2$ Stunde bezeichnet — wie sie Weidert und Berndt an einigen optischen Gläsern bestimmt haben, angegeben. Außerdem finden sich noch andere für die Kühlung wichtige Temperaturen darin vermerkt.

In der folgenden Zahlentafel finden sich die ungefähren Aufenthaltszeiten in der Temperaturzone des eigentlichen Senkens für einige Gläser und für verschiedene Größen der Brocken.

Zahlentafel 127.

Bei Glasart	Senkbeginn bei ca. Grad C	bis zum Herausnehmen vergehen Stunden für große	kl. Brocken
Borosilikatkron	650	ca. $2^1/_2$	ca. 3
Leichtflint	620	$2^1/_4$	$2^1/_2$
Mittleres Barytflint	600	2	$2^1/_2$
Schwerflint	580	$1^3/_4$	2
Barytflint	500	$2^1/_4$	$2^3/_4$
Barytkron	680	$1^1/_2$	$1^3/_4$

Die beim Senken auftretenden Fehler sind vor allem Luftwände und Senkblasen. Entglasungen treten beim Senken optischer Gläser kaum auf, da die Zusammensetzung dieser Gläser nicht nur das Schmelzen und die darauffolgende Kühlzeit ohne Entglasung überstehen muß und infolgedessen die Gläser zu so rascher Entglasung, wie sie bei der einstündigen Erwärmung im Senkofen nötig ist, um sichtbar zu sein, nicht neigen. Luftwände stammen meistens vom Zerspringen der Brocken vor Eintritt in die Temperaturzone des plastischen Zustandes und können befördert werden durch Einsprünge, die beim Hauen entstanden und bei der Kontrolle übersehen sind. Die meisten Ausfälle entstehen beim Senken entweder durch ungenügendes Ausfüllen der Form infolge zu kalten oder unregelmäßigen Ofenganges oder durch „Blasen der Unterlage", vor allem wenn das Glas zu heiß und flüssig geworden ist. In diesem Falle tritt die unter dem Glas eingeschlossene Luft, Schlierenschwänze hinter sich herziehend, durch die Glasmasse hindurch. Aber auch wenn die Unterlage selbst leicht zur Gasabgabe bei hohen Temperaturen neigt oder Verunreinigungen eingeschlossen werden, so entstehen bei hinreichender Flüssigkeit Gasblasen. Man muß der unter dem Glas befindlichen Luft unbedingt einen Ausweg lassen, da sich der Glasbrocken nicht gleichmäßig nach allen Seiten wälzend über die Unterlage ausbreitet. Am zweckmäßigsten ist es, die Schamotteformen selbst hinreichend porös zu machen, was nicht leicht in Einklang mit der Forderung hinreichender Stoßfestigkeit (durch hohen Brand) zu bringen ist. Man muß daher für die Schamotteformen eine Spezialmasse von hinreichender Grobkörnigkeit wählen und dafür sorgen, daß nicht nur Porositäten, sondern verbundene Porositäten vorhanden sind. Dieses kann man durch die Sauggeschwindigkeit für Wasser der kalten, gebrannten Formen feststellen. Auf alle Fälle soll das Glas aber nicht flüssiger werden, als daß es in angemessener Zeit, etwa eine Stunde, breitfließt.

Pressen. Kleinere Stücke senken sich im allgemeinen weniger leicht. Eine um ein geringes schiefstehende Form bedingt bei ihnen auch leicht eine Keiligkeit der Platte, die gerade bei kleinen Platten relativ hohen Materialverlust bedingt. Solche Stücke werden besser gepreßt. Für das Pressen werden die Stücke von Hand durch einen Ramoullierofen geschoben, wenn sie anfangen breitzufließen, mit dem Ramoullereisen roh viereckig gedrückt und dann schnell in die Preßform gegeben und ausgepreßt. Auch hier preßt man zweckmäßig gleich die Schmelznummer ein. Damit die Stücke die gleichen optischen Konstanten wie die gesenkten aufweisen, müssen sie die gleiche Art der Feinkühlung durchmachen und vorher längere Zeit auf die Ausgangskühltemperatur gebracht werden. Sonst macht sich der Einfluß der Wärmevergangenheit auf die optischen Konstanten geltend. Zum Pressen werden die üblichen einfachen, aber kräftig gebauten Pressen von bestem Nickelstahl verwendet. Der Ramullierofen bedarf eines Feuerraumes von ca. 40 mal 1200 mm und einer Vorwärmungsmöglichkeit für die Brocken, die zugfrei ist. Er entspricht einem großen Brillenpreßofen.

Feinkühlung. Das Feinkühlen wird in den Senkformen selbst vorgenommen und geschieht in Kammerkühlöfen, in welche die gefüllten Senkformen mit der Temperatur des Senkofens „eingearbeitet" wurden.

Die Anforderungen an die Kühlung auch des gewöhnlichen optischen Plattenglases, ganz abgesehen von den sog. präzisionsgekühlten Objektivscheiben, sind so hohe, daß sie bei der schlechten Wärmeleitfähigkeit des Glases (s. Bd. I) S. 117 und 233 und der vorliegenden Gegenstandsgröße auch bei verhältnismäßig genauem Einhalten des „Ausgleichsbereiches" nur in ziemlich erheblich langen Kühlzeiträumen erfüllt werden können.

So bestechend zunächst der Gedanke aussieht, für diese Kühlzwecke einen besonders gebauten Tunnelkühlofen zu verwenden, so ergibt doch eine kleine zeitliche Überschlagrechnung, daß dies schwer möglich ist. Das Einleuchtende wäre, daß man die in den Senkformen liegenden Platten in einer einzigen Schicht durch eine Temperaturzone hindurchleiten kann, die genau auf Plattengrößen und Ausgangstemperaturen der betreffenden Glassorte abgestimmt ist. Der Wärmeentzug könnte in der günstigsten Richtung geleitet werden und daher die Kühlung sicher erheblich abgekürzt werden. Trotzdem ergibt eine kurze Überlegung, daß bei niedrig angesetzter Mindestproduktion einer optischen Glashütte der tägliche Raumbedarf zum Kühlen von Glas in Senkformen in einfacher Schicht gestellt etwa 40 m^2 sein dürfte. Selbst wenn man, was man mit einiger Wahrscheinlichkeit annehmen kann, durch ein derartiges System bei richtiger Beheizung die Kühlzeit für optisches Plattenglas je nach Plattenstärke auf 2—8 Tage herunter drücken kann, wäre bei 2 m Weite ein Kühlofen von ca. 150 m Länge erforderlich. Dabei hätte man den Nachteil in Kauf zu nehmen, auf gleichmäßige Transportgeschwindigkeit für alle Fälle angewiesen zu sein.

Aus praktischen Gründen kommt daher für Kühlzwecke nur ein mit Gas beheizter Kammerkühlofen als Muffel ausgebildet in Frage. Diese Öfen, in Reihen aufgestellt, haben auch den Vorteil, daß man in der Produktionsfolge weitgehend unabhängig ist, d. h. die Kühlung einer Ofeneinheit ist unabhängig von der Zahl wöchentlich beschickter Öfen.

Präzisionskühlung für Objektivscheiben und -platten für interoferometrische Zwecke wird am besten in elektrisch nachbeheizten Öfen ausgeführt, da man dann den Temperaturabfall für die Kühlung am einfachsten regulieren kann. Derartige Öfen wurden auch schon bereits mit automatischer elektrischer Temperaturregulierung gebaut. Man muß allerdings bei der dauernden Kühlung vor jeglicher Stromunterbrechung sicher sein. Sonst empfiehlt sich doch ein mit Gas beheizter Spezialkühlofen, bei dem zwischen Beheizungsraum und den zu kühlenden Platten eine solche Menge feuerfesten Materials dazwischen gebaut ist, daß dessen Wärmekapazität vor kleinen Schwankungen in der Beheizung schützt. Zweckmäßig legt man zum sorgfältigen Ausgleich um die Platten selbst eine Schicht aus gutleitendem Material, die bewirkt, daß aus der Objektivscheibe der Wärmefluß pro Flächeneinheit gleichmäßig erfolgt. Bei Ojektivscheiben muß die Richtung des Wärmeflusses senkrecht zu den großen Oberflächen gelegt werden, während man den Seitenrand so gut isolieren muß, daß die Platten quasi als Teil einer unendlich großen Platte erscheinen (Prinzip des Schutzringkondensators). Das Wesentliche bei der Präzisionskühlung von Objektivscheiben ist vor allem, daß die unvermeidlichen Restspannungen gleichmäßig verteilt sind, d. h. daß ein regelmäßiges Spannungskreuz bei Betrachtung der Objektivscheibe im polarisierenden Licht erscheint.

Grundlagen der Kühlung.[1]) Beim Kühlen in Kammerkühlöfen kommen zwei Temperaturbereiche in Frage, auf welche man die Temperaturen einigermaßen gleichmäßig halten muß: Es ist dieses der Bereich der Einarbeitungstemperatur und der Bereich der Ausgleichstemperatur der Spannungen. Der erstere Temperaturbereich ist nach oben begrenzt durch die Entglasungsgefahr, nach unten durch sein Angrenzen an den Entspannungs- oder Ausgleichsbereich. Der Spielraum für den letzteren ist um so größer, je längere Kühlzeit zur Verfügung steht, je geringer die Plattengröße und Ausgangstemperatur voneinander differieren.

Er ist nach unten hin begrenzt durch die Mindestausgangstemperatur, welche bei gegebener längster Kühlzeit für die größte der zu kühlenden Platten einzuhalten ist. Nach oben hin wäre dieser Bereich an sich nicht begrenzt, falls es nur unnötig wäre, von allzu hohen Temperaturen auszugehen. Es ist dieses aber sogar schädlich, da die untere Grenze des Entspannungsbereiches zusammenfällt mit dem Eintreten des vollständig quasi-elastischen Zustandes beim Glase. Dies heißt, daß im ganzen Entspannungsbereich schon ein gewisser „Prozentsatz" (wenn man sich auf den rein phänomenologischen Standpunkt Maxwellscher Betrachtungsweise stellt) fester elastischer Anteile vorhanden sind. Durcheilt man den Entspannungsbereich (Ausgleichsbereich) mit diesem großen Temperaturgefälle im Innern des Glases, so wird für den plastischen Anteil eine relativ hohe Restspannung übrigbleiben. Dies kann man nur vermeiden, wenn man auf die niedrigst möglichste Entspannungstemperatur nochmal eine entsprechende Haltezeit für den inneren Temperatur- und Spannungsausgleich einschiebt. Dann ist es aber zwecklos, vorher größere Ausgleichstemperaturen zu halten.

Um die Kühlung richtig zu leiten, hat man also folgendes festzustellen: Wie gleichmäßig kann man die Temperatur beim Einarbeiten halten? Nehmen wir an, wir stellten eine Schwankung von 100° fest. Die höchste vorkommende Temperatur muß unter einer Entglasungstemperatur für 6—12 Stunden liegen. In allen bekannten Fällen liegt der Ausgleichsbereich für eine Zeit von etlichen Tagen mindestens 100° tiefer. Auf keinen Fall darf eine Abkühlung der Stücke beim Einarbeiten derart erfolgen, daß sie vor der eigentlichen Kühlung springen. Sollte dies bei einzelnen Stücken der Fall gewesen sein, so erkennt man dies daran, daß die Sprungflächen beim Ausleeren des Kühlofens nicht völlig blank erscheinen evtl. teilweise wieder erschmolzen sind. Es ist darauf zu achten, daß schon beim Beginn des Einarbeitens der Kühlofen eine Zeitlang die richtige Temperatur gehabt hat.

Um die weiteren Daten für die Kühlung festzulegen, muß man einmalig den beschickten Kühlofen mit Thermoelementen, welche zwischen die Beschickung gestellt sind, an allen acht Ecken und in der Mitte ausmessen. Man stellt damit die größten Temperaturdifferenzen, welche durch die räumliche Verteilung kommen, fest. Einen Teil dieser Differenzen kann man dazu ausnützen, um nach geeigneter Disposition, verschiedene Glasarten an die heißeren bzw. kälter liegenden Teile des Ofens zu packen. Weiterhin kann man zum Ausgleich die großen und kleinen Formen so verteilen, daß die kleineren Stücke an die Stellen unvermeidlich größeren Temperaturabfalles kommen. Durch solche Maßnahmen kann man einen Teil der unvermeidlichen Abweichungen von der idealen Wärmeverteilung und dem idealen Wärmeentzug ausgleichen. Man muß bedenken, daß der Wärmefluß nicht nur aus dem einzelnen Stück, sondern durch den ganzen Block der aufgeschichteten Senkformen von innen nach außen zu dringen hat. Da teilweise Konvektionsströmungen nicht zu vermeiden sind, werden die Öfen aus irgendwelchen Gründen nicht ganz vollgepackt, besonders wird man aus diesem Grunde den Block der Senkformen mit Asbest und darüber gestreutem Isoliermaterial abdecken. Hat man sonst aus irgendwelchem Grunde kälter liegende Stellen, die man festgestellt hat, so kann man dieselben vor der Beschickung mit Senkformen, die man mit heißem Sande gefüllt hat, aussetzen.

[1]) Die physikalischen Grundlagen der Kühlung müssen hier als bekannt vorausgesetzt werden (temporäre und permanente Spannungen, Ausgleichs- und Entspannungsbereich. Wärmeentzug usw.; vgl. Bd. I, S. 232 u. ff.)

Nach der Beschickung mit den möglichst dicht gesetzten mit gesenkten Platten gefüllten Senkformen, wird das Eingangstor mit einer zweifachen Schicht Isoliersteinen zugemauert. Trotzdem pflegt die Abkühlung an der torseitig gelegenen Wand schneller vor sich zu gehen, was zu berücksichtigen ist. Ist die Beschickung im Einarbeitungstemperaturbereich vollendet und der Ofen zugemauert und verschmiert, so beginnt die eigentliche Kühlung. Dabei hält man einige Tage lang die gesamte Masse im Bereich der Ausgleichstemperaturen, und zwar so, daß die kältesten Partien und kleinsten Stücke die untere Grenze dieses Bereiches hinreichend lange überschreiten.

Je größer die Temperaturdifferenz bei dieser Temperierung auf den Ausgleichsbereich zwischen einzelnen Stellen des Blockes (die man wiederholt feststellen muß) ist, desto langsamer muß der Temperaturabfall nach Verlassen der Ausgleichszeit geleitet werden, damit aus den obengesagten Gründen für diejenigen Stücke, die infolge ihres Platzes oder ihrer Größe auf verhältnismäßig hohe Ausgleichstemperatur gehalten wurden, nicht unzerstörbare Restspannungen durch zu großes Temperaturgefälle entstehen, denen sie im teilweise plastischen Zustande ausgesetzt waren.

Temperatur und Dauer. Die einzelnen Kühltemperaturen und Zeiten können nur auf die eben beschriebene Weise zusammen mit den physikalisch festgesetzten Entspannungstemperaturen, die Bd. I, S. 237 u. ff. angegeben sind, für den Einzelfall eines betr. Kühlofens festgestellt werden. Nicht nur von der Glasart, von der Stückgröße und der relativen Raumerfüllung der Beschickung, sondern auch von der Konstruktion und den Dimensionen des Kühlofens sowie von dem Einarbeiten usw. sind jene Kühldaten abhängig. In allgemeiner Form können dieselben leider nicht angegeben werden.

Als wichtiger Anhaltspunkt sei hier eine Zahlentafel von Ausgleichstemperaturen und Zeiten nach Adams und Williamson für eine Reihe von optischen Glastypen angegeben.

Zahlentafel 128.

Nr.	Glasart	n_D	ν	Doppelbrechung Δ b. 1 kg/cm²
1	Borosilikatkron	1,516	62	$2{,}85 \cdot 10^{-7}$
2	Gewöhnliches Kron . .	1,523	59	$2{,}57 \cdot 10^{-7}$
3	Leichtes Bariumkron . .	1,574	57	$2{,}81 \cdot 10^{-7}$
4	Schweres Bariumkron .	1,608	57	$2{,}15 \cdot 10^{-7}$
5	Bariumflint	1,606	44	$3{,}10 \cdot 10^{-7}$
6	Leichtes Flint	1,573	42	$3{,}20 \cdot 10^{-7}$
7	Mittleres Flint	1,616	37	$3{,}13 \cdot 10^{-7}$
8	Schweres Flint	1,655	33	$2{,}67 \cdot 10^{-7}$
9	Extra schweres Flint . .	1,756	27	$1{,}22 \cdot 10^{-7}$

Zahlentafel 129.

Glasnr. n. Zahlentafel 128	Ausgleichstemperatur für Ausgleichszeit								Diff. zw. Spalte 2 u. 9
	1 Min.	5 Min.	10 Min.	1 Std.	5 Std.	1 Tag	1 Woche	1 Monat	
1	598	575	565	539	515	493	464	444	154
2	573	548	538	511	487	464	434	414	169
3	605	583	574	549	527	506	480	461	144
4	637	619	611	590	572	554	532	516	121
5	555	530	519	491	466	442	412	390	165
6	460	439	429	406	385	364	338	320	140
7	463	445	437	416	398	380	358	342	121
8	453	434	426	405	386	368	345	329	124
9	433	412	403	379	358	337	312	292	141

Während man früher beim Kühlen das Glas bis zu einer Temperatur erhitzte, bei der die Spannungen fast augenblicklich verschwanden und dann mit gleichmäßiger Temperaturabnahme langsam fallen ließ, weisen Adams und Williamson[1]) in der Literatur als erste darauf hin, daß es besser ist, das Glas längere Zeit auf den niedrigeren Temperaturen des freien Endes des Ausgleichsbereiches zu lassen, und dann die Temperaturabnahme zu beschleunigen.

Schleifen und Polieren der Platten. Nachdem die Kühlung bis ca. 180°, bei empfindlicheren Gläsern bis 150° herunter fortgesetzt ist, wird die zugemauerte Öffnung des Ofens partienweise geöffnet, um ein zu scharfes Abkühlen der obersten Plattenlagen zu verhindern. Bleibende Spannungen können bei so tiefen Temperaturen bekanntlich nicht mehr auftreten, dagegen können bei zu früher Entleerung aus dem Kühlofen so heftige vorübergehende Spannungen auftreten, daß sie zum Platzen der Platten führen. Die Senkformen werden nun entleert und jede einzelne Platte daraufhin angesehen, ob die Nummer genau eingeprägt ist, andernfalls wird dieselbe nachgeschrieben. Die Platten werden von anhaftendem Ton bzw. Kaolin der Senkformen, evtl. von Resten der Asbestplatte gereinigt, am besten mit einer maschinell angetriebenen rotierenden Stahlbürste.

Abb. 1346. Schleifen und Polieren der Rohglasplatten. (Sendl. opt. Glaswerke.)

Nunmehr wird die Platte auf zwei gegenüberliegenden Schmalseiten angeschliffen und poliert, um eine genaue Schlierenkontrolle zu gestatten. Das Schleifen und Polieren geschieht auf ähnlichen Maschinen wie sie beim Spiegelglasbetrieb üblich sind, nur von geringerem Durchmesser. Für eine Tagesleistung von 300 kg optischen Plattenglases, zweiseitig abpoliert in zehnstündiger Arbeitszeit, wird man mit zwei Schleif- und Poliermaschinen von 1,20—1,50 m Dmr. auskommen. Die zu schleifenden Platten werden mit der Schmalseite auf eine Richtplatte hochkant gestellt und dann mit dem abnehmbaren Gußring des Schleifkopfes umgeben und mit Gips ausgegossen (vgl. Abb. 1346). Beim Einsetzen wird der Kopf umgedreht, sodaß alle Stirnseiten in einer Ebene liegen. Nach dem Schleifen wird der ganze Kopf herausgenommen und in die gleichartige Poliermaschine eingesetzt. Beim Beschicken des Kopfes muß besonders auf eine gleichmäßige Massenverteilung und Auswuchtung geachtet werden, wobei ungleich große Stücke und die verschiedenen spezifischen Gewichte, falls zweierlei Glasarten auf einem Kopf vereinigt sind, zu berücksichtigen sind.

Feinsortierung. Spannung. Nachdem zwei Stirnseiten anpoliert sind, ist es erst möglich, das Glas nach den strengen Anforderungen der optischen Technik auszusortieren. Vor allem wird auf physikalische und chemische Homogenität geprüft. Die physikalische Homogenität wird bekannterweise mit einem Nicolschen Prisma als Analysator im polarisierten Licht festgestellt. Wenn die Kühlung gut ist, dürfen sich mit dieser einfachen Apparatur keine Doppelbrechungen mehr feststellen lassen.

[1]) L. H. Adams and E. Williamson, J. Opt. Soc. 4, S. 213 (1920).

Bei Objektivscheiben für Parabolspiegel wird die Spannungsfreiheit mit einer besonderen Apparatur festgestellt. Die Methode der Abb. 1347 kann sowohl zur Spannungsprüfung wie zur Schlierenuntersuchung dienen. Im ersten Fall bildet man die Lichtquelle L durch ein Kondensorsystem c in ein Polarisatorprisma n_P[1]) ab; das zweite reelle Bild entwirft der vorderseitig versilberte Hohlspiegel S am Ort der Beobachtung fürs Auge, das mit einem Analysatorprisma n_A bewaffnet ist. Dieselbe Aufstellung ohne Polarisatorprisma dient zur „Messerschneidenmethode" der Toeplerschen Schlierenuntersuchung (vgl. z. B. Kohlrausch, Lehrb. d. prakt. Physik).

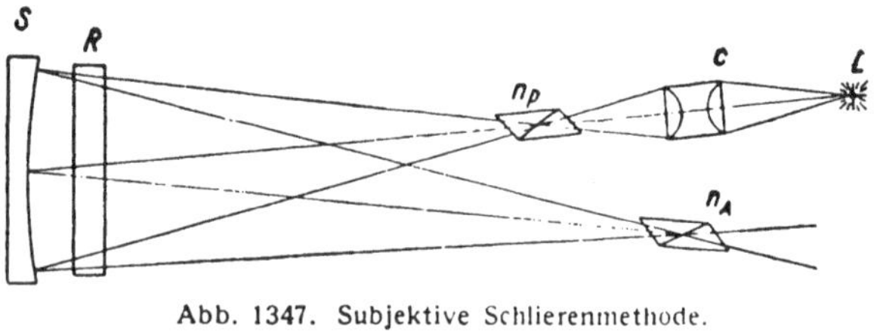

Abb. 1347. Subjektive Schlierenmethode.

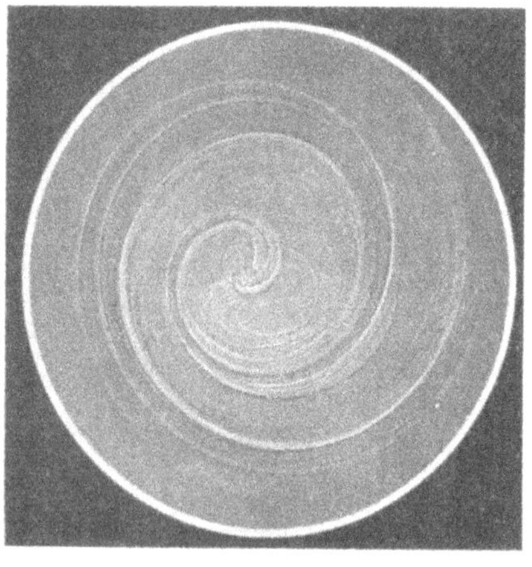
Abb. 1348. Gröbste „Faden"-Schlieren (Beleuchtungslinse, ungerührt).

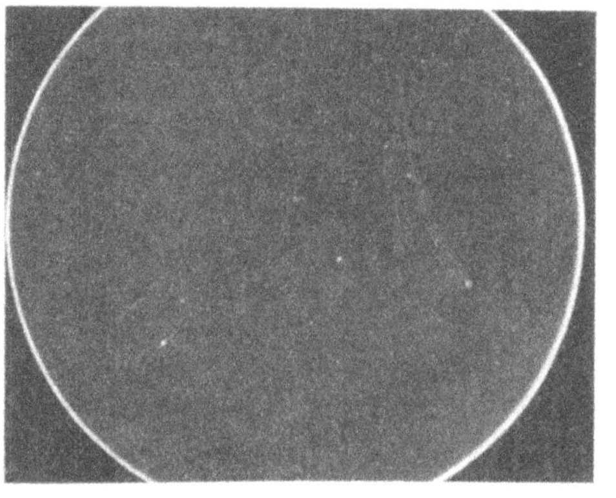
Abb. 1349. „Faden"-Schliere in opt. Linse.

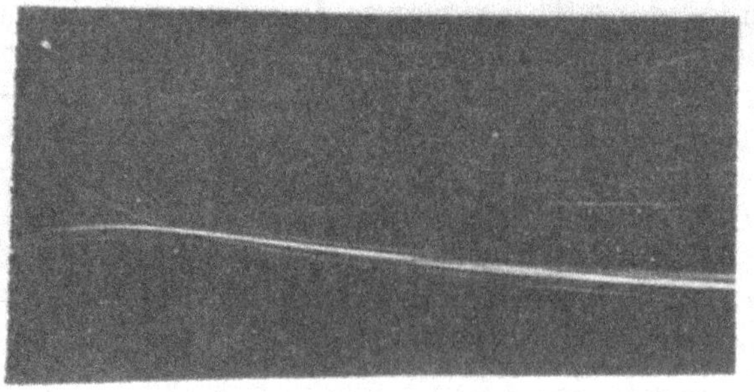
Abb. 1350. Einzelne starke „Faden"-Schliere.

Die Objektivscheiben dürfen als Spannungsverteilung nur ein schwaches, symmetrisch verteiltes dunkles Kreuz bemerken lassen.

Schlieren. Die wichtigste Untersuchung ist die auf chemische Inhomogenität wie Schlieren. Grobe, vereinzelt auftretende Fadenschlieren (Abb. 1348—1350), die als Fäden auftreten, sind häufig bei Linsen, soferne sie vereinzelt auftreten wie

[1]) Neuerdings gibt es ein Projektionssystem nach H. Schulz, bei dem die Polarisation durch das Linsensystem selbst besorgt wird, und das sich durch besondere Lichtstärke auszeichnet.

Abb. 1349, nur Schönheitsfehler. Sie schwächen höchstens die Lichtstärke der Abbildung in dem Maße, wie sie einen Teil der vollen Öffnung des Instrumentes einnehmen, durch Zerstreuungsverlust an den Schlieren. Schlimm dagegen sind die verwaschenen Schlieren (Faserschlieren), die mit dem bloßen Auge oft schwer zu erkennen sind (Abb. 1351—1353). Zu ihrer Feststellung hat Toepler[1]) die

Abb. 1351.

Abb. 1352.

Abb. 1353.
Abb. 1351—1353. „Faser"-Schlieren.

[1]) Die hier beschriebene einfache Untersuchungsmethode (Punktlicht), die den alten mit bloßem Auge und Quecksilberlicht weit überlegen ist, wurde vom Verfasser seit Jahren in der Praxis angewandt. Die publizistische Priorität gebührt aber Wright (s. Williams, The Manufacture of Optical Glass etc.).

bekannten klassischen Methoden herausgebildet, die auch bei der Untersuchung des optischen Glases in irgendeiner vereinfachten Form verwendet werden. Die oben (S. 1458) erwähnte Spannungsprüfmethode (Abb. 1347) kann auch als sog. „Messerschneidenmethode" zur Schlierenuntersuchung gebraucht werden. Dabei kann man sich statt des Hohlspiegels auch dioptrisch einer Sammellinse bedienen. Das Einfachste aber ist die Betrachtung gegen einen gleichmäßig grauen Himmel oder eine gleichmäßig beleuchtete Fläche, die durch schwarze Streifen (Fensterkreuz) so durchzogen sind, daß man eine scharfe, dunkle Kante hat. Akkomodiert das betrachtende Auge auf das Innere des Glases und wird es dabei gegen diese Kante bewegt, so bemerkt man an den Schlierenstellen Verzerrungen. Um die bei optischen Instrumenten immerhin noch bemerkbaren Schlieren zu entdecken, bedarf es größter Übung. Man wird daher andere Methoden, die einen geringeren Grad von Übung verlangen, vorziehen. Von einer solchen Methode werden wir verlangen, daß sie das Auge und den Beobacher möglichst wenig ermüdet, damit eine gleichmäßige Sortierung die ganze Arbeitszeit über gewährleistet ist. Ferner ist es notwendig, daß alle Stellen des zu untersuchenden Glasstückes gleichmäßig zur Untersuchung gelangen und nicht alle Stellen des Glases langsam „durchsucht" werden müssen. Schließlich muß die Erkennungsmöglichkeit so deutlich sein, daß die Untersuchung hinreichend schnell stattfinden kann. (S. a. Twyman, Journ. Am. Cer. Soc. **5** (1922), 289.)

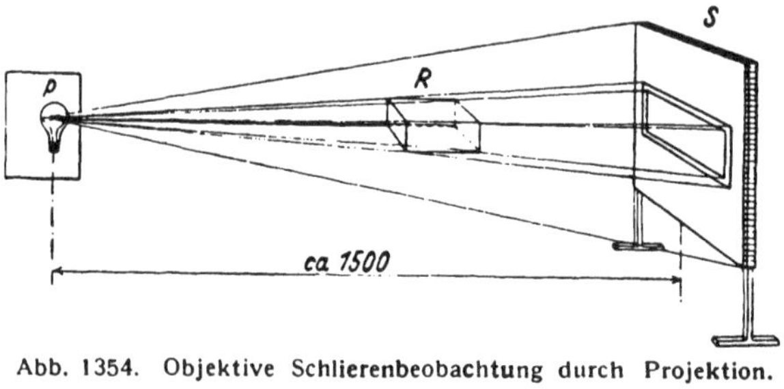

Abb. 1354. Objektive Schlierenbeobachtung durch Projektion.

Eine solche bewährte Methode ist in Abb. 1354 dargestellt. Eine punktförmige Lichtquelle[1]), die im übrigen so weit abgeblendet ist, daß der Untersuchungsraum hinreichend verdunkelt bleibt, wirft ihr Licht auf einen senkrecht stehenden, etwas schräg zum Beschauer gerichteten Gipsschirm. Läßt man das Licht durch die zu untersuchende Platte auf den Gipsschirm fallen, so zeigt sich jede Abweichung der von der punktförmigen Lichtquelle ausgehenden gradlinigen Strahlen durch Unregelmäßigkeiten der optischen Brechung (Schlieren) als schwarze Schatten. Stören kann hierbei nur eine schlechte Politur der Oberflächen, doch lernt man schnell Schlieren aus dem Innern des Glases von den Schatten der Oberfläche zu unterscheiden. Besonders kann man bei dieser Methode durch Drehen des Glases um eine Achse die „Tiefenlage" der Schlieren feststellen, so daß man durch Anzeichnen auf dem Stück in der Lage ist, den schlierigen Teil durch Herausschneiden zu entfernen.

Um optisches Glas zu sparen, werden bei großen Stücken, die nur teilweise schlierig sind, diese durch Zerschneiden mit der Diamantsäge entfernt, und so der größte Teil des Glases gerettet. Bei dieser Feinsortierung auf Schlieren werden natürlich gleichzeitig auch andere grobe Fehler, wie Steine, Senkfehler (Blasen, Luftwände), aussortiert. Optisch rauhe Flächen (z. B. geschliffene Linsen) oder unregelmäßig glatte Bruchflächen kann man zur Schlierenuntersuchung in Flüssigkeiten gleicher Brechung tauchen, die in planparallele Küvetten gefüllt werden. Am besten verwendet

[1]) Direkt ohne weitere optische Apparatur und Blenden verwendbar sind die elektrischen gasgefüllten Wolfram-Punktlichtlampen der Studiengesellschaft für elektrische Beleuchtung, Berlin.

man dabei monochromatisches Licht (Filter genügt!), um die Verschiedenheit der Dispersion auszugleichen. Geeignete Flüssigkeiten ergeben gereinigter (wegen Geruchsfreiheit!) Schwefelkohlenstoff und Benzol.

Damit ist der Werdegang des optischen Rohglases beendet und die Schmelze, die möglichst als Ganzes durch den Fabrikationsgang gelaufen ist, kann auf Lager genommen werden. Nachzügler, d. h. einzelne Stücke, die zum Zwecke des Umsenkens oder Umpressens nochmals durch die Fabrikation laufen, müssen durch besondere Kontrollmaßregeln ganz besonders vor Verwechslungen geschützt werden.

Abb. 1355. Ausgießen der Glasmasse für eine große Objektivscheibe (Schott & Gen.)

Die Herstellung von Ausgußscheiben. Kleinere Objektivscheiben bis etwa 60 cm Dmr. senkt man direkt in runden Schamotteformen aus besonders ausgesuchten Rohglasbrocken. Der Nachteil dieses Verfahrens ist, daß dies Aussuchen nur mit beschränkter Genauigkeit erfolgen kann und man Gefahr läuft, erst in der fertig gesenkten und gekühlten Scheibe die den Ausschuß bedingenden Fehler zu entdecken. Man kann dies vermeiden, wenn man von optisch ausgesuchten, schon gesenkten Platten ausgeht, soweit wie diese das Gewicht hergeben.

Größere Objektivscheiben, jedenfalls solche von 60 cm Dmr. aufwärts, mit einem Gewicht von 30 kg und darüber, müssen daher Glasbrocken einwandfreien Glases von einer Größe zum Ausgangspunkt haben, wie sie das Erkalten- und Springenlassen im Hafen nicht liefert. Man gießt den Hafeninhalt in eine Eisenform und kühlt die Masse so langsam — z. B. in einem Temperofen — ab, daß sie nicht zerspringt und sich im Ganzen anschleifen und polieren läßt. Die guten, schlierenfreien Teile können dann bezeichnet und herausgeschnitten und je nach Gewicht zu Objektivscheiben verschiedener Größe umgesenkt und feingekühlt werden.

Objektivscheiben größten Formates, die den ganzen oder doch größten Teil des gießbaren Inhaltes eines Hafens verlangen, müssen evtl. so lange wiederholt versucht werden zu gießen, bis eine hinreichend gute Qualität durch die ganze Masse sich ergibt.

Zum Gusse wird der Hafen mit einer Kippzange gefaßt, wie sie von der Eisenhüttenindustrie her bekannt sind. Das Einfüllen in die Eisenform muß wesentlich an einer Stelle erfolgen. Die Form besteht aus einer fahrbaren Gußplatte und einem lose daraufgelegten teilbaren Ring (s. Abb. 1355).

6. Glasfehler.

Es sollen nochmals unabhängig vom eigentlichen Fabrikationsgang die Fehler und ihre Ursachen zusammenhängend behandelt werden, die sowieso bei der Sortierung in Erscheinung treten. Es sind fünf große, unter sich speziell verschiedene Arbeitsgruppen bei den Fehlerursachen zu unterscheiden:

a) Rohmaterial, seine Untersuchung und Mischung,
b) der eigentliche Schmelzprozeß,
c) der Senk- und Kühlprozeß,

d) das Hafenmaterial und seine Behandlung,

e) der Ofen und seine Führung und die Gasqualität.

Die Punkte, welche zur einwandfreien Herstellung optischer Schmelzen bei den einzelnen Gruppen zu beachten sind, beziehen sich nur teilweise gemeinsam auf die verschieden möglichen Fehler. Ihre Zuordnung zu den Hauptfehlergruppen ist nachfolgend im wesentlichen dargestellt.

	Fehlergruppe	Die Ursachen liegen vorwiegend bei der Arbeitsgruppe
1	Entglasungserscheinungen . . .	$a+c+d$
2	Steine und Knoten	$a+b+d$
3	Schlieren und Wolkenschleier .	$a+b+d$
4	Blasen	$b+e$
5	Schlechte Färbung	$a+b+e$
6	Ungenaue optische Lage	$a+b$
7	Schlechtes Springen	$b(+c)$

a) Entglasungserscheinungen. Die physikalisch-chemischen Vorgänge bei der Entglasung (nach Tammann) müssen als bekannt vorausgesetzt werden. Unter Verzicht auf eine systematische Erörterung und unter Hinweis auf ein früheres Kapitel (Bd. I, S. 28ff. und 47ff.), beschränken wir uns auf eine Beschreibung der verschiedenen Erscheinungsformen der Entglasung bei der Herstellung optischen Glases.

Abb. 1356. Kolloïdale Entglasung der Oberflächenschichte von Häfen.

Zunächst unterscheiden sich zwei Hauptgruppen: gleichmäßige Entglasung durch die ganze Masse (meist kolloidal) und Kristallisation an deutlich getrennten Einzelstellen. Die erste Art tritt auf bei größerer Kernzahl und geringer Wachstumsgeschwindigkeit bzw. bei vorzugsweisem Verweilen im Temperaturbereich der maximalen Kernzahlbildung ohne Rückkehr in den Bereich der maximalen Wachstumsgeschwindigkeit. In den meisten Fällen ist es beim optischen Glas die Kieselsäure, die sich so ausscheidet. (Basisch angereicherte Inhomogenitätsstellen, die zu Auskristallisationen führen, sind an sich seltener, wegen der relativ geringeren Häufigkeit solcher Stellen.) Diese feindisperse Ausscheidung tritt daher vorwiegend bei kieselsäurereichen Gläsern auf oder in Fällen, wo die ungebundene Kieselsäure durch Gegenwart anderer Bestandteile einen verhältnismäßig hohen Prozentsatz einnimmt. Auch bei Fluorkronen findet man diese Erscheinung[1]). Seltener tritt diese Erscheinung im Hafen oder bei der Hafenkühlung auf (Abb. 1356), allenfalls bei den empfindlichen Fluorkrongläsern, sonst nur an einzelnen Stellen. Eher findet man sie noch bei der Feinkühlung. Die Ursachen für diese Entglasung sind falsche Zusammensetzung des Glases oder grobe Inhomogenitätsfehler oder grobe Kühltemperaturfehler.

Die zweite Art der Entglasung aus einzelnen Kristallen bestehend oder zu lokalen Anhäufungen kristallinischer Haufenwerke (beispielsweise Sphärolithe) führend, tritt auf, wenn bei geringer Kernzahl das Glas durch Wiedererwärmen nochmals in den Bereich der maximalen Kristallisationsgeschwindigkeit kommt oder wenn beim Aufenthalt in diesem Temperaturbereich Reizkerne, etwa durch Staubanflug, in das Glas kommen (Abb. 1357, 1358 und 1359). Dieser letztere Fall ist besonders häufig und tritt beim Senken und Feinkühlen auf, und ist dann immer an die Oberfläche gebunden. Wie beim Sphärolith bei einem Zentrum gleichlange Kristallisationsgebilde nach allen Seiten wachsen, so wachsen hier

[1]) Abgesehen von der Trübung durch Emulsoide, die für die technisch-getrübten Fluorgläser charakteristisch ist.

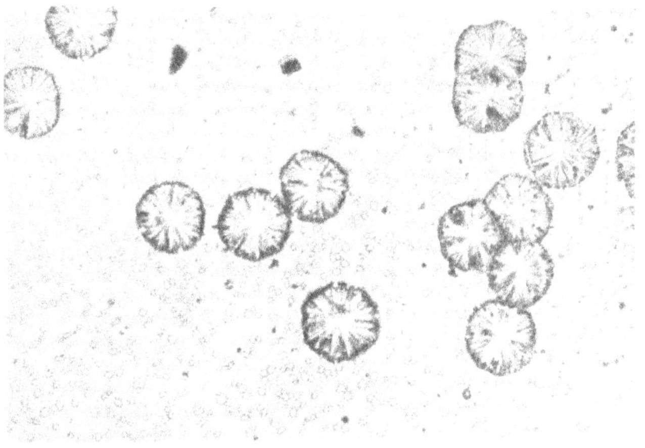

Abb. 1357.

von der angereizten Oberfläche (durch Staub, Ton, Asbest) beim Kühlen die Kristallnadeln senkrecht zur Oberfläche parallel gerichtet. Es treten dann bis zentimeterdicke, genau gleichmäßige Schichten auf, die infolge ihrer verschiedenen Ausdehnung im Verlauf der weiteren Abkühlung abblättern (s. Abb. 1360 und 1361). Die Fehler sind hier zu hohe Ausgangstemperatur beim Einarbeiten in den Kühlofen, wie evtl. auch übermäßige Senktemperatur.

Sphärolithe, wie sie beim Hafenglas und am Boden von Wannenglas bei den gewöhnlichen technischen Gläsern auftreten, finden sich beim optischen Glase seltener. Bei Barytkronen und Barytflinten findet sich zuweilen die Neigung zu kleinen Sphärolithen, die wahrscheinlich ihren Ursprung Inhomogenitäten verdanken, die bis auf das Gemenge zurückgehen (Zinkoxyd?).

Es finden sich auch Beispiele, wo es zur Ausbildung von größeren Einzelkristallen kommt. Z. B. bei Gelbgläsern (Sulfide) (Abb. 1362) und Bariumsilikate (bei Barytkron).

Abb. 1358.

b) Steine und Knoten. Beide Fehler sind ihrer Ursache nach nicht scharf voneinander zu unterscheiden und können auch teilweise Entglasungserscheinungen einschließen. Beide sind auf alle Fälle lokale Inhomogenitäten, die teilweise aus dem Gemenge, meist aber von Fremdkörpern, wie Hafensteinauflösung, Dinassteintropfen usw., stammen. Gemengesteine zeigen niemals einen grünlichen Hof von angereicherter Eisenfärbung, während dieses bei Steinen aus dem Hafen oder der Ofenkappe fast mit Sicherheit der Fall ist. Steine durch Tropfen von der Silikakappe sind, wenn der Ofen vorsichtig angeheizt war, selten, da sie noch hinreichend Zeit zur Auflösung finden, so daß ihre Struktur verlorengeht bzw. die restierenden Inhomogenitäten zur Entglasung nicht mehr ausreichen. Abb. 1363 gibt die Mikrostrukturen von typischen Silikasteinen wieder. Im extremen Fall sind ebenso wie bei Steinen aus ungenügend aufgelöstem Sand im polarisierten Licht noch die Quarzkörner zu erkennen.

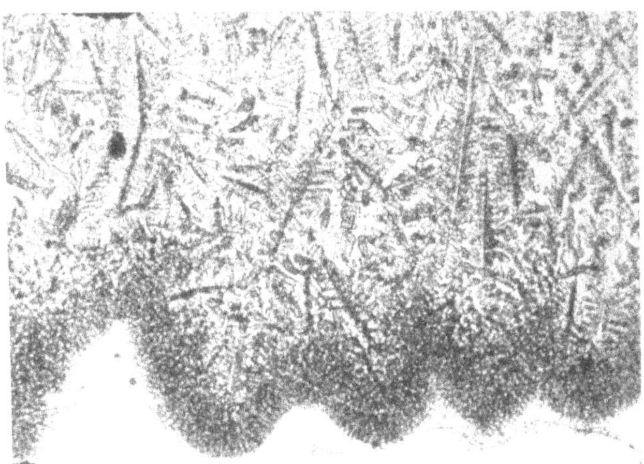

Abb. 1359.

Die zweite Gruppe, die Gemengesteine (von Sandkörnern, für die die Abb. 773 und 774 auf S. 816 Beispiele geben, abgesehen) besteht aus Stellen, an denen sich Rohmaterial angereichert hat, besonders von solchem, das zu Zusammenballungen neigt, wie Zinkoxyd und Kaolin, aber auch Bariumkarbonat. Während der Schmelze können solche Gemengesteine schon zu glasklaren Knoten aufgelöst sein, die bei dem schnellen Abkühlen einer Entnahmeprobe nicht auffallen, aber beim langsamen Abkühlen infolge der örtlichen Veränderung zu Auskristallisationen

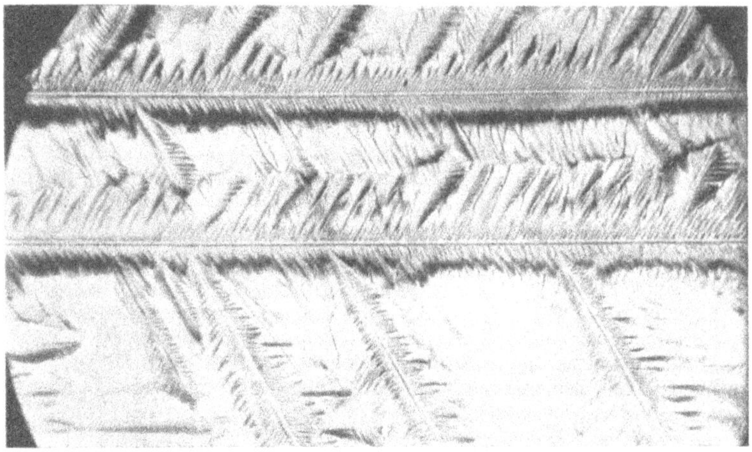

Abb. 1360. Mikroaufnahme der Entglasung.

führen (vgl. Abb. 1364). Knoten mit angehängten Schlierenschwänzen können bei entsprechender Zusammensetzung, z. B. kieselsäurereicher, in kolloidaler Form entglasen, umgekehrt kieselsäurereiche Stellen je nach Wärmevergangenheit zu grobem kristallinischem Haufenwerk bzw. in Kristoballit übergehen. Die häufigste Art der Steine ist die aus dem Hafenmaterial. Sie entsteht bei Überbeanspruchung des Hafens, insbesondere wenn dieser aus zwei Komponenten, einem hochfeuerfesten und einem Bindeton zusammengesetzt ist, oder die Verfestigung des Magerkornes im Bindeton ungenügend war.

Abb. 1361.
Oberflächenentglasung beim Feinkühlen.

Bei der Hafenkühlung entsteht eine Entglasung immer an der Grenzfläche von Hafenwand und Glas. Nach Abstellen der Schmelze sammelt sich ein Teil dieser vorwiegend tonerdeangereicherten Masse an der Oberfläche an, besonders bei den Flintgläsern, weshalb diese besonders gut abgefeimt werden müssen. Diese Schichten rühren sich sonst in das Glas ein und bilden Steine, die kenntlich sind durch ihre flache Plättchenbildung. Das Mikrophotogramm (Abb. 1365) läßt an einem Flintglase die Kristallstruktur derartiger Steine erkennen. Sie dürften vorwiegend aus Trydimit und Sillimanit bestehen. Zuweilen findet man auch hierbei Beispiele von Cristoballit. Das Auftreten aller dieser Fehler, die einen hohen Grad von Inhomogenitäten vorstellen, werden durch alle Gegenmittel vermieden, welche sowieso gegen die feinen Inhomogenitäten, die Schlieren, anzuwenden sind. Auf die Gesamtheit dieser Gegenmittel ist im vorangegangenen Kapitel eingehend eingegangen worden.

Abb. 1362.

c) Schlieren und Wolkenschleier. Die Wolkenschleier treten nur bei Barytkron auf und stellen mit größter Wahrscheinlichkeit entglaste Tonerdeschlieren vor. Für ihre Vermeidung gilt im allgemeinen das für Schlieren Gesagte, ebenso wie für die Vermeidung von Steinen und Knoten. Eine scharfe Unterscheidung in der Entstehung dieser drei Endprodukte kann in den meisten Fällen nicht gegeben werden, da sie ursächlich zusammenfällt und ihr Endunterschied nur bedingt ist durch den Grad der Inhomogenität und die zufällige Wärmevergangenheit der Einzelstelle.

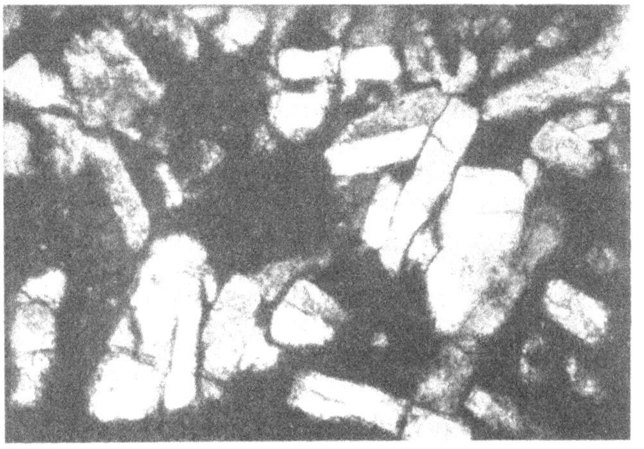

Abb. 1363. Silikastücke im Glas.

Die Hauptentstehungsursache für derartige chemische Inhomogenitäten sind Hafenauflösung und ungenügende Homogenität der Ausgangsmaterialien (Gemenge) bzw. vorübergehende Steigerung der Inhomogenität des Gemenges durch die Vorgänge beim Niederschmelzen. Als dritte Ursache kommen Fremdkörper in Frage, die im Ausgangsmaterial enthalten sein können (zu grobe und zusammengeballte Bestandteile) oder erst in die Schmelze gelangt sein können (Dinassteine, Schamottesteine, diskrete Hafenauslösung oder Hafenglasur im späten Schmelzstadium abgefallene Teilchen von Werkzeugen usw.).

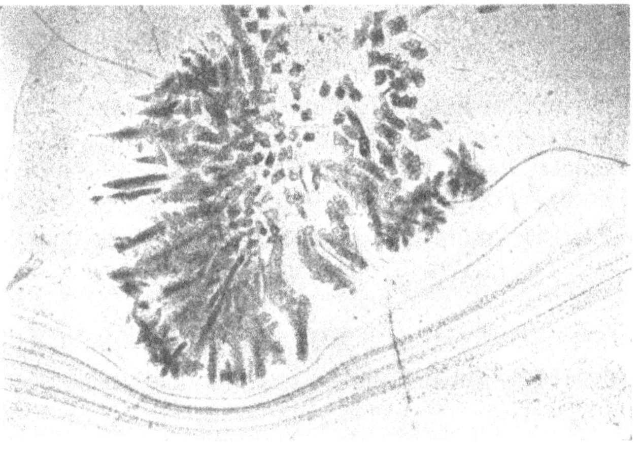

Abb. 1364. Gemengestein im Glas.

Als vierte Ursache für Schlierenentstehung kommt vielleicht auch partielle Verdampfung von Gemengebestandteilen an der Oberfläche der Schmelze in Frage, teilweise im Zusammenhang mit der Entmischung, doch scheint mir diese Ursache praktisch bedeutungslos.

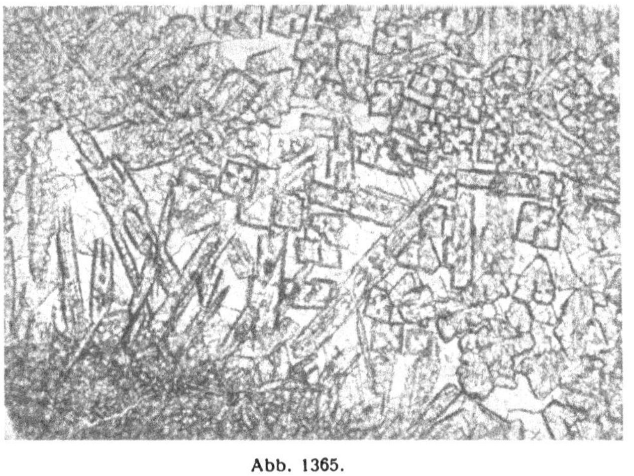

Abb. 1365.

Zur Vermeidung der Schlieren muß man daher von einem möglichst innig gemischten Gemenge passender Korngröße ausgehen, bei dem die Zusammenballung von Einzelbestandteilen, insbesondere von schwer zersetzbaren und grobkörnigen Bestandteilen wie Kieselsäure, vermieden ist. Das Niederschmelzen des eingelegten Gemenges muß so geleitet werden, daß durch entsprechende Höhe der Temperatur die vorausgehende Bildung von Eutektika und die nachfolgende Auflösung der läuternden Bestandteile in denselben zeitlich möglichst nahe aneinandergerückt wird.

Des weiteren muß schon im Verlauf der Läuterung einerseits durch geeignete Ofenführung, welche von vornherein das Schmelzgut möglichst gleichmäßig durchwärmt und unvermeidliche Temperaturunterschiede durch geeignete Konvektionsströmungen von selbst ausgleicht, anderseits durch frühzeitiges mechanisches Durchmischen (Blasen oder Vorrühren) die Möglichkeit der Bildung größerer Inhomogenitätsherde ausgeschaltet werden. Es hat sich herausgestellt, daß die Gefahr der Schlierenbildung 4. Art (partielle Verdampfung und Entmischung) bei hohen Temperaturen wesentlich geringer einzuschätzen ist, als die Gefahr ungenügender Diffusionsmöglichkeit bei tieferen Temperaturen, die den Ausgleich der noch aus dem Gemenge stammenden und der durch die Hafenauflösung hereingekommenen Ungleichmäßigkeiten hemmt.

d) Blasen. In der Art der Vermeidung der Blasen unterscheiden sich die einzelnen Gruppen optischer Gläser stärker voneinander als in der Art der Vermeidung der übrigen Fehler. Die häufigsten Blasen sind Folgen einer ungenügenden Läuterung, zuweilen auch Rührfehler (vgl. S. 1446). Grobe Blasen und Luftwände können auch beim Senken auftreten durch eingeschlossene Luft unterhalb des zu senkenden Stückes, falls diese nicht rechtzeitig anderweitig entweichen kann. Besonders ist diese Gefahr groß beim Überhitzen der schnell leichtflüssig werdenden Barytkrone, wo die in Asbest eingeschlossene Luft ihren Weg leichter durch das flüssige Glas findet. Es muß hier auf genaue Einhaltung der Senktemperatur gesehen werden, besonders bei den kleinen Stücken. Über Entstehung und Vermeidung von Vakuumblasen ist bei der Hafenkühlung gesprochen worden (s. S. 1447).

Die Fehler der schlechten Färbung und ungenauen optischen Lage und das schlechte Springen bei der Hafenkühlung sind an entsprechenden Stellen des Fabrikationsvorganges so eingehend besprochen worden, daß sich eine weitere Erörterung an dieser Stelle erübrigt.

Literatur über Entglasungen usw.:

N. L. Bowen, J. Am. Cer. Soc. **1**, S. 594 (1918); ebenda **1**, S. 261 (1918); J. Wash. Scient. **8**, S. 265 (1918).
H. Insley, J. Am. Cer. Soc. **6**, S. 706 (1923).
C. N. Fenner und J. B. Ferguson, J. Am. Cer. Soc. **1**, S. 468 (1918).
F. Gelstarp, J. Am. Cer. Soc. **1**, S. 559 (1918).
F. Eckert und F. H. Zschacke, Sprechsaal **64**, 227 (1931).
Weitere Literatur bei F. H. Zschacke, „Glas“ S. 140.

III. Die Weiterbearbeitung des optischen Rohglases.

Unter Weiterbearbeitung des optischen Rohglases ist die Erzeugung von Linsen, Spiegeln, Prismen für optische Instrumente mit exakten Flächen, meist sphärischer Form zu verstehen. Nicht sphärische Flächen sind selten, mit Ausnahme der zylindrischen und torischen der Brillenoptik und der parabolischen bei den Scheinwerferspiegeln.

Zunächst soll die Herstellung von Linsen und Prismen aus optischem Plattenglas behandelt werden, danach ergänzend die Brillen- und Spiegeloptik. Die Arbeitsvorgänge, die von getrennten Abteilungen ausgeführt werden, bestehen in:

1. Zerteilung (Schneiden),
2. Rohformgebung,
3. Schleifen,
4. Polieren,
5. Zentrieren und Kitten.

Die Arbeit des Optikers besteht nicht nur in der Herstellung der optischen Qualität der Flächen (Politur), sondern vor allem in der exakten Formgebung, die auch in der Genauigkeit der gegenseitigen Lage dieser Flächen zueinander, z. B. bei Prismen, beruht. Die Kennzeichen der Form sind die Radien der Grenzflächen und der Abstand, gegeben durch die Scheiteldicke bei Linsen, durch einen Winkel bei aneinanderstoßenden oder im Abstand bei parallelen Planflächen.

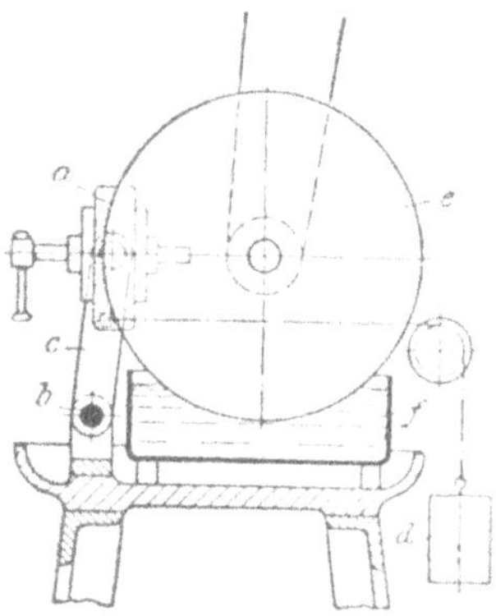

Abb. 1366. Schema der Diamantsäge.

1. Zerteilen und Schneiden. Dieses geschieht mit der Diamantsäge (Abb. 1366 und 1367), die im Prinzip einer Kreissäge ähnelt. Sie besteht aus einer mit 2000—3000 Touren rotierenden Scheibe aus weichem Eisen *e*. Diese ist am Rand mit Kerben versehen, in welchen der mit Öl angemachte Diamantstaub (-Bort) hineingepreßt ist. Bei der Rotation dienen diese Kerbe gewissermaßen als Vorratsbehälter für den Diamantstaub, aus dem die Diamantkörner heraus auf den Umfang der Scheibe gerissen und eingedrückt werden. Der zu zerschneidende Glasblock *a* wird durch Klemmbacken gehalten, die mittels eines um den Zapfen *b* drehbar gelagerten Hebels *c* durch das Gewicht *d* gegen die Scheibe angedrückt wird. Zur Kühlung der entstehenden Reibungswärme wird die Scheibe durch Petroleum- oder Sodalösungen im Behälter *f* dauernd benetzt. Die Lebensdauer eines Sägeblattes beträgt einige Tage, je nach Beanspruchung und Härte des Glases.

Mittels dieser Säge wird der Glasblock in parallele Platten von der größten Dicke der gewünschten Linsen oder der Höhe der Prismen und einer kleinen Zugabe geschnitten. Bei der Einteilung rechnet man mit ungefähr 1,0—1,3 mm Schnittbreite. Beim Schneiden mit anderen Hilfsmitteln, mit Schneidscheiben aus Karborundum usw. hat man durch langsamere Schnittgeschwindigkeit meist sehr viel höhere Unkosten gegenüber dem Verschleiß an Diamantbort, außerdem höhere Glasverluste durch breiteren Schnitt.

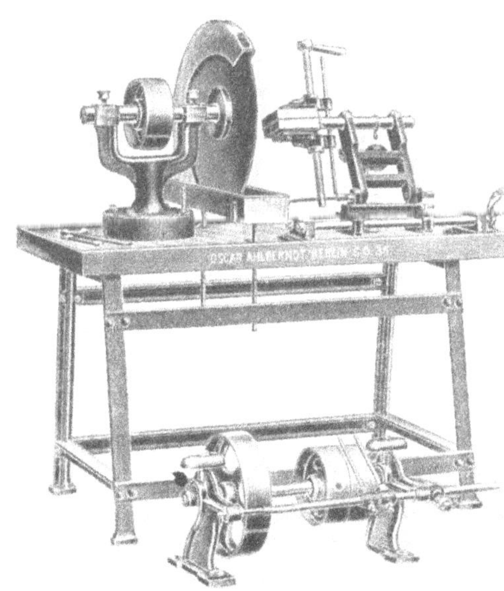
Abb. 1367. Diamantsäge.

2. Rohformgebung. Auf die geschnittenen Platten von reichlicher Linsendicke wird der Umfang der Linsen eingezeichnet, dieselben mit dem Schneidrand zerteilt und die überstehenden Ecken in roher Weise mit der Winkelzange rund abgezwickt. Bei der unregelmäßigen Kantenlänge des optischen Rohglases erhellt hieraus, daß es bei der Glasersparnis auf geschickteste Einteilung bei Verteilung der Linsen, die man anfertigen will, ankommt. Für Massenartikel, für Feldstecherprismen von gangbaren Größen wird man bestimmte Größen und Formen des optischen Rohglases anstreben (s. S. 1450, Zahlentafel 14, Plattengröße). Die Linsenscheibchen werden nun zu Säulen aufeinandergekittet (z. B. mit schwarzem Siegellack). Die geldrollenähnlichen Stangen werden zu einer glatten, runden Walze von annäherndem, aber etwas größerem Durchmesser als dem der gewünschten Linsen abgeschruppt. Dieses geschieht von Hand mittels nassem Sand auf einer mäßig schnell rotierenden gußeisernen Scheibe. Neuerdings fräst man sie auch mit Karborundumwerkzeugen auf Maschinen ab, die der Drehbank nachgebildet sind.

Abb. 1368. Schruppbänke.

Die runden Plättchen werden nun auseinandergekittet und erhalten durch Schruppen mit der Hand auf beiden Seiten den angenäherten gewünschten Radius mit Sand in einer Eisenschale angeschliffen (Abb. 1369a u. b), wobei gleichzeitig bis auf einige Zehntel die endgültige Linsendicke erreicht werden muß. Die Schleifschale oder -scheibe wird hierbei mittels Gewinde auf der Schleifspindel aufgeschraubt und läuft in einem tiefen Becken zum Auffangen des abspritzenden Schleifsandes.

Während man die gewöhnlichen Linsen dem sich schneller bewegenden Rand unter fortwährendem Drehen nähert, muß man die Linsen mit besonders kleinen Radien, für welche die Schalendurchmesser zu klein würden, auf Tellern mit konzentrischen eingefrästen Ringen schruppen, bei denen diese Ringe den richtigen Krümmungsradius nur in einer Richtung haben. (Abb. 1369, c). Hierbei muß die Linse besonders sorgfältig und gut gedreht werden.

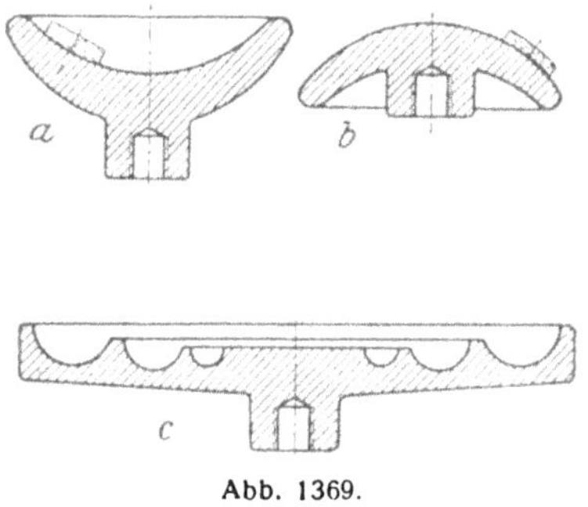

Abb. 1369.
Schruppschalen.

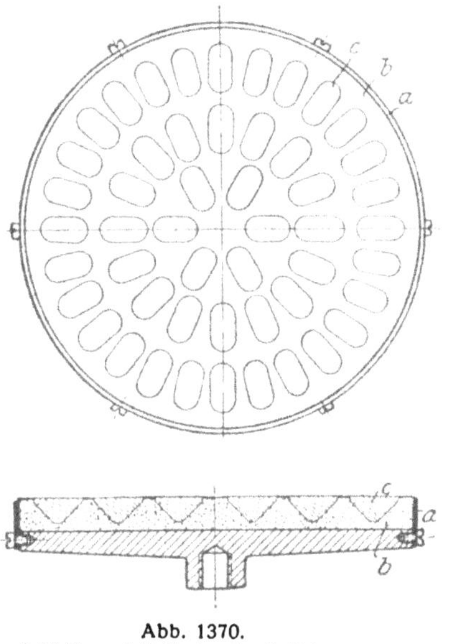

Abb. 1370.
Schleif- und Polierkopf mit Prismen.

Die Dicke der Linse wird dauernd mittels eines Dickenmessers mit Noniusablesung kontrolliert.

Die Herstellung von rechtwinkligen Feldstecherprismen verläuft folgendermaßen: Von einem günstig ausgesuchten Rohglasblock werden Platten von der Stärke der Prismenkantenhöhe (plus Schleifverlustzugabe) abgeschnitten und zu Paketen zusammengekittet. Eine Platte ergibt zweckmäßig möglichst genau mehrere Prismen, z. B. 8 Stück. Ein solches Plattenpaket zerteilt man zunächst durch zwei senkrecht zueinander geführte Schnitte in vier prismatische Säulen von quadratischem Querschnitt und diese wiederum durch je einen Diagonalschnitt in Stangen von rechtwinklig gleichschenkeligem Querschnitt, den gewünschten Prismen entsprechend.

Diese Prismenstangen werden auf das verlangte Maß und die genauen Winkel zurechtgeschruppt und geschliffen unter entsprechender Prüfung. Dann werden die einzelnen Prismen auseinandergekittet und die Kanten facettiert. Zuletzt werden sie wie Linsen zum Feinschleifen und Polieren auf Köpfen vereinigt (Abb. 1370).

3. Das Schleifen. Nach der groben Formgebung des Schruppens mit Sand und evtl. mit grobem Schmirgel folgt die exakte Flächenformgebung beim Feinschleifen. Die Linsen und Prismen werden hierbei nicht mehr einzeln von Hand gehalten, sondern auf einer gekrümmten Schale durch Kitt dergestalt befestigt, daß die fein zu schleifenden Außenflächen alle eine Fläche von dem verlangten Krümmungsradius bilden. Mit stufenweise immer feiner werdenden Schmirgelsorten, meistens Karborundum, werden die auf diesen Köpfen vereinigten Linsen genau wie beim Schruppen durch relative Rotation der Schleifschale vom fertigen Krümmungsradius gegen den rotierenden Kopf unter gleichzeitiger Gleitbewegung beider Schalen abgeschliffen, nur arbeitet man hier maschinell, die Rotationsbewegung macht der Kopf, während die Schleifschale eine pendelnde Kreisbewegung ausführt.

Je feiner das Schmirgelkorn, desto mehr muß sich der Radius der Schleifschale dem Radius der auf den Köpfen vereinigten Linsen nähern. Greift der Schmirgel an einzelnen Stellen der Köpfe ungleich an, so kann dies von Hand (durch die Geschicklichkeit des Arbeiters) durch Veränderung des Ausschlages der Bewegung der Schleifschale und durch Änderung der Belastung derselben ausgeglichen werden.

Abb. 1371 zeigt schematisch eine Hebelschleifmaschine, wie sie ebenso zum Polieren gebraucht wird und welche je nach Größe der Köpfe zu 4—20spindligen Maschinen vereinigt werden (Abb. 1372). *a* ist ein (in diesem Fall konvexer) Schleifkopf, darüber die konkave Schleifschale *f*. *a* ist mit einer exakt arbeitenden Schraubspindel auf die Achse des Antriebs *b* befestigt und kann unabhängig mit verschiedener Tourenzahl angetrieben werden. Die Schleifschale *f* wird durch die in einer Kugel endenden Achse *k* frei mitgenommen, die Achse beschreibt einen kleinen Kreisbogen um den Punkt *g*. Dadurch, daß der die Bewegung übertragende Dreieckträger *m* um die Antriebsstange ausschwenkbar befestigt ist, wird auf die Schleifschale bei ihrer Bewegung keinerlei Zwang ausgeübt. Der Druck wird durch die Belastungsgewichte *i* gleichmäßig ausgeübt, der Antrieb erfolgt mittels Reibungsgetriebes über die Kurbelscheibe *h*. *e* ist wieder ein in die Tischplatte *d* eingelassener Auffangkessel.

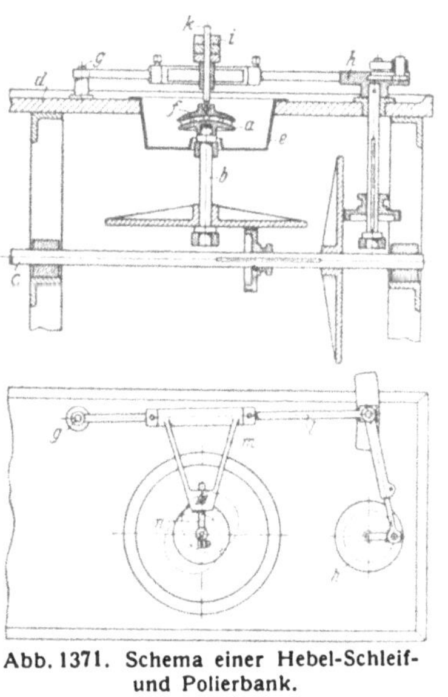

Abb. 1371. Schema einer Hebel-Schleif- und Polierbank.

Zum kunstgerechten Aufkitten werden die geschruppten und zu schleifenden Flächen, nachdem sie auf der Rückseite mit einem Pechklotz versehen sind, auf die angefeuchtete Schleifschale gelegt, deren Krümmungsradius mit dem der Linsen gut übereinstimmen muß. Der erhitzte Linsenkopf wird nun vorsichtig auf die nach oben weisenden Pechklötze aufgesetzt und ausgerichtet. Nach seiner Abkühlung kann man den Linsenkopf fertig zum Feinschleifen bzw. Polieren abheben.

Nichtsphärische Flächen können mit einer solchen zwangsfrei angetriebenen Schleifschale natürlich nicht bearbeitet werden, da ja diese alle Abweichungen von der Kugelfläche automatisch ausgleicht. Nichtsphärische Rotationsflächen, z. B. paraboloidische für Scheinwerferspiegel, müssen durch Schleifscheiben auf drehbankähnlichen Maschinen bearbeitet werden, bei denen das Schleifwerkzeug entweder durch eine Leitkurve gesteuert wird, oder die komplizierte Lenkersysteme ohne jeden toten Gang zur Herstellung der betr. Flächen haben müssen.

4. Polieren. Das letzte Feinschleifen hat die Linse in bezug auf Form schon vollendet. Durch die Politur an sich wird die Fläche nicht mehr verbessert. Das Polieren an sich hat nur die Aufgabe, die trotz leichten „Fettglanzes" noch diffus reflektierende feingeschliffene Fläche in eine optisch vollkommen reflektierende, spiegelnde zu verwandeln. Dies geschieht durch Abtragen der durch die Schleifmittel gesplitterten Oberfläche und vielleicht auch durch eine „abschülfernde" Wirkung auf die Gipfel der stehenbleibenden mikroskopisch kleinen Hügel[1]).

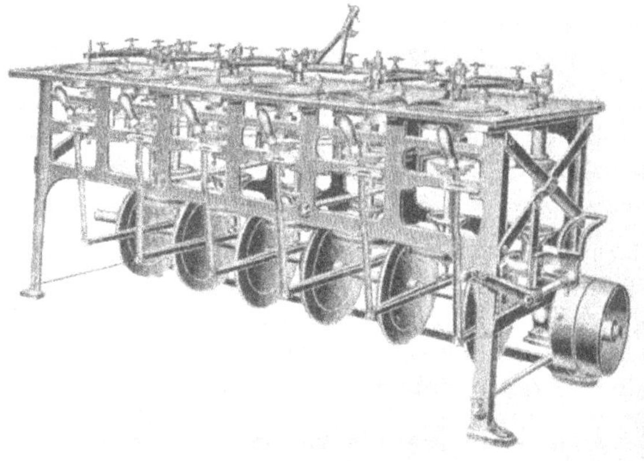

Abb. 1372. Schleif- und Polierbänke.

Das Polieren erfolgt auf demselben Kopf wie das Feinschleifen in ähnlich gebauten Maschinen. Die Gewinde aller Köpfe und Schalen sind in den Großbetrieben normalisiert, so daß der Übergang zu anderen Maschinen keine Schwierigkeiten macht. Das Polieren findet grundsätzlich stets in einem anderen Raume statt, da ängstlich jeder Schmirgelstaub wegen Kratzern ferngehalten werden muß. Der Kopf wird vor dem Polieren daher sorgfältig gewaschen, wie auch schon vorher bei jedem Wechsel des Schleifmittels.

Als Poliermittel dient fast ausschließlich feinst geschlämmtes, scharf gebranntes Eisenoxyd (Caput mortuum, Pariser Rot). Für höchste Ansprüche wird zuweilen auch grünes Chromoxyd, für mindere Tripel verwendet.

Für höchste Ansprüche an Genauigkeit und Glanz dient die sog. Pechpolitur. Dabei ist die Polierschale mit einer Schicht besonders zubereiteten Pechs ausgekleidet, in welche der gewünschte Radius genau eingepreßt worden ist. Werden trotzdem beim Polierbeginn nicht alle Linsen gleichzeitig angegriffen, muß man durch Abschaben die Pechlage ausgleichen. Das in Wasser aufgeschlämmte Polierrot wird mit dem Pinsel nach Bedarf auf den Kopf aufgetragen, gegen Schluß der Arbeit immer seltener und in immer größerer Verdünnung. Große Stücke werden beim Polieren zum Schluß so heiß, daß die Gefahr des Zerspringens durch kleine örtliche Abkühlungen gegeben ist. Die Polierdauer beträgt 4—8 Stunden.

Für geringere Ansprüche an Genauigkeit werden die Polierschalen mit Tuch und Filz ausgekleidet. Man erzielt dadurch eine wesentlich höhere Arbeitsgeschwindigkeit. Die Polierdauer beträgt 2—6 Stunden.

Die Prüfung auf Genauigkeit des Krümmungsradius und Güte der Fläche erfolgt während des Polierens durch Anlegen an das sog. Probeglas. Dies ist ein dickes Glas mit dem exakten gewünschten Krümmungsradius, doch mit dem entgegengesetzten Vorzeichen wie die gewünschte Linse (also konvexe für konkave Linsen und umgekehrt). Bei nicht absolut genauem Anliegen beider Flächen aneinander zeigen sich im auffallenden Licht entsprechend der Dicke der dazwischen befindlichen dünnsten Lufthaut die sog. Newtonschen Farbenringe. Eine Linsenfläche gilt erst als gut, wenn die Newtonschen Farbenringe beim Anpassen des Probeglases verschwinden und sich der mittlere „schwarze" Berührungspunkt über die ganze Fläche ausdehnt. Der Optiker nennt dies „schwarz angesprengt". Der Erwärmungsgrad der zu prüfenden Linse ist dabei zu berücksichtigen.

---

[1]) Vgl. z. B. French, The Principles and Practice of Polishing. The Optician, **62**, S. 253 (1921).

Die Qualität des Probeglases an sich wird durch Aneinanderpassen eines konvexen und konkaven Probeglases von gleichem Krümmungsradius, der vorgeschriebene Wert des Kugelradius wird mit dem sog. Sphärometer kontrolliert.

Auch die planen Flächen von Prismen werden beim Feinschleifen und Polieren auf gemeinsamen Köpfen bearbeitet (Abb. 1370). Die Prismen werden auf die Genauigkeit ihrer Winkel in besonderen Fühlhebelapparaten kontrolliert (Abb. 1373). Ebenso dient ein besonderer Apparat zur Prüfung von Prismen auf Pyramidalfehler, bei denen die verlängert gedachten Flächen in eine Pyramide zusammenlaufen würden.

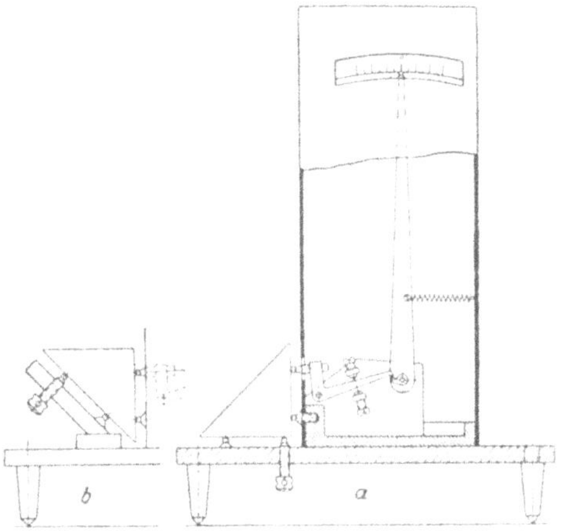

Abb. 1373. Fühlhebelapparat zur Prismenprüfung.

Größte Ansprüche an Genauigkeit und damit größte Schwierigkeiten bereiten die planparallelen Flächen, z. B. für Interferenzapparate. Sie bedürfen der Kontrolle nach besonderem Interferenzverfahren und des Nachtouchierens einzelner Stellen von besonders geschickter Hand.

5. Zentrieren und Kitten. Nachdem die vorgeschriebenen Radien der Linsen bei vorgeschriebener Scheideldicke angeschliffen sind und das Polieren vollendet ist, muß nun noch durch entsprechendes Abschleifen des Randes dafür gesorgt werden, daß die Verbindungslinie der Mittelpunkt der beiden begrenzten Kugelflächen, ihre optische Achse genau zentrisch zum Rande liegt. Man kann dieses auch so ausdrücken: die größte (bei negativen Linsen die geringste) Dicke muß mit ihrem Mittelpunkt zusammenfallen. Den Vorgang, der das entsprechende Abschleifen des Randes besorgt, nennt man Zentrieren. Es handelt sich darum, die Linse auf der Spindel einer Spezialdrehbank derartig aufzukitten, daß ihre optische Achse in die Drehachse der Spindel fällt. Zu diesem Zweck wird die Linse mit einer dünnen Siegellackschicht auf ein Messingrohr gekittet, das auf der schnellaufenden Spindelachse sitzt. Durch Erwärmen der Kittschicht durch einen kleinen Blaubrenner hat man die Möglichkeit, die Linse auf dem Futter zurechtzuschieben. Die richtige Stellung erkennt man, wenn das Spiegelbild, beispielsweise eines Fensters, auf der vorderen Fläche der schnellrotierenden Linse vollständig stillsteht. In dieser Stellung läßt man die Kittschicht erkalten und schleift den Rand mit groberem und feinerem Schmirgel ab, der auf einer Vorlage gedreht wird, die durch Schraubenführung von Hand genähert wird. Bei sehr flachen Linsen (große Radien) wird die Zentrierung nicht auf optischem Wege, sondern mittels Fühlhebelausschlag geprüft.

Schließlich wird der abgeschliffene Rand noch facettiert, was heutzutage vielfach auf automatischen Facettiermaschinen mit Karborundumscheiben oder Diamantwerkzeugen erfolgt.

Die Linsen von verschiedener Glassorte und Brennweite werden meist in Gruppen zu optischen Systemen (Objektiven, Okularen) zusammengesetzt. Bei unverkitteten Systemen handelt es sich nur darum, die Linsen in einen genauen vorgeschriebenen Abstand mechanisch zu fassen. Bei Systemen, bei denen die Flächen zwei aufeinanderfolgender Linsen gleich sind und aufeinanderliegen, verkittet man dieselben jedoch, um unnütze Reflexionsverluste in der Zwischenschicht zu vermeiden. Dazu wird ein Bindemittel von annähernd gleichen Brechungsexponenten wie Glas verwendet. Dieses sind harzige Stoffe oder verharzende Öle, in erster Linie Kanadabalsam, gelöst in Xylol, Chloroform oder ähnlichen Lösungsmitteln. Schließlich sind noch diese beiden so verkitteten

Linsen zueinander zu zentrieren, was mit einem mechanischen Libellen-Fühlhebelapparat ausgeführt wird. Bei mehrfach verkitteten Linsen muß wegen des leichten Erwärmens beim Verkitten die erste Kittschicht einen höheren Erweichungspunkt haben als die folgenden, damit die Zentrierung der beiden ersten Linsen bei der folgenden nicht verlorengeht. Durch zu harte Kitte kann eine Verspannung der Linsen eintreten, die störende Doppelbrechung des Systems zur Folge hat.

Die Einzelfassung der Linse sowie den mechanischen Zusammenbau der Objektive usw. wie der Prüfungsverfahren des fertigen Systems zu beschreiben, überschreitet den Rahmen dieses Buches.

Literatur.

F. Weidert, Die Arbeitsverfahren des Optikers und seine Hilfsmittel. Zeitschr. d. V. d. I. **67**, S. 171 (1923).

Müller-Liebenau, Die Schleiferei in ihren verschiedenen Arten und Zwecken. Centr.-Zt. f. Opt. u. Mech. **41**, S. 236 (1920).

Spezialherstellungsverfahren bei Brillengläsern.

Gegenüber dem vorstehend beschriebenen Verfahren zur Herstellung optischer Linsen für Präzisionsoptik verfährt man bei der billigeren Massenfabrikation von Brillengläsern teilweise in etwas anderer Art. Insbesondere war man bestrebt, das Einzelvorschruppen der einzelnen Linsen von Hand auszuschalten. Dieses konnte man bei Brillengläsern um so eher, als man es hier fast ausschließlich mit vorgepreßten oder mindestens vorgesenkten Linsen zu tun hat, die schon auf einige Zehntel Millimeter die angenäherten verlangten Radien aufweisen und infolgedessen über die ganze Fläche hinweg in erster Annäherung gleichmäßig bis zur gewünschten Dicke abgenommen werden. Da die Linsen aber nicht alle das gleiche Glasgewicht haben, so sind sie etwas verschieden dick. Dies verlangt eine besondere Maßnahme bei dem Aufkitten auf Köpfen, auf welchen das Schruppen, Schleifen und Polieren ohne Abkitten hintereinander erfolgen soll.

Die Zahl der auf einem Kopf bearbeitbaren Brillengläser hängt natürlich von dem Krümmungsradius ab, und dieser ist um so größer, je schwächer die Brillengläser gekrümmt sind. Wenn eine Seite eine sehr starke Krümmung aufweist, kann man diese zuweilen zweckmäßiger von Hand einzeln bearbeiten und auch auf Dicke schleifen.

Die gegenüber den bisher beschriebenen Verfahren neue Aufgabe, bei der „Kopfbearbeitung" besteht darin, daß im ersten Arbeitsgang des Schruppens die verschiedene Dicke der Gläser ausgeglichen werden muß. Deshalb müssen die nicht zu bearbeitenden, aufgekitteten Flächen der Gläser mit ihren Mittelpunkten auf einer (gedachten) gemeinsamen Kugelfläche liegen. Man erreicht dies durch Anwenden des Formschalenprinzips beim Aufkitten. Die Formschale (Abb. 1374a) ist ein Hilfswerkzeug aus Stahl, in welche erhaben oder vertieft die Krümmungen der Kittseite der vorliegenden Gläser aufgesetzt bzw. eingepreßt sind. Diese Formschale dient als Stempel zum Aufpressen einer Kittunterlage *c* auf den Schleifkopf *b*. Die Linsen *d* werden schwach erwärmt und auf die nun genau passenden, den obengenannten Bedingungen entsprechenden Wölbungen der Kittunterlage aufgesetzt, so daß sie nach dem Erkalten festliegen. Nun ist der Kopf zum Schruppen der ersten Fläche bereit. Die (oberen) Schleifflächen ragen nun je nach der Dicke des Einzelglases verschieden hoch empor, und die dickeren werden dementsprechend zuerst stärker angegriffen,

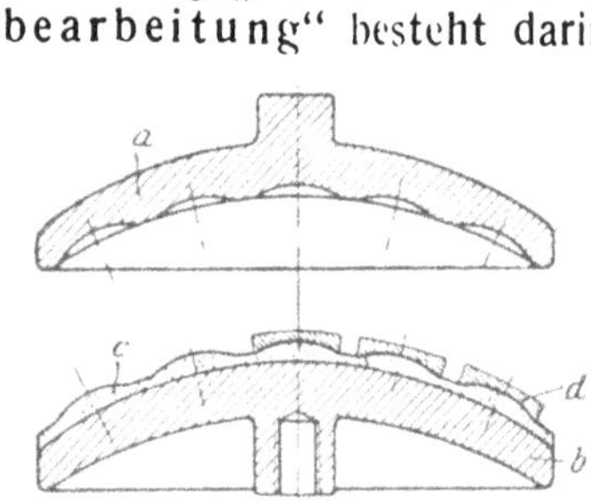

Abb. 1374.
Formschale und zugehöriger Kopf.

bis sie gleiche Dicke mit den dünneren aufweisen. Die Verteilung der verschieden dicken Gläser auf dem Schleifkopf muß mit Verständnis vorgenommen werden, so daß die Schleifschale vorzugsweise vom Rande her angreift und die verschiedenen Dicken konzentrisch angeordnet sind, da man sonst Dickenfehler erhält.

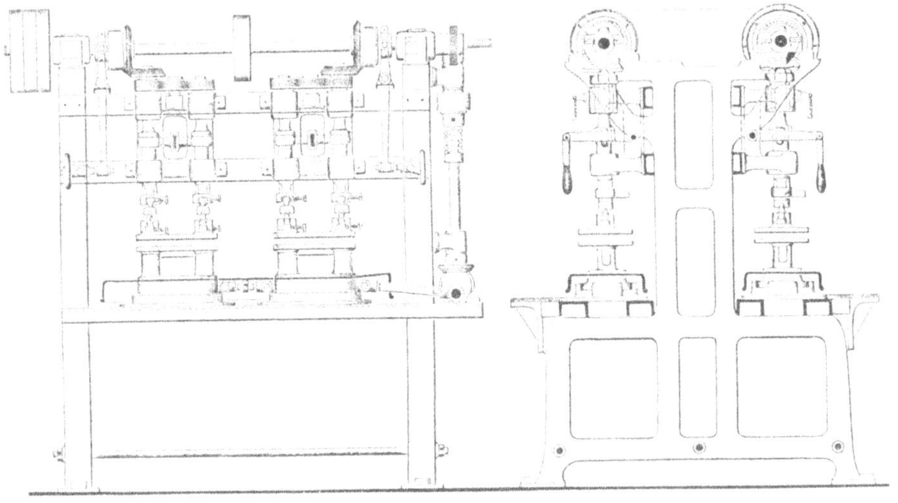

Abb. 1375 und 1376. Maschine zum Schleifen torischer Gläser.

Das Schruppen erfolgt in bekannter Weise mit nassem, geschlämmten Sand, das Schleifen mit Schalen von etwas anderem Krümmungsradius in mehreren Stufen mit Schmirgel verschiedener Korngröße. Ebenso erfolgt das Polieren in bekannter Weise auf dem gleichen Kopf. In entsprechender Weise wird die zweite Seite hergestellt.

Die nach dem Kopfschleif- und -poliersystem arbeitenden Maschinen sind durchweg den in der Optik üblichen Schleifbänken nachgebildet. Die Verwendung dieser Maschinen ist nur da möglich, wo eine gleichzeitige Bearbeitung von Gläsern von gleichem Krümmungsradius erlaubt ist. Im andern Fall muß auch in der Brillenoptik zur Einzelfabrikation übergegangen werden. Wegen der Prinzipien und der praktischen Ausführung des Schleifens der torischen Linsen sei auf Spezialabhandlungen verwiesen.

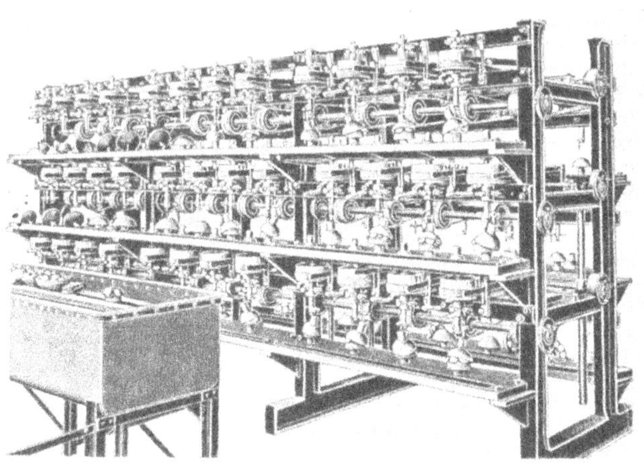

Abb. 1377. Etagenmaschine zum Schleifen sphärischer Flächen an Brillenglasmenisken.

Es werden heute komplette Schleif- und Poliermaschinen für torische Konvex- und Konkavflächen geliefert, wie auch für Bifocalgläser aus einem Stück unverkittet bzw. nicht verschmolzen, mit unsichtbarer Trennungslinie.

Eine Schleif- bzw. Poliermaschine vereinigt eine mehr oder minder große Zahl von Spindeln mit den dazugehörigen Hebelvorrichtungen und Spindelantrieben. Die Anzahl der zu einem Maschinenaggregat vereinigten Spindeln richtet sich nach dem Durchmesser der aus der Maschine zu bearbeitenden Köpfe. Diese schwanken zwischen 150—750 mm Dmr. Die Spindeln können einreihig nebeneinander, zweireihig hintereinander oder übereinander angeordnet sein. Wegen der großen Zahl der verschiedenen Einzelkonstruktionen würde es zu weit führen, an dieser Stelle

Abb. 1378. 24spindelige Schleif- und Poliermaschine für feinoptische Linsen.

auch nur kurz darauf eingehen zu können (vgl. Abb. 1375—1379). Die Schrupp-, Schleif- und Polierschalen müssen ständig auf ihre Radien kontrolliert werden, da das Schleifmaterial natürlich auch die Schalen abnützt. Die fertigen Gläser müssen ohnedies auch wegen der Verwechslungsgefahr auf ihre eigentliche Dioptrienzahl („Stärke")

Abb. 1379. Etagenschleifmaschine für billige Brillen- und Lupenoptik, oben für zylindrische, unten für sphärische Flächen.

kontrolliert werden. Dies geschieht durch eine sog. Neutralisationsmethode, indem man zu dem zu prüfenden Glas ein Probeglas von solcher Stärke aussucht, daß sich beide zu 0 Dioptrie ergänzen. Hintereinander gehalten und vor dem Auge in einiger Entfernung bewegt, darf beim Durchblick sich das Bild eines angesehenen Punktes nicht mitbewegen. Auch die Brillengläser müssen, bevor sie auf das Fertiglager kommen, außer durch optische Dickenprüfungen noch durch eine Reihe von Reinigungsprozessen und anderen Prüfungen auf Glas- und Fabrikationsfehler untersucht werden.

Literatur.

Müller-Liebenau, Das Schleifen torischer Linsen. Centr.-Ztg. f. Opt. u. Mech. 42, S. 25 (1921).
W. Hinrichs, Die Fabrikation der Brillengläser. Gewerbefleiß, S. 102 (1923).
F. Dubenhorst, Die Entwicklung der optischen Schleiftechnik. Schleifmittel-Ind. 2, S. 264 (1925).

IV. Werksorganisation.

Selbst wenn eine Werkstätte zur Erzeugung optischen Glases an einen anderen, schon bestehenden Glasbetrieb angeschlossen werden soll, ist der optische Betrieb doch weitgehend organisatorisch von dem übrigen Teil zu trennen. Die peinliche Sauberkeit, die Genauigkeit der Fabrikationsbedingungen, deren Einhaltung laufend kontrolliert werden muß, sowie die besonderen Organisationsmaßnahmen zwecks Vorbeugung von Glasverwechslungen, verlangen dringend eine räumliche Selbständigkeit. Lediglich die Vergasung der Kohle kann natürlich an einer Zentralstelle erfolgen. Dagegen ist wegen der verschiedenen Ansprüche an Reinheit der Rohstoffe und Genauigkeit der Zusammensetzung des Gemenges eine besondere Rohstofflagerung und Gemengeeinrichtung für das optische Glas nötig.

In der folgenden Zahlentafel 130 ist nach der Reihenfolge der Arbeitsvorgänge (Abteilungen) in Spalte 3 die Zeit in Tagen angegeben, die die Verarbeitung einer Schmelze ungefähr bedarf. Zu dieser reinen Arbeitszeit kommt aus Gründen der Einteilung und um die Arbeit der einzelnen Abteilungen unabhängig zu machen von evtl. Störungen in einer Abteilung noch eine gewisse Wartezeit (Spalte 4), die dazu dient, erfahrungsgemäß hinreichende Vorräte zwischen den einzelnen Abteilungen aufzustapeln. Als Gesamtfabrikationsdauer kommt für die Fertigstellung einer Schmelze etwa 4 Monate heraus, während die reine Bearbeitungszeit etwa 2½ Monate beträgt. Je nach der Organisation ist die Aufenthaltszeit in der Rohsortierung, der Schleiferei und beim Sortieren eine größere als die angegebene minimale. Es kommt darauf an, wieviel Werkstellen man für eine Schmelze ansetzt bzw. ansetzen kann.

Zahlentafel 130.

Verluste des angelieferten Glases bezogen auf 100% eingeschm. Glas in %	Arbeitsvorgang	Dauer der Bearbeitung in Tagen	Wartezeit in Tagen
—	Gemengebereitung . . .	2	—
5	Schmelzung	1	—
20—30	Hafenkühlung	11	11
10—15	Rohsortierung	1	3
5	Senken (Pressen) . . .	1	14
8	Feinkühlung	60	—
5	Schleifen—Polieren . .	3	8
15—20	Feinsortieren	1	8
30—20	Ausbeute	80	43

Die Ausbeute mit 20—30% durchschnittlich ist als sehr gut, jedoch erreichbar anzusehen. Die Zahl erscheint zunächst niedrig, jedoch bedeutet sie einen verhältnismäßig geringen Ausfall durch Schlieren insofern, als nur 30—50% des in die Feinsortierung angelieferten Glases als unbrauchbar ausgeschieden wurde. Zuweilen beträgt die Ausbeute, bezogen auf das in die Feinsortierung Angelieferte 90%. Leider sind aber Fälle, bei denen es umgekehrt ist, keine seltenen Ausnahmen. Die Qualität einer normalen Ausbeute läßt sich eher ermessen, wenn man damit die Ausbeute von fertig poliertem und sortiertem Gußspiegelglas vergleicht, die gewichtsmäßig bezogen auf die Menge des eingeschmolzenen Glases (einschl. Scherben) rd. 22% zu betragen pflegt.

Von einem Nachweis für die Selbstkosten der Herstellung des optischen Glases muß daher abgesehen werden. Denn es kommt nicht nur allein auf die Höhe der Ausbeute an, die wiederum nach der Höhe der Ansprüche schwanken kann, sondern die Unkosten werden wesentlich bestimmt durch die Zahl und Größe der nicht eigentlich produktiven Betriebe, die aber für die Herstellung des optischen Glases unerläßlich sind. Die Art der Organisation dieser Hilfsbetriebe gibt mit den Ausschlag für die Rentabilität einer optischen Hütte. Ich möchte dabei auch nicht verfehlen, darauf hinzuweisen, daß an der bisherigen Fabrikationsweise vor allem auch zeitsparende Verbesserungen angebracht werden können, die geeignet sind, das Anlagekapital wie die Fabrikationsweise erheblich zu verbilligen.

Betriebskontrolleinrichtungen.

a) Chemisches Laboratorium. Dort wird jeder Rohstoff dreimal untersucht. Zuerst das Muster beim Einkauf, dann eine Kontrollbestimmung bei der Anlieferung der Ware und Hereinnahme in das Rohstofflager und schließlich eine genaue Quantitätsanalyse bei der Bereitstellung einer gewissen Vorratsmenge des Rohstoffes in dem Behälter der Gemengekammer auf Grund einer sachgemäß entnommenen Durchschnittsprobe. Im chemischen Laboratorium werden ferner die laufenden Untersuchungen der chemischen Eigenschaften der Gläser, wie Fleckenempfindlichkeit, hydrolytische Klasse, bestimmt. Eine weitere laufende Aufgabe dieser Stelle besteht in der Umrechnung der Gemenge auf Grund der Gehaltsbestimmungen der Rohstoffe.

b) Wärmeabteilung. Diese überwacht die gesamte Temperaturmeßanlage und sammelt für statistische Zwecke die Angaben der Temperatur- und Gaskontrollinstrumente. Sie ist auch für die Wartung derselben verantwortlich. Jeder Ofen braucht mindestens ein Temperaturmeßinstrument, das mit einem Anzeigeapparat für die Bedienung des Ofens und mit einem Fernschreiber verbunden ist. Die Fernschreiber werden am besten in zwei Zentralen, einer für die Schmelz- und Nebenöfen und einer zweiten für die Senk- und Kühlöfen vereinigt.

Sehr wichtig ist die genaue tägliche Überwachung der Richtigkeit der Anzeige dieser Instrumente. Thermoelemente müssen in gewissen Abständen ausgebaut und an einer Zentralprüfstelle nachkontrolliert bzw. umgeeicht werden. Die Einstellung von Gesamtstrahlungspyrometern hat täglich aufs genaueste kontrolliert zu werden, ebenso die Sauberkeit der Linsen, welche leicht beschlagen. Schließlich muß besonders bei den Schmelzöfen von der kontrollierenden Person selbst täglich eine Kontrollmessung mit einem Spezialpräzisionsinstrument, am besten einem Hohlborn-Kurlbaum-Glühfadenpyrometer vorgenommen werden. Man vergesse trotz aller Instrumente nicht, sich vor groben Fehlern dadurch zu schützen, daß man die Ofenbedienung zur Beobachtung mit dem Auge erzieht.

Von der gleichen Stelle wird die Gasmenge und Qualität überwacht (s. Bd. I, Kap. 6). Diese Stelle wird auch am besten die Statistik des ganzen Betriebes führen, die sich vor allem erstreckt auf den Nachweis über den Verbleib des Glases und auf die Innehaltung der einzelnen Herstellungsbedingungen.

c) Physikalisches Laboratorium. Die Eichung und Nachkontrolle der Temperaturinstrumente wird am besten dem physikalischen Laboratorium angegliedert, das auch zu den sonstigen optischen, elektrischen und mechanischen Messungen ausgerüstet ist (Ausdehnungskoeffizient, Lichtdurchlässigkeit, Absorptionsspektrum usw.).

Die Hauptaufgabe der physikalischen Bestimmungen ist jedoch die laufende Kontrolle und die genaue Bestimmung der optischen Konstanten der Gläser. Ein im besonderen Raum aufgestelltes Sphärometer gestattet die Brechungswinkel für die einzelnen Spektrallinien zu messen und daraus die Interpolation der Brechungsexponenten für die Fraunhofer Linien zu bestimmen, welche in optischen Katalogen als Unterlagen angegeben zu werden pflegen. Diese Angaben, welche sich auf den Brechungswert der *D*-Linie, auf die relativ mittlere und partiale Dispersion beziehen, werden für jede Schmelze an einem besonders sorgfältig hergestellten Meßprisma bestimmt und dem Abnehmer mitgeteilt[1]).

d) Schmelzlaboratorium. Um optische Gläser von bis dahin noch nicht erschmolzener optischer Lage zuerst im kleineren Stil ausprobieren zu können, pflegt man einen kleineren Schmelzofen zur Erschmelzung von ca. 100 kg Glas zu haben. Dieser dient nicht nur Versuchen aller Art, sondern auch zur Erschmelzung optischer Sondergläser, die nur in kleineren Mengen gebraucht werden, beispielsweise für Phosphatkrone und allerschwerstes Flint.

---

[1]) Die einzelnen Brechungswerte für verschiedene Linien des Spektrums werden bis auf die 6. oder 7. Dezimale gemessen. 5 Dezimalen sind unbedingt erforderlich (vgl. a. Abschnitt über Homogenität, S. 1411).

Gesamtanlage.

An Hand der Planskizze (Abb. 1380) soll nun noch die zweckmäßige Gliederung einer Anlage zur Herstellung optischen Rohglases beschrieben werden. Dabei wird zugrunde gelegt eine Leistungsfähigkeit von 600 Schmelzen pro Jahr, was etwa 150 t

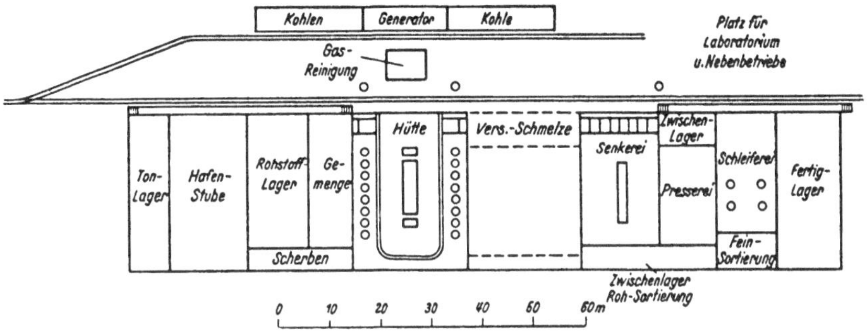

Abb. 1380. Schema einer optischen Glasfabrik.

optischen Plattenglases erster Wahl entsprechen dürfte. Diese letztere Zahl kann natürlich stark schwanken je nach Größe der Einzelschmelze, je nach Güte der Herstellungsweise und dem Maß der Ansprüche. Eine Erweiterungsmöglichkeit für die doppelte Produktion soll vorgesehen sein.

Die eigentlichen Fabrikationsgebäude, die am besten als Flachbau ausgeführt werden, liegen in einer Flucht an dem einen der beiden Geleisstränge. Zu diesem parallel führt ein zweites Anschlußgeleis zur Generatorenanlage und Kohlenlager. Sonstige Werkstätten, Laboratorium und Büros sind nicht angegeben, da Ansprüche an ihre Lage und Größe von Fall zu Fall sehr verschieden sein können.

In der Mitte der Fabrikationsgebäude befindet sich die eigentliche Hütte mit zwei Einhafenschmelzöfen. Soll eine erhebliche Erweiterungsmöglichkeit vorgesehen werden, so kann ein gleich großer Platz neben der Schmelzhalle auf seiten der Senkerei unbebaut gelassen werden. Auf diesem Zwischenraum kann man einen kleinen Einhafenofen für Versuchs- und Spezialschmelzen errichten, der für viele Fälle eine angenehme Zugabe bildet. Auch Laboratorium und Nebenbetriebe lassen sich hier bis zu einer späteren Verlegung unterbringen.

Die Schmelzhalle selbst ist spiegelbildlich symmetrisch angelegt. Die beiden Schmelzöfen liegen einander gegenüber in den Ecken auf der Generatorseite. Der Platz dazwischen bleibt frei. Vor den Schmelzöfen liegt ein durch die Hütte gehendes Geleis, auf dem eine maschinell angetriebene Hafenzange (Defourneuse) die fertigen Schmelzen zum Abkühlen unter die Kühlhauben bringt. In der Mitte der Hütte sind die Temperöfen für die Häfen angeordnet. An den Stirnseiten dieser Ofenreihe sind ein größerer und ein kleinerer Brennofen für Schamotteformsteine angebaut.

Auf der fabrikatorisch der Schmelzhalle vorangehenden Seite liegen Hafenstube, Rohstofflager und Gemengehaus. Der Hafenstube vorgelagert ist noch ein Ton- und Schamottelager mit Kollergang usw. Die Hafenstube selbst ist durch einen eingezogenen Boden in 2 Stockwerke geteilt. Im unteren werden die Häfen gegossen bzw. aufgeschlagen oder gestampft und dann, sobald sie transportfähig sind, in den oberen Raum zur Haupttrocknung gebracht. Zu diesem Zweck ist der obere Stock am besten in kleinere Einzelräume unterteilt, in welchen zum serienweisen Trocknen Luftfeuchtigkeit und Temperatur einzeln regelbar sind. Vom oberen Stockwerk führt ein gedeckter Gang in gleicher Höhe nach einem Zwischenboden im Hüttenboden über den Temperöfen, wo die Häfen eine langsame und scharfe Nachtrocknung erfahren können. Für den Fall, daß eine Schnelltrocknungsanlage vorgesehen ist, kann natürlich das obere Stockwerk der Hafenstube in Wegfall kommen, wenn man es nicht auch dann als Vorratsraum gebrauchen will.

Die Beschreibung der Einrichtung eines Rohstofflagers erübrigt sich. Sand und vielleicht der eine oder andere Rohstoff, dessen Gemengefaktor (s. S. 1424) sich beim Lagern nicht merklich ändert, kann in Silos gehalten werden, welche direkt nach dem Gemengehaus entleerbar sind. Dort lagern die verwendungsbereiten Rohstoffe im übrigen in Einzelkästen. Der übrige Platz dient dort für die Wiege- und Mischeinrichtung. Verstaubungsschutz und Entlüftungsanlage sind vorzusehen. Ein besonderer Raum dient zum Ansammeln der nach Einzelschmelzen geordneten wiederverwendungsfähigen Scherben.

In der **Senkerei** befindet sich in der Mitte der kontinuierlich arbeitende Senkofen. Auf seiner Beschickungsseite ist ein Zwischenlager abgetrennt, in welchem die von der Hütte kommenden Schmelzen gemäß ihren Senk- und Kühltemperaturen in Gruppen angesammelt werden, und wo auch die Rohsortierung untergebracht ist. Dem heißen Ende des Senkofens gegenüber befindet sich die Reihe der **Feinkühlöfen**, der freie Raum zu seinen beiden Seiten dient als Lager für Schamotteformen bzw. für die Aufstellung der Präzisionskühlöfen für Objektivscheiben usw. Zwischen Senkerei und Schleiferei ist wieder ein Zwischenlager eingeschaltet. Parallel zur Senkerei liegt die **Presserei**, über deren Einrichtung nichts weiter gesagt werden soll, da sie nach Art und Größe so sehr von den speziellen Anforderungen abhängt.

Als maschinelle Einrichtung der **Schleiferei** sind je 2 Rundschleifmaschinen zum Schleifen und Polieren mit untereinander auswechselbaren Köpfen von ca. 2 m Dmr. gedacht. Von hier aus geht das Rohglas durch die Feinsortierung auf das Lager.

Spezialanlage.

Es ist aber auch möglich, eine verhältnismäßig kleine Spezialanlage für optisches Glas zu bauen, sogar unabhängig vom Anschluß an eine andere Glashütte, etwa für den Eigenbedarf einer größeren optischen Fabrik. Eine derartige Anlage wäre um so leichter denkbar, eine je geringere Anzahl von Typen eine solche Fabrik gebrauchte. Als weiterer Vorteil ergibt sich dabei für den Selbstverbraucher die Verwendung des optischen Plattenglases zweiter Wahl für spezielle Zwecke und die bessere Ausnützung des Glases durch Vorpressen in vielen Fällen.

Eine solche Anlage würde sich von der eben skizzierten großen vor allem durch das Fehlen einer Generatoranlage, wesentlich kleinere Hüttenräume, Wegfall der großen Hafenstube und Zwischenlager u. a. m. unterscheiden. Senkerei und Presserei wären räumlich und technisch vereint. Als Heizungsart, vor allem für den Schmelzofen, wäre in erster Linie Ölfeuerung vorzusehen.

Sachregister.

I. Band Seite 1—766
II. Band Seite 767—1478.

Backenbrecher

Walzenbrecher

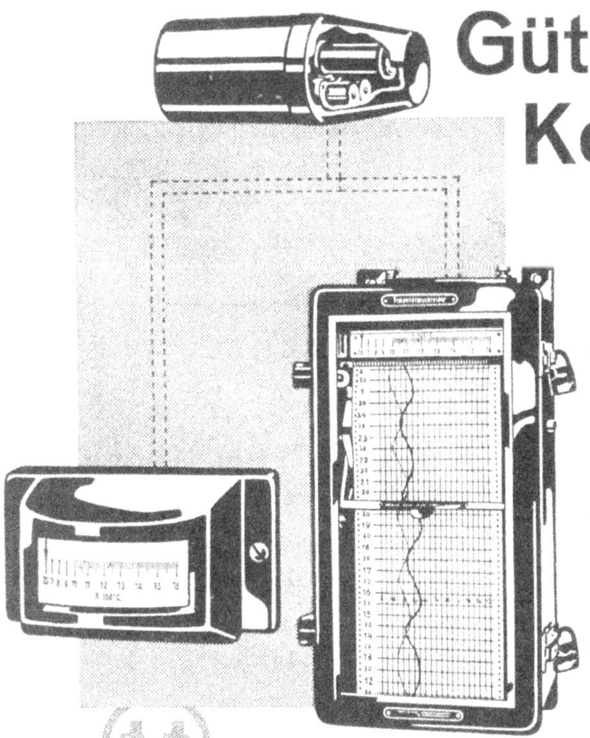

www.ingramcontent.com/pod-product-compliance
Lightning Source LLC
LaVergne TN
LVHW080753300926
849162LV00008BA/1801